地调情报总第 34 期

世界找矿模型与矿产勘查

中国地质调查局发展研究中心

施俊法　唐金荣　周　平
金庆花　戴自希　项仁杰　等编著
杨宗喜　朱丽丽　金　玺

地质出版社
·北　京·

内 容 提 要

本书包括找矿模型总论和找矿模型各论两个部分。总论部分系统总结了矿床模型的概念及研究历史，探讨了找矿模型的定位和功能，提出了建立不同级次找矿模型的思路和方法，并以大量实例说明了找矿模型的应用及其效果，指出了找矿模型应用中值得注意的问题。找矿模型各论系统总结了全球50个找矿模型，涉及的矿种有铁、铬、镍、铜、铅、锌、钨、锡、钼、金、铂族金属、铀、稀土等。每个找矿模型包括概述、地质特征、矿床成因和找矿标志三个部分内容。

本书可供从事矿产勘查、成矿理论研究人员及地质矿产专业的大学生、研究生和教师参考。

封面为哈萨克斯坦科翁腊德（Kounrad）斑岩型铜矿床。

图书在版编目（CIP）数据

世界找矿模型与矿产勘查／施俊法等编著．—北京：地质出版社，2010.10
　ISBN 978－7－116－06901－5

　Ⅰ．①世…　Ⅱ．①施…　Ⅲ．①找矿－地质模型②矿产－地质勘探　Ⅳ．①P624

中国版本图书馆 CIP 数据核字（2010）第 186668 号

责任编辑：王　璞　宫月萱　孙亚芸
责任校对：杜　悦
出版发行：地质出版社
社址邮编：北京海淀区学院路 31 号，100083
电　　话：(010)82324508（邮购部）；(010)82324569（编辑室）
网　　址：http://www.gph.com.cn
电子邮箱：zbs@gph.com.cn
传　　真：(010)82310759
印　　刷：北京天成印务有限责任公司
开　　本：889mm×1194mm 1/16
印　　张：31.5
字　　数：970 千字
印　　数：1—3000 册
版　　次：2010 年 10 月第 1 版
印　　次：2010 年 10 月第 1 次印刷
审 图 号：GS（2010）1214 号
定　　价：108.00 元
书　　号：ISBN 978－7－116－06901－5

序

中国地质调查局发展研究中心以施俊法为首的研究集体继编著《信息找矿战略与勘查百例》之后，今日又编著了《世界找矿模型与矿产勘查》一书，我深感欣慰，并向他们表示祝贺。他们为矿床界又做了一件很有意义的好事，为广大矿产勘查工作者及从事矿床教学、科研的工作者送来了具有实用意义的国内外找矿经验与成矿理论。

当前，我国已进入工业化中期阶段，经济与社会的发展需要大量矿产资源保证，而一些矿产资源国内保障程度不断下降，将危及国家安全。当务之急是加大国内矿产勘查与开发力度，同时努力角逐国际矿业市场，充分利用国外资源，合理供给我国优势矿产资源，形成相对稳定的可持续的国内矿产资源保障体系。其中，立足国内，加强国内矿产勘查与开发是基础。目前，我国广大地区矿产勘查工作进入"攻深找盲"阶段、找矿难度日益增大，因此，更需要科技的支撑，其中借鉴国内外已有的找矿经验是重要捷径，这些找矿的成功经验是近百年来全球矿产地质工作者应用地质理论与勘查技术方法进行找矿探索实践的范例和智慧结晶。编著出版的这本书，就是把国内外找矿经验介绍给读者，这是一项具有重要意义的研究工作。

本书就我国急需的矿产汇集了国内外50个矿床类型与重要矿集区的找矿模型，较精炼地汇集了它们的成矿地质环境、控矿因素、矿床成因及找矿标志，这对在其他地区寻找同类矿床很有借鉴意义。编著者在编写过程中回顾和总结了国内外对成矿模式、找矿模型研究的过程与含义，论述了找矿模型的定位与功能。本书广泛收集了很多典型矿床的文献资料，内容丰富，在此基础上，又进行了必要的综合研究与提炼，努力为读者提供了前人对各类矿床勘查与研究成果的精华。因此，从事矿床勘查与研究的广大地质工作者，尤其是从事这类矿床勘查与研究的同仁们，很值得一阅。

人类过去与当今对各种矿产、各种矿床类型进行了和不断进行着勘查与研究，已形成并不断地充实着巨大的知识宝库，应用、开发这个宝库资源为我所用，促进我国的找矿和矿床科学的研究工作，是一项重要和急迫的任务。我国地质矿产情报部门广大工作者已为此做出了不可磨灭、卓有成效的重大贡献，今后这方面工作仍有待切实加强。就本书所涉及的矿床找矿模型信息汇总、提炼、出版而言，应当说只是本领域工作的一个开端。我衷心希望有关领导部门把本项工作纳入长期计划，稳定支持，让本书的研究集体稳定地从事本项工作。祝他们不断地出成果出人才，为祖国的矿产勘查、开发事业做出更大贡献。

2010.10

前　言

　　进入 21 世纪，特别是 2003 年以来，世界经济不断增长。虽然发达国家已步入后工业化时代，但矿产资源作为经济发展的基础性因素，其需求依然十分强劲。2008 年爆发的全球金融危机，对矿业发展产生了不利影响，但这仅仅是矿业发展中一个"短暂的停顿"。发展中国家正处于工业化加速发展阶段，资源消耗与日俱增；中国、俄罗斯、印度、巴西等新兴国家的迅速崛起，导致全球资源需求快速增长，带动矿业进入了新一轮的发展周期。总体说来，矿产资源的消耗明显加速，供应压力日趋增大，全球固体矿产勘查投入连年攀升。因此，找寻新的矿床，扩大资源储备，仍然是地质勘查工作的主要任务，对矿产远景良好、国土面积较大的国家来说，情况尤其如此。中国作为最大的发展中国家，在经济全球化的大潮中，必须立足本国，面对全球，大力开发矿产资源，满足自身发展需求，抵御国际贸易壁垒，保证社会主义经济建设的快速发展，这是我国地质勘查事业的神圣使命，也是我们开展本项研究的基本前提和宗旨。

一、本书研究背景

　　经济建设对矿产资源的强劲需求，促使成矿理论和勘查技术不断发展，为各种找矿方法的发展带来了新的机遇。矿产勘查存在着巨大的风险和不确定性，要有效地减少这种风险与不确定性，有赖于新思路、新概念、新技术的发展。其中，于 20 世纪 70 年代蓬勃发展起来的矿床模型（或矿床模式）研究，无疑是综合各方面知识指导矿产勘查的重要发展方向。数十年来，按不同矿床类型建立起了许多种类的矿床模型，其应用涉及成因理论研究、区域资源预测评价、局部找矿、科研教学等诸多方面，促进了许多同类型新矿床的发现，也导致了新矿床类型的扩展。近 20 年来，国内外发现了一批大型超大型矿床，其中一些是属新类型矿床，例如，铁氧化物铜金铀矿床、黑色岩系中贵金属矿床，等等。由此可见，矿床模型的发展与应用，代表着当代矿床学研究的一种新趋势。

　　近年来，国内外对矿床模型的研究虽有很大进展，但就现有文献或专著看，主要偏重于某些典型矿床的研究，通过系统总结和归纳建立的模型，多为单个矿床的成矿模式。这种研究方法虽在理论认识上较以前有很大提高，对找矿也有指导意义，但在实践中也遇到了不可回避的问题。例如，我们对国外 100 个大型超大型矿床勘查的实例研究结果表明，根据理论模型（概念模型、成因模式）精心设计、科学论证、认真勘查，固然可取得重大突破，但有趣的是：有些矿床按事先设定的成矿模式来组织勘查工作，虽然找到了矿床，但实际的矿床类型却并不符合预期的理论模式；不少矿床的发现虽未经过缜密的理论分析，勘查者仅仅依据已知矿床的特点，心领神会地在外围果断布钻，结果却也取得了巨大成功，体现出经验和技术运用的优势。众多的实例表明，经验、技术、运气在矿产勘查中也是十分重要的。于是，不拘泥于理论研究，侧重于应用实效的找矿模型应运而生，在国内外都表现出了强劲的发展势头。

　　思路决定出路，意识决定眼界。在矿产勘查实践中，人们早已自觉不自觉地应用着找矿模型。其特点是重视各类找矿标志（信息）的系统组合，实行找矿方法的合理运用，强调经验与实况的理性综合。例如，蚀变带与有利构造部位的组合，一直被看作是重要找矿标志；无磁性围岩中磁铁矿的磁异常特征，早已成为人们头脑中的一个简单而实用的找矿标志；利用元素含量、元素组合和空间分带来评价和判断化探异常的性质和意义，也是理论认识与实践经验的一种综合；所有这些，均可看作是找矿模型的一种要素或雏型。大力开展找矿模型的研究和应用，正是要在以往成矿模式研究的基础上，吸收矿床成因模式和各类标志模型的长处，发展和完善建立找矿模型的理论方法体系，不断提高其应用效果。因此，开展找矿模型研究具有十分重要的理论意义和实际意义。

诚然，在国内外文献中，找矿模型这一概念已出现了二三十年，但对它的准确理解和确切表述却众说不一，还在探讨之中。这正是我们编写本书的原因。本书所指的找矿模型是以经验模型为基础，兼容理论模型，以多学科综合方法为途径，以具体指导找矿实践为宗旨，系统归纳出的一套显示矿床特征和找矿标志的集合。本书依据国内外的有关文献资料，力图理清找矿模型的定位与功能，探讨和论证找矿模型的实践性和实用性特质，概括和阐述针对不同级次找矿工作的建模方法和应用实例，并列举了 50 个世界重要矿床类型，总结和反映出找矿模型的内容实况。我们衷心希望通过这些工作为读者研究与应用找矿模型提供系统的基础资料和基本观点。

二、本书研究思路

鉴于目前国内外对典型矿床特征和成矿模型已积累了大量资料，我们认为有必要对已有的资料进行梳理，总结典型类型矿床的主要找矿特征，推进找矿模型的建立与应用，促进地质找矿的重大突破。根据本项研究的特点，在开展本项研究过程中，我们本着"依托已有文献，力求抓住共性，突出找矿标志，建立找矿模型"的原则，进行了相关的思考和探索。

1. 兼收并蓄，各展其长

对指导矿床勘查，促进找矿突破来说，经验模型与理论模型作为认识链上的两个环节，其重要性不言而喻。随着矿床学研究的深入和科学技术的发展，许多矿床的成因问题得到了解决，或者加深了认识，促使人们建立了许多比较完善的成因模型。成因模型自然成为解释经验找矿标志的基础和前提。然而，不少重要矿床的理论认识观点不一，特别是成因模型需在勘探开发过程中不断验证，一时难以概全。一方面，尽管理论观点有异，找矿标志却往往趋同，并不影响矿床经验模型的总结；另一方面，不管理论模型还是经验模型，在实测过程中所要收集和鉴别的找矿标志，乃是第一性的客观依据。而找矿模型侧重于成矿标志的系统采集和综合研究，不拘泥于理论和成因的探讨，讲求实用性，在对实际资料分析的过程中，确实也很难将经验模型与理论模型截然分开。因此，在本次研究过程中，虽然有意突出找矿模型和找矿标志，但并不排斥理论模型和成因探讨，而力求将成因理论探讨的内容转化为重要找矿标志。

由于某些类型的矿床成因还存在争议，许多矿床，特别是近年来发现的一些新类型矿床，不同的研究人员有不同的见解，因此在研究找矿模型时，我们在内容和分类上充分考虑了兼容性和开放性，因而同一个矿床可能出现在几个不同的找矿模型中。随着矿床研究的不断深入和认识的不断提高，新的成矿观点陆续涌现，我们力求把握相关研究的历史资料，在建模论述中充分考虑新内容、新标志和新类型的增补。

2. 抓住典型，容故纳新

在研究和构建找矿模型时，我们特别注意抓住典型的和有代表性的矿床、矿田、矿区（带），以及已建立的不同学科和不同性质的模型，将其作为论证的基础。例如，条带状铁质建造型富铁矿床找矿模型，以巴西卡腊贾斯、澳大利亚哈默斯利、乌克兰克里沃罗格为代表；密西西比河谷型铅锌矿床找矿模型，以美国密西西比河谷地区的老铅锌矿带、维伯纳姆矿带和加拿大的派因波因特带等为代表；卡林型金矿床找矿模型，以美国卡林矿带和中国秦岭的陕甘川、滇黔桂矿集区为代表。通过深入研究这些典型矿床、矿田、矿区（带）的区域地质和矿床地质、矿床发现过程和勘查历史，以求构建的找矿模型具有真实性、完整性和代表性。

在研究过程中，同时注意最新资料的收集，以体现模型研究的全面性和特色性，以及模型成果表述的时代性。

3. 注重实用，以局部找矿模型（普查找矿模型）为主

成矿作用的痕迹必然要反映在不同级次的岩石－构造体系和特征有别的成矿信息系统中，因此，

找矿模型也应分级次建立。从工作程序来看，矿产勘查工作大致可以分为区域预测、局部预测和矿床勘探3个阶段。与之相应，可以建立区域找矿模型（区域成矿预测评价模型）、局部找矿模型（普查找矿模型）、矿床找矿模型（矿床勘探模型）。其中，局部找矿工作是选择对拟寻矿床（最）有效的方法组合和标志组合，力求在局部找矿的靶区范围内圈定或找到矿床勘探基地，即确认含矿找矿靶区。这就是通常所说的矿床普查，它是整个找矿工作中最核心、也是最艰难、最需研究的课题。因此，本次研究将重点放在局部找矿模型研究上。当然，区域找矿模型、矿床找矿模型的研究，也会推进局部找矿模型的研究。

4. 依托文献，突出找矿标志

本次研究以铁、铬、镍、铜、铅、锌、钨、锡、钼、锑、金、铂族金属、铀、稀土等金属矿床为主，从已有的文献资料出发，以找矿为主线，尽力收集各类矿床的特征、成矿规律和成因类型，加大综合研究的力度，力求提取和概括出各类矿床的地质、地球物理、地球化学找矿标志。在本次研究中，不求矿种齐全、矿床成因类型全面，但求资料扎实、可靠。

5. 立足国外，统筹国内矿床模型

本次研究以现有的文献为基础，鉴于国内文献读者易于得到和研究，我们将重点放在国外典型类型矿床找矿模型研究上。同时考虑到我国玢岩铁矿、柿竹园钨多金属矿床、个旧锡矿床、大厂锡多金属矿床、锡矿山锑矿床、碳硅泥岩型铀矿床、焦家－玲珑金矿及长江中下游地区铜多金属矿床、白云鄂博铁铌稀土矿床等在世界上具有一定的特色和代表性，故邀请国内有关专家参与研究，以便与国外找矿模型作对比。

三、本书主要研究内容

按照上述思路研究和总结找矿模型，虽不能说无例可鉴，但毕竟文献中观点有异、体例纷繁，难以统一而行。为了使本书有明确的逻辑－概念体系，我们着力研究了下述内容，形成自己的观点，以指导资料的归纳总结，并尽力在各论中予以体现。

1. 系统研究了国内外矿床模型的概念

矿床模型是针对某类型矿床系统整理出的一套描述或反映其基本特征的信息。在矿床模型的研究中，因目的、重点、用途不同，人们提出了各种各样的模型概念和定义。尽管不同学者的视点、重点有别，实质上却不约而同地把矿床模型区分为两大类，即经验模型和概念模型。经验模型注重矿床基本特征和找矿标志的收集、甄别和系统整理，不太强调了解它们之间的内在联系，故又被称为描述性模型；概念模型注重把观测到的矿床特征和相关标志与成矿作用过程联系起来，以确定成矿和控矿规律，故又称为理论模型。各类模型概念，乍看起来众说纷纭，实则有着内在的联系。我们以系统总结矿床模型的研究历史为基础，尽力从两大类模型的研究成果中汲取总结和建立找矿模型的依据。

2. 系统论证了找矿模型的概念和定位

找矿模型基本上以经验模型或描述性模型为主，它以找矿为目的，以事实资料为基础，以多学科的标志、特征、数据组合（不是成因和假设）形成的找矿准则和判据为基本内容（物探、化探、遥感模型只是内容或专业的区分，不是性质和类别的区分），通过系统总结和综合研究来指导找矿，故属描述性模型的范畴。诸如文献中出现的普查模型、预测模型，以至前苏联提出的从区域到矿体的预测普查组合，都可以归入找矿模型，在矿产勘查实践中颇受青睐。因此，找矿模型这一术语体现了模型研究的实用性，但在我们看来，它并不排除对矿床理论（成因）的探讨及对矿床特征和标志的总结。

3. 系统介绍了找矿模型建立的原则和方法

纵观找矿模型的建立方法，均需遵循内容相符性、相近性（或相似性）、选择性、综合性、可度量性、可比性、直观性、规范化8个方面的原则。我们将侧重介绍建模过程中的归纳法、演绎推理法及相关步骤。应该提到的是，不同级次和不同类型矿床的找矿模型，所用的资料类别、特征标志、数据精度、目标客体都是有区别的，因此建模的原则、方法和表达形式也会有所不同。

4. 系统论述了不同级次找矿模型的内涵和本质

不同级次的找矿模型，不仅是研究对象规模大小（涉及面积）的区别，更有基本地质依据及相关特征、标志和研究重点的差别。区域找矿模型以地质建造和区域构造分析为基本依据；局部找矿模型以赋矿岩系和控矿构造的成矿标志和成矿特征为主要依据；矿床找矿模型则以矿体和矿化作用的各种标志、特征及其空间分布规模为主要依据。在此过程中，都要进行地质、地球化学、地球物理等相应特征与标志的研究，形成相应的专业找矿模型，分别发挥其不同的优势和效用。

5. 论述了找矿模型的功能和效果

本书以大量实例系统总结了国内外地质、地球物理、地球化学找矿模型研究最新的进展，并说明了找矿模型研究与应用的思路及找矿效果。从找矿模型的普遍性与特殊性、理论性与实践性、研究阶段性与开放性、参数全面性与准确性、成矿系统性与找矿模型级次性、矿床新类型与找矿模型创新性等6个方面，论述了找矿模型研究与应用中应该注意的问题，强调建立模型、使用模型是指导资料收集和资料解释（认识、理解）的手段，而不是目的。建模、用模是勘查工作中深化资料收集和认识的运行过程，而不是终结。

6. 系统总结了国内外50个重要金属矿床类型（亚类或式）矿床的找矿模型

本书涉及的主要矿种包括铁、铬、镍、铜、铅、锌、钨、锡、钼、锑、金、铂族金属、铀、稀土等，也包括金刚石；主要内容包括各类型矿床的地质特征、矿床成因和找矿标志（包括区域地质找矿标志、局部地质找矿标志、地球物理找矿标志和地球化学找矿标志等）。

找矿模型是一定阶段对矿床认识的系统总结和概括，在实践中将不断得到深化和完善，因此，找矿模型的发展具有明显的阶段性。找矿模型来源于找矿工作实践，服务于找矿工作，当找矿模型研究与应用达到一定程度、积累到一定阶段时，必然产生新的理论和新的认识，进而形成新的模型。本书所涉及的找矿模型体现了作者对现有资料的认识水平，需要在实践中不断丰富和发展。

四、几点说明

1. 关于找矿模型研究范围和找矿模型的分类

在研究初期，我们系统设计了不同类型矿床的研究方案，因受资料、经费和时间的限制，本次仅对其中的50个典型类型矿床找矿模型进行了研究。在实际研究过程中，因资料收集情况不同，有的矿床类型资料较欠缺，有的资料则较为丰富，甚至有些矿床的亚类资料也很丰富，因此，在原研究提纲的基础上，增加了某些亚类找矿模型研究。尽管如此，由于矿床种类繁多，类型多样，本书涉及的矿床找矿模型仍然有限。我们期待以后立项进一步加以研究。

在所研究的50个找矿模型中，矿床类型划分方案不同，有的以温度高低划分（如低温浅成热液型金矿床），有的以容矿围岩性质划分（如黑色页岩型金矿床、矽卡岩型金矿床），有的以产状划分（如不整合型铀矿床），考虑到资料的真实性，以及有些矿床类型划分本身具有较大争议或交叉性，本书没有作统一划分。

本次研究主要针对大类"型"的矿床找矿模型，同时对少量特征性较强的亚类或典型矿床（本书称为"式"）找矿模型也作了研究。此外，针对绿岩带金矿、澳大利亚维多利亚地区金矿、我国长江中下游地区铜多金属矿床开展了找矿模型研究。

2. 关于找矿模型的建模工作

找矿模型内容丰富、专业面广，因此建模工作是一项难度巨大的工程，尤其是以典型类型矿床为主线，更是难上加难。本书虽详细论述了建模思路和建模过程，但本次研究主要是依托文献资料，对国内外已有资料进行概括和总结，受工作条件限制，对大部分典型矿床未能进行实地考察和研究，也未对已建模型进行实践检验，有待于读者在应用过程中发展和完善。

3. 关于找矿模型的编排

为方便读者查阅，在编排上以矿种为序，以成因类型为据。在研究过程中，我们还收集了大量国外关于金刚石矿床的资料，内容丰富，对我国金刚石找矿具有一定的指导意义。虽然它属非金属矿床，本书仍将其收入在内。

4. 关于个别地层时代旧称谓的沿用

过去的文献普遍采用"第三系（纪）"和"下第三系（纪）"等称谓，但新的地层表已改用"古近–新近系（纪）"、"古近系（纪）"等表示，由于本书涉及资料较多，鉴于对原文献中"第三系"难以判断是"古近系"还是"新近系"，故本书保留了"第三系（纪）"等的称谓。由于相同的原因，也保留了石炭系三分的称谓。此外，由于文献发表时间不一，各地区研究认识程度不同等，地层时代的归属会有一定的出入。

5. 关于参考文献

本次研究参阅了大量参考文献，大多数文献在正文中作了标注。但有小部分参考文献，对具体找矿模型研究，虽有扩展思路、增加证据等功效，但有时确实难以在书中具体位置作出标注，为了方便读者参考，将它们一并列于书后的参考文献中。在本书编写之初，各章节的参考文献是单独列出的。鉴于有些文献在不同找矿模型中均被引用，为节省篇幅，我们将参考文献汇聚在一起，这给读者的查阅和使用增添不少的麻烦，敬请读者谅解。

此外，本书以前人大量研究成果和实际资料、图表为基础，根据本书需要，对有些图、表作了一定缩减和改编。书中某些讨论和认识，可能与原作者不完全一致，这只代表本书作者的一种认识，而不意味着对原作者观点的否定。

五、本书编写分工及致谢

本项研究启动于 2006 年年初，历时 5 年，是国土资源大调查项目"地质调查情报编译与科技成果集成"的成果之一，作为《信息找矿战略与勘查百例》的姊妹书推出。本书的前言、总论由施俊法编写，参加找矿模型各论编写的人员有唐金荣、周平、金庆花、戴自希、项仁杰、杨宗喜、施俊法、朱丽丽、金玺、尤孝才、江永宏、徐华升等，李友枝参与了前期调研，彭捷、李建全、方秋芸和王丹等参与了相关资料的收集。在研究过程中，华东冶金地质勘查局赵云佳和华东冶金地质勘查局综合地质大队高道明、洪东良完成了玢岩型铁矿床找矿模型研究；东华理工大学潘家永、吴仁贵完成了碳硅泥岩型铀矿找矿模型研究；山东省第六地质矿产勘查院崔书学参与了山东焦家–玲珑式找矿模型研究；桂林工学院王钟和广西二一五地质队范森葵完成了大厂锡多金属矿床找矿模型研究；中国地质大学（武汉）马振东、龚敏、龚鹏、曾键年、王磊、金希完成了长江中下游地区铜多金属矿床找矿模型研究。全书由施俊法、唐金荣统稿。

本项研究始终在中国地质调查局有关领导和专家的指导下开展，叶建良、陈仁义、严光生、卢民杰、薛迎喜、肖桂义、刘凤山、李志忠、何凯涛对本项研究给予了大力支持；陈毓川、方克定、叶天竺、肖庆辉、彭齐鸣、齐亚彬对本项研究给予了指导；陈毓川院士在百忙中为本书作序；吴传璧、刘士毅、赵伦山、王保良、王家枢、沈铺立、梅友松、马振东、冯钟广、闫立本、刘益康、罗永国、吴其斌、刘凤仁、刘志刚审阅了本书部分内容，并提出了宝贵的修改意见。中国地质大学（北京）莫宣学院士提供了大量资料；王立文、刘吉成、石宏仁、纪忠元、丁晓红提供了大量译文资料。中国地质调查局发展研究中心主任邓志奇、总工程师谭永杰，以及中国国土资源经济研究院院长姚华军给予了大力支持。在本书编写过程中，大量引用了原中国地质矿产信息研究院出版的"三刊"（《地质科技参考资料》、《地质科技动态》和《国外地质科技》）和一系列专题情报研究成果。在此一并表示诚挚的感谢。

本书由于研究范围广，涉及学科多，工作难度大，难免存在不足之处，敬请读者批评指正。

施俊法

2010 年 10 月 8 日

目　　录

上篇

总论

第一章 矿床模型及其研究历史

从本质上说，矿床模型是矿床学研究的重要组成部分，它源于矿床学研究，随着矿床学的发展而不断深入完善，随着找矿实践的需要而不断丰富扩展。正如俄罗斯地球化学家 A. П. Соловов（1987）所说，"一个学科的发展要遵循一定的规律：经验观测资料的积累使我们可以建立抽象的模型，模型研究则导致理论的建立，立足于理论再进行实践，已是更高水平的实践"。因此，建立矿床模型是传统认识论的践行，即从经验性资料出发研究和总结客观规律，上升为理论，再去指导实践。任何一种矿床模型的建立，只代表对研究对象的认识深化，而不是认识的终结，更不是束缚人们认识和实践的桎梏。也就是说，建立矿床模型是推进成矿作用研究和矿产勘查的一种新形式。

在研究过程中，不同专业和不同追求的研究者们，研发出各式各样的模型，提出了众多内涵有别的概念或术语，开拓着找矿应用的不同方向，使矿床模型研究领域异彩纷呈、门类多样。在此背景下，为把握研究重点，理清我们的研究思路，有必要对矿床模型的概念和研究历史作一简要的回顾。

一、矿床模型的概念和特点

（一）矿床模型的概念

通常所说的矿床模型（mineral deposit model）是一个综合性的概念。一般来说，矿床模型是针对某类型矿床系统整理出的一套描述或反映其基本特征的信息集合。在矿床模型的研究中，因目的、重点、用途不同，人们提出了各种各样的模型概念和定义，乍看起来千头万绪，实则有着内在的联系。为了理清本书的研究与编写的思路，有必要对矿床模型的概念作一些探讨。表1-1列出了国内外学者对矿床模型概念的代表性论述。

表1-1 国内外学者对矿床模型概念的表述

作者与年代	概念描述（定义表达）	资料来源
D. P. Cox 和 D. A. Singer, 1986	矿床模型是描述一类矿床主要属性（特征）的经过系统编排的信息。模型可能是经验（描述性）模型，在这种情况下，各种属性都被认为是重要的，即使它们的关系并不清楚；模型也可能是理论（成因）模型，在这种情况下，各种属性是通过某种基本概念相互联系起来的	Mineral deposits models: U. S. Geological Survey Bulletin 1693, p: 7
R. G. Roberts 和 P. A. Sheahan, 1988	矿床模型由两个部分组成：经验模型——包括观察数据在内的一系列数据，用于描述矿床；概念模型——试图通过统一的成因模型解释数据	Ore deposit models, Geological Association of Canada, 1988, p. V
C. J. Hodgson, 1989	矿床模型是一种概念性和（或）经验性的标志，既体现着矿床类型的描述性特征，又包括根据地质作用对这些特征的解释	Uses (and abuse) of ore deposit models in mineral exploration. In: Exploration'87 proceeding: Ontario Geological Survey Special, 3: 31~35
N. White, 2008	矿床模型就是把矿床的主要特征用简单易懂的方法表示出来，它是某一矿床的各种有用信息的综合体，包括在不同尺度上识别出的最全面而可靠的特征	Ore deposit models: their use in exploration, 2008 年在中国昆明的"矿床模型及矿产勘查"讲座

作者与年代	概念描述（定义表达）	资料来源
陈毓川等，1993	矿床成矿模式，确切地说，它是对矿床赋存的地质环境、矿化作用随时间、空间变化显示的各类特征（包括地质、地球物理、地球化学和遥感地质）以及成矿物质来源、迁移富集机理等要素进行概括、描述和解释，是成矿规律的表达形式。找矿模型突出的是某类矿床的基本要素和找矿过程中特殊意义的地质、物化探和遥感影像等特征及空间的变化情况。总结发现该类矿床的基本标志和找矿使用的方法手段	中国矿床成矿模式，地质出版社
裴荣富，1995	矿床模式是一组相似（或同一类型）矿床地质特征的综合表征，即通过对同一类型的每一个矿床地质特征的系统整理，所归纳出的具有一定理性认识的、反映该类型矿床共性的标准样式，以便为矿床地质工作者辨认该类型矿床的面貌提供参考	中国矿床模式，地质出版社
涂光炽，2001	成矿模式（矿床模式）是有关某矿床或某一矿床类型中客观存在的、可供描述的各种资料及参数的集合、抽象和概括。可供描述的资料及参数包括矿床产出的地质背景、矿体产状形态、矿石物质组成、围岩蚀变、控矿因素等。这一部分相对较定型，它们的概括不仅有利于同类矿床的对比，对找矿预测也很有帮助。另外，成矿模式也可以包括矿床成因，这一部分较难定型，它随着成矿理论水平的提高、成矿规律的深入研究等将有所发展和改变	过去20年矿床事业发展的概略回顾，矿床地质，2001，(1)：1~9
翟裕生，2001	矿床模式或成矿模式是指在对大量矿床进行综合研究的基础上，对某类矿床或某种成矿作用基本特征的概括。它一般采用图解、文字或表格的形式，将复杂的成矿要素、成矿过程和矿床地质特征进行概括，用以具体指导对某类矿床的找矿工作	走向21世纪的矿床学，地球科学进展，2001，16（5）：719~725

由表1-1可知，尽管不同学者的视点、重点和角度有别，实质上都不约而同地把矿床模型区分为两大类，即经验模型和概念模型（或曰理论模型）。经验模型注重矿床基本特征和找矿标志的收集、甄别和系统整理，不特别强调要探究它们之间的内在联系，故又被称为描述性模型；概念模型注重把观测到的矿床特征、相关标志与成矿作用过程理性地联系起来，以确定成矿和控矿规律，故又称为理论模型。以这两类模型为基础，因目的、用途、特征之不同，又派生出多种多样的模型和概念，如成因模型、品位-吨位模型、矿体形态模型等（详见第二章）。

严格说来，在矿床模型的研究和应用中，各种模型的概念并不是最重要、最本质的问题，关键是应把模型研究或建模工作看作是解决地质找矿实际问题的方法途径或思维方式。在解决找矿问题的过程中，"模型"只是一种中间成果，还需要在实践中不断发展和完善。

应该提到的是，在中文文献中，矿床模型也被称为"矿床模式"、"成矿模式"；在物化探文献中，亦有"异常模型"和"异常模式"之称谓。不过，在大部分情况下，"模型"与"模式"对应的英文都是"model"；只有地球化学分散"模式"对应的是"pattern"，那已经是另外的专业含义了。因此，本书基本上采用"模型"这一术语和概念（引用的中文文献除外）。

（二）矿床模型的特点

经过半个多世纪的探索与发展，矿床模型不断得到补充和完善，其研究工作日趋成熟，研究领域与应用范围不断扩大，找矿效果日趋明显。当前，矿床模型具有以下几个特点：

一是"亦老亦新"。矿床模型的概念已经提出半个多世纪，在地质找矿过程中发挥了重要的作用。在实际运用过程中，具有"老矿床，新模型"、"老资料，新解释"、"老模型，新作用"的特点。20世纪60年代依据斑岩铜矿蚀变分带模型发现美国卡拉马祖斑岩铜矿床的过程，堪称矿床模型应用的典范，至今还被人们津津乐道。一些古老的矿床模型在当今深部找矿的过程中正焕发着青春，针对矿床新发现，不断研究新信息，解决新问题，形成新认识，推出新模型，实现新突破。过去，人们习惯把澳大利亚奥林匹克坝铜金铀矿床称为"独生子"矿床。经过大量研究后发现，在世界范围内广泛发育此类矿床，它们构成了一种新类型，即铁氧化物铜金型矿床，这为矿床模型研究注入了新的内涵。据称，应用该模型，在澳大利亚、加拿大、越南等国家取得了一系列重大发现。

二是"亦小亦大"。从研究尺度上看，矿床模型研究范围可以小到一个具体矿床（体），亦可以大到矿田，再到区域成矿带乃至全球尺度成矿域。人们总结的每个类型矿床模型虽然文字不多，但涵盖着众多矿床的信息，涉及不同级次成矿客体的空间关系，包容着地质、地球物理、地球化学等信息，因此，具有"小模型，大视野"、"小模型，大功能"、"小模型，大信息"的特点。

三是"亦理亦工"。矿床模型既包括概念性模型，又包括经验性模型；既有理论性研究，也有实用性研究；既有成矿理论总结，更有找矿实践应用；既是原创性与再创性的结合，又是信息积累和认识升华的结合。因此，矿床模型是理论与经验、认识与工程（实践）、科学与技术相结合的产物和载体。

二、矿床模型研究历史概述

（一）国外矿床模型研究发展概况

矿床模型的研究是随着矿床发现实践和成矿理论深化而发展起来的。从已有的文献资料来看，国外矿床模型研究的发展大体经历了3个阶段。

1. 矿床模型的萌生和奠基时期

这一时期大致为20世纪30年代至70年代末。其基本特征是，以大量已知矿床为基础，总结出了一系列典型矿床的基本特征。

在矿床学研究的早期，虽然没有正式提出矿床模型的概念，但实际上早就从研究已知矿床的典型特征入手，查明控矿要素，探讨成矿过程，总结矿床成因，确定找矿标志，孕育着矿床模型的研究思路。例如，美国的W. 林格伦、R. C. 艾孟斯，瑞士的P. 尼格里，挪威的J. H. L. 伏格特，德国的H. 斯奈德洪，前苏联的А. Е. 费尔斯曼、С. С. 斯米尔诺夫、А. Г. 别捷赫琴等，以各自的研究为依据，认为大部分金属矿床与岩浆热液作用有关，建立了以"岩浆－热液"成矿作用为主导的学说。这些观点逐步系统化，形成了岩浆热液成矿论，实际上这便是现今我们熟知的岩浆热液型矿床的矿床模型。以德国A. G. 维尔纳为代表的水成论学派，认为所有的岩石和矿床都是从大洋水中沉淀形成的，大洋水中溶解有形成岩石和矿床的所有物质，当它们沿岩石裂隙渗透时，就在其中沉淀出矿石。后来，逐渐形成"侧分泌"成矿观点，进一步演变成了"层控"成因的新观点。这便是后来提出的"层控型矿床模型"。

到20世纪50年代，"模型"的概念和术语开始被采用，并见诸文献。例如在美国，当时已开始研究斑岩铜矿的蚀变和矿化分带模型，用于找矿实践，并在卡拉马祖等矿床的发现中发挥了作用。从60年代开始，使用矿床的描述性模型和成因模型进行矿产勘查和矿产资源区域评价，在科罗拉多钼矿带的扩大和阿拉斯加矿产资源评价中取得了成功。这种研究思路得到了学术界和管理部门的认可。1979年，美国在丹佛召开了"矿产评价讨论会"，将描述性勘查模型确定为评价美国本土矿产资源潜力的主要方法。

20世纪60年代和70年代，在澳大利亚，便有意识地建立了一些典型矿床的成因模型，并集中力量利用模型指出成矿环境，圈定找矿靶区。1960~1980年间，澳大利亚成功建立并应用的模型有：第三纪到现代红土准平原上的铝土矿床模型，元古宙条带状铁质建造中的块状赤铁矿床模型，超镁铁质熔岩流铜镍硫化物矿床模型，古生代火山岩中的铀矿矿床模型，以陆棚碳酸盐岩为容矿岩石的铅锌矿床模型，酸性火山岩中的多金属块状硫化物矿床模型，等等。

从20世纪70年代起，前苏联地质部和苏联科学院的许多研究所，也开始集中力量研究一些重要类型矿床的地质和地球物理模型。

应当提到的是，在 20 世纪 60~70 年代，板块构造学说的兴起和发展，给成矿理论和成矿模型的研究注入了新的活力。地质科学理论的重大创新推动着矿床模型研究的发展。到 70 年代末，矿产勘查发现了大量矿床，促进了现代矿床学框架的基本确立，同时也为矿床模型的研究和应用奠定了良好的基础。

2. 矿床模型研究和应用的发展时期

20 世纪 80 年代以来，在大量资料积累的基础上，矿床模型研究的规范化和系统化成为这个时期矿床模型研究的重要特征，并呈现出以下特点。

（1）总结性、综合性学术著作大量问世，研究水平明显提高

1981 年，美国地质调查局出版了《Characteristics of Mineral Deposit Occurrences》，开始以专著形式总结矿床模型的研究成果。此后，不同国家相继出版了类似的总结性专著，且综合性大大提高。例如，1986 年，美国地质调查局 D. P. Cox 和 D. A. Singer 编著的《Mineral Deposits Models》，总结了 111 个国家 3900 多个矿床的资料，包括 87 个矿床类型的描述性模型和 60 个不同类型矿床的品位－吨位模型。1992 年，J. D. Bliss 主编的《Developments in Mineral Deposits Modeling》对 1986 年之后美国矿床模型的建立和使用做了简要回顾。加拿大地质调查局于 1984 年出版了《Canadian Mineral Deposit Types：A Geological Synopsis》（O. R. Eckstrand，1984），介绍了一些矿床类型的描述性模型。此后，加拿大地质协会于 1988 年和 1993 年先后出版了《Ore Deposit Models》（R. G. Roberts and P. A. Sheahan）和《Ore Deposit Models（Ⅱ）》（P. A. Sheahan and M. E. Cherry）两本汇编，系统收入了加拿大矿床模型研究的最新成果，先后重印了 7 次。1998 年，《澳大利亚地质和地球物理杂志》编辑部组织大学、研究部门和矿业公司，针对澳大利亚的主要矿床类型撰写了 20 个找矿模型。这种趋势也延伸到发展中国家，例如，哈萨克斯坦于 2004 年以英文出版了《Minerogenic Map of Kazakhstan》（S. Zh. Daukeev 等，2004），介绍了 43 个典型矿床的地质特征和矿床模型。2007 年，印度出版了《Exploration Modeling of Base Metal Deposits》专著（S. K. Haldar，2007），以印度元古宙锌矿资料为基础，与澳大利亚、加拿大的层状铅锌银矿床进行对比，系统地论述了矿床模型的理论、参数和实例（表 1－2）。

表 1－2　20 世纪 80 年代以来国外发表的矿床模型代表性著作

作者和年份	出版物或成果名称和单位	主要内容
R. L. Erickson，1981	Characteristics of Mineral Deposit Occurrences，美国地质调查局	介绍了美国 47 个矿产地特征，包括地质、地球物理、地球化学特征。该文集成为后来 D. P. Cox 等编写《Mineral Deposits Models》的基础
O. R. Eckstrand，1984	Canadian Mineral Deposit Types：A Geological Synopsis，加拿大地质调查局	介绍了一些矿床类型的描述性模型
D. P. Cox 和 D. A. Singer，1986	Mineral Deposits Models，美国地质调查局	以 111 个国家 3900 多个矿床资料为基础，介绍了 87 个矿床类型的描述性模型和 60 个不同类型矿床的品位－吨位模型
R. G. Roberts，P. A. Sheahan，1988	Ore Deposit Models，加拿大地质协会	系统收入了加拿大当时矿床模型研究的最新成果
1980 年以来 Geoscience Canada 杂志	矿床模型讲座	先后介绍了 12 个 20 世纪 70 年代和 80 年代在北美流行的地质－成因模型
J. D. Bliss，1992	Developments in Mineral Deposits Modeling，美国地质调查局	对 1986 年之后美国矿床模型建立和使用的发展做了简单回顾。研制和完善了主要矿床类型的描述性模型和品位－吨位模型，以及数字矿床模型和矿床勘查模型，并对建模方法进行了研究，进一步完善了以矿床模型为基础的计算机人工智能预测勘查系统，扩大了模型应用领域
P. A. Sheahan and M. E. Cherry，1993	Ore Deposit Models（Ⅱ），加拿大地质协会	系统收入了加拿大当时矿床模型研究的最新成果
E. A. du Bray，1995	Preliminary Compilation of Descriptive Geoenvironmental Mineral Deposit Models，美国地质调查局	反映矿床开采前以及由于矿山开采、矿石处理和冶炼等活动所造成的环境行为的地质、地球化学、地球物理、水文和工程信息的集合。该专辑收入了 32 种类型矿床地质环境模型

作者和年份	出版物或成果名称和单位	主要内容
"Journal of Australian Geology Geophysics" 编辑部，1998	组织大学、研究部门和矿业公司针对澳大利亚的主要矿床类型撰写了 20 个找矿模型	包括太古宙火山岩中的块状硫化物矿床找矿模型、东澳古生代锡–钨矿找矿模型、西澳受剪切带控制的红土型氧化镍及伴生的锰钴镍矿床找矿模型、表生金矿找矿模型、澳大利亚和西太平洋斑岩铜金矿找矿模型等 20 个找矿模型。每个模型都对各种准则，包括区域地质准则、局部地质准则、矿化特征、蚀变特征、地球物理准则、地球化学准则、流体来源及成因等作了全面阐述
加拿大不列颠哥伦比亚省地质调查局网站，2000	Deposit Profiles	公布了 157 个矿床模型，其中 40 个模型还在研究之中。这些模型具有简单的特征介绍，主要包括类型、地质特征（构造背景、形成环境、成矿时代、含矿岩石类型、结构构造、矿石矿物、脉石矿物、蚀变矿物、风化情况）、矿床成因模型、勘查准则、经济因素、参考文献等内容
S. Zh. Daukeev 等，2004	Minerogenic Map of Kazakhstan	该专著以大量彩色图片，介绍了 43 个典型矿床的地质特征和矿床模型，为勘查者提供了一本极为实用的参考资料，读者可以以看图识字的方式，了解矿床模型的结构和特征
P. Laznicka，2006	Giant Metallic Deposits—Future Sources of Industrial Metals	详细介绍了 11 种不同构造环境下形成的重要矿床类型
S. K. Haldar，2007	Exploration Modeling of Base Metal Deposits	该书以印度元古宙锌矿资料为基础，对比澳大利亚、加拿大层状铅锌银矿床，系统地论述了模型的理论、模型参数、勘探成果和矿床模型的应用实例

　　从 20 世纪 70 年代末到 90 年代初，前苏联在金属矿床模型方面完成了先驱性的研究。例如，全苏地质研究所在 80 年代初以建造分析为基础，在前苏联境内划分出了 87 个构造建造带类型，为区域矿产预测提供了经验模型。矿床模型研究虽受到前苏联解体的影响，但其后又得到加强。例如，俄罗斯中央有色金属和贵金属地质勘探研究所（ЦНИГРИ）参与专题研究的专家有 80 多位，1992～2002 年 10 年内出版的专著就有 33 种，包括矿床模型图集、丛书，介绍建模的规程和方法（表 1 – 3）。

表 1 – 3　俄罗斯中央有色金属和贵金属地质勘探研究所出版的有关矿床模型的专著

作　者	专著（论文）名称（俄文出版）	出版形式	出版时间
Е. В. Бельков 等	俄罗斯东北部金、银矿床多因素预测 – 普查模型	图集	1992
А. И. Донец 等	鲁德内阿尔泰黄铁矿 – 多金属矿床梯度 – 矢量模型	图集	1992
А. И. Кривцов 等	铜 – 锌 – 黄铁矿矿床梯度 – 矢量模型	图集	1992
А. Г. Волчков 等	铜 – 锌 – 黄铁矿矿床地质 – 普查参数模型	图集	1993
А. И. Донец 等	黄铁矿 – 多金属矿床多因素模型	图集	1993
В. И. Иванов 等	脉状金矿床多因素模型	图集	1993
М. М. Константинов 等	金矿床梯度 – 矢量模型	图集	1993
А. И. Кривцов 等	铜 – 锌 – 黄铁矿矿床多因素模型	图集	1993
Н. К. Курбанов 等	碳质 – 陆源杂岩金矿床的地质 – 成因模型	图集	1993
В. И. Куторгин 等	金和铂族金属冲积砂矿床的多因素模型	图集	1993
Г. В. Ручкин 等	黄铁矿 – 多金属矿床地质 – 普查参数模型	图集	1993
С. А. Емельянов 等	层状铅 – 锌矿床的多因素模型	图集	1993
С. Н. Жидков 等	脉型和矿化带型金矿床的多因素模型	图集	1994
С. Н. Жидков 等	层状和网状脉金矿床的多因素模型	图集	1994
М. М. Константинов 等	贵金属、有色金属和金刚石矿床的预测 – 普查模型	图集	1994
М. М. Гирфанов 等	斑岩型有色金属和贵金属矿床的综合模型	图集	1995

作　　者	专著（论文）名称（俄文出版）	出版形式	出版时间
А. И. Кривцов 等	贵金属和有色金属矿床模型体系	论文	1995
М. М. Константинов 等	金 - 银矿床	丛书＊	2000
А. И. Кривцов 等	斑岩铜矿床	丛书＊	2001
А. И. Кривцов 等	诺里尔斯克型铜 - 镍 - 铂族金属矿床	丛书＊	2001
В. Е. Минорин	俄罗斯金刚石砂矿预测 - 普查模型	丛书＊	2001
Е. В. Машвеева 等	金刚石、贵金属和有色金属预测资源评价	方法指南	2002
Б. И. Беневольский 等	金刚石、贵金属和有色金属预测资源评价（金）	方法指南	2002
В. И. Ваганов 等	金刚石、贵金属和有色金属预测资源评价（金刚石）	方法指南	2002
В. N. Кочнев - Первхов 等	金刚石、贵金属和有色金属预测资源评价（镍和钴）	方法指南	2002
А. И. Кривцов 等	金刚石、贵金属和有色金属预测资源评价（铜）	方法指南	2002
Г. В. Ручкин 等	金刚石、贵金属和有色金属预测资源评价（铅和锌）	方法指南	2002
В. И. Ваганов 等	空间成矿分类参考教材	丛书＊	2002
М. М. Константинов 等	含金成矿体系的构成和发展	丛书＊	2002
М. М. Константинов 等	主要大地构造环境中金矿床的地质构造和普查标志		2002
А. И. Кривцов 等	黄铁矿类矿床	丛书＊	2002
В. И. Кутаргин 等	以多因素模型为基础的金和铂族金属砂矿评价和勘探体系	丛书＊	2002
Г. В. Ручкин 等	碳酸盐岩层中的层状铅锌矿床	丛书＊	2002

资料来源：А. И. Кривцов 等，2005

注：＊丛书为《贵金属和有色金属矿床模型》。

（2）多种形式推进矿床模型的研究与应用，实际效果显著

20 世纪 80 年代以来，矿床学和矿产勘查界的学术会议，都把矿床模型作为重要的讨论议题，对矿床模型的研究和应用起到了巨大的推动作用。例如，前苏联先后召开了 3 次"全苏内生矿石建造成因模型会议"（1980 年 5 月，1985 年 11 月和 1990 年 4 月）。第一次会议通过对建模任务、内容、原则和方法的争论，明确了发展方向，为后来的模型研究奠定了良好基础。此后的两次会议，分别讨论了建立矿石建造和成矿系统的定性和定量地质 - 成因模型的一般原则和特点，以及以矿石建造和成矿系统的成因模型为基础的矿产预测方法原理。1985 年 9 月，美国和加拿大共同在利斯堡市召开了"公有土地矿产资源评价展望"专题讨论会，肯定了矿床模型是进行矿产预测和评价的主要方法，进一步推动了它的实际应用。

国际地科联（IGUS）和联合国教科文组织（UNESCO），在推动矿床模型研究和应用方面发挥了独特作用。1985 ~ 1994 年间，他们联合组织了一个为期 10 年的"矿床模型项目"（DMP）。该项目的基本目标是，在发达国家和欠发达国家的地球科学家之间进行资料和技能方法的交流，对发展中国家的地质工作者进行培训，促进矿床模型在矿产资源勘查、评价、开发和管理方面的应用。1994 年以后，该项目又续作了一段时期。相关情况见表 1 - 4。

有关矿床模型的文献在相关专业杂志上发表与传播，也有效地推动了矿床模型的推广和使用。1980 年以来，加拿大《Geoscience Canada》杂志开辟了矿床模型讲座，先后介绍了 12 个 20 世纪 70 年代和 80 年代在北美流行的地质 - 成因模型。在国际地科联和联合国教科文组织的"矿床模型项目"（DMP）实施期间，每次讨论会提交的报告都发表在《Episodes》杂志上，在世界范围内广泛传播。

（3）矿床模型研究内容扩展，应用范围扩大

随着各类地质观测数据的增多，矿床模型研究的内容不断扩展，研究参数不断增多，从传统的矿床地质描述模型扩展到地球物理、地球化学模型。随着研究内容的扩展，矿床模型的功能也不断增强，

表 1-4 国际地科联和联合国教科文组织共同组织的"矿床模型项目"的主要活动（1985～1994）

时间	主办国家	会议主题
1985.2	苏丹	与"第5届阿拉伯矿产资源大会"一起召开，研讨矿床模型的发展与使用
1985.12	菲律宾	总结了金矿、斑岩铜矿、地热系统、块状硫化物矿床和铬铁矿矿床的矿床模型，尤其是讨论了蛇绿岩套中的铬铁矿矿床模型、地热系统的矿床模型
1986.12	巴西	前寒武纪绿岩带铁建造中的金矿床模型
1987.11	智利	火山环境下含金热液系统模型
1988.9	玻利维亚	以火山岩为容矿岩石的浅成热液贵金属矿床模型
1988.10	中国	层控铜矿床模型及找矿方向
1990.8	加拿大	矿床模型及其在资源评价和勘探中的作用与应用；岩浆与热液矿床模型；以沉积岩和火山岩为容矿岩石的矿床模型；矿床模型的定量评价方法和大型数据集的计算机处理
1990.12	布基纳法索	火山成因块状硫化物矿床和剪切带金矿床模型
1992.4	英国	关于成矿元素地壳储层的矿床模拟
1993	匈牙利和斯洛伐克	产有多金属和金矿床的第三纪岛弧模型和矿产资源评价
1996.6	阿尔巴尼亚	阿尔巴尼亚蛇绿岩及有关的矿化作用
1997.9	哈萨克斯坦和吉尔吉斯斯坦	哈萨克斯坦、吉尔吉斯斯坦古生代与花岗岩有关的金、铜、钼、钨和稀土元素矿床以及浅成热液多金属矿床

资料来源：C. G. Cunningham 等，1993，有修改

从局部找矿预测扩展到区域找矿应用，从矿体定位扩展到区域矿产资源潜力评价。

（4）矿床模型定量化、智能化

20世纪90年代以来，矿床模型向定量化、智能化方向发展。以信息技术为手段，以矿床模型为基础，建立了矿床模型数据库，并建立了适应不同比例尺预测和普查需要的自动化人工智能预测勘查系统。其中，最具有代表性的当属美国"勘探者Ⅱ号"，促进了矿床模型研发与应用的定量化和智能化。当然，由于成矿作用复杂多样，矿床模型千差万别，矿床模型的定量化研究尚需不断探索和完善。

3. 矿床模型研究与应用进入新的历史阶段

20世纪90年代以来，随着近地表易寻矿床的发现殆尽，地质工作者面临着寻找隐伏的、难识别大型和超大型矿床的任务，矿床模型研究也出现了新的局面。

（1）通过对超大型矿床的研究，拓宽矿床模型认识，建立了一些新类型矿床模型

进入20世纪90年代以来，全球范围内掀起大型、超大型矿床研究热潮，地质学家试图通过对超大型矿床的研究，确定有利于大型、超大型矿床的产出环境，制定相应的勘查准则，进而确定勘查战略。然而，研究表明，大多数超大型矿床与中小型矿床在成矿作用、主要找矿标志方面并没有本质的区别。

针对这种情况，地质学家另辟蹊径研究矿床形成过程，认识到成矿作用研究不能离开岩石圈与地幔演化，除了研究壳-幔相互作用外，还应注意研究岩石圈底面、软流圈上涌等对成矿作用的控制，更重要的是把成矿作用看作是地球动力学过程的一部分。为此，澳大利亚于1993年成立了地球动力学研究中心，试图通过对成矿作用与地球动力学演化关系的了解，增强矿业界发现矿床的能力。这被认为是成矿作用研究进入第三个里程碑的阶段（施俊法等，2004a）。为响应这个重大发展趋势，欧洲科学基金会亦于1998～2003年实施了"地球动力学与成矿作用"研究计划。总之，成矿作用过程研究正在被纳入到地球动力学演化的总体框架中，从岩石圈深部壳-幔驱动到浅部地壳响应及环境变迁，从巨量物质及能量运移、聚集与浅部定位整体过程研究到大型矿集区及超大型矿床的形成、分布规律等，形成一系列与地球深部作用有关的成矿作用的新理论、新模型，例如，地幔柱成矿理论、碰撞造山成矿理论（陈衍景等，2001；侯增谦等，2003），等等。

与此同时，随着新矿床的发现、资料的增多和认识的深入，过去被认为独一无二的超大型矿床，现在却被认为是一种新类型的矿床，建立了新矿床模型。其中，以奥林匹克坝为代表的铁氧化物铜金型矿床（IOCG），现已被公认是一种遍及世界各地的新类型矿床。这种认识的变化有力地促进了矿产的勘查与发现。另一个实例是产在黑色岩系中的贵金属矿床，现在也被认为是一种重要的新类型矿床。

（2）对矿床模型性质、用途、效用进行反思与定向

在大型、超大型矿床研究过程中，矿床模型的应用遇到了极大的难题。对同一成因类型，甚至同一地区或同一构造环境的矿床作对比研究时，发现超大型矿床与小型矿床虽储量相差悬殊，但成矿地质条件十分相似，找矿标志亦十分类似，成因机制无本质区别，因此，专门寻找超大型矿床，尚缺乏独特的理论、显著的标志和有效的技术手段。同时，一些超大型矿床具有较独特的成矿地质特征，几乎是世界上独一无二的矿床，利用它们的成矿模型寻找类似规模的矿床，似乎难以如愿以偿。

从矿床发现史来看，有些勘查计划是按事先设定的成矿模型来组织工作的，虽然找到了矿床，却发现该矿床的实际模型并不是原来设定的理论模型。在一些工作程度较低的地区，尤其是在没有开展物化探工作的地区，单凭矿床理论模型判断该区的找矿潜力，存在很大的不确定性。在一些地区，尤其是隐伏区，尽管探测到与矿化有关的地质、物化探异常，但因矿床成因类型不明，往往很难下决心打钻验证。当然，大多数矿床是在明确已知成因类型后，系统收集与研究地质、物化探信息，从而实现找矿突破的。

基于上述认识，勘查者应该更加重视识别矿床的找矿标志，在矿床成因研究的基础上，深入研究矿床的各类找矿标志，进而指导同类矿床的找矿工作。可见，对矿床模型的研究明显具有理性回归的势头。

（3）找矿模型愈来愈受重视，综合研究正在加强

面对超大型矿床勘查的挑战和寻找隐伏矿、深部矿的难题，矿床模型的研究再次受到重视。尽管理论模型在指导找矿方面具有不确定性，但突出找矿信息的找矿模型在某种程度上不受矿床成因认识的影响，减少了勘查过程的不确定性，更受勘查者欢迎。随着深部找矿的重大发现，以矿床空间分带（或地质标志）为主要对象，建立了一些矿床地质找矿标志模型；以地球物理、地球化学异常为主要参数，建立了一批物化探找矿模型。目前，以地质成因模型为基础，以地质、地球物理、地球化学标志为重点，正在不断地加强综合研究，推进矿床模型向纵深方向发展。

（二）中国矿床模型研究的发展概况

我国是世界上研究矿床模型最早的国家之一。20 世纪 30 年代，老一辈地质学家就对矿床分类和代表性矿床的特征作过描述，如谢家荣等（1935）在《扬子江下游铁矿志》中对凹山式、南山式、凤凰山式、长龙山式等铁矿类型的划分和典型矿床的描述，实质上是我国建立铁矿床描述性模型的开端，这便是原始矿床模型的基础。

在大量已知矿床研究的基础上，20 世纪 60 ~ 70 年代，提出了一系列描述性模型，揭示矿床立体结构及空间共生关系，例如，南岭钨矿石英脉"五层楼"模型、长江中下游"玢岩铁矿"模型、江西九瑞地区"三位一体"铜矿模型，等等。

程裕淇等（1979）提出了成矿系列理论，将单个矿床模型研究扩展到了区域成矿模型研究，丰富和发展了成矿模型研究。后来，进一步发展成为具有中国特色的"成矿系列"、"成矿系统"、"成矿谱系"等理论体系（陈毓川等，2007）。

20 世纪 80 年代以来，我国出现了大量涉及单个矿床的成矿模型和找矿标志的文献，但总体来说，资料分散。为推动国内矿床模型的研究，原地质矿产部情报研究所在《国外地质科技》刊物上刊登了"国外成矿模式"专题讲座，并于 1988 年和 1990 年分别编辑出版了《矿床模式专辑》和《矿床模式专辑（续篇）》（表 1 - 5）。

表 1－5　国内有关矿床模型研究的重要专著

作者与年代	著作名称
地质矿产部情报研究所，1988	矿床模式专辑
地质矿产部情报研究所，1990	矿床模式专辑（续篇）
中国地质科学院成矿远景区划室，1990，1991	矿床成矿模式选编（一、二）
欧阳宗圻等，1990	有色贵金属矿床（田）地球化学异常模式
《国外地质勘探技术》编辑部，1990	以若干金属矿床为例建立经验找矿模式的研究
吴承栋，1992	世界不同地区矿床模型的建立和应用
陈毓川、朱裕生，1993	中国矿床成矿模式
张贻侠，1993	矿床模型导论
裴荣富，1995	中国矿床模式
邹光华等，1996	中国主要类型金矿床找矿模型
王钟等，1996	隐伏有色金属矿综合找矿模型
吴承烈等，1998	中国主要类型铜矿勘查地球化学模型
姚敬金等，2002	中国主要大型有色、贵金属矿床综合找矿信息模型
赵元艺等，2007	矿床地质环境模型与环境评价

1990 年和 1991 年，中国地质科学院成矿远景区划室组织专家编写了《矿床成矿模式选编（一、二)》，将不同时期、不同单位建立的成矿模型按照统一要求，以当时最新的研究成果为基础，建立了一系列典型矿床模型。1991 年原中国地质矿产信息研究院与俄罗斯矿物原料和地质勘探工作经济研究所合作，开展了"矿床局部预测、普查和勘探工作中矿床模型的建立与应用"的研究，出版了《世界不同地区矿床模型的建立和应用》（吴承栋等，1992）。

20 世纪 90 年代以来，原地质矿产部、原国家科学技术委员会十分重视找矿模型研究，组织全国地勘行业联合攻关，开展了地质、地球物理、地球化学模型的综合研究，先后出版了一系列专著（表 1－5），标志着我国矿床模型研究进入一个新的阶段。

进入 21 世纪后，随着国土资源大调查实施，国家加大了对矿产勘查和研究的力度，又先后启动了"大规模成矿作用与大型矿集区预测"、"中亚造山带大陆动力学过程与成矿作用"、"印度与亚洲大陆主碰撞带成矿作用"、"华南陆块陆内成矿作用：背景与过程"、"华北大陆边缘造山过程与成矿"等 5 个国家基础研究计划，丰富和发展了一系列成矿理论模型。

2007 年和 2008 年，先后在武汉和昆明举办了"矿床模型及矿产勘查"讲座。讲座由中国、美国、加拿大、澳大利亚的专家主讲，其内容涉及喷气沉积型（SEDEX）矿床、密西西比河谷型（MVT）矿床、砂岩容矿型、造山带型金矿床，以及斑岩铜矿床和澳大利亚北部层控铅锌银矿床的主要地质特征。

我国矿床模型研究取得了重要成果和找矿效果，一些优势矿种（如 W、Sn、Sb、Mo、REE 等）和典型矿区（云南个旧锡矿区、东川铜矿区、金顶铅锌矿区、广西大厂锡多金属矿区、长江中下游铜铁成矿区、陕西金堆城和河南栾川钼矿区、胶东和秦岭金矿区、赣南钨矿区等）的矿床模型研究引起了世界上的广泛关注。

另外，近年来随着危机矿山特别找矿计划的实施，我国在已知矿山深部和外围发现了一批新矿床（体），发现一批新类型、新组合矿床，丰富拓宽了矿床模型研究的视野和内容。

第二章 找矿模型的定位与功能

矿床模型研究或曰建立矿床模型，是一个方法学课题，从本质上说，它是一种研究实际问题的方法途径或思维方式。因此，尽管矿床模型的研究对象都是矿床，但因研究者的目的和视野不同，研究内容和具体方法各异，推出的模型也各式各样，提出的术语各成体系。这样一来，涌现的模型种类繁多，名称不一，功能有别。找矿模型是矿床模型的重要类型之一，其研究理应遵循矿床模型研究的基本规律。为理清找矿模型的概念，在研究分析文献中重要矿床模型分类方案的基础上，总结矿床模型研究思路与原则，进而明确找矿模型的定位和内涵。

一、关于找矿模型的定位

（一）从矿床模型分类看找矿模型的定位

研究和建立矿床模型，是解决成矿理论和找矿实践问题的一种重要的途径。然而，由于矿种、矿床类型的多样性和地域成矿条件的差异性，作为矿床模型研究的地质前提，必需审慎地划分和鉴别矿床地质类型，保证建模所依据的矿床在成因和地质特征上有内在的一致性。关于这一点，从矿床模型分类方案中可见一斑。因此，分析和研究已有矿床模型分类方案，对找矿模型的定位具有重要意义。文献中涉及的矿床模型种类繁多，数量可观，难能尽举。这里仅以美国、俄罗斯和中国学者的一些代表性方案为据，对矿床模型的分类作一简析。

1. 美国分类方案

美国地质调查局 D. P. Cox 等（1986）在《Mineral Deposits Models》中阐述的方案（图 2-1），可作为美国矿床模型分类方案的代表。该方案将矿床模型分为描述性模型、成因模型、品位-吨位模型等主要层次。对于描述性模型，首先按容矿围岩（三大岩类和表层沉积物）分成四大类，再分别按构造环境或容矿围岩的结构、岩石种类等（并没有严格分类的标志）分为 14 组，每组再按具体情况（矿体产状、围岩岩性等）列出 36 种模型；每一种模型又列出亚型，少则 2 种，多达 9 种；总共有 87 个描述性矿床模型。这些描述性模型是建立其他模型的基础。

由图 2-1 可知，矿床模型的建立都是从单个矿床的描述开始的，依次进行分类。首先建立各类型矿床的描述性模型，然后将其作为建立其他模型的基础。下面先看看对各种模型的简要表述。

（1）描述性模型

D. P. Cox 等（1986）提出的描述性模型包括两个部分（专栏 2-1）。第一部分描述矿床所处的地质环境，第二部分则提供矿床的鉴别特征。地质环境主要包括岩石类

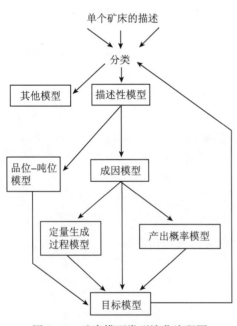

图 2-1 矿床模型类型演化流程图
（引自 D. P. Cox 等，1986）

型、结构构造、成矿时代、矿质沉淀环境、构造背景、伴生矿床类型。因此，模型的这一部分主要使用地质图、地球物理图的信息，以及已知矿床、矿点的信息。描述性模型的第二部分，即"矿床描述"部分，需提供矿床本身的鉴别特征，如矿物学、结构构造、蚀变、矿化控制因素、风化情况和地球物理、地球化学异常，等等。

专栏 2-1　斑岩铜-钼矿床描述性模型示例

模型：21a

描述：斑岩侵入体内或附近的石英、黄铜矿和辉钼矿网脉。Au（10^{-6}）与 Mo（%）之比小于3。

地质环境

岩石类型：侵入于岩基、火山岩或沉积岩内的英闪岩至二长花岗岩岩株。

结构构造：与矿化同期的侵入体通常为斑岩，具细粒至中粒细晶质基质。斑岩的结构构造在某些矿床中可能仅见于小型岩墙。

成矿时代：主要为中生代至第三纪，但也可能为其他时代。

矿质沉淀环境：与大量岩墙、断层和角砾岩筒同期的高位侵入斑岩。

构造背景：发育在与俯冲有关的火山深成弧内的众多断层。主要处于大陆边缘，但也产在大洋会聚板块边界。

伴生矿床类型：可能富金的矽卡岩铜矿、矽卡岩锌矿或铁矿床、金+贱金属硫盐脉型矿、砂金矿，火山岩容矿的块状交代矿和多金属交代矿。

矿床描述

矿物学：黄铜矿+黄铁矿+辉钼矿脉或含有黄铜矿+闪锌矿+方铅矿±金的交代型矿床。最外带可以是含铜-银-锑的硫化物、重晶石和金的矿脉。

结构构造：细脉和浸染状或有利于围岩中块状交代的结构。

蚀变作用：石英+钾长石+黑云母（绿泥石）±硬石膏（钾质蚀变），向外递变为青磐岩化。晚期白云母+黏土（绢英岩化）蚀变可能形成顶盖或外带，也可能影响整个矿床。高铝蚀变矿物组合可见于矿化系统的上部层位。

矿化控制因素：矿石品位一般与细脉和矿化裂隙的密集集中度呈正相关。有利于矿化的围岩为钙质沉积岩、辉绿岩、英闪岩或闪长岩。

风化：强烈的地表淋滤，宽阔的铁染区。发育有赤铁矿-褐铁矿被膜的裂隙。呈现为辉铜矿的表生铜可在淋滤带下面形成平卧矿层。残积土壤可含有异常含量的金红石。

地球化学特征：中心为 Cu+Mo+Ag±W±B±Sr；外带为 Pb、Zn、Au、As、Sb、Se、Te、Mn、Co、Ba 和 Rb。Bi 和 Sn 在局部地段构成远源异常，高 S 见于所有蚀变带。Au（10^{-6}）与 Mo（%）的比值小于3，低磁力异常。

实例

加拿大不列颠哥伦比亚省布伦达矿床、美国亚利桑那州埃斯佩兰萨山矿床。

引自 D. P. Cox 等（1986）

（2）成因模型

成因模型是基于准确的矿床描述性模型，对观察到的矿床地质现象作出合理的成因解释，阐述成矿物质来源和成矿元素的迁移、富集、沉淀规律，是揭示矿床最本质特征的模型，要从中体现矿床的某些属性之所以有利于找矿的理由。描述性模型转化为成因模型，加入了理性升华，源于实际而高于实际，因而变得更加灵活和有效。有了成因模型，就可以产生其他模型类型。

（3）产出概率模型

产出概率模型是预测某种矿床在某一指定地区产出概率的模型，它衍生于成因模型，但更加重视与岩性或构造地质体的关联。事实上，在建立成因模型之前，也许不可能建立有用的概率模型。因为技术部门虽有非常完整的矿山资料，但有关未开采矿床（矿产地和矿点）的资料却少得多，空白地区的资料更少得可怜，从而增加这类模型的不确定性。

（4）定量生成过程模型

定量生成过程模型是定量描述有关矿床形成过程的模型，是成因模型的分支。例如，深成岩体在冷却过程中，其周围的热传导、热扩散和成矿流体的产生、运移和沉淀机制的定量模型；过饱和条件下晶体生长速度模型；矿物从海水中的沉淀顺序和数量模型，等等。

（5）品位－吨位模型

品位－吨位模型是表征某一类矿床的品位和吨位的变化范围和频率分布。矿床的吨位是指其开采量、保有储量和近期可探明储量之和。矿床的品位则是相应吨位下的矿石平均品位。矿床的品位－吨位模型，是基于大量可靠的统计数据而建立的，它是一类矿床经济属性的定量描述，可以作为在类似地质条件下找寻同类未发现矿床时的评价依据。研究发现，矿床吨位与品位之间具有指数关系，后来被认为具有分形关系（Turcotte，1986；李长江等，1996）。D. P. Cox 等 1986 年出版的《Mineral Deposits Models》一书中，建立了 60 个矿床的品位－吨位模型。这是对矿床品位－吨位模型的第一次系统归纳。

D. P. Cox（1996）认为，上述 5 种模型都是"目标"模型组成部分。事实上，D. P. Cox 的目标模型是他通盘考虑矿床特征（描述性模型）、成因和理论分析（生成过程模型和产出概率模型）之后得出的某类型的"矿床地质模型"。图 2 - 1 示出了从单个矿床到一类矿床地质模型的研究过程。

2. 俄罗斯分类方案

这里以 E. A. 科兹洛夫斯基（1989）、А. И. Кривцов（1995）的划分方案为基础，结合 А. И. 布尔德（1991）的资料，介绍俄罗斯矿床模型的分类。

（1）地质－工业定量模型

地质－工业定量（统计）模型立足于反映矿体规模和矿石质量（如品位）的特征及其相互关系。它以代表性的矿床为样本，以图解的形式反映矿床数目（或比例）与矿石储量、矿床比例与主要及伴生成矿元素含量之间的关系。在此基础上，确定最小、最大和概率最大的各级别矿石储量和金属含量的分布。在这类模型中，还包括金属储量和矿床数目随地质年代（按纪）变化的分布规律。应用此类模型，可以对新发现矿床资源量进行专家评估，并预测对某些类型矿床具有专属性的大型地质构造单元的成矿潜力，同时可评价地质历史上不同时期的金属量。总体来说，这类模型相当于美国分类方案中的品位－吨位模型。

（2）预测－普查模型

预测－普查模型是对一个拟寻的矿床、矿田、矿结或其他成矿单元特征的有序组合，即所选择的普查方法组合、其应用工艺、处理和解释所得到的结果所必需的特征。该类模型以不同勘查阶段工作所需的一套要素标志来描述，通常包括地质、地球物理、地球化学、经济等部分（表 2 - 1）。

表 2 - 1　预测－普查模型的基本构成及其要素

模型的构成	要素	要素的特征
地质的	地质体以及可反映地质空间结构特征的时空关系	地质体的结构－物质特征
地质－地球物理的	据理论所推定的反映地质空间结构的干扰体及其相互联系；地球物理场的结构	干扰体的大小和形状；干扰体的岩性－物理参数；地球物理场的特征
地质－地球化学的	概括出的地球化学成分均一的地质体；地球化学场的结构	概括出的地球化学专属性客体的大小和形状；岩石及地球化学参数；地球化学场的特征
地质－经济的	拟建模客体的地质－经济特征，及其与测区可开发资源和可开发程度的关系	拟建模客体的规模及分布（按矿产数量）；对客体的经济和地质－经济要求；有实际意义的最小矿床规模、矿石品位和储量

资料来源：А. И. 布尔德，1991

定性的预测－普查模型，是旨在有目的地反映成矿空间内共轭要素和共生要素特征的描述性分类－标志模型，即以不同鉴别标志进行描述和以相应方法进行要素划分，相当于局部预测和普查中使用的准则和标志。就各要素的结合程度而言，预测－普查模型的构成取决于相应地质预测普查阶段的成果和质量要求。

定量的预测－普查模型，即参数模型。在该类模型中，含矿空间的不同要素都有定量的几何参数的表达式，它决定着新发现矿体或估计预期矿体离观测点的远近所必需的观测密度（普查网度）要求。

预测－普查模型及其所有的组成部分的结构，要求建立两个最重要的单元。一是预测普查对象本身的模型（"对象"单元）；二是其周围环境的模型（"周围环境"单元）。前者包括与矿床、矿田和其他对象有关的直接标志，一般包括地质场、地球化学场、地球物理场等的特征。后者是正常场和潜在矿床的形成场。

（3）矿体形态模型

矿体形态模型是矿体 3 个线性参数（即 3 个互相垂直的轴：纵轴（L）、横轴（H）、厚度轴（M））的数值、差值和比值的特征组合。不论矿体空间方位如何，这些特征都可以确定，这为模型的可比性和再现性提供了基础。依据该类模型，可以对矿体进行客观的分类，可优化评价和勘探网度。例如，根据在矿体剖面上得到的 $H:M$ 值，依据已建模型的 $L:H$ 值，可估算出矿体沿纵轴（L）的长度。

（4）矿体富集模型

矿体富集模型通常旨在反映矿体横截面或其剖面上的成矿金属等浓度线的形态，从而可以查明成矿元素分带性，确定其主要特征和含量变化的趋势，确定不同级次不均一带的位置及其储量比例，以便确定评价和勘探网度的参数。一般来说，该模型是在矿体平面投影图或剖面图上以浓度等值线的形式表示。

（5）矿体形态和浓度的梯度－矢量模型

矿体形态和浓度的梯度－矢量模型是在分析矿体厚度及矿体中主要成矿元素含量分布基础上建立的，在相对矿体轴向的不同方向上反映成矿物质质量"流"和含量"流"，即成矿物质含量的空间分布和强度。这种模型一般套叠在矿体投影图、矿体剖面图或三维矿体图上。

该模型的实用意义在于考虑矿体厚度和含量的主要变化趋势，以及根据对主要参数沿矿体轴变化的要求来确定评价和勘探网度。

（6）矿体综合（多因素）评价－勘探模型

矿体的综合（多因素）评价－勘探模型，将矿体形态、浓度和梯度－矢量模型一体化，主要以储量计算参数的一系列统计指标为基础。该模型立足于把具有不同定量表达式的不同矿体的形态和浓度特征综合起来，提出一套可在储量计算中使用的统计参数指标。

根据这类模型，可以优化勘探工作的部署，以查明不均一带（矿柱）；可以确定评价和勘探网度，按给定精度确定一套计算储量方法。

（7）成矿系统和成矿作用的定量地质－成因模型

成矿系统和成矿作用的定量地质－成因模型，以相应的成矿系统和矿床地质模型为基础，研究"矿源－搬运营力－矿质沉淀"系统中每个成矿要素变化的基本规律。

俄罗斯已对深成成矿系统、斑岩铜矿热液再循环近侵入体成矿系统、黄铁矿型海底热液再循环成矿系统，以及多源热液变质金矿床等建立了定量地质－成因模型。从其模型内容来看，以矿体各种模型的综合要素为基础，充分考虑成矿过程的主要特征，把"数量和尺度"引入到成矿概念中，分析成矿流体搬运轨迹，查明成矿系统和容矿介质的预测准则和标志。

3. 中国分类方案

陈毓川等 1993 年出版的《中国矿床成矿模式》专著，从发展成矿学的理论和矿产勘查实际应用出发，将成矿模式分为区域性成矿模式、矿床成矿模式和找矿模型 3 类。他们还从成矿模型表达方式的角度对矿床模型进行分类：图解－图画式、流程图表式、概念化的表格式。一个成矿模型虽可有不同的表达方式，但如果描述的内容是一致的，那么仍然属于同一类型的成矿模式。

《中国矿床成矿模式》以矿种为主线，以矿床成因类型为基础，以典型矿床为实例，系统介绍了70 个成矿模式。此外，还介绍了 10 个矿床找矿模型。

裴荣富（1995）主编的《中国矿床模式》认为，矿床模式（型）是一组相似或同一类型矿床特征的综合表征，是对一组或一类矿床的模式化（deposit modeling），它不能脱离地质环境。因此，矿床模式按地质环境分类把主岩岩石组合划分的各种矿床类型及其产出方式（mode of occurrence）与地质构造背景（tectonic setting）、成矿环境（depositional environment）紧密地联系起来。

在《中国矿床模式》一书中，按成矿地质构造背景将中国划分为4个构造成矿域（包括前寒武纪构造成矿域、古亚洲构造成矿域、特提斯－喜马拉雅构造成矿域和滨西太平洋构造成矿域）和相应的27种成矿环境，以及与之相应的不同主岩岩石组合的矿床模型92个，并以典型矿床命名，如金川式、柿竹园式、德兴式等。

纵览美国、俄罗斯和中国矿床模型的文献，所汇集的矿床模型种类数量巨大，动辄有数十种之多，令人眼花缭乱。但细究起来，这种状况首先起因于矿床类型的划分，应找矿和研究之需，随着对矿床类型的认识不断深化，类型的划分日趋细化，分出了一些亚型，甚至还有按地域进行区分的情况。矿床类型的增多，自然导致矿床模型数量的增多，加之每种矿床类型又会产生不同种类的矿床模型，故矿床模型的种类繁多也不足为奇。

从前述中、美、俄三国分类方案看，我国矿床模型分类方案与美国相似，主要表征矿床的基本事实和特征，以描述性模型和成因模型为主。从俄罗斯矿床模型分类来看，尽管他们也从描述性模型出发，但着眼点与D. P. Cox等（1986）完全不同，是针对整个矿产勘查阶段而言的，与区域预测、普查、详查和勘探阶段相适应，着眼于找矿发现。

需要指出的是，D. P. Cox等（1986）把品位－吨位模型放在单个矿床到成因模型的研究过程之外（图2－1），只作为研究的辅助手段。俄罗斯学者把地质－工业定量模型放在普查模型之内，置于预测－普查模型之前，将它作为区域性评价手段，而在我国矿床模型中较少涉及品位－吨位模型。从理论上说，此类模型可以用于不同尺度（区域的、局部的、矿体的）找矿潜力评价和预测，但它不能指示矿体的具体位置。因此，它的功能主要是矿产资源潜力评价，尤其是区域性矿产资源潜力评价。

总的来看，D. P. Cox等（1986）在对单个矿床描述的基础上所做的第一步工作，就是对参研矿床的分类（图2－1）；А. И. Кривцов（1995）等提出的矿床模型系统，也是针对一定的矿床类型而言的；P. Laznica（2006）对超大型矿床的分类，裴荣富（1995）在建立矿床模型时，都是以成矿环境来划分矿床类型的；陈毓川等（1993）对中国矿床成矿模式的编排，是以矿床成因为基础，以典型矿床为依据。因此，矿床类型是建模的地质前提。找矿模型的建立中也要以矿床类型为前提，以典型矿床为依据，系统总结规律性的找矿标志。

（二）从矿床模型应用方向看找矿模型的定位

任何一个模型都是因需要而产生、为实用而研制的，矿床模型也不例外。因此，矿床模型的应用方向决定着矿床模型研究的取向。一个模型的好坏不仅取决于它是否真实地模仿了原型，而更应该看它是否对拟研问题提供了令人信服的解答，以及是否具有简单性、清晰性、客观性和易操作性。

表2－2和表2－3分别列出美国、俄罗斯两国矿床模型的应用方向。

表2－2　美国不同用户应用5种不同类型模型情况的比较

应用领域	品位－吨位模型	描述性模型	成因模型	产出概率模型	定量生成过程模型
勘查与开发	●	●	●	△	△
供应潜力	●	△	○	●	○
土地利用	●	△	○	●	○
教育	○	△	●	△	●
科研指导	△	△	●	△	●

资料来源：D. P. Cox等，1986

注：应用程度——大量应用●；少量应用△；很少应用○。

表 2-3　俄罗斯矿床模型系统及其应用领域

模　型	应用领域			
	成矿理论	成矿分析和预测	预测和普查	评价和勘探
矿床的				
地质-工业定量（统计）模型	×	×××	××	—
预测-普查（定性）模型	×	××	×××	×
预测-普查和普查模型	×	×××	××	—
成因和地质成因（定性和定量）模型	×××	××	×	—
矿体的				
形态模型	×	×	×××	×××
富集模型	××	—	××	×××
梯度-矢量模型	××	—	×	×××
多因素定量（合成）模型	—	—	××	×××

资料来源：А. И. Кривцов 等，1995

注：符号×越多表示应用率越高。

在美国，从应用领域来看，勘查与开发领域中使用最多的是品位-吨位模型、描述性模型和成因模型，因为这些模型可用于直接找矿，品位-吨位模型可用于靶区选择，描述性模型和成因模型可转化为具体的找矿标志；而在供应潜力和土地利用等领域使用最多的却是品位-吨位模型和产出概率模型，因为这两种模型从统计学的角度为潜力评价和土地利用提供了一种相对科学的评价方法；对教学和科研领域来说，成因模型和定量过程模型使用较多，因为这两种模型理论性较强，具有较高的理论研究价值（表 2-2）。从模型的使用来看，描述性模型的最大用途在矿产勘查与开发，在其他方面，特别是在科研方面的用途就大大减小了；反观成因模型，虽然在勘查开发方面有用，但其在科研教学方面的用途似乎更多；而品位-吨位模型，用途涉及矿产勘查与评价，但更多用于区域评价方面。其余可类推，恕不详述。

俄罗斯学者根据地质找矿不同阶段和不同研究对象，将矿床模型划分为针对矿床的和矿体的两类，应用领域划分为成矿理论、成矿分析和预测、预测和普查、评价和勘探 4 个领域（表 2-3）。其中，地质-工业定量（统计）模型和预测-普查及普查模型在（区域）成矿分析和预测领域应用最多，其次是（局部）预测和普查领域；而预测普查（定性）模型则是在局部预测和普查领域应用最多的，其次才是区域成矿分析和预测领域；成因和地质成因模型则在成矿理论和成矿分析与预测领域应用最多，但其重要程度随勘查程度的提高而降低。评价和勘探领域使用最多的却是针对矿体的形态模型、富集模型、梯度-矢量模型和多因素定量模型等。从表 2-3 纵向来看，成矿理论方面成因模型应用最多，其余模型为辅；区域评价方面以定量统计模型和普查参数模型为主，其余为辅；而在矿床预测普查方面，以预测普查（定性）模型为主，前述两类模型为辅，成因模型已属次要。至于表列各种矿体模型，无疑主要用于矿床勘探阶段，对面上普查的作用各异，不予详解。

尽管美国和俄罗斯的矿床模型分类标准不同，但从上述两个表的内容可以发现，在不同类型模型的应用领域方面，他们的认识是相当接近的。例如，美国的矿床模型的应用主要包括（矿产）勘查与开发、（矿产资源）潜力评价（含土地利用）、教学科研 3 个方向；而俄罗斯的应用领域主要包括（区域）成矿分析和预测、（局部）预测和普查、矿床（体）评价与勘探、成矿理论研究 4 个方面。美国在（资源）供应潜力和土地利用两个应用领域，最有用的模型是品位-吨位模型和产出概率模型；在俄罗斯的成矿分析与预测领域发挥主要作用的是地质工业定量统计模型，且随勘查程度的提高其作用逐渐减小。尽管两国使用的模型名称不同，但其性质、原理基本相同。

综上所述，矿床模型因其应用目的不同而名称各异，且因其应用领域差异，故称谓多样。例如，在矿产勘查与开发过程中，就可按指导区域找矿方向的、指导局部找矿的和指导矿床（体）勘探的 3

个方面的应用需要，建立不同级次的矿床模型。尽管各类模型的内容、指标和处理方法有所不同，但建模方法基本上以类比法为主。从目前国内外提出的矿床模型来看，在找矿工作中，各种形式和内容的描述性模型发挥着主要作用，理论性较强的成因模型一般起着辅助性指导作用，但当成因模型研究较为成熟、符合客观实际时，亦将起到主要作用；需要矿区勘探的详细资料才能建立的定量生成过程模型、形态模型等，主要用于矿床（体）勘探。指导资源评价的模型，皆以较大区域为对象，以选择靶区为目的，但要广泛收集矿产勘查、勘探、开采、利用等环节的相关资料，以不同形式的概率统计法为依据，主要使用以品位－吨位模型为代表的模型。

由此看来，找矿模型应以找矿为宗旨，以局部普查与预测工作阶段为重点，系统归纳一套显示矿床特征和找矿标志的参数。

（三）从经验模型与理论模型的关系看找矿模型的定位

在文献中，对经验模型和理论（概念）模型在矿产勘查实践中的有效性和重要性尚有争议。在本书的研究中，理清这两类模型的概念、内涵和方法途径是十分必要的。在此，我们就相关问题做一些探讨，以期形成找矿模型的研究思路。

1. 经验模型强调的重点、内容及其实际效用

经验模型（描述性模型）重视对各种成矿标志和特征的观测资料的收集，不拘泥于成因研究，以类比调查区域典型矿区的特征为指导，以实施小比例尺的调查为手段，以判断矿在何处形成并以发现矿床为最终目的。经验模型强调勘查的实用性和有效性，它避开矿床成因的复合性、过渡性、关联性等复杂的理论问题，直接地收集和判断成矿标志，也显示了这种战略的成效。

经验模型突出各类资料的收集，强调观测资料的真实性、客观性。J. D. 里奇（1983）在《指导找矿的是成因理论还是观测资料》一文中强调了观测资料，即第一性资料或感性资料的重要性，列举了5类有重要经济意义的矿床，其中包括斑岩铜矿床、沉积岩或火山岩中的块状硫化物矿床和砾岩中的金或金铀矿床。他所列举的这几类矿床，被认识和被发现经过了长期的实践过程，不是有了成因理论才被发现的。他最后指出，"为了找到更多的矿床或开采那些已经发现的矿床，并不是非要了解矿床的成因不可"。"对于找非燃料矿产来说，地质学家在野外或在实验室中所能够得到的实际资料比任何有关矿石成因的理论更为有用"。

建立经验模型，是把矿床要素、特征、标志等第一性资料加以系统化、规格化整理，它是建立任何实用性模型的基础。这项工作要求有鲜明的客观真实性，又给概念思维和理论认识创造了足够的条件与空间，是承上启下的关键环节，所以备受重视。图2－1清晰地表示出了描述性模型在建模过程中的地位。俄罗斯学者似乎更重视这一步工作，以"标志模型"来细化和规范相关的要求。

经验模型突出了矿化信息，明确了探测的目标及形成或引起的各类标志。经验模型强化了地质、地球物理、地球化学标志的综合应用与解释，强调多种信息相互印证。经验模型在找矿实践中取得了良好的效果，尤其是在工作程度较低地区或对矿床成因认识有限的地区，往往以经验模型为指导，系统开展物化探工作，来实现找矿突破。

经验模型具有很强的地区局限性，其应用效果取决于选定的模型要素是否典型，是否具有可类比性，同时还取决于所类比地区的地质成矿环境与成矿条件的类似程度。

2. 理论模型强调的重点、内容及其实际效用

理论模型主要从控制成矿的各种因素及其最佳组合、配置入手，注重成矿理论和矿床成因探讨，以类比法为主要思路，以成因模型为研究手段，指导同类型矿床的勘查。

理论模型主要研究矿床成矿物质的来源、搬运过程、沉淀条件与方式，进而阐述矿床的成因。因此，理论模型关注成矿条件与成矿机制，建立起各类成矿条件之间内在的有机联系，深化对矿床形成过程的理论认识。理论模型的各种特征是通过某些基本概念而互相联系起来的。

理论模型的研究与应用开阔了勘查者的思路，尤其是在已知矿区外围和深部，理论模型更具有指导性和实用性。

3. 两种模型的各自优势及实际应用的互补性

西方国家的矿床模型的概念区分出成因模型和经验模型，也是从理论研究和勘查实践中按实用的目的而必须从名称上加以区分的。概念模型或理论模型从基本事实的归纳开始都离不开人们的思维活动，经验模型也免不了有不同程度的理论因素，只是超越直接能看到的第一性资料的程度不同而已。实际上，经验勘查者在部署勘查工作时，不知不觉地应用了理论模型（专栏2-2）；而经验勘查结果会对理论模型检验和修正产生重大影响。

凡是模型都已包含一定的综合性和概括性，而不只是信息和经验资料的收集，即经验模型也有成因认识要素在其中。在矿产勘查过程中，纯经验或纯概念的工作是不存在的，因为所有的观察都是以经验和信念为基础的，其中难免掺杂假定、解释与推断。事实上，什么样的证据可以让有一定想法的人相信，既取决于证据，也取决于一定的想法。也就是说，根本没有纯经验的勘查，也没有纯理论的勘查，经验与理论没有明确的界限。经验勘查者总是想找到一种理论来证明某些观测资料的重大意义，而概念勘查者则总是想找一些经验的证据来证实某种理论，两者力求使其勘查战略更加完善。

澳大利亚西部矿业公司 R. Woodall（1994）辩证地分析了经验勘查和理论勘查的关系，并以澳大利亚奥林匹克坝铜金铀矿床的发现过程为例，说明当概念和经验证据相印证、理论与实际观察有力地证实是可信时，就可能发现新矿床。近年来随着矿床发现的增多和成矿理论的不断完善，理论模型不断转化为经验模型的标志，经验模型的内容不断得到丰富和发展。

专栏2-2　西方经验勘查与理论勘查的争论

C. J. 莫里西在《地质理论的新趋势》一文中，援引了葡萄牙内维斯-科尔沃块状硫化物矿床、爱尔兰纳凡铅锌矿床的发现过程，认为"爱尔兰纳凡铅锌矿主要是通过查证常规的地球化学测量结果发现的，而这种地球化学测量并不是根据地质理论布置的"。D. M. 罗默和 S. 芬利则认为，"纳凡铅锌矿床的勘查工作是在古老岩石通过断裂与下石炭统相接触的地质环境中寻找贱金属矿床，正是这种方针（概念）与报道的纳凡矿以西5km的采场中产有铜矿化相结合，才决定进行地球化学测量，通过这种测量确定了矿体的位置"。C. J. 莫里西（1988）对此进行了答复，认为"坚实的地质理论并不是使用像土壤地球化学测量之类的方法成功地找到矿床的先决条件。对于应用这些方法来说，方法的能力与地质理论的好坏无关……"。

T. B. 贾涅利泽等（1983）认为，"只有全面研究具体矿石建造的成因问题，才能确定相应矿床形成的时间和地点，从而才能制定矿床预测、普查和勘探的科学基础"。

P. A. 贝利（1972）认为，"已有大量的研究工作对理解矿床的某些有价值的组分在溶液中的搬运作用作出了许多改进，所得出的搬运作用模型肯定已增进了其有效性，但是这种改进了的概括尚未给我们任何新的特别的预测能力"。

国际矿床成因协会主席 J. D. 里奇（1983）曾说过，"我一生花费了大部分时间，力求解释矿床成因，我从中得到了许多学术上的满足，但我不能说通过这种努力究竟找到了了什么矿"。

摘自《西方矿产勘查哲学》和《信息找矿战略与勘查百例》

当前，一些勘查者更加重视经验模型，主要原因是：一些矿床成因模型研究不到位，某些成因模型不可靠。造成这一局面的根本原因：一是观察资料和观测手段有限，没有把与成因有关的信息完全捕捉到；二是地质成矿作用十分复杂，往往由多次地质作用叠加形成。目前受人类认识水平和观测手段的限制，不可能把所有成矿作用完全复原。例如，一些矿床被认为是多成因、多阶段成矿作用，实际上是成因还没有完全搞清楚。当前，某些成因模型没有达到应有的水平，不正确的成因观点有时反而会误导找矿工作，因而有时被看成是无用的。

经验模型是从典型矿床的事实规律中系统总结出来的认识。成熟的、正确的成因模型是经验模型的更高层次的认识，具有直接找矿的功能。尚不成熟的成因模型只停留在经验认识水平上，不具有直接找矿的功能。

4. 模型是矿产勘查工作运行的过程，而不是运行的终结

在矿产勘查中，建立矿床模型（既包括经验的，也包括理论的）是有益的。无论是经验勘查模型还是理论勘查模型，都有助于观测资料的观察与收集，有助于扩大找矿人员的视野。

但模型是一把双刃剑，既可作为组织资料的有效方法，提高理解力和预测能力，也可对不符合模型的那些资料的感知力起"催眠作用"，从而使人们不假思索地使用模型。建立模型是这两种勘查战略固有的工作，它是指导资料收集和解释（认识、理解）的手段，而不是目的；或者说，建模是勘查工作中深化资料收集和认识的运行过程，而不是终结。

P. 拉兹尼卡（1984）在《利用理论指导找矿》的简短文章中指出：①迷信某种成因假说和对成因模型的消极作用；②每当引进和（或）普及了某种模型之后，一般都掀起一个新的找矿高潮；③随着认识的深入，出现新的模型和术语逐渐代替了旧的。P. 拉兹尼卡还指出，"地质学以其论战的历史和解释的频繁变换著称"，强调了把任一成因概念绝对化所形成的危害，因而主张"善于提出问题，思想开阔，不拘泥于一种看法，是一个有成就的找矿人员应当具备的素质。"

经验模型与理论模型是相互依存、相互转化的。这是两个高位的、基本的概念，贯穿于所有模型的研究与建立之中。经验模型的具体表达形式，即描述性模型；理论模型的实际形成过程，是就观测到的现象、特征、指标进行概念思维，找出规律，得出判据，指导具体的应用，故亦称概念模型。任何一种矿床模型的建立过程，都是从经验（描述性）模型起步，都包含着概念思维，只不过是因具体研究的目的和研究者的取向不同，对这两个建模环节的追求与重视程度不同罢了。

从以上分析可知，矿床类型是建立各类矿床模型的地质前提，矿床模型的应用方向是建立模型的关键，经验模型与理论模型交叉与融合是建立矿床模型的核心。这3条是矿床模型研究中必须坚持的原则，也是建立找矿模型的重要原则，它基本明确了找矿模型的定位和建设方向。

二、关于找矿模型的内涵

（一）找矿模型的概念

关于找矿模型，国内虽有众多文献论述，但大多数是针对具体矿床找矿标志和勘查方法陈述的。陈毓川等（1993）在其《中国矿床成矿模式》专著中对找矿模型概念作了详尽的论述，并指出了建立找矿模型必要的图件和内容。他们主张，"找矿模型突出的是某类矿床的基本要素和找矿过程中特殊意义的地质、物化探和遥感影像等特征及其在空间的变化情况，总结发展该类矿床的基本标志和找矿使用的方法手段"。在成矿模式与找矿模型的关系上，陈毓川等（1993）也作了精辟的论述，认为"矿床成矿模式是建立找矿模型的地质基础"，"区域成矿模式、矿床成矿模式是矿产勘查的地质理论基础；找矿模型是矿产勘查工作的实际指导，它是缩小勘查区（或靶区）甚至发现矿床的择优技术，区域成矿模式和矿床成矿模式的内容只有与找矿模型结合起来，才有可能最大限度地发挥它们的作用"。

本书根据陈毓川等（1993）对找矿模型的描述与定位，结合美国、俄罗斯对矿床模型的分类，对找矿模型再作进一步剖析。本书之所以要称之为"找矿模型"（图2-2），旨在突出模型的实用性和实践性，突出模型的找矿功能，体现着我们主要针对具体找矿实践来研究矿床模型的思路，其中包括区域成矿预测（或曰区域找矿）和局部找矿（或曰矿床普查与勘探）。

找矿模型是矿床模型的一种重要类型，因此，它的建立和应用，亦必须遵循矿床模型研究的上述3条基本原则。

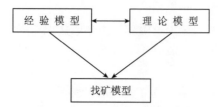

图2-2　找矿模型与经验模型、理论模型的关系示意图

首先，找矿模型的陈述必须以成因分类为基础，尽可能按矿床地质类型编排。本书正是按照这一原则编排找矿模型的（专栏2-3）。

其次，找矿模型的建立应以实现找矿突破为目的，针对不同勘查阶段不同矿床类型，分阶段、分类型建立。在矿产勘查过程中，大体可以分为区域评价、局部普查和详细勘探3个阶段。与之相应，找矿模型可以分为区域找矿模型（区域成矿预测评价模型）、局部找矿模型（普查找矿模型）和矿床找矿模型（矿床勘探模型）。其中，局部找矿模型是选择拟寻矿床最有效的方法组合和标志组合，在局部找矿靶区内圈定或找到矿床勘探基地。因此，局部找矿模型是实现找矿突破的关键，也是本书研究之重点。

最后，经验模型与理论模型的交叉与融合是建立找矿模型的核心。找矿模型这一术语虽然体现了模型的实用性，但也不排除理论（成因）的探讨。因此，无论是理论模型，还是经验模型，都应纳入找矿模型的范畴，统一到提高找矿实践效果的最终目的上来（图2-2）。

基于以上认识，本书所建立的找矿模型，不管其成熟度如何，均是以经验模型与理论模型的各类信息的兼收并蓄为基础，以找矿为目的，以特征和标志等事实资料为基本内容，以标志、特征、数据组合（不是成因和假设）为依据形成准则和判据指导找矿。此类模型包括普查模型、预测普查模型，甚至俄罗斯针对矿体建立的模型，都可以归入找矿模型之列。

（二）找矿模型的主要内容

根据上述思路，结合国内外矿床模型研究的现状，这里提出了构建找矿模型的基本大纲，指导找矿模型研究。找矿模型研究内容主要包括概述、地质特征、矿床成因和找矿标志。

第一部分是概述，主要要介绍该矿床类型的定义与特点、经济意义、重要矿床或矿区的分布，主要的或代表性的矿床、矿田、矿区或矿带的储量和矿石品位，等等。

第二部分是地质特征，首先介绍该类型矿床产出的区域地质背景，包括矿床或矿区的大地构造环境、地质发展历史、地层分布、区域构造特征、岩浆作用和成矿时代。然后介绍矿床地质特征，包括容矿岩石、矿体产出部位及形态、矿物组合、围岩蚀变、矿石结构和构造、流体包裹体和同位素特征，等等。

第三部分是矿床成因和找矿标志。矿床成因主要包括关于该类矿床各种成因的主要观点及主流观点。找矿标志的核心内容，主要包括：

1）区域地质找矿标志，即大地构造环境，地层，岩石、岩性及岩相，成矿时代，构造事件，岩浆作用，等等。

2）局部地质找矿标志，即控制矿床或矿体的断裂和褶皱构造因素，容矿岩石，矿体形态，控矿的岩浆或岩体因素，围岩蚀变，矿石矿物组合及标志矿物，等等。

3）地球物理找矿标志，即岩石物性特征，各种地球物理异常，岩体、断层、矿层及控矿环形构造在遥感图像上的反映和显示，以及适用的地球物理勘查方法手段，等等。

4）地球化学找矿标志，即元素异常（原生晕、次生晕、分散流）、元素组合、重砂矿物异常和重砂矿物组合、同位素特征、指示元素或探途元素、地球化学分带，等等。

上述三部分内容，构成了找矿模型的一个有机整体。根据上述思路及资料的丰富程度，本书确立了50个典型成因类型矿床的找矿模型（专栏2-3）。

三、找矿模型的作用与功能

找矿模型的研究与应用，使人们对某类矿床的特征有一个更系统、更概括、更本质性的了解，减少地质找矿工作的不确定性，提出清晰的找矿思路和方向，有助于合理地选择勘查方法和组合，从而提高矿产勘查效率和效果。找矿模型的特点与功能见专栏2-4。

专栏 2-3　本书所研究的找矿模型

1. 黑色金属矿床找矿模型
(1) 条带状铁质建造型富铁矿床找矿模型
(2) 火山 – 沉积型铁矿床找矿模型
(3) 玢岩型铁矿床找矿模型
(4) 层状型铬铁矿矿床找矿模型
(5) 豆荚状型铬铁矿矿床找矿模型
2. 有色金属矿床找矿模型
(6) 斑岩型铜矿床找矿模型
(7) 斑岩型铜金矿床找矿模型
(8) 火山成因块状硫化物型（VMS）矿床找矿模型
(9) 别子型块状硫化物矿床找矿模型
(10) 砂页岩型铜矿床找矿模型
(11) 矽卡岩型铜矿床找矿模型
(12) 长江中下游地区铜多金属矿床找矿模型
(13) 铁氧化物铜金型（IOCG）矿床找矿模型
(14) 岩浆型铜镍硫化物矿床找矿模型
(15) 拉斑玄武岩型铜镍硫化物矿床找矿模型
(16) 溢流玄武岩型铜镍硫化物矿床找矿模型
(17) 陨石撞击型铜镍硫化物矿床找矿模型
(18) 科马提岩型铜镍硫化物矿床找矿模型
(19) 红土型镍矿床找矿模型
(20) 喷气沉积型（SEDEX）铅锌矿床找矿模型
(21) 密西西比河谷型（MVT）铅锌矿床找矿模型
(22) 陆相火山岩型铅锌矿床找矿模型
(23) 砂页岩型铅锌矿床找矿模型
(24) 朝鲜检德式铅锌矿床找矿模型
(25) 秘鲁塞罗德帕斯科式铅锌多金属矿床找矿模型
(26) 非硫化物型锌矿床找矿模型
(27) 斑岩型钼矿床找矿模型
(28) 矽卡岩型钼矿床找矿模型
(29) 湖南柿竹园式钨多金属矿床找矿模型
(30) 广西大厂式锡多金属矿床找矿模型
(31) 云南个旧式锡多金属矿床找矿模型
(32) 湖南锡矿山式锑矿床找矿模型
3. 贵金属矿床找矿模型
(33) 绿岩带金矿床找矿模型
(34) 霍姆斯塔克型金矿床找矿模型
(35) 山东焦家 – 玲珑式金矿床找矿模型
(36) 砾岩型金铀矿床找矿模型
(37) 卡林型金矿床找矿模型
(38) 浅成低温热液型金矿床找矿模型
(39) 与碱性岩有关的浅成低温热液型金矿床找矿模型
(40) 矽卡岩型金矿床找矿模型
(41) 黑色岩系型金矿床找矿模型
(42) 俄罗斯苏霍依洛格式贵金属矿床找矿模型
(43) 澳大利亚维多利亚地区金矿床找矿模型
(44) 层状镁铁质 – 超镁铁质侵入岩型铂族金属矿床找矿模型
4. 铀、稀土及原生金刚石矿床找矿模型
(45) 不整合型铀矿床找矿模型
(46) 砂岩型铀矿床找矿模型
(47) 碳硅泥岩型铀矿床找矿模型
(48) 风化壳离子吸附型稀土矿床找矿模型
(49) 内蒙古白云鄂博式铁铌稀土矿床找矿模型
(50) 金伯利岩型和钾镁煌斑岩型金刚石矿床找矿模型

（一） 找矿模型的应用加快了矿产勘查与发现

在世界上一些大型矿床的新发现或已知矿床的扩大中，找矿模型发挥了重要作用。20 世纪 80 年代以来，已有许多比较成功的典型实例，例如，利用大陆边缘斑岩铜矿模型进行选区，结合模型特征主要进行铁帽和蚀变分带研究，在智利北部发现了特大型拉埃斯康迪达斑岩铜矿；根据已知细脉浸染型金矿床地质找矿模型，在美国加利福尼亚州发现了产在火山岩和沉积岩中的麦克劳林网脉浸染型金矿床；澳大利亚利用以沉积岩为容矿岩石的找矿模型找到了尼夫特铜矿及其附近的铅锌矿；斑岩型蚀变和矿化分带模型帮助勘查人员较快地找到了加拿大米利根山斑岩型金铜矿床；根据浅成低温热液斑岩成矿环境模型成功地重新评价和扩大了西南太平洋地区已有的斑岩铜矿勘查地的金和铜的潜力；含金刚石的钾镁煌斑岩岩筒模型指导地质人员在澳大利亚科普顿金刚石砂矿区附近找到了含金刚石的原生杂岩体；结合深部地质资料建立的乌兹别克斯坦阿尔马雷克铜多金属矿区和穆龙套金矿区的预测普查模型进一步扩大了这两个矿区的深部找矿前景。

世界许多矿床的发现及扩大，均与不断完善该类矿床的地质成因模型和找矿模型有关，如斑岩铜矿和黄铁矿型矿床的高发现率，加拿大萨德伯里铜镍矿和阿萨巴斯卡盆地铀资源的扩大，奥林匹克坝矿床的发现及铁氧化物铜金矿床研究的巨大进展，等等，都是很好的例证。我国玢岩铁矿模型在铁矿勘查中起到了十分重要的作用。例如，在该模型建立之前，宁芜地区铁矿总储量仅十余亿吨，庐枞地区也不过 3 亿至 4 亿吨。模型建立以后，各地勘单位以该模型为指导，开展了新一轮地质找矿工作，先后找到了陶村（大型）、杨庄（大型）、龙塘湾（中型）、泉水湾（中型）、金龙（大型）、泥河（大型）等一批大、中型铁矿床，总资源储量翻了一番多。

（二） 找矿模型适用于不同阶段的找矿工作

纵观国内外的研究成果，广义的找矿模型可以帮助我们合理地选择勘查方法及组合。在具体勘查过程中，找矿模型可以帮助地质人员明白在探寻矿床的哪个部位，还能为研究人员指明典型矿床的研究工作缺乏哪几部分有关的内容。模型可以引导勘查人员把未知矿床的地质特征与已知矿床的特征作对比，进而引导资料的收集和解释。

表 2-2 和表 2-3 列出了美国和俄罗斯各类矿床模型的大致应用情况，不同种类的找矿模型可用于矿产普查勘探工作的各个方面，包括勘查选区、选择最佳勘查方法、制定勘查战略、进行矿产预测和评价。表 2-4 从另一个角度阐述了不同类型矿床模型的用途，其中并无"找矿模型"的用语，但通过对表 2-2、表 2-3 的辨析类比，俄罗斯文献中的区域成矿模型、综合模型、多因素模型当属描述性模型之列，与我们所提的找矿模型大体相当；至于详细勘探的矿床模型研究，兼有科研和实际运用之功能，多可归入广义找矿模型之列。通过此表，亦可体现我们对找矿模型特征和用途的认识。

（三） 找矿模型是掩伏区预测与找矿的重要手段

找矿模型在预测隐伏矿中发挥了重要作用。

表 2-4　地质勘探工作阶段、矿床分类和矿床模型类型之间的关系

阶段编号	地质勘探工作阶段	研究和勘查对象	地质勘查工作任务	矿床分类的主要类型	矿床模型的主导类型
1	区域地质调查（和一般普查）	成矿省、成矿亚省、成矿带、成矿区	①为查明区域成矿潜力准备地质依据 ②普查所有矿种的矿点	一般成因分类	区域成矿模型和综合模型
2	普查－评价工作（和专门普查）	有远景的矿点含矿区、矿田、矿结	①对已查明的矿点作初步评价 ②对具体矿种作专门普查	专门（按矿种）的成因分类	成因模型和多因素综合模型
3	初步勘探	得到肯定评价并转入矿床级的有远景的矿点	确定早先已评价客体的工业意义	构造－形态成因分类	构造－形态成因模型
4	详细勘探	采矿部门提出勘探申请的矿床（矿段、矿体）	①储量计算	构造－形态分类	构造－形态成因模型
		详细勘探已证实其工业意义的矿床	②为客体投入工业开发作准备	采矿－技术分类	技术－经济模型
5	开发勘探	正在开发的矿床及其个别的矿段和矿体	①为采矿的前期工作作准备和提供保证	构造－形态分类	构造－形态成因模型
		回采工作面和送交选矿厂的矿石	②监视采矿的充分程度和质量	采矿－工艺分类	技术－经济模型
6	补充勘探	预定作工业开发的矿床	①解决在设计工作中产生的不明确的采矿技术问题和其他问题	采矿－工艺分类	技术－经济模型
		正在开采矿床的侧翼和深部中段，以及整个矿田	②查明和勘探隐伏矿，以延长采矿企业的寿命	构造－形态成因分类	地质－工业模型

资料来源：Р. И. 科冈等，1993

一是以矿床找矿模型为基础，以地球物理、地球化学资料为手段，对地壳表层盖层以下进行地质填图，圈定有利的构造部位。例如，美国在内华达地区预测隐伏矿时找矿模型发挥了重要作用。该区2/3 的有色金属和贵金属矿床产在前第三纪基底岩石和其内的岩体中及岩体附近，但前第三纪基底只在内华达地区约 20% 的面积上出露，内华达地区 60% 的地区基底产出深度在 1000m 以内。为了进行隐伏矿预测，首先根据重、磁研究结果，并结合对已有地形图、地质图和钻孔资料的分析，查明基底产出深度和未出露的深成岩体，埋藏较浅的前第三纪火山岩区和出露的、隐伏的、可能的热液蚀变区等。在此基础上，除去年轻盖层的基底地质图、基底埋深图、第三纪地质图，还推测了以断裂为界的盆地的地下大致几何形态。然后根据区内有关类型找矿模型综合分析已取得的各类资料开展预测。

二是在半裸露区，以找矿模型为依据，识别矿化、蚀变带的分布范围。对出露于地表的矿床模型进行研究，确定其成矿类型和蚀变的边界，推测隐伏区蚀变和矿化的范围，从而对矿化作出预测。例如，美国圣马纽埃－卡拉马祖斑岩铜矿床、智利科亚瓦西斑岩铜矿床的发现。

三是以矿床垂向分带为基础，以地质、地球物理、地球化学异常模型为依据，对深部矿化潜力作出预测和定位。

（四）找矿模型是选择最佳勘查方法组合的基础

在建立不同类型矿床的找矿模型时，针对一批典型矿床的发现过程，总结有效的勘查方法组合，可为类似地区找类似的矿床提供勘查方法组合的依据。其中，地质方法和地球化学方法的选择与矿床地质特征比较匹配，易于参照相关矿床模型和一般勘查经验选定。而物探方法则要依据重要控矿地质特征对特定物探参数的响应情况选定。表 2-5 根据不同类型矿床的岩石物性特征和主要控矿特征，总结了各种物探方法对不同类型矿床的适用性和应用方面，可为找矿模型中的找矿方法配置提供

参考。

这里以加拿大阿萨巴斯卡盆地铀矿综合勘查发现的过程进一步说明找矿模型对勘查技术方法组合选择的作用。20 世纪 70 年代，加拿大地质工作者在利用不整合型铀矿的概念模型找埋藏较深的矿床时，由于铀的运移受多种因素的影响，虽选区正确，但勘查曾一度受挫，后来通过解剖凯湖矿床，查明含炭沉积物变质形成的石墨层所形成的电磁异常是更为值得重视的找矿标志，从而导致了麦克劳恩等大型铀矿的发现。通过对新发现的矿床的研究，发现铀矿不仅受层位、不整合面和石墨地层导体的控制，还受其他因素，特别是断裂构造的控制，铀矿体不仅聚集在不整合面上，还可产在与断裂有关、距不整合面较远的富石墨地段。在此基础上，建立了一种更为完善的不整合型铀矿模型，并据此提出了一套合理的勘查方法，即以航磁了解不整合面的近似深度和构造情况，以航空电磁、磁法和伽马能谱测量寻找含石墨的地层导体，以地面电磁法检查电磁异常来圈定靶区，以钻探和井中物探来发现矿体，从而进一步扩大了该盆地探明的铀资源量。

表 2-5　物探方法在具体矿床勘查中的应用

物探方法		应用	脉状金矿床	火山成因块状硫化物型矿床	密西西比河谷型铅锌矿床	喷气沉积型矿床	斑岩铜矿床	铀矿床	奥林匹克坝型矿床	岩浆型镍-铜-铂族金属矿床	金刚石矿床
磁法	航空	填绘地质框架	●	●	●	●	●	●	●	●	●
		直接圈定靶区	○	●	○	■	●	○	●	●	■
	地面	填绘地质框架	●	●	■	●	●	●	●	●	■
		直接圈定靶区	■	●	○	■	●	●	●	●	●
电磁	航空	填绘地质框架	■	■	○	●	○	●	○	■	●
		直接圈定靶区	■	■	●	●	●	●	■	■	●
	地面	填绘地质框架	■	■	●	●	○	●	○	●	●
		直接圈定靶区	○	●	■	●	○	●	■	■	●
电法	地面	填绘地质框架	○	●	■	○	●	●	●	■	●
		直接圈定靶区	■	●	●	○	●	●	●	■	■
重力	航空	填绘地质框架	■	●	■	■	■	■	■	■	●
		直接圈定靶区	○	●	●	●	○	○	●	●	●
	地面	填绘地质框架	■	●	●	■	●	●	■	●	●
		直接圈定靶区	○	●	●	●	■	○	●	●	●
放射性	航空	填绘地质框架	●	●	■	●	●	●	●	■	■
		直接圈定靶区	■	■	○	○	●	●	●	●	○
	地面	填绘地质框架	●	●	■	●	●	●	●	●	■
		直接圈定靶区	■	■	○	○	●	●	●	○	○
地震	地面	填绘地质框架	■	■	■	●	■	■	●	■	■
		直接圈定靶区	○	■	■	●	■	■	●	■	■

资料来源：K. Ford 等，2008

注：地球物理方法应用的定性比例：●十分有效；■中等有效；○总体无效。

（五）找矿模型是开展矿产预测和评价的重要方法

20 世纪 70 年代末，美国开展的本土矿产资源评价计划，采用了具预测普查标志（包括物化探、遥感等普查标志）的矿床描述性模型作为进行矿产预测和评价区域矿产资源潜力的主要方法。20 世纪 90 年代，美国地质调查局 J. D. Bliss（1992）等在评价阿拉斯加苏厄德半岛未发现的原生锡资源时也采用了矿床模型方法，工作中使用了各种类型的锡矿床的描述性模型，根据区内顶部遭受剥蚀、埋藏浅的花岗岩类的重力、航磁特征建立的地球物理模型，各类锡矿床的品位－吨位模型和计算机模拟模型，估算了该区未发现的云英岩型、脉型、交代型的品位不低于 0.5% 的锡矿床的资源量。前苏联也是根据已建的各类模型采用类比原则开展矿产预测、划分远景区和评价区域矿产资源潜力的（预测资源量）。

第三章　建立找矿模型的思路与方法

关于建立找矿模型的思路与方法，国内外虽有一些零星的报道（孙文珂，1988；А. И. 布尔德，1991；朱裕生，1993；肖克炎，1994），但缺乏系统论述。这里以现有的文献为基础，根据我们的理解，对建立找矿模型的基本方法与思路作一梳理，并论述不同级次找矿模型的建模思路，以便读者在实际研究和应用过程中能更好地把握各类找矿模型的功能与特点。

一、找矿模型的特点

找矿模型作为一种最实用的模型，概括起来有以下几方面的特点：①同一类型的矿床，虽然在不同地区具有一定的差异性，但总体来说具有一定的规律性，各种特征在不同地区可以重复出现；②找矿模型所纳入的不是一般性的、抽象的规律，而是能反映这些规律的地质的、地球物理的和地球化学的具体标志，故亦可称为找矿标志模型；③拟纳入模型的各种标志应是在具体普查工作中必需的，并且是所拥有的普查方法（手段）能够查明的标志组合；④模型应说明所纳入的各种标志的内在联系（空间的、成因的），并尽量以定量的形式表达诸标志的特征。综合起来，可以表述成一句话，即找矿（标志）模型是针对特定地质环境和特定矿床类型，以一套实际可用的地质、地球物理和地球化学的方法（手段）获取的必要而充分的找矿标志组合；⑤同一类型矿床在不同地区具有其地域性特点，显示出矿床个性的特征，因此找矿模型在使用过程中要灵活运用，不能刻板地照搬；⑥由于研究和认识水平的限制，模型所给的信息的完整性和成熟度是不同的。

二、建立找矿模型的原则和方法

1. 建模原则

虽然不同的国家和不同的学者目前对于模型的概念、分类和建模方法的认识很不一致，但是对于矿床模型的要求是基本一致的：一是能作为该类矿床对比的一个样本，以指导寻找同类型的矿床；二是能使勘查人员把注意力集中到最有希望的靶区内以及与找矿关系最密切的特征上；三是能帮助制定合理的勘查战略和选择最佳的勘查技术方法及组合；四是可作为对所代表的那类矿床进行成因解释的基础；五是可评价预测资源潜力。基于上述 5 个方面的考虑，勘查者希望所建立的模型具有代表性、权威性、实用性和有效性。

关于建模的原则，许多作者都作过论述（孙文珂，1988，1991；Е. А. 科兹洛夫斯基，1988；С. В. Галюк，1989；А. И. 布尔德，1991）。各作者所论述的内容大同小异，这里以 С. В. Галюк（1989）的观点为基础，论述找矿模型的建模原则。

1）内容相符性：在考虑矿床成因、级次、内部结构的前提下，对拟研究的客体作较为系统的科学研究。这样一来，找矿模型应包括成因模型的所有肯定和否定的特征。这一原则要求完整而可靠的原始资料。最有代表性的模型可以依据矿床开发勘探或详细勘探的资料建立。从众多的原始资料中，选择关键性找矿指标是建立找矿模型的关键。应以某种成矿理论为基础，把不同的成矿理论看成是相互补充的，而不是相互对立和相互排斥的。当对某一地区成矿观点存在重大分歧时，应更多考虑观测事实和找矿标志。

2）相近性或相似性：它意味着拟建模型与成矿客体在给定的关系（比例尺）上是相符的、类似的，由此研究者便可得到客体空间结构和形态的概念。几何模型具有这种性质，但描述性和解析性模型没有这种性质。

3）选择性：有选择性地表示出各个标志，以便能对每一种标志作出客观的评价，并为以后将其归并成指示标志提供依据。

4）综合性：模型应尽可能考虑成矿客体的各种性质，即模型应是多因素的，但又不能夹杂过多不能提供预测信息的特征，最终方案应能保证用最少的要素、标志和关系来解决所提出的任务，并应尽可能做到一目了然。它可保证在以最小的误差对矿床的立体情况作连续描述的基础上，完整地表示出地质、地球物理和地球化学特征。

5）可度量性：它决定了要按严格规定的标度（比例尺）作出定量描述。实现这一原则的办法是，将大部分原始资料转换成数字形式，并用数学处理的技术手段完成按常规处理的那部分工作。

6）可比性：这一点既可以使系统（模型）的不同要素进行对比，又可以从整体上将不同的系统（模型）作对比。突出通用性指标，可以使同一类型矿床或不同类型矿床之间找矿模型进行对比。

7）直观性：模型应该易于理解和研究，既要包括主要的找矿特征和标志，又要避免模型的复杂性，切忌所有资料的堆砌。

8）规范化：模型研究应在统一的框架下，以便尽可能多地收集相关的信息，从中筛选出关键的因素，同时便于不同类型模型间的对比，指导新类型矿床找矿模型的建立，以便于找矿模型向数字化和定量化方向发展。

2. 建立找矿模型的方法和程序

一个较为完善实用的找矿模型的形成，都需要经过全面有针对性地收集和分析有关资料（包括选择有代表性的地区和矿床，开展必要的补充研究，选择适当的度量单位、预测标志和特征等）、建立模型、使用模型的过程，对模型的可靠性和适用性做出评价，并不断地完善已建模型。建立模型的过程是对成矿作用不断深化认识的过程（专栏3-1）。

专栏3-1 盲人摸象与模型建立的过程

有一个寓言讲述的是3个盲人被要求描述一头大象长什么样。第一个盲人摸到大象的尾巴，便说："大象就像一根绳子"。第二个盲人摸到了大象的鼻子，便说："大象就像一条蛇"。第三个盲人摸到了大象的腿，便说："大象就像一根树干"。

很显然，这3个盲人的结论都不充分，但是表达了人们认识客观事物的普遍规律。他们使用的方法在科学中却经常被采用。每个人都收集到他个人所能得到的证据，然后尝试着形成对这只未知动物的心理映像。他们的映像并不准确，这反映出每人所收集到的证据的局限性。这3个盲人如何才能设法将大象描述得更准确？他们可以把各自的信息集中在一起。他们也可以进一步观察，也许以某种系统的方式，每个人研究大象的某一部分。在每一步研究中，若他们相聚在一起传达并讨论各自的发现，就会形成一个崭新的、更准确的映像。最终，在大量的观察和推测之后，他们就可能会了解大象到底是什么样子。这些盲人就会形成对大象结构的一种理论或模型。建立能够表达未知事物本质的心理映像的过程，实质上是建模的过程。

建模一般采用归纳、总结和类比的方法，使所建立的模型能具有代表性和实用性。具体的建模原则取决于模型的最终用途和利用模型的方法，即首先应根据建模的目的和可能的条件确定应建模型的类型和要求，以使所建模型与提出的任务相适应。

对于找矿模型的建立，一般有演绎推理法和归纳法两种。

（1）演绎推理法

演绎推理法，也称成因法。先建立一个拟建成矿客体的形成过程模型，通常就是成因模型。在此基础上，查明成矿客体的地质、地球物理、地球化学标志和准则。对不同类型的对象，要采用特定的成因方法，也就是说，地质找矿模型最好建立在地质成因模型的基础之上。通过对矿床成因模型的研究，查明控矿地质因素及其地球物理、地球化学表现，进而将这些因素转化为地质、地球物理和地球化学标志。例如，一般认为稀有金属矿床与花岗岩体有成因关系，据此认为，与整个侵入体和岩体顶部岩钟状突起相对应的重力场的局部最小值是稀有金属矿田。因此，利用地球物理场与岩体大小、岩石物理性质、地质模型中其他特征的关系，可以估计预测模型中地球物理组成各要素的大小、强度等参数。

演绎推理法是建立在成因关系的基础上的，找矿标志具有内在的成因联系，因而具有较为可靠的基础。在建立找矿模型时，要从不同观点的成因模型中选择识别标志。识别标志要从充分性和必要性这两方面加以评价，也就是说，经过充分性检验的识别标志，可以提高某个地区发现矿床的概率。然而，成因法只能在已有理论的基础上说明成矿的细节，它不易取得认识上的突破。

（2）归纳法

归纳法，也称共生法，就是归纳已知普查对象的资料，确定其最典型的准则和标志。这种建模方法需要建立在一定观测样本（矿床数量）的基础上，所选的矿床要有代表性。对于那些不可靠的指标，不应列入模型的主要参数之列。对所选定的参数，应考虑不同研究对象可能会有一定的变化。

由于归纳法所确定的参数在很大程度上属于统计结果，不一定存在成因关系，因此在实际运用的过程中要十分注意。建立找矿模型的最后一个阶段是反馈或评价阶段，即把问题公式化来检验模型。模型必须经过验证，因为将资料简化成模型存在一系列歪曲客观事实的风险，资料越简单，模型中的噪音就越多。模型的成败取决于模型的原始假设。最终要看它是否能通过检验、可行。

找矿模型的建模程序可归结为（图3-1）：对许多同类矿床，特别是对其中典型矿床的资料进行全面收集、分析和研究，查明其共有的地质特征、成矿规律、控矿因素、其他有关参数及其相互关

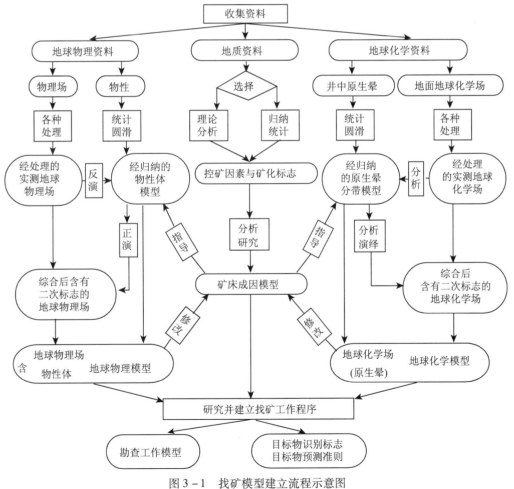

图3-1 找矿模型建立流程示意图

（引自孙文珂，1988，稍作修改）

系，包括根据建模要求开展必要的补充研究，在此基础上首先建立矿床描述性模型，在进行理论分析及其他有关概括的基础上，建立矿床成因模型和经验模型，并确定出有用的地质、地球物理、地球化学找矿标志与准则，进而建立找矿模型。对已建模型进行验证和反馈评价，并在实践中进一步完善和深化已建模型。

3. 找矿模型的表达方式

1）文字描述式找矿模型：文字描述式即按一定的格式要求，描述找矿模型。文字描述式容易表达、简单实用，但不易表达各参数之间的相互关系。

2）表格式找矿模型：在文字描述的基础上，将模型的基本要素按一定的表格形式列出。其特点是简单明了，利于不同找矿模型之间的对比，同时也便于找矿模型的标准化，为建立找矿模型数据库奠定良好的基础。

3）图示式找矿模型：按一定的图式以剖面或断面、平面、立体的形式表达的模型，其特点是内容直观，便于记忆和查阅。近年来，随着计算机三维模拟技术的发展，可以表达找矿模型不同深度（高度）各参数的特征，并以可视化方式展示。

为了表达方便和准确，图、表混用是建立找矿模型通常的做法，这样可以充分发挥表格与图形的优势特点。一般性特征以表格方式表达，对于关键性特征及其空间关系用图件表达。

此外，随着矿产资源定量预测技术的发展，找矿模型正朝定量化、数字化方向发展。

三、建立不同级次找矿模型的思路

上节说明了建立找矿模型的总体思路、方法和原则。然而，一个重要且不可回避的问题是，在实际工作中必然要面临建立不同级次找矿模型的课题。尽管不少文献中按矿床类型列出（或表述）了不同级次的找矿模型，将它们作为一个整体的方法体系来使用，但是在它们之间不但有概念上的区别和建模方法上的差异，更有实际效用上的不同，因此不宜混为一谈。

总体说来，不同级次的找矿模型，不仅是研究对象规模大小（涉及面积）的区别，更有基本地质依据和相关特征、标志、研究重点的差别。据现有资料综合分析，一般说来，区域找矿模型以地质建造和区域大地构造分析为基本依据。区域概略普查主要寻找成矿带、大型矿集区等。局部找矿模型以赋矿岩系和控矿构造的成矿标志和成矿特征为主要依据；矿床找矿模型则以矿化、成矿作用的各种标志、特征及其空间分布规模为主要依据。在此过程中，都要进行地质、地球物理、地球化学等相应特征与标志的研究，形成相应的专业找矿模型，分别发挥其不同的优势和效用。

地质找矿工作常划分为不同阶段，其认识深度和研究精度不同，常用比例尺作为度量，其找矿的依据、目标方法、使用资料的比例尺不同。在西方国家的文献中，不同级次找矿模型的研究和应用是客观存在的，但他们主要关注研究目的和内容，对工作阶段或工作比例尺的要求不十分严格。而在俄罗斯（前苏联）的工作体制下，不同级次的研究与工作比例尺有比较明确的对应关系。我们据相关资料编制出表3－1，以说明本书划分不同级次找矿模型的依据。

表 3－1　成矿客体、工作比例尺与找矿模型级次的关系

成矿客体	工作比例尺	工作性质	对应的找矿模型级次
成矿省	1:100 万至 1:50 万	区域地质、物探、化探调查	区域找矿模型
成矿区	1:50 万至 1:20 万	区域地质、物探、化探调查	区域找矿模型
矿田	1:5 万至 1:2.5 万	一般性地质、物探、化探普查	局部找矿模型
矿床	1:1 万至 1:5000	详细普查与普查评价	矿床（体）找矿模型
矿体	1:1 万至 1:5000（或更大）	勘探工作	矿床（体）找矿模型

资料来源：崔霖沛等，1994，改编

（一）区域找矿模型（区域成矿预测评价模型）

区域找矿模型主要指对成矿域、成矿省、成矿带、成矿区等大规模成矿客体进行区域成矿评价的模型，亦可称区域成矿评价模型。就找矿目的而言，区域找矿模型的效用主要是指明找矿方向和指出大型找矿靶区（相当于矿田和矿结）；一些评价模型侧重区域资源评价，但也能指示资源的相对富集区，姑且纳入这类模型的范畴。

1. 区域地质找矿模型

地壳尺度的构造控制着地壳内部大规模流体的流动。巨型矿床可以看成是地壳尺度的流体系统流动的产物。由于构造体系发生变换，储存于中至下地壳储库中的流体可排放到中至上地壳。不同成矿系统的流体汇聚，使流体系统的物理化学条件发生突变，或者因上地壳物质加入，导致流体系统的物理化学条件发生急剧变化，从而使成矿金属沉淀下来；同时流体可以萃取上地壳中金属物质而形成矿床。因此，深部地壳的结构与物质组成，控制着区域成矿系统的形成与演化。区域成矿作用地球动力学过程的研究构成了区域地质找矿模型的重要组成部分。例如，澳大利亚地球动力学合作研究中心，提出了新的矿产勘查选区战略，并要解决 5 个关键的地球动力学问题（P. Sorjonen-ward，2000）：①成矿系统的性质；②流体类型及其来源；③驱动流体迁移的机理；④所涉及岩石的压力、温度和变形历史；⑤流体迁移和沉淀过程。事实上，这种思路就是以流体作用为主线，将区域构造演化、成矿作用联系起来，从整体、系统的观点来看待矿床的形成，它不仅要确定为什么会形成矿化，而且要具体确定是什么因素控制矿化，并确定矿化的准确位置。

区域断裂构造控矿作用研究当属区域地质找矿模型研究的重要内容之一。例如，以澳大利亚 O'Ddriscall 为代表的学派，以重力测量为基础，揭示了澳大利亚全国范围内不同地区存在不同尺度的环形构造、裂谷构造，两者的交汇处控制着澳大利亚巨型矿床的分布。从整个澳大利亚大陆来看，从区域到局部尺度都显示出环形构造与裂谷构造共同控制着矿床分布。几乎所有的大型、超大型矿床（或油气田）都位于裂谷与环形构造的交汇处。这种构造控矿模型，形象地被称为"φ"控矿模型。断裂（线性）构造作为找矿标志存在不同的级次，从局部（奥林匹克坝）至洲级（澳洲、非洲）乃至全球都存在。不同级次规模断裂构造对成矿作用的控制，在表现形式上也有所差异。

2. 区域地球物理找矿模型

在区域找矿模型的研究中，如何从区域物探资料中提取与成矿作用、成矿客体有关的信息，转化成找矿模型中的标志、特征，要靠地质 - 物探研究的紧密结合。例如，在西伯利亚溢流玄武岩型铜镍矿的区域找矿中，赋矿基性岩体的磁性特征本来是可用的找矿标志，但是该区暗色岩广泛分布，厚度达 3.5km，且磁化强度大，严重干扰着对目标客体的识别。俄罗斯地质、地球物理和矿物原料研究所通过区域地质构成的研究，查明了暗色岩的分布和磁性特征随深度的变化，用滤波技术解析出与赋矿基性岩相关的异常特征，且证明它们与 3 个已知矿结有良好的对应关系，使之成为区域找矿模型中的重要标志。又如，在西澳地区，地表露头稀少（5% ~10%），地表风化作用广泛而强烈，金、镍和贱金属矿化被掩伏于风化层之下，划分绿岩带的界线和范围在很大程度上需要依靠物探资料。但早期的区域物探资料分辨率甚低，只能大体识别不同的岩性区，且界线比较模糊。20 世纪 80 年代以来澳大利亚地质调查局开展的高质量航空物探所获得的数据，不仅清晰地勾划出了不同岩性的界线，而且能确定绿岩带内的构造，从而使区域航磁和重力异常变成了确定找矿方向的重要标志。再如，加拿大安大略和魁北克北部的阿比提比地区，是加拿大主要的金矿产地。该区地形起伏不大，冰碛物广泛覆盖，自然地理和地质条件有利于航空和地面物探广泛应用，可对覆盖层下未风化的基岩进行填图。在鲁安—诺兰达地区进行的航磁测量可分辨出大、中规模的地质体特征，反映出两条主断裂构造及一些次级断层，并可通过线性磁力高、磁力低和异常图形的断开或错位，明显地识别出断层走向的变化。因此，航空物探异常的上述特征也成为该区找金的重要区域性标志。我国对区域物探资料如何转化成区域找矿模型指标也做了大量研究工作，表 3 -2 可反映其部分成果。

表3-2　中国西部几个大型金属矿床（田）的区域地球物理场特征

矿床（田）名称、规模	类型	区域地质	区域控矿构造	区域地球物理场	
				重力场	磁力场
金川铜镍矿超大型矿床	铜镍（钴）硫化物型	华北地台西南部阿拉善地块西南缘，龙首山隆起前长城系变质岩分布区	超壳深断裂带为控岩构造	由南向北重力场值增高，形成规模较大的NW向重力梯度带	总体呈强度高、梯度大、形态规则的条带状异常；南、北部为正磁场，中部负磁场
德尔尼铜钴矿大型矿床		阿尼玛卿褶皱带东段，阿尼玛卿山南缘大断裂北侧；NWW向、长大于300km的超基性岩带东段	超基性岩带是控矿的基本因素，断裂构造控制了超基性岩体的分布	NW向重力梯级带，场值由SW→NE升高，增高幅度约每千米$1×10^{-5}$m/s²	ΔT平静背景磁场中，长轴呈NW向，轴长不等的椭圆状异常相连成串
喀拉通克铜镍矿大型矿床		东准噶尔地槽褶皱系东北边缘，以额尔齐斯深大断裂为界与阿尔泰褶皱系交会部位	深断裂为导岩构造，NW与NWW向断裂复合部位为容岩构造	阿尔泰重力低异常与准噶尔重力高异常相接的重力梯度带	大片低缓正、负相间磁异常组成的背景场中，衬托一些±150nT的局部异常
玉龙铜矿特大型矿床	斑岩型	羌塘-昌都微陆块（或三江褶皱带）东部青泥洞-海通复背斜的西翼，恒星错-甘龙拉短轴背斜的轴部向南倾伏部位	昌都东侧陆缘山盆及其深大断裂控制矿带；NWW向断裂控制矿田；次级褶皱轴部控制矿床	次一级近SN向重力低的北东侧，与NE向重力梯级带及高、低局部异常带的交会部位	ΔT为-20～-30nT磁场背景上，断续分布着10～40nT（个别高于90nT）的长轴呈NNW向的椭圆形异常
白银厂铜多金属矿田大型矿床2处		北祁连加里东优地槽褶皱带东段的中部火山岩带中，近EW向的白银厂寒武纪火山岩穹的中部偏东部位	以酸性火山岩为中心，四周为基性及中性火山岩的火山岩穹控制了矿田及矿床	长轴近EW向的椭圆形重力高，Δg11×10^{-5}m/s²的等值线圈闭约长15km、宽12km，大体对应着白银厂火山岩穹	长轴呈NWW向椭圆形低缓正磁场上，叠加了众多强度为80～350nT的磁异常群，构成宏观高磁异常，并大体与白银厂火山岩穹对应
拉拉厂铜矿大型矿床	海相火山岩型	扬子地台西南缘，康滇地轴中段，金沙江断裂带东侧；属于扬子古板块川滇岛弧带的西南缘、南岭EW向构造带和川滇近SN向构造带的复合部位	NNE、NWW向深断裂控制了岩浆的喷溢和侵入；向斜轴部和次级褶皱构造为矿体富集部位；NE向断裂对矿体起破坏作用	NE20°，Δg幅值大于8×10^{-5}m/s²长椭圆状重力高范围约150km²，大体反映了河口组的分布范围，其东、西梯度带分别与断裂带对应	呈NNE向延伸、范围较大的宽缓异常，北及北东侧有负磁异常；西侧与多个局部正、负磁异常组成的NNE向复杂异常带相接。西北为平稳正磁场
阿舍勒铜锌矿大型矿床		西伯利亚古板块克兰晚古生代裂谷北西，南西以玛尔卡库里断裂与哈萨克斯坦矿区阿尔泰顺接	玛尔卡库里大断裂控制了裂谷的发展与岩相分布	矿区位于由西向东降低的NNW向重力梯度带的梯度变缓部位，西为NNW向重力高呈串珠状分布	ΔT呈幅度较大的正、负相间的磁异常分布
霍各乞铜多金属矿大型矿床	沉积变质型	华北地台北缘，内蒙古地轴西端边缘坳陷带。太古宇五台群结晶片岩、片麻岩、混合花岗岩构成结晶基底，覆盖着元古宇狼山群浅变质沉积岩系	同沉积断裂控制的断陷盆地控制了含矿建造；近SN向构造将盆地分成多个次级盆地或洼地，控制了矿床	NE向高、低重力异常呈SE→NW向相间排列，其南、东侧为局部重力低，北西侧为局部重力高；重力低与NE向大范围的花岗岩体对应	磁场平稳，ΔT在0～-100nT之间变化；矿区对应于其中南正北负、正负极值约±600nT的等轴状异常的变换部位
阿希金矿大型矿床	浅成低温热液型	西天山博罗科努加里东岛弧带西段，吐拉苏火山盆地中，属吐拉苏-肯特高尔金铜（钼、铅、锌）成矿带	海西中期吐拉苏火山盆地控制了金矿带展布；横跨火山盆地的NNW向构造为最主要的控矿构造，控制了矿田的分布	近SN向区域重力高的东缘梯度带，东经82°附近重力场出现明显扭曲，为近SN向横向断裂的反映；重力高为伊犁幔隆的次一级赛里木幔凸的反映	NWW向ΔT强磁异常的北侧负磁异常带，西段已出国境；东经82°附近出现明显扭曲，为近SN向横向断裂的反映；强磁异常带为伊犁陆核（卫磁推断）的异常显示

矿床（田）名称、规模	类型	区域地质	区域控矿构造	区域地球物理场	
				重力场	磁力场
哈图金矿大型矿床	构造蚀变岩型	准噶尔西褶皱带扎依尔－达尔布特复式向斜北翼哈图－灰绿山成矿带	安齐断裂两侧及其次级断裂为控矿构造	矿区处于 NEE 向长 60km、宽 1～2km 重力高值带中的西部重力高北侧	ΔT 显示为平稳负磁场，仅西部局部重力高处对应有极值 >500nT 的局部磁异常

资料来源：姚敬金等，2004

3. 区域地球化学找矿模型

鉴于区域地球化学资料展示着成矿元素和相关指示元素的空间分布模式，可直接反映元素聚集部位和分布分带规律，因此，被认为是区域找矿模型中不可或缺的特征标志，甚至可直接指示找矿方向。在建立区域地球化学找矿模型过程中，要善于将地质控矿因素转化为地球化学的环境与因素进行研究，进而再把控矿的地球化学环境和标志转化为区域地球化学找矿模型的重要指标。循此思路，以矿田或矿床研究为基础，定性和定量地确定在区域找矿模型中的具体指标和特征标志，从而可以把区域化探资料真正纳入某种类型矿床的区域找矿模型中。俄罗斯学者在不同级次地球化学场的划分方面做了很多、很细致的研究工作（具体见第四章）。其中，А. А. Кременецкий（2009）针对斑岩型金－钼－铜矿化总结出划分不同级次地球化学异常（场）的准则，具有较好的代表性（表3－3）。值得特别指出的是，表3－3体现了区域找矿模型中地球化学准则（标志）的两个特点：其一，在针对成矿省、成矿带（区）的准则中，不仅有成矿元素指标，还有造岩元素指标，并均通过定量化而成为准则，说明区域找矿模型中的地球化学指标不是实测资料的简单"挪用"，而是要经过有地质依据的再次加工；其二，这个级次找矿模型的预期效用，是对一般性成矿潜力的评价，没有更高的奢望。关于这一点，还应提到 А. П. Соловов（1987）用土壤和水系沉积物地球化学资料估计区内金属资源量的"金属矿产普查和评价地球化学模型"（详见第四章）。谢学锦等（1999）认为，大型、超大型矿集区的上方存在巨大的地球化学块体，而矿床规模与这些块体中蕴藏的金属数量之间存在一定的耦合关系。在地球化学块体概念的基础上，研究了各类地球化学块体内部的结构特征（套合地球化学模式谱系），可以计算出主要成矿元素在地球化学块体中潜在的资源量。这种研究在区域找矿模型的研究中应当受到重视，然而，这些方法需要从元素地球化学性状、成矿深度、矿床成因等问题入手，完善模型，深化应用。

表3－3 斑岩型金钼铜矿床不同级次异常地球化学场划分准则

异常地球化学场的级别	地质勘探工作比例尺	划分和圈定异常地球化学场的准则（元素含量单位为 g/t）	异常地球化学场规模 km^2	侵蚀程度的地球化学标志类型	预测资源量和储量级别
成矿省、成矿带	1:100 万（1:20 万）	TiO_2、Al_2O_3、MnO、MgO、CaO、Na_2O 浓度偏低带；SiO_2、$Cu \geq 60$、$Mo \geq 4$、$Zn \geq 200$、$Pb \geq 30$ 元素浓度偏高带	$n \times 1000$	矿体带和矿上带元素发育面积的比值：元素包括 Cu、Mo、Ag、Bi、W（Pb、Zn、Co、Cr、Ni、V、Ti）；地质准则	一般性的成矿潜力（P_3）
成矿区	1:50000	$Cu \geq 40$、$Mo \geq 3$、$Zn \geq 100$、$Pb \geq 20$	$n \times 100$		P_2
矿田	1:10000	$Cu \geq 100$、$Mo \geq 10$、$Zn \geq 200$、$Pb \geq 300$	$n \times 10$	Cu/Mo—$n \times 10 \sim n$，$Pb \cdot Zn/Cu \cdot Mo$—$n \times 10^{-1} \sim n \times 10^{-4}$，$Zn \cdot Pb/Cu \cdot Mo \cdot Ag$—$n \times 10^2 \sim n \times 10^{-2}$，$Co/Mo$—$n \times 10 \sim n \times 10^{-2}$，$S/Cu$—10 至 < 0.1，存在或缺失亲铁元素成分的迁移	P_1
矿床	1:5000	$Cu \geq 1000$（2000）、Mo 为 100～200、$Zn \leq 400$、$Pb \leq 800$ 有机络合物浓度及其在元素总量中的份额	n		P_1—（C_2）

资料来源：А. А. Кременецкий，2009

注：P_1，P_2，P_3 为预测资源量，是按矿床复杂程度的分类。C_2 为初步评价储量，是仅进行过初步勘查、可靠性较差的储量。

此外，在区域尺度上，需要将区域控矿地质因素转化为地球化学因素，再将地球化学因素转化为找矿标志。例如，通过系统的地质－地球化学研究，证明陕南柞水－山阳成矿带菱铁矿－铅银锌矿床主要是海底热卤水同生沉积成因，矿床受相对封闭的海底洼地和同生断裂构造的控制。在区域性勘查阶段，同生断裂与海底洼地是很难从地质特征上辨认的，因此，用热卤水高盐度的地球化学环境标志（黏土岩类具高的硼和钡含量）来代替地质环境因素，指示成矿有利地段。经近矿与远矿含矿地层（主要由黏土岩组成）研究，硼和钡含量比值可以有效地划分沉积环境有利的地段（张本仁等，1989）。因此，硼和钠成为寻找海底热卤水同生沉积成因的菱铁矿、铅锌矿的重要标志。

（二）局部找矿模型（普查找矿模型）

局部找矿模型主要用于以矿田、矿结级成矿客体相应范围内的找矿，目标是查明有远景的勘探靶区，甚至发现大型矿床和矿体。在局部找矿模型的研究中，在较高级次同类型或相关类型已知成矿客体（矿床、矿床组等）上建立的各类找矿模型和成因模型，以及对局部成矿条件、成矿过程（包括成矿时代）、赋矿岩系（岩层、岩浆岩）、矿田构造等控矿要素的规律性认识，特别是对各种分带规律的认识，是建模和用模的关键因素。研究区内与已知矿床控矿要素相应、相关的地质资料和地质认识是建立找矿模型的基本依据；查明特定物探方法、物探参数与成矿客体或关键控矿要素的必然联系是方法应用的必要前提；矿床外围的指示元素特征组合及分带规律，以及原生异常与次生异常的对应关系，是找矿模型的重要内容。

1. 局部地质找矿模型

在这一级次的找矿模型中，成矿地质作用、矿田构造和成矿标志的研究是地质找矿模型的重要内容。其中，成矿地质作用由地质建造和地质构造两部分内容组成，是找矿特别是深部找矿的基础；矿田构造是控制成矿部位和矿带走向的主要因素，是深部找矿地质研究的核心内容；成矿作用标志的研究是矿床学研究的延伸，通过研究把地质、物探、化探观测结果转化为直接的找矿标志，是找矿模型的具体实现形式。例如，叶天竺等（2007）对金属矿床深部找矿中所需要的地质研究作了系统总结，以大量实例论述了这些研究对实现找矿突破的重要性。他们论述的与成矿密切相关的地质作用，包括沉积作用、火山作用、岩浆侵入作用、变质作用及综合作用，实际上是第一性的地质研究信息，也是我们所说的找矿模型的重要参数或内容，尽管他们在文献中未明确提及"模型"一词。例如：①研究成矿地质建造和原始成岩构造的综合关系，沉积含矿层位与盆地构造、岩相古地理的关系，侵入岩岩体与侵入构造的综合成矿关系；②研究各类地质作用的综合成矿关系，如层控矽卡岩矿床的成矿作用；③研究建造、原始构造、变形构造与成矿的复合关系，如层控矽卡岩型矿床往往受地层、侵入岩、褶皱、断裂的综合控制。这些都是局部地质找矿模型建立和应用中必须深入研究的基本问题。

地质模型对地层、构造、岩浆岩、成矿时代等基本控矿要素的系统描述和总结，是形成找矿模型主要特征和标志的基础，也是选择和解释地球物理、地球化学找矿模型的特征和标志的依据，因此是极为重要的环节。一般要针对拟寻矿床类型的已知矿床和矿田，结合矿床成因和成矿过程的研究成果，进行系统的资料收集与描述。

矿田构造直接控制着矿体的空间分布和三维形态，是深部找矿的核心地质研究内容，也是局部找矿的关键，矿田构造体系涉及沉积构造体系、火山构造体系、侵入岩体构造体系、褶皱构造体系、断裂构造体系、复合构造体系、成矿后构造体系七大类别（叶天竺等，2007）。

在局部找矿的地质模型中，同类型已知矿床蚀变分带模型应该是找矿模型的重要内容。美国亚利桑那州南部卡拉马祖斑岩铜矿环带状矿化蚀变模型的总结和矿田构造的分析，导致该矿床的"另一半"圣马纽埃矿床的发现。此后，这种研究思路已从单个矿床扩展到相关矿床类型的"组合模型"或"系列模型"，大大提高了在区域范围内，特别是向深部的预测找矿能力。太古宙脉状金矿床的地壳连续成矿模型，斑岩铜矿成矿系统与浅成低温热液成矿系统垂直叠置模型，巴尔干－喀尔巴阡斑岩铜矿模型，以及我国长江中下游"三位一体"铜多金属找矿模型（见模型十二）和川滇地区的"四层楼"铜矿模型，都是这方面的良好实例（详见第四章）。

表 3 - 4 和表 3 - 5 分别列出了火山成因块状硫化物型（也称黄铁矿型，见模型八）铜锌矿床和溢流玄武岩型铜镍硫化物矿床地质找矿模型（模型十六）的研究内容，具有一定的代表性。

表 3 - 4 俄罗斯尤比莱铜锌黄铁矿矿床找矿模型

经济地质的特征		
所在地		巴什科尔托斯坦共和国海布林地区，北纬 52°12′，东经 58°02′
状态		详细研究
开采方法		露天开采
地质 - 工业类型		铜锌黄铁矿型
矿石有用组分	主要的	Cu、Zn
	伴生的/$(g \cdot t^{-1})$	Au：1.33；Ag：12.2；Cd：13.6；Se：62.6
储量（ABC$_1$）/$10^3 t$		矿石：90387；Cu：1655.2（平均品位 1.55%）；Zn：1060（平均品位 0.99%）
标志（要素）组		预测 - 普查模型要素（普查标志）特征
建造和岩石 - 地层标志	含矿的火山岩建造	反差明显的钠质系列玄武岩 - 流纹岩建造
	覆盖含矿层的建造	玄武岩 - 安山玄武岩（玢岩）、含火山岩的磨拉石、杂砂岩等建造，疏松的新生代中期沉积物
	剖面的容矿部分	上部：含矿建造剖面的细碧岩 - 球粒玄武岩部分（细碧岩、球粒玄武岩、球状和枕状玻质碎屑岩和熔岩）；含有厚达 350m 的酸性火山作用产物（安山英安岩和英安岩、流纹英安岩的熔岩、凝灰岩和一次喷发火山岩相）
	聚矿的岩石 - 地层层位	主要的： 细碧岩 - 球粒玄武岩岩层顶部的古表面，安山英安岩和英安岩层的底板（第 2、第 3、第 4 和第 6 矿层） 次要的： 细碧岩 - 球粒玄武岩岩层剖面的上部（非工业矿石） 英安岩岩层剖面的下部（第 1 和第 5 矿层）
	矿下岩层	细碧岩 - 球粒玄武岩岩层
	矿上岩层	流纹英安岩和玄武岩 - 安山玄武岩含矿建造，其上是掩覆的建造
古火山和构造标志	控矿构造	喷发 - 火山碎屑构造（由酸性火山作用产物组成）；不对称的火山构造洼地链（基底是酸性组构），洼地构造的边缘正断层型同火山期断裂
	容矿构造	聚矿层位上沉积同期的洼地；其边缘的同火山断裂；矿体周围的陡倾岩枝；起导矿作用的构造通道
成矿 - 交代标志	岩石的交代蚀变	按照交代分带划分为： 矿化围岩为绢云母化建造的交代岩（硫化物浸染），在聚矿层位上形成的石英 - 绢云母成分的层状带，在导矿通道交错的石英带； 矿下及侧翼的青磐岩化晕； 在上覆的流纹英安岩和玄武岩 - 安山玄武岩层的火山岩中出现的矿上赤铁矿化
	矿体和矿化的显示	主要是复合的 T 形矿体，少数为层状和透镜状矿体；在火山混杂岩层位中见层状硫化物浸染，矿体沿横向尖灭（在聚矿层位上），极少在矿上和矿下岩层中；在矿体顶板的火山混杂岩中见有矿石碎屑
	矿物和金属分带	保存有原始的金属分带，它是在黄铁矿层形成过程中形成的；在矿石矿物类型（黄铁矿、黄铜矿 - 黄铁矿、闪锌矿 - 黄铜矿 - 黄铁矿）、金属矿物组合（黄铁矿、黄铁矿 - 黄铜矿、闪锌矿 - 黄铜矿 - 黄铁矿）和 Cu 及 Zn 的浓度等分布上沿矿体厚度出现同样的韵律——条带分带 横向浓度分带具有同心轴向特征，向矿层外部金属含量最高地段偏离地层厚度最大地段。Zn 位移比 Cu 要大；轴向和横向分带反映了由矿层底板向顶板和由导矿通道向外矿石的金属种类增多

标志（要素）组	预测－普查模型要素（普查标志）特征
地球物理标志	在一套酸性喷发－火山组构上面 Δg 强度达 2mGal 的中心最小值，黄铁矿层聚集在其底部 在中心最小值西缘 Δg 局部出现最大值，在不超过 400~500m 深处记录有黄铁矿层，在聚矿的主要层位上主要是低电阻的岩石（$\rho_K < 500\Omega \cdot m$），在疏松沉积物下面的矿体露头上出现电导率（充电法）和激发极化异常
地球化学标志	在聚矿的主要层位上，形成综合地球化学晕，其标型组合（Cu、Zn、Pb、Ag、Ba、Mo、As、Co）的大多数元素具有高异常的浓度，在矿体顶板岩石中，厚达几十米的综合晕元素具有中到低异常的浓度 在第 1 和第 2 层之间（彼此成层排列）的空间中出现综合晕 在矿下带中，追踪到了尾部的综合晕（Cu、Zn、Mo、Co、Ni）：在矿层底板中是高异常，在远离矿层的地方是中、低异常 在矿上地层中，个别层位中出现 2~3 种元素的低异常前缘晕

资料来源：А. Г. Волчков 等，2006

表 3－5　溢流玄武岩型铜镍矿床找矿模型（参见模型十六）

模型要素		诺里尔斯克－塔尔纳赫型矿床
含矿岩浆体	成分和建造属性	分异的辉长岩－粗玄岩
	形态	宽阔的带状，沿走向和上升方向分叉，厚度局部变薄
岩浆岩体框架	顶板	玄武岩流
	底板	沉积岩、钛辉石玄武岩、粗面玄武岩、安山－玄武岩
外接触带蚀变	顶板中	角页岩、钠长石－微斜长石交代岩、矽卡岩、矽卡岩类、黑云母化
	底板中	同上，在晕圈中厚度大为减小
岩浆岩体内部结构	上部	火成角砾岩、混染岩、淡色辉长岩、辉长－闪长岩、上部苦橄质和斑杂状辉长－粗玄岩
	中部	无橄榄石的、含橄榄石的、橄榄石的、苦橄质的辉长－粗玄岩
	下（底）部	斑杂和接触辉长－粗玄岩
矿体	相对于岩体相的位置	1. 上接触带细脉浸染状矿石——顶板岩石 2. 少硫化物铂族金属矿石——淡色辉长岩的内接触带 3. 浸染状矿石——苦橄质、斑杂状和接触辉长－粗玄岩 4. 块状矿石——岩体底部，其厚度膨大地段，岩体底板岩石 5. 下接触带细脉矿石——块状矿石体下面，或者块状矿石缺失时在块状矿石位置上
	矿体形态	1~2. 上接触带细脉浸染和少硫化物铂族金属矿石——不连续脉状体和透镜体 3. 浸染状矿石——沿侵入体整个走向延伸的层状矿体，厚度小幅度减小 4. 块状矿石——层状和透镜状扁平体，沿侵入体走向延伸，彼此远离 5. 下接触带细脉浸染状矿石——层状和透镜状扁平体，空间分布上与块状矿石矿体相似
	矿石成分	磁黄铁矿、黄铜矿、方黄铜矿、斑铜矿、硫铜铁矿、针硫镍矿、黄铁矿、辉铜矿、磁铁矿、铂族金属矿物
其他元素和矿物成分分化的出现，及其在岩浆岩体中和相对硫化物矿石的位置		在少硫化物铂族金属矿石发育带中和浸染状矿石下部有铬铁矿，在各个带中都有钛磁铁矿副矿物
地球化学晕	岩浆岩体内	侵入体中和矿上晕中 Cu、Ni、Co、Zn、Pb、Mo、Ag、铂族金属的局部背景值增高
	侵入体外	侵入体的锋面前、下部和上部 Cu、Ni、铂族金属局部背景值增高

资料来源：В. И. Кочнев－Первухов 等，2006

2. 局部地球物理找矿模型

　　与局部找矿范围相对应的比例尺（亦包括较小的比例尺）的物探资料的系统整理分析，特别是磁测和重力数据的分析，查明与测区拟寻矿床相对应的特征响应标志，是建模工作的基本内容（表

3-2）。针对控矿地质因素，把地质问题转化为地球物理问题，利用物探资料解决控矿的地质问题，或者利用物探资料直接圈定蚀变带或矿体。例如，在加拿大萨德伯里铜镍矿化和火成杂岩体（SIC）密切相关，一般认为 SIC 是由大型陨石撞击而成的。矿化正好产在 SIC 与围岩的界面上。根据这一地质模型，查明萨德伯里盆地 SIC 底面的深度（界线），是实现该区深部找矿突破的一个关键地质问题。由于 SIC 底界深度颇大，当前作为解决这一问题的途径是综合应用反射地震和重力测量。萨德伯里铜镍矿区，利用反射地震和重力资料确定了含矿杂岩体底部界面。又如，在智利罗萨里奥矿床做了大量工作，无任何有价值的发现。后在该区做卫星图像解译和物探工作，在罗萨里奥斑岩铜矿系统和乌希纳淋滤铁帽的出露部分均发现激发极化异常，且后者的异常特征与斑岩铜矿系统上的特征一致，并与环形磁力高相符，查明小于 $10\ \Omega \cdot m$ 的电阻率与斑岩铜矿化吻合。据这些特征指标，终于在乌希纳的激发极化异常区探明了新的矿床。

由此可见，在局部地球物理找矿模型的研究和建立工作中，最主要的是查明和验证地球物理测量数据的特征参数与矿床或控矿要素的对应关系。

3. 局部地球化学找矿模型

地球化学资料作为找矿的直接标志，在局部找矿模型的研究和建立中备受重视，因此对具体工作有系统和细致的要求。俄罗斯学者针对乌拉尔某铬铁矿成矿带构建了不同级次地球化学找矿模型，在其研究时提出工作要求，具一定的代表性（表 3-6）。

表 3-6　地球化学找矿模型要素在不同阶段勘查中的地位和作用

阶段	任　务	找矿模型要素
（1）设计	①针对普查区域确定拟寻客体的成矿建造类型及聚集特点 ②选择最佳的地球化学找矿方法 ③确定最佳取样网度 ④编制取样图，论证拟取样物质	①在拟寻成矿建造客体周围形成晕的类型（岩石、气体、水） ②成矿建造类型的预期参数及其伴随晕的参数 ③具工业意义客体的最小限定规模
（2）野外	①观测拟寻客体的地质标志 ②观测景观条件	①成矿建造类型聚矿的地质-构造特点 ②不同景观条件下地球化学晕的表现特点
（3）实验分析	①选定拟测化学元素（及其化合物）的清单和检出限 ②选择分析方法	①与拟寻成矿建造类型有关的矿石、围岩近矿蚀变及所有各类伴生晕的矿物-地球化学成分 ②晕中化学元素的含量水平
（4）解释	①划分地球化学异常，确定它们的性质和成矿建造类型 ②评价地球化学异常 ③筛选地球化学异常 ④解释地球化学晕（侵蚀截面水平、产出深度等） ⑤地球化学晕的空间定位	①形成内生成矿建造类型的地球化学场的物理-化学条件，而不管其围岩的成分与时代、元素共生等情况的差异如何 ②聚矿作用的阶段性 ③成矿系统的构造复杂程度、聚矿因素（含矿性因素）的表现强度 ④针对不同侵蚀截面水平和产出深度的拟寻客体（成矿建造类型）表现出的地球化学晕参数 ⑤矿化参数和与其伴生的地球化学晕（原生晕、次生晕和分散流）参数之间的定量关系
（5）关于进一步地质勘探工作方向的建议	①按远景度对地球化学异常进行排序 ②确定需做详细地球化学工作和布置剖面线的地段	①矿化的垂向范围和评价侵蚀截面的地球化学参数 ②在异常地球化学场的结构中出现成矿客体结构的规律

资料来源：А. А. Кременецкий, 2009

纳入找矿模型的地球化学资料，应作必要的统计处理以形成建模所需的指标和特征。其中，基本的处理包括：元素的含量水平（平均含量等），含量变异性（离差、变异系数等），元素的赋存形式，成矿元素与指示元素间的相关性（相关系数等）。表 3-6 和表 3-7 都反映了这些要求。应该特别指出的是，在不同级次的地球化学场中，上述参数不仅有数值的变化，其内涵和特征（如元素组合、相关元素种类等）也在变化。一般说来，在局部找矿模型中，主要依据矿田和典型大型矿床地球化学场的特征和指标。

在地球化学找矿模型中，除对各个元素数据做统计处理外，元素组合关系及其空间变化（分带性）是最重要的综合性特征。根据这些特征可以判断异常场的性质（矿致异常或非矿异常），而且分带中心往往就是下伏矿床所在的位置。因此这两类指标是地球化学找矿模型的必有内容。

表 3 - 7   Au 在矿田晕、矿床晕和矿体晕的不同特征

指标	矿田晕	矿床晕	矿体晕
Au 的平均含量	为区域背景的 2 倍以上，达 $n \times 10^{-9}$	比局部背景值增高 2~4 倍	平均含量进一步增高
Au 的含量离差	Au 含量离差较区域背景增大，变化范围达 3~4 个数量级，近矿床处会出现低于区域背景值 1 个数量级的含量	Au 含量离差进一步增大，变化范围为 4~5 个数量级，低于区域背景、相当矿石水平的含量区段同时存在	Au 含量离差很大，垂直矿体走向有正负晕相间的三峰结构
Au 的赋存形式	富集矿物是磁铁矿、硫化物（浸染状）、暗色矿物和云母	载体矿物是黄铁矿、毒砂及矽卡岩矿物	金矿物及蚀变矿物
Au 与其他元素的相关性	Au 与其他指示元素的相关性差，一般无可靠的相关关系	与许多元素显示相关性，但在岩石、矿脉中相关元素不一	Au 与指示元素具相关性、分带性，矿体近旁 Au 与 Ag、Zn、Pb、Bi、As 等密切相关

资料来源：吴传璧，1991

（三）矿床（体）找矿模型（矿床勘探模型）

矿床（体）找矿模型，或称矿床勘探模型，实质上是指导矿床勘探的模型，是在追索矿体时所获资料和认识的总结。一般说来，这类模型是以已知矿床为基础建立起来的，是建立局部找矿模型和区域找矿模型的基础。因此，上述各级各类找矿模型所要研究的内容、指标、特征和标志，在这一级次的找矿模型中都要结合矿床的具体情况进行详细的研究。从实际情况来看，现已发表的大量文献，都是基于矿床（体）的找矿模型，而且往往是以单个矿床研究为基础建立的找矿模型。各种矿床级模型（地质的、地球物理的、地球化学的、成因的、预测 - 普查的、品位 - 吨位模型等）的研究，又为深入认识所研究矿床的成因、控矿因素、找矿标志提供了新的第一手资料，促进了区域和局部尺度找矿模型的完善、提高和应用。矿床（体）找矿模型的地质、地球物理、地球化学研究内容和研究特点，与上述各级模型有一定差异，随着客体范围的缩小，具体内容更加细化。

1. 矿床（体）地质找矿模型

从找矿角度来说，这一尺度的地质工作已属矿床勘探阶段，其主要任务是追索已知的矿体，追索旁侧和深部的新矿体，因此，与追寻矿体为主要目的的各种模型，如蚀变分带模型、形态模型、富集模型、梯度 - 矢量模型、多因素定量（合成）模型等（表 2 - 3），成为这一阶段研究和建立地质找矿模型的主要内容。

此外，还应包括控矿构造（如矿体雁行排列、等间距分布）、矿体围岩蚀变特征、容矿岩石特征、矿体上覆岩石的特征，等等。

2. 矿床（体）地球物理找矿模型

一个内生矿床的地球物理找矿模型，是地壳有限块段的三维抽象综合物理 - 地质模型。在这个块段内的地质体，是矿体、近矿蚀变岩、容矿岩石和上覆岩石的总和。矿床（体）的地球物理找矿模型大体上能决定该类矿床地球物理勘查效果、野外调查方法和所观测的物理场地质解释原则等（熊光楚，1996）。因此，矿床（体）地球物理找矿模型的研究内容应包括：岩石物理性质（参数表及分布特征图示）、物性模型（探测目标物、围岩、干扰体的物性模型等）、地球物理异常（平面及剖

面）、干扰体或干扰因素及影响。

3. 矿床（体）地球化学找矿模型

地球化学找矿模型的参数主要包括异常形态、异常规模、异常衬度、元素组合、元素分带及其序列。其中，矿床原生地球化学异常轴向分带序列模型最为重要，是揭示深部矿化的重要标志。依据钻孔资料建立原生地球化学异常分带序列与标准分带序列模型，便可判断元素地球化学分带是否存在反常现象，从而判别深部是否存在隐伏矿体。

四、建立综合找矿模型的思路

随着找矿难度的加大、勘查技术的发展和成矿理论的成熟，多学科、多方法的交叉与融合，抵消了各学科之短处，发挥了各方法之优势，已成为促进学科发展、提高找矿效果的主导趋势。具体到矿产勘查领域，体现为综合找矿模型的形成与发展。在西方文献中，很少出现"综合找矿模型"的术语，但强调不同方法的组合，突出各相关方法的有效性和相互印证。在俄罗斯文献中，常使用"综合普查模型"的术语，就内容而言，强调各类地质、地球物理、地球化学找矿方法和标志的组合。在我国文献中，出现了大量地质、地球物理、地球化学综合找矿模型，既是一种综合找矿模型，又是该种类型矿床勘查方法的组合。

综合找矿模型主要指地质、地球物理、地球化学相结合的综合找矿模型，在区域和局部找矿工作中，也把遥感资料考虑进来。在一些文献中，亦将这类模型称为"多因素模型"。就各种找矿模型的研究和建立来说，由于不同学科的工作方法、研究内容、标志特征的确定过程不同，地质、地球物理、地球化学找矿模型是分别建立的。所谓的综合模型，从本质上说是一种研究思路或方法途径，主要体现在找矿人员的实际应用中。而它们的书面表达形式，则主要是把研究者的思路和认识用图和表的形式反映出来。因此，各种模型的研究过程和成果在文献中是分别报道的，并没有成型的综合找矿模型建立和表达的方法，凭研究者依资料和研究客体的具体情况而定。

但是在此我们要强调一点：在各种模型的综合研究和综合应用中，地质模型查明和反映的基本地质事实和地质规律是建立综合找矿模型的基础；地球化学模型反映着成矿过程和成矿标志的地球化学方面，有自己的独立性和独特能力，但只有把地球化学特征、标志与地质特征、标志合理地契合起来，转化成对地质作用的深入认识，才能更好地发挥作用；地球物理模型要与其他模型的研究和应用真正综合起来，必须查明地球物理特征、标志与地质体、控矿要素的实际对应关系（图3-1）。只有这样，建立的综合找矿模型才会有效。

这里拟以内蒙古大井锡铜矿床综合找矿模型（姚敬金等，2002）为例，论述综合找矿模型的功能。通过以瞬变电磁法为主，结合可控源大地电磁测量、高精度磁测和化探资料所建立的地质、地球物理、地球化学综合找矿模型，解决了炭质干扰和厚覆盖层下寻找隐伏矿的难题，发现了隐伏的南矿带。经17口钻孔验证，其中15口见矿，同时还使北矿带的储量增加了4倍多，由原来的中型铜矿床发展成为锡、铜、银达到大型、铅锌达到中型的多金属大型矿床。

第四章　找矿模型的研究与应用

建立找矿模型只是一种手段，而不是目的，只有在使用中不断完善，在实践中较好地发挥作用，不断实现找矿突破，才是建立找矿模型的真正目的。本章拟以实例，进一步论述找矿模型的作用和功能，以便加深读者对找矿模型的理解。

一、地质找矿模型的研究与应用

（一）以矿床蚀变分带模型为依据，追踪蚀变带的范围，预测外围隐伏矿床

1. 通过断裂构造填图，识别和恢复整个斑岩蚀变系统

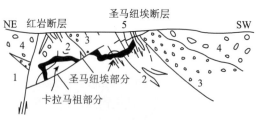

图 4 – 1　美国圣马纽埃 – 卡拉马祖斑岩
铜矿床构造历史略图

（引自 J. D. Lowell 等，1970；赵鹏大，2008，有修改）
（a）岩体侵位时期；（b）现在。1—前寒武纪石英二长岩；2—白垩纪二长斑岩；3—早第三纪克劳库伯斯特组（?）；4—中第三纪吉拉砾岩；5—辉铜矿次生富集带

矿化蚀变分带是矿床最为明显、最具特征的地质找矿标志，在认定矿床存在和确定勘探方向方面，它往往起决定性的作用。最著名的例子是美国亚利桑那州南部卡拉马祖斑岩铜矿床的发现过程。J. D. Lowell 等（1970）在这个矿床上查明了标准的环带状矿化蚀变特征，但他们发现，断裂作用使所查明的蚀变环带只剩一半，于是推断另一半可能被迁移到别的地方去了。通过对断裂走向和断距的研究，果然找到了它的另一半，即圣马纽埃矿床（图 4 – 1）。把这两个矿床的蚀变带拼到一起，即构成完整的环形。这个实例有力地说明了矿化蚀变标志的重要性，因而被勘查者普遍采用。所查明的蚀变虽然不那么完整和"标准"，但钾化、绢云母化、泥化、青磐岩化等典型蚀变普遍存在，都被作为确认矿体存在和指导勘探部署的重要标志。

2. 以遥感和地球物理为手段，识别浅覆盖区斑岩蚀变系统

地面斑岩系统的识别和范围的圈定，是实现斑岩铜矿找矿的关键。依托遥感填图、地球物理调查可以有效圈定掩伏区斑岩成矿系统的范围。例如，智利北部的科亚瓦西矿床包括罗萨里奥和乌希纳斑岩铜矿系统的识别。尽管在 1978 ~ 1979 年期间通过对众多的老采坑和采矿废石堆的观察，识别出以罗萨里奥矿床为中心的蚀变带和乌希纳矿化系统出露的边缘部分具备斑岩铜矿的特征，但由于地表薄层岩屑堆积和中新世砾石层的覆盖，对整个斑岩系统，尤其对乌希纳矿化系统的空间展布范围不甚清楚。在这种情况下，打了 60 多个钻孔，找矿效果并不显著。1990 年，通过卫星图像解译和物探工作，在罗萨里奥斑岩铜矿系统上面圈出了一个圆形的激发极化异常，以高极化率和低电阻率为特征。同时，在乌希纳淋滤铁帽的出露部分和东面 3km 处被成矿后熔结凝灰岩掩盖的地段也圈定了一个异常（图 4 – 2）。乌希纳的激发极化异常与一个具有环形磁力高的圆形磁异常一致，该环形磁力高是黄铁矿晕的反映。后来发现，小于 $10\Omega \cdot m$ 的电阻率与斑岩铜矿化吻合。

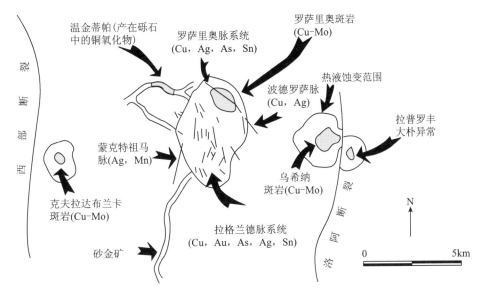

图 4-2　智利北部科亚瓦西矿床的罗萨里奥和乌希纳斑岩铜矿系统

(引自 R. L. Moore 等，2002)

显示两个系统的低电阻率异常

乌希纳见矿孔打到了 100 多米厚的辉铜矿富集带，平均含铜大于 1%。该钻孔打在基岩露头最边部的矿化后熔结凝灰岩附近，因为该处显示出有利的淋滤铁帽绢云母化、赤铁矿化和脉体穿插特征。在当时，发现孔的位置尚处于激发极化测量的范围以外。激发极化测量完成后，所圈出的低电阻带被解释为细脉高强度发育的反映。根据激发极化结果确定了熔结凝灰岩覆盖了下面的乌希纳矿化富集带的整个范围（图 4-2）。

3. 建立克莱马克斯斑岩钼矿模型，指导成矿带范围内大型钼矿的连续发现

美国科罗拉多州克莱马克斯（Climax）型斑岩钼矿找矿模型的成功应用，堪称找矿模型应用经典中的经典。克莱马克斯矿床是 20 世纪初期开采的一个特大型钼矿，早先认为该矿床是一次岩浆侵入成矿而成的，后来地质学家在详细观察和深入研究的基础上，发现了用一次侵入成矿理论无法圆满解释的许多"反常的"地质现象。通过对老资料的检查和认识，以及对大量艰苦细致野外观察所获得的新资料进行综合分析，建立了克莱马克斯钼矿多次侵入和成矿的找矿模型，即克莱马克斯岩株是一个复合岩体，有 4 个主岩体或主要侵入阶段，每一个岩体或者侵入阶段都具有它自己的一套在成因、时间上与之有关的热液产物，每次岩浆侵入都伴随着一次热液、矿化活动，且每一次侵入作用都要比前一次作用稍向东移。该模型后来在科罗拉多成矿带寻找新的钼矿床时得到充分的应用。

（1）对晚期无矿阶段产物及其时间和空间位置的科学解释，导致亨德森（Hendson）隐伏钼矿床的发现

科罗拉多成矿带的雷德芒廷（Red Mountain）地区与克莱马克斯地区在地质上有许多共同点：都存在网脉状辉铜矿矿化；两者都靠近第三纪强烈活动的大断层；矿体都与时代、相同成分的复合岩株有关；都显示有多期矿化和蚀变；金属矿物种类完全一致。据此认为，雷德芒廷地区如果有利的岩浆、构造在时间和空间上有机结合，在其深部就有可能形成克莱马克斯型的多层钼矿体。为检查最好的钼异常，在详细分析的基础上，于雷德芒廷西北部打了一个试验钻孔，该孔揭露了亨德森矿体的边缘。通过进一步的工作，于 1963 年查明了隐伏在地下 914~1067m 深处的大型矿床。

（2）矿床模型地质参数对比，导致了芒特埃孟斯大型钼矿床的发现

亨德森钼矿床的发现不仅证实了克莱马克斯钼矿模型的正确性，而且也丰富了模型的内容。利用新改进的模型参数，有力地指导了芒特埃孟斯（Mt. Emmons）钼矿床的发现（J. A. Thomas，1982）。

雷德芒廷地区与克莱马克斯地区的钼矿床具有许多相似点，但也存在一些重要差别：雷德芒廷地区下伏的岩石是新鲜的花岗斑岩，而克莱马克斯地区为典型的斑岩；克莱马克斯地区有大量前寒武纪

变质岩，而雷德芒廷地区这类岩石相对较少；相比亨德森矿体热液蚀变带发育更为完整。根据这些差别对已有的矿床模型作了进一步的修正。

芒特埃孟斯位于科罗拉多成矿带的中西部。1968 年在对芒特埃孟斯西北侧雷德韦尔盆地进行有色金属资源潜力评价时，在侵入角砾岩筒中发现了分散的含辉钼矿矿化的流纹岩碎块，这种含钼岩石的特征与克莱马克斯型钼矿化母岩相似。1970～1972 年，在一个出露于地表的流纹质角砾岩筒上，打了 11 个钻孔，结果发现了一个浅部的有色金属矿化带和两个较深的低品位的钼矿化带，即上、下雷德韦尔钼矿体。这一发现引起了公司的注意，他们认为，已发现的钼矿床与克莱马克斯型斑岩钼矿模型的许多重要参数是相似的，这一地区有希望发现更富和更大的钼矿床。根据与克莱马克斯和亨德森钼矿床的对比，制定了一项初期勘查计划。其中，包括用钻探圈定雷德韦尔盆地两个钼矿床的延伸情况，对芒特埃孟斯其余地区开展详细填图，研究雷德韦尔盆地蚀变岩石和石英脉的分布状况。1976 年夏天，初期计划完成以后，为了验证芒特埃孟斯东南侧雷德莱迪盆地外围的靶区，打了一个 750m 深的钻孔，该孔下部 240m 揭露了广泛发育的石英 - 黄铁矿 - 辉钼矿细脉带。经过 1977～1978 年的工作，在雷德莱迪盆地探明了矿石储量 $1.56 \times 10^8 t$、MoS_2 平均品位 0.43%、矿体埋深 420m 的大型钼矿床。

（二）以矿床成矿系统与矿床分带模型为依据，对深部矿化作出预测

由已知到未知的模型类比找矿向成矿系统深部空间展布与演化发展，提高了深部找矿预测的准确性。根据已知矿床建立的矿床分带模型、构造控制模型在外围进行类比，寻找与已知矿床类型相同的矿床，这一战略在已知矿床外围找矿中发挥了重要作用，成功的例子不胜枚举。尤其需要指出的是，近年来深部找矿工作的重大发现，使人们逐渐发现平面上认识到的分带模型在垂向上基本上都能看到。因此，建立矿床空间分带模型对指导找矿具有十分重要的现实意义。

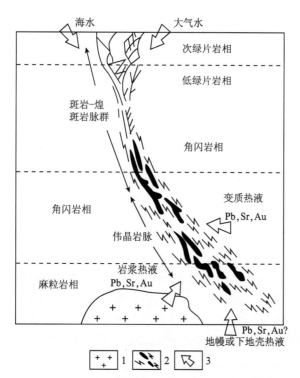

图 4 - 3　太古宙脉状金矿床的地壳连续成矿作用示意图
（引自 D. I. Groves, 1993）

1—花岗质侵入体；2—含矿构造带；3—矿液运移方向

1. 太古宙脉状金矿床的地壳连续成矿模型

20 世纪 80 年代后期以来，相继在津巴布韦、澳大利亚等太古宙麻粒岩相岩石中发现了若干高温（>700℃）热液脉型金矿床，同时在次绿片岩相岩石中也发现了一些低温（<180℃）热液脉型金矿床。这些发现大大改变了人们以往的认识，修正了一些传统观念。于是，澳大利亚的 D. I. Groves 等（1993）在总结前人研究的基础上，提出了"太古宙脉状金矿床的地壳连续成矿模型"（图 4 - 3）。该模型认为，从次绿片岩相到麻粒岩相的变质岩中都有脉状金矿产出，在不同的垂向深度上可连续形成金矿，至少涉及 15km 以上的地壳剖面。产在不同变质岩中的金矿床属于一组连续的同成因的矿床组合，但这 3 类金矿在成矿构造条件、围岩蚀变组合、矿石矿物组合、金的赋存状态等方面均有区别。这一模型并非反映同一矿区内的金矿化垂向分布，而是概括地反映了区域范围内一系列金矿床的分布特征，从而把成矿系统的演化与矿床不同深度中的演化统一起来考虑。

2. 斑岩铜矿成矿系统与浅成低温热液成矿系统垂直叠置模型

图 4 - 4 为 R. H. Sillitoe（1991）对智利金（铜）矿床分布的总结。该模型的实质是，智利的高硫化浅成低温热液型金矿化往往发育在以侵入体为中心的斑岩型矿化的上方，而低硫化浅成低温热液

型矿床和更深部位的接触交代型、脉型金矿床则产在斑岩型矿化的边缘部分（图4－4）。这个模型为环太平洋西岸大量发现矿床所证实，并正在为深部矿产资源潜力预测提供重要思路。该模型提示我们，一方面，在浅成低温热液矿床深部要注意寻找斑岩型铜（金）矿床，例如，菲律宾远东南勒班陀含砷铜金矿床下面产出了超大型远东南斑岩铜矿床；另一方面，由于空间上矿床剥蚀程度存在差异，在平面上要注意浅成低温热液矿床与斑岩铜矿床是否存在伴生关系。

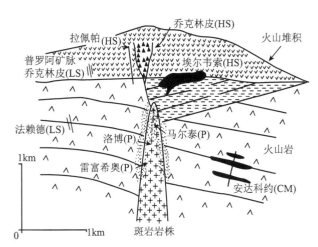

图4－4　智利若干典型金矿床相对于理想化
斑岩系统的产出位置

（引自 R. H. Sillitoe, 1991）

图中乔克林皮金矿的关系部分是推测的。CM—接触交代型；
HS—高硫化低温热液型；LS—低硫化低温热液型；P—斑岩型

3. 巴尔干－喀尔巴阡斑岩铜矿模型

R. H. Sillitoe（1979）通过对前南斯拉夫和罗马尼亚斑岩铜矿的研究，提出了斑岩铜矿的巴尔干－喀尔巴阡模型。这是四位一体的复合的矿床模型，即斑岩体内为斑岩铜矿，含铜量为0.45%～0.6%，Au、Mo均很少；含矿岩体同中生代碳酸盐岩的接触带有矽卡岩型铜矿床，含铜品位增高；在中生代碳酸盐岩地层中有交代成因的铅锌矿；在上部与斑岩体同期同源的火山岩盖层中有同生成因的块状硫化物矿床（黑矿型）。这个模型的含矿斑岩体为石英闪长斑岩、石英二长闪长岩、花岗闪长岩及同源同期的安山岩、凝灰岩等；围岩是中生代碳酸盐岩，蚀变作用有钾长石化、绢云母化、青磐岩化及硅化。如果围岩不是碳酸盐岩，就不形成矽卡岩型矿床，这时该模型主要是上部火山岩中的块状硫化物矿床和下部斑岩体内的斑岩铜矿（图4－5）。

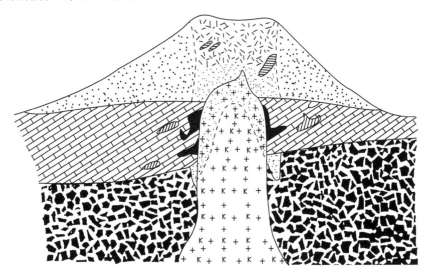

图4－5　斑岩铜矿巴尔干模型

（引自 R. H. Sillitoe, 1979；王之田等，1994）

1—石英闪长斑岩；2—安山质火山岩；3—石灰岩；4—变质基底；5—强泥岩化；6—石英绢云母化；
7—钾硅酸盐化；8—含硫砷铜矿的块状硫化物矿；9—铅锌交代矿；10—含铜矽卡岩矿

欧洲一些国家，利用该模型找到了新的斑岩铜矿。如在前南斯拉夫蒂莫克地带的波尔铜矿区，在研究区域成矿模式及探索斑岩铜矿与块状硫化物之间关系的基础上，利用该模型在块状硫化物矿体（硫砷铜矿、铜蓝、黄铁矿）的下面找到了体系深部的斑岩铜矿矿体（图4－6）。

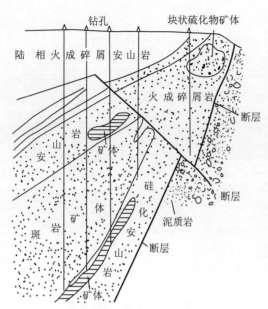

图4-6　前南斯拉夫波尔矿床横剖面示意图
（引自王之田等，1994）

在匈牙利的雷克斯克块状硫化物铜矿（硫砷铜矿－锑硫砷铜矿）矿体之下600m深处，亦发现了斑岩铜矿体。此矿是1850年的老矿，当时只开采地表附近的矿石。1959年，在经过详细地表填图后，决定打4个深钻，这些钻孔有铅、锌富集的显示，又决定再打12个孔，其中2个孔在较大间隔内打到了低—中品位的铜矿石，这就是后来找到的斑岩铜矿。其实，这里的斑岩铜矿在过去的石油钻孔中就遇见了，只是当时未能掌握巴尔干斑岩铜矿体系，找矿中仅把注意力放在寻找块状硫化物矿上。直到1968年，在察觉到深部可能存在着斑岩铜矿后，才开始大规模的勘探，从而发现了这个隐伏的斑岩矿体，并摸清了较富的伴生矽卡岩矿。

4. 喷气沉积型（SEDEX型）铅－锌矿床与网脉状铜矿空间分布模型

喷气沉积型（SEDEX型）铅－锌矿床与网脉状铜矿有时在空间上显示出互存的现象。例如，古巴西部就有侏罗纪的喷气沉积型铅－锌矿床，在区域内既有层状的SEDEX型铅－锌矿床，又有网脉状的铜矿，有的矿床上有SEDEX型铅－锌矿，下有网脉状铜矿。世界其他地方也有与铜矿伴生的SEDEX型铅－锌矿床，如澳大利亚的芒特艾萨（Mount Isa）矿床、加拿大塞尔温盆地的托姆（Tom）矿床、德国腊梅尔斯伯格（Rammelsberg）矿床，以及中国内蒙古的霍各乞和炭窑口矿床等。

5. "四层楼"铜矿空间分布模型

同一个金属成矿省内不同时代的矿床，有的可能是地壳中较老的成矿物质经后期地质作用再活化、富集而成的；也有的矿床不是直接来自古老基底，而是来源于深部，例如下地壳或上地幔。这两种情况都说明，在一个具体的地区，由于地球化学省可能提供充足的成矿物质来源，因此不同时代都可能产出同一种矿产，但由于不同时代地质作用的不同，可能产出不同类型的矿床，因而不同时代的成矿作用具有继承性。最为典型的实例是川滇地区"四代同堂"的铜矿床序列，简称"四层楼"铜矿模型（黎功举，1991），即从基底为大红山群与细碧角斑岩建造有关的大红山式火山喷气（流）热液－沉积变质铜（铁）矿床，继之为与陆源碎屑（含火山碎屑）－碳酸盐岩建造有关的沉积－喷气东川式铜（铁）矿床，再上是在陆表海中形成的同生沉积－改造砂砾岩、白云岩型铜矿（滥泥坪式）和在地洼区陆相岩层中形成的成岩后生－热卤水砂（页）岩型铜矿床（滇中式）。这不是简单的"四代同堂"（图4-7），成矿作用不仅具有继承性，而且具有新生性和多旋回的特点。

6. "三位一体"矿床模型

在长江中下游地区，形成了以城门山为代表的"多位一体"（矽卡岩型、斑岩型、似层状块状硫化物型）铜多金属矿床。在花岗闪长斑岩与灰岩的接触带形成了矽卡岩型矿床，在石英斑岩与花岗闪长斑岩的岩体中形成斑岩型铜钼矿，在中石炭统黄龙组灰岩与上泥盆统五通组砂岩层面上形成了似层状块状硫化物型矿床（详情参见模型十二）。

（三）以地质找矿模型为依据，组织矿产勘查工作

地质模型实质上是对成矿环境、成矿过程和控制因素的规律性认识，因而在新矿床的勘查中它无疑能够发挥指导作用。就地质模型来说，它可以指导已知矿带外围和深部勘查。这里举两个例子说明之。

1. 依据已知地质找矿模型，在已知矿带外围系统钻探，直接导致矿床的发现

智利斯潘赛斑岩铜矿床，由于当地的基岩覆盖在"南美大草原"之下，运用物化探方法效果不

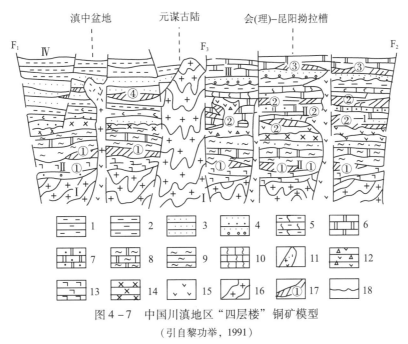

图 4 - 7 中国川滇地区"四层楼"铜矿模型

(引自黎功举, 1991)

构造层: Ⅰ—前地槽 (古陆壳); Ⅱ—地槽; Ⅲ—地台; Ⅳ—地洼。

Ⅰ 和 Ⅱ 属褶皱基底和结晶基底, Ⅲ 和 Ⅳ 属沉积盖层

矿床类型: ①大红山式; ②东川式, 包括稀矿山型、落因型和凤山型; ③滥泥坪式; ④滇中式

1—盐层; 2—泥岩及板岩; 3—砂岩; 4—砾岩及角砾岩; 5—煤层及炭质页岩; 6—白云岩; 7—蚀变白云岩; 8—大理岩;
9—片岩; 10—炭质白云岩; 11—岩浆杂岩; 12—隐爆角砾岩; 13—细碧角斑岩; 14—碱中基性熔岩; 15—辉长辉绿岩;
16—变质杂岩; 17—矿体及矿床类型编号; 18—不整合面。F₁—箐河程海断裂; F₂—小江断裂; F₃—绿汁江断裂

佳, 便沿成矿构造带在已知矿的两端布置钻探; 进而总结资料, 依断裂交会处确定下一步的勘查靶区, 终于依靠网格式钻探打到了新矿床。从方法运用上来说, 表面看来在这个案例中钻探起了引导矿床发现的关键作用, 但是, 如果没有以地质找矿模型为基础的地质认识, 在该地区已经打过 30000m 钻探未见矿的情况下, 是难有魄力再布置 9000m 钻探工作, 最终导致矿床发现的。

美国卡林金矿带的帕普帕莱恩矿床, 从区域成矿带角度出发, 基本认识了该矿带地质特征。这也是 20 世纪 90 年代在已知矿床外围的覆盖区开展拉网式钻探, 导致发现该矿床。同样位于卡林金矿带的阿基米得 (Archimedes) 金矿床, 是在具有 50 年以上开采历史的著名采矿区发现的, 它是简单而有效的勘查计划的成果。虽然老窿的岩屑取样首先表明有金矿化存在, 但化探在勘查计划中并没起进一步的作用, 因为矿体隐伏于成矿后的盖层之下。在勘查工作中没使用物探, 主要是靠先进的地质模型和"扩边"钻探。

2. 依据地质找矿模型, 对已知矿点再评价, 导致找矿重大突破

这里以加拿大安大略省温斯顿湖矿床的发现过程为例加以说明。1952 年, Zenmac 金属矿业有限公司完成了小型的天顶矿床的勘查。该矿床为致密块状闪锌矿矿床, 储量为 12.8×10^4 t, Zn 品位为 23% 和 Cu 为 0.25%。天顶矿床位于辉长岩与变质辉石岩相的辉长岩之间的过渡带内。矿床呈透镜状, 倾向 NE, 倾角 35° ~ 45°, 厚度为几厘米到 13.4m。

天顶矿床独特的地质背景引起了当时的福尔肯布里奇铜矿公司 (CFC) 的极大兴趣。为了评价该地区的含矿远景, 寻找更大的矿床, CFC 公司于 1978 年 10 月在该区完成了地质普查和岩石地球化学普查测量。研究人员试图将所圈出的异常与天顶矿床的成因结合起来进行综合研究。由于天顶矿床的容矿岩石为辉长岩, 这在地质上属于一个异常现象, 该辉长岩岩床侵入于下伏的蚀变钙碱性长英质火山岩与上覆的未蚀变枕状拉斑玄武岩质镁铁质火山岩之间。以往的研究工作曾对天顶矿床的成因提出了两种解释, 一种认为是脉状后生矿源, 另一种则认为是岩浆成因。CFC 公司根据普查、详查的结果, 认为天项矿床的成因与火山成因块状硫化物沉积有关。据此, CFC 公司建立了一个地质模型,

即将天顶矿床解释为来自长英质火山岩顶部原位大型矿床派生出的一个大的火山成因块状硫化物捕虏体，图4-8示出了模型的一个横断面。

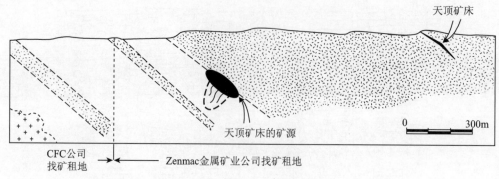

图4-8　加拿大温斯顿湖地区天顶矿床及其与矿源的关系

(引自 P. W. A. Severin 等, 1989)

为了验证上述解释，CFC公司在1981年打了8个金刚石钻孔。其中的4个打在CFC公司的找矿租地内，这4个孔中有3个是为了研究黄铁矿层（它在空间上与长英质火山岩内的堇青石－直闪石蚀变带有关），第4个孔是用来验证位于天顶矿床西北部辉长岩中出现的弱的极大－极小耦合电磁法（Max min II）、甚低频（VLF）和磁异常。另外的4个孔打在Zenmac金属矿业公司的找矿租地内，用于验证所提出的地质模型。前4个孔的结果均令人失望，而后4个孔的结果却令人鼓舞，它们查明了出露的燧石质火山灰层的下倾投影的位置，其深度为125～250m。燧石质火山灰层位于上覆的堇青石－直闪石蚀变带以东的长英质火山岩的顶部。此外，钻孔穿过了一个喷气岩层，在4.3m的井段上含0.57%的锌，并见有7m厚的浸染矿化段，含1%的铜。

此后，CFC公司根据钻探结果，结合以往勘查的经验，尤其是在魁北克西北部LacDufault矿区的勘查经验，他们果断地提出开展钻孔脉冲电磁法（PEM）测量。

钻孔PEM测量采用了5个大小相同（100m×100m）的发射线圈（图4-9），这样可在多方位进行激发以便根据不同激发位置的异常曲线来推断导电体的位置、形状和大小。测量在DDH ZO-4号孔中进行。结果探测到一个很强的异常，在各记录道内异常由早期到晚期出现符号的变化，说明了异常属于典型的"边缘"型异常。该异常的中心位于245m的深处，而在该处见有几毫米厚的硫化物矿化。不同位置发射所测得的异常曲线的形状是相似的，表明存在着一个板状良导体。另外，南北发射线圈的响应的振幅大致相等，说明板状体在该方向是连续的。从东西发射线圈的响应来看，板状体应该是向东倾并向下方延伸的，这一解释与地面没有观测到任何物探异常的事实和地质上的推断是一致的。另一个值得注意的异常现象是，由西发射线圈得到的异常响应的符号基本上是反向的，且幅值要小一些。这一点可用一次场与激发体的耦合关系加以解释。根据一次场的矢量方向，可以推断出西发射线圈的一次场与向下倾斜的板状良导体耦合最差，且一次场与二次场的方向基本上是相反的，因此便出现了这一异常现象。

根据钻孔电磁测量解释结果及地质推断，1982年6月布设了ZO-5号孔以验证钻孔PEM异常。结果，ZO-5号孔打到了2.1m厚的硫化物矿层，Cu含量为1.10%，Zn含量为19.11%，Ag含量为22.2g/t，Au含量为0.73g/t。矿带位于地表以下300m处的辉长岩岩床的底部。通过上述一系列的综合勘查，发现了这个隐伏的温斯顿湖块状硫化物矿床。

在该矿床发现过程中，矿床地质模型和井中物探模型起着非常重要的作用。通过一系列勘查活动，最终认识到天顶矿床只是一个原位大型温斯顿湖矿床派生的一个火山成因块状硫化物矿床的捕虏体。

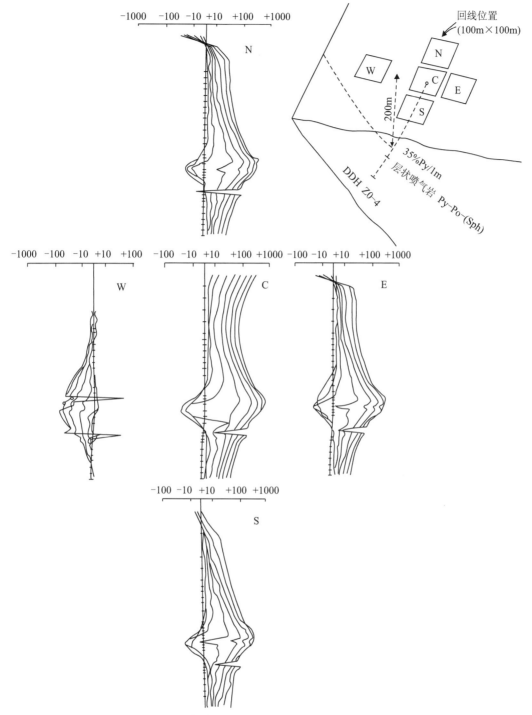

图 4 − 9　加拿大温斯顿湖钻孔脉冲电磁测量结果

（引自 P. W. A. Severin 等，1989）

二、地球物理找矿模型的研究与应用

对不同级次的成矿客体所建立的地球物理找矿模型，其功能和作用不尽相同。在应用过程中，关键是要将不同级次的控矿地质因素转化为地球物理参数，进而将地球物理参数转化为找矿标志。在建立地球物理找矿模型的过程中，除了重视岩矿物性空间分布模型（物性参数分布模型）外，还要注意各类物性参数的推断、反演模型，以及建立地质干扰模型。

（一）地球物理找矿模型与区域成矿预测

地球物理找矿模型在区域成矿预测中发挥着重要的作用。利用物性参数模型，模拟或实测地球物理场模型，或开展覆盖区和深部地质填图，或开展区域控矿因素研究，把区域控矿地质模型转化为区域地球物理找矿模型，从而识别区域构造、区域控矿地层和深部矿源体，进而确定成矿远景。

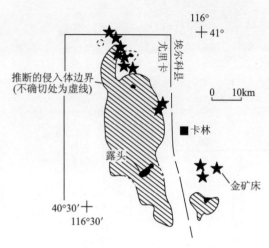

图4-10　美国内华达卡林城附近推断出的
与卡林型金矿有关的花岗岩侵入体
（注意其露头极少）
（引自 V. J. S. Grauch, 1988）

在美国内华达州卡林金矿带，金矿床被认为与深部花岗岩和大的断层系有关。而航磁和重力异常模型可快速圈定这类地质体以及进一步查明金矿床与这类地质特征的空间关系，以更好地了解该区的成矿地质环境，缩小找矿靶区。美国地质调查局主要根据磁测数据编制了内华达深成花岗岩体分布图，由此推断出了深成岩体的边界、岩石组分和年代。通过对比研究发现，大多数已知的浸染型金矿床靠近计算出的磁化强度界面或推断的深成岩。由于岩体大部分是隐伏的，如果不靠磁测是无法确定其整体范围的。图4-10是用磁测结果推断出的与卡林型金矿有关的花岗岩侵入体。

J. M. Leiste 等（1999）研究了智利北部斑岩铜矿系统的分布与航磁特征之间的关系，其对区域找矿模型的建立具有重要意义。20 世纪 90 年代 CODELCO - Chile 公司开始了一项寻找斑岩铜矿的大规模勘查计划，沿 Domeyko 断层带进行了航空磁测，面积 800km（NS）× 60km（EW），线距 500 ~ 1000m，离地高度150 ~ 300m，测量总精度优于 1nT。研究表明，所有的斑岩矿床都在横向（东西向）磁异常范围内或其附近。

据称，这一现象说明智利北部成矿带内斑岩铜矿床具有共同的岩浆源，横向磁异常的存在是大型斑岩铜矿产出的必要条件。据此，可以将智利北部的远景区聚焦到 20 个左右的横向磁异常区的范围内。如果再考虑本区斑岩铜矿都与第三纪岩浆有关，以及有利的断裂构造环境，这样远景区的范围将大大缩小。

（二）地球物理找矿模型与矿床普查勘探

在矿床普查勘探的研究程度较高阶段，地球物理找矿模型应用非常广泛。在成矿远景区或成矿区带，通过对已知矿床的方法试验研究，总结其物性和地球物理场（异常）的特征，以指导其他异常的查证工作，或者开展实测异常与理论模拟的对比分析，进而解释异常形成的原因。这种遵循"从已知到未知"的原则和深化地球物理找矿模型（模拟）研究的做法，在实际找矿中颇有成效。

1. 建立并不断修正已知矿床地球物理找矿模型，实现地质找矿突破

成矿区带内的矿床被发现之后，往往会在所发现的矿床上开展不同物化探方法的试验研究，查明已知矿床的地球物理异常模型，以指导其他异常的查证工作。澳大利亚奎河－赫利尔矿床的发现便是一个典型的实例。

澳大利亚塔斯马尼亚岛西部的奎河－赫利尔地区广泛分布着里德酸性火山岩。这里的勘查活动虽较早，但直到 20 世纪 70 年代之前，其勘查活动基本上是零星的，范围较小，找矿工作未取得实质性的进展。该区的地形条件较恶劣，植被茂密，地质调查和矿产勘查的程度相对较低。

20 世纪 70 年代初，Aberfoyle 资源有限公司依据加拿大酸性火山岩中产出块状硫化物矿床的认识，意识到该地区的里德酸性火山岩是具有含矿远景的成矿区带，于是公司首先开展了区域水系沉积物测量和400km² 的航磁、航电测量。航空电磁测量发现了一些异常。经异常初步评价后，发现奎河

异常尤为引人注目，并且与区域水系沉积物化探异常几乎吻合。于是将该异常作为重点查证对象。随后进一步开展了地面电磁测量和土壤地球化学测量的异常查证工作。查证结果验证了区域性航电和水系沉积物异常，于是导致了奎河矿床的发现。

奎河矿床发现之后，一方面继续利用水系沉积物、土壤地球化学、地面电磁法对矿床外围有利的环境进行勘查，另一方面又使用一些其他物探方法（如激发极化法、充电法、自电法等）在已发现的矿体上作了大量的试验性工作。初步试验结果得出的认识是，塔斯马尼亚岛西部地区成功勘查火山块状硫化物矿床的一个必要准则是"土壤地球化学异常外加一致的激电异常"。在这一找矿模型指导下，激发极化法一时成为该地区备受青睐的方法。在随后的勘查中，凡是伴随有高地球化学异常的激电异常区均打钻验证，但结果却令人失望，激电异常要么反映的是没有经济价值的浸染状黄铁矿化，要么反映的是黑色页岩。

鉴于激发极化法在该地区未能找到新的含矿目标，Aberfoyle 公司选择了探测深度较大的时间域电磁法（TDEM）。首先在奎河矿床上进行了试验，有明显的异常反映，并且还发现了原先被其他方法所遗漏的、埋藏较深的透镜状矿体。因此，该方法的试验成功促使勘查人员在该区进行了"地毯式"的覆盖测量以对其他异常进行查证。对测区内唯一值得注意的 TDEM 异常再次进行了更详尽的 TDEM 测量，结果证实了该异常的存在，并圈出了一个由一系列相似弱异常组成的带。图 4-11 是发现弱异常的一条测线（10700N）的瞬变电磁（UTEM）响应。根据对 UTEM 异常的解释，推断有一个连续的良导体存在，走向长度至少 400m，在 10700N 测线下的埋深约 200m。1983 年对该异常带进行钻孔验证，结果打到了高品位的赫利尔矿床（图 4-11）。随后在未见矿的钻孔中作的井中电磁测量也有效地探测到了井旁的盲矿并确定出其几何形态。

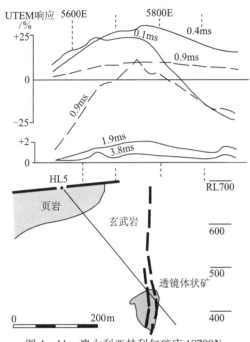

图 4-11　澳大利亚赫利尔矿床 10700N
测线的 UTEM 异常（垂直分量）
（引自 Aberfoyle Resources Limited，1990）

2. 开展物探异常理论模型（拟）对比研究，寻找隐伏矿床

物探异常的成因可以是多解的，如数量最多的磁异常，不仅与铁矿，而且与铜、金和多金属矿床也有密切的关系，其中包括铁铜共生矿床、与条带状含铁建造有关的铜金矿床等。除了分析物探异常的成因外，对异常进行理论模型计算也是很重要的，有助于查明异常的起因。根据露头和浅钻资料建立的物性参数模型进行理论计算，对比和分析理论与实测异常不符的原因，进而发现未知矿床。

（1）对成因不明的重力异常进行理论模拟和解释，直接发现了芬兰克雷拉蒂铜钴矿床

芬兰克雷拉蒂铜钴矿床与大多数硫化物矿床一样，容矿岩层为元古宙的花岗岩和片麻岩。20 世纪 80 年代初在解释已知的武奥诺斯矿床和克雷拉蒂之间的老重力资料时，根据露头和浅钻资料建立模型算出的重力场与实测场不符，但如果在剖面中增加一个比重较大、埋深 400~1200m 的隐伏容矿岩层，就可以使两者拟合。这一模型直接导致在克雷拉蒂地区再次钻探查证，钻孔浅部岩心发现钴和铜异常，加深后在 500~600m 之间见矿。这实际上是通过建立剩余异常模型成功实现深部找矿的过程。

（2）以航空磁测和地面重磁测量为手段，通过精细的理论模型（拟）发现了澳大利亚阿布拉铅银铜金矿床

20 世纪 80 年代初，Geopeko 勘探公司在澳大利亚吉拉瓦拉矿化带航磁测量的基础上，开展了详细的地面重磁测量。通过滤波和区域场校正，消除原始数据的噪音，得到了剩余重力异常，结果重磁

异常非常吻合，推断为同源异常。

随后，Geopeko 勘探公司对重磁数据进行了定量模拟解释。先作了二维模型，发现异常源的深度偏大，后来选择了三维椭球体进行模拟。磁性体被模拟为长、宽、高分别为 1000m、600m 和 300m 的倾斜椭球体，顶端深度 270m。根据该模型计算出了重、磁异常，并将计算的重磁异常与实测异常进行了对比，两者吻合度甚好。另外，结合地质上的分析与判断，模型体与当地的地质倾向是一致的。

据此认为，该模型与层控矿化有关，代表了具经济价值的地质目标。随后，对模拟目标进行了钻孔验证，结果在 260m 的深度往下打到了 255m 厚的 Fe、Ba、Pb、Ag、Cu、Au 矿化，与模拟的椭球体的深度很接近。矿化段含大量的磁铁矿、赤铁矿和重晶石。可见，通过对重磁异常的模拟来查证异常是导致该矿床被发现的主要因素。

（3）利用井中物探异常模型，实现找矿突破

在地质普查、详查和勘探阶段，为验证地面物化探异常和某些地质推论、解释，往往打有一定数量的钻孔，尤其是在已知矿区或其外围。这些钻孔有的见矿，有的可能漏掉矿体。依据井中地球物理异常模型，可以准确地判断矿体的产状和延深，成为寻找深部隐伏矿或盲矿的一种重要手段。

在井中物探方法中，采用较多的是井中磁测、井中激发极化法、深部充电法和井中瞬变电磁法（TEM）。井中充电法主要用于圈定矿体范围，确定矿体的产状和埋藏深度，寻找充电孔附近的隐伏盲矿体和在相当大的空间（数十平方千米）内发现隐伏构造、岩体、盲矿体等。井中地球物理异常模型可以帮助地质学家判定打钻是否已经到位，判定是否已经钻遇地下导体，是否还应再钻进几米，还是已经偏离目标体需要另开新钻等问题，从而提高打钻的成本效益和成功率。

井中物探异常模型可以有效地判断深部矿体有无产出及其产状（产出深度和倾向）。例如，井中 TEM 系统由于更加接近深部隐伏矿体，可降低上覆盖层的影响，在钻孔周边 200 ~ 300m 半径范围内具有较好的分辨能力，能获取深部隐伏矿体的直接信息，并具有稳定的地球物理异常模型（图 4 - 12）。在加拿大、澳大利亚等一些老的矿区或矿产普查中，该方法对寻找深部隐伏矿床发挥了主导作用，成为圈定深部隐伏矿床的有效组合方法之一。

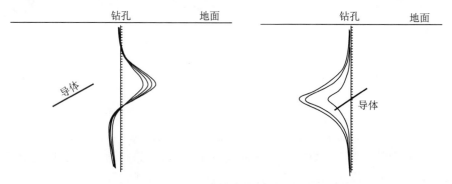

图 4 - 12　井中瞬变电磁响应模型

（引自崔霖沛等，1999）

左图为矿体在钻孔的左侧；右图为钻孔穿过矿体

找矿实践证明，深部钻孔的井中瞬变电磁异常模型是一种实用和有效的勘查方法。利用这一模型，在深部相继发现了一批极富的铜镍硫化物矿床。例如，1987 年在萨德伯里盆地南缘地下 1280m 的深度发现了深部林兹里高品位矿床；20 世纪 90 年代初国际镍公司利用该方法在盆地的东缘发现了大而富的维克多矿床，在盆地北缘发现了新麦克里达铜镍矿床。维克多矿床矿石储量达（1800 ~ 3600）$\times 10^4$t，埋深 2400m，镍品位 1.5% ~ 2.6%，铜 5% ~ 7.4%，贵金属 6.7 ~ 17g/t，含铜（9 ~ 266）$\times 10^4$t。新麦克里达矿床埋深 1000 ~ 1500m，铜储量 79 $\times 10^4$t、镍 5.8 $\times 10^4$t，铜和镍的品位分别为 11% 和 0.8%。

近年来，利用井中电磁法模型，在加拿大马尼托巴省斯诺莱克地区发现了奇瑟尔北（Chisel North）锌铜矿床，在西澳马吉海斯（Maggie Hays）和艾米丽安（Emily Ann）发现了镍矿床。

（4）以经验地球物理模型为指导，实现铁氧化物铜金铀型矿床的找矿突破

随着澳大利亚奥林匹克坝矿床研究的深入，学术界普遍认为铁氧化物铜金铀矿床属于一种新类型矿床。该找矿模型曾经指导澳大利亚欧内斯特亨利（施俊法等，2005）、显山矿床（王绍伟等，2006）的找矿突破。近年来，在该模型指导下，加拿大也实现了重大的找矿突破（R. E. Goad 等，2000）。

加拿大 NICO 钴 – 金 – 铋矿床和苏迪尼（Sue-Dianne）铜 – 银矿床位于加拿大地盾元古宙贝尔构造区大贝尔岩浆带南端的马曾诺德湖（Mazenod Lake）地区。该岩浆带长约 800km、宽约 100km，由低钛和高铝的钙碱性火山 – 深成岩组成，火山岩被一套年龄相似的含角闪石和黑云母的深成岩所侵入。

早在 20 世纪 80 年代，研究人员在研究大贝尔岩浆带时发现，该岩浆带的年龄、构造环境，以及区域地质和矿床的地质 – 地球物理特征等方面与澳大利亚的奥林匹克坝矿区非常相似。加拿大地质调查局早期在马曾诺德湖地区工作时就曾强调指出，苏迪尼矿床富含铜 – 银 – 金 – 铀的角砾岩与奥林匹克坝矿床之间有许多相似性，因此，在大贝尔岩浆带对于寻找类似奥林匹克坝矿床规模的铁氧化物多金属矿床来说有很大的潜力。在该区工作的 Fortune 矿产有限公司 1988 年开始在大贝尔岩浆带勘查，特别是 1992 年以后在马曾诺德湖地区勘查时，就使用铁氧化物型矿床找矿模型在该区寻找铁氧化物多金属矿床，他们按照铁氧化物型矿床的地球物理找矿模型为大贝尔岩浆带制定了一项包括踏勘、详细地质填图和地球物理调查的综合性计划。

根据铁氧化物型矿床找矿模型在大贝尔岩浆带开展了地质、地球物理调查。通过在大贝尔岩浆带完成的航空和地面地球物理调查，查明了 NICO 矿床上面钾、铀、磁性、电阻率、极化率、重力等异常相互叠加。附近的苏迪尼矿床也具有铀、钾、磁性、电阻率和极化率等综合异常。区域和局部的地球物理资料表明，在一个广阔的强烈的钾质交代作用区存在大量聚集的铁氧化物。地质填图查明在黑云母 – 磁铁矿 – 角闪石 – 富硫化物的铁岩和片岩中有钴、金、铋和铜的矿化，矿化位于斯奈尔湖群的蚀变岩中。

苏迪尼矿床地球物理标志明显与 NICO 矿床十分相似，存在一个 2km×1km 大小的总场（800nT）和垂直磁梯度异常中的直径为 1km 的 U、U/Th 和 K 放射性异常。放射性异常中心和磁异常中心偏离 200m，在深部矿床向北侧伏。NICO 矿床矿石主要集中在鲍尔带中，最后通过 230 个钻孔探明了 $4200 \times 10^4 t$ 矿石，平均含 Co 0.10%、Au 0.5g/t、Bi 0.12%。苏迪尼矿床通过 61 个钻孔探明了 $1700 \times 10^4 t$ 矿石，平均含 Cu 0.72%、Ag 2.70g/t。

在大贝尔岩浆带南部进行矿产勘查的结果证明，找矿模型在矿产勘查中有重要的意义。独特的地质环境与广泛的钾质、铁氧化物蚀变带的紧密结合使这类矿床可以采用地球物理找矿模型。依据区域重力、磁性和放射性的特点可鉴别出热液中心，而重力、详细磁测及局部的激发极化调查用来确定特定的钻探靶区。

（三）地球物理找矿模型与物探方法组合

地球物理找矿模型是找矿实践经验的总结与升华，是上升为理论、再用于指导实践的一种认识论和方法论。不同级次的地球物理找矿模型可以帮助人们在勘查阶段确定地质任务和选择合理的勘查方法组合。不同成因类型的矿床处于不同的地质环境，其地球物理异常模型也不相同，相应的勘查方法也各有不同。因此，在工作设计之前，必须对已有的地质资料仔细分析推敲，以成因类型为基础，以地球物理找矿模型为依据，优化勘查方案。从找矿角度还需注意成矿系统（体系）的发育，在同一地区寻找若干种不同类型的矿床。这里拟以火山成因的块状硫化物铜矿床为例加以说明。

据崔霖沛等（1994）报道，图 4 – 13 是前苏联 M. H. 斯托尔普涅尔等（1994）提出的一种火山岩型铜矿床的地质 – 地球物理找矿模型。其用途有以下几个方面：

1. 选择调查的综合方法

根据地球物理找矿模型，可以判断在寻找给定类型的矿床和建立找矿标志、异常分类准则时哪些异常效应可以被利用，从而正确地选择地球物理调查方法及其合适的组合方式；可以计算给定条件

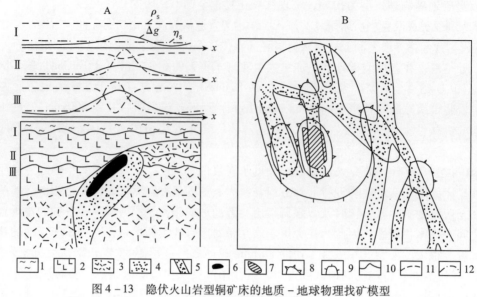

图 4 - 13　隐伏火山岩型铜矿床的地质 - 地球物理找矿模型

（转引自崔霖沛等，1994）

A—古生代火山沉积岩的侵蚀面深度不同时预期的物探异常和地质剖面；B—乌拉尔的波多尔矿田平面图

1—上覆的中、新生代沉积；2—矿上的安山 - 玄武岩岩系；3—容矿的火山岩；4—含硫化物矿化的交代岩；

5—用充电法圈出的电导率偏高带；6—黄铁矿型矿石；7—盲矿体在地表的投影；8—局部电导率异常；

9—波多穹隆；10—Δg 曲线；11—ρ_s 曲线；12 —η_s 曲线。Ⅰ、Ⅱ、Ⅲ为侵蚀面的位置

（包括引起异常的地质体的大小、产状、埋深、物性和干扰因素）下所能测到的异常宽度和强度，因而有助于确定观测所用的测网和最低观测精度。根据模型，在给定了观测精度以后，根据干扰的水平和消除干扰的完善程度，可以估算给定的地球物理调查方法勘查深度与目标物大小的关系。

2. 选择地球物理调查结果的解释方法和技术

根据地球物理找矿模型，可以有效地把握各类异常和综合异常的空间分布规律，因而有助于选择解释所圈出异常的方法；选择辨认目标物的标志和评价辨认目标物可靠性的准则（即异常分类的准则）；选择深部构造模型，对深部地球物理异常作出合理的解释。

3. 判断施工效果

判断在找矿时哪部分矿体能被查明、哪部分矿体将被漏掉，评价一个地区的找矿工作程度和以后回到该地区做更详细调查的必要性，为此，工作地区的物理 - 地质模型如果选择错了，或者模型过于粗糙，都会造成不良的后果，使在选择调查方法和解释调查结果方面发生错误。

过去用地球物理方法直接找矿时解决的问题比较简单，可以利用比较简单的模型，因而选择模型较容易，不易出错。对这种情况，有时甚至可以不利用模型。例如，在物性均匀的围岩中找一个物性均匀的地质体，方法的效果根据"有异常"或"无异常"即可判断。但是，现在的找矿任务很复杂，需要更先进的解释方法，从而提高模型功效。同时，相应提高了建立模型方法技术的要求。

三、地球化学找矿模型的研究与应用

俄罗斯地球化学家 B. M. Питулько（1990）认为，"为了提高地球化学工作的效果，必须（将地球化学资料的应用）从数学处理和各个异常的解释向概念模型的建立和验证的方向转化，以保证地球化学场整体分析与形成成矿系统的基础性成矿作用问题、地球化学问题结合起来"。事隔 20 年后，A. A. Кременецкий（2009）认为，"对地球化学资料作这种低水平解释的原因，首先是现有找矿模型的粗浅简陋和墨守成规，它们通常只适用于十分简单的地质、地球物理和景观 - 地球化学环境"。因此，加快地球化学找矿模型研究是一项十分紧迫的任务。

总体来说，建立地球化学找矿模型是对作为多级的、关联的地球化学场系统及其影响因素的规律性进行描述。具体来说，就是对不同级次成矿客体（矿体、矿床、矿田、矿结、成矿区或成矿带）的地球化学场作研究和阐述其规律性，以达到指导找矿和地质研究的目的。

（一）不同级次地球化学找矿模型及其研究的基本思路

1. 不同级次地球化学找矿模型建立的理论基础

20世纪90年代初，俄罗斯学者B. M. Питулько（1990）明确指出，地球化学普查真正科学的基础，是关于成矿系统存在着自然分级的系统论概念，而这些成矿系统是因在地壳成分分异演化过程中具有相同的矿质活化、运移和沉淀机理的共同性而联为一体的。地球化学场在空间上和统计上表现为有序的和规律性的多级结构。具体地说，同一成因类型不同规模的矿床之间在地质几何特征和地球化学特征上具相似性（图4-14）。

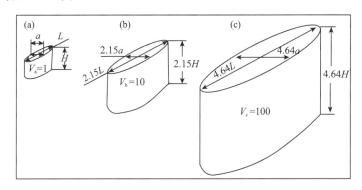

图4-14　不同级次成矿客体的几何特征及其关系

（引自 A. П. Соловов，1985；转引自 A. A. Кременецкий，2009）

成矿客体（a：b：c）体积的比例为1：10：100时，其相似性轮廓的线性（s）和面性尺度（V）：

(a) s=1，V=1；(b) s=4.64，V=10；(c) s=21.5，V=100

根据这一原则，可以用地质-地球化学模型来预测矿产资源潜力，对地质勘探过程的不同阶段定量对资源量作出预测。由于不同级次客体的成矿系统都有与之相对应的异常地球化学场的立体概念。在这种条件下，从地球化学场的结构中观察出的规律，应该与未知客体的地质-构造位置特点、成矿物质的带状（非带状）分布、区域和近矿交代岩的表现与成分特点有关。在这些模型中，某级客体的异常场应被看作是一个具特征内部结构的、完整的、但在空间上有分异的系统，反过来，这个系统又是某个更大客体的异常地球化学场的组成部分，同时，其自身也包含着较小级次客体的异常地球化学场。不同级次的矿致地球化学异常在特征上、空间-成因上具有相似性。这种关系也体现在其内部结构和成分上，并取决于不同成矿阶段上统一的矿质分配机制（图4-15）。

近年来，俄罗斯稀有元素矿物学、地球化学和结晶化学研究所（ИМГРЭ）以不同级次地质-地球化学找矿模型为基础，研制了一套筛选不同级次成矿客体的异常地球化学场（АГХП）的工艺和准则，并取得了良好的找矿效果。

2. 不同级次地球化学找矿模型的特点

基于上述分析，地球化学研究必须遵循从区域到局部解释的原则，重视从区域地球化学背景揭示控矿地质因素，重视从区域着眼，研究不同级次地球化学找矿模型。

据吴传璧（1991）报道，20世纪80年代前苏联针对其境内5种类型的17个金矿床，总结了矿田、矿床和矿体3个不同级次的地球化学模型的特征（表3-7）。A. A. Кременецкий（2009）从更大范围内对不级次地球化学异常特征、规模和标志作了详尽的论述（表3-3），这里对几个重要的不同级次成矿客体地球化学特征作进一步介绍。

1) 成矿区（地球化学大区）地球化学场：规模可达几百到几千平方千米。它们的分布范围包容了有利成矿的地质构造或其大型块段。其特点是具区块状结构和相对不高的衬度。需要对这类地球化

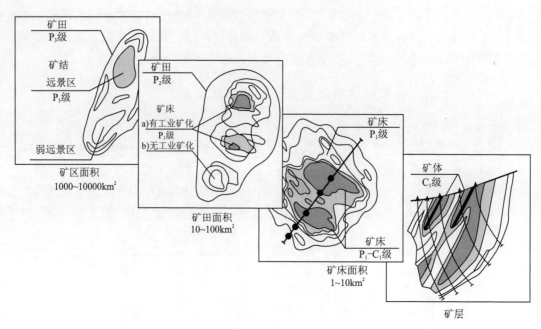

图4-15 不同级次地质-地球化学找矿模型系统在查明和评价地球化学场的预测资源量时的顺序

(引自 A. A. Кременецкий, 2009)

P_1、P_2、P_3 为预测资源量，是按矿床复杂程度的分类。C_1 为初步评价储量

学场进行划分，就需要有专门的方法来研究其成分，并增强弱的地球化学信号。

2）矿床（矿田）地球化学场：规模从 $1km^2$ 到 $10 \sim 70km^2$，占据着大型成矿系统的某些块段和边缘部分。它们的结构取决于不同规模、不同化学成分、衬度高低不一的异常块段的组合，反映着成矿系统的构造-地球化学构架特点，在这个级次的地球化学场中，真正的成矿块段与大量分散的矿化带和较弱改造地球化学场交互出现。

3）矿体（矿带）地球化学场：它们是地球化学场中相对局部的区段（$1 \times 10^4 m^2$ 到 $(10 \sim 50) \times 10^4 m^2$），其特点是极不均一，结构分异复杂，浓集区的衬度高、连续性好，通常具明显的同心状结构。

俄罗斯稀有元素矿物学、地球化学和结晶化学研究所已对黄铁矿型、斑岩铜矿型和金-银矿型的各级成矿客体作过充分研究，堪作筛选异常地球化学场的范例。例如，根据表3-3所示的地球化学准则，就可以方便且十分合理地划定斑岩铜矿系统所有级次地球化学场。

3. 不同级次地球化学模型的研究任务

针对建立不同级次地质地球化学找矿模型，A. A. Кременецкий（2009）从矿体、原生晕、次生晕到分散流等几个层次，在不同取样介质（基岩、土壤、水系沉积物等）和不同景观条件下进行不同比例尺的地球化学普查时，论述了建立地球化学找矿模型的主要任务和找矿模型的主要要素，为不同级次地球化学找矿模型的建立提供了一种可靠的思路。

1）在根据原生晕对矿体进行地球化学普查时，找矿模型的要素和参数是主要指示标志，需要深入研究如下问题：与内生矿化有关的近矿蚀变及蚀变分带；经分异的含矿沉积、岩浆和变质岩岩系的地球化学分带；查明和解释岩石化学（包括岩石、土壤、水系沉积物）异常的矿物学-岩石学-地球化学综合方法。

2）研究从矿体+原生晕到次生晕系统中的矿床地质-地球化学找矿模型，要深入研究的问题有：划分矿田和矿体的异常地球化学场的方法（针对不同矿种的下限值，及其随不同景观和不同方法而发生的变化）；划分成矿区和矿结的异常地球化学场的方法（包括确定地球化学场异常值的方法和评价矿致异常的准则）；放射-同心型和其他型式地球化学分带的来源，研究识别被覆盖成矿客体的分带性的准则；研究评价残留晕和上置晕中化学元素含量的可靠方法（在取样和试样制备时）；矿体-侵蚀面-次生晕系统中发生成矿物质改造模型，以及确定这些改变的定量关系的方法。

3）研究从矿体＋原生晕＋次生晕到分散流的系统中的矿床地质－地球化学找矿模型，需要深入研究的问题有：筛选和评价分散流地球化学异常的准则；分散流取样的最佳网度；能可靠评价并提高分散流地球化学信号水平的方法（在取样和样品加工中）；在基岩＋次生晕到分散流的系统中发生地球化学信号变换和转换的机制。

要揭示不同级次地球化学场的本质，只研究元素组合和含量水平显然是不充分的，元素的赋存形式、相关性、含量的变异特征都是地球化学场的本质特征，而且在不同级次地球化学场中它们的表现特点也是不同的，这一点在建立不同级次地球化学场模型时应给予足够的重视。

（二）区域地球化学找矿模型与矿产资源潜力预测

区域地球化学测量资料是预测区域矿产资源量的可靠依据之一。20世纪70年代，著名地球化学家 А. П. Соловов 提出了利用土壤和水系沉积物地球化学资料估计区内金属资源量的数学方法，后来经发展和完善，推出了"金属矿产普查和评价的地球化学模型"的术语。其基本原理是，依实测资料得出水系沉积物（分散流）的面金属量（P'）、测区内分散流与次生晕（土壤测量结果）的对应系数（K_1）和次生晕与原生晕（岩石测量的结果）的对应系数（K_2），用下式即可估计出测区一定深度（h，依拟预测矿床类型取定）内金属的潜在资源量（储量）Q：

$$Q = P'/(K_1 K_2 \cdot 40) \cdot h$$

求得 Q 值后，可进一步根据推算论证出可望在区内找到的大、中、小型矿床数目（N）的比例；即 $N_大 : N_中 : N_小 = 1 : 7 : 49$，参考现已发现的矿床规模和数目，预计出在区内还能发现的数目。此后，А. П. Соловов 又提出了不同形态（脉状、板状、透镜状、网脉状、等轴状等）矿床的规模（体积）与矿体延深间的关系图解（图4－16），以及利用原生晕分带系数估计侵蚀深度的办法，并把这些内容都纳入模型，在电子计算机上对地球化学异常进行定量解释。据称，这种解释的正确性已为计算出的预测资源与核算出的工业储量有令人满意的符合度所证实。

尽管 А. П. Соловов 提出的这种方法在前苏联已被广泛采用，且纳入了1982年颁布的《苏联固体矿产化探规范》，后经补充修订，近年又冠以"模型"的名称，但只能将其视为特定用途设计的地球化学资料数学处理模型，而不是模拟整个地球化学场进而揭示成矿地质作用和控矿因素的模型。从公式可知，它所依据的是高于背景值的数据（面金属量），不对也不

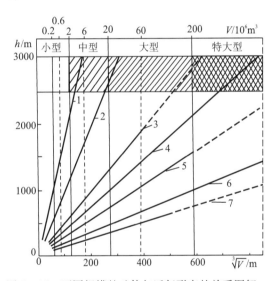

图4－16　不同规模的矿体与近似形态的关系图解

（引自 А. П. Соловов, 1987）

1—柱状矿体；2—脉状（高：长 = 1:500）矿体；3—脉状（高：长 = 1:200）矿体；4—板状矿体；5—透镜状矿体；6—网脉状矿体；7—等轴状矿体

可能对背景场中有意义的模型进行描述；它所处理的是单一元素的数据，忽略了多种元素的分布模型及其相互关系，从而不会完整地体现成矿作用在地球化学场中的反映。然而，这类计算模型在区域成矿预测中的作用也是不可忽视的。

对元素在矿体、原生晕、次生晕和分散流中的性状作全面的分析，通常可揭示出这些客体的形成规律，研制矿床地质地球化学模型，确定解释地球化学资料的顺序和方法，以及查明不同比例尺普查中评价和筛选异常的准则，并确定资源量。这里以极地乌拉尔和近极地乌拉尔的工作（В. Ю. Скрябин 等，2009）为例，进一步说明这一研究思路。

针对极地乌拉尔和近极地乌拉尔的景观环境和在阿尔卑斯型超基性岩中寻找铬矿的课题，现已查明，铬矿石的 Cr 和 Ni 具负相关关系（相关系数 $r = -0.56$；置信度 $p = 0.99$），而在它们的原生晕中，这两个元素出现极弱的正相关性（$r = 0.33$, $p = 0.95$），并形成 Cr－Ni－Ti－Cu 组合。在两个矿

段所在的矿田范围内，在矿带之上的疏松沉积物和分散流中，都观测到元素间高度正相关（$r = 0.3 \sim 0.6$，$p = 0.95 \sim 0.99$）的、稳定的 Cr – Ni – Co – Mn – Zn 组合。在从原生晕向次生晕过渡时，或许由于松散层质点的表生活动性，当初相离的 Ni 和 Cr 汇聚到了同一个组合中。

基于上述地球化学模型，利用不同阶段化探分散流和次生晕的调查结果，计算了铬矿资源量，与根据被揭露矿体的取样资料计算的资源量进行了比较分析。对该区资源远景作出了预测（表4－1）。

计算结果（表4－1）证明，在执行"1：20 万地球化学工作计划"（ОГХР－200）时，根据异常地球化学结果预测出的资源量，很难与真实的矿床资源量相对比。它们既可能因参与计算的面积超过了直接流经矿床的汇水区的面积而导致了资源量偏高（西部地段），也可能因远处带来的物质使河床淤积物贫化而压低了资源量。

根据1：5 万工作的次生晕计算出的铬矿预测资源量，同样出现了偏高的现象（表4－1），不过，偏高的程度明显减小。在这种情况下，引起偏高的原因可能是，在计算范围内不仅纳入了矿致异常，也纳入了岩石异常，以及不具工业意义的贫铬铁矿矿化的异常。针对所研究矿段的真实资源量计算出的降低系数变化于 1.6 ~ 2.6 之间。当工作程度提高到1：1 万比例尺时，根据地球化学资料计算出的资源量，完全可以与对所揭露矿体取样而得出的资源量对比（表4－1）。

表4－1　铬矿资源评价

工作阶段	C_{ϕ}/%	C_{max}/%	C_{cp}/%	S/km²	$\dfrac{P}{m^2 \times \%}$	估计深度 h/m	α	K	K'	Q_{cr}/10⁶t	矿石 Cr₂O₃ 平均含量/%	化探求得资源量 10⁶t	地质资料求得资源量/10⁶t
西部矿段（拉伊－伊兹岩体）													
ОГХР－200		0.5	0.315	21.5	4622500		0.3		2.0	3.03		14.9	—
ДЗР－50	0.1	1.5	0.630	0.53	280900	100	0.7	0.8	—	0.86	30.0	4.2	
ДЗР－10			0.800	0.16	112000					0.34		1.7	$P_1 = 1.6$
谢拉尼雅里矿段（奥雷夏－穆休尔岩体）													
ОГХР－200	0.005	0.06	0.043	0.71	26513				2.0	0.04		0.30	—
ДЗР－50	0.077	1.0	0.614	0.11	76213	100	0.7	0.8	—	0.19	20.1	1.40	
ДЗР－10			0.508	0.08	43332					0.11		0.81	$P_2 = 0.85$

资料来源：В. Ю. Скрябин 等，2009

注：分析为近似定量光谱分析；S—异常面积；C_{ϕ}、C_{max}、C_{cp}—铬的背景含量、最高含量和平均含量；$P = (C_{cp} - C_{\phi}) \times S$，为异常的面金属量；$h$—评价深度；$\alpha$—表内系数（份额）；$K$—次生晕减原生晕的剩余金属量系数；$K'$—分散流减次生晕的剩余金属量系数；在 ОГХР－200 中得出的预测资源量计算：$Q_{cr} = P \times h \times 1/29 \times \alpha \times 1/K \times 1/K'$；在 ДЗР－50 和 ДЗР－10 中得出的预测资源量计算：$Q_{cr} = P \times h \times 1/29 \times \alpha \times 1/K$。ОГХР－200—1：20 万地球化学工作；ДЗР－50—1：5 万地球化学工作；ДЗР－10—1：1 万地球化学工作。P_1、P_2 为预测资源量。

区域地球化学资料是划分区域成矿远景的主要依据之一。成矿区（省）与地球化学省关系可以概括为 3 种情形：①地球化学省与成矿区重叠和耦合，此时大多数已知矿床都落在地球化学省内；②在地球化学省内没有出现成矿省，虽然成矿元素出现了大面积的高含量，但以分散矿化为特征，未能形成矿床，或者只产出个别矿床；③在没有出现地球化学省的地方，形成了成矿区，出现一些规模较小的矿床。成矿区和地球化学省的关系是十分复杂的，不是简单的一一对应关系，加上受地质工作、勘查程度等限制，使它们之间关系更加复杂。因此，在区域地球化学找矿研究中，要十分重视地球化学省的研究。施俊法等（2004b）对地球化学省研究的有关问题作了总结，现将主要观点概括如下：

1）地球化学省概念有不同的理解，但大致相同。赵伦山等（1988）总结了俄罗斯学者的观点，认为地球化学省"具有共同地质和地球化学演化特征的构造单元，它们表现为具有共同的地质体组合，并且通过内生和外生作用所形成的矿床和所浓集的元素组合也具有共同性"；或者将地球化学省定义为"一片大规模的地壳单元具有共同的地质和地球化学演化特征，表现为地质体具有共同的化学组成，以及共同的内外生金属元素和非金属元素的富集"。地球化学省是客观存在的，它是在区域岩石圈演化过程中发生的、具有共同成因的、一定规模的地质单元的地球化学表现。

2）地球化学省与成矿省的关系是十分复杂的，不是简单的一一对应关系。国外大量资料表明，地壳丰度高于 10^{-6} 的元素（如 Cu、Pb、Zn 和 Ba）的热液矿床的形成无需预富集，即不需要形成地球化学省。对于地壳丰度低于 10^{-9} 的"稀有"元素，如 Sn、Ag 和 Hg，在萃取形成矿床之前需要预富集，即形成地球化学省。

3）地球化学省及其边界与地质构造单元密切相关。从本质上来说，地球化学省不应依靠某个异常下限圈出的异常范围来确定，而应结合构造－地质边界来确定；从地球化学上来看，它首先应从若干组元素具有同样性质的组合－分布关系上分析，而不宜用一种元素的分布来定义。地球化学省的边界可依其共生元素组合－分布区的界线来划分。如果没有组合－分布的概念，便可能忽视地质作用过程，无法使化探资料与地质演变结合起来。朱炳泉（2001）认为，化探异常一般不能用于地球化学省的圈定，实际上他已考虑到地球化学省（块体）的厚度及其三维空间的变化。对地球化学省（场）的理解和解释，应主动地揭示地质作用的本质，修正和深化地质认识。

4）地球化学省是客观存在的，不应该受圈定的方法所影响。对于一个地区来说，勘查程度不应该影响成矿省和地球化学省的客观存在，但是区域矿产勘查程度在很大程度上影响着对一个地区成矿省的认识，因此只有找到一系列矿床后，才能确定成矿省的存在。当前，在国内外通常以区域性的水系沉积物地球化学测量结果来圈定地球化学省（或块体）。在一个地区，如果矿床埋藏较深，地表地球化学异常可能不明显，甚至连地球化学省都表现不明显，但决不能因此否定地球化学省的存在。例如，在一些厚覆盖区，用传统的化探方法未能圈出地球化学块体，用深穿透的地球化学方法却圈出大面积的地球化学块体，我们不能因为利用传统的地球化学方法未能圈定地球化学块体就否认该区地球化学省的存在。同样，如果成矿物质来源于深部富含成矿元素的上地幔，而不是来自周围的岩石，这也很难用传统的区域化探方法圈定出地球化学省。

（三）地球化学找矿模型与局部普查勘探

局部地球化学找矿模型基本上是以原生地球化学分带序列模型（或简称"原生晕"模型）为主体，不断扩展与发展。与区域性地球化学模型相比，局部普查勘探的地球化学找矿模型研究程度较高，应用较广，成效较好。

20 世纪 60 年代在辽宁青城子铅锌矿床原生晕找盲矿现场会上，谢学锦等（1961）就提出青城子铅锌矿床原生晕的三度空间几何模型和化学模型。邵跃等（1961）自 20 世纪 60 年代起一直致力于原生晕分带模型的研究，并于 1975 年总结出以温度为基础的热液矿床垂直分带序列模型。随着在一系列矿床研究中得到发展、完善和应用，李惠等（1998）系统总结了大型、超大型多金属矿床盲矿床预测的原生晕叠加模型，提出了 5 个找矿准则（专栏 4－1），在众多危机矿山深部找矿中取得了实效。

几乎在同时，俄罗斯著名地球化学家 C. B. Григорян（1992）等系统研究了大量热液矿床原生晕地球化学分带模型，提出热液矿床元素横向和轴向分带序列，这是地球化学找矿模型研究方面的重大成就。之所以如此，有如下几方面的原因：第一，发展和创立了组合晕的研究方法，即累乘晕和累加晕的编制方法，它不仅压抑了噪音干扰，突出了主体规律，还把不同元素综合在一起研究，适应了建模的方法要求；第二，查明了矿床原生晕的轴向、纵向和横向 3 种分带性，并说明了它们的不同成因机制和不同应用特征，用统计方法排出了 3 种分带的一般性分带序列；第三，提出了一套规范性的排定具体矿床元素分带序列、计算分带系数、编制相应图表的方法，并编制成计算机程序，使不同地区获取的资料和处理结果可以对比分析；第四，建立了一套判定侵蚀截面深度、剔除分散矿化带、区分多建造晕的判定准则，并经大量实践证明其切实可行，使矿体和矿床的原生晕模型成为可广泛利用、行之有效的找矿依据，特别是寻找隐伏矿的主要依据。

应当特别指出的是，矿床原生晕模型并非简单的元素分带模型，它包含着深刻的矿床成因、矿石建造、矿物－地球化学的内涵。这类模型揭示的规律和建立的相应方法论，不仅适用于原生异常的解释和某种类型单矿床（体）的研究，而且适用于多种次生地球化学异常的解释和各种与热液有关的矿床类型及更大范围成矿客体的研究。从近20年来的文献看，矿床局部普查模型的建立和改进，绝大多数是以原生晕模型为依据的，至少它是建立模型（包括地质模型）的重要依据之一。

专栏4－1　大型、超大型金矿床叠加晕模型应用找矿的5条准则

根据大型、超大型金矿不同情况叠加晕分解合成的特点，总结出了应用叠加晕找盲矿和判别金矿剥蚀程度的5条准则：

（1）当 Au 异常强度较低时，如果有 Hg、As、Sb、B、I、F、Ba 等特征前缘晕指示元素的强异常出现，或包裹体中 CH_4、CO_2、F^-、Cl^- 等特征前缘气晕、离子晕强异常出现，指示深部有盲矿存在。

（2）当 Au 含量很低（小于零点几克每吨）时，若有 Mo、Bi、Mn、Co、Ni、Sn 等特征尾晕元素的强异常，或包裹体中 Ca^{2+}、Mg^{2+} 等尾晕特征离子晕强异常出现，则指示深部无矿。

（3）反分带准则：当计算金矿床原生晕的垂直分带序列时出现"反分带"或反常现象，即 Hg、As、Sb、F、I、B、Ba 等典型前缘晕元素出现在分带序列的下部，或包裹体地球化学轴向分带序列中 F^-、Cl^-、CO_2、CH_4 出现在下部，则指示深部还有盲矿或第二个富集中段。若矿体本身还未尖灭，则指示矿体向下延伸还很大。

（4）共存准则：即矿体及其原生晕中既有较强的 Hg、As、Sb、F、B 等前缘晕元素的强异常，又有 Bi、Mo、Mn、Co、Ni 等尾晕元素的强异常，或包裹体中 F^-、Cl^-、CH_4、CO_2 等前缘特征气晕、离子晕与 Ca^{2+}、Mg^{2+} 等尾晕特征离子晕共存，即前、尾晕共存，若为矿体则指示矿体向下延伸还很大，若为矿化则指示深部有盲矿体。

（5）反转准则：计算矿体或晕的地球化学参数（比值或累乘比）时，若有几个标高连续上升或下降，突然反转，即由降转为升，或由升转为降，这种现象指示矿体向下延深很大或深部有盲矿体。

上述5条准则可单独使用，也可几条都用，原生叠加晕和包裹体气晕、离子晕可单独使用，也可同时都用，几条标志或准则共用更准确。

引自李惠等（1998）

在原生晕的研究中，要想对地球化学场异常结构的参数作出客观、定量的评估，只有在对其几何形态采取严格规范的表述方法的情况下才有可能。由于解决这一问题的方法途径各式各样，不同作者得出的结果会具有不可比性，因而必须依据某些标准化的指标制定统一的方法。在这方面，В. Г. Варошилов（2009）针对热液金矿床进行的研究可作为例子。

在矿床规模的评价方面，他采用了成矿能的指标和方法途径。他认为，热液金矿床异常地球化学场的分带性，首先表现在浓集元素和趋散元素的两极分化性状上。这两套元素皆与矿床形成条件有关，可通过异常结构分类的办法予以确定。从理论上说，元素间的秩相关系数 K_{yn} 值是无限的，而实际上，对已研究过的大型矿床的矿体中部截面而言，该值不超出15～20；且随着矿体的尖灭，该值会降到相关性不显著的水平上。该作者正是利用在矿床范围内具相关性的这两套元素来估计矿床规模。他们发现，拟查明矿化的规模与热液过程的总成矿率（总金属量）成函数关系，可以用成矿能指标（Н. Н. Сафронов，1978）定量地将它表示出来：

$$E = \sum KK_i \cdot \ln(KK_i)$$

式中：KK_i 为各个元素的浓集系数。据考查，这个系数相当于 Н. Н. Сафронов 原始文献中的浓集克拉克值 K_i，这个指标的蕴意反映着每个采样点上的物质总平衡，因此，最好是分别针对浓集元素和趋散元素进行计算。对这两类指标的每一个指标，都要计算出地球化学场异常结构范围内的背景值、最低异常值和金属量（在此例中使用的是面金属量）。在估计矿化规模时，$E_{浓集}$ 和 $E_{趋散}$ 的金属量要作为两种独立的指标来使用，因为它们反映着同一过程的不同方面。据经验确定，$E_{浓集}$ 和 $E_{趋散}$ 的金属量，自身之间相差1～2个数量级，且与相应级次地球化学场异常结构中的金资源量成正比。以对数比例尺成图，这种关系可很好地近似表达为直线，故能够对拟查明矿化的规模作出估计（图4－17）。由图可见，对浓集元素来说，不同级次地球化学场的拟合线具收敛性，反映着矿化富集成大型和超大型

矿床的程度高。而趋散元素的金属量在颇大程度上取决于地球化学场的级次（面积），说明这些元素取自围岩。这也可从趋散元素的再分布规模与赋矿岩石的成分具相关性上得到证明，在矿田级异常地球化学场上表现得尤其明显。

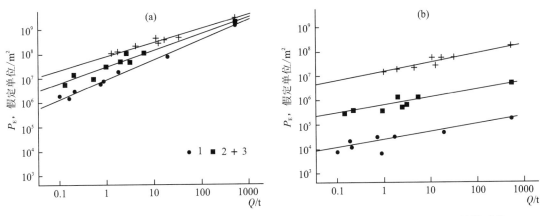

图 4-17 金矿化规模与成矿能量指标之间的关系：（a）浓集（成矿）元素；（b）趋散元素

（引自 В. Г. Ворошилов，2009）

异常地球化学场的级次：1—矿体，2—矿床，3—矿田。P_E—成矿能量指标的面金属量；Q—金资源量

在矿化侵蚀截面水平的估计方面，Ворошилов 采用了已正式核准的方法（С. В. Григорян，1987；А. П. Соловов，1985），即依据元素的垂向地球化学分带序列，对矿体和矿床级地球化学场的异常结构作评价。而在金矿床上使用这种方法会复杂一些，因为矿柱的立体分带性往往具向心式的特点，因而分带系数亦随深度呈现分层变化的特点。图 4-18 以哈萨克斯坦某含金矽卡岩-磁铁矿矿床为例，展示了地球化学场异常结构的各定量特征随深度变化的典型情况（以各水平中段上相应参数的面金属量示出）。由图可见：成矿能、秩相关系数、浓集元素累加晕和趋散元素累加晕的最大值，出现于矿体所在中段；同时，Co/Ni 比值的最大值位于矿下中段，而 Pb/Zn 比值和 Ba+Mn 累加晕的最大值出现于矿上中段。对分散矿化带而言，所有地球化学指标的金属量随深度的变化都是不明显和无规律的，如图 4-19 所示。同时，趋散元素的总聚集水平与工业矿体相当，说明热液系统有足够高的能量势。但在不利的构造环境中流体未发生浓集，成矿（浓集）元素也就随趋散元素一起均匀地分散在很大的体积之内，形不成高浓度且分带的异常地球化学场。与之相应，在这种构造的任何一个截面上，秩相关系数都不会超过统计上的显著性水平界限。

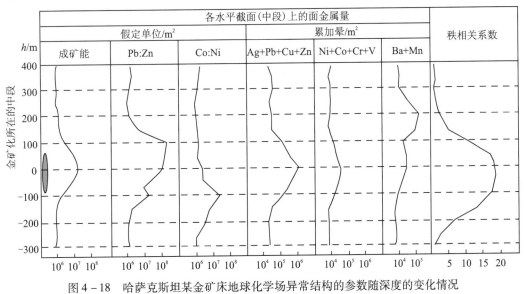

图 4-18 哈萨克斯坦某金矿床地球化学场异常结构的参数随深度的变化情况

（引自 В. Г. Ворошилов，2009）

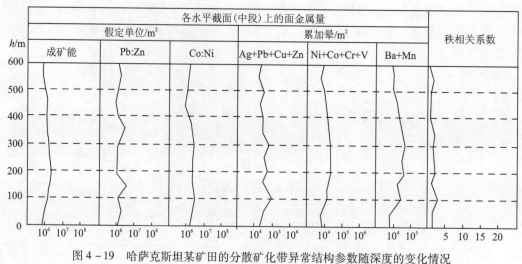

图 4-19　哈萨克斯坦某矿田的分散矿化带异常结构参数随深度的变化情况

(引自 B. Г. Ворошилов, 2009)

矿田级侵蚀截面水平的估计是一个独立的课题。要在标准客体上研究这种截面上的轴向分带,只有当分带性方向呈近水平状态的情况下才有可能。但是,这种情况很少遇到,大部分情况下碰到的是热液系统的横截面,要恢复矿田的垂直分带性不得不依据其各个片断来进行,或者采用类比原则。研究表明,矿田的矿下截面和矿上截面,地球化学场异常结构的一系列参数(秩等级、成矿能、浓集元素谱和异常结构的形态)具相似性,但也有一定的差别。在整套浓集元素尚稳定的条件下,它们的比值在流体渗滤过程中会有规律地变化,因此,对矿田的前缘带来说,其特征是有 Pb: Zn 比值呈正异常,而在根部带中,该异常发育微弱。相反,在根部带通常有 Co: Ni 的异常,而在前缘带内缺失。根部带还有一个特征,就是在交代岩和硫化物中 Co、Ni、Cr、V 的浓度较高。

四、综合找矿模型的研究与应用

在矿床模型研究的早期,一般都考虑各自的专业,以单一专业的找矿模型居多,例如地球化学找矿模型或地球物理找矿模型。找矿难度的加大、勘查技术的发展和成矿理论的成熟,都不同程度地促进了多种方法的交叉与融合,也促进了综合找矿模型的形成与发展。综合找矿模型既涵盖了不同专业的找矿指标,又包括了不同勘查技术方法组合。各专业指标之间、各勘查方法之间,不是简单拼凑,而是有机组合。从目前来看,大多数综合找矿模型限于矿床(体)尺度。

(一) 以综合找矿模型为指导,制定合理的勘查方法技术组合

综合找矿模型综合了不同学科、不同方法的信息,因此,综合找矿模型是各种勘查技术方法组合的载体,它可以指导同类矿床的勘查部署工作。

图 4-20 为 V. G. Kaminskiy (1989) 提出的俄罗斯远东马伊姆成矿带斑岩铜矿地质 – 地球物理 – 地球化学找矿模型。从该模型来看,在寻找隐伏斑岩铜矿的工作中,主要采用化探与物探相结合的方法,在物探中又以激发极化法为主,磁测次之。

首先以 500m 的间距作分散流测量,可大致圈出斑岩铜矿系统在不同侵蚀面上的矿田边界,用 500m×100m 网度的次生晕测量可圈出矿田和较大的矿体,对中小矿体则需采用 200m×40m 或 100m×20m 的网度。在分散流和次生晕测量中,斑岩铜矿化的指示元素为 Cu、Mo、Au、Ag、Zn 和 Pb,元素原生分带的主要特征都保留在次生地球化学场中。

在圈出的整个矿田范围内有必要加密土壤采样,不应受某一种元素异常和由 500m × 100m 测网土壤采样得到的组合异常的限制。这样不仅能发现小矿体,还能对矿田内的地球化学分带性作出解

释，最终可大致确定斑岩铜矿系统的侵蚀深度。

地球物理勘探方法包括重力、磁法、电法和航空 γ 能谱测量，重、磁测量比例尺一般为 1∶50000～1∶25000。重力用于解释区域地质构造特征，确定可能含矿岩体的位置，负重力异常往往反映交代改造岩石发育区。容矿花岗闪长岩侵入体磁性偏高，岩体反映为正磁异常，除花岗闪长岩外，在近接触带的角岩之上也见到偏高的磁场。当岩体受到热液改造时（尤其是硅化和黏土化），花岗闪长岩的磁性往往骤减，可以通过磁力低把斑岩铜矿床划分出来。磁场的局部降低是普查斑岩铜矿的重要标志，不过个别矿床也有例外。与航磁往往同时开展的航空 γ 能谱测量，根据 U、Th、K 和总计数的升高可以圈出花岗闪长岩体，而根据 K 异常可以发现钾长石化、绢云母化地段，根据 Th 异常可以发现黏土化地段。

在化探、重、磁、航空 γ 能谱测量圈定的远景区内可开展面积性的激电测量。在所有的斑岩铜矿田范围内都广泛发育黄铁矿晕，且引起极化率异常，但激电异常的面积大大超过矿体的规模，一般在绢英岩带内异常强度最高，而矿体却往往位于异常中的中等和低值地段，这是因为黄铁矿的含量在近矿围岩内比在矿体中还要高。根据极化率异常能相当清楚地圈定出矿田，而以往用钻探验证局部极化率异常寻找斑岩铜矿矿体却多半是落空的，钻孔揭露出来的是贫矿或黄铁矿化岩石。为了查明视极化率 η_s、视电阻率 ρ_s 的分布与矿体的关系，近年来通过大量经验总结和研究工作，已建立了不同侵蚀深度斑岩铜矿的极化率和电阻率模型。从图 4-20 中可以看出，当侵蚀深度达到矿上带时，黄铁矿壳被揭露，ρ_s 低，η_s 高；侵蚀达到矿带内时，η_s 降低（硫化物含量比黄铁矿壳低）、ρ_s 增高（侵入体外接触带岩石的硅化）；在矿下带 ρ_s 高、η_s 低，不过在斑岩铜矿的外围，有部分黄铁矿壳会保留下来，出现明显的 η_s 异常。在寻找隐伏斑岩铜矿解释激电异常时，必须将这一模型考虑在内，以求增加见矿的几率。

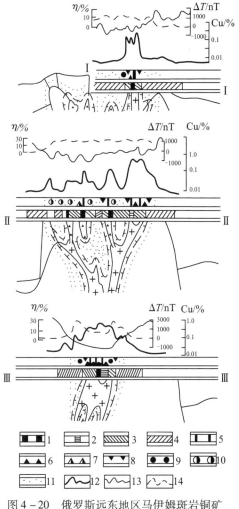

图 4-20 俄罗斯远东地区马伊姆斑岩铜矿床不同深度侵蚀面的地质-地球物理-地球化学找矿模型

（引自 V. G. Kaminskiy, 1989）

1—石英核；2—钾长石-黑云母；3—石英-绢云母；4—青磐岩；5—辉钼矿；6—斑铜矿；7—黝铜矿；8—黄铜矿；9—方铅矿和闪锌矿，以浸染状为主；10—方铅矿和闪锌矿，以细脉状为主；11—黄铁矿晕；12—原生铜含量；13—磁异常；14—极化率异常

（二）依据已建的综合找矿模型，对成矿远景作出预测

已知的综合找矿模型是有效评价物化探异常的工具。依据建立的模型的主要参数、规模和空间结构，对已圈定的异常的远景作出预测，确定含矿的可能性。

B. И. Кочнев-Первухов 等（2006）从成矿区—成矿带—矿区—矿田—矿床—矿体不同级次方向上，研究了溢流玄武岩型矿床的地质找矿标志，建立了找矿模型，并据此划分出了找矿远景区。成矿带与火山-构造洼地是一致的，根据航磁测量资料可部分地解释它们的内部结构。局部重力异常可以标出洼地的边缘（图 4-21）。

东西伯利亚暗色岩区的西北部属于铜镍成矿区，它主要由暗色熔岩建造组成。东西伯利亚台坪的这个地段在所有的时代（从前寒武纪到三叠纪）中都具有很强烈的活动性。其形成在空间和时间上都与裂谷作用相伴随，在西西伯利亚台坪相邻构造中也出现明显的裂谷作用。

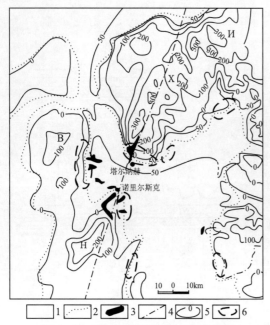

图 4-21　据航磁测量资料编制的诺里尔斯克地区磁场图

（引自 В. И. Кочнев - Первухов 等，2006）

1—火山 - 构造洼地基底岩石；2—火山 - 构造洼地的岩石（洼地：B—沃洛戈昌，H—诺里尔斯克，X—哈拉耶拉赫，И—伊孔）；3—含矿侵入体；4—诺里尔斯克 - 哈拉耶拉赫断裂；5—磁场等值线；6—重力场局部异常范围

诺里尔斯克铜镍矿区实际上是一组含矿和潜在含矿的侵入体，它们有一组典型的标志。铜镍矿区是根据外接触晕和岩石及矿物的结构、成分特点，以及侵入体中硫化物浸染的地球化学特点划分出的含矿和潜在含矿的侵入体。据此，建立了诺里尔斯克地区相应的含矿侵入体找矿模型（表 3-5）。

В. И. Кочнев - Первухов 等（2006）根据所查明的成矿区、成矿带、矿区、矿田、矿床的找矿标志和所建的模型，评价了西西伯利亚地台的远景，在已知矿区的外围划分出了几个远景区：库列伊火山 - 构造洼地边缘的斯韦特洛戈尔斯克矿区、北列恰火山 - 构造洼地边缘的科柳伊矿区（图 4-22）。他们还进一步指出，奥巴地区位于诺里尔斯克地区构造南延部位，没有超出喷发的拉斑玄武岩 - 安山岩 - 玄武岩构造物质组合的分布范围，包括苦橄质火山岩出现的范围。这些地区的侵入岩在成分和含矿性方面都接近诺里尔斯克的类似物——诺里尔斯克—塔尔纳赫型的侵入体，值得进一步追索。

地质 - 地球物理 - 地球化学综合找矿模型是寻找隐伏矿的有效手段之一。例如，河北张家口蔡家营铅锌银矿区以重、磁、电（电阻率和激电）等综合物探方法为基础，建立了矿床地球物理综合异常模型（图 4-23）。根据对该模型的研究，再结合原生地球化学分带模型，在蔡家营地区建立了地质地球物理地球化学综合找矿模型（图 4-23）。在矿区选定了两处综合异常，并提出了验证孔。结果验证孔均打到了工业矿体，其中 12# 以剩余重力异常为主的重、磁、电综合异常见矿 14 段，累积厚度 90 余米，从而找到了一个中型铅锌银隐伏矿床。

（三）与时俱进，依据不同认识阶段确定找矿模型

在一个地区，随着矿产勘查工作的深入，人们对成矿作用、找矿标志的认识都会发生深刻的变化。一方面，随着矿床发现的增多，人们发现了不同类型矿床空间分布的规律性变化；另一方面，隐伏矿、深部矿的发现促进人们重新认识已有的资料，增进对矿床找矿模型的认识。因此，在不同勘查时期，需要与时俱进，采取新思路、新模型指导找矿工作。这里以内华达州卡林型金矿床找矿思路的演变，论述不同阶段找矿模型对找矿工作的作用。

随着内华达地区金矿勘查工作的不断深入，卡林型金矿床模型不断修正与完善，找矿不断取得新的突破。整个矿带的找矿工作可以划分为 3 个阶段。

1960～1970 年，以构造窗模型为主导的找矿阶段。20 世纪 60 年代初，美国地质调查局的 R. J. 罗伯茨对该区的地质构造特征进行了详细的研究，提出了 4 条找矿准则：①在构造窗及其附近找矿；②罗伯茨逆断层下盘的碳酸盐类地层的下部层位是有利的找矿层位；③在有希望的构造系列，如断层交叉处找铅、锌、银矿体；④紧靠逆断层上盘的岩石也可能发生局部矿化，尤其是侵入体附近，也是找矿的有利部位。这就是著名的"构造窗找矿模型"。

在 R. J. 罗伯茨理论的指导下，J. S. 利弗莫尔和 A. 库珀将目标锁定在林恩构造窗，先后进行了地质填图、槽探、采样和地球化学填图。通过大量化探取样分析发现，与金伴生的 As、Hg、Sb 等元素是该区找金的指示元素组合。根据化探圈出的异常区，于 1962 年验证，结果第三孔见矿，最终发现了卡林金矿床。此后，相继发现了科特兹、布斯特拉普、"蓝星"、巴克霍恩金矿。

20 世纪 60 年代后期，找矿人员按照构造窗模型，将找矿主要局限在罗伯茨山组，但找矿效果不佳。1970 年后，J. S. 利弗莫尔等针对已知矿化区的外围找矿，提出了以下找矿准则：①有利的钙质沉积岩；②与石英脉不同的普遍热液硅化的证据；③与矿化有关的黄铁矿氧化作用的铁锈颜色；④靠近侵入体和（或）有蚀变岩墙的存在。同时，在找矿空间范围上，不局限于卡林带，尤其重视了不符合于经典"构造窗模型"的格彻尔矿带，从而导致了一系列重要发现，例如平森、普雷布尔、拉比特河、奇姆河等矿体。在这个时期内，一系列矿床的发现使人们对卡林型矿床重新重视，并获得了如下一些新的认识：

1）卡林型金矿的容矿围岩具有多样性。R. J. 罗伯茨最初提出的"构造窗模型"认为，卡林型金矿就只能产在罗伯茨山组中，后来在其他早古生代岩石中也发现了该类型矿床。研究表明，除了碳酸盐岩外，容矿岩石还有片岩、燧石岩、凝灰岩、流纹岩、安山岩和白岗岩。

2）对罗伯茨山逆断层的控矿作用提出质疑。最初，一直认为罗伯茨山逆断层对卡林金矿带起着关键的控制作用。越来越多的研究表明，罗伯茨山逆断层对成矿的控制作用十分有限。因为在该矿带北部虽然存在一条罗伯茨山逆断层，但能否延续到矿带南部，即存在一条长达 960km 的逆断层，令人难以相信。如何解释这么长的金矿带上分布有几十个地球化学特征相同的金矿床呢？后来，有人提出了"热点"的假说。根据这个假说，卡林型金矿带可能是一个"热点"源上运动的形迹，矿体应当产在有利的构造部位和这个形迹的交会处。

20 世纪 70 年代以来，化探分析 Au 的技术取得了重大进展，大大降低了 Au 的检出限，可以准确确定出 Au 的真实背景，从而大大提高了找矿效果。可控音频大地电磁法可以判别岩性，确定一定深度的构造。电阻率法可用来判别硅化区。重力法可用以确定覆盖层的厚度。

20 世纪 80 年代以来，卡林型金矿带又相继取得了一系列重大的突破。90 年代以来，卡林金矿床深部继续有新发现和扩大，其中包括一些较深的矿床，如南米克尔、北贝茨、西贝茨等。在杰里克特峡谷矿床附近深部也发现了 2 个矿床，其中一个含金 46.7t，品位为 6×10^{-6}。在科特兹金矿床近旁相继发现了派普莱恩（含金 115t）和南派普莱恩矿床（含金 136t）。

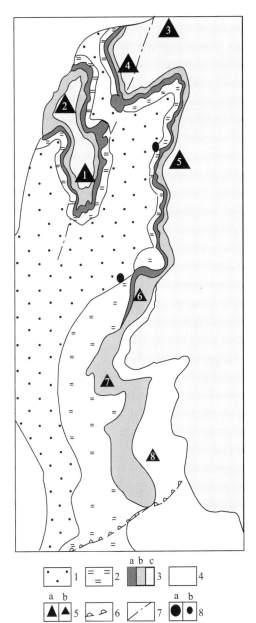

图 4 - 22　西西伯利亚地台主要构造 -
物质组合分布略图

（引自 В. И. Кочнев - Первухов 等，2006）

构造 - 物质组合：1—里菲期至早石炭世（陆源、碳酸盐 - 陆源、碳酸盐、石膏、含盐）的组合；2—中石炭世至二叠纪（陆源、含煤）的组合；3—早三叠世喷出岩组合：a—粗面玄武岩，b—拉斑玄武岩 - 镁质玄武岩 - 玄武岩、拉斑玄武岩和拉斑玄武质安山岩 - 玄武岩，c—拉斑玄武岩 - 玄武岩；4—早三叠世火成碎屑岩组合；5—火山 - 构造洼地：a—查明的（图内序号：1—诺里尔斯克，2—沃洛托昌，3—托利马，4—哈拉耶拉赫，5—伊曼格达），b—推测的（图内序号：6—汉泰，7—哈拉耶拉赫，8—北列恰）；6—粗面玄武岩、拉斑玄武岩 - 镁质玄武岩组合和含矿侵入体分布区；7—哈拉耶拉赫断裂；8—铜镍硫化物矿床：a—超大型，b—其他

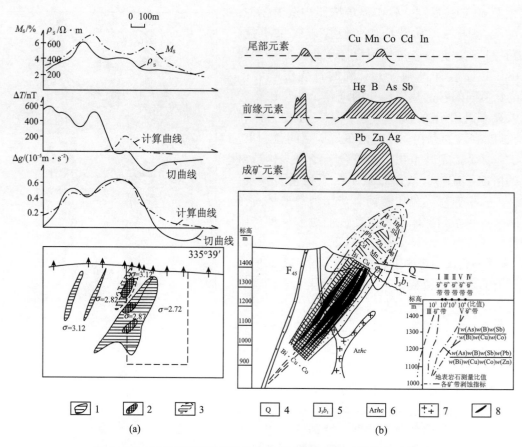

图 4 - 23　河北蔡家营铅锌银矿床地质地球物理地球化学找矿模型

（引自姚敬金等, 2002）

（a）地球物理实际模型（Ⅴ矿带）：1—密度体（10^3kg/m³）；2—磁性体；3—推断密度体

（b）地球化学异常模型：4—第四系；5—上侏罗统白旗组砂岩；6—太古宇红旗营子群斜长变粒岩；7—石英斑岩；8—矿体

第五章　找矿模型的基本属性与发展优化

在矿产勘查过程中，勘查者自觉或不自觉地使用模型，但建立模型、使用模型是指导资料收集和资料解释（认识、理解）的手段，而不是目的；是深化资料收集和认识的运行过程，而不是终结。因此，在矿产勘查过程中，要充分发挥模型的指导作用，同时也要十分注意模型的发展与完善，准确理解已有找矿模型的内涵和应用条件，创造性地应用找矿模型，与时俱进地发展找矿模型。

一、找矿模型的普遍性与特殊性

找矿模型的建立是从研究已知的典型矿床着手的，是通过人的思维活动，对矿床地质、地球物理和地球化学信息的综合分析，在矿床成因、控矿因素等方面取得深入认识，从中概括出一些本质性的规律，为在类似的地质环境中寻找同类型的矿床提供指南。就这一角度而言，找矿模型具有普遍性的特点。因此，找矿模型是勘查工作的向导，是进行概括、总结的提纲和指南，是对比的基础，也是开展地质找矿的重要工具。

一个模型的建立必须充分分析对比大量同类或相似矿床的研究资料，作为建立模型的原型，同时要把握住各关键性成矿因素的相互制约关系。这些因素的对立统一和相互转化，往往是认识同一类型矿床在具体形态上、规模上、性质上出现差异的关键。实践证明，有许多找矿模型具有全球性的意义，例如斑岩铜矿、卡林型金矿等模型，得到了世界范围内的广泛应用，并找到了同类型的大矿。

在同一个地区同一矿种可能有几种类型，控矿构造可能有多组方向。同一类型矿床可以产于并不完全相同的地质环境，更重要的是在工作区内可能存在不同于已知矿床的新矿种、新类型。因此，在已知矿带，既要从已知到未知寻找与已知矿床类似的矿床，又要有创新的思想，同样注意那些与已知矿特点不同、所处地质环境不同的那些异常。

有些研究者喜欢把区域性的找矿模型推广到全球，这存在一定风险，因为许多找矿模型只具有区域性的意义，并且往往在一个构造成矿带或成矿盆地范围内取得最为直接、最为明显的找矿效果。例如，美国学者建立了斑岩铜钼矿模型以后，地质学家对美洲广大地区，北起阿拉斯加，南至智利南部，东到格陵兰岛，试图寻找另一个克莱马克斯型的斑岩钼矿，均未获得成功，最后还是回到克莱马克斯钼矿所在的美国科罗拉多成矿带范围，先后找到了雷德芒廷和芒特埃孟斯两个大型的隐伏钼矿床。

要唯物辩证地对待找矿模型，不能形而上学。模型是工作假说或工作经验，不是框框。世界上没有两个矿床是完全一样的，何况在找矿初期并不能肯定该区有哪类矿床。因此，在一个地区找矿时，不能只按一个模型，而是要根据实际情况考虑所有有关的模型。我们在目标区用某种找矿模型开展预测或定位研究时，心理上要有准备，一不宜滥用，二不能绝对化。即使成熟的、科学的模型，一经滥用，超出了合理的范围，也将导致错误的勘查思想。国际石油界甚至矿业界流传一句名言："通常，在新地区用老的概念可以找到石油，在老的地区用新的概念也能找到石油。然而，在老的地区用旧的概念却很难找到石油"。无疑，这种看法是正确的，说明即使相当成熟的找矿模型都有其局限性，需要地质学家去不断修正和完善。这种修正和完善，不是对原有模型的否定，而是对原有模型的进一步发展。

模型一般对于已知类型的矿床有用，但难以指导找到新类型矿床和独特的超大型矿床，这需要在工作过程中根据实际情况，充分发挥科学的想象力。通过创造性思维，不断修正模型，使模型逐步接近实际，反过来，真正指导找矿工作，要防止模型的负面效应。世界上没有放之四海而皆准的找矿模型，也没有一成不变的找矿模型。我们既不能让书本上的个别论断束缚自己的思想和手脚，也不能把实践中已见成效的东西看成完美无缺的模型。

我们在注意找矿模型的特殊性时，不能把一时的挫折看成是整个勘查计划的失败。在找矿受阻的情况下，要根据周密的理论研究和具体地质环境的分析，要求地质人员随时用最新的观测结果和科学成果，修正原有的设想，探索新模型，进一步指导找矿。这样，在同一地区、同一矿种的勘查工作中可能应用好几种找矿模型（专栏 5 - 1）。

专栏 5 - 1　加拿大阿萨巴斯卡盆地铀矿勘查新模型与新突破

第二次世界大战后开展找铀的时候，在加拿大阿萨巴斯卡盆地发现了与热液活动有关的小型铀矿床。在 20 世纪 60 年代中期再次兴起找铀热潮时，主要沿用法国在西非（加蓬和尼日尔）和美国找砂岩为容矿岩石的沉积铀矿，将勘查靶区放在盆地边缘上。航空放射性测量和在异常区寻找冰川漂砾成为主要方法，先后发现了克勒夫湖、拉比特湖等大型铀矿。对这些矿床进行研究后发现，铀矿床均位于古元古代含石墨泥质沉积与中元古代砂岩的不整合面上。结合澳大利亚发现东阿利格特铀矿的经验，正式提出了不整合型铀矿找矿模型，并成为阿萨巴斯卡盆地进一步发现铀矿的指南。

需要特别指出的是，在许多情况下，地质科学是观察性科学，野外调查研究是所有地质工作之基础，所有地质事实记录在岩石和构造中。为此，在进行地质现象描述时，我们看到什么就如实地记录什么，不要夹杂任何个人观点，并且要详细，如细脉的数量、长度、宽度，蚀变的强弱变化，蚀变矿物之间的关系等细节，往往与成矿关系非常密切。因此，我们要切实做好野外一线工作，全面真实地收集好野外资料，只有这样，才能客观地建立找矿模型，才能客观地去评价某一个矿床。

二、找矿模型的理论性与实践性

1. 找矿模型研究与勘查实践相结合

实践是检验真理的唯一标准。模型作为一种概念（或理论），也应得到实践的检验，在实践中得到丰富和发展。正确运用成矿理论、概念，在找矿中可以起指导作用，可以帮助从大处着眼进行选区，可以帮助指导勘查的全过程。但由于每个矿床都有自身的特点，理论要结合实际，何况许多理论还不成熟，有的甚至是相当局限的，需要在找矿实践中不断检验、修正、补充、发展和完善，使之更符合实际，真正起到引导找矿的作用。

事实上，在实际找矿过程中，只要正确把握和应用找矿模型，对找矿总是有帮助的，即使错误理解的模型或概念，有时对找矿工作也是有促进作用的。D. W. 海因斯从 1978 年起选定西澳中新元古代耶尼纳盆地，运用其沉积层状铜矿模型找层状铜矿，结果发现了一个小且无经济价值的层状铜矿床。后经不断工作、探索，于 1981 年钻探发现了一个与沉积同期断层相邻的层控而非层状的尼夫蒂铜矿床。确实发现了铜矿，但发现的铜矿也不是勘查计划中最初想找的矿床。因此，找矿模型只有通过实践才能发挥其效能，才能在实践中不断发展和完善。

2. 理论模型与经验模型的交叉和融合

对于一些工作程度较低的地区或新区，对地质情况不甚了解，勘查者在该区勘查不受框框的限制，也能实现找矿突破。例如，我国区域化探扫面计划实施后，先后在许多地方发现了大批金矿。当时许多地方都提出了本区有无找金远景的问题。对本区金矿可能有的类型并不清楚，只是后来金分析技术取得重大突破，检出限和灵敏度提高，开展了大面积金矿化探工作，使找金效果有了很大的提高，并发现了许多新类型矿床，丰富和发展了金成矿理论（专栏 5 – 2）。事实上，这正是经验式的地球物理、地球化学找矿模型推动了找矿工作，只是当时物化探异常模型的建立远未达到今天这个程度。

专栏 5 – 2　地球化学找矿模型导致蛇屋山金矿找矿突破

　　湖北省蛇屋山金矿所在的蛇屋山 2 号 Hg 异常面积 5.2km^2，为椭圆形，最高值为 213×10^{-6}，平均值 142.71×10^{-6}，衬度 1.27，并伴有 Au 异常，以 7×10^{-9} 的量值圈定异常面积 8km^2。蛇屋山 2 号 Hg 异常在构造上处于大冶 – 神山凹褶带西段高铁背斜的北翼，背斜核部为志留系，两翼为二叠纪灰岩，在北翼灰岩中发育有硅化。异常处于航磁异常中心偏南部，对应的二叠纪灰岩形成 Hg、Au 元素的组合异常，两者相互重叠，其中 Hg 异常面积较大。

　　根据异常位于下扬子地台褶皱带与江南台隆的过渡带，褶皱断裂构造发育，二叠纪碳酸盐岩中发育硅化蚀变岩，并与 Hg、Au 异常重合，以及航磁异常表明深部可能有较大的岩浆岩体，认为该异常与卡林型金矿成矿条件相似，对寻找硅化破碎带微细粒型（卡林型）金矿极为有利，为此决定查证该异常。

　　1988 年通过异常查证证实硅化构造岩为金的异常源，探槽和钻孔控制了长 320m、宽 4.06 ~ 18.45m、平均含 Au 3.17 ~ 5.38g/t 的金矿体。1989 ~ 1991 年普查阶段大致查明了矿区氧化矿的远景。1991 ~ 1996 年对氧化矿主矿体的详查和东段的勘探，证实该矿是个易选、低品位和大储量的卡林型氧化矿。

引自魏家祥（1999）资料

　　专栏 5 – 2 中蛇屋山金矿的发现表明，运用国内外有关微细粒型金矿或"卡林型"金矿的成矿理论，以经验模型为主导的化探资料的二次开发，对所筛选出的异常靶区进行查证，是快速找到蛇屋山大型"卡林型"氧化金矿床的关键所在。因此，经验模型与理论模型相结合是通向矿产勘查的成功之路。

3. 国外找矿模型与中国找矿模型研究相结合

　　由于地质作用无国界，科学研究无国界，矿床学研究也应无国界。研究表明，矿床在地球空间上的分布极不均匀，往往沿着全球主要的成矿带分布。因此，研究国外典型矿床的成矿模型有助于推动我国成矿学和找矿学的研究。其中一个典型的例子是，美国发现卡林型金矿床以后，其找矿模型的建立与发展极大地推动了我国金矿床的勘查，在西南地区和陕甘川地区也找到一批卡林型金矿床。

　　此外，通过全球典型矿床的对比研究，可以充分了解我国典型矿床产出的构造背景和成矿条件，开拓找矿思路。通过国内外典型矿带的对比研究，可以解决"大型矿床不过国界"的问题。通过对我国典型矿床类型的研究，建立找矿模型，丰富和发展世界矿床学理论。因此，一方面，我们要通过开展全球成矿作用对比研究，借鉴国外已有的找矿模型，指导我国找矿模型的研究，以加快实现找矿突破；另一方面，要通过国际合作，创新我国找矿模型的研究，把具有我国特色的找矿模型推向世界，推动其他国家同类矿床的找矿突破。

三、找矿模型研究的阶段性与开放性

　　找矿模型在勘探过程中至关重要，它能帮助我们将传统认识用于地质找矿。比如把找金变为找浅成低温型金矿，能帮我们选择最有利的地质条件，还能帮我们设计有效的勘探方案和使用最有效的勘探技术。然而，任何找矿模型都是基于人们已有的阶段性认识，它受已有观测资料、研究程度的限制，必须科学地对待找矿模型研究，必须与时俱进地发展找矿模型。要坚持解放思想、实事求是、与时俱进、勇于创新、永不僵化，不断地在实践中创新和发展找矿模型，才能在地质找矿工作中实现重大突破。我国胶东金矿床的找矿演变过程可以很好地说明这一点（专栏 5 – 3）。

　　任何模型都是一定时期内对地质认识的产物，代表当时的地质认识水平，需要经受历史的检验。随着需求、任务（如深部找矿）发生变化和地质认识的提高，找矿模型将不断深化和发展。因此，我们要充分认识找矿模型的阶段性特征，在建立模型的过程中要注意模型的开放性，兼收新证据和新认识。

　　不要盲目地赶新潮，切忌迷信最新的或盲目套用最新的模型。在人们心中往往有这样一个观点，那就是模型越新越好、越新越有用。在很多情况下，把不符合自己想法的事实看作是"不合理的"（即测量错误），或"无关紧要的异常"，并没有通过重新检查野外关系来查明真相。模型研究者一般对自己研制的模型做到心中有数，使用时会倍加小心，但是模型的第二代使用者就不那么谨慎了，他们把模型看成是真实可靠的，他们会积极地放弃或排斥与模型不一致的事实。任何找矿模型都是在当时研究的条件下对矿床认识的水平，因此，要用历史的观点认真地分析当时模型产生的背景和条件。

四、找矿模型参数的全面性与准确性

　　从大量典型矿床的研究中总结规律，简化被研究的对象，建立找矿模型，从而指导找矿实践。在建立模型的过程中简化一些问题，忽略一些参数（变量），突出独特的要素，可以使问题简单化，便于使用者掌握与使用。需要指出的是，如果片面地追求简单化，则会丢失大量找矿信息，导致模型的失真，降低模型的使用功效。

　　随着找矿模型研究的深入发展，带入模型的参数越来越多，模型越来越复杂。需要指出的是，切忌把这种科学抽象搞成资料或知识的堆砌，把抽象模型与具体矿床特征混为一谈。对于指导找矿来说，着重指标的准确性对指导找矿有关键性的作用，不是参数越多越好，精而准的指标最管用。比如有些矿床类型的成矿热力梯度、矿液运移方向、矿床就位深度等，虽然判别一个找矿区时最初往往没有这些参数，但可从蚀变类型与分布、矿物种类与组合、标型矿物与矿物标型等加以判别对比。

　　因此，模型参数既要全面，又要防止过于复杂。模型参数搞到什么程度，要根据具体问题和具体情况进行论证，既要考虑技术因素，又要考虑经济因素，既要考虑全面性，又要突出重点，避免模型复杂化、简单化两种倾向。

五、成矿系统性与找矿模型级次性

一个成矿系统的作用产物包括矿化带、矿化区等，它们是由多个矿床、矿点和各类异常组成的（翟裕生，1999）。成矿物质的富集过程是由一个水平到另一个水平分阶段发育的。成矿系统的分级是常规地质作用自然而然的结果。与成矿系统分级相对应，不同成矿客体有不同的找矿标志。原苏联将不同成矿客体由高到低依次划分为成矿省、成矿区、矿结、矿田、矿带、矿床和矿体。这种划分虽然过细，但深刻反映了不同级次成矿客体之间相互联系、相互制约的关系。详情见第三章第三部分和第四章第三部分。

在西方的文献中，虽然不像俄罗斯那样详细划分各级次的成矿客体，但西方非常重视从区域背景上来认识地球物理、地球化学异常的结构，认为不能用矿床的地球物理、地球化学异常模型去表征矿床环境的特征。M. Tialne（1993）对芬兰南部冰碛物矿床的研究是一个典型的实例。研究区主要产有片麻岩中的镍－铜矿床，已知矿床有屈尔迈科斯基镍－铜矿床和互马拉镍－铜矿床。他们先根据已知矿床和区域地球化学数据的空间分布将数据划分为 3 种类型：区域数据（背景）、镍矿床环境模型（相当于前苏联的矿田）和镍矿床位置模型。对这 3 种类型数据分别求出各种指示元素的中值 50%、15%、85% 百分位数值，总结各类数据的特征。然后，对区域地球化学数据作因子分析，研究元素组合，其中 F_3 因子上 Co、Cu、Ni 具有高负荷值，而 Cr、Fe、Mg 和 Zn 具有中等负荷值，可解释为 Ni 的矿化因子（即矿化元素组合），将该因子中高负荷值的变量用于相似性分析。由于同一模型样品之间样品也会变化较大，为了准确确定样品类型，他们先按野外地质产状粗略地划分出矿床位置模型样品和矿床环境模型样品，然后依据指示元素将它们进行聚类。分类结果表明，大部分样品很好地归于那两类模型中，剔除那些没有很好归属的样品，不让它们参与模型样品的相似性分析。然后，引入相似度的概念，将区域数据的标准化变量与模型样品一一进行对比，分别作了镍矿床环境模型和镍矿床位置模型的相似性分析，用镍矿床环境模型圈出了成矿远景带，用镍矿床位置模型圈出了镍矿床远景靶区。

基于上述认识，成矿作用具有系统性，与之对应的找矿模型具有等级性。不同级次的找矿模型之间不仅在找矿标志的数量上有变化，而且还会有实质性的变化。不同级次的找矿模型之间不能互用，否则会影响找矿效果。目前已有的找矿模型主要包括：区域成矿预测评价模型、普查找矿模型和矿床（体）勘探模型，重点应该加强以局部找矿突破为目的的普查找矿模型研究。

六、矿床新类型与找矿模型创新性

地球上的成矿作用极其复杂、多样，已发现的矿床类型只是其中的一部分，大量新类型矿床是未知、客观存在的。在找矿工作中，不能受已有模型的束缚，要树立创新意识，发现新类型，创建新模型。

从澳大利亚奥林匹克坝矿床的发现，到理论模型的建立，实际上是一个新类型矿床研究与确定的过程，也是在实践中不断修正的过程。1972 年，D. W. 海因斯在澳大利亚沃伯顿地区开展研究，提出了这样一个概念模型，即氧化作用过程中，Cu 从玄武岩中被淋滤出来，而氧化的大陆拉斑玄武岩大量堆积，为以沉积岩为容矿岩石的铜矿床提供了充足的物源（铜）。因此，巨厚氧化的大陆拉斑玄武岩可以充当铜的源岩，并足以形成重要的、产生在沉积岩中的矿体。通过若干年的工作，在多学科人员的通力合作下，不断地调整找矿思路，最终发现了这一超大型矿床。从找矿过程来看，这一找矿模型确实也起到了积极的作用，但找到的并非原先想像的那类矿床，而是与古火山热液活动有关的矿床，那里也没有多少古玄武岩，而是一些以长英质为主的岩石。

奥林匹克坝超大型铜金铀矿床发现之后，国际矿床学界对其成因极度关注，开展了广泛的研究。该矿床一度被认为是"独一无二"的矿床。近年来，随着澳大利亚欧内斯特亨利、显山矿床和越南新昆矿床的发现，通过广泛的对比研究，建立了一个铁氧化物铜金（铀）型找矿模型，得到了世界同行们的普遍认同。这种模型确立之后，很快指导了世界其他地区的找矿工作，例如加拿大的 NICO 钴－金－铋矿床、苏迪尼铜－银矿床。从奥林匹克坝铜金铀矿床的发现到铁氧化物铜金矿床找矿模型的建立，大约经历了 30 多年，实现了从新矿床发现向新模型建立的转变。

新类型矿床的发现，不一定是否定原有的类型，而是进一步完善和补充。这里以金刚石新型矿床的发现加以说明。原生金刚石找矿模型的建立，是以 100 多年来实际获得的经验性观测结果为基础的。这些观测结果主要有：①金刚石产在喷出的金伯利岩火山角砾岩中；②金伯利岩呈岩筒和岩墙形式产出；③含金刚石的金伯利岩只产在古老的（一般是前寒武纪的）地台内部；④主要勘查方法是追索指示矿物（镁铝榴石、镁钛铁矿等）。这种找矿模型指导了人们对金伯利岩型金刚石矿床的勘查工作。然而，这种模型对勘查人员有相当大的思想束缚，以致认为金伯利岩是自然界唯一的有经济价值的原生找矿母岩。直到 20 世纪 70 年代末期，澳大利亚新的钾镁煌斑岩型金刚石矿床的发现，加上在非洲南部绝对年龄为 90Ma 的金伯利岩中的金刚石内有 3200～3400Ma 的同源包裹体，迫使人们对金伯利岩模型进行了全面重新审查，动摇了金伯利岩是金刚石唯一工业原生矿床母岩类型的传统理念，建立了钾镁煌斑岩型金刚石矿床类型。这里并没有否认金伯利岩模型，但却产生了一些重要的勘查思想：①因为证实了金伯利岩中的金刚石不是斑晶（同源岩浆晶体）而是捕虏晶（外来晶体），所以携带金刚石的是金伯利岩还是钾镁煌斑岩在成因上似乎不是主要问题，而时代较年轻的火山通道或火山岩管更有机会保存火山口相，不会因剥蚀而失去许多金刚石；②除传统的古老地台外，岛弧环境的其他幔源火山岩也是勘查金刚石的有利地区；③除传统的金伯利岩指示矿物组合外，钾镁煌斑岩也有一套颗粒较细的指示矿物（铬铁矿、铬尖晶石、钙铁榴石、锆石等）。这样一来，就形成了金伯利岩和钾镁煌斑岩两种金刚石找矿模型，这种深化的找矿模型具有更大的勘查意义。

在研究新类型矿床时，一定要认真细致，要与已知矿床进行详细的类比研究，不能因强调创新、强调新类型，就把一些在特征上稍有变异的矿床看成是新类型矿床。

下 篇

找矿模型各论

模型一 条带状铁质建造型富铁矿床找矿模型

一、概　述

形成于前寒武纪（主要是太古宙到古元古代）的沉积变质铁矿，因其矿石主要由硅质（碧玉、燧石、石英）和铁质（磁铁矿、赤铁矿）薄层组成，故被称为条带状铁质建造（Banded Iron Formations，简称BIFs）。条带状铁质建造有时可形成富铁矿，本文探讨该类富铁矿床的找矿模型。

条带状铁质建造遍布于世界各大洲，但是产有高品位（含Fe量>60%）铁矿床的条带状铁质建造主要集中在巴西卡腊贾斯和铁四边形地区，以及澳大利亚的哈默斯利和乌克兰的克里沃罗格。此外，南非和印度也有一些有经济意义的矿床（图1；表1）产于条带状铁质建造中。

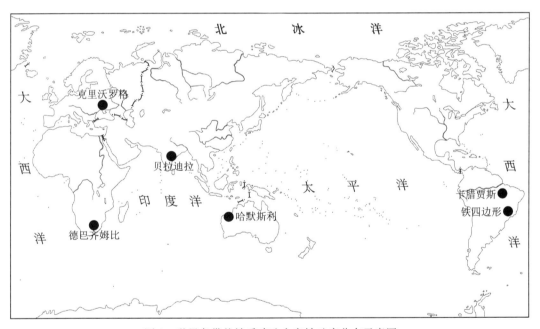

图1　世界条带状铁质建造中富铁矿床分布示意图

（引自 H. Dalstra 等，2004，有修改）

表1　世界条带状铁质建造中富铁矿床特征

矿区	储量/10^8t	容矿岩石	主要矿石类型	次要矿石类型	围岩及蚀变	矿化时间	成矿温度/℃*
巴西卡腊贾斯（Carajás）	180	Carajas 组（Fe 35%~38%）	脆性赤铁矿（Fe 66%~68%）	角砾状赤铁矿-白云石，纹层状赤铁矿-白云石（Fe 45%）	玄武岩：绿泥石化、赤铁矿化、碳酸盐化、滑石化（Mg、Fe 富集，Si、Ca、Na 亏损）	岩浆同期	146~306 平均237
巴西铁四边形（Quadrilátero Ferrífero）	33	Caué 铁英岩（Fe 35%~41%）	脆性赤铁矿（Fe 64%~68%）	镜铁矿，磁铁矿，铁白云石-铁英岩（Fe 32%）	粒玄岩：绿泥石化、滑石化、赤铁矿化	变质前	未测定

矿区	储量/10^8t	容矿岩石	主要矿石类型	次要矿石类型	围岩及蚀变	矿化时间	成矿温度/℃ *
澳大利亚哈默斯利（Hamersley）	35	Brockman 铁质建造（Fe 34%）	硬质-脆性赤铁矿（Fe 64%~68%）	磁铁矿-菱铁矿-磷灰石，赤铁矿-铁白云石-磷灰石（Fe 46%~48%）	粒玄岩和页岩：绿泥石化、赤铁矿化、滑石化（Mg、Fe 富集，Si、Ca、Na、K 亏损）	变质后	154~322 平均225（140~200）
乌克兰克里沃罗格（Krivoy Rog）	47	Saksagan 岩套（Fe 36%）	赤铁矿（Fe 64%）	磁铁矿/磁铁矿-镜铁矿，磁铁矿-碳酸盐，磁铁矿-角闪石（Fe 50%~57%）	页岩：绿泥石化、滑石化、碳酸盐化、镜铁闪石化、霓石化（Mg、Fe 富集）	变质后	（320~400）
南非锡兴（Sishen）	1.7	Asbestos Hill 亚群	硬质块状赤铁矿，纹层状赤铁矿（Fe 60%~66%）	镜铁矿		变质后	
南非德巴齐姆比（Thabazimbi）	3	Penge 铁质建造（Fe 36%）	硬质赤铁矿（Fe 65%）	角砾状赤铁矿-方解石（Fe 45%），纹层状赤铁矿-白云石（Fe 42%），赤铁矿-滑石	粒玄岩：绿泥石化、赤铁矿化（Mg、Fe、Ca 富集）	变质前	（120~240）（平均160）
印度贝拉迪拉（Bailadila）	15	Bailadila 群（Fe 35%）	硬质赤铁矿（Fe 64%~68%）	未确定	粒玄岩：绿泥石化、赤铁矿化（Mg、Fe 富集，Si、Ca、Na、K 亏损）	岩浆同期	179~347 平均277

资料来源：H. Dalstra 等，2004；J. M. F. Clout 等，2005

* 无括号的为据绿泥石测温法估算的温度，有括号的为据流体包裹体数据估算的温度。

一般来说，前寒武纪条带状铁质建造是高品位赤铁矿矿床的"矿胎"。它们是在地球发展的早期阶段的特定岩石圈、水圈和大气圈条件下形成的。根据构造体系和沉积环境可对条带状铁质建造进行分类。其中在大陆架条件下形成的铁质建造称为苏必利尔湖型（Superior-type）铁质建造，如巴西的铁四边形和乌克兰的克里沃罗格地区；与优地槽带火山岩和硬砂岩型沉积物有密切联系的硅质含铁建造被定名为阿耳果马型（Algoma-type）铁质建造，如巴西的卡腊贾斯和澳大利亚的哈默斯利。

二、地 质 特 征

1. 区域沉积环境和沉积特点

作为高品位赤铁矿矿床"矿胎"的条带状铁质建造，尽管其沉积环境和沉积机制尚有争论，但是从它们在全球的广泛分布和沉积鼎盛期仅限于 26.5 亿至 18.5 亿年来看，可以认为：①条带状铁质建造是在太古宙到古、中元古代时期的岩石圈、水圈和大气圈富氧环境下沉积的；②大洋热液系统提供了大量铁质物质；③大洋有范围广阔的大陆架作为铁质建造沉积的场所。

不同类型的铁质建造因沉积区环境的差异而有不同的沉积特点。

苏必利尔湖型铁质建造产在古—中元古代克拉通边缘的陆架盆地和陆台盆地中，它们的形成与正常的陆架型沉积物有关，常见有白云岩、石英岩、长石砂岩、黑色页岩和砾岩，也与凝灰岩和其他火山岩有关。后者似乎是沿俯冲环境中的深断裂和破裂带发育的热液喷发活动和火山作用的产物。苏必利尔湖型含铁建造的岩层厚度极其稳定，可以由数十米到数百米，有时达 1000m，稳定的岩层横向沿古陆台盆地边缘延伸可达几百千米。产有含铁建造的岩系通常不整合于深变质的片麻岩、花岗岩和角闪岩之上。在某些地方，含铁建造与基底岩石之间见有薄的石英岩层、砂砾岩层和硅质页岩把它们分开，有时含铁建造直接产于基底岩石之上，然而在多数情况下，产在基底岩石以上数百米。

阿耳果马型铁质建造产于地质历史上的海相火山沉积环境中，它们沿着火山弧、扩张脊、地堑、破裂带分布，并与杂砂岩、浊积岩、含金属沉积物和火山岩成互层。在这种建造中，厚的菱铁矿层和碳酸盐、铁硅酸盐矿物相及铁硫化物矿物相常常伴生在一起，但不如氧化物相发育。这种建造常以块状菱铁矿层和黄铁矿－磁黄铁矿层为主，含铁建造厚度为几米到几百米，沿走向延伸几千米以上的情况很少。

2. 构造背景

条带状铁质建造富铁矿床共同的特点是经受了多次地质构造事件，形成了复杂的褶皱系和断裂系，这些褶皱和断裂控制着富矿体的分布。

巴西卡腊贾斯地区是个褶皱系，轴面倾向 NWW，倾角平缓到中等，褶皱系为几条与轴面近于平行的走滑断层所切穿。SEE—NWW 向的脆性－韧性卡腊贾斯剪切带和辛津托剪切带与东西向褶皱的轴面近于平行，巨型的 Serra Norte 矿床就发育在延伸 10km 长的背斜枢纽带中。大型的 Serra Sul 矿床发育在延伸数百到上千米的一些次级褶皱中（图 2）。

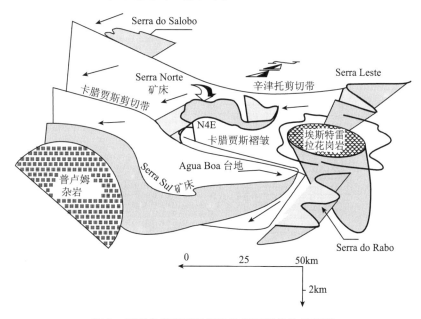

图 2　巴西卡腊贾斯及周边地区区域构造示意图

（引自 C. A. Rosiere 等，2006）

水平比例尺是近似的，垂直比例尺放大了——实际枢纽倾斜为 20°～35°W

巴西铁四边形的区域构造是两个变形事件叠加的结果。第一个事件是 Transamazonia 造山作用，产生了区域褶皱和片麻岩穹丘上升；第二个事件是 Brasiliano 造山作用，产生了西延的逆冲断层带。全区分成两个构造域，一个是东部高应变域，具有宽阔的剪切带和区域逆冲，西部是低应变域，为一个很大的大向斜。致密块状或条带状矿石受 Transamazonia 造山作用期间发育的褶皱和断层控制，而产在剪切带中的片状矿石受穿切所有早期构造的构造所控制。

在西澳哈默斯利地区经受了 4 次褶皱事件和 3 次张性事件（E_1—E_3），其中有 3 次为重要的褶皱事件（F_1—F_3）（图 3），形成了一系列的褶皱带和断层系。高品位的赤铁矿矿化保存在地堑构造中，这里存在有向 SW 倾斜和向 NEE 倾斜的两组断层，矿化优先沿着向 NEE 倾斜的正断层产出。

乌克兰地盾的铁质建造构成了几个近南北向的特殊的构造岩相带，其中克列缅楚格－克里沃罗格是最重要的岩相带，它的主要构造是一个为纵向深断裂所复杂化了的克列缅楚格－克里沃罗格复向斜。巨大的一级褶皱－断裂构造是供矿和导矿的构造。

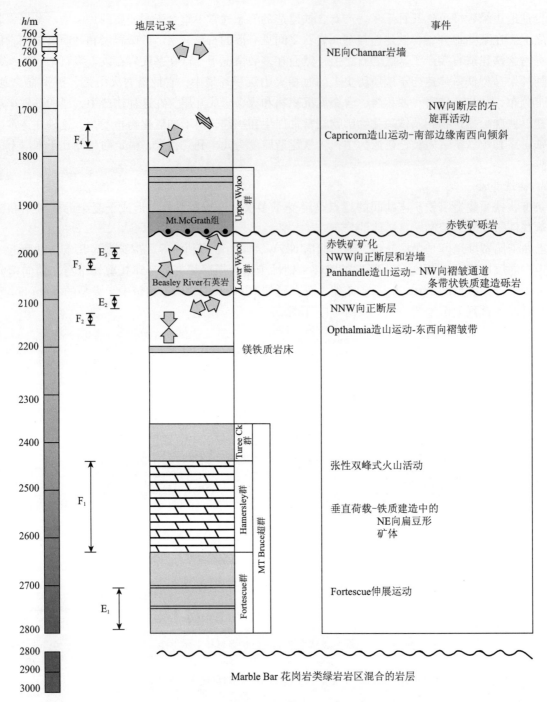

图3　澳大利亚哈默斯利盆地构造 – 地层柱状图

（引自 H. J. Dalstra，2006）

3. 围岩蚀变和交代作用

近年来的研究表明，条带状铁质建造中的高品位赤铁矿矿床普遍发生了强烈的交代、淋滤作用，原始的燧石和碳酸盐岩条带在深成热液或盆地热卤水的作用下为赤铁矿和针铁矿所交代，或者富含磁铁矿的条带被氧化成假像赤铁矿和（或）被次生赤铁矿所取代。这种交代、淋滤作用使矿石中铁品位大大提高，形成了高品位富矿石。交代、淋滤过程中，围岩也发生了蚀变，出现了绿泥石化、滑石化、赤铁矿化（表1）。

在澳大利亚哈默斯利矿区，侵入的粒玄岩岩墙和高品位赤铁矿矿石附近的页岩中出现了强烈的绿泥石 – 赤铁矿 – 滑石蚀变。交代作用和控矿构造（如 Southern Batter 断层）相伴随。蚀变岩石中 Mg、Fe 含量增高，Si、Ca、Na、K 亏损。最强烈的铁富集和（或）硅亏损出现在矿石中或靠近矿石的岩墙里，而镁富集及钙、钠、钾亏损不仅出现在矿石中，而且往外延伸至少200m。

在巴西卡腊贾斯 N4E 矿床中，铁矿石下面的镁铁质火山岩为交代蚀变（绿泥石 – 碳酸盐 – 赤铁矿化）所改造，最初的火成矿物组合全部消失，从下往上由未蚀变岩石过渡为蚀变岩石，镁和铁逐渐增加，硅和钙减少，这种变化与绿泥石化和变形越来越强烈有关。该矿床中的镁铁质岩墙也显示有类似的蚀变，绿泥石化强烈（绿泥石占体积的 90%），在与铁矿石的接触带上伴随有 Mg – Fe 的交代作用。

在印度的贝拉迪拉、南非的德巴齐姆比和巴西的铁四边形矿区所取的样品中也显示出，镁铁质岩墙有类似的镁、铁富集及硅、钙亏损。在乌克兰的克里沃罗格矿区，虽然没有取得从围岩到高品位矿石的地球化学资料，但还是识别出了与高品位铁矿石有关的 Mg – Fe 交代作用。

4. 矿石类型

条带状铁质建造富铁矿床的矿石主要有两大类。一类是含 Fe 56% ~ 63% 的假像赤铁矿 – 针铁矿矿石。这类矿石通常被认为是条带状铁质建造近代表生淋滤和交代的产物，其特点是有大量含水的铁氧化物，针铁矿含量（ > 50%）超过假像赤铁矿，并且具有保存很好的原生铁质建造的层理。这类矿石主要出现在澳大利亚，在巴西的卡腊贾斯和铁四边形地区有近代形成的厚度不大（ < 30m）的针铁矿 – 假像赤铁矿"硬帽"和针铁矿"铁角砾岩"。

另一类是含 Fe 60% ~ 68% 的高品位赤铁矿矿石，它进一步分成两个亚类。一个亚类是赤铁矿矿石，另一个亚类是微板状赤铁矿矿石。

赤铁矿矿石由残余的假像赤铁矿和（或）赤铁矿组成，据认为，它们是由于铁质建造中脉石矿物被淋滤、铁质矿物残留富集而形成的。大多数情况下，赤铁矿矿石所含针铁矿不多（ < 15%），可能还有一些内生成因的赤铁矿。这类矿石分布在巴西和南非。巴西铁四边形矿区为脆性赤铁矿矿石，而南非锡兴矿区为硬块状赤铁矿矿石和纹层状赤铁矿矿石。

微板状赤铁矿矿石，被认为是交代形成的，其特点是普遍存在有微板状赤铁矿，矿石硬度和孔隙度多变，有时可能含有假像赤铁矿。这类矿石分布比较普遍，如澳大利亚哈默斯利矿区、巴西卡腊贾斯矿区、乌克兰的克里沃罗格以及印度、南非都有这类矿石产出。

5. 富铁矿矿体形态及其与铁质建造的关系

条带状铁质建造中的富铁矿床矿体形态多种多样，除了层状、似层状外，还有透镜状、柱状和筒状。富矿石与铁质建造的关系，既有过渡的，也有突变的，甚至超出了铁质建造。

巴西卡腊贾斯矿区 N4E 矿床位于地表以下几百米，硬质赤铁矿和软质赤铁矿向下渐变为富含碳酸盐岩的"矿胎"（图 4A）。

西澳哈默斯利铁矿区的 Mt Tom Price 矿床，平均含 Fe 65% 的富铁矿石产于矿床最深部位，其与条带状铁质建造呈突变接触（图 4B）。

在南非德巴齐姆比铁矿区，8 个高品位的赤铁矿矿床都产在 Penge 铁质建造的底部，甚至在条带状铁质建造下面还延伸几百米（图 4C）。

乌克兰克里沃罗格地区的铁矿床，高品位的矿石可延伸到现在地表以下 2000 多米的深处，在条带状铁质建造的下面还存在着垂直柱状和筒状矿体（图 4D）。

三、矿床成因和找矿标志

1. 矿床成因

长期以来，关于条带状铁质建造富铁矿矿床的成因，一直存在争论，总的来看，目前主要有下列几种成因模式：

1）同生说：认为产在铁质建造中的矿石是碎屑成因的，可能经过成岩富集，甚至经受过后来变质作用、火成活动或表生作用的改造，但最初富含磁铁矿的铁质建造本质上是由同生作用提供的。

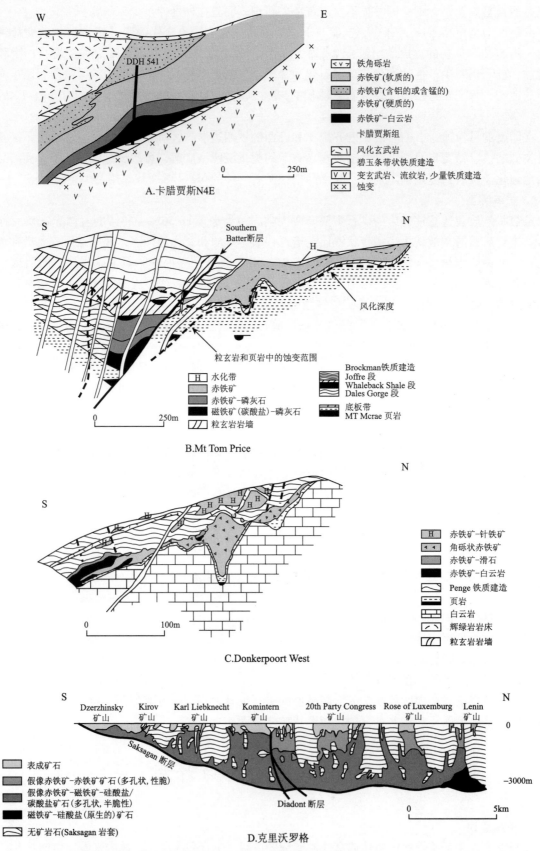

W   E

DDH 541

- ⟨∨⟩ 铁角砾岩
- 赤铁矿(软质的)
- 赤铁矿(含铝的或含锰的)
- 赤铁矿(硬质的)
- 赤铁矿-白云岩

卡腊贾斯组
- 风化玄武岩
- 碧玉条带状铁质建造
- ∨∨ 变玄武岩、流纹岩,少量铁质建造
- ×× 蚀变

0   250m

A.卡腊贾斯N4E

S   N

Southern
Batter断层
H

风化深度

粒玄岩和页岩中的蚀变范围

- H 水化带
- 赤铁矿
- 赤铁矿-磷灰石
- 磁铁矿(碳酸盐)-磷灰石
- 粒玄岩岩墙

Brockman铁质建造
Joffre 段
Whaleback Shale 段
Dales Gorge 段
底板带
MT Mcrae 页岩

0   250m

B.Mt Tom Price

S   N

- H 赤铁矿-针铁矿
- 角砾状赤铁矿
- 赤铁矿-滑石
- 赤铁矿-白云岩
- Penge 铁质建造
- 页岩
- 白云岩
- 辉绿岩岩床
- 粒玄岩岩墙

0   100m

C.Donkerpoort West

S   N

Dzerzhinsky Kirov Karl Liebknecht Komintern 20th Party Congress Rose of Luxemburg Lenin
矿山   矿山   矿山   矿山   矿山   矿山   矿山

0

Saksagan 断层

- 表成矿石
- 假像赤铁矿-赤铁矿矿石(多孔状,性脆)
- 假像赤铁矿-磁铁矿-硅酸盐/
  碳酸盐矿石(多孔状,半脆性)
- 磁铁矿-硅酸盐(原生的)矿石
- 无矿岩石(Saksagan 岩套)

-3000m

Diadont 断层

0   5km

D.克里沃罗格

图 4　A—巴西卡腊贾斯 N4E 矿床的 700N 横剖面;B—澳大利亚 Mt Tom Price 矿床 13962E 横剖面;
C—南非德巴齐姆比的 Donkerpoort West 矿床的横剖面;D—乌克兰克里沃罗格 Saksagan 矿田的长剖面
(引自 H. Dalstra 等,2004)

2）表生说：认为矿石是残余富集，它是由现在或过去侵蚀面以下的地下水循环淋滤掉铁质建造中的脉石矿物而形成的。

3）表生矿石埋藏变质说：认为老的假像赤铁矿－针铁矿表生矿石经受了成岩时的埋藏变质作用（约100℃），脱水作用将表生的针铁矿部分或全部转变成微板状赤铁矿。

4）深成矿石表生改造说：该模式目前得到广泛支持，经过对澳大利亚和巴西高品位赤铁矿的研究认为深成热液将铁质建造提升为高品位的赤铁矿矿石，这种高品位矿石又为近代的表生作用所改造，品位进一步提升。

随着研究的深入，大量证据表明，条带状铁质建造中的高品位赤铁矿矿床是多种作用相结合的产物。H. Dalstra 等（2004）通过对卡腊贾斯、哈默斯利、克里沃罗格等高品位赤铁矿矿床的对比认为，这些矿床的形成是个连续的统一体，其"矿胎"中的矿物成分和围岩蚀变有一定的规律，反映了矿石形成时的深度和温度（图5）。

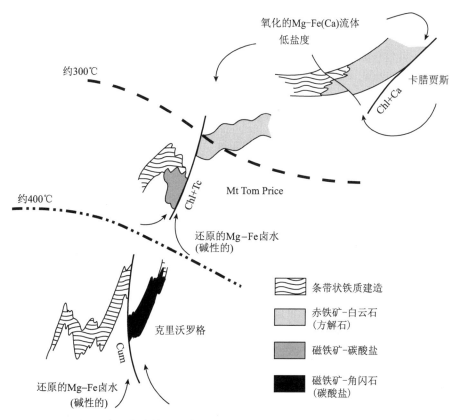

图5　高品位赤铁矿矿床可能的成因及其"矿胎"的连续关系

（引自 H. Dalstra 等，2004）

最深的矿床（克里沃罗格）被解释为是在高温下形成的，在其"矿胎"中有磁铁矿－角闪石或磁铁矿－碳酸盐集合体，在其围岩中有黑硬绿泥石蚀变；中等深度的矿床（Mt Tom Price）在其"矿胎"中有磁铁矿－碳酸盐或赤铁矿－碳酸盐集合体，在其围岩中有绿泥石＋滑石蚀变，并显示出深部有还原流体，也有氧化的大气水；最浅和最"冷"的矿床（卡腊贾斯）在其"矿胎"中有赤铁矿－白云石或赤铁矿－方解石集合体，在其围岩中有绿泥石＋碳酸盐蚀变
围岩蚀变：Ca＝碳酸盐化，Chl＝绿泥石化，Cum＝黑硬绿泥石化，Tc＝滑石化

总之，条带状铁质建造在现代风化作用下可形成假像赤铁矿－针铁矿风化壳，但是意义最大的还是铁质建造深部的高品位赤铁矿矿石，它们受热液（盆地卤水）作用和构造控制明显。这种矿石有时向深部延伸数百米，甚至数千米，规模巨大，是勘查的主要对象。

2. 找矿标志

（1）区域地质找矿标志

1）前寒武纪化学－陆源沉积的条带状铁质建造是形成高品位赤铁矿矿床的"矿胎"，巨厚的铁质建造对形成富铁矿床最为有利。

2）高品位的富铁矿床多数与元古宙18亿至26亿年，特别是19亿至21亿年期间形成的铁质建造有关。

3）大而富的赤铁矿矿体几乎都产在绿泥石变质相和黑云母变质相的弱变质铁质建造中，变质程度越高对富矿的形成越不利，在角闪岩相、辉石角闪岩相和麻粒岩相的铁质建造中几乎没有具工业价值的富铁矿床。

4）高品位赤铁矿床多产在复向斜或向斜的轴部，特别是由于褶皱挤压使含铁岩层变厚的地方，少数产在背斜褶皱的转折末端。

5）高品位矿床只产在有后来事件（变质作用、深成热液作用、表生作用）将铁矿石品位提高的地段。

（2）局部地质找矿标志

1）在含铁质建造的褶皱中存在低角度铲状正断层、深部断裂、破碎带和其他作为热液流体通道的有利构造地段，以及渗透性增高的褶皱枢纽，对富矿体的形成具有重要意义。

2）富矿体常产在铁质建造系列底部与黑色页岩的接触带上。

3）不透水的页岩和粒玄岩的存在有利于形成富矿体。

4）高品位赤铁矿矿床的围岩蚀变有绿泥石化、赤铁矿化、碳酸盐化和滑石化，这些蚀变主要出现在靠近矿化的粒玄岩岩墙和页岩中。

5）条带状铁质建造中含大量粗粒的磁铁矿和赤铁矿，在现代表生作用下可形成假像赤铁矿－针铁矿矿石。而富铁矿床中的高品位赤铁矿矿石主要是假像赤铁矿－赤铁矿矿石和微板状赤铁矿－假像赤铁矿矿石。

6）矿床产在现代地形或古地形中的不整合面上，或不整合面附近。在近代强烈风化作用下，在假像赤铁矿－针铁矿矿石的顶部形成一个玻璃状的针铁矿硬帽。

（3）地球物理找矿标志

1）富矿地段上的磁场强度往往显著降低，在富矿厚度很大的地段磁场强度很低，在某些地方几乎接近背景值。但富矿地段的剩磁和感磁的比值却比贫矿地段大。

2）富矿地段有明显的重力异常，矿化带内含铁岩石剩余密度普遍增高可作为富矿石的重要普查标志。

（4）地球化学找矿标志

蚀变岩石中 Mg、Fe 含量增高，Si、Ca、Na、K 降低。高品位赤铁矿矿石形成过程中发生了镁－铁质交代作用使最强烈的铁富集和（或）硅降低出现在矿石中或直接靠近矿石的岩墙里，而镁的富集及钙、钠、钾的降低从矿石往外至少延伸200m。

（江永宏　项仁杰）

模型二　火山－沉积型铁矿床找矿模型

一、概　　述

　　火山－沉积型铁矿床是火山岩型或火山成因型铁矿的一种重要类型，它与火山喷气－沉积作用和热液活动密切相关。广义上讲，该类型矿床除火山喷气－沉积作用以外，还应包括火山喷发－沉积作用形成的矿床。本文主要研究由海底火山（次火山）喷发、喷气作用及热液（主要是下渗的海水环流热液）与海水、海洋沉积物相互作用后发生沉积而形成的铁矿床，亦称海相火山－沉积型铁矿床。该类型矿床具有规模较大、富矿较多、分布较广的特点，有着相当重要的经济意义。

　　从全球来看，火山－沉积型铁矿床的分布具有很大的不均匀性，主要集中分布于中亚、西亚一带，其中以哈萨克斯坦图尔盖、阿富汗哈吉加克、俄罗斯阿尔泰－萨彦、中国云南大红山等矿床最具代表性（表1）。

表1　世界主要火山－沉积型铁矿的基本特征

国　　家	矿床或矿区	矿石储量/10^8 t	成矿时代	含铁品位	矿石矿物
哈萨克斯坦	图尔盖铁矿区	142	石炭纪	40.6%	磁铁矿、赤铁矿
	阿塔苏铁锰矿床（中哈萨克斯坦）	10	泥盆纪	22%～55%	赤铁矿、磁铁矿
阿富汗	哈吉加克	>20	志留纪—泥盆纪	62%	赤铁矿、磁铁矿
伊朗	沙姆萨巴德矿床	中型	古生代	28%～50%	菱铁矿、褐铁矿
	伊斯法罕矿床	中型	古生代		菱铁矿、褐铁矿
	乔加卡特矿区	>10		30.5%～50%	赤铁矿、磁铁矿
俄罗斯	阿尔泰地区霍尔宗矿床	>10	泥盆纪	0～45%	赤铁矿、磁铁矿
	阿尔泰地区卡拉苏克沙哥诺尔矿床	1～10	泥盆纪		赤铁矿、磁铁矿
	萨彦地区安扎斯矿床	2～4	寒武纪		磁铁矿、赤铁矿
	塔什塔格尔矿床	>4	古生代	富矿>45%，贫矿20%～30%	磁铁矿
	舍列格舍夫矿床	>4	古生代	富矿>45%，贫矿20%～30%	磁铁矿
哥伦比亚	帕斯德里奥矿床	3			赤铁矿、磁铁矿
中国	云南大红山铜铁矿床	3.75	元古宙	41.1%	磁铁矿
	甘肃镜铁山铁铜矿床	4.3	元古宙	37.86%	镜铁矿

　　资料来源：冶金工业部情报标准研究所，1977；沈承珩等，1995

二、地　质　特　征

1. 构造背景

　　从大地构造位置来看，火山－沉积型铁矿一般局限于（古）大陆板块和（古）大洋板块的结合带或陆间裂陷带发育的部位，陆间裂谷－岛弧带、褶皱带（系）或褶皱带（系）中的山间盆地，或继承式、上叠式火山盆地是火山－沉积型铁矿产出的主要位置，如萨彦成矿区位于加里东褶皱带，图尔盖铁矿产在主造山期后的继承式盆地内，阿尔泰和中哈萨克斯坦铁矿产于上叠式的盆地中。（深）大断裂常常控制着主要构造单元的边界，并在控矿方面起着重要作用。例如，位于乌拉尔和哈萨克斯坦褶皱区之间的图尔盖凹陷，古生代褶皱基底受近 NS 向的托尔波尔、里瓦诺夫、中图尔盖、塞瓦斯托波尔等深大断裂的控制，分为近 NS 向的乌拉尔背斜东部、秋明－库斯坦奈向斜带、乌巴甘隆起等构造岩相带。秋明－库斯坦奈向斜带由西部的瓦列里雅诺夫优地槽亚带和东部的波罗夫冒地槽亚带组成。绝大部分铁矿床就产于瓦列里雅诺夫复向斜的早石炭世火山－沉积岩层中，构成了中部矿带（图 1）。

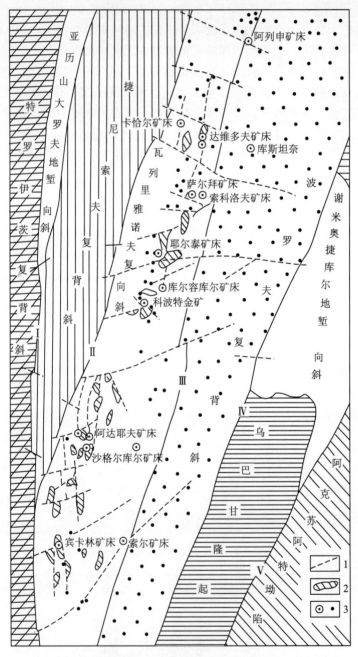

图 1　哈萨克斯坦图尔盖凹陷褶皱基底构造和矿床分布图
（引自冶金工业部情报标准研究所，1977）

Ⅰ—托尔波尔深断裂；Ⅱ—里瓦诺夫深断裂；Ⅲ—阿帕诺夫深断裂；Ⅳ—中图尔盖深断裂；Ⅴ—塞瓦斯托波尔深断裂。1—构造带内深断裂；2—索科洛夫－萨尔拜侵入杂岩；3—铁矿床和矿点

火山－沉积型铁矿床一般分布于断裂交会处的火山喷发中心或火山－侵入活动中心及其附近的火山－沉积地层或火山－侵入岩（次火山）中。矿床大多直接产出于不同地质时代的火山（沉积）岩及有关侵入体中。这种火山－沉积岩系，一方面具有较好的岩浆分异特征，铁矿层往往产于不同岩性火山岩层的界面或换层部位，由基性向酸性过渡的火山岩系对铁矿的形成最为有利，成分单一的火山岩系则对成矿不利；另一方面，还具有方向性线型带状分布的特征，反映地壳演化、岩浆活动受控于板块机制和裂谷作用。

2. 矿床地质

（1）容矿岩石

火山－沉积型铁矿的容矿岩石是以海相火山岩为主的火山－沉积岩建造，与成矿有关的火山岩主要为中基性与中酸性或偏碱性的岩石，少部分为酸性岩石，以碱性偏高、富钠为特征。例如，哈萨克斯坦图尔盖阿列申铁矿床的下盘由火山沉积岩系组成，其特点是层状构造明显并有逐渐相变。岩系的下部主要为灰岩层，上部为灰岩、沉凝灰岩和辉石－斜长安山玢岩的互层，岩系厚1000m以上；矿床上盘则由含凝灰岩和沉凝灰岩夹层的玄武玢岩组成，厚度为500m（图2）。

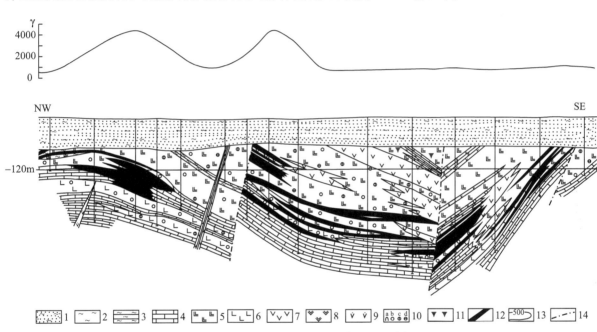

图2　哈萨克斯坦图尔盖阿列申矿床Ⅸ—Ⅸ线剖面图

（引自冶金工业部情报标准研究所，1977）

1—中新生代砂泥质沉积；2—风化壳；3—泥质－硅质页岩；4—灰岩；5—玄武玢岩；6—安山玢岩；7—闪长岩；
8—辉长闪长岩；9—石英闪长岩；10—辉石砂卡岩（a）、石榴子石砂卡岩（b）、绿泥石岩（c）、
绿帘石岩（d）；11—角岩；12—磁铁矿石；13—等磁力线；14—断层

火山－沉积型铁矿的含矿建造一般为火山－碳酸盐岩建造、硅质页岩建造、长英变粒岩建造、碧玉铁质岩建造等。在寒武纪以后的火山－沉积型铁矿中，以火山－碳酸盐岩建造最为常见，如甘肃镜铁山式火山－沉积型铁铜矿。

（2）矿床（体）形态与特征

火山－沉积型铁矿床形成于地槽发育的早期裂谷作用阶段，强烈的火山喷发、喷气活动将有用组分搬运到对成矿有利的海底盆地沉积成矿。可见，成矿物质直接与火山－侵入活动有关，且大多以明显而广泛的蚀变为特征。矿床成矿作用多发生在火山喷发的间歇期，火山喷发的多期次性造就了该类型矿床的多层性特征。如阿尔泰山区的铁矿层产于下伏的角斑岩、石英角斑岩与上覆的石英斑岩之间的浅海相凝灰岩、碳酸盐岩层中；图尔盖凹陷区内大部分层状矿体都产于上、下玢岩之间的凝灰岩和沉凝灰岩层位中。

火山－沉积（次火山）作用形成的矿床主要分布在火山喷发中心附近，其标志是火山岩厚度大、

熔岩多，常有许多粗火山碎屑岩，如火山角砾岩，甚至还有火山集块岩，有时还有次火山岩体的侵入。矿床规模往往与火山岩系的厚度成正比。一般来说，火山岩系厚度越大，矿床规模越大。矿床主要出现在喷发熔岩、火山碎屑岩、次火山岩或次火山岩与围岩（次火山岩）的接触带及其附近。

矿体层控特征明显，以层状、似层状为主，厚度由几米至几百米不等，延伸由几百米至几千米。含矿层位一般由下而上显示出还原－氧化环境条件的变化。矿层与围岩一般呈整合接触，但由于古海底火山地貌或构造作用的影响，也有矿层局部与底板呈不整合接触的。矿层往往发育于火山喷发沉积旋回中。例如，中国甘肃镜铁山桦树沟铁铜矿床的含矿层就位于火山喷发沉积旋回上部类复理石细碎屑岩建造的千枚岩类炭、硅、钙、铁质岩中。在含矿层位下部有菱铁矿层，上部为工业铁矿层。铁矿层与岩层同步褶皱，呈复式向斜状重复出现7个矿体（带）（图3）。

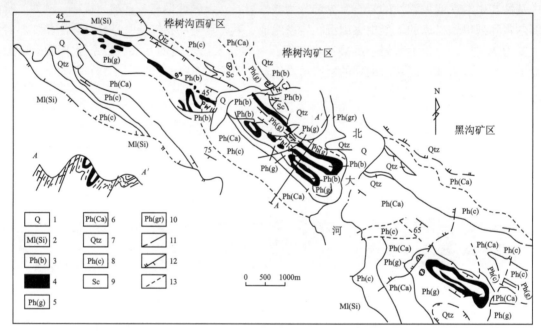

图3　中国镜铁山桦树沟铁铜矿区地表矿体分布略图
（引自刘华山等，1998）

1—第四系；2—白云岩及白云质大理岩；3—灰黑色千枚岩；4—碧玉－菱铁矿－镜铁矿；5—灰绿色千枚岩；6—钙质千枚岩；
7—石英岩；8—炭质千枚岩；9—绢云母千枚岩；10—杂色千枚岩；11—地质界线；12—逆掩断层；13—断层

（3）蚀变与矿化分带特征

在含矿的火山－沉积地层中，往往含有碳酸盐类岩石和较多的硅质类岩石，近矿岩石普遍具有明显的碱质交代特点，以钠化为主，钾化次之。例如，图尔盖矿区最大的萨尔拜矿床含矿地层为一套沿着瓦列里雅诺夫亚带分布的早石炭世火山－沉积岩层，系安山玢岩、凝灰岩、凝灰角砾岩、沉凝灰岩、石灰岩、砂岩、凝灰砂岩交互层（图4）。矿区发育成矿前、成矿期和成矿后3个阶段的断裂，原岩蚀变也具有3个阶段的特征。其突出的特点是含氯的钠质方柱石——钠柱石广泛发育，说明存在强烈的交代作用。而且各类型交代岩具有分带分布规律。从侵入体（次火山岩体）接触带开始，东西向水平分带分别为：黑云母－钠长石－方柱石交代岩；石榴子石和辉石－石榴子石矽卡岩；矽卡岩、矿石、方柱石交代岩和矿化矽卡岩相间层；矽卡岩和方柱石－辉石交代岩；辉石矽卡岩、角岩；辉石－斜长石角岩；角岩化和钠长石化凝灰岩、沉凝灰岩。相应地自东往西岩石蚀变分带为钠长石化、葡萄石化和沸石化凝灰岩、沉凝灰岩，渐变为阳起石化和绿泥石化火山碎屑岩，然后是矿化带，由矿石和矿化绿帘石－阳起石交代岩组成，向外亦为相同的交代岩，只是没有矿化，然后是不同程度的绿帘石化、阳起石化、葡萄石化、沸石化凝灰岩和沉凝灰岩。

从国内外矿床实例来看，火山－沉积型铁（铜）矿床成矿背景、总体特征与黄铁矿型铜多金属矿床类似，具有相近的双层结构分带模式，只是火山－沉积型铁（铜）矿床上部为层状"红矿"（赤

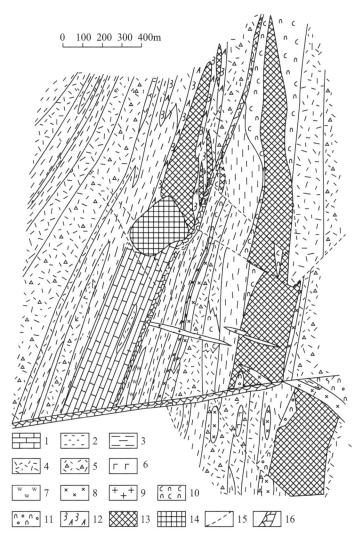

图4 哈萨克斯坦图尔盖矿区萨尔拜矿床古生代杂岩组合略图

（引自沈承珩等，1995）

1—灰岩；2—泥质层凝灰岩；3—粉砂质层凝灰岩；4—凝灰岩和砂质层凝灰岩；5—火山角砾岩；6—安山玢岩；7—安山玄武玢岩；8—闪长玢岩；9—花岗斑岩；10—辉石矽卡岩和辉石－方柱石矽卡岩；11—石榴子石矽卡岩和辉石－石榴子石矽卡岩；12—绿帘石－阳起石岩；13—磁铁矿矿石；14—氧化矿石；15—断裂；16—构造带

铁矿、磁铁矿、镜铁矿、菱铁矿）和含铁硅质岩、碧玉岩、重晶石岩，相当于氧化物矿床；下部为浸染状铜矿，含一定的块状"黄矿"（黄铁矿、黄铜矿）及含炭质细碎屑岩（含凝灰岩），相当于块状硫化物矿床；中部为过渡带，硫化物矿床与氧化物矿床共存，但通常不是很明显。这种双层结构模式显然是地壳演化过程中不同构造－岩浆活动阶段的产物。除垂向分带外，水平方向上也呈典型分带特征，即随着与火山口距离的增加，依次出现块状硫化物矿床、硫化物与氧化物共存矿床、氧化物矿床。

（4）矿石矿物组合与结构构造

火山－沉积型铁矿的矿石矿物主要有赤铁矿、菱铁矿、镜铁矿、磁铁矿、黄铁矿、褐铁矿等。在次火山岩铁矿中，典型的矿物组合为方柱石（钠长石）－磷灰石－透辉石（阳起石）－磁铁矿组合。这种矿物组合具有明显的钠带入，表现为钠长石化、钠质角闪石化和钠质辉石化。方柱石的形成通常与基性次火山岩有关，磷灰石、透辉石在各类次火山岩蚀变中都能生成。

铁矿或与火山－沉积围岩同生沉积，或者是火山气液在有利的构造部位和岩性条件下充填交代形成的。该类矿床伴生组分较多，包括磷、钒、锰、铜、铅、锌、硫和稀土元素等。其中，锰是火山－沉积型铁矿的主要伴生组分。例如，在阿塔苏矿区，锰矿层产于铁矿层的边部，铅锌矿层则产于铁矿层以上的部位。

矿石结构主要为半自形粒状结构、叶片状结构，也偶见残余鲕状结构；构造以条带状、条纹状最为常见，次为块状构造、浸染状构造及角砾状构造。

（5）成矿时代

火山－沉积型铁矿产出的时代从元古宙到新生代均有，但主要是古生代以后。如表1所示，除中国大红山、镜铁山火山－沉积型铁（铜）矿床产于元古宙以外，其他典型矿床均产于古生代，且以泥盆纪—石炭纪最为集中。

三、矿床成因和找矿标志

1. 矿床成因

火山－沉积型铁矿床成因模式主要有两种：一种是火山喷发沉积作用成矿；另一种是次火山岩作用成矿，即由早期的火山沉积成矿与晚期的次火山岩成矿共同作用形成矿体。前者形成的矿体产在接近火山活动中心或稍远的地方，铁质可有一定的搬运距离，含矿岩系为火山－沉积岩系。矿床一般具有沉积矿床的地质特征，规模以大型为主，矿床中贫矿、富矿体均有产出，但以富矿居多。后者与次火山岩作用有关，热液交代和充填作用明显，并伴有强烈的蚀变，因而矿床兼有火山沉积型和交代型两种特征。

火山喷发沉积作用成矿模式：一般认为，火山喷发（喷气）沉积及其带来的热力驱动海水对流是该模式成矿的主要成因机制（图5）。其主要表现为"内生外成（沉）"，即成矿物质是由火山作用从地球深部带来的，而矿体或矿石则是通过沉积（主要是化学沉积）作用在海底富集而形成的；含矿流体经历了从封闭环境向开放环境突然变化的过程，矿石形成于物理化学条件突变的部位，这种部位以裂陷拉张的构造背景最为常见。火山作用不仅是促进含矿流体运移的重要因素，而且还可造成高热流环境。强大的地热异常可以促进下渗海水的对流循环，海水在对流循环过程中不但可以从海底岩层中淋滤出金属，使其本身变为成矿溶液，而且可以从下伏岩层中淋滤出硫，海水本身携带的硫酸盐也可被深部还原物质还原为 H_2S、HS^- 或 S^{2-}，为成矿物质的迁移和沉积创造条件。当这种富金属元素和硫的高盐度热液流体在热力驱动下上升至水－岩界面时，由于压力迅速降低和浅部循环水混合，热液系统的物理化学条件发生了根本性的变化。热液沉淀导致大量成矿物质堆积，从而在火山喷发－沉积岩层下部形成细脉浸染状铜矿石，在火山－沉积岩层上部形成层状或条带状贱金属或铁矿石，从而形成典型的双层结构模式。在这种火山喷发沉积作用成矿过程中，海底同生断裂控制着堑垒式海槽

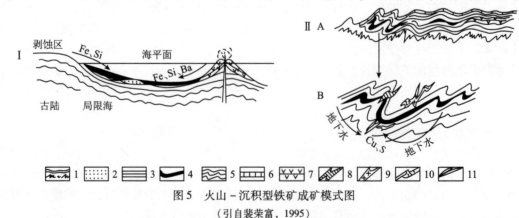

图5 火山－沉积型铁矿成矿模式图

（引自裴荣富，1995）

Ⅰ—第一阶段，火山活动带来大量的 Fe、Si、S、Cu 等成矿物质，并发生同生沉积成矿作用，在上部形成浸染状铜矿石，下部形成层状或条带状铁矿石；Ⅱ—第二阶段，A. 区域变质变形，B. 在变质变形期叠生作用过程中产生脉状矿体。1—基底；2—砂质沉积物；3—泥砂质沉积物；4—铁矿；5—千枚岩；6—碳酸盐岩；7—火山熔岩及其碎屑岩；8—菱铁矿脉；9—石英铁白云石脉；10—重晶石脉；11—黄铜矿脉

延伸和火山沉积盆地的展布，以及成矿热流体的来源和就位机制。矿床围绕着火山活动中心、火山机构和喷气口呈较为规律性的分布。

在后期地质作用过程中，有的矿床会经历一系列次火山岩作用引起的热液交代和充填作用，从而使得矿床呈现出火山沉积与交代的两种特征，即次火山岩作用成矿模式。同时，成矿后的剥蚀和表生氧化作用也会引起矿床浅部矿石矿物的一些变化。

此外，关于火山－沉积型矿床形成的有利时机，普遍认为该类型矿床主要与火山活动后期的喷气－热液作用有关，火山活动的间歇期和火山活动性质发生变化（如从基性转化为酸性）的时期，对火山－沉积型矿床的形成特别有利。

2. 找矿标志

（1）区域地质找矿标志

1）（古）大陆板块和（古）大洋板块结合带或陆间裂陷带是火山－沉积型铁矿发育的有利构造环境，如陆间裂谷－岛弧带、褶皱带（系）或褶皱带（系）中的山间盆地、继承式或上叠式火山盆地等。

2）区域性大断裂及其交会处是火山－沉积型铁矿成矿的重要场所。

（2）局部地质找矿标志

1）火山喷发中心或火山－侵入活动中心及其附近的火山沉积地层或火山－侵入岩，是火山－沉积型铁矿成矿的有利部位。

2）（层状氧化物型）铁矿和（块状硫化物型）铜矿的共（伴）生特性是该类型矿床的重要找矿标志，即在火山－沉积型铁铜矿床分布区，可以根据"上铁下铜"双层结构模式和可能存在的"近（火山口）铜远（火山口）铁"的成矿模式，互找铁、铜矿床。

（3）含矿层位找矿标志

1）厚度大、分异好、高碱富钠的火山岩系有利于成大矿、富矿，尤其是火山－碳酸盐岩建造岩系。

2）火山喷发熔岩、碎屑岩、次火山岩或次火山岩与围岩的接触带及其附近是矿床重要的产出层位标志。

3）基性、中基性、中性、中酸性、酸性火山岩都可以成矿，但岩性发生变化（如从基性向酸性分异）的界面或换层部位是有利的成矿标志层位。

4）矿层附近往往有铁矿化的先兆，如俄罗斯康多姆矿带沙雷姆矿床铁矿层下盘的凝灰岩中见有浸染状的赤铁矿，岩石呈玫瑰色调（图6）。

（4）蚀变与矿化找矿标志

1）在铁矿层、铜矿层构成的双层结构模式中，含铁硅质岩、红碧玉、重晶石岩石为最重要的含矿层位标志，而硅化、绢云母化、绿泥石化、碳酸盐化、重晶石化与黄铁矿化是重要的矿化标志。

2）后期铁矿的次生蚀变可能会形成褐铁矿化标志，如果伴生硫化物，局部可能还会出现黄钾铁矾、石膏化。

3）铁铜矿体和铜矿体可能形成次生铁锰帽和黄钾铁矾、孔雀石、蓝铜矿、石膏等组成的彩色带。

4）孔雀石、褐铁矿化与黄铁矿、黄铜矿组合出现是寻找火山－沉积型铁铜矿体最为直接可靠的标志。

5）蚀变岩常具有明显的分带现象，CaO、Na_2O 含量向矿体方向明显降低，而 K_2O、MgO 含量一般会增高。

6）具有明显的金属矿化分带。除了 Fe、Cu "双层结构模式"外，Fe 与主要伴生元素 Mn 常常分离并呈带状分布，其在垂直向上或水平向外表现得尤为明显，如在底部矿体中，锰含量普遍较低，上部矿体中普遍高。

（5）地球物理找矿标志

与其他类型的铁矿床一样，火山－沉积型铁矿通常有较高的重、磁异常。物探方法中重、磁方法最为有效。

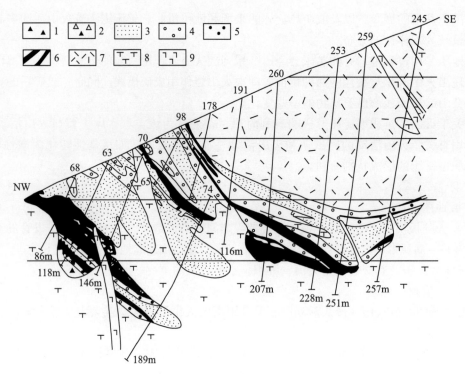

图6 俄罗斯阿尔泰山区康多姆矿带沙雷姆矿床Ⅻ线剖面

(引自冶金工业部情报标准研究所，1977)

1~2—底板分层（产有浸染状、结核状、小透镜状的铁云母和使岩石具玫瑰色调的分散的赤铁矿）：1—含砾–砂质凝灰岩，2—粉砂质凝灰岩；3~6—含矿分层：3—集块和砂–粉砂质（层状）凝灰岩，4—矽卡岩，5—含矿矽卡岩，6—磁铁矿体；7—顶板分层（砂–粉砂质凝灰岩、变质凝灰角岩）；8—细粒和斑状正长岩；9—辉绿岩和闪长岩岩脉

尽管有些火山岩具有弱磁性，但与磁铁矿相比仍有差异。国内外很多火山–沉积型铁矿床就是利用磁法找到的。例如，1959年航空磁测发现了云南大红山铁铜矿最高超过500nT的磁异常，异常范围达300km²，异常区出露变质火山岩，当时推断是由中酸性侵入体引起的，实际却是一个大型铁矿。该航磁异常由三级异常叠加而成，其中二、三级异常为矿异常，一级异常由火山岩引起（图7）。此外，也可利用磁法、重力和航空地质等方法来研究火山机构。

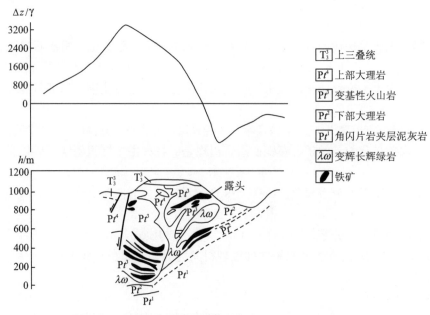

图7 中国云南大红山铁铜矿床 C—C′综合剖面图

(引自刘士毅，2007)

有些火山－沉积型铁矿在近地表条件下可能形成，或由于氧化，常呈赤铁矿床或假像赤铁矿出现，如俄罗斯阿尔泰山区赤铁矿床等。对于此类矿床，重力测量最为有效。

（6）地球化学找矿标志

1）轴向分带标志：火山－沉积型铁矿床常具有明显的地球化学轴向分带特征。例如，魏民等（1998）采用了标准化丰度法得出不同标高的元素标准化丰度和元素组合，将云南大红山铁铜矿床的原生晕分为前缘带、矿上带和矿中带。前缘带典型元素组合为 Na－Ti－Zn－Pb，矿上带为 K－Ba，矿中带为 Fe－Cu－Ag－Au－Co－Cr（图8）。

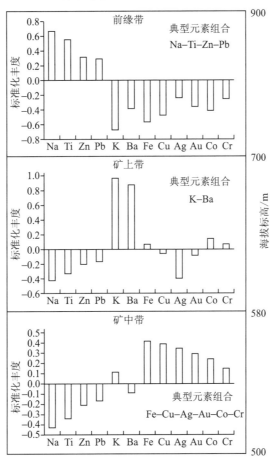

图8　中国云南大红山铁铜矿地球化学轴向分带模型

（引自魏民等，1998）

2）水平分带标志：在水平方向上也可能呈现出地球化学分带特征。如表2所示，在云南大红山铁铜矿床中，外带的典型元素组合为 Cu－Ni 和 Na－Ti，而内带正好相反，其典型元素组合为 Pb－Zn、Cr－Co－Fe 及 Au－Ag。

表2　中国云南大红山矿区地球化学水平分带元素丰度对比

元素	Cu	Ni	Ti	Na	Zn	Pb	TFe$_2$O$_3$	Cr	Co	K	Ba	Au	Ag
外带	**137.99**	**84.84**	**10898**	**4.67**	120.48	18.63	10.57	396	48.8	0.317	115.9	0.01	0.03
内带	84.38	41.60	8892	2.25	**362.88**	**66.82**	**12.43**	626	**72.8**	**1.557**	**278.7**	**0.03**	**0.52**

资料来源：魏民等，1998

表中单位：Fe、Na、K 含量为%，Au 为 10^{-9}，其余为 10^{-6}。

3）含矿层元素组合标志：含矿层位中 Cu、Pb、Zn、Au、Hg、Sb、As、Bi、Ce、Ba、S 等元素组合是火山－沉积型铁铜矿床的重要找矿标志。

（周　平）

模型三　玢岩型铁矿床找矿模型

一、概　　述

玢岩型铁矿是产在富钠质的辉石玄武安山玢岩－辉长闪长玢岩和闪长玢岩内或接触带中的铁矿床。典型矿床产于中国南京—芜湖地区的中生代陆相火山岩断陷盆地中，同偏碱性的玄武安山质岩浆的火成侵入活动有密切关系。玢岩铁矿成矿型式划分如表1所示。

表1　玢岩型铁矿成矿型式划分

型	式	亚式	主要控矿构造	代表矿床
陆相火山岩	龙旗山式	龙旗山亚式	火山沉凝灰岩	龙旗山
		姑山亚式	火山沉凝灰岩及火山角砾岩	姑山外围及顶部
	凹山式	凹山亚式	隐爆角砾岩筒及火山颈	凹山、姑山上部
		陶村亚式	超浅成岩凸部位	陶村、和尚桥、黄梅山、吉山
	姑山式	姑山亚式	火山机构、矿浆贯入	姑山中上部
		白象山亚式	深部接触带	姑山深部
	白象山式	白象山亚式	接触带及外带	白象山、和睦山、凤凰山、龙山、杨庄
		太平山亚式	接触带内带	太平山、杨庄深部
	梅山式	罗河亚式	火山岩、熔岩角砾岩及接触带	罗河、泥河
		龙桥亚式	火山岩与基底东马鞍山组界面、接触带	梅山、龙桥、钟九

玢岩型铁矿床或成矿作用的核心理论是：以中国宁芜铁矿为典型代表，其成矿作用的全过程与火山活动、火山作用全过程相关联，强调矿床的形成是火山活动过程中不同时期、不同阶段的产物；矿床在空间上的定位与产出是以某一火山机构为中心，成群、配套出现。

玢岩型铁矿床的成矿理论，其内涵覆盖了宁芜、庐枞地区所有铁矿。因为宁芜、庐枞两盆地的成矿地质背景、火山活动时间，矿床特征都很相同。只要是与斑岩（玢岩）有关的铁矿，都可称玢岩型铁矿。

二、地 质 特 征

1. 构造背景

中国宁芜地区大地构造位于环太平洋外带，属扬子准地台下扬子台坳沿江拱断褶带的 NE 端，为 NNE 向狭长形中生代断陷盆地，面积约 $1600km^2$。盆地基底在原构造形变的基础上，从晚侏罗世到早白垩世经历了多旋回的火山、岩浆活动，使得其构造更加复杂多变，为成矿提供了得天独厚的条件。背斜和断裂为岩浆活动提供场所，两组断裂交会处控制了岩浆喷发中心和大中型铁矿的分布。

2. 地层

区域地层可分为两个基本岩系，即基底地层岩系和火山岩层系，两者为不整合接触。基底层系由三叠系和下、中侏罗统组成；火山岩层系由上侏罗统至下、上白垩统火山岩组成。各岩系岩性详见表2。

表2 中国宁芜区域地层

系	组（群）	代号	厚度/m	岩 性 特 征
第四系		Q₄	46	黄褐、灰色细砂、亚黏土夹泥炭层，底部常见砾石层
	下蜀组	Q₃x	32	棕黄色黏土、亚黏土，含铁锰结核
		Q₂	13	棕黄色含砾砂黏土，具灰白色网纹条带
上第三系	方山组	N₂f	6	二段：灰紫色致密及气孔状碱性橄榄玄武岩 一段：玄武质集块角砾岩
白垩系	赤山组	K₂c	74	砖红色粉砂岩、细砂岩、中细粒砂岩
	娘娘山组	K₂n	381	二段：黝方石响岩质熔结凝灰岩及角砾岩 一段：响岩质集块角砾岩
	山边村组	K₁sh	364	二段：辉石石英粗面岩、粗安岩及碱性粗面岩 一段：紫红色凝灰质粉砂岩夹黑云母粗面质熔结凝灰岩
	姑山组	K₁g	145	二段：厚层状辉石英安岩 一段：闪云石英安山岩夹火山碎屑岩
	大王山组	K₁d	656	三段：灰绿色凝灰岩、凝灰质粉砂岩夹铁碧玉质火山沉积铁矿 二段：辉石安山岩 一段：灰绿色安山质角砾岩、凝灰岩、局部含砾块
侏罗系	龙王山组	J₃l	896	三段：紫红—灰色粉砂岩、凝灰质粉砂岩夹火山沉积铁矿 二段：角闪粗安岩 一段：紫色角闪粗安质凝灰岩、角砾岩、集块岩夹角闪安山岩
	罗岭组	J₂l	242	上段：灰—紫红色细砂岩、钙质粉砂岩、泥岩及泥灰岩 下段：灰白、紫红色钙质砾岩、中粗粒砂岩
	磨山组	J₁m	849	上段：紫红、灰白色中粒长石石英砂岩、薄层云母泥质粉砂岩 下段：中粗粒石英砂岩，底部为砾岩或含砾粗砂岩
三叠系	范家塘组	T₃f	16	深灰—青灰色粉砂岩、细砂岩、黑色泥质、炭质页岩
	黄马青组	T₂h	846	上段：紫红色细砂岩、粉砂岩、泥岩互层 下段：豹皮状钙质粉砂岩、钙质泥岩夹灰岩，白云岩透镜体
	周冲村组	T₂z	220	下部为灰白色白云质灰岩、白云岩，上部杂色岩溶角砾岩，常含数层硬石膏

三叠系中统黄马青组下段和周冲村组（庐枞地区为东马鞍山组）是白象山式铁矿的赋存层位。但由东向西从白象山—龙山—杨庄—年陡赋矿层位有逐渐加深的趋势（图1）。这是由岩体侵位高低所决定的，说明黄马青组下段与周冲村组（东马鞍山组）都是白象山式铁矿成矿的有利围岩。

黄马青组中上段 Fe 含量为 6%～8%，下段为 3%～4%，部分铁质可能经叠加改造成为铁矿体。

3. 构造

（1）褶皱构造

区域褶皱构造形成于印支晚期—燕山早期。凤凰山-姑山复背斜是区域褶皱构造的主体，其西毗邻宁芜复向斜。复背斜又由多个短轴复背斜组成，如凤凰山、曾庄-藏汉及钟姑背斜（图2和图3）等，是成矿的有利构造。各背斜中次级褶皱发育。由于受北西断裂破坏及第四系覆盖的影响，褶皱多出露不完整，或完全隐伏，后者是今后找矿的有利地段。褶皱整体方向为 25°～40°。

（2）断裂构造

宁芜盆地断裂构造十分发育，主要为燕山晚期所继承的一系列纵向、横向和斜交断裂。两组断裂互相切割，具有规模大、切割深的特点，并组成"菱形断块、格状格局"的断裂格架。由于多次的继承与发展，断块间的水平与垂直位移差异甚大。总体呈南北高、中间低、东高西低的趋势，中部与南、北落差达 600～700m，西部与东部落差达 800m 以上。因此，南、北白象山式矿床相对发育，中

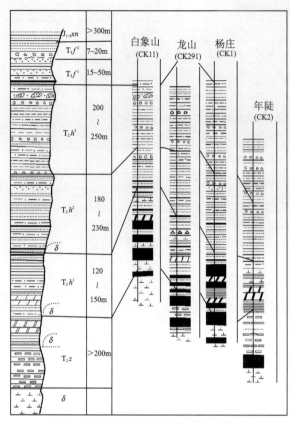

图1 中国宁芜地区钟姑铁矿田三叠系
赋矿层位对比柱状图

$J_{1-2}xn$—象山群；T_3f—范家塘组；T_2h^3—黄马青组上段页
岩、砂页岩；T_2h^2—黄马青组中段紫红色含泥灰岩、砾岩、
砂页岩；T_2h^1—黄马青组下段泥灰岩、砂页岩；T_2z—周冲
村组白云质泥灰岩和石膏层；δ—闪长岩；黑色矩形为铁矿层

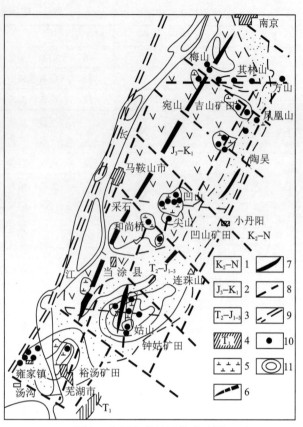

图2 中国宁芜地区构造略图

1—上白垩统—新近系；2—上侏罗统—下白垩统；3—中三叠
统—侏罗系；4—灰岩；5—闪长玢岩；6—向斜；7—背斜；
8—基底断裂；9—长江挤压破碎带；10—铁矿床；11—航磁异
常向上延拓500m ΔT 等值线

部多集中大型的凹山式铁矿。这是构造控岩控矿非常明显的特征。

（3）遥感特征

遥感影像呈明显环状构造特征。有多处连环和环套环图像，如凹山、钟姑、梅山地区。这种遥感
图像特征可直接解释为火山机构和矿床成带成群的特征，可作为间接找矿的标志；如用以配合磁重异
常，可作为直接找矿标志。其次，环状、放射状图像也有多处反映，显示了火山岩地区特有的遥感
特征。

（4）火山构造

宁芜地区的火山机构，由于后期的破坏和第四系覆盖，大多发育不完整，多为破火山口。较为完
整的只有娘娘山。姑山、凹山、梅山等破火山口，其火山锥体仍大致存在；姑山、凹山等环状、放射
状裂隙系统仍保留较好；火山管道大多已被岩体及矿体充填。因此，火山中心及其环状、放射状裂隙
系统是很好的容浆、容矿构造，并以此为中心形成矿床的"成群、配套、三层楼"产出特征。

4. 岩浆岩

本区岩浆岩均为燕山晚期晚侏罗世-早白垩世产物。中生代是岩浆活动的活跃期，至少经历了4
期喷发-侵入活动。根据相对应的岩石化学成分相同或相近推测，岩浆岩均为同一岩浆源、同一活动
时期形成的不同阶段的一套岩浆杂岩，它们与内生矿床直接有关。

（1）火山岩

区内中生代火山岩浆多次喷发，活动十分激烈。晚侏罗世末随燕山运动早期活动的加剧，出现了
第一次大规模的中性—中碱性岩浆喷发，形成了"龙王山组"粗安质岩系地层（龙王山旋回），年龄

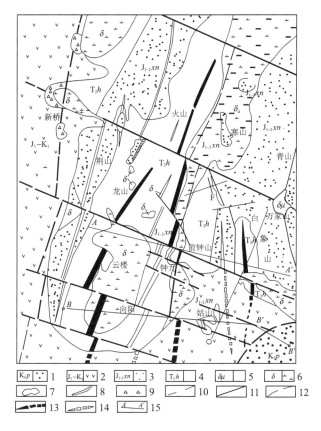

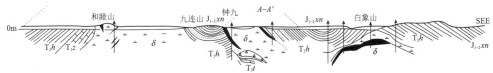

图 3 　中国宁芜地区钟姑铁矿田基岩地质图

1—浦口组；2—火山岩；3—象山群；4—黄马青组；5—辉石二长岩；6—角闪闪长岩；

7—姑山铁矿；8—钟九铁矿；9—火山角砾岩；10—不整合线；11—实测断层；

12—推测断层；13—实测背斜轴；14—推测背斜轴；15—剖面线

为 137 ~ 127Ma；其后经过短暂的相对稳定时期，又开始了第二次大规模的中性—碱性岩浆喷发活动，形成早白垩世"大王山组"安山岩、粗安岩系列地层（大王山旋回），年龄在 125 ~ 115Ma 之间；之后，继承性喷发活动有所减弱，只在局部（盆地中南部）地区发生了规模较小的第三次喷发（姑山旋回），年龄在 105 ~ 95Ma 之间；其后火山活动接近收尾，仅在盆地中部娘娘山地区发生了第四次喷发，组成了碱性粗面岩 - 响岩的"娘娘山旋回"，年龄在 93 ~ 83Ma 之间。

（2）侵入岩

从航磁资料逐层上延和最近的 CR 法、CSAMT 剖面测量的结果推测，宁芜地区深部存在一个巨大的中 - 基性闪长岩类侵入体（岩浆房），其中心位置位于江苏陆郎镇一带，向上中心逐渐位移到霍里南，并分离出霍里、钟姑、芜湖北三大岩体。目前最深钻孔 1400m 仍未打穿闪长岩，推测霍里—马鞍山地区岩体源深约 3.4km。岩浆房的岩浆源又沿着构造薄弱地区侵入和喷发，局部沿岩溶地层贯入，形成了"岩床"。浅部形成岩浆带和与之相对应的线性局部磁异常带（群）。岩床之上常呈岩枝、岩墙、岩瘤产出，与矿化关系密切。与 4 次火山喷发相对应的岩浆侵入活动至少有 4 期。第一期在龙王山旋回晚期，主要为中基性的辉石闪长岩类，与铁矿关系密切；第二期在大王山旋回晚期阶段，主要为中性—中偏酸性的闪长岩类，分布较广，是宁芜地区主成矿期；第三期在姑山旋回末，主要为中酸性—酸性的石英闪长岩 - 花岗岩类，与铁矿成矿无关系，但与铜、金矿关系较密切；第四期在娘娘山旋回之后，为酸性—碱性岩类的霞石正长岩，与金铜成矿有一定的关系。其后多为脉岩产出。

根据 12 个含矿岩体分析，平均 SiO_2 含量为 56.67%，$Na_2O + K_2O$ 为 6.33%，且 $Na_2O : K_2O > 2$，FeO 3% ~ 4%；石英一般 < 5%，角闪石辉石 3% ~ 7%，副矿物为 1% ±，与中国闪长岩、戴里闪长岩接近，唯碱质偏高，铁、硅偏低。

将 12 个含矿岩体与第一、第二旋回火山岩进行对比，结果见表 3。

表 3　中国宁芜火成岩岩石碱钙指数、组合指数对比

岩组	样数	钙碱指数 （M. A. Peacock, 1931）	组合指数 （A. Ritinmanh, 1961）	属性
含矿闪长岩	12	52.1	4.26	碱钙性
龙王山组	8	54.4	3.45	碱钙性
大王山组	4	56.8	5.14	碱钙性向钙碱性过渡

注：组合指数 > 3.3 为碱性系列，< 3.3 为钙性系列；钙碱指数 > 56 为钙性系列，< 56 为碱性系列。

表 3 表明闪长岩与火山岩的钙碱指数与组合指数十分相近，说明它们是同源同根的产物，原始岩浆属碱钙性玄武岩浆系列并向钙碱系列过渡。

藏汉背斜寺山岩体为石英闪长岩，SiO_2 高达 67%，$Na_2O + K_2O < 2$%，$Na_2O : K_2O < 2$，FeO 高达 6% ~ 8%，初步认为是不含矿（Fe）岩体。所以宁芜地区大王山旋回之后，铁矿成矿几率很小。阳湖塘基性辉长岩地表正负磁异常明显、规则，经验证磁异常是由岩体引起，说明基性岩也不利成矿。

5. 矿床特征

玢岩铁矿主要特征有：

1）以某一火山机构为中心"成群"、"配套"出现，并呈现带状展布。

2）矿床定位受火山中心、两组断裂和交汇处岩体凹凸部位等构造控制。

3）大中型矿床均有明显的蚀变分带，一般矿体上部及围岩均有钠化、高岭土化、黄铁矿化、硅化组成的浅色蚀变带，矿体（带）有由磁铁矿化、透辉石化、阳起石化、金云母化、磷灰石化组成的深色蚀变带；隐伏矿床（白象山式）往往是上部角岩化、钠化、高岭土化、硅化组成的浅色蚀变带，中部为深色蚀变矿化带，下部（岩体）为钠化、高岭土化浅色蚀变带，常出现钠柱石、方柱石岩。深色蚀变带中的透辉石、阳起石常被磁铁矿交代，形成菊花状、树枝状、骨架状矿石，若交代了泥灰岩则为层纹状矿石，甚为普遍。

4）大中型矿床一般都有明显的磁、重高同现，正负异常明显。

典型矿床的控矿因素、矿体形态产状、围岩蚀变、矿石结构构造、矿床成因与特征见表 4。

表 4　玢岩铁矿典型矿床特征

典型矿床	控矿构造	矿体形态产状	围岩蚀变	矿石矿物组合及矿石结构构造	矿石品位质量	矿床规模	矿床成因
凹山	隐爆角砾岩筒及火山机构	筒状、脉状、浸染状	钠化、高岭土化，阳起石、透辉石、磷灰石、绿泥石、黄铁矿组成深色、浅色蚀变分带	磁铁矿 – 阳起石、磷灰石，块状、浸染状	90% 需选矿石，S 高，含 V、Ti	大	气成高温、矿浆（？）
姑山	火山机构	钟状、环状、放射状	高岭土化、硅化，无硫化物阶段蚀变与分带	磁铁矿 – 假像赤铁矿、石英 – 磷灰石，块状	50% 需选矿石，Si 高，含 V	大	矿浆贯入 – 气成高温 – 热液交代
白象山	接触带及内外带	层状、似层状	钠化、高岭土化、金云母化、透辉石化、黄铁矿化组成上下浅色、中部深色蚀变分带	磁铁矿 – 透辉石（阳起石、金云母）– 磷灰石，块状、层纹状	80% 为需选矿石，含 V、Ti	大	热液充填交代
陶村	超浅成岩凸	似层状、浸染状	高岭土化、钠化、黄铁矿化、透辉石化、阳起石化组成浅色、深色蚀变分带	磁铁矿 – 阳起石（透辉石）– 磷灰石，浸染状	贫；需选矿石，S 偏高	大	气成高温 – 热液交代

6. 包裹体及同位素特征

（1）包裹体

宁芜蚀变安山岩、块状磁铁矿、浸染状磁铁矿、蚀变闪长玢岩，其包裹体大致相同，以气体包裹体、液体包裹体为主；前者气液比为70%～100%，后者为10%～40%。含子矿物多相包裹体、玻璃包裹体仅占少数。包裹体形状多为椭圆状，管状、长条状、六边形、不规则状也常见。包裹体特征也佐证了宁芜火山岩、浅成侵入体磁铁矿是同源不同阶段的产物。

根据各矿床磁铁矿包裹体测温（均一法），宁芜铁矿主成矿期的温度范围较大，即为240～600℃。值得一提的是梅山、姑山的玻璃包裹体温度为1000℃，部分气体包裹体在900℃时不爆（均一法、淬火法），这与矿浆成矿理论相符。

（2）同位素

Rb－Sr法和K－Ar法数据表明，宁芜铁矿成矿是多期的，但最早不超过137Ma，最晚不低于93Ma。

据同位素年龄推测：龙王山旋回在137～127 Ma，大王山旋回在125～115 Ma，姑山旋回在105～95 Ma，娘娘山旋回在93～83 Ma。

三、矿床成因和找矿标志

1. 矿床成因

玢岩铁矿从岩浆期、伟晶期、气成高温期，直至中低温热液期均有成矿，但主成矿期在气成高温—中低温热液阶段。

在岩浆的演化中，对铁质的形成与析出起决定性作用的是K、Na、Si、Ca。在岩浆演化中K、Na和Ca是互相排斥的，是有序变化，而K、Na、Ca对Si的变化关系一般是无序的。所以岩浆演化的各阶段，K、Na对Ca的变化（有序），K、Na、Ca对Si的变化（无序）就形成一个共同组合指数点，这个指数点就是铁质形成和析出的最佳时期。因此，从理论上讲，岩浆演化过程中，由于K、Na、Ca、Si有序和无序的变化，都有铁质析出的可能。K、Na在整个演化过程中都存在，只不过是长石的牌号不同而已。

凹山、姑山及梅山铁矿岩体中出现的伟晶－粗粒磁铁矿脉，可能是岩浆（矿浆）－伟晶期的产物，个别成矿温度高达800℃以上。

宁芜研究项目编写小组（1978）提出了玢岩铁矿的三部八式成矿模式：①产于火山岩中的铁矿床，包括火山沉积成因的龙旗山式、火山沉积成因经后期热液改造形成的竹园山式、火山岩中中低温热液充填成因的龙虎山式；②产于次火山岩体（辉石玄武安山玢岩－辉长闪长玢岩）及其附近火山岩层中的铁矿床，包括高温气液交代－充填成因及矿浆充填成因的梅山式、脉状伟晶高温气液交代－充填成因的凹山式、浸染状晚期岩浆到高温气液交代成因的陶村式；③产于次火山岩体（辉长闪长岩－辉长闪长玢岩）与前火山岩系沉积岩接触带中的铁矿床，包括中－高温气液交代－充填成因的凤凰山式、高温矿浆充填成因的姑山式。图4示出了玢岩铁矿的理想模式图。

2. 找矿标志

（1）地质找矿标志

1）地层标志：黄马青组下段褪色、角岩化、硅化、钠化，钙质结核被铁质交代，往往是近矿的标志；周冲村组出现角砾化，伴有透辉石化、阳起石化、磷灰石化、金云母化、黄铁矿化、磁铁矿化，是直接找矿的标志。

2）侵入体标志：浅成超浅成辉石闪长玢岩、闪长玢岩、安山玢岩等中偏基性—中性岩体是成矿母岩。特征是富钠、低铁、低硅。化学成分中定量指标是 $SiO_2 < 58\%$，$Na_2O + K_2O > 2\%$，$Na_2O : K_2O > 2$，富V、Ti。中长石占80%～90%，多有双晶和细而密的环带结构。

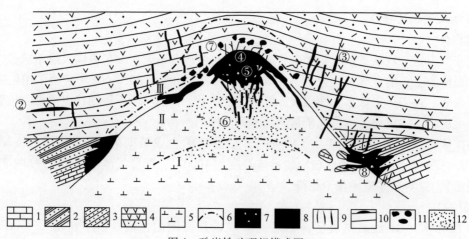

图4 玢岩铁矿理想模式图

（引自宁芜研究项目编写小组，1978）

1—青龙群石灰岩（T_{1-2}）；2—黄马青组砂页岩（T_3）；3—象山群砂岩（J_{1-2}）；4—龙王山、大王山两旋回火山岩

（J_3/K_1）；5—辉长闪长玢岩–辉长闪长岩；6—蚀变分带界线；7—角砾岩化带及角砾状矿石；8—块状矿石；

9—镜铁矿或磁铁矿脉；10—层状铁矿；11—黄铁矿化；12—浸染状磁铁矿化

①龙旗山式；②竹园山式；③龙虎山式；④梅山式；⑤凹山式；⑥陶村式；⑦向山式（黄铁矿）；⑧姑山式、凤凰山式

Ⅰ—下部浅色蚀变带；Ⅱ—中部深色蚀变带；Ⅲ—上部浅色蚀变带

3）地质构造标志：短轴背斜，两组断裂交汇处。岩体隆、洼部位，层间界面，火山中心，接触带及内外带是控制大中型矿床的重要构造因素，也是找矿的间接标志。

4）蚀变标志：岩体的浅色蚀变中的深色蚀变、铁碧玉化、钠化、硅化、高岭土化是找矿的间接标志；透辉石化、透闪石化、阳起石化、磷灰石化、金云母化、黄铁矿化是找矿的直接标志。

5）玢岩铁矿空间分布规律

钟姑地区800m以深到1500m以浅为一巨大的岩床。800m以上逐渐以岩瘤、岩枝、岩墙等形式贯入背斜轴部和断裂带中，形成手指状。白象山式矿床就产于手指间和凹兜间，深度从300m至1800m不等。从南到北、从东到西矿化深度增加。岩床的底部有若干个管道与岩浆房相通，其余为下接触带，有望形成宁芜地区的第二成矿空间（图5）。

（2）地球物理找矿标志

宁芜地区物探的重磁异常是重要的找矿标志，磁异常对寻找磁铁矿有极好的指示作用，重磁配合，区分矿与非矿效果更佳。

A. 直接地球物理找矿标志

1）宁芜地区铁矿，多数是有磁性的铁矿，完全无磁性的甚少，因此铁矿床都有磁异常反应。磁异常形态规则，有一定的强度，其幅值大小不等，随着矿体埋深而变化，这种铁矿多为白象山式（图6）；磁异常形态复杂，正负异常相同，剖面异常成锯齿状，其幅值较大，有达数千至近万纳特，具这种异常的铁矿多为姑山式铁矿（图7）。

2）多数已知的铁矿床和与之有关的黄铁矿矿床一般均位于有区域磁异常存在的重力高边缘梯度带与局部磁（重）异常带上，不同类型的铁矿，普遍具有重磁异常同现或重合现象。

3）面积较大的重力异常边部的膨胀扭曲部位，往往是赋矿的体现，若有磁异常与其伴生，则异常由矿体引起的可能性更大。

4）磁异常的形状参数$n<1$，则异常系岩体引起；$n \geqslant 1$，则异常系矿体引起。

5）异常体的电导率$J>10\text{A/m}$时，则异常是铁矿引起的可能性更大。

6）垂直断面上的磁异常，等值线收敛与发散奇点的多少，可以用来区分矿与非矿，曲线收敛且奇点多于1个，则异常多为矿体引起，反之为非矿异常。垂直梯度的变化$\delta E/\delta Z > 6\text{nT/m}$，则异常有可能是矿体引起。

7）通过计算$\lg J \Delta E_{\max}$的线性回归关系来区别矿与非矿，$\lg J$是电导率J的对数，$\Delta E_{\max}$是电导率异

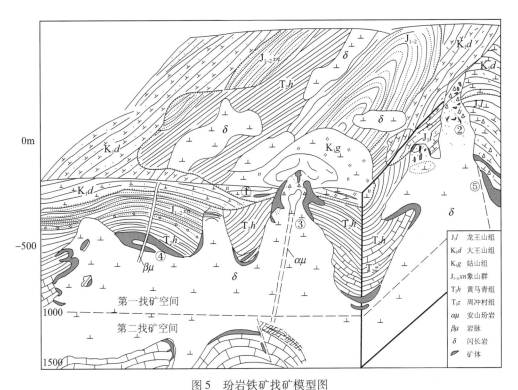

图 5 玢岩铁矿找矿模型图
①龙旗山式；②凹山式；③姑山式；④白象山式；⑤梅山式

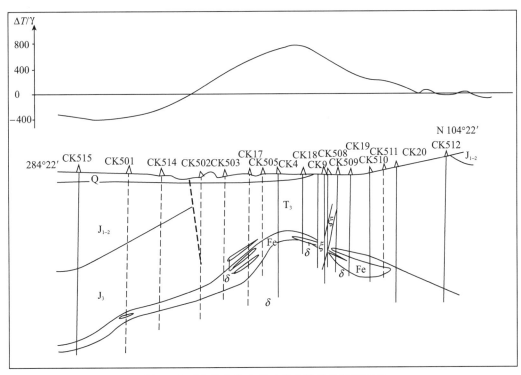

图 6 中国宁芜白象山铁矿床 5 线磁异常剖面图

常的极大值，其线性回归关系经验公式为：$Y = a + bX = -2.9 + 1.4X$（式中，a 是斜线的截距；b 是斜率；Y 是第 X 个样本的 $\lg J\Delta E_{max}$ 值，其多对应于 Y 的总体平均数的估量）。当 $X > 4.9$，$Y > 4$，$J > 10A/m$ 时，属强磁，由磁铁矿、假像赤铁矿引起；当 $3.6 < X < 4.2$，$2 > Y > 3$，$0.1A/m < J < 1A/m$ 时，属弱磁，由近矿围岩或火山岩引起；当 $X < 3.6$，$Y < 2$，$J < 0.1A/m$ 时，由微弱或无磁沉积岩引起。

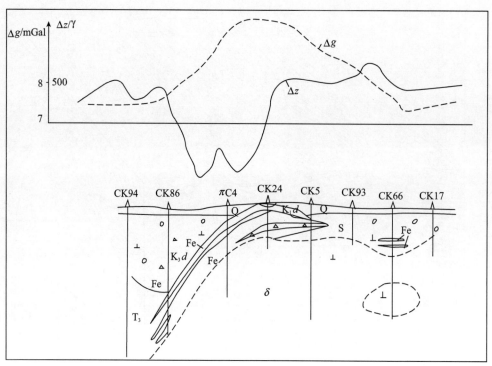

图7　中国宁芜姑山式铁矿床0线重磁异常剖面图

8）重力归一化总梯度，其最大值大于3.06时，异常多为矿体引起，而正梯度异常中心对应着矿体的重心位置，半极值的宽度对应着矿体水平方向的延伸。

9）视磁化强度异常，若强度相当高，则多是磁性铁矿引起。

10）电测深异常，矿体对应的是低阻，高阻与低阻间出现的梯度带异常，对应的往往是接触带与矿体。

B. 间接地球物理找矿标志

1）重力高与重力低之间，平面上出现明显的梯度带，而且有一定的延伸，则反映的往往是断裂带或接触带。

2）磁异常呈线状或串珠状分布，或者地磁航磁成线状的负异常，可以推测有断裂带存在。

3）磁异常沿走向明显错位，错位往往是横向断裂的反映。

4）有一定走向长度的重力高异常，往往对应着正向构造单元，如背斜或岩体隆起等，重力低对应着负向构造单元，如向斜凹陷等。

5）频率测深等值线成直立或倾斜的线状分布，则异常往往是断层引起。

6）线状磁异常产生原因，是断层中侵入的磁性岩体引起，孤立的磁异常中间梯度缓，边部梯度陡，并有一定强度的视磁化强度异常，则异常是岩体引起。

7）磁异常大范围内较乱，异常有正有负，其场值高低不等，作上延数字处理后异常消失，则异常为火山岩引起；若异常不消失，而其形状变规则，梯度变得圆滑，则异常为岩体引起。

8）在一个大而低缓的磁异常边部，有成环状分布、走向变化的局部异常，对应的是岩体与围岩的接触带。

9）环状、连环或环套环的遥感影像可指示出火山机构和成带成群的矿床。

（3）地球化学找矿标志

宁芜地区地球化学面上工作对找铁矿意义不大，所以没有系统做化探工作，仅在马鞍山东部丹博地区作过零星1∶1万岩石化探，局部有Cu、Au异常显示。

（4）主要勘查方法

首先通过1∶1万～1∶2000的地质测量，全面、系统查清区内的地层、构造、岩浆岩的分布和特征，它们之间的关系，以及与成矿的关系，并通过地层学、岩石学、矿床学、矿物学、构造学等进而了解其成矿条件和矿化特征，评估找矿远景，为进一步工作提供科学依据。

在航测基础上，开展1:1万～1:5000的高精度磁测扫面，确定异常形态与分布范围，为探矿工程布置提供依据。配合同比例尺磁测的重力测量，重磁同步，为进一步工作提供充分的科学依据。如工作区构造复杂、矿体埋藏较深，应做电、磁剖面测量、测深等工作。三分量磁电测井，是发现深部旁侧异常和矿体的有效方法。特别是物探异常验证钻孔，最好每孔都进行此项工作。加强深部找矿的综合技术方法的研究，包括地震、CR法、激电测深等技术。

钻探是寻找隐伏矿体、查明矿体形态、产状的主要手段，也是验证各种异常的重要方法。随着新一轮和深部找矿的深入，钻探技术不断更新改进，钻探愈加显得重要。宁芜地区覆盖面大，要打开局面取得新的突破，没有钻探是绝对不可能的。

（赵云佳　高道明　洪东良）

模型四　层状型铬铁矿矿床找矿模型

一、概　述

层状型铬铁矿矿床是铬铁矿的一种席状堆积体，主要产于呈层状的超镁铁质—镁铁质侵入体中。与豆荚状型铬铁矿矿床相比，层状型铬铁矿矿床的规模和储量都要大得多，是世界上最主要的铬铁矿矿床类型。

据美国地质调查局统计，世界铬铁矿资源量超过 120×10^8 t，但全球分布极不均匀，集中分布于非洲南部、中亚等地区。中亚一带以豆荚状型铬铁矿矿床为主；非洲南部则以盛产层状型铬铁矿矿床而闻名（图1），这里分布有世界著名的南非布什维尔德（Bushveld）和津巴布韦大岩墙（Great

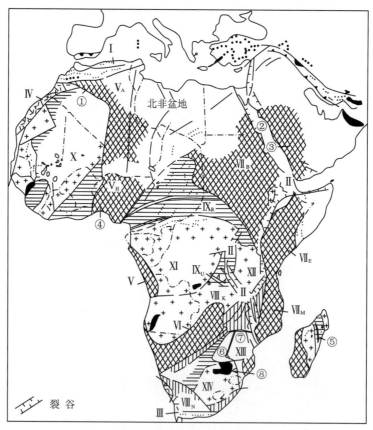

图 1　非洲构造格架和铬铁矿矿田分布图

（据 C. W. Stowe, 1987 修编）

I —阿特拉斯褶皱带；II —东非裂谷带；III —开普褶皱带；IV —Mauritainides 带（海西期）；V —西非造山带：V_A —摩洛哥，V_H —霍加尔；VI —Damara-katangan 造山带；VII —东非造山带：VII_B —纳米比亚－阿拉伯地盾，VII_E —东非带，VII_M —莫桑比克带；VIII_K —Kibarides & Irumides，VIII_N —Namaqua - Natal 省；IX_R —Kibali，IX_U —Ubendian；X —西非克拉通；XI —刚果克拉通；XII —多多马地块；XIII —罗得西亚克拉通；XIV —卡普瓦尔克拉通

蛇绿岩与铬铁矿矿床：①布阿兹尔；②努比恩；③阿拉伯；④霍加尔蛇绿岩；⑤马达加斯加蛇纹岩；⑥塞卢奎超基性杂岩体；⑦大岩墙杂岩体；⑧布什维尔德杂岩体

Dyke）层状型铬铁矿矿床。据统计，仅这两个大型层状型铬铁矿矿床就占据了世界铬铁矿矿石总储量的81%，总储量基础的93%。此外，世界上重要的层状型铬铁矿矿床还有美国蒙大拿州的斯蒂尔沃特（Stillwater）、巴西巴伊亚州的坎普福莫苏（Campo Formoso）、印度奥里萨邦的苏金达（Sukinda）、芬兰的凯米（Kemi）、马达加斯加的安德里亚梅纳（Andriamena）等矿床（表1）。

表1　世界主要层状型铬铁矿矿床

国　家	矿床或矿区	矿石储量	品　位	资料来源
南非	布什维尔德	29.9×10^8 t	Cr_2O_3 40%～43%，Cr/Fe=1.5～2	芮仲清，1989
津巴布韦	大岩墙	5.6×10^8 t	Cr_2O_3 43%～52%，Cr/Fe=2.6～3.5	芮仲清，1989；古方，1994
津巴布韦	塞卢奎*	300×10^4 t	Cr_2O_3 48%～62%，Cr/Fe=2.7～4.3	古方，1994
津巴布韦	马沙巴	400×10^4 t	Cr_2O_3 45.9%～49.4%，Cr/Fe=2.7～3.9	沈承珩等，1995
格陵兰	菲斯科内塞特	3800×10^4 t	Cr_2O_3 20%～33.4%，Cr/Fe=0.77～0.85	沈承珩等，1995
芬兰	凯米	5000×10^4 t	Cr_2O_3 26%，Cr/Fe=1.55	古方，1994
印度	苏金达	1.3×10^8 t	Cr_2O_3 40%～44%，Cr/Fe=1.6～2.7	古方，1994
美国	斯蒂尔沃特	800×10^4 t	Cr_2O_3 18%～43%，Cr/Fe=1.5	芮仲清，1989
马达加斯加	安德里亚梅纳	700×10^4 t	Cr_2O_3 48%～52%，Cr/Fe=2.4～2.6	芮仲清，1989
巴西	坎普福莫苏	450×10^4 t	Cr_2O_3 30%～40%	J. C. Marques 等，2003

* 因塞卢奎铬铁矿矿床兼有层状型和豆荚状型铬铁矿矿床的特征，近年来有研究者将其划归为新的铬铁矿矿床类型，并命名为"太古宙科马提岩容矿的铬铁矿矿床"。

　　层状型铬铁矿矿床虽然占世界铬铁矿矿石储量的98%以上，但从目前的产量来看，豆荚状型铬铁矿矿床约占世界铬铁矿产量的55%以上，层状型铬铁矿产量相对要少一些。津巴布韦是世界上唯一同时开采层状和豆荚状型铬铁矿的国家。中国铬铁矿资源贫乏，尤其是层状型铬铁矿资源，至今国内还没有发现大型层状型铬铁矿资源。

二、地　质　特　征

1. 构造背景

　　层状型铬铁矿矿床一般位于稳定克拉通内部或其边缘，特别是位于太古宙克拉通内部或其边缘地区。从全球范围来看，地球上的几个古老的大陆克拉通：南非罗得西亚－卡普瓦尔地盾、北欧波罗的地盾、北美地台、南美圣弗朗西斯科地盾、印度地盾等都有层状杂岩体和层状型铬铁矿矿床（田）的分布。其中，南非罗得西亚－卡普瓦尔地盾是层状型铬铁矿省的典型例子（图1）。在几百平方千米范围内分布有4个大型层状型铬铁矿矿田——舒鲁圭（Shurugwi）绿岩带中的塞卢奎（Selukwe）铬铁矿矿床、马沙巴杂岩体中的铬铁矿矿床、大岩墙中的铬铁矿矿床和布什维尔德杂岩体中的铬铁矿矿床，说明这些地盾下面的上地幔可能是富铬的，在早期地壳较薄、地热梯度较高、放射性热量集中的条件下，有利于富铬的上地幔发生高度局部熔融作用以形成含铬的绿岩带和层状杂岩体。

　　此外，具有张性特征的大陆裂谷是矿床形成的一种重要环境。早期大陆裂谷作用和扩张作用使得壳下镁铁质—超镁铁质岩浆有可能沿着扩张轴侵位到上地壳。大岩墙地区的重力资料表明，深部有一个高密度的岩浆通道向下延至上地幔附近，说明大岩墙杂岩体是沿着裂谷型地堑构造侵位和结晶形成的。有证据表明，布什维尔德杂岩体也形成于张性的裂谷构造环境。

2. 矿床地质

（1）容矿岩石与侵入体

　　层状型铬铁矿矿床主要与陆壳下岩浆房内结晶的深成镁铁质—超镁铁质岩石有关，矿床的容矿岩石为斜长岩（西格陵兰杂岩体）、斜长岩－苏长岩－辉石岩（布什维尔德上矿组）、辉石岩（布什维尔德中矿组和大岩墙上矿组）、斜辉辉橄岩－纯橄岩（布什维尔德下矿组、大岩墙下矿组、斯蒂尔沃特矿床、凯米矿床和马斯考克斯矿层）。铬铁矿矿层呈层状分布于容矿岩石中，铬铁矿矿层及其围岩的成分随层位有明显的变化，从下向上，Si、Ca、Al、Fe、Ti 含量增加，Mg、Cr、Ni 含量减少，显示岩浆结晶作用向富 Ca、Fe 成分演化。

　　层状型铬铁矿矿床的赋矿岩层主要为杂岩相岩体，如布什维尔德的关键带、大岩墙的过渡带和斯蒂尔沃特的橄榄岩单元。这些杂岩相岩体的岩石特征是岩石在垂直方向上变化频繁，并具有多旋回的特点，但每个岩体含铬铁矿的杂岩相是不同的。总的来说，铬铁矿矿层分布在基性程度最高或者较高的岩相中；而在这些含矿岩相中，层状岩体的矿层多位于中部和上部，而不是在底部或底板围岩附近（图 2）。

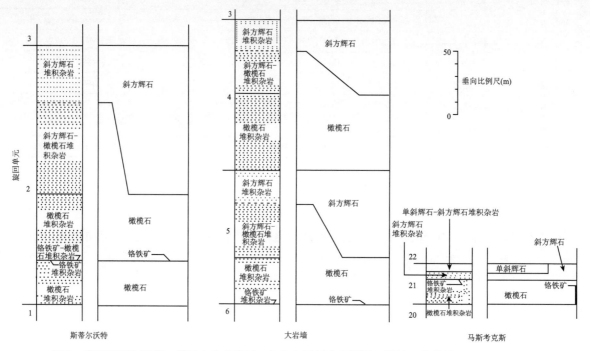

图 2　美国斯蒂尔沃特、津巴布韦大岩墙、加拿大马斯考克斯侵入体旋回中铬铁矿矿层位示意图
（引自 J. M. Duke，1988）
每个旋回理想的层序从下到上依次为铬铁岩、纯橄榄岩、方辉橄榄岩、橄榄石古铜辉石岩、古铜辉石岩

　　层状型铬铁矿矿床的容矿侵入体主要发育在克拉通内部的岩层中。根据形态特征，侵入体可分为两大类。一类是以水平席状产出的板状侵入体，其火成岩层与底板岩石呈整合接触，如斯蒂尔沃特、凯米、伯德河矿床；另一类是漏斗状侵入体，火成岩层以低角度向侵入体中心倾斜，如马斯考克斯、布什维尔德矿床、大岩墙（图 3）。

　　（2）矿体形态特征

　　层状型铬铁矿矿床一般由横向连续的富铬铁矿矿层组成，它们均赋存于层状杂岩体内，呈层状，具有一定层位和多层旋回性（图 2）。矿层与基性/超基性的硅酸盐岩层（如纯橄榄岩、橄榄岩、辉石岩等）发生物质交换，具有厚度薄、走向和横向延伸非常稳定等特点。块状铬铁矿的单矿层厚度从不到 1cm 到大于 1m，变化幅度较大，但其横向延伸数千米，乃至数万米。这些矿层一般产出于太古宙基性—超基性层状侵入体的基底部分，如南非的布什维尔德杂岩体。矿体可能由单个的铬铁岩层或者是一系列空间上间隔分布的含浸染状铬铁矿的超镁铁质岩层组成。例如，芬兰凯米铬铁矿矿床最大的埃里札尔费（Elijarvi）矿层长约 670m，最大厚度 90m，矿层顶、底板的围岩均为含滑石碳酸盐岩，矿层与顶板围岩均为层状构造（图 4）。

　　含矿的层状杂岩体大致可分为两大岩石系列，即下部超镁铁质岩系和上部镁铁质岩系。例如，布什维尔德杂岩体包括一套层状火山岩层序，可分为边缘带、下部带、关键带、主带及上部带。层序下

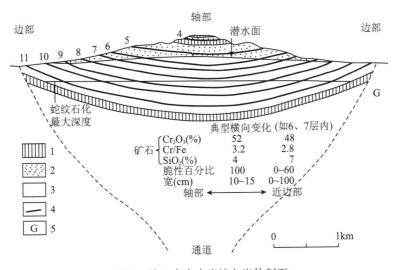

图 3 津巴布韦大岩墙杂岩体剖面

(据 C. W. Stowe, 1987; 沈承珩等, 1995, 修编)

1—辉石岩; 2—再胶结蛇纹石化纯橄岩; 3—纯橄岩; 4—铬铁矿矿层; 5—花岗岩

图中数字表示矿层编号

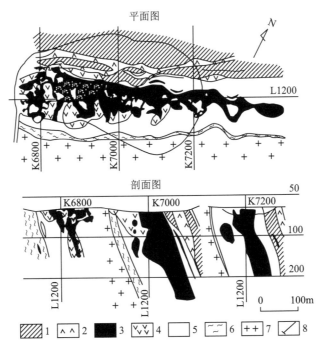

图 4 芬兰凯米矿床埃里札尔费矿体平面图（上）和剖面图（下）

(引自沈承珩等, 1995)

1—橄榄岩; 2—辉石岩; 3—铬铁矿矿体; 4—蛇纹岩; 5—滑石碳酸盐岩; 6—滑石碳酸盐片岩; 7—花岗岩; 8—钻孔

部主要为超镁铁质，以古铜辉石岩和方辉橄榄岩为特征，如下部带、关键带的下部亚带。在关键带底部，方辉橄榄岩中的后堆积斜长石含量明显增加。在关键带的上部亚带底部，斜长石大量堆积，其上覆盖镁铁质的层状序列，包括苏长岩、斜长岩、辉长－苏长岩及少量的辉长岩、辉石岩。在上部带的底部出现堆积的磁铁矿（图 5）。

通常，层状型铬铁矿矿床具有相同的层序：下部是具有韵律旋回的纯橄岩－斜辉辉橄岩－斜方辉石岩带，向上是以古铜辉石岩为主的岩带，紧接着是具有条带状构造的由苏长岩、辉长岩和斜长岩组成的关键带，以含越来越多的斜长石为特征。层序顶部是辉长岩－苏长岩带。整个层序的趋势是向上 $Mg/(Mg+Fe^{2+})$ 比值变小，但在各个岩带中可出现局部的相反变化趋势。铬铁矿矿层一般都位于每

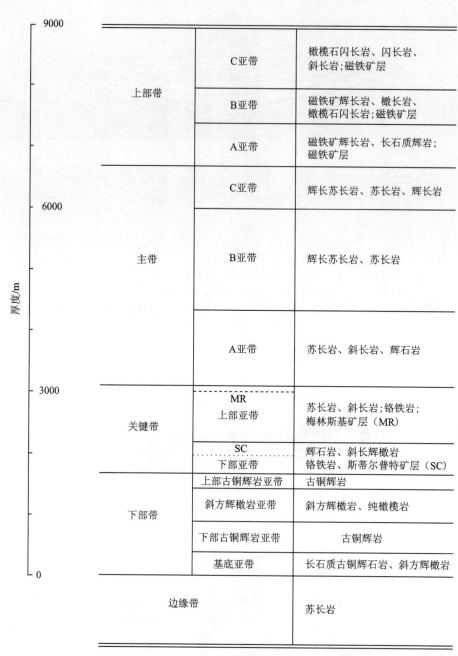

厚度/m				
9000		C亚带		橄榄石闪长岩、闪长岩、斜长岩;磁铁矿层
	上部带	B亚带		磁铁矿辉长岩、橄长岩、橄榄石闪长岩;磁铁矿层
		A亚带		磁铁矿辉长岩、长石质辉岩;磁铁矿层
6000		C亚带		辉长苏长岩、苏长岩、辉长岩
	主带	B亚带		辉长苏长岩、苏长岩
		A亚带		苏长岩、斜长岩、辉石岩
3000	关键带	MR 上部亚带		苏长岩、斜长岩;铬铁岩;梅林斯基矿层(MR)
		SC 下部亚带		辉石岩、斜长辉橄岩铬铁岩、斯蒂尔普特矿层(SC)
	下部带	上部古铜辉岩亚带		古铜辉岩
		斜方辉橄岩亚带		斜方辉橄岩、纯橄榄岩
		下部古铜辉岩亚带		古铜辉岩
		基底亚带		长石质古铜辉石岩、斜方辉橄岩
0	边缘带			苏长岩

图5　南非布什维尔德杂岩体层序分组及其主要特征

(引自 J. M. Duke, 1988)

个层序旋回的开始层位（图2），铬铁矿既可能在下部橄榄岩带中与橄榄石一起结晶沉淀，如大岩墙杂岩体；也可能在古铜辉石岩带中与斜方辉石共生，如布什维尔德中、下矿组；或者在关键带中与斜长石一起结晶，如布什维尔德上矿组。

（3）矿石矿物组合与结构构造

铬铁岩是层状型铬铁矿矿床主要的含矿岩石，一般由50%～95%以上的细粒（0.2mm左右）堆积铬铁矿及其空隙中发育的橄榄石、斜方辉石、斜长石、单斜辉石或这些矿物的蚀变产物组成。

矿石多由细粒自形铬尖晶石晶体组成，晶体呈网状排列，周围是堆积的橄榄石、辉石或斜长石。按照脉石矿物成分可将其分为3种矿石类型：富橄榄石型矿石、富斜方辉石型矿石和富斜长石型矿石。矿石化学成分具有明显的富铁特点，铬与铁含量呈负相关关系，矿石的镁、铝含量较低。在垂直层序剖面上铬铁矿的地球化学总趋势是镁、铬组分富集在早期的下部层位内，铁、铝富集在晚期的上部层位内。

层状型铬铁矿矿床的矿石矿物组合通常为铬铁矿±钛铁矿±磁铁矿+磁黄铁矿±镍黄铁矿±黄铜矿±铂族元素矿物。共生矿床包括铜镍硫化物矿床、铂族金属矿床、钒钛磁铁矿矿床等。

矿石一般具有堆晶结构、浸染状－块状构造，且不同岩石中产出的铬铁矿矿石结构不一。例如，超镁铁质堆积杂岩中的浸染状铬铁矿矿石在颗粒形态和大小上类似于层状侵入体，而构造岩中的浸染状铬铁矿矿石则呈较大、拉长状的结构。块状铬铁矿矿石多呈粗粒结构、颗粒相互紧扣。

（4）成矿时代

层状铬铁矿矿床主要形成于前寒武纪，但也可能晚至第三纪。具有经济意义的大型、超大型层状型铬铁矿矿床一般形成于新太古代—古元古代时期。这一时期地球的演化特点是地壳厚度较薄，地热梯度高，放射性热量集中，上地幔局部熔融程度高。这些条件都有利于形成大型层状基性—超基性杂岩，从而为形成大型、超大型层状型铬铁矿矿床提供充分的物质来源。例如，美国的斯蒂尔沃特杂岩（27 亿年）、津巴布韦的大岩墙（25 亿年）、南非的布什维尔德杂岩（22 亿年）和芬兰的凯米杂岩（22 亿年）都是这一地史时期形成的著名的含铬层状杂岩体。此外，这一时期形成的含铬层状杂岩体还有巴西的坎普福莫苏、印度奥里萨邦的苏金达杂岩体等。

三、矿床成因和找矿标志

1. 矿床成因

关于层状型铬铁矿矿床成因的假说很多，主要有岩浆混合假说、重力分异假说等。岩浆混合假说认为，岩浆物理、化学条件的变化（包括压力、氧逸度、基性成分等）导致岩浆变得富铬，甚至达到铬的超饱和，从而使得铬铁矿在岩浆房底部的单一矿化层内结晶并堆积成矿，形成层状型铬铁矿矿床。其中，最为典型的是 T. N. Irvine（1975，1977）在研究南非布什维尔德层状杂岩体以后提出的两种类型岩浆发生混合作用形成层状型铬铁矿矿床的假说。该研究认为，原始的超基性岩浆与已经演化的超基性岩浆之间发生混合作用，可以形成伴生有橄榄石的铬铁矿矿层，但对于厚度相对较大且伴生着斜方辉石的铬铁矿矿层或伴生着斜方辉石和斜长石的铬铁矿矿层，则需要两种完全不同成分的岩浆混合才能形成。这两种不同成分的岩浆分别为超基性岩浆和斜长岩质岩浆，前者结晶顺序为橄榄石－斜方辉石－斜长石－单斜辉石，后者结晶顺序为斜长石－橄榄石－单斜辉石－斜方辉石。重力分异假说认为，层状型铬铁矿矿床与层状镁铁质—超镁铁质岩体的形成密切相关。对于层状镁铁质—超镁铁质岩体而言，其母岩浆为拉斑玄武岩浆，层状岩体在稳定克拉通内由液态的岩浆发生重力分异而形成。这种重力分异作用的结果，是岩浆房下部为密度较大的纯橄岩岩浆带，向上过渡为纯橄岩－斜辉辉橄岩混杂岩浆带，再向上为辉石岩乃至辉长岩岩浆带。液态重力分异作用产生了纯橄岩、斜辉辉橄岩、辉长岩等局部岩浆。由于层状岩体在形成期间没有受到区域应力的影响，重力效应起了主导性的作用，因而形成了层状、韵律旋回的特征。

R. Voordouw 等（2009）认为，南非布什维尔德层状型铬铁矿矿床在形成过程中大致经历了 3 个阶段（图 6）：第一个阶段（图 6b①），铬铁矿晶族在构造圈闭中发生堆积作用（i 代表了 Cr 饱和镁铁质熔体存留于构造圈闭中；ii 表示铬铁矿通过与长英质熔体混合发生沉淀和堆积作用；iii 表示 Cr 饱和镁铁质熔体再次补充进入构造圈闭中，开始新一轮的铬铁矿堆积作用）；在第二阶段（图 6b②），铬铁矿晶族发生二次活化作用（iv 表示铬铁矿堆积于构造圈闭中；v 表示硅质熔体发生分流，促使铬铁矿晶族向上运移；vi 表示铬铁矿晶族向上运移）；第三阶段（图 6b③），铬铁矿晶族沿着 Rustenburg 层状岩套的岩性接触带就位，从而形成铬铁矿矿层。

2. 找矿标志

（1）区域地质找矿标志

1）稳定的、古老的太古宙地核和再活化的太古宙地壳是层状镁铁质—超镁铁质岩系赋存的大地构造背景。这些层状杂岩体大都沿着地壳的大型线状构造分布，可利用区域重力、磁法测量发现和圈

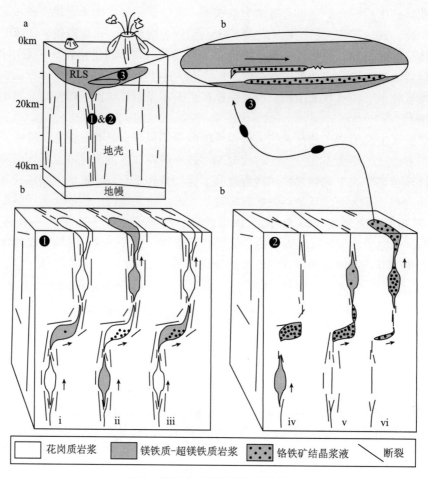

图 6　铬铁矿矿层形成模型示意图

（引自 R. Voordouw 等，2009）

a—铬铁矿矿层形成过程 3 个阶段的位置简图（RLS 代表布什维尔德杂岩体中著名的
Rustenburg 层状岩套）；b—3 个阶段示意

定（厚）盖层以下的大型层状杂岩体。

2）地盾区内活化的太古宙基底中可能存在构造前的层状基性、超基性杂岩变形解体后的残留部分，可利用此标志追索其余部分。

3）前寒武纪古老绿岩带多发育于太古宙地盾区，变质作用强烈，其中的超镁铁质岩系常有铬铁矿化，有的赋存一定规模的铬铁矿矿床，如舒鲁圭绿岩带中的塞卢奎铬铁矿矿床。

（2）局部地质找矿标志

1）层状杂岩体内铬铁矿矿层一般赋存在超镁铁质岩系的纯橄岩、橄榄岩和层状辉石－钙长石带中。布什维尔德杂岩体中的 14 个矿层产于关键带内，矿层围岩有斜辉橄榄岩、古铜辉石岩和苏长－斜长岩。大岩墙杂岩体中的 11 个矿层产于下部超镁铁质岩系的纯橄岩、斜辉橄榄岩和古铜辉石岩中，而凯米杂岩体中的 6 个主要矿层全部产于下部的纯橄岩中。

2）在较大的层状杂岩体内部，背形挠曲和底板凹陷部位对岩系的沉积顺序和铬铁矿矿层的厚度具有控制作用。

3）层状型铬铁矿矿化一般与斜辉辉橄岩－斜方辉石岩－苏长岩建造的层状侵入体有成因关系，矿化赋存部位通常为下部（底部）带或过渡（关键）带，其岩石学组成以超基性岩和长石类岩石（斜长岩）为主，辉长岩罕见。

4）对于不同的韵律旋回类型，如纯橄岩－铬铁岩－古铜辉石岩旋回、古铜辉石岩－铬铁岩－斜长岩旋回、纯橄岩－铬铁岩－斜辉辉橄岩旋回，矿化一般位于不同成分岩石的接触带中或层状杂岩体岩性旋回单元底部。

5）对于结构简单的矿带，铬铁岩层一般产于纯橄岩和斜辉辉橄岩（如大岩墙）、辉石岩或斜长岩中（如布什维尔德）。

（3）岩石学找矿标志

1）矿层及其围岩的成分从下到上，Si、Ca、Al、Fe、Ti 含量增加，而 Mg、Cr、Ni 含量减少，岩浆结晶作用具有向富 Ca、Fe 成分演化的特征。

2）矿石化学成分具有明显的富铁特征，矿石的镁、铝含量较低。在垂直层序的剖面上，镁、铬组分通常富集在早期的下部层位内，而铁、铝则富集于晚期的上部层位中。

（4）地球物理找矿标志

由于层状杂岩体大都沿着地壳的大型线性构造分布，通常显示为重力低值异常和磁、电高值异常，可利用区域重力和磁法测量探测并圈定深部大型层状杂岩体。

（周　平）

模型五 豆荚状型铬铁矿矿床找矿模型

一、概 述

豆荚状型铬铁矿，又称阿尔卑斯型铬铁矿或蛇绿岩型铬铁矿，是一种产于阿尔卑斯型橄榄岩或蛇绿岩杂岩体中的富铬铁矿体。该类型矿床最早发现于 1799 年前苏联的乌拉尔山区，比层状型铬铁矿矿床的发现要早很多，曾是 18、19 世纪世界铬铁矿的主要来源。其主要成分变化范围较大，一般以铬尖晶石和硅酸盐矿物为主。

豆荚状型铬铁矿矿床按成分的差异，可分为富铬型、富铝型和富铬富铝型 3 类；若根据成分与用途的差异，可将其分为富铝冶金型、富铬冶金型、富铝耐火型、富铬耐火型 4 类。不管是哪种分类方法，划分的关键因素都在于铬铁矿成分到底是富 Cr 还是富 Al。这与豆荚状型铬铁矿化学成分所具有的高 Cr 和高 Al 的双峰态特征是相对应的。研究结果显示，高铬型（冶金型）铬铁矿矿床与橄榄岩 - 辉石岩 - 苏长岩系列有关；高铝型（耐火型）铬铁矿矿床则与橄榄岩 - 橄长岩 - 橄榄辉长岩系列有关。

豆荚状型铬铁矿矿床在全球的分布与蛇绿岩带的分布一致，具有明显的区带性，主要位于造山带或岛弧带内，如乌拉尔、喜马拉雅 - 阿尔卑斯等造山带和西太平洋岛弧带等显生宙蛇绿岩内（图 1）。矿石品位与铬铁矿的结构有关，变化范围较大，Cr_2O_3 含量为 20% ~ 60%。矿床规模变化也很大，从几千吨至几百万吨。与层状型铬铁矿矿床动辄几百万吨至上亿吨的矿石储量规模相比，豆荚状型铬铁矿矿床的规模要小很多。但是，由于发现时间早、开采历史长，其产量占世界铬铁矿总产量的比例（虽已大幅减少）仍在 55% 以上。

全球典型的豆荚状型铬铁矿矿床有哈萨克斯坦肯皮尔赛（Kempirsai）、土耳其古里曼、阿尔巴尼亚布尔奇泽（Bulquize）、菲律宾三描礼士（Zambales，包括阿科贾和科托两大矿体）、希腊武里诺斯（Vourinos）、古巴卡马圭、中国罗布莎等。但是，大于 $1000 \times 10^4 t$ 的豆荚状型铬铁矿矿床为数不多（表 1）。哈萨克斯坦的肯皮尔赛铬铁矿矿床显然是个例外，仅其南部矿区的铬铁矿矿石储量规模就在 $3 \times 10^8 t$ 以上，是世界上迄今发现并开采的唯一超大型豆荚状型铬铁矿矿床。

表 1 世界主要豆荚状型铬铁矿矿床

国 家	矿床或矿区	矿石储量	品 位	资料来源
哈萨克斯坦	肯皮尔赛	$3 \times 10^8 t$ 以上（仅南部矿区）	Cr_2O_3 50% ~ 59%；Cr/Fe 2.1 ~ 3.9	F. Melcher 等，1997；古方，1994
	萨拉诺夫	$450 \times 10^4 t$	Cr_2O_3 30% ~ 56%；Cr/Fe = 1.5 ~ 1.9	沈承珩等，1995
土耳其	古里曼矿田	$2470 \times 10^4 t$	Cr_2O_3 48% ~ 62%；Cr/Fe 2.6 ~ 3.7	古方，1994
阿尔巴尼亚	布尔奇泽	$1500 \times 10^4 t$	Cr_2O_3 42% ~ 50%；Cr/Fe 3	沈承珩等，1995
菲律宾	阿科贾	$1285 \times 10^4 t$	块状矿石 Cr_2O_3 48%，其他矿石 Cr_2O_3 17% ~ 28%；Cr/Fe = 2.4	古方，1994
	科托	$630 \times 10^4 t$	Cr_2O_3 33% ~ 39%	芮仲清，1989
新喀里多尼亚	蒂巴希	$500 \times 10^4 t$	Cr_2O_3 59%；Cr/Fe = 3	沈承珩等，1995
巴基斯坦	莫斯林巴赫	$400 \times 10^4 t$	Cr_2O_3 44.7% ~ 59.1%；Cr/Fe = 1.5 ~ 3.7	沈承珩等，1995

国 家	矿床或矿区	矿石储量	品 位	资料来源
伊朗	法尔亚	220×10^4 t	Cr_2O_3 40%～48%；Cr/Fe＝3～3.5	沈承珩等，1995
希腊	武里诺斯	320×10^4 t	浸染状矿石 Cr_2O_3 18%～20%，精矿 Cr_2O_3 53%～56%；Cr/Fe＝3～3.4	芮仲清，1989
古巴	卡马圭	$(500 \sim 1000) \times 10^4$ t	Cr_2O_3 38%～40%；Cr/Fe＝1.7～2.7	沈承珩等，1995
苏丹	恩格森纳山	100×10^4 t	Cr_2O_3 53.5%～57.4%	沈承珩等，1995
中国	罗布莎	100×10^4 t 以上	Cr_2O_3 54%；Cr/Fe＝4.5	陈向阳等，2006；沈承珩等，1995
	贺根山	100×10^4 t 以上	Cr_2O_3 21.78%；Cr/Fe＝2.03	沈承珩等，1995
	萨尔托海	100×10^4 t 以上	Cr_2O_3 26.33%～35.12%；Cr/Fe＝2.23～2.67	沈承珩等，1995
	大道尔吉	100×10^4 t 以上	Cr_2O_3 14.41%～33.73%；Cr/Fe＝1.25～2.12	沈承珩等，1995

图1　欧亚构造格架与铬铁矿矿床分布

（据 C. W. Stowe, 1987, 修编）

构造区：Ⅰ—阿尔卑斯－喜马拉雅造山带；Ⅱ—海西造山带；Ⅲ—乌拉尔造山带；Ⅳ—古亚洲造山带；Ⅴ_A—加里东造山带，Ⅴ_B—中亚早古生代造山带；Ⅵ—贝加尔及其他晚前寒武造山带；Ⅶ_A—波罗的地盾，Ⅶ_B—乌克兰地盾；Ⅷ—东欧地台；Ⅸ—哈萨克地台；Ⅹ—西伯利亚地台；Ⅺ—Ammurian 盆地；Ⅻ—阿拉伯地盾；ⅩⅢ—印度地盾；ⅩⅣ—中朝地台；ⅩⅤ—扬子地台；ⅩⅥ—印支地盾。TA—塔里木地台；TU—图兰地台

铬铁矿矿田及矿床所在地示意：①阿尔巴尼亚；②前南斯拉夫；③希腊；④土耳其；⑤塞浦路斯；⑥伊朗；⑦阿曼；⑧巴基斯坦；⑨卡拉库姆地缝合线；⑩印度地缝合线；⑪那加山；⑫沱江；⑬堪察加；⑭日本；⑮菲律宾；⑯婆罗洲；⑰苏拉威西；⑱曼德勒；⑲奥里萨杂岩；⑳挪威；㉑凯米杂岩；㉒萨那诺夫；㉓肯皮尔赛

铬铁矿是中国极为短缺的一种战略资源。以规模大著称的层状型铬铁矿矿床尚未有所发现，豆荚状型铬铁矿矿床一直是中国铬金属的主要来源，其重要性可见一斑。但迄今为止，中国尚未发现有储量大于 500×10^4 t 的大型铬铁矿矿床，即便是储量超过 100×10^4 t 的中型矿床也只有 4 个——西藏的罗布莎、甘肃的大道尔吉、新疆的萨尔托海和内蒙古的贺根山，其余均为 100×10^4 t 以下的小型矿床。

二、地 质 特 征

1. 构造背景

　　豆荚状型铬铁矿矿床多位于造山带或岛弧带，与蛇绿岩带一起沿大的逆冲带或板块缝合带分布。例如，著名的肯皮尔赛蛇绿岩带中的超大型豆荚状型铬铁矿矿体就是在古生代时期洋壳俯冲过程中经过多期次作用而形成的（图 2）。

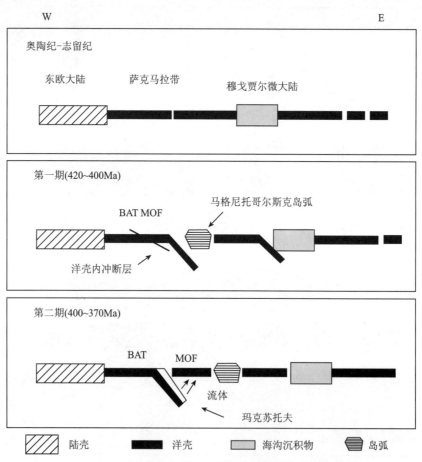

图 2　南乌拉尔西部古生代豆荚状型铬铁矿矿床多期次形成示意图

（引自 L. Zonenshain 等，1984；V. I. Lennykh 等，1995；A. A. Savelieva 等，1996；F. Melcher 等，1997）

BAT—Batamshinsk（如肯皮尔赛地体西北部分）；MOF—主矿区（如肯皮尔赛地体东南部分）

　　豆荚状型铬铁矿矿床多形成于壳幔转换带附近，与蛇绿岩带的超镁铁质岩体关系密切，是玄武质岩浆发生橄榄石和铬尖晶石结晶分异作用的产物。其产出位置限于转换带下面的方辉橄榄岩中的纯橄岩体，抑或是转换带上面的超基性堆积杂岩中的纯橄岩下半部分。大多数矿体出现于蛇绿岩套的辉长质堆积岩与地幔橄榄岩界面（岩石学莫霍面）以下 1000～1500m 的垂直深度范围内，并以几百米深度为主。这一位置代表大洋地壳与亏损上地幔之间的过渡带，不同介质内发生强烈的岩浆动力作用过程，涉及地幔熔体的形成、聚集、渗滤及其向上迁移的过程，以及高温构造变形作用。

研究结果显示，豆荚状型铬铁矿矿床形成于部分熔融条件下，涉及原始地幔熔体与亏损地幔橄榄岩的相互作用，且伴随复杂的岩浆混合和结晶过程。狭窄的上地幔岩浆通道或孔穴为豆荚状型铬铁矿理想的堆积部位。俯冲带、大洋中脊、转换断层均可能是豆荚状型铬铁矿矿床形成的理想环境。对于豆荚状型铬铁矿矿床的 3 种亚型而言，富铬型铬铁矿矿床多形成在岛弧环境，富铝型铬铁矿矿床形成在洋中脊或成熟的弧后盆地扩张中心环境，而富铬富铝型铬铁矿矿床的形成则经历了从洋中脊到岛弧的环境转变。可见，不同的构造背景和形成环境造就了 3 种亚型铬铁矿矿床，每种亚型也就成了识别构造环境的一种特征性标志。

2. 矿床地质

（1）容矿岩石与成矿专属性

豆荚状型铬铁矿矿床与新元古代以来各类造山带的蛇绿岩密切相关。典型的蛇绿岩剖面自上而下由含放射虫的硅质岩或海洋沉积物、枕状熔岩、席状辉绿岩墙、均质辉长岩、镁铁质岩石、超镁铁质堆积杂岩（纯橄岩、异剥橄榄岩、单斜辉石岩）和超镁铁质构造岩（方辉橄榄岩、纯橄岩、铬铁岩）或变质橄榄岩组成（图3a）。铬铁矿矿体主要赋存于蛇绿岩套的两个层位中，一是莫霍面以上的堆积杂岩底部的橄榄岩中（多为岩浆分异作用成矿），二是莫霍面以下大约1km范围内的变质橄榄岩中。前者仅形成小型铬铁矿矿床和矿化，而后者多形成具工业价值的豆荚型铬铁矿矿床，如巴基斯坦莫斯林巴赫（Muslimbagh）蛇绿岩（图3b）。

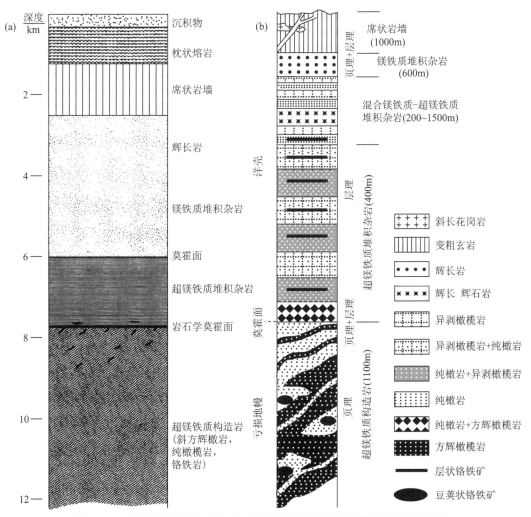

图 3　典型的蛇绿岩剖面（a）和巴基斯坦莫斯林巴赫河谷蛇绿岩剖面（b）

（a）典型的蛇绿岩剖面（J. M. Duke，1988），矿体主要富集在构造岩的最上部，也可能产在堆积杂岩的最下部；（b）莫斯林巴赫河谷蛇绿岩剖面（R. H. Siddiqui 等，1994；M. Arif 等，2006），具有工业价值的豆荚状型铬铁矿矿床形成于超镁铁质的构造岩中

变质橄榄岩是豆荚状型铬铁矿矿体主要的赋矿岩石，包括不同程度蛇纹石化的橄榄岩、地幔残余方辉橄榄岩、堆积橄榄岩等。岩相环境分析表明，豆荚状铬铁矿矿体产出层位有着特定的岩石组合，主要是斜辉辉橄岩，其次为纯橄岩。矿床主要同其中的纯橄岩有关。这种变质橄榄岩中的纯橄岩有两种成因：矿体外围的纯橄岩壳是离析作用形成的，很少含有铬铁矿，而矿层中的纯橄岩则是岩浆结晶沉淀作用形成的，含有大量的铬铁矿。由于它们与铬铁矿一起都是原始地幔物质部分熔融的最终产物，因此纯橄岩外壳对于指示未暴露的铬铁矿矿体的存在具有重要的意义（图4）。

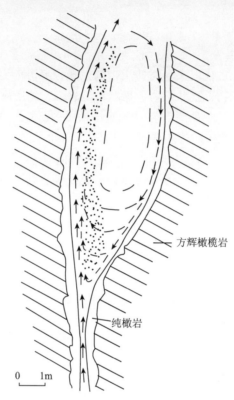

图4　豆荚状型铬铁矿矿体及其纯橄岩包壳简图

（引自鲍佩声等，1996）

　　此外，豆荚状型铬铁矿矿体与各类基性—超基性岩体之间存在着一定的成矿专属性。例如，铬在镁质超基性岩中可富集为品位高、质量好的铬铁矿矿体，在镁铁质基性超基性岩中可富集为品位、质量均较差的铬铁矿矿层，而在铁质基性–超基性岩中仅产有品位、质量均特差的富铁铬铁矿矿体，在富铁质基性–超基性岩中主要呈类质同像杂质伴生于钒钛磁铁矿矿层中。

　　（2）矿体形态与特征

　　豆荚状型铬铁矿矿体多呈扁豆状、透镜状、岩墙状（图5a），也有少数呈似层状和脉状（图5b）。其形态明显不同于层状型铬铁矿矿体稳定延伸的层状特征，且多受岩体构造的控制，在岩体中有成群分布、分段集中并按侧伏方向排列的特点（图5a）。矿体与围岩页理呈整合或次整合，二者呈渐变或突变接触。

　　野外观察研究结果显示，豆荚状型铬铁矿矿体构造为豆状、豆荚状构造。这种特征性的构造不仅是该类型矿床容矿蛇绿岩的基本鉴别标志，也是豆荚状型铬铁矿矿体区别于层状型铬铁矿矿体的典型特征。

　　在应变弱的部位，豆荚状型铬铁矿矿体还会保留着独特的岩浆矿浆构造。铬铁矿矿体常显示特征的纯橄岩包壳或反应晕圈，其中的斜方辉石反应消失，并与更外侧的地幔橄榄岩（多为方辉橄榄岩）围岩渐变过渡。如图4所示，一个典型的豆荚状型铬铁矿矿体由中心核铬铁矿矿石和外壳纯橄岩组成。这种铬铁矿矿石一般是粗粒的（粒径大于2mm），常常以豆状、豹斑状出现，并形成直径达数厘米的蛋形结核，橄榄石、蚀变矿物蛇纹石及少量的铬铁矿则构成基质；纯橄岩外壳多为2~10cm厚，

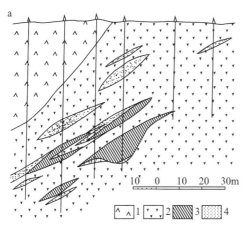

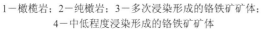

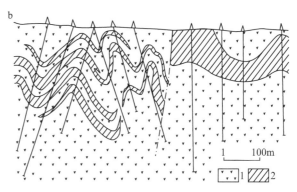

1—橄榄岩；2—纯橄岩；3—多次浸染形成的铬铁矿矿体；
4—中低程度浸染形成的铬铁矿矿体

1—纯橄岩；2—浸染状铬铁矿矿层

图 5 豆荚状型铬铁矿矿体形态

（引自 G. G. Kravchenko 等，1986）

a—乌拉尔 Khabarninsky 地体第 5/11 号矿床的地质剖面；b—乌拉尔 Kluchevsky 地体东南部地质剖面

它与铬铁矿成因关系密切。在不整合矿脉中，方辉橄榄岩中的面理可以追索至铬铁矿边缘的纯橄岩包壳内。橄榄岩内常有纯橄岩、橄长岩、辉长岩、辉石岩等岩脉相伴出现。经历高温剪切变形的铬铁矿矿石透镜体及其内部构造常与橄榄岩面理平行，矿体常以纯橄岩包壳与方辉橄榄岩分隔。豆荚体的大小主要与其形成过程的连续性有关，通常从不足 1t 到几百吨不等。

豆荚状型铬铁矿矿体由于压扁拉长褶皱变形，构造形态不规则而且分布无规律，其宏观构造特征类似变质变形构造。矿床横向上延伸有限，最大长度很少大于几十米，厚度多小于 5m。规模常比层状杂岩体内规则的层状型铬铁矿矿床小 1～3 个数量级，在长度方向上延伸也很有限。同一套蛇绿岩中的豆荚状型铬铁矿矿体可达数十到上百个，但分布零散，尽管如此，它们常具有一致的矿物成分与矿石构造。豆荚状型铬铁矿矿石中的铬铁矿还普遍显示他形，该特征有别于自形较好的层状型铬铁矿。

（3）矿石矿物成分与组合

豆荚状型铬铁矿的矿石矿物以铬尖晶石为主，此外还有少量的针镍矿、六方磁镍矿、赤铁矿、钛铁矿、锇铱矿等。铬尖晶石的粒度变化较大，不同粒度的铬尖晶石常相互过渡呈不等粒状，并可见粗粒—伟晶状过渡结构。铬尖晶石按晶形发育程度可分为自形、半自形、他形 3 种，更常见者为半自形—他形、自形—半自形等。通常粒度细者自形程度高，粒度粗者自形程度差。按铬尖晶石的空间组合或分布形式可分为粒状（单晶）结构、聚粒结构、致密状集合体结构等。随着对豆荚状型铬铁矿矿床研究的深入，近年来在中国罗布莎铬铁矿矿石中发现了硅镁尖晶石，被认为是尖晶石族的一个新的变种。

豆荚状型铬铁矿矿床的脉石矿物以蛇纹石、绿泥石、橄榄石为主，还含有透辉石、斜方辉石、方解石、滑石、水镁石等。各种矿物均发生了不同程度的变形。矿石矿物组合以铬铁矿＋铝铬铁矿＋铁铬铁矿（±磁铁矿±铂族元素矿物）最为典型。

（4）矿石结构与构造

铬铁矿矿石结构可划分为 5 种主要类型：①流状结构，矿石矿物和脉石矿物均定向排列，显示出流动的特征；②包含结构，矿石矿物中包裹了微粒的橄榄石；③碎斑结构，碎斑状铬尖晶石被细粒的橄榄石等基质包围，并具有"σ"形拖尾，显示出剪切特征；④填隙结构，极细粒的铬尖晶石充填在斜方辉石的裂纹中，并具有一定的定向性；⑤碎裂结构，碎裂的矿石被后来的方解石生长纤维"愈合"。

铬铁矿矿石的构造比较复杂，种类繁多，包括浸染状构造、块状构造、网环状构造、斑杂状构造、团块状构造（包括豆状构造、瘤状构造）、反团块构造（构造的团块由围岩构成，团块与团块之间的基质由铬铁矿石构成，团块个体较大，也较密集）等。

（5）成矿时代

该类矿床主要形成于显生宙，晚古生代和中、新生代是两个重要的成矿时代。通常认为，晚古生代以来发生的活跃的板块构造作用和沿板块边界蛇绿岩套的生成作用是新的地史时期构造－岩浆作用的一个突出特征，同时也是形成豆荚状型铬铁矿矿床的主要机制和原因。津巴布韦的塞卢奎豆荚状型铬铁矿矿床是一个例外，该矿床产于太古宙的绿岩带中，其产状和矿石成分与产于显生宙蛇绿岩带中的豆荚状型铬铁矿矿床非常相似，但同时也包含了层状型铬铁矿矿床的特征，因此近来也有学者将其命名为新的铬铁矿矿床类型——太古宙科马提岩容矿的铬铁矿矿床。

（6）地球物理特征

豆荚状型铬铁矿矿体与超基性岩体之间往往存在着显著的地球物理特征差异。如西藏南北展布的两个超基性岩带的岩矿密度差异明显，密度差高达 $1400 \sim 1500 kg/m^3$，最大可达 $1670 kg/m^3$（表2）。这种差异主要由岩矿的蚀变程度、铬尖晶石含量的多少等因素决定。

一般来说，铬铁矿的磁化强度大于纯橄岩而小于斜辉辉橄岩，且铬铁矿矿体常具有反转磁化的特征，因此，在岩体和矿体之间往往存在着较大的磁性差异。此外，超基性岩体与岩体的围岩之间的物性差异也较明显。因为围岩一般属沉积岩类，无磁性特征或呈弱磁。

表2　中国西藏藏北与藏南超基性岩带岩矿标本物性测量值

岩带	岩体	密度/(kg·m⁻³)			磁性/(10^{-3}A·m⁻¹)					
					Cr		φ_1		φ_2	
		Cr	φ_1	φ_2	H_i	H_r	H_i	H_r	H_i	H_r
藏南	罗布莎	4220	2610	2910	160	5760	240	945	280	1890
	香嘎山	4180	2600	2920	422	8273	225	120	3023	18660
	仁布	4150	2480	2570	625	2304	896	3447	1823	3250
	日喀则	3970		2600	160	100	177	288	1614	3442
藏北	东巧	4010	2450	2495	676	1549	229	457	295	617
	依拉山	3980	2500	2540	310	1130	3250	680	2800	500
	切里湖	3890	2550	2540	505	1816	2500	1900	3200	1200
	东风	4010	2440	2430	103	297	67	407	502	64

资料来源：靳宝福，1996

注：Cr—铬铁矿矿石；φ_1—纯橄岩；φ_2—斜辉辉橄岩；H_i—感应磁化强度；H_r—剩余磁化强度。

三、矿床成因和找矿标志

1. 矿床成因

对于豆荚状型铬铁矿矿床成因的认识，分歧较大，大致可归纳为3种成矿模式，即熔融再造（－再平衡）模式、洋脊扩张模式与上俯冲带俯冲模式。

熔融再造（－再平衡）模式： 王希斌等（1987）通过对西藏罗布莎铬铁矿矿床的综合研究认为，地幔橄榄岩中的豆荚状型铬铁矿矿床的成因和成矿模式不尽相同，富铬型铬铁矿矿石为原始地幔岩高度熔融再造的产物，简称高熔再造成矿模式；富铝型铬铁矿矿石的成因机制有两种，一是原始地幔岩较低部分熔融再造的产物，简称中低熔再造成矿模式，二是高度熔融再造模式，叠加了与基性熔体的亚平衡相再平衡，简称高熔再造－再平衡模式。

洋脊扩张模式： 20世纪80年代末期，根据对阿曼、新喀里多尼亚等地蛇绿岩、豆荚状型铬铁矿矿石的野外构造研究，C. M. Leblan 等（1992）提出豆荚状型铬铁矿矿床形成的理想环境为大洋中脊或弧后盆地扩张中心的方辉橄榄岩上地幔。赞同者认为，从下向上原始地幔岩的部分熔融程度依次增加，岩浆上升的速度近似等于洋壳扩张的速度，为 1～2cm/a。熔出的地幔物质沿脉体小的岩浆通道上升，然后回流，洋壳每次生长厚度约几米，每个生长周期为 2～9 个月，洋壳是不连续的、间断的生长序列；当岩浆物质上升速度减慢时，对流逐渐停止，沉淀出矿石，矿石团块和橄榄岩包体下沉，阻塞通道，成矿结束。因此，扩张环境持续时间越长，就越有利于铬铁矿颗粒的沉淀富集，容易形成大矿体。随着洋脊的扩张，发生塑性变形，形成各种变质变形状态的豆荚状型铬铁矿矿床（图6）。洋脊扩张模式可以很好地解释豆荚状型铬铁矿矿体的产状和结构、构造的变化规律。近年来在赤道太平洋的东太平洋大洋中脊上开展的深海钻探，首次获得现代洋中脊环境的豆荚状型铬铁矿矿石样品，与蛇绿岩豆荚状型铬铁矿矿石的结构、构造和成分完全可以对比。这一发现为豆荚状型铬铁矿形成于大洋中脊上地幔扩张位置提供了最直接的地质依据。

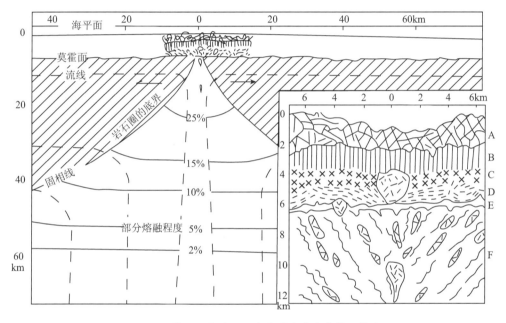

图6　豆荚状型铬铁矿矿床大洋中脊岩浆作用模式

（引自郝梓国，1989）

A—枕状熔岩；B—席状岩墙；C—均质辉长岩；D—堆积杂岩；E—莫霍面；F—变质橄榄岩

上俯冲带俯冲模式： 近年来根据地球化学研究积累和许多蛇绿岩形成于小洋盆的新认识，认为大洋环境的上俯冲带（弧后盆地、岛弧及弧前环境）俯冲也是豆荚状型铬铁矿成矿的一种重要机制，如肯皮尔赛超大型豆荚状型铬铁矿矿床形成于古生代洋壳俯冲过程中多期次岩浆作用（图2）。

洋脊扩张和上俯冲带两种成因模式所依据的地质资料和研究角度明显不同，前者侧重于铬铁矿矿石构造变化序列，后者则是岩浆成因过程，因此，它们所解释的豆荚状型铬铁矿矿床的地质特征也有互补性质，目前尚难以判断它们的适用范围。尽管如此，两种模式都认为豆荚状型铬铁矿矿床为蛇绿岩独有的特征矿产，形成于大洋上地幔环境，并与上地幔部分熔融过程密切相关。

尽管关于豆荚状型铬铁矿矿床的成矿模式众说纷纭，但对其形成机理的认识还是比较一致的：在洋壳扩张增生过程中，上地幔内发生岩浆底辟活动，并引起上地幔部分熔融，在狭长的岩浆房、孔穴或岩浆通道内结晶铬铁矿。岩浆通道（孔穴）局部变宽处，岩浆压力释放，温度降低，氧逸度升高，均有利于铬铁矿矿石的结晶（图7）。流动的岩浆与橄榄岩岩壁间存在温差，可以形成湍流。岩浆持续流动使铬铁矿骸晶保持悬浮状态，并持续聚集和生长，形成豆状铬铁矿矿体形态；在铬铁矿结晶与堆积的过程中还可以形成沉积分选构造等。而空心豆状结构则要求更快速的流动，以保持铬铁矿矿石持续生长。

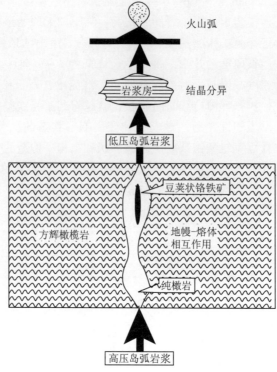

图7 豆荚状型铬铁矿矿床成矿模式

（引自 Shoji Arai 等，1995；李江海等，2002）

2. 找矿标志

（1）区域地质找矿标志

1）阿尔卑斯型蛇绿岩带多沿造山带的原岛弧位置和逆冲带分布，往往成为大型推覆体构造的一部分，与蛇绿岩一起常发现有混杂堆积。大型蛇绿岩带的分布常具有全球规模或洲际规模，它是板块缝合带位置的标志。这些蛇绿岩体在航片卫片上具有明显的地貌特征，如纯橄岩多为圆形小丘，植被稀疏。区域重力和航磁测量也可确定盖层下或红土层下的超镁铁质岩体。

2）规模较大的蛇绿岩套往往赋存一定规模的铬铁矿矿床，尤其是发育较完整、地幔橄榄岩较发育的蛇绿岩带常有大型铬铁矿矿床产出，铬铁矿矿体成群分布于蛇绿岩带的超镁铁质岩系中，因此岩带中大的超镁铁质岩体或超镁铁质岩密集出露的地段应特别加以注意。

3）根据与铬铁矿矿体之间的成矿专属性，镁质超基性岩最为重要，其次分别为镁铁质基性－超基性岩、铁质基性－超基性岩和富铁质基性－超基性岩。

4）纯橄岩－异剥橄榄岩－方辉橄榄岩（或斜辉橄榄岩）等岩石组合组成的堆积杂岩相与浸染状铬铁矿矿床密切相关；而方辉橄榄岩、纯橄岩等岩石组合组成的超镁铁质构造岩相主要产出致密块状的豆荚状型铬铁矿矿体。

5）在仰冲较大的蛇绿岩推覆体中的橄榄岩体内，往往产有较大型的豆荚状型铬铁矿矿床。

（2）局部地质找矿标志

1）岩浆分异作用形成的浸染状铬铁矿矿体与上地幔中的豆荚状型铬铁矿矿体在空间上具有一定的"层位"关系和规律性分布。豆荚状型铬铁矿矿体多产于阿尔卑斯型蛇绿岩体最下部的堆积纯橄岩、地幔橄榄岩—堆积岩过渡带和过渡带下面的变质橄榄岩中，即辉长岩与变质橄榄岩接触带之下约2km 范围内。

2）铬铁矿矿体常与纯橄岩共生，纯橄岩密集的地段也是矿体富集的地段，且两者产状一致。当铬铁矿矿石储量很小时，几乎见不到纯橄岩。而且纯橄岩往往构成铬铁矿矿石的外壳，不仅反映了两者密切的空间关系，也可指示未出露的铬铁矿矿体。

3）蛇绿岩带超镁铁质岩体的内部构造对铬铁矿矿体的分布具有控制作用，如哈萨克斯坦肯皮尔赛超镁铁质岩体中的主要矿带和矿床，都位于出现重力高异常的岩体深部穹窿部位。

4）后期岩浆扰动或构造变形常使铬铁矿矿体发生破裂、肢解，成为不完整的矿段或矿团，成群、成带、分段集中出露在某矿带内，因此现有的局部出露的矿体可以作为寻找其他隐伏矿体的线索。

5）线理的走向方向，即矿体多沿线理方向排列，所以当发现一个矿体的时候，沿线理的方向就可发现第二、第三个矿体。

6）叶理垂直的地带，即铬铁矿矿体通常是整合型的，矿体多平行于叶理并沿叶理方向延伸，往往在叶理垂直的地方见到大矿。

（3）地球物理找矿标志

1）矿体与容矿岩体之间往往存在着高密度和强剩磁异常的特征（图8）。例如，藏北地区几个铬铁矿矿体的重磁测量均显示了强烈的异常特征，可用于直接发现和圈定地下盲矿体；而低磁、高重力异常，可作为寻找埋深较浅矿体的重要参考依据。

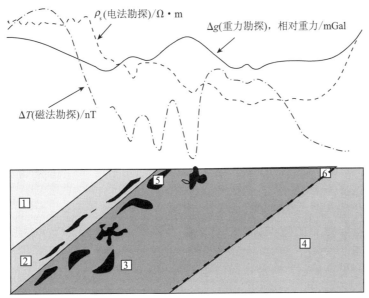

图 8　埋深较浅的阿尔卑斯型岩体中铬铁矿矿体的重、磁、电响应

(引自 Ю. Е. Кустов 等，2009)

1—辉长岩；2—纯橄榄岩－异剥橄榄岩－单斜辉石岩型亚建造；3—纯橄榄岩－斜方辉石橄榄岩型亚建造；
4—冒地槽向斜杂岩；5—铬铁矿矿体；6—深断层带

2）豆荚状型铬铁矿容矿的超基性岩体与围岩相比，也存在着较大的地球物理异常特征，如航磁异常和重力异常。此异常特征可作为豆荚状型铬铁矿矿体的间接找矿标志。例如，哈萨克斯坦肯皮尔赛岩体显示出高值重力异常，表明在岩体下面存在着较大的扰动质量体；国内根据重磁剖面圈定了西藏罗布莎超基性岩体（图9）。

3）地震P波（较深）或者声波透视（较浅）所表现出的低速特征，往往是构造破裂带与矿体界线的综合反映。可通过井－井、井－地电磁波透视、声波透视寻找盲矿体。此外，井中电磁法能分辨岩石与浸染状和致密块状铬铁矿矿石；在植被覆盖较密、交通条件不便的地区，可采用遥感技术圈定超基性岩体等。

综上所述，在应用勘查地球物理方法寻找豆荚状型铬铁矿矿体时，可根据高值重力异常场和局部低磁力异常场测量结果初步圈定矿体所在的区域。例如，利用磁法测量配合地质找矿，在矿群、矿带附近就近找矿，追索和圈定已知矿体和圈定超基性岩体的形态和产状。对地形条件较好、干扰不太严重且规模较大、埋藏较浅由致密块状矿石组成的铬铁矿矿体，采用重力法能得到较好的效果。在高山区干扰因素较多、情况复杂的情况下，要关注大重力异常的分布和乱磁异常的分布，可将其作为一种间接找矿标志。

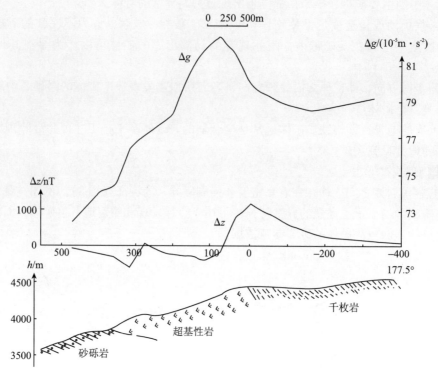

图 9　中国西藏罗布莎超基性岩体西段重磁剖面图
(引自靳宝福, 1996)

（4）岩石地球化学找矿标志

1）以富铬或富铝为特征，矿石的 Cr 与 Al 含量呈负消长关系。

2）含矿岩石具双峰分布的特点，MgO 含量高，FeO 含量较低，Cr/Fe 比值和 Mg/Fe 比值高，TiO_2 含量低而相对稳定。

3）含矿岩石 PGE 经球粒陨石标准化图谱多为负斜率倾斜，并显示 Pt、Pd 亏损。豆荚状铬铁矿矿石富集高熔点的铱族元素（IPGE），相对亏损低熔点的铂族元素（PGE），常显示 Ru 正异常，Os、Ir 和 Ru 相对平缓，Ir 略负异常，从 Ru 到 Pd 向右陡倾斜。高铬型与高铝型铬铁矿矿石的 PGE 模式基本相似，但高铬型有时比高铝型铬铁矿矿石具有较高的 Os、Ir、Ru 及 Rh 含量，而两者的 Pd、Pt 含量类似。

（周　平　唐金荣）

模型六 斑岩型铜矿床找矿模型

一、概 述

斑岩型铜矿床是一类与浅成、超浅成中酸性侵入体（斑岩）有关的规模大、品位低的铜矿床。它是世界最主要的铜矿类型，目前占世界铜资源量和产量的一半以上。据 2009 年最新统计，世界铜金属储量超过 500×10^4t 的超大型铜矿床约有 94 个，其中斑岩型为 67 个，占总数的 71%，说明斑岩型铜矿在超大型铜矿床中占有重要的地位。斑岩型铜矿不仅是世界铜金属的最重要来源，而且也是钼、铼、金和银等金属的重要来源。斑岩型铜矿床中铜的品位为 0.2% 至 >1%；钼的含量约为 0.005% 至 0.03%；金的含量范围从 0.004g/t 至 0.35g/t；银的含量从 0.2g/t 至 5g/t。据其所含的金属，可将其划分为斑岩铜钼型和斑岩铜金型，一般指的斑岩铜矿即为斑岩铜钼型，而斑岩铜金型的矿床除铜外，其金的含量也较高，金品位约 0.2~2.0g/t。R. H. Sillitoe（1993）提出斑岩铜矿床中应该含有 >0.4g/t 的金，才能称为富金的斑岩铜矿，即斑岩型铜金矿床。

斑岩铜矿在世界上分布很广泛，但明显集中于环太平洋带、古特提斯带和中亚－蒙古带，少部分分布于古克拉通，如印度克拉通和中朝克拉通等（表1；图1）。

表1 世界超大型斑岩型铜矿床的初步统计*

国 家	矿床或矿田	Cu 储量 10^4t	Cu 品位 %	矿床类型	成矿时代	资料来源
加拿大	海兰伐利（Highland Valley）矿田	900	0.45	斑岩型	侏罗纪	P. Laznicka, 2006
加拿大	加洛雷克里克（Galore Creek）矿床	542（资源量）	0.50	斑岩型	侏罗纪	王绍伟等, 2006
美国	宾厄姆（Bingham）矿田	2127	0.7	矽卡岩/斑岩型	第三纪	P. Laznicka, 2006
美国	格劳布－迈阿密（Globe－Miami）矿田	810	0.9	斑岩型	白垩纪	P. Laznicka, 2006
美国	比尤特（Butte）矿田	1770	0.85	脉型/斑岩型	白垩纪	P. Laznicka, 2006
美国	莫伦锡－梅塔卡尔夫（Morenci－Metcalf）矿田	1820	0.62	斑岩型	白垩纪	P. Laznicka, 2006
美国	雷伊（Ray）矿田	1350	0.7	斑岩型	白垩纪	P. Laznicka, 2006
美国	萨福德（Safford）矿床	738	0.41	斑岩型	第三纪	P. Laznicka, 2006
美国	圣马纽埃－卡拉马祖（San Manuel－Kalamazoo）矿床	657.6	0.63	斑岩型	白垩纪	P. Laznicka, 2006
美国	圣里塔（Santa Rita）矿床	660	0.75	矽卡岩/斑岩型	白垩纪	P. Laznicka, 2006
美国	皮马（Pima）矿田：包括 Mission（787 × 10^4t Cu）、Twin Buttes（669.4 ×10^4t Cu）等矿床	1690	0.54	矽卡岩/斑岩型	早第三纪	P. Laznicka, 2006
美国	巴格达（Bagdad）矿田	640	0.45	斑岩型	白垩纪	P. Laznicka, 2006
美国	格拉锡尔皮克（Glacier Peak）矿田	568	0.334	斑岩型	第三纪	P. Laznicka, 2006
美国	佩布尔（Pebble）矿床	847	0.35	斑岩型	白垩纪	P. Laznicka, 2006

国 家	矿床或矿田	Cu 储量 10^{4}t	Cu 品位 %	矿床类型	成矿时代	资料来源
美国	佩布尔东（Pebble East）矿床	1900	0.55	斑岩型	白垩纪	D. R. Wilburn, 2009
美国	耶林顿（Yerington）矿田	600	0.4	矽卡岩/斑岩型	侏罗纪	P. Laznicka, 2006
美国	雷索鲁申（Resolution）矿床	1500	1.5	斑岩型		王绍伟等, 2006
美国	洛内斯塔尔（Lone Star）矿床	2474	0.45	斑岩型	第三纪	D. R. Cooke 等, 2005
墨西哥	卡纳内阿（Cananea）矿田	1710	0.7	矽卡岩/斑岩型	白垩纪	P. Laznicka, 2006
墨西哥	拉卡里达德（La Caridad）矿床	780	0.44	斑岩型	第三纪	P. Laznicka, 2006
巴拿马	塞罗科罗拉多（Cerro Colorado）矿床	1326	0.6	斑岩型	第三纪	P. Laznicka, 2006
巴拿马	佩塔基亚（Petaquilla）矿床	1440	0.5	斑岩型	第三纪	P. Laznicka, 2006
哥伦比亚	潘塔诺斯（Pantanos）矿田	970	0.5	斑岩型	第三纪	P. Laznicka, 2006
秘鲁	托克帕拉（Toquepala）矿床	900	1.0	斑岩型	第三纪	P. Laznicka, 2006
秘鲁	塞罗佛尔迪（Cerro Verde）矿田	600	0.6	斑岩型	第三纪	P. Laznicka, 2006
秘鲁	夸霍内（Cuajone）矿床	1308	0.64	斑岩型	第三纪	P. Laznicka, 2006
秘鲁	拉格兰贾（La Granja）矿床	1357	0.59	斑岩型	第三纪	P. Laznicka, 2006
秘鲁	安塔米纳（Antamina）矿床	1800	1.2	矽卡岩/斑岩型	第三纪	P. Laznicka, 2006
秘鲁	托罗莫乔（Toromocho）矿床	575	0.4	斑岩型	第三纪	P. Laznicka, 2006
秘鲁	奎拉维科（Quellaveco）矿床	633	0.65	斑岩型	第三纪	P. Laznicka, 2006
秘鲁	里奥布兰科（Rio Blanco）矿床	710（资源量）	0.60	斑岩型	第三纪	王绍伟等, 2006
智利	丘基卡马塔（Chuquicamata）矿田：包括 Chuquicamata Mine（Cu 6703 × 10^4 t, Cu 0.79%）、Radomiro Tomic（Cu 557 × 10^{4}t）、Mansa Mina 等矿床	8664	0.76	斑岩型	第三纪	P. Laznicka, 2006
智利	埃尔特尼恩特（El Teniente）矿床	9440	0.63	斑岩型	第三纪	P. Laznicka, 2006
智利	拉埃斯康迪达（La Escondida）矿田：包括 La Escondida（Cu 3249 × 10^{4}t, Cu 1.15%）、La Escondida Nort（Cu 1295 × 10^{4}t, Cu 0.7%）、Zaldivar（Cu 381.3 × 10^{4}t, Cu 0.57%）等矿床	7000	1.31	斑岩型	第三纪	P. Laznicka, 2006; D. R. Cooke 等, 2005
智利	科亚瓦西（Collahuasi）矿田：包括 Rosario（Cu 2620 × 10^{4}t, Cu 0.82%）、Ujina、Quebrada Blanca 等矿床	2950	0.82	斑岩型	第三纪	P. Laznicka, 2006
智利	托基矿群（Toki Cluster）	1085	0.45	斑岩型	第三纪	D. R. Cooke 等, 2005
智利	洛斯帕兰布雷斯（Los Pelambres）矿床	2079	0.63	斑岩型	第三纪	P. Laznicka, 2006
智利	埃尔阿布拉（El Abra）矿床	1005	0.62	斑岩型	第三纪	A. H. Clark, 1993
智利	埃尔萨尔瓦多（El Salvador）矿田	1129	0.63	斑岩型	第三纪	D. R. Cooke 等, 2005
智利	里奥布兰科 - 洛斯布朗塞斯（Rio Blanco - Los Bronces）矿田	5930	0.86	斑岩型	第三纪	P. Laznicka, 2006
阿根廷	阿瓜里卡（Agua Rica）矿田	737	0.43	斑岩型	第三纪	P. Laznicka, 2006

国　家	矿床或矿田	Cu 储量 10⁴t	Cu 品位 %	矿床类型	成矿时代	资料来源
阿根廷	埃尔帕宗（El Pachon）矿床	549	0.61	斑岩型	第三纪	P. Laznicka, 2006
匈牙利	雷克斯克（Recsk）矿田	530	0.66	斑岩型	第三纪	P. Laznicka, 2006
塞尔维亚	麦丹佩克（Majdanpek）矿床	600	0.6	斑岩型	白垩纪	P. Laznicka, 2006
塞尔维亚	博尔（Bor）矿田	560	0.67	斑岩型	白垩纪	P. Laznicka, 2006
巴布亚新几内亚	潘古纳（Panguna）矿床	651	0.46	斑岩型	第三纪至第四纪	D. R. Cooke 等, 2005
巴布亚新几内亚	弗里达河（Frieda - River）矿床	673	0.61	斑岩型	第三纪	D. R. Cooke 等, 2005
巴布亚新几内亚	奥克特迪（Ok Tedi）矿床	560	0.70	矽卡岩/斑岩型	第四纪	Mining in Asia 2001
乌兹别克斯坦	阿尔马雷克（Almalyk）矿田：包括 Kalmakyr（Cu 1080 × 10⁴t, Cu 0.40%）、Dalnee 等矿床	1870	0.54	斑岩型	石炭纪	P. Laznicka, 2006; D. R. Cooke 等, 2005
哈萨克斯坦	科翁腊德（Kounrad）矿床	>800	0.5 ~ 1.5	斑岩型	石炭纪	陈哲夫等, 1999
哈萨克斯坦	阿克托（Aktogoy）矿床	588.8	0.385	斑岩型	石炭纪	MMAJ, 1998
亚美尼亚	卡扎兰（Kadzharan）矿床	720	0.60	斑岩型	第三纪	P. Laznicka, 2006; 中国有色金属工业总公司北京矿产地质研究所, 1987
印度尼西亚	埃茨贝格 - 格拉斯贝格（Ertsberg - Grasberg）矿田：包括 Grasberg、Ertsberg、Kucing Liar 等矿床	3052	1.09	矽卡岩/斑岩型	第三纪	王绍伟等, 2006
印度尼西亚	巴都希贾乌（Batu Hijau）矿床	777	0.53	斑岩型	第三纪	P. Laznicka, 2006
菲律宾	坦珀坎（Tampakan）矿床	1162	0.59	斑岩型	第三纪至第四纪	王绍伟等, 2006
菲律宾	阿特拉斯（Atlas）矿田：包括 Toledo（Cu 621.5 × 10⁴t, Cu 0.45%）等矿床	690	0.50	斑岩型	白垩纪至第三纪	D. R. Cooke 等, 2005; P. Laznicka, 2006
菲律宾	曼卡延（Mankayan）矿田：包括 Lepanto、Far South East（Cu 569 × 10⁴t , Cu 0.4%）等矿床	800	0.65	脉型/斑岩型	第三纪	P. Laznicka, 2006
蒙古	额尔登特（Erdenet）矿床	961.2	0.54	斑岩型	二叠纪至三叠纪	P. Laznicka, 2006
蒙古	奥尤陶勒盖（Oyu Tolgoi）矿田	1495	1.30	斑岩型	古生代	王绍伟等, 2006
缅甸	蒙育瓦（Monywa）矿田	704（资源量）	0.32	斑岩型	第三纪	王绍伟, 1999
巴基斯坦	雷科迪克（Reco Diq）矿田	537.6	0.64	斑岩型	第三纪	P. Laznicka, 2006
伊朗	萨尔切什梅（Sar Cheshmeh）矿床	1250	0.6	斑岩型	第三纪	P. Laznicka, 2006
伊朗	松贡（Sungun）矿床	516	0.6	矽卡岩/斑岩型	第三纪	P. Laznicka, 2006
印度	马兰杰坎德（Malanjkhand）矿田	661	0.83	斑岩型	元古宙	P. Laznicka, 2006
中国	江西德兴矿田	842.4	0.46	斑岩型	侏罗纪	孙延绵, 1999a
中国	西藏玉龙矿床	650	0.94	斑岩型	第三纪	孙延绵, 1999a
中国	西藏驱龙矿床	>800	0.49	斑岩型	第三纪	中国地质调查局, 2008

* 铜金属储量 >500 × 10⁴t。

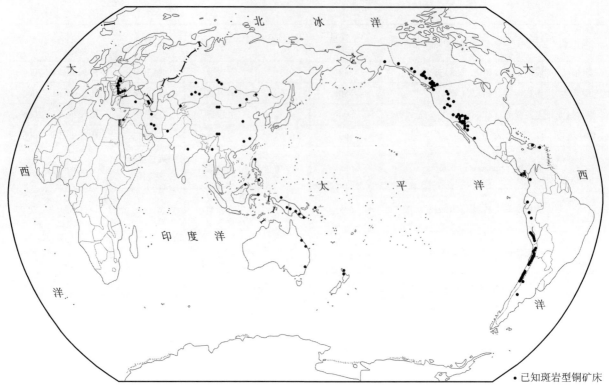

・已知斑岩型铜矿床

图 1　全球斑岩型铜矿床分布示意图
(据秦克章，2002，修编)

环太平洋带包括南、北美洲大陆边缘狭长的科迪勒拉－安第斯造山带和西南太平洋岛弧地区的许多斑岩铜矿，典型矿床有加拿大的海兰伐利，美国的宾厄姆、比尤特、莫伦锡，墨西哥的卡纳内阿、拉卡里达德，巴拿马的塞罗科罗拉多，秘鲁的夸霍内、拉格兰贾，智利的丘基卡马塔、埃尔特尼恩特、拉埃斯康迪达、科亚瓦西，阿根廷的阿瓜里卡，菲律宾的坦珀坎，巴布亚新几内亚的潘古纳、奥克特迪，印度尼西亚的埃茨贝格－格拉斯贝格、巴都希贾乌等矿床。

古特提斯带分布在欧亚板块南缘，斑岩铜矿集中产在特提斯－喜马拉雅造山带，主要矿床有匈牙利的雷克斯克，塞尔维亚的麦丹佩克，伊朗的萨尔切什梅，巴基斯坦的雷科迪克，以及中国西藏的玉龙、驱龙等矿床。

中亚－蒙古带分布在亚洲大陆中部，包括中亚乌兹别克斯坦和哈萨克斯坦巴尔喀什湖地区至蒙古和我国的天山、内蒙古和黑龙江的大兴安岭地区。带内主要矿床有乌兹别克斯坦的阿尔马雷克，哈萨克斯坦的科翁腊德和阿克托，蒙古的额尔登特和奥尤陶勒盖，中国的多宝山、乌奴克吐山、土屋－延东等矿床。

分布于古克拉通的斑岩铜矿极少，已知有位于印度地台中部的马兰杰坎德以及位于我国山西中条隆起上的铜矿峪矿床等。

二、地 质 特 征

1. 区域构造背景

在世界范围内，斑岩铜矿区似乎与造山带一致，这种引人注目的关系以环太平洋中、新生代斑岩铜矿最为明显。在造山带中，斑岩铜矿主要产在两种构造环境里，即岛弧和大陆边缘，这两种环境都相当于岩石圈板块的汇聚边界。近年，在中国西藏冈底斯发现了大型斑岩铜矿带，中国学者研究后提出大陆碰撞成矿论，认为冈底斯斑岩铜矿属于大陆碰撞型斑岩铜矿。所以，在斑岩铜矿成矿的构造环境中还要考虑陆－陆碰撞的构造环境。在区域上，斑岩铜矿的分布多与区域构造有关，多受区域性深大断裂构造控制。在许多斑岩铜矿区中，岩浆侵位都是受断裂控制的。尤其是断裂的交切部位和强烈破碎区是渗透性较高的地带，利于岩浆侵位和成矿，因而是特别重要的控矿构造。智利呈南北走向的多梅科断裂系统－西部断裂显然控制了斑岩铜矿的分布，尤其是带内的交叉构造明显控制了各个矿床的产出，从南部的埃尔萨尔瓦多到北部的科亚瓦西矿床，均赋存在这条深大断裂附近（图2）。

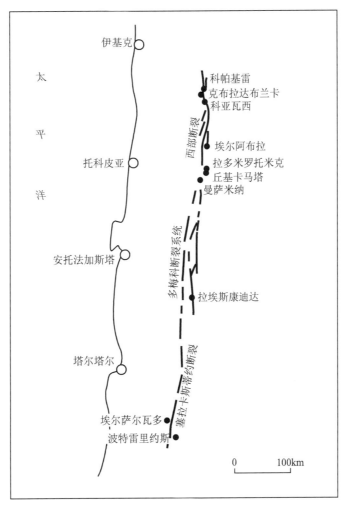

图2　智利北部斑岩铜矿床和多梅科断裂系统之间的空间关系示意图

(引自 A. H. Clark，1993)

2. 矿床地质特征

斑岩铜矿一般位于中、酸性侵入体内或其附近，系细脉浸染状硫化物矿床。

（1）容矿岩石

斑岩铜矿在空间和成因上与火成侵入岩体有关，侵入体是各种各样的，一般为长英质，岩体中至少有一个侵入相是斑岩。厚大陆地壳内形成的矿床通常与石英二长岩伴生，如美国西南部亚利桑那州的许多矿床。产于岛弧内的矿床通常与石英闪长岩、闪长岩体伴生，如印度尼西亚、菲律宾的许多矿床。

与斑岩铜矿有关的侵入体为浅成的，一般是在不到4km的深度，大多数是在1～2km侵位的。侵入体的围岩可以是任何一种岩石，从无成因联系的围岩（包括各种各样的沉积岩、火山岩、侵入岩和变质岩等）到同岩浆源的喷出岩。与斑岩铜矿有关的侵入体及其围岩都发育有大量裂隙。岩石裂隙是控制成矿作用的重要因素。

（2）矿化特征

矿化呈细脉浸染状，在岩体中多以浸染状为主，在岩体外多以细脉状为主，远离岩体甚至有大脉状矿化，有的周围有铅锌银卫星矿。有时与其他类型矿床有一定伴生关系，如矽卡岩型铜矿、脉型铜矿、交代型铅锌矿和块状硫化物型矿床等。

原生矿石由含矿石矿物细脉和浸染体的蚀变岩石组成。在矿石矿物中，数量上占优势的是黄铁矿和黄铜矿，有时有斑铜矿；次要的有硫砷铜矿、黝铜矿、辉铜矿、辉钼矿、磁铁矿、闪锌矿、方铜矿、赤铁矿，有时还有含金矿物。

表生作用形成的矿床其次生分带具有重要的实际意义。一般自上而下可分为5个带：淋滤带、氧化矿石带、混合矿石带、次生硫化物富集带、原生矿石带。

（3）热液蚀变特征

与斑岩铜矿床有关的侵入体内及其周围通常都有由热液引起的强烈的蚀变反应，并形成稳定的矿物组合。众所周知的洛厄尔模型就是美国西南部经典斑岩铜矿床的蚀变分带模型，其热液蚀变通常含有一个钾蚀变核心，并有石英绢云母化（前称"似千枚岩化"）、泥岩化和青磐岩化蚀变，呈同心圆状围绕着钾蚀变核心。但后来，V. F. Hollister 等发现，洛厄尔模型只适用于与钙碱性侵入岩体有关的斑岩铜矿蚀变分带，含矿岩体多属石英二长岩的范围，不能包括所有的含矿岩体，因此他们又提出一种"闪长岩模型"，适用于与闪长岩有关的斑岩铜矿蚀变分带，这种蚀变分带通常含有一个钾蚀变核心（正长石 – 黑云母或正长石 – 绿泥石），周围是青磐岩化蚀变带。铜矿化在洛厄尔模型中的石英 – 绢云母化蚀变带特别发育，而在闪长岩模型中，石英 – 绢云母化蚀变通常是不存在的，因此，铜矿化在钾蚀变带及其周围的青磐岩化蚀变带都有出现。符合洛厄尔模型的矿床含钼高，含金低；而符合闪长岩模型的矿床则含金较高。

（4）成矿时代

从成矿时代看，新生代是斑岩铜矿重要的成矿期，其次是中生代，古生代也有部分斑岩铜矿，而前寒纪的斑岩铜矿极少。

三、矿床成因和找矿标志

1. 矿床成因

对斑岩型铜矿床来说，最适用于多数矿床的成因模式是以岩浆 – 热液说为基础的"正岩浆模式"（Orthomagmatic model），其中矿石金属来自与时间上和成因上有关的侵入体（图3）。大的多相热液系统发育在与成因有联系的侵入体内或侵入体之上。

图3表示一个与小的次火山斑岩侵入体有关的斑岩铜矿床，并被宽大的黄铁矿带所环绕。较大规模的热液系统反映了有关矿床的主要类型，包括矽卡岩铜矿、交代型（层控平伏状）锌、铅、银、金矿、各种贱金属和贵金属脉状矿以及角砾岩容矿的矿床等。

斑岩型铜矿床的"正岩浆模式"已有众多学者进行过介绍。这些学者设想相关岩浆侵位于地壳的上部，并沿围岩和岩浆房的底部边缘带发生结晶作用，随着结晶作用在岩浆内部产生挥发分的过饱和，矿石金属和许多其他组分强烈地分离进入挥发相，也就是说岩浆结晶过程中富集了挥发分和金属。当增大的流体压力超过地静压力和超过上覆岩石张力强度时，这些岩石产生了破裂，从而使热液流体快速流出，进入新产生的开放空间，沉淀形成矿石。这些开放空间包括岩体和围岩中的破裂裂隙和角砾系统等。

2. 找矿标志

自20世纪70年代以来，在深入研究斑岩铜矿的基础上，众多学者已建立了一系列成矿与找矿模型，包括 J. D. Lowell 等（1970）基于美国圣马纽埃 – 卡拉马祖矿床得出的经典蚀变 – 矿化分带模型——二长岩模型（图4，图5），V. F. Hollister（1978）的"闪长岩模型"，R. H. Sillitoe（1979）的斑岩铜矿巴尔干模型（见总论图4 – 5），D. P. Cox 等（1986）根据美国、智利、加拿大等地的超大型斑岩铜矿总结出的"斑岩铜矿的描述性模型"（图6）等，这些模型广泛应用于斑岩铜矿的找矿中，对斑岩铜矿的发现起到了无与伦比的作用。

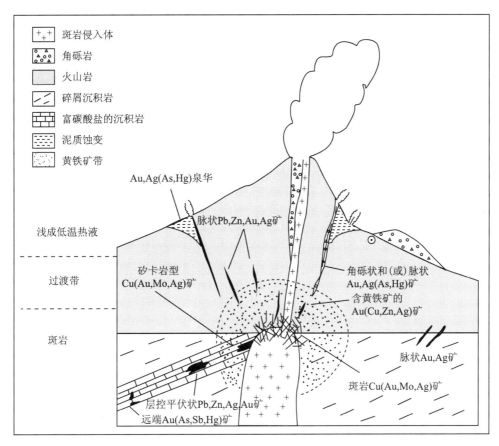

图 3　安山质层火山岩根部带斑岩型铜矿系统的示意图

(引自 W. D. Sinclair, 2006)

表示矿化分带，以及斑岩型铜矿与矽卡岩型、层控平伏状型、脉状型、
浅成低温热液型等贵金属和贱金属矿床的可能关系

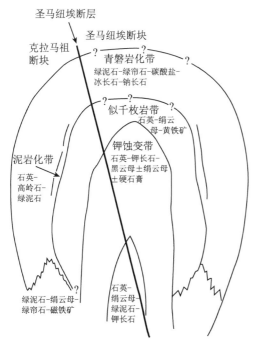

图 4　美国圣马纽埃－卡拉马祖矿床蚀变分带图

(引自 J. D. Lowell 等，1970)

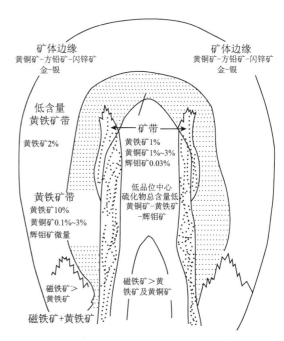

图 5　美国圣马纽埃－卡拉马祖矿化分带示意图

(引自 J. D. Lowell 等，1970)

边缘矿化带包括在黄铁矿矿带中

J. D. Lowell 等（1970）的蚀变分带模型是在观察美洲 27 个斑岩铜矿的基础上总结的，指出斑岩铜矿的热液蚀变通常含有一个钾蚀变核心，向外依次呈同心圆状围绕钾蚀变核的有石英绢云母化蚀变、泥岩化蚀变和青磐岩化蚀变。这种模型适用于含矿岩体多属石英二长岩的范围，因此，也称为"二长岩模型"；V. F. Hollister 等提出的"闪长岩模型"，这种蚀变分带通常含有一个钾蚀变核心，周围是青磐岩化蚀变，这种模型适用于与闪长岩有关的斑岩铜矿。铜矿化在"二长岩模型"的石英 – 绢云母化蚀变带中特别发育，而在"闪长岩模型"中，铜矿化只在钾蚀变带及其周围的青磐岩化蚀变带中出现。

在 1979 年的欧洲铜矿会议上，根据喀尔巴阡 – 巴尔干矿带上斑岩铜矿的特征，Sillitoe 提出了喀尔巴阡 – 巴尔干斑岩铜矿体系图，简称"巴尔干模型"。该区铜矿床为"四位一体"的复合型矿床，即斑岩铜型、矽卡岩型、铅锌交代型和块状硫化物型矿床构成复合型矿床。巴尔干模型，不仅指明了不同类型铜矿床的共生组合，而且揭示了各个矿床类型的空间关系，为区内进一步找矿提供了科学依据。

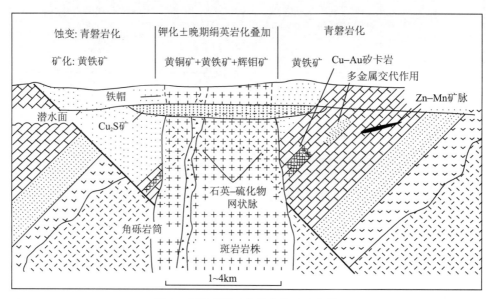

图 6　斑岩型铜矿床综合模型示意图

（引自 D. P. Cox 等，1986）

图中显示了矿石矿物、蚀变带、表生富集与伴生的矽卡岩、交代作用和脉状矿床的关系

D. P. Cox 等（1986）的斑岩铜矿描述性模型综合了斑岩铜矿的总体特征，包括斑岩铜矿产出的构造背景、成矿地质环境，以及矿物组合、蚀变分带、地球化学标志等矿床特征，提供了斑岩铜矿床综合模型示意剖面图，为找矿指明了方向。

总起来说，斑岩铜矿关键性的勘查标志可归纳为以下方面：

（1）区域地质找矿标志

1）从全球构造上看，斑岩铜矿主要出现在造山带，其构造环境多为岛弧、大陆边缘以及大陆碰撞带，相当于岩石圈板块的汇聚边界。

2）从区域构造上看，斑岩铜矿受区域性深大断裂控制，构造、断裂的交切部位和强烈的破碎带是重要的控岩、控矿构造。

（2）局部地质找矿标志

1）斑岩铜矿在空间和成因上与火成侵入岩体有关，因此，区域内长英质到中性斑岩侵入体的存在，如石英二长岩、石英闪长岩等，是寻找斑岩铜矿的前提。岩体以浅成岩株、岩墙、角砾岩筒等形状产出。尤其要注意有多期次侵入活动的地区。

2）与斑岩铜矿有关的岩体中往往发育有网状密集的裂隙构造，这是矿化岩体的重要标志。

3）侵入体周围强烈的热液蚀变是斑岩铜矿的明显特征。呈同心圆状和带状分布的钾化（ – 绢英岩化）－泥化－青磐岩化的出现是斑岩铜矿的近矿标志。如有大规模黄铁矿蚀变带相伴生，那就指示着该地区可能是斑岩铜矿的远景区。

4）区内淋滤帽的出现以及表生作用形成的一些氧化矿等都是斑岩铜矿的近矿标志。

5）矽卡岩型铜矿和脉型铜矿等往往与斑岩铜矿伴生。还有火山岩区斑岩铜矿系统的高部位多发育浅成低温热液型贵金属和含硫砷铜矿脉，所以在大量硫砷铜矿脉之下可能有斑岩铜矿的存在，这为寻找深部隐伏斑岩铜矿指出了方向。

（3）地球物理找矿标志

1）激发极化法在圈定斑岩型铜矿床中硫化物的分布或蚀变带的范围时被广泛应用；磁法在圈定含有丰富磁铁矿的斑岩铜矿方面是有用的；伽马射线光谱测量可用于圈定接近矿化带的钾蚀变带。

2）应用遥感技术可识别、解析与斑岩铜矿有关的线性构造、环形构造、线环组合构造以及色彩异常所反映的区域性深大断裂、火山－岩浆活动以及矿化蚀变特征，从而有效勘查斑岩铜矿。

（4）地球化学找矿标志

斑岩铜矿易引起大的地球化学分散晕，大的黄铁矿晕可以用于圈定矿床的范围和了解热液系统的强度，所以水系沉积物和土壤地球化学测量，在世界各地均是斑岩铜矿有效的勘查手段。

地球化学标志：中心为 $Cu \pm Mo \pm Au \pm Ag \pm W \pm B \pm Sr$，向外为 Pb、Zn、Au、As、Sb、Se、Te、Mn、Co、Ba 和 Rb；局部地区 Bi 和 Sn 形成非常远源的异常；所有的带中含 S 高，一些矿床有微弱的 U 异常。

（周　平　戴自希）

模型七 斑岩型铜金矿床找矿模型

一、概 述

一般来说，斑岩型铜矿按其所含副产品是金还是钼而分成两类，即斑岩型铜钼矿和斑岩型铜金矿。自1972年以来，富金的斑岩铜矿（即斑岩型铜金矿）的经济意义显著提高，原因是金价格上涨。

斑岩型铜金矿床中金的含量较高，在0.2~2.0g/t左右（W. D. Sinclair, 2006），若综合考虑Cu、Mo、Au 3种成矿元素，可将斑岩铜-钼-金矿床分为斑岩铜矿床、斑岩铜金矿床和斑岩铜钼矿床，一般Au(g/t)/Mo(%)比值大于30为斑岩铜金矿床，小于3为斑岩铜钼矿床，介于两者之间为斑岩铜矿床（D. P. Cox等，1986）。R. H. Sillitoe（1993）提出斑岩铜矿床中金品位应该>0.4g/t，才能称之为富金的斑岩铜矿床。

斑岩铜金矿床在世界范围内分布广泛，但比较集中在环太平洋带，尤其是太平洋西南部，特大型斑岩铜金矿就有9个之多（表1），包括巴布亚新几内亚-伊里安查亚褶皱带的超巨型格拉斯贝格矿床及巨型的潘古纳、奥克特迪、弗里达河矿床；秘鲁、智利、阿根廷有3个最大的富金斑岩矿床——米纳斯康加、塞罗卡萨尔和下德拉阿伦布雷拉，这几个矿床的金品位都高于0.5g/t；特提斯带有两个巨型的斑岩铜金矿床——萨尔切什梅和雷科迪克；乌兹别克斯坦也有两个巨型的斑岩铜金矿床——卡尔马克尔和达尔涅耶；另外在加拿大、美国、蒙古、菲律宾、澳大利亚、俄罗斯、印度尼西亚等地均有分布。

表1 世界主要斑岩型铜金矿床（按金储量大小排序）

矿床名称	国家	资源量/10⁶t	金品位/(g·t⁻¹)	金储量/t	铜品位/%	铜储量/10⁶t
格拉斯贝格（Grasberg）	印度尼西亚	2480	1.05	2604	1.13	28.02
宾厄姆（Bingham）	美国	3228	0.50	1603	0.88	28.46
卡尔马克尔（Kalmakyr）	乌兹别克斯坦	2700	0.51	1374	0.40	10.80
勒班陀-远东南（Lepanto-Far South East）	菲律宾	685	1.42	973	0.80	5.48
塞罗卡萨尔（Cerro Casale）	智利	1285	0.70	900	0.35	4.50
卡迪亚（Cadia）	澳大利亚	1070	0.77	823	0.31	3.38
潘古纳（Panguna）	巴布亚新几内亚	1415	0.57	799	0.46	6.51
奥尤陶勒盖（Oyu Tolgoi）	蒙古	2467	0.32	790	0.83	20.57
巴都希贾乌（Batu Hijau）	印度尼西亚	1644	0.35	572	0.44	7.23
米纳斯康加（Minas Conga）	秘鲁	641	0.79	506	0.30	1.92
奥克特迪（Ok Tedi）	巴布亚新几内亚	700	0.64	446	0.64	4.48
菲什湖（Fish Lake）	加拿大	1148	0.41	471	0.22	2.53
佩斯尚卡（Peschanka）	俄罗斯	940	0.42	395	0.51	4.79
达尔涅耶（Dalneye）	乌兹别克斯坦	545	0.69	376	0.59	3.21
下德拉阿伦布雷拉（Bajo de la Alumbrera）	阿根廷	551	0.67	369	0.52	2.87
弗里达河（Frieda River）	巴布亚新几内亚	1103	0.32	354	0.61	6.73
佩布尔（Pebble）	美国	1000	0.34	340	0.30	3.00

矿床名称	国家	资源量/10^6t	金品位/(g·t^{-1})	金储量/t	铜品位/%	铜储量/10^6t
坦珀坎（Tampakan）	菲律宾	1400	0.24	336	0.55	7.70
阿特拉斯（Atlas）	菲律宾	1380	0.24	331	0.50	6.90
萨尔切什梅（Sar Cheshmeh）	伊朗	1200	0.27	324	1.20	14.40
锡皮莱（Sipilay）	菲律宾	884	0.34	301	0.50	4.42
普罗斯波里蒂（Prosperity）	加拿大	631	0.46	290	0.25	1.58
雷科迪克（Reko Diq）	巴基斯坦	855	0.33	282	0.65	5.56
雷富希奥（Refugio）	智利	297	0.86	259		0.75

资料来源：D. R. Cooke 等，2005；P. Laznicka，2006

二、地 质 特 征

1. 区域构造背景

斑岩铜金矿床所处的大地构造环境是大陆边缘和岛弧地带。产在以花岗岩为基底的大陆边缘的俯冲消亡带之上的矿床有阿根廷下德拉阿伦布雷拉和加拿大菲什湖等矿床，产在大洋岩石圈基底之上岛弧中的矿床有菲律宾的坦珀坎、阿特拉斯等矿床以及巴布亚新几内亚的潘古纳矿床等。

矿床产出的构造背景是岛弧的火山环境，特别是火山旋回的衰退阶段，以及大陆边缘与断裂有关的火山作用发育地区。

2. 矿床地质特征

（1）容矿岩石

矿床往往产在钙碱性或高钾钙碱性侵入体中，岩石属Ⅰ型，为磁铁矿系列。其岩石类型包括英云闪长岩至二长花岗岩，英安岩，与侵入岩同时期的安山岩流和凝灰岩，还有正长岩、二长岩和同时期的高钾低钛的火山岩（橄榄玄粗岩）等。侵入岩具有细 – 中粒细晶质基质的斑状结构。围岩成分一般为安山质火山岩，当然也有其他类型的围岩，包括流纹岩、粉砂岩、砂岩、灰岩、页岩等。岩体侵入时代主要为白垩纪 – 第四纪，侵位的深度一般为 1～2km。

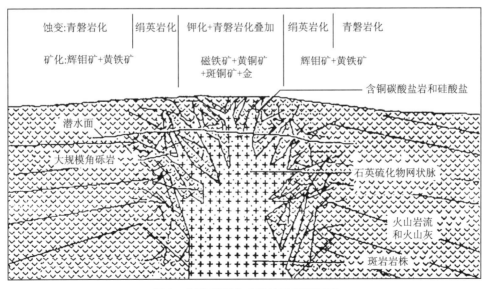

图 1　斑岩型铜金矿床的示意剖面图

（引自 D. P. Cox 等，1986）

（2）矿化特征

矿化呈细脉浸染状，矿石矿物由黄铜矿、斑铜矿、自然金、银金矿、针碲金银矿和碲银矿等组成（图1）。矿石中磁铁矿含量较高，而且一般伴有交代成因的透明石英，金与黄铜矿（±斑铜矿）矿化有密切关系，金品位与铜品位成正比。矿床中的金至少有一部分为自然金，金与黄铁矿没有直接关系，在某些富金的矿带中黄铁矿反而少见；富金的矿床一般贫钼，但不是没有钼。

富金的斑岩系统附近往往可能存在可整体开采的浅成低温热液金矿床。矿化从斑岩系统中心的浸染状铜矿化带到边缘的金－银矿脉带的侧向分带是渐变的，而不是突变的。在富金斑岩系统的上部可能有硫砷铜矿脉存在，如菲律宾的勒班陀（Lepanto）低温热液铜－金矿脉和1987年发现的位于其东南部下方的"远东南"（Far South East，FSE）巨大斑岩铜金矿床（图2），说明火山岩区一些高硫化铜金脉矿与富金斑岩铜矿具有空间和成因上的联系。另外，斑岩铜金矿也常与矽卡岩型金铜矿相伴生。

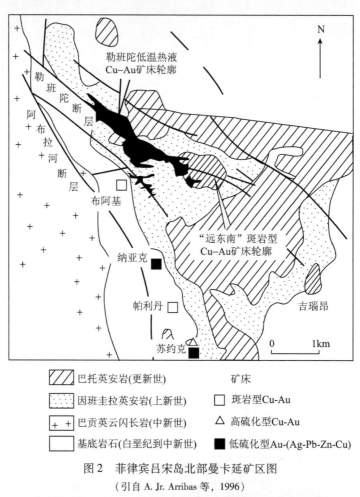

图2　菲律宾吕宋岛北部曼卡延矿区图

（引自 A. Jr. Arribas 等，1996）

勒班陀热液 Cu－Au 矿床上叠在"远东南"斑岩 Cu－Au 矿床之上

（3）热液蚀变

斑岩铜金矿和斑岩铜矿一样具有明显的热液蚀变和蚀变分带。矿化多赋存在中心的钾硅酸盐蚀变带，向外为绢英岩化蚀变和青磐岩化蚀变带等（图3，图4）。

金品位高的矿石见于长石稳定的钾硅酸盐型蚀变带，该蚀变带中黑云母和钾长石是有代表性的蚀变矿物。钾硅酸盐蚀变向外渐变为青磐岩化蚀变，在该蚀变带中绿泥石含量增加。

其他的蚀变类型还有中间泥岩蚀变，绢英岩化蚀变和前进泥岩蚀变。中间泥岩蚀变分布在岩株上部，上覆在钾硅酸盐蚀变组合之上，中间泥岩蚀变由绢云母、伊利石、蒙脱石、绿泥石和方解石组成。绢英岩化蚀变为石英－绢云母－黄铁矿组合，有时上覆在钾硅酸盐或中间泥岩蚀变之上。前进泥岩蚀变普遍出现在富金斑岩系统上部的火山岩围岩部分，由石英、明矾石、叶蜡石和硬水铝石等矿物组成，石英通常以玉髓的形式出现。

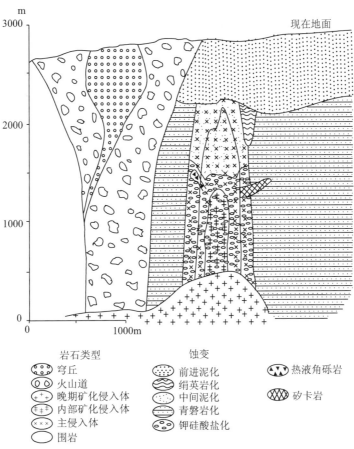

图 3　斑岩铜金矿系统中侵入体和蚀变关系示意图

（引自 R. H. Sillitoe，1990）

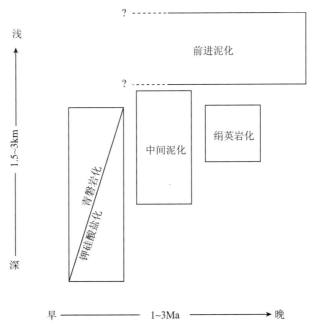

图 4　斑岩铜金矿系统中主要蚀变类型时间－深度关系示意图

（引自 R. H. Sillitoe，1990）

三、矿床成因和找矿标志

1. 矿床成因

所有大的富金斑岩型矿床都符合一个统一的模式（图3）。该模式与斑岩型铜矿床的模式没有大的区别。导致富金斑岩矿床产生的岩浆和所含的金属具有壳下来源特征，板块俯冲和地幔楔入成分被认为是基本组分。金铜矿化位于复合斑岩岩株中心，复合斑岩岩株在剖面上呈环形到卵圆形。矿化主要局限在岩株内或延伸到围岩中。大多数矿床位于与岩株大致同期的火山岩中，也有少数产在较老的"基底"岩石中（施俊法等，2005）。

2. 找矿标志

（1）区域地质找矿标志

1）斑岩铜金矿床一般与岛弧构造条件和大陆边缘环境有关，尤其是岛弧地质环境已知赋存有大量巨型的斑岩铜金矿床，是进一步寻找这类矿床的前提。

2）容矿地层一般以火山岩及伴生的火山碎屑岩为主，所以陆上的火山环境有利寻找这类矿床。

3）矿化与I型磁铁矿系列的次火山侵入体有关，所以要注意区内这类侵入体的分布。

4）斑岩铜金矿床与浅成低温热液铜金矿脉、矽卡岩型铜金矿床在空间上有叠置关系，所以在区内出现这些类型矿床时，就要注意寻找相互依存的矿床。

（2）局部地质找矿标志

1）矿化是在同源斑岩侵入体侵位时形成的，因此，有斑状石英闪长岩到二长岩等岩株的存在，就能提供勘查目标。

2）识别区内的热液蚀变类型，富金斑岩铜矿金含量高的矿石主要见于钾硅酸盐蚀变带，代表性的蚀变矿物为黑云母和钾长石。

3）矿石矿物组合中磁铁矿含量较高，而且一般伴有交代成因的透明石英。

（3）地球物理找矿标志

1）高磁铁矿含量（可以产生高达4500γ的磁响应）与某些富金斑岩铜矿伴生，表明地面磁法或者航空磁法是圈定这类矿床的有效手段。

2）环状或圆形磁力高与黑云母-磁铁矿蚀变带有关；磁力低与普遍的绢英岩化或中间泥岩蚀变有关。

3）航空和地面放射性测量数据有助于圈定钾硅酸盐蚀变。

4）陆地卫星TM、SLAR（机载侧视雷达）和航空照片可用来鉴定被侵蚀的破火山口和区域性构造。

5）花岗岩岩基和斑岩岩株的空间组合表明许多斑岩铜金矿床产在大的重力低附近。

6）激发极化法测量对围绕含铜岩石的黄铁矿晕有很好的响应。

（4）地球化学找矿标志

1）斑岩铜金矿床上方通常不同程度地存在 Cu、Au、Mo、Ag、Zn、Pb、As、Hg、Te、Sn、S 等元素的异常或元素组合异常。

2）对于未知区来说，水系沉积物地球化学测量方法是筛选靶区的有效方法。

3）在确定远景区之后，土壤取样、岩屑取样是圈定斑岩矿化系统的有效方法。在这过程中，如果化探异常与物探（磁法或激发极化法）异常相吻合，则更进一步证实了斑岩成矿系统的存在。

（唐金荣　戴自希）

模型八 火山成因块状硫化物型
矿床找矿模型

一、概　　述

火山成因块状硫化物型矿床（VMS）是指与海底火山作用有一定联系的含大量黄铁矿和一定数量铜、铅、锌的矿床。西方多称该类矿床为"火山成因块状硫化物矿床"（Volcanic or volcanogenic massive sulfides，VMS），或称"火山岩容矿的块状硫化物矿床"（Volcanic-hosted massive sulfides，VHMS），前苏联地质学家称其为"黄铁矿型矿床"。加拿大 R. W. Hutchinson（1973）根据此类矿床的主要成矿元素及伴生的岩石类型将其分为 3 类，即产在分异的镁铁质到长英质火山岩中的黄铁矿 - 闪锌矿 - 黄铜矿矿床（锌 - 铜型），时代以太古宙为主；产在偏酸性的钙碱性火山岩中的黄铁矿 - 方铅矿 - 闪锌矿 - 黄铜矿矿床（铅 - 锌 - 铜型），时代以显生宙为主；以及产在镁铁质、蛇绿岩套火山岩中的黄铁矿 - 黄铜矿矿床（铜型），时代为显生宙。根据 VMS 型矿床产出的构造环境和容矿岩系，F. J. Sawkins（1976）把该型矿床分成 4 种主要类型：①黑矿型（Kuroko），产在大洋板块会聚边缘，赋存在太古宙 - 第三纪长英质钙碱性火山岩系中；②塞浦路斯型（Cyprus），产在大洋板块离散边缘，赋存在古元古代 - 第三纪蛇绿岩杂岩上部低钾玄武质火山岩系中；③别子型（Besshi），不具明确的板块构造环境，可能产在拉张性陆缘裂谷环境，或产在弧前海槽、海沟环境，赋存古元古代 - 第三纪强烈变形的碎屑沉积岩和镁铁质火山岩系中；④沙利文型（Sullivan），发育于板块内部的活动带，与大陆分裂早期张性活动有关（堑陷盆地），产在元古宙 - 古生代相当厚的陆源沉积岩系中，同火山活动层位几乎没有关系。本书把沙利文型矿床归入喷气沉积型（SEDEX）。

近年来又划分出一类亚型，称富金火山成因块状硫化物矿床（Au - VMS）（B. Dube 等，2006），它被定义为金的浓度（10^{-6}）大于贱金属（Zn + Cu + Pb，%）合计的质量百分比，是一类含有大量银和金的铁 - 铜 - 锌和铅的硫化物矿床，这意味着 VMS 和浅成热液矿床在成因上是过渡的。

VMS 型矿床是世界铜和铅锌金银的主要来源之一，截至 2002 年，VMS 型矿床估计提供了世界超过 50×10^8t 的硫化物矿石，包括提供世界锌产量的 22%、铜产量的 6%、铅产量的 9.7%、银产量的 8.7% 和金产量的 2.2%。同时，VMS 矿床也是 Co、Sn、Se、Mn、Cd、In、Bi、Te、Ga 和 Ge 的重要来源，某些矿床还含有大量 As、Sb 和 Hg。

该类矿床分布广泛，全球范围内规模大于 20×10^4t（Cu + Pb + Zn 合计金属储量）的该类矿床就有 800 个之多，西班牙、葡萄牙、加拿大、澳大利亚、俄罗斯、哈萨克斯坦、日本、印度等均有该类超大型矿床产出（表 1；图 1）。我国的这类矿床有甘肃白银厂（铜 115.22 × 10^4t，铜品位 1.486%）、甘肃小铁山（铅 + 锌 105.54 × 10^4t，铅 + 锌品位 8.9%）、新疆阿舍勒（铜 108.56 × 10^4t，铜品位 2.49%）、新疆可可塔勒（铅 + 锌 283.44 × 10^4t，铅 + 锌品位 2.46% ~ 6.95%）、青海锡铁山（铅 + 锌 331.24 × 10^4t，铅 + 锌品位 9.02%）和云南大红山（铜 152.51 × 10^4t，铜品位 0.81%）等。

表 1　世界超大型 VMS 型矿床 *

国　家	矿床或矿田	储量（Cu 或 Pb + Zn） 10^4 t	品位（Cu 或 Pb + Zn） %	成矿时代	资料来源
加拿大	基德克里克（Kidd Creek）矿床	1049.88（Pb + Zn） 358.00（Cu）	6.5（Pb + Zn） 2.35（Cu）	太古宙	P. Laznicka, 2006
加拿大	不伦瑞克 12 号（Brunswick No. 12）矿床	1825（Pb + Zn）	12.33（Pb + Zn）	奥陶纪	P. Laznicka, 2006
俄罗斯	奥泽尔（Ozernoye）	973（Pb + Zn）	6.2（Pb + Zn）	寒武纪	王绍伟等, 2006
西班牙	里奥廷托（Rio Tinto）矿田	1454（Pb + Zn） 450（Cu）	2.9（Pb + Zn） 0.9（Cu）	石炭纪	P. Laznicka, 2006
西班牙	马沙韦尔维迪（Masa Valverde）矿床	852（Pb + Zn）	7.1（Pb + Zn）	石炭纪	P. Laznicka, 2006
西班牙	阿兹纳尔科拉（Aznalcollar）矿床	665（Pb + Zn）	4.13（Pb + Zn）	石炭纪	P. Laznicka, 2006
西班牙	拉扎尔扎（La Zarza）矿床	587（Pb + Zn）	3.58（Pb + Zn）	石炭纪	P. Laznicka, 2006
西班牙	索提尔米戈拉斯（Sotiel Migollas）矿床	532（Pb + Zn）	4.0（Pb + Zn）	石炭纪	P. Laznicka, 2006
葡萄牙	内维斯 - 科尔沃（Neves Corvo）矿田	686（Cu） 1067.2（Pb + Zn）	3.12（Cu） 4.85（Pb + Zn）	泥盆纪	P. Laznicka, 2006
葡萄牙	阿尔茹斯垂尔（Aljistrel）矿田	1000（Pb + Zn）	4.0（Pb + Zn）	石炭纪	P. Laznicka, 2006
澳大利亚	罗斯伯里（Rosebery）矿床	567.5（Pb + Zn）	18.8（Pb + Zn）	寒武纪	P. Laznicka, 2006
日本	北鹿地区（Hokuroku Region）	663（Pb + Zn） 204（Cu）	4.0（Pb + Zn） 1.5（Cu）	第三纪	P. Laznicka, 2006
哈萨克斯坦	列宁诺戈尔斯克（Leninogorsk）矿田	1300（Pb + Zn）		泥盆纪	P. Laznicka, 2006
哈萨克斯坦	济良诺夫（Zhuliannov）矿田	690（Pb + Zn）	4.6（Pb + Zn）	泥盆纪	王绍伟, 1996; 陈哲夫等, 1999
印度	兰普拉阿古恰（Rampura - Agucha）矿床	825（Pb + Zn）	14.48（Pb + Zn）	元古宙	P. Laznicka, 2006

* 铜金属储量 >500 × 10^4 t 或铅 + 锌金属储量 >500 × 10^4 t。

二、地　质　特　征

1. 区域构造背景

VMS 型矿床通常形成于板块边缘附近，包括大洋中脊或弧后拉张盆地的离散板块边缘、岛弧中会聚板块边缘或大陆边缘以及板块内的海岛和以太古宙绿岩带为代表的构造环境。矿床生成于水下火山环境中的海底或其附近，通过富金属的热液流体集中排放而形成，是近火山口的一类"喷气"矿床。

2. 矿床地质特征

（1）容矿岩石

VMS 型矿床与海相火山作用有关，是以火山岩或火山 - 沉积岩为容矿岩石的块状硫化物矿床，矿床是地槽发育早期海底火山活动的产物。大多数矿体直接的容矿岩石为酸性火山岩相，尤以酸性火山碎屑岩相最为常见（图 2）。集块岩、粗凝灰岩、偶尔为块状英安质到流纹英安质岩流构成许多块状硫化物矿床的含矿层。大约有 50% 的 VMS 型矿床在空间上与长英质火山岩伴生，矿床具有与流纹岩穹丘或长英质碎屑岩伴生的倾向。

（2）矿体产状与矿石矿物

VMS 型矿床往往成群产出，如加拿大 150 个该类矿床中约有一半（69 个）产在 6 个成矿区内，平均每个成矿区有 12 个矿床。西班牙 - 葡萄牙矿带含有 88 个 VMS 型矿床。俄罗斯乌拉尔东部有 100

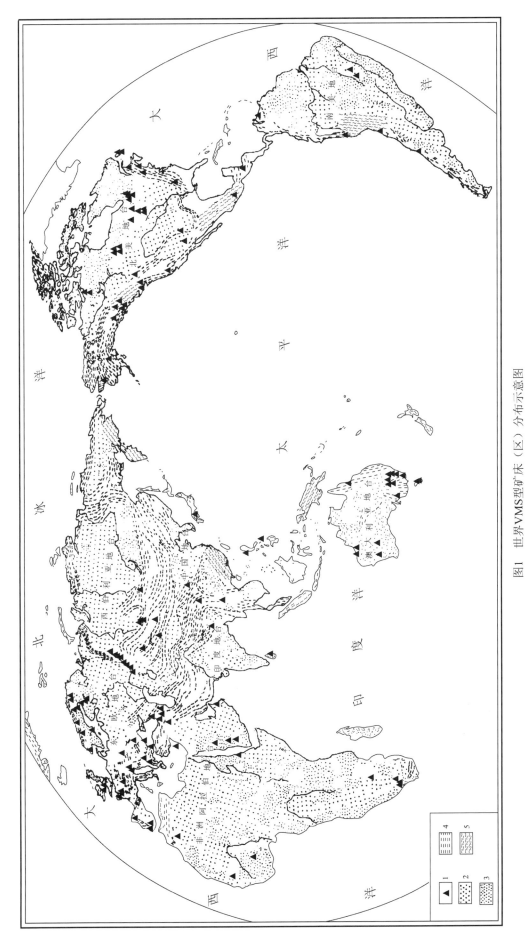

图1 世界VMS型矿床（区）分布示意图

（资源来源：陶炳昆等，1994）

1—矿床；2—地盾隐伏区；3—地盾出露区；4—古生代褶皱带；5—中新生代褶皱区

多个这类矿床。这些矿床群均位于火山喷发中心附近。

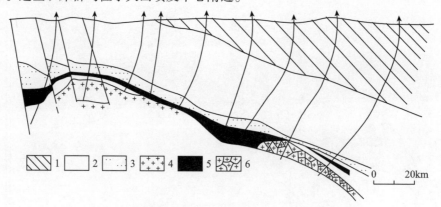

图 2　葡萄牙内维斯－科尔沃矿区综合剖面图

（引自陶炳昆等，1994）

1—硬砂岩（库尔木群）；2—火山－硅质杂岩；3—细粒凝灰岩；4—酸性粗粒碎屑质凝灰岩；5—块状硫化物矿石；6—网脉状矿石

　　矿体上部呈层状、透镜状，多与岩层整合产出，受地层控制，矿石为块状。矿体下部为角砾状补给带，矿石呈网脉状或浸染状，并伴有较大范围的熔岩蚀变带（图3，图4）。这种网脉带代表海底热液系统的近地表通道，而块状硫化物透镜体则代表在海底排放口之上及周围从热液中沉积出来的硫化物堆积体。在许多情况下，硫化物堆积体之上有一层薄的黄铁矿质或赤铁矿质、硅质喷气岩，形成一个盖层，并从该矿床向外侧延伸，可以作为一个地层标志。这种沉积层被认为代表火山静止期间热液活动衰减阶段的化学沉积作用。

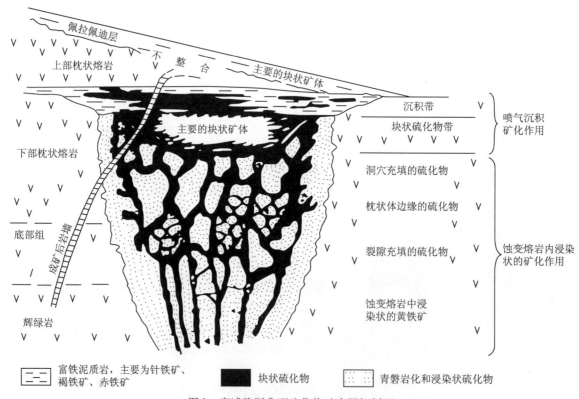

图 3　塞浦路斯典型硫化物矿床图解剖面

（引自 R. W. Hutchinson 等，1971）

　　矿石中主要金属矿物以铁硫化物尤其以黄铁矿或磁黄铁矿为主，还有黄铜矿、闪锌矿和方铅矿，有时还出现有斑铜矿、黝铜矿和磁铁矿等。与硫化物同时沉淀的脉石矿物有石英、绿泥石、重晶石、石膏和碳酸盐等。

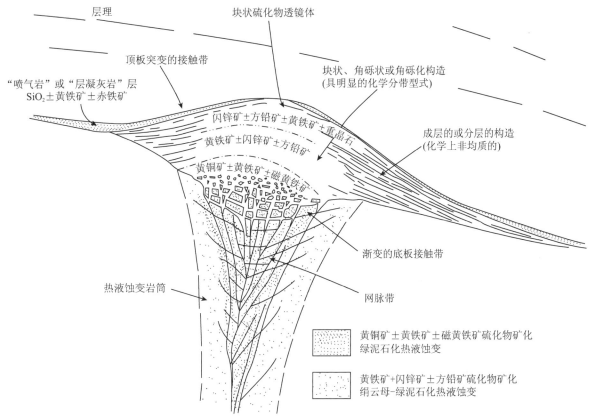

图4 理想化的火山成因块状硫化物矿床的基本特征示意图

（引自 J. W. Lydon，1984）

（3）热液蚀变

容矿岩石的热液蚀变明显，最常见的是硅化、石英 – 绢云母化、青磐岩化和泥岩化。石英 – 绢云母化多与铜型矿床伴生，而泥岩化则多是铅 – 锌 – 铜型矿床的特点。蚀变带在矿体下盘岩石中较发育，受到强烈的镁交代作用。而覆盖在矿体之上的岩石形成于成矿之后，故蚀变作用很微弱或无。沿矿石层位侧向发生硅化作用，地层下盘层序中可能广泛分布着钠亏损带，直接在矿床之上的地层上盘中可能有钠加入。顶板火山岩中可见区域性绢云母 ± 绿泥石蚀变。

（4）成矿时代

VMS 型矿床从太古宙到现代海底均有产出。从世界范围看，太古宙、古元古代、加里东期、海西期、基米里期和阿尔卑斯期均有重要矿床产出。但不同地区的主要成矿时代有所不同，如加拿大以太古宙和元古宙的矿床为主，俄罗斯的乌拉尔和哈萨克斯坦的阿尔泰以海西期最为重要，日本以第三纪矿床为最多。现代正在洋底形成的块状硫化物矿床是 1978 年在北纬 21°附近的东太平洋中脊上首次发现的，之后于 1981 年美国在加拉帕戈斯中脊上又有发现，1982 年继续在北纬 13°海域发现了好几个矿床，后又在加拿大温哥华岛附近海域的埃克斯普劳勒中脊发现了铜锌硫化物矿床。

（5）富金火山成因块状硫化物型矿床（Au – VMS）

富金火山成因块状硫化物型矿床的地质特征与 VMS 型矿床基本相同，由于其金含量高，有的就被视为金矿床。据统计，目前世界上仅有约 30 个世界级（金储量 + 产量≥30t）的 Au – VMS 型矿床（表2），分布在加拿大、澳大利亚、苏丹、瑞典、哈萨克斯坦和美国等地。Au – VMS 型矿床中金的世界储量 + 产量约为 1453t，相当于全世界金储量 + 产量（世界金储量 + 产量约 120689t）的 1.2%。Au – VMS 型矿床金的规模从 2t 至 300t 不等。金品位一般 >4g/t。已知最大的矿床为加拿大的霍尔内（Horne），含金 331t；最富的矿床是加拿大的埃斯凯克里克（Eskay Creek），金品位高达 44g/t。矿床中金主要呈自然金、银金矿，也有呈金的碲化物等形式出现，金的颗粒很细，一般 1 ~ 5μm，主要呈包裹体产在黄铁矿中。

表 2　世界主要 Au – VMS 型矿床[*]

国　家	矿床名称	矿石/10^6t	品　　位				
			Au/(g·t^{-1})	Ag/(g·t^{-1})	Cu/%	Pb/%	Zn/%
加拿大	布斯奎特 – 1（Bousquet – 1）	6.44	5.55				
加拿大	阿格尼科伊格尔（Agnico Eagle）	6.93	5.18				
加拿大	布斯奎特 – 2 – 拉龙德 – 1（Bousquet – 2 – LaRonde – 1）	23.26	5.14	2.12			
加拿大	霍尔内（Horne）	54.3	6.10	13.00	2.22		
加拿大	拉龙德彭纳（La Ronde Penna）	43.45	4.23	52.12	0.32		2.72
加拿大	克蒙特（Quemont）	13.92	4.74	19.53	1.21		1.82
加拿大	埃斯凯克里克（Eskay Creek）	2.49	44.38	2087.68			
澳大利亚	芒特摩根（Mt. Morgan）	80.74	3.67	0.74	0.72		
苏丹	哈桑（Hassai）	6.2	10.00				
瑞典	布利登（Boliden）	8.3	15.07	48.31	1.42		
哈萨克斯坦	阿比兹（Abyz）	4.4	6.47	61.00	2.13	5.35	
美国	格林斯克里克（Greens Creek）	11.2	4.20	560.94	0.01	4.07	10.88

资料来源：B. Dube 等，2006

[*]　金储量 + 产量 > 30t。

三、矿床成因和找矿标志

1. 矿床成因

由于人们能亲眼目睹现代海底块状硫化物矿床的形成，因而对这类矿床的成因认识已日趋一致，多数学者认为是同生沉积的火山喷气成因，这种成因模式的要点表示在图 5 中。

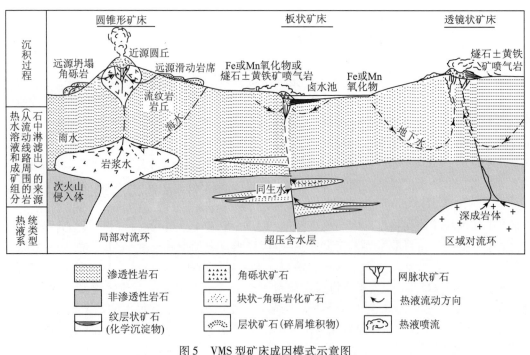

图 5　VMS 型矿床成因模式示意图

（引自 J. W. Lydon，1988）

图5示出了关于VMS型矿床成因的3种设想。这3种可能的成因模式都与断裂有关，是断裂活动把成矿溶液带至海底，并把矿石沉积在海底的。图中左、右两种模式被称为对流环模式，表示热液系统是一种主要由海水组成的对流体。对流环模式的基本概念是：主要为海水成因的地下水在岩浆热源的作用下发生对流，沿途从岩石中淋滤出成矿组分形成VMS型矿床。然而，这种对流假说不能满意地解释这样的一些事实——在许多矿区内，与火山活动所跨越的时间相比，大多数块状硫化物矿床仅赋存在相当窄的地层区间内，也不能解释为什么许多海底火山岩堆积体都明显不含有这类矿床。但如果运用图5中间的模式，就可以对这些现象作出令人满意的解释。这种模式即地震泵送机理，也称含水层模式。如图所示，海水储集在可渗透的岩石中，并被不透水层所包围；储集在渗透性岩石中的冷水溶液被下伏次火山侵入体加热到400℃左右；被加热的原生水把火山岩层中的金属淋取出来；当构造活动（地震断裂）切割不透水层时，富含金属的热液便沿断裂上升；含金属的热液与冷海水混合，金属硫化物便迅速沉淀，堆积形成矿体。

2. 找矿标志

总结此类矿床的形成与分布规律，可以为普查和预测提供重要的依据，长期以来各国都在这类矿床的普查问题方面进行了研究和总结，并且已得出许多有利于寻找这类矿床的特殊的地质、地球物理和地球化学找矿标志和方法。

（1）地质找矿标志

1）大洋中脊、离散板块边缘、会聚板块边缘、大陆边缘、板块内的海岛、弧内和弧间裂谷盆地等构造环境是VMS型矿床产出的有利环境。

2）优地槽内分异良好的富钠或富钾、钠的细碧角斑岩分布地区、蛇绿岩分布地区、古老的绿岩带地区以及与火山喷气沉积作用有关的以沉积岩为主的岩系分布地区，均有可能出现VMS型矿床。

3）VMS型矿床往往出现在上述火山岩区的酸性火山喷发中心附近；位于火山中心近端（富Cu矿）或远端的火山岩相（富Pb－Zn矿）。

4）各种酸性火山碎屑岩（酸性集块岩、酸性火山碎屑角砾岩和酸性凝灰岩等）是VMS型矿床常见的容矿岩石。流纹岩是最常见的底板岩石，沉积岩和/或基性火山岩是最常见的顶板岩石。

5）矿石产在火山岩层之间的有利层位，有利层位可以是富铁喷气岩、含硫化物的表生碎屑岩、页岩或碳酸盐岩。火山岩系中各种岩性、岩相的接触带，尤其是基性或中性火山岩和酸性火山岩接触带，以及酸性或基性火山岩与上覆沉积岩的界面，往往是VMS型矿床赋存的位置；薄层硅质、铁质和锰质的沉积岩等是VMS型矿床上部具有特殊意义的岩性标志。

6）区分各个时代的火山旋回，研究各地区成矿的时代，特别是确定主要成矿时代尤为重要。由于矿床与一定时期火山活动有关，且多与岩层整合产出，因此在普查时要注意成矿的地层控制。

7）注意各种断裂的交会处、断裂与褶皱交切处和复杂的构造地区，以及各种火山构造（如酸性火山穹窿、破火山口分布地区等），尤其要注意同火山期裂谷断层。

8）矿床的热液蚀变有区域性绢云母±绿泥石蚀变，下盘岩石的镁交代作用，沿矿石侧向层位的硅化作用等，都是有用的勘查标志。

9）对富金VMS型矿床来说，含铝矿物组合的存在是这类矿床有用的勘查标志，含有红柱石、蓝晶石、十字石和富锰的石榴子石是古老变质地体中Au－VMS型矿床的主要矿物组合。

10）此类矿床往往成群产出，其直径范围在20～40km之间。因此，在已有此类矿床的地区，要继续在有利地段或部位内根据控矿因素并运用找矿标志寻找新矿床。

（2）地球物理找矿标志

物探方法是普查VMS型矿床的重要手段，经常采用的有电磁法、电法、磁法、重力法和电阻率法等。各国地质条件不同，方法效果也不同。

1）在前寒武纪地盾区，电磁法寻找此类矿床很有效，如加拿大地盾区，很多矿床均是用电磁法或地面电磁法发现的，在印度、非洲、南美、东南亚和澳大利亚的工作也已证实了这一点。

2）在西班牙－葡萄牙矿带，由于矿带地形极为崎岖不平，航空电磁法无效。该带最有效的物探方法是重力法、直流大地电阻率法、电磁法（土拉姆法）。在该矿带通常首先用大地电阻率法来勘查新区，然后用重力法来检查异常。

3）前苏联各国在详查某些异常和查明某些地质构造时，电法（激发极化法、过渡场法、自然电场法等）、磁测和高精度重力测量等应用较多。一般用激发极化法圈出整个矿化地区，用过渡场法在这些地段内查明各隐伏矿体。

4）区域磁测能确定主要的火山岩层、构造和蚀变，激发极化法能确定矿（石）带和黄铁矿蚀变晕。

（3）地球化学找矿标志

VMS 型矿床的化探异常规模要比矿体大许多倍，所以在预测和普查中，广泛应用各种化探方法，包括原生晕、次生晕、水化学晕以及生物地球化学方法等。

1）采用原生晕方法对寻找 VMS 型矿床的盲矿体有一定效果。VMS 型矿床原生晕的主要指示元素为 Cu、Zn、Pb、Ag、As、Mo、Co 和 Ba，有时用 Bi、Hg、Se 和 Te 等元素作为辅助指示元素。

2）次生晕的规模大大地超过矿体和矿体原生晕的规模，因而它更有利于地球化学普查。VMS 型矿床其矿体次生晕的标型元素是 Cu、Ag、Pb、Ba、Zn、Mo、Sn、Co、Hg。在这些元素中只有 Zn、Cu 常形成具有意义的次生聚集。Ba、Mo 和 Ag 活动性不强，因此，它们在次生晕中出现，就表示矿源已在附近了。

3）水地球化学普查标志是水的 pH 值偏低；水中矿化组分含量偏高，水中主要的特征元素有 Fe、S、Cu、Pb、Zn，次要元素有 Cr、Hg、Au、As、Sb、Ba、Bi、In 等。

4）金属垂直分带（沿地层向上）是：Cu、$Au \rightarrow Pb$、Zn、Ag、$Au \rightarrow Ba$。

5）锌矿石中的痕量元素是 As、Sb、Mg、Tl，铜矿石中的痕量元素是 Bi、Te、Mo、Co。

6）多数矿床都有明显的土壤 Pb 异常，Zn 和 Pb 显示分散土壤异常。

7）铁帽的痕量元素为 Au、Se、Te、As、Sb、Bi、Cd、In、Tl、Hg、Sn 和 Ba。

（戴自希）

模型九　别子型块状硫化物矿床找矿模型

一、概　　述

别子型矿床是火山成因块状硫化物矿床的一个亚类。F. J. Sawkins（1976）把火山成因块状硫化物型矿床按其产出的构造环境和容矿岩系不同分为黑矿型（Kuroko）、塞浦路斯型（Cyprus）、别子型（Besshi）和沙利文型（Sullivan）4 类。

其中，别子型矿床产出的构造环境不甚明确，可能产在拉张性陆缘裂谷环境，或产在弧前海槽、海沟环境，赋存在强烈变形的碎屑沉积岩和镁铁质火山岩系中。别子型矿床是以其典型产地——日本西南部四国岛三波川变质沉积岩 – 变质火山岩中的别子（Besshi）矿床而命名的。在日本三波川岩带中产有 100 多个较大的铜 – 锌矿床，其中最大的矿床即为别子矿床。这些矿床在 17 世纪就进行了开采，是日本贱金属矿石的主要来源。别子矿山曾经是日本最大的贱金属矿山之一，截至 1973 年该矿山关闭，其矿石总产量为 33×10^6 t，铜品位 2.6%，即产出了 85.8×10^4 t 铜。产于三波川岩带中其他较大的矿床有日立，含有矿石储量 33×10^6 t，含铜 1.5%，含锌 1.1%，即含有铜储量 49.5×10^4 t，含锌 36.3×10^4 t。

世界其他地区还产有一些别子型矿床，包括挪威特隆赫姆地区、芬兰奥托孔普地区、西南非洲马切利斯带、美国蓝岭带和加拿大不列颠哥伦比亚地区（表 1）。我国有些学者（李福东等，1993）认为青海铜峪沟铜矿（铜储量 $>50 \times 10^4$ t）与别子型铜矿颇为相似，可列入别子型矿床。

表 1　世界部分别子型矿床

矿　　床		时　　代	矿石储量/10^6 t	Cu/%	Zn/%	Co/%	Au/(g·t^{-1})	Ag/(g·t^{-1})
日本 （三波川岩带）	别子	晚古生代	33.0	2.6		0.05	0.7	20.6
	日立	晚古生代	33.0	1.5	1.1			
	佐佐连	晚古生代	5.5	1.6				
挪威 （特隆赫姆地区）	基林达尔	奥陶纪	3.0	1.9	5.9		0.9	23.0
	特沃夫杰尔	奥陶纪	19.0	1.0	1.2			13.0
	赫斯乔	奥陶纪	3.2	1.4	1.4			
芬兰 （奥托孔普地区）	克里提	古元古代	31.0	3.5	0.5	0.12	1.0	10.3
	沃诺斯	古元古代	6.6	2.1	1.2	0.11		37.7
西南非洲 （马切利斯带）	马切利斯	新元古代	5.0	1.5				
	奥奇哈塞	新元古代	16.5	2.2	0.8	0.02	0.7	6.9
美国 （蓝岭带）	伯拉伯拉	新元古代	21.0	1.6				
	切罗基	新元古代	77.0	0.7	0.5			
加拿大	金河	始寒武纪	3.5	4.5	3.1			24.0
	谢里丹	古元古代	8.5	2.5	2.8		0.7	34.3
	温迪克拉基	三叠纪	297.0	1.38		0.07	0.2	3.83

资料来源：J. S. Fox, 1984；P. Laznicka, 2006

1958 年发现、20 世纪 90 年代初完成勘查的加拿大不列颠哥伦比亚省温迪克拉基（Windy Craggy）铜–钴–金–银矿床被认为是目前世界上最大的别子型矿床，有矿石储量 $297 \times 10^6 t$，铜品位 1.38%，钴 0.07%，金约 0.2g/t，银 3.83g/t，即含有铜储量 $410 \times 10^4 t$，钴 $21 \times 10^4 t$，金 59t，银 1137t。

二、地 质 特 征

1. 区域构造背景

别子型矿床的构造背景一直是一个有很大争论的问题，有人认为这类矿床是在与俯冲作用有关的构造体制下形成的，与岛弧有某种成因联系。J. S. Fox（1984）认为别子型矿床似乎是在陆缘或可能是弧后拉伸环境中形成的。也有人认为别子型矿床只产在弧前海槽或海沟中。所以可以认为别子型矿床是在陆缘裂谷环境下和很厚的近源陆源碎屑沉积岩系在海底一起形成的，并且是附近的基性火山碎屑沉积岩系中热液对流的产物。

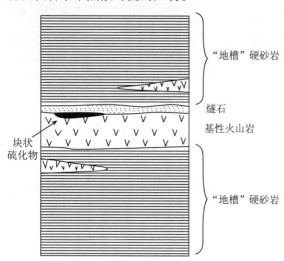

图 1　别子型矿床的典型岩石环境综合剖面示意图
（引自 F. J. Sawkins，1976）
这种剖面总厚度通常为 10km 左右。火山岩与沉积岩之间的界线可能是构造接触，而不是地层接触

2. 矿床地质特征

别子型 Cu – Zn（– Ag – Au ± Co）矿床是平伏的层状火山成因硫化物矿床，一般与基性火山岩伴生，有时也可与超基性火山岩或次火山基性侵入岩伴生。基性火山岩和矿床外围通常有很厚的陆源碎屑沉积物。矿床赋存在碎屑沉积岩和基性火山岩互层的岩系中（图 1），如日本别子矿床，其矿化产在玄武质片岩、泥质片岩和砂质片岩互层的岩系中；加拿大温迪克拉基矿床赋存在三叠系碎屑沉积岩和镁铁质熔岩流及岩床中。

本文以日本别子矿床和加拿大温迪克拉基矿床为例来具体描述别子型矿床的地质特征。

（1）日本别子矿床

日本三波川岩带中的 100 多个铜–锌矿床，从地质背景和矿石矿物来看，都与别子矿床基本相似。矿石产量最大的是该带中部的别子–佐佐连矿区。

别子–佐佐连地区的矿床产于晚古生代吉野川群，该群为 7000m 厚的晚古生代陆源优地槽沉积岩系。该岩系的底部为三角洲砂岩、近海泥岩和粉砂岩，不整合地覆盖在前寒武纪硅铝质基底上。该岩系的中部由浊积泥质岩、浊积砂岩、玄武岩和少量灰岩组成，其上是深海泥质岩和砂屑岩。三波川岩带的别子型矿床几乎都产在吉野川群中部三绳组，该组在别子–佐佐连地区的厚度最大，达 3000m。三绳组中的大多数矿床，包括别子矿山和佐佐连矿山，都产在特定的地层层位中，即产在富含基性火山岩的中段与富含泥质岩的上段之间的接触面上。不过有些重要矿床也产在三绳组的下段和上段。

别子矿床的形状为板状，走向长度为 1700m，倾伏延深 3500m，平均厚度为 3m。佐佐连矿床为扁豆状，但显示出同样明显的连续性。

别子矿床矿化产在玄武质片岩、泥质片岩和砂质片岩互层的岩系中（图 2）。硫化物带的下面是一个 400m 厚、主要为玄武岩的岩系，该岩系已变质成阳起石–蓝闪石–绿泥石–绿帘石片岩。硫化物带的上面主要是泥质岩石，以石英–白云母–绿泥石–绿帘石–石墨集合体为特征。

别子矿床有块状、条带状和脉状 3 种矿石。块状矿石主要由黄铁矿和黄铜矿组成，但也含少量闪锌矿、磁铁矿和赤铁矿。条带状矿石产在顶、底板块状矿石之间，由夹在磁铁矿–绿泥石–石英片岩之间的黄铁矿和黄铜矿组成。磁黄铁矿与脉状矿石伴生。

三波川岩带有些别子型矿床的矿石含大量钴。佐佐连矿山的硫化物中有硫铜钴矿，别子等矿山有辉砷钴矿。在别子矿床的条带状矿石中有少量黄锡矿。在大多数三波川岩带矿床中可测到钼异常。

（2）加拿大温迪克拉基矿床

目前被认为是世界上最大的别子型矿床——加拿大温迪克拉基铜－钴－金－银矿床，是一个层控的火山成因块状硫化物矿床。矿床位于不列颠哥伦比亚省西北角的阿特林采矿区内。矿床产在三叠纪双峰式火山－沉积岩系中。火山－沉积岩系以几个旋回的玄武岩流和岩床为主，由含凝灰岩、钙质和炭质泥岩的海相碎屑岩互层组成。矿体沿玄武岩和海相碎屑岩的接触地带发育。矿体的下盘有变玄武岩，上盘为钙质粉砂岩到与凝灰岩互层的泥岩。

温迪克拉基矿床至少由两个不相连的硫化物透镜体组成，每个透镜体都发育程度不等的网脉带。网脉矿化由硫化物－石英－绿泥石脉组成，伴随有绿泥石及硅质蚀变。主要矿石矿物包括黄铁矿、磁黄铁矿、黄铜矿、闪锌矿，还有少量至微量的方铅矿、蓝辉铜矿、自然金、银金矿、自然银和毒砂；脉石矿物包括石英、绿泥石、方解石、菱铁矿、铁白云石、黑硬绿泥石及磁铁矿。

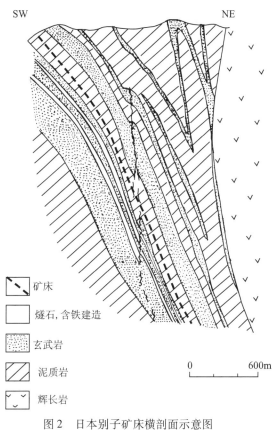

图 2　日本别子矿床横剖面示意图
（引自 J. S. Fox, 1984）

温迪克拉基矿床同日本的别子型矿床在很多方面具有相似性，而温迪克拉基矿床所经受的变质及变形作用程度均比日本的大部分矿床弱，因此，它是了解这类矿床形成过程的一个样板。

三、矿床成因和找矿标志

1. 矿床成因

无论是在日本，还是在世界其他地方，这种与镁铁质火山岩有关的别子型矿床均产于比较复杂的构造环境中，现在一般认为其成矿的构造环境属大洋扩张环境，如弧后盆地，紧靠大陆边缘的大洋中脊或大陆扩张早期阶段的裂谷盆地。

成矿作用可能与玄武岩质火山作用有关，是海底热泉所为。矿石产于缺氧海盆中渗透性好的沉积岩和破碎的火山岩中。

2. 找矿标志

（1）区域地质找矿标志

1）从构造背景上看，别子型矿床是在陆缘裂谷环境中和很厚的陆缘碎屑沉积岩一起形成的，为近源矿床，是附近基性火山碎屑沉积岩中热液对流的结果。这类矿床并不局限于某一地质时期或某一特定的大陆。因此，陆缘裂谷特有的岩石组合对寻找别子型贱金属矿床来说都是有远景的。

2）有经济价值的矿化数量与基性火山岩的体积之间有明显的相关关系，再加上与玄武岩有关的有利层位很稳定，这为普查别子型矿床提供了有用的标志。

3）矿床赋存在火山－沉积盆地的环境，伴有同沉积断层和镁铁质火山中心。发育镁铁质火山岩（拉斑玄武岩，通常为弱碱性）和火山－沉积碎屑岩。

（2）局部地质找矿标志

1）矿床的岩石类型包括陆源碎屑沉积岩、拉斑玄武岩质－安山质凝灰岩和角砾岩，局部为黑色页岩、氧化物相含铁建造和红色燧石。岩石结构为薄层状碎屑岩。矿床产在强烈变形的变质岩区内，容矿岩石为石英质和镁铁质的片岩。

2）许多别子型矿床矿体附近岩石有绿泥石化蚀变，这可能是热液蚀变的反映，也可能是泉华成因的。

3）喷气型碳酸盐总是与别子型硫化物共存，如含锰的喷气岩与日本三波川岩带某些矿床共存，在别子矿山的底板和矿层中，见有红帘石、锰铝榴石和碳酸盐等，可能是含锰的喷气岩。另外，可能还有氧化物－碳酸盐相含铁层存在。

4）黄锡矿和（或）辉钼矿是别子型矿床所特有的微量矿物，这可能是硅铝质基底的反映。在这一点上值得指出的是，喷气型 Sn（－W）矿床可能是在与别子型矿床大致相同的沉积环境中形成的。

（3）地球物理找矿标志

取决于矿化型式和导电硫化物的存在，硫化物透镜体通常显示电磁或激发极化信号特征。不过，别子型矿床的围岩通常是石墨泥质岩，使用常规航空地球物理方法未必有效。因此，在寻找别子型矿床时，地质标志和地球化学标志可能是关键性的。

（4）地球化学找矿标志

别子型矿床一般具有 Cu、Zn、Co、Ag、Ni、Cr 的地球化学标志；有时也富集 Au、Mg、Mn，有的矿床 Au 可达 4g/t，Ag 可达 60g/t，具有 Mn 晕；Co/Ni＞1.0。

（金庆花　戴自希）

模型十　砂页岩型铜矿床找矿模型

一、概　　述

　　砂页岩型铜矿泛指不同时代沉积岩中的层控矿床，矿床产在一套沉积岩或沉积变质岩中。容矿岩石主要有砂岩、页岩、泥岩、泥灰岩、白云岩等。按其容矿岩石和受变质状况，可把砂页岩型铜矿分为"页岩型"亚型、"砂岩型"亚型和"沉积变质型"亚型三类。页岩型铜矿的典型代表有波兰的卢宾、德国的曼斯费尔德矿床；砂岩型矿床有俄罗斯乌多坎、哈萨克斯坦杰兹卡兹甘、玻利维亚科罗科罗铜矿床；沉积变质型有赞比亚铜带、中国东川铜矿床等。

　　按照沉积相环境，含铜页岩为浅海相矿床；含铜砂岩包括泻湖三角洲相和湖泊–冲积相矿床，且又有海相和陆相之分。成矿时代有两个高峰期：元古宙和古生代，而在中、新生代也有规模相对小一些的红层砂岩铜矿。

　　砂页岩型铜矿是世界重要的铜矿类型，约占世界铜总储量的30%左右，仅次于斑岩铜矿，列居世界铜矿主要类型的第二位。据2009年最新统计，世界铜金属储量超过 500×10^4 t 的超大型铜矿有94个，其中砂页岩型铜矿16个，占其总数的17%。

　　总的来看，该类矿床以其规模大、品位高、伴生组分丰富为特点，经济价值巨大。

　　该类矿床在世界上分布很广，主要分布在赞比亚、刚果（金）、美国、俄罗斯、波兰、德国、澳大利亚、哈萨克斯坦、阿富汗以及中国等地。代表性矿床有赞比亚–刚果（金）铜矿带（中非铜矿带）、俄罗斯乌多坎铜矿、美国怀特潘铜矿、玻利维亚科罗科罗铜矿、哈萨克斯坦杰兹卡兹甘铜矿、波兰卢宾铜矿、德国曼斯费尔德铜矿、阿富汗艾纳克铜矿和中国东川铜矿及滇中红盆砂岩铜矿等（表1）。

表1　世界超大型砂页岩型铜矿床[*]

国　　家	矿床或矿田	Cu 储量/10^4 t	Cu 品位/%	矿床亚类型	成矿时代
美国	怀特潘（White Pine）矿床	1030	1.20	砂岩型	元古宙
赞比亚	恩昌加（Nchanga）矿田	1902	2.22~5.03	沉积变质型	元古宙
赞比亚	恩卡纳（Nkana）矿田	1469	2.22~3.37	沉积变质型	元古宙
赞比亚	木富利拉（Mufulira）矿田	1107	1.18~7.28	沉积变质型	元古宙
赞比亚	孔科拉（Konkola）矿田	1703	3.06~4.06	沉积变质型	元古宙
赞比亚	卢西亚–罗安（Luanshya Roan）矿田	775	2.41~2.91	沉积变质型	元古宙
赞比亚	卢姆瓦纳（Lumwana）矿田	742	0.70	沉积变质型	元古宙
刚果（金）	科尔韦济（Kolwezi）矿田	6700	4.00~4.50	沉积变质型	元古宙
刚果（金）	滕凯–丰古鲁梅（Tenke – Fungurume）矿田	4560	2.50~4.50	沉积变质型	元古宙
刚果（金）	利卡西矿田（Likasi Field）	800	5.0	沉积变质型	元古宙
刚果（金）	卢本巴希（Lubumbashi）矿田	600	6.0	沉积变质型	元古宙
俄罗斯	乌多坎（Udokan）矿床	2400	2.0	砂岩型	元古宙
波兰	卢宾（Lubin）矿田	6800	2.0	页岩型	二叠纪
澳大利亚	芒特艾萨（Mount Isa）矿床	1002.6	3.3	沉积变质型（？）	元古宙
哈萨克斯坦	杰兹卡兹甘（Zhezkazgan）矿田	676	1.54	砂岩型	石炭纪
阿富汗	艾纳克（Aynak）矿田	1120	0.62~2.5	沉积变质型	元古宙

　　资料来源：P. Laznicka，2006；R. V. Kirkham，1990

　　[*] 铜金属储量 $>500 \times 10^4$ t

二、地 质 特 征

1. 区域构造背景

砂页岩型铜矿大都形成在长期隆起剥蚀区边缘,一般分布在地台边缘部分、边缘坳陷和地台内部坳陷,以及褶皱带的山前断陷或山间盆地中,这些构造位置为铜沉积物的聚集创造了最有利的环境,如赞比亚铜矿带位于地台内部坳陷中,中欧铜矿带产在地台边缘,哈萨克斯坦杰兹卡兹甘矿床分布在褶皱带的上叠凹陷中。

2. 矿床地质特征

(1) 容矿岩石

砂页岩型铜矿的容矿岩石包括从粗到细的一套沉积岩及其变质产物,有角砾岩、砾岩、砂岩、粉砂岩、黏土、泥岩、泥灰岩、灰岩、页岩、白云岩等。这套含铜沉积岩特征是:成分复杂,碳酸盐含量偏高,岩石呈灰色。它们是在干燥气候条件下形成的,其下往往有红色建造或含煤建造,上覆往往有膏盐建造。

(2) 层控特征

该类矿床具明显的层控性,分布在一定的地层层位内。如赞比亚铜矿带赋存在元古宇加丹加系下部的罗安组中,含矿层厚 30~80m;俄罗斯乌多坎铜矿产在古元古界乌多坎群最上部的萨库坎组和纳明加组;波兰卢宾铜矿分布在二叠系蔡希斯坦统底部。由于海侵和海退的交替,含铜层位往往沿剖面的一定方向向上迁移,矿层及矿体在空间上表现出一定方向性的雁行排列。在海退岩系里矿层通常沿剖面往上朝古海盆方向迁移,而在海侵岩系里则通常朝古剥蚀区方向迁移。这种特点在矿区范围内表现在含铜岩系的多层性上,一个剖面里矿层数可以从几层到几十层,但其中常有一、两层是主要含矿层。

(3) 矿体形态

矿体与围岩呈整合产出,一般顺层展布,呈层状、扁豆状。含铜沉积物通常聚集在河谷、三角洲、海和湖的滨岸部分。一般与海相沉积作用有关的矿床比较规则、稳定、延伸广泛、规模大;与陆相沉积作用有关的矿床形态复杂,变化大、规模小。

(4) 矿石矿物组成及矿化分带

该类矿床的矿物种类比较简单,原生矿石中以辉铜矿、斑铜矿、黄铜矿和黄铁矿为主,有的含自然铜和铜蓝。矿物呈浸染状散布于岩石中,往往在某些层理面上更加富集,形成条带状、韵律状、交错层状、云雾状等。在前寒武纪矿床中,含铜地段若有藻礁存在,则这些硫化物往往沿藻类的生长线分布。

此类铜矿伴生的有用元素很多,除 Cu 外,Pb、Zn、Ag、Co、V、U 和 PGE 等都可在不同矿床中大量富集。

另外,该类矿床具有矿化分带特点。其原生矿化分带表现为水平方向和垂直方向上的矿石分带和矿物分带。在水平方向上,铜的硫化物产在古沉积盆地水最浅的滨海部分,而朝盆地的深部方向铜矿石先被铅矿石逐渐代替,尔后又被锌矿石逐渐代替。在垂直方向上,表现为自下而上铜矿石被铅、锌矿石逐渐代替。若在海侵的情况下,剖面自下而上为铜→铅→锌;若在海退的情况下,剖面自下而上为锌→铅→铜。这种矿化分带现象在含铜页岩型矿床中最为常见,如德国的含铜页岩中铅锌矿石分布在含铜页岩的顶板,且与碳酸盐含量增加有关。矿物分带在水平方向上,由近岸到远岸依次为辉铜矿—斑铜矿—黄铜矿—黄铁矿,垂直分带又有海侵型和海退型的区别,沿剖面自下而上出现辉铜矿—斑铜矿—黄铜矿—黄铁矿,是海侵型的,若顺序相反则是海退型的。

(5) 成矿时代

砂页岩型铜矿广泛见于古元古代至晚第三纪各个时代,其中元古宙和古生代为两个成矿的高峰期，尤其是元古宙占此类矿床总储量的80%以上。赞比亚铜矿带、俄罗斯乌多坎铜矿、阿富汗艾纳克铜矿、美国怀特潘铜矿和中国的东川铜矿（铜探明储量391×10^4t，品位0.8%～1.29%）均产在元古宙地层中，元古宙的全球成矿期已引起了勘查界的高度重视。古生代也有一些大型砂页岩型铜矿，如产于寒武系的约旦法南（Fenan）铜矿（铜储量$(68.3 \sim 205) \times 10^4$t，品位0.53%～1.87%），产于石炭系的哈萨克斯坦杰兹卡兹甘铜矿等。中、新生代砂页岩型铜矿多为中、小型的陆相红层铜矿，其中最大的是墨西哥波莱奥（Boleo）矿床（铜储量392×10^4t，品位0.71%～4.8%），还有玻利维亚科罗科罗（Corocoro）矿床（铜储量77.4×10^4t，品位1.3%～5.0%）以及中国云南六苴（铜储量37.62×10^4t，品位1.04%）等铜矿。

3. 各亚类矿床主要特征

（1）页岩型矿床

页岩型矿床，典型的代表是中欧"含铜页岩"（Kupferschiefer），指的是分布于欧洲几个国家的上二叠统中一层薄的海相沥青质泥灰岩。这层泥灰岩延伸长达1500余千米，分布于英国、荷兰、德国和波兰等中欧地区，面积达60×10^4km^2。由于这层泥灰岩中堆积有锌、铅、铜等若干金属，因而早就引起了人们广泛的注意。但作为矿床开采的也只有德国和波兰部分地区。

在中欧含铜页岩成矿区，可分出3个主要含铜成矿带：前苏台德成矿带、北苏台德成矿带和哈茨－图林根成矿带。

前苏台德和北苏台德成矿带均在波兰境内，著名的卢宾铜矿田即产在前苏台德成矿带内。卢宾铜矿田现有铜储量6800×10^4t，铜品位2%，是世界特大型铜矿床之一，也是欧洲最大的铜矿床。

北苏台德为一向斜构造，前苏台德为一单斜构造，两者的基底均由早古生代沉积物和更古老的岩石组成。这些岩石之上不整合地覆盖着石炭纪沉积物，再往上是二叠纪沉积物。二叠纪沉积物分两个统：下部为无化石的赤底统（Rotliegende），上部为蔡希斯坦统（Zechstein）。铜矿化产在该两统之间的接触带内（图1，图2）。蔡希斯坦统之上为三叠纪、晚白垩世以及第三纪和第四纪的沉积物。

哈茨－图林根成矿带在德国境内，其中产有曼斯费尔德（Mansfelder）、赞格豪森（Sangerhausen）、里舍尔斯多夫（Richelsdorfer）等矿床。其中曼斯费尔德－赞格豪森矿田有铜储量250×10^4t，

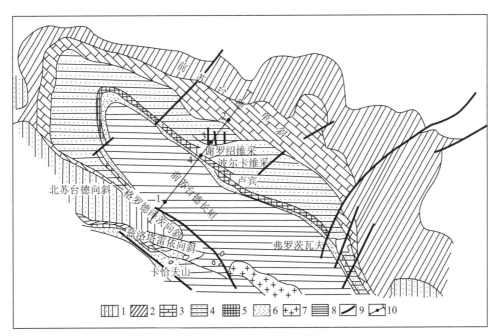

图1　波兰苏台德地区地质图

（引自 Э. Константинович，1972）

1—上白垩统；2—上三叠统（考依波统）；3—中三叠统（壳灰岩统）；4—下三叠统（斑砂岩统）；5—上二叠统（蔡希斯坦统）；6—下二叠统（赤底统）；7—海西期花岗岩；8—早古生代岩石（片岩）；9—断层；10—地震剖面及钻孔

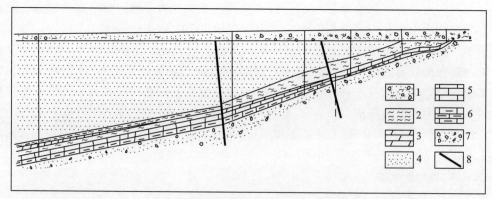

图2　波兰格罗德泽茨向斜一翼的地质剖面图

（引自 Э. Константинович，1972）

1—更新统（砂、细砾、黏土和砂岩）；2~4—蔡希斯坦统上部：2—泥质页岩，3—白云岩，4—砂岩；

5~6—蔡希斯坦统下部和中部：5—灰岩，6—泥灰岩，7—夹砂岩层的砾岩；8—断层

图中直线条为钻孔

铜品位 2.2%。这些矿床沿海西期捷克地块边缘延伸 400 余千米。含铜建造也分布在赤底统之上的蔡希斯坦统底部。

"含铜页岩"为一种沥青质泥灰岩，含有碎屑矿物、碳酸盐和沥青碳（平均含碳近 6%）。其中碎屑矿物主要有云母、石英、绿泥石、斜长石、钾长石和高岭石等；碳酸盐为白云石和方解石，局部含微量菱锌矿和菱铁矿。"含铜页岩"中的铜矿物主要有斑铜矿、黄铜矿、辉铜矿、铜蓝、铁铜蓝等，其他硫化物有闪锌矿、方铅矿、黄铁矿。此外，有时也含有一些磁铁矿或赤铁矿等。

（2）砂岩型矿床

砂岩型铜矿形成于多个成矿时代中，产于元古宙的有美国怀特潘、俄罗斯乌多坎铜矿，产于古生代的有哈萨克斯坦杰兹卡兹甘、约旦法南铜矿，产于中、新生代的有墨西哥波莱奥、玻利维亚科罗科罗和中国云南六苴等铜矿。

容矿岩石为从海相到陆相的一套碎屑岩，包括石英－长石砂岩、细砂岩、粉砂岩、泥岩、砾岩，有时夹有凝灰岩层。矿床呈层状，且有多个层位。如乌多坎铜矿有 5 个含铜层位，但具重要意义的是两个层位（图3）；杰兹卡兹甘矿床有 26 层含矿砂岩，其中 19 层含有工业矿体。矿石矿物主要有辉铜矿、斑铜矿、黄铜矿和黄铁矿，有些矿床还有方铅矿、闪锌矿、磁铁矿和赤铁矿等。中、新生代的砂岩铜矿都是陆相的，无论是大陆活化形成的坳陷盆地和断陷盆地，还是造山带形成的坳陷盆地，都以陆相含铜杂色岩系为特征。

（3）沉积变质型矿床

该类矿床储量大、品位高，都分布在元古宇，代表性的矿床包括赞比亚－刚果（金）矿带（中非铜矿带）上的许多矿床（图4，图5），阿富汗艾纳克铜矿、中国的东川铜矿等。容矿岩层经历了区域变质作用，为低级变质岩系。容矿岩石有砂岩、变质砂岩、白云岩、砂泥质白云岩、砂砾岩、泥岩、页岩、石英岩、绢云母石英岩等。围岩蚀变有白云石化、重晶石化等。矿体呈层状、透镜状，受地层层位控制。主要矿石矿物有黄铜矿、斑铜矿、辉铜矿等。刚果（金）矿带还伴生大量钴和铀等重要金属。

三、矿床成因和找矿标志

1. 矿床成因

现在一般认为砂页岩型铜矿主要是沉积－成岩成因。该成因模式认为，铜及其伴生的金属和围岩一起经历了一个完整的沉积旋回，包括补给区岩石的物理化学破坏，物质向盆地搬运，以及后来的沉

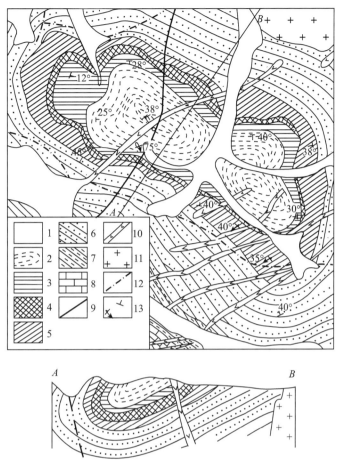

图 3 俄罗斯乌多坎铜矿床地质示意图

（引自 И. З. Самонов 等，1974）

1—第四纪沉积；2—纳明加组粉砂岩、砂岩、泥岩；3～5—萨库坎组的上部亚组：3—矿上段（钙质砂岩和石英岩状
　　砂岩、粉砂岩），4—含矿段（钙质砂岩和石英岩状砂岩、粉砂岩），5—矿下段（石英岩状砂岩和钙质砂岩、粉砂
　　岩、砾岩－角砾岩）；6—萨库坎组的中部亚组含磁铁矿砂岩、细砾岩；7—萨库坎组的下部亚组砂岩、千枚岩状片
　　岩、细砾岩、砾岩－角砾岩；8—布依组灰岩、粉砂岩、钙质砂岩；9—花岗正长斑岩岩墙；10—辉长－辉绿岩岩墙；
　　11—楚伊－科达尔杂岩中的花岗岩；12—构造变动；13—产状要素

积和成岩作用。矿质最可能的来源是补给区富含金属的岩石区。古剥蚀区的岩石富铜是形成该类矿床的先决条件。例如俄罗斯乌多坎铜矿的铜源可能是太古宙基底含磁铁矿岩石，部分铜可能来自于贝加尔褶皱带内带的穆依带细碧角斑岩建造。杰兹卡兹甘含铜岩系的供给区为萨雷苏捷尼兹隆起带的查克赛康群岩石和硫化物矿体，查克赛康群显然是优地槽绿岩－花岗岩带，并产有黄铁矿型铜矿。可能来自蒸发岩的地下卤水把铜从基底岩石或沉积物中萃取出来，铜经搬运穿过氧化层，然后通过还原作用沉淀在缺氧沉积物中，早期成岩的黄铁矿是常见的还原剂。

矿质的堆积是与在半干旱气候条件下，在内陆海、滨海浅水相环境和滨海冲积－湖泊平原相环境中形成的陆源沉积物和化学沉积物同时发生的。不过，对形成大型铜矿床最有利的是泻湖－三角洲和海湾－泻湖环境。铜和其他金属的硫化物是在生物成因硫化氢的影响下在沉积物成岩阶段形成的。在成岩阶段，由于金属的再分配形成了主要矿体，并形成了受成矿作用氧化还原环境控制的原生矿物分带和地球化学分带。矿物从海岸线到海盆的排列顺序是辉铜矿带、斑铜矿带、黄铜矿带和黄铁矿带，而且全部与海岸线大体平行。

2. 找矿标志

从研究砂页岩型铜矿床的分布规律来看，这类矿床最主要的控矿因素和预测标志是大地构造标志、地层标志、古地理标志和矿物－化学标志（包括矿化分带）以及与其他类型矿产相伴生关系等。

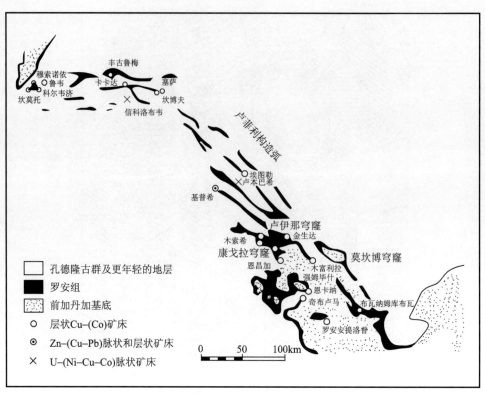

图 4　中非铜矿带地质简图

（引自李志锋，1992）

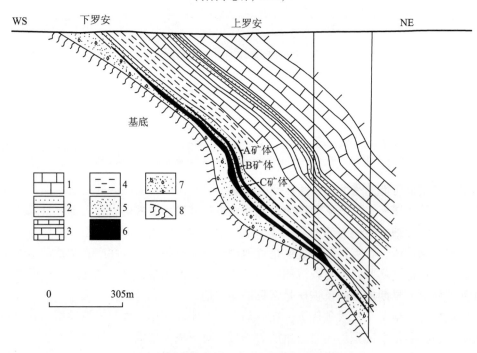

图 5　赞比亚铜矿带木富利拉矿床剖面图

（引自 V. D. Fleischer 等，1980）

1—上部白云岩；2—条带状页岩及石英岩；3—中间的白云岩；4—上盘建造；5—含矿建造；
6—矿体；7—下盘建造；8—卢富布片岩

它们也是该类矿床找矿模型的最基本内容。

1）大地构造标志：形成含铜矿带最有利的大地构造位置是直接与褶皱区毗邻的地台边缘部分或边缘坳陷以及褶皱区外带。

2）地层含矿性标志：含铜沉积地层从前寒武系到上第三系都有，可划分出几个成铜期：古元古代、新元古代、寒武纪—奥陶纪、泥盆纪、晚石炭世、二叠纪—三叠纪、早白垩世、早第三纪和晚第三纪。含铜沉积的一个很重要特征是它呈大面积分布，如俄罗斯乌多坎铜带的含铜沉积断续延伸长约150km，赞比亚铜带岩系长达500km以上，玻利维亚科罗科罗含铜岩系长750km，中哈萨克斯坦含铜岩系长度超过600km。所以地层含矿性评价是预测层状铜矿床的主要标志之一。

3）古地理标志：详细研究含铜沉积的古地理特征，特别是恢复出古海岸线的大致位置和变化，可以确定含铜沉积和沉积相，查明矿床分布规律，进而发现含铜矿带。对含铜层位杂色建造聚集的古地理环境恢复证明，成铜期是处于温暖干燥的气候条件下。温暖干燥气候的主要标志之一是灰色和红色沉积岩石与白云石化灰岩、白云岩及盐类共生。所以低纬度、干旱气候、陆相及浅海相沉积层序以及广泛分布的红层是该类矿床的重要勘查标志。

4）矿物－地球化学标志：据对层状矿石的矿物成分研究表明，存在一个稳定的矿物共生组合系列，对整个层状铜矿床的矿石来说，这个系列是：斑铜矿－辉铜矿，黄铁矿－黄铜矿等，对含磁黄铁矿层状铜矿床的矿石来说这个系列是：磁黄铁矿－黄铜矿，磁黄铁矿－黄铜矿－斑铜矿等。最常见的原生矿石类型是斑铜矿－辉铜矿型（常含大量磁铁矿和赤铁矿）和黄铁矿－黄铜矿型（在许多情况下为磁黄铁矿－黄铜矿型）。层状铜矿床原生矿化分带首先表现为铜矿石、铅和锌的矿石在空间上的规律分布，其次表现在含铜沉积中铜、铁的硫化物的矿物分带上。这种原生矿化分带被广泛地用作预测评价准则，在地质勘探工作中常常被利用。在含铜沉积上面的碳酸盐岩系中可找铅、锌，而在含铅锌的碳酸盐类岩石下面的陆源沉积中可找铜。但在含铜砂岩型矿床里，铜、铅、锌矿石之间的关系要复杂得多。含铜沉积中，铜、铁的原生硫化物的矿物分带表现在沿地层剖面向上或向下逐渐被富硫富铁的浸染状硫化物依次代替。如辉铜矿矿石被斑铜矿矿石代替，尔后又被黄铜矿矿石代替，最后被黄铁矿矿石代替，即矿物成分沿倾斜方向及沿岩层走向呈现辉（辉铜矿）－斑（斑铜矿）－黄（黄铜矿）－黄（黄铁矿）的变化。这种原生矿物分带所显示的这种规律，在普查勘探层状铜矿床过程中被广泛地用来作为预测评价准则。

5）砂页岩型铜矿与其他类型矿产伴生关系：砂页岩型铜矿往往与其他沉积矿产相伴生，它们有着空间和成因上的联系，可以互为找矿标志。这种类型的铜矿化与铅锌矿化的伴生现象广泛见于中欧、非洲中部、哈萨克斯坦、澳大利亚、美国等地区。澳大利亚芒特艾萨矿床有相互独立的铜矿床与铅锌矿床；哈萨克斯坦杰兹卡兹甘矿床也同样有相互独立的铜矿床与铅锌矿床；美国怀特潘铜矿床有砂岩型铜矿和自然铜型铜矿床等。

加拿大地质调查局 S. S. Gandhi 等（1990）提出该类铜矿（指的是砂页岩型中的元古宙沉积变质型铜矿，如赞比亚铜矿、澳大利亚阿德莱德层状铜矿等）的原始物质来源于基底的奥林匹克坝型（IOCG 型）矿床，认为阿德莱德铜矿是奥林匹克坝矿床的"派生矿"，提出要对其他地区，如赞比亚铜矿带等这种"派生矿"进行更为详细的研究，也许有可能在铜矿带的基底岩石中能找到类似的奥林匹克坝型矿床，这为世界各地具有砂页岩型铜矿地区进一步找矿提供了新思路。

（戴自希　唐金荣）

模型十一　矽卡岩型铜矿床找矿模型

一、概　述

矽卡岩型铜矿是指在中酸性—中基性侵入岩类与碳酸盐岩（或其他钙镁质岩石）的接触带上或其附近，由含矿气水溶液交代作用而形成的铜矿床。该类型矿床的成矿具有明显的多期次、多阶段性，其典型成矿演化模式为变质作用—进化交代作用—退化交代作用—硫化物沉积。矿石品位较高（平均含 Cu 1%～2%），矿床规模多为中小型，也有大型，且变化较大（矿石储量通常为 $(1～100)×10^6 t$），伴生 Fe、Pb、Zn、W、Sn、Au、Ag 及 REE，具有重要的综合开采利用价值。另据不完全统计，世界上较大规模的矽卡岩型铜矿几乎都与斑岩型铜矿存在着共生关系。这种与斑岩铜矿侵入体矿化相关的矽卡岩型铜矿床常常具有规模较大、品位较低的特点。

矽卡岩型铜矿可按照矿物组分将其分为镁质矽卡岩、钙质矽卡岩、钙–镁质矽卡岩、锰质矽卡岩、碱质矽卡岩等铜矿类型。从经济重要性上来说，钙质矽卡岩型铜矿要比锰质矽卡岩型铜矿重要。若根据蚀变类型来划分，矽卡岩型铜矿又可分为退化蚀变矽卡岩型铜矿（常与蚀变强烈的斑岩铜矿相伴生）、进化蚀变矽卡岩型铜矿（常与蚀变很弱的岩脉相伴生）及介于二者之间的过渡类型。

从全球产出范围来看，矽卡岩型铜矿主要产于大陆边缘和岛弧环境的活动带，分布于环太平洋成矿域，与中生代—新生代花岗岩类岩体或者古生代中酸性侵入岩体有关；其次分布在特提斯成矿域和古亚洲成矿域。矽卡岩型铜矿储量在西方国家铜矿总储量中仅占 0.6%，前苏联约占 2%。而中国的情况则有所不同，已探明的矽卡岩型铜矿储量占总储量的 28%，居全国勘查和开发铜矿类型的第二位。中国矽卡岩型铜矿主要分布在长江中下游地区，成为著名的以矽卡岩型为主的铁铜成矿带（图 1）。

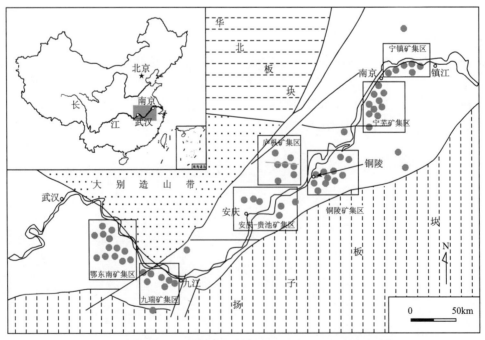

图1　中国长江中下游铁铜成矿带主要矿集区和矿床分布略图

（引自周涛发等，2008）

典型矿床包括安徽狮子山、凤凰山、安庆乐山、铜官山，湖北铁山、铜录山、石头嘴，江西城门山、武山等矽卡岩型铁铜矿床。近年来，随着矽卡岩型矿床成矿理论和勘查的不断深入，在青藏高原冈底斯成矿带上也新确定了不少矽卡岩型铜矿床，找矿潜力巨大，如冈底斯东南段的克鲁、劣布、冲木达等矽卡岩铜（金）矿床。

二、地 质 特 征

1. 构造背景

矽卡岩型铜矿一般产在与大洋和（或）大陆消减带相关的大陆边缘和岛弧带中。通常，在大洋岛弧地层中，可能发育的矽卡岩型矿床只有钙质矽卡岩型铁铜矿床（图2A）。该构造背景下产出的矿床同时也可能富集 Co、Ni、Cr 和 Au。而在大洋增生的大陆消减带，则是矽卡岩型矿床最为发育的构造环境（图2B）。该构造环境除产出矽卡岩型铜矿以外，也易于产出其他种类的矿床，如钨、铁、钼、铅－锌、银等矿产。

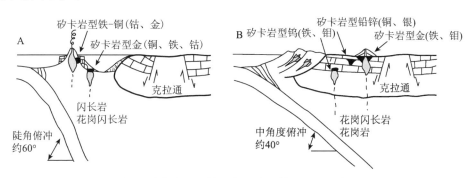

图2 矽卡岩型（铁）铜矿成矿构造背景示意图
（据 L. D. Meinert，1993 修编）
A—大洋消减带及弧后盆地环境；B—大洋增生的大陆消减带环境

大部分矽卡岩型铜矿与Ⅰ型、磁铁矿系列、钙碱性和斑岩型的深成岩体相关，很多矿床都具有相同成因的火山岩石，而且其网状脉、脆性裂隙、角砾岩化、强烈的热液蚀变等特征指示了一种相对较浅成的环境。中酸性岩浆岩对于形成大型矽卡岩铜矿最为有利，其岩性主要为钙碱系列的花岗岩－斜长花岗闪长岩－花岗闪长岩－石英闪长岩－闪长岩。岩浆作用具有多期次活动的特点，常组成复式岩体。

在矽卡岩型铜矿区，发育断裂、裂隙、网脉、角砾和可渗透的岩层构成成矿流体运移通道是不可缺少的。矽卡岩型铜矿的形成，与区域和矿区的构造发育程度有关。例如，中国长江中下游地区褶皱和断裂就特别发育。地质构造及演化是控制该区成矿地质环境的主导因素，构造运动制约了该区地层、构造、岩浆岩、成矿作用等地质特征。如，城门山铜矿位于长山－城门山背斜倾伏端的北翼，在EW 或 NEE、NW、NE 或 NNE 向等多组断裂的交汇处；武山矿床位于界道－大桥背斜倾伏端的南翼，为 NEE、NE、NW 向等多组断裂的交汇处；东狮子山铜矿床受白芒山背斜的直接影响，矽卡岩体和矿体沿地层层间薄弱带、顺层滑脱构造产生的空间分布（图3）。总体而言，区域构造是长江中下游成矿区控制岩浆和沉积作用并直接参与成矿的主导因素，燕山期岩浆活动是关键性的成矿因素，古生代至早中生代形成的地层是重要的成矿因素和赋矿场所。构造、岩浆与地层三者之间相互制约、有机组合，构成了著名的长江中下游矽卡岩铜矿带。

2. 矿床地质特征

（1）控矿构造

矽卡岩型铜矿床的控矿构造主要有基底断裂和盖层构造，它们是矿床形成和富集的主要控制因素，含矿岩体和矿田常分布于盖层构造与基底断裂的交汇部位。当断裂与含矿岩浆连通时，将起到导

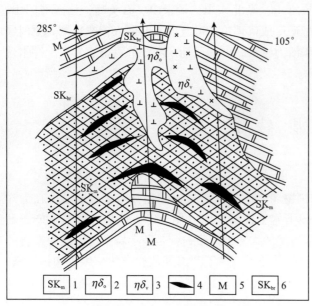

图3　安徽铜陵白芒山背斜层间滑脱构造控制
东狮子山矽卡岩体的分布
（引自张叔贞等，1993）

1—块状矽卡岩；2—石英二长闪长岩；3—辉石二长闪长岩；
4—矿体；5—大理岩；6—角砾状矽卡岩

岩、导矿的作用。断裂的长期活动，在多组盖层断裂结点及其与背斜轴挠曲部等褶皱构造的复合部位，加上合适盖层的遮挡，有利于形成容矿构造。导岩与导矿构造、布岩与布矿构造、容矿构造的有利组合和同生断裂的发育，是形成区域性成矿构造的有利条件。

容矿构造可分为圈闭构造（包括褶皱、网状断层、捕房体等）、热动（塑性）构造、岩体接触带、断裂、裂隙带、层间构造等，矿体的位置和产状通常受到多种构造的共同影响。

以长江中下游矽卡岩型铜矿为例，最有利的赋矿地层为石炭系、二叠系和三叠系，尤其是上石炭统—上泥盆统、中二叠统—下三叠统、下三叠统—中三叠统之间的几个区域性层间滑脱－剥离面的上下（图3），并且具有有利岩性组合的部位，主要是碳酸盐岩、膏盐层、硅质岩等建造，碳酸盐岩层与泥质岩层组合，既可封闭矿液流失通道构成屏蔽层，又可作为矿液充分扩散渗流和交代成矿的环境，富硫膏盐层参与成矿，加之有利层位岩石中富含有机质、CO_2、S、P、F等矿化剂，造成了该区矿化的层控性（常印佛等，1983）。可见，构造、岩浆岩、有利层位、岩性组合等相互耦合是控制矿化作用的主要因素。

（2）容矿岩石

矽卡岩类矿物组合不仅可在中酸性岩浆岩与碳酸盐岩接触带中交代形成，而且还可以形成于其他非碳酸盐类岩石中——只要具备一定的温度和压力条件，且岩石中富有形成矽卡岩的元素（如 Ca、Mg、Fe、Al、Si 等）和挥发性元素。可见，矽卡岩矿床的围岩是多种多样的，其原岩具有多样性，但以各种碳酸盐岩为主。而且，如果围岩中含有杂质则更加有利于成矿，而纯净的碳酸盐岩则不利于接触交代作用的进行。

通常有利于形成大型矽卡岩型铜矿的围岩常为白云质灰岩或炭质灰岩、泥质岩，如中国南方矽卡岩铜矿的围岩为含白云质灰岩。膏盐岩层和高硫层存在的地区则更有利于成矿，如长江中下游成矿带，凡侵入或穿过蒸发岩层段或高硫层段（中石炭统黄龙组）的岩浆岩常有利于成矿。以硅铝质蚀变形成的角岩为围岩的大型矽卡岩铜矿一般少见，加拿大的马德莱娜铜矿可算一例。

（3）蚀变与矿化分带

矽卡岩型铜矿床外接触带的蚀变通常以矽卡岩化、角岩化为主，而内接触带主要为岩体的绢云母化、硅化、绿泥石化等。矿化体主要以似层状、透镜状、囊状产于外接触带中，在远离接触带的大理岩化灰岩、角岩化粉砂岩中还可见脉状矿化，而内接触带的矿化主要为细脉状、浸染状矿化。

矽卡岩化可分为早期矽卡岩化和晚期退化蚀变岩化。早期矽卡岩化主要为钙铁－钙铝石榴子石矽卡岩，含少量透辉石、钙铁辉石、磁铁矿等，同时还有少量铜矿物的沉淀，表明形成矽卡岩的热流体携带有金属成矿物质。晚期退化蚀变岩化主要是透闪石－阳起石、绿泥石、绿帘石、石英、方解石等交代石榴子石矽卡岩，并伴随着硫化物的沉淀，通常为矽卡岩型铜矿形成的主要阶段。在晚期退化蚀变过程中，绿泥石、绿帘石通常沿石榴子石中心、环带或边缘进行交代，以及在石榴子石微裂隙中充填绿帘石和孔雀石。

矽卡岩型铜矿床一般是在含矿气液与围岩的接触交代作用下形成的。由于气液中各组分活动性不同、扩散能力强弱不一，在接触交代作用进行的过程中，活动性越大的组分越易随气液前进，而达到反应带的边缘，惰性组分也参与反应，但多滞留在原地附近或迁移不远，因而形成矿化蚀变分带现象。这种蚀变分带，在深成岩体附近产出块状石榴子石矽卡岩，且随着远离接触带辉石含量增加，最后以大理石接触带出现符山石和（或）硅灰石为结束标志。

例如，湖北铜录山矽卡岩铜矿由内带花岗闪长斑岩至外带大理岩蚀变矿化分带为：钾硅化花岗闪长斑岩－辉钼矿化带；斜长石岩－钼矿石带，组成矿石的主要金属矿物为辉钼矿、黄铁矿；石榴子石矽卡岩化斜长石岩－铜矿石带，组成矿石的主要金属矿物为黄铜矿、黄铁矿；金云母透辉石矽卡岩－铜铁矿石带，组成矿石的主要金属矿物组合为黄铜矿、斑铜矿、磁铁矿，该带是主矿石带，占铜矿储量的 76.66%、铁总储量的 85.17%；透辉石矽卡岩化大理岩－铜矿石带，主要金属矿物为黄铜矿、斑铜矿、辉铜矿等。

（4）矿体形态与产出位置

岩浆流动前缘的凹陷部位（灰岩舌状体）破碎裂隙发育，是矿体的最大富集地段。矿体也常富集于岩层界面与侵入体交切的部位和多次断裂活动与接触带相复合的部位。矿体一般沿岩体与围岩的接触带成群或成带分布，受岩体接触带构造和围岩岩性的控制。矿体主要产在外接触带的蚀变碳酸盐岩中，少数产于内接触带的侵入体中，一般产在距接触面 100～200m 的范围内。矿体产状、形态均较复杂，连续性差，常呈似层状、透镜状、柱状、脉状等。矿体规模大小不一，大型矿床一般由一个或几个主要矿体组成，某些矿床在垂向上具有多层分布的特点，如安徽铜陵狮子山矽卡岩型铜矿（图4）。

对于广义的矽卡岩型铜矿而言，含矿岩体以富钾高碱的中酸性岩最为有利，岩体多为小型侵入体，常为多期次脉动式活动的复式侵入岩体，分异程度一般较高。其形态主要呈蘑菇状、箱状、锥状、枝叉状和层间岩墙状。

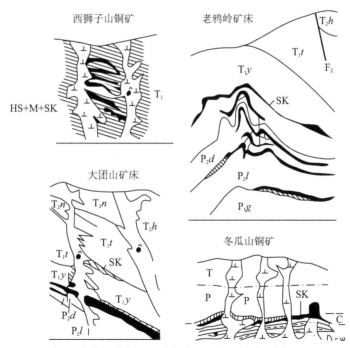

图4　安徽铜陵狮子山矽卡岩型铜铁矿床典型剖面图

（引自赵文津，2008）

T_1—下三叠统灰岩；T_1y—下三叠统殷坑组；T_1t—下三叠统塔山组；T_2h—中三叠统黄马青组

砂页岩；T_2n—中三叠统南陵湖组；P_1g—下二叠统孤峰组；P_2d—中二叠统大隆组；

P_2l—中二叠统龙潭组；SK—矽卡岩；HS＋M＋SK—角岩＋大理岩＋矽卡岩

（5）成矿期和成矿阶段主要特征

矽卡岩铜矿的形成经历了漫长的地质作用过程，具有明显的多期多阶段性。其成矿过程综合起来可分为 3 个成矿期和 5 个成矿阶段。

A. 矽卡岩期

这个时期主要形成各种钙、铁、铝、镁的硅酸盐矿物，没有石英出现，也称石榴子石－透辉石期。该成矿期又分为 3 个成矿阶段。

1）早期矽卡岩阶段：形成的主要矿物为硅灰石、透辉石、钙铁辉石、钙铝榴石、钙铁榴石、方柱石等，其特征是以岛状和链状的无水硅酸盐矿物为主，一般称为矽卡岩化阶段，但也有少量含水硅酸盐矿物如符山石，它们是在高温超临界温度条件下形成的，此阶段一般没有硫化物的沉淀。

2）晚期矽卡岩阶段：形成的矿物沿早期矽卡岩破裂裂隙充填交代，主要矿物有阳起石、透闪石、绿帘石等，其特征为带状或复杂链状构造的含水硅酸盐类矿物，故又称为退化蚀变阶段。

3）氧化物阶段：介于矽卡岩期和石英硫化物期之间，具有过渡的性质，此阶段中形成长石类矿物，如正长石、酸性斜长石，云母类矿物如金云母、白云母及少量黑云母，此外还有少量石英、萤石、绿帘石等，矿石矿物有白钨矿、锡石、赤铁矿和少量磁铁矿，铍的硅酸盐矿物有日光榴石、硅铍石、香花石等，后期有少量硫化物的形成，如辉钼矿、磁黄铁矿、毒砂等。

B. 石英－硫化物期

这个时期二氧化硅一般不再和钙、镁、铁、铝组成矽卡岩矿物，而是独立地形成大量的石英，并形成绿泥石、方解石等典型的热液矿物。该期有大量金属硫化物形成，如黄铁矿、黄铜矿等，可分为 2 个阶段。

1）早期硫化物阶段：也称石英－磁铁矿－绿帘石阶段，生成的脉石矿物有绿泥石、绿帘石、绢云母、碳酸盐矿物等，它们主要是充填交代早期硅酸盐矿物而成的，并有萤石和石英的形成。矿石矿物主要为各种铜、铁、铝、铋、砷的硫化物，如黄铜矿、黄铁矿、磁黄铁矿、毒砂、辉铋矿等，故亦称为铁铜硫化物阶段。这些矿物形成于高—中温条件，代表了早期成矿阶段磁铁矿生成时的流体活动。

2）晚期硫化物阶段：也称石英－黄铁矿－黄铜矿阶段，此阶段除充填交代早期形成的硅酸盐矿物如绿泥石和绢云母外，还有石英，特别是碳酸盐类矿物明显增多，金属矿物主要为方铅矿、闪锌矿、黄铁矿和黄铜矿，因此又称为铅锌硫化物阶段。此阶段的主要矿物是在中温热液条件下形成的，它们代表了主成矿期的热液活动。

C. 石英－碳酸盐期

这个时期含少量黄铁矿和黄铜矿，代表了成矿晚期的热液活动。由于矿石矿物成分复杂，形成温度范围也广，故矿石的结构构造多种多样，主要有团块状构造、块状构造、条带状构造、流动条纹状构造、条带－浸染状构造、细脉－浸染状构造、角砾状构造、豆状构造、气孔构造等。由于成矿温度较高，有挥发组分参与，因而矿石一般为粗粒结构，还有海绵陨铁结构、填隙结构、共结边结构、固溶体分离结构等。

（6）成矿时代

成矿时代主要集中在中生代，其他时代也有可能。例如，长江中下游成矿带中与成矿相关的岩体时代主要为晚侏罗世—早白垩世，岩体的围岩主要为三叠系、二叠系和石炭系—泥盆系，但近来在志留系和奥陶系中也发现有该类矿床。

三、矿床成因和找矿标志

1. 矿床成因

矽卡岩型铜矿床的形成是一个复杂的岩浆作用过程，中酸性岩浆侵入地壳上部时，在热变质作用下围岩发生重结晶作用，如灰岩大理岩化、砂页岩角岩化及退色化等。在岩浆分异出的气液作用下，岩浆岩与围岩碳酸盐岩发生接触交代作用形成各种矽卡岩。之后，岩浆残余含矿热液沿着构造薄弱带充填、渗滤、扩散，与矽卡岩发生交代作用，形成退化蚀变岩，并伴随着硫化物的沉淀，从而形成矿床及其原生地球化学异常。

这里以安徽铜陵冬瓜山矽卡岩型铜矿成因为例说明矽卡岩型铜矿床的形成过程：早期形成的岩浆流体在上升侵位过程中，沿着层间空隙（滑脱空间）贯入－渗透、交代，生成石榴子石和透辉石等早期矽卡岩矿物，在透辉石形成过程中，岩石中会产生大量的自由空间，造成压力释放，致使流体沸腾，但这一过程早于矿化；随着矽卡岩的大量形成，到了石英－磁铁矿－绿帘石阶段，也就是成矿流体早期矿化阶段，以热液作用起主导作用，其温度低于岩浆流体的温度，富含挥发组分的成矿热液，在构造减压等作用下发生沸腾，使得部分石榴子石产生退变质作用，分解出的铁质，在高温下生成磁铁矿；在主成矿阶段，燕山期复杂的构造活动产生的裂隙造成更广泛的沸腾，生成大量孔隙填充和交代成因的石英－硫化物脉；在成矿晚期，成矿近于结束时期，随着岩体的冷却，流体温度不断降低，另一方面成矿热液不断同周围下渗的雨水或地下水混合，生成一些不含或含少量硫化物的石英脉和碳酸盐脉。

2. 找矿标志

（1）构造与地层找矿标志

1）成矿环境与斑岩型铜矿接近，一般产在与大洋和（或）大陆消减带相关的大陆边缘和岛弧带中。地台坳陷带和增生褶皱带有碳酸盐岩分布的地区，是矿床产出的有利区域，区域褶皱、断裂发育是其重要的区域构造标志。

2）深断裂与深断裂或深断裂与盖层断裂交叉部位及其附近，是矿田展布的有利部位。

3）古生代—早中生代地层是重要的成矿与赋矿场所。

4）岩浆流动前缘的凹陷部位（围岩凸出的部位）常形成富矿。

5）岩层界面与侵入体交切的部位和多次断裂活动与接触带相复合的部位，是矿体重要的产出部位。

（2）岩石学找矿标志

1）与矽卡岩铜矿有关的侵入体主要为中生代—新生代及少量古生代的中酸性岩体。化学成分与同等酸度的同类岩浆岩相比较，K、Na 总量偏高，Mg、Fe、Ca 含量偏低，岩体含铜量高。

2）燕山期岩浆活动是中国矽卡岩型铜矿成矿的关键性因素，往往具有多期次、多阶段性，容矿的岩体一般为分异程度较高的复式岩体。

（3）围岩及其蚀变找矿标志

1）围岩主要为白云质、泥质或炭质灰岩等，发育膏盐层和高硫层对成矿更为有利。

2）区域围岩多有蚀变，外接触带蚀变以矽卡岩化、角岩化为主，内接触带主要为绢云母化、硅化、绿泥石化等，有的存在铁帽。

3）含矿矽卡岩多为复合矽卡岩，包括（进化）蚀变矽卡岩与退化蚀变矽卡岩。

4）从矽卡岩内带至外带，可能存在石榴子石→辉石→符山石、硅灰石的矿化蚀变分带特征。而且，石榴子石可能存在着颜色分带，从毗邻深成岩体的深红褐色到远端的绿色、黄色变化。硫化物矿物及金属比例相对于成因岩体可能也存在着系统的分带特征。一般来说，黄铁矿和黄铜矿在深成岩体附近最多，且随着远离岩体黄铜矿含量增加，最后在大理石接触带的硅灰石带出现斑铜矿（图 5）。在含钙镁橄榄石的矽卡岩铜矿中，斑铜矿－黄铜矿是主要的 Cu－Fe 硫化物，而不是黄铁矿－黄铜矿。

（4）"多位一体"成矿分带组合

矽卡岩型与斑岩型、沉积岩容矿的块状硫化物型、火山岩中的脉型可能复合出现。例如，矽卡岩矿床通常与斑岩铜矿在成因类型上相同或相似，且有着密切的时空分布联系。岩体内部主要为斑岩型矿化，接触带及其附近为矽卡岩型矿化。通常发育外矽卡岩带，距接触带较远的外围出现热液脉型矿化，构成完整的斑岩－矽卡岩铜－钼（－钨）－金等多金属成矿体系。空间上，脉状铜矿化位于地势较高处，矽卡岩矿化位于中上部，斑岩型矿化则位于平缓低洼处，从而构成鲜明的矿化垂直分带。这种特征在长江中下游成矿带表现为"多位一体"成矿分带组合，其中以"三位一体"最为典型，即 3

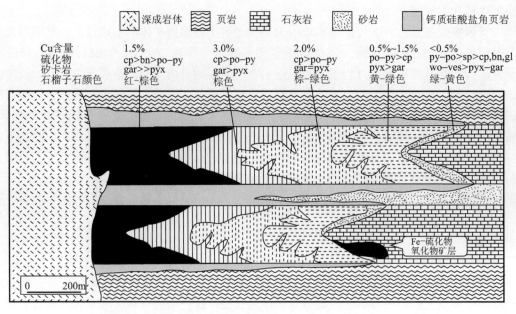

图5　矽卡岩铜矿矿化蚀变分带标志组合

（据 L. D. Meinert, 1993, 修编）

cp—黄铜矿；bn—斑铜矿；po—磁黄铁矿；py—黄铁矿；sp—闪锌矿；gl—方铅矿；

gar—石榴子石；pyx—辉石；wo—硅灰石；ves—符山石

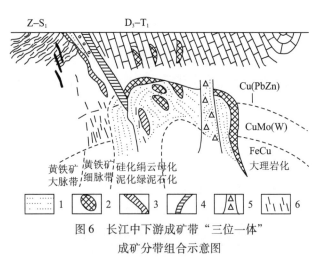

图6　长江中下游成矿带"三位一体"
成矿分带组合示意图

（引自常印佛等，1991；吕庆田等，2007）

1—斑岩铜矿；2—矽卡岩铜矿；3—脉状铜矿；4—似层状铜矿；
5—爆破角砾岩筒铜、钼矿；6—黄铁矿脉

种成矿分带类型共存于1个矿床之中（图6）。

（5）地球物理找矿标志

1）沿接触带常有磁、电异常。

2）常有重力梯度带异常或重力异常，激电异常。

3）具有遥感环形影像特征，环形构造是识别岩体和矿田的重要标志。可能会有隐伏岩基环、热变质晕、蚀变矿化晕、岩浆柱环、矿化环等，可根据环的形状、规模大小、垂向起伏、色调结构等特征，以及分布的成群性和环群的排列形式，来识别和区分与矿化有关的各种因素。

（6）地球化学找矿标志

1）矽卡岩型铜矿床通常存在着明显的化探异常浓度分带，成矿元素值高且分布范围较大。沿接触带常分布有 Cu、Au、Ag、Mo 等元素次生晕异常。铜矿物、金作为主要的重砂矿物，是成矿异常的重要指示标志。

2）矿区的矿石原生晕分带特征明显，且不同矿石类型具有不同的特征元素组合及指示元素（表1）。表1中的标型元素组合可作为预测相应隐伏或盲矿体的矿化类型。

3）通过对中国重要的鄂东矽卡岩型铁铜矿区的矿床地球化学异常特征的研究，李惠等（1986）以阳新侵入体中和外围矽卡岩型铜矿床为例，建立了矽卡岩型铜矿床地球化学异常分带模型（图7）。如图7所示，矽卡岩铜矿含矿岩体中多富集 Fe、Cu、W、Mo，且与碱值（$Na_2O + K_2O$）有密切关系。一般情况下，当碱值大于9%时，产出单一的铁矿床；碱值为 8.8% ~ 7.6% 时，产出铁－铜矿；碱值为 7.6% ~ 7.16% 时，产出铜－钼矿床；碱值小于 7.16% 时，则产出钨－铜－钼矿床。随着碱值的降低，依次出现铁→铁、铜→铜、钼→钨、铜、钼矿床。随着岩体碱值呈规律性的变化，成矿元素的富集也表现出明显的分区分带性。

表1　矽卡岩型铜矿不同矿石类型的特征元素组合与指示元素

矿石类型	特征元素组合	分带异常	指示元素组合	重要指示元素	标型元素组合
铜－铁型（黄铜矿－磁铁矿型）	Cu、Ag、Bi、Zn、W、Mo、As、Co、Pb、Mn	前缘	Cu、Ag、Zn、As、W、Hg 中外带异常	Cu、Ag、Zn、Pb、W、Mo、As、Co、Hg	Cu、Ag、Zn
		中部	Cu、Ag、Mo、Zn、As、W 中内带异常		
		尾部	Cu、Mo、Ag、Pb 中外带异常		
铜型（辉铜矿－斑铜矿型）	Cu、Ag、Bi、As、Zn、Mo、Sn、Hg、W	前缘	Cu、Ag、Bi、As、Zn、Sn、Hg 组合异常	Cu、Ag、Bi、As、Zn、W、Sn、Mo	Cu、Ag、Bi
		中部	Cu、Ag、Bi、Mo 组合异常		
		尾部	Cu、Ag、Bi、Mo 组合异常		
铜－钨型（含铜黄铁矿－白钨矿型）	Cu、W、Mo、As、Co、Ag、Zn	前缘	Cu、Ag、Mo、W 组合异常	Cu、Ag、W、Mo、Co、Hg	Cu、Ag、Mo、W
		中部	Cu、Ag、W、As 内带和 Mo 外带异常		
		尾部	Cu、Ag、W 外带和 As、Mo 中带异常		

资料来源：李惠等，1986

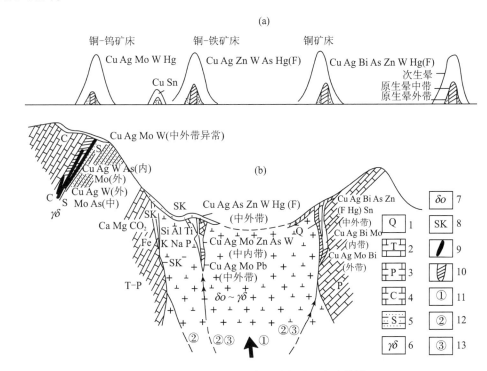

图7　鄂东矽卡岩型铜矿床地球化学异常分带模型

（引自李惠等，1986）

（a）地表原生异常与次生异常变化模型；（b）深部原生异常分带模型

1—残坡积覆盖层；2—三叠系灰岩；3—二叠系灰岩；4—石炭系灰岩；5—志留系砂页岩；6—花岗闪长岩；
7—石英闪长岩；8—矽卡岩；9—矿体；10—异常范围；11—岩浆阶段；12—矽卡岩化阶段；13—热液阶段

（周　平）

模型十二　长江中下游地区铜多金属矿床找矿模型

一、概　　述

长江中下游地区铜多金属矿床以矽卡岩型铜矿床为主，也包括一些斑岩型铜矿、块状硫化物矿床等。矽卡岩型铜矿床亦称接触交代型铜矿床，通常是指中酸性岩体侵入碳酸盐岩或其他钙质围岩，经双交代作用形成由钙或镁硅质矿物组成的矽卡岩，矽卡岩被稍晚的含铜等元素的热液交代而形成的铜矿床。矽卡岩型铜矿床是我国重要的铜矿床类型，其探明储量占全国铜金属储量的四分之一，仅次于斑岩型铜矿而位居第二位，在我国主要集中分布在长江中下游地区（表1）和燕辽等成矿带内。成矿时代主要为中生代（黄崇轲等，2001）。本文以江西九江城门山"多位一体"铜多金属矿床为例，论述长江中下游地区铜多金属矿床找矿模型。

表1　长江中下游地区主要矽卡岩型铜矿床储量

矿田（矿集区）	矿　床	探明储量/10^4 t	利用情况
湖北东南部	大冶铜录山	111.32	已用
	大冶石头咀	33.31	已用
	大冶铜山口	39.59	已用
	大冶桃花咀	20.09	未用
	黄石铁山	57.36	已用
江西九瑞地区	阳新丰山洞	54.31	已用
	阳新鸡笼山	46.14	已用
	九江城门山	166.44	已用
	九江武山	128.29	已用
安徽铜陵	铜官山	29.65	已用
	狮子山	27.13	已用
	大团山	25.70	已用
	冬瓜山南端	50.90	未用
	冬瓜山	47.51	未用
	凤凰山	36.18	已用
	新桥	50.64	已用
	安庆	37.67	已用
	铜山	25.84	已用
	金口岭	10.91	已用
其他	庐江沙溪	18.87	未用
	江宁安基山	15.31	未用

资料来源：朱训等，1999

二、地 质 特 征

1. 区域地质背景

（1）长江中下游及邻区岩石圈成矿元素背景

从表2长江中下游及邻区岩石圈地球化学背景研究中认识到：

1）中国东部上地幔 Cu 含量具有南高北低的趋势，且南部上地幔交代作用强烈，分异出富含 Cu 等元素的地幔岩浆，地幔交代作用导致了地幔"亏损"，致使 Cu 等元素在分异出来的地幔岩浆中富集，为此在地壳中呈现了各自的继承性（表2）。

2）从长江中下游及邻区各构造单元总地壳（TC）Cu 成矿元素丰度（$(19\sim31)\times10^{-6}$）与 Taylor 等（1995）的地壳丰度（75×10^{-6}）相比，明显偏低。长江中下游铜（铁）成矿带的结晶基底、褶皱基底和沉积盖层中 Cu 的丰度亦相对较低，分别为 12×10^{-6}、27×10^{-6}，这一特征清楚显示，长江中下游地区在沉积作用、变质作用过程中 Cu 等成矿元素不具明显的密集趋势，而深源岩浆分异作用是中国东部（长江中下游）Cu 成矿作用的主导机制。

3）处于中生代南北陆块碰撞挤压及陆内俯冲带上的长江中下游地区，沿其陆块拼接带的方向平行分布着两个与成矿有关的花岗岩成岩系列。一个是沿拼接带分布的与 Cu（Au）、Fe 有关的深源中酸性花岗岩系列；另一个是沿着内侧断裂带分布与 W、Sn 有关的壳源酸性花岗岩系列。由于两者的成岩源区的迥异，前者是幔壳混合源，后者是重熔陆壳源，为此在地球化学特征上存在着明显的差异（表3）。

表2 长江中下游及邻区岩石圈成矿元素背景值

成矿元素	上地幔					地壳										地壳丰度		
	华北陆块南缘		扬子陆块北缘			华北陆块南缘					扬子陆块北缘							
	A	C	B	A	D	SC	UC	MC	LC	TC	SC	UC	MC	LC	TC	UC	LC	TC
$Cu/10^{-6}$	12	7	62	93	31	12	16	20	20	19	12	21	26	27	24	25	90	75
$Au/10^{-9}$	2.6	2.4	0.7	0.9	0.5	0.8	0.6	0.5	0.4	0.5	0.7	0.7	0.7	0.7	0.7	1.8	3.4	3.0
$Mo/10^{-6}$	1.3	1.7	1.1	0.2		1.3	1.3	1.4	1.7	1.4	0.88	0.58	0.43	0.68	0.56	1.5	0.8	1.0
备注	张本仁（2002）					高山（1994）										Taylor 等（1995）		

资料来源：胡云中等，2006

注：A 为用科马提岩补偿法计算；B 为用 Rinwood 地幔模型估算；C 为以科马提岩样品代表地幔的成分；D 为上地幔元素丰度。SC—沉积盖层；UC—上地壳；MC—中地壳；LC—下地壳；TC—总地壳。

表3 长江中下游地区中生代两个成岩（矿）系列地质地球化学特征

特 征	深源中酸性花岗岩系列（以 Cu 亚系列为例）	壳熔酸性花岗岩系列（以 W、Sn 亚系列为例）
侵入构造位置	陆内板块碰撞拼接带	板内隆起边缘断裂带
岩 源	幔壳混熔	壳源
岩石类型	闪长玢岩、石英闪长玢岩、花岗闪长（斑）岩	二长花岗岩、黑云母二长花岗岩、二云母碱长花岗岩
副矿物组合	磁铁矿、磷灰石、榍石、锆石	钛铁矿、石榴子石、黄玉、锆石、磷灰石
岩石化学	低硅、富碱、富钾	高硅，富碱、铝过饱和
成矿元素组合	Cu、Au（Mo）	W、Sn、Li、Nb
稀土元素	右倾平滑型，$\delta Eu=0.8\sim1$	右倾"V"字型，$\delta Eu=0.2\sim0.35$
$(^{87}Sr/^{86}Sr)_i$	$0.7050\sim0.710$	$0.7197\sim0.7206$
$^{238}U/^{204}Pb$	低值（$8\sim9$）	高值（>10）
$\delta^{18}O$ 全岩/‰	$8\sim10$	>10
$\varepsilon Nd(t)$	$-11\sim-13$	$-5\sim-7$
典型矿床	城门山、铜录山、铜官山	曾家垄、香炉山

（2）长江中下游地区铜多金属成矿带主要矿田地质特征

长江中下地区游铜多金属矿带处于华北（大别）陆块及扬子陆块碰撞造山带缝合线附近，那里是软流圈上拱部位，地壳最薄。经强烈地幔交代作用，形成了高碱富钾中酸性岩浆岩系列（闪长岩、石英闪长岩、花岗闪长（斑）岩、花岗岩和石英斑岩等），及与之有密切时空关系的 Cu、Au 多金属矽卡岩型（斑岩型、热液型）成矿系列。区内发育着古生代—中生代碳酸盐岩－碎屑岩沉积建造，其中上石炭统和下三叠统碳酸盐岩地层为主要的成矿与赋矿层位。成矿作用主要受深源浅成超浅成钙碱系列中酸性侵入岩制约，在它们与围岩的接触带、顶缘冷缩裂隙、隐爆角砾岩带、围岩层间破碎带，使之发生普遍蚀变、矿化，局部形成工业矿体、富矿体（翟裕生等，1992）。与铜矿化密切的蚀变围岩主要是透辉石（次透辉石）矽卡岩、金云母－透辉石矽卡岩和透辉石－石榴子石矽卡岩。这类型矿石铜品位较富，矿石成分复杂，矿石矿物主要由铜铁硫化物、铁氧化物组成，伴生铅锌等硫化物；脉石矿物常为钙铁、钙镁等矽卡岩矿物。矿石有益组分除 Cu 外，共生、伴生 Fe、S、Mo、Au、Ag、Pb、Zn、Co、W、Sn 等。矿石元素组合有 Cu－Fe、Cu－Mo、Cu－Au、Cu－Pb－Zn－（Ag）、Cu－W、Cu－W(Sn)、Cu－Fe－(Co) 等。长江中下游铜多金属成矿带主要矿田地质特征见表4。

表4　长江中下游地区铜多金属成矿带各矿田地质特征

矿田	九-瑞铜多金属矿田	铜陵铜多金属矿田	鄂东南铜多金属矿田
主要矿床	城门山、武山、丁家山	狮子山、铜官山、凤凰山	铜山口、铜录山、阮宜湾
构造	NEE 向复式褶皱断裂与 NW 向断裂带交汇部位	主要矿床基本上分布在由金口岭向斜—铜官山背斜—顺安复式向斜—新桥背斜—新屋里复式向斜—沙滩角背斜等一系列 NE 向 S 状褶皱带中	主要矿床均分布在大型环形构造的边缘，NWW 向线性构造与矿床分布关系密切。NE、NW 向线性构造复合部位几乎都有岩体出露，是成矿有利部位
岩体	花岗闪长斑岩、石英斑岩	闪长岩、石英二长闪长岩、石英闪长岩和花岗闪长岩	燕山期同熔型中酸性侵入岩和钙碱性火山喷发岩
赋矿围岩	矽卡岩型铜矿：二叠－三叠系碳酸盐岩；似层状含铜黄铁矿：泥盆系五通组和石炭系中统黄龙组不整合面上	矽卡岩型和层控矽卡岩型铜矿：二叠－三叠系碳酸盐岩；似层状黄铁矿：泥盆系五通组和石炭系中统黄龙组不整合面上	中上奥陶统－上侏罗统为主，其中 90% 以上的铜、金矿产储量与下三叠统大冶群白云质岩、灰质白云岩、膏溶白云岩等碳酸盐岩有关
金属矿物组合	主要为黄铁矿、黄铜矿、次生辉铜矿、闪锌矿等，微量自然金、自然银	磁黄铁矿、黄铁矿、黄铜矿、磁铁矿等	磁铁矿、黄铁矿、黄铜矿、辉钼矿、方铅矿、闪锌矿、自然铜、自然金等
围岩蚀变	强烈，分带较明显，主要为矽卡岩化、硅化、绢云母化、高岭土化、绿泥石化，城门山岩体内具钾石化和黑云母化	强烈，分带明显，主要有矽卡岩化、硅化、大理岩化、钾长石化、绿帘石化、绿泥石化、碳酸盐化、绢云母化、高岭土化和蛇纹石化	蚀变和矿化分带清晰，主要为钠化、钾化、矽卡岩化、碳酸盐化、绿泥石化、大理岩化、绢云母化
地球物理特征	九瑞矿集区处于区域负磁场区中的正场抬高区	区内的铜官山、狮子山、新桥－凤凰山均具有明显的重力异常，航磁异常形态复杂，一般呈 NW—SW 向分布，表现为多级异常的叠加	东南矿集区位于武昌－九江重力异常带；鄂东南地区航磁异常强度大（极值达 500ηT），异常梯度陡

2. 典型矿床地质特征

现以江西城门山铜多金属矿床为例进行介绍。城门山"多位一体"（矽卡岩型、斑岩型、似层状块状硫化物型）铜多金属矿床位于扬子陆块北东缘，为燕山期中酸性小岩体侵入到中生代－古生代的碳酸盐岩地层中形成的。在花岗闪长斑岩与灰岩的接触带形成矽卡型矿床，在石英斑岩与花岗闪长斑岩的岩体中形成斑岩型铜钼矿床，在中石炭统黄龙组灰岩与上泥盆统五通组砂岩层面上形成了似层状块状硫化物型矿床（图1），组成了"◯"型（油条烧饼型）特大型铜多金属矿床。

城门山铜矿矿体在空间上呈现以斑岩体为中心的环带状分布。矿体产在斑岩体内、外接触带及接

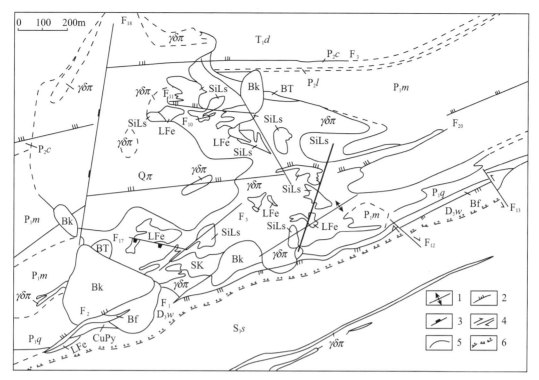

图 1　城门山"多位一体"铜多金属矿区地质简图

（据黄恩邦等，1990，修改）

T₁d—三叠系大冶组；P₂c—二叠系长兴组；P₂l—二叠系龙潭组；P₁m—二叠系茅口组；P₁q—二叠系栖霞组；D₃w—泥盆系五通组；S₃s—志留系纱帽组；Qπ—石英斑岩；CuPy—块状硫化物矿体；γδπ—花岗闪长岩；LFe—褐铁矿；SiLs—硅化灰岩；Bk—溶蚀洼地堆积物；BT—接触角砾岩；Bf—构造角砾岩；SK—矽卡岩。1—NE 向背斜；2—NEE 向断裂；3—NNE 向断裂；4—扭性断裂；5—地质界线；6—推断地质界线

触带围岩中，空间上与斑岩体密切相关，离开岩体一定范围，即为无矿围岩。铜矿体分布于岩体上部、接触带和接触带外，钼矿体分布于岩体中心较深的部位。空间上铜、钼矿体的分布规律：垂向上为上铜下钼；水平上为钼矿体→铜矿体→铜、硫矿体，构成了以钼矿体为核心的中心式带状分布模式。

以接触带为中心形成的矽卡岩铜矿体主要分布在接触带，矿体的形态与产状变化，取决于接触带形态变化的复杂程度。

块状硫化物矿体受五通组与黄龙组之间的假整合面及层间破碎带控制，呈似层状产于五通组砂岩及黄龙组碳酸盐岩地层中，并以岩体为中心向东西两侧作对称分布。

斑岩铜矿体主要分布于岩体的浅部和边缘；斑岩钼矿体则分布在岩体较深部的中心部位及紧靠岩体的砂岩中。少数深部钻孔显示，铜矿体往深部逐渐减少、变贫，而为钼矿体所取代，钼矿体至 −800m 的矿化强度尚未减弱，推测尚有钼矿体存在。

城门山花岗闪长斑岩钾长石铅同位素显示深源岩浆特征：$^{206}Pb/^{204}Pb = 18.042$，$^{207}Pb/^{204}Pb = 15.572$，$^{208}Pb/^{204}Pb = 37.933$，其氧、氢、硫同位素组成见表 5。成矿阶段的成矿温度：矽卡岩型石英 - 硫化物阶段的石英均一化温度为 336℃；斑岩型石英 - 辉钼矿阶段的石英均一化温度为 366℃；块状硫化物型石英 - 硫化物阶段的石英均一化温度为 330℃。城门山花岗闪长斑岩 Rb - Sr 等时线同位素年龄表明城门山矿床的成岩成矿时代约为 154Ma，石英斑岩中辉钼矿 Re - Os 等时线同位素年龄为 140Ma。

综上所述，城门山各类型矿体分布受"两个中心"（岩体和接触带）"三带"（层间破碎带、断裂带、岩体裂隙带）"一面"（五通组与黄龙组假整合面）所控制，形成了以钼为核心的斑岩铜矿、矽卡岩型铜矿、块状硫化物铜矿"三位一体"的组合分布规律（图 2）。

表 5　江西九江城门山"多位一体"铜多金属矿床氧、氢、硫同位素组成

类　型	成矿阶段	矿物	$\delta^{18}O/‰$	$\delta D/‰$	$\delta^{34}S/‰$
斑岩型铜矿	石英–硫化物阶段	石英	5.04	−67.4	
矽卡岩型铜矿	石英–硫化物阶段	石英	4.83		
块状硫化物型铜矿	石英–硫化物阶段	石英	5.18	−70.1	
斑岩型钼矿	石英–硫化物阶段	石英	2.48		
各种类型	碳酸盐阶段	方解石	7.23	−60.3	
各种类型	石英–硫化物阶段	硫化物			+0.5 ~ +5.8 平均 3.01
五通组沉积黄铁矿					−30.1 ~ −35.3 平均 −32.7

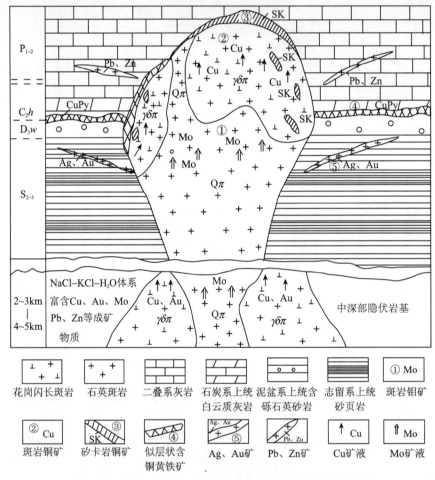

图 2　江西九江城门山"三位一体"铜多金属矿床成矿模式

（据黄恩邦等，1990，修改）

在多次成矿蚀变作用的叠加下，在矿区不同类型矿体周围形成迥异的蚀变矿化分带。

（1）以斑岩体为中心的水平环状分带（图3）

1）以石英斑岩为中心往外的蚀变矿化分带为：钾硅化钼矿化带→石英绢云母矽卡岩化铜矿化带→绿泥石碳酸盐化黄铁矿化带。

2）对应成矿元素分带：Mo、W（Cu）→Cu（Au）、Co、Ni→Pb、Zn、Ag、As、Sb、Hg、Mn。

3）斑岩体的垂向分带（图4）：上为绿泥石碳酸盐化黄铁矿带，主要成矿元素为 Pb、Zn、Ag、As、Sb、Hg；中为石英绢云母铜矿带，主要成矿元素为 Cu（Au）、Co、Ni；下为钾硅化、钼矿化带，主要成矿元素为 Mo、W（Cu）。

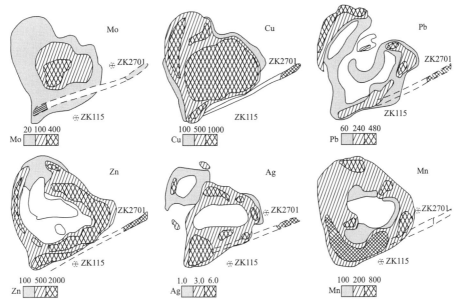

图 3　江西九江城门山铜矿基岩残积物地球化学图

（质量分数单位为 10^{-6}）

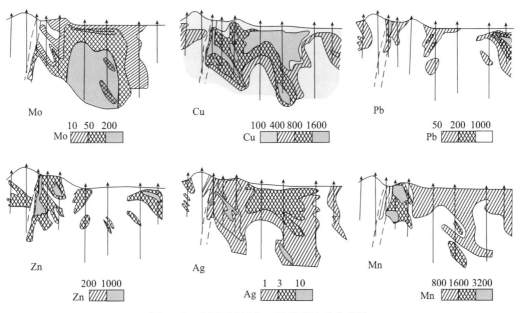

图 4　江西九江城门山 0 线元素地球化学图

（质量分数单位为 10^{-6}）

（2）以花岗闪长斑岩与碳酸盐岩接触带矽卡岩为中心的水平分带

灰岩←绿泥石、绿帘石化大理岩化灰岩←黄铁矿矿化透辉石、阳起石大理岩←黄铜矿化钙铁矽卡岩、黄铜矿化钙铝矽卡岩→黄铁矿化绢云母、高岭土化花岗闪长斑岩→绿泥石、绿帘石化花岗闪长斑岩→花岗闪长斑岩。

对应成矿元素分带：As、Sb、Hg←Pb、Zn、Ag←Cu（Au）→Pb、Zn、Ag→As、Sb、Hg。

（3）似层状含铜黄铁矿水平对称分带

从岩体接触带向东西两侧：灰岩←铅锌矿、黄铁矿化灰岩←含铜黄铁矿←含铜矽卡岩→含铜黄铁矿→铅锌矿、黄铁矿化灰岩→灰岩。

对应成矿元素分带：Hg、Sb←Pb、Zn、Ag←Cu（Au）、Co、Ni←Cu（Au）→Cu（Au）、Co、Ni→Pb、Zn、Ag→Hg、Sb。

城门山铜矿矿石的矿物成分有 80 多种，其中金属矿物 50 多种，非金属矿物近 30 种。按矿物的成因可分为内生矿物和表生矿物。内生成矿阶段形成的金属矿物以硫化物种类最多，所占比例也高，非金属矿物以硅酸盐类为主，主要是钙铁石榴石，其次为石英、方解石。表生成矿阶段的矿物主要是金属氧化物，其次是硫化物（辉铜矿、蓝铜矿等）、碳酸盐以及自然元素。

具有工业意义的矿物主要为黄铜矿、黄铁矿、辉钼矿和闪锌矿。其中，黄铜矿、黄铁矿、闪锌矿除单独构成工业矿体外，常构成铜、硫复合矿体，有时与闪锌矿一起构成铜、硫、锌复合矿体；辉钼矿单独构成矿体。贵金属矿物有自然金和自然银，都具有综合回收价值。

微量金属矿物种类繁多，显示了组成各矿床的元素复杂程度。

三、矿床成因和找矿标志

1. 矿床成因

（1）区域成矿带成因

长江中下游地区铜多金属矿床的成因机制为区域岩石圈三级"岩浆泵"的逐级富集而形成（图5）。

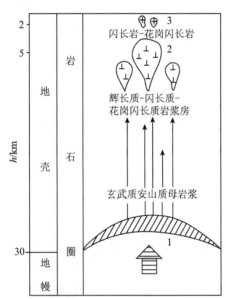

图 5 九瑞地区铜三级"岩浆泵"富集示意图
（引自马振东等，1997）
1、2、3 为"岩浆泵"编号

处于华北（大别）陆块及扬子陆块碰撞造山带缝合线附近的长江中下游地区是软流圈上拱部位，那里地壳最薄，经强烈地幔交代作用，原始地幔岩浆分异出来的富 Cu 融体与下地壳石英闪长质－花岗闪长质的片麻岩发生局部熔融，形成了玄武－安山质母岩浆房，Cu 含量为（90～110）×10^{-6}，其深度约 20～30km，这是第一级岩浆泵站。

在深部地壳范围内玄武安山质母岩浆不断分离结晶，沿着壳幔断裂分异出辉长质－闪长质－花岗闪长质岩浆，由于熔浆结构所产生的晶体场效应，Cu^{2+} 等过渡族元素离子，倾向于在岩浆熔体中富集，其 Cu 含量为（50～100）×10^{-6}（暗色包体），形成深度约 2～3km 至 4～5km，这是二级岩浆泵站在近地表 0.5～2km 所形成的闪长岩、花岗闪长岩小岩株、小岩墙，就是目前所研究的含矿小岩体，它是铜富集的第三级岩浆泵站（含铜几十×10^{-6} 至几百×10^{-6}），它又是赋矿空间，在它们与围岩的接触带、顶缘冷缩裂隙、隐爆角砾岩带、围岩层间破碎带，在深部岩浆气液流体多期次叠加作用下，使之发生普遍蚀变、矿化，局部形成工业矿体、富矿体。

由于多级岩浆泵的多期多次的"泵吸"作用，源源不断地把 Cu 等成矿物质从深部带到地壳浅部，在有利的环境下富集成矿，这可能就是小岩体形成大矿床的主导因素，深源岩浆分异作用是长江中下游地区铜多金属成矿带 Cu 成矿作用的主导机制。

（2）城门山铜矿的成因

城门山铜矿是燕山期深源中酸性岩浆侵入活动及成矿作用下形成的斑岩型铜矿、矽卡岩型铜矿、块状硫化物铜矿。

它们空间上密切共生，时间上相近，在矿物组合、围岩蚀变、成矿物化条件等特征上相似，所有这些都表明，矿田内的这 3 种类型矿床是在同一岩浆侵入活动－成矿作用下，成矿热液在不同构造、围岩空间及物理化学差异环境下，以不同的沉淀方式，形成的"三位一体"铜多金属矿床，即岩体中的斑岩铜、钼矿床，接触带的矽卡岩铜矿，五通组和黄龙组假整合面上块状硫化物铜矿（图2）。

另外，在成矿作用后期，由于成矿元素自身地球化学性质的不同，Ag、Au、Pb、Zn 等远程元素在围岩（灰岩、砂页岩）裂隙中形成脉状矿体（图2）。具备这一模型的基本条件是：①具有深源浅成多次侵入的中酸性斑岩体，这是成矿的首要条件，它为成矿提供物质来源；②斑岩体内裂隙和爆破角砾岩发育，是形成斑岩型或爆破角砾岩筒型铜矿的有利因素；③围岩是碳酸盐岩，在斑岩体的接触带形成矽卡岩型铜矿；④斑岩体附近具有两种物理化学性质差异大的围岩界面存在，利于形成块状硫化物型铜矿；⑤围岩中构造裂隙、层间破碎带发育。如仅具备其中的某些条件，则可能形成"二位一体"（武山铜矿）、"一位一体"矿床。

2. 找矿标志

（1）区域地质找矿标志

长江中下游地区铜多金属成矿带深部构造为沿长江的地幔鼻状隆起带（幔隆），处于华北（大别）陆块及扬子陆块碰撞造山带缝合线附近，隶属于扬子陆块北缘下扬子－钱塘台坳，浅部构造环境为块断的褶皱隆起区。

扬子陆块北缘分布着两套基底：以安徽董岭群为代表的"北基底"具双层结构，下部为片麻岩段，上部为片岩段；以江西双娇山群（安徽上溪群）为代表的"南基底"为一套浅变质泥砂质片岩；盖层为震旦系至中三叠统碎屑岩－碳酸盐岩沉积建造，其中上石炭统和下三叠统碳酸盐岩地层为主要成矿与赋矿层位。

以长江深大断裂为主线与次级构造要素（基底断裂、断块构造、复式褶皱等）的相互交叉构成了区段的网状构造系统，控制了沿江的岩浆－成矿活动。

中生代燕山期深源浅成超浅成钙碱系列中酸性侵入活动是铜多金属成矿作用的主导因素。

（2）局部地质找矿标志

1）中酸性斑岩体是长江中下游地区铜多金属矿床形成必不可少的条件，也是重要的找矿标志之一。岩体呈岩株状产出，平面上呈不规则的椭圆形，剖面上呈筒状。浅成、超浅成侵位。岩体规模$0.50 \sim 1.0 km^2$。岩石类型以花岗闪长斑岩对铜成矿最为有利。

2）在中酸性侵入小岩体附近，围岩为碳酸盐类岩石（下二叠统茅口组与上二叠统长兴组、上二叠统长兴组与下三叠统大冶组等不同岩性的差异面），在接触带及岩体内围岩捕虏体形成矽卡岩型矿体；围岩为碎屑岩时注意寻找斑岩型矿床及围岩中细脉浸染型及脉状型矿体；五通组碎屑岩与黄龙组碳酸盐岩之层间界面是似层状含铜块状硫化物矿体赋存的重要层位。

3）围岩矽卡岩化、硅化及大理岩化是找矿的重要标志之一。矽卡岩化形成早于金属矿化，二者关系最突出的特征是矿化叠加在矽卡岩体上，矽卡岩体基本上就是矿体；成矿阶段的蚀变主要是硅化，共同组成了成矿作用中最为重要的石英硫化物阶段；大理岩化分布范围较大，可利用大理岩化预测隐伏岩体。

4）长江中下游地区铜多金属成矿带内铁帽发育，铁帽是硫化物矿床的直接找矿标志，虽然原生矿物在表生氧化作用下发生了强烈的变化，但仍可找到原生硫化物的残留及铜等次生矿物，铁帽中 Cu、Pb、Zn、Au 等元素含量较高，利用铁帽残留原生矿物、次生矿物及元素组合来判断原生矿床种类。

5）铜草（海洲香糯）是铜矿床（矿化）重要的植物标志，尤其在含硅质岩或燧石结核碎石的残坡积层中常见，以成片生长和紫色牙刷形花序为特征而被发现和识别。

6）岩体硅化、绢云母化、高岭土化强烈，伴随着"Fe^{3+}染"呈褐红色；岩体与围岩接触带矽卡岩化、硅化、褐铁矿化尤为突显，呈正地形；原生含铜黄铁矿风化后的铁帽十分引人注目。地质填图是发现含矿中酸性小岩体及其矿化蚀变的传统方法。

（3）地球物理找矿标志

1）磁异常：城门山矿区的磁异常是广义的矿致异常。黄铜矿本身属非磁性，而其所赋存的地质体绝大部分是具较强磁性的矽卡岩和强磁性的含铜磁铁矿，特别是含铜矽卡岩分布广、规模大、埋藏浅，引起了具有一定强度和规模的磁异常，构成了在平面上与矿体分布范围基本相吻合的异常特征，因此磁异常在找矿中具有直接找矿的地质意义。土壤磁化率背景值为 536×10^{-6}SI，异常值为 949×10^{-6}SI。

2) 电法：激发极化异常可指示矿化带的范围，激电场背景值为 1% ~3%，异常值为 5% ~18%；联合剖面法的低电阻正交点（阻值为 40Ω·m）指示有块状硫化物矿体存在。

（4）地球化学找矿标志

1）1:20 万水系沉积物成矿元素的高背景区（带）是最为醒目的靶区，在二叠系—三叠系沉积建造的铜低背景区（Cu 为 $(n~20)\times10^{-6}$）叠加了（几十至几百）$\times10^{-6}$ 的铜高值带。例如，九瑞地区区域 1:20 万水系沉积物数据显示（图6），Cu、Mo 等成矿元素异常呈现 NW 向空间分布格局，它们为与中酸性小岩体有关的铜多金属矿床所致。1:20 万水系沉积物测量是寻找该类矿床十分有效的勘查方法之一。

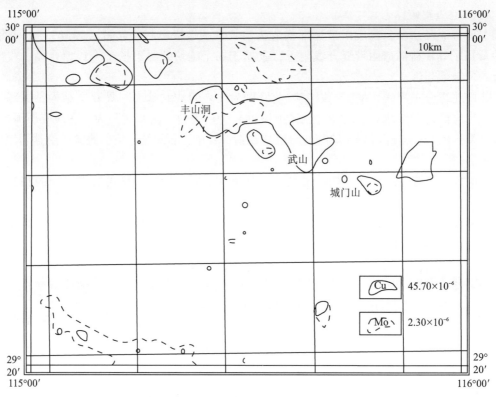

图6　九瑞地区 1:20 万水系沉积物 Cu、Mo 综合异常

2）已知矿床（城门山、武山、丰山洞）1:20 万水系沉积物形成了成矿元素面积广、强度高、元素组合复杂的异常特征。

3）地球化学异常的面金属量与背景值的高比值（衬度异常量）是矿田主成矿元素活动的标志。

4）城门山含矿花岗闪长斑岩地球化学评价标志见表6。

表6　江西九江城门山含矿花岗闪长斑岩地球化学评价标志

元素及氧化物		单位：氧化物为%，其余为 10^{-6}	
成矿中酸性小岩体（花岗闪长斑岩）	SiO_2	58% ~66%	$Al_2O_3/(CaO + Na_2O + K_2O)$: 1.28 ~1.43；富集轻稀土；$\delta Eu$: 0.75 ~1.00；高 Sr（$\geqslant 400\times10^{-6}$），低 Y（$\leqslant 18\times10^{-6}$），低 Ti、Nb、Ta、Zr、Hf 等元素
	Al_2O_3	>14.5%	
	K_2O	富 K_2O	
	Na_2O	贫 Na_2O	
	Fe_2O_3	高 Fe_2O_3（浅成富氧环境）	
	Cu	400 ~600	
	Mo	3 ~85	
原生晕组分分带		以成矿岩体（花岗闪长斑岩）为中心具水平环状（半环）分带	
		Mo、W（Cu）→Cu（Au）→Pb、Zn、Ag→As、Sb、Hg	

5）岩石（矿物）原生晕地球化学标志：包括成矿指示元素、原生晕异常含矿性评价和黄铁矿中微量元素标志3个方面。

成矿指示元素：岩石原生晕测量结果表明，在成矿成晕过程中，矿床及其周围具有Cu、Pb、Zn、Au、Ag、Mo、W、Sn、Bi、As、Mn、Co、Ni、Hg、F等元素的原生晕异常，这些元素可以作为寻找该类矿床的指示元素，其中最主要的指示元素为Cu、Pb、Zn、Au、Ag、Mo，它们代表了矿床主要成矿元素和伴生元素组合特征。对铜矿来讲，Pb、Zn、As、Mn（Hg）为前缘晕；Cu、Au、Ag为矿中晕；Mo、W、Sn为矿尾晕。对钼矿床来讲，Mo、W（Sn）元素以深部斑岩体为中心，往上往外，元素的组合为Cu、Au、Ag→Pb、Zn、As、Mn（Hg）。对赋存于五通组和黄龙组不整合面上的块状含铜黄铁矿来讲，则以花岗闪长斑岩体为中心，Cu、Au元素向东西两侧对称分布为：Ag、Au（Cu）→Pb、Zn、As（Hg）元素组合。

原生晕异常含矿性评价（图7）：①异常面积和强度大，形态规整（环状、半环状、带状），具多组分特征；②成矿元素有明显的组分分带，无论在轴向上、横向上、纵向上都有较清晰的分带；③浓度分带清楚，主要成矿元素内、中、外带都有一定宽度，具有明显的浓集中心。

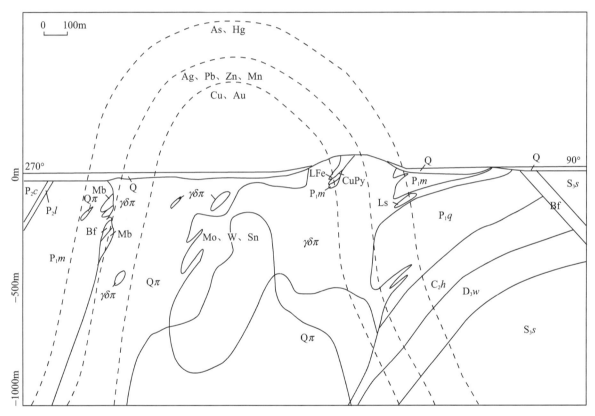

图7　江西九江城门山原生晕分带模型

Q—第四系；P_2c—二叠系长兴组灰岩；P_2l—二叠系龙潭组灰岩；P_1m—二叠系茅口组灰岩；P_1q—二叠系栖霞组灰岩；
C_2h—石炭系黄龙组灰岩；D_3w—泥盆系五通组砂岩；Ls—灰岩；S_3s—上志留统纱帽组砂岩；$γδπ$—花岗闪长斑岩；
$Qπ$—石英斑岩；Bf—构造角砾岩；Mb—大理岩；LFe、CuPy—褐铁矿、黄铜矿；Cu、Au—岩石原生晕分带线

黄铁矿中微量元素标志：黄铁矿是矿区内最常见、分布最广的一种矿化类型，黄铁矿内Cu、Pb、Zn等成矿元素含量一般较高。斑岩体内黄铁矿Cu元素含量达几百mg/kg至上千mg/kg。一般矿体黄铁矿中Cu等成矿元素含量明显高于围岩中黄铁矿Cu等成矿元素含量，据此可指示矿体的赋存位置。城门山矿区黄铁矿中微量元素的含量和比值随深度具有明显的变化规律，可以用来作为判别深度的标志。-400m以上的黄铁矿Cu、Pb、Zn、Co、Cd、As等元素含量较高，Cu/Mo、（Ag×100）/Mo比值大（16.8、16.2）；而-400m以下黄铁矿中Mo元素含量高，Cu/Mo、（Ag×100）/Mo比值明显偏低（1.99、2.10）。

6）土壤次生晕地球化学标志：城门山铜矿内（中）带土壤（绝大部分已破坏）Cu 含量高达 $(129.3 \sim 267.2) \times 10^{-6}$，Mo 为 $(4.07 \sim 47.85) \times 10^{-6}$，内（中）带土壤成矿元素组合为：Cu、Mo、Au、Ag、W、Sn。城门山铜矿外带土壤 Cu 的背景值为 24×10^{-6}，异常下限为 36×10^{-6}；Mo 的背景值为 0.72×10^{-6}，异常下限为 1.00×10^{-6}；外带土壤成矿元素组合为：Ag、Au、Pb、Zn、As、Sb、Bi、Hg（表7）。

表7　城门山铜矿外带土壤（B_2 层）多元素地球化学特征

元素		样品数/个	背景值	异常下限	平均值	最大值	最小值	Cu 在土壤中的存在形式	Au 在土壤中的存在形式
元素	Cu	178	24	36	27	57	11	Cu 在 B_2 层中的赋存形式：活动态率 33%；Fe、Mn 氧化态率 19.5%；有机态率 13%	Au 在 B_2 层中的赋存形式：活动态率 31%；有机态率 26%；吸附态率 4%
	Mo	188	0.72	1	0.76	2.51	0.4		
	Au	170	4.5	9.7	13	1213	1.3		
	Ag	174	228	604	368	3485	43		
	Pb	173	38	78	58.7	609.9	19		
	Zn	197	56	94	56	130.3	24.3		
	As	175	15	25	20.6	115.6	8.3		
	Sb	182	2.4	5.2	3.2	21.5	0.8		
	Hg	186	65	97	69.1	201.6	35		
汞气	壤中 Hg 气	92	276.6	779.9	302.0	1188.3	18.9	单位：Cu、Mo、Pb、Zn、As、Sb 为 10^{-6}；Au、Ag、Hg、热释汞为 10^{-9}；土壤中 Hg 为 ng/m^3；轻烃为 $\mu L/kg$；磁化率为 $10^{-6}SI$　存在形式：活动态率 =（活动态总量/全量）×100%；Fe、Mn 氧化态率 =（Fe、Mn 氧化态/全量）×100%；有机态率 =（有机态总量/全量）×100%	
	热释 Hg	94	9.2	19.0	9.2	20.8	1.8		
轻烃	C_1	89	4.302	7.416	4.710	14.285	1.958		
	C_2	91	0.451	0.806	0.473	1.045	0.136		
	C_3	86	0.293	0.568	0.349	1.027	0.078		
	iC_4	83	0.138	0.249	0.182	0.791	0.044		
	nC_4	86	0.154	0.297	0.197	0.904	0.039		
	iC_5	83	0.063	0.109	0.081	0.335	0.022		
	nC_5	88	0.071	0.123	0.092	0.391	0.021		
土壤磁化率		93	536	949	546	1212	169		

城门山铜矿隐伏似层状块状硫化物矿体上覆土壤中 Cu 活动态率高达 33%，其中 Cu 的 Fe、Mn 相态是活动态 Cu 的主要部分（19.5%），其次是有机相 Cu（13%），而志留系砂岩中隐伏的 Ag、Au 矿体（矿化体）上覆土壤中 Au 的活动态率为 31%，其中 Au 的有机相态占了活动态 Au 的绝大部分（26%）。

矿化花岗闪长斑岩、石英斑岩是上覆土壤壤中汞气的源，它是寻找斑岩铜矿的良好指示剂，城门山铜矿壤中汞气的背景值为 $276.6ng/m^3$，异常下限为 $779.9ng/m^3$，热释汞背景值为 9.2×10^{-9}，异常下限为 19.0×10^{-9}。1∶1 万土壤地球化学测量和壤中 Hg 气测量是查明浅表矿体、强矿化体位置行之有效的方法。

与深源岩浆岩有关的矿床，轻烃是隐伏矿体（矿化）的良好示踪剂，在志留系砂岩中所贯入的矿化花岗闪长斑岩岩脉的两侧，轻烃（尤其是 C_2、C_3、iC_4、nC_4、iC_5、nC_5）能在剖面上形成不对称双峰异常，在平面上呈带状展布。

矿床剥蚀深度评价：根据区域 1∶20 万水系沉积物数据，利用（W＋Sn＋Mo）－（Cu＋Pb＋Zn）－（As＋Sb＋Hg）三组元素所制作的三角图解（图8）显示，城门山铜矿剥蚀深度较大，为中等剥蚀程

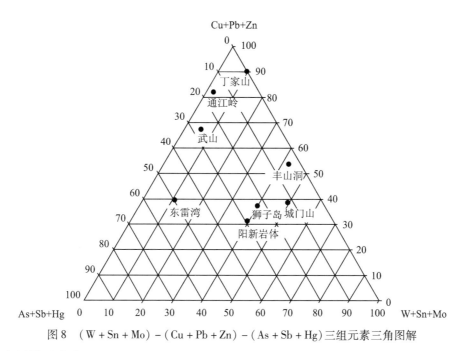

图 8   (W + Sn + Mo) – (Cu + Pb + Zn) – (As + Sb + Hg)三组元素三角图解

度，与客观实际情况吻合。

在长江中下游地区铜成矿带内，由于此类矿体形态复杂、规模小、变化大，为此需要布置小孔距（30~50m）的钻探工程来勘查。

（马振东　龚　敏　龚　鹏　曾键年　王　磊　金　希）

模型十三　铁氧化物铜金型矿床找矿模型

一、概　　述

铁氧化物铜金型矿床（Iron Oxide – Copper – Gold Deposits，IOCG 矿床）是指铁氧化物（低钛磁铁矿和赤铁矿）含量在 20% 以上的多金属富集（Cu、Au、U、REE、Ag、Bi、Co、Nb）矿床。该类型矿床一般规模大，品位较高，所含元素多，埋藏浅且易采选，是 Fe、Cu、Au、U、REE（LREE）、F 及蛭石的主要来源，也是 Ag、Nb、P、Bi 和 Co 的重要来源。其副产品很多，包括 PGE、Ni、Se、Te、Zr。另外，还伴生多种元素，如 As、B、Ba、Cl、Mo、Mn 和 W 等。IOCG 矿床以其显著的地球化学特征和多样化的矿物学、容矿岩石和局部地质背景等特征区别于其他矿床类型。

事实上，关于 IOCG 矿床的发现史，需追溯到 20 世纪 70 年代中期。最开始，人们没有意识到这是一种新矿床类型，只是在预期成矿类型之外"偶然"发现了奥林匹克坝铜金铀矿床，其类型十分独特，曾被称为世界上独一无二的矿床，即"独生子"矿床。然而，随着大量类似矿床的发现，以及对该类矿床研究的不断深入，矿床学家们发现，这些矿床构成了一个新的类型，且将其统称为 IOCG 矿床（M. W. Hitzman 等，1992）。该类型矿床可谓是一个全新的矿床家族，以前很多看似没有多大共性的大型—超大型矿床都逐渐被吸收进来，其重要性、实用性和合理性完全可与火山成因块状硫化物矿床（VMS）、喷气沉积型矿床（SEDEX）、浅成低温热液型金矿床及斑岩型矿床等概念相比，是矿床学研究领域的又一个新高潮（毛景文等，2008）。

然而，由于 IOCG 矿床在产出环境、地质特征和形成机理等方面存在多样性、复杂性等因素，学术界尚未对 IOCG 矿床的准确界定形成统一认识。一种观点认为，单一铁矿床和含铜、金等元素的铁矿床均属氧化型成矿体系，因此可全部划归 IOCG 矿床范畴；另一种观点则认为，单一铁矿床和 IOCG 矿床是氧化型成矿体系的两个端员组分，其大、中型矿床几乎不可能在同一地域或地段同时产出，因此，单一铁矿床不应归为 IOCG 矿床的范畴。这些争议导致了两种主要的亚型分类方法。根据第一种观点，可将 IOCG 矿床分为 6 个亚类：矽卡岩铁（Iron Skarn）型、基鲁纳（Kiruna）型、奥林匹克坝（Olympic Dam）型、克朗克利（Cloncurry）型、帕拉博鲁瓦（Phalaborwa）型和白云鄂博（Bayan Obo）型。按照第二种观点，IOCG 矿床应去除单一铁矿床的矽卡岩铁型和基鲁纳型，划分为奥林匹克坝型、克朗克利型、帕拉博鲁瓦型和白云鄂博型等 4 个亚类。

IOCG 矿床在全球分布广泛，涉及南美洲、北美洲、非洲、亚洲、欧洲及大洋洲等主要大陆板块。图 1 和表 1 示出了世界范围内主要 IOCG 矿床的分布及其他重要信息。代表性的 IOCG 矿床有澳大利亚的奥林匹克坝、欧内斯特亨利矿床，智利的拉坎德拉里亚、曼托威尔德矿床，巴西的萨洛博、克利斯塔利努、索塞克矿床，瑞典的基鲁纳、艾迪克矿床，以及中国的白云鄂博等。需要指出的是，中国的白云鄂博是否应划入此类型，目前尚存在较大的争议。

二、地　质　特　征

1. 构造背景

关于 IOCG 矿床的成矿背景，M. W. Hitzman 等（1992）最早提出该类型矿床产于克拉通或古大陆

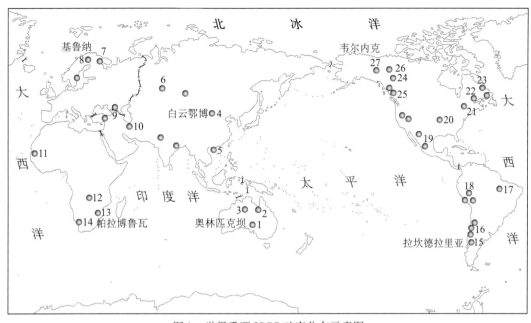

图 1　世界重要 IOCG 矿床分布示意图

（引自 L. Corriveau, 2006；P. Cox 等, 2007；M. W. Hitzman 等, 1992；聂凤军等, 2008, 修改）

1—高勒铜－金－铀矿集区（奥林匹克坝、阿卡帕利斯、蒙塔、奥科坝、博罗敏特山和威里威尔矿床）；2—克朗克利铜－金矿集区（欧内斯特亨利、埃洛伊斯、蒙特艾戈特、奥斯本和斯坦矿床）；3—滕南特克里克铜－金－铋矿集区（基库、匹库／九诺和瓦日沟矿床）；4—白云鄂博铁－铌－稀土元素矿床；5—石碌铁－铜矿床；6—马格尼特戈尔斯基铁－铜矿床；7—艾迪克铁－铜矿床；8—基鲁纳铁（铜）矿床；9—巴纳特铜－金矿床；10—巴夫格铁－铜矿集区（楚古斯特、查都玛鲁、什查弘矿床）；11—阿克茹特铁－铜矿床；12—思伏卡、坎顿嘎和凯图巴铁－铜矿床；13—帕拉博鲁瓦铜多金属矿床；14—维格茹根栋铜多金属矿床；15—拉坎德拉里亚铁－铜矿床；16—智利铁－铜成矿带（艾尔－阿尔嘎洛博、艾尔－罗莫尔、曼托威尔德和蓬塔－库博力矿床）；17—卡拉雅塔铜－金矿集区（克利斯塔利努、阿莱毛／伊加拉佩－巴伊亚、萨洛博、索塞克矿床）；18—拉乌尔和康德斯特帕铁－铜矿床；19—杜兰戈铁－铜矿床；20—密苏里东南铁－铜成矿带（皮瑞吉和皮洛特－诺博矿床）；21—大西洋中部铁－铜成矿带（瑞丁－普朗矿床）；22—阿迪荣达克铁－铜矿床；23—柯吉博铜多金属矿床；24—海芬铁－铜矿床；25—西海岸带矽卡岩型铁－铜成矿带；26—大熊铁－铜矿集区（尼科和苏迪尼矿床）；27—韦尔内克铁－铜矿床

表 1　世界部分典型铁氧化物－铜－金矿床

国　家	矿床或矿区	主要金属品位	资源量/10⁶t	成矿时代	资料来源
澳大利亚	奥林匹克坝（Olympic Dam）	Cu 1.1%，U₃O₈ 0.4kg/t，Au 0.5g/t	3810	中元古代	Western Mining Corp., 2004
	欧内斯特亨利（Ernest Henry）	Cu 1.1%，Au 0.5g/t	167	中元古代	P. J. Williams 等, 2000
	埃洛伊斯（Eloise）	Cu 5.5%，Au 1.4g/t	3	中元古代	P. J. Williams 等, 2000
	奥斯本（Osborne）	Cu 3.0%，Au 1.05g/t	15.5	古元古代	L. H. Gauthier 等, 2001
	斯坦（Starra）	Cu 1.9%，Au 3.8g/t	7.4	中元古代	J. F. Rotherham 等, 1998
智　利	拉坎德拉里亚（La Candelaria）	Cu 0.95%，Au 0.22g/t，Ag 3.1g/t	470	中生代	R. L. Marschik 等, 2000
	曼托威尔德（Manto Verde）	Cu 0.5%，Ag 0.1g/t	600	中生代	R. H. Sillitoe, 2003
巴　西	萨洛博（Salobo）	Cu 0.96%，Au 0.52g/t	789	新太古代	L. H. Souza 等, 2000
	索塞克（Sossego）	Cu 1.1%，Au 0.28g/t	355	新太古代	D. W. Haynes, 2000
	克利斯塔利努（Cristalino）	Cu 1%，Au 0.3g/t	500	新太古代	F. H. B. Tallarico 等, 2004
	伊加拉佩－巴伊亚（Igarape Bahia）	Cu 1.5%，Au 0.8g/t	170	新太古代－古元古代	P. C. Ronze 等, 2000
瑞　典	基鲁纳（Kiruna）	Fe 60%	3400	古元古代	S. S. Gandhi, 2003
	艾迪克（Aitik）	Cu 0.37%，Au 0.2g/t，Ag 3.1g/t	226（储量）	古元古代	L. Corriveau, 2006
南　非	帕拉博鲁瓦（Phalaborwa）	Cu(+ Au, Ag, PGE, U, Zr, REE, Ni, Se, Te, Bi) 0.5%	850	古元古代	A. J. Leory, 1992

国　家	矿床或矿区	主要金属品位	资源量/10^6t	成矿时代	资料来源
加拿大	苏迪尼（Sue Dianne）	Cu 0.72%，Ag 2.7g/t	17	古元古代	R. E. Goad 等，2000
中　国	白云鄂博	REE$_2$O$_3$（+Au, Ag, PGE, U, Zr, REE, Ni, Se, Te, Bi）6%	86	古生代或中元古代（?）	朱训等，1999；A. J. Leroy，1992

资料来源：L. Corriveau，2006；张兴春，2003

边缘与伸展构造密切相关的地区（图2）。伸展拉张环境，如走滑断裂，通常是深源岩浆及其相关流体上涌和大气降水下渗的有利通道；而构造应力转换部位，如中上地壳韧–脆性转换带，常因物理–化学条件的突变，使得成矿物质更容易聚集成矿（图3）。因此，沿古大陆向拉张性大陆弧的转换带常常是矿床产出的最有利部位。

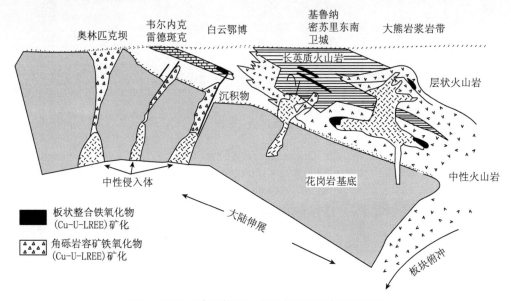

图2　IOCG 矿床的构造环境及容矿岩石序列示意图

（引自 M. W. Hitzman 等，1992；毛景文等，2008）

所有矿床都位于大陆伸展区或裂谷区

根据近年来对 IOCG 矿床产出的大陆动力学构造背景的研究结果，至少可将其构造环境归纳为3类：①与非造山岩浆有关的大陆地块内部，如元古宙大陆裂谷盆地中经过流体叠加改造形成的奥林匹克坝矿床；②与中性岩浆有关的较年轻大陆边缘弧，如与洋壳俯冲背景下岛弧造山带伸展环境相关的智利–秘鲁 IOCG 成矿带；③褶皱和推覆带，如澳大利亚芒特艾萨线形褶皱带内的斯坦、奥斯本、蒙特艾洛特、欧内斯特亨利等矿床。

从不同时代成矿的 IOCG 矿床来看，很多前寒武纪大型—超大型 IOCG 矿床都形成并分布于太古宙大陆边缘 100km 以内或靠近太古宇与元古宇岩石界面附近。它们在时空分布上都与克拉通内部非造山型花岗岩或 A 型花岗岩有关，与板块俯冲有关，或与由地幔柱导致的次大陆岩石圈部分重熔有关。而相对较年轻的 IOCG 矿床在时空分布上则与次碱性和碱性花岗岩有关，其构造环境是与板块俯冲相关的大陆边缘弧，矿床产于长期活动的平行断裂带内，受压扭性构造和盆地反转所支配。

2. 矿床地质特征

（1）控矿构造

各种不同级序和不同形式的断裂构造，如断层与高渗透性底层岩石交汇处、张裂断层的凹凸部位、逆掩断层内部及旁侧、韧脆性剪切带分支处、各种褶皱核部以及高、低渗透性底层岩石的接触部位等，是控制 IOCG 矿床的产出深度和空间展布的主要因素。例如，在构造交汇或构造与岩性界面相交部位形成了拉坎德拉里亚矿床；在走滑断层的膨胀啮合部位形成萨洛博矿床；在走滑断层主线之间

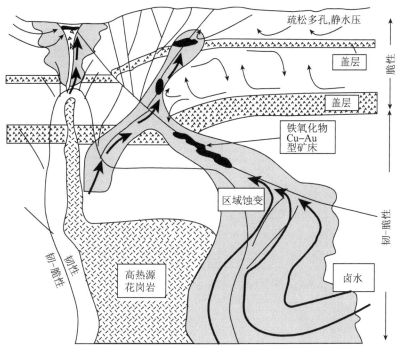

图3 中上地壳 IOCG 矿床成矿环境示意图

（引自 G. J. Davidson，2002）

构造连接线沿线部位形成了曼托威尔德矿床；当矿床在浅部产出时，在热液型角砾岩和脉体中发生矿化形成矿床，如奥林匹克坝、阿莱毛（图4）。所以，从某种程度上说，靠近深大断裂及其次级构造是形成 IOCG 矿床的必要条件之一，多期次活动的条带状断裂控制着矿床的空间展布。

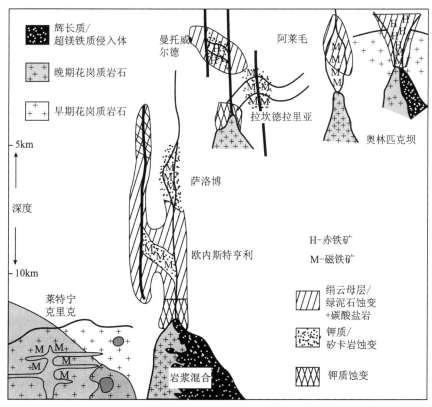

图4 部分 IOCG 典型矿床的控矿构造示意模型

（引自 P. J. Pollard，2006；毛景文等，2008）

同时示出了各类矿床主要的蚀变形式和主要铁氧化物矿物

（2）容矿岩石

IOCG 矿床可在不同地质时代和各岩层或岩体中产出，岩层或岩体的成矿专属性不明显。代表性的容矿岩石有低品位的铁矿层、条带状铁质建造或富铁岩石，也有镁铁质到长英质火山岩或深成侵入岩，还可能是片麻岩和片岩。

无论是哪种岩石，若要成为 IOCG 矿床的成矿主岩，必须具备下述几个条件：①渗透性好和易发生化学反应；②靠近深大断裂及其次级构造；③与侵入岩体具有密切的空间关系；④角砾岩化和热液蚀变十分发育；⑤地处明显的氧化环境。

（3）热液蚀变

IOCG 矿床热液蚀变分布很广泛，且不同岩性对应着不同的蚀变组合（表2）。具代表性的热液蚀变类型有钠（－钙－铁）化蚀变、钾（－铁）化蚀变和绢云母化蚀变。一般来说，在较深部位的蚀变为钠（－钙－铁）质或钠（－铁）质，向上至浅层过渡为钾（－铁）质，近地表则表现为绢云母化和硅化，在围岩局部多发生强烈的铁质蚀变（图5）。在横向展布上，IOCG 矿床周围多发育形成广泛分布的蚀变晕。

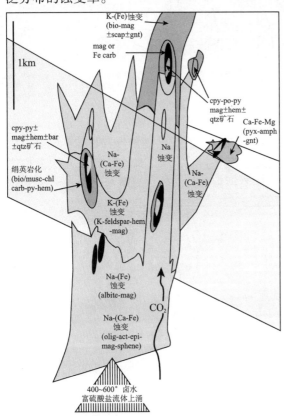

图5 典型 IOCG 矿床3km 深度范围内
热液蚀变分带关系示意图

（引自 G. J. Davidson，2002）

矿物名称：act—阳起石；albite—钠长石；amph—角闪石；bar—重晶石；bio—黑云母；carb—碳酸盐；chl—绿泥石；cpy—黄铜矿；epi—绿帘石；feldspar—长石；gnt—石榴子石；hem—赤铁矿；mag—磁铁矿；musc—白云母；olig—奥长石；pyx—辉石；py—黄铁矿；qtz—石英；scap—方柱石；sphene—榍石

从热液蚀变类型及其特征来看：①钠（－钙－铁）化蚀变最早形成，分布范围较广，一般大于 $1km^2$，属于一种区域性热液蚀变带，其产出方式可以是单一的钠化蚀变带，主要由斜方辉石和榍石组成，也可以是富钠的钙－碱性蚀变带，主要由斜方辉石、铁闪石、绿钙闪石、角闪石和石榴子石组成；②钾（－铁）化蚀变带与铜、铁和金硫化物集合体具有密切的时空分布关系，代表性的矿物有钾长石、黑云母、磁铁矿或赤铁矿、绢云母、绿泥石、碳酸盐岩、铁－铜硫化物、铀和稀土矿物，局部地段见有钠－钾化蚀变带，代表性矿物组合有钠长石、钾长石、阳起石、磁铁矿、磷灰石、绿帘石、黄铜矿、黄铁矿和斑铜矿；③铁化蚀变主要是指那些与氧化物集合体密切共生的热液蚀变，代表性矿物组合为磁铁矿、赤铁矿、菱铁矿、铁白云石、绿泥石、角闪石和磷灰石，如果在成矿区范围内分布有富钙的火山－沉积岩，那么，受构造－岩浆活动影响，完全有可能形成矽卡岩化带，代表性矿物组合为磁铁矿、石榴子石、斜方辉石和方柱石。

（4）矿体形态

IOCG 矿床是一种后生矿床，其矿体产出形态复杂多样，有不规则管状、漏斗状、（似）层状、脉状、条带状、角砾筒状、透镜状及不规则块体等。与其他类型矿床相比，IOCG 型矿床的最大特点是广泛发育角砾岩筒矿体。例如，奥林匹克坝矿床的主矿体位于一个巨大的角砾岩筒中，加拿大育空地区韦尔内克（Wernecke）山一带矿床的主矿体

也受控于角砾岩筒，瑞典基鲁纳地区出露40个铁－磷矿床，其矿化主要呈角砾岩状，也包括层状或层控型。在南美安第斯成矿带中，除脉状矿体之外，局部可见独立存在的角砾岩筒矿体和矽卡岩矿体。当多个类型的矿体存在时，就构成超大型复合矿床。

表 2　典型 IOCG 矿床中岩性与常见蚀变组合的关系

岩性	基性－中性火成岩	长英质火成岩	碳酸盐岩	碎屑沉积物
常见蚀变组合	早期为大量的方柱石＋黑云母；常见钙－角闪石＋钠长石；晚期为绿泥石±碳酸盐岩蚀变	早期为大量的黑云母；钾化蚀变（早期为钾长石，晚期为绢云母）；硅化出现，但不常见；少量方柱石	"矽卡岩型"钙－钠－铁角闪石＋钙－铁辉石＋钙铁榴石（钙质）；大量的方柱石；钠质晕；磁铁矿体	大量的硅化蚀变；钙质岩石脱碳酸盐化；在更多的铝质沉积物中出现黑云母、绿泥石或钾长石；常见钠长石；相比其他岩性，碎屑沉积物蚀变中电气石更为常见

资料来源：G. J. Davidson，2002

（5）矿石矿物组合

IOCG 矿床的主要矿物有赤铁矿（镜铁矿、赤铁矿和假像赤铁矿）、低钛磁铁矿、黄铜矿、斑铜矿、辉铜矿和黄铁矿；次要矿物有铜（银、镍、钴和铀）砷化物、钙铀云母、氟碳铈矿、辉铋矿、钛铀矿、铈磷灰石、硫铜钴矿、辉钴矿、硅铀矿、铜蓝矿、蓝辉铜矿、磷铝铈矿、斜方砷铁矿、孔雀石、辉钼矿、独居石、沥青铀矿、晶质铀矿、磷钇矿、金（银、铋和钴）碲化物、自然铋（铜、金和银）和蛭石。脉石矿物有钠长石、钾长石、绢云母、碳酸盐、绿泥石、石英、角闪石、辉石、黑云母和磷灰石。另外，可能还有褐帘石、重晶石、绿帘石、萤石、黑柱石、石榴子石、钙钛矿、金云母、金红石、方柱石、榍石和电气石。

IOCG 矿床的元素组合变化范围较大，代表性元素组合有 Fe－REE－Nb、Fe－Cu－Au 和 Fe－Cu－Au－U－Ag－REE。另外，此类矿床含量较高的元素还可能有 Co、F、B、Mo、Y、As、Bi、Mn、Se、Ba、Pb、Ni、Zn。

（6）成矿时代

矿床可见于太古宙至上新世的岩石中，以形成于古元古代至中元古代的矿床较多（表1）。例如，瑞典、南非、加拿大等国主要的 IOCG 矿床多集中形成于古元古代；澳大利亚 IOCG 矿床多形成于中元古代。巴西的萨洛博矿床，赋存在太古宇萨洛博群的变质火山－沉积岩系里，是巴西新太古代至古元古代 IOCG 矿床的典型代表，而智利 IOCG 矿床相对较为年轻，多形成于中生代。

三、矿床成因和找矿标志

1. 矿床成因

IOCG 矿床的成因模式很多，争议也很大，但它们都有一个共同之处，即所有的模式都需要有盐度较高、贫硫、相对氧化的流体，以解释成矿系统中存在的丰富的铁氧化物和少量的硫化物。这些模式争论的焦点在于流体来源与形成机理，其实质就是岩浆成因与非岩浆成因之争。对此，主要形成了 3 种不同的认识论，即岩浆流体说、地表/盆地流体说和变质流体说。前者属岩浆成因论，而后两者则属非岩浆成因论（图6和表3）。

岩浆成因假说认为，IOCG 矿床的形成与花岗岩或是其他火成岩，抑或是与亲碱性的较基性岩浆有关。该模式中涉及的氧化贫硫含金属卤水从同时期的岩浆中析出，此后的矿质沉淀则受多种作用的综合驱动。对于以岩浆热液成因为主的高温深成矿石，各种低温热液事件或低温表生事件会使其品位上升或下降。至于岩浆流体的具体来源有多种推断。其中，流体源含 CO_2 是岩浆成因模式中的一个重要因素，这是因为在与矿化有关的流体包裹体中普遍存在 CO_2，而且在与 IOCG 成矿深度相应的较广的压力范围内，CO_2 对流体从岩浆中析出起着控制作用。此外，CO_2 的存在还可以影响硅酸盐熔融体与流体之间的碱质配分，有可能生成具有高 Na/K 比值的卤水，这种卤水可能是许多 IOCG 矿床中广泛发育和分布的钠质蚀变作用的主导因素。

非岩浆成因假说的两类模式：一是流体主要派生于地表或浅部盆地的模式，**即地表/盆地流体说**；

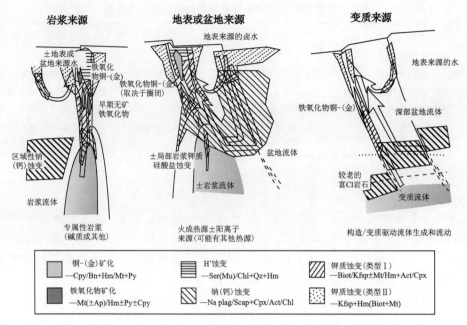

图6 IOCG矿床3种成因模式的流体路径和热液特征示意图

（引自 M. D. Barton 等，2004；李友枝等，2007）

特征综合描述见表3；箭头阴影部分表示，在石英饱和岩石中各流体路径上石英可能发生沉淀，
形成石英脉，它为流体流动提供了一种有用的一级指示

表3 IOCG矿床3种成因模式对照表

流体来源	岩浆成因	非岩浆成因	
		地表/盆地流体	变质流体
基本过程	从岩浆析出贫 S^{2-} 的含金属卤水；受浮力而上升；冷却、围岩反应 ± 流体混合提供圈闭机制	非岩浆卤水热对流；围岩反应提供金属；冷却、围岩反应或流体混合提供圈闭机制	卤水组分通过脱挥发分或与其他水流体的反应以变质方式析出；受浮力而上升；冷却、围岩反应 ± 流体混合物提供圈闭机制
与火成岩的伴生关系	成分从闪长岩到花岗岩的高钾氧化套；有些人提出与碳酸岩和强碱性岩有联系	多样的火成岩（辉长岩到花岗岩）；已知存在无岩浆活动的实例；在大多数情况下为关键热源；物质来源反映于地球化学特征的多样性	虽然通常存在联系，但这种联系并非必不可少；在某些环境中可能为热源，可以是物质来源
含长石容矿岩石的热液蚀变	Na(Ca)，另一些类型（K、H^+）与岩浆有联系	K（类型 I），流体上升带内的 H^+ ± Na(Ca)，补给带内的 Na(Ca) ± K（类型 II）	与矿床伴生的主要为 K 和 H^+ 蚀变；区域性 Na(Ca) 组合反映来源
铁氧化物与 Cu（-Au）的关系	有些铁氧化物伴有 Cu（-Au），可能是较大深度或较高温度条件下的相应产物；无矿铁氧化物可能是由特殊流体形成的，通常见于同一地区内较老的热液系统	富磁铁矿是成矿系统较深、较早和较高温部分；磁铁矿或赤铁矿一般也伴有 Cu；无矿铁氧化物代表缺少 S 圈闭或缺少二次含铜流体	铁氧化物存在但相对为少量（黑云母或绿泥石常见）；铁氧化通常是由镁铁质物质分解而不是由铁的带入形成的
局部背景；深度/构造	浅到中地壳水平；通常沿区域构造发育但产在成矿侵入体附近	产于（主要为）脆性的上地壳；区域或火山构造导致的倾伏	靠近或处在主要构造的中到浅地壳水平；地表流体要求浅的水平
全球背景	产生特征性岩浆（氧化的高钾或碱性岩浆）的弧或拉伸环境	具有适当卤水源（干旱环境或较老的富 Cl 物质）、倾伏系统和热驱动源的地区	具有富 Cl 低到中级变质的源岩的地区；挤压构造环境（例如盆地塌陷）或前进变质作用

资料来源：M. D. Barton 等，2004；李友枝等，2007

二是在下地壳到中地壳变质环境中演化的流体模式，即**变质流体说**。两类模式都需要能提供非岩浆氯化物的专属环境。在地表/盆地流体模式中，侵入体的主要作用是驱动非岩浆卤水的热对流。流体的含盐性可能来自温暖、干旱环境中蒸发过的地表水，或来自循环水与先存蒸发盐沉积物的相互作用。变质流体模式不需要火成热源，尽管同期侵入体可能存在并且向流体提供了热量和组分（如 Fe、Cu）。

　　另外一些研究结果显示，IOCG 矿床可能是由一种以上的岩浆或非岩浆成因热液流体混合形成的。据称，奥林匹克坝、萨洛博、拉坎德拉里亚、欧内斯特亨利、斯坦、曼托斯布兰科斯等矿床的成矿作用就属于这种类型（图 7）。例如，在奥林匹克坝矿床形成过程中，一方面深部较热、还原性的富金属循环热液流体或岩浆源热液流体上升，另一方面较高盐度干盐湖水产生的较冷、氧化性热液或大气水下渗，二者间持续不断地进行周期性的混合，并发生氧化还原作用生成 Cu – Au – U 矿质沉淀，形成从下部黄铜矿±黄铁矿到上部斑铜矿±辉铜矿的分带（图 8）。但是，对于较高温热液流体的来源，若只根据稳定同位素、矿物共生组合和地球化学特征所作的解释，目前难以准确界定，只能说它是岩浆成因，或"深循环地壳水成因"。

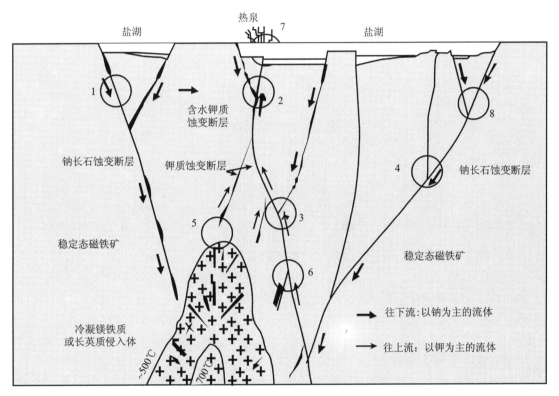

图 7　与花岗岩相关的 IOCG 矿床流体混合示意图

（引自 D. Haynes, 2002）

表生钠质流体从上往下（$P – T$ 进变质路径）；深源钾质流体从下往上（$P – T$ 退变质路径）

1，8—曼托斯布兰科斯矿床；2—赤铁矿 – 绢云母富集的欧内斯特亨利"冷"矿床；3—欧内斯特亨利、萨洛博、拉坎德拉里亚矿床；4—斯坦矿床；5，6—贫磁铁矿 – 阳起石 – 钾长石；7—赤铁矿 – 绿泥石 – 矽线石 – "喷气岩"

　　综上所述，关于 IOCG 成因的主要问题在于，矿床究竟是通过岩浆与地幔或下地壳有直接联系（特别是对非常大的矿床而言），还是完全形成于地壳内部巨大的能够有效富集先前分散于大范围岩石内的金属的热液系统。要解决这个问题，尚需开展进一步的研究，以获取更多的关键性资料。

2. 找矿标志

（1）区域地质找矿标志

1）沿克拉通或古大陆边缘向拉张大陆弧的转换带通常是 IOCG 矿床产出的有利部位。

2）与非造山带岩浆有关的大陆地块内部裂谷盆地、与中性岩浆有关的较年轻大陆边缘弧拉伸环境以及褶皱和推覆带等是 IOCG 矿床产出的 3 大动力学构造背景。

3）构造应力转换部位，如中上地壳韧脆性转换带，是成矿物质聚集成矿的良好场所。

4）靠近深大断裂及其次级构造的位置是形成 IOCG 矿床的必要条件之一。

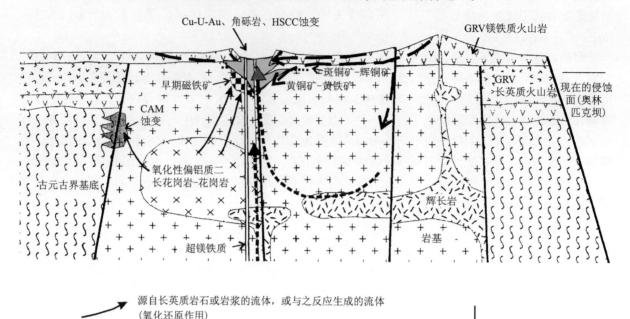

图 8　奥林匹克坝型 IOCG 矿床形成机制示意剖面图

（引自 R. G. Skirrow, 2002）

HSCC—赤铁矿 – 绢云母 – 绿泥石 – 碳酸盐岩；CAM—钙质硅酸盐碱性长石 – 磁铁矿；GRV—高勒山火山岩

5）存在大面积的岩浆岩，包括与地幔底侵有关的岩浆作用。

（2）局部地质找矿标志

1）多期次活动的断裂是控制矿床空间展布的重要因素。

2）破碎的火山岩或火山碎屑岩，可能是大型—超大型复合性 IOCG 矿床的成矿围岩，当具有深穿透断裂存在时，其成矿可能性更大。

3）地表可能有呈脉状和不均匀浸染状产出的 Cu 或 Cu – Au 小矿点。

4）渗透性较差的岩层（如块状大理岩化碳酸盐岩）有助于流体汇集，其下面可能发育有 IOCG 矿床。

5）当浅部存在矿化热液角砾和（或）磁铁矿被交代形成大量镜铁矿时，深部可能存在 IOCG 矿床。

6）粗晶方解石 – 铁白云石构成的铁锰碳酸盐化脉带区，在矿床顶部或远端可能伴有的褐铁矿和黄铁矿晕，可作为深部隐伏 IOCG 矿床的指示标志。

7）磁铁矿 – 磷灰石系统组合，是指示 IOCG 矿床的一项重要标志。

（3）蚀变找矿标志

1）在辉长闪长岩体或闪长岩体接触带内，强烈发育的热接触变质角岩带和接触交代岩（钠钙质或钾质蚀变）带，是大型复合型 IOCG 矿床很好的指示标志。

2）火山 – 沉积岩中广泛发育的硅化、绢云母化、黄铁矿化以及高级泥化蚀变组合，可能是 IOCG 矿床的指示标志。

3）大多数 IOCG 矿床具有"上部钾化、下部钠化"的蚀变特征，属较为典型的碱质钾钠硅酸盐化蚀变相。脉状和面状产出的钙质矽卡岩与硅质矽卡岩常位于碱质钾钠硅酸盐化蚀变相之上，密集脉带型和面状钙质矽卡岩与硅质矽卡岩可作为寻找隐伏 IOCG 矿床的找矿标志。

4）绢云母－绿泥石－碳酸盐蚀变晕，是以赤铁矿为主的矿床（如奥林匹克坝）很好的指示标志。

5）钾长石－黑云母或钠长石－黑云母或绿泥石－黑云母蚀变晕，是以磁铁矿为主的矿床的重要指示标志。

（4）地球物理找矿标志

1）成矿区具有较显著的磁场和重力异常，尤其是区域性的磁异常。

2）以磁铁矿为主的成矿系统通常显示出较强的磁异常。

3）金属硫化物矿物相对于容矿岩石通常会显示出较强的电导特征，因此，可采用激发极化法（IP）和电阻率测量法寻找大型的矿化体（甚至是低品位矿化）；电磁法（EM）对高电阻差最有效，它可以用于寻找 IP 和电阻率测量无法获得响应的小型高导矿化体。

4）可采用放射性法（如 K 和 Th/K 测量）进行岩性填图，有时还可以识别地表或地表 $10 \sim 20$ cm 以内的钾化蚀变带（晕）。

（5）地球化学找矿标志

1）矿石中含 Fe、Cu、Co、Mo、Au、Ag、As，有时还含 Bi、Te、Hg、U、Pb、Zn；在非硫化物蚀变带，含 Mn、Bi、P、LREE、F、K 或 Na、Ca、Ba、W、Th、Sn，但没有 Nb 和 Zr。

2）土壤中可能存在 Cu、Au、Hg 金属活动态异常，且 Cu、Au 异常呈带状分布。

3）地球气中可能存在 Au、Ag、Ir 和 Ta 异常。依据铂族元素和稀土元素与 IOCG 矿床伴生的特点，该异常具有与成矿元素一样的指示作用。

（周　平　唐金荣）

模型十四　岩浆型铜镍硫化物矿床找矿模型

一、概　　述

　　岩浆型铜镍硫化物矿床是指与镁铁质－超镁铁质岩浆成矿作用有关的以硫化物为主的矿床，是铜、镍和铂族金属的重要来源。据统计，世界上有50%以上的镍和铂族金属以及5.5%的铜来自这类矿床。

　　这类矿床在世界上分布极不均匀，主要集中在加拿大（萨德伯里、托普逊、沃伊塞湾等）、美国（德卢思等）、俄罗斯（诺里尔斯克－塔尔纳赫、贝辰加等）、中国（金川等）、澳大利亚（基思山、佩塞维兰斯、卡姆巴尔达等）、南非（布什维尔德等）和津巴布韦（大岩墙等）等少数国家（图1；表1）。

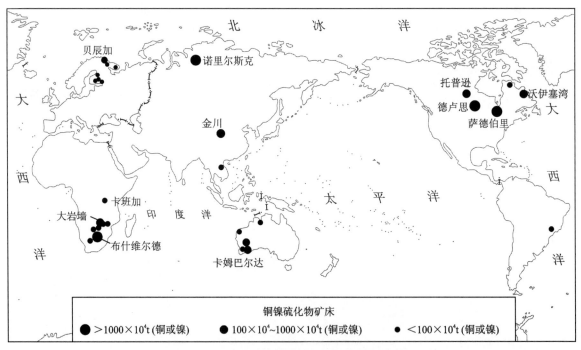

图1　世界主要岩浆型铜镍硫化物矿床分布示意图

（引自 D. M. Hoatson 等，2006，修改）

　　这类矿床按其含矿岩石、岩体形态及构造环境可分为5个亚类：

　　1）与科马提岩质火山岩流及岩床有关的铜镍硫化物矿床（如澳大利亚的基思山、佩塞维兰斯、雅卡宾迪、卡姆巴尔达，加拿大的托普逊等）；

　　2）与陆上溢流玄武岩岩床有关的铜镍硫化物矿床（如俄罗斯的诺里尔斯克，美国的德卢思）；

　　3）与拉斑玄武岩岩浆分异的镁铁质－超镁铁质侵入体有关的铜镍硫化物矿床（如加拿大的沃伊塞湾，中国的金川，俄罗斯的贝辰加等）；

　　4）与陨石撞击有关的苏长岩－辉长岩型铜镍硫化物矿床（如加拿大的萨德伯里，现世界上仅此一例）；

表1　世界主要岩浆型铜镍硫化物矿床

矿床名称	国家	亚类	铜金属储量/10⁴t	铜品位/%	镍金属储量/10⁴t	镍品位/%
萨德伯里（Sudbury）	加拿大	Astro	1700.00	1.03	1977.60	1.20
托普逊（Thompson）	加拿大	Kom	16.00	0.17	348.69	2.32
沃伊塞湾（Voisey's Bay）	加拿大	Basal	116.19	0.85	217.35	1.59
拉格兰（Raglan）	加拿大	Kom			67.18	2.72
杜蒙特（Dumont）	加拿大	kom			75.00	0.50
德卢思（Duluth）	美国	FB	2613.00	0.66	800.00	0.20
布雷迪冰川（Brady Glacier）	美国	Basal			75.00	0.50
诺里尔斯克-塔尔纳赫（Noril'sk - Talnakh）	俄罗斯	FB	3000.00	3.30	2312.88	1.84
贝辰加（Pechenga）	俄罗斯	Basal	100.00		400.02	1.18
金川（Jinchuan）	中国	Basal	342.00	0.67	545.90	1.06
巴贝尔（Babel）	澳大利亚	Basal			100.00	0.47
霍尼蒙井（Honeymoon well）	澳大利亚	Kom			101.10	0.75
卡姆巴尔达（Kambalda）	澳大利亚	Kom			140.00	3.30
基思山（Mt. Keith）	澳大利亚	Kom			341.142	0.57
佩塞维兰斯（Perseverance）	澳大利亚	Kom			248.06	1.05
雅卡宾迪（Yakabindie）	澳大利亚	Kom			168.20	0.58
福雷斯塔尼亚（Forrestania）	澳大利亚	Kom			240.00	0.60
穆林穆林（Murrin Murrin）	澳大利亚	Kom			219.30	1.02
塞莱比-菲克韦（Selebi - phikwe）	博茨瓦纳	Basal			51.42	1.04
布什维尔德（Bushveld）	南非	Strat	600.00	0.20	1200.00	0.30
大岩墙（Great Dyke）	津巴布韦	Strat	380.00	0.14	650.00	0.24

资料来源：D. M. Hoatson 等，2006；P. Laznicka，2006；李文渊，2007

注：Astro—与陨石撞击有关的铜镍硫化物矿床；Kom—科马提岩中的铜镍硫化物矿床；Basal—拉斑玄武岩质侵入体中底部的铜镍硫化物矿床；FB—与溢流玄武岩有关的侵入体中铜镍硫化物矿床；Strat—大型层状镁铁质-超镁铁质侵入体中层控铂族、铜镍硫化物矿床。

5）与大型层状镁铁质-超镁铁质侵入杂岩有关的铂族金属、铜镍硫化物矿床（如南非布什维尔德，津巴布韦大岩墙等）。

二、地　质　特　征

1. 区域地质背景

岩浆型铜镍硫化物矿床所处的构造环境主要有大陆内部裂谷带（如加拿大萨德伯里和俄罗斯诺里尔斯克等矿床）、大陆边缘裂谷带（如中国金川矿床等）以及太古-元古宙绿岩带（如澳大利亚卡姆巴尔达和加拿大托普逊等矿床），而活动的造山带环境只形成较小的矿床，如美国的莫希（Moxie）深成岩体中的矿床。

几乎所有的铜镍硫化物矿床都与镁铁质或超镁铁质岩体密切相关，由地幔中派生的镁铁质和超镁铁质岩浆饱含硫化物。镁铁质和超镁铁质岩体的母岩浆可以分为两个岩浆系列（表2）：科马提岩岩浆和拉斑玄武岩岩浆。在1500～1600℃喷发的超镁铁质科马提岩岩浆限于太古-元古宙，是一些重要硫化物矿床的母岩浆，形成的矿床有澳大利亚卡姆巴尔达、佩塞维兰斯，加拿大托普逊等大型矿床。拉斑玄武岩岩浆形成的矿床主要发育于克拉通地区，矿化不如科马提岩岩浆形成的矿床那么普遍，但却形成了一些重要矿床，如加拿大沃伊塞湾，俄罗斯贝辰加，中国金川等重要矿床。

含矿岩体规模大小不一,我国金川含矿岩体仅 1.34km², 而俄罗斯诺里尔斯克 I 号岩体达 12km × 2km, 加拿大萨德伯里铜镍硫化物矿床岩盆面积在 1000km² 以上,南非布什维尔德含矿岩体面积约达 65000km²。

表 2   铜镍硫化物矿床母岩浆系列分类

岩浆系列	岩石地球化学特征	矿化特征	矿床实例
科马提岩岩浆	岩石主要由橄榄石、辉石的斑晶(或骸晶)和少量铬尖晶石以及玻璃基质组成,化学成分以 MgO > 18%(无水)、CaO:Al_2O_3 > 1,高 Ni、Cr、Fe/Mg,低碱为特征	$Cu/(Cu + Ni) = 0.04 \sim 0.06$ $Pt/(Pt + Pd) = 0.38 \sim 0.36$ $(Pt + Pd)/(Ru + Ir + Os) = 0.44 \sim 1.44$	澳大利亚卡姆巴尔达、佩塞维兰斯,加拿大托普逊
拉斑玄武岩岩浆	主要成分为单斜辉石和斜长石及少量铁钛氧化物,富含 SiO_2(49% ~ 51%)或 SiO_2 饱和(它的 SiO_2 与全碱的关系是(Na_2O + K_2O)/(SiO_2 − 39)的值小于 0.37),贫碱(Na_2O、K_2O 含量较低)	$Cu/(Ni + Cu) = 0.25 \sim 0.59$ $Pt/(Pt + Pd) = 0.28 \sim 0.72$ $(Pt + Pd)/(Ru + Ir + Os) = 7.54 \sim 19.27$	加拿大沃伊塞湾,俄罗斯贝辰加,中国金川

（据范育新等，1999，修编）

2. 矿床地质特征

铜镍硫化物矿床主要产出在克拉通地区的陆内裂谷和大陆边缘裂谷,属拉张的构造环境。矿带受古大陆边缘或微陆块之间的拉张裂陷带控制。在拉张力支配下,岩石圈减薄、甚至破裂引起地幔上涌,导致镁铁质－超镁铁质岩石在地壳浅成环境侵位。

（1）容矿岩石类型

铜镍硫化物矿床在空间上和成因上与镁铁质－超镁铁质岩体有密切联系。与矿有关的镁铁质－超镁铁质岩石系列主要有拉斑玄武岩和科马提岩。这些岩体和岩流往往侵位于陆源沉积物中或绿岩带中。赋矿岩体主要有:①由纯橄岩－方辉橄榄岩－橄榄岩－辉石岩－苏长岩－橄长岩－斜长岩－闪长岩等岩相组成或由橄长岩－苏长岩－斜长岩－铁闪长岩等岩相组成的大型层状杂岩体;②苏长岩－闪长岩岩体;③纯橄岩－二辉橄榄岩－橄榄岩(－辉石岩)杂岩体;④橄榄岩－辉石岩－辉长岩(苏长岩)－(闪长岩)杂岩体;⑤苦橄岩－苦橄粗玄岩－苦橄辉长岩－苏长岩－橄榄辉长岩侵入体等。含矿岩体常见明显的分异现象。

（2）矿体产状与矿石构造

铜镍硫化物矿床的含矿岩体产出形态多种多样,分别呈岩墙状(津巴布韦大岩墙)、岩盆状(加拿大萨德伯里、俄罗斯诺里尔斯克)、漏斗状(加拿大沃伊塞湾)、不规则层状(南非布什维尔德)以及岩床、岩株状等。

矿体主要赋存于岩体的底部或接触带附近的裂隙中。产于岩体底部的矿体为似层状(或板状),主要由中等—稠密浸染状矿石组成,属熔离分凝式矿体;而产于接触带附近裂隙中的矿体则是以块状(或角砾状)矿石为主的脉状矿体,属贯入式矿体。岩体上部的含矿岩相产出由浸染状矿石组成的矿体,其形态为似层状或透镜状,镍品位一般低于底部矿体。

（3）矿石组分

矿石中的金属矿物组分较多,主要矿物有磁黄铁矿、镍黄铁矿和黄铜矿,其次是黄铁矿、针镍矿、紫硫镍铁矿、方黄铜矿、斑铜矿、磁铁矿、铬铁矿、铅铋碲矿、碲铂矿、砷铂矿和少量其他镍矿物等。脉石矿物为橄榄石、辉石及斜长石等围岩的造岩矿物。

镍和铜是矿石中的主要有益组分,尚有一些伴生组分,如铂族金属、金、银、钴、硒、碲和铬等,可综合利用。有些矿床中铂族金属是最主要的组分,如南非布什维尔德矿床等。

（4）成矿时代

该类矿床大多形成于太古宙、元古宙和晚古生代的二叠纪及中生代的三叠纪。最古老的铜镍硫化物矿床分布于西澳大利亚太古宙绿岩带中。该地区有些矿床产于高镁质火山岩段科马提岩质岩层中,这种岩层上部往往具有特殊的鬣刺结构（spinifex texture）（图2）。大型铜镍硫化物矿床多形成于元古宙以后活化的古老地台和地盾区，矿体赋存于层状镁铁质和超镁铁质岩体中，多为拉斑玄武岩质岩浆形成的岩体，有些与暗色岩的岩浆活动有关，形成溢流玄武岩。

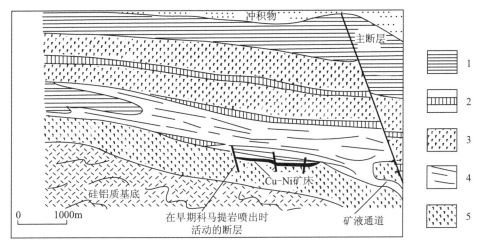

图2 典型的科马提岩火山沉积岩层剖面图

（表示科马提岩铜镍硫化物矿床的控矿因素）

（引自 D. P. Cox 等，1986）

1—杂砂岩及页岩；2—条带状含铁建造、燧石、富硫化物沉积物；3—科马提岩质玄武岩；

4—含鬣刺结构的科马提岩熔岩流；5—拉斑玄武岩质玄武岩

表3 和表4 分别列出了含矿科马提岩区和含矿的拉斑玄武岩区矿床的主要地质特征。

表3 含矿科马提岩区的主要地质特征

特征	东部金田区（澳大利亚）	托普逊带（加拿大）	阿比提比带（加拿大）	史密斯角带（加拿大）	津巴布韦克拉通（津巴布韦）	南部克罗斯区（澳大利亚）
Ni 资源量/Mt(占资源量的比例)	11.89（63%）	4.22（22%）	1.09（6%）	0.73（4%）	0.51（3%）	0.44（2%）
典型矿床，矿点	卡姆巴尔达，基思山	托普逊，布登	杜蒙特，谢班多瓦	拉格兰，埃克斯波–昂加瓦	亨特斯罗德，尚加尼	马吉海斯，埃米利安
大致年龄/Ma	2700	1880	2710	1920	2700	2900～3000
地球动力学环境	与地幔柱有关的张性盆地，裂谷（可能为弧后的）	与地幔柱有关的大陆边缘裂谷	与地幔柱有关的拉伸环境（邻接火山弧），裂谷	与地幔柱有关的大陆边缘（?），裂谷	与地幔柱有关的裂谷系（可能为弧后的）	与地幔柱有关的张性盆地，裂谷
岩浆成分（AUDK 或 ADK）[a]	AUDK, ADK	AUDK	AUDK, ADK	AUDK	AUDK	ADK, AUDK
主要的火山岩相[b]	CSF, DCSF	?	CSF	CSF（?），LLLS	TDF, CSF（?）	TDF, CSF
基底岩石	长英质和镁铁质火山岩，含硫化物页岩，燧石	石墨岩层，硫化物和硅酸盐相铁质建造，枕状玄武岩	长英质火山岩，硫化物相铁质建造	辉长岩，页岩，板岩，高镁玄武岩	含硫化物长英质岩层，硅酸盐相铁质建造	火山碎屑岩，氧化相铁质建造
变形和（或）再活化强度	中–高	高	中等	中等	中–高	中等
区域金属量增大						

资料来源：D. M. Hoatson 等，2006

a. AUDK（$Al_2O_3/TiO_2 = 15 \sim 25$）：铝未亏损的科马提岩（Munro 型）；ADK（$Al_2O_3/TiO_2 < 15$）：铝亏损的科马提岩（Barberton 型）。表中这两种类型都有，但主要的化学类型还是前一个。

b. TDF：薄层分异岩流；CSF：具有内通道的复合席状岩流；DCSF：纯橄榄岩复合席状岩流；LLLS：层状熔岩湖和（或）岩床。

表 4　含矿的拉斑玄武岩质镁铁质-超镁铁质侵入岩区的主要地质特征[a]

特征	卡普瓦尔克拉通（南非）	中朝克拉通（中国）	津巴布韦克拉通（津巴布韦）	波罗的地盾（俄罗斯）	图尔加特造山带（加拿大）	林波波造山带（博茨瓦纳）	基巴兰造山带（坦桑尼亚）	斯韦科卡雷连造山带（芬兰）	霍尔兹克里克造山带（澳大利亚）	皮尔巴拉造山带（澳大利亚）
Ni资源量/Mt（占资源量的比例）	1286 (41%)	5.46 (17%)	5.41 (17%)	4.33 (14%)	2.17 (7%)	0.51 (0.2%)	0.20 (0.6%)	0.16 (1.5%)	0.12 (0.4%)	0.11 (0.4%)
典型矿床	梅林斯基[b]普拉特里夫[b]	金川	津巴布韦大岩墙[b]	贝辰加芒切戈尔斯克[b]	沃伊塞湾	塞莱比-菲克韦	卡班加	科塔拉蒂	沙利马来潘敦[b]	拉迪奥山穆尼穆尼[b]
大致年龄/Ma	2060	830	2590	1980, 2490	1330[c]	>2500	1275	1880	1850	2925
地球动力学环境	陆内裂谷	大陆边缘裂谷	陆内裂谷	大陆边缘裂谷	元古宙造山带	太古宙造山带	中元古代造山带	古元古代造山带	古元古代造山带	陆内裂谷
总体成分	镁铁质>超镁铁质	超镁铁质	超镁铁质>镁铁质	超镁铁质>镁铁质，镁铁质>超镁铁质	镁铁质	镁铁质	超镁铁质>镁铁质	镁铁质>超镁铁质，镁铁质	镁铁质>超镁铁质，超镁铁质>镁铁质、镁铁质	镁铁质>超镁铁质
母岩浆成分	拉斑玄武岩，高镁玄武岩（MgO约7%~14%），超镁铁质-苦橄安山岩（MgO约9%~17%）	高镁玄武岩（MgO约11%~13%）	高镁拉斑玄武岩（MgO约15%）	铁苦橄岩（MgO约17%）	高镁玄武岩（MgO约8%~9%）	拉斑玄武岩质玄武岩（?）	硅质高镁玄武岩（MgO约13%）	拉斑玄武质玄武岩，高镁玄武岩（?）	橄榄石拉斑玄武岩，石英质高镁斑玄武质（MgO约4%~9%）	硅质高镁斑玄武岩（MgO约9%~12%）
矿化环境	层控矿层，底部接触带活化矿脉	底部接触带，再活化矿脉	层控矿层	底部接触带，固岩接触带，褶皱轴，断层角砾岩，矿脉	补给通道，底部接触带	底部接触带，固岩接触带，褶皱轴，矿脉	底部接触带	底部接触带，固岩接触带，矿脉	底部接触带，补给通道，层控矿层	底部接触带，补给通道，层控矿层
基底岩石	页岩、白云岩、石英岩、条带状铁建造、砾岩、片麻岩、长英质火山岩、花岗岩	混合岩、黑云母岩、片麻岩、片岩、大理岩	花岗岩、片麻岩、镁铁质火山岩、条带状铁建造、绿岩	辉长岩、凝灰岩、页岩、含硫墨绿质沉积岩、片麻岩、片岩	黑云母正片麻岩、泥质和砂屑副片麻岩、含硫副片麻岩	角闪石片麻岩、黑云母片麻岩	花岗片麻岩、片麻岩、角闪岩、石英岩、花岗岩	花岗岩片麻岩、石墨片岩、钙硅酸盐岩	混合岩化片麻岩、片岩、花岗岩、镁铁质麻粒岩	花岗岩、镁铁质和长英质变质火山岩

← 区域金属量增大

资料来源：D. M. Hoatson 等，2006

a. 矿床/矿区，如萨德伯里（与古陨石坑有关）、诺里尔斯克（与溢流玄武岩有关）和德卢思（与溢流玄武岩有关）的次火山岩床，没有包括在本表中，因为它们与"典型"的拉斑玄武岩质镁铁质-超镁铁质侵入岩体有不同的成因。贝辰加矿床加矿床的成因不同。贝辰加矿床的成因。

b. 这些矿床尽管品位低（Ni：<0.4%），但镍的总资源量很大。

c. 加拿大其他地区矿化侵入体的大致年龄为100Ma、230Ma、400Ma、1110Ma和2700Ma。

三、矿床成因和找矿标志

1. 矿床成因

关于岩浆型铜镍硫化物矿床的成因先后有学者提出了岩浆熔离说、热液交代说、变质成矿说，但自从 J. H. I. Vogt 于 1894 年提出岩浆硫化物不混溶机制（即岩浆熔离说）以来，就一直被广泛接受。只有加拿大的萨德伯里被认为是陨石撞击成因的矿床。

研究岩浆型铜镍硫化物矿床成矿机理实际上就是研究母岩浆如何产生、演化以及成矿元素是如何运移、富集、沉淀形成矿床的。一般认为，岩浆型铜镍硫化物矿床的形成首先是基性 – 超基性岩浆中的硫化物达到饱和而与硅酸盐岩浆发生熔离，在此过程中亲铜元素进入分离出的硫化物熔体。硫化物熔体进而在一定的空间内与足够的硅酸盐岩浆混合导致亲铜元素品位提高。这些高品位的亲铜元素保存在合适的空间内就可以形成岩浆型铜镍硫化物矿床。由此可见，形成岩浆型铜镍硫化物矿床的首要条件是来自地幔的硅酸盐岩浆中的硫达到饱和而使硫化物熔体与硅酸盐岩浆发生熔离。当溶入硅酸盐岩浆中的硫达到饱和时，S 就会与 Ni、Cu、Fe、Co 及 PGE 等元素结合而形成一种不混溶的硫化物熔体。这种不混溶的硫化物将从硅酸盐熔体中熔离出来聚集在一起而呈"珠滴"状，它们或者由于重力作用而沉淀下来保留在源区，或者呈不混溶的硫化物液滴悬浮于硅酸盐岩浆中随其一起上升，这取决于硫在硅酸盐岩浆中的溶解度、体系的氧化 – 还原状态、硅酸盐岩浆的黏度以及熔体的温度持续的时间。如果岩浆黏度较大而且温度下降较快，硫化物"珠滴"则来不及沉降到岩浆底部，只能悬浮于硅酸盐岩浆中形成球粒状或浸染状构造的矿石；如果岩浆黏度较小而且温度下降较慢，硫化物"珠滴"则可以沉降于岩浆底部，形成块状构造的矿石。

通过对世界上许多大型和超大型岩浆型铜镍硫化物矿床 Re – Os 同位素体系的研究，揭示出这类矿床的成矿物质可以完全源于地幔，如卡姆巴尔达矿床，但多数矿床则是壳幔混合源，如诺里尔斯克、萨德伯里、沃伊塞湾、德卢思、布什维尔德等矿床。这表明地壳混染作用对此类矿床的形成具有重要作用。

2. 找矿标志

（1）区域地质找矿标志

1）岩浆型铜镍硫化物矿床产出的大地构造环境是克拉通、大陆内部裂谷、大陆边缘裂谷和绿岩带，因此，寻找岩浆型铜镍硫化物矿床的目标区首先要选择具有这种构造的地质区。

2）岩浆型铜镍硫化物矿床多与侵入的或喷出的镁铁质 – 超镁铁质岩体、岩流有关，包括太古 – 元古宙绿岩带中的科马提岩和各个年代的拉斑玄武岩质岩浆岩。因此，寻找各类基性 – 超基性侵入岩和在绿岩带中寻找科马提岩是勘查该类矿床的前提。

（2）局部地质找矿标志

1）铜镍硫化物矿床主要形成于裂谷等张性环境中，巨大的张性构造带为岩浆的运移、侵位及期后成分的调整等提供了良好的通道和场所。这些特征在区内显示为深大断裂及其诱发的次级断裂，这些断裂控制着含矿岩体的形状和产状，如俄罗斯诺里尔斯克矿区几个矿床均产在区内的诺里尔斯克 – 哈拉耶拉赫等断裂中（图3）。因此，查明区内的深大断裂及其次级断裂，对勘查铜镍硫化物矿床具有重要意义。

2）铜镍硫化物矿床的矿质主要来源于地幔，矿床一般在较深部位，由于含矿岩浆、富矿岩浆比重较大，所以矿体分布在岩体的较下部，或在沿侵入体底部接触带分布的岩浆补给通道和洼地中产出。一般来说，岩体底部和下伏地层中成矿较好，所以要特别重视在岩体下盘和下伏地层中找矿。

3）在镁铁质 – 超镁铁质岩体中，铜镍硫化物矿床含矿岩相主要有苏长岩、橄长岩、纯橄岩、方辉橄榄岩、辉长岩、橄榄岩、辉石岩、斜长岩、闪长岩、苦橄岩、苦橄粗玄岩、苦橄辉长岩等，所以鉴别出这些岩相和这些岩相的组合就有可能找到赋存在其中的矿床。

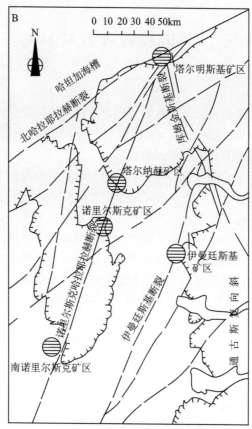

图3　俄罗斯诺里尔斯克矿区区域构造图

（引自 A. J. Naldrett 等，1992，修编）

4）以科马提岩为容矿岩石的铜镍硫化物矿床，其上部岩石往往具有特殊的岩石结构——鬣刺结构，可以作为很好的找矿标志。

（3）地球物理找矿标志

1）铜镍硫化物矿床中的块状硫化物矿体具有磁性，容易引起磁异常，但并不是强磁性异常。

2）硫化物矿石为良导体，在矿体上方出现电磁异常，因此，可进行航空和地面电磁法测量，以圈定导电的 Fe－Ni－Cu 硫化物矿石。

3）进行区域航磁和重力调查，以确定侵入体的范围和有利的矿化环境（岩体底部接触带、岩浆补给通道）；地面磁测可确定岩性接触带和小型矿化构造（如构造凹入处）。

4）深部钻孔和井中瞬变电磁测量系统（UTEM）可有效勘查深埋的底板型矿体，如加拿大萨德伯里矿区近年在深部发现的许多矿床均应归功于此法的应用。

（4）地球化学找矿标志

1）土壤/河流冲积层/露头的 Cu、As、Zn 地化异常，有可能指示有硫化物的存在。

2）土壤/河流冲积层/露头的 Ni、Cr、Co、Mn 地化异常表明有橄榄石堆积层（有一些科马提岩型铜镍硫化物矿体位于橄榄石堆积层内）存在。

3）科马提岩型铜镍硫化物矿化与铝未亏损的科马提岩岩层有关（$Al_2O_3/TiO_2 = 15 \sim 25$），而铝亏损的科马提岩岩层（$Al_2O_3/TiO_2 < 15$）中矿化通常较差或不含矿。

（唐金荣　戴自希）

模型十五 拉斑玄武岩型铜镍硫化物矿床找矿模型

一、概 述

拉斑玄武岩型铜镍硫化物矿床是指来自拉斑玄武岩岩浆分异，并经受了不同程度地壳混染的镁铁质侵入体中所产出的铜镍硫化物矿床（D. M. Hoatson 等，2006）。汤中立等（1995）将此类矿床称为元古宙以后与大陆裂谷小型侵入体有关的矿床，并将我国金川铜镍硫化物矿床归入此类。本文为论述方便，以下统称为拉斑玄武岩型铜镍硫化物矿床。

拉斑玄武岩型铜镍硫化物矿床是镍、铜、钴、铂族金属的重要来源。据统计，其所含镍的总资源量为 2075.3×10^4t，约占世界陆地上镍硫化物资源总量的 20.1%。从全球来看，该类矿床主要分布在加拿大、俄罗斯、中国、南非、芬兰等国。主要的大型矿床有：加拿大的沃伊塞湾（Voisey's Bay），镍总资源量 217.4×10^4t，Ni 品位 1.59%；中国的金川，镍总资源量 545.9×10^4t，Ni 品位 1.06%；俄罗斯的贝辰加（Pechenga），镍总资源量 400×10^4t，Ni 品位 1.18%；南非的普拉特里夫（Platreef），镍总资源量 654.8×10^4t，Ni 品位 0.41%。此外，该类型矿床在澳大利亚也有分布，但以中小型矿床为主，如拉迪奥山（Radio Hill）、绍尔山（Mt. Sholl）、沙利马莱（Sally Malay）等（见"模型十八"图1）。

值得注意的是，上述某些矿床还显示出与科马提岩岩浆系统相类似的特征，如俄罗斯的贝辰加矿床。该矿床具有更原始的铁苦橄岩质的母岩浆（MgO 为 17%），显示出从拉斑玄武岩浆到科马提岩浆的过渡特征，但该矿床的镍矿化却与基岩的岩性成分和变质程度之间没有明显的联系。

二、地 质 特 征

1. 区域地质特征

拉斑玄武岩型铜镍硫化物矿床主要产在太古宙克拉通或元古宙造山带中，与沿陆内裂谷带或大陆边缘裂谷带侵位的小型镁铁质–超镁铁质侵入体有关（汤中立等，2007）。该类矿床成矿时代范围比较广，最古老的澳大利亚皮尔巴拉克拉通中的拉迪奥山镍矿床为 2925Ma，中朝克拉通上的中国金川镍矿为 1501Ma。虽然许多以超镁铁质为主的侵入体也被矿化了，但含镍侵入体总体成分多是镁铁质的。母岩浆通常与演化的玄武质岩浆有亲缘关系，其成分从高镁玄武岩质（MgO 为 15%）、镁玄武岩质（MgO 为 12%）、拉斑玄武岩质（MgO 为 7%），直至更富 SiO_2 的变种，如玻古安山岩和硅质高镁玄武岩。

在拉斑玄武岩型铜镍硫化物矿床中，块状和浸染状矿化往往沿镁铁质或镁铁质–超镁铁质侵入体底部接触带分布的岩浆补给通道和/或洼地中产出（图1）。矿化形态与岩浆补给通道的几何形态及岩浆通过补给通道时流体动力学的变化有关。

2. 矿床地质特征

加拿大沃伊塞湾镍铜钴矿床是拉斑玄武岩型铜镍硫化物矿床的一个典型代表，该矿床的矿化年龄为 1333Ma 左右。这里以沃伊塞湾镍铜钴矿床为例阐述该类型矿床的地质特征。

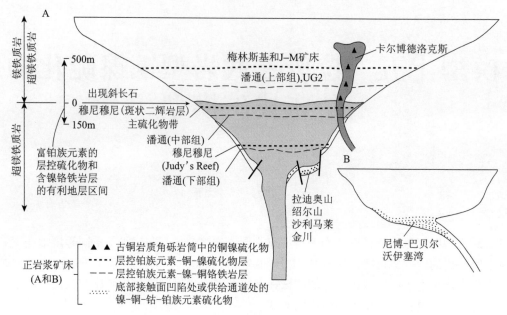

图1 与镁铁质－超镁铁质侵入体有关的正岩浆的铜镍硫化物矿床的分布图解

（引自 D. M. Hoatson 等，2006）

A—理想的镁铁质－超镁铁质拉斑玄武岩侵入体。澳大利亚矿床（正常类型）的分布包括皮尔巴拉克拉通西部的穆尼穆尼、拉迪奥山和绍尔山（Mt. Sholl），耶尔冈克拉通的卡尔博德洛克斯（Carr Boyd Rocks），以及东金伯利哈尔斯河造山带的潘通（Panton）和沙利马莱（Sally Malay）等矿床。澳大利亚之外的矿床包括南非布什维尔杂岩的梅林斯基（Merensky）、UG2，美国蒙大拿州斯蒂尔沃特（Stillwater）杂岩的 J－M Reef，津巴布韦大岩墙的 MSZ（主硫化物带），以及中国金川侵入体

B—理想化的镁铁质拉斑玄武岩侵入体。西澳大利亚穆斯格拉夫地区尼博－巴贝尔（Nebo－Babel）和加拿大沃伊塞湾理想的以镁铁质为主的拉斑玄武岩侵入体补给通道中 Ni－Cu－Co 块状硫化物矿床的分布

（1）矿段分布及其特征

在大多数著作中，沃伊塞湾矿床被划分成地质环境不同但又密切相关的 3 个矿段，从西往东依次为西延矿段（Western Subchamber）、卵形矿段（Ovoid ore body）和东深矿段（Eastern Deeps）（图2）。

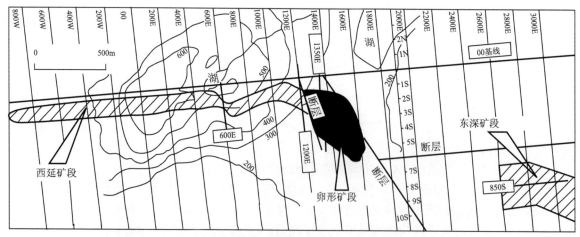

图2 加拿大沃伊塞湾镍铜钴矿床的西延矿段、卵形矿段和东深矿段位置图

（引自 A. J. 纳尔德雷特等，1997）

1）西延矿段：出现在矿田 800W—1250E（图2）。含矿的橄长岩岩席沿地表延伸 3km，厚 30～100m。该岩席西部（800W～1000E），倾角为 45°～50°N。岩席东部（1000E～1250E），倾角变为 20°N。在 1050E 以西，该岩席含有硫化物浸染体，在 1050E 与 1250E 之间，岩席含有块状硫化物透镜体。橄长岩岩席分层良好，在块状硫化物透镜体的上部是含有 25%～35% 硫化物的豹斑橄长岩，再往上是含少量硫化物的橄长岩。这两层橄长岩合称上部层序橄长岩。在块状硫化物透镜体之下为底

部角砾岩层序。在底部角砾岩层序内，紧靠上部层序橄长岩或块状硫化物下面，硫化物最丰富（图3）。

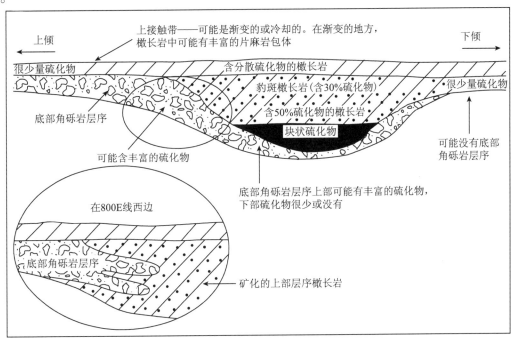

图3　加拿大沃伊塞湾西延矿段中矿化与地质关系的示意性再造图

(引自 A. J. 纳尔德雷特等，1997)

2）卵形矿段：出现在1250E以东到1600E（图2），由上部很厚的块状硫化物带和下部厚度不一的含浸染状硫化物的底部角砾岩层序组成。在某些不存在底部角砾岩层序的地段内，块状硫化物产在与下伏片麻岩的接触带内（图4）。

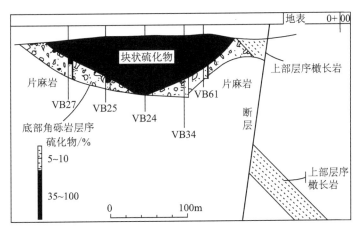

图4　加拿大沃伊塞湾矿床1350E剖面（西视图）

(引自 A. J. 纳尔德雷特等，1997)

示出卵形矿段容矿岩石地质及钻孔中的矿化强度

3）东深矿段：作为被二长岩侵入的橄长岩体出露于地表。该橄长岩的底接触带从卵形矿段开始一致向南东倾斜，倾角25°。位于或靠近底接触带的底部角砾岩层序之上是结构从伟晶状到中粒的橄长岩，即结构变化的橄长岩。伟晶岩通常作为不规则区产出，宽约10m，普遍与硫化物伴生。结构变化的橄长岩之上是中粒的、结构均匀的橄长岩，即正常橄长岩。

如图5所示，大量硫化物出现在卵形矿段东南大约1km处的橄长岩底面附近。硫化物在下部40～100m范围内增到10%～15%，有些地方高达25%。在这里，结构变化的橄长岩与含块状硫化物透镜体的底部角砾岩层序相接触。往北和往东，块状硫化物见于只含少数零星出现的底部角砾岩层序透镜体的橄长岩内。再往北和往东,块状矿石占据了侵入体补给通道的、厚30m的橄长岩岩席的大部分。

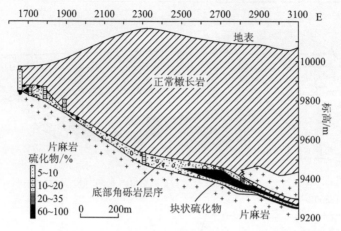

图5　加拿大沃伊塞湾矿床从1700E到3100E穿过东深矿段的南东东－北西西剖面

(引自A.J.纳尔德雷特等,1997)

(2) 矿化类型

A.J.Naldrett等(2000a)将沃伊塞湾矿床的矿化分成4种类型:块状硫化物、豹斑结构硫化物、底部角砾岩层中的硫化物和结构变化的橄长岩中的浸染状硫化物。

1)块状硫化物:块状硫化物由磁黄铁矿、镍黄铁矿、黄铜矿、方黄铜矿和磁铁矿的块状堆积体组成(硫化物含量>85%)。磁黄铁矿呈粗晶产出,有的样品晶体直径超过10cm。陨硫铁在东深矿段未见到,但在卵形矿段却十分丰富,它在六方磁黄铁矿中呈细粒出溶片晶形式出现。方黄铜矿在黄铜矿中呈分离颗粒和出溶片晶形式出现。镍黄铁矿在卵形矿段等一些矿带的块状硫化物中也呈十分粗的颗粒(1~2cm),少数呈磁黄铁矿的边缘或在磁黄铁矿中呈片晶形式出现。在东深矿段的块状硫化物中粗粒镍黄铁矿很少出现,大多数镍黄铁矿呈磁黄铁矿晶体的环边或磁黄铁矿中的片晶出现。磁铁矿在卵形矿段边缘大约占硫化物总量的5%,在中央占1%,而在东深矿段的块状硫化物中则十分稀少。

2)豹斑结构硫化物:豹斑结构是指在黄色基质中出现黑色斑块(直径为0.5cm左右的普通辉石和橄榄石主晶)。基质由硫化物(主要是磁黄铁矿、镍黄铁矿和黄铜矿)组成,硫化物相对于主要的堆积硅酸盐(斜长石和橄榄石)来说呈填隙形式出现。硫化物所占比例由20%到50%,在有些样品中甚至超过50%。黑色斑块是由于普通辉石和橄榄石主晶发育而成。豹斑结构硫化物的矿物与邻近块状硫化物的矿物相类似。

3)底部角砾岩中的硫化物:这类矿化比前两类矿化变化大得多。其中,一部分是由块状硫化物的小透镜体组成,还有一部分是由豹斑结构硫化物脉组成,但大部分矿化是由填隙在片麻岩捕虏体、橄长岩、暗色橄长岩和超镁铁质岩之间的硫化物斑块组成。

4)结构变化的橄长岩中的浸染状硫化物:在结构变化的橄长岩的下部硫化物丰富(约占25%),向上硫化物逐渐减少。硫化物呈两种形式出现,最常见的是直径10~30cm的不规则斑块,硫化物与粗粒硅酸盐连生。这些斑块中的硅酸盐矿物由斜长石和橄榄石组成,它们比围岩中的这些矿物要粗得多;另一种形式是由不规则的浸染硫化物斑块组成,浸染硫化物的数量通常少于20%,它们存在于结构变化的橄长岩中。

(3) 容矿岩石

矿区橄长岩一般由75%等粒状斜长石(实际矿物成分)、20%橄榄石(作为等粒状和在斜长石颗粒之间延伸的细支脉产出),以及5%的普通辉石、黑云母(特别是在硫化物附近)和磁铁矿＋钛铁矿组成。在某些地方,橄榄石与斜长石的比例达到1:1,而在其他地方,岩石为只含少量填隙斜长石的橄榄岩。

（4）矿石矿物组成

沃伊塞湾矿床的各个矿段，无论是块状矿石，还是浸染状矿石，组成的金属矿物大致相似，主要有磁黄铁矿、镍黄铁矿、黄铜矿、方黄铜矿、闪锌矿、磁铁矿、钛铁矿，以及四方硫铁镍矿。

组成卵形矿段块状硫化物的平均矿物成分为75%的磁黄铁矿（主要为六方形）、12%的镍黄铁矿、8%的黄铜矿＋方黄铜矿和5%的磁铁矿。磁黄铁矿作为宽2～5cm的等粒状晶体产出，镍黄铁矿主要作为1～2cm的"眼球"产出。沿磁黄铁矿底部分离面，焰状镍黄铁矿纹层少见，因为镍黄铁矿构成包裹磁黄铁矿的边。黄铜矿和方黄铜矿出溶交生在磁黄铁矿颗粒之间，构成宽1～2cm的不规则区。磁铁矿作为1～2cm的浑圆颗粒散布在整个磁黄铁矿内，尽管在某些地方它在磁黄铁矿内形成八面体（宽0.5～1cm）。

构成西延矿段浸染状矿石的硫化物的产出比例基本上与卵形矿段块状矿石中的比例相同，只是铜矿物丰度略高些。大小为1～3mm的填隙硫化物说明单个矿物的粒度要小得多。在东深矿段块状矿石中硫化物矿物的比例与卵形矿段基本相同，尽管磁黄铁矿直径一般为4～7cm，而且镍黄铁矿主要作为磁黄铁矿周围厚1～2mm的边而不是呈"眼球"产出。

三、矿床成因和找矿标志

1. 矿床成因

拉斑玄武岩型铜镍硫化物矿床的成因总体来说是经岩浆贯入－熔离作用形成的，这里以加拿大沃伊塞湾矿床为例说明它们的形成过程。

A. J. 纳尔德雷特等（1997）提出的沃伊塞湾矿床两阶段成矿模式很好地解释了该矿床的形成过程。深源橄长质岩浆沿深大断裂贯入于该区片麻岩中，形成一个深部岩浆房。岩浆发生结晶分离作用，在岩浆房底部形成超基性堆积杂岩，在与片麻岩相互作用时岩浆中硫化物达到饱和发生熔离，岩浆沿着补给通道上升到上部岩浆房，形成了东深矿段处的橄长岩体。同时，深源岩浆继续涌入深部岩浆房，打乱了底部堆积杂岩，并与残余岩浆、片麻岩包体以及所含硫化物混合，使得新岩浆的金属品位大幅提高。之后，新岩浆沿着岩浆通道进入上部岩浆房，由于空间忽然变大，岩浆流速突然减慢，从急流突然变为缓流会导致大多数所含的硫化物和片麻岩碎片在靠近入口处沉淀。因为认识到矿化与东深矿段补给通道进入线路有关，加之该岩席与形成西延矿段的岩席明显相似，所以可以为整个矿床建立一个示意模型（图6）。东深矿段代表侵入体本身，矿化靠近侵入体底面的补给通道进入点。卵形矿段因出露于地表而相当于补给通道进入侵入体的点，侵入体本身被剥蚀掉。"小卵形矿段"（1100E—1250E线）代表十分靠近进入侵入体的点的补给通道，而西部延伸体（600E—700E线）则代表穿过补给通道较深层位的剥蚀剖面。

2. 找矿标志

（1）区域地质找矿标志

1）太古宙克拉通和元古宙造山带中的陆内裂谷带或大陆边缘裂谷带是找矿有利地区。

2）分异较好的硫饱和的镁铁质拉斑玄武岩侵入体是含矿的有利岩体。

3）分异的镁铁质±超镁铁质侵入体通常为中、小规模（厚度小于3km），矿床一般不产在长期和被动演化的厚大侵入体中。

4）含Ni岩浆在地壳环境中需与含硫地层（如膏盐层等）同化混染和/或湍流混合，使岩浆快速达到硫饱和。

（2）局部地质找矿标志

1）块状硫化物限于在最厚的堆积岩底部接触带的构造凹入处和洼地中，或限于在岩浆补给通道中。

2）岩浆的流体动力学（速度、湍流等）及通道几何特征（狭窄垂直的通道变为广阔的岩浆房、

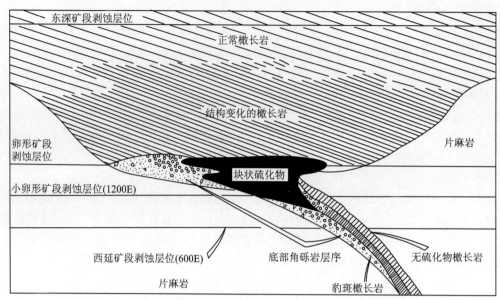

图6　加拿大沃伊塞湾矿床的概念模式，示出该矿床不同部分的剥蚀层位

(引自 A. J. 纳尔德雷特等，1997)

物理圈闭等）是块状硫化物沉淀和捕获的重要因素。

3）大型硫饱和的镁铁质岩浆系统显示出经受过广泛的地壳污染和岩浆混合作用，这些作用对开始的硫饱和及后来的矿化来说是很重要的。

（3）地球物理找矿标志

1）块状硫化物矿体是磁性的，容易引起磁异常，但并不是强磁性异常。

2）硫化物矿石为良电导体，在矿体上方出现电磁异常。

3）进行区域航磁和重力调查，以确定侵入体的范围、变形前的几何特征和侵入体的分馏方向，并确定有利的矿化环境（底部接触带、岩浆补给通道）。通过地面磁测确定岩性接触带和小型矿化构造（构造凹入处）。利用航空和地面电磁法圈出导电的硫化物矿体。

（4）地球化学找矿标志

1）常有 Cu、Ni 含量高的铁帽，可借助重合的 Ni、Cu、PGE 的高含量异常查明块状硫化物的铁帽。

2）在岩层下部存在块状、基质状和浸染状 Fe－Ni－Cu－Co 块状硫化物，在围岩中存在活化的和分馏的富含 Cu－Pd－Pt－Au－Ag 的硫化物。

3）查明由岩浆结晶的橄榄石的成分，其 Ni 含量是岩浆镍是否亏损的有用指示物。

（项仁杰　杨宗喜）

模型十六　溢流玄武岩型铜镍硫化物矿床找矿模型

一、概　　述

溢流玄武岩型（又称高原玄武岩型）铜镍矿床是一种岩浆型硫化物矿床，俄罗斯东西伯利亚的诺里尔斯克矿床最具代表性，有人将其归入拉斑玄武岩型作为一个特殊的亚类，鉴于其独特的地质成矿特征，我们仍将其作为单独的一类进行研究。

就金属含量而言，诺里尔斯克地区的铜镍铂族金属矿床是世界上经济价值最大的亲铜金属富集体，其镍含量相当于加拿大萨德伯里矿床的镍含量，但是它们具有后者2倍的铜含量和5倍的铂族元素富集量。

诺里尔斯克-塔尔纳赫矿区（Noril'sk - Talnakh）含镍1260×10^4t、铜2490×10^4t。表1列出了该矿区矿石的储量和品位。

表1　诺里尔斯克-塔尔纳赫矿区储量

矿石类型	矿石量/10^6t	Ni品位/%	Cu品位/%	PGE品位/(g·t^{-1})
富矿石（块状矿石）	88.7	3.42	5.38	5~100
含铜角砾岩矿石	108.4	0.8	2.64	5~50
浸染状矿石	1706.3	0.51	1.02	2~10
总计	1903.4	0.66	1.31	

资料来源：O. R. Eckstrand 等，2005

二、地　质　特　征

1. 区域地质背景

诺里尔斯克地区的岩浆岩及与其有关的铜镍铂族元素矿床是二叠纪—三叠纪西伯利亚地台通古斯盆地中暗色岩岩浆作用的一个组成部分。岩浆岩主要是镁铁质成分的玄武岩（拉斑玄武岩）及同源岩浆派生的粗玄岩岩床。

诺里尔斯克矿区位于西伯利亚暗色岩区的西北部，这里在岩浆喷溢的同时伴随着形成了3个局部的上叠坳陷，即诺里尔斯克向斜、哈拉耶拉赫向斜和沃洛戈昌向斜，这3个向斜可能是岩浆供给源和岩浆上升到地表的所在地（图1）。

在诺里尔斯克向斜中侵入有诺里尔斯克Ⅰ、诺里尔斯克Ⅱ和切尔诺戈尔斯克3个含矿侵入体；在哈拉耶拉赫向斜中侵入有塔尔纳赫和哈拉耶拉赫两个含矿侵入体（图1）。所有这些侵入体都产于向斜的轴部和诺里尔斯克-哈拉耶拉赫深大断裂中。诺里尔斯克Ⅰ和诺里尔斯克Ⅱ侵入于石炭-二叠纪的通古斯群陆源沉积物中，主要为晚二叠世—早三叠世的玄武岩层；塔尔纳赫侵入体主要侵入在通古斯群、部分侵入于泥盆纪岩石中；哈拉耶拉赫和切尔诺戈尔斯克侵入体侵入于泥盆纪的沉积物中（图1）。

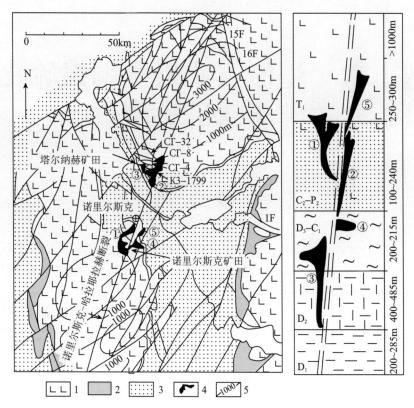

图1　俄罗斯诺里尔斯克地区地质略图（右边表示含矿侵入体矿化集中的层位）

（引自 Л. П. Лихачев，2006）

1—高原玄武岩；2—通古斯群沉积岩（C_2—P_2）；3—新元古代—早石炭世沉积岩；4—含矿侵入体（①诺里尔斯克Ⅰ，②塔尔纳赫，③哈拉耶拉赫，④切尔诺戈尔斯克，⑤诺里尔斯克Ⅱ）；5—玄武岩等厚线（m）。СГ-4、К3-1799—钻孔编号；1F—露头编号

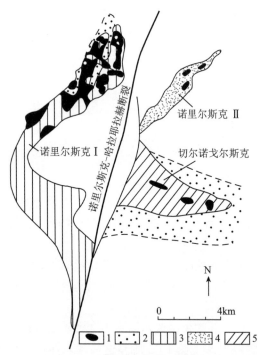

图2　俄罗斯诺里尔斯克矿田中含矿侵入体的分布

（引自 Л. П. Лихачев，2006）

1—"内部"的淡色辉长岩；2—辉长岩岩床，侵入体；3—诺里尔斯克Ⅰ；4—诺里尔斯克Ⅱ；5—切尔诺戈尔斯克。在诺里尔斯克Ⅱ和切尔诺戈尔斯克侵入体中辉长岩是示意性的

诺里尔斯克Ⅰ、塔尔纳赫和哈拉耶拉赫3个侵入体延伸距离长达20多千米，呈建造间平缓穿切的带状体、压扁的管状体和岩盘形式出现，它们厚50～300m，宽500～2000m，每个侵入体的前部都分化成岩枝和岩块。

诺里尔斯克Ⅰ侵入体由出露在地表部分被侵蚀的西岩枝和东岩枝组成，在西南延伸部位，这两个岩枝合并成一个岩体（图2）。

被侵蚀的塔尔纳赫侵入体在南端分成西南岩枝和南岩枝（图3）。没有遭到侵蚀作用的哈拉耶拉赫侵入体分化成西枝和南枝（图3）。

诺里尔斯克Ⅱ侵入体是一个被侵蚀的岩墙状岩体，处于近垂直的陡倾状态（图2）。出露在古地表的次整合切尔诺戈尔斯克侵入体与上述这些侵入体不同，它呈东西向，垂直于诺里尔斯克－哈拉耶拉赫断裂。

经黑云母^{40}Ar/^{39}Ar绝对年龄测定，诺里尔斯克Ⅰ侵入体为246.2（±1.1）～247.2（±1.1）Ma，塔尔纳赫侵入体为249.4（±1.5）Ma，哈拉耶拉赫侵入体为248.0（±1.6）Ma。熔岩岩层的年龄估计为270～230Ma。

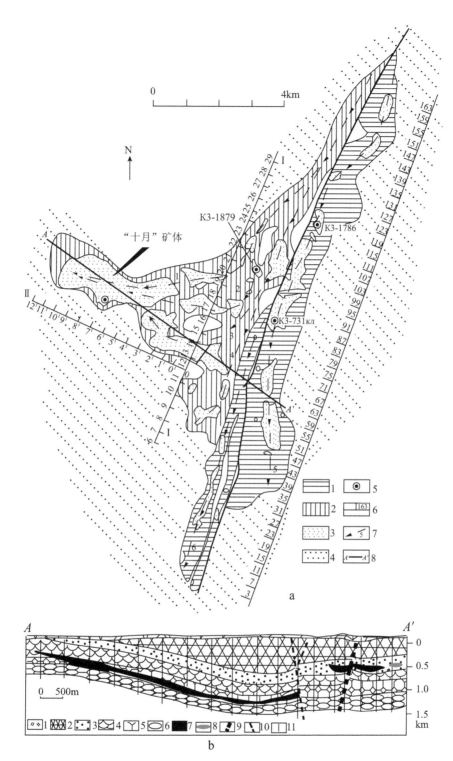

图 3　俄罗斯塔尔纳赫矿田含矿侵入体的分布

（引自 Л. П. Лихачев，2006）

a—平面图：1—塔尔纳赫侵入体；2—哈拉耶拉赫侵入体；3—块状矿体；4—淡色辉长岩岩床，5—详细地球化学调查的钻孔；
6—勘探钻孔编号和勘探线方向（线距 400m）；7—岩浆流动方向和编号；8—侵入体剖面线。白色地段是没有侵入体的地方
b—沿 A – A' 线的剖面略图：1—第四纪沉积物；2—火山岩层；3—通古斯群（中石炭世—晚二叠世陆源含碳沉积物）；4—中 – 晚
泥盆世沉积物（白云岩、石灰岩、泥灰岩和硬石膏）；5—中泥盆世沉积物（泥灰岩、硬石膏和厚层泥岩）；6—早泥盆世沉积物
（厚层泥岩和泥灰岩）；7—含矿侵入体；8—淡色辉长岩岩床；9—诺里尔斯克 – 哈拉耶拉赫断裂；10—毗连的断裂；11—钻孔

2．矿床地质特征

侵入体的主体部分为一岩套，按照层序从下往上依次为：接触辉长粗玄岩、斑杂状辉长粗玄岩、

苦橄辉长粗玄岩，它们构成了侵入体的含矿层；再往上为含硫化物的橄榄石黑云母辉长粗玄岩、含少量硫化物的橄榄石辉长粗玄岩、含橄榄石的辉长粗玄岩，无橄榄石的辉长粗玄岩，以及辉长闪长岩。

铜镍铂族元素的硫化物矿石在苦橄辉长粗玄岩、斑杂状辉长粗玄岩、接触辉长粗玄岩层中呈浸染状矿化，在围岩（主要在下伏岩石）中呈浸染状、角砾状和细脉浸染状矿化；在侵入体下部内、外接触带的岩石中主要分布有脉状和块状矿石。在斑杂状辉长粗玄岩、苦橄辉长粗玄岩和上覆层位中也出现脉状和角砾状矿石。在侵入体上部的内、外接触带中有贫铜镍的浸染状矿化，但富含铂族元素。

矿石的化学和矿物成分复杂。除了主要的成矿组分 Cu、Ni、Fe、S 外，还含有 Co、Pt、Pd、Ru、Rh、Ir、Au、Ag 等。主要的矿石矿物是磁黄铁矿、黄铜矿、镍黄铁矿、方黄铜矿、硫铜铁矿、杂镍砷铜矿、磁铁矿，此外还伴随有大量的硫化物矿物，如斑铜矿、辉铜矿、铜蓝、三方硫镍矿、针硫镍矿，等等。还有一些铂族金属、铁、镍、铜、金、银等的硫化物、金属化合物和固溶体。

侵入体中硫化物浸染的地球化学特点是：Cu/Ni 为 0.83 ~ 3.0，Co/Ni 为 0.40 ~ 2.0，Pd/Pt 为 0.64 ~ 10.0，δ^{34}S 为 1.9‰ ~ 13.6‰（表2）。

表2　诺里尔斯克矿区侵入体类型

侵入体标志		侵入体类型		
		贫硫化物	含硫化物	含钛
侵入体形状		岩床、岩层、阶状岩体	层状，有时具膨胀部分，极少交切	层状、筒状
外接触晕特点	接触晕总厚度与侵入体厚度之比	0.1 ~ 0.5	0.4 ~ 1.5	1.5 ~ 2.5
	侵入体上部晕与侵入体下部晕厚度之比	0.1 ~ 1.5	1.1 ~ 2	2 ~ 4
	主要的角页岩类型	白云母型	角闪石型	辉石型
	灰硅钙石 – 镁蔷薇辉石相变质岩分布	缺失	稀少	平常
	镁质矽卡岩矿物类型	金云母型	金云母 – 镁橄榄石型	金云母 – 镁橄榄石 – 方镁石 – 钙镁橄榄石型
岩石和矿石的结构和成分特点	分异特点	未分异或分异不明显	分异不完全	分异完全
	主要岩石	粗玄岩、橄榄粗玄岩	粗玄岩、橄榄粗玄岩和辉长岩 – 粗玄岩	橄榄和苦橄辉长岩 – 粗玄岩
	岩石显微结构特点	歪长细晶结构、嵌晶含长结构	分凝辉绿结构、微晶辉绿结构	辉绿结构
	主要矿物	Ol$_{60}$，Ti – Aug，Pl$_{80}$，Ti – Mgt	Ol$_{<25}$，Pl$_{>90}$，Sp	Ol$_{<25}$，Pl$_{>90}$，Sp
	斑杂岩及其矿物类型	缺失	斜长石的、橄榄石的	橄榄石的
	铬铁矿的岩浆分凝物	缺失	稀少	平常
	橄榄石的次生矿物	包林皂石（稀少）	包林皂石、滑石	蛇纹石
	主要的硫化物组合	Pn – Po – Cb	Pn – Po – Cb	Pn – Po – Cb
	金属矿物	—	Py，Bn，Cb	Tln，Mh，Mill
浸染状硫化物地球化学特点	Cu/Ni	0.52 ~ 5.26	0.12 ~ 5.0	0.83 ~ 3.0
	Co/Ni	0.06 ~ 2.0	0.12 ~ 0.67	0.40 ~ 2.0
	Pd/Pt	1.42 ~ 10.0	3.0 ~ 5.0	0.64 ~ 10.0
	δ^{34}S ‰	– 1.7 ~ 1.7	0.1 ~ 9.7	1.9 ~ 13.6

资料来源：В. И. Кочнев – Первухов 等，2006

注：Aug—普通辉石；Bn—斑铜矿；Cb—方黄铜矿；Mh—变磁铁矿；Mill—针硫镍矿；Ol—橄榄石；Pl—斜长石；Pn—镍黄铁矿；Po—磁黄铁矿；Py—黄铁矿；Sp—尖晶石；Ti – Aug—钛辉石；Tln—硫铜铁矿；Ti – Mgt—钛磁铁矿。

铜镍铂族元素矿床的硫化物矿层呈现矿物和化学分带。磁黄铁矿组合（磁黄铁矿、黄铜矿、镍黄铁矿）构成了矿层的主体，向上和向边缘变为富含铜的矿物组合（方黄铜矿、黄铜矿、杂镍砷铜矿、斑铜矿和辉铜矿）。在构造平稳条件下结晶的矿层呈杯状（透镜状）形态，其保持着严格的矿物分带顺序（图4）。硫化物矿层的分异程度取决于矿层的规模。大型矿层可以发生强烈的分异。塔尔纳赫矿田的"十月"矿床是大型矿层的明显一例，在面积为2km×4km、厚达5~6m的矿层中硫化物出现了强烈分异。

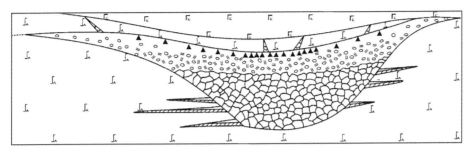

图4　俄罗斯诺里尔斯克矿床的硫化物矿层中矿物组合的分布示意图

(引自 Л. П. Лихачев，2006)

1—诺里尔斯克 I 侵入体的接触辉长粗玄岩；2—拉长玢岩（玄武岩）；3—磁黄铁矿组合；4—方黄铜矿－镍黄铁矿－黄铜矿组合；5—镍黄铁矿－黄铜矿组合；6—磁铁矿沉积带；7—磁黄铁矿带的硫化物支脉，分异成黄铜矿部分（a）和磁黄铁矿部分（b）；8—辉石－长石成分的支脉

三、矿床成因和找矿标志

1. 矿床成因

诺里尔斯克地区无矿和含矿的岩浆是西伯利亚地台暗色岩岩浆作用的一部分。由核幔界面上升的热柱可能是导致岩浆作用的原因（图5）。热柱的出现可能与大洋板块的下沉有关。板块下沉引起下地幔物质的"流体"熔融，熔融体上升到软流圈，并使周围介质发生了热力熔融，由此形成了暗色岩浆。

热柱头部的热力作用引起周围介质局部熔融，随着远离热源，周围物质受热的温度和熔融程度逐渐降低。根据实验和地球化学资料可以认为，在热柱作用的边缘部分，周围物质受热温度为1150~1200℃（图5a中1带），熔融程度为1.5%~17%。在图5a中2带物质受热温度为1200~1250℃，熔融程度为17%~27%。在图5a中3带物质受热温度为1250~1300℃，熔融程度为34%~38%。在图5a中4带物质的受热温度为1300~1350℃，熔融程度达46%~50%。

含矿侵入体的主岩浆源位于有硫化物浓集的热柱头部旁侧。这里的岩浆是由来自深部通道含硫化物的苦橄岩成分的原始熔融体、周围介质熔融形成的拉斑玄武岩熔融体及岩浆残余相的颗粒（橄榄石、铬铁矿）等混合物组成的。

含硫化物的混合物随近于垂直的岩浆柱上升，上升时含硫化物的岩浆柱由于其头部快速冷却和残留颗粒的重力运移而发生分异。在岩浆柱头部，温度下降引起高钙斜长石结晶、分散在岩浆中的硫化物合并增大，以及由于产生了温度梯度导致岩浆发生对流运动。

含硫化物的岩浆在抵达高层位并在近水平方向运动时，在纵向循环环境下它们开始起作用，引起硫化物在狭窄地段和向膨胀地段过渡的地方发生堆积，从而形成了铜镍铂族金属矿石（图6）。

2. 找矿标志

诺里尔斯克地区含矿侵入体一般呈链状沿区域深断裂分布，矿床与暗色岩，特别是辉长－粗玄岩

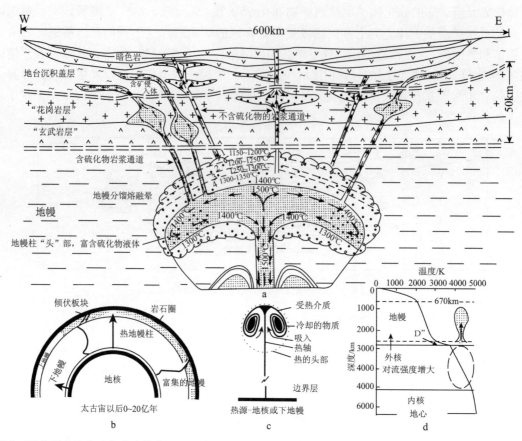

图5 西伯利亚地台暗色岩岩浆作用过程中无矿岩浆和含矿岩浆形成图（a），"热柱"出现图（b、c、d）。
图a中的1~4数字表示无矿岩浆形成带

（引自 Л. П. Лихачев, 2006）

有成因和空间联系。富矿体往往产在这种侵入岩的底部，因此在已知矿床深部沿深断裂开展盲矿勘查有重要意义。在该区用磁法和重力法探测侵入体空间位置，用地震法探测侵入体产出深度，用电法确定侵入体和围岩的界面，用激发极化法和化探方法评价侵入体的含矿性，按照这套思路在该区先后探明了塔尔纳赫和"十月"两个大而富的镍铜矿床。这里根据诺里尔斯克矿床的主要特征，将找矿标志总结如下：

（1）区域地质找矿标志

1）暗色岩建造广泛发育，含矿岩体及与其有关的铜镍铂族金属矿床是暗色岩建造的一个组成部分。

2）含矿岩体呈带状体，延伸达10km以上，沿其延伸方向成分和厚度不均一，在其垂向上发生分异。

3）含矿岩体分布受两个深大断裂控制，岩体产于建造间的界面上，由于围岩层近于水平产出，所以含矿岩体呈层状和岩盘状。

4）成矿时代为晚二叠世—早三叠世，含矿岩体的年龄240~250Ma。

5）成矿岩体位于向斜（火山－构造洼地）中，这些火山－构造洼地可能是岩浆源和岩浆上升到地表的所在地。

（2）局部地质找矿标志

1）含矿岩石主要是辉长粗玄岩，含矿地段的镁质岩石（橄榄石－黑云母辉长粗玄岩和苦橄辉长粗玄岩）中 SiO_2 含量通常小于40%（31%~41%）。

2）富含成矿物质的地段岩浆岩层厚度大，分异程度高，而贫矿地段厚度小，分异程度低(表2)。

3）通常铬铁矿是含矿岩浆柱成矿地段所特有的，而贫矿地段铬铁矿稀少或缺失（表2）。

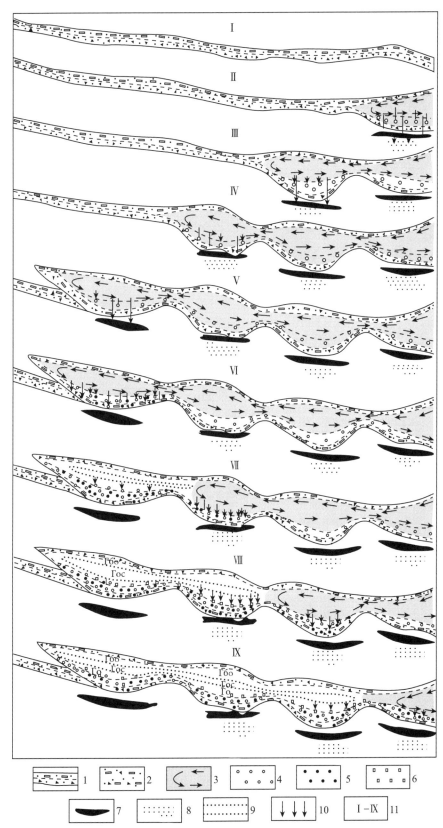

图 6　塔尔纳赫型含矿侵入体及与其有关的镍铂铜族金属矿床形成示意图

（引自 Л. П. Лихачев，2006）

1—岩浆柱头部浆状部分；2—上部和下部接触辉长粗玄岩及斑杂状辉长粗玄岩；3—侵入和循环的岩浆；4—橄榄石斑晶；
5—硫化物液体析离体；6—岩浆在岩浆房内结晶时析出的橄榄石；7—块状矿石；8—外接触带浸染和细脉浸染型矿化；
9—结晶的岩浆；10—橄榄石晶体和硫化物液体析离体的运动方向；11—含矿侵入体侵入和形成及成矿物质堆积的阶段

Гбо—无橄榄石辉长 - 粗玄岩；Гос—含橄榄石的辉长 - 粗玄岩；Го—含少量硫化物的橄榄石辉长 - 粗玄岩

4）侵入体接触带具混染－交代岩、淋滤的镁质和钙质矽卡岩、碱性交代岩、角页岩，以及侵入体外接触带的硫化物浸染。

5）含矿侵入体接触晕总厚度与侵入体厚度之比为1.5～2.5（表2）。

（3）地球物理找矿标志

1）航磁资料可圈出火山－构造洼地（见总论图4－21），并可部分解释火山－构造洼地的内部结构。

2）局部重力异常出现在含矿侵入体上方，并可标出火山－构造洼地的边缘。

（4）地球化学找矿标志

1）矿区中 Cu、Zn、Pb、Ag 的背景值增高。

2）侵入体和矿上晕中存在 Cu、Ni、Co、Zn、Pb、Mo、Ag、PGE 局部异常（见总论表3－5）。

3）侵入体锋面前部、下部和上部 Cu、Ni、PGE 含量局部增高（见总论表3－5）。

（项仁杰　金　玺）

模型十七 陨石撞击型铜镍硫化物矿床找矿模型

一、概　述

加拿大萨德伯里矿区（Sudbury）是世界上陨石撞击型铜镍硫化物矿床的典型代表。根据陨石撞击事件大量的地质、地球化学证据，其陨石撞击成因已为越来越多的地质学家所认可。陨石撞击成因的主要证据有：①在撞击火山口中充填的奥纳平组上部800m岩段中存在铱的异常；②在由火山口往外分布逐渐减少的萨德伯里角砾岩中存在假玄武玻璃；③震裂锥呈放射状分布；④近源和远源（约800m）的喷出物中都有冲击矿物。

萨德伯里矿区矿石的资源量为15×10^8t。Ni的品位为1%，Cu为1%，Pd+Pt为1g/t。整个萨德伯里构造盆地拥有77个生产矿床、11个探区和140个矿点。在过去的一个世纪中，共生产了总价值超过2640亿美元的金属。

二、地　质　特　征

1. 区域地质背景

由于陨石撞击地球表面是个偶然事件，所以它的分布从某种程度上来说不可能受区域地质构造控制。就撞击而成的萨德伯里火成杂岩来说，尽管后来的挤压事件使其强烈变形，但它还是很好地保存了下来。

陨石撞击发生在1850Ma，地点位于北面新太古代片麻岩（约2711Ma）和南面上覆的休伦超群（古元古代火山沉积，约2450Ma）之间的交界处。撞击产生了一个直径200km的火山口，以及放射型岩墙状的破裂/角砾岩带，它们切穿了围岩。撞击熔化了撞击地点的岩石，产生了高温熔融岩层，这个熔融岩层占据了撞击火山口的底板。熔融体冷却时分异成下部的苏长岩和上覆的花斑岩，二者为一层薄的富石英的辉长岩层所分隔（图1，图2）。这些岩石单元之间的接触带是渐变的。不连续、更为基性的底部岩层称为"底层"，含有大量的Ni-Cu矿石和外来碎屑。熔融体还侵入了某些放射型的角砾岩带中，形成了很长的石英闪长岩岩墙（"支脉"），从萨德伯里火成杂岩往外延伸几千米，也含Ni-Cu矿石。后来来自南部的区域掩冲挤压了萨德伯里火成杂岩的南半部，产生了现在出露的拉长状盆地，长65km，横向宽27km。

2. 萨德伯里火成杂岩（SIC）

萨德伯里火成杂岩体可分成北带、南带和东带3部分，总厚度约为2.5km。组成杂岩体的岩石由下往上依次为暗色苏长岩、石英苏长岩、南山苏长岩和霏细苏长岩，它们构成了杂岩体的下部；中部为石英辉长岩；上部为花斑岩（图2）。南带的下部出现石英苏长岩和南山苏长岩，而北带的下部为暗色苏长岩和霏细苏长岩，霏细苏长岩在南带发育有限。含矿的苏长岩"底板"位于萨德伯里火成岩体的底部，在杂岩体边缘通常是含矿的石英闪长岩"支脉"。近年来取得的地球物理资料表明，杂岩体构造在深部是不对称的，北带倾斜比较缓，倾角为25°~30°，南带倾斜陡，倾角为45°左右。

3. 矿床地质特征

（1）矿床类型

与萨德伯里火成杂岩体有关的铜镍硫化物矿床有3种类型：接触带型矿床、支脉型矿床和底板型矿床。

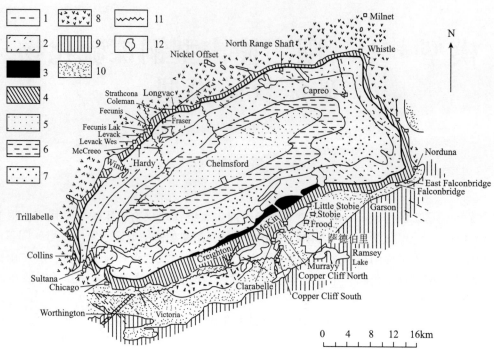

图1 加拿大萨德伯里火成杂岩地质图

(引自 Л. П. Лихачев, 2006)

1—橄榄辉绿岩岩墙；2~4—含镍深成岩体：2—花斑岩，3—辉长岩，4—苏长岩和亚层状岩石；5—切姆斯福德组砂岩；6—奥瓦汀组片岩；7—奥纳平组角砾岩；8—花岗岩和片麻岩；9—石英岩；10—杂砂岩、火山岩；11—断层；12—湖泊

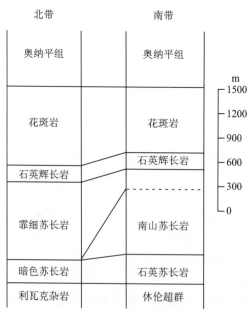

图2 萨德伯里杂岩体南带和北带的岩层剖面

(引自 Л. П. Лихачев, 2006)

1) 接触带型矿床：接触带型矿床通常形成于与新太古代或古元古代基底接触的接触带或其附近的萨德伯里火成杂岩体底部的洼地或构造凹入处，萨德伯里矿区资源量的50%以上产在接触带型矿床中。铜镍矿化与接触带的"底层"及"底层"下面的底板角砾岩有关，"底层"由苏长岩到辉长岩成分的中-细粒岩石组成，分布在萨德伯里火成杂岩体的边缘。底层的性质变化很大，基质既可不含石英，亦可富含石英；既可具苏长岩组分，亦可具辉长岩组分。结构从嵌晶状变至辉绿结构。底层的厚度分布受SIC下接触带形态的控制，有的地方底层完全消失，有一些地方则相当厚（700m或更

厚）。底层的矿化由大片的浸染矿化带到块状矿化带都有，在直径约1km的"凹槽"中，底层的厚度最大，硫化矿化最为富集。虽然凹槽中的底层含大量硫化物，但工业矿化的主体一般见于底层以下的底板角砾岩中，块状硫化物含量最高处往往见于底板角砾岩的底部。底层苏长岩容矿矿床Cu/Ni值低（0.1～0.5），靠近SIC接触带的某些底板角砾岩容矿矿床也具有低Cu/Ni值特征。

2）支脉型矿床：支脉型矿床含在放射状或同心状"石英闪长岩"岩墙中，这类岩墙代表冷却的撞击熔融体的早期相，支脉型矿床拥有的资源量占总资源量的25%左右。支脉是一种重要的成矿环境，它们深入围岩十几千米，例如佛伊（Foy）支脉达13km，与围岩之间的界面清晰；有些支脉产有大型硫化物矿床，如南山的铜崖（Copper Cliff）支脉。

3）底板型矿床：底板型矿床产在称为萨德伯里角砾岩的角砾化围岩中，角砾岩中没有萨德伯里火成杂岩的组分，底板型矿床拥有的资源量不到10%，但是它的作用在提高，局部PGE的含量十分高。底板型矿床与接触带型矿床不同，Cu/Ni比值大于1。矿化带侵位于热变质的萨德伯里角砾岩之内，或者与之有密切关系。在某些情况下底板角砾岩与热变质萨德伯里角砾岩之间的界面是渐变的。容纳底板矿床的角砾岩带的边界一般模糊，但可填绘出。金属分带模式也是渐变的，Cu/Ni值随着与杂岩体接触带距离的加大而增高。

（2）矿体形态

在侵入体底部与底层有关的矿体构成不规则的富含硫化物的透镜体，如在南区的Murray矿山（图3A）及在北区的Strathcona、Mc Creedy East和Fraser Depth等矿山（图3B）具有陡倾的大透镜体。这些具有类似走向的矿体群位于构造凹入处，在Creighton矿山矿体延伸得很深。支脉中的矿体构成了不连续的富硫化物矿层或透镜体，它们陡倾，并与伴随的石英闪长岩支脉近于平行。在East Falconbridge矿山产有不同类型的矿带，这里矿体不规则地成串排列，沿着将萨德伯里火成杂岩的长英质苏长岩与Stobie火山岩分隔开的Main断层不连续地分布。

（3）矿石成分

硫化物矿石由典型的岩浆型硫化物矿物组成，是主要的矿石类型，按丰度依次是磁黄铁矿、镍黄铁矿、黄铜矿和黄铁矿。斑铜矿出现在富铜的矿石中。南区的矿石通常含砷矿物，包括红砷镍矿、砷

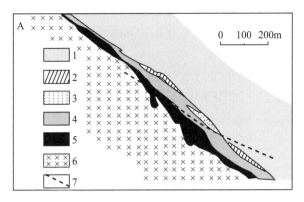

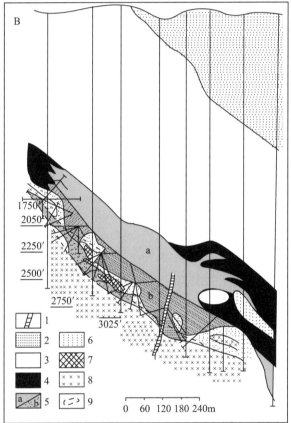

图3 加拿大萨德伯里Murray矿山（A）和
Strathcona矿山（B）剖面图

（引自 Л. П. Лихачев，2006）

A：1—苏长岩；2—强烈浸染硫化物；3—填隙硫化物；4—含硫化物包体的辉长岩和橄榄岩；5—块状硫化物；6—底板；7—剪切带

B：1—辉绿岩岩墙；2—花斑岩；3—霏细苏长岩；4—暗色苏长岩；5—底层（a—捕房苏长岩，b—顶板角砾）；6—底板角砾；7—底板苏长岩；8—利瓦克片麻岩；9—矿体界线。直线—钻孔；带线条的数字—采矿层（英尺）

镍矿、硫砷镍矿和硫砷钴矿。铂族元素呈许多微细的矿物颗粒产出，其中最丰富的是铅铋碲矿（PbBiTe）、碲铂矿（PtTe）和砷铂矿（PtAs）等。

　　在萨德伯里，PGE 与 Bi、Te、As、Sb 和 Sn 相伴生。其中 As 是萨德伯里矿石中的重要痕量元素，空间上南区的矿床含 As 高，而北区的矿床 As 含量很低。在萨德伯里矿石中 Sb 也是一种相关的痕量元素，它与 Pd 和 Pt 矿物有关，尽管 Sb 的含量总体十分低，但是在南区的矿体中 Sb 值还是比较高的。脉的边缘有富 Cl 的蚀变组分：陨氯铁、氯铋矿和铁热臭石。在 Fraser 矿山矿化的 150m 范围内，再结晶的萨德伯里角砾岩中角闪石和黑云母的 Cl 含量和 Cl/（Cl + F）的比值有所增高。

三、矿床成因和找矿标志

1. 矿床成因

　　萨德伯里矿区的铜镍硫化物矿床是 1850Ma 前一次偶然的陨石撞击地表面形成的。坠落在该区的陨石体直径大小约为 4km，总体积约为 $64km^3$，其中所含的硫化物体积约为 $3.8km^3$（约含硫 6×10^9 t）、金属铁约 $7.5km^3$、金属镍约 $0.83km^3$（约含镍 7.3×10^9 t）、铜约 $0.006km^3$（约含铜 0.05×10^9 t）。

　　陨石的撞击和矿区成矿物质的聚集是按照下列过程进行的：

　　首先是坠落的陨石与被撞的地体相撞并发生破裂，坠落体的物质呈颗粒流持续运动，颗粒流长达几千米（图 4A）。

　　运动过程中，重的金属颗粒快于不太致密的轻颗粒聚集在与被撞物体接触的锋面上，然后渗入被撞物体底部形成支脉状矿石（图 4B）。

　　在撞击地点产生的等离子蒸气、熔融体和固态物质的混合物进入大气，经过减压和迅速冷却随后返回到早先形成的火山口（图 4C 和 D）。在撞击时形成的熔融体回返降落时，留在它们当中的金属颗粒又回到了落体的锋面部位，形成了萨德伯里矿区中的次层状接触带型矿石（图 4E）。

　　这个撞击事件是在一个极短的时间内发生的，冲击之后，硅酸盐熔融体和硫化物熔融体很快结晶，其周围的岩石被压实，而后，这个撞击构造被晚期的产物所掩埋。硅酸盐熔融体结晶时所形成的岩石发生了微弱的分异，它们具有很小的颗粒性，这是撞击杂岩与内生的岩浆产物之间原则性的差别。

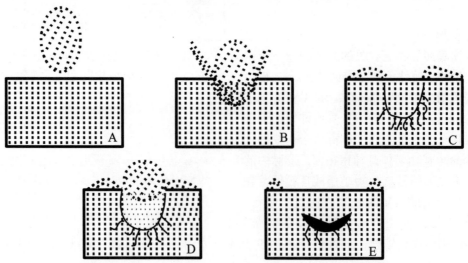

图 4　撞击构造中成矿物质聚集和铜 – 镍矿石形成顺序示意图

（引自 Л. П. Лихачев，2006）

A—陨落的陨石中成矿物质（黑点）的原始分布；B—在陨石撞击地球表面时成矿物质聚集形成支脉型矿石；
C—均匀的撞击熔融体；D—撞击熔融体的喷出和减压；E—撞击熔融体回落时成矿物质聚集形成接触带型矿石

2. 找矿标志

从目前来看，陨石撞击成因的世界级矿床就此一例。陨石撞击是偶然事件，这里以萨德伯里矿田为依据，总结找矿标志。

（1）地质找矿标志

1）矿床主要与萨德伯里火成杂岩体（SIC）有关，尤其是与SIC的下接触带（底层）有关。

2）SIC的出露明显受构造的控制，据认为萨德伯里构造是经过形变和剥蚀的陨石坑遗迹，该构造呈椭圆形，充填有沉积岩和变沉积岩，矿化可能是在陨石坑形成过程中的热和压力作用下产生的。

3）许多矿床位于萨德伯里构造边缘的凹槽构造中。矿床普查工作实际上都是沿着萨德伯里构造边缘的SIC展开的，并且注意研究其中的凹槽构造。

4）本区早期的勘查工作主要是寻找接触带型矿床，勘查孔打到底板岩石后便停钻，即使发现了一些底板矿体，一般也都与接触带型矿体连通。但近年来发现底板型矿床距离SIC与底板接触面可达2km远。虽然目前发现的底板型矿床规模比接触带型小，但矿石丰富，Cu/Ni比随着与SIC接触带距离的加大而增高，且铂族元素的含量高。20世纪90年代以来，本区找到的新矿床大多属于底板型矿床，从而开辟了新的矿源。

（2）地球物理找矿标志

萨德伯里火成杂岩体是由巨型陨石撞击而成的，矿化正好产在杂岩体与围岩的界面上，而富的底板型矿床又位于接触带以下的底板中，因此，查明杂岩体与围岩的界面是实现深部找矿突破的关键，如何在底板中寻找极富的底板型矿床又是找矿取得成果所需解决的首要问题。

多年来的找矿实践证明，在萨德伯里地区采用重力测量和反射地震是查明杂岩体底界的有效手段（图5）。萨德伯里构造位于区域重力高值范围内。地震成像表明，萨德伯里构造明显不对称。在北半部，反射地震剖面反映了花岗岩-苏长岩和苏长岩底板岩石的界面。

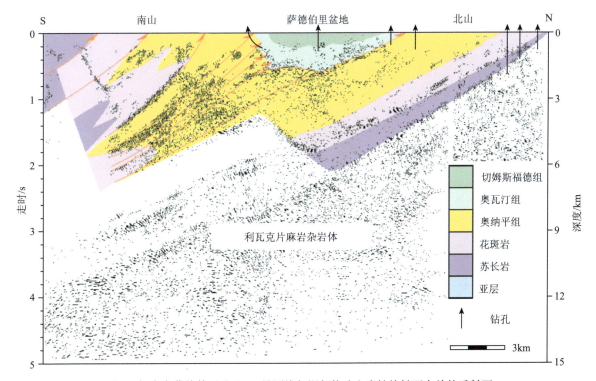

图5　加拿大萨德伯里盆地41号测线与深部构造和岩性接触面有关的反射面

（引自 M. Salisbury 等，2006）

依据地震方法在盆地内确定杂岩体的底面，随后通过深部钻孔加井中瞬变电磁测量可以有效地勘查深埋的底板型矿床。近年来的找矿成果表明，许多重要发现（如 Victor、Levack footwall、Mc Creedy East－153、Nickel Rim South、Pump Lake、Totten、Fraser Morgan）都归功于瞬变电磁测量系统

（UTEM）的应用。

（3）地球化学找矿标志

1）金属和矿物分带也是一项重要的勘查标志。Cu/Ni 比值和（Pt + Pd + Au)/S 比值随着远离接触带而增大。

2）矿脉体系中有经济价值的部分被 10～100m 宽的次经济价值元素的地球化学晕所包围。次经济价值的元素晕中，含浸染状和受裂隙控制的黄铜矿、斑铜矿和针镍矿。斑铜矿和针镍矿细脉是矿化体系边界的标志。

3）在萨德伯里火成杂岩的苏长岩中，Mg 和 Ti 地球化学特征可以圈定接近于构造凹入处。

（项仁杰）

模型十八 科马提岩型铜镍硫化物矿床找矿模型

一、概　述

含在科马提岩中的铜镍硫化物矿床具有重要的经济意义,据统计,其所含的镍的总资源量为1923.3×10⁴t,占世界陆地上镍硫化物资源总量的18.7%。该类矿床不仅是镍的重要来源,而且对Cu、Co和PGE也有重要意义。此外,Au、Ag、Cr和Pb有可能成为次要的伴生金属。

科马提岩型铜镍硫化物矿床主要分布在澳大利亚,镍总量(产量加剩余储量和/或资源量)大于100×10⁴t的世界级矿床有5个:基思山(Mt. Keith,341.1×10⁴t,Ni 0.57%),佩塞维兰斯(Perseverance,248.1×10⁴t,Ni 1.05%),雅卡宾迪(Yakabidie,168.2×10⁴t,Ni 0.58%),卡姆巴尔达(Kambalda,138.9×10⁴t,Ni 3.30%),霍尼蒙井(Honeymoon Well,101.1×10⁴t,Ni 0.75%),此外还有许多中、小型矿床。加拿大最大的科马提岩型铜镍硫化物矿床托普逊(Thompson)也达到了世界级(348.7×10⁴t,Ni 2.32%),其次是杜蒙特(Dumont,75×10⁴t,Ni 0.50%)、拉格兰(Raglan,67.18×10⁴t,Ni 2.72%)和博登(Bowden,48×10⁴t,Ni 0.60%)。津巴布韦均为中、小型矿床,最大的为亨特罗德(Hunter's Road,21×10⁴t,Ni 0.70%)。巴西和芬兰也有不多的科马提岩型铜镍硫化物矿床(图1)。

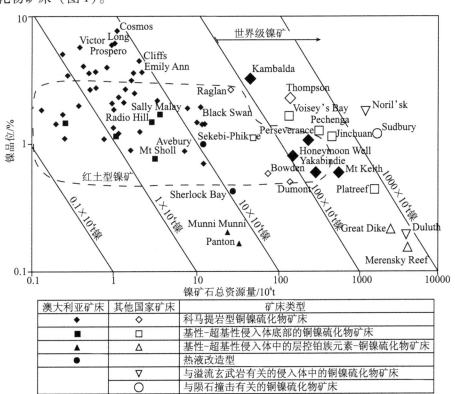

澳大利亚矿床	其他国家矿床	矿床类型
◆	◇	科马提岩型铜镍硫化物矿床
■	□	基性-超基性侵入体底部的铜镍硫化物矿床
▲	△	基性-超基性侵入体中的层控铂族元素-铜镍硫化物矿床
●		热液改造型
	▽	与溢流玄武岩有关的侵入体中的铜镍硫化物矿床
	○	与陨石撞击有关的铜镍硫化物矿床

图1　世界主要铜镍硫化物矿床镍品位与镍矿石总资源量的对数图

(引自 D. M. Hoatson 等,2006)

纵坐标为镍品位,用质量百分比表示;横坐标为镍矿石总资源量,包括产量和剩余储量或资源量;对角线上数字表示所含的镍金属(t),虚线圈划的区域有世界重要的红土型镍矿。世界级矿床(镍金属量超过100×10⁴t)用大型符号表示

二、地 质 特 征

1. 区域地质背景

　　澳大利亚科马提岩型铜镍硫化物矿床主要集中在西澳大利亚地盾耶尔冈克拉通的"东金田"、"南克罗斯"和"东北金田"3 个地区（图 2），这 3 个地区含矿科马提岩的年龄分别为约 2710 ~

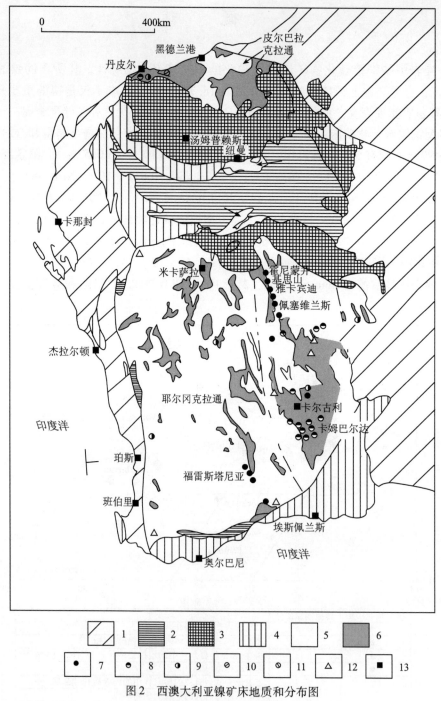

图 2　西澳大利亚镍矿床地质和分布图

(引自 Л. П. Лихачев，2006)

1—显生宙沉积盆地；2—中 - 新元古代沉积盆地；3—中 - 古元古代沉积盆地；4—元古宙变质带；5—太古宙花岗岩

类和片麻岩；6—绿岩带；7 ~ 12—镍矿床；7—纯橄榄岩组合，8—橄榄岩组合，9—辉长岩类组合，

10—层状沉积组合，11—脉状铁 - 金 - 砷组合，12—红土型；13—城市

2700Ma、约3030~2720Ma和约2710至>2900Ma（?）。其次是皮尔巴拉克拉通，其弱矿化的科马提岩层通常比耶尔冈克拉通矿化的科马提岩层要更老（约3460~2880Ma）和更薄一些。加拿大这类矿床主要产在"托普逊镍带"（图3）和"阿比提比绿岩带"，这两个带的矿化年龄分别约为1900Ma和2700Ma。托普逊镍带由片麻岩、变沉积岩和变火山岩组成，其中含有超镁铁质岩体和霏细岩体。变沉积岩、变火山岩和超镁铁质岩集中在带的西部，重点的镍矿床都集中在这里。津巴布韦的科马提岩型镍矿产于"津巴布韦克拉通"、"桑加尼绿岩带"和"马佐埃绿岩带"，矿化年龄约为2700Ma。上述这些科马提岩区的大地构造环境都是太古宙克拉通花岗岩－绿岩带中与地幔柱有关的裂谷或张性盆地。

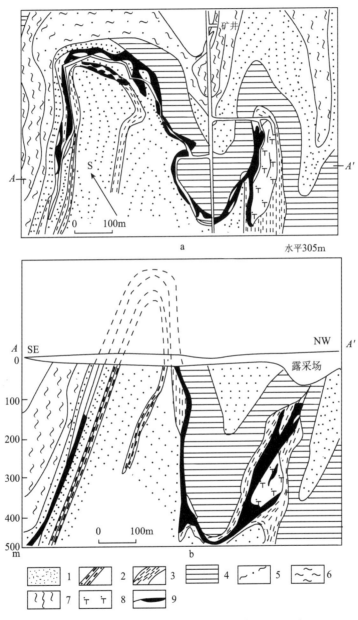

图3　加拿大托普逊矿床平面图（a）剖面图（b）

（引自 Л. П. Лихачев，2006）

1—石英岩；2—铁质石英岩；3—黑云母片岩；4—矽卡岩类；5—黑云母副片麻岩；
6—角闪副片麻岩；7—花岗片麻岩；8—橄榄岩；9—硫化物矿石

2. 矿床地质特征

（1）赋矿岩石

澳大利亚科马提岩型铜镍硫化物矿床分为两类：一类是产在火山橄榄岩中的矿床（以卡姆巴尔

· 211 ·

达矿床为代表，本文下称卡姆巴尔达式矿床），另一类是产在侵入的纯橄榄岩中的矿床（以基思山矿床为代表，本文下称基思山式矿床）。前者矿化产于橄榄岩－纯橄榄岩岩流里，岩流体长几百米，厚25～200m，含 MgO 38%～45%（质量分数），矿体位于超镁铁质火山建造的底部。后一类矿化产于次整合的纯橄榄－橄榄岩透镜体中，透镜体长500～1000m，厚50～1100m，含 MgO 45%～51%（质量分数），大多数矿体位于中部橄榄石补堆积岩－中堆积岩岩带里。

加拿大托普逊镍带的镍铜矿化主要产于呈岩床侵入的蛇纹岩中（镍资源量占镍带总资源量的75%），蛇纹岩原岩可能是辉石岩、橄榄岩、纯橄榄岩、苦橄岩。还有少部分镍铜矿化产在变沉积岩和片麻岩中（镍资源量占镍带总资源量的25%）。

加拿大阿比提比绿岩带中的镍铜矿化产于规模不大的辉石岩－橄榄岩成分的超基性岩体中及岩体与围岩的接触带里。这些岩体被看作是熔岩流，其与沉积－火山成因的围岩呈整合产出。

（2）矿石类型

科马提岩型的铜镍硫化物矿床的矿石类型虽然多样，但主要还是以块状和浸染状为主。澳大利亚这类矿床中的卡姆巴尔达式镍铜矿化大约90%是产在超镁铁质岩层中橄榄岩层底部的接触带型矿石，其典型剖面是由薄的不连续的块状硫化物层和上覆的基质（网状）和浸染状硫化物层组成。块状硫化物矿石层的厚度通常小于1m，在构造复杂地段矿层可能增厚。基质（网脉）和浸染状的硫化物呈细粒到中粒，矿石中经常出现硫化物与非金属矿物连生的变质结构。基思山式铜镍硫化物矿化主要是浸染状矿化，以贫矿石（Ni 0.4%～1.0%）为主，富矿石（Ni 1%～4%）很少。硫化物浸染带长500～2000m，厚25～320m，浸染状硫化物呈细粒到中粒，集中产在厚达800m的橄榄石堆积岩的纯橄榄岩透镜体中。

加拿大托普逊镍带中的硫化物矿化有6种类型：①原生填隙状；②脉状；③角砾状；④块状；⑤粉末浸染状；⑥填隙鬣刺状。而阿比提比绿岩带中的硫化物矿化主要有两种，一种是产在超基性岩体中的浸染状矿化，另一种是产在超基性岩和围岩接触带中的块状和细脉状矿石。

（3）矿石组分

澳大利亚卡姆巴尔达式镍铜矿床块状和浸染状矿石的主要金属矿物为磁黄铁矿、镍黄铁矿、黄铁矿、黄铜矿、磁铁矿和铬铁矿。金属组合为 Ni－Cu±Au±PGE±Co。矿石品位富但变化大，块状矿石含 Ni 2%～20%，基质矿石平均含 Ni 2.5%，少量浸染状矿石含 Ni 小于1%，平均含 Cu 0.1%～0.4%，Ni/Cu 为7～20。基思山式矿床硫化物通常呈浸染状和层状，镍品位低，为0.1%～1.0%，平均为0.6%。磁黄铁矿、镍黄铁矿、磁铁矿、黄铁矿、黄铜矿是镍品位大于1%的矿石中的主相，而针镍矿、赫硫镍矿、斜方硫镍矿和硫镍矿出现在镍含量小于1%的矿石中。硫化物中 PGE 含量偏高（块状硫化物中的 PGE 总含量为（500～3000）×10^{-9}），Se 和 As 的含量也略有异常。矿石中 S 同位素与基层中的 S 同位素相匹配。表生矿物通常包括紫硫镍矿、黄铁矿和白铁矿。矿物的多样性是原始岩浆作用、次生热液作用和风化作用的结果。

加拿大托普逊镍矿床硫化物主要有磁黄铁矿、镍黄铁矿，其次是黄铜矿、方黄铜矿，有少量闪锌矿混入物。次生蚀变的矿物有黄铁矿、淡红辉镍铁矿、四方硫铁镍矿、羟镁硫铁矿和铁的氧化物。阿比提比绿岩带中的铜镍硫化物矿床，对大多数原生矿石来说矿物组合比较简单：磁黄铁矿、镍黄铁矿、黄铜矿和磁铁矿。而在变质矿石中，原生矿物常常还有淡红辉镍矿、白铁矿和黄铁矿。

三、矿床成因和找矿标志

1. 矿床成因

岩浆型的铜镍硫化物矿化与镁铁质和超镁铁质岩浆有关。高镁和超镁的科马提岩建造的岩浆是在岩浆演化的早期阶段（高温阶段）借助地幔上层物质的熔融并在含水流体的作用下形成的，含矿岩浆和矿床的形成主要依靠的是地幔原始物质中的硫化物。如图4所示，形成基思山的岩体相当于一个巨大的熔岩通道或熔岩岩管，其经历了一个长时间的科马提岩熔岩的连续喷发和流动（图 4 中 A – B 剖面），矿石矿物在很大的透镜状熔岩通道中结晶而成，硫化物比例和镍含量在硫饱和情况下随熔岩中含硫化物的流体分凝的共结比例变化而变化。卡姆巴尔达矿床是在岩流进一步流动过程中形成的，熔岩通道底部的含硫化物基层受到热侵蚀和/或物理侵蚀，不混溶的硫化物被流体带走，流体同时还从科马提岩中提取了 Ni、Cu 和 PGE，最后由于流变、流动坡度的变化和熔岩流动通道方向的改变等使硫化物流体聚集在底部接触带上（图 4 中 C – D 剖面）。加拿大托普逊镍铜矿床的形成被认为是岩浆最初呈岩床侵入沉积 – 火山岩层。在侵入的岩浆发生分异时析出了硫化物馏分，在重力作用下，硫化物馏分下沉在岩床底部形成硫化物层，在岩床上部，硫化物也可以作为填隙矿物而保留下来。后来

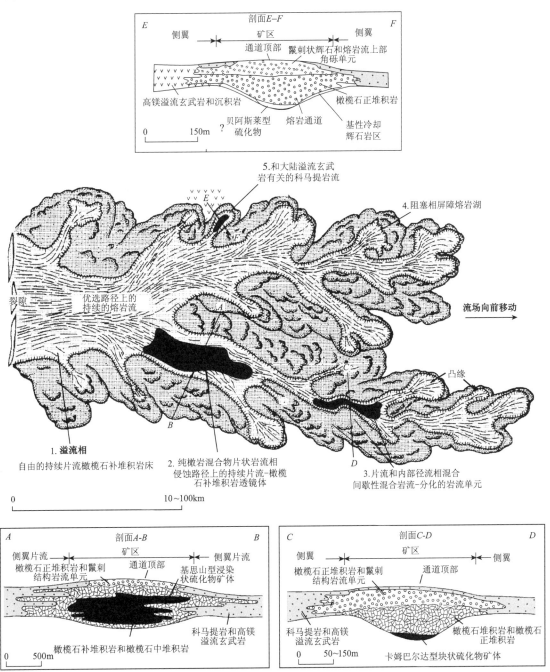

图 4　科马提岩持续喷发而发育成膨胀的岩流田的剖面示意图

（引自 D. M. Hoatson 等，2006）

图上示出了几个矿床镍矿化与各个科马提岩岩相之间的空间关系：基思山矿床——A – B 剖面，
卡姆巴尔达矿床——C – D 剖面，贝阿斯莱矿床——E – F 剖面

由于构造运动,整个岩层发生了褶皱变形,超镁铁质岩遭受了强烈蛇纹石化。在像拖拽褶曲这样一些压力降低的地区,硫化物发生活化、重结晶和富集,最终形成了铜镍硫化物矿床。

2. 找矿标志

(1) 区域地质找矿标志

1) 在西澳大利亚地盾耶尔冈克拉通和皮尔巴拉克拉通的太古宙绿岩带内,张性裂谷环境。

2) 有区域分布的科马提岩岩系,含很厚的橄榄石堆积岩岩流层。

3) 大多数重要的矿化与铝未亏损的科马提岩岩层有关($Al_2O_3/TiO_2 = 15 \sim 25$);只有铝亏损的科马提岩岩层($Al_2O_3/TiO_2 < 15$)地区,通常矿化很差,或不含矿。

(2) 局部地质找矿标志

1) 科马提岩岩流层含有可辨认的熔岩通道,现已被富含橄榄石的堆积岩所充填。

2) 存在有含硫化物的中酸性火山岩、化学 - 喷气沉积岩,这些岩层的熔融点较低,有利于热侵蚀。

3) 在有矿化的熔岩通道底部有热侵蚀现象,证明基层受到热侵蚀和/或捕获硫化物的地点受到热侵蚀。

4) 沿熔岩通道底部接触带存在有聚集块状硫化物的构造凹入处和构造圈闭。

(3) 岩石学找矿标志

1) 在科马提岩质玄武岩和低镁的科马提岩(全岩 MgO 为 15% ~ 30%)中具鬣刺结构、冷却结构、角砾结构和无斑隐晶结构,比较原始的科马提岩岩层(全岩 MgO 为 32% ~ 50%,橄榄石成分 > Fo85)具有堆积岩(正堆积岩、中堆积岩和补堆积岩)结构。

2) 科马提岩容矿岩石中有 MgO(无水的)存在。卡姆巴尔达式矿床中 MgO 为 30% ~ 50%(质量分数),基思山式矿床中 MgO 为 45% ~ 53%(质量分数),这种差别反映了橄榄石含量的变化。

3) Ni、Cu、S 和 PGE 元素组合是科马提岩熔岩中硫化物流体富集的标志。

4) Ni、Mg、Fe、Cr 和 Ti 是成矿有利的火山相和火山环境的标志,也是复合岩流田中熔岩通道的指引标志。

5) 亲石的痕量元素(REE、Zr、Th)在熔岩通道中,或熔岩通道补给的周边席状岩流舌中大量出现是地壳混染的标志。

(4) 地球物理找矿标志

1) 块状硫化物矿体具有磁性,含矿科马提岩通常也有磁性,但并不总是强磁性。开展区域航磁和重力调查,可以确定含矿的科马提岩和熔岩通道。

2) 科马提岩蛇纹石化能提高磁化率,滑石 - 碳酸盐蚀变可产生变化不定的低磁化率,以橄榄石为主的岩性一般可产生较高的磁化率;进行地面磁法测量以确定岩性接触带和小型构造。

3) 硫化物矿石为良导电体。进行航空和地面电磁法测量,可圈出导电的 Fe - Ni - Cu 硫化物矿石。

(5) 地球化学找矿标志

1) 在母熔岩上升期间或喷出之后,硫化物吸收了亲铜元素,包括 PGE,从而使其中的 Ni 亏损。

2) 土壤/河流冲积层/露头的 Ni、Cr、Co、Mn 地球化学异常表明有橄榄石堆积岩存在。

3) 土壤/河流冲积层/露头的 Ni、Cu、PGE、Cr 重合地球化学异常表明有硫化物矿化存在。

4) 土壤/河流冲积层/露头的 Cu、As、Zn 地球化学异常表明有含硫化物的层间岩流/底板沉积物存在。

5) 借助 Ni、Cu 和 PGE 的地球化学异常组合查明块状硫化物的铁帽。

(周 平 项仁杰)

模型十九 红土型镍矿床找矿模型

一、概 述

红土型镍矿是含镍基性－超基性岩体风化－淋滤－沉积的产物，属于现代地表风化壳型矿床，风化的原岩通常是产在蛇绿岩杂岩中的纯橄榄岩、方辉橄榄岩和橄榄岩，少数是克拉通环境中的科马提岩和层状镁铁质－超镁铁质侵入岩，它们的原始 Ni 含量只有 0.2% ~ 0.4% ，红土化作用导致 Ni 和 Co 的含量增高 3 ~ 30 倍。

陆地上约 70% 镍资源量集中在红土中。大多数红土型镍矿床产在赤道两侧到纬度大约 22° 的地带，如印度尼西亚、菲律宾、新喀里多尼亚、古巴、西非和巴西等地，也有少数矿床产在纬度比较高的地区，如巴尔干的希腊、阿尔巴尼亚和前南斯拉夫，以及西澳（图1）。

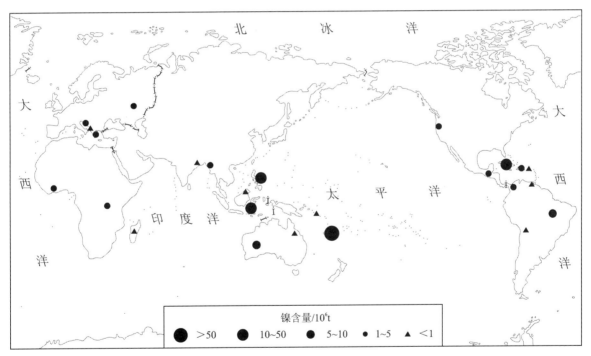

图1 全球红土型镍矿分布示意图

（引自 N. W. Brand 等，1998，修编）

含镍的红土化剖面按发育的主要矿物成分分成氧化物红土、黏土红土和硅酸盐红土 3 类。氧化物红土镍矿的典型代表是新喀里多尼亚的戈罗（Goro）、印度尼西亚的桑帕拉（Sampala）；黏土红土镍矿有澳大利亚的穆林穆林（Murrin Murrin）、古巴的卡马圭（Camaguey）；硅酸盐红土镍矿的代表矿床是印度尼西亚的梭罗瓦科（Sorowako）、巴霍多皮（Bahodopi）和东波马拉（Pomalaa East）等。这些矿床的规模和品位见图2和表1。

表1　某些大型红土型镍矿的规模和品位

矿床	国家	主要矿石类型	Ni 资源量/10^4t	Ni 品位/%	Co 品位/%
戈罗（Goro）	新喀里多尼亚	氧化物	>500	1.56	0.18
梭罗瓦科（Sorowako）	印度尼西亚	硅酸盐	>500	1.80	
桑帕拉（Sampala）	印度尼西亚	氧化物	>500	1.34	0.10
科尼安博 – FeNi（Koniambo – FeNi）	新喀里多尼亚	硅酸盐	300～500	2.58	0.07
穆林穆林（Murrin Murrin）	西澳大利亚	黏土	300～500	0.99	0.06
加格岛（Gag Island）	印度尼西亚	氧化物 – 硅酸盐	300～500	1.35	0.10
巴霍多皮（Bahodopi）	印度尼西亚	硅酸盐	300～500	1.77	
韦达湾（Weda Bay）	印度尼西亚	氧化物 – 硅酸盐	200～300	1.37	0.12
东波马拉（Pomalaa East）	印度尼西亚	硅酸盐	200～300	1.83	
卡马圭（Camaguey）	古巴	氧化物	200～300	1.30	0.05

资料来源：M. Elias，2002

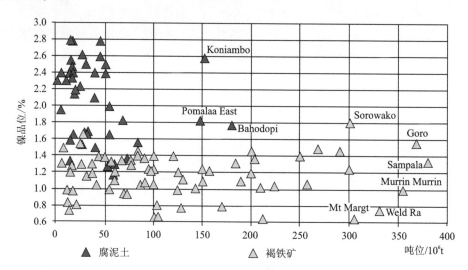

图 2　红土型镍矿床吨位 – 品位图

（引自 M. Elias，2002）

褐铁矿矿床包括氧化物红土和黏土红土；有名称的矿床的进一步信息见表1

二、地　质　特　征

1. 区域地质环境

红土型镍矿床常见于两种构造环境：增生地体和克拉通地体。

增生地体：这是构造活动的地带，常与大洋或大陆板块的边界和碰撞带相伴随。板块碰撞时逆掩断裂作用使上地幔的橄榄岩和构成蛇绿岩杂岩的岩片逆冲到地表并广泛出露。原生超镁铁质岩的时代和发生红土化的时间从白垩纪直到晚第三纪。在印度尼西亚、菲律宾和新喀里多尼亚的活动和不活动的岛弧环境中这种地体是很有代表性的。

克拉通地体：在这种构造环境下，红土发育在太古宙到古生代各个时期的科马提岩和超镁铁质岩上面。构造相对稳定有利于均夷作用，红土发育在中等到平缓的地形上。红土建造可以延伸到比较冷且不太潮湿的气候带中。西澳耶尔冈克拉通的含镍红土，以及巴西和西非的部分地区就有这样的实例。

2. 局部地质环境

就局部范围来说，红土型镍矿可以按照它们的地形环境分成高原、山坡和阶地3种类型的矿床。

高原矿床受排水的影响比较大，受侵蚀的影响比较小，容易发育有完整的剖面，形成较厚的腐岩带。

山坡矿床则受侵蚀影响比较大，氧化物带不太发育或者缺失。由于地下水向下坡方向运动，硅酸盐红土的发育可以比高原矿床还要薄，但是地下水向下流动可能形成较高品位的镍矿床。

阶地矿床是早先均夷作用或侵蚀面的残余物，它表明构造上升一度暂停，所以剖面发育也比较完整，腐岩带比较厚。阶地矿床可能含有来自周围高地的红土侵蚀产物，多旋回的红土化有可能提高镍品位。新喀里多尼亚的戈罗矿床是最著名的实例。

3. 影响风化作用和剖面发育的主要因素

影响超镁铁质岩红土化和红土剖面发育的因素很多，其中最主要的包括以下方面：

气候：降雨的数量控制着岩石和土壤中可溶组分淋滤和移动的强度，降水穿过剖面范围的效力影响着剖面的发育。地表温度高有助于增强风化作用。

地形：地势起伏和斜坡形态特征影响着排水、地下水水位和穿过土壤的程度。

排水：影响着可溶性组分的淋滤和移动。

大地构造：构造稳定有利于均夷作用、减慢地下水运动。构造上升会增大剖面顶层的侵蚀，增强地形起伏，降低地下水水位。

母岩类型：母岩矿物成分决定着岩石风化的敏感程度，以及提供形成新矿物的元素。

构造：断层和剪切作用有助于形成不连续的基岩渗液带，节理和解理提高了岩石广泛蚀变的潜力。

需要强调的是，这些因素是彼此联系、相互作用的，任何一个剖面的发育是各种因素综合作用的结果，它们影响着剖面的类型和剖面发育的完整程度。

4. 红土型镍矿剖面的划分及特征

如前所述，红土型镍矿剖面分为3类，各类剖面矿床代表如图3所示。

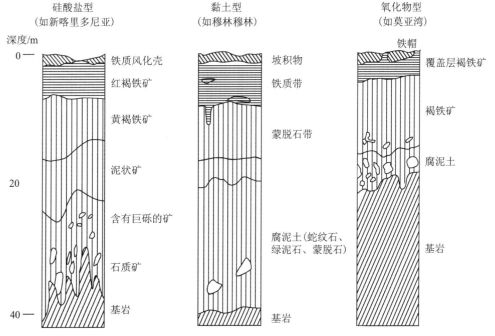

图3 主要红土型镍矿剖面对比图

（引自 M. Elias, 2002）

氧化物红土型：剖面上部大部分是铁的氢氧化物和氧化物，它是潮湿热带环境中超镁铁质岩红土化常见的最终产物。原生的造岩矿物（主要是橄榄石和/或蛇纹石、斜方辉石，以及少见的单斜辉石）被水解破坏，Mg^{2+}完全被淋滤，Si 大部分被淋滤，Fe^{2+}也被释放出来，但被氧化成铁的氢氧化物沉淀下来。释放出的 Ni 和 Co 离子由于对铁的氢氧化物的亲和性而富集在铁的氢氧化物的结构中。原始的橄榄石含 Ni 和 Co 分别只有 0.3% 和 0.02%，而由橄榄石发育而成的块状针铁矿中含 Ni 和 Co 分别达到 1.5% 和 0.1%。Ni 和 Co 还大量进入锰的氧化物（锰钴土）中。

黏土质红土型：剖面上部大部分是蒙脱石黏土，它是在比较冷和比较干旱的气候环境、风化作用不太剧烈的条件下产生的。氧化硅没有像在潮湿热带环境那样被淋滤，Fe 和少量的 Al 结合构成以蒙脱石黏土为主的带，蒙脱石起着针铁矿在其晶格中固定 Ni 离子的相似的作用。

硅酸盐红土型：由含水的 Mg – Ni 硅酸盐（蛇纹石、暗镍蛇纹石）组成，它是在缓慢而连续的构造上升并且剖面中水位较低的情况下，由长期风化作用形成的一个很厚的腐岩带。镍通过取代次生蛇纹石中的 Mg 和暗镍蛇纹石中的 Mg 而聚集在腐岩中。通常硅酸盐红土中 Ni 的平均含量为 2.0% ~ 3.0%。这是经济上最为重要的红土，集中了世界红土型镍资源量的很大一部分。

三、矿床成因和找矿标志

1. 矿床成因

富含镍的基性 – 超基性岩体在适宜的构造、地形、气候和水文地质条件下风化形成红土型风化壳，基性 – 超基性岩中的镍从风化壳顶部橄榄石、斜方辉石及蛇纹石中释放出来，随下渗的水迁出，在风化壳中，上部的褐铁矿化黏土层和下部的半风化土层中镍被针铁矿、蒙脱石、蛇纹石等矿物捕获，或被下渗的 SiO_2 – Mg 凝胶捕获富集成矿。这些风化、淋滤的产物通常完好地保存在原地。在个别情况下，部分成矿组分（从风化壳上部淋滤出来）可在地势较低部位堆积，进而形成黏土质团块及镁质、硅质和钙质硬壳，局部地段形成红土型镍矿床。图 4 为王瑞江等（2008）根据澳大利亚红土型镍矿特征所建立的红土型镍矿成矿模式。

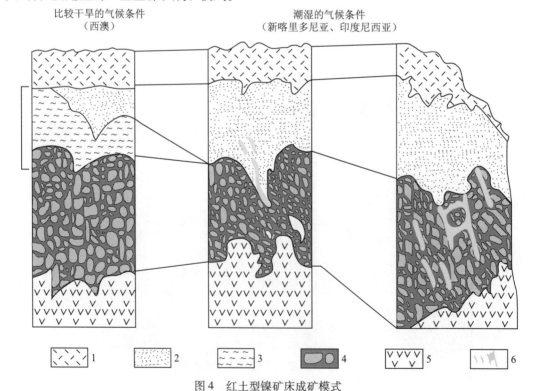

图 4　红土型镍矿床成矿模式

（引自王瑞江等，2008）

1—铁质壳；2—褐铁矿层；3—蒙脱石层；4—富镍腐泥土；5—蚀变橄榄岩；6—富镍黏土条带

2. 找矿标志

（1）区域地质找矿标志

1）出露富含橄榄石的超镁铁质岩（特别是纯橄榄岩和方辉橄榄岩）的大面积地区。

2）稳定的克拉通地体和增生地体。

3）在侵蚀速度和风化锋面向下推进速度以及构造上升速度之间保持平衡的地区。

4）断裂和剪切作用有利于形成不连续的基岩渗透带，节理和解理发育有助于弥漫性蚀变。

5）富 Mg 岩石上褐铁矿沉积发育（即高 MgO、低 Al_2O_3）。

（2）气候和地貌找矿标志

1）超过上百万年的温暖潮湿的热带气候。

2）地势平缓到中等，离冲积系统近。

3）形成稳定的次生矿物（Fe 和 Al 的氧化物、黏土）、在超镁铁质岩石上形成针铁矿、蒙脱石，并从溶液中吸取 Ni。

4）稳定矿物（锆石、铬铁矿、石英）残留并富集，在超镁铁质岩石上残留富集有铬铁矿。

（3）地球物理找矿标志

1）区域航空磁法可以用来确定高 Mg 的堆积岩地层、有利的构造和起不透水层作用的侵入体。

2）由于含镍红土在风化过程中失去了磁铁矿而呈无磁性或弱磁性，而基性和超基性岩含有磁铁矿呈强磁性，围岩如石灰岩、泥质岩等具有弱磁性，故地面高精度磁测可确定矿化有利中心，甚至还可将含镍红土和超基性岩与其他岩石区分开来。

3）电磁法可以查明有利的地貌特征。

（4）地球化学找矿标志

1）沿走向和上覆纯橄榄岩的风化层中发育有广泛分布的 Ni（>0.5%）± Co – Mn 的风化层异常，根据镍的次生晕可确定风化超镁铁质岩含镍（Ni >0.5%）最有远景的地段。

2）含镍红土的 Fe 含量增高（>40%），Si/Mg 比值高（>200），Ni/Cu 比值高（>40）。

（项仁杰　金庆花）

模型二十　喷气沉积型铅锌矿床找矿模型

一、概　述

　　喷气沉积型铅-锌矿床（Sedimentary Exhalative，SEDEX）是由赋存在闪锌矿和方铅矿中的以 Zn、Pb 和 Ag 为主要组分的层状和层控矿床。它们与铁硫化物和盆地沉积岩呈互层产出，沉积在海底，并与来自大陆裂谷的热液流体喷发至还原的沉积盆地形成的海底喷口杂岩相伴生。

　　SEDEX 型矿床是铅和锌的重要来源，分别占世界铅、锌储量的 60% 和 50%，占世界铅、锌矿山产量的 25% 和 31%。矿床具规模大、品位高的特点，且富银和重晶石，经济价值大。世界上铅、锌储量巨大的澳大利亚布罗肯希尔、麦克阿瑟河矿床，加拿大的沙利文和霍华兹山口，美国的“红狗”等矿床均属此型。它们的铅、锌合计金属储量都在 2000×10^4t 以上。SEDEX 型矿床中铅、锌合计品位一般在 10% 以上。矿床中有时含银很富，一般大型矿床的含银量可达千、万吨级。因此，无论对铅、锌还是银来说，这类矿床均是这些金属的重要来源。

　　SEDEX 型矿床分布较为集中（图 1）。全球有 120 余个有一定资源量的 SEDEX 型矿床，其中超大型铅锌矿床（Pb + Zn 金属储量超过 500×10^4t）初步统计有 21 个（表 1）。澳大利亚和加拿大以盛产这类矿床而著称于世。澳大利亚有著名的布罗肯希尔、麦克阿瑟河、芒特艾萨、希尔顿、杜格尔德河、坎宁顿、“世纪”、乔治菲什矿床等；加拿大有沙利文和塞尔温盆地的霍华兹山口、法罗等矿床。其他国家的主要矿床有美国阿拉斯加州的“红狗”矿田，南非的甘斯堡和阿格尼斯，德国的腊梅尔斯伯格和麦根（Meggen），爱尔兰的纳凡、锡尔弗迈因斯（Silver Mines）和里申（Lisheen），俄罗斯的霍洛德宁（Холоднина）和戈列夫（Горевское），哈萨克斯坦的捷克利等矿床。我国内蒙古狼山

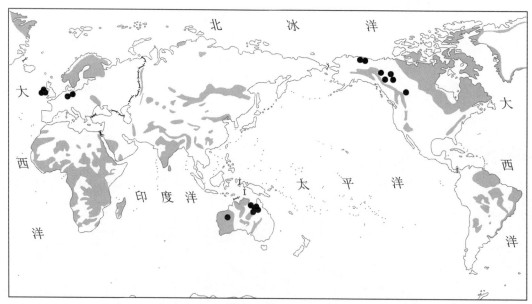

图 1　全球主要的 SEDEX 型 Pb - Zn - Ag 矿床分布示意图

（引自 P. Laznicka，2006，修编）

图中阴影部分表示前寒武纪地层，黑点代表矿床

群、渣尔泰群中的东升庙、炭窑口、甲生盘等大型矿床以及甘肃西成地区的厂坝 - 李家沟等超大型矿床均可列入此类。

表1　世界超大型 SEDEX 型铅锌矿床*

国家（地区）	矿床或矿田	储量(Pb + Zn) 10⁴t	品位(Pb + Zn) %	成矿时代	资料来源
格陵兰	皮里地（Peary Land）地区	1800	7.0	中生代	王绍伟，1999
加拿大	法罗（Faro）矿床	524	9.1	寒武纪	W. D. Goodfellow 等，2006
加拿大	霍华兹山口（Howards Pass）矿床	3346	7.0	志留纪	P. Laznicka，2006
加拿大	沙利文（Sullivan）矿床	2009	12.1	元古宙	P. Laznicka，2006
美国	"红狗"（Red Dog）矿田	3141	21.2	石炭纪	P. Laznicka，2006
南非	甘斯堡（Gamsberg）矿床	1065	7.10	元古宙	P. Laznicka，2006
南非	阿格尼斯（Ageneys）矿田	580	4.3	元古宙	P. Laznicka，2006； P. Laznicka，1983
俄罗斯	霍洛德宁（Холоднина）矿田	1000	8.5	元古宙	P. Laznicka，2006；中国有色 金属工业总公司北京矿产地质 研究所，1987
爱尔兰	纳凡（Navan）矿田	947	13.5	石炭纪	P. Laznicka，2006
德国	腊梅尔斯伯格（Rammelsberg）矿床	658	26.65	泥盆纪	W. D. Goodfellow 等，2006
澳大利亚	布罗肯希尔（Broken Hill）矿田	5900	20.6	元古宙	P. Laznicka，2006
澳大利亚	芒特艾萨（Mount Isa）矿床	1575	12.7	元古宙	W. D. Goodfellow 等，2006
澳大利亚	希尔顿（Hilton）矿床	774	15.8	元古宙	W. D. Goodfellow 等，2006
澳大利亚	杜格尔德河（Dugald River）矿床	605	10.0	元古宙	P. Laznicka，2006
澳大利亚	坎宁顿（Cannington）矿床	508.1	11.6	元古宙	P. Laznicka，2006
澳大利亚	"世纪"（Century）矿床	1380	8.24	元古宙	P. Laznicka，2006
澳大利亚	乔治菲什（George Fisher）矿床	1585	16.4	元古宙	P. Laznicka，2006
澳大利亚	麦克阿瑟河（McArthur River）矿床	3200	13.3	元古宙	P. Laznicka，2006
澳大利亚	曼尼尼依坝（Menninnie Dam）矿床	1950	13.0	元古宙	W. D. Goodfellow 等，2006
哈萨克斯坦	捷克利（Tekeli）矿床	550	11.0	元古宙	W. D. Goodfellow 等，2006
中国	甘肃厂坝 - 李家沟矿田	559.4	8.46	古生代	孙延绵，1999

* 铅 + 锌金属储量 > 500 × 10⁴t

二、地　质　特　征

1. 区域构造背景

SEDEX 型矿床的成矿构造环境是沉降、张裂的裂谷环境。矿床产于受裂谷控制的克拉通内或克拉通边缘沉积盆地内（图2）。这种沉积盆地按其规模大小可分为一级、二级和三级。一级盆地规模一般为数百千米，二级盆地为数十千米，三级盆地则在数百米至几千米之间。

一级盆地或是克拉通边缘海湾（如加拿大塞尔温盆地、美国和加拿大交界处的贝尔特 - 帕赛尔盆地）（图3），或是克拉通内盆地（如澳大利亚巴顿海槽），往往以断裂为界，盆地内充填有很厚的碎屑沉积和（或）碳酸盐岩沉积，它们是在地壳相对稳定的漫长时期内沉积的。

二级盆地在一级盆地中，是由一级盆地内大体同期的局部垂直构造运动造成的较小的盆地，像两

· 221 ·

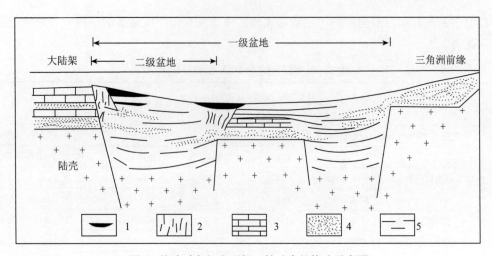

图2 海底喷气沉积型铅－锌矿床的构造示意图

（引自地矿部矿床地质研究所，1985）

1—层状矿化；2—交切状矿化；3—灰岩；4—砂岩和粉砂岩；5—页岩

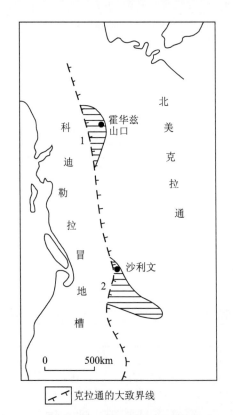

克拉通的大致界线

图3 北美西部贝尔特－帕赛尔盆地（元古宙）和塞尔温盆地（古生代）的位置图

（引自地矿部矿床地质研究所，1985）

1—塞尔温盆地；2—贝尔特－帕赛尔盆地，盆地中赋存有 SEDEX 型矿床——加拿大
沙利文矿床和霍华兹山口矿床等

个断裂带中的地堑，由隆起隔开，也往往以断裂为界，如澳大利亚皮尔巴拉盆地。

三级盆地是一种含有层状硫化物矿化的洼地。盆地内的沉积岩种类繁多，既有细粒碎屑岩（页岩和粉砂岩）和（或）灰岩及白云岩组成的稳定的低能沉积环境中形成的"原地"岩石，也有由砾岩、层内角砾岩及粗碎屑沉积岩等组成的急速高能流入的"异地"岩石。原地岩石是在平稳静水环境中与层状硫化物一起缓慢沉积下来的。异地岩石的形成与生长断层有关，这种生长断层控制着三级盆地的下沉，与矿化关系密切，生长断层可能是含矿流体的通道。所以，在找矿过程中如何识别三级

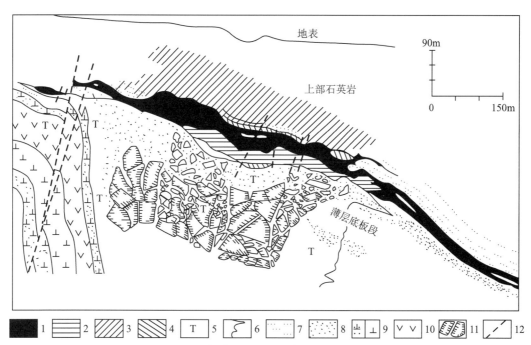

图 6　加拿大沙利文矿床地质剖面图

（引自 D. F. Sangster 等，1976）

1—硫化物矿石；2—磁黄铁矿矿石；3—钠长石化；4—绿泥石化；5—电气石化；6—电气石化界线；7—石英岩（标志层）；
8—底板砾岩；9—闪长岩（部分花岗岩化）；10—花岗斑岩；11—下盘角砾岩；12—断层

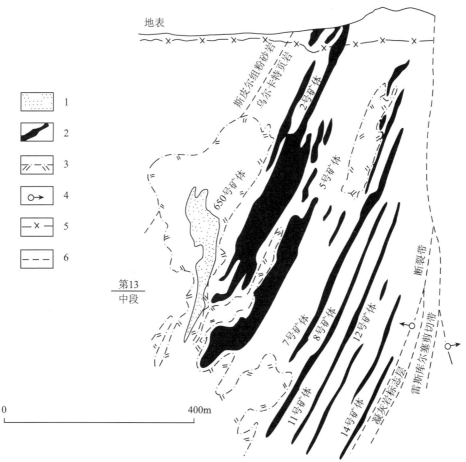

图 7　澳大利亚芒特艾萨矿床 Pb - Zn - Ag 矿山横剖面图

（引自 P. J. Forrestal，1990）

1—铜矿体；2—铅 - 锌 - 银矿体；3—"硅质白云岩"界线；4—倾向；5—氧化带底界；6—断层

矿石之下超过 200m，沿金伯利断裂东西方向延伸约 4km。SEDEX 型矿床已知的蚀变有硅化、电气石化、钠长石化、绿泥石化、绢云母化、白云石化等。

（4）层控特征

该类矿床具有明显的层控性。矿床均赋存在一定的地层层位内。澳大利亚麦克阿瑟河矿床的 7 个矿体均产在中元古界麦克阿瑟群巴内克里克组 HYC 黄铁矿页岩段内；芒特艾萨矿床 14 个铅-锌-银矿体都产于古元古界芒特艾萨群约 600m 厚的乌尔卡特页岩组内；加拿大沙利文矿床产在中元古界帕赛尔超群的阿尔德里格组中-下段岩层内；德国腊梅尔斯伯格矿床产于中泥盆统魏森巴赫页岩层中。

（5）时控特征

该类矿床还具有明显的时控性，其产出时代相对集中，多在古-中元古代（19 亿~14 亿年）和早-中古生代（5.3 亿~3 亿年）。从统计的 21 个世界超大型 SEDEX 型铅锌矿床（铅+锌金属储量超过 $500 \times 10^4 t$）的成矿时代看，其中元古宙的矿床有 14 个，占 66.6%；古生代的矿床有 6 个，占 28.6%，两者合计占 95% 以上。澳大利亚的麦克阿瑟河、芒特艾萨和加拿大的沙利文矿床为元古宙矿床的代表，德国的腊梅尔斯伯格和麦根以及加拿大塞尔温盆地的矿床为古生代矿床的代表。

三、矿床成因和找矿标志

1. 矿床成因

现在一般认为，海底喷气成因是解释这类矿床各种特点的最好理论。按照这种理论，这类矿床是由海底喷气流体形成的。

根据对该类矿床的研究，可以概括出一个成矿模式（图 8），盆地中多孔隙沉积物在压实期间排出孔隙水，它们在埋藏期间变热（地温梯度 35℃/km），酸度和盐度增高，因而能滤取地层中的物质（金属等），并呈氯络合物形式携带矿质运移，在适当的物理化学条件下，金属络合物遭到破坏就沉淀出硫化物矿石。在地温梯度较高和构造活动地区，流体可以从沉积地层内排出，尤其是沿断裂向上

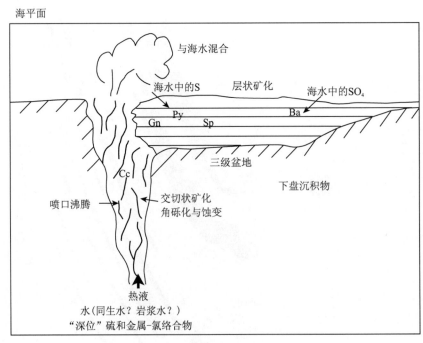

图 8　SEDEX 型矿床的成因模式示意图

（引自地矿部矿床地质研究所，1985）

Cc—黄铜矿；Py—黄铁矿；Gn—方铅矿；Sp—闪锌矿

排出，沿通道喷出后的流体一般不形成液柱，而顺坡流动，在地形低洼处沉积成矿。可以形成近喷口相矿床或远离喷口的矿床，流体可以一次沿断裂喷出形成一个大矿床，也可以多次喷出形成多层矿床。

2. 找矿标志

（1）区域地质找矿标志

1）识别出一级、二级盆地。一级盆地（数百千米的规模），为克拉通边缘的海湾或克拉通内盆地，盆地边界受断裂控制。盆地内沉积巨厚的碎屑沉积岩、浅海碳酸盐岩、三角洲砂岩和浊积岩系。可根据卫星相片上的环形构造和线性构造识别。二级盆地（数十千米规模），是在一级盆地内由大体同时的局部垂直构造运动形成的较小盆地，由隆起隔开，边界也往往受断裂控制。这种盆地的存在可由沉积相和沉积厚度的突然变化反映出来。通过详细的地质填图可认识。

2）识别同生断层。这是同沉积期断裂，是含金属流体的运移通道。生长断层位于盆地边缘，控制三级盆地下沉，与矿化关系密切，几乎所有的大矿都产在离长期活动的区域性断层系统（如澳大利亚麦克阿瑟河矿区的埃穆断层和芒特艾萨矿区的芒特艾萨断层）附近。矿床一侧以生长断层为界。可由沉积相和厚度的局部迅速变化、滑塌角砾岩和层内粗粒碎屑流（角砾岩）的存在来识别生长断层。

3）识别盆地内古生代或元古宙的细碎屑沉积岩区、碳酸盐岩沉积岩区和角闪岩－麻粒岩相变质岩区。这是 SEDEX 型矿床最常见的容矿岩石。

（2）局部地质找矿标志

1）识别三级盆地（数百米至几千米规模），这是二级盆地边缘含有层状硫化物矿化的洼地。属静水环境（发育黑色页岩）和低能环境（细粒原地容矿沉积物），有机碳含量高，有原生黄铁矿。

2）在二、三级盆地内识别出含矿地层、层位、岩相以及特有的标志层。大部分矿床容矿岩石是炭质的和（或）含黄铁矿的黑色和灰色（白云质）粉砂岩、泥岩和页岩，往往含大量碎屑碳酸盐（白云岩）组分。爱尔兰亚型的容矿岩石为灰岩和白云岩，布罗肯希尔亚型的容矿岩石为角闪岩－麻粒岩相变质岩。

3）岩系中粗粒碎屑流（角砾岩）的出现，表明局部出现同沉积期断裂，有指示成矿的意义。近喷口相的矿床与盆地边缘的活动断裂有关，远离喷口的矿床形成于海底的洼地。

4）识别出热液燧石层，有助于发现喷气中心及伴生的硫化物矿床。喷气型的燧石与层状硫化物和硫酸盐类矿物互层，周围是赤铁矿－燧石建造。远端热液沉积物有重晶石、磷灰石、黄铁矿以及 Mn－Fe－Ca－Mg 碳酸盐岩。重晶石有指示成矿的意义，它出现在盆地的边缘或卤水池的顶部。

5）网脉状和浸染状硫化物以及硅化、电气石化、钠长石化、绿泥石化、绢云母化、白云石化等热液蚀变矿物可代表矿床的补给带（通道），这些矿化通常位于层状矿床的下部或附近。

6）地表氧化作用可形成大型铁帽，含有丰富的碳酸盐、硫酸盐和铅、锌、铜的硅酸盐。

（3）地球物理找矿标志

1）经处理的区域势场（位场）数据可用来确定基底构造、盆地边缘、盆地充填物（沉积中心）的性质和厚度，以及生长断层等其他构造。包括用遥感解译环形和线性构造等。

2）矿石和围岩的密度差可通过详细重力测量识别。

3）航空和地面电磁测量可圈定炭质和含黄铁矿容矿沉积相的位置。

（4）地球化学找矿标志

1）从化学分布型式看，SEDEX 型矿床含有一套成矿元素组合，通常包括 Fe、Mn、P、Ba、Ca、Mg、Hg、Cd、As、Sb、Se、Sn、In、Ga、Bi、Co、Ni 和 Tl。离开喷口杂岩，Zn/Pb 比率增加，是 SEDEX 型矿床最显著的特征之一。

2）容矿沉积岩中具 Zn、Fe、Mn 和 Tl 异常，容矿岩系中的碳酸盐岩在近矿处更富 Fe 和 Mn。具地球化学异常的页岩富含贱金属和伴矿元素 As、Sb、Cd、Mn、P、Ba、Hg、Tl，如澳大利亚麦克阿瑟河矿床侧向延伸有宽广的 Zn、Pb、Tl 蚀变晕；加拿大托姆和德国的麦根矿床周围有富 Mn 晕。

3）在盆地的大范围内，河流沉积物和水系样品有成矿元素和伴矿元素异常，如加拿大塞尔温盆地内有延伸达100km的锌异常。

4）金属分带包括：侧向上由中心（通道带）向外为Cu—Pb—Zn—Ba序列，垂向上由下往上为Cu—Zn—Pb—Ba序列。

5）所有矿床附近的岩屑和土壤样品都有异常的贱金属值，黑色页岩的背景值高：$Pb = 500 \times 10^{-6}$，$Zn = 1300 \times 10^{-6}$，$Cu = 750 \times 10^{-6}$，$Ba = 1300 \times 10^{-6}$；在碳酸盐岩中：$Pb = 9 \times 10^{-6}$，$Zn = 20 \times 10^{-6}$，$Cu = 4 \times 10^{-6}$，$Ba = 10 \times 10^{-6}$。

6）土壤地球化学（Pb、Zn）有助于确定钻探目标。

（5）主要找矿手段

从盆地的尺度看，了解构造体系（过去和现在）和富含有机质的沉积相可能有助于确定目标区。遥感物探数据有助于解释盆地构造和掩埋于沉积盖层之下的其他岩石类型的分布。

从探区的尺度看，构造、沉积相和热液蚀变的地质填图很重要。航空和地面电磁测量可用来确定含黄铁矿和（或）含炭质的岩相的地下位置。常规化探方法是有效的常用手段，地表化探和铁帽研究可提供有用的信息。高质量的航磁测量也是找矿的主要方法之一，详细重力测量可确定在几百米深处有无铅锌矿存在。

用于新鲜露头和钻孔岩心样品的岩石地球化学方法，可为找隐伏矿指出方向。

（戴自希）

模型二十一　密西西比河谷型铅锌矿床找矿模型

一、概　　述

密西西比河谷型（MVT）铅锌矿床是以碳酸盐岩为容矿岩石的层控硫化物矿床。硫化物主要组分为闪锌矿和方铅矿。它之所以这样命名，是因为几个经典的 MVT 矿床均位于美国中部密西西比河流域盆地内的碳酸盐岩中。这类矿床大约占世界铅和锌资源的 25%，是世界铅锌矿床中仅次于 SEDEX 型的第二大类型。

MVT 矿床规模从几百万吨到几千万吨，铅、锌合计品位低于 SEDEX 型矿床，一般在 3% ~ 10% 之间，很少超过 15%。

MVT 矿床分布在世界各地，但在北美较为集中（图 1），初步统计全球 MVT 型超大型铅锌矿床（区）（Pb + Zn 金属储量超过 500×10^4 t）大约有 14 个（表 1），其中美国就占有 5 个。这类矿床在美国主要集中分布在密西西比河谷地区，有密苏里州东南部巨大的老铅矿带和新铅矿带——维伯纳姆（Viburnum）矿带（图 2），威斯康星-伊利诺伊州的密西西比河谷上游地区（Upper Mississippi），堪萨斯-密苏里-俄克拉何马州交界的三州地区（Tri State），以及靠近阿巴拉契亚山脉的东田纳西的马斯科特-杰斐逊（Mascot - Jefferson）矿床和中田纳西的埃尔姆伍德（Elmwood）矿床等；加拿大重要矿床有西北地区的派因波因特（Pine Point）和波拉里斯（Polaris）矿床，以及西北地区马更些山脉中的盖纳河（Gayna R.）地区矿床和 20 世纪 90 年代新发现的西北地区普雷里克里克（Prairie Creek）矿床，还有阿巴拉契亚地区的加斯河（Gays R.）矿床等；欧洲有波兰的上西里西亚地区

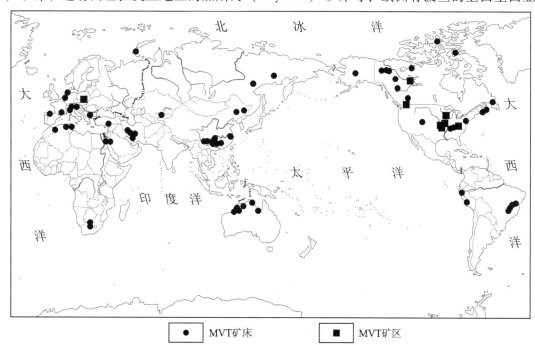

| ● | MVT矿床 | ■ | MVT矿区 |

图 1　全球 MVT 矿床分布示意图

（据张长青，2008，修编）

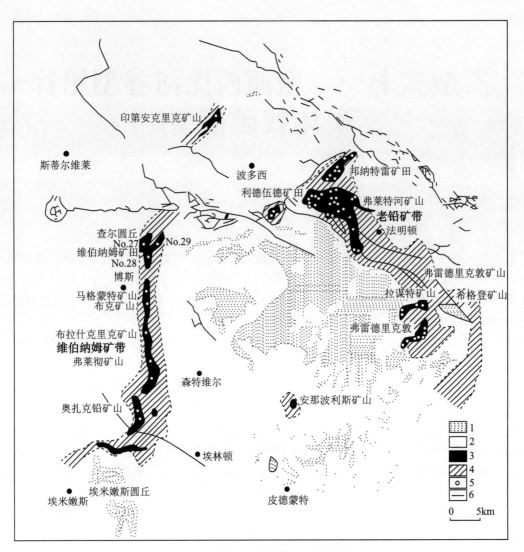

图 2　美国密苏里州东南部铅－锌采矿区

（引自地矿部情报所，1985）

1—前寒武纪火成岩露头；2—寒武纪和奥陶纪沉积岩；3—强矿化地区；4—弱矿化地区；5—矿山竖井；6—主要断裂

（Upper Silesia），奥地利的布莱贝格（Bleiberg），前南斯拉夫的梅日察和意大利的莱勃尔（Raibl）矿床，后 3 个国家的矿床集中在阿尔卑斯山脉区；亚洲有伊朗的迈赫迪耶巴德（Medhdiabad）和乌兹别克斯坦的乌奇库拉奇（Uchkulach）矿床以及中国广东的凡口铅锌矿床；澳大利亚有阿德米勒尔湾（Admirals Bay）矿床等；20 世纪 90 年代在南美洲和非洲也发现了 MVT 矿床，如阿根廷的埃尔韦西亚和纳米比亚的斯科比翁（Skorpion）矿床等。

表 1　世界超大型 MVT 铅锌矿床*

国家（地区）	矿床或矿田	储量(Pb + Zn) 10⁴t	品位(Pb + Zn) %	成矿时代	资料来源
加拿大	派因波因特（Pine Point）矿带	820	8.8	泥盆纪	P. Laznicka, 2006
美国	维伯纳姆（Viburnum Trend）矿带	3200	5.0	寒武纪	P. Laznicka, 2006
美国	老铅（Old Lead Belt）矿带	1020	3.0	寒武纪	P. Laznicka, 2006
美国	三州（Tri State）矿区，包括 Picher（910×10⁴t）矿田等	1450	2.9	石炭纪	P. Laznicka, 2006
美国	东田纳西（East Tennessee）地区，包括 Mascot（600×10⁴t，3.6%）等矿床	750	3.0	奥陶纪	P. Laznicka, 2006

国家（地区）	矿床或矿田	储量（Pb＋Zn）10⁴t	品位（Pb＋Zn）%	成矿时代	资料来源
美国	弗兰克林－斯特林（Franklin－Sterling）矿田	652	20.0	元古宙	P. Laznicka，2006
摩洛哥	泰维西特（Touissit）	665	9.5	第三纪	M. W. Hitzman 等，2003
纳米比亚	斯科比翁（Skorpion）矿床	681	8.7	元古宙	P. Laznicka，2006
波兰	西里西亚－克拉科夫（Silesia－Krakow）地区	3600	5.4	三叠纪	P. Laznicka，2006
西班牙	雷奥辛（Reocin）矿床	855	10.0	白垩纪	P. Laznicka，2006
澳大利亚	阿德米勒尔湾（Admirals Bay）矿床	1446	13.9	奥陶纪	P. Laznicka，2006
乌兹别克斯坦	乌奇库拉奇（Uchkulach）矿床	676.6	3.4	古生代	E&MJ，1996
伊朗	迈赫迪耶巴德（Medhdiabad）矿床	2285	5.8	第三纪（?）	王绍伟等，2006
中国	广东凡口矿床	829.18	14.01	中生代	孙延绵，1999

＊ 铅＋锌金属储量 >500×10⁴t。

二、地 质 特 征

1. 区域构造背景

MVT 矿床形成的有利大地构造环境为稳定克拉通或大陆架内部靠近造山带前陆盆地一侧，产于克拉通边缘沉积盆地内大面积的古陆隆起地带上，也有的产在前陆褶皱带和逆冲断层带内。矿床产在世界各地的许多沉积盆地中，往往出现在盆地的边缘或其附近，或在盆地之间的隆起处。矿区通常很大，产状彼此相似的各个矿床可产在面积达几百、几千平方千米的区域内，如美国密苏里州东南部矿区面积达 3000km²，加拿大西北地区的派因波因特矿区面积为 1600km²。矿床具有成群产出的特征，如加拿大努纳武特地区的康沃利斯（Cornwallis）矿区至少有 25 个矿床和 75 个矿体；加拿大西北地区的派因波因特矿区有 2 个矿床和 90 多个矿体。

2. 矿床地质特征

（1）容矿岩石

矿床的容矿岩石为碳酸盐岩，通常为白云岩，有时为灰岩。在大多数矿区内未发现火成岩。

矿床显然是后生的，硫化物充填于早先存在的孔隙内，这种孔隙通常出现在碳酸盐岩内的角砾岩带或古岩溶地形内，如美国密苏里州东南部维伯纳姆矿带的马格蒙特矿山铅锌储量大部分集中在溶解坍塌构造成的岩层角砾化的白云岩中（图 3）。特征的矿石结构以开放孔隙充填结构为主。孔隙可以是原生的，如多孔的礁体格架、沉积角砾等，也可以是次生的，如溶解坍塌角砾、岩溶洞穴等。矿床常常产在岩溶、岩礁、不整合、岩层相变、岩层尖灭处和盖层裂隙中（图 4）。因此，碳酸盐岩中由种种机制造成的开放孔隙是形成具有经济价值矿床必不可少的首要条件。

（2）矿石组分

大多数矿床的矿物组成比较简单，主要矿石矿物有方铅矿和（或）闪锌矿，常伴有黄铁矿和（或）白铁矿，某些矿床内有极少量黄铜矿伴生。通常方铅矿含银低，闪锌矿含铁低。脉石矿物为白云石、方解石、石英，偶尔有重晶石和萤石。

矿床还可按金属比值的不同进一步分为富铅、富锌以及富锌、铅矿床。绝大多数矿床锌比铅多，如美国三州矿区矿床含 Zn 2.3%，而含 Pb 仅为 0.6%；东田纳西地区和密西西比河上游地区的矿床是富锌的，含 Zn 4.0%，几乎不含铅；密苏里州的矿床是富铅的，如老铅矿带含 Pb 3.0%，几乎不含 Zn；维伯纳姆矿带含 Pb 6.0%，含 Zn 1.0%。加拿大派因波因特矿区含 Zn 7.0%，含 Pb3.0%。MVT 矿床平均铅、锌合计品位为 3% ～10%，银含量低。

（3）热液蚀变

大多数 MVT 矿床显示有热液角砾化、重结晶作用、溶解作用、白云岩化等特征，这与其容矿的

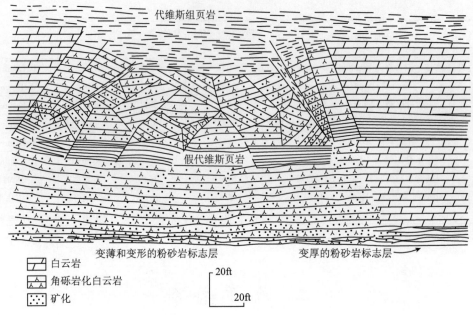

图3　美国密苏里州东南部维伯纳姆矿带的马格蒙特矿山横剖面图

（引自地矿部矿床地质研究所，1985）

1ft = 0.3048m

图4　MVT矿床产出位置示意图

（引自地矿部矿床地质研究所，1985）

碳酸盐岩的溶解、重结晶、热液交代和角砾化有关。热液角砾呈坍塌角砾，由上覆碳酸盐岩岩层的溶解作用造成。热液白云岩是MVT矿床的显著特征之一，通常在交代围岩后，在矿体周围形成明显的白云岩蚀变晕。

（4）流体包裹体和同位素特征

对粗晶闪锌矿、重晶石和碳酸盐内流体包裹体的研究表明，MVT矿床平均矿化温度为80～200℃，含矿流体是高盐度的Na-Ca-Cl卤水，盐度为海水的5～10倍。流体包裹体中常见有石油，容矿岩石中常见有呈干酪根或沥青形式出现的有机质。

同位素研究表明，硫通常为重硫，其值域很宽，表明硫来自壳源。铅同位素也显示出相当大的值域，并且放射性铅含量高，多来源于基底。

因为矿床产在相对未受变动的地台环境，所以地层证据可以表明矿化发生在较浅部，深度多半为几百米至1000m，压力不超过几百大气压。在这种环境中，标准的地温梯度为25～30℃/km，形成容矿岩石的平均温度小于100～150℃。

（5）成矿时代

形成MVT矿床的重要时期是泥盆-二叠纪和白垩-第三纪。迄今为止，世界上MVT矿床70%

以上产在泥盆－二叠纪时期。这与地球演化历史中强烈的挤压构造事件密切相关。

三、矿床成因和找矿标志

1. 矿床成因

尽管 MVT 矿床还没有统一的描述性模式和成因模式，但人们认为 S. A. 杰克逊和 F. M. 比尔斯于 1966 年和 1967 年以加拿大派因波因特矿床为例提出的沉积－成岩模式可以解释 MVT 矿床的许多特征，即 MVT 矿床是成岩作用晚期阶段正常沉积盆地演化的产物。该模式认为，在大型盆地内由沉积物的压实作用所产生并驱动的流体，通过卤水的淋滤作用获得金属，并以氯化物或有机络合物状态携带金属，当它们从盆地深处排出时，在碳酸盐岩中遇到 H_2S 便沉淀出硫化物（图 5）。

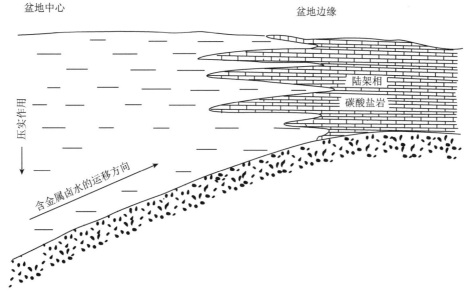

图 5 与 MVT 矿床有关的沉积盆地总体概念示意图
（引自地矿部矿床地质研究所，1985）

因此，MVT 型矿床成矿的基本模式是：Pb、Zn 以 Cl 的络合物形式搬运，H_2S 呈气态，二者在同一地点出现，但并不一定同时，可能一个先到，另一个后到，两者相遇，络合物不稳定，就沉淀出 PbS 和 ZnS：

$$(Pb,Zn)Cl_2(液态) + H_2S(气态) \rightarrow PbS 或 ZnS \downarrow$$

当然，两种溶液来自何处，怎么成矿，仍有很多争论。MVT 矿床矿石的就位时间，通过各种方法测试得到的结果差异也很大，许多问题仍有待进一步研究。

不过，近十年来，在 MVT 矿床矿化年代的测定方面有了显著的进展，测年表明，大多数 MVT 矿床形成于泥盆纪—二叠纪，认为这与泛古陆同化作用有关的收缩构造事件有关，矿化也形成于白垩纪—第三纪时期，认为这与北美西部边缘和非洲－欧洲微板块同化作用的拼贴构造事件有关。所以 Leach 等（2001）强调，MVT 矿化与区域性和全球规模的构造事件有成因联系。

2. 找矿标志

（1）区域地质找矿标志

1）大地构造环境。MVT 矿床形成的有利大地构造环境多为稳定的克拉通地台。

2）区域基底构造、基底隆起和断裂。MVT 矿床往往就位于大的区域断裂控制系统中；某些 MVT 矿床产于基底高地之上或附近，基底高地控制着沉积相、角砾岩化、断裂作用等。

3）断层和破碎带。这是 MVT 矿床重要的控矿因素，矿体多集中产于与断层有关的膨胀带。

4）巨大的沉积盆地。MVT 矿床一般产在盆地的边缘。

5）地台碳酸盐岩系。常构成 MVT 矿床的容矿岩石。

6）矿石受碳酸盐岩前沿（碳酸盐岩－页岩的相变部位）控制。

7）与 MVT 矿床同时代的 SEDEX 型矿床可以存在于邻接的大陆裂谷盆地。

8）成矿时代。从中奥陶世到第三纪之间，多数矿床形成于泥盆纪－二叠纪或白垩纪－第三纪时期。

9）不整合。在碳酸盐岩地层中，不整合为岩溶构造、溶解角砾岩等的生成创造了条件，这些构造常常成为容矿空间。

10）存在蒸发岩。它在形成卤水方面有重要作用，因此，盆地内蒸发岩层的存在被看作是一个好兆头。

（2）局部地质找矿标志

1）矿床主要产在碳酸盐岩系的白云岩中，少量在灰岩和砂岩中。

2）矿床常出现在不整合面之下，受礁堡杂岩、溶解坍塌角砾岩、古岩溶、断裂或裂隙等开放空间控制。

3）矿床往往受碳酸盐岩/页岩沉积边缘、岩相圈闭、基底高地所控制。

4）碳酸盐岩中广泛发育热液白云岩化，它与矿化密切伴生，因此，是一个好的标志。

5）有机质存在也是一个良好的标志。

6）在碳酸盐岩中浸染状硫化物的出现可以作为各类矿体的近矿标志。

（3）地球物理找矿标志

1）矿床上方能显示出电阻率低和重力高。与 MVT 矿床有关的某些地质特征，例如断裂、古岩溶、岩溶坑、碳酸盐岩/页岩相变处、基底高地等，常可能被地震、磁法、重力、地面电磁测量所鉴别。

2）激法极化测量（IP）是有效的，地面电磁法（EM）可以在含铁硫化物矿床中应用。如果矿床组分中大部分是闪锌矿，那么这些方法可能会失效。

3）分析区域物探数据对识别有远景的地质背景是极为重要的找矿手段。地震、航磁和重力综合测量对区域分析极为有用。航磁和重力测量可以识别控矿的要素，如基底高地、碳酸盐岩台地和断层等。尤其是地震反射数据，能提供有关构造、构造演化、沉积作用，可能还有流体和金属源区的详细深部信息。

（4）地球化学找矿标志

1）在残积物中有 Pb、Zn、Cu、Mo、Ag、Co 和 Ni 的区域性异常。垂向分带由下往上大致为 $Cu(\pm Ni, \pm Co) - Pb - Zn - Fe$ 硫化物；碳酸盐岩中 Pb、Zn 和 Cu 的背景值较高，一般为：Pb 为 9×10^{-6}，Zn 为 20×10^{-6}，Cu 为 4×10^{-6}。

2）在土壤和水系沉积物测量中，可能存在有 Zn、Pb、Fe、Ag 和 Mn 异常。

3）有远端的热液沉积物，如有 Mn－Fe－Ca－Mg 碳酸盐岩存在。

（戴自希　唐金荣）

模型二十二　陆相火山岩型铅锌
矿床找矿模型

一、概　述

　　陆相火山岩型铅锌矿床多分布于环太平洋、特提斯构造－岩浆活化带，一般产在中、新生代陆相火山沉积盆地的边缘。成矿作用与火山、次火山热液有关，产在凝灰岩、中－酸性火山角砾岩、熔岩、次火山岩中。矿床受断裂、火山口边缘控制，呈脉状、透镜状成群产出，矿床规模一般不大。我国浙江的五部（铅锌金属储量 $149.48 \times 10^4 t$，铅锌合计品位 3.69%，下同）、江西的银山（ $85.19 \times 10^4 t$， 3.22% ）、内蒙古三河（ $36.23 \times 10^4 t$， 2.59% ）、安徽岳山（ $39.80 \times 10^4 t$， 2.29% ）和福建银坑（ $29.05 \times 10^4 t$， 2.58% ）等属于这类矿床（孙延绵，1999b）。

　　事实上，这类铅锌矿床就是全球银矿分类中提出的"陆相火山岩、次火山岩容矿的银－多金属矿床"型，它是银矿的最主要类型，当其伴生有大量铅锌时，就可称其为"陆相火山岩型铅锌矿"。这类矿床在美国、墨西哥、秘鲁、玻利维亚等地均有分布。如美国科罗拉多州的克里德（Creed）矿床就是一个产在中新世石英安粗岩、流纹岩、火山碎屑岩中的银－铅－锌矿床（吴美德等，1991）；玻利维亚1996年发现的圣克里斯托巴尔（San Cristobal）银－铅－锌矿床（银 14880t，62g/t；铅锌 $549 \times 10^4 t$， 2.12% ）也是属于产在陆相火山岩中与晚中新世安山岩和英安斑岩有关的浅成低温热液矿床（P. Laznicka，2006）。

二、地　质　特　征

1. 总体地质特征

　　陆相火山岩型铅锌矿床产于陆相火山沉积盆地的边缘。含矿岩系一般是中、新生代凝灰岩，酸性、中酸性熔岩，次火山岩（英安斑岩、石英霏细斑岩）等。成矿作用与火山和次火山热液有直接关系。在我国，陆相火山岩型铅锌矿床主要分布在东部，特别是闽、浙中生代火山岩发育地区，成矿时代为燕山期。

　　该类矿床受断裂控制，矿床呈脉状、透镜状或似层状，成群成带产出。我国江西银山矿区有72个矿带，数百个矿体。单矿体一般长数十至数百米，最长可达2千余米（如浙江五部1号矿体），斜深数十至数百米，最大斜深千米以上，厚数十厘米至数米，最厚达100m以上（如江西银山），沿矿体走向和倾向具有分支复合和膨缩现象。

　　该类型矿床矿物成分一般较简单，金属矿物以闪锌矿、方铅矿、黄铁矿、黄铜矿、硫砷铜矿为主。有的矿床，如江西银山，矿体下部富铜，上部富银。脉石矿物有石英、绢云母、锰方解石、菱铁矿等。矿石结构呈现各种结晶粒状结构、交代结构和碎裂结构。矿石构造主要为致密块状、细脉浸染状、角砾状等。成矿作用往往表现为多阶段性，一般可分为石英－硫化物阶段、硫化物－硫盐矿物阶段、硫化物－碳酸盐阶段。

　　围岩蚀变强烈，早期蚀变由次火山岩体向外、向上依次为弱绢云母化→石英绢云母化→绢云母绿泥石化→绿泥石、碳酸盐化。晚期蚀变围绕赋矿断裂，发育在矿脉旁侧的线性蚀变，并叠加在早期蚀变之上，主要有硅化、绢云母化、绿泥石化、黄铁矿化等。矿化分带在我国江西银山呈现出矿体自下而上为 Cu→Cu、Pb、Zn→Pb、Zn→Pb、Zn、Ag；在浙江五部，仅表现出在矿体深部铅的含量大幅度降低。

该类型矿床规模以中小型为主，也有大型，如玻利维亚圣克里斯托巴尔，我国江西银山、浙江五部等。该类型矿床矿石品位较低，Pb + Zn 含量一般为 3% ~ 4%，Pb/Zn 比值为 0.68 ~ 0.92。

现以我国浙江省五部铅锌矿床为例具体阐明该类型矿床的地质特征。

2. 典型矿床地质特征——以中国浙江五部铅锌矿床为例

五部铅锌矿床位于浙江省括苍山南麓，1958 年由群众报矿发现，截至 1992 年累计探明铅锌总储量 149.48×10^4t。其中铅 61.2×10^4t，品位 1.54%；锌 88.28×10^4t，品位 2.15%；还伴生镉 4904t、银 645t。

（1）区域地质背景

该区大地构造位置属闽浙沿海中生代陆相火山岩带，矿床产于"宁溪盆地"中的次级火山断陷盆地边缘，受断裂控制。其中以 NE 向和 NW - NNW 向两组断裂为主，前者为区域性逆冲断层，规模巨大，长达几十千米，宽大于 10km，其中有基性岩脉贯入。后者主要发育在断陷盆地内部（五部断裂），一般为正冲断层，规模不大，其中可见铅锌矿化、黄铁矿化，是区内主要的控岩、控矿构造（图 1）。

区内出露地层简单，主要为一套中生代陆相酸性 - 中酸性火山岩建造夹有少量湖相碎屑岩，自下而上分别为：

上侏罗统：上部是流纹质熔结凝灰岩，夹薄层凝灰质粉砂岩、泥岩；下部是流纹英安质熔结凝灰岩。

下白垩统：为一套断陷盆地岩相建造，岩性较复杂，是主要含矿层，可分为 3 个岩性段。下段分布广泛，厚度变化大，主要由泥岩、火山碎屑岩和中 - 基性熔岩组成；中段零星分布于宁溪盆地内，其下、中部为一套玻屑熔结凝灰岩、玻屑凝灰岩和火山碎屑沉积岩，上部是霏细岩、凝灰角砾岩，与下段呈角度不整合接触；上段分布于盆地西部及半山岩体周围，岩性为一组浅灰 - 肉红色流纹质粗晶屑凝灰岩。

区内岩浆活动强烈，出露的火成岩主要是燕山期超浅成次火山岩相酸性小岩体，赋存于一定的火山机构中，与成矿关系密切的有贯穿矿区 NNW 向主断裂带的石英霏细斑岩体和矿区北部古双岩体的石英霏细斑岩。

（2）矿床地质特征

五部铅锌矿床主要产于火山断陷盆地东缘 NNW 向断裂带内，矿体沿断裂带展布，呈线形或串珠状排列，赋

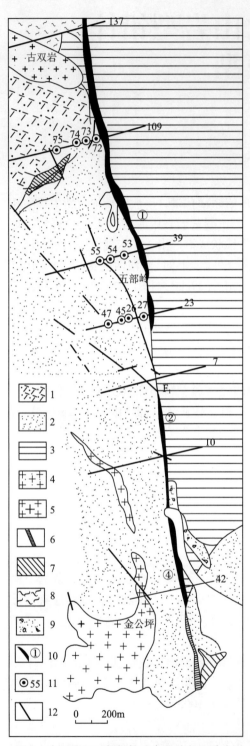

图 1　中国浙江五部铅锌矿床北矿段地质略图
（引自陈毓川等，1993）

1—下白垩统 b 岩性段；2—下白垩统 a 岩性段；3—上侏罗统；4~6—酸性次火山岩：4—石英霏细斑岩，5—霏细斑岩，6—控矿断裂带中石英霏细斑岩；7—基性熔岩；8—酸性熔岩；9—隐爆角砾岩；10—铅锌矿体及编号；11—原生晕取样钻孔及编号；12—断裂

存于石英霏细斑岩外接触带之蚀变流纹岩、凝灰岩中，产状受断裂控制（图2）。

铅锌矿床赋存于 NNW 向的五部断裂中，断裂全长 30km 以上，倾向西，倾角 60°～70°，矿化带宽数米至数十米。五部矿床包含北矿段、南矿段及龙潭背矿段，长约 5km，在控矿断裂带内有 7 个矿体（北矿段 3 个、南矿段 4 个）。北矿段 1 号矿体规模最大，矿体呈脉状、透镜状，与控矿断裂产状一致，走向长 2140m，延深一般 400m 左右，控制最大延深达 880m。矿体最大厚度 32.23m，最小 0.9m，平均 9.88m。主矿体上、下盘尚可见一些平行及分支矿体。

主要矿石矿物为方铅矿、闪锌矿、黄铁矿，其次有黄铜矿、斑铜矿、镜铁矿；脉石矿物主要有石英、锰方解石，另有少量蔷薇辉石、重晶石、萤石等。矿床铅锌比为 1:1～1:2，往深部铅品位降低。

矿石结构构造主要是致密块状、细脉浸染状，其次是网脉状、团块状、角砾状。

由于长期的构造作用和频繁的火山活动，矿区内断裂、破碎十分强烈，为热液移移和交代作用提供了良好条件，在矿体上、下盘围岩都产生不同程度的热液蚀变，如硅化、绢云母化、碳酸盐化等都十分发育，蚀变强度随距离矿脉的距离增大而减弱（《中国矿床》编委会，1989）。

根据矿区包裹体测温结果，铅锌矿成矿

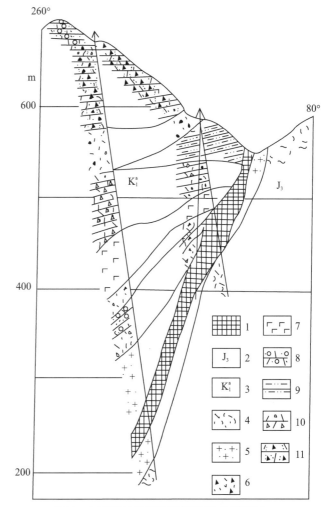

图2　中国浙江五部铅锌矿床 27 线剖面图
（引自陈毓川等，1993）

1—矿体；2—上侏罗统；3—下白垩统 a 岩性段；4—晶屑玻屑熔结凝灰岩；5—石英霏细斑岩；6—角砾凝灰岩；7—玄武岩；8—凝灰质砂砾岩；9—粉砂质泥岩；10—沉火山角砾岩；11—沉角砾凝灰岩

温度大约在 170～207℃ 之间，个别样品可达 370℃，属中温热液成矿。矿石硫化物中硫同位素 $\delta^{34}S$ 变化范围为 $-4.40‰ ～ +4.53‰$，平均为 1.36‰，接近陨石硫，硫似来源于下地壳或上地幔。铅同位素测定结果表明铅来源于矿床的围岩或火山岩下伏的基底岩石（张启圻，1987）。

据其成矿特征看，五部铅锌矿成因类型属于陆相火山岩型中温热液充填交代矿床（中国地质科学院成矿远景区划室，1990）。

三、矿床成因和找矿标志

1. 矿床成因

"陆相火山岩型铅锌矿床"与"陆相火山岩、次火山岩容矿的银 – 多金属矿床"属于同一个类型，它与斑岩型、矽卡岩型、热液脉型铅锌矿床有一定的成因关联，它们都受控于构造 – 长英质岩浆热液作用，以中、新生代为主，特别是与环太平洋带和特提斯带的构造 – 岩浆活化作用有关。矿床产于中、新生代陆相火山沉积盆地边缘的火山岩系中，矿床多受断裂控制，呈脉状、透镜状、似层状，成群成带产出。

对矿床成因的认识分歧不大，基本上都认为与陆相火山活动有关，属浅成中、低温热液矿床。但对具体矿床来说也有一些认识上的差别，有的学者认为浙江五部铅锌矿床是在区域性大规模火山喷发、次火山（石英斑岩）侵入之后，热液沿裂隙充填交代形成的矿床。成因类型属于陆相火山岩型中温热液充填交代矿床。而江西银山铜铅锌金银矿床成矿作用不仅在空间上而且在时间上是与火山－次火山－斑岩体系岩浆活动密切相关，为火山－斑岩体系热液成矿（图3）（裴荣富，1995）。

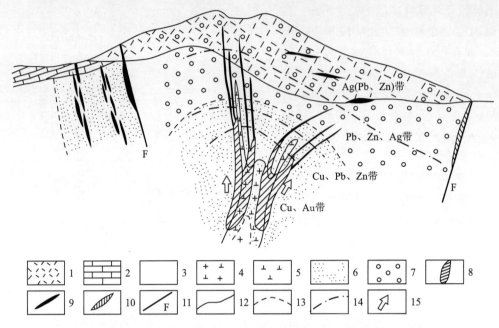

图3　陆相火山盆地中与火山活动有关的（银山式）铜银铅锌矿床模式图

(引自裴荣富，1995)

1—上侏罗统；2—石炭系；3—前震旦系；4—花岗闪长斑岩；5—英安斑岩；6—黄铁绢英岩化；7—青磐岩化；
8—透镜状铜金矿体；9—脉状铜铅锌银矿体；10—脉状银矿体；11—断层；12—地质界线；
13—蚀变带界线；14—矿化带界线；15—成矿流体运动方向

2. 找矿标志

（1）区域地质找矿标志

1）环太平洋带和特提斯带中的中、新生代陆相火山岩、次火山岩分布地区。

2）分布有控制火山－侵入活动的区域性大断层。

3）识别中、新生代陆相火山断陷盆地、破火山口等火山机构。

4）识别中、新生代陆相酸性－中酸性火山岩、斑岩建造。

（2）局部地质找矿标志

1）识别与成矿关系密切、赋存于火山机构中的燕山期超浅成次火山岩相酸性小岩体。

2）识别火山盆地边缘断裂及破火山口环状和半环状断裂，这些多为控岩和控矿构造，直接控制矿体的空间分布和矿体形态。

3）寻找发育有多期次蚀变作用的火山岩区，如硅化、绢云母化、绿泥石化、碳酸盐化等。

4）识别区内的矿化分带，如江西银山铜铅锌金银矿床呈现中心和深部是铜、硫、金矿、浅部和边部是铅、锌、银矿的分带规律。

（3）地球化学找矿标志

区内构成矿床分散晕元素至少有 Pb、Zn、Ag、Cd、Cu、Mn、Mo 等几种元素，特别是元素 Ag 是火山热液铅锌矿的重要指示元素。

（戴自希　金庆花）

模型二十三　砂页岩型铅锌矿床找矿模型

一、概　　述

砂页岩型铅锌矿是泛指在不同时代的沉积岩中发育的层控铅、锌矿床，矿床常产在一套沉积岩中。它类似于铜矿床分类中的"砂页岩型铜矿"，只不过其中产出的金属以铅、锌为主。从世界范围看，这类矿床数量较少，经济意义也相对小，但在某些国家则是一种重要的铅、锌来源，如瑞典约75%的铅来自这类矿床，法国这类矿床也占铅储量的13%，我国这类矿床中的云南金顶矿床是我国最大的铅锌矿床。

在初步统计的72个超大型铅-锌矿床（区）（Pb+Zn原始金属储量超过500×10^4t）中，此类矿床有5个，占超大型铅-锌矿床数的6.9%。但此类矿床的中、小型矿床很多，分布也较广泛。重要的矿床有加拿大萨蒙河地区的亚瓦（Yava）、瑞典的拉伊斯瓦尔（Laisvall）、波兰的卢宾（Lubin）、德国的梅舍尼什-莫巴什（Mechernich-Maubach）、哈萨克斯坦的沙尔克（Shalkya）和杰兹卡兹甘（Zhezkazgan）、印度尼西亚的勿里洞岛（Belitung），以及我国云南金顶矿床等（表1）。

表1　世界重要砂页岩型铅锌矿床[*]

国家（地区）	矿床或矿区	储量(Pb+Zn) 10^4t	(Pb+Zn)品位 %	亚型	成矿时代	资料来源
加拿大	萨蒙河（Salmon River）（Yava，Silvermines，Talisman 矿床）地区	148.00	2.09	砂岩型	古生代	P. Laznicka, 2006
瑞典	拉伊斯瓦尔（Laisvall）矿床	540.00	3.90	砂岩型	古生代	P. Laznicka, 2006
瑞典	杜鲁蒂（Dorotea）矿床	310.00		砂岩型	古生代	P. Laznicka, 2006
波兰	卢宾（Lubin）矿床	1200.00	0.30	页岩型	古生代	P. Laznicka, 2006
德国	梅舍尼什-莫巴什（Mechernich-Maubach）地区	732.00	0.57~2.50	砂岩型	中生代	P. Laznicka, 2006
德国	曼斯费尔德-赞格豪森（Mansfeld-Sangerhausen）地区	139.00	1.85	页岩型	古生代	中国有色金属工业总公司，北京矿产地质研究所，1987
哈萨克斯坦	沙尔克（Shalkya）矿床	1239.00	4.13	沉积型	古生代	MMAJ, 1998
哈萨克斯坦	扎伊列姆（Zhairem）矿床	140.00	5.51	沉积型	古生代	中国有色金属工业总公司，北京矿产地质研究所，1987；MMAJ, 1998
哈萨克斯坦	杰兹卡兹甘（Zhezkazgan）矿床	100.00		砂岩型	古生代	中国有色金属工业总公司，北京矿产地质研究所，1987
哈萨克斯坦	贝斯特乌布（Bestube）矿床	280.00	7.00	沉积型	古生代	中国有色金属工业总公司，北京矿产地质研究所，1987
印度尼西亚	勿里洞岛（Belitung）地区	357.00	10.20	沉积型		王绍伟，1996
印度尼西亚	克拉帕卡姆别德（Kelapa Kampit）矿床	142.17	10.61	沉积型		王绍伟，2001
中国	云南金顶矿田	1610.60	8.44	砂岩型	新生代	孙延绵，1999b

[*] 铅+锌金属储量 $> 100 \times 10^4$t

二、地质特征

在区域构造上，这类矿床大都形成于长期隆起剥蚀区边缘，一般分布在地台边缘部分、边缘坳陷和地台内部坳陷，这些构造位置为铅、锌沉积物的聚集创造了有利环境，如瑞典拉伊斯瓦尔铅－锌矿床位于波罗的地盾西缘，中欧铅、锌矿带产在地台边缘，哈萨克斯坦杰兹卡兹甘矿床分布在褶皱带的上叠凹陷中。矿床主要产出时代为古生代和中、新生代。容矿岩石包括从粗到细的一套沉积岩，有砂砾岩、砂岩、粉砂岩、石英岩、黏土岩、泥岩、泥灰岩、灰岩、页岩、白云岩等。按其容矿岩石不同，还可分为"页岩型"、"砂岩型"和"沉积型"（容矿岩石为多种沉积岩）3 个亚类。

1. 页岩型矿床

页岩型代表性的矿床有中欧含铜、铅、锌页岩矿床，也就是铜矿床分类中的"含铜页岩"，其中的铅、锌比铜富集 10 倍以上，因此，也有人称其为"含铅－锌页岩"。重要的矿床有波兰西里西亚西部地区的矿床（卢宾矿床等）和德国东南哈尔兹地区的矿床（曼斯费尔德－赞格豪森矿床等）。含铜页岩和含铅－锌页岩均是一种细粒、细层纹黏土质泥灰岩或含炭质成分的泥灰岩。产在上、下二叠统之间，厚 30~40cm。铅、锌一般分布在含铜页岩的顶板，与碳酸盐含量增加有关，即由下而上的分带为铜—铅—锌，在水平方向上，铜产在靠海岸的地方，铅、锌离海岸较远。主要矿石矿物有斑铜矿、黄铜矿、辉铜矿、黄铁矿、方铅矿、闪锌矿等。

2. 砂岩型矿床

已知的砂岩型铅－锌矿床主要赋存在古生代和中、新生代地层中，且多集中在上古生界的石炭系和中生界三叠系内。矿床常与蒸发岩伴生，主要形成于温暖干燥或半干燥的气候条件。绝大多数矿床分布于北纬 30°至南纬 30°的低古纬度带。矿石矿物是与周围沉积物同生沉积或由沉积后不久的成岩作用形成，矿化受一种或多种沉积岩层控制。容矿岩石为低古纬度硅铝质基底上的砂岩、粉砂岩和石英岩等细－粗碎屑岩。矿床出现在造山晚期到造山期后的构造区，产在磨拉石沉积盆地中。矿石矿物主要有方铅矿、闪锌矿和黄铁矿等，呈细粒浸染状散布在沉积岩中或顺沉积岩各种层理产出。方铅矿等硫化物充填在砂岩粒间空隙里，胶结物主要为硅质，在较年轻的矿床中呈玉髓出现。成矿元素以铅为主，少银且贫黄铁矿，如果有锌出现，那么地层中锌比铅含量高。

砂岩型铅－锌矿床的沉积环境为大陆河流相到浅海、滨海相，但大多数为陆、海混合环境。陆相和海相环境下形成的砂岩铅－锌矿床，其形成条件基本相似。含铅－锌的地下水只要有局部还原环境就可以与 H_2S 反应而产生硫化物的沉淀。浅海的还原环境由海水造成，形成浅海相砂岩型铅－锌矿床。而大陆还原环境则由有机物造成，当含矿溶液进入煤等有机物质造成的还原环境时，铅就从溶液中沉淀出来而形成矿床。还原环境有利于矿床的形成，岩石多为灰色或白色而没有红色，而氧化环境有利于其搬运，所以矿石常在氧化与还原环境的界面处沉淀，且位于还原环境中。

砂岩铅－锌矿床的基底岩石为硅铝质，大多数是花岗岩和花岗片麻岩，并且基底岩石的平均铅含量较花岗岩平均铅含量（23×10^{-6}）高得多。矿床主要产在基底相对凹陷的部位。硅铝质基底岩石在机械－化学风化作用中形成长石砂岩，伴随这一地质过程，长英质岩石中镁铁质矿物被风化掉，同时带走了镁铁质矿物中的铜和铅。由于长石原来就含铅，从而使铅在长石砂岩中相对富集。

砂岩型铅－锌矿床分布较广泛，有瑞典的拉伊斯瓦尔、瓦斯博（Vassbo）矿床，德国的梅舍尼什－莫巴什矿床，法国的拉让蒂埃矿床，摩洛哥阿特拉斯山脉地区的矿床，哈萨克斯坦杰兹卡兹甘矿床以及我国云南金顶矿床等。

瑞典拉伊斯瓦尔铅－锌矿床是这类矿床的典型。该矿床位于波罗的地盾西缘（图 1），产在前寒武纪晚期到寒武纪的原地沉积岩系中的两个薄石英砂岩层中（图 2），矿化富集在页岩薄层与砂岩的接触处和层理面上，砂岩中普遍存在交错层理，方铅矿沿交错层的层理面产出。在均匀砂岩中，方铅矿呈斑点状散布在岩石中，往往在砂粒间的空隙中，即呈砂岩的胶结物产出。主要矿石矿物有方铅矿、闪锌矿，还有草莓状黄铁矿、白铁矿、方硫铁镍矿、磁黄铁矿和黄铜矿等。

我国云南金顶铅锌矿床为砂岩型，矿床产在下第三系和中、下白垩统砂砾岩中（图3），赋存在同生断裂附近，呈层状、似层状和透镜状为主，也有呈囊状、脉状和不规则状者。矿石可分为砂岩型和角砾岩型，矿石矿物组合主要有黄铁矿 – 白铁矿 – 闪锌矿 – 方铅矿组合和黄铁矿 – 闪锌矿 – 方铅矿 – 天青石 – 重晶石组合，极少见铜的硫化物。

3. 沉积型矿床

由于矿床的容矿岩石为多种沉积岩，既有砂岩、页岩，又有泥灰岩、白云岩等碳酸盐岩，不宜将其归于砂岩型或页岩型中，所以只好统称为沉积型。重要的矿床有哈萨克斯坦沙尔克和扎伊列姆矿床，印度尼西亚勿里洞岛等地区的矿床。

沙尔克矿床产在泥盆纪的暗灰色和黑色的层状白云岩中，容矿岩层由呈韵律层的白云岩、燧石和炭质 – 硅质岩组成。硫化物呈细浸染状分布在韵律岩层中。主要矿石矿物和脉石矿物有闪锌矿、方铅矿、白云石、石英、方解石、菱铁矿和含炭物质。

扎伊列姆矿床矿体呈层状、似层状，赋存于泥盆纪钙质泥岩、泥灰岩等复理石建造中。矿物组合为重晶石 – 方铅矿 – 闪锌矿，含矿岩石为结核状炭质泥质岩。

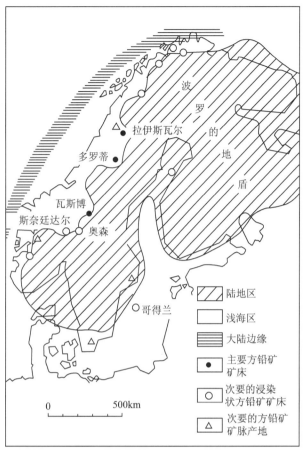

图 1　波罗的地盾砂岩型铅锌矿床分布位置图
显示与古地理的关系
（引自地矿部矿床地质研究所，1985）

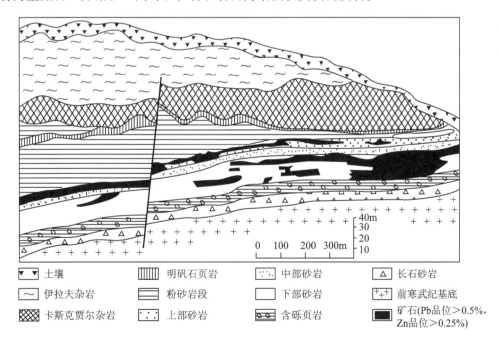

图 2　瑞典西北北博顿地区拉伊斯瓦尔砂岩铅矿区剖面图

（据 D. T. Rickarad 等，1979，修改）

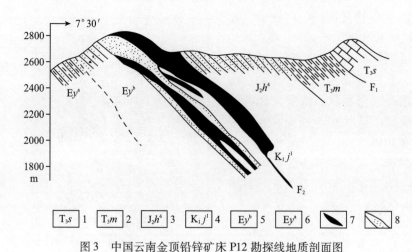

图 3 中国云南金顶铅锌矿床 P12 勘探线地质剖面图

(引自中国地质科学院成矿远景区划室，1990)

1—灰岩；2—泥质灰岩；3—含长石细砂岩；4—细粒石英砂岩（全层矿化）；5—含角砾细砂岩；
6—粉砂质泥岩；7—铅锌矿体；8—表外矿体

三、矿床成因和找矿标志

由于这类矿床中砂岩型较多，也较为重要，所以这里主要叙述该类矿床中的砂岩型铅 – 锌矿床的形成条件、矿床成因和找矿标志。

1. 砂岩型铅 – 锌矿床成因

砂岩型铅 – 锌矿床两个最常见的特征是：矿床产在硅铝质基底之上，并赋存于石英砂岩内。据此，一些学者提出金属来源于基底的观点，他们认为，铅和钾的离子半径很相近，铅呈钾的类质同象赋存在钾长石晶体中，在风化作用和沉积作用过程中钾长石分解而析出铅，铅呈可溶络合物随地下水移动。这种溶液富含 SiO_2 且具相对氧化性质，当它运移到适宜的还原环境中，就在砂岩沉积区产生 SiO_2 和铅的沉淀。

砂岩型铅 – 锌矿床中硫的来源视成矿地质环境而异。在浅海沉积区生成的砂岩铅 – 锌矿床，硫来源于海水还原出来的 H_2S，而大陆环境下形成的铅 – 锌矿床所需的硫来自何处还是个谜。

关于砂岩铅 – 锌矿床的成因模式已提出的有热液或盆地卤水模式、地下水或大气水搬运模式两种。

热液或盆地卤水模式，其主要论点之一是砂岩铅 – 锌矿中的流体包裹体的成分与现代盆地卤水成分很相似。该模式被描述为：盆地内沉积物脱水，这种水含有很高的盐度和大量金属，并且金属呈氯络合物存在；然后，含金属的卤水通过渗透性良好的砂岩或同生断裂向上部和向外运移到盆地的边缘；最后，金属随温度和压力的降低而沉淀或遇到含硫的地下水与之混合而沉淀。

地下水搬运模式，认为地下水从下伏基底搬运金属，通过砂岩孔隙，在具有足够量 H_2S 的环境中沉淀形成硫化物。其最基本的因素是要有大量水域，并且硅铝质基底具有较高的铅含量背景。稳定的构造条件可使基底和上覆长石砂岩的风化作用持续一个相当长的时期。在风化作用期间，铅从钾长石中析出，并由地下水带到矿床形成的位置。

2. 砂岩型铅 – 锌矿床的找矿标志

（1）地质找矿标志

1）矿床产在低古纬度的地方，大部分产在南、北纬度30°之间，主要集中在南、北纬度10°的范围内。

2）大陆河流相、浅海 – 滨海相以及陆、海混合相为砂岩型铅 – 锌矿床的主要沉积环境。

3）以“花岗岩类”或花岗片麻岩为主，铅含量高的硅铝质基底。

4）矿床产在基底相对凹陷的部位，赋存于上覆渗透性强的海进地层底部的石英砂岩中。

5）具备稳定的构造条件而使基底或上覆碎屑岩强烈风化，并且使钾长石中的铅析出。

6）矿石沉淀在氧化与还原环境界面处的还原环境中，岩石显示灰色或白色而没有红色。

7）古生代和中、新生代地层中的石英砂岩或粗碎屑岩相，富含有机质和硫酸盐。

8）要有很大的盆地，使大量的水能集中到盆地中来，并且具有适于地下水流动的通道和地形，如同生断裂、穹窿构造、推覆体圈闭构造等。

9）在区域内具有含重金属较高的现代热泉以及具有铁帽或锌帽。

（2）地球化学找矿标志

1）硅铝质基底具有较高的铅平均含量背景（大于 30×10^{-6}），砂岩中 Pb 的背景值为 7×10^{-6}，Zn 的背景值为 16×10^{-6}。

2）在容矿岩石、水系沉积物和土壤中具 Pb、Zn 及 Hg 化探异常和重砂异常。Ba、F 和 Ag 等元素富集在一些矿床的最下部。Zn 在这类矿床中向上部趋于增高。

（戴自希　徐华升）

模型二十四 朝鲜检德式铅锌矿床找矿模型

一、概　述

朝鲜检德（Komdok）铅锌矿床是世界上最大的铅锌矿床之一。据地矿部检德铅锌矿地质考察组（1986）的报告，该铅锌矿田铅锌金属储量达 $7000 \times 10^4 t$ 左右，Pb、Zn 合计品位一般为 7% ~ 10%，最高可达 35%，Zn 多于 Pb，Pb/Zn 比为 1:(5 ~ 10)。Ag 的品位较高，一般达 20 ~ 30g/t，高的可达 50g/t 以上。

矿床位于朝鲜著名的有色金属和非金属矿产基地之一的摩天岭成矿区内，在朝鲜咸镜南道端川市金沟洞。该矿有 500 多年的开采历史，最初在露银洞地段开采银矿，1936 年转入铅锌矿的采掘。矿区面积达 $170km^2$，包括检德山、中途场、露银洞、本山、复沟、舞鹤洞、大化洞、桦树沟、黄铁沟、直洞、间店等矿段。矿体呈层状，赋存在元古宙炭质白云岩中，是世界上罕见的巨型沉积变质型层控铅锌矿床。此外，中国辽宁省青城子（铅锌金属储量 $107.82 \times 10^4 t$，铅锌品位合计 4.54%）和吉林省荒沟山等铅锌矿也可归属于这一类型。

检德矿田所在的朝鲜北部地区与我国东北南部同属中朝准地台的一部分。从摩天岭成矿区向西经我国吉林省荒沟山铅锌矿床至辽宁省青城子铅锌矿床等，构成了中朝元古宙铅锌成矿带。

二、地　质　特　征

1. 区域构造背景

在大地构造上，检德铅锌矿位于中朝准地台的东缘。该区在太古宙后期，克拉通发生张性裂开，在北纬 41°线南、北地区产生了近东西走向的辽（河）-老（岭）-摩（天岭）大裂谷，形成一条宽 50 ~ 100km、长 650km 左右的狭长形海槽，长时期接受了海相沉积，并逐渐堆积成一套完整的地槽相沉积物。这些岩层称为摩天岭系，在中国辽宁省南部称为辽河群、吉林省南部称为老岭群。检德、青城子和荒沟山等铅锌矿床就赋存在这些岩层中（图1）。

（1）地层

检德矿区内出露地层为古元古界摩天岭系，由下而上可划分为城津统、北大川统和南大川统。这些地层可与我国吉林南部和辽宁东部地层相对比（表1）。

城津统以片麻岩、角闪岩类为主，位于摩天岭系的下部，属于下部火山-沉积建造；往上为北大川统，以钙镁质碳酸盐类为主，属于中部碳酸盐岩建造；再往上是南大川统，以黏土质岩类为主，属于上部碎屑岩建造。这是一套比较典型的地槽相沉积物和完整的沉积旋回。检德矿床赋存于北大川统上部白云岩中（图2）。

（2）构造

区内褶皱、断裂构造发育。较大的断裂有北西向的北大川断裂和长坡里断裂，是区内长期活动的两条深断裂，摩天岭成矿带中的铅锌矿化明显受它们控制，多分布在这两条断裂之间（图3）。区内褶皱构造非常发育，主要有两期：第一期为紧闭线形倒转等斜褶皱，与矿化关系极为密切，矿体多集中在褶皱构造的收敛部位，是主要的控矿构造；第二期褶皱叠加在第一期褶皱构造之上，使早期构造

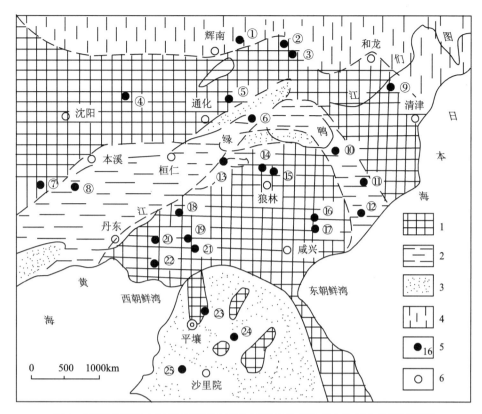

图1　朝鲜北部和中国辽吉南部主要金属矿产分布及前古生界古地理示意图

(据孙钧，1994，修编)

1—太古宙古陆基底；2—古、中元古代裂谷海槽；3—早古生代沉积盖层；4—古生代地槽褶皱带；5—矿床及编号；6—城镇。图中中国境内矿床（①~⑧）：①红旗岭镍矿，②老牛沟铁矿，③夹皮沟金矿，④红透山铜矿，⑤板石铁矿，⑥荒沟山铅锌矿，⑦鞍山铁矿，⑧青城子铅锌矿；朝鲜境内矿床（⑨~⑤）：⑨茂山铁矿，⑩惠山铜矿，⑪检德铅锌矿，⑫上农金铜矿，⑬集安铅锌矿，⑭石幕金矿，⑮小洞金矿，⑯赴战金矿，⑰明达洞金矿，⑱北上金矿，⑲大榆洞金矿，⑳造岳金矿，㉑云山金矿，㉒宣川金矿，㉓成兴金矿，㉔遂安铜矿，㉕银波铅锌矿

表1　朝鲜北部摩天岭系和我国辽吉南部老岭群、辽河群地层层位对比

时代	朝鲜北部		中国吉林南部		中国辽宁东部
新元古代	详原系（直岘统）		白房子组		永宁组
古、中元古代	摩天岭系	南大川统	老岭群	大栗子组	榆树砬子组
				临江组	
				花山组	盖县组
		北大川统		珍珠门组	大石桥组
		城津统		达台山组	浪子山组
	狼林群	上部层	集安群	大东岔组	于家卜子组
				新开河组	
				清河组	
太古宙		下部层	龙岗群		鞍山群

(据李上森等，1989，修改)

形态更加复杂，一般与成矿无关。

(3) 岩浆岩

区内岩浆岩主要有侏罗纪端川岩群和白垩纪鸭绿江岩群。前者以岩基或岩株状（如万塔山岩体及火药库岩体），后者以岩株或岩墙状，沿断裂和层间裂隙侵入。万塔山岩体是区内最大的侵入体，属大宝构造岩浆旋回（相当于我国燕山构造岩浆旋回）。岩体出露面积达130km²，为一复式岩体，主

系	统	段	层	地层柱	厚度/m	主要岩性	矿产
摩	南大川统	二段	三段		100~600	石英岩、片岩互层,夹少量大理岩	
		二段			200~800	黑云片岩、硅线云母片岩、十字黑云片岩,下部夹薄层石英岩	
		一段	四层		50~100	大理岩、片岩互层	
			三层		60~200	细粒黑云片岩夹大理岩	
			二层		10~40	片岩、大理岩互层,绿帘石化	
			一层		10~65	硅线云母片岩、黑云片岩	
天	北大岭川统	三段	三层	9	0~10	白色结晶大理岩	
				8	5~30	透辉石-透闪石-金云母化大理岩	
				7	20~80	灰白相间条带状白云岩,靠上部夹薄层石英岩(单层1~3m)(主要含矿层)	铅、锌(主要)
				6	0.2~10	透辉石-透闪石-金云母化大理岩	铅、锌
				5	0~100	灰白、肉红色、白云质大理岩	
				4	10~100	透辉石-透闪石化白云岩	铅、锌、铜
				3	20~100	灰白色层状白云岩、白云质大理岩	
				2	100~200	大理岩、白云岩、片岩互层,含叠层石	
				1	100~200	白云岩,薄层硅质片岩互层,以前者为主,含叠层石	菱镁矿(主要)
			二层		200~350	灰白色、透闪金云母化,白云质大理岩夹硅质条带	
			一层		600~1300	白云岩、大理岩及云母片岩互层,含叠层石	菱镁矿(主要)
岭系		二段			800	上部片岩夹大理岩 下部大理岩夹片岩	
		一段			>800	块状大理岩、白云岩,夹薄层片岩	菱镁矿化

图 2　朝鲜检德矿田地层柱状图

（据地矿部检德铅锌矿地质考察组，1986，修改）

岩相为花岗闪长岩。鸭绿江岩群多为花岗岩、花岗斑岩、石英斑岩等脉状岩体，多沿断层贯入。

2. 矿床地质特征

检德铅锌矿是一个矿田，分布总面积达170km²。大体上由3个矿带组成（图4），由东而西为本山－间店东部矿带、露银洞－中途场－检德山中部矿带、舞鹤洞西部矿带。矿带一般长4.5～13km，厚度20～100m不等。由于晚期的北东向中途场、白硑子沟两条断裂的切割，把矿田分成9个矿床，每个矿床均由几个至几十个矿体群组成。除本山、中途场、露银洞等矿床部分矿体出露地表外，大部分矿床为盲矿。

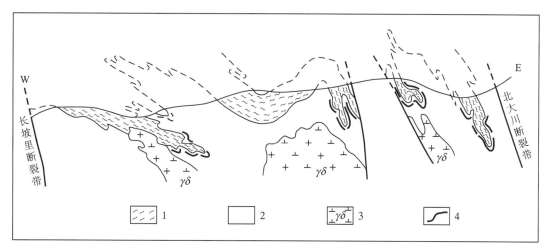

图3 位于两大断裂带之间的朝鲜检德铅锌矿床示意图

(引自辽吉,1984)

1—南大川统;2—北大川统;3—侏罗纪花岗闪长岩;4—矿体

(1) 容矿岩层

矿床具层控、时控特点。矿体多呈层状、似层状和透镜状等,与地层层位有密切关系,受特定层位和岩性控制,矿化主要赋存在古元古界摩天岭系北大川统上部含硅质条带状杂色碳质白云岩(北大川统上部第7层)及南大川统下部与北大川统接触过渡带的层位中(图2),断续延长1~20km。铅同位素模式年龄为17.8亿~19.9亿年,与地层变质年龄相当,说明铅、锌硫化物是与原地成岩物质一起沉积形成现今以锌为主的层状铅锌矿层。

铅锌矿与硅质岩有密切关系,在含矿的白云岩中,常夹有或含有硅质岩。这种硅质岩一般为烟灰色—灰白色,呈不规则致密块状或透镜状,位于矿体上部层位,与围岩共同成层产出。主含矿层之上的金云母化白云岩厚仅20~30m,是寻找矿化层的标志。在这种金云母化白云岩之下20~140m的北大川统上部白云岩层即是检德式铅锌矿体的所在位置。

(2) 矿田构造

铅锌矿体受褶皱构造控制,矿体的分布形态、产状和地层褶皱形态、产状基本一致,具同步褶皱的特点(图3)。其矿体大小和形态与区域第一期褶皱构造(古、中元古代褶皱被称为第一期褶皱,中生代褶皱被称为第二期褶皱)位置和矿化强度有关。由北大川统和南大川统结晶片岩组成的轴向为南北的紧闭线形复式向斜,直接控制着铅锌矿体的空间分布。在褶皱的收敛部位或次一级褶皱的翼部矿体变厚和延长,在褶皱的收敛部位常有马鞍形矿体。向斜封闭部位的矿体尤为富集(图5),不仅矿层和品位稳定,而且延深大,如本山矿床铅锌矿体延深1500m,仍未尖灭。

(3) 矿石构造和组分

矿石构造多为块状和条带状,也见有浸染状。矿石矿物比较简单,主要为闪锌矿、方铅矿,还有少量的黄铁矿、磁黄铁矿、毒砂、白铁矿、黄铜矿,极少量黝铜矿、辉锑矿、硫锑铅矿、辉银矿、脆硫锑银矿、辉钼矿、车轮矿、淡红银矿、深红银矿、自然铋、自然银等。次生氧化物主要为菱锌矿、白铅矿等。伴生有益组分有银、镉、汞、镓、铟等,脉石矿物主要为白云石、方解石、石英及少量石墨、透闪石、滑石等。铅锌矿富矿石的出矿品位为10%~15%,贫矿为2%。

(4) 控矿因素

控制这个巨大铅锌矿床的主要因素有两个。

一是裂谷海槽同沉积物构成丰富的矿源层。朝鲜北部属中朝准地台的一部分,该区在太古宙后期发生张性裂开,形成宽50~100km、长650km的狭长形辽-老-摩裂谷海槽,堆积成一套完整的地槽相沉积物(摩天岭系),铅锌矿化就出现在该地层中,而且严格受地层层位控制,矿化赋存在摩天岭系中上部的北大川统上部杂色白云岩及南大川统下部与北大川统接触过渡带的层位中。矿化带和矿

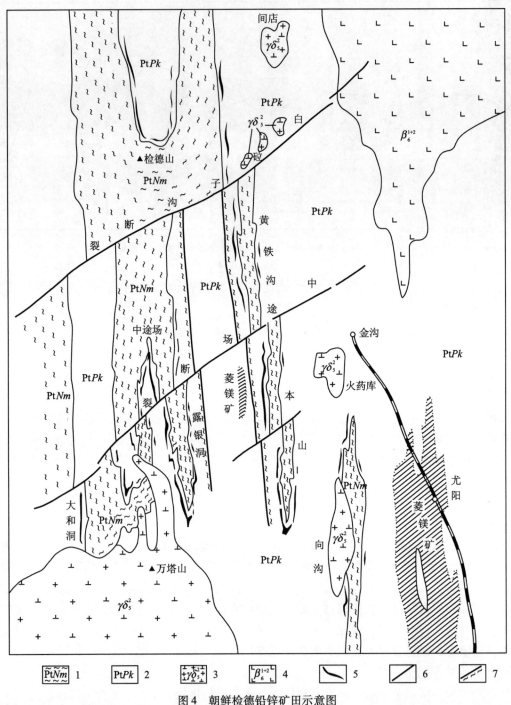

图4　朝鲜检德铅锌矿田示意图

（引自辽吉，1984）

1—南大川统；2—北大川统；3—侏罗纪花岗闪长岩；4—第三纪橄榄玄武岩；5—矿体；6—断层；7—破碎带（片理化带）

体呈层状产出，断续延长 1～20km。含矿层富含炭质、镁质，反映当时金属物质在浅海潮坪以下——潮间带的强还原环境下与岩层同生沉积而成。铅同位素模式年龄为 17.8 亿～19.9 亿年，与地层变质年龄相当，说明铅锌硫化物是与原地成岩物质一起沉积形成现今以锌为主的层状铅锌矿层。铅同位素是古老正常铅，说明铅锌成矿物质与地层一致。金属硫化物的硫同位素组成 $\delta^{34}S$ 平均值为 16.21‰，说明矿石硫源不是岩浆，而与围岩同源，主要来自海水硫酸盐，并以重硫为主。

二是区域变形变质是控制富矿的主要因素。在区域变形变质作用过程中，褶皱构造对矿源层物质组分的改造、迁移、富集关系十分密切。矿体位于北大川统，在核部的紧闭倒转向斜的两翼，富矿体多产于向斜封闭部位和正常翼部劈理发育处，这是因为当元古宙地层未完全成岩固结之前，区域性的东西向挤压和南北向引张力导致古元古代地层的褶皱及塑性变形，同时其中产生了流劈理构造，复杂的褶皱构造使矿体形态复杂化，但总体上以板状、似层状、透镜状、鞍状为主，而且矿体分布形态、产状与地层褶皱形态、产状基本一致，具同步特征。最富的矿体出现在区内第一期褶皱构造的向斜收敛部位，由于层间滑动和塑性流动，含矿层在褶皱核部变厚，褶皱收敛处矿体加厚变富。因此，由北大川统和南大川统结晶片岩组成的轴向为南北的紧闭线形复式向斜直接控制着铅锌矿体的空间分布。

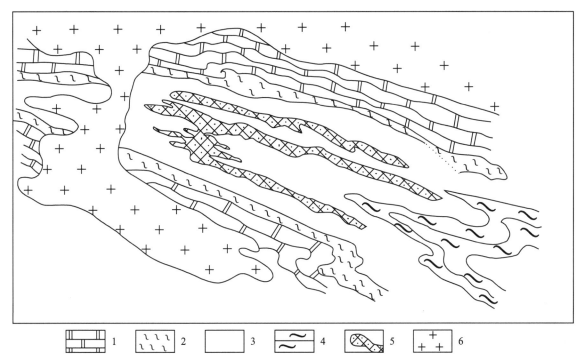

图5 朝鲜检德铅锌矿床中途场矿段－150m坑道平面示意图

图中示出了褶皱收敛部位矿体富集和变厚

（引自地矿部检德铅锌矿地质考察组，1986）

1—透辉石透闪石白云岩；2—透辉石金云母化白云岩；3—条带状白云岩；4—云母片岩；5—铅锌矿体；6—万塔山侵入体

三、矿床成因和找矿标志

1. 矿床成因

对于检德式铅锌矿床的成因，朝鲜国内长期受岩浆期后热液矿床成因的束缚，找矿无大突破。20世纪60年代末，通过一个矿段的综合研究，发现矿化与地层关系密切，矿化受一定层位和岩性控制并且矿体与地层同步褶皱，改变了岩浆期后中－高温热液矿床成因观点，接受了层控的沉积变质型矿床的成因理论。从此，沿一定层位和构造有利部位找矿，发现了许多新矿体，扩大了矿区远景。

我国地质学家几次赴朝鲜考察检德铅锌矿床，考察人员的认识不尽相同。基本上有两种看法：一是地矿部1985年的考察认为属沉积变质后期热液叠加矿床；二是有色金属工业总公司1985年的考察认为属海底喷气（流）沉积变质型矿床。两者共同点都认为矿床经沉积变质形成，不同之处在于金属物质及含矿岩层的来源和形成。

（1）沉积变质后期热液叠加矿床

持这种观点者，鉴于以下事实：矿床受地层控制，赋存在一定层位，矿体顺层产出；含矿围岩MgO含量高，达18.23%～20.37%，岩石含铅、锌量较高，Pb为80×10^{-6}，Zn为$(40 \sim 1110) \times 10^{-6}$，均高于世界碳酸盐岩或岩石圈的平均含量，具备成矿物质来源于北大川统富镁碳酸盐岩的成矿前提；在区域变质作用过程中褶皱构造与矿源层物质组分迁移富集关系密切；硫同位素值偏离陨石轴较远，排除了矿石硫来自上地幔或地壳深部的可能性，推测矿石硫来自围岩，是海水中的硫酸盐或卤水参与形成了矿化；铅同位素值变化范围较小，说明铅同位素组成较稳定，其模式年龄与北大川统的沉积年龄基本一致。铅同位素属正常铅，成矿物质无疑主要来源于地层。但也有一些铅同位素模式年龄低于摩天岭系的变质年龄，因而推测部分矿体有与中生代端川花岗岩有关的矿化叠加；据检德铅锌硫化物矿物的包裹体测温资料，成矿温度的下限为100℃，上限为380℃，但硫化物的形成过程并不连续，反映成矿作用为多期性。矿石中有些矿物无疑是热液成因的，而且按其形成温度可分为高、中、低温3类矿物。据以上特征及测试资料，其成因应属于沉积变质后期热液叠加矿床。

（2）海底喷气（流）沉积变质型矿床

持这种观点者除鉴于上述基本地质矿床特征外，还强调两点：一是有关铅、锌物质来源问题，根据检德地质队的介绍，矿床富矿品位铅、锌合计最高可达80%（考察团拣块分析为60.62% ~ 64.50%），造成这样高含量的金属品位和如此稳定的含矿层，用陆源碎屑是无法解释的；而北大川统中又未见火山物质，如用海底火山喷发成矿解释也是难以令人信服的，只有来源于海底喷气（流）才能得以圆满解释；二是从含矿围岩的铁锰指数值得到证实。铁锰指数用（Fe + Mn）/TiO_2表示。经地质学家研究认为铁锰指数大于25时，大体上都属于喷气（流）成因。检德铅锌矿区不含铅锌的白云岩，铁锰指数都小于20；含铅锌的白云岩，铁锰指数一般都在40左右；大的工业矿体集中地段的白云岩中铁锰指数都大于60。因此认为，检德铅锌矿床属于海底喷气（流）沉积变质型矿床。

其实，这两种成因观点均有些不能解释的地质现象。如果将两者相结合，即检德矿床的成因为海底喷气（流）沉积变质后期热液叠加矿床，也许更接近客观实际。

2. 找矿标志

（1）区域地质找矿标志

检德式铅锌矿床的区域构造为太古宙克拉通的裂谷带等古构造。铅锌矿化即赋存于辽 – 老 – 摩大裂谷内混积的摩天岭系地层中，在我国东北相应有辽河群和老岭群地层，因此，在辽 – 老 – 摩大裂谷中古元古代的摩天岭系、辽河群和老岭群是区域上寻找检德式铅锌矿床的重要勘查前提。

（2）局部地质找矿标志

地层和构造是具体控制检德式铅锌矿的两大因素。铅锌矿床是层控的，与地层层位密切相关，受特定层位和岩相控制。检德地区的矿化主要赋存在元古宇摩天岭系北大川统上部含硅质条带状杂色炭质白云岩及南大川统下部与北大川统接触过渡带的层位中。地层中含炭、高镁和含（或夹）硅质的碳酸盐岩（白云岩）是这类矿床的容矿岩石。位于矿体上部层位的烟灰色—白色硅质岩是直接的找矿标志。位于铅锌矿主要含矿层之上的厚20 ~ 30m 的金云母化白云岩是寻找盲矿的标志。

矿体的大小和形态受区内褶皱构造控制。检德地区由北大川统和南大川统结晶片岩组成的复式向斜直接控制铅锌矿体的空间分布。在褶皱的收敛部位或次一级褶皱的翼部矿体变厚和延长，在向斜的封闭部位矿体尤为富集。

（3）地球化学找矿标志

1）矿区的土壤金属量测量样品分析研究表明，形成次生晕的元素有 Zn、Pb、Sn、Ag、In、Cu、Ni、V、Cr、Ga、Mn 等，其中较好地反映铅锌矿的指示元素是 Zn、Pb、Ag、In、Sn，而 Sn、Ag、In 异常大体分布在铅锌异常区内，而且出现在矿床上方的表土中。

2）从研究区内 Zn /Pb 比值发现，区内工业矿体 Zn /Pb 比值大体变化于 2 ~ 20 之间，最集中范围为 5 ~ 10；未有矿体出现或不具工业价值的矿体区域其 Zn/Pb 比值小于2 或大于20。所以根据 Zn / Pb 比值概率分布可预测工业矿体的相对含矿率。

3）围岩的微量元素分布特征和含矿性之间有密切关系。矿区内常出现的元素有 Cu、Pb、Mn、Co、Ag、Zn、Ni、Ba 等，它们在含矿和非含矿围岩中具不同含量。特别是围岩中 Cu、Mn 的含量与含矿性关系密切，越是含有铅锌的围岩其 Cu、Mn 含量越高，与铅锌有关的围岩中 Cu、Mn 含量比不含矿围岩高 2 ~ 3 倍。

4）条带状白云岩中硅的含量和矿化关系密切，铅锌矿体常出现在靠近白云岩中硅质岩和遭受强烈透闪石化部位，这些地方铅锌品位比较高，铅锌矿体主要赋存于 SiO_2 含量为 6% ~8% 的条带状白云岩中，因此可以把硅含量较高的条带状白云质大理岩发育区，作为找矿勘探的预测区。

（金庆花）

模型二十五　秘鲁塞罗德帕斯科式铅锌多金属矿床找矿模型

一、概　述

秘鲁塞罗德帕斯科（Cerro de Pasco）铅锌多金属矿床位于秘鲁中部帕斯科省，距利马北东约180km，地理坐标为 S10°42′，W76°15′，矿区海拔约4300m。

矿床含有大量的铅、锌、银、铜等，是一个超大型的铅锌多金属矿田。据2006年的资料报道，该矿田有铅、锌金属储量 $1156 \times 10^4 t$，铅、锌合计品位12.7%；银储量20240t，银品位142g/t；还含有铜（$110 \times 10^4 t$）、金（15t）、锑（$8 \times 10^4 t$）、铋（$1.5 \times 10^4 t$）、碲（2500 t）和砷（$13 \times 10^4 t$）等。它是一个中、新生代以热液交代型为主的多成因类型矿化的矿床，类似的矿床还有科尔奎吉尔卡（Colquijirca）矿田，位于秘鲁塞罗德帕斯科矿田以南12km。该矿田有铅、锌金属储量 $1046 \times 10^4 t$，铅、锌合计品位9.4%；银储量4294t，还含有金20t、铜 $100 \times 10^4 t$。20世纪90年代在科尔奎吉尔卡矿田又发现隐伏的圣格雷戈里奥（San Gregorio）矿床，含有铅、锌金属储量 $764 \times 10^4 t$，铅、锌合计品位9.52%；银储量2854t，银品位17.7g/t。

据称，塞罗德帕斯科矿田系由一牧民发现，有记录可查的开发历史始于1630年，开始由当地人采银，现代采矿始于1906年，先采铜和银，后来开采铅锌银，1956年建成大型露天矿，1963年停止采选铜矿石，集中采选铅锌银矿石，直至现在。

二、地　质　特　征

1. 区域地质背景

（1）地层

矿区出露晚古生代和中生代地层。由下而上有：①泥盆系埃克塞肖尔（Excelsior）组，由页岩、千枚岩、细粒石英岩、炭质片岩及板岩等组成；②二叠系米都（Mitu）组，由紫红色砂岩、石英岩、砾岩组成，与埃克塞肖尔组呈不整合接触；③三叠-侏罗系布卡拉（Pucara）组灰岩层，主要为深灰色薄层沥青质含化石灰岩，与下伏的米都组呈不整合接触，本层中的第二段灰岩对铅、锌矿的聚集起显著作用，它是一种薄层的砂状灰岩和浅灰色夹硅质条带或结核的灰岩，灰岩角砾岩也较发育，该灰岩层厚可达2945m；④白垩系哥亚里兹基扎加（Goyllarizquizaga）组，由石英岩、红色页状砂岩及砾岩组成；⑤第三系波科斑巴（Pocobamba）组，由灰岩夹砾岩、泥灰岩及红层组成。

（2）构造

矿区位于山间高原带的东侧，组成矿区构造主体为一复背斜，背斜轴呈近南北向—北北西向，向两端倾伏，轴面向东倾斜，轴部为埃克塞肖尔组，两侧依次出现晚古生代及中、新生代地层。

矿区断裂构造十分发育，可划分为6个成矿前组合和2个成矿后组合，即：①纵向断裂，平行于褶皱轴，主要有南北向的塞罗德帕斯科纵断层；②早期斜向断裂，呈北东向及北西向两组，北西向者使纵向断裂发生左行位移，两组斜向断裂和纵向断裂共同控制了矿区的火山道；③第二期斜向断裂，呈北西向及近东西向两组，它们切穿火山道，又为石英二长岩所充填；④斜切横向（东西向）褶曲的断裂，呈北东及北西向，控制了铅锌及银矿化；⑤横切黄铁矿－硅质体的断裂，呈近东西向，控制了铜矿化；⑥斜交黄铁矿－硅质体的断裂，切穿了铅锌矿体；⑦后期纵向断裂，是铅锌矿中规模较小的南北向破碎带；⑧后期斜向断裂，主要呈北东及北西方向，使矿体以及上述后期纵向断裂位移，断距均不大。

（3）岩浆岩

矿区的岩浆作用可分为两期。

1）早期：形成了火山颈（火山通道）相的鲁米亚拉纳（Rumiallana）集块岩，地表分布面积2.7km×2.3km，呈筒状贯入古生代地层中，集块岩的碎块物主要由埃克塞肖尔组的千枚岩、石英岩、石灰岩及二长斑岩（？）组成，基质除同种岩石的细碎屑物外，尚有火山玻璃及晶质岩浆物质等。

2）后期：主要为石英二长质岩浆侵入作用，实际上又包括两个亚期。第一亚期为石英二长斑岩（即塞罗石英二长斑岩），分布于火山口颈的西及南边缘接触带，部分岩枝－岩墙可贯入围岩中，岩体本身有矿化，但无工业价值。第二亚期为钠长石化石英二长斑岩岩墙，岩石未见矿化，可见其贯入矿体中，为成矿后产物。

在火山通道东缘出现一条被称为洛乌尔德斯（Lourdes）的碎屑岩带，由石英二长岩质的基质"胶结"了埃克塞肖尔组的碎块，其中有黄铁矿矿石的角砾，本身具有矿化。

2. 矿床地质特征

塞罗德帕斯科矿床位于中新世火山通道穿丘杂岩的东缘，是一个十分复杂的多金属矿床（图1），包括不同成分、不同产状和不同类型的各类矿体，而且各种矿石类型相互叠加，矿化面积至少有3km×2km。主要容矿岩石为布卡拉组碳酸盐岩，但也有火山通道角砾岩和埃克塞肖尔组硅质碎屑岩。矿体呈脉状和交代状。成矿时代15～11Ma。有两个矿化阶段。第一个矿化阶段形成了大量的黄铁矿－石英矿体，是交代晚中生代布卡拉组灰岩形成的，主要矿石矿物除黄铁矿外，还有磁黄铁矿、毒砂和闪锌矿；第二个矿化阶段，部分叠加在第一个矿化阶段之上，由硫砷铜矿－黄铁矿脉和碳酸盐交代矿体组成，主要矿石矿物有硫砷铜矿、锑硫砷铜矿、脆硫锑铜矿、黝铜矿、砷黝铜矿、闪锌矿和方铅矿等。

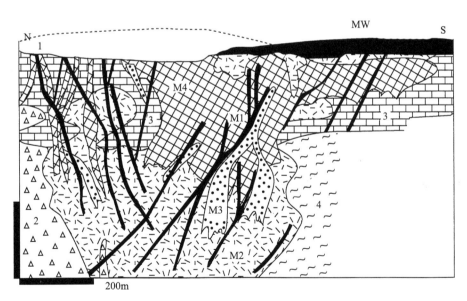

图1　秘鲁塞罗德帕斯科矿床剖面图

（引自 P. Laznicka, 2006）

MW—铁帽和氧化带；M1—黄铁矿－硫砷铜矿矿脉；M2—块状黄铁矿；M3—块状磁黄铁矿矿筒；M4—块状铅锌交代矿体。1—14～15Ma石英二长岩脉；2—中新世"火山通道"，向上为细粒的杂色岩性角砾；3—三叠－侏罗系布卡拉组灰岩、燧石岩；4—泥盆系埃克塞肖尔组，黑云母千枚岩、变石英岩

按其矿石组成，矿体可分为以下几类：

（1）块状硅质-黄铁矿矿体

该类矿体受纵向断层及火山通道接触带控制，分布于火山通道的东南缘，其东侧为布卡拉组灰岩，其南侧为埃克塞肖尔组。

矿体呈近南北走向，地表长1800m，最宽300余米，延深可达900m以上，但向下变短变窄，呈一不对称的漏斗状，深部分支成根须状。

矿石主要由黄铁矿-硅质物质组成，上部层中夹有未完全交代的沉积围岩，下部层系交代火山岩，硅质主要来源于灰岩中的硅质条带及夹层，Si/Fe比值约为1:1。

硅质-黄铁矿矿体既为铜铅锌银矿体的容矿岩石，其本身也含少量的铜、银、铅、锌等，一般含铜0.2%~0.5%。其中"黄铁矿角砾"类似黄铁矿化的角砾状灰岩，常为高品位铅锌矿的容矿岩石。

矿区黄铁矿矿石的储量，据介绍含硫30%~40%的富矿为6700×10⁴t，也有人估计达1×10⁸t，其中含硫低于30%的矿石未予考虑。

（2）块状闪锌矿-黄铁矿-方铅矿-方解石矿体

该类矿体分布于硅质-黄铁矿矿体与灰岩的接触带附近，主要系交代黄铁矿或灰岩而成，部分呈脉状充填于裂隙中，总矿石量达8000×10⁴t，含锌9.2%，含铅3.5%，含银101g/t。按产状可分为不规则状矿体、层状矿体和矿脉3类，多受断裂和裂隙构造控制。

矿体中矿物成分以闪锌矿和方铅矿为主，伴有黄铁矿、白铁矿、磁黄铁矿和黄铜矿等。块状磁黄铁矿组成筒状体，位于铅锌矿体中部，在深部组成铅-锌矿体的核心，向上渐趋尖灭，或转变为黄铁矿。筒状体中以含少量锡石为特征。

（3）黄铁矿-硫砷铜矿（石英）脉矿体

位于火山通道东南侧，矿体往往就是矿脉之膨大或交汇部分。矿脉共有150条，长者可达500m，个别达800m，一般为100~200m，宽数厘米至2m，垂直延深达800m。

组成矿脉和矿体的主要矿物为硫砷铜矿及黄铁矿，其次有白铁矿、闪锌矿、黝铜矿-砷黝铜矿、银砷黝铜矿、锑硫砷铜矿，还有一些原生辉铜矿、斑铜矿、铜蓝、方铅矿、黄铜矿、辉铋矿、黑钨矿、辉锑矿、自然金等。根据不同时期的开采资料，铜品位为2.28%~2.32%（早期）及1.21%（后期），含银70g/t左右，铅品位0.5%~0.9%，锌品位1%~1.3%。

（4）淋滤富集的银-黄铁矿矿体

在硅质-黄铁矿矿体的东部，铅锌矿体的两侧（主要为东侧），出现含银很高的黄铁矿矿体，由晚期黄铁矿、白铁矿、浅色闪锌矿、辉银矿、雄黄、方铅矿、辉铋矿、银砷黝铜矿、硫铜铋矿、明矾石、红银矿、蓝铁矿、硫铋锑银矿、车轮矿、自然银等组成，矿石结构呈多孔状，并有许多未交代完全的石灰岩残余。其成因可能与原生淋滤富集作用有关。

在黄铁矿-硅质体中部，地表以下91~213m处，有许多洞穴，直径达数米，局部有"崩塌"角砾岩，洞壁矿石具网格构造，表明原生硫化物已被溶蚀掉，而另一些硫化物出现于这些洞穴和网格中，说明淋滤交代作用相当强烈。

银-黄铁矿矿体中矿石含银达896g/t，含铅2.4%，锌2.2%，砷0.13%，锑0.10%，Zn/Pb比值约为1。

除上述4种矿体外，还有次生富集带的银矿和铜矿、氧化银矿或含铁银矿等，后者主要系黄铁矿矿体上的铁帽，深几米至120m，含银很高，有时铋-铅混合物也有价值。另外在马塔根特（Matagente）矿脉上部氧化带中也含大量银，呈土状，与铁锰物质共生。

三、矿床成因和找矿标志

1. 矿床成因

塞罗德帕斯科矿床主要为中、新生代热液交代型矿床，但由于多种、多期矿化的叠加，形成了复杂的多金属、多类型、多成因的矿床，有铅、锌、银、铜、金、锑、铋、碲和砷等。矿床类型有热液交代型、层控交代型、浅成低温热液型（150~300℃）、火山角砾岩筒型、脉型、淋滤型、铁帽型等。已识别出两期矿化作用，早期发生在火山通道侵位和逆冲断层之前；晚期成因上与火山通道同期的（岩浆）－热液作用有关。矿床的容矿岩石为白垩纪灰岩、砂岩，中新世流纹岩、石英安粗岩、英安岩和石英二长岩等。矿化主要受构造控制，包括褶皱、断裂、裂隙、火山通道等。

早期断裂构造控制火山通道，可能由于火山硫质喷气作用，在通道附近交代灰岩（部分为火山岩及其他岩石），形成了巨大的黄铁矿矿体。随后的构造活动控制了石英二长岩浅成岩体，形成与这一侵入作用有关的区内主要的铜铅锌银矿化，铅锌矿化较铜矿化略早。矿化富集严格受构造控制，南北向大断层为主要导矿构造，次一级的横向（东西向）褶皱及火山通道构造直接控制了主要铅锌矿矿体及黄铁矿矿体的富集，部分铅锌矿脉及铜矿脉受几组裂隙系统控制。

2. 找矿标志

1）区域地层分布的三叠－侏罗系布卡拉组灰岩层中的薄层砂质灰岩和浅灰色夹硅质条带或结核的灰岩，对铅、锌矿的聚集起显著作用。

2）区域内多期的岩浆作用，包括早期形成的火山颈（火山通道）相集块岩和后期形成的主要为石英二长质岩浆的侵入相，形成区域内广泛分布的中、新生代热液系统，出现火山通道－穹窿杂岩等岩浆热液通道，以及发育石英二长岩等各类岩株和岩墙，为热液交代成矿提供了条件。

3）区域内发育的各类纵、横向断裂，控制着矿区的火山通道，为成矿热液运移提供了通道和淀积场所。

4）各类矿体受断裂、裂隙、火山通道接触带、灰岩接触带等控制。

5）矿体具区域分带：以与火山通道－穹窿杂岩有关的硫砷铜矿－金为中心，围绕其周围有黄铁矿矿体和 Zn－Pb－Ag 碳酸盐岩交代矿体。从火山通道向外，金属、矿物、蚀变均有规律变化，金属从 Cu、Au 到 Zn、Pb、Ag，矿石矿物从黄铁矿、硫砷铜矿到黄铁矿、闪锌矿、方铅矿，蚀变矿物组合近端为石英、明矾石，远端为迪开石、高岭石。

6）区域内的各种淋滤交代、次生富集现象明显，铁帽、土状氧化带等均为直接的找矿标志。

（朱丽丽　戴自希）

模型二十六　非硫化物型锌矿床找矿模型

一、概　　述

非硫化物型锌矿床（nonsulfide zinc deposit），过去被称为"锌氧化物"矿床（戴自希等，2005）。在 19 世纪和 20 世纪早期，全球锌金属量几乎全都来自含菱锌矿的氧化矿石。到 20 世纪早期随着各种选矿和冶炼技术的进步，采自硫化物矿床的锌金属量逐渐占主导地位，锌氧化物矿床因此受到忽略。近年来，由于湿法冶金技术的突破，降低了锌氧化物矿床的生产成本，使此类矿床再次成为引人注目的勘查目标。据预测，今后每年采自非硫化物锌矿床的锌金属量将占全球锌金属总量的 10% 以上，成为锌金属的一种重要来源。

M. W. Hitzman 等（2003）将非硫化物型锌矿床划分为表生矿床和深成矿床两种。其中，表生非硫化物锌矿床最为常见，包括直接交代型、围岩交代型、残留 – 充填型 3 种亚类；深成非硫化物锌矿床是近年来新认识的一种类型，包括由脉状和不规则筒状硅锌矿（– 闪锌矿 – 赤铁矿 – 富锰矿物）组成的构造控制矿床和由锌铁尖晶石 – 硅锌矿 – 红锌矿 ± 锌尖晶石矿物组成的层状型矿床两种亚类（图 1）。非硫化物型锌矿床在世界各地均有分布（图 2），多产在美洲科迪勒拉、古地中海和东南亚地区。有的硫化物铅锌矿因同时产有氧化物矿体，而被纳入非硫化物型锌矿床，如纳米比亚斯科比翁和中国兰坪金顶铅锌矿等，它们的原生矿床类别分别归为密西西比河谷型和砂岩型矿床。

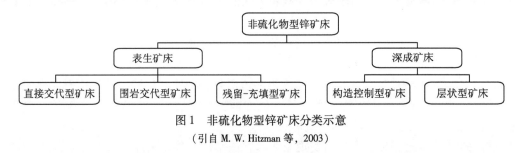

图 1　非硫化物型锌矿床分类示意

（引自 M. W. Hitzman 等，2003）

二、地　质　特　征

1. 表生非硫化物型锌矿床

表生非硫化物型锌矿床通常由硫化物和非硫化物锌矿床氧化而成（表 1），多产于碳酸盐岩中，是富含闪锌矿矿体分解产生的含氧富锌酸性流体与碳酸盐矿物发生快速反应的结果。其原生矿床以密西西比河谷型或高温碳酸盐交代型硫化物矿床为主，故该类矿床虽然是由各种富闪锌矿床氧化而成，但大多数矿床仍保留有密西西比河谷型或高温碳酸盐交代型硫化物原矿体的特征。

（1）直接交代型矿床

直接交代型非硫化物锌矿床主要由密西西比河谷型和碳酸盐交代型矿床氧化而成，是菱锌矿和异极矿交代闪锌矿的结果，其实质是富锌的铁帽。该类矿床中的矿物大多数呈混合硫化物和直接交代成因的菱锌矿产出。一般来说，由密西西比河谷型矿床演化而成的矿床，矿物组成简单，主要为菱锌矿、异极矿和水锌矿；由高温碳酸盐交代型矿床氧化而成的矿床，矿物组成复杂，常含其他金属元素

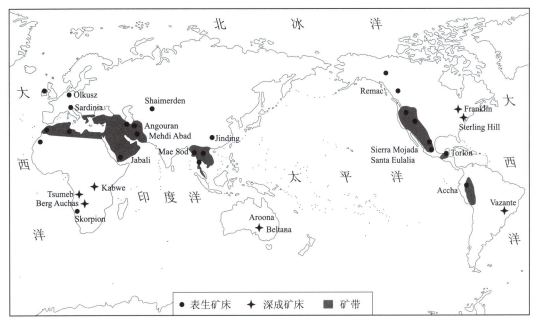

图 2　非硫化物型锌矿床的全球分布示意图
（修编自 A. Nuspl, 2009, 修改）

矿物，如锌锰矿和水锌锰矿等富锰锌矿物，以及碳酸铜、菱锌矿、异极矿、水锌矿和砷化合物等矿物。

伊朗安格朗（Angouran）矿床是该类矿床的代表。矿床产在长 1600km 的 Zagros 第三纪碰撞带内，受由角闪岩、蛇纹岩、片麻岩和云母片岩等组成的变质杂岩体控制，矿体发育于云母片岩与大理岩的接触带中。该矿床南北长 600m，东西宽 200～300m，由硫化物矿体和以碳酸盐岩为容矿岩石的氧化物矿体共同组成。矿床的上部为氧化帽、菱锌矿矿体和碳酸盐岩容矿的矿体，中间为混合硫化物 - 氧化物矿体，下部为矿化片岩（图 3）。氧化物锌矿体的品位从上往下逐渐降低。氧化帽中的矿

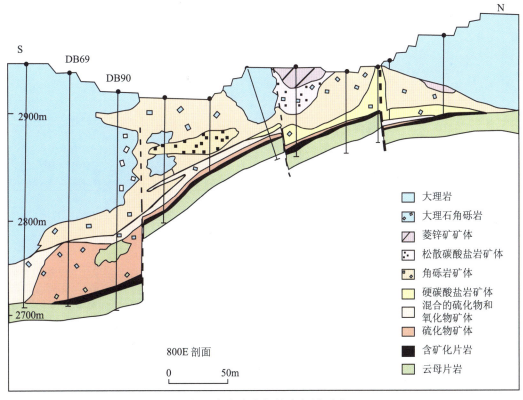

图 3　伊朗安格朗锌矿床剖面图
（引自 H. A. Gilg 等, 2006）

表1　部分表生非硫化物型矿床的基本情况一览表

矿床名称	国家	原生矿床类型	表生型	硫化物资源量	混合氧化物-硫化物资源量	氧化物资源量	交代时代	氧化作用时代	主要矿物
Mapimi	墨西哥	高温碳酸盐交代（型）	直接交代型（？）			6×10^6t；Zn 15%，Pb 10%，Ag 500g/t	第三纪	第三纪	菱锌矿
Sierra Mojada	墨西哥	高温碳酸盐交代型	围岩交代型（直接交代型）			$>30 \times 10^6$t，Zn 20%	第三纪	第三纪	菱锌矿、异极矿、羟锌矿
Accha	秘鲁	高温碳酸盐交代（型）	直接交代型			9×10^6t；Zn 9%	第三纪	第三纪	菱锌矿
Touissit	摩洛哥	密西西比河谷型	直接交代型		70×10^6t；Zn 2.5%，Pb 7%		第三纪	现代	菱锌矿、白锌矿
Jabali	也门	密西西比河谷型	直接交代型			9.4×10^6t；Zn 10.8%，Pb 2.3%，Ag 77g/t	白垩纪（？）	第三纪	菱锌矿
沙默登（Shaimerden）	哈萨克斯坦	Irish*/高温碳酸盐交代型（？）	直接交代型（围岩交代型）			4.3×10^6t；Zn 20.9%	石炭纪	三叠纪至侏罗纪	异极矿、菱锌矿、羟锌矿
安格朗（Angouran）	伊朗	密西西比河谷型	直接交代型（围岩交代型矿床）	14.5×10^6t；Zn 26.6%，Pb 4.6%	2×10^6t；Zn 31%，Pb 4%	3.2×10^6t；Zn 38%，Pb 2%	第三纪（？）	现代	菱锌矿
Irankuh	伊朗	密西西比河谷型	围岩交代型	15×10^6t；Zn 4%，Pb 2%	4×10^6t；Zn 7%，Pb 1%	14×10^6t；Zn + Pb 12%	第三纪（？）	现代	菱锌矿
San Giovanni	意大利	密西西比河谷型	直接交代型（围岩交代型矿床）		30×10^6t；Zn 2%~8%，Pb 1%~2%		晚古生代	中生代至第三纪	菱锌矿、异极矿
Leadville	美国	高温碳酸盐交代型	围岩交代型	8.1×10^6t；Zn 5.1%，Pb 4.2%		8.3×10^6t；Zn 6%，Pb 2.5%	第三纪	现代	菱锌矿、异极矿
Um Gheig	埃及	密西西比河谷型	围岩交代型			2×10^6t；Zn 10%，Pb 2%	第三纪	现代	异极矿、菱锌矿、皓矾
Zamanti district	土耳其	密西西比河谷型	围岩交代型			6×10^6t；Zn 26%	白垩纪到第三纪	现代	菱锌矿
Padaeng（Mae Sot）	泰国	密西西比河谷型	直接交代型/残留-充填型			5.1×10^6t；Zn 12%	第三纪	第三纪至现代	异极矿、菱锌矿
Cho Dien	越南	高温碳酸盐交代型	残留-充填型	1.1×10^6t；Zn 11%，Pb 3%		1.6×10^6t；Zn 15%，Pb 3%	三叠纪	现代	异极矿、菱锌矿、水锌矿
Reocin	西班牙	Irish*/密西西比谷河型	直接交代型/围岩交代型	80×10^6t；Zn 10%，Pb 1%		3×10^6t；Zn 17%~20%	白垩纪	现代	菱锌矿
Silesian-Crakow 地区	波兰	密西西比河谷型	直接交代型（围岩交代型）	$>200 \times 10^6$t；Zn 4%~5%，Pb 1%~2%		17.3×10^6t；Zn 17%	第三纪	第三纪至现代	菱锌矿、异极矿
斯科比翁（Skorpion）	纳米比亚	密西西比河谷型	围岩交代型（直接交代型）		60×10^6t；Zn 6%~8%，Pb 1%	24.6×10^6t；Zn 10.6%	新元古代	第三纪（？）	菱锌矿、异极矿、羟锌矿
兰坪金顶（Jin ding）	中国	砂岩型	直接交代型	90×10^6t；Zn 7.8%，Pb 1.6%		50×10^6t；Zn 8%，Pb 1%	第三纪	现代	异极矿、菱锌矿

资料来源：M. W. Hitzman 等，2003，略有修改

　* Irish 为 SEDEX 型铅锌矿床的一个亚型，称为爱尔兰亚型，主要容矿岩石为灰岩和白云岩，也具有 MVT 矿床的一些特征。见本书模型二十。

物主要为菱锌矿及少量水锌矿，石英脉石中为微量白铅矿、赤铁矿、针铁矿、高岭石、蒙脱石和方解石，并出现微量方铅矿和砷铅矿。氧化物矿石结构有致密块状结构、角砾状结构、粉末状结构和多孔状结构等，但以角砾状结构为主。

（2）围岩交代型矿床

表生围岩交代型锌矿床常产于原始硫化物矿体及与其相关的直接交代型矿床附近的地下水向下流动的梯度带上，是硫化物矿体逐渐被氧化所形成的含锌酸性地下水在向外运移过程中与钙质围岩发生反应并沉淀形成的。原生硫化物矿体中铁硫化物含量高时，有利于锌从矿体中完全淋滤，但要形成围岩交代型矿床，还需要以下两个有利的条件：一是矿床构造的抬升和（或）地下水位的下降；二是要有渗透性岩体，使流经原生硫化物矿体的地下水的锌含量提高。

纳米比亚斯科比翁（Skorpion）矿床是该类矿床的一个典型代表。该矿床的形成与 MVT 矿床有关。矿床赋存于新元古代沉积岩与火山岩混合岩层层序中。重要的硫化物矿化受长英质火成岩控制，完全氧化的硫化物发育在巨厚的细粒的硅酸盐岩层中。晚古生代岩石经历了强烈的断裂、褶皱作用（图4）。表生锌矿床主矿体的矿石矿物以异极矿和羟锌矿为主，含少量的菱锌矿。表生矿体似乎形成于碳酸盐岩与混合的火山和碎屑沉积层序的接触带内。

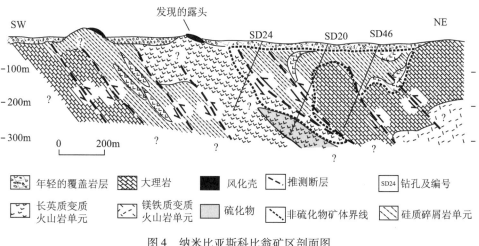

图4　纳米比亚斯科比翁矿区剖面图

（引自 G. Borg 等，2003）

当原生硫化物矿体中的锌被完全氧化带出时，或原生硫化物矿体被完全剥蚀掉时，许多围岩交代型矿床与直接交代型矿床在空间上可直接相连。例如，哈萨克斯坦的沙默登矿床（Shaimerden）同时兼有围岩交代和直接交代双重特征（图5）。该矿床的容矿岩石为下石炭统碳酸盐岩。该碳酸盐岩位于以火山岩为主的层序地层内，其上覆盖有平均40m厚的白垩系至第四系的盖层。矿床主要由异极矿、菱锌矿和微量的羟锌矿组成；矿体呈不规则状，其规模为 300m × 200m，延伸大于 100m。异极矿的大量出现反映了还原的、低 pH 的成矿环境。残留的原生硫化物矿体被保存在表生矿床的核部。

总的来看，围岩交代型矿床常显示块状到同心带状结构，矿石矿物通常显示白色到暗黄色，如果原矿富铁或富锰，则显示棕色至棕黄色。由不同类型的原生矿物发育而成的矿床，其矿物组成差异较大。源于密西西比河谷型矿床的围岩交代型矿床常常含有菱锌矿和碳锌钙石，而源于高温黄铁矿型和富锰碳酸盐岩交代型硫化物的矿体通常由碳锌钙石、亚铁菱锌矿和锰菱铁矿组成。不过，密西西比河谷型矿床仍是许多围岩交代型矿床的主要来源。

（3）残留－充填型矿床

残留－充填型矿床是由锌矿物的机械和（或）化学搬运作用在岩溶地区的洼地或在洞穴系统中堆积而成的。在降雨较大的地区，锌可快速地与其他金属分离，且在岩溶洞穴中形成高品位的菱锌矿堆积。菱锌矿和水锌矿重复淋滤向下迁移，可在溶坑和洞穴系统中形成一个连续的表生锌矿床剖面。

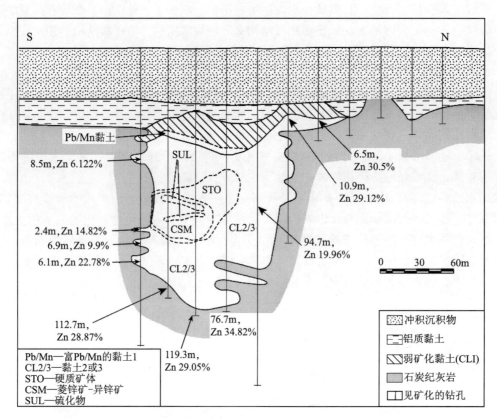

图 5　哈萨克斯坦沙默登矿床剖面图
(引自 M. B. Boland 等, 2003)

溶坑崩塌常使菱锌矿机械地堆积在水锌矿脉石中。崩积矿床亦发育于残留地表物质沿坡向下运移部位。该亚类矿床通常规模较小，形态极不规则，但品位极高。因此，许多残留－充填型矿床对小规模开采具有一定的价值，但不适于大规模开发。

该类矿床常发现于赤道热湿气候条件下的构造抬升地区，因为在那里硫化物矿体的氧化能形成酸性溶液，利于喀斯特的发育。在干湿交替的温湿季节性气候地区，低 pH 条件也有利于这类矿床的形成。越南北部 Cho Dien 矿床是这类矿床的典型代表。该矿床产于泥盆纪变质沉积岩中，原生矿床类型为与三叠纪花岗岩侵入体有关的高温碳酸盐交代型矿床。20 世纪早期，在隆升约 700m 的岩溶高原上，许多小而富的硫化物矿体被开采。残留的表生矿床产于岩溶高原的岩溶顶峰。Cho Dien 矿区全是表生矿石，残余软黏土带的锌品位高达 10%～30%，位于灰岩岩溶高峰之间。在富铁的黏土基质中，异极矿是主要锌矿物，具有少量的水锌矿和菱锌矿。

2. 深成非硫化物型锌矿床

深成非硫化物型锌矿床是一种很少见的矿床类型，它是由低—中温（80～200℃）的富锌、贫硫还原性流体与贫硫的氧化性流体混合使锌沉淀而形成的，主要由锌的硅酸盐和氧化物组成，且常常含有微量的闪锌矿，除近地表露头外，很少见菱锌矿、异极矿、水锌矿和羟锌矿。该类矿床可细分为构造控制型和层状型矿床两种，表 2 列出了这两种亚类的代表性矿床及其容矿岩石时代和主要矿物。

（1）构造控制型矿床

构造控制型非硫化物锌矿床受构造控制明显，矿体常沿正断层呈脉状和筒状产出，具有特征性的硅锌矿至硅锌矿（－闪锌矿）至闪锌矿（－硅锌矿）矿物分带，容矿岩石时代以新元古代的碳酸盐岩为主，硅锌矿矿体深达地下 300～900m，远大于已知氧化效应的深度。构造控制型矿床中的硅锌矿可以交代原硫化物矿体的矿物组合，也可以与闪锌矿交错生长和增生。已发现的非硫化物锌矿床中，巴西的瓦扎特（Vazante）、澳大利亚的贝尔塔纳（Beltana）、纳米比亚的 Berg Aukas/Abenab 和赞比亚的卡布韦（Kabwe）是该亚类矿床的代表性矿床。这里仅以巴西的瓦扎特为例介绍一下该亚类矿床的一些基本特征。

表2　深成非硫化物型锌矿床类型、容矿岩石时代、主要矿物和资源量

矿床名称	国家	矿床类型	容矿岩石时代	主要矿物	资源量
瓦扎特 （Vazante）	巴西	构造控制型	新元古代	硅锌矿、闪锌矿、锌铁尖晶石	28.5×10^6t；Zn 18%
Ariense	巴西	构造控制型	新元古代	硅锌矿、闪锌矿	9.9×10^6t；Zn 18%
贝尔塔纳 （Beltana）	澳大利亚	构造控制型	寒武纪	硅锌矿	0.86×10^6t；Zn 38%
Aroona	澳大利亚	构造控制型	寒武纪	硅锌矿	0.17×10^6t；Zn 34%
Reliance	澳大利亚	构造控制型	寒武纪	硅锌矿、菱锌矿	0.37×10^6t；Zn 28.8%
卡布韦 （Kabwe）	赞比亚	构造控制型	新元古代	硅锌矿、闪锌矿、方铅矿	12.5×10^6t；Zn 25%，Pb 11%
Star	赞比亚	构造控制型	新元古代	硅锌矿、锌铁尖晶石、红锌矿、锌尖晶石	0.2×10^6t；Zn 20%
Berg Aukas	纳米比亚	构造控制型	新元古代	硅锌矿、闪锌矿、方铅矿	3.4×10^6t；Zn 15%，Pb 4%
Abenab West	纳米比亚	构造控制型	新元古代	硅锌矿	0.1×10^6t；Zn 25%
Abu Samar	苏丹	层状型	元古宙	闪锌矿、硅锌矿、锌铁尖晶石	3.6×10^6t；Zn 4.9%，Cu 0.6%
富兰克林 （Franklin）	美国	层状型	中元古代	硅锌矿、锌铁尖晶石、红锌矿	21.8×10^6t；Zn 19.5%，Pb 0.05%
斯特林山 （Sterling Hill）	美国	层状型	中元古代	硅锌矿、锌铁尖晶石、红锌矿	10.9×10^6t；Zn 19%
Desert View	美国	层状型	寒武纪	锌铁尖晶石、锌锰矿、硅锌矿、红锌矿	小型

资料来源：M. W. Hitzman 等，2003

注：表中资源量包括已开采的资源量和未开采资源量。

瓦扎特矿床目前是巴西最大的锌生产矿山，产于 Sao Francisco 克拉通新元古代（600Ma）的碳酸盐岩沉积层中，该岩层未发生变质，且保留有较好的沉积结构。矿体主要产于厚约1.3km 的瓦扎特建造中，上覆的 Lapa 建造由暗灰至黑色具有薄层粒状灰岩条带的碳酸盐岩浊积岩组成，向上逐渐过渡到泥质的白云岩和黑色页岩。矿化层集中分布在瓦扎特建造中的 Serra do Poco Verde 组与上 Morro do Pinheiro 组相接触的地方，并为下 Pamplona 组地层所覆盖（图6）。小的变基性岩体产在与角砾变质白云岩和硅锌矿矿体有关的叠瓦状构造中。上 Morro do Pinheiro 组包括灰色变质白云岩、含黄铁矿的黑色页岩和泥灰岩。下 Pamplona 组由板岩和夹有浅灰和粉红色变质白云岩的绢云母千枚岩组成。瓦扎特断层长约12km，走向为 NE50°，是该矿床最重要的控矿构造。区域地质研究表明，该断层作用与 Lapa 建造的沉积是同期的，断层带内的容矿岩石被剪切，局部发生重结晶，并含有微量的绿泥石。基底断层通常充填有交错生长的硅锌矿和少量的闪锌矿。硅锌矿亦充填于部分分支断裂、不连续面和上盘构造中。

矿体为宽几厘米至几米的脉体，主要由硅锌矿、赤铁矿和含有少量铁白云石的石英、菱铁矿和细粒闪锌矿矿石矿物组成。矿化带内和矿化带周围热液蚀变发育，主要蚀变矿物有亚铁白云石、铁白云石、菱铁矿以及交代的二氧化硅。在瓦扎特断层带内，可见二氧化硅－赤铁矿脉穿切亚铁白云石现象，尤其是沿断层带的上、下边缘更为发育。

（2）层状型矿床

层状型非硫化物锌矿床是指产在富锰岩层中的层状矿床，主要矿石矿物组合是硅锌矿－铁锌尖晶石－红锌矿（表2）。这类矿床最好的实例是美国新泽西州的富兰克林（Franklin）锌矿和斯特林山（Sterling Hill）锌矿。

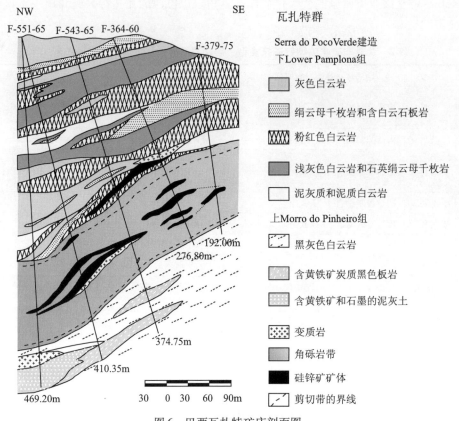

图6　巴西瓦扎特矿床剖面图

(引自 L. V. Soares Monteiro 等，2006)

富兰克林和斯特林山锌矿床均产在富兰克林建造中，包括互层的变质沉积岩和变质火山岩以及火成侵入岩。火成岩侵入体在 1080～1030Ma 期间发生变质作用，变质程度达到了角闪岩相到麻粒岩相。区内元古宙地层发生过复杂的褶皱，但在上覆的片麻岩中，没有发现产在向斜中的富兰克林和斯特林山锌矿体。富兰克林和斯特林山锌矿床赋存于富兰克林大理岩内的不同层位，由一系列厚 1～10m 的不连续的板状透镜体组成，其走向平行于矿床的总体形状。矿体常常被含锌和锰的钙硅酸盐条带包围或与其互层。主要的矿石矿物有等粒次圆状铁锌尖晶石、硅锌矿和红锌矿（含 Zn 20%、Fe 16% 和 Mn 8%）矿物。闪锌矿仅见于斯特林山矿区原始硅锌矿矿体内，而在富兰克林矿区很少见。除锰硅酸盐矿物外，方解石是主要脉石矿物。在矿体中可见一定量的锰橄榄石，更多的锰橄榄石出现于上、下盘的岩石中。

三、矿床成因和找矿标志

1. 矿床成因

（1）表生非硫化物型锌矿床的成因

常见表生非硫化物型锌矿床是由含锌硫化物矿床经表生氧化、分解和交代而成的（图7）。它们的形成受气候条件、原矿组成和围岩构造等因素控制。围岩成分主要影响非硫化物型锌矿床的矿物组成。如，低杂质碳酸盐岩地区形成的矿床的主要矿石矿物为菱锌矿和水锌矿，而在硅质碎屑岩中发育的矿床，常形成含异极矿和羟锌矿的矿物组合。

流体路径部分受控于容矿岩石的岩性、结构构造和风化作用。低渗透率和缺乏重大断裂作用的矿床很难被氧化，尤其是在具很低渗透率的碳酸盐岩地层中。在这种情况下，通过重力驱动溶液运动，表生锌矿床形成于距原硫化物矿床较近的位置。在碳酸盐岩－碎屑岩相混合的地层中，流体流动主要

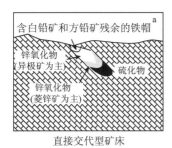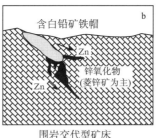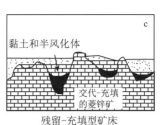

直接交代型矿床　　　　　　围岩交代型矿床　　　　　　残留-充填型矿床

图 7　表生非硫化物型锌矿床形成模式

（引自 M. W. Hitzman 等，2003）

a—异极矿和菱锌矿直接交代硫化物（或锌硅酸盐岩体）形成的直接交代型矿床，铅通常残留在矿体内原地位置；

b—围岩交代型矿床，锌来源于硫化物矿体的风化，然后运移到邻近的碳酸盐岩中，并由菱锌矿交代方解石和白云

石；c—残留－充填型矿床，在碳酸盐岩地区的高雨量和物质带出地段形成岩溶系统，导致机械侵蚀以及锌氧化物

和硅酸盐矿物的富集，这种岩溶系统亦形成围岩交代型矿床

取决于碎屑岩是否具有更大的渗透率，且可能受水平地层的控制。在某些矿区，譬如，在泰国的 Padaeng 矿区，在距原矿床 100 多米的地方，发现了流体侧向运移形成的非硫化物型锌矿床。

气候和地形对于金属的运移具有重要意义。表生锌矿床通常形成于干旱和热带两种环境下。迄今发现的许多典型的表生非硫化物型锌矿床明显形成于半干旱环境。在半干旱至季风气候条件下，构造抬升导致的潜水面下降提高了锌从硫化物矿体中迁出的能力。这种环境有利于高品位围岩交代型矿床的形成和锌与其他金属（铁除外）的分离。

非硫化物型锌矿床形成的关键因素是要有有效的圈闭场所。如果在原生硫化物矿体附近遇不到有效的圈闭场所，大雨量气候及由此导致的地下水流速的增加使含锌流体趋于分散。常见的圈闭场所就是富碳酸盐岩脉和灰岩或白云岩岩层。钙质或白云质砂岩亦是有效的圈闭，譬如中国云南金顶锌矿床。富碳酸盐岩圈闭的地方含有硫化脉，是直接交代矿床的产物。

总的来看，形成有经济意义的表生非硫化物型锌矿床取决于以下几个条件：①事先存在锌矿床，②构造的持续抬升和可产生深度氧化作用的季节性气候；③允许地下水流动的可渗透性围岩；④有效的圈闭场所；⑤不存在促使表生含 Zn 流体分散和损失的水文地质环境。

（2）深成非硫化物型锌矿床成因

与表生矿床不同，深成非硫化物型锌矿不是通过硫化物的氧化形成的，而是由低—中温（80～200℃）富锌贫硫的还原热液流体与贫硫的氧化流体混合而成（图 8）。构造控制型矿床是富氧流体沿断层带向下流动与向上运移的富锌贫硫的还原热液流体混合，在有利的构造部位（如不整合面等）发生成矿作用；层状型矿床则是由富锌贫硫的还原热液流体与硫化物矿体氧化形成的流体或贫硫的氧化流体混合而成的。构造控制型与层状型非硫化物锌矿成矿作用的不同之处在于流体混合的部位不同（丰成友等，2003），构造控制型多发生在断层带内，而层状型则多发育于水体与基岩接触带上，有时产在水体以下沉积岩内。氧化流体可以是海水、地下水或与氧化岩石物质（红层或风化层）达到

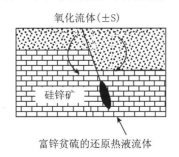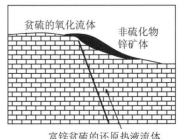

图 8　深成非硫化物型锌矿床剖面示意图

左—深成构造型硅锌矿床的形成过程；右—深成层状型矿床的形成过程

（引自 M. W. Hitzman 等，2003）

平衡的盆地流体。还原热液流体多为深成贫硫的、还原性和弱酸性的成矿流体。

氧化流体中硫含量决定了是硫化物还是非硫化物的沉淀。实质上，在氧化流体缺乏硫的情况下，将形成诸如澳大利亚贝尔塔纳矿床的富硅锌矿矿体；具有较高硫浓度的流体将形成诸如赞比亚卡布韦的富闪锌矿矿床。氧化流体中硫的连续消耗导致早期闪锌矿的沉淀，并伴有硅锌矿的沉淀，这可以解释巴西瓦扎特和纳米比亚 Berg Aukas 矿床中观察到的矿物共生序列。

由于目前已发现的深成层状非硫化物型矿床很少，对其成因认识仍存在差异。M. W. Hitzman 等（2003）认为，深成层状非硫化物型锌矿床可能是下列两个端元矿床谱系的一部分：①层状锰矿床，是由携带 Mn、Fe 和少量贱金属的还原流体与贫硫的氧化流体的混合而形成的；②布罗肯希尔（Broken Hill）型矿床，是由携带 Mn、Fe 和贱金属的还原流体与富硫的氧化流体（如海水）混合的结果。深成层状非硫化物型锌矿床可能是由介于上述两种之间携带 Mn、Fe 和贱金属的还原流体与贫硫的氧化流体混合而成的。贫硫的氧化流体可以是贫硫的湖水、冰川水、沉积岩中的空隙流体或高氧化的变质流体（图8）。

2. 找矿标志

非硫化物型锌矿床形成于特定的地质环境，由于表生的和深成的非硫化物型锌矿床在成因上存在明显的区别，因此需要针对每一类矿床类型制定不同的勘查方法。

（1）表生非硫化物型锌矿床找矿标志

A. 地质找矿标志

1）半干旱至季风性气候区，且经历过构造抬升以及潜水面下降的碳酸盐岩地区，应是找寻表生非硫化物型锌矿床的远景靶区。

2）铁帽、锌帽等地表标志。矿床可以产在铁帽以下或旁侧，铁帽可能是完全贫锌的，表明以前形成的锌被完全淋滤。锌帽产于与易遭受风化的锌矿物的接触带，具有美丽的鲜红色。

3）对菱锌矿、异极矿、水锌矿和羟锌矿等表生锌矿物的识别，尤其在被赤铁矿和（或）针铁矿所覆盖的地区进行勘查时更显重要。

4）有碳酸盐岩圈闭层存在的地区，应是寻找表生非硫化物型锌矿床的优先勘查靶区。富黄铁矿的沉积喷气和火山块状硫化物矿床风化作用很少形成表生非硫化物型锌矿床，但如果它们产在良好的碳酸盐岩圈闭附近，则对这类矿床的形成非常有利，勘查时必须识别这种有利于成矿的古地表地貌特征。

5）沿古地下水流动路径开展非硫化物型锌矿物的详细矿物学填图，可以判断锌最富集的区域。直接交代和围岩交代矿体中的矿物学研究表明，赤铁矿质燧石→含有弱水锌矿化的赤铁矿→异极矿－菱锌矿矿体的矿物分带，说明不远处存在原生锌矿；矿床边缘常见有少量的菱锌矿或富锌方解石或白云石。

B. 地球物理找矿标志

1）由于缺乏产生电磁响应的矿物，很难应用地球物理技术直接探测非硫化物型锌矿床。但地球物理技术能够提供关于风化剖面的有用信息，能够探测可能赋存表生矿床的深度风化带或岩溶带。这些带与致密和高阻抗的风化碳酸盐岩相比具有低密度和低电阻率的特征。

2）详细的电阻率测量和浅震测量能够圈定由原生硫化物矿体风化形成的地下水水流梯度。有硫化物氧化的地方能够产生自然电位响应。

C. 地球化学找矿标志

1）岩石地球化学可圈定原含锌硫化物铁帽内及其周围的负异常，并可在地下水水流方向上探测到典型的 Zn、Pb、Cu、Fe 和 Mn 正异常。古水流路径表明铅异常最接近于原生矿。

2）深层土壤剖面采样有助于解释锌在风化剖面中的行为，通过残余锌堆积和原生异极矿的识别有助于圈定埋藏矿体靶区。要注意锌在浅层土壤中的活动性和次生富集对土壤地球化学测量的影响。针对含锌矿物设计的选择性提取技术，对识别深层土壤中氧化锌或硅酸锌产生的异常非常有效。

3）有 SO_2 的气体异常。在有些地区，可能正在发生残余硫化物的氧化，因此识别 SO_2 的气体异常地球化学技术很有效。

4）由于水锌矿和菱锌矿产生短波红外光谱，因此遥感技术和红外光谱矿物测量仪（PIMA）在一些地区也是有效的勘查技术。

（2）深成非硫化物型锌矿床的找矿标志

A. 地质找矿标志

1）深成非硫化物型锌矿床的勘查目标，应以赋存已知非硫化物型锌矿床、层状锰矿床或布罗肯希尔型矿床的沉积地层为重点。对巨厚沉积层的氧化状态进行测量，有助于勘查靶区的选择。

2）已发现的构造控制的硅锌矿矿床多产于新元古代至早寒武世地层。因为这一时期的地质历史以大规模冰川作用为主，大陆冰川作用向冰盖之下注入了大量的氧化地下水，为与富金属热液流体混合提供了丰富的富氧贫硫地下水。

3）碳酸盐岩地层之上的不整合面（如瓦扎特）和直接位于碳酸盐岩地层之上的红层（如贝尔塔纳）是重要的勘查层位。这种层位常出现在盆地的中上部和不整合面附近，有利于在沉积环境下形成的还原性流体沿构造向上运移与来自岩层的氧化性流体的有效混合。

4）硅锌矿、硅锌矿 – 闪锌矿、闪锌矿 – 硅锌矿矿物组合标志。有经济意义的矿床，通常由贫硫富锌的还原性流体与贫硫的氧化性流体的混合形成，容矿岩层中上述矿物组合，能反映出氧化还原环境的变化。而硅锌矿、铁白云石、水锌矿和菱锌矿等表生矿物，在短波红外光谱中具有特征光谱，因此，在植被覆盖稀少的地区可利用遥感技术进行测量。

B. 地球物理找矿标志

1）地球物理勘查用于寻找深成非硫化物型锌矿床可能是困难的。尽管像硅锌矿之类的锌硅酸盐和围岩之间具有很大的密度差异，硅锌矿矿石的比重为 3.2 ~ 3.4，而白云质容矿岩的比重大约是 2.85，但小规模的硅锌矿矿体并不能产生显著的重力异常。在卡布韦和贝尔塔纳矿区，利用网度为 25m × 25m 的高密度重力测量已经探测到硅锌矿矿体，但这一方案可能不适于大规模勘查。

2）由于非硫化物矿床中缺乏硫化物，尤其是黄铁矿，所以用电法寻找此类矿床不太有效。尽管已发现的几个构造控制型硅锌矿矿床，含有 1% ~ 2% 的铁锌尖晶石 – 磁铁矿，但由此引起的航磁异常也十分微弱。

3）不过，层状非硫化物型锌矿床含大量的铁锌尖晶石 – 磁铁矿，通常存在磁异常，可用航磁和地面磁法进行测量。

（唐金荣　周　平）

模型二十七　斑岩型钼矿床找矿模型

一、概　述

　　斑岩型钼矿床，又称细脉浸染型钼矿床，多分布于古老的地台边缘与新的构造－岩浆活动带之间的过渡带内，具明显的面状矿化特点，多呈网脉状产在花岗斑岩、石英二长斑岩等岩体的内部及其近旁的围岩和接触带中，是岩浆侵入的产物。

　　根据构造、岩浆、热液等特征，可将斑岩型钼矿分为高硅流纹岩－碱质系列和分异二长花岗岩系列两类。高硅流纹岩－碱质系列矿床，具有偏铝质、高硅流纹岩质的特征，产于大陆拉张环境，仅限于大陆板块内部，如厚层克拉通地壳区的裂谷带，因此也称裂谷型斑岩钼矿。根据碱质岩浆作用与克莱马克斯（Climax）型侵入体之间的关系，可将高硅流纹岩－碱质系列进一步细分为克莱马克斯型、过渡型和碱质型 3 个亚型。分异二长花岗岩系列则包括在花岗闪长岩－二长花岗岩或二长岩－二长花岗岩侵入体晚期分异作用过程中形成的矿床。该类型矿床的构造背景属大陆挤压环境，常常与弧－陆或陆－陆碰撞相关的俯冲带关系密切，也称岛/陆弧型斑岩钼矿。一般来说，高硅流纹岩－碱质系列斑岩钼矿的钼金属富集程度要比分异二长花岗岩系列高；从钼金属生产历史来看，前者的产量也要大一些。

　　斑岩型钼矿有一个重要特点，即与斑岩型铜矿关系密切，多为共生或伴生关系。它们属同一个成矿系列的两个端元。根据矿石中 Cu 和 Mo 的平均品位及相对含量，可将斑岩型矿床划分为：①斑岩型铜矿——Cu 几乎是唯一可采的金属，Mo 平均品位 ≤0.02%；②斑岩型铜钼矿床——Cu 作为主要金属或共生产品，0.02% < Mo≤0.05%；③斑岩型钼铜矿床——Cu 作为金属副产品，Mo > 0.05%；④斑岩型钼矿床——几乎不含可采 Cu，Mo >0.05%。如果 Mo/Cu <0.1，则认为属铜富集矿床；如果 Mo/Cu >1，则认为属钼富集矿床（图 1）。

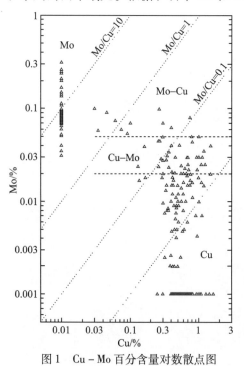

图 1　Cu－Mo 百分含量对数散点图
（引自 R. B. Carten 等，1993）

数据来自世界范围内 94 个与花岗岩相关的钼矿床、
钼铜矿床、铜钼矿床和 125 个斑岩型铜矿

　　就 Mo 金属而言，可以产自斑岩型钼钨、钼锡钨、钼铋、钼镍矿床以及矽卡岩型钼矿、网脉型钼矿等，但大多数经济可采的钼都产自斑岩型铜钼矿床、斑岩型钼铜矿床和斑岩型钼矿床 3 类矿床中。根据 R. B. Carten 等（1993）统计的 219 个斑岩型铜、钼矿床的储量数据，在斑岩型铜矿、斑岩型铜钼矿和斑岩型钼铜矿中，Cu 金属储量为 5.16×10^8 t，Mo 金属储量共计约 1.6×10^7 t（图 2A）；斑岩型钼矿中的钼金属储量包括（高硅）流纹岩－碱质系列亚类 6.0×10^6 t 和分异二长花岗岩亚类 4.3×10^6 t，共计约 1.03×10^7 t（图 2B）。虽然从产出规模上，斑岩型钼矿无法与斑岩型铜矿相提并论，但是斑岩型钼矿是钼金属的重要来源，其找矿模型研究应予以重视。因此，本书在系统介绍"斑岩型铜矿床找矿模型（模型六）"之后，另篇探讨斑岩型钼矿的找矿模型，为寻找该类型矿床提供更为直接

的信息。

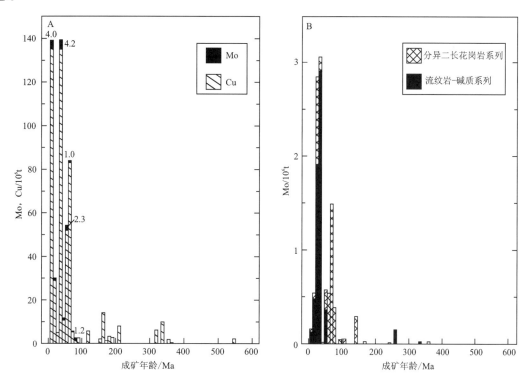

图 2　Cu、Mo 的含量与成矿时代直方图
（引自 R. B. Carten 等，1993）
A—斑岩型铜矿、铜钼矿和钼铜矿；B—斑岩型钼矿
数据来自世界范围内 94 个与花岗岩相关的钼矿床、钼铜矿床、铜钼矿床和 125 个斑岩型铜矿床

从全球范围来看，中国、美国和智利的钼金属储量分别位居世界前 3 位。就矿床的钼金属储量规模而言，世界上最大的两个斑岩型钼矿床分别为美国科罗拉多州的克莱马克斯矿床和亨德森（Henderson）矿床，这两个超大型斑岩钼矿约占世界钼资源总量的 1/4。美国新墨西哥州的奎斯塔（Questa）矿床则是世界上最大的单一型钼矿床，但其钼金属储量比其他钼多金属矿床要小。这三大矿床均产于世界著名的克莱马克斯 – 乌拉德 – 亨德森（Climax – Urad – Henderson）斑岩钼矿带上（图 3）。另外，美国的石英山（Quartz Hill）、芒特埃孟斯（Mount Emmons）矿床，加拿大的恩达科（Endako）矿床，智利的丘基卡马塔（Chuquicamata）矿床等，规模也不小（表 1）。

表 1　世界部分典型斑岩钼矿床

国家	矿床或矿区名称	矿石储量/10^6t	Mo 含量/%	Mo 边界品位/%	资料来源
美国	克莱马克斯（Climax）	769[1]	0.216	0. 12	R. B. Carten 等，1993
		907[2]	0.240	—	R. B. Carten 等，1993
美国	亨德森（Henderson）	727[2]	0.171	0. 060	R. B. Carten 等，1993
美国	芒特埃孟斯（Mount Emmons）	141[1]	0.264	0. 120	M. W. Ganster 等，1981
美国	派恩格罗夫（Pine Grove）	125[2]	0.170	0. 120	R. H. Sillitoe，1980
美国	奎斯塔（Questa）	277[1]	0.144	0. 120	R. B. Carten 等，1993
美国	石英山（Quartz Hill）	793[1]	0.091	0. 060	W. D. Sinclair，1995a
美国	汤普森克里克（Thompson Creek）	181[2]	0.110	0. 050	W. D. Sinclair，1995a
美国	恩达科 – 邓纳克（Endako – Denak）	336[1]	0.087	0. 048	R. V. Kirkham 等，1982
美国	白金汉（Buckingham）	1297[1]	0.058	0. 036	R. B. Carten 等，1993
美国	雷德芒廷（Red Mountain）	187[2]	0.100	0. 060	P. Brown 等，1986

国家	矿床或矿区名称	矿石储量/10^6t	Mo 含量/%	Mo 边界品位/%	资料来源
格陵兰	Malmbjerg	136[2]	0.138	0.100	J. B. Geyti 等, 1984
挪威	努尔利 (Nordli)	181[2]	0.084	0.030	F. D. Pedersen, 1986
加拿大	恩达科 (Endako)	336[2]	0.087	—	W. D. Sinclair, 1995a
加拿大	基沙特 (Kitsault)	108[2]	0.115	0.060	W. D. Sinclair, 1995a
加拿大	Storie Molybdenum	101[2]	0.078	0.040	C. Bloomer, 1981
加拿大	Glacier Gulch	125[2]	0.151	—	W. D. Sinclair, 1995a
加拿大	阿达纳克 (Adanac)	94[2]	0.094	0.060	W. D. Sinclair, 1995a
秘鲁	Compaccha	100[2]	0.072	—	W. D. Sinclair, 1995a
智利	丘基卡马塔 (Chuquicamata)	10387[2]	0.024	—	A. Sutulov, 1978
智利	安迪纳 (Andina)	3000[2]	0.025	—	V. F. Hollister, 1978
中国	陕西金堆城	987[2]	0.099	—	黄典豪等, 1987； R. B. Carten 等, 1993
中国	河南上房沟[3]	534[2]	0.134	—	罗铭玖等, 2000；李永峰等, 2003
中国	河南南泥湖[3]	906[2]	0.075	—	李永峰等, 2003
中国	吉林大黑山	1650[2]	0.066	—	吉林经济信息网, 2009

注：1. 可采储量；2. 地质储量；3. 也有部分文献将上房沟、南泥湖归为斑岩－矽卡岩型钼矿。

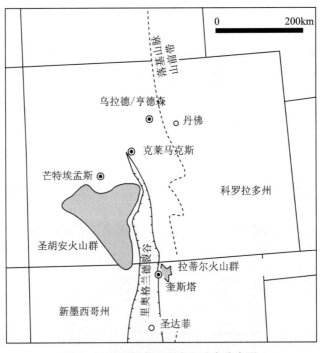

图 3　美国西部典型斑岩钼矿床分布图

（引自 L. M. Klemm 等, 2008）

　　中国的斑岩钼矿主要集中分布在东秦岭成矿带和燕山成矿带上，约占全国已探明钼储量的 60%以上。其中又以东秦岭钼矿带最负盛名，这里共发现钼（钨）矿床（点）40 多个，是一条可与美国克莱马克斯－乌拉德－亨德森斑岩钼矿带相媲美的钼成矿带。其中，包括金堆城钼矿、上房沟钼（铁）矿、南泥湖钼（钨）矿 3 个特大型矿床和大石沟钼（铼）矿、石家湾钼矿、夜长坪钼钨矿、雷门沟钼矿 4 个大型矿床。近年来，随着新一轮国土资源大调查项目的开展，中国的斑岩钼矿找矿远景及研究有了新的突破。例如，在大兴安岭成矿带发现了一个大型斑岩钼矿，推断钼资源远景储量达 2×10^5t 以上；在西藏冈底斯发现了首例独立钼矿——沙让大型斑岩钼矿，这对于继续在该区域寻找斑岩钼矿具有很重要的指导意义和研究价值。

二、地 质 特 征

1. 构造背景

斑岩型钼矿床属岩浆热液型，多产于克拉通的活动边缘、与弧－陆或陆－陆碰撞相关的俯冲带或厚层克拉通地壳区中的裂谷带，如美国克莱马克斯－乌拉德－亨德森钼矿带（图4）。活动大陆板块边缘弧内侧的构造岩浆活动带、亲弧裂谷和大陆裂谷都是其有利成矿的大地构造环境。成矿区域有较厚的陆壳，张性构造发育。高品位大型－超大型的钼矿多与以显著低重力为特征的厚硅铝壳有关，如东秦岭钼矿带（图5）。东秦岭钼矿带上金堆城、上房沟、南泥湖等3个特大型斑岩钼矿床分布于地壳厚度较大的莫霍面凹陷处，质量好、规模大的钼矿床更是如此。此外，斑岩钼矿床的形成多与钙碱质、次碱质酸性中酸性岩浆活动有关，大陆硅铝壳多为矿床成矿物质的主要来源。

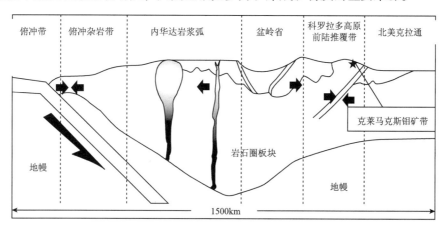

图4 美国克莱马克斯－乌拉德－亨德森钼矿带构造位置图

（引自魏庆国等，2009）

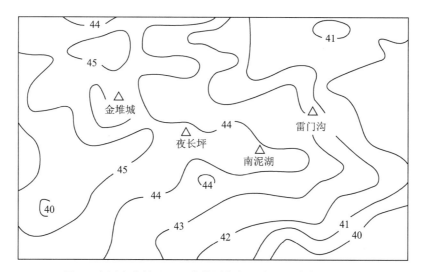

图5 中国东秦岭地区地壳等厚线与斑岩钼矿分布关系略图

（引自杨荣勇等，1993）

△大型－超大型钼矿床；地壳厚度单位为km

在产出深度上，斑岩型钼矿床几乎都形成于浅地壳深度（3～4km），这也是大多数斑岩型矿床的产出深度范围。大部分矿体位于侵入斑状或细晶状岩钟顶部或者上方。如果侵入体大面积出露，矿床就可能被剥蚀掉。

研究表明，斑岩钼矿与斑岩铜矿在区域空间上存在着分带现象，例如美国西部克莱马克斯－乌拉德－亨德森钼矿带地区，靠近大陆边缘产出一系列大型斑岩铜矿，而在偏趋大陆内侧则产出一系列斑岩型钼矿床。但是，在基底构造、岩浆演化、形成环境、矿化元素组合、围岩蚀变等方面，斑岩钼矿与斑岩铜矿又有着显著的差异。斑岩铜矿产于与俯冲带相关的活动大陆边缘的安山岩带，而有经济意义的斑岩钼矿床则主要产于硅铝质陆壳较厚处。

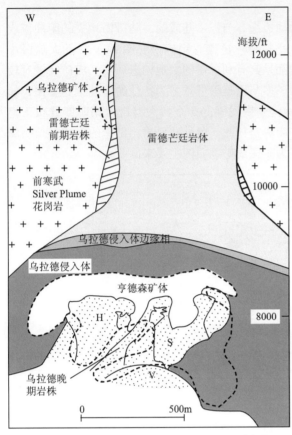

图6　美国雷德芒廷 52N－N63E－58N 剖面
（引自 E. Seedorff 等，2004）

显示了乌拉德、亨德森矿体，以及与亨德森矿体相关的亨德森（H）、塞里亚泰（S）和瓦斯奎斯（V）侵入体中心

2. 矿床地质特征

（1）含矿岩体与容矿岩石

与斑岩钼矿相关的侵入杂岩体常具有多期次多阶段分异演化的特征，主要由石英闪长岩－花岗闪长岩－花岗岩－脉岩类构成。其主体部分为花岗岩，形态以小岩株、复合岩株、小岩钟、小岩筒等为主，也有角砾岩筒、岩墙等。侵入体的产状、形态与矿体规模无明显的关系，但却对矿化范围、矿化富集、矿体形成位置和矿体形态起着主要支配作用，即矿化和矿化富集带总是围绕着侵入体的前锋部位发育（图6）。岩体顶部、岩体上部、岩体与围岩的接触带、岩体上盘等部位是矿体产出较为频繁的位置，在岩体下盘等岩控有利的地段也产出矿体。

含矿岩体多具有斑状结构，浅成、超浅成酸性小型侵入体（一般小于$1km^2$）居多。其岩石类型主要为花岗斑岩、二长花岗斑岩、花岗闪长斑岩等，岩石化学成分主要特点为：富硅（$SiO_2 > 73\%$）、富钾、高碱（$Na_2O + K_2O > 8\%$），贫钙、镁、铁；相对于平均花岗岩质岩石：Rb 含量为 150×10^{-6}，Sr 含量为 285×10^{-6}，Nb 含量为 20×10^{-6}，与斑岩钼矿相关的岩体明显地富 Rb、Nb 而亏损 Sr。

所有的岩石类型均可能成为斑岩型钼矿的容矿岩石。矿体主要的成矿作用明显晚于岩体，因此在主要成矿作用发生时岩体一般作为容矿岩石存在。容矿岩石除了岩体外，也可以是近旁的围岩，或者爆破角砾岩筒。

（2）围岩蚀变与矿化特征

斑岩型钼矿的围岩热液蚀变发育，常见蚀变类型包括钾化、硅化、石英绢云母化（似千枚岩化）、泥化、青磐岩化等。矿化通常与钾化、硅化、石英绢云母化有关，尤其是网脉状硅化强烈发育部位。

从分布特征来看，矿化与围岩蚀变从中心往外具有依次分带的规律。例如，我国河南上房沟斑岩型钼矿矿化与围岩蚀变分带自中心向外依次为钼表内矿体、钼表外矿体、钾化带、硅化带、金云母－透闪石－阳起石化带、透闪石－阳起石化带、蛇纹石－透闪石－透辉石化带、弱蚀变白云石大理岩带等（图7）。

一般来说，钾化与高品位钼带（Mo > 0.2%）有关联，而普遍发育的硅化可能局部出现在高品位钼带的下部。钾化和硅化中心带通常以热液成因的钾长石、黑云母、石英为主，有时还有硬石膏。钾长石和黑云母通常作为矿化石英细脉和裂隙的蚀变边产出，这在裂隙和矿化发育的矿区可能更为常见。石英绢云母化有时分布广泛，常环绕钾质－硅质中心带发育，并不同程度地叠置在中心带上，其

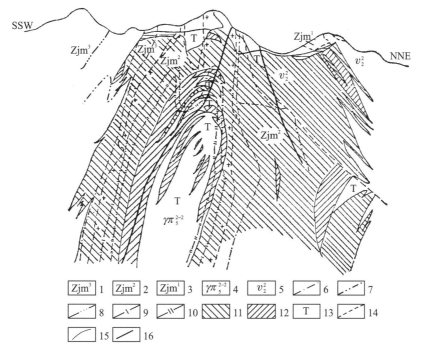

图7 中国河南上房沟斑岩型钼矿床矿化蚀变分带剖面示意图

(引自罗铭玖等，1991)

1—煤窑沟组上段以白云石大理岩为主；2—煤窑沟组中段白云石大理岩；3—煤窑沟组下段云母石英片岩；4—碱长花
岗斑岩；5—变辉长岩；6—金云母阳起石带；7—透闪石-阳起石化带；8—蛇纹石化带；9—强硅化带；10—钾长石化
带；11—钼表内矿体；12—钼表外矿体；13—无矿地段；14—地质界线；15—矿化界线；16—断层

主要矿物组成包括石英、绢云母和碳酸盐等。石英-绢云母-黄铁矿化可能发育在矿体上方，并在垂向上延伸上百米，在其外围可能存在延伸上百米的泥化带。泥化带一般呈不规则分布，以黏土矿物（如高岭石）为特征，常常叠置在其他蚀变类型上面。锰铝榴石可能小范围地产于石英-绢云母-黄铁矿化和泥化带内，由石英-白云母-黄玉组成的云英岩化作为环绕石英-辉钼矿矿脉的蚀变带产出。青磐岩化主要由绿泥石和绿帘石组成，可能延伸至钾质-硅质中心带及石英绢云母化带以外几百米。

从成矿时间与过程来看，斑岩型钼矿矿化常具有多期次、多阶段特征。例如，我国金堆城斑岩钼矿矿化可分为早、中、晚3期，早期为无矿化的钾长石-石英脉；中期为成矿阶段，主要为硫化物-石英、硫化物-萤石-钾长石-石英脉；晚期为硫化物-方解石-石英、黄铁矿-沸石-石英脉（表2）。

（3）矿体形态与矿石结构

斑岩型钼矿床外形与区域或局部构造相关，形状极不相同，通常呈倒置杯状、半球壳状或圆筒状。矿床横向延伸数百米，垂向上从几十到几百米不等。

矿体主要发育于中性至长英质侵入岩体及其围岩中，受侵入体形态、接触带及断裂、裂隙构造的控制，呈似层状、圆筒状、透镜状、环状、锅状、脉状或不规则状。

矿石发育主要受构造的控制，表现为横切裂隙和石英细脉的网状脉，也有石英脉、脉群和角砾岩，偶有浸染作用和交代作用。总体来看，矿石结构呈片状，自形-半自形粒状、交代结构，构造为浸染状、细脉浸染状、细脉及网脉状构造。矿石出露地表时，风化作用显著，通常由黄铁矿氧化生成褐铁矿铁帽，辉钼矿氧化生成黄色的铁钼华。

（4）成矿时代

斑岩型钼矿的成矿时代主要为中生代和第三纪（图2）。例如，我国东秦岭钼矿带的金堆城、南泥湖、上房沟、雷门沟等矿床的成矿年龄集中于（144±2.1）Ma～（132.4±2.0）Ma（李永峰等，

2005）；美国西部克莱马克斯 – 乌拉德 – 亨德森斑岩钼矿带的成矿时代多小于90Ma，其中克莱马克斯和亨德森矿床的Re – Os同位素年龄为27Ma。

表2　我国金堆城斑岩钼矿矿化阶段及围岩蚀变特征

矿化期	蚀变类型	矿化阶段	主要特征
早期	角岩化		安山岩中铁镁矿物蚀变为黑云母、斜长石
	钾长石化、石英化、黑云母化	钾长石 – 石英阶段，基本无矿化	以钾长石 – 石英、钾长石、石英细脉充填为主
中期	硅化、钾长石化	硫化物 – 石英阶段	①辉钼矿 – 石英、辉钼矿 – 黄铁矿 – 黄铜矿 – 石英，辉钼矿 – 石英 – 黄铁矿细脉交代充填 ②云英岩化呈团块状集合体交代 ③石英主要表现为粒间交代，硫化物呈浸染状，黑云母分布于脉壁两侧
	硫化物矿化、萤石化、绢（白）云母化	硫化物 – 萤石 – 钾长石 – 石英阶段	①黄铁矿 – 辉钼矿 – 黄铜矿 – （闪锌矿或方铅矿）– 萤石 – 钾长石 – 石英细脉 ②黄铁矿 – 辉钼矿 – 黄铜矿 – （闪锌矿或方铅矿）– 萤石 – 绿帘石 – 钾长石 – 石英细脉 ③闪锌矿 – 方铅矿 – 石英 – 萤石细脉 ④辉铋矿 – 萤石 – 石英细脉
晚期	硅化、方解石化、硫化物矿化	硫化物 – 方解石 – 石英阶段	①黄铁矿 – 方解石 – 石英细脉 ②黄铁矿 – 绿帘石 – 方解石 – 石英细脉
	沸石化、绿帘石化、绿泥石化	黄铁矿 – 沸石 – 石英阶段	石英 – 沸石 – 黄铁矿，石英 – 黄铁矿，黄铁矿，石英细脉

资料来源：徐兆文等，1998

三、矿床成因和找矿标志

1. 矿床成因

斑岩型钼矿床的成因与板块俯冲作用和（或）裂谷活动有关。当洋壳以较低的角度俯冲于有较厚陆壳的大陆板块边缘之下因俯冲减速或拆沉作用，或在大陆裂谷早期因镁铁质岩浆上升并释放热能，导致下地壳发生小规模的部分熔融，形成富含成矿元素的（高硅富碱）流纹质岩浆。当这种岩浆沿着构造薄弱带侵位于大陆边缘地壳浅部时，快速冷凝结晶形成斑状酸性次火山岩体。随后，深部岩浆房中析出的含矿流体迅速上升至次火山岩体的上部，并因减压沸腾形成细脉浸染状矿化或发生隐爆形成角砾岩筒。在遇有化学性质活泼的围岩时也可形成矽卡岩型矿化。

关于矿床形成的具体过程可解释为：下地壳发生部分熔融形成的富含成矿元素的流纹质岩浆和气液流体，在上升过程中造成负压环境，从而引发大气降水和地下水参与对流循环，使围岩中的矿质活化并参与晚期阶段的成矿，成矿热液系统因此具有混合液的特征。在此期间，静岩压力和静水压力的更替使得岩石发生破裂和矿质脉动沉淀，便形成了纵横交错的含钼石英网状脉。在温度从高温向中温变化的过程中，伴随有钾化、石英绢云母化、矽卡岩化等。在主要的石英硫化物阶段，成矿过程处于一种低f_{O_2}、高f_{S_2}的弱酸性还原环境中。而低—中等盐度成矿流体的沸腾是辉钼矿、黄铁矿等硫化物沉淀的根本原因。而后斑岩热液系统进一步演化进入低温混合热液阶段，由于前期钼的大量沉淀，此时钼几乎耗尽，故在青磐岩化带仅见微弱的钼矿化，矿床的内生成矿作用也因此宣告结束（图8）。其后进入表生作用阶段，虽无钼的次生富集，但所形成的铁钼华则是地表找矿的直接标志（黄典豪等，1987）。

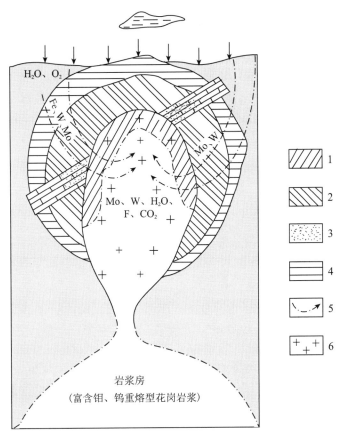

图 8　斑岩型钼矿床的成矿模式

（引自黄典豪，1996）

1—钾化带；2—石英绢云母化带；3—矽卡岩化带；4—青磐岩化带；5—成矿流体运移方向；6—花岗斑岩

2. 找矿标志

（1）地质找矿标志

1）活动大陆板块边缘弧内侧的岛弧岩浆活动带、亲弧裂谷和大陆裂谷，是有利于斑岩型钼矿成矿的大地构造环境。

2）裂谷型斑岩钼矿多产于厚陆壳地区具有拉张构造背景的区域，厚陆壳的特征是一种重要的区域构造标志，但不总是必需的。仅就中国东部重要钼矿床的产出背景而言，以中基性火山变质岩为主，发育基底混合岩的陆壳基底是重要的。

3）岛/陆弧型斑岩钼矿与弧－陆或陆－陆碰撞的俯冲带关系密切，带有斑状钙碱性侵入体的岛弧岩浆作用和板内长英质火山岩的文象结构是重要的成矿作用标志。

4）与斑岩型铜矿可能存在着空间分带关系。靠近大陆边缘多产出斑岩型铜矿床，而在偏趋大陆内侧则多产出斑岩型钼矿床。

5）浅地壳 3~4km 深度是斑岩型钼矿产出的理想深度范围。

6）斑岩钼矿为细脉浸染状矿床，矿区的含脉率和裂隙发育程度可作为判定矿化强度的一个重要标志。

（2）岩石学与矿物学找矿标志

1）成矿母岩通常为强酸性岩石，岩石地球化学具高酸、高钾、高碱（$K_2O + Na_2O$）、低镁铝等特征，$K_2O > Na_2O$，K/Na 高（通常大于2）。

2）与斑岩钼矿成因相关的长英质侵入岩通常具有高 Nb（$>75 \times 10^{-6}$）、富 Rb 的特征。

3）拉张背景中侵入的富氟斑状或细晶状侵入体，通常具有 $SiO_2 > 73 \%$、Rb/Sr 远大于 1 的特征。

4）富氟矿物，如萤石、云母等，是克莱马克斯型斑岩钼矿存在的一个重要标志。

（3）蚀变找矿标志

1）热液蚀变或矽卡岩化区域蚀变标志，尤其是钾化带、硅化带、带状展布的黄（褐）铁矿化带、伊利石－高岭石化带，或地表有矿化露头、钼华显示区，是斑岩型钼矿勘查的重要目标区域。

2）与斑岩型铜矿的围岩蚀变标志类似，从中心向外依次可能出现钾化、硅化、绢英岩化、泥化、青磐岩化等分带特征。其中，硅化和钾化是两种贴近矿化的蚀变类型，可有效地指示矿化。

3）氧化带中可能存在黄（褐）色铁钼华，其氧化后的产物可能出现在地表，是指示下部工业钼矿体的最为直接的找矿标志。

4）蚀变外围带可能出现 Ag－Pb－Zn 脉和黄玉、萤石、锰石榴子石等。

（4）地球物理找矿标志

1）与矿化相关的侵入体中磁铁矿缺位（钛铁矿而非磁铁矿占主导）可能造成低磁或弱磁的特征，在区域上可能出现较大范围的航磁异常，这种异常可为区域勘查提供目标。

2）钼矿带外围黄铁矿富集区可能显示高激发极化（IP）、低阻、高导等特征，因此可通过激发极化测量圈定那些环绕含钼矿带的黄铁矿蚀变晕。

3）角页岩区的磁异常可能指示磁黄铁矿或磁铁矿的存在，可作为斑岩型钼矿的一种间接的指示标志。

（5）地球化学找矿标志

1）区域性 Mo 地球化学异常，大型－超大型钼矿的成矿母岩 Mo 丰度值通常不低于 50×10^{-6}。

2）与斑岩钼矿成因相关的侵入岩中或与之相关的蚀变和矿化带中可能存在 U、Th 或 K 等放射性元素异常。

3）对于矿化带和蚀变带（钾化和石英绢云母化）中可能存在的高 K 异常，需要进行 Th/K 测量，以确定高 K 异常到底是由矿化蚀变引起，还是由那些高 K 岩石引起的。

4）矿化带附近的岩石可能存在 Mo、Sn、Cu、W、Rb、Mn 和 F 异常。

5）水系沉积或湖底沉积物中可能存在 Mo、Sn、W、F、Cu、Pb、Zn 等元素异常组合。

（周　平）

模型二十八 矽卡岩型钼矿床找矿模型

一、概　述

矽卡岩型钼矿是一种重要的钼矿类型。从世界范围来看，该类型矿床的规模相对较小，品位、矿石储量变化较大——大多数矽卡岩型钼矿的 MoS_2 品位一般为 $0.1\% \sim 1\%$，矿石储量 $1 \times 10^6 \sim 5 \times 10^8 t$（表1）。与大规模产出的斑岩型钼矿相比，矽卡岩型钼矿的矿石储量要小一些，经济重要性也不如斑岩型钼矿，但其钼金属储量和产量仍然比（网）脉型、沉积型等其他类型钼矿床要大得多，是一种重要性仅次于斑岩型钼矿的钼金属来源。

表1　世界典型矽卡岩型钼矿床

国家	矿床或矿区	矿石储量/$10^6 t$	Mo 品位	资料来源
美国	Little Boulder Creek	167	MoS_2 0.15%	E. A. Schmidt 等，1977
	Cannivan Gulch	140	0.06%	Bolero Resources Corp，2008
		177	0.04%	
加拿大	Coxey	1.03（产量）	MoS_2 0.17%	G. E. Ray，1995
	Moss	0.125（产量）	0.216%	C. Lavergne，1985
澳大利亚	Mount Tennyson	1.4	0.11%	P. L. Blevin 等，1995
格鲁吉亚	Tyrnyauz	>1	Mo/W = 4:1 ~ 1:8	E. V. Aksametov 等，1982；G. A. Goleva 等，1988；I. V. Kulikov 等，1989
摩洛哥	Azegour	>0.13	MoS_2 1%	F. Permingeat，1957
中国	三道庄	583（B + C + D）	0.115%	张燕红等，2003
	杨家杖子	187	0.14%	刘晓林等，2009
	肖家营子	45.7	0.23%	代军治等，2008

由于大部分矽卡岩型钼矿常常含有多种金属，且具有经济开采价值，因此在开采钼矿的同时可回收多种金属。根据矽卡岩型钼矿床伴生多金属的性质，可将其大致分为"单一辉钼矿型"和"多金属型"两种。"单一辉钼矿型"矿石组分主要为辉钼矿，没有或者含有少量的其他硫化物，如中国辽西杨家杖子岭前钼矿床、吉林桦甸火龙岭钼矿床。"多金属型"矿石组分则以辉钼矿为主，包括其他的 W、Cu、Zn、Fe、Pb、Bi、Sn、Co 或富 U 的矿物，可组成矽卡岩型钼铜矿床（如湖南桂阳宝山）、钼钨矿床（如河南栾川三道庄和卢氏夜长坪、安徽青阳百丈岩）、钼（铁）矿床（如辽宁肖家营子）以及钼锌矿床（如吉林磐石三个顶子）等。

国外代表性的矽卡岩型钼矿有美国蒙大拿州的 Cannivan Gulch 矿床和爱达荷州的 Little Boulder Creek 矿床，澳大利亚新南威尔士州的 Mount Tennyson 矿床以及加拿大不列颠哥伦比亚省的 Coxey 和 Moss 矿床（表1）。此外，还有加拿大安大略省和魁北克省的 Hunt、Spain、Zenith 等矿床，它们曾在20世纪的两次世界大战期间生产了大量的矿石和钼精矿，现早已停产闭坑。需要指出的是，美国的 Cannivan Gulch 矿床是一个同时产出网脉型和矽卡岩型钼矿的矿床，其矿石储量约 $1.4 \times 10^8 t$，品位较低，为 0.06%，围岩岩性跟其他大多数的矽卡岩型钼矿床不同，不是常见的灰岩，而是白云岩。

在中国，矽卡岩型钼矿储量约占全国钼矿床总储量的 24%。其分布范围遍及各个矿带，但主要以东秦岭钼矿带和冀北-辽西钼矿带为主。在冀北-辽西钼矿带，分布有著名的辽西八家子-杨家杖子钼多金属成矿带（图 1），其间产出的杨家杖子矽卡岩型钼矿床，矿石储量 1.87×10^8t，品位 0.14%，是一个非常典型的矽卡岩型钼矿床。

由于矽卡岩型钼矿常常与斑岩型钼矿在空间分布上紧密相关，经常可见到斑岩型和矽卡岩型钼矿床产于同一个矿田（床），且被称为"斑岩-矽卡岩型钼矿"，如辽西八家子-杨家杖子钼多金属成矿带中产出的松树卯斑岩-矽卡岩型钼矿床（图 1），东秦岭钼矿带中的夜长坪斑岩-矽卡岩型钼矿床和南泥湖斑岩-矽卡岩型钼矿田等。南泥湖斑岩-矽卡岩型钼矿田内产出有南泥湖斑岩型钼（钨）矿床、三道庄矽卡岩型钼（钨）矿床和上房沟斑岩型钼（铁）矿床等 3 个超大型矿床。其中，三道庄矽卡岩型钼矿床钼矿石储量 5.83×10^8t（B + C + D），品位 0.115%，钼金属储量估计达到 67.25×10^4t，是中国最大的矽卡岩型钼矿床。

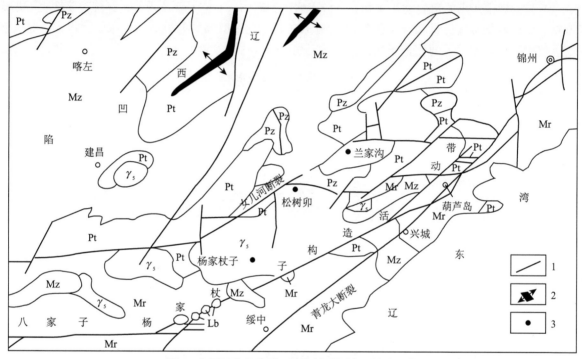

图 1　中国辽宁八家子-杨家杖子钼多金属成矿带

（引自刘晓林等，2009）

杨家杖子钼矿床为矽卡岩型；兰家沟为斑岩型；松树卯为斑岩-矽卡岩型

Pz—古生代陆相碎屑岩及碳酸盐岩类；Pt—中元古代陆相碎屑岩及碳酸盐岩类；Mz—中生代火山碎屑岩及陆相碎屑岩；

Mr—混合花岗岩；Lb—火山角砾岩；γ_5—粗粒花岗岩。1—基底断裂；2—褶皱；3—矿区

二、地 质 特 征

1. 区域地质背景

总体而言，矽卡岩型钼矿床形成的基本地质条件是要有陆内裂谷或与陆弧相关的陆内大地构造环境。例如，八家子-杨家杖子钼多金属成矿带在空间上主要分布于古亚洲洋和滨太平洋构造域的结合部位，强烈的构造-岩浆活动、持续时间较长的花岗岩浆分异演化作用，以及大规模的走滑、推覆与伸展运动耦合的结果形成了这一大型斑岩-矽卡岩型钼矿带。

从产出位置来看，矽卡岩型钼矿多产于大地构造体制转换带/区，构造控矿特征明显。例如，中

国辽宁肖家营子钼（铁）矿床的大地构造位置处于华北板块北缘内蒙古隆起和燕辽褶皱带结合部位的北东端，矿区构造以断裂构造发育为特征，其西部边界受 NNE 向的朱力科 – 中三家断裂控制，矿床即产在 NNE 向的水塘沟 – 肖家营子与 NWW 向的肖家营子 – 康杖子断裂交汇部位（图 2）；杨家杖子矽卡岩钼矿位于华北地台北缘，燕山台褶带东端山海关台拱内的绥中凸起与辽西台凹的衔接部位，矿床成矿作用受构造活动控制的特点非常明显，矿床总体产状、产出部位、矿体形态特征都受层间剥离构造、断裂构造和褶曲构造的严格控制（图 1）。

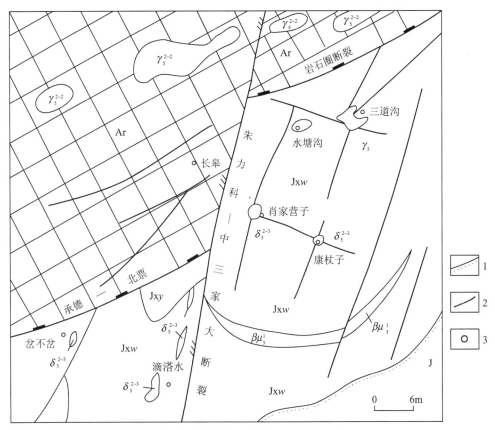

图 2　中国辽宁肖家营子矿区钼矿区域地质示意图

（引自马建德等，2002）

J—侏罗系火山碎屑岩；Jxy—杨庄组白云岩；Jxw—雾迷山组燧石白云岩；Ar—太古宙变质杂岩；$\beta\mu_5^1$—印支期辉绿岩；γ_5^{2-2}—燕山期花岗岩；δ_5^{2-3}—燕山期闪长岩。1—不整合；2—断裂；3—矿床（点）

矽卡岩型钼矿化多与晚期岩浆侵入作用有关，一般是源自过渡型地壳的岩浆岩侵入大陆边缘碳酸盐岩层的结果。其特点是岩体及其邻近环带内主要形成斑岩型钼矿，而从岩体往外在与碳酸盐岩地层接触的部位常常形成矽卡岩型钼矿，由此在同一个矿区或矿田中形成了若干斑岩 – 矽卡岩型钼矿床。它们在成因上有着密切的成生联系，是属于"同源多体"的同一成矿系列，即在同一成矿作用下，由于所处的空间部位不同，受不同构造和围岩性质的制约，而产生不同的矿床类型，如杨家杖子松树卯斑岩 – 矽卡岩型钼矿床、南泥湖斑岩 – 矽卡岩型钼矿田等。

2. 矿床地质特征

（1）控矿因素

矽卡岩型钼矿体主要受到断层和矽卡岩带控制。例如，在辽西杨家杖子松树卯背斜西翼发育的矽卡岩型钼矿中，矿体产于：①断层弯曲部位，形成了大而富的北山矿体，矿石量达 24×10^4 t，平均品位 0.12% 以上；②断层由窄变宽的部位；③断层附近派生的各种次级构造裂隙中。

从近矿特征及分布来看，矽卡岩型钼矿化多发育于靠近侵入接触带的地方，矿化、蚀变明显受矽卡岩带控制，多数矽卡岩体本身就是钼矿体。其产出形式为沿着侵入接触带发育且受侵入接触带控制的不规则矿体。

（2）容矿岩石

大多数矽卡岩型钼矿都与淡色花岗岩有关，主要产于花岗岩类岩体与碳酸盐围岩接触带内。由交代作用生成的矽卡岩，即接触带中的钼矿床，其成矿作用一般晚于矽卡岩的形成，即矽卡岩既与钼的成矿作用有着一定的成生联系，又可以作为容矿岩石存在。例如，Cannivan Gulch 矿床中，同时存在碳酸盐岩容矿脉体和岩株容矿脉体（图3）。在 Cannivan 岩株中，辉钼矿产于钾长石或白云母蚀变包壳的狭长状石英脉中；在围岩中，辉钼矿产于以黄铁矿、磁铁矿和绿泥石为主，含少量石英、方解石和绿帘石的脉体中。但是，无论是哪种围岩，辉钼矿均产于脉体中，仅有少量浸染状辉钼矿局部产在Cannivan 岩株中。

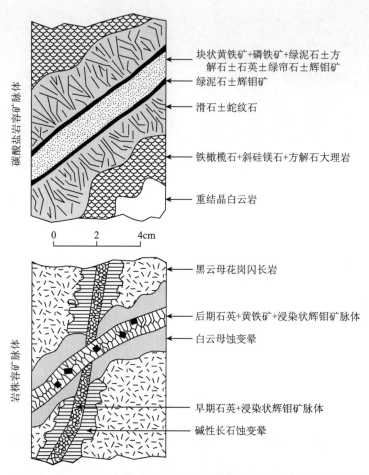

图3 美国 Cannivan Gulch 矿床碳酸盐岩容矿脉体和岩株容矿脉体的典型矿物结构

（引自 R. S. Darling, 1994，有修改）

通常情况下，矽卡岩型钼矿床的容矿岩石主要为碳酸盐岩石及由其交代形成的矽卡岩。含矿矽卡岩主要是石榴子石－透辉石矽卡岩，辉钼矿富矿常产在石榴子石矽卡岩中，且以钙铁榴石为主。

（3）矿体形态与结构

矽卡岩型钼矿体的形态多样，在一定程度上取决于接触带及矽卡岩体的产状，多呈似层状、透镜状、脉状、倒置杯状甚至不规则状。矿床中经常伴有脉型矿体产出，其生成一般晚于矽卡岩。例如杨家杖子钼矿床，钼矿体赋存于层状矽卡岩体中，少部分钼矿体也产于顶、底板岩性不同的层间。在（弧形）构造转折部位，由于应力集中，次级节理裂隙发育，往往成为矿体的膨大部位和钼的富集场所。矿体形态呈似层状、透镜状，规模与矽卡岩层一致或不尽一致（图4）。

矿体在矽卡岩内接触带中主要为火成岩结构，局部发育爆破角砾岩结构。在矽卡岩外接触带中，发育粗粒至细粒，块状花岗变晶到层状结构，少部分为角页岩结构。

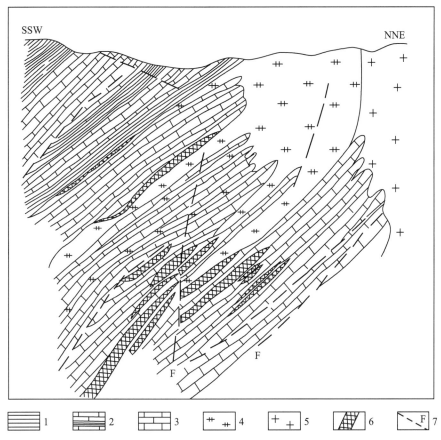

图4　中国杨家杖子矽卡岩型钼矿床地质剖面示意图

（引自罗铭玖等，1991）

1—页岩；2—薄层灰岩夹页岩；3—厚层灰岩；4—矽卡岩；5—细粒斑状碱长花岗岩；6—钼矿体；7—断层

（4）围岩蚀变

矽卡岩型钼矿围岩通常发生热接触变质。这种变质作用一般会围绕岩体在围岩中产生不同强度和不同宽度的热接触变质晕圈。通常泥质岩石、火山凝灰岩、中基性火山岩等对热力作用反应灵敏，随着温度的升高，可形成前进变质带；低－中温时形成板岩、千枚岩、黑云母长英质角岩带；高温时则形成红柱石或刚玉黑云母角岩等。如杨家杖子矽卡岩型钼矿床，斑状花岗岩侵入碳酸盐岩经热变质形成大理岩、钙硅酸盐角岩，泥质岩石形成长英质角岩、黑云母角岩、红柱石角岩等。

伴随构造－岩浆和构造－热液的多期次活动，矽卡岩型钼矿成矿作用过程常形成多期次、多阶段、多类型的蚀变。常见的近矿围岩蚀变有硅化、碳酸盐化、钾化、绿帘石化、绿泥石化、绿脱石化、萤石化、石膏化等。但正是由于后期多期次蚀变的叠加，交代碳酸盐岩形成的矽卡岩往往难以圈出原生分带。

（5）矿石矿物与结构构造

矽卡岩型钼矿床主要的矿石矿物为辉钼矿、黄铁矿，伴生少量的白钨矿、磁黄铁矿、钼钨钙矿、黄铜矿、砷黄铁矿、辉铋矿、闪锌矿等。在极少情况下，还有方铅矿、磁铁矿、晶质铀矿、沥青铀矿、锡石、黄锡矿等。脉石矿物有石榴子石、透辉石、金云母、绿帘石、石英、方解石和萤石等。

而且，在矽卡岩型钼矿床的内、外矽卡岩带中，矿物成分可能会有较大差异：内矽卡岩带矿物通常主要包括单斜辉石、钾长石、角闪石、绿帘石、石英、绢云母和辉钼矿等；外矽卡岩带则生成钙质矽卡岩钼矿（矿石矿物组合为钙铁辉石±低锰钙铝榴石－钙铁榴石±硅灰石±黑云母±符山石）和镁质矽卡岩钼矿（镁橄榄石）。钙质矽卡岩发生退变质作用，可形成角闪石±绿帘石±绿泥石和白云母矿物组合；镁质矽卡岩发生退变质作用则形成蛇纹石±透闪石±绿泥石。

矽卡岩型钼矿床矿石多呈半自形—他形叶片结构，具浸染状、团块状、星点状、细脉或网脉状等构造。主要矿石矿物辉钼矿通常有4种产出形式：①呈星点状浸染散布于矽卡岩的矿物粒间或石榴子石的裂纹中；②与石英等组成细脉和浸染体重叠于早期矽卡岩矿物中；③形成石英、方解石包裹体呈脉状贯入先期形成的岩体中，有时可见富含辉钼矿的方解石脉；④呈结晶粗大的菊花状辉钼矿产出，常见于矿体的边缘，但数量较少。

（6）成矿时代

矽卡岩型钼矿矿化主要集中在中生代和古生代。例如，河南三道庄矽卡岩型钨钼矿、辽宁肖家营子和杨家杖子矽卡岩型钼矿及安徽青阳百丈岩钨钼矿化均出现在中生代燕山期。

三、矿床成因和找矿标志

1. 矿床成因

一般认为，矽卡岩型钼矿产于碳酸盐岩与晚期花岗质侵入岩之间的接触带中。在矽卡岩中，从侵入体到变质沉积岩发育有明显的分带现象，即以含透辉石的内矽卡岩带，逐渐过渡为以透闪石为主的外矽卡岩带。交代作用被认为是碳酸盐岩与花岗侵入岩之间发生的重要物质交换过程。矽卡岩中钼矿化的机制可解释为：交代流体中，最初由碱性含氧酸性络合物携带着钼金属，随后由于液相的不稳定性、氧逸度（f_{O_2}）降低导致钼释放，以及正岩浆流体与含炭变质沉积物的反应中还原硫的增加，从而在矽卡岩中发生钼矿化。

矽卡岩型钼矿的形成过程主要经历岩浆晚期和岩浆期后气化－热液两大阶段。岩浆晚期热液蚀变主要表现在成矿岩体中，尤其是岩体下部，以普遍发育的钾长石化和绢云母化为主，但一般无矿化伴生。

在岩浆期后气化－热液期，矽卡岩形成发展过程主要经历早期矽卡岩化、晚期矽卡岩化及石英－硫化物蚀变矿化等3个阶段：

1）早期矽卡岩化发生在气化－高温热液阶段，主要表现为富含挥发分的碱性溶液对碳酸盐岩石进行的渗滤和扩散交代作用，形成早期钙质和镁质矽卡岩，且基本无矿化或仅有少量钨、铁矿化。这些钙质矽卡岩矿物主要有钙铝－钙铁榴石、透辉石－钙铁辉石、硅灰石等；镁质矽卡岩矿物有透辉石、镁橄榄石等。

2）晚期矽卡岩化阶段，主要表现为中性－弱酸性成矿溶液交代早期形成的矽卡岩矿物石榴子石、辉石、镁橄榄石等，形成由含水硅酸盐矿物透闪石－阳起石、金云母、蛇纹石、绿泥石、绿帘石等组成的镁质矽卡岩。它们与残留的早期矽卡岩矿物组成复杂的蚀变矽卡岩。期间伴随有磁铁矿化、钨矿化等。在该阶段后期，形成磁黄铁矿、辉钼矿、黄铁矿等硫化物矿化。

3）石英－硫化物蚀变矿化阶段，主要表现为酸性溶液对矽卡岩的淋滤作用。这个阶段的蚀变与矿化以细脉充填交代为主，脉体边上可产生绿泥石化、石英化、黑云母化、透闪石－阳起石化等。它是形成辉钼矿的主要矿化阶段，此外还会有少量的黄铁矿、黄铜矿和闪锌矿等矿化。此后，矽卡岩型钼矿可能还会经历铅、锌多金属硫化物阶段和碳酸盐阶段。铅、锌多金属硫化物阶段形成方铅矿、闪锌矿、黄铁矿、黄铜矿等，且铅、锌矿多分布在钼矿体外侧的石灰岩中；碳酸盐阶段则形成少量的黄铁矿、方铅矿，且以方解石、玉髓的发育为特征。

2. 找矿标志

（1）地质找矿标志

1）有利的控矿构造。如深大断裂的次级构造及由于岩浆侵入形成的接触构造（如层间剥离构造和破碎带）。

2）构造转折或交会部位。如中国河南三川－栾川复式褶皱带弧形转折部位发育有众多的小岩体，形成了一个面积大、蚀变发育、钼钨矿化强烈的南泥湖钼（钨）矿田；中国辽宁肖家营子钼（铁）矿床产在 NNE 向的水塘沟－肖家营子与 NWW 向的肖家营子－康杖子断裂交会部位。

3）（酸性）岩体或岩脉。例如，在南泥湖斑岩型－矽卡岩型钼矿田中，与成矿关系密切的岩体为南泥湖和上房燕山期的小斑岩体，每个小岩体或小岩体群构成一个成矿中心或成矿远景地段。

4）花岗（斑）岩类侵入体及其与大理岩或白云岩的接触带。

5）矽卡岩化、黄铁矿化等，可作为直接的找矿标志。对于近源热液型钼矿床，透辉石、石榴子石、符山石、硅灰石、硅化、钾长石化和绢云母化等是重要的与矿化相关的围岩蚀变标志。

（2）地球物理找矿标志

1）弱重力负异常。在地壳应力积累的地带，易于发生断裂和引发深成岩浆上侵，在重力特征上表现为低值负异常和等值线密集，如南泥湖钼（钨）矿田及其外围（图5）。在这种构造环境中，岩浆上侵将深部地壳或地幔以及上部围岩中的成矿元素萃集运移至构造有利部位沉淀成矿。这种异常特征可作为隐伏花岗岩体的一种指示标志。

图 5　中国河南南泥湖钼（钨）矿田 1∶50 万重力垂向二次导数平面图

(引自吕文德等，2005)

2）可能出现"两高一低"电磁异常，即高磁化率、高极化率、低电阻率。例如，在肖家营子矽卡岩型钼多金属矿区中，各类岩石及矿石的磁性参数和电性参数差异明显，因此，可利用磁法寻找与磁铁矿有关的隐伏矿体，用电法寻找成矿有利地段和构造等（图6）。

（3）地球化学找矿标志

矽卡岩型钼矿床的指示元素包括 Mo、Zn、Cu、Sn、Bi、As、F、Pb、U、Sb、Co（Au）等，且一般存在环状分带特征。如南泥湖斑岩－矽卡岩型钼（钨）矿田，地球化学异常区可分为：以高温的 W－Mo－（Bi）－Cu－（Pb）－（Ag）元素组合为特征的中心带、以中温的（W）－Mo－Cu－Zn－Pb－Ag－As 和中低温的（Mo）－（Cu）－Zn－Pb－Ag－As－（Ba）元素组合为特征的中间带，以及以低温的（Zn）－（Pb）－（Ag）－As－Ba、Ge 等元素组合为特征的边部带，由此形成了一个由高温到低

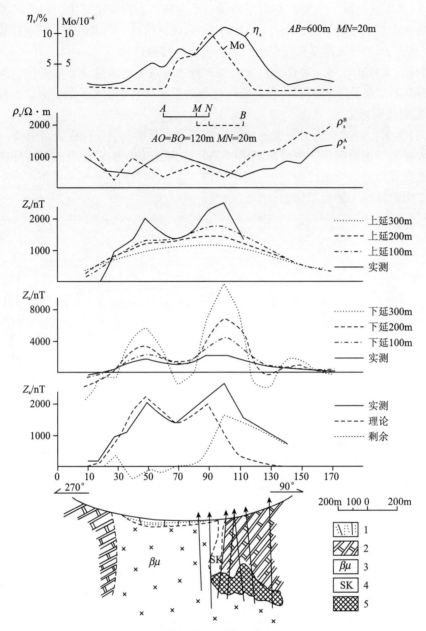

图6 中国辽宁肖家营子矽卡岩型钼多金属矿区16号线综合剖面图

(引自袁国平，2002)

1—表土；2—白云质灰岩；3—岩体；4—矽卡岩；5—矿体

温元素的完整序列。在杨家杖子矿区，以成矿岩体为中心向外依次出现不同的成矿元素，其分带总体为：Mo→（Fe、Cu、S）→Pb、Zn、Ag→Ag、Au。这些元素组合属于同一成矿背景和成矿过程中的同一成矿系列。因此，可根据已知元素分带特征，推测和发现钼矿化带的方向和位置。

（周　平　金庆花）

模型二十九 湖南柿竹园式钨多金属
矿床找矿模型

一、概　述

  湖南柿竹园式钨多金属矿床是我国重要的钨矿床类型。从成矿地质条件来看，此类矿床多产在小侵入体或复式岩体接触带，围岩大多为泥盆纪或石炭纪灰岩、砂岩和页岩。矿体一般产于碳酸盐岩接触带的矽卡岩及其交代的云英岩中，在岩浆期后高温气液作用下，主要是通过接触－交代作用形成复杂而又独特的巨型云英岩－矽卡岩复合型矿床。其围岩蚀变有云英岩化、矽卡岩化、大理岩化以及绿泥石化等，其中云英岩和矽卡岩有时本身就是矿石。矿化组合较复杂，并且矿化和蚀变岩常围绕侵入体呈有规律的带状分布。

  我国柿竹园超大型钨多金属矿床是这类矿床的典型代表。该矿床享有世界有色金属博物馆的美誉。其钨矿储量居世界钨矿床之首，还伴有储量相当可观的 Sn、Mo、Bi 和丰富的萤石、Cu、Pb、Zn、S、Fe、Au、Ag，以及 Be、Nb、Ta 等多种矿产，钨金属储量 70×10^4 t、锡 40×10^4 t、铋 20×10^4 t 和铍 10×10^4 t，萤石 5×10^8 t，铅、锌、银均有较大规模（裴荣富等，1998）。就工业类型而言，柿竹园矿床可归类为矽卡岩型钨多金属矿床，但根据由云英岩化所形成的脉状云英岩（叠加在矽卡岩之上的）和面状云英岩的叠加而形成独具一格的矿石类型（云英岩网脉－矽卡岩钨锡钼铋矿石类型）的典型特征，虽目前在国内外还没有单列出这种钨矿床类型，仍将柿竹园矿床定为"柿竹园云英岩－矽卡岩型钨多金属矿床"（王昌烈等，1987），鉴于其独特性，国内也将其称为"柿竹园式钨多金属矿床"。考虑到其矿床规模巨大、成因复杂、矿体形态简单、矿物粒度细小、产出集中等特点，本书以柿竹园钨多金属矿床为例介绍此类矿床的找矿模型。

二、地　质　特　征

1. 区域地质背景

  柿竹园超大型钨多金属矿床位于华南褶皱系中部（图1），处于南岭地区巨型钨锡多金属矿床成矿省中段，具体位于湘南千里山花岗岩体东南缘与泥盆系碳酸盐岩层接触带。该矿床从成矿地质历史演化来看，具有多旋回成矿特点，至燕山中期达到最大程度富集成矿。

  （1）地层

  矿区内出露的地层有震旦系与泥盆系，震旦系分布于矿区东侧，主要为石英砂岩、千枚岩、板岩等。其中石英砂岩中成矿元素的含量较高，与同类岩石相比，W、Mo 高出 15 倍以上，Sn、Pb、Zn、Cu 高出 5 倍以上。泥盆系在矿区内只见中、上统，中统跳马涧组砂岩出露于矿区东南隅，棋梓桥组碳酸盐岩层，分布在矿区东部野鸡尾一带；上统佘田桥组产于矿区中部（图2），主要为灰岩、泥质条带状灰岩、泥灰岩夹粉砂岩、页岩，厚约270m，大部分已矽卡岩化，为矿区主要容矿地层。

  （2）构造

  矿区褶皱主要有野鸡尾－柿竹园背斜与柿竹园－太平里向斜，两者轴向均为 NNE20°。柿竹园－太平里向斜向北扬起，核部为佘田桥组，东翼与背斜毗连，西翼被千里山岩体所截。柿竹园巨型矿床

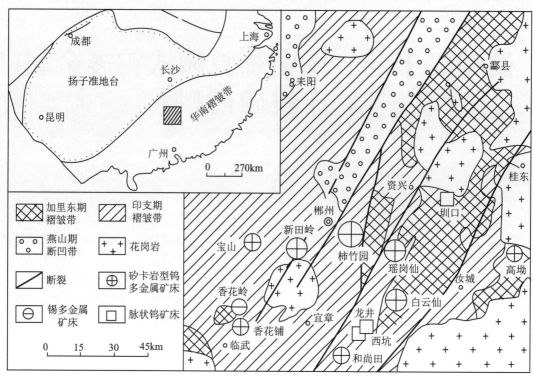

图1　中国湘南地区钨多金属矿床分布图

(引自毛景文等, 1998)

即产于该向斜北端核部。

柿竹园多金属矿床位于 NNE 向茶陵－郴州－临武深大断裂东侧, NW 向的邵阳－郴州深大断裂也于柿竹园南部通过, 九峰山－会昌－仙游 EW 向基底断裂向西延伸, 呈隐伏状在柿竹园地区通过。这 3 条深大断裂交汇形成了一系列热点和热柱, 使深部大岩浆房能够源源不断地提供成矿物质和能量。NNE 向派生裂隙十分复杂, 密集成带, 岩支岩脉频繁充填, 既为石英脉、云英岩脉、萤石脉汇集空间, 也是矽卡岩最厚的地段; NE 向断裂多为岩脉和含矿石英脉充填, W、Mo、Bi 矿化强烈, 构成富矿带。

花岗岩体与褶皱构造的接触带构造是柿竹园矿床定位以及控制其产状形态的重要构造因素。千里山花岗岩株东南缘岩体向内凹入部位与柿竹园－太平里向斜核部东侧相接合呈港湾状, 将佘田桥组碳酸盐岩厚层围拢其中, 形成良好的封闭接触条件。接触面两侧裂隙十分发育, 构成面积约 $2km^2$ 的破碎地段, 不仅有大量花岗质岩脉贯穿其中, 而且是形成规模巨大的矽卡岩及其复合矿体的重要因素。

（3）花岗岩

与成矿密切相关的千里山花岗岩为燕山期复式岩体, 出露面积为 $9.7km^2$, 具多期多阶段侵入活动的特点。复式岩体由 4 个阶段岩石所组成, 依次为似斑状黑云母花岗岩 (151Ma)、等粒黑云母花岗岩 (136~137Ma)、花岗斑岩 (131Ma) 和辉绿岩脉。前两者来自古元古界 (2307Ma) 的重熔, 花岗斑岩则为中元古界 (1436Ma) 的重熔产物 (裴荣富等, 1998)。每期花岗岩侵入后都有一些蚀变和矿化相伴, 但矿石的绝大部分是在第一期花岗岩就位之后形成。前两期花岗岩岩浆分异程度高, 常伴随着 W、Sn、Mo、Bi 矿化; 花岗斑岩分异程度低于前两期, 与之伴生的是 Pb－Zn－Ag 矿化; 最后一期矿化作用很微弱, 且矿化单一, 仅见有黄铁矿化和磁黄铁矿化, 不构成工业矿体。

千里山花岗岩体主要矿物成分为: 石英 25%~45%, 钾长石 30%~45%, 斜长石 15%~35%, 黑云母 1%~5%。副矿物属锆石－独居石型, 并且富含 W、Sn、Mo、Bi 以及挥发分矿物。

千里山花岗岩的岩石化学特征属铝过饱和、富钾贫钠的弱碱性－钙碱性岩, 并且以富含 Be、Li 和 F 为特征, 称之为 BELIF 花岗岩 (毛景文等, 1998)。尤其是与钨多金属矿化有关的前两期花岗岩明显富 Be 和 F, 铍矿物出现于花岗岩、矽卡岩和云英岩中, 在云英岩中最为富集并构成矿体。Li 往

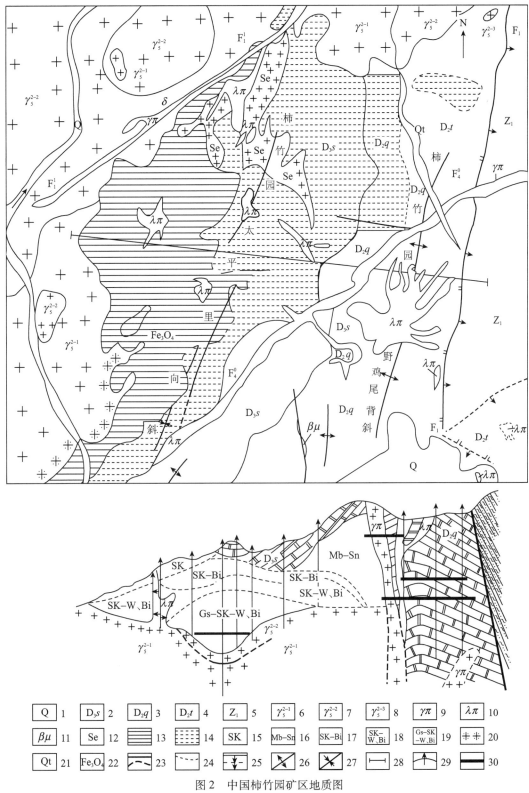

图 2　中国柿竹园矿区地质图

（引自陈毓川等，1993）

1—第四系；2—泥盆系上统佘田桥组大理岩；3—泥盆系中统棋梓桥组白云质大理岩；4—泥盆系中统跳马涧组砂岩；5—震旦系石英砂岩及板岩；6—细粒斑状黑云母花岗岩；7—中粗粒黑云母花岗岩；8—细粒（少斑）二云母花岗岩；9—花岗斑岩；10—石英斑岩（属 γ_5^{2-1} 浅成相）；11—辉绿（玢）岩；12—绢云母岩（属 γ_5^{2-2}）；13—矽卡岩（平面）；14—矽卡岩化大理岩；15—矽卡岩（剖面）；16—大理岩化锡矿带；17—矽卡岩铋矿带；18—矽卡岩钨铋矿带；19—网脉状云英岩穿插的矽卡岩钨铋矿带；20—云英岩化；21—石英脉；22—磁铁矿体；23—地质界线和推测地质界线；24—渐变地质界线；25—实测及推测冲断层；26—背斜轴；27—向斜轴；28—剖面位置；29—钻孔；30—坑道

往在花岗质岩浆演化末期或花岗岩系列最晚阶段富集，因此，在千里山第二期花岗岩中最为富集。Li、Be 和 F 是成矿岩体指示性元素，也是花岗质岩浆分异演化程度的标志，特别是在花岗岩浆中高 F 含量会导致岩浆结晶速度减慢，从而使岩浆得到更充分的分异，成矿元素更可能被搬运和成矿。

另外，千里山花岗岩体中成矿元素的背景含量显著偏高，W、Sn、Bi、Mo 等元素含量大大高于酸性岩中的平均含量，也明显高于华南同期花岗岩的背景值，Pb 也略高于华南同期花岗岩的背景值，这为柿竹园巨型钨、锡多金属矿床的形成准备了有利的物质条件。

2. 矿床地质特征

（1）矿体形态特征

矿体主要分布在千里山花岗岩体与碳酸盐岩石接触的外接触带的矽卡岩化大理岩以及野鸡尾岩枝中，而复式岩体内矿化微弱。矿体形态简单，矿体底板与花岗岩的顶面吻合，在岩体凹陷处，形成巨大近水平透镜状矿体。其 W、Sn、Mo、Bi 矿化在空间上与矽卡岩分布基本一致，仅部分 Sn 矿化发育在大理岩和部分矽卡岩化大理岩之中。矽卡岩矿体为 NE 走向，倾向 SEE，倾角 $10° \sim 15°$，长 1000 余米，东西宽 $600 \sim 800m$，一般厚 $200 \sim 300m$，最厚达 500m，矿体集中，常相互重叠分布，整个矿床具明显的分带性。这在矽卡岩、矿石类型和主要成矿元素等在沿水平和垂直方向上的变化中反映出来（图 2）。

（2）矿石矿物与结构构造

矿区出现的矿物种类繁多，目前已见到的有 96 种。主要金属矿物有白钨矿、黑钨矿、辉钼矿、辉铋矿、锡石和黄铁矿等。此外，还有磁铁矿、磁黄铁矿、硫锰矿、毒砂、闪锌矿、黄铜矿、方铅矿、自然铋、辉铅铋矿、黄锡矿、赤铁矿、白铁矿、假象赤铁矿、斑铜矿、硫碲铋矿、斜方辉铅铋矿、针硫铋铅矿、辉碲铋矿等。矿床主要成矿元素有 W、Mo、Bi、Sn、Be、Fe、Cu、Pb、Zn；伴生元素有 Nb、Ta、Sc、Au、Ag、V、Hg、Sb、Se、Te、Cd 等。

矿石结构常见有自形晶、半自形晶、他形晶、交代残余结构等。此外还可见到溶蚀结构、文象结构和乳浊状结构。矿石构造主要为浸染状构造、网脉状构造及条带状构造，局部黄铁矿呈致密块状构造。

（3）包裹体同位素地球化学特征

柿竹园钨多金属矿床石英流体包裹体均一温度变化范围很宽，在 $110 \sim 730℃$ 范围内，大致可分为 3 个温度区间，第一区间为 $400 \sim 730℃$，第二区间为 $250 \sim 400℃$，第三区间为 $110 \sim 250℃$。第一区间大致代表矽卡岩形成的温度；第二区间相当于云英岩、退化蚀变岩和钨锡矿化阶段；第三区间相当于石英硫化物矿化阶段和后期热液阶段，伴有绢云母化、绿泥石化和碳酸盐化。矿床成矿流体的密度和压力均较低，其主要数据变化范围分别为 $0.8 \sim 0.9g/cm^3$ 和 $12 \sim 23MPa$。成矿压力低说明成矿深度浅，大约在 $1 \sim 2km$，所以柿竹园矿床严格地说是一个浅成矿床。矿床成矿流体密度高的区域主要分布在花岗岩与花岗斑岩（或石英斑岩）、花岗斑岩与大理岩（或矽卡岩）等具有复杂接触关系的地段，说明这里是矿液的最初入口或矿化活动中心。

柿竹园钨多金属矿床石英流体包裹体 δD 值为 $-73‰ \sim -52‰$，$\delta^{18}O$ 值为 $1.5‰ \sim 14.0‰$，黑钨矿的 $\delta^{18}O$ 值为 $2.7‰ \sim 6.3‰$。据流体包裹体测温资料和矿物氧同位素数据计算的 $\delta^{18}O$ 值为 $-8.7‰ \sim 11.3‰$。因此，联系矿区地质情况来看，该矿区成矿流体早期可能以岩浆水为主，但晚期以加热的地下水为主（裴荣富等，1998）。

柿竹园钨多金属矿床的铅同位素组成变化幅度较大，其 $^{206}Pb/^{204}Pb$ 比值为 $18.47 \sim 18.90$，相对变化为 $\pm 1.2\%$；$^{207}Pb/^{204}Pb$ 比值为 $15.24 \sim 16.16$，相对变化为 $\pm 2.9\%$；$^{208}Pb/^{204}Pb$ 比值为 $37.35 \sim 42.03$，相对变化为 $\pm 5.9\%$。这些数据表明，柿竹园的铅源包括了地幔、下地壳和上地壳，且混合均一程度较低（裴荣富等，1998）。

（4）围岩蚀变

随着岩浆的多次侵位，岩浆期后热液也随之多次活动，由此形成以矽卡岩和云英岩为主的多种蚀变岩。蚀变作用早期生成矽卡岩；中期主要生成云英岩；晚期形成萤石脉、电气石脉和方解石脉等低温热液脉体。

1）矽卡岩化：普遍发育在碳酸盐岩层与各期花岗岩的接触带，具多阶段交代蚀变特点。按矿物组合可分为简单矽卡岩与复杂矽卡岩：简单矽卡岩仅有微弱的 W、Sn 矿化，当遭受后期构造－热流体叠加改造后，则形成各种复杂矽卡岩；后者与 W、Sn、Bi、Mo 等矿化具有密切的成因联系，主要矿体即产于复杂矽卡岩内。

2）云英岩化：产在花岗岩体顶部及矽卡岩中的花岗质脉岩内。前者呈面型分布，后者呈脉状产出。按矿物组合可分为富石英云英岩、石英黄玉云英岩、石英云母云英岩、萤石黑鳞云母云英岩。它们均与 W、Sn、Mo、Bi、Be 矿化具有密切关系。面型云英岩多形成云英岩 W、Mo、Bi 矿石；相当发育的脉状、网脉状云英岩与复杂矽卡岩共同组成网脉状云英岩－石英脉－矽卡岩 W、Sn、Mo、Bi 复合矿体。

3）萤石化：蚀变成因的萤石，常与绿泥石、电气石、绢云母等共生。萤石化与 W、Sn、Be 以及金属硫化物矿化关系密切。

4）电气石化：见于网脉状大理岩中，一般呈条带状或不规则状集合体分布，在空间上常与大理岩－锡石矿化共生。

5）绿泥石化：发育在接触带附近的复杂矽卡岩中，呈不规则集合体或条带状分布，与金属硫化物矿化具有一定成因联系。

此外，尚有钾长石化、钠长石化以及硅化，分别与矿化作用具有不同程度的时空关系。

值得提出的是，矿区内有矿化蚀变呈现巨大而明显的水平和垂直分带，以岩体接触带为中心向外或向上依次为 W、Sn、Mo、Bi、Be、Cu、Pb、Zn、Ag、Hg 和 Sb，构成同心弧状分带。

三、矿床成因和找矿标志

1. 矿床成因

柿竹园地区的千里山花岗岩体各阶段岩浆活动均伴随有不同程度的矿化作用。据此，毛景文等（1998）将此归纳为 3 个成岩成矿阶段模式（图 3）。

1）似斑状黑云母花岗岩是千里山复式花岗岩体中的第一次和最大一次侵位事件的产物。在其侵位过程中伴随大面积角岩化和块状矽卡岩化，并在岩体隆起部位形成鸡冠状云英岩岩体（图 3(a)）。角岩以大理岩和钙质硅酸盐类为主，矽卡岩多为钙质矽卡岩类。此阶段有锡石、白钨矿、辉铋矿及辉钼矿生成。

2）第二期的等粒黑云母花岗岩侵位和冷凝导致在周围块状矽卡岩和大理岩中形成网状破裂系统。从矽卡岩过渡到大理岩，网状破裂系统从比较宽大变为细小密集。等粒黑云母花岗岩分异演化程度比较高。在演化晚期，F、B 和 Cl 等挥发组分、碱质元素和成矿元素高度聚集。在围岩网状破裂系统形成后，热水溶液向上运移及沉淀成矿（图 3(b)）。在网脉状云英岩形成的同时，也发育有少量大网脉状和细网脉状钙质矽卡岩和锰质矽卡岩。受温度、氟逸度及围岩组分的影响，成矿元素在空间上具有明显的分带性，即下部为 W－Sn－Mo－Bi，上部为 Sn－Be－Cu。白钨矿与黑钨矿之比从下往上升高，在成矿晚期及后期部分黑钨矿变成假像白钨矿。另外，由接触带向上，Fe、Si、Li、K 和 Na 组分减少，Al、Ca 和 Mn 组分增高。

3）花岗斑岩在等粒黑云母花岗岩定位后沿 NE 向断裂成群产出，切割前几期岩体。斑岩脉宽度几十厘米到数米，具有典型的斑状构造。此阶段伴随有 Pb－Zn－Ag 矿化及锰铝榴石、蔷薇辉石、锰橄榄石、锰质辉石、日光榴石、菱锰矿组合的锰质矽卡岩的形成。与花岗斑岩有关的铅锌矿脉或产在斑岩脉前锋上，或平行斑岩脉产出，偶尔见有互相交叉的现象。在部分花岗斑岩脉中有大量等粒黑云母花岗岩的包体。本期花岗岩蚀变比较强烈，长石类矿物表面严重泥化，黑云母几乎全部绿泥石化及少量白云母化。花岗斑岩的副矿物以含大量自形晶、粒度大的褐帘石和磷灰石为特征，也含有金红石、锆石、独居石、磁铁矿、钛铁矿和萤石等（图3(c)）。

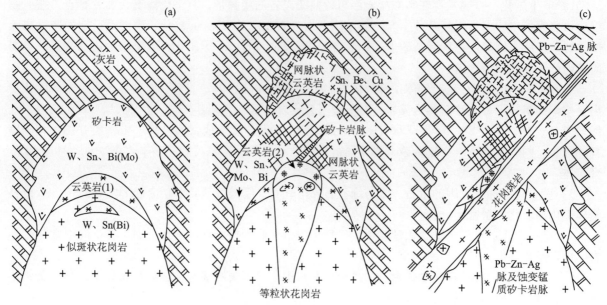

图3　中国湖南柿竹园多阶段成岩－成矿演化模式图

（引自毛景文等，1998）

2. 找矿标志

（1）构造地质标志

区域性深（大）断裂常常是控制矿体分布的区域构造标志，并且在冒地槽褶皱带发育有与花岗岩类有关的云英岩复合的钨、锡（钼、铋、铍）矿床（赵一鸣等，1990）。

花岗岩体与褶皱构造的接触部位是形成矽卡岩的有利地段，并且在接触带的缓倾斜处矽卡岩往往较发育，特别是在岩体顶部凹陷处常形成厚度巨大的矽卡岩体，接触带围岩破碎处矿体越厚大，矿化越强。

（2）蚀变和矿化标志

1）围岩蚀变是直接的找矿标志。围岩蚀变内带出现云英岩化、矽卡岩化、大理岩化，外带出现硅化、绿泥石化、铁锰碳酸盐化和蔷薇辉石化。黑鳞云母、电气石网脉分布在矿床顶部或外缘。大理岩中出现黑鳞云母和电气石脉是找矿的直接标志，其发育程度指示了矿体的远近，当黑鳞云母和电气石网脉密度由小到大时，预示着矿体由远到近。

2）矽卡岩矿石往往与矽卡岩共处同一空间，因此，矽卡岩即为直接找矿标志。简单矽卡岩离矿体不远，复杂矽卡岩往往就是矿石。

3）萤石常与 W、Sn、Mo、Bi 的矿物共生。萤石化是白钨矿化的找矿标志。

4）云英岩化与矿化关系密切，可作为直接找矿标志。上部有云英岩细脉，往下矿化就有扩大趋势。花岗岩出现云英岩化，一般都有 W、Sn 矿化。蚀变越强，矿化越强。云英岩一般都是矿石。

5）当石榴子石粒度变大，颜色由棕变红时，含矿性增强。

6）绿泥石化、铁锰碳酸盐化、蔷薇辉石化是寻找铅锌矿的标志；花岗斑岩和石英斑岩中强烈的绢云母化、黄铁矿化可作为铅锌矿的间接找矿标志；磁黄铁矿化是锡石富集的标志；似伟晶岩是铍矿的间接找矿标志，上述铅锌矿、锡石以及铍矿即为钨矿近矿标志。

（3）地球物理找矿标志

矿床主要产于区域重力骤变带内。例如，柿竹园钨锡钼铋多金属矿的区域航磁表现为以东坡－瑶岗仙一线为界，北侧为负值平缓区，南侧为正值高异常区，在此基础上的局部磁异常均与花岗岩体、大中型矿床的产出位置相吻合。

（4）地球化学找矿标志

区内有一定强度和规模的化探综合异常大多与岩浆岩有关，并具水平和垂直分带：由岩体中心向外围，呈现由高温到低温成矿元素的变化趋势，即依次出现 W、Sn、Mo、Bi、Be、Cu、Pb、Zn、Sb、Hg 的环形分带。尤其是岩体和多组构造的交汇复合部位是异常强度高、规模大、元素组合复杂的地区，它们往往与相应的矿床（点）对应。当出现 Hg、Sb、Pb、Zn、Cu 矿化带时，在靠近铅锌矿化的内带可能出现 W 多金属矿化。

（金庆花）

模型三十　广西大厂式锡多金属矿床找矿模型

一、概　述

中国广西大厂矿田的锡多金属矿床与花岗岩体、沉积建造以及构造样式关系密切，矿体规模大，矿床类型复杂，其中以锡石－硫化物型多金属矿床最为重要，其次为矽卡岩型锌铜矿床。大厂矿田有长坡锡石－硫化物多金属矿床、巴里－龙头山锡石－硫化物多金属矿床、鱼泉洞－铜坑和黑水沟矽卡岩型锌铜矿床、拉么－龙箱盖矽卡岩型锌铜矿床、茶山锑钨矿床、灰乐、亢马等锡多金属矿床等。大厂矿田矿产资源丰富，主要矿产有 Sn、Zn、Pb、Sb、Cu、W、Ag、In、S、As 等，其中，Sn、Zn、In 等的金属储量均达到超大型矿床的规模，驰名中外。

二、地　质　特　征

1. 地质背景

中国广西大厂矿田位于华南褶皱系西南端的右江褶皱带上，处于古特提斯构造域和滨太平洋构造域的复合部位（图1）。矿床产于南丹－河池晚古生代裂谷盆地的泥盆系中。盆地位于江南古陆西南缘，是右江晚古生代裂谷盆地更靠近大陆一侧的次级盆地，盆地内地层为泥盆纪—三叠纪的泥质岩、碳酸盐岩、硅质岩和碎屑岩等。

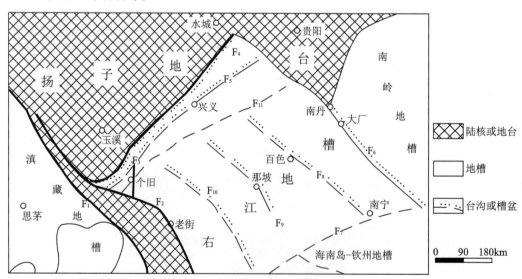

图1　中国广西大厂矿田大地构造图

（引自秦德先等，2004，修编）

F_1—哀牢山－黑水河断裂；F_2—红河断裂；F_3—小江断裂；F_4—建水－弥勒－师宗断裂；

F_5—师宗－兴仁断裂；F_6—紫云－南丹－都安断裂；F_7—凭祥－南宁－昆仑断裂；

F_8—隆林－百色断裂；F_9—广南－那坡断裂；F_{10}—文山－麻栗坡断裂；F_{11}—个旧－平塘断裂

丹池大背斜和丹池大断裂组成的丹池褶断带，主体构造呈 NW－SE 走向，背斜轴部逆冲断层发育，叠加东西向、南北向的断裂和次级褶皱构造，在构造叠加处有花岗岩侵入，形成大厂、芒场和五圩等多个构造隆起，控制了成矿带内主要矿田的成岩、成矿作用。

在北西向丹池成矿带内，自北向南，依次分布有麻阳汞矿、芒场锡多金属矿田、益兰汞矿、大厂锡多金属矿田、北香锡多金属矿和五圩铅－锌－锡多金属矿田。已知超大型矿床 2 个，大型矿床 5 个，中型矿床 11 个，Sn、Zn、Pb、Sb、Ag、Cu、W、Hg 等矿产地 200 多处。矿床基本上集中分布于大厂、芒场和五圩 3 个矿田，其中又以大厂矿田最为重要。

（1）地层

区域地层均为晚古生代裂谷盆地滨海相至浅海相沉积建造，以碳酸盐岩为主，其次为碎屑岩。大厂矿田中的地层由新到老依次为：第四系冲洪积层，局部有砂矿；二叠系中统合山组灰岩、硅质岩夹砂页岩；二叠系下统茅口组灰岩；二叠系下统栖霞组灰岩、硅质岩；石炭系上统马平组灰岩；石炭系中统黄龙组灰岩；石炭系下统寺门组灰岩；泥盆系上统同车江组灰页岩互层；泥盆系上统榴江组扁豆状和条带状灰岩；泥盆系上统榴江组硅质岩；泥盆系中统马家坳组灰岩；泥盆系中统马家坳组结晶灰岩（西外带巴里山至龙头山一带为礁灰岩）；泥盆系下统车河组灰岩、页岩和砂岩（图2）。

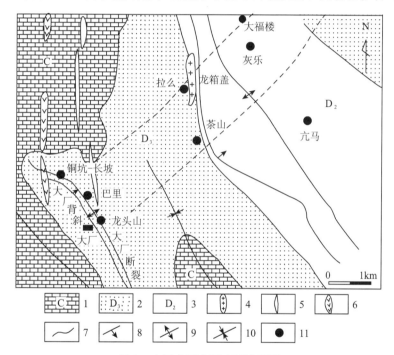

图 2　中国广西大厂矿田地质图

（引自蔡明海等，2006b）

1—石炭系；2—上泥盆统；3—中泥盆统；4—花岗岩；5—花岗斑岩脉；6—闪长玢岩脉；
7—地质界线；8—断裂；9—背斜轴；10—向斜轴；11—矿床

该区背斜核部为泥盆系，矿田东部以泥盆系下统车河组为主。矿田西部以泥盆系上统同车江组至泥盆系中统马家坳组为主。向斜核部为二叠系中统合山组，两翼为石炭系上统黄龙组和石炭系下统寺门组。锡多金属矿主要赋存在褶断构造核部的泥盆纪地层中。

（2）构造

大厂矿田的构造以浅表层次构造变形为主，NW 向的龙箱盖背斜和龙箱盖断裂以及与之平行的大厂背斜、大厂断裂为矿田内的主干构造。背斜构造表现为 NE 翼平缓、SW 翼陡立的不对称褶皱，局部发生倒转，总体向 NW 倾伏。NW 向的断裂构造倾向 NE，产状上陡下缓，具有"犁式"逆冲断裂特征。总的来说，大厂矿田的构造表现为两套完全不同的变形样式和变形组合（图2）：①以 NW、NNW 方向为主的不对称线形褶皱和逆冲断层，组成了区内的构造格架，属印支期（中三叠世）挤压构造体制作用的产物，最大主应力轴优选方位为 SW 252°；②层内伸展剪切褶皱、层间滑脱带、拉断石香肠、早期断裂的张性活动改造以及近 EW 向小褶皱，属燕山晚期区域拉张背景下伸展剪切变形的产物，最大主应力轴优选方位为 NNW 354°，该期构造是大厂矿田内主要的控岩、控矿构造（蔡明海等，2004）。

　　磁异常带与断裂构造关系密切，据此将磁异常划分为东带、中带、西带、西外带和南环带。东带磁异常沿北西纵向丹池大断裂带的灰乐－亢马断裂展布，在隐伏岩体东岩脊东侧，沿隐伏岩体北东边界展布；中带磁异常，分布在丹池大断裂带龙箱盖至茶山一带，断裂构造纵横交错，与隐伏岩体东岩脊吻合，基本反映隐伏岩体顶部的蚀变和矿化；西带磁异常位于鱼泉洞至铁板哨一带，终止在隐伏岩体岩沟北端的羊角尖一带，矿化发育；西外带沿大厂断裂展布，与隐伏岩体西岩脊吻合（图 3）。

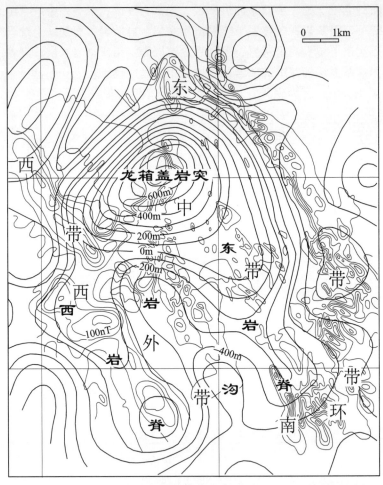

图 3　中国广西大厂矿田隐伏花岗岩体顶板等高线与 ΔZ 磁异常合成图

（引自王钟，1987）

（3）岩浆岩

　　矿田中地表出露的岩浆岩，主要是呈南北向展布的燕山期酸性花岗岩（图 2），如龙箱盖的岩株和大厂的花岗斑岩脉。其次是闪长玢岩脉，分布在长坡西侧，自北向南，走向从南北转为北西，这一迹象表明，西岩脊可能有中基性岩浆岩活动期次叠加。矿田中的隐伏岩浆岩，为燕山期黑云母重熔型花岗岩。该花岗岩受构造控制，侵位于泥盆系中。近期还在中泥盆统含矿岩系中发现了不少基性火山－次火山岩（秦德先，2008），主要岩石类型为玄武岩和凝灰岩。

　　图 3 显示了该区隐伏花岗岩的特征，－400m 标高以上显示的隐伏岩体顶板主体形态呈倒葫芦状。龙箱盖一带，标高 100m 以上圈出隐伏岩体隆起部位，南东缓，北西陡，称龙箱盖岩突。0m 标高至－400m 标高，向南东呈台阶状下降、延伸、收缩至葫芦把，称东岩脊。龙箱盖岩突西侧，在－200m 标高上，形成一个向南东延伸的岩脊，与东岩脊第一台阶相当，终止于东岩脊第二台阶端部对应处，

没有下降、收缩表现，称西岩脊。东、西岩脊之间为岩沟。隐伏岩体顶板的上述形态，与矿田北西向构造形态吻合，东西岩脊对应丹池背斜和大厂背斜，岩沟对应羊角尖向斜。

2. 矿床地质特征

（1）空间分布特征

综合大厂矿田的矿产分布特征、构造组合形式、控岩、控矿特征、隐伏花岗岩体形态特征和磁异常的分带特征等，大厂矿田可划分为西外带和西、中、东3个矿带（图3），与磁异常的分带基本一致。西外带有长坡和巴里－龙头山两个特大型锡石－硫化物多金属矿床。西带由鱼泉洞－铜坑和黑水沟矽卡岩型锌铜矿床等组成；中带位于龙箱盖隐伏花岗岩岩株顶部周围及南北两端，由拉么－龙箱盖矽卡岩型锌铜矿床、茶山锑钨矿床、大燕锑钨矿区及响水湾锑钨矿化区组成；东带由大福楼、灰乐、亢马等锡多金属矿区组成。

在这些矿带中，西岩脊位于大厂背斜和大厂断裂的东侧，与西外带磁异常吻合，是一处既有独立性，又与主岩体有联系的深部隆起带。最近，在黑水沟发现的大型矽卡岩型锌铜矿床，表明了这种过渡关系。岩脊西侧地表出露有闪长玢岩脉，表明深部成岩活动过程中，有中基性的岩浆活动，这是与东岩脊和龙箱盖岩突的主要区别。西岩脊北端成矿物质来源特别丰富，纵横向深大断裂的交汇，沟通了深部开放式构造和上部的封闭式构造，地层与构造条件优越，具备多期次的成矿热液侵入条件。因此，西岩脊北端应是继续探测深部超大型矿床的重点地段。

从矿田内各矿床产出的空间位置和产出形式来看，龙箱盖岩体外接触带是矽卡岩型矿床（图4－③）；巴里－瓦窑山深部为多层矽卡岩型层状多金属矿床（图4－②），中部为入字型充填型锡多金属矿床，上部为含矿断裂破碎带；长坡则是受北西向压性褶断带和北东向张扭性断裂及挠曲复合控制的锡石－硫化物矿床（图4－①和－④）；图4－⑤龙头山式属礁灰岩中的锡多金属矿床，规模为大型；图4－⑥大福楼式是东带的锡多金属矿床典型剖面，矿床为大型，陡产状大脉沿丹池大断裂东侧的裂隙充填，深部有层状矿体。6条典型矿床地质剖面，都反映出以隐伏花岗岩体为中心，在距岩体不同部位的相关构造、沉积建造中的矿床分带特征，简称矿床类型构式分带。概而言之，该矿床自上而下出现浅脉、大脉、细脉带、网脉带、似层状矿床，曾有人称为五层楼矿床分带模式。

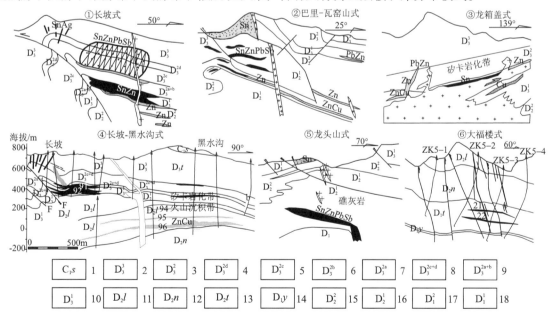

图4　中国广西大厂矿田典型矿床剖面示意图

（据叶绪孙等，1990，修编）

1—寺门组；2—同车江组；3—上榴江组；4—五指山组大扁豆状灰岩；5—五指山组小扁豆状灰岩；6—五指山组细条带灰岩；7—五指山组宽条带灰岩；8—五指山组大小扁豆状灰岩；9—五指山组宽细条带灰岩；10—榴江组硅质岩；11—罗富组；12—纳标组；13—塘丁组；14—益兰组；15—上纳标组；16—下纳标组（礁灰岩）；17—下益兰组；18—下莲花山组

另外，区内锡多金属成矿围绕中部龙箱盖岩体形成了较好的金属元素空间分带，即中部的 Zn –
Cu – W – Sb 成矿带（中矿带），包括拉么锌铜矿、茶山锑矿；东部的锡多金属成矿带（东矿带），包
括大福楼、灰乐、亢马和西部的锡多金属成矿带（西矿带），包括铜坑 – 长坡锡多金属矿、巴里锡多
金属矿和龙头山锡多金属矿（陈毓川等，1993）。

（2）矿体特征

西矿带的铜坑 – 长坡矿床所拥有的锡矿石量约占整个矿田的 80%，是矿田中规模最大、特征最
为典型的矿床。这里以铜坑 – 长坡矿床为例说明该矿田的矿床特征。铜坑 – 长坡矿床由两类矿体组
成，一类为脉状矿体，另一类为层状矿体。脉状矿体由大脉带和细脉带所构成。脉状矿体和似层状矿
体在空间上呈有规律的分布，显示出下部为似层状矿体、上部为脉状矿体的特征（图 5）。最初该矿
床以寻找大脉型矿体为主，后来对细脉带型和似层状矿体不断有了新的发现和认识。

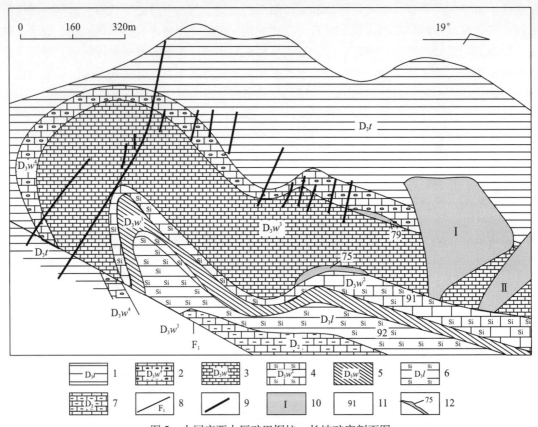

图 5　中国广西大厂矿田铜坑 – 长坡矿床剖面图

（引自蔡明海等，2006b，该图据铜坑矿山内部资料改编）

1—上泥盆统泥灰岩；2—上泥盆统大扁豆灰岩；3—上泥盆统小扁豆灰岩；4—上泥盆统硅质灰岩；
5—上泥盆统条带灰岩；6—上泥盆统硅质岩；7—中泥盆统黑色页岩；8—大厂断层；9—大脉型
矿体；10—细脉带型矿体及编号；11—层状矿体及编号；12—层面脉型矿体及编号

在已知的似层状矿体中以 92 号矿体较为典型。该矿体产于最下部榴江组硅质岩中（图 5），是大
厂矿田内规模最大的矿体，长 900 ~ 1200m，宽 600 ~ 700m，平均厚 26.53m，厚度变化小。中心最大
厚度达 82m，向两侧变薄分支尖灭，边缘变薄至 5m 左右。矿体总体走向近东西，倾向北，倾角 15° ~
25°，向北东方向侧伏，产状与地层基本一致。矿化沿裂隙脉和层面发育，构成细脉 – 网脉浸染型矿
体。由于矿化强烈，常形成致密块状矿石，夹石少。锡、锌平均品位分别为 0.76% 和 2.11%，有用
组分分布均匀。

细脉状矿体分布在长坡背斜东翼上次级纵向背斜轴部，处于横向裂隙带的延伸部位。整个细脉带
矿体陡倾，沿走向和倾向基本稳定。矿化连续性好，细脉状矿体属于锡石 – 铁闪锌矿、脆硫锑铅矿
型，矿体平均品位为锡 0.61%、锌 2.77%。该带由密集的细小裂隙脉组成，倾向 110° ~ 130°，倾角

70°左右，细脉大致平行产出，也有分支交叉。细脉随不同岩性和构造部位表现为不同形式，在灰岩、页岩中陡的细脉和沿层面平缓的细脉同时发育，在扁豆状灰岩中细脉有时成"非"字形或局部成囊状。简单形态细脉一般含锡品位 0.28% 左右，复合叠加细脉含锡品位达 0.6% 左右。

大脉型矿体赋存在同车江组泥灰岩和五指山组上部的扁豆灰岩之中，整个矿区约有 200 多条，矿脉沿 NE 向延伸，陡倾斜。单脉厚 0.2~1.5m，矿石平均含 Sn 2.1% 左右。

（3）蚀变与矿化

在成岩过程中，成矿气液在高压、高温环境下，沿有利构造上升侵位到围岩地层中，以充填、交代形式成矿。不同蚀变带的前锋对应不同矿床类型。例如，黑云母花岗岩的白云质（钠化、云英岩化）交代前锋，含钼及黑云母；矽卡岩交代前锋为锌-铜矿及钼、钨、锡等；角岩化、硅化交代前锋为以锌为主的锡石-硫化物型矿床；硅化、钾长石化、电气石化交代前锋为锡石-磁黄铁矿型矿床；电气石化、黄铁矿化、绢云母化、碳酸盐化交代前锋为锡石-硫化物矿床等。成矿热蚀变带属近程地质找矿标志，叠加在成岩热变质带背景上。隐伏深度增大时，地表的近程标志逐渐减弱、消失。

燕山期隐伏花岗岩体在成岩成矿过程中，顶部发育热变质带，并伴随发育磁黄铁矿化，形成弱磁性壳。接触热变质带，又称顶上带，自下而上可划分为矽卡岩化带、大理岩化带、红柱石长英质角岩带和碳酸盐化带。磁性壳主要在角岩化带中，其分布受构造、岩性及热源温度控制。隐伏岩体顶部形态受构造控制，形成中央隆起区（龙箱盖岩突）、岩脊隆起带（东岩脊和西岩脊）。

（4）成矿期次和阶段

大厂矿田内与花岗岩有关的矿化过程主要可分为 3 个成矿期：

第一期为云英岩-矽卡岩钨、钼、锌、铜成矿期。该成矿期是大厂矿区内与燕山期花岗岩有关的最早成矿活动时期，与主岩浆活动期有关，矿化在主体的顶部和接触带。

第二期为锡石-硫化物多金属、银、锑、砷、汞成矿期。该成矿期是本矿区的主要成矿期，与花岗斑岩的侵入有密切关系，花岗斑岩在矿化期前后都有侵入。以矿田内最大、最有代表性的长坡-铜坑矿床为例。成矿前，由于深部黑云母花岗岩体的侵入，使地层自下而上形成以下变质带：矽卡岩-角岩-大理岩带；绢云母-大理岩带；绢云母-硅化带。锡石-硫化物多金属成矿期的成矿作用主要叠加在后两个变质带中，可划分 3 个矿化阶段（陈毓川等，1985）：

1）锡石-石英-硫化物阶段，成矿温度 470~300℃。可分出两个亚阶段，即锡石-石英-毒砂-黄铁矿亚阶段和磁黄铁矿-铁闪锌矿-毒砂-石英-菱铁矿亚阶段。

2）锡石-硫化物-硫盐-碳酸盐阶段，成矿温度 300~120℃。亦可分出两个亚阶段，即锡石-硫化物-脆硫锑铅矿-锰方解石亚阶段和锡石-辉锑锡铅矿-硫化物-方解石亚阶段。

3）辉锑矿-石英-方解石阶段，成矿温度为 143~120℃。

第三期为钨、锑成矿期。此成矿期是大厂矿区末尾的矿化时期，矿化强度较弱，分布范围有限。

（5）矿石矿物组成和结构构造

铜坑-长坡矿床为原生锡多金属矿床，包括锡石-硫化物型矿床和矽卡岩型矿床两种类型，矿物达 80 多种，其中具有经济意义的矿物有十多种。

金属矿物有白钨矿、锡石、铁闪锌矿、磁黄铁矿、毒砂、黄铁矿、脆硫锑铅矿、黄铜矿、黝锡矿、辉锑锡铅矿、硫锑铅矿、方铅矿、白铁矿、胶黄铁矿、磁铁矿、辉锑矿、菱铁矿等。脉石矿物有石英、方解石、电气石、萤石、白云石等。矽卡岩型锡矿体有特征的脉石矿物，如透辉石、透闪石、阳起石、斧石、绿泥石等矽卡岩矿物。

矿物共生组合有：白钨矿-萤石，磁黄铁矿-电气石，锡石-石英，磁黄铁矿-铁闪锌矿，锡石-毒砂，黄铁矿-铁闪锌矿，锡石-方解石，辉锑矿-方解石，锡石-硫盐-硫化物，锌铜硫化物等。

矿石构造主要有致密块状构造、扁豆状和条带状构造、细脉和网脉状构造、浸染状构造、角砾状构造、晶洞构造、栉状构造、挠曲构造等。结构有自形晶结构、半自形晶结构、他形晶结构、交代溶蚀结构、固溶体分离结构、胶状结构等。

矿床中锡、锌矿物分布富集特征：①锡，其富集与构造关系密切，如长坡背斜轴部及东翼次一级的纵向挠曲与横向（北东向）裂隙带交汇处，矿体最厚，也最富，矿物共生组合重叠处，锡石也富集，在矿床上部锡石多与方解石、黄铁矿等共生，在矿床下部多与石英、毒砂共生；②铁闪锌矿，分布稳定，往北东深部略有减少，但在矿带中心的下方深部仍广泛存在；③硫酸盐类矿物，主要有脆硫锑铅矿、辉锑锡铅矿和硫锑铅矿，多富集在矿带上部和侧伏方向的西南侧。

(6) 成岩成矿时代

蔡明海等（2006a）获得大厂龙箱盖含斑黑云母花岗岩的成岩年龄为（93±1）Ma，斑状花岗岩为（91±1）Ma，石英闪长玢岩脉（西岩墙）为（91±1）Ma，花岗斑岩脉（东岩墙）为（91±1）Ma，为同期不同阶段岩浆活动的产物。王登红等（2004）获得西矿带铜坑–长坡矿床 91 号层状矿体石英 $^{40}Ar/^{39}Ar$ 坪年龄为（94.52±0.33）Ma；龙头山 100 号块状矿体石英 $^{40}Ar/^{39}Ar$ 坪年龄为（94.56±0.45）Ma。蔡明海等（2005）获得东矿带亢马脉状矿体石英 Rb–Sr 等时线年龄为（94.1±2.7）Ma；西矿带铜坑–长坡矿床 92 号层状矿体石英 Rb–Sr 等时线年龄为（93±1）Ma。上述成矿年龄数据在误差范围内基本一致，表明大厂锡矿田内不同矿床及不同产状矿体的成矿年龄介于 94~93Ma 之间，均属燕山晚期成矿，且成岩与成矿时代接近，二者之间关系密切。

三、矿床成因和找矿标志

1. 矿床成因

关于广西大厂锡多金属矿床的成因，学术界存在着多种认识，如海底喷流同沉积成因论（黄汲清等，1980）或海底喷流同沉积与岩浆热液叠加改造成矿成因论（张国林等，1987）、多期次多旋回岩浆叠加成矿成因论（叶绪孙等，1999；陈毓川等，1985 和 1993）等。

黄汲清等（1980）认为，大厂锡多金属矿床的上泥盆统硅质岩为海底喷气的产物，其中所赋存的 92 号矿体属海底喷流成矿。张国林等（1987）则认为，大厂锡多金属矿床的成矿作用主要经历了早期（海西期）的海底火山热泉（喷气）同沉积成矿作用，形成层状、层纹状及浸染状含锡贱金属硫化物矿体；而晚期（燕山晚期）的岩浆热液成矿作用，形成脉状、网脉状及充填–交代型（囊状、似层状等）复杂的锡多金属矿化体。早期矿化的部分物质参与了晚期热液成矿作用，晚期的岩浆热液作用使早期矿化体进一步富集，从而形成了大厂锡多金属矿床中富而厚的巨大矿体。

叶绪孙等（1999）认为，大厂超大型规模锡多金属矿床的形成具备以下几大有利条件：①大厂锡矿床成矿过程的历史继承性；②成矿物质的多源性；③燕山花岗岩浅侵位与快速分异；④岩浆源岩和侵位的还原性围岩介质，促使岩浆中的 Sn 充分释放逸出；⑤生物礁灰岩组合在褶皱过程引起的成矿构造集中发育等。

陈毓川等（1985，1993）认为广西大厂锡多金属矿带的成矿作用主要与燕山期花岗岩有关，成矿作用、构造活动、岩浆活动相互协调，且都存在着多期次性，从而形成了与燕山期浅成花岗岩有关的锡多金属矿床。由于印支–燕山构造运动引起岩浆的侵入，可能先由地幔侵入偏中、基性的岩浆，后转为地壳熔融的花岗质岩浆，并逐步演化。花岗质岩浆的多次上侵和退缩又引起环绕岩体的某些主要赋矿构造的形成。多期次的岩浆活动、赋矿构造活动与相关的成矿活动同步进行。在此岩浆、构造、成矿作用协调演化和活动的一定阶段和在不同部位，有规律地形成了一套锡石–硫化物多金属矿床组合，具有成矿早期的矿床正向分带和成矿晚期的矿床或矿化逆向分带的空间分布规律。

2. 找矿标志

(1) 地质找矿标志

1) 位于隐伏花岗岩体之上的泥盆纪和石炭–二叠纪碳酸盐沉积盖层可作为重要的矿田地质找矿标志。其他标志还包括隐伏花岗岩体及岩脉、局部成岩变质迹象、浅表矿脉、前人采矿遗迹，等等。

2) 在大厂矿田内，控岩控矿构造为深断裂和褶断构造，如西带的大厂断裂、铜坑断裂，中带的龙箱盖断裂和丹池大断裂，东带丹池大断裂及其分支断裂。因此，纵横褶断构造也是重要的矿田地质找矿标志。

3）浅表矿脉明显的成矿蚀变带标志可作为指示矿床存在的重要地质找矿标志。

（2）地球物理找矿标志

1）由于矿体有块状、细脉、网脉、稠密浸染等特点，并富含黄铁矿和磁黄铁矿，均有显著的低电阻率特征（表1），而围岩电阻率比矿体电阻率高出两个级次以上。因此，可利用TEM法探测高阻围岩中的低阻矿体。如图6所示，长坡超大型矿床上的14线，龙头山100#和105#矿体，巴里山北部中浅部矿体，TEM法均有清晰的低阻异常表现。

表1 大厂矿田岩石物性参数

岩石分类	密度 $(10^3 \mathrm{kg \cdot m^{-3}})$	磁化率 $4\pi \times 10^{-6} \mathrm{SI}$	余磁 $(10^3 \mathrm{A \cdot m^{-1}})$	极化率 %	电阻率 $\Omega \cdot \mathrm{m}$
正常围岩	2.73	5	5	3	5×10^4
花岗岩	2.64	5	5	2	$n \times 10^4$
角岩类	2.84	230	1300	30	$n \times 10^2$

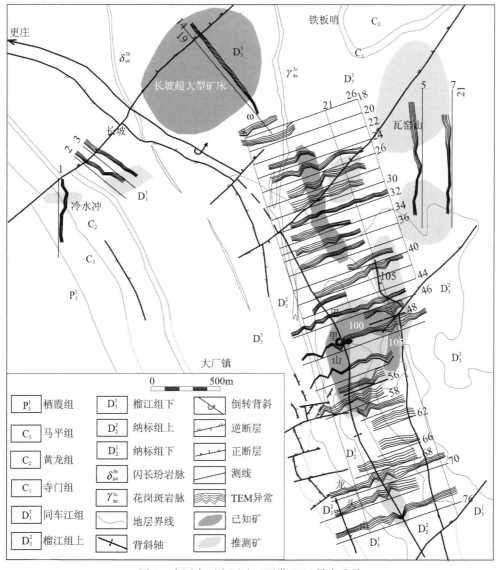

图6 中国广西大厂矿田西带 TEM 异常成果

2）如表1所示，大厂地区隐伏花岗岩岩体具有低密度特征，岩体接触带及矿化带具中高磁性特征。因此，可利用重力勘探圈定隐伏花岗岩体；利用锡多金属矿床中富含磁黄铁矿的特征，开展磁法勘探以实现间接找矿，同时圈定成岩热变质带形成的隐伏岩体顶部和周边的磁性壳。

3）环形磁异常，也是圈定隐伏花岗岩体的重要标志（图3）。

（3）地球化学找矿标志

1）矿床具有明显的分带性：以黑云母花岗岩为中心，向外依次出现矽卡岩锌铜矿床－矽卡岩锌矿床－锡石－多金属硫化物矿床－汞矿床，因而化探原生晕是有效的找矿标志，即矿上晕为 Sb－Zn－Pb，矿体中部为 Sn－Pb－Zn－Cu－As，下部为 Zn－As－Cu（陈毓川等，1985）。

2）地球化学异常分带与矿产分带基本一致，如东带和西带为锡、锌、铅组合异常，中带为锌、铜、钨、锡、砷、锑组合异常等。因此，可开展土壤地球化学异常和岩石地球化学异常测量。组合离子晕异常，可以提示矿田内的矿产分布规律和矿床的浅部地球化学异常找矿标志。

3）一些非传统化探方法，如吸附相态汞、土壤电导率、地电化学提取、气晕提取等，可用于深部找矿，但尚需进一步试验。

根据上述找矿标志和方法，20 世纪 90 年代，通过对一些隐伏花岗岩体进行重力勘探扫面，圈出了隐伏花岗岩体；用磁法扫面，圈出隐伏花岗岩周边的环形（或不完整环形）磁异常。有了这个基础，一些大型含锡有色多金属矿床被找出来了，如湘南的骑田岭、内蒙古的林西大井等。

需要注意的是，由于剥蚀程度不同，各种找矿方法和手段的异常响应通常存在着较大差异。如图7 所示，在剥蚀程度不同的两个剖面上（$A—A'$ 和 $B—B'$ 剖面，分别对应于探深小于 2000m 和 1000m），地质、地球物理和地球化学异常响应差异明显。

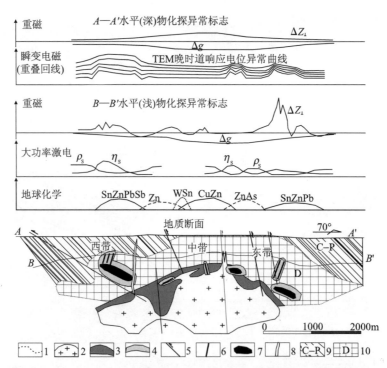

图7　中国广西大厂矿田不同剥蚀面地质、地球物理和地球化学异常响应图

1—地层界线；2—花岗岩体；3—成岩变质带；4—成矿蚀变带；5—断裂；6—脉状矿体；7—矿体；
8—岩脉；9—石炭－二叠系；10—泥盆系

（王　钟　范森葵）

模型三十一　云南个旧式锡多金属矿床找矿模型

一、概　　述

我国云南个旧锡（铜）多金属矿田是与酸性花岗岩体有关的矽卡岩热液型锡矿，矿体主要分布在花岗岩体与碳酸盐岩接触带上，也有产于花岗岩外接触带的层间锡矿体，有时在接触带靠近花岗岩体的一侧有云英岩型锡矿体发育，而在远离花岗岩体的围岩里可见脉状锡矿充填围岩裂隙。

我国华南是世界上重要的锡矿产地之一，该区集中了我国95%以上的锡矿。矽卡岩型锡矿又是我国华南锡矿重要的矿床类型，这类矿床主要分布于我国滇西南-桂西北地区，其中，以个旧锡矿较为典型。作为世界闻名的锡都，其锡矿资源储量居于世界第一，产量和出口量居全国第一。个旧矿区已探明的锡储量超过 $200 \times 10^4 t$，Sn、Cu、Pb、Zn、W、Bi、Mo、Ga、Cd、Nb、Ta、Be、Fe、Au、Ag 等有色、稀有及贵金属矿产达20余种，资源总储量超过 $1000 \times 10^4 t$（庄永秋等，1996）。

二、地　质　特　征

1. 区域地质背景

云南个旧锡（铜）多金属矿田地处滨太平洋构造域与特提斯构造域的交界部位，欧亚板块、太平洋板块和印度板块三者交汇处。具体而言，个旧锡（铜）多金属矿田位于华南地块最西部的右江褶皱带西缘，属于滇东南锡多金属成矿带的重要组成部分。

（1）地层

矿区地层以三叠系出露最为完整，仅上统顶部缺失。中生界以前的地层只在矿区南部见有二叠系上统龙潭组零星出露。新生界沉积则广泛分布于山间断陷盆地中。具体而言，矿区自下而上的地层分别是上二叠统龙潭组细粒碎屑岩及煤系地层、下三叠统飞仙关组杂色砂页岩、下三叠统永宁镇组砂泥岩、中三叠统个旧组碳酸盐岩（其下部夹有基性火山岩）、中三叠统法郎组细粒碎屑岩及一些碳酸盐岩（在下部和上部分别夹有基性火山岩）、上三叠统鸟格组和火把冲组细粒碎屑岩。中三叠统个旧组和法郎组是个旧地区分布最广泛的地层，也是主要的赋矿层位。

（2）构造

在个旧地区，西南部的红河深大断裂是三江褶皱带与华南地区的构造分界线，南北向个旧断裂是区域性小江岩石圈断裂的南延部分。矿区高级次的骨干性构造按延伸方向有：北东组、东西组、南北组和北西组。北东组构造是矿区最主要的构造，五子山复式背斜和贾沙复式向斜，呈北东30°走向，横贯全区。除此之外，还有渣腊断裂、龙岔河断裂、轿顶山断裂、普沙河断裂、杨家田大断裂、火把冲断裂和五子山复背斜轴部断裂带等。矿区内近东西向构造发育，东区尤为明显。近东西向断裂主要有松树脚断裂、背阴山断裂、老熊洞断裂和仙人洞断裂等，与这些近东西向断裂平行的还有马松穹窿、大箐-阿西寨向斜、鸡心脑背斜、猪头山向斜、白龙断裂和大花山背斜。北西向的褶皱、断裂以矿区西南的陡岩-水塘一带较发育。矿区东部北西向断裂不甚发育，一条规模较大的北西向白沙冲断裂斜切矿区东北角。南北向断裂包括个旧断裂和甲界山断裂。个旧断裂将个旧地区分为东、西两个矿区，砂锡矿主要产于西矿区，而原生锡矿主要产于东矿区。前述4条东西向压扭性大断裂（松树脚断裂、背阴山断裂、老熊洞断裂和仙人洞断裂）又将该区自北而南分为马拉格、松树脚、老厂、竹林和卡房5个矿床（图1）（冶金工业部西南冶金地质勘探公司，1984；庄永秋等，1996）。

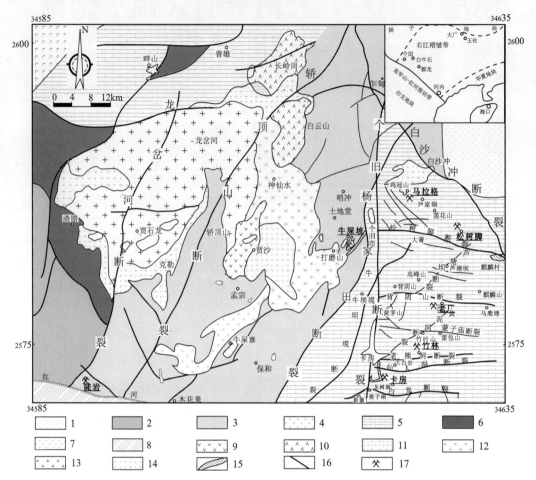

图1　中国云南个旧地区地质简图及主要锡多金属矿床的分布图

(引自毛景文等，2008)

1—第四系沉积物；2—上三叠统火把冲组板岩、砂岩、砂砾岩；3—中三叠统法郎组砂岩、页岩夹凝灰岩和玄武质熔岩；
4—中三叠统法郎组玄武质熔岩；5—中三叠统个旧组碳酸盐岩；6—下三叠统紫红色砂岩夹绿色砂岩、泥灰岩；7—三叠
纪峨眉山玄武岩；8—哀牢山变质带；9—辉长岩；10—霞石正长岩；11—碱长花岗岩（原二长岩）；12—碱性花
岗岩；13—斑状黑云母花岗岩；14—等粒黑云母花岗岩；15—辉绿岩墙；16—断层；17—主要矿床

（3）岩浆岩

个旧矿田中生代岩浆活动频繁。基性、酸性、碱性的岩石都有分布，其成岩时代为 76～85Ma（程彦博等，2008a，2008b，2009）。先后侵入于三叠系中统砂页岩及碳酸盐岩中。在个旧西区，岩浆岩大面积裸露地表，贾沙岩体由辉长岩-二长岩组成，而酸性岩则有龙岔河岩体和神仙水岩体。另外，西区还有碱性岩出露，岩性为碱性正长岩和霞石正长岩。而在个旧东区，岩浆岩只有少数露头分布，大多隐伏于地下 200～1000m 深处，主要由北边的马松岩体和南边的老卡岩体组成，这两个岩体的岩性均为花岗岩。

2. 矿床地质特征

（1）亚型及其地质特征

个旧矿田的砂锡矿（已基本采完）主要分布在原生矿床附近的岩溶盆地、山坡和侵蚀阶地，探明锡储量占矿田锡储量的45%（庄永秋等，1996）。而原生锡（铜）多金属矿床可分为花岗岩接触带矽卡岩型、层间氧化矿型、云英岩型、电气石细脉带型和卡房铜（锡）矿型。各亚型基本特征见表1，各矿床典型剖面见图2。

表 1　中国云南个旧锡（铜）多金属矿田亚型特征

亚型	花岗岩接触带矽卡岩型	层间氧化矿型	云英岩型	细脉带型	卡房铜（锡）矿型
基本特征	规模大，普遍发育于花岗岩与个旧组下部碳酸盐岩内外接触带	矿体多呈似层状和透镜状产出于碳酸盐岩层中	矿体呈囊状、不规则状，规模较小，工业意义不大	脉长数十厘米至200m，脉宽约数毫米至数厘米，充填在厚层或块状白云岩的裂隙之中	矿体规模较大，沿走向具有较大延伸，一般都在200～400m以上
矿石矿物	锡石、白钨矿、黄铜矿、磁黄铁矿、毒砂、磁铁矿、黄铁矿、方铅矿、铁闪锌矿和辉钼矿等	毒砂、磁黄铁矿、黄铜矿、铁闪锌矿、锡石、黄铁矿、白钨矿、辉铋矿、辉钼矿、磁铁矿和自然铋等	锡石和黑钨矿等	锡石、毒砂、黄铜矿、黄铁矿、磁黄铁矿及少量白钨矿和黑钨矿	磁黄铁矿、黄铁矿、黄铜矿、毒砂、白钨矿、黑钨矿、锡石、自然铋、辉铋矿、辉钼矿、斑铜矿、黝铜矿、辉铜矿
脉石矿物	石榴子石、透辉石－钙铁辉石、符山石、枪晶石、硅灰石、金云母、粒硅镁石、镁橄榄石、透闪石－阳起石、绿帘石和绿泥石等	石英、萤石和碳酸盐	主要为白云母和石英，还有绿柱石、钾长石、钠长石、电气石、萤石、锂云母和黄玉等	电气石、长石、白云母、石英、绿柱石、萤石、石榴子石、透辉石和锂云母等	透辉石、石榴子石、透闪石、长石、石英、萤石、方解石、阳起石、金云母和绿泥石等
蚀变类型	钙矽卡岩化和镁矽卡岩化	矿体附近碳酸盐岩硅化强烈	云英岩化	矿脉周围碳酸盐岩有明显硅化	阳起石化和金云母化
主要控矿因素	花岗岩大岩基上突起的小岩株是这类矿床最有利的成矿构造，显示岩控特点	具有明显的"层控"与"断控"特征	此类矿化常分布在等粒花岗岩或斑状花岗岩的突出部位	受层间滑动带和其他扭性构造带控制	呈似层状和透镜状赋存在个旧组下部的卡房段的玄武岩层中、玄武岩与碳酸盐岩（大理岩）层间或燕山期黑云母花岗岩呈蘑菇状产出在岩体凹兜及附近
代表性矿床	老厂矿床	松树脚矿床、马拉格矿床	老厂矿床	老厂矿床	卡房矿床

（2）成矿阶段和矿床地球化学特征

个旧锡（铜）多金属矿田可划分为 4 个成矿阶段：①硅酸盐阶段，该阶段主要形成一套矽卡岩建造，虽有一定成矿作用，但不具工业价值，包裹体均一温度显示，本阶段成矿温度较高，为 350～500℃；②氧化物阶段，主要局限于分异演化强烈的晚期岩体顶部，由于富氟硼及钾钠的高温气液的交代作用，使黑云母花岗岩钠化、钾化及云英岩化。仅在局部见黑钨矿、白钨矿、绿柱石、锡石或少量铌钽矿化，绿柱石均一温度为 335℃，石英为 329℃；③硫化物阶段，这是个旧锡（铜）多金属矿田最主要的成矿阶段，又可分为两个亚阶段，即毒砂－磁黄铁矿－黄铜矿－铁闪锌矿阶段和黄铁矿－方铅矿－闪锌矿阶段，第一亚阶段的包裹体温度为 220～470℃，第二亚阶段锡石的爆裂温度有两组，分别为 300～370℃ 和 275～290℃；④碳酸盐阶段，本阶段出现大量的碳酸盐，矿化较差，无中－大规模矿床，石英－方解石－黄铁矿脉中方解石的包裹体均一温度为 180～190℃，锡石爆裂温度为290℃（汪志芬，1983；庄永秋等，1996）。

世界上大多数原生的锡矿化都与黑云母花岗岩有关，个旧花岗岩不同岩体锡含量分别高出世界花岗岩平均值 2.3～7.3 倍，且由于矿体与岩体密切的时空关系，普遍认为锡主要来源于个旧重熔型花岗岩（彭程电，1985；王新光等，1992；庄永秋等，1996）。

花岗岩体平均含铜 15.6×10^{-6}，围岩中三叠系卡房段碳酸盐岩地层和马拉格段碳酸盐岩地层分别含铜 20×10^{-6} 和 19×10^{-6}，而卡房段的碱性玄武岩含铜高达 500×10^{-6}（彭张翔，1992）。所以，碱性玄武岩中的铜含量分别高出花岗岩体、卡房段碳酸盐岩地层以及马拉格段碳酸盐岩地层的 32 倍、

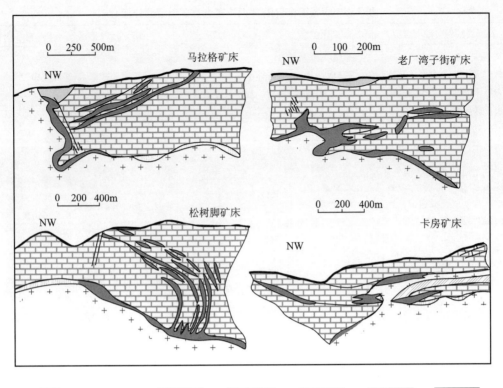

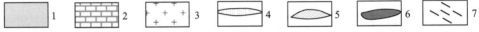

图 2　中国云南个旧地区主要矿床（马拉格、老厂、松树脚和卡房）的代表性剖面图

(引自毛景文等，2008)

1—砂岩；2—个旧组碳酸盐岩；3—白垩纪花岗岩；4—矽卡岩；5—辉绿岩；6—矿体；7—脉状矿体

25 倍以及 25 倍。由此可见，卡房段内的碱性玄武岩是铜的矿源层，为成矿提供主要的物质来源。

（3）与矿化有关的花岗岩特征

在个旧地区，花岗岩为一个复式岩体，通常认为等粒花岗岩和斑状花岗岩都与成矿关系密切（冶金工业部西南冶金地质勘探公司，1984；赵一鸣等，1987）。个旧花岗岩系列的硅质含量较高，酸性程度随着花岗岩的分异演化而递进。个旧花岗岩成矿性有一个特点：很宽酸性范围内的花岗岩都能成矿，纵然是酸性程度较低的龙岔河岩体，在其周围也有一些小型的锡矿分布。个旧花岗岩系列的各个岩体，全都具有高的总碱度。$K_2O + Na_2O$ 含量值的范围在 8.08% ~ 8.85% 之间；且都具有 K_2O 含量大于 Na_2O 的特征，K_2O/Na_2O 值分布在 1.14 ~ 1.83 之间（庄永秋等，1996）。斑状花岗岩的 F 含量为 0.16% ~ 0.2%，等粒花岗岩的 F 含量为 0.39%（冶金工业部西南冶金地质勘探公司，1984），F 含量的增加与 Sn 元素的富集表现出明显的一致性，且由于 F 与 Sn 存在着地球化学上的亲和性，F 含量的多少可以作为一种 Sn 矿化程度的指示剂。岩石化学、$(^{87}Sr/^{86}Sr)_i$ 值、ε_{Nd} 值显示（王新光等，1992；伍勤生等，1984），个旧含锡花岗岩的源岩物质主要是地壳物质，应当是陆壳改造型花岗岩，即地壳重熔的 S 型花岗岩。矿区内岩浆作用发生的时限基本可以限定在 76 ~ 85Ma 之间（程彦博等，2008a，2008b，2009）。总之，个旧地区花岗岩类的岩石化学具有国内外含锡花岗岩的共同特点，即高硅、富碱和富含挥发分。

（4）成矿时代

成矿时代相对集中。杨宗喜等（2008）测得与老卡岩体相关的卡房矽卡岩铜（锡）矿中辉钼矿的 Re - Os 等时线年龄为（83.4 ±2.1）Ma，而老厂细脉带型锡矿的白云母$^{40}Ar - ^{39}Ar$ 年龄为（82.74 ±0.68）Ma（杨宗喜等，2009）。说明个旧锡（铜）多金属矿田的成矿事件发生在 83Ma 左右。

三、矿床成因和找矿标志

1. 矿床成因

在白垩纪早期（约135Ma左右），由于太平洋板块沿平行于欧亚大陆的边缘走滑，引致大陆岩石圈发生大规模伸展，在滇东南–桂西北地区形成了大量白垩纪断陷盆地和变质核杂岩，并伴随大规模的火山活动和花岗质岩浆侵位及与花岗岩有关的钨锡多金属矿化系统，个旧锡（铜）多金属矿田即形成于这样的地质背景下（毛景文等，2008；杨宗喜等，2008）。个旧地区与成矿有关的花岗岩均属地壳重熔的S型花岗岩，而且这些岩浆经历了强烈的分异演化作用，具有明显的高硅富碱多挥发组分特点，是一种典型的含锡花岗岩类。在花岗质岩浆分异演化的晚期，含矿流体不断富集于岩体的顶部，锡元素在含矿热液中与 OH^-、Cl^- 和 F^- 结合，以络合物的形式迁移。云英岩型矿化首先发生，通常出现在等粒花岗岩或斑状花岗岩的突起部位。与此同时，在接触带部位，岩浆–流体与碳酸盐岩和三叠纪玄武岩相互作用，形成矽卡岩（包括钙质矽卡岩和镁质矽卡岩）。尽管在矽卡岩阶段有钨锡铋矿化，但主要矿化出现在退化蚀变阶段。含矿热液沿着断裂系统运移至层间滑脱带时，由于物理化学条件的改变，金属元素从含矿流体中析出，形成似层状矿体，同时伴随着围岩的硅化（贾润幸等，2005；毛景文等，2008）。由于岩浆热液高密度、中高盐度的特点，以及玄武岩本身富铜的特点，当岩浆期后热液在构造应力、压力梯度以及温度梯度等驱动力作用下，运移至玄武岩地层中时，活化、萃取了玄武岩中的金属元素，形成含矿热液。含矿热液充填到断裂裂隙及层间滑脱带中，由于内外部条件的变化，使得含矿热液中的金属元素以硫化物的形式沉淀下来，形成层间铜（锡）矿、脉状铜（锡）矿，同时伴随玄武岩金云母–阳起石–透闪石化（高建国等，2004；毛景文等，2008）。氟和硼是典型与钨锡矿化有关的主要矿化剂，而且迁移能力强并可携带成矿元素向远离接触带方向运动。因此，在远离接触带的地方出现含矿细网脉，包括石英–电气石脉、绿柱石–电气石脉、氟硼镁石–萤石–锂白云母–电气石脉、电气石–长石（钾长石或钠长石）脉及电气石–长石钙矽卡岩脉等（赵一鸣等，1987；毛景文等，2008），成矿模式如图3所示。

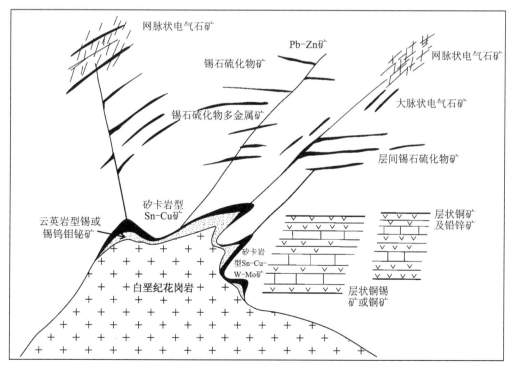

图3　中国云南个旧地区锡多金属矿床成矿模式

（引自毛景文等，2008）

总括说，个旧地区陆壳基底岩层锡平均含量高，有利于形成与成矿有关的富锡花岗岩。同时本区最佳成矿地段——卡房、老厂、松树脚等矿床的富锡花岗岩，又与含铜、锡等成矿元素高的中三叠统个旧组卡房段基性（超基性）火山岩发育地段重叠一致，这一方面明示不同种类的含成矿物质的岩石叠置可提供丰富的成矿物质，另一方面更暗示从印支期至燕山期这些地段是相对稳定发育的成矿热液活动中心，这对形成大矿是至关重要的。具体来说，本区富锡花岗岩沿同一热液活动中心侵位，在前述时期形成的碳酸盐岩、基性火山岩等有利成矿的围岩建造中，在构造、岩体形态有利部位，于封闭条件下，就可稳定地进行相关的成矿作用，形成不同亚型的矿床，因而矿化蚀变分带明显、规模大。成矿后，个旧断裂东部剥蚀有限，矿床保存好。个旧矿区具有典型的同位多中心成矿特点，形成了规模巨大的锡（铜）多金属矿田。

2. 找矿标志

（1）地质找矿标志

1）最直接的地质找矿标志是出露地表的矿化露头和前人开采的老硐。

2）与锡矿化有关的花岗岩几乎都属于中－浅侵位（侵位深度 1～6km），大多为多期多阶段演化较晚阶段形成的产物或复式岩体的晚期分异相，岩体形态常为岩株、岩枝、岩凸，有的属中深成相花岗岩基边缘或顶部的岩钟、岩瘤或岩席。岩体面积一般较小，多在数平方千米。含锡花岗岩的岩石化学特点是高硅、富碱、富含挥发分，且总体上反映 S 型花岗岩特征（毕承思等，1993）。

3）隐伏花岗岩岩枝的盆状、槽状、岩舌和凹兜等局部形态变化部位是成矿的有利地段。

4）矿床在空间分布上还常常出现上有砂矿，中有各类层间氧化型、细脉带型、含锡白云岩型等矿体，下有接触带矽卡岩硫化矿的空间分布规律，上、下对应明显。因此，发现其一或二，就应注意寻找其余的对应矿体（彭程电，1985；毕承思等，1993）。

5）碳酸盐围岩在锡矿成矿中也起到一定作用，控矿地层不仅在沉积阶段便有了锡的原始富集，而且围岩的物化性质决定着矿床的类型（毕承思等，1993）。

6）"断层加互层"、"断层加挠曲"、"断裂节理裂隙发育带加沿层滑动和剥离构造"，是层间氧化型矿体赋存的有利场所（彭程电，1985；池顺都，1991）。

7）"上有背斜，下有突起"。即利用背斜构造控制花岗岩体相对突起的岩株来寻找接触带锡、铜、钨矿床，在四大矿床即老厂、马拉格、松树脚、卡房矿床内的岩株找矿获得成功。

8）向斜和断裂配合找矿。如高松矿田芦塘坝矿段是由大箐－阿西寨向斜与北东向断裂联合控制的层间氧化矿；龙树脚矿段产于猪头山向斜与东西向断裂相叠加的控矿构造中（冶金工业部西南冶金地质勘探公司，1984）。

（2）地球物理找矿标志

1）运用物探手段寻找控矿的隐伏花岗岩突起，虽是间接找矿，但却是一种有效的找矿手段。对个旧锡矿东区用电测深来确定花岗岩的起伏，用电测深导数法，在个旧、栗木等矿区寻找深部隐伏花岗岩体的起伏及锡矿体富集均取得了较好效果（毕承思等，1993）。熊光楚等（1994）认为在这种岩体上典型的物探异常模式是：局部重力值低与低磁异常重合，在低磁异常外围有完整或不完整的局部正磁异常作环带状分带。

2）锡石的结晶温度相当或略低于磁黄铁矿而高于黄铁矿，所以锡矿床中常伴生有磁黄铁矿；而锡矿化又常位于磁黄铁矿化蚀变带的顶部或外侧，锡还可以类质同象进入磁铁矿、钙铝榴石中，这种含锡矽卡岩带具有磁性。因此，用磁法找有磁性的矽卡岩、磁黄铁矿和磁铁矿，间接找锡可以取得明显的找矿效果。在南丹大厂锡矿的找矿工作中，磁法曾发挥过重要作用（毕承思等，1993；池顺都，1991）。

3）航磁异常研究表明，凡与锡矿成矿关系密切的花岗岩体一般不具磁性或具弱磁性。当其出露地表或埋藏不深时，普遍具有环状（有的呈半环状异常）航磁异常标志，据此可预测隐伏花岗岩体，寻找隐伏锡矿床（毕承思等，1993）。

4）硫化物具有良好的导电性，如果硫化物没有被大规模氧化时，硫化物在矿体中大量存在，这

时电法在找寻锡石 – 硫化物矿体时是有效的（熊光楚等，1994；池顺都，1991）。

5）如果能克服地形坡度等因素影响的话，用瞬变电磁法来寻找一定深度地质构造及层间矿体是有效的（童祥，2003）。

（3）地球化学找矿标志

1）锡石重砂异常或以锡为主的综合化探异常（以 Sn、F、Li 为主或 Sn、Cu、Pb、Zn 加 F、B 组合为主的异常）一般是首要的化探找锡标志（毕承思等，1993）。

2）个旧锡矿受构造控制明显，应用构造地球化学测量方法十分有效。在开展岩石地球化学测量时，以裂隙填充物或蚀变岩为取样介质，可增强矿化异常强度。利用该方法成功预测并找到大箐东深部隐伏层间氧化锡矿床，证实此方法对寻找个旧矿区巨厚水平覆盖层下的隐伏矿床是有效的（童祥，2003）。熊光楚等（1994）也曾提出，在矿田中寻找浅部锡多金属矿床的有效方法是：首先用联合剖面法追索及圈定断裂带，然后进行裂隙采样，作化探原生晕测量，最后再打钻验证。

（杨宗喜）

模型三十二 湖南锡矿山式锑矿床找矿模型

一、概　述

中国湖南锡矿山式锑矿床又称为碳酸盐岩型沉积－改造层控锑矿床（孙延绵，1999），一般赋存于浅海相陆源碎屑岩－碳酸盐岩建造中，大多数矿床以灰岩、白云岩或燧石岩为主要容矿岩石，以围岩硅化为显著特征。硅化作用对原岩蚀变交代，沿层间破碎带或断裂带成面型或线型分布，形成硅化体，矿体产在硅化体中。矿体与地层整合接触，仅局部地段有小角度斜交，具多层性；矿床明显受地层、背斜、断裂因素控制。含矿地层岩性组合复杂，且明显控制着锑矿产出。矿床规模多为大型，个别为超大型。一般为单一辉锑矿类型，脉石矿物主要为石英或方解石。

该类矿床在我国集中分布在湘中地区，以素有世界"锑都"之称的湖南锡矿山锑矿作为典型代表。目前，在该地区已发现40余处此类矿床，地跨娄底、涟源、冷水江、邵阳等地。锡矿山锑矿以其超大型矿床规模闻名于世，据《中国矿情》，截至1996年底，锡矿山锑矿累计探明储量为85.92 × 10^4t，占全国锑矿储量的25%，其他矿床矿点储量则都在中型以下。另外，云南广南木利大型锑矿也是此类典型矿床的一个重要代表。

中国锑矿床类型多、规模大，一直是矿床地质工作者研究的重点。近年来对我国的锑矿床大致有以下3种分类方式（孙延绵，1999c）。

1）根据矿体形态、成矿作用方式、控矿条件和矿石建造等分类。钟汉、姚凤良主编的《金属矿床》（1987），将锑矿床分为3个类型，即：①层状、似层状锑矿床；②热液脉状锑矿床；③红土层中的残积锑矿床。

2）以成矿作用为主，结合成矿物质来源及主要成矿地质条件等因素分类。乌家达、张九龄（1996）将中国锑矿床划分为6个类型，即：①沉积改造型；②喷流沉积改造型；③火山沉积改造型；④沉积变质再造型；⑤岩浆热液充填型；⑥表生堆积型。

3）以含矿岩系为主导，兼顾矿床产出地质背景、成矿环境、物质组成、成矿物理化学条件等因素，乌家达等（1989）将我国锑矿床划分为7个类型，即：①碳酸盐岩型；②碎屑岩型；③浅变质岩型；④海相火山岩型；⑤陆相火山岩型；⑥岩浆期后型；⑦外生堆积型。其中碳酸盐岩型锑矿储量最大、最重要（表1）。

表1　中国主要典型锑矿床（截至1996年）

编号	矿床	矿床类型	储量/10^4t		平均品位/%
			累计探明储量	保有储量	
1	湖南锡矿山（矿田）	碳酸盐岩型沉积－改造层控锑矿床	85.92	25.54	3.00~3.76
	云南广南木利	碳酸盐岩型沉积－改造层控锑矿床	17.39	14.60	5.20
2	贵州独山半坡	碎屑岩型沉积－热液改造锑矿床	14.31	9.91	4.60
3	广西南丹大厂巴里－龙头山	岩浆热液脉状锑矿床	50.78	46.53	4.72
	广西南丹大厂铜坑	岩浆热液脉状锑矿床	21.10	18.84	0.29
	广西南丹大厂茶山	岩浆热液脉状锑矿床	10.53	5.61	3.77

编号	矿床	矿床类型	储量/10⁴t		平均品位/%
			累计探明储量	保有储量	
4	湖南沅陵沃溪	浅变质岩型沉积－改造层控锑矿床	16.72	5.28	2.84
	甘肃西和崖湾	浅变质岩型沉积－改造层控锑矿床	14.94	14.19	2.68
	湖南安化渣滓溪	浅变质岩型沉积－改造层控锑矿床	11.27	8.81	8.75
5	贵州晴隆（7个矿段）	海相火山岩型火山沉积－改造锑矿床	19.96	7.66	2.8~5.5

（据孙延绵，1999，整理）

二、地 质 特 征

1. 区域地质背景

国内此类矿床主要分布于扬子准地台南缘、华南褶皱系北侧，即两大构造带毗邻的过渡部位（图1），属晚加里东地槽褶皱系，地槽型建造主要由震旦系—志留系组成。志留纪末的晚加里东运动使华南地槽转化为地台，并与扬子准地台合并，沉积了与扬子准地台大致类似的泥盆系—中三叠统地台盖层。自晚三叠世以来，华南（含扬子准地台）进入大陆边缘活动带发展阶段，成为西太平洋大陆边缘活动带的重要组成部分。印支运动使泥盆系—三叠系沉积盖层全面褶皱，燕山运动使褶皱作用进一步加强与复杂化，其构造方向以 NNE 及近 SN 向为主。

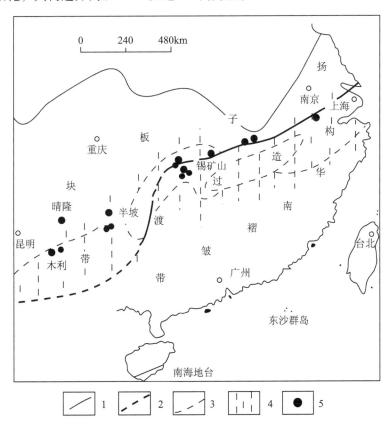

图 1 中国华南锑矿带锑矿分布示意图

（引自肖启明等，1992）

1——级单元界线；2——级单元推测界线；3—次级单元界线；4—锑矿主要分布区；5—锑矿床

从宏观上看，该类矿床明显受沉积构造因素（如生物礁、相变、不整合、岩溶盆地边缘、盆地内隆起等）制约。锡矿山矿田出露地层为寒武系、泥盆系和二叠系，其中赋矿层位主要集中在泥盆系。泥盆系地层是我国锑矿最重要的赋矿层位，勘查发现的矿床多、规模大，探明的锑储量占全国锑总储量的64%，如分布在华南锑矿带的湖南锡矿山、广西大厂、云南木利、广东乐家湾及秦岭汞锑矿带的陕西公馆等地。该类矿床矿体赋存于硅化岩中，区内褶皱、断裂十分发育，展布方向与主构造线基本一致。成矿作用受地层、背斜和断裂联合控制。

2. 矿床地质特征

（1）构造特征

此类锑矿床的基本控矿构造形式为"背斜加一刀"。即含矿泥盆系地层形成背斜构造，而背斜轴部或翼部有断层切割。其主干断裂为主要导矿通道，而背斜则是重要的容矿构造。在背斜处岩石破碎，特别是与大断裂交切的背斜轴部、横向次级褶皱发育呈波状起伏的背斜轴部，以及背斜翼部的挠曲、背斜倾伏端、层间断裂、层间破碎、层间剥离比较发育，这些构造空间是极为重要的控矿构造，它为后期矿质的赋存提供了最佳的场所。同时，在其上部被孔隙度较小、防渗性能好的页岩层等所覆盖，形成封闭的空间，有利于矿液聚集，形成规模大、形态稳定的整合型矿体。

如锡矿山地区断裂较褶皱更发育，一系列NNE向（F_{75}）、NE（F_3）和NW向的具不同规模的断层、断裂带，构成一套完整的断裂构造系统。NNE向呈两端倾伏、短轴状的锡矿山背斜西翼被NNE向F_{75}大断裂切割而遭破坏，东翼平缓开阔，东部也有一断裂（为煌斑岩脉所充填）存在。经后期南北向应力的扭动，使东翼转换成4个次级的右行斜列、两端倾伏的短轴背斜，其西翼常为次级纵向断裂切割，形成"背斜加一刀"的控矿构造（图2）。

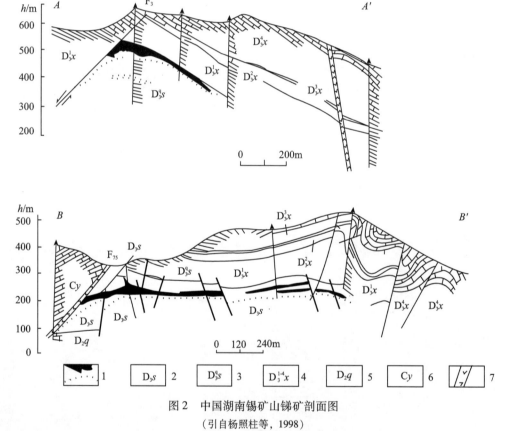

图2　中国湖南锡矿山锑矿剖面图

（引自杨照柱等，1998）

1—矿体及硅化界线；2—佘田桥组灰岩；3—硅化灰岩；4—锡矿山组；5—棋紫桥组灰岩；6—岩关阶灰岩；7—煌斑岩脉

AA'、BB'为勘探剖面

图3中木利矿段锑矿体形态清楚显示了矿体与褶皱构造间的相互依存关系。区内NW向展布的木利背斜以及2、3号背斜被NW向那外、小普弄次级断裂所切，东南部则被西洋江断裂所切，矿床就处于这些断裂所夹持的复式褶皱带中。

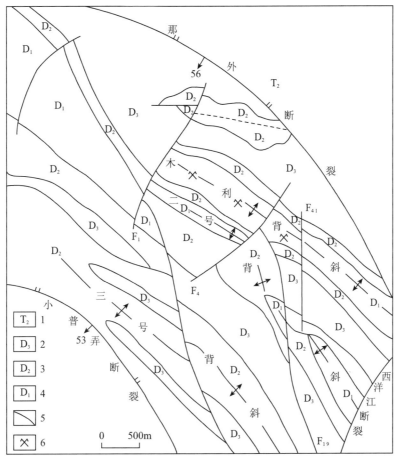

图3　中国云南木利锑矿地质简图

（引自黄敦义等，1997）

1—中三叠统；2—上泥盆统柳江组和五指山组；3—中泥盆统折坡落组；4—下泥盆统坡脚组；5—断层；6—矿体出露点

（2）容矿地层及岩性

这类矿床一般赋存于上古生界泥盆系—三叠系碳酸盐岩地层中，其中，泥盆系是主要赋矿层位，厚度大、出露齐全。赋存于浅海相陆源碎屑岩－碳酸盐岩建造中，大多数矿床以灰岩、白云岩和白云质灰岩，或以燧石岩为主要容矿岩石。矿体上盘岩石常为页岩或泥页岩，起有效的遮挡层作用，矿质不易流散，而灰岩或燧石岩等为有利的容矿岩石，有利于矿质富集。同时，此类多岩性组合不但是矿质堆积的有利岩性条件，从物理性质来考虑，这种脆－塑性岩石的互层叠加，常能形成较好的运、储、盖封闭环境，对成矿最为有利。以锡矿山为例，它以上泥盆系佘田桥组为主要含矿层位。佘田桥组又分上、中、下3个岩性段，其上、下岩性段分别为泥页岩段和砂岩段；中段为主要含矿层位，由灰岩、白云岩类、泥页岩类和砂岩类岩石韵律状互层组成。岩层中以灰岩、白云岩类为主（82.47%），砂岩（8.06%）、泥页岩类（9.47%）次之。灰岩的孔隙度较大，一般在0.3%～2.2%，有利于矿质的渗滤或富集，而其上部泥页岩的孔隙度较小，仅为0.2%～0.4%，不利于渗透，起着很好的屏蔽作用，易使矿质富集。

（3）岩相古地理

岩相古地理对此类锑矿床的成矿作用有显著的影响。该类矿床多分布在古陆边缘，位于隆起与坳陷的过渡带，如华南锑矿多分布在江南古陆南缘及西南缘，或越北古陆北缘。大部分位于滨海－浅海环境的半封闭海湾或泻湖沉积的相带中，物源丰富，海水不深，易于蒸发、咸化，对锑元素富集十分有利。主要是在局限台地（封闭海盆）相和台沟（盆）相两种沉积相中出现。如锡矿山，处于江南古陆南缘湘中盆地的内湾，具半封闭条件，位于潮下－潮间低能带、水动力较弱、海水不深的涟源衡山滨岸海盆。含矿岩系的上泥盆统佘田桥组，分别沉积了下段为泥质砂岩，中段为泥晶灰岩夹白云质灰岩、砂岩及页岩，上段为泥晶灰岩、白云质泥晶灰岩及页岩的海进序列。但成矿阶段的中期则是局部的海退过程，弱还原环境，有利于锑元素富集，加上当时北面及西面有前震旦系等地层组成的古陆，南面还有震旦系、寒武系等组成的白马山、帽子岭古岛，那些地层含锑丰度较高，为盆地沉积提供了丰富的物质条件。

另外，沉积构造可见泥裂、鸟眼、叠层石、纹层石、纹层、微波水平层理及斜交层理等，并含有大量的层孔虫、群体及单体珊瑚、腕足类，次有苔藓虫、有孔虫、介形虫、棘皮类及钙藻类等。

值得一提的是，在云南木利锑矿床含矿岩系的下泥盆统坡脚组中段产有木利生物礁，礁体沿木利背斜核部断续分布长达 8km 以上，背斜核部最厚。生物礁形态与锑矿的分布基本一致，礁的分布方向即为矿体展布方向（图4），礁体的宽度、厚度与矿体规模和品位也呈正比关系（郑荣才等，1988）。

如上所述，此类锑矿床与一定的岩相古地理环境有关，但并非存在一定的岩相古地理就有相应的锑矿床，还应结合其他成矿条件，如构造、矿源层等加以研究确定。

（4）矿体特征

在具有稳定的盖层、封闭好（背斜的缓倾伏端）的条件下，矿体形态以层状、似层状为主，部分呈囊状、鞍状。主要分布在背斜轴部或转折端及其附近。辉锑矿主要沿裂隙和空洞充填，空洞密集地段含矿愈富。在狭窄、紧密褶皱、或者断裂发育、或者盖层尖灭再起的封闭条件差的地段，矿化不连续，矿体主要为透镜状或囊状。

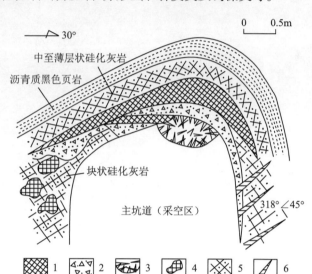

图4 礁岩类型与矿化类型的关系图
（木利锑矿 646 坑口素描）
（引自郑荣才等，1988）

1—致密块状矿石；2—角砾状矿石；3—晶簇状矿石；4—团块状致密矿石；5—细脉浸染状矿石；6—大脉状矿石

锡矿山锑矿区的矿体主要为层状、似层状和带状。层状、似层状矿体具有形态简单、延伸长、矿体稳定、品位高等特点（裴荣富等，1998）。矿体受层位控制，多以页岩、泥质页岩层为顶板。矿体主要分布于背斜轴部及翼部倾伏端，随着地层倾伏角度变陡，矿体变薄，以至尖灭。带状矿体分布于 F_{75}、F_3 断层下盘，延深及倾向延长可达 1000 余米，宽约 150～200m，不受层位控制，但岩性分层影响矿体的局部形态和规模。

木利锑矿区的矿体严格受木利背斜的转折端控制，赋存于转折端的下泥盆统坡脚组中段燧石岩层内。由于背斜为闭合褶皱，含矿段岩石在转折端部位厚度增大，向两翼变薄，最厚达 10.5m，平均品位 6.45%。陡翼延伸长度较小，缓翼延伸长度较大并有尖灭再现或分支现象（黄敦义等，1997）。矿体在横剖面上呈典型的鞍状，在纵向上沿背斜枢组连续产出。缓翼尖灭再现的矿体呈似层状，长度仅有百余米。值得注意的是，在木利背斜的缓翼延伸方向——南西翼坡脚组上段的燧石岩层中，局部也出现小矿体（图5）。

（5）围岩蚀变与矿石矿物

围岩蚀变以硅化为主，其次为碳酸盐化、黄铁矿化、绢云母化、重晶石化和萤石化。硅化为最重要、最广泛的围岩蚀变，控制着锑矿化的范围。硅化规模大，层状发育，多层产出，分布范围受背斜和断层控制。硅化与锑矿化极为密切，前人总结为"有矿化必有硅化，反之则不然"。碳酸盐化一般作为硅化外带的围岩蚀变而普遍存在。

矿石矿物成分单一，最主要的金属矿物为辉锑矿，其次为黄铁矿，脉石矿物为石英、重晶石和方解石，氧化矿物有黄锑华、锑锗石等。矿物组合有辉锑矿－石英组合、辉锑矿－方解石组合和辉锑矿－石英－方解石组合3类。矿石构造以块状、晶簇状、角砾状最普遍，其次为浸染状、脉状、条带

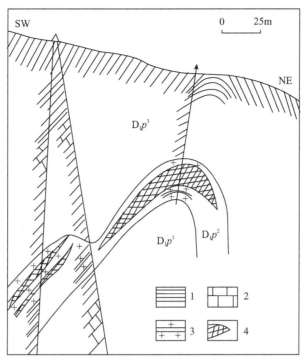

图5　中国云南木利锑矿 18 号线剖面图

（引自王林江等，1994）

1—页岩；2—灰岩；3—燧石岩；4—矿体

状等。

矿石类型以石英 – 辉锑矿类型为主，其次是方解石 – 石英 – 辉锑矿类型，局部和个别部位有重晶石或萤石 – 石英 – 辉锑矿类型。从纵向上看，在背斜拱曲部位，发育多种矿石类型，组成复型矿化带，向背斜两端逐渐过渡为前两种主要锑矿石类型，为双型双矿化带，再向两端至复背斜倾伏端变为石英 – 辉锑矿单型矿化带。从单型矿石到复型矿石，矿体形态从简单稳定到复杂多变，锑矿规模由小变大，品位由贫变富。以上矿石类型的分布规律可用于指导成矿预测和找矿。

（6）地球化学特征

此类矿床含矿碳酸盐岩地层中锑的丰度普遍较高，比地壳丰度高出几十倍到几百倍，如锡矿山含矿岩石锑的平均丰度值为 21.98×10^{-6}，广南木利含矿燧石岩锑的丰度值则达 $(165 \sim 180) \times 10^{-6}$（表2）。

表2　中国锡矿山、木利锑矿含矿碳酸盐岩地层锑含量

矿产地	地层		岩石	锑含量/10^{-6}	参考文献
云南木利	泥盆系坡脚组	上段	灰岩	15 ~ 80	黄敦义等，1997
			页岩	0 ~ 100	
		中段	灰岩	1 ~ 30	
			页岩	50 ~ 75	
			燧石岩	165 ~ 180	
		下段	灰岩	0 ~ 69	
			页岩	0 ~ 144	
湖南锡矿山	泥盆系佘田桥组	中段	灰岩	21.98	印建平等，1999
		下段	砂岩、页岩	3.82	

另外，此类矿床中 Sb、Hg、As 三种元素密切共生，且随着地层由新到老其含量有增高趋势。据王林江等（1994）研究，木利矿床中上述元素组合明显富集，其浓度克拉克值都大于 10×10^{-6}。而

锡矿山地区在佘田桥组中段，经硅化后 Sb、Hg、As 含量急剧升高（表3），反映了成矿作用过程中成矿元素和伴生元素的富集，这些元素的富集与硅化作用关系密切。

表3 中国湖南锡矿山锑矿床上泥盆统佘田桥组中段主要岩石成矿元素含量与硅化富集情况

岩石名称	Sb/10^{-6}		As/10^{-6}	
	原岩	硅化	原岩	硅化
泥晶灰岩	16.0	97.3	13.0	90.6
含生物屑泥晶灰岩	13.0	22.6	34.0	93.1
含珊瑚泥晶灰岩	27.8	34.6	44.5	74.2
双孔层孔虫泥晶灰岩	13.2	71.3	17.1	46.3
藻纹层灰岩	13.1	36.4	10.3	59.1
凝块石灰岩	12.7	75.4	20.7	63.7
细晶白云岩	15.8	72.0	21.4	87.6
钙质细砂岩	9.7	30.6	38.3	>100.0
水云母化泥晶灰岩	9.0	10.5	30.5	24.0

资料来源：乌家达等，1989，略有修改

此类矿床辉锑矿平均爆裂温度为 212~220℃（匡文龙，2000；解润，1991），并且自上而下有明显的增高趋势。硫同位素组成以富重硫为特征。硫化物矿石中 δ^{34}S 值变化范围较大，为 -2.3‰ ~ +11.6‰。

三、矿床成因和找矿标志

1. 矿床成因

此类矿床成因争论由来已久，归纳起来主要有三种成因观点：①岩浆热液成矿论；②热水成矿论；③层控矿床或沉积－改造（再造）成矿论。至今，不同学者的观点仍有很大分歧。

（1）中－低温热液成因

中－低温热液成因论强调，成矿物质来源上有多源性，成矿作用上有多阶段性，控矿构造是多型式的。林肇风等（1987）在湘中地区锑矿研究后提出了锡矿山式锑矿构造－矿化模式（图6）及锑矿床成矿作用概念模型（图7）。认为，锑矿成矿物质主要来源于深部混合岩浆、深源或基底矿质和热液（介质）沿深断裂，与地层中的成矿组分一同运移上升，经燕山期新华夏构造活动，在与一定屏蔽相联系、上升隆起引张的构造环境中聚集成矿。这种构造环境具有既封闭又开阔、低压和弱酸性以及还原环境的特点。区内主要控矿的新华夏系构造，既有挤压又有引张，挤压与引张多次相互交替活动。由于挤压，使得含矿溶液沿深断裂向上，从压力较大的挤压区向毗邻的上升隆起、拉张区运移；而在隆起、拉张区内，空间相应较大，压力降低，当有一定的屏蔽造成较好的封闭条件时，锑便随着温度降低和 pH 值的改变而沉淀聚集成矿。

（2）热卤水作用成因

早期成矿阶段，属泥盆纪晚期。此类矿床所处的扬子地台南东陆缘区，加里东褶皱带的断陷盆地在 NWW－SEE 向的长期拉张状态下，产生一系列成因和空间分布上密切相关的伸展构造。与此同时，同生断裂发育，开阔的盆地水体之下出现地堑、地垒式地形。在地堑中接受古陆长期风化形成的剥蚀物及金属元素，为成矿准备了充足的物源。

同时，在拉张构造的陷落期间，沉积的古陆风化剥蚀物及金属元素经海底成岩压实，在压实过程中岩层中的孔隙水受压而被释放出来，形成以卤化物为主的热卤水，并与地下渗水一道经受地温和深部岩浆的热力作用，形成弱酸性、富有机质、高盐度的热卤水为成矿提供了来源。同生断裂又是沟通

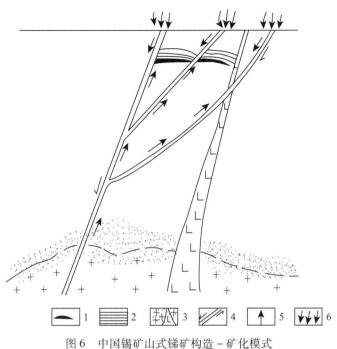

图 6 中国锡矿山式锑矿构造 – 矿化模式

（引自林肇凤等，1987）

1—矿体；2—遮挡层；3—侵入岩体及深源浅成煌斑岩脉；4—断裂（热液通道）；5—热液运移方向；6—大气降水

深部热水循环的主要通道。通过加温，在循环过程中使围岩中有用成分活化转移（萃取地层中的锑元素）并沿断裂上升到地表浅部，在不透水岩层遮挡、屏蔽下，于地层中发生沉淀交代作用，形成初始硅化岩石，并具弱锑矿化。

中期成矿阶段，亦是主要成矿阶段，属燕山晚期。受印支 – 燕山运动影响，断裂继续活动，使早期形成的硅化层破碎，析出锑和硅，与来自地层中的矿液和少量大气降水混合成含矿热液，继续沿断裂和裂隙上升，并充填于有利部位，沉淀成矿。

晚期成矿阶段，进一步受地下水作用，硅质发生溶解和再沉淀，辉锑矿氧化，形成锑的氧化物（匡文龙，2000）。

（3）沉积 – 改造成因

沉积 – 改造成因论认为，锑矿床受一定层位、岩相、古地理控制，并且矿床形成与岩浆活动没有明显的联系，其成矿物质来源于沉积源，而后经非岩浆热液的改造形成层控矿床。

晚泥盆世早期，湘中盆地及其周边古陆处于相对稳定阶段，易于形成古风化壳，岩石及原生矿床中的锑即聚集在古风化壳中，造成了锑质在进入海盆之前即已先期富集。随后，古陆相对抬升，剥蚀加剧，地面径流将大量风化物质及先期富集在古风化壳中的锑较快地搬运至海盆内沉积，从而造成了锑质在沉积物（后来的含矿岩系）中，在一定的时间和空间内高度集中。锑以氧化物的形式呈悬浮状态（不排除其他搬运形式）搬运，伴随泥砂碎屑沉积在三角洲前缘相带中，表明水动力条件和地球化学环境对锑质沉积和富集具有控制作用。在上覆新沉积物的不断堆积而与底层水隔绝之后，进入成岩阶段，由于菌解作用产生大量 H_2S，造成还原环境，使沉积物中的氧化锑还原为硫化物，进而聚集成层状、似层状辉锑矿床。

成岩期后的构造运动，造成矿区由外围向内缘压力逐渐递减的应力梯度，并破坏了沉积 – 成岩作用阶段含矿层地球化学环境的平衡，同时又为地下水活动提供了通道和热能，因此给锑元素活化转移再次富集创造了动力、化学及空间上的有利条件。当大气降水径流上覆灰岩，通过含矿层并与其中硫化物作用后，由弱碱性变为酸性，因而使大量 SiO_2 和锑质析出。在上述诸因素的共同制约下，使地下水沿大断层自上而下运移，从而形成大断层下盘的硅化体和带状矿体，其上部亦形成规模巨大的融合状矿体（即层状、似层状矿体与交错型带状矿体融合成一体），同时，石英粉砂岩也产生溶蚀和重

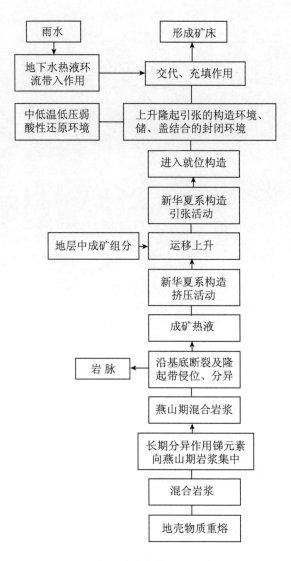

图 7　锑矿床成矿作用概念模式

（据林肇凤等，1987，修改）

结晶现象（谌锡霖等，1983）。

2. 找矿标志

（1）地层岩性标志

矿床一般赋存于上古生界泥盆系—三叠系地层中，其中泥盆系是找矿最有利地层。另外，矿床通常位于岩相变化的过渡区，特别是页岩、板岩及黏土岩等透水性很弱的泥质岩石屏蔽层与灰岩（白云岩）组合对此类锑成矿最有利，易形成大、中型矿床。

（2）沉积环境标志

矿床多分布在古陆边缘，位于隆起与坳陷的过渡带，大部分位于滨海－浅海环境的半封闭海湾或潟湖沉积的相带中，其物源丰富、海水不深，易于蒸发、咸化，对锑元素富集十分有利。大量的层孔虫、群体及单体珊瑚和腕足类等化石的出现，是上述滨海－浅海沉积环境指示标志之一。

（3）构造地质标志

此类矿床控矿构造的基本形式为"背斜加一刀"。多组断裂和褶皱的组合是该类矿床的特点。表层褶皱是重要控矿构造，而其背斜核部是成矿最有利的空间；派生的开阔、平缓和大的短轴背斜成大矿，狭窄、陡峻的小背斜成小矿；次级构造中的岩层小褶皱、层间虚脱处是矿化富集的主要部位；背斜枢纽的变化处及两倾伏端往往形成富矿；几组断裂交会处或断层产状变化处更是锑矿富集的主要地段。

（4）围岩蚀变标志

围岩蚀变硅化与矿化关系极为密切，可作直接找矿标志之一。没有硅化就没有锑矿化，但有硅化不一定有锑矿体存在。一般矿体规模与硅化体规模呈正比关系，矿体赋存于硅化体中心或偏下部。

另外，灰—灰黑色、层间构造发育、中等程度蚀变的硅化灰岩含矿最好，浅灰色—灰白色强交代石英岩含矿极差。如锡矿山锑矿体就主要产于灰黑色复合硅化角砾岩中。当硅化灰岩晶洞中或裂隙中有大量透明至半透明、灰色和白色的菱面体或六方柱方解石时，说明附近有锑矿体存在。

黄铁矿化、绢云母化分布于硅化岩和上覆 30m 以内的岩石中，可作为寻找矿体和盲硅化岩的指示物。上覆 30m 以外蚀变微弱，100m 以外蚀变则完全消失。

碳酸盐化分布较广，也有一定的指示意义，但碳酸盐化是锑矿化晚期蚀变，常出现在矿体边部和深部，因此碳酸盐化大量出现时，预示着矿化减弱或趋于消失。

（5）地球化学找矿标志

矿床附近易形成明显的热晕、气晕和元素分散晕。由于 Hg、Sb、As 具有低温成矿特点，在热力事件的影响下，有极大迁移能力，极易向压力减低的地方迁移，并在近地表和温压低的有利构造和赋矿层中成矿。这些为普查勘探，尤其是对寻找盲矿体提供了地球化学找矿线索。

另外，元素在矿田中呈现规律性分布。锑矿床中的 Sb、As、Hg 的含量较高，高于地壳克拉克值 2~3 个数量级，因此，Sb、As 以及 Hg 是找锑矿最有效的指示元素，其中 As 为锑矿床的前缘晕元素。地层越老其元素含量越高，Sb、As、Hg 元素在硅化岩层中的含量高，反映了成矿作用过程中成矿元素和伴生元素被富集，而这些元素的富集与硅化变化关系密切。Ba、Sr 两元素在硅化岩层中的含量则明显下降。根据这 5 个元素成晕情况可以大致反映硅化体的分布状况，进而定性地预测锑矿的规模和远景。

（金庆花）

模型三十三 绿岩带金矿床找矿模型

一、概　　述

　　"绿岩带"是个通俗的术语，指在古老的克拉通、地盾和地块上多为前寒武纪早期低级变质的火山－沉积岩层的出露地区。在全球范围内目前已识别出了 260 个太古宙绿岩带，其中西澳大利亚的穆奇孙（Murchison）和加拿大的阿比提比（Abitibi）是两个最大的绿岩带，面积分别为 $12 \times 10^4 km^2$ 和 $11.5 \times 10^4 km^2$。

　　绿岩带的含矿性很高，矿产类型多样，不仅有金矿，还有铜、镍、铂族金属、铬及铁矿等。绿岩带对金矿来说具有重要的意义。据统计，全世界有 28 个超大型金矿床或矿田位于绿岩带中，赋存在绿岩带中的金矿总吨位达到 16000t（Au）以上。其中像澳大利亚的卡尔古利（Kalgoorlie）金矿田（2230t）、加拿大的提敏斯（Timmins）金矿田（1388t）、美国的霍姆斯塔克（Homestake）金矿床（1319t）和加纳的奥布阿西（Obuasi）金矿床（1648t）等金的储量都在千吨以上（图 1；表 1）。需要指出的是，这里统计的金矿床或矿田只是绿岩带中同造山期形成的，还没有包括绿岩带中造山期后形成的金矿床或矿田。

　　对我国来说，绿岩带金矿床也具有重要的意义。据不完全统计，绿岩带金储量占我国岩金储量的70% 以上，而且有不少是大型、超大型的金矿床。据沈保丰等（1996）的研究，我国早前寒武纪绿岩带主要分布在华北地台的北缘、西南缘、胶东、鲁西和地台内部的五台山等地。此外在扬子地台的西南缘和西北缘也有少量分布。在这些绿岩带中产出有一些金矿密集区，如小秦岭、胶东、张宣、遵化、辽西、夹皮沟等。

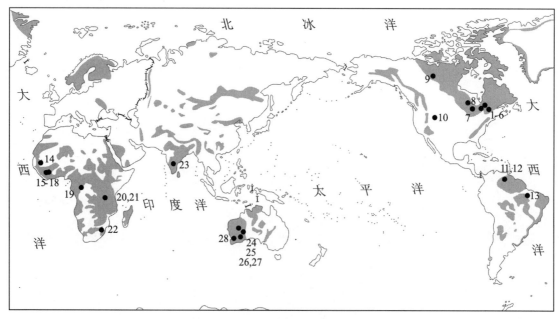

图 1　绿岩带超大型金矿床和金矿田的全球分布示意图

（引自 P. Laznicka，2006）

图中阴影部分表示前寒武纪地层，黑点代表金矿床或金矿田，数字为金矿床或金矿田编号（见表 1）

表 1　世界早前寒武纪同造山期金矿床（矿田）

编号	矿床或矿田	地质分区	时代	地质特征	储量，品位
1.（1）	Timmins – Hollinger – McIntyre	加拿大地盾	太古宙	金出现在邻近脉状石英的黄铁矿中，以及剪切带中剪切和蚀变的斑岩和绿岩（变玄武岩）中	Au 995t，Au 9.8g/t
1.（2）	Timmins – Dome，Preston		太古宙	金出现在低硫化物石英中，大量矿体产在斑岩侵入体周围的绿岩和变沉积岩中	Au 393t
2	Kirkland Lake		太古宙	沿着剪切带在正长岩、粗面岩和斑岩中有约 6km 长的低硫化物 Au – 石英脉带	Au 786t
3	Kerr Addison		太古宙	金出现在黄铁矿和毒砂中，它们产在剪切带中氧化硅 – 碳酸岩蚀变的科马提岩里的石英脉到网脉和浸染体中	Au 340t
4	Bousquet		太古宙	金出现在块状黄铁矿岩石中，在斑岩、绿岩上面的变形带中黄铁矿岩叠加有金 – 石英脉和网脉	Au 336t
5	Malartic		太古宙	许多脉、网脉、浸染的金 – 石英和黄铁矿、毒砂出现在沿主要剪切带分布的正长岩岩株和绿岩中或其附近	Au 323t
6	Vald′Or：Sig-ma – Lamaque		太古宙	闪长岩和斑岩岩墙及绿岩中低硫化物含 Au 石英及电气石脉和网脉	Au 291t，Au 5.5g/t
7	Hemlo		太古宙	叶理中浸染黄铁矿和辉钼矿，重晶石条带和白云母、石英、钾长石片岩条带中的金	Au 632t，Au 8.2g/t
8	Balmertown，Red Lake dist.		太古宙	绿岩中石英 – 毒砂 – Au 脉，碳酸盐化科马提岩中浸染状石英 – 硫化物交代	Au 554t，Au 10～18g/t
9	Yellowknife		太古宙	剪切蚀变绿岩中石英 – 毒砂 – Au 脉和网脉	Au 499t，Au 10g/t
10	Homestake		古元古代	多为变沉积岩环境中 Ca – Fe – Mg 碳酸盐岩和镁铁闪石质条带状铁质建造上叠置的石英 – 毒砂"矿脉"中的金	Au 1319t
11	El Callao	圭亚那地盾	古元古代	绿岩、辉长岩、片岩中分散的含金石英脉多于浸染状矿石的剪切带	Au 350t
12.（1）	Km88：Las Cristinas		古元古代	绿岩中 2km 长的宽阔剪切带里浸染的 Au + 黄铁矿	Au 400t，Au 1.2g/t，Cu 0.13%
12.（2）	Km88：Brisas		古元古代	绿岩镁铁质凝灰岩中绿帘石 – 碳酸盐蚀变剪切带里 Au + 黄铁矿多于 Au + 黄铜矿的浸染体和细脉	Au 286t，Au 0.69g/t，Cu 0.13%
13	Morro Velho	巴西地盾	太古宙	绿岩中沿蚀变剪切带的氧化硅 – 碳酸盐岩带（条带状铁质建造）里的金浸染体，有黄铁矿和毒砂	Au 470t
14	Sadiola Hill	西非克拉通	古元古代	韧性 – 脆性剪切带中矽卡岩和黑云母蚀变杂砂岩里的黄铁矿、毒砂等中的 Au 浸染	Au 403t，Au 2.86g/t
15	Obuasi（Ashanti）		古元古代	浊积变沉积岩中 8km 长的剪切带，浸染状毒砂包围的石英矿脉中的 Au	Au 1648t，Au 8g/t，As 2.7%
16	Prestea		古元古代	毒砂浸染体和石英矿脉中的 Au，它们出现在 10km 长的剪切片岩带中，片岩中硅质变沉积岩多于变玄武岩	Au 412t，Au 10.3g/t
17	Bogosu		古元古代	氧化矿石中 As 含量很高	Au 331t
18	Tarkwa		古元古代	绿岩中同造山期富石英砾岩中几个金浸染的层状黄铁矿"矿脉"	Au 670t，Au 1.3～6g/t
19	Moto	中非（刚果）克拉通	太古宙	绿岩中的矿化剪切带	Au 463t，Au 3.1g/t

编号	矿床或矿田	地质分区	时代	地质特征	储量，品位
20	Geita，LakeVictoria	坦桑尼亚克拉通	太古宙	绿岩中剪切带里的金－石英矿脉；剪切的条带铁质建造中的浸染金和黄铁矿、磁黄铁矿、毒砂	Au 455t，Au 4.1g/t
21	Bulyanhulu，LakeVicoria		太古宙	长英质和镁铁质绿岩中几个近于平行的金－石英和浸染金－黄铁矿带	Au 274t，Au 13g/t
22	Barberton：Sheba－Fairview	卡普瓦尔克拉通		谢巴：硅化、碳酸盐化科马提岩＋杂砂岩中25个板状破裂带，金含在黄铁矿、毒砂交代体中	Au 262t
23	Kolar	达瓦尔克拉通	太古宙	角闪岩相变玄武岩中沿剪切带稳定的低硫化物Au－石英矿脉	Au 825t，Au 16.5g/t
24	Plutonic			在玄武岩多于沉积岩的绿岩中蚀变剪切带里毒砂、黄铁矿中石英脉和浸染金的近于平行的条带	Au 265t，Au 3.6g/t
25	GrannySmith Sunrise	耶尔冈克拉通		蚀变变火山岩和深成岩墙中高应变带里大量Au－石英、黄铁矿、毒砂矿脉和交代体	Au 270t
26	Kalgoorlie			Golden Mile：约2km宽的脆性膨胀带，在变形的镁铁质岩床中石英多于黄铁矿的Au、碲化物脉和细脉	Au 2230t
27	Kambalda－St. Ives zone			剪切的绿岩、科马提岩、斑岩中30km长的Au－石英矿脉－网脉带	Au 368t，Au 3.47g/t
28	Boddington	澳大利亚西部片麻岩区	太古宙	变安山岩上面剪切带中造山作用晚期（未变形）石英、阳起石、黑云母、黄铁矿、毒砂网脉	Au 589t，Au 0.8～1.8g/t

资料来源：P. Laznicka，2006

二、地 质 特 征

1. 绿岩带地质特征

绿岩带普遍产于古老的地台、地盾和克拉通区，年龄多在24亿～36亿年。关于绿岩带，尤其是太古宙绿岩带的成因及大地构造环境一直争论不断，在20世纪70年代板块构造学说引进之后，大多数观点倾向于"绿岩"是大洋或岛弧成因的，也有一种观点倾向于裂谷成因。

太古宙绿岩带通常具线状地质构造（长可超过100km），这些区域线性构造是古断裂系统的踪迹，它们往往控制着金矿床的分布。在许多情况下，线性构造切穿了绿岩层，但它们有时也沿地层界线产出。在露头好的地区，可以见到线性构造由受到强烈剪切的岩石构成，并能见到走向滑动的痕迹。

绿岩带多半由火山或沉积成因的岩层组成。许多大型绿岩带金矿床都赋存在火山－沉积岩中，产金最多的绿岩带以具有巨厚（7～10km以上）的火山－沉积岩层为特征。绿岩带中也常见到花岗岩类侵入体，如英云闪长岩、花岗岩、石英斑岩和二长岩等。这些花岗岩类岩株和岩墙及其接触带有时也含有金矿化。

绿岩带岩石的变质程度介于绿片岩相到角闪岩相之间，并常具有变质分带现象。

2. 绿岩带中的含金剪切带

含金剪切带是指一种成矿和控矿的韧性和脆－韧性剪切构造体系。现已查明，前寒武纪地盾区绿岩带中许多脉状和浸染状金矿床都与剪切带和糜棱岩带有关（表1）。这些矿床通常产于剪切带中部变形最强烈的糜棱岩中。金矿体产状和形态变化与剪切带构造组构特征密切相关。如加拿大雷德湖（Red Lake）地区含金绿岩带主要金矿床及其伴生的强蚀变岩石空间上就与大的复杂剪切构造体系一致，金矿床沿强烈变形带或剪切带分布。又如著名的加拿大阿比提比绿岩带，其中的德斯托尔-波丘潘断裂和基尔克兰德湖（Kirkland Lake）的卡迪亚克断裂系附近集中了许多金矿床和矿点，这些线性断裂构造都是大型剪切带。它们在地表多显示为脆性、脆-韧性断裂，在深部则表现为韧性剪切带。金矿脉系产在剪切带变形和糜棱岩化最强烈的地段，以及与塑性褶皱作用有关的扩容带内。而特大型的赫姆洛（Hemlo）金矿就产在大而宽的不均匀韧性剪切带中心部位。

3. 赋矿岩石及成矿建造

所有绿岩带金矿都赋存在优地槽的火山-沉积岩层中，这些岩层成分多种多样，从超基性镁铁质火山岩到酸性长英质火山岩，火山岩中夹有大量的沉积岩层，特别是贫矿碎屑岩、浊积杂砂岩和铁质建造。火山-沉积岩中还发育有大量火山期后的小侵入体及钾钠质系列的花岗岩类岩株和岩墙。金矿床几乎可以形成在任何岩石中，但是对澳大利亚和加拿大许多金矿床的研究发现，大多数大型金矿床趋向于形成在比较富铁（Fe/Mg 比值高）的岩石中，如拉斑玄武岩，以及条带状铁质建造，这些岩石在发生硫化期间铁的硫化物和金同时沉淀。

俄罗斯学者 Г. В. Ручкин 等（2000）根据含矿岩石、矿化产出形式等将绿岩带金矿成矿建造分成 6 种类型（表 2）：①科马提岩-玄武岩建造的火山岩中金-碳酸盐硅酸盐细脉浸染状和层状成矿建造（谢巴型）；②碧玉铁质岩-玄武岩建造的条带状含铁石英岩层中金-碧玉铁质岩透镜状和细脉浸染状成矿建造（伍巴奇克韦型）；③流纹岩-英安岩-安山岩-玄武岩和英安岩-玄武岩建造的火山-沉积岩层中金-硫化物层状成矿建造（赫姆洛型）；④流纹岩-英安岩-安山岩-玄武岩和玄武岩-科马提岩建造的各种围岩中金-硫化物-石英和金-石英脉状和网脉状成矿建造（波丘潘型）；⑤花岗闪长岩-闪长岩-正长岩建造的小型侵入体中金-石英-硫化物脉状和细脉状成矿建造（基尔克兰德湖型）；⑥与霏细斑岩岩墙有关的金-斑岩型细脉浸染矿化带成矿建造（拉克-特罗伊卢斯型）。

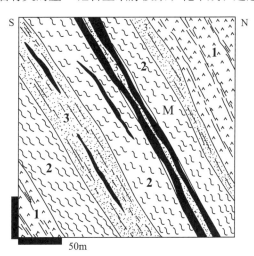

图 2　加拿大赫姆洛金矿 Page - Williams 矿山的横断面图

（引自 P. Laznicka，2006）

1—角闪石-黑云母片岩到角闪岩；2—黑云母片岩到花岗变晶岩，后者局部含有 Ca - Mg 硅酸盐；3—白云母-
微斜长石片岩到花岗变晶岩，后者局部有蓝晶石和矽线石及 V - Ti 白云母；M—石英、黄铁矿及浸染于与
矿体平行的叶理中的金，局部有辉钼矿和重晶石条带

4. 矿化形式和矿体形态

绿岩带金矿的一个重要特点是矿化形式和矿体形态极为多样。有的矿床为层状整合矿层，没有或只有非常少的矿脉。这种矿层被称为“流状矿体”（如加拿大的赫姆洛金矿，图 2）。有的矿床为块状黄铁矿组成的整合层状矿体（如加拿大的 Bousquet 金矿）或块状含金黄铁矿透镜体（如加拿大的 Agnico Eagle 金矿）。

绿岩带金矿中较多的是各种各样的脉状或细脉浸染状矿体，有的是在独特的层间流沉积层中的整合脉状体（如加拿大·Dome 矿床中铁白云石脉），有的是不整合的后生脉状体和网状脉（图 3 和图 4）。绿

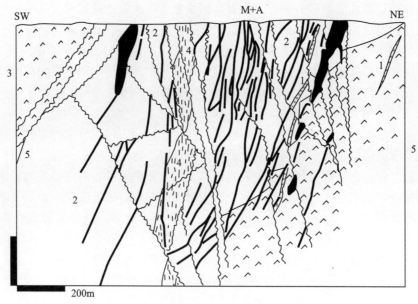

图3　澳大利亚卡尔古利矿田"金英里"矿带横断面图

（引自 P. Laznicka, 2006）

M + A—400 多条分离的和连接的绢云母和碳酸盐蚀变的黄铁矿、金、碲化物矿化剪切带，大多数是在镁铁质侵入体中，沿北西向 2km 长的带分布。1—钠长石斑岩岩墙；2—约 27 亿年的金英里（Golden Mile）粒玄岩、分异的拉斑玄武岩质辉绿岩岩床、花斑岩边缘；3—太古宙 Devon Consols 科马提岩质枕状变玄武岩；4—凝灰岩、火山碎屑岩；5—太古宙 Paringa 拉斑玄武质 – 科马提岩质变玄武岩

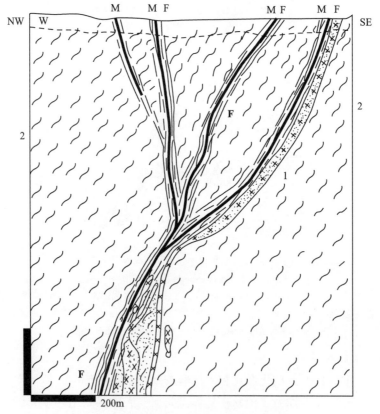

图4　加纳奥布阿西金矿田的横断面图

（引自 P. Laznicka, 2006）

W—热带潮湿风化层；M—含金石英矿脉，含有易选的金和少量的 Fe、Pb、Zn 和 Cu 的硫化物，为遭受剪切的围岩所包封，围岩中有浸染的含金毒砂；F—破裂的岩石（糜棱岩、千枚岩）。1—剪切带中的块状辉绿岩；2—下 Birrimian 浊积岩质火山碎屑岩

岩带中还有一种是富含金的硫化物、硅酸盐或氧化物相的铁质建造（如津巴布韦的 Vubachikwe 矿床）。总的来看，绿岩带金矿的矿化有层状、透镜状、脉状、网脉状。有的与沉积层呈整合产出，有的呈不整合产出，甚至有的绿岩带金矿产在铁质建造中。

矿体规模随容矿岩石和构造型式变化而变化，但大多数矿床的特征是，相对于沿走向的延伸度来说，沿倾伏向下方向延伸很长，有的延深达千米以上。多数矿床有明显的蚀变晕。它们不仅有强烈的钾云母、铁白云石 - 菱铁矿和铁硫化物蚀变带，而且在这些蚀变带的周围还有较宽的碳酸盐化蚀变带。

5. 围岩蚀变和矿石组成

绿岩带金矿常见的围岩蚀变有绿泥石化、硅化、碳酸盐化（方解石、铁白云石、菱铁矿）、硫化、绢云母化、钠长石化等。由于绿岩带金矿多与剪切带有关，含金剪切带岩石普遍经受了蚀变作用，一般在镁铁质火成岩中，阳起石 - 绿帘石 - 钠长石 - 石英组合的绿片岩形成绿泥石外蚀变带和碳酸盐内蚀变带，前者以绿泥石 - 方解石组合为特征，后者以铁白云石 - 绢云母 - 黄铁矿 - 石英组合为特征。

绿岩带金矿的矿石矿物主要是黄铁矿、磁黄铁矿、毒砂、自然金；次要矿物为黄铜矿、闪锌矿、方铅矿，有时还有碲化物；副矿物有电气石、白钨矿，以及特征的绿色云母（铬云母、铬硅云母）。

三、矿床成因和找矿标志

1. 矿床成因

绿岩带金矿的成因有多种假说。早在 20 世纪 50 年代以前有人认为是花岗岩岩浆期后成因的，到 70 年代则强调同火山作用或同沉积作用（层状矿床），为此有人提出热卤水对流成矿模式，认为向下渗透的卤水当受热达到 500℃时能把金和其他金属从绿岩中淋滤出来。500℃大体上相当于绿片岩变质作用温度的上限。这样富含金属的热卤水（金 - 氯络合物）就向上对流，使金发生运移，并在大约 400℃等温线附近沉淀在绿岩中的裂隙里，形成脉状金矿。当温度梯度较大时，卤水可以把 Au 和 Fe、As、Si、S 以及 Mn、Ti、Cu、Pb、Zn、Co 和 Ag 等金属从基性 - 超基性火山岩层中淋滤出来，这种含有大量金 - 硫络合物的热卤水可以上升到海底而沉淀，形成含铁硅质建造中的层状金矿床。还有人提出，超基性岩蚀变为滑石 - 碳酸盐岩时，可以释放出大量的 Au 和 Si，因而在一些有利的裂隙构造中可形成含金石英脉，在一些破碎带可形成含金石英细脉和网脉带，或较均匀硅化的蚀变金矿化带。

目前，许多人把大多数典型的同造山期金矿床归因于因变质脱水而释放出来的低盐度中温热液成因。变质脱水是在短期碰撞事件期间或碰撞后在深部与局部岩石的变质作用（进化变质作用或退化变质作用）同时发生的。来自花岗岩类的热可能有助于流体循环。当流体上升到地壳比较浅的层位，在冷却、降压，并与围岩（尤其是条带状含铁建造、黄铁矿质片岩、富炭质岩石）发生反应时，金从流体中沉淀下来（图 5）。金的沉淀主要是一种深成作用（深度约 10km）。虽然金矿床出现在从麻粒岩相到次绿片岩相各种变质程度不等的岩石中，但是大多数金矿床还是产在绿片岩相变质带中。

2. 找矿标志

不同的成矿建造中产出的绿岩带金矿床，在找矿标志方面存在一定的差异（表 2），但总体上还是有一些共同的地质、地球物理和地球化学标志，归纳如下：

（1）区域地质找矿标志

1）在古老地台、地盾和克拉通上出露的前寒武纪早期（太古宙和古元古代）的绿岩带。绝大多数大型绿岩带金矿床都赋存于 3000～2600Ma，相当于新太古代形成的火山 - 沉积岩中。

2）绿岩带中有很厚的火山 - 沉积岩系，尤其是科马提岩 - 玄武岩建造、碧玉 - 铁质岩 - 玄武岩建造、流纹岩 - 英安岩 - 安山岩 - 玄武岩建造等，它们是潜在的富金源岩。

表2 绿岩带中不同建造类型金矿床（矿田）的赋存环境和找矿标志

控矿要素或找矿标志	矿田和矿床的成矿建造类型					
	谢巴型	伍巴奇克韦型	赫姆洛型	波丘潘型	基尔克兰德湖型	拉克－特罗伊卢斯型
含矿建造	科马提岩－玄武岩	碧玉铁质－玄武岩	流纹岩－英安岩－安山岩－玄武岩或英安岩－玄武岩		花岗闪长岩－闪长岩－花岗正长岩	
含矿岩相	科马提岩成分的次火山岩相、熔岩流相和凝灰岩相	含铁石英岩相、其中含有碳酸盐岩、硫化物和含炭相的夹层	拉斑玄武岩质凝灰岩及酸性和中性成分层凝灰岩远源相	中心型火山机构酸性和中性成分的熔岩和凝灰岩相	花岗岩、花岗闪长岩、石英斑岩、二长岩小侵入体杂岩	石英斑岩和霏细岩岩墙
容矿岩石	硫化物化的滑石质、碳酸盐－滑石质及硅质岩石	含铁石英岩层、硫化物和碳酸盐岩层及透镜体	含硫化物有时有重晶石的酸性成分岩石及较少的中性成分岩石	火山角砾岩及火山作用中心附近的酸性成分熔岩流	熔岩、凝灰岩和杂砂岩中侵入体的内、外接触带	霏细岩、流纹岩质角砾岩岩墙
区域标志	滑石菱镁片岩（滑石±绿泥石±绢云母±碳酸盐）	黄铁细晶岩、黄铁细晶岩状岩石、滑石菱镁片岩			黄铁细晶岩、青磐岩	青磐岩
围岩标志	石英＋硫化物±碳酸盐±铬云母	石英±硫化物±碳酸盐±绿泥石±黑云母±电气石			绢云母±石英±碳酸盐±绿泥石±硫化物	钾质交代向钠质交代的过渡带
构造标志	褶皱拗折地段片理化的层状带和斜交带	褶皱接合部位的构造片理化带			侵入体顶板和（或）顶板上部的构造破碎带	霏细岩岩墙内接触带中的片理化和角砾化带
地球化学标志（原生和次生晕）	Au、Ag、Sb、Cu、Ni、As、Pb、Zn	Au、Cu、Ag、As、Pb、Zn、Sb	Au、Ag、Cu、Mo、Zn、Pb、As，极少有Hg和Te	Au、Ag、Cu、Zn、Pb、As、Sb、Te	Au、Ag、Cu、As、Mo、W、Pb、Zn、Sb	
重砂矿物标志	黄铁矿、磁黄铁矿、辉锑矿、毒砂、方铅矿、闪锌矿、黄铜矿、黝铜矿、辉银矿、碲化物、自然金	黄铁矿、磁黄铁矿、毒砂、磁铁矿、自然金、自然银	黄铁矿、磁黄铁矿、闪锌矿、毒砂、辉钼矿、自然金、重晶石、碲化物	碲化物、黄铁矿、磁黄铁矿、黄铜矿、闪锌矿、方铅矿、辉银矿、磁铁矿	自然金、含金黄铁矿、电气石、白钨矿、辉钼矿、毒砂、闪锌矿、重晶石、辉锑矿、赤铁矿	含金黄铁矿、磁黄铁矿、黄铜矿
典型矿床（区）	Sheba，Fairview	Vubachikwe，Morro Velho	Bousguet，Hemlo	Hullinger，Red Lake	Kirkland Lake Sigma－Lamague，Malartic	Lak Troilus

资料来源：Г.В.Ручкин 等，2000

3）绿岩带中的金矿化规律性地赋存于较弱变质作用出现的地区。

4）有重新活动的大断裂存在。这些大断裂提供了重要的流体通道，并且在同变质作用期金矿化活动期间使流体在其内活动。

5）变质作用期间具有高于正常的地温梯度，这有助于富金源岩中金的淋滤和沉淀。

（2）局部地质找矿标志

1）容矿岩石多为科马提岩、拉斑玄武岩、中酸性成分火山岩和熔岩流，以及含铁石英岩等。

2）多数矿床明显受构造控制，矿体产在剪切带、断裂破碎带、褶皱闭合或接合部位，以及拗折地段的片理化带中。

3）绿岩带中金的工业富集形成于与变质作用有关的区域交代改造作用过程中。一些大型矿床都

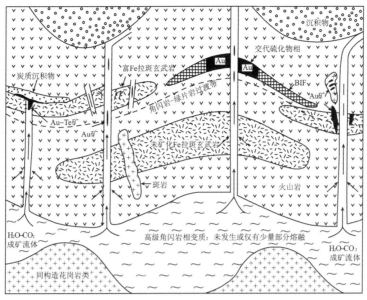

图 5　太古宙绿岩带金矿化变质成因模式示意图

（引自 D. I. Groves 等，1987）

赋存于强交代改造带中，其主要组成是石英－绿泥石－碳酸盐、石英－绢云母－钠长石、石英－碳酸盐和单矿物的石英岩。

（3）地球物理找矿标志

1）磁法虽不能反映出含矿层，但它可用于追索地层的标志层（如含条带状磁铁矿的杂砂岩）。

2）电磁法（甚低频法）对含矿层反映不明显，但它可查明某些控矿构造，并且在有利条件下可揭示出与黄铁矿型含矿岩石有关的良导区。

3）激发极化法对于赫姆洛型矿床是一种有效的方法，它可直接反映矿带的存在。实际工作中，许多钻孔的布设是以激电异常为主要依据的。

（4）地球化学找矿标志

1）多数矿床存在有 Au、Ag、As、Sb、Pb、Zn 等元素的原生晕和次生晕，有时还有 Cu 的地球化学异常。有些矿床还会有 Te、W 和 Mo 的原生和次生晕。

2）土壤地球化学测量对金含量异常反应良好，可作为找矿的一种地球化学标志。在赫姆洛矿区某矿地所做的土壤采样表明，土壤中金异常值高达 10.0×10^{-6}。

（项仁杰）

模型三十四　霍姆斯塔克型金矿床找矿模型

一、概　述

霍姆斯塔克（Homestake）型金矿是指产于前寒武纪条带状铁质建造中或与条带状铁质建造有密切成因联系的金矿，有时也称条带状铁质建造型金矿。由于是以美国南达科他州1876年发现的霍姆斯塔克金矿为典型代表，所以称其为霍姆斯塔克型金矿。这类矿床分布于世界各地的前寒纪克拉通内，在美国、巴西、中国、印度、加拿大、津巴布韦等国均有发现（表1）。代表性的矿床有北美最大的霍姆斯塔克金矿、巴西大型的莫罗韦洛金矿和加拿大大型的卢平金矿，以及朝鲜的茂山金矿等。该类矿床规模大小不一（表1），有大、中、小型金矿床，甚至有特大型和超大型金矿床，矿石品位一般在 $(6\sim17)\times10^{-6}$，是世界金矿的重要类型之一，具有较大的经济意义，如在津巴布韦，有大约13%的金产自该类矿床；在澳大利亚耶尔冈地块的黄金有15%是采自这类矿床。在我国华北地台五台山地区和佳木斯地块中发现的康家沟和东风山等金矿也属此类，但规模较小。

表1　世界部分霍姆斯塔克型金矿床

矿床名称	国家	Au 储量/t	品位/10^{-6}	容矿岩石沉积相	资料来源
霍姆斯塔克（Homestake）	美国	1319	8.36	碳酸盐相	S. W. Caddey 等，1991；P. Laznicka，2006
莫罗韦洛（Morro Vello）	巴西	654	9.51	碳酸盐相	R. J. Goldfarb 等，2005；李上森，1996
拉波索斯（Raposos）	巴西	10×10^6t（矿石）	$6.5\sim9.0$	氧化物 - 碳酸盐相	P. A. Junqueira 等，2007
卢平（Lupin）	加拿大	113	7.51	硫化物相	R. J. Goldfarb 等，2005；H. R. Bullis 等，1994
茂山	朝鲜	70	2	碳酸盐 - 硫化物相	赵宏军等，2000
伍巴奇克韦（Vubachikwe）	津巴布韦	65	$3.5\sim10$	氧化物 - 碳酸盐相	R. Saager 等，1987；吴美德，1988
摩根斯山（Mt. Morgans）	澳大利亚	6.2×10^6t（矿石）	3.4	碳酸盐 - 硫化物相	R. M. Vielreicher 等，1994
阿布玛拉瓦特矿（Abu Marawat）	埃及	勘探中	>12	氧化物相	B. A. Zoheir 等，2009
卡拉哈里金矿*（Kalahari Goldridge）	南非	大型	2.4	碳酸盐相	N. Q. Hammond 等，2006
黑龙江东风山	中国	小型	$1\sim7.28$	硫化物相	骆辉等，2002
山西康家沟	中国	小型	2.45	氧化物 - 碳酸盐相	骆辉等，2002

* 含 A、B、C、D 4 个矿体，仅 D 区年产黄金 2t 多

二、地　质　特　征

1. 一般地质特征

霍姆斯塔克型金矿是一种产在前寒武纪含铁硅质岩和其他富铁沉积变质岩中的金 - 硫化物矿床。

在空间上和成因上与前寒武纪条带状硅质铁建造密切相关，常产于以火山岩和沉积岩为主的绿岩带中。金矿均与前寒武纪变质的富铁沉积物紧密共生，由硫化物交代富铁的层状磁铁矿或硅酸盐而成，附近发育有各种石英脉和支脉。

该类矿床层控特征明显，产于特定层位。多数矿床产于碳酸盐相铁质建造中，如美国的霍姆斯塔克金矿和巴西莫罗韦洛金矿，以及南非的卡拉哈里金矿；少数矿床产于氧化物相及氧化物－碳酸盐相铁质建造中，如津巴布韦的伍巴奇克韦金矿床、巴西Raposos、埃及的阿布玛拉瓦特金矿，还有少数产于硫化物相及碳酸盐－硫化物混合相铁质建造中的金矿床，如澳大利亚的摩根斯山金矿、朝鲜的茂山金矿和我国的东风山金矿等。

矿体受构造控制明显，多集中在褶皱枢纽带内，呈层状、脉状和透镜状产出。

矿石矿物以自然金－磁黄铁矿－毒砂－石英矿物组合为主，金与毒砂紧密共生。矿石具有明显的变质结构，围岩存在强烈的绿泥石化。

成矿时代为太古宙至古元古代，部分地区延伸到新元古代。

2. 典型矿床——美国霍姆斯塔克金矿床的地质特征

霍姆斯塔克金矿位于美国南达科他州黑山北部（利德地区），是世界上最大的金矿之一。自1876年发现开采以来，累计开采矿石12490×10^4t，生产黄金4200×10^4盎司（约合1191t），是美国开采深度最大（2440m）的矿山。霍姆斯塔克金矿主要生产黄金，同时也生产少量的银，Au/Ag为5。该矿山于2001年闭坑，现已成为美国科学基金的一个多目标研究的"地下深部科学与工程实验基地"，同时也是大型金矿床研究实验室。

（1）区域地质背景

1）地层：矿床所在的利德地区出露的地层主要为一套低—中变质的前寒武纪千枚岩、变质火山岩以及变质辉长岩岩层，由上往下划分为6个组，分别为格里兹利组、费拉格罗克组、西北组、埃利森组、霍姆斯塔克组和普尔曼组（图1）。这些地层在经历了后期变质作用、构造作用和热液作用之后，其地层厚度，结构和化学成分等均发生了不同程度的改变，且为第三纪侵入岩所切穿。埃利森组、霍姆斯塔克组和普尔曼组是霍姆斯塔克金矿中最重要的3个条带状铁质建造层，其中霍姆斯塔克组又是最主要的含矿层位。该地层由铁闪石－菱铁矿片岩组成，并以含有重结晶硅质扁豆体为特征。在变质程度较高的地段镁铁闪石增加，金通常产于这种岩石中。

地层柱	地层名称	岩性描述
	格里兹利组	变硬砂岩，绢云母－黑云母千枚岩，厚1000m
	费拉格罗克组	黑云母－绢云母片岩，石墨千枚岩，厚1600m
	西北组	黑云母－石英－绢云母－石榴石片岩，厚0～1300m
	埃利森组	碎屑石英岩和条带状千枚岩，厚1500m
	霍姆斯塔克组	铁闪石－菱铁矿片岩，富绿泥石和富黑云母千枚岩或片岩，局部富硫化物，地层厚0～125m
	普尔曼组	条带状绢云母－黑云母炭质千枚岩，厚200～1000m。许多地方见有暗灰色重结晶的硅质扁豆体和条带，可能是由原来的燧石扁豆体和条带形成
	耶茨组	角闪斜长片岩，厚600～1200m

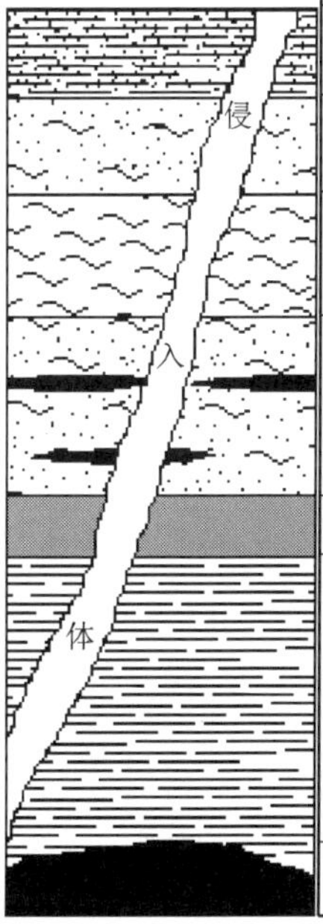

图1　美国霍姆斯塔克金矿床前寒武纪地层柱状图

（引自 J. F. Wilkerson，2002）

2）构造：利德地区发育有一系列紧密而又复杂的褶皱构造。这些褶皱构造均经历了多次叠加改造，总的来看可分两类：一类是前寒武纪形成的纵向大型的等斜褶皱。矿区从西到东共有6个背斜和向斜，依次是普尔曼背斜、利德向斜、因迪彭登斯背斜、迪斯梅特向斜、皮厄斯背斜和额里多尼亚向斜；另一类是与第三纪岩浆侵入和隆起作用有关的小型横褶皱。这种小型横褶皱是沿密集剪切面滑动产生的。矿化一般局限在叠加的横褶皱切过较早期的纵向等斜褶皱轴部地段，且不超出霍姆斯塔克组地层界线（图2）。

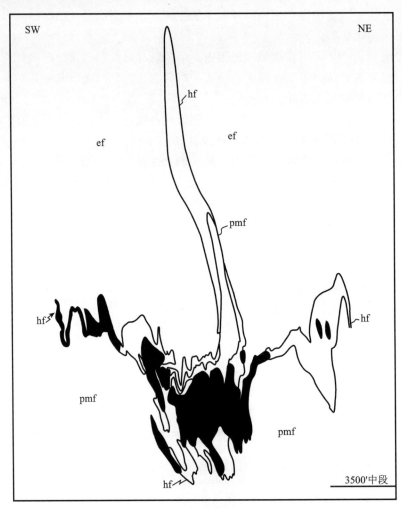

图2　美国霍姆斯塔克金矿床主矿体的垂直横剖面图
（引自 J. A. Noble, 1950）
皮厄斯背斜的斜轴因一个横褶皱的影响而强烈变形，矿体产在横褶皱带内
pmf—普尔曼组；hf—霍姆斯塔克组；ef—埃利森组

3）岩浆岩：利德地区见两类侵入岩，一为前寒武纪变辉长岩，另一类为第三纪斑岩。变辉长岩有时穿过前寒武纪变质沉积岩和变质火山岩。第三纪斑岩包括许多花岗岩、二长岩、响岩和正长岩成分的岩颈、岩墙和岩床。这些岩体在利德地区广泛分布，其贯入构造作用十分明显。区域岩浆岩的侵入为含金富铁层中的元素活动提供了动力，并促进了成矿空间的形成。

4）变质作用：霍姆斯塔克矿区的地层经历了强烈区域变质作用，按变质递增程度由西南到东北为黑云母带、石榴子石带和十字石带，矿床仅产于黑云母带和石榴子石带中。变质时代为1600~1800Ma。

（2）矿床地质特征

1）矿体形态与产出部位：霍姆斯塔克金矿主要产在前寒武纪碳酸盐相铁质建造中，矿体产在绿泥石化的镁铁闪石片岩和镁菱铁矿片岩岩层内。由于该区经历了多次构造变形，含矿建造发生强烈的褶皱和变形，形成了许多横褶皱或叠加褶皱。矿体往往产在褶皱的轴部和翼部，产在褶皱转折端的虚脱构造中的矿体呈鞍状或柱状，规模较大，产在褶皱翼部的剪切变形带内的矿体多呈层状、似层状或透镜状。主要矿体长200m，宽20~100m，金品位为（8~12）×10^{-6}。霍姆斯塔克金矿共由9个产于含矿等斜褶皱中的矿体组成，它们分别为喀里多尼亚（Caledonia）、主矿体（Main）、7号、9号、11号、13号、17号、19号和21号矿体（图3）。其中产在皮厄斯背斜中的主矿体规模最大（矿石7500×10^{4}t，Au品位8.37×10^{-6}），构造最为复杂，由地表到下部中段（6800中段），其大小和形态有很大变化。

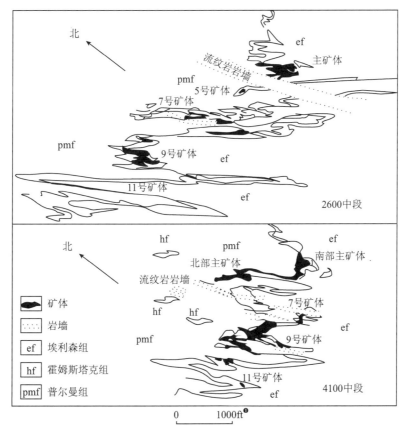

图3　美国霍姆斯塔克金矿床中的矿体与褶皱构造关系图
(引自吴美德，1988)

2）矿石矿物组合：该矿床的矿石矿物以硫化物为主，存在4种矿物组合，分别是：①石英－毒砂－绿泥石组合；②石英－磁黄铁矿－铁白云石组合；③磁黄铁矿组合；④黄铁矿－方解石组合，含少量石英、绿泥石、蛋白石、白云石、菱锰矿、镜铁矿、磁铁矿、闪锌矿、方铅矿、黄铜矿、雄黄、自然砷和自然金。金常与毒砂伴生。在高品位的矿石中，金普遍浸染于毒砂的晶体中，少量分散在靠近毒砂的绿泥石和磁黄铁矿中，所以毒砂一般作为矿石标志。但有例外，在9号和11号脉中的一些矿点见有毒砂，却不含金。脉石矿物以碳酸盐和硅酸盐矿物为主，有绿泥石、菱铁矿、铁闪石、石英、黑云母、石榴子石和少量铁白云石、白云母、钠长石和石墨等。

3）蚀变作用：在霍姆斯塔克金矿中，绿泥石化是矿体和围岩中一种常见的蚀变，有些地方还可见石榴子石化、黑云母化以及镁铁闪石化等蚀变。但总的来看，各种蚀变作用的强度较弱，不过仍可辨别。

4）成矿时代

R. Frei 等（2009）通过对霍姆斯塔克金矿区的独居石和毒砂中的铅同位素分析，得出该区域变质

---

❶　1ft = 0.3048m

作用和金矿化的年龄分别为（1746±10）Ma和（1719$^{+38}_{-45}$）Ma。这一结果在很大程度上说明成矿作用紧随区域变质作用。

三、矿床成因和找矿标志

1. 矿床成因

关于霍姆斯塔克金矿的成因一直存在争论。在早期阶段，人们认为这种矿床与含铁硅质岩建造没有必然的联系，把它看成是热液成因的。然而，20世纪70年代初通过对矿床的稳定同位素和流体包裹体的研究，确认矿体中的金和其他一些组分是霍姆斯塔克组本身就有的，是在前寒纪区域变质作用期间被搬运、富集的，据此，确定了前寒武纪硅质铁建造与金矿床的成因关系。

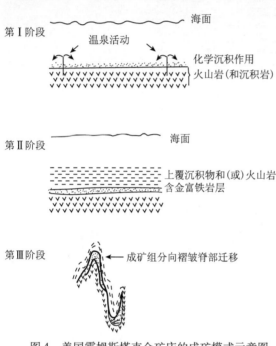

图4 美国霍姆斯塔克金矿床的成矿模式示意图
（引自F. J. Sawkins等，1974）

基于此种认识，F. J. Sawkins等（1974）在对美国霍姆斯塔克金矿进行详细的地质和同位素研究之后，提出了霍姆斯塔克金矿的成因模式：Au、As、S、Fe和SiO₂可能是海底局部地方热泉带到沉积环境中，并在原始沉积层堆积时与Fe、Mg、C一起沉积下来；在接受火山碎屑物质沉积后，早期形成的Au、As、S、C和SiO₂在霍姆斯塔克组发生变质作用和褶皱作用的过程中，发生活化，迁移到扩容带内形成金矿体（图4）。

不过随着世界其他地方霍姆斯塔克型金矿的陆续发现和研究的不断深入，关于此类矿床的成因模式得到了进一步丰富和发展，常见以下3种模式（图5）：

1）同生海水淋滤模式（图5A）：该模式是在对津巴布韦伍巴奇克韦条带状铁质建造金矿研究后提出的。认为与水成凝灰岩密切相关的伍巴奇克韦条带状铁质建造中的金矿，是在水下火山喷气形成的，是从温度为300~400℃热水中沉淀的。

2）同生变质流体模式（图5B）：该模式认为金矿床与含铁石英岩建造是同时由沉积作用形成的，强调的是金矿化是由深部上升的含硫流体选择性交代铁质建造形成的。

3）后生变质流体模式（图5C）：该模式认为氧化物相和（或）碳酸盐相条带状铁质建造层的金矿，是在变质作用过程中被晚期含硫流体选择性交代后形成的。流体是通过条带状铁质建造中的裂隙和断裂进来的，并对富铁条带进行了选择性交代。

2. 找矿标志

（1）地质找矿标志

1）前寒武纪石英岩和变质火山岩区的厚层含铁质建造，特别是碳酸盐相和硫化物相的含铁质建造，有利于形成具有工业规模的霍姆斯塔克型金矿。

2）条带状铁质建造在经历了强烈褶皱变形作用后形成的扩容带往往是矿体的产出部位。

3）围岩变质程度达绿片岩相和角闪岩相。

4）高级绿泥石化的镁铁闪石和镁菱铁矿片岩与金矿化密切相关。

（2）地球物理找矿标志

1）磁异常：含矿铁质建造中存在一定数量的磁铁矿，可形成磁异常。因此可用磁法（航磁和地面磁测）来确定矿体形态及产状等。加拿大的卢平金矿就是1959年由一家镍矿公司在康特活图地区

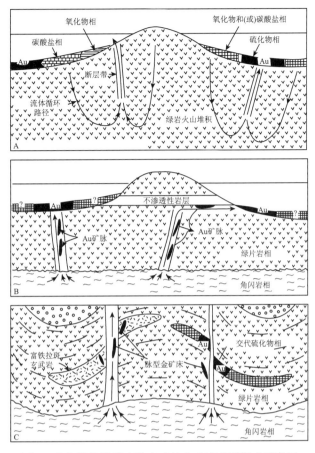

图5 以条带状铁质建造容矿的金矿床成因模式示意图

(引自 G. N. Phillips, 1984)

A—同生海水淋滤模式；B—同生变质流体模式；C—后生变质流体模式

进行航空磁测后发现的。另外，由于赋存金的碳酸盐相或硫化物相的磁性比氧化物相含铁质建造低，所以在勘查时要特别注意那些磁异常变弱的地方。这些地区根据航磁资料很容易确定。

2）高导异常：与条带状铁质建造共生的硫化物，可构成一个大而深的硫化物导体，可用脉冲电磁法、激发极化法进行测量，发现异常。

（3）地球化学找矿标志

1）As 是最佳的探途元素，Au 与 As 之间具有很好的相关关系。在矿体周围常有砷和磁黄铁矿晕。

2）水系沉积物、土壤和岩石中存在 Au、Ag、Cu 等指示元素异常。

3）在矿区，Si、Fe、S、As、B、Mg、Ca、Au 和 Ag 一般表现为强富集；Cu、Zn、Cd、Pb 和 Mn 表现为中等富集。

4）含金铁石英岩建造具有正 Eu 异常。

5）重砂异常和矿化蚀变。用直接追踪矿化方法，或收集冰碛物中的漂砾、山麓滚石及其他来自矿化区的碎块岩来进行勘查最有效。有砂金存在的地区，是有潜力成为勘查靶区的标志。

（唐金荣）

模型三十五　山东焦家 – 玲珑式
金矿床找矿模型

一、概　　述

　　焦家 – 玲珑式金矿床主要产在中国山东省胶东半岛北部的胶东成矿带。该带是我国目前探明金储量最大和发现特大型矿床最多的地区。胶东金矿带内产出的矿床类型主要为破碎蚀变岩型（焦家式）和石英脉型（玲珑式），统称为焦家 – 玲珑式金矿床。国外通常把此类矿床纳入中温热液金矿床范畴，也有人将它纳入造山带型金矿床（D. I. Groves，2003）。矿带在构造上位于中朝准地台东部胶辽隆起区（图1），并处在中国东部中生代活化陆缘的中段，成矿作用主要与燕山期的花岗岩有关，古老的太古宙基底为成矿提供了矿源层。矿化受 NE 向和 NNE 向断裂控制。根据矿床空间展布方式，可以分为招掖、栖霞和牟乳 3 个成矿区（图1）。

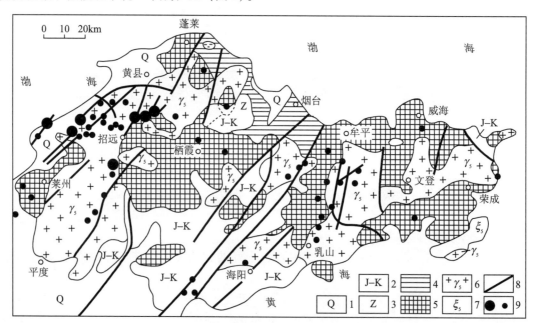

图1　中国胶东地区金矿床地质简图

(引自裴荣富等，1998)

1—第四系；2—侏罗 – 白垩系；3—震旦系；4—古元古界/新太古界（?）荆山群；5—中太古界胶东群；
6—中生代酸性 – 中酸性侵入岩；7—中生代碱性侵入岩；8—主要断裂；9—特大型和大中小型金矿床

　　焦家式（破碎蚀变岩型）金矿床主要产在胶东群与花岗岩体接触带或岩体内部，矿体位于主断裂下盘，呈大脉状，连续性好，矿石为含金蚀变碎裂岩和含金碎裂花岗岩。其代表性矿床为焦家、尹格庄、河西、新城等。玲珑式（石英脉型）金矿床主要产在玲珑花岗岩中，少数产于胶东群中。矿脉呈分支、复合、成群出现，其代表性矿床为玲珑、金青顶、邓格庄金矿床。对于这两类矿化的空间关系的认识一直都存在较大的分歧。一种观点认为"上有石英脉型，下有蚀变岩型"；而与之相反的观点认为"上有蚀变岩型，下有石英脉型"。虽然上述两种观点均有其一定的证据，但都不能解释如下地质事实：两种矿化类型似乎多呈现出水平分带特征。如玲珑矿田，NE 向的破头青断裂带中的台上金矿和东风金矿床都属蚀变岩型，从破头青断裂向下盘外侧，由过渡型（石英脉型与蚀变岩型共存）渐变为石英脉型；即以石英脉为中心，向两侧或两端变为蚀变岩型。

目前越来越多的人认为，石英脉型和蚀变岩型矿化并没有本质的区别，它们只是容矿空间多样性的表现，是容矿构造中构造岩变形程度不同的结果。因为区域规模的断裂形成早，经历了多期变形的叠加，是每次变形中应力释放的场所，构造岩破碎程度高，其内部空间一般呈连续的弥散状，在成矿热液作用下，发生以交代作用和渗透作用为主的成矿作用，形成蚀变岩型矿化。而次级断裂或小规模的断裂活动期次相对较少，构造岩破碎蚀变程度较低，多形成连续或不连续的开放空间，利于成矿热液充填，形成石英脉型矿化。在区域规模断裂中，一般从中心向外变形程度逐渐降低，因而断裂中心为浸染状矿化，向外渐变为细脉和浸染状矿化，再向外渐变为石英－硫化物细脉状矿化。所以两种类型矿化呈现水平分带，而不是垂直分带。当然在石英脉的上部或下部，围岩（构造岩）也可以形成蚀变岩型矿化。

据统计，至 2004 年胶东地区已查明资源储量的金矿床有 109 处（表1）。

表1　中国山东省焦家－玲珑式金矿代表性矿床

矿床编号	矿床名称	地理位置	赋矿地层或岩体	元素组合	品位/10^{-6}	查明资源储量/t
1	三山岛	莱州市	燕山期和震旦纪侵入岩及太古宙 TTG 岩系	Au Ag Pb Zn	5.78～11.24	69.17
2	焦家	莱州市	燕山期和震旦纪侵入岩	Au Ag Pb Zn	5.89～25.20	>56.99
3	玲珑	招远市	燕山期和震旦纪侵入岩	Au Ag Cu Pb Zn	10～27	110.52
4	台上	招远市	燕山期和震旦纪岩浆侵入岩	Au Ag Cu Pb Zn	4.87	48.27
5	新城	莱州市	燕山期和震旦纪岩浆侵入岩	Au Ag Cu Pb Zn	8～9	57.315
6	大尹格庄	招远市	燕山期和震旦纪岩浆侵入岩	Au Ag Cu Pb Zn	4.5	73
7	仓上	莱州市	燕山期和震旦纪岩浆岩及太古宙 TTG 岩系	Au Ag Pb Zn	5	32.995
8	河西	招远市	燕山期和震旦纪岩浆侵入岩	Au Ag Cu Pb Zn	6.23	54.096
9	邓格庄	牟平区	燕山期岩浆侵入岩	Au Cu Pb Zn	10.5	大型
10	金青顶	乳山市	燕山期岩浆侵入岩	Au Cu Zn	9	大型
11	上庄	平度市	震旦纪岩浆侵入岩	Au Cu Pb Zn	10.6	21.48
12	界河	招远市	燕山期和震旦纪侵入岩	Au Ag Cu Pb Zn	6.29	
13	河东	招远市	燕山期和震旦纪岩浆侵入岩	Au Ag Pb Zn	6.47	19.06
14	望儿山	招远市	燕山期和震旦纪岩浆侵入岩	Au Ag Pb Zn	9.93	40.112
15	灵山沟	招远市	燕山期和震旦纪岩浆岩及太古宙 TTG 岩系	Au Cu Zn	7.86～10.91	17.55

资料来源：李士先等，2007，修改

随着地质勘查工作的不断深入，该区平均勘查深度已接近－500m，地表矿、浅部矿越来越少，金矿找矿难度越来越大，"攻深找盲"成为该区找矿的重点方向。2006 年，山东省地质矿产局第六地质矿产勘查院在焦家金矿以南的莱州市朱桥镇寺庄矿区深部，提交了一个特大型金矿，实现了焦家金矿带深部找矿的重大突破，揭示了该成矿带深部巨大的金矿资源潜力。这个金矿是在焦家金矿带深部第二矿化富集带上发现的第一个特大型金矿。焦家金矿带深部金矿找矿的突破，不仅对中国东部传统成矿带攻深找盲、解决危机矿山资源瓶颈具有重要的示范意义，而且为深化和发展"焦家式"成矿理论具有重大的意义。

二、地 质 特 征

1. 区域地质背景

区内地层主要为前寒武纪地层，有新太古界胶东群（过去曾被划入到"中太古界胶东群"）、古元古界粉子山群和新元古界蓬莱群。其中，胶东群与矿化关系最为密切，主要由黑云母斜长片麻岩、黑云变粒岩、斜长角闪岩、片岩和大理岩等组成。

区内构造以 EW 向褶皱和 NE 向断裂最为发育，轴向近 EW 向的栖霞复背斜横跨全区，是本区形成最早的构造骨架。NE 向构造是指新华夏系的一些断裂构造，属于郯庐断裂的次一级构造或派生构造，反接复合于 EW 向构造带之上，为成矿作用提供了有利的空间（邓军等，1996）。

区内岩浆岩分布广泛，主要有玲珑花岗岩、郭家岭花岗岩和栾家河花岗岩，以及昆嵛山花岗岩等，它们与金矿成矿作用十分密切。

2. 矿床地质特征

（1）矿体形态

矿床严格受断裂构造控制，主要赋存在断裂构造的交汇处或断裂带沿走向、倾向的转折部位。矿体多在断层下盘，呈层状、透镜状和脉状（图2，图3）。

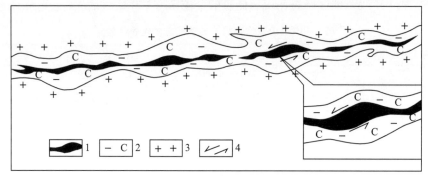

图2　山东省玲珑金矿田 44 号脉 358 水平 83 线地段含金石英脉（矿体）的平面特征
（引自李士先等，2007）

1—含金石英脉；2—蚀变带；3—花岗岩；4—含金石英脉填充时的控矿断裂启开扭动方向

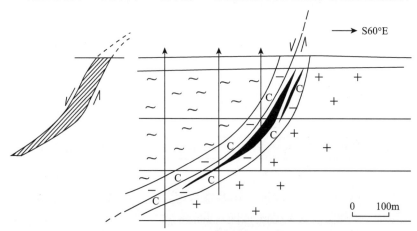

图3　山东省焦家金矿 96 线剖面矿体赋存部位示意图（图例同图2）
（引自李士先等，2007）

石英脉型金矿化发育在石英脉内，这种石英脉一般沿区域断裂的次级断裂充填，走向延伸可达5km，宽一般几十厘米至十余米不等，倾斜延伸可达几百米。金矿化在石英脉中一般不连续。工业矿体多呈透镜状。这种矿化类型在玲珑矿田比较典型，在破头青断裂下盘玲珑花岗岩中的次级断裂中赋存有众多的含金石英脉。

（2）蚀变分带

蚀变岩型金矿床主要赋存于区域规模的缓倾斜的韧、脆性叠加断裂带中，以浸染状或细脉浸染状矿化为特征。由于强烈的热液蚀变和后期的脆性变形的叠加，许多断裂早期韧性变形的组构已被破坏，仅见有糜棱岩角砾。赋存蚀变岩型矿床的断裂带内，均发育有一条平直光滑的主断裂面，矿体主要产于主断裂面的下盘。从主断裂面向下盘外侧，蚀变和变形具有如下的分带现象：

1）断层泥带：该带紧邻主断裂面产出，宽一般 10 ~ 50cm 不等，为黑色、灰白色或黄褐色断层泥，主要成分为黏土矿物，另有花岗岩的角砾。该带一般不具工业矿化，局部见有矿体的角砾。

2）黄铁绢英岩带：该带一般几米宽，局部可达十几米，主要由石英、绢云母和浸染状黄铁矿及少量方解石组成，为强烈蚀变的产物，大多发生碎裂和角砾岩化。

3）黄铁绢英岩化花岗岩带：该带在蚀变岩型矿床中十分发育，宽可达 50m；主要为发生了硅化、绢云母化及黄铁矿化的花岗岩，黄铁矿化有浸染状，也有细脉及网脉状。

4）钾化花岗岩带：该带可以看作外蚀变带，宽可达几百米，以钾长石化为特征，花岗岩发生碎裂和裂隙化，裂隙中一般有黄铁矿和石英细脉，当细脉密度大时可构成工业矿体。

玲珑式矿床的蚀变分带略有差异，主要可以分为以下几个带：

1）含金石英脉：该带位于控矿裂隙内，呈连续不规则带状分布，并含有少量的黄铁绢英岩。

2）黄铁绢英岩带：该带位于含金石英脉两侧，主要组分为黄铁绢英岩，并含少量黄铁绢英岩化花岗岩。

3）黄铁绢英岩化花岗岩带：该带位于黄铁绢英岩带两侧，并与其呈渐变关系，呈带状分布。岩性较为单一，几乎全部由黄铁绢英岩化花岗岩组成。

4）钾长石化花岗岩带：该带位于黄铁绢英岩化花岗岩带外侧，与其呈渐变关系，呈连续带状分布。

5）黄铁绢英岩化斜长角闪岩（或片麻岩）带：该带位于蚀变带的最外侧，而其外侧为正常的斜长角闪岩或片麻岩，并与其呈渐变关系。

（3）成矿阶段

焦家 – 玲珑式金矿的成矿作用，一般可以分为 4 个阶段。

1）石英 – 黄铁矿阶段：为成矿早期阶段，主要由石英和黄铁矿组成。

2）石英 – 含金黄铁矿阶段：为金的主要成矿阶段。主要矿物有石英、黄铁矿，并含自然金和自然银。黄铁矿多为中细粒，亦有粉末状。

3）石英 – 含金多金属硫化物阶段：为金矿物主要成矿阶段。矿石矿物主要为黄铁矿、黄铜矿、闪锌矿、磁黄铁矿、含银自然金、银金矿，其次有斑铜矿、斜方辉铅铋矿、硫锑矿和银黝铜矿等。

4）石英 – 碳酸盐阶段：是成矿晚期阶段。以碳酸盐矿物和石英为主，含有少量细粒黄铁矿和银金矿。该阶段成矿作用较弱，它的出现标志着成矿作用的结束。

应当指出的是，上述 4 个成矿阶段在不同矿床中表现的强度是不一样的，在某些矿床上，某一个阶段可能表现为更强烈，尤其是第二阶段和第三阶段，有时完全叠加在一起，很难辨别。有的矿床可能缺失其中某个阶段，都属正常现象。

焦家或玲珑式金矿床的金属矿物相似，主要为黄铁矿，局部有少量的黄铜矿、方铅矿和闪锌矿。有的石英脉中的黄铁矿呈块状。在玲珑矿田内的 52 号脉中的石英脉及块状硫化物大都发生碎裂，被挤压成不连续的透镜体，但局部也有未变形的具有梳状构造和晶洞构造的石英脉。在石英脉的周围，也发育有围岩蚀变，如硅化、绢云母化、黄铁矿化及钾化蚀变。这些蚀变的发育程度在不同石英脉周围是不同的，当这种蚀变比较发育且具有金矿化时，就构成石英脉型和蚀变岩型矿化的过渡类型。石英脉型矿床的蚀变特征与蚀变岩型矿床也基本一致（表 2）。

表 2　胶东焦家式和玲珑式金矿矿床地质特征对比

矿床类别	焦家式（碎裂带黄铁绢英质蚀变岩金矿床）	玲珑式（黄铁矿石英脉金矿床）
赋矿构造部位	区域压扭断裂破碎带，区域主干剪切带	低级序压扭性、张扭性及扭张性裂隙带和断裂带
矿体形态、规模及产状	矿体与围岩没有明显分界；品位不高但变化系数小，呈宽大脉状、透镜状，与断裂带产状近一致；长可达 1300m 以上，倾角 30° ~ 50°，有侧伏现象；厚 1 ~ 30m，多数 10m 左右；延深大于 1000m	矿体与围岩有较明显分界；品位变化大，矿体形态复杂、呈入字形，斜列、脉矿为主；长几米至几十米，可达 300m 以上，厚 0.1 ~ 10m，倾角较陡，50° ~ 70°，延深大于 500m，有侧伏及斜列现象

矿床类别	焦家式，碎裂带黄铁绢英质蚀变岩金矿床	玲珑式，黄铁矿石英脉金矿床
矿石矿物成分	主要：自然金、银金矿、黄铁矿；次要：黄铜矿、闪锌矿、方铅矿；少量：斜方辉铋铅矿。脉石：石英、绢云母、长石、方解石	主要：银金矿、自然金、黄铁矿；次要：黄铜矿、方铅矿、闪锌矿。脉石：石英、长石、绢云母、方解石
矿石有用组分	Au、Ag、Cu、Pb、S；金品位 5～13g/t；硫含量 3%～4%	Au、Ag、Cu、S、Pb、Zn；金品位 10～25g/t；硫含量 1%～7%
矿石结构构造	脉状、细脉浸染状为主，次为角砾状、网脉状构造；角砾状结构为主，还有残余结构、压碎结构、网状结构、填隙结构、包含结构、乳滴结构、残余结构、镶边结构等	致密块状、网脉状、浸染状构造；晶粒状结构、填隙结构、溶蚀结构、压碎结构、固熔体分解结构等
矿石类型划分	浸染状黄铁绢英岩型、细脉浸染状黄铁绢英质碎裂花岗岩型、网脉状黄铁绢英质碎裂花岗岩型；工业类型：低硫银金矿	块状黄铁矿石英脉型、网脉状黄铁矿石英脉型及石英黄铁矿脉型；工业类型：中硫银金矿
同位素特征	$\delta^{34}S$：7.6‰～12.6‰，平均为 9.22‰；$\delta^{18}O$：10.14‰～14.58‰，平均为 12.5‰；δD：-78.2‰	$\delta^{34}S$：4.34‰～10.4‰，平均为 6.78‰；$\delta^{18}O$：10.7‰；δD：-76.84‰

资料来源：吕古贤等，2009，有修改

(4) 成矿时代

关于成矿时代，过去一直存在较大的争论。随着分析测试技术的提高及分析手段的增多，人们对成矿年代的认识逐渐趋同。蚀变岩型金矿成矿时代为 113～116.6Ma；石英脉型金矿的成矿时代为 121.6～122.7Ma（毛景文等，2006）。

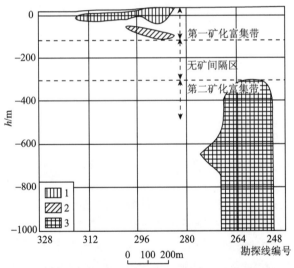

图4 山东省寺庄金矿床主矿体分布垂直纵投影图
（引自崔书学等，2008a）

1—普查期间①-1号主矿体；2—普查期间①-2号主矿体；
3—详查期间Ⅰ-1号主矿体

(5) 深部矿化特征

近年来，在焦家断裂金矿带深部找矿工作取得了重大突破，在该带南部地段的寺庄金矿床深部发现了特大型破碎带蚀变岩型金矿。该金矿床赋存于第二矿化富集带（图4）内，与产于第一矿化富集带中的浅部金矿床之间有 100～250m 垂深的无矿间隔区。通过深部勘查，寺庄金矿床深部范围内共圈出Ⅰ号、Ⅱ号和Ⅲ号 3 个矿体群、163 个矿体，其中在主裂面下盘的黄铁绢英岩化碎裂岩带内发现了规模较大的盲矿体Ⅰ-1号矿体，其资源储量占总量的 39.39%。寺庄金矿床深部和浅部均受焦家断裂带控制，主体产于其下盘的构造蚀变带中，产状相同，矿石特征基本一致。崔书学等（2008a）总结了深部矿化的以下几个特点：

1）矿体均赋存在焦家断裂带内，矿体的分布和矿化富集严格受构造控制。在同一断裂构造带内，走向和倾向拐弯部位、分支复合部位有利于成矿，且矿体具有尖灭再现的成矿规律。大型及超大型金矿床深部存在第二矿化富集带，形成垂深 100～250m 的无矿间隔。根据该规律，发现了Ⅰ-1号主矿体。

2）由于受成矿前断层泥（主断裂面）对含矿热液的阻挡作用，在断层泥下盘的破碎岩带内形成有利于成矿热液运移、聚集的场所，因此，大部分工业矿体赋存在主裂面下盘。

3）矿化富集受构造蚀变带控制，紧靠主裂面下盘的黄铁绢英岩化碎裂岩带和黄铁绢英岩化花岗质碎裂岩带是构造活动的强烈部位，破碎程度高，裂隙发育，孔隙度大，有利于矿液的渗滤、扩散和交代。因此，该部位矿化富集度高，往往形成主矿体。

4）复合叠加构造作用控制矿体的多字型或斜列式分布规律。另外，主干断裂与下盘分布的次级分支断裂构造交汇部位是成矿的有利构造空间。第一矿化富集带相对陡倾，第二矿化富集带相对平缓，控矿带断裂明显具有两个台阶。

5）焦家断裂带的下盘，节理裂隙较发育，对脉状、细脉、网脉状矿体起到定位作用。矿化裂隙分缓倾矿化裂隙和陡倾矿化裂隙，两者相间、或稀或密，呈或宽或窄的分布。两种裂隙构造反映的应力特点为在 NW - SE 向拉张应力场下，形成一组具剪切性质的缓倾裂隙构造及具张扭活动性质的陡倾裂隙构造。在主带之内，亦形成陡、缓倾两种裂隙构造，但不如主带之下那么规则，而且较为密集，显得更为复杂，Ⅲ号矿体群就赋存在这种形式的节理裂隙中。成矿阶段叠加部位往往形成富矿体。

6）矿化类型为细脉浸染状矿化、脉状或网脉状矿化等混合矿化类型，向深部有可能转化为以脉状、网脉状矿化为主。

7）金矿物学特征方面，金矿物的形态较简单，向下粒度有逐渐变细趋势，金银比值变小。另外，寺庄Ⅲ号矿体群主要金矿物为银金矿和金银矿，未发现有自然金，金的成色有降低趋势。

上述深部成矿特征可以概括为：一个构造带（焦家断裂带）、两个倾斜台阶，两段矿集带，两种产状类型（陡倾和缓倾）。

三、矿床成因和找矿标志

1. 矿床成因

关于焦家、玲珑金矿床的成因，吕古贤等（1993，2009）、李士先等（2007）都建立过金矿成矿模式，总体来说，各学者的模式大同小异。大致可以归纳如下：

在太古宙时期，来自地幔的富含金的中基性岩浆喷发，形成以中基性喷发岩为主的火山岩建造，即形成了唐家庄群和胶东群的初始矿源层。太古宙 - 元古宙多期变质作用，尤其是古元古代早期（2300Ma±）的变质作用，形成胶东 NE 向展布的麻粒岩相变质热背斜，致使胶东北部低角闪岩相中形成金的地球化学背景区，或少量变质热液金矿点。

在新元古代震旦纪，受华北、扬子两大板块造山碰撞带的强烈作用及陆内张应力控制，胶东"原始矿源层"的基底内大面积玲珑花岗岩侵位活动，富含挥发分的热液流体将原始矿源层中的金活化，由定位中心向岩体的边缘扩散迁移，致使玲珑花岗岩的边缘形成金含量较高的背景区，完成了金成矿作用的预富集。

到了中生代侏罗纪，太平洋板块停止向欧亚板块俯冲，转而沿欧亚大陆边缘走滑，之后郯庐断裂带大规模左行平移所诱导的次级应力场产生了一系列 NNE 向和 NE 向控矿断裂构造，同时伴有构造 - 岩浆热液事件，来自地幔的热液流体将金从原始富集层和预富集层中萃取出来，然后迁移到脆性断裂裂隙中沉淀、富集成矿。

从整个胶东区域构造关系来看，玲珑式、焦家式金矿在空间上、成因上都具有一定的联系。西北地区 3 条主要金矿控矿断裂——三山岛 - 仓上断裂、焦家断裂、招（远）- 平（度）断裂，在其展布、倾角、组合、断裂附近的构造岩、蚀变、矿化、断裂活动期次、性质等方面具有明显的相似性，主要表现为：①断裂展布特点及倾角相似，三者近平行，并沿玲珑花岗岩体与早前寒武纪地质体的接触带展布，总体倾角较缓，具有上陡下缓的铲状断层特点；②断裂组合特点相同，主断裂旁侧次级断裂发育，平面上构成多级"人"字形或树枝状组合形式，剖面上构成阶梯状组合形式，3 条主断裂则构成地堑（三仓断裂与焦家断裂之间）、地垒（焦家断裂与招平断裂之间）式正断层组合；③断裂附近的构造岩、蚀变、矿化特点一致，主断裂面之下依次出现断层泥、碎裂岩（糜棱岩）、碎裂岩化花岗岩等构造岩，黄铁绢英岩、黄铁绢英岩化花岗质碎裂岩、红化（黄铁绢英岩化）花岗岩等蚀变岩及浸染状金矿化、网脉状金矿化、脉状金矿化等矿化类型；④断裂活动期次、性质、时间相吻合，脆性断裂活动之前经历了韧性变形作用，脆性断裂则经历了主成矿期的张扭性活动及后期的压扭性活动，断层主活动期时间与矿化蚀变时间一致。鉴于上述特点（尤其是上述①、②、④条），宋明春等（2008）认为胶西北成矿构造体制为伸展成矿构造体制，并认为胶西北3条主要成矿断裂组成了一条沿玲珑花岗岩与早前寒武纪地质体边界分布的大型伸展构造带。

按焦家断裂与三仓断裂向深部渐趋变缓的趋势分析，宋明春等（2008）认为两者在深部可能连为一体（图5），焦家断裂与招平断裂则应在玲珑花岗岩体的顶部连为一体，但现已被剥蚀，仅保留少量下盘张裂隙带。如果按照断裂倾角30°估算，焦家断裂与三仓断裂连接的深度大致在地表以下4000m左右。伸展构造带的上盘主体为中高级变质的早前寒武纪变质岩，下盘为未变质的玲珑花岗岩，主断裂面叠加在早期韧性剪切带之上，总体构造具有纯剪式伸展构造的特点，类似剥离断层。焦家大型伸展构造带的形成及演化与胶东地区大规模岩浆侵入有关。首先，玲珑花岗岩的强力侵位过程，对围岩产生顶托作用，在花岗岩尚未完全固结的半塑性状态下，岩体边缘的花岗岩受挤压变形，形成早期韧性变形带。其次，在玲珑岩体定位后强烈抬升期间，燕山晚期花岗岩上拱造成玲珑花岗岩与其上覆早前寒武纪变质岩之间的各向异性界面不稳，沿之发生滑脱作用，产生伸展构造。由于剖面上深部岩浆的上拱作用和平面上区域性右行剪切作用，在玲珑花岗岩中形成各种右行张剪破裂。最后，来自幔源的基性侵入岩沿伸展构造产生的张裂隙侵位。焦家大型伸展构造的确立有利于更好地解释该区金矿形成的背景：在被通达地表的断裂系统强烈切割的伸展构造上盘，岩石冷，构成一个氧化环境下的水溶液循环系统；由断层泥和部分糜棱岩组成了致密遮挡层为顶盖的伸展构造下盘，岩石热，构成一个还原环境下的水溶液循环系统；伸展作用和深部上隆岩浆为热液上升提供了良好条件，从而在伸展构造上、下盘的接触部位，即两个水溶液循环系统的汇合处，形成了一个含矿热液沉淀聚集的有利场所。金矿的成矿时代晚于玲珑花岗岩和郭家岭花岗岩的形成时代，而与伟德山超单元（花岗岩类）、基性侵入岩（煌斑岩）等胶东燕山晚期大规模岩浆活动的时代接近，多期岩浆活动为金矿的形成提供了热源。

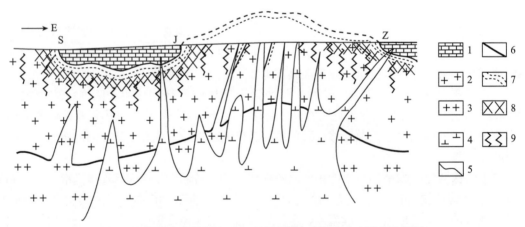

图5　山东省胶东西北地区金矿成矿构造系统及成矿模式示意图
（引自宋明春等，2008）

1—早前寒武纪变质岩系；2—玲珑花岗岩；3—燕山晚期花岗岩；4—基性侵入岩；5——地质界线；6—断裂；7—伸展断层带（浸染状蚀变岩型矿化带）；8—网状裂隙带（网脉状矿化蚀变带）；9—张裂隙带（脉状矿化蚀变带）。S—三仓断裂；J—焦家断裂；Z—招平断裂

2. 找矿标志

（1）地质标志

1）断裂构造标志：NE向或NNE向压扭性断裂带的主干断裂常沿岩体接触带展布，具明显的压扭特征，它与EW向基底构造的交汇部位是矿床定位的重要构造标志。主干断裂与分支断裂的交汇部位及断裂构造产状变化部位也是重要的地质找矿标志。

2）断裂侧伏方向：由于焦家－玲珑型矿床的控矿断裂在成矿期是在统一的应力环境下有规律的构造开启的结果，断裂构造方向虽不一致，但有规律地表现了左行上盘斜落的松弛张应力环境下的运动轨迹，因而造成不同倾向的断裂，其控制侧伏方向不一致，但同一方向的断裂带的矿体侧伏方向十分一致，据此，可有效地推测矿体的侧伏方向和埋藏深度。例如，走向为 NE 向或 NNE 向的断裂，倾向 NW 向，矿体向 SW 向侧伏。

3）岩体标志：小岩体的内部、大岩体的边部。

4）盆地标志：盆地内相对隆起区段。

5）蚀变标志：钾化蚀变与黄铁绢英岩化蚀变叠加的蚀变岩带，是直接找矿标志；蚀变带中石英多金属硫化物共生组合是重要的找矿标志；黄铁矿、石英是主要的载金矿物，是矿床形成的重要标志；蚀变带中常含黄铁矿，在表生作用下，黄铁矿氧化成褐铁矿，经淋滤形成醒目的蜂窝状构造，也是找矿的重要标志。

（2）地球物理找矿标志

据邹光华等（1996）资料，胶东地区赋存于两类断裂带、4 种不同围岩条件下金矿床的地球物理找矿标志（图 6）如下：

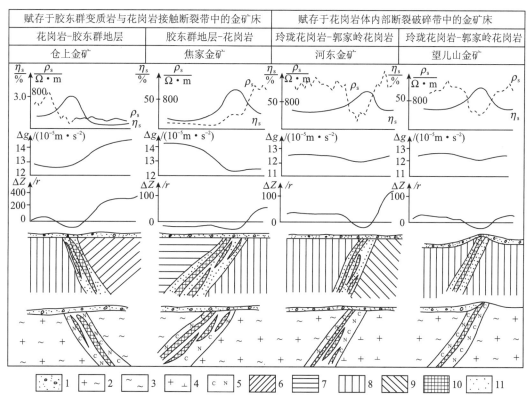

图 6　胶东蚀变岩型金矿床地质－地球物理找矿模型

（引自邹光华等，1996；李士先等，2007）

1—第四系；2—玲珑花岗岩；3—胶东群变质岩；4—郭家岭斑状花岗闪长岩；5—蚀变破碎带；6—弱极化、中等磁性、高密度、低阻体；7—弱极化、弱磁性、高密度、低阻体；8—弱极化、弱磁性、低密度、高阻体；9—弱极化、稍弱磁性、低密度、高阻体；10—高极化、中等密度、微磁性、中高阻体；11—中等极化、微磁性、低密度、稍低阻体

1）接触断裂带与矿田的地球物理标志相同。在岩体内次一级断裂破碎带上呈现低阻、低（负）磁异常带。在其上、下盘岩石均为玲珑花岗岩与郭家岭斑状花岗闪长岩的情况下，由于前者的磁性略弱于后者，显示有磁场梯度变化。

2）在矿体或矿脉群上方均呈现由含金硫化物富集体所引起的明显视极化率异常。异常中心与矿体在地表投影位置基本吻合。其轴向与矿带走向、断裂带走向一致。

3）在断裂规模较大、其强烈硅化蚀变范围也相对较大的情况下，硅化带（即矿体部位）上往往出现局部高视电阻率异常。

4）干扰因素：石墨化岩石与含金甚微或不含金的黄铁矿局部富集将引起非矿视极化率异常。

（3）地球化学找矿标志

李惠等（1999）经过对新城、焦家、河东、望儿山、灵山沟、东风、台上、玲珑等大型金矿床原生地球化学异常分带模型研究后，认为大型金矿床都严格地受构造控制，都具有多期多阶段叠加成晕的特点，各类矿床成矿阶段虽然划分有所不同，但一般都有 1~2 个主成矿阶段，其余阶段不能形成工业矿体或只能形成分散矿化。

在矿体周围能形成异常的元素有 Au、Ag、Cu、Pb、Zn、As、Sb、Mo（B、F）Hg、Co、Mn、Ni、W 等元素，单阶段形成的晕具有垂直分带，而且具有很多共性，即 Hg、As、Sb（B、F）强异常总是分布在矿体上部及前缘，而 Bi、Mo、Mn、Co、Ni 的强异常总是分布于矿体下部和尾晕。Au、Ag 一般正相关，Cu、Pb、Zn 有时偏于矿体上部，有时偏于矿体下部，上述前缘、尾晕指示元素并不是在每个矿床都出现。

图 7 和图 8 分别示出招 – 掖金矿带和牟 – 乳金矿带原生地球化学异常模型。由于各矿床控矿构造活动特点不同，不同成矿阶段形成矿体（晕）的叠加结构不同，因此，各典型金矿床叠加模型也有一定差异，在各典型矿区找矿预测时，尤其是对本矿床进行深部预测时，应用本矿床的原生地球化学分带模型的效果更好。

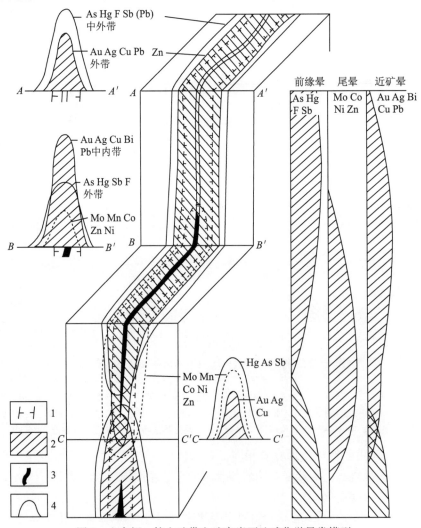

图 7　山东招 – 掖金矿带金矿床岩石地球化学异常模型

（引自邹光华等，1996；李惠等，1999）

1—构造蚀变带；2—石英脉；3—矿体；4—异常范围

· 338 ·

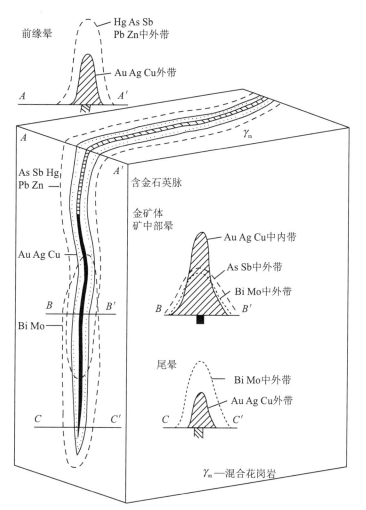

图 8　山东牟－乳金矿带金矿床岩石地球化学异常模型

（引自邹光华等，1996；李惠等，1999）

　　鉴于焦家－玲珑式金矿床受断裂构造控制，在区域地球化学普查过程中，以断裂（或裂隙）充填物如石英脉、蚀变岩为取样介质，可增强地球化学异常强度，提高找矿效果（施俊法等，1994）。

（崔书学　施俊法）

模型三十六 砾岩型金铀矿床找矿模型

一、概 述

砾岩型金铀矿，又称兰德式金铀矿床，矿体呈层状产于太古宙地层不整合面之上的古元古代地层的底砾岩中。在相当长一段时间内，该类矿床的金产量占世界总产量的 40% ~ 50%。代表性矿床有南非的维特瓦特斯兰德（Witwatersrand）、加纳的塔库瓦（Tarkwa）、巴西的雅科比纳（Jacobina）和加拿大的埃里奥特湖（Elliot Lake）等。

砾岩型金铀矿床主要分布在南非、加纳、巴西、加拿大、澳大利亚等国（图1），全球已发现的和正在进行勘查的区域有 30 多个，绝大部分产在前寒武纪地盾内。该类矿床的成矿作用及地质特征基本相似，但其规模及主要矿种存在较大差异。例如，加纳塔库瓦超大型金矿以金为主，几乎不产铀，其金的资源量为 420t、品位 1.3×10^{-6}；巴西雅科比纳大型矿床以金为主，铀规模较小；加拿大埃里奥特湖大型铀矿以铀为主，资源量为 U 432×10^4t、Th 35×10^4t 和（REE + Y）18×10^4t；而南非维特瓦特斯兰德则同时产有大量的金和铀。据统计，整个兰德盆地的金资源量为 10.9×10^4t，平均品位为 7.2g/t；铀金属的储量约为 59.3×10^4t。N. Fox 等（2002）曾将这些矿床视为是兰德式金铀矿床的各种端员矿床。本书以南非的维特瓦特斯兰德盆地的金铀矿床为例，来阐明砾岩型金铀矿床找矿模型。

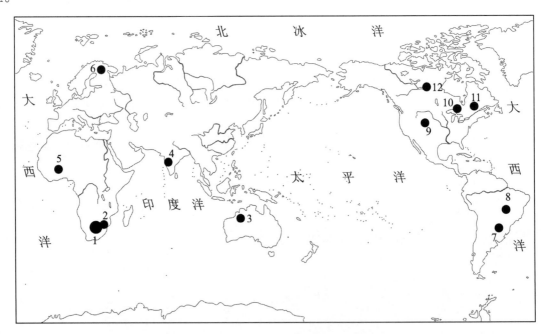

图1 世界主要砾岩型金铀矿床分布示意图

（引自 R. W. Hutchinson，1990，修改）

1—南非维特瓦特斯兰德；2—南非 Pongola；3—澳大利亚 Nullagine；4—印度 Bababudan；5—加纳塔库瓦；

6—芬兰 Fennoscandia；7—巴西 Moeda；8—巴西雅科比纳；9—美国怀俄明；10—加拿大埃里奥特湖；

11—加拿大 Sakami；12—加拿大 Hurwilz NWT

二、地 质 特 征

南非维特瓦特斯兰德金铀矿（简称兰德金铀矿）位于南非约翰内斯堡以南至韦尔科姆（Welkom）之间，泛指产于维特瓦特斯兰德沉积盆地（以下简称兰德盆地）内的所有金铀矿床，被认为是一大型 Au、U 成矿省，在世界黄金开采历史上有着举足轻重的地位。据估算，兰德金铀矿未开采的黄金资源量还有 38877t，相当于世界 1999 年黄金资源量的 35%。该矿床是目前世界上开采深度最大的矿床（大于 3.5km）。

1. 区域地质背景

（1）地层

兰德盆地主要地层分为四部分，从下往上依次是：花岗岩－绿岩基底、多米宁群（Dominion Group）、维特瓦特斯兰德超群（Witwatersrand Supergroup）、芬特斯多普超群（Ventersdorp Supergroup）和德兰士瓦层系（Transvaal Sequence）（图 2）。

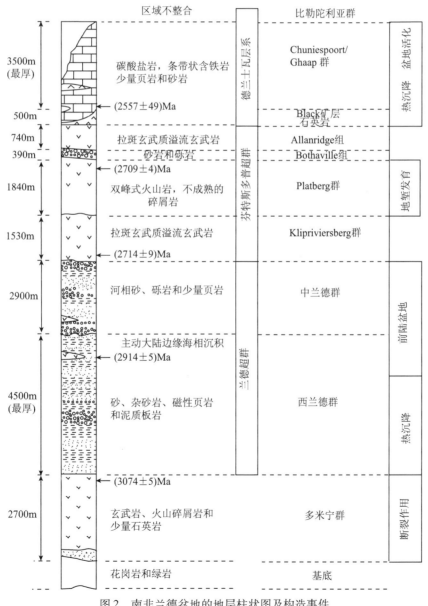

图 2　南非兰德盆地的地层柱状图及构造事件

（引自 G. N. Phillips 等，2000）

多米宁群地层呈不整合覆盖在由中太古代花岗岩－绿岩地体组成的基底之上，主要由镁铁质玄武岩、火山碎屑岩和少量石英岩组成，厚度约为2700m，在盆地的西部保存较好。它同时又与上覆的维特瓦特斯兰德超群地层呈不整合接触。

维特瓦特斯兰德超群由下部的西兰德群（最大厚度约4500m）和上部的中兰德群（厚度约2900m）沉积岩系组成。西兰德群地层主要以砂岩、杂砂岩、磁性页岩和泥质板岩为主，根据砂岩与页岩的比例不同，又可将其细分为奥斯皮塔尔山、戈弗诺门塔和杰比斯顿3个组；中兰德群地层主要由冲积相砂岩、砾岩和少量页岩组成，包括约翰内斯堡和特夫方丹两个亚群。金矿化主要在维特瓦特斯兰德超群上部岩层（中兰德群）中产出。

芬特斯多普超群主要由基性和酸性火山岩以及沉积岩组成。火山岩以玄武岩－安山岩为主，长英质火山岩次之。沉积岩有砾岩、石英岩、角砾岩、页岩和少量凝灰岩。其上为26.4亿～20.6亿年的德兰士瓦系岩石所覆盖，局部为19亿～17亿年的瓦特内格（Waterberg）群和2.8亿～1.5亿年的卡路（Karoo）超群的岩石所覆盖。德兰士瓦系超群的最大厚度为3500m，主要由碳酸盐岩、条带状含铁砂岩和少量页岩和砂岩组成。

沉积地层的厚度从盆地周边到中心变化很大，是区域盆地不整合作用及局部构造杂岩体共同作用的结果。整个兰德盆地被许多岩墙和岩床穿切，其面积至少占盆地岩石的5%～10%。

（2）构造演化

兰德盆地位于南非卡普瓦尔（Kaapvaal）克拉通内，盆地主体呈不规则卵圆形，SW－NE向长350km，北西－南东向长200km，总面积为52000km²。目前，兰德盆地出露的岩层呈凹向东南的弧状分布，弧形轴为北西走向的区域性隆起。

研究表明，兰德盆地曾为弧后前陆盆地环境，其演化可能与古－中太古代的卡普瓦尔克拉通核部的增生事件有关，经历了多次区域性收缩和拉伸运动和多期热事件（图2）。

兰德盆地在多米宁群地层遭受断裂作用之后，发生了大规模的热沉降，使西兰德地区接受浅海沉积，形成西兰德群底部地层。到西兰德晚期，一系列的挤压作用使盆地沉积环境发生了改变，由浅海沉积变为主动大陆边缘的碎屑沉积。古水流资料表明，多米宁群和西兰德群的硅质碎屑沉积岩的源区均在北面和东北面。这是一个大陆边缘的古斜坡。这个古斜坡一直持续到中兰德群早期，古斜坡沿着西缘和西南缘往东和北东倾斜，沿着北缘和西北缘往南东和南面倾斜。古斜坡方向的这种变化，加上沿剖面向上陆相沉积物的增加，表明沉积环境由大陆边缘的浅海沉积渐变为大陆盆地沉积。图3示出中兰德群沉积和保存的主要构造。

克勒普利维尔斯贝格（Klipriviersberg）火山作用喷出的拉斑玄武质溢流玄武岩，终止了维特瓦特斯兰德超群的沉积。随着普拉特贝格（Platberg）地堑的发育，克勒普利维尔斯贝格群和维特瓦特斯兰德超群均被一系列的断裂切割，这种地质特征在盆地的西部最为突出。在普拉特贝格侧向断层位移和褶皱冲断层的作用下，部分与维特瓦特斯兰德超群同生的挤压构造被活化。

普拉特贝格沉积作用之后，兰德盆地受到了各种构造和岩浆事件的影响。例如，2054Ma左右，受布什维尔德火成岩的侵入，维特瓦特斯兰德超群局部发生了变质作用；2025Ma左右，盆地在弗里得堡（Vredefort）穹窿作用下发生了变形作用。

2. 矿田地质特征

（1）矿田及主要矿层分布

兰德盆地已发现了100多个金矿床，部分矿床伴生有铀矿，集中分布在埃文德尔（Evander）、东兰德（East Rand）、中兰德（Central Rand）、西兰德（West Rand）、卡尔顿维尔（Carletonville）、克莱克斯多普（Klerksdorp）、韦尔科姆（Welkon）等7个金矿田中（表1，图4）。

埃文德尔、东兰德、中兰德、西兰德、卡尔顿维尔等5个矿田分布在兰德盆地北部边缘带上，构成了一个长100多千米的矿带，其中有50多千米属于中兰德金矿田。中兰德矿田向南东东方向延伸，与东兰德矿田相连接。西兰德矿田规模较小，已经采空的含金矿层都产在中兰德群岩层中，含铀矿层较少，多位于多米宁群底部。克莱克斯多普和韦尔科姆金矿田分布在盆地的西部，构造比较简单，发

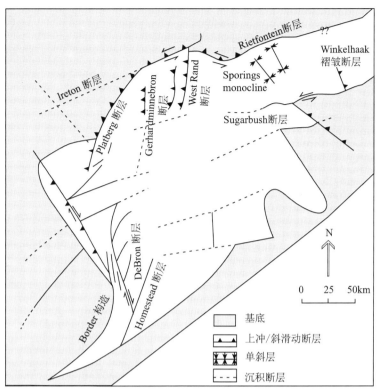

图 3　南非中兰德群沉积层和保存的主要构造简图

（引自 H. E. Frimmel 等，2002）

现了一些倾斜产出的矿层，如 Ventersdorp Contact Reef（VC 矿层）、Kloof、Middelvlei、Carbon Leader
及 Vaal 等矿层。这两个矿田的矿层开采深度已达 3.5km。目前，开采的和业已开采的含金矿层总数
多达 20 层，其中 8~10 层为主要含矿层，它们在盆地的岩石剖面中都占据一定的位置，并且延伸到
几个矿田中。卡尔顿维尔和韦尔科姆矿田规模最大，矿层分布复杂，各层岩石的成分和厚度不同，其
中西 Basal 矿层规模最大。

表 1　南非兰德盆地主要金矿田（体）的金、铀资源量

序号	矿田名称	总资源量/t	品位/10⁻⁶	成矿时代	发现时间（开采时间）
1	埃文德尔	2772		Ar_3	1951 年（1958 年）
2	东兰德	9511	.	Ar_3	19 世纪 90 年代
3	中兰德	9072	8.33	Ar_3	1886 年（1888 年）
4	西兰德	9710		Ar_3	19 世纪 90 年代
5	卡尔顿维尔	19936	15.0~20.9	Ar_3	1934 年
6	克莱克斯多普	7174			1886 年
7	韦尔科姆	16196	11.6	Ar_3	1934 年（1946 年）
整个盆地（Au）		109000	5~21	Ar_3	1886 年
整个盆地（U）		593000	80~500	Ar_3	1886 年

资料来源：P. Laznicka，2006

据统计，铀兰德金铀矿中有 98% 的 Au、U 产在中兰德群之中或之上的 Black 矿层和 VC 矿层里。
中兰德群不整合在西兰德群上面，盆地中部厚度最大，为 2900m，往盆地边缘逐步变薄。中兰德群中
存在一系列沉积旋回，每一个沉积旋回都由位于侵蚀面之上的河流相粗粒硅质碎屑岩和页岩、泥岩组
成。中兰德群发育许多重要的含矿层，不过它们在不同的金矿田有不同的名称（图 4）。Black 矿层是
近于水平的黑色片岩岩层，最大厚度达 500m，产在德兰士瓦碳酸盐岩系的底部。在矿层范围内，岩

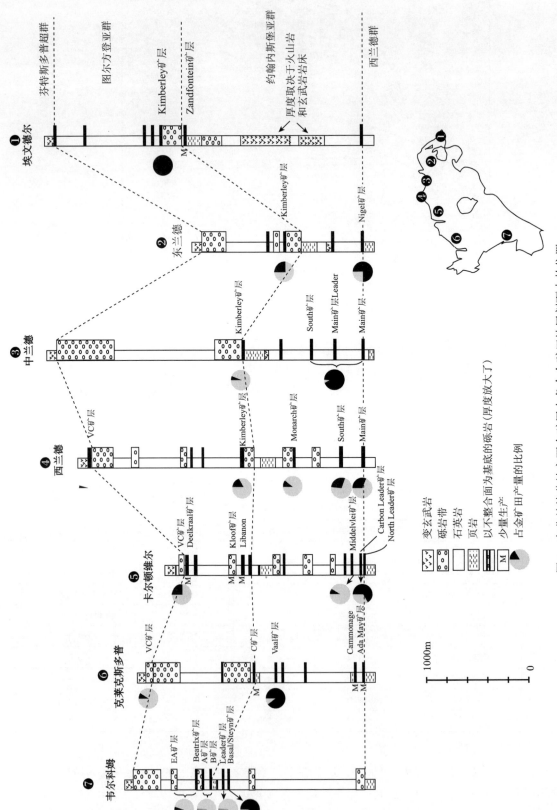

图 4　南非兰德盆地主要含金矿层在各个金矿田地层剖面中的位置
（引自 G.N. Phillips 等，2000）
（数字对应表 1 中的序号）

石片理化，其中有些地段见有小褶皱，它们整体上隶属于次整合的片理。Black 矿层总的矿物成分与主要产在中兰德群中的含矿层的矿物成分没有什么不同。除了炭物质强烈发育外，矿层 Os 和 Ir 的含量增高。炭物质分散在岩石中，在"小卵石"石英（沿微裂隙）和胶结物中异常富集。Ventersdorp 接触矿层分布面积最大，在盆地西部总面积超过 500km²，并且矿层的形态、厚度和内部组构变化不定。这种变化与不整合面的形态及构造变动有关。例如，卡尔顿维尔矿田中 Ventersdorp 接触矿层，厚度约 70～100cm，具有灰白色石英质的细小卵石，其中有少量黑色、暗灰色石英质小卵石。

总的来看，每个金矿田都发育有 4 个以上含矿层，但均有一个主产矿层（图4），如埃文德金矿田有 Kimberley 矿层、兰德金矿田有 Main Reef（主矿层）、卡尔顿维尔金矿田有 Carbon Leader 矿层、克莱克斯多普金矿田有 Vaal 矿层、韦尔科姆金矿田有 Basal 矿层。大多数情况下，铀是作为副产品生产的。其中，西兰德矿田、克莱克斯多普矿田和韦尔科姆矿田中的铀品位最高，但铀资源最大的矿田是克莱克斯多普和西兰德，其次是卡尔顿维尔矿田，再次是东兰德和韦尔科姆矿田。

（2）矿层的产出部位与沉积环境

兰德盆地中的所有金矿体都有一个重要特点，即产在重要的呈不整合的砾岩层（矿层）中，通常由分选良好的中砾砂屑岩组成。该特征也是砾岩型金铀矿床的一个共同特征。

通常大规模的砾岩层位于沉积层序的底部，直接上覆在基底不整合面上，或者作为沉积序列中一个岩层产出。产有这种砾岩层的沉积序列包括砂岩、页岩、碳酸盐岩和火山熔岩（图5）。大多数砾岩层产在一系列的裂谷中或发育于断层地堑形成的盆地中。这种"古砂矿"矿化包括加拿大的埃里奥特湖的铀矿化，巴西的雅科比纳 Au、U 矿化，南非的多米宁 Au、U 矿层和 Pongola 金矿化等。少数砾岩层产在沉积建造内，但在中兰德群中发育的矿层都由这种砾岩层组成，并产有大量的 Au 和 U。这种砾岩常以低角度不整合产在富含石英的砂岩、砾岩、页岩和玄武岩熔岩的层序中。

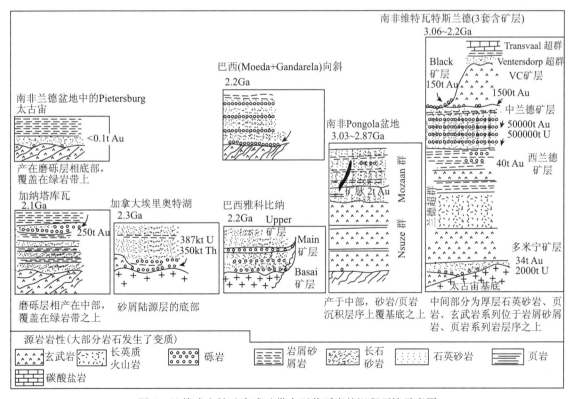

图5　兰德式金铀矿床成矿带中石英砾岩的沉积环境示意图

（引自 P. Laznicka, 2006）

从沉积环境来看，含矿砾岩层产于距源区较近的部位，而含炭层则产于盆地中心位置。从金和铀的分布来看，金产于上游水动力和能量较高的部位，所以金往往产于砾岩中，而铀产在含砾石英砂岩中。沉积旋回间的不整合面具有重要意义，几乎所有可开发矿层均产于不整合面上或其附近。底部剥蚀面的几何特征、沉积物的粒度以及特殊岩相，清楚地反映了各种沉积环境，包括从近源冲积扇（如 Eldorado 组中的 EA 矿层）到阶地状河流沉积（如 VC 矿层）、辫状平原，直至辫状三角洲。例如，含矿体的透镜状沉积层反映的是河流相的砂坝和河床的几何特征，指示出了单向的古水流方向；厚度较大的矿体代表了反复的洪水期和枯水期更替形成的河流砾岩和石英碎屑岩沉积层序。

（3）含 Au、U 矿层的基本特征

该类矿床中的矿化通常分成两种：一种是砾岩层，主要呈线状分布在冲积扇的顶部或中部，厚度变化大，一般在 1～5m。金赋存于砾石胶结物中，其品位变化较大，可达 6～500g/t，平均为 10～15g/t。另一种是薄层状含炭质层，它是含少量小砾石的砂质层，产于冲积扇底部或边缘，一般只有几毫米至几厘米厚，含有藻类化石，含炭质高，Au 品位较均匀，最高可达 100g/t，平均 10～15g/t。另外，还有含黄铁矿石英岩，其中金、铀和黄铁矿产于交错层砂岩的前积层中，产于不整合面上的石英岩和页岩中。

这几种矿化类型在空间上具有"矿层包"（reef packages）特征（图 6）。典型的矿层包通常由页岩层、分选性好的石英岩层、砾岩层和（或）炭质层以及不整合面组成，同时在构造应力的作用下有些岩层会发生局部流变，形成石英脉和炭质脉。矿层包常以页岩或低角度覆盖在不整合面之上的石英岩为底板，有时次级不整合面会被冲刷掉或渗滤掉，由炭质层直接覆盖。炭质层可能是由藻类形成的，并发育成黑色矿层和分隔的柱状透镜体。由于炭物质易于富集 Au、U 和其他金属，所以局部含量极高。砾岩层产在炭质层之上或直接覆盖在不整合面上，砾石分选性和磨圆度都非常好，呈圆形和椭圆形，其主要成分为石英、少量石英岩和燧石。胶结物由石英、硅酸盐矿物、部分重矿物、黄铁矿和金组成。金呈自然金产出，分散在胶结物和黄铁矿中。铀主要残留在晶质铀矿和少量的钛铀矿中。兰德盆地共发现了 30 多个这类矿层包（矿层、砂矿），有些矿层包延伸广泛。例如，在韦尔科姆矿田中 Basal 和 Steyn 矿层包覆盖了 400km^2，厚 1.6m，平均 U 品位为 500×10^{-6}，Au 品位为 15×10^{-6}。中兰德群的金多产在这种厚 1～2m 的"矿层包"中，多沿北部和西南部中兰德群出露区和未出露区分布，靠近基底花岗岩穹窿和盆地的岩屑沉积区。

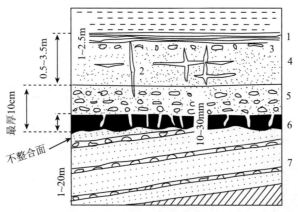

图 6　南非西兰德金矿田 Carbon Leader 层中典型"矿层包"特征示意图

（引自 P. Laznicka, 2006）

1—条带状页岩，具水平的橄榄绿到黑色高岭土石英岩特征；2—石英脉，石英－绿泥石充填；3—细砾－粗砂岩层；4—中－粗粒的含黄铁矿石英岩；5—细砾岩，基底附近富含炭质；6—底部柱状炭质矿层；7—北 Leader 层，中－粗粒淡灰色至带黄绿色的白色石英岩，含少量透镜状细砾岩的风化层，Au 含量较低

（4）主要矿石矿物和金铀赋存形式

在维特瓦特斯兰德盆地的矿床中有 70～100 种矿物。主要的矿石矿物有黄铁矿，自然金，磁黄铁矿，黄铜矿，As、Co 和 Ni 的硫化物，自然银，晶质铀矿，钛铀矿，方铅矿，铬铁矿，锆石，钛铁矿。脉石矿物有：石英、绢云母、绿泥石、叶蜡石、硬绿泥石、黑云母。含炭物质的矿物占有特殊的地位，其中最重要的是沥青铀钍矿。在炭质矿物中很少有高含量的钍。金属矿物中最主要的是黄铁矿，据估计其在矿层中的平均含量为 3%～10%。在 Black 矿层中，黄铁矿含量超过 20%。最常见的

矿石构造是细脉状和角砾状。黄铁矿细脉常发育在周围的片岩中。在有些地方，石英小卵石中黄铁矿聚集成块状。

自然金、晶质铀矿和黄铁矿在空间上与真正的外源碎屑矿物（如磨蚀的锆石和铬铁矿颗粒）共生，它们产在相互交错的前积层、底积层和层序组的界面上，在剥蚀面上尤为集中。厚度超过 1m 的砾岩单元含有多重粒级层，每个粒级层都有外源矿物，集中在底部剥蚀面上。碎屑颗粒的数量与侵蚀的数量成正比，所以最大的富集形成于不整合面上。岩相取样研究表明，剥蚀面优先被矿化，其平均含 Au 38×10^{-6}，Zr 410×10^{-6}，U 1750×10^{-6}，Cr 0.03%。Au 和 U 之间有很好的相关性。U 和 Zr 之间及 Au 和 Zr 之间相关性虽小，但是也有一定程度相关。

显微镜下可见，金在致密黄铁矿和石英中呈包体形式出现，并与一些黄铁矿、黄铁矿的多型变种、磁黄铁矿和炭物质组合在一起。金与由致密黄铁矿分裂而形成的板状黄铁矿关系密切。Ventersdorp 接触矿层中金与黄铁矿共生，在 Carbon Leader 和 Vaal 矿层的薄片中常见有金与沥青共生。在这些矿层中还见到明金析出体，它们富集在炭物质的细脉中，或者富集在炭物质聚集体中，这些聚集体产于矿层下接触带的薄层里，具有柱状构造。

三、矿床成因和找矿标志

1. 矿床成因

自维特瓦特斯兰德金铀矿发现之后，它的成因一直存在争议，至今尚未取得一致认识。

最早，大部分人认为兰德矿层是砂岩沉积成因，金和沥青铀矿都是作为碎屑组分搬运到盆地内的。金矿田为河流冲积扇或冲积扇三角洲环境，而矿层中的成矿物质则来源于盆地西北部的太古宙花岗-绿岩带的风化作用。Au、U 分别来自区内基性-超基性火山岩和花岗岩的侵蚀作用。此外，区内的条带状含铁层也是金的重要来源。

到 20 世纪 80 年代以后，随着矿床研究的不断深入，人们发现许多矿床特征和地质现象很难用砾岩型砂金矿床成因进行解释，于是提出了热液改造砂砾岩金矿床成因、后生或变质热液交代成因、同生热液沉积型金矿床成因等热液模型。在热液模型中，金被认为是通过埋藏后的热液或变质流体带入盆地的。

目前为多数人所接受的，或者说是可以较好解释诸多现象的成因有两种，一种是热液成因，另一种是改造型的砂矿成因。表 2 列出了支持维特瓦特斯兰德金铀矿热液成因和改造型砂矿成因的主要论据。

表 2　南非兰德金铀矿的热液成因和改造型砂矿成因的主要论据

热液成因	改造型砂矿成因
沿砾岩质容矿岩层热液平行层理渗透	金的分布受沉积控制（开采了 100 多年）
共生次序中金是较晚的	浑圆的微块金很少与毫米级的次生热液金共生
新太古代大气是氧化的	新太古代大气是还原/酸性的
金与酸性变质蚀变伴生	含金热液石英中的流体包裹体成分表明 pH 是中-碱性
盆地内广泛分布的叶蜡石与大规模 H^+ 交代作用有关	底板中靠近与酸性大气下化学风化作用有关的矿层的化学指数会增加
与金矿石伴生的大量浑圆的黄铁矿和晶质铀矿颗粒具有沉积后的热液成因特征	浑圆的硫化物和晶质铀矿的同位素资料年龄比沉积作用年龄要老
浑圆的黄铁矿来自于"黑色砂"的全盆地硫化作用	浑圆的黄铁矿颗粒界面上的波动生长分带被削蚀，表明是机械磨损；浑圆的黄铁矿结晶"完全"，而非假晶
金和热液焦沥青密切相关	全岩和分子的 $\delta^{13}C$ 数据表明热液焦沥青来自原地内生油；某一矿层中金成分的局部变化反映了源区的不同

热液成因	改造型砂矿成因
在沉积物沉积之后，金才带入兰德盆地	获得 Re 的亏损年龄为 35 亿~29 亿年，比沉积作用的时间要老
在变质作用高峰期，热液将金带入兰德盆地，这一作用与 20.6 亿年的布什维尔德事件是同时期的	在大于 6 亿年的埋藏、成岩和低级变质作用之后缺少重大的次生渗透
在全球 27 亿~26 亿年成金热事件期间热液将金带入兰德盆地，这一成金热事件与 Ventersdorp 超群火山作用是同时期的	在 Ventersdorp 晚期混积岩中维特瓦特斯兰德金矿石发生沉积改造，随后在后 Ventersdorp/Black 矿层中，产生维特瓦特斯兰德式金矿化
缺少砂金的稳定源区	侵蚀源区计算的 Au 背景值与太古宙花岗岩 – 绿岩地壳中金的平均含量相一致

资料来源：H. E. Frimmel 等，2002

2. 找矿标志

尽管兰德金铀矿是世界上最大的金矿，且其成因尚存争议，但实践证明兰德式金矿并非独一无二，在世界其他地方均有发现该类矿床的潜力，以下列出了这类矿床勘查时需注意的一些标志或准则。

（1）盆地找矿标志

几乎所有的砾岩型金矿都无一例外地产于古沉积盆地或古剥蚀面的砾岩及相关粗碎屑岩层序中，所以古盆地的选择及特征分析是寻找该类矿床进行战略选区的关键。

作为勘查靶区的盆地，应具备以下一个或多个特征，每个特征均可转化为判断标志：

1）盆地须在稳定的克拉通上形成和保存。

2）盆地形成时代必须是太古宙，因为矿床的形成须早于红层沉积（一旦形成了氧化大气层，矿床就很难再形成）。

3）盆地沉积物来自发育有矿化的活动边缘地体或富金花岗岩 – 绿岩地体的侵蚀作用。

4）盆地形成过程中或成岩/变质作用演化中，要有炭物质的生成。

5）具有活跃的远场挤压，垂向应力小时，有利于水平的流体流动，同时局部位移要很小（微弱应变），以利于形成变形载体和流体通道。

6）层组内发育有不整合，这是形成构造通道和早期硅化或提供富集机制所必需的。

（2）地层构造标志

1）不整合面和含矿砾岩层——几乎所有可开发的矿层均产在不整合面的砾岩层中或离不整合面不远的地方；大部分自然金富集在"矿层"底部，主要富集在下盘接触面附近。查明是否存在合适的含矿砾岩层，是成功勘查的必要前提。在新勘查区时，应先围绕盆地边缘开展，那里的剧烈挤压或隆升作用有利于不整合面的形成。

2）炭质指示层——炭质指示层一般是位于石英岩、粗砂岩或砾岩中的富炭条纹（层），或是产在这些岩石中的一种炭质混合物。炭质指示层中的金以细脉、斑点和不规则颗粒出现，铂族金属含量高。

3）古坡度和古水流方向——古坡度是河流形式的敏感标志，也是构造上升和下降的标志。古坡度可根据河道形式、槽状交错层理、中砾和重矿物的颗粒大小梯度，以及出现在角度不整合下的地层出露来判断。古水流资料可揭示出容矿岩石的分布，并可根据沉积层中的交错层测得古水流方向。

4）盆地中要有能使流体从中下地壳运移到近水平的容矿岩层中的有利构造。这种构造可通过分析盆地中可能的金矿化地层和寻找渗透性好的容矿岩石以及与兰德金矿相类似的蚀变矿物组合来判断。

（3）地球物理找矿标志

1）磁性页岩层，通常富含磁铁矿和绿泥石。地层研究表明，绝大多数含矿地层都产在磁性页岩之上，可用磁法和重力测量来确定隐伏的含磁铁矿页岩单元，这是非常有用的地层和地球物理标志层。因为上维特瓦特斯兰德地层的平均密度与上覆芬特斯多普镁铁质熔岩的平均密度存在 $0.16g/cm^3$ 的差异，所以采用磁测配合重力测量，较好地圈出了上维特瓦特斯兰德地层埋深较浅的地段。1937 年该方法组合应用于兰德盆地的自由邦矿田，取得了巨大成功。此后，在该矿田发现了 9 个相邻的金矿山。埃文德尔矿田也是在经过先后两次磁测后，打钻发现的。

2）镁铁质熔岩与石英岩之间明显的声阻抗差异，三维地震测量有助于实际矿化层的确定。

3）地震、重力和航磁测量 3 种数据的综合运用可确定具有明显物性差异（密度和波速）的相对缓倾斜的地层，如在兰德金矿中芬特斯多普熔岩或 Black 矿层页岩的接触面上可探测到明显的反射界面，深部的页岩、熔岩与石英岩层之间也构成一组明显的反射面，所以这些技术可作识别深部矿化层的有用手段。

（4）地球化学找矿标志

1）具有 Au、PGE 及 U、Th 等放射性元素异常。

2）金的富集与硫化物关系密切，砾岩中高含量的金与磁黄铁矿有关，石英岩中则与黄铁矿有关，表现为 Au – S – Fe – As 元素组合。铀的富集与炭质、钛关系密切，表现为 U – C – Ti 元素组合。

3）在矿带范围内，矿物中 pH、Eh、温度、压力和硫活度诸参数，存在着一种或数种参数分带性。

4）Au 和 U 之间存在很好的相关性，U 和 Zr 之间及 Au 与 Zr 之间相关性较小，但有一定关联。

5）磁铁矿、铬铁矿、钛铁矿和锆石等重矿物含量高，一般矿化区的重矿物含量是无矿化区的 2～5 倍。

（唐金荣）

模型三十七　卡林型金矿床找矿模型

一、概　述

卡林型金矿产于碳酸盐岩、粉屑岩和泥岩中，又称微细浸染型金矿，是以20世纪60年代初在美国内华达州东北部卡林矿带的志留纪碳酸盐岩层中发现的卡林金矿而命名的。该类矿床的显著特点是储量大、品位低、不见明金，金以浸染状亚微粒（微米级或更小）形态存在。金矿化与火成岩没有明显、直接的联系。

从全球范围来看，国外已发现的卡林型金矿床主要分布于美国、印度尼西亚、菲律宾、墨西哥、智利和加拿大（图1）。卡林矿带是卡林型金矿床最大的矿集区。该矿带呈NW向，长约60km，主要分布有卡林（Carlin）、金坑（Gold Quarry）、迪普斯塔（Deep Star）、贝茨-波斯特（Betze-Post）等矿床。到1996年末，该带已圈出了40多个矿床（图2），共生产黄金约778t，尚有探明和概略储量近1700t。

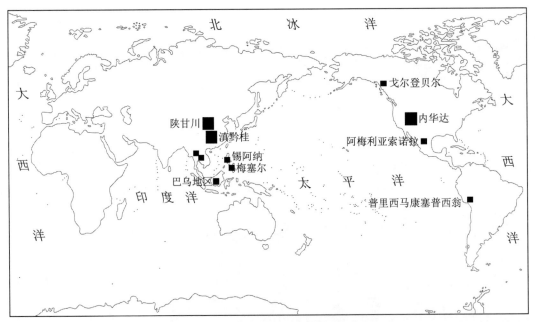

图1　全球主要卡林型金矿床分布示意图
（引自施俊法等，2005，修改）
美国内华达州的卡林矿带、中国的滇黔桂和陕甘川成矿区是世界三大卡林型金矿重要矿集区

自20世纪70年代以来，中国先后发现了板其、丫他、烂泥沟、拉日玛、李坝、八卦庙及东北寨等大中型矿床及一些小型矿床，这些矿床主要分布在滇黔桂三角区、秦岭地区的陕甘川交界地带和广东、江西、湖南、湖北等地区。

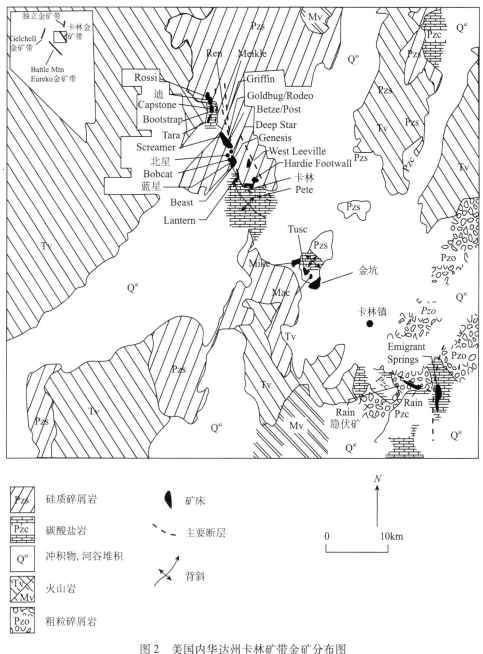

图 2　美国内华达州卡林矿带金矿分布图
（引自 Lewis Teal 等，1997）

图例：
- 硅质碎屑岩 Pzs
- 碳酸盐岩 Pzc
- 冲积物,河谷堆积 Qal
- 火山岩 Tv Mv
- 粗粒碎屑岩 Pzo
- 矿床
- 主要断层
- 背斜

二、地 质 特 征

1. 区域构造背景

　　从大地构造背景来看，卡林型金矿主要产于被动大陆边缘以及岛弧地体上，并伴有变形作用和侵入活动。诸如不同大地构造单元的结合部位、稳定大陆边缘的裂谷带等地壳活动较为强烈的部位，是该类型金矿较为发育的地区。例如，美国的卡林金矿床位于美国西部内华达州盆岭山脉区西部冒地槽与优地槽接合部位之西侧的优地槽沉积岩组合区内；我国的卡林型金矿产出的构造位置主要为扬子地台周边的古生代、中生代褶皱带，如滇黔桂三角区位于扬子地台与华南褶皱带接合部位的右江褶皱带，湘中矿化集中区位于华南褶皱系的赣湘桂粤褶皱带，川西矿化集中区位于松潘－甘孜褶皱系的巴颜喀拉褶皱带。有研究还发现卡林型金矿床与裂谷活动有密切关系。例如，朱赖民等（1998）认为滇黔桂地区卡林型金矿处于滇黔桂裂谷带中。

2. 矿床地质特征

（1）控矿断裂

卡林矿带位于美国西部盆岭区，矿带中最主要的构造为NNE向的罗伯茨山逆断层，其次为逆断层之后的塔斯卡罗拉山背斜及NW向和NE向的高角度断层。后来背斜遭到剥蚀，下层地层出露形成了构造窗，矿带中矿床明显位于罗伯茨山逆断层两侧，受断层和背斜控制。

滇黔桂成矿区位于中国扬子地块南西边缘，南盘江造山褶皱带的北部。成矿区的深大断裂主要有册亨－荔波断裂、垭都－紫云断裂、普定－册亨断裂和弥勒－师宗断裂。金矿床围绕这些深大断裂分布，矿体产出明显受次级断裂和穹窿制约。

陕甘川成矿区位于中国秦岭造山带西段，卡林型金矿集中于商州－丹凤断裂与龙门山－大巴山断裂之间。该成矿区控矿构造较为复杂，因受中生代以来碰撞造山作用的影响，主要为压扭性的构造控矿。控矿构造包括压扭性断层、剪切带、紧闭褶皱等。

综上所述，卡林型金矿床中，断层、断裂构造为主要的控矿构造形式（图3）。

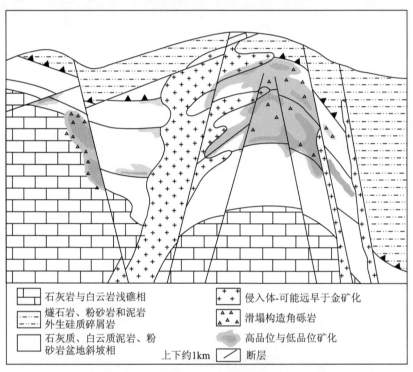

图3 典型卡林型金矿床成矿与断裂构造关系示意图

（引自K. Bettles，2002）

（2）赋矿地层和岩性

虽然从寒武纪到白垩纪的地层中都含有卡林型金矿，但它的赋矿层位还是相对比较集中。美国卡林矿带，金矿主要赋存在泥盆纪地层中，其次是奥陶纪和志留纪地层（图4）。中国秦岭地区是继美国卡林矿带之后的世界第二大卡林型金矿分布区，其金矿赋矿地层也是以泥盆纪为主。中国滇黔桂地区卡林金矿带，金的赋矿层位却是以三叠纪地层为主（图5）。

至于赋矿岩性，几乎所有的卡林型金矿都赋存在碳酸盐岩和硅质碎屑岩地层中。卡林矿带中主要的赋矿层位——罗伯茨山组为粉砂质灰岩，其次是波波维奇组，为粉砂质石灰岩和含化石的石灰岩。罗伯茨断层上盘的赋矿岩层韦尼尼组主要为硅质碎屑岩（图4）。中国秦岭地区卡林型金矿的赋矿岩性主要是大洋台地相碎屑岩－碳酸盐岩建造，而滇黔桂地区的赋矿岩性主要为硅质碎屑岩，位于该区西北部的上芒岗、丹寨等矿床的赋矿岩性为碳酸盐岩。

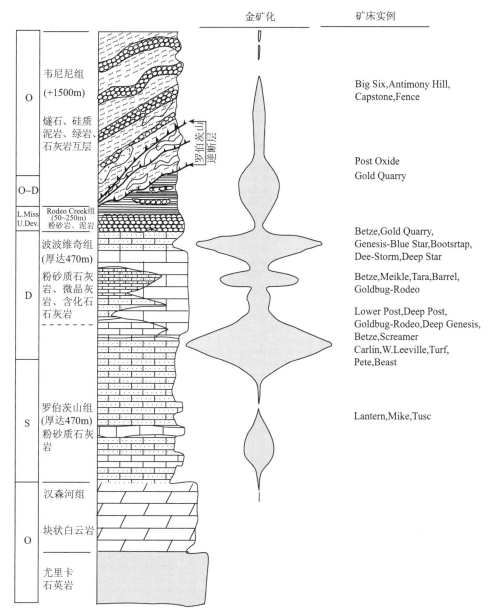

金矿化　　　矿床实例

O　韦尼尼组
　　(+1500m)

燧石、硅质
泥岩、绿岩、
石灰岩互层

　　　　　　罗伯茨山
　　　　　　逆断层

Big Six,Antimony Hill,
Capstone,Fence

Post Oxide
Gold Quarry

O－D

L.Miss.　Rodeo Creek组
U.Dev.　(50~250m)
　　　　粉砂岩、泥岩

波波维奇组
(厚达470m)

D　粉砂质石灰
　　岩、微晶灰
　　岩、含化石
　　石灰岩

Betze,Gold Quarry,
Genesis-Blue Star,Bootsrtap,
Dee-Storm,Deep Star

Betze,Meikle,Tara,Barrel,
Goldbug-Rodeo

Lower Post,Deep Post,
Goldbug-Rodeo,Deep Genesis,
Betze,Screamer
Carlin,W.Leeville,Turf,
Pete,Beast

S　罗伯茨山组
　　(厚达470m)
　　粉砂质石灰
　　岩

Lantern,Mike,Tusc

O　汉森河组

　　块状白云岩

　　尤里卡
　　石英岩

图4　美国内华达州卡林矿带理想的地层柱状图和金矿化

（引自 Lewis Teal 等，1997）

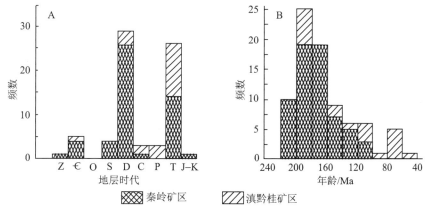

图5　中国卡林型金矿赋矿地层和成矿年龄统计直方图

（引自刘学飞，2008）

（3）围岩蚀变

卡林型金矿床最典型的蚀变类型有脱钙或脱碳酸盐化、泥化和硅化（表1）。在粉砂质石灰岩或钙－硅酸盐角岩中所含的矿床里泥质蚀变特别发育，原岩中的岩屑、黏土和钾长石蚀变成蒙脱石、高岭石、伊利石和少量绢云母。硅化蚀变受容矿岩石成分的控制，在含有致密生物亮晶石灰岩或钙－硅酸盐原岩中的矿床里，流体渗透限于高角度断层通道中，这里硅化最强烈，而且空间上与金矿化相伴随。

表1　美国内华达州和犹他州某些卡林型金矿的地质特征

矿床	容矿岩层岩性	容矿岩层时代	褶皱/矿带	断层走向	蚀变	矿化	火成岩
阿利盖特山（Alligator Ridge）	炭质、钙质粉砂岩，石灰岩和白云岩	早密西西比世和晚泥盆世	NNE 向背斜	NNE、NNW 和 NEE 向	脱碳酸盐化、硅化	NE 向矿化带；始新世	第三纪凝灰岩和熔岩
卡林（Carlin）	粉砂岩、泥质粉砂岩、白云质石灰岩	早志留世到早泥盆世	NW 向背斜；NW 向矿带	NEE、NNE、NE 和 NNW 向；罗伯茨山逆冲断层	脱钙化、硅化、黄铁矿化、伊利石化、氧化	矿化和蚀变常见于 NNW 向断层；成矿深度估计 3km	年龄为 131～121Ma 的 NW 向岩墙
科特兹（Cortez）	粉砂质、泥质、碳酸盐质岩石；细纹层状粉砂岩	早志留世到早泥盆世	NW 向背斜；NW 向矿带	NNW、NS 和 NNE 向低角度逆冲断层	脱钙化、硅化、白云石化	与断层、岩墙和角砾岩有关的 NW 向矿化带；34Ma	年龄为 34Ma 的长英质岩墙（成矿前）
格彻尔（Getchell）	千枚状页岩及石灰岩	寒武纪到奥陶纪	NE 向背斜；NE 向矿带	NS 向断层带	成矿前矽卡岩；脱钙化、硅化、泥化（92～87Ma）	沿断层的似席状带；90Ma	白垩纪花岗闪长岩体和斑岩岩墙
杰里特峡谷（Jerritt Canyon）	炭质石灰岩和钙质粉砂岩	中奥陶世到早志留世；早志留世到早泥盆世	EW 向背斜	NEE、NS 和 NE 向；逆冲断层中的构造窗	脱钙化、硅化、碳酸盐化	受断层和岩性控制	岩颈和岩墙
默克尔（Mercur）	石灰岩和粉砂质石灰岩	密西西比纪	NW 向背斜	NNW 向断层穿过 NEE 向地堑	脱钙化、硅化、伊利石化	金与黄铁矿、雄黄、雌黄、白铁矿共生；矿化与断层有关	流纹岩和石英二长岩（37Ma）

资料来源：S. S 亚当斯，1993

蚀变类型受容矿岩石的岩性成分所控制。含碳酸盐岩的容矿岩石中脱碳酸盐化相当普遍，在钙质细碎屑岩和硅质岩石中泥质蚀变比较发育，而在含矿热液通道中有岩墙侵入的地段硅化比较明显。特别需要注意的是，在脱碳酸盐化地段，碳酸盐岩被溶解形成坍塌角砾岩，这种角砾岩往往对矿化有重要的控制作用。

（4）矿石组成

原生矿石的主要矿物组合为黄铁矿、毒砂、雄黄、雌黄、辉锑矿、辰砂，另外还有黄铜矿、石英、伊利石、高岭石、绢云母、重晶石、方解石、白云石和自然金等，有时还含有炭质物质。载金矿物为黄铁矿、毒砂、石英和黏土矿物，其中黄铁矿为主要的载金矿物。金颗粒极细，分布在黄铁矿和毒砂的晶格中，或依附在石英和黄铁矿的表面或充填在裂隙中。

（5）流体包裹体和同位素特征

卡林型金矿床中的金呈亚微粒（$50 \times 10^{-8} \sim 200 \times 10^{-8}$ cm），主要出现在黄铁矿和毒砂的晶格中。流体包裹体研究表明，Au 是以二硫化氢络合物的形式被搬运的，流体盐度低（NaCl 当量 1%～7%），并富含 H_2S 和 CO_2，矿化形成深度为 (4.0 ± 2.0)km，温度为 180～245℃。

近些年来，为了研究卡林型金矿的成因做了大量的同位素分析。表2是美国卡林矿带中几个典型卡林型金矿的 $\delta^{34}S$ 值。这些值表明，成矿热液既可能来自地壳上部岩石中循环的大气水，也可能有部分变质热液或岩浆热液。

中国两大矿集区卡林型金矿脉石矿物（石英、方解石等）的氢、氧、硫同位素特征见表3。滇黔桂地区10个典型卡林型金矿 δD 平均值为 $-67.74‰$，变化范围为 $-105.37‰ \sim -30.84‰$，峰值主要集中在 $-100‰ \sim -80‰$ 之间，均值与滇黔桂地区中生代大气降水的 δD 值（ $-70‰$ 左右）较为接近，反映成矿流体以大气降水为主，兼有部分岩浆流体以及变质水的混合。秦岭地区10个典型卡林型金矿的 δD 值较为分散，平均值为 $-70.14‰$，变化范围为 $-117.90‰ \sim -10.90‰$，同样反映成矿流体为大气降水、岩浆水以及部分变质水的混合流体。两大矿集区的 $\delta^{18}O$ 特征基本上与沉积岩的组成（ $10‰ \sim 25‰$ ）一致，部分与火成岩的组成（ $50‰ \sim 10‰$ ）一致。

表2　典型卡林型金矿成矿流体中硫化物和 H_2S 的同位素组成

矿床	阶段	矿物	$\delta^{34}S/‰$	$\delta^{34}S_{H_2S}/‰$ （ $T=150 \sim 225℃$ ）
杰里特峡谷 （Jerritt Canyon）	成矿阶段 成矿阶段	雌黄、雄黄 毒砂	6.4 ~ 9.17.4	9.3 ~ 13.1 5.3 ~ 5.9
格彻尔（Getchell）和 "双河"（Twin Creeks）	主成矿阶段 主成矿阶段 晚期成矿阶段	黄铁矿 雌黄 雄黄	5.9 ~ 12.9 -0.9 ~ 6.2 0.1 ~ 5.5	3.8 ~ 11.4 2.0 ~ 10.2 3.0 ~ 9.5
卡林（Carlin）	主成矿阶段 晚期成矿阶段 晚期成矿阶段	黄铁矿 雄黄 辉锑矿	>9.7 15.2 8.7	>7.6 ~ 8.2 18.1 ~ 19.2 11.6 ~ 12.7
贝茨-波斯特 （Betze-Post）	成矿阶段 成矿阶段	黄铁矿、毒砂 雌黄、雄黄	2 ~ 23 5.4 ~ 10.2	-0.1 ~ 21.5 8.3 ~ 14.2
阿利盖特山 （Alligator Ridge）	成矿阶段 成矿阶段	雌黄 辉锑矿	-7.7 ~ 14.4 3.4 ~ 10.3	-4.8 ~ 18.4 6.3 ~ 14.3
戈尔德匹克（Gold Pick）	成矿阶段	雌黄、雄黄	13.9 ~ 15.3	16.8 ~ 19.3
切尔特克利夫（Chert Cliff）	成矿阶段 成矿阶段 成矿阶段	黄铁矿 雄黄 雌黄	11 ~ 14 14.2 ~ 14.6 -3.7 ~ 3.8	8.9 ~ 12.5 17.1 ~ 18.6 -0.8 ~ 7.8

资料来源：A. H. Hofstra，1997

中国两大矿集区25个矿床的 $\delta^{34}S$ 变化范围主体在 $0 \sim 20‰$ 之间（表3），但也有部分可出现负值。统计表明，滇黔桂地区的 $\delta^{34}S$ 变化范围较大，且均值较低，更接近沉积岩的 $\delta^{34}S$ 特征值。

表3　中国两大矿集区卡林型金矿 H、S、O 同位素特征

特征	$\delta D/‰$			矿床数/个	样品数/块
	范围	均值	极差		
秦岭	-117.90 ~ -10.90	-70.19	59.26	10	65
滇黔桂	-105.37 ~ -30.84	-67.74	37.64	10	50
特征	$\delta^{34}S/‰$			矿床数/个	样品数/块
	范围	均值	极差		
秦岭	-25.20 ~ 19.76	7.41	33.04	13	104
滇黔桂	-33.18 ~ 17.91	3.79	36.97	10	111
特征	$\delta^{18}O/‰$			矿床数/个	样品数/块
	范围	均值	极差		
秦岭	5.69 ~ 21.38	18.374	12.684	10	68
滇黔桂	9.30 ~ 26.49	19.348	10.048	10	50

资料来源：刘学飞，2008

三、矿床成因和找矿标志

1. 矿床成因

卡林型金矿床是一类还没有精确定义的十分复杂的金矿床，其成因争论也很大，过去认为美国卡林矿带是在大盆地内与第三纪或第四纪拉伸构造有关的近地表的热液成矿系统（如低温热液热泉模式）。随着研究的深入与资料的增多，人们的认识也发生了深刻的变化。

近年来，许多研究者根据流体包裹体和同位素资料，认为卡林型金矿床是由多种流体在中等地壳深度混合而形成的，如美国西部卡林金矿（图6）。

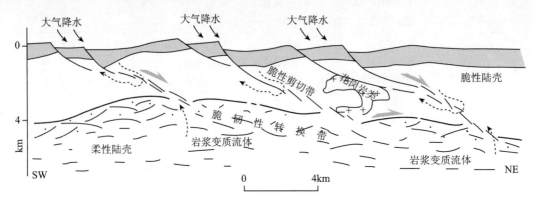

图6 美国西部卡林金矿可能存在的流体混合成矿示意图

（引自 S. Bellani 等，2004）

大范围的拉张与岩浆作用耦合，使得高热流进入地壳，产生的大量热能促使岩浆流体与下渗的大气流体
发生对流，并混合成矿（Au 来自岩浆流体）

卡林型金矿的形成过程大致是：大气降水穿过古生代岩石和前寒武纪基底进行循环，并可能从中获得了 Au、S 等物质。随着大气降水在源岩内流动，在高温下与岩石交换氧，结果使流体的 $\delta^{18}O$ 升高，同时有不同来源的 CO_2 加入。稳定同位素资料表明，CO_2 不可能来自有机质，可能来自深部的变质流体或者与火成岩侵入体相伴随的岩浆热液。在岩浆热事件或者构造事件的作用下，成矿流体向上运移，在褶皱的顶部，这些流体突破压力封闭流到未受蚀变的含碳酸盐岩的岩层中，与那里存在的大气降水发生混合，从而使金沉淀下来。

总之，卡林型金矿是在浅成环境下经过加热而循环的大气水热液系统（有部分变质水和岩浆热液加入）而形成的低温浸染交代型矿床。除控矿断层/断裂构造外，卡林型金矿的成矿条件还包括：①主要容矿岩石之上需覆盖不渗透的盖层岩石，如火成岩岩席、较厚的页岩或粉砂岩等；②岩石单元之间具有截然的流变性质差异；③要有深源酸性流体，在地壳浅部与大气流体发生混合作用；④需有金属及相关元素的来源（图7）。

2. 找矿标志

（1）区域地质找矿标志

1）卡林型金矿床多与深地壳构造有关，如美国卡林金矿的长条状矿带被认为是深地壳构造的反映。可根据包括火成岩、地球物理和地质等特征圈出新的隐伏控矿构造。

2）优地槽和冒地槽的构造接合带、稳定大陆边缘的裂谷带、板块之间的碰撞造山带等地壳构造活动强烈的部位是寻找该类型矿床的有利位置。活动的大地构造环境为金矿的产出提供了所需的物质与能量条件，因此它往往在区域上控制着卡林型金矿成矿区的分布。

3）矿床往往产于隆起的断块中，含矿岩层沿隆起断块出露到地表，也就是出露在穿过逆冲断层的构造窗中。在构造窗及其附近找矿是 20 世纪 60 年代卡林型金矿的"构造窗找矿模型"。

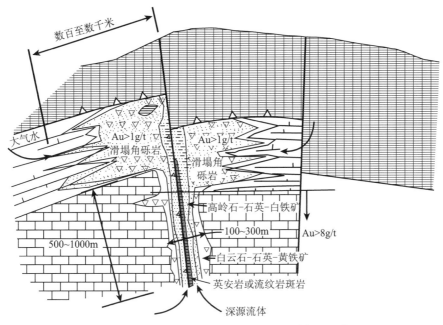

图7　卡林型金矿理想成矿作用及成矿要素剖面示意图

（引自 T. B. Thompson，2002）

4）深大断裂（图7）。例如，卡林矿带受罗伯茨山逆冲断层的控制，NW 向断层和次级的 NE 向断层是成矿流体的重要通道（表1）。滇黔桂成矿区，卡林型金矿明显受册亨 – 荔波、垭都 – 紫云、普定 – 册亨、弥勒 – 师宗几条深大断裂的控制，许多矿床都分布在 EW 向的压扭性断层中。陕甘川成矿区总体受 NW – NWW 向区域性走向断层的控制，多数矿床都产于构造作用形成的挤压破碎带中或其两侧。

5）高角度扭断层。美国大盆地（Great Basin）所产出的卡林型金矿都被认为与扭断层构造环境下形成的高角度断层有关。共轭断层与交错断层是重要勘查准则。但由于这种容矿断层为数不多，所以需要进行详细的野外研究。

（2）局部地质找矿标志

1）大多数矿床都与背斜或穹窿构造有关。美国卡林金矿床位于塔斯卡罗拉山背斜区，容矿的碳酸盐岩发生过广阔至中等幅度的背斜褶皱。我国两大矿集区中卡林型金矿受背斜和穹窿的制约也十分明显。看来，褶皱构造为矿体定位提供了必要的容矿空间，对流体运移起着构造圈闭的作用。

2）受逆冲断层控制的含水层。美国卡林金矿床大多与逆冲断层有关，这些逆冲断层有助于流体混合和形成矿石。

3）受地层控制的含水层。跨区域的不整合面是最常见的一种层位，可以起到使流体混合并使金属沉淀的作用。渗透性沉积岩对许多矿床的形成具有重要意义。背斜构造与矿床的伴生关系，反映了在地层流体流动带、高角度断层、与褶皱有关的断裂中移动的地下水汇集在一起并发生了混合。

4）岩墙和岩床。受断层控制的蚀变岩墙和岩床与矿床普遍伴生，因岩墙和岩床侵入体在驱动地下水对流中起重要作用，是成矿的重要因素，必须予以重视。

5）含铁沉积物。许多卡林型金矿中的金为浸染状，容矿沉积物受到明显的硫化作用，表明沉积物中铁的数量、可被利用的程度和活泼程度是控制矿床位置、品位和储量的因素。因此，需要研究与浸染状矿床有关的同期不含矿沉积物和含矿沉积物的地质特征，制定勘查和预测矿床特征的准则。

6）卡林矿带中许多矿床的蚀变矿物年龄测定结果为 95～140Ma，即中—晚白垩世。而对矿带中第三纪的含金岩墙所做的年龄测定大约为 40Ma。看来卡林矿带的金矿化至少有两期，对我国两大矿集区 80 多个卡林型金矿成矿年龄的统计表明，我国卡林型金矿的成矿时代分布于印支期晚期至喜马拉雅期。

（3）岩石学和矿物学找矿标志

1）最初认为罗伯茨山组的碳酸盐岩是卡林型金矿的容矿岩石，但是后来发现炭质、硅质石灰岩、白云岩和钙质粉砂岩、各种泥岩、硅质岩、火山岩都是卡林型金矿最常见的容矿岩石。这些容矿岩石的时代虽然从寒武纪到白垩纪都有，但主要还是中古生代，其次是三叠纪。

2）大多数卡林型金矿的矿体没有明显的边界（以断层为界的除外），而是依靠化学分析边界品位圈定的。矿石中金呈细散浸染状，一般品位较低。与中、低温脉型金矿和矽卡岩型金矿不同的是，卡林型金矿所含的贱金属要低得多。

3）卡林型金矿有许多矿床可明显分出上部氧化带和下部未氧化带。氧化带又可进一步分为淋滤的和未淋滤的。氧化的酸性淋滤带，其底界与现在的地形近乎平行，但沿裂隙会向下延伸较深。氧化但未淋滤的表生蚀变带，可延伸到淋滤带以下 20m 处，但也可见于淋滤带之上。

（4）地球物理找矿标志

1）尽管难选矿石是硫化铁型的，而且也有激发极化反映，但是对卡林型矿床的直接探测往往是不能成功的。地球物理在岩石学填图、构造和蚀变方面却非常有用。

2）大地电磁测深剖面可显示出地壳中的主要间断，并揭示出可能为矿化流体提供了通道的区域深断裂构造。

3）重力测量可以找到构造、侵入体和块状碳酸盐岩以及盖层深度。卡林型金矿与断裂构造关系密切，可根据重力数据求得的密度界面追索一些已知断层在冲积层下的延伸，并推断出更多的完全隐伏的断层，尤其是山前断层。

4）航空和地面磁测能找到构造和侵入体位置。例如，美国内华达州中北部卡林矿带中的许多矿床靠近被推测为白垩纪花岗深成岩体的东缘，这些岩体大部分是隐伏的，依靠航磁测量确定了岩体的整体范围。

（5）地球化学找矿标志

1）Au 和 As、Sb、Hg 常紧密共生，组成"卡林元素组合"。这种元素组合对寻找卡林型金矿有着非常重要的意义。其中，As、Hg 及 Sb 是最为有效的探途元素。这些元素具有稳定的异常下限值（As 为 100×10^{-6}，Hg 为 1×10^{-6}，Sb 为 50×10^{-6}），它们在地表环境和近地表的相对透水带中，例如断层、岩性接触带和角砾岩中有较高的活动性，因而它们可以作为金矿化的指示元素用于勘查。

2）在某些矿床中 Ba、Tl、Ga 或 W 异常浓集，它们的重要性虽然不如 Au、As、Hg、Sb，但也有一定的指示意义。

3）常见由 Au – As – Ag – Sb – Cu – Zn 等元素组成的次生晕特征，其中，Au、As 异常最为显著，面积大、浓度高且分带明显。受碳酸盐的影响，水系沉积物中的 Au 含量衰减较快，金异常小而弱。

4）可根据 Au、As、Sb 等异常组成的原生晕标志，判别矿床的剥蚀程度，预测金矿化富集的部位。

5）卡林型金矿中 Ag 的含量比较低，Au/Ag 比值一般为 8。贱金属的含量也比较低。

（项仁杰　周　平）

模型三十八　浅成低温热液型
金矿床找矿模型

一、概　　述

　　"浅成低温热液"这一术语可追溯至1922年，是由美国学者 W. Lindgren 在对热液矿床按其形成的温度和深度进行分类研究时首次提出的。在其1933年给出的定义中，"浅成低温热液"用来规范流体的来源、成矿深度和成矿温度等。该词具有浅成热液和低温热液的双重涵义，即地壳深部热液上升到浅部（<1.5km），在较低温度（50~200℃）和压力条件下形成的矿床，矿床形成的温度与其形成深度一般为正消长关系。我国的一些地质学家曾将浅成低温热液型金矿床称为陆相火山岩型金矿床、火山 – 次火山岩型矿床等，强调的是火山 – 岩浆本身的热液系统，同时也注重成矿地质环境的低温、浅成等特点。目前，浅成低温热液金矿的基本含义包括：在低温（<300℃）、低压（10~50MPa）条件下，以大气降水为主的低盐度成矿流体，在火山 – 浅成岩体系统浅部由热液活动形成的矿床；矿化作用主要发生在火山活动晚期，最终定位于火山地热系统波及范围内。从这种意义上说，浅成低温热液金矿包括了火山岩型、次火山岩型以及部分斑岩型金矿床。这类矿床因规模大、分布广，已经引起了国内外同行的广泛关注（卿敏等，1993；刘应龙，1999；陈根文等，2001；江思宏等，2004；胡朋等，2004；郭玉乾等，2009；王洪黎等，2009）。

　　已有资料初步显示，浅成低温热液型金矿床主要形成于岩浆弧及弧后的张裂带，主要集中产在环太平洋、地中海 – 喜马拉雅和古亚洲3个巨型成矿域，伴生矿种较多，主要是银、铜、铅、锌矿床。表1列出了部分代表性金矿床。

表1　全球部分重要浅成低温热液型金矿床及其储量

国家	矿床（田）	金储量/t
美国	科姆斯托克（Comstock）	312
美国	麦克唐纳（McDonald）	251
美国	克里普尔克里克（Cripple Creek）	817
墨西哥	塔约尔提泰（Tayoltita）	304
智利	埃尔印第奥（El Indio）	295
智利 – 阿根廷	帕斯卡 – 拉马（Pasca – Lama）	578
秘鲁	亚纳科查（Yanacocha）	1804
秘鲁	佩里纳（Pierina）	308
多米尼加	旧普韦布洛（Pueblo Viejo）	1244
俄罗斯	巴列依（Balei）	458
日本	菱刈（Hishikari）	326
菲律宾	安塔莫凯 – 阿库潘（Antamok – Acupan）	304
巴布亚新几内亚	拉多拉姆（Ladolam）	1389
巴布亚新几内亚	波尔盖拉（Porgera）	613
印度尼西亚	凯利安（Kilian）	135
新西兰	豪拉基（Hauraki）	1362
斐济	恩佩罗（Emperor）	338

资料来源：P. Laznica，2006；吴美德，1993

20世纪80年代，浅成低温热液型金矿床被划分为低硫化型和高硫化型；或者划分为明矾石－高岭石型（酸性硫酸盐型）和冰长石－绢云母型（低硫化型）。在此基础上，N. C. White 等（1990）系统总结了低硫化和高硫化低温热液矿床的特征。G. Corbett（2002）将低硫化型矿床进一步划分为岩浆弧型和裂谷型两类，然后再根据矿床形成深度和矿物组合将岩浆弧型划分为石英－硫化物 Au±Cu 型（如凯利安矿床、拉多拉姆矿床）、碳酸盐－贱金属 Au 型（如安塔莫凯矿床）、低温热液石英脉 Au－Ag 型（如伊迪克里克矿床）等矿床（表2）。这些矿床在形成深度、矿物组成、围岩蚀变等方面都存在较大差异。裂谷型低硫化浅成低温热液矿床，如日本的菱刈，由冰长石－绢云母型 Au－Ag 矿石组成，形成于岩浆弧或弧后的裂谷环境，它不仅产有石英－硫化物 Au±Cu 型矿体，而且还产有多金属 Au±Ag 型矿体。

表2 不同类型低温热液金矿床的主要特征

矿床类型	低硫化型				高硫化型
	岩浆弧型			裂谷型	
	石英－硫化物 Au±Cu 型	碳酸盐－贱金属 Au 型	低温热液石英脉 Au－Ag 型	冰长石－绢云母型 Au－Ag 石英脉型	高硫化 Au－Ag－Cu 型
产状	陡倾斜矿脉，深部变为席状脉	条带状脉、复合矿脉、裂隙网脉；席状脉系	形成于地壳最高部位，发育在与侵入体有关的低硫化金矿序列的晚期阶段，柱状	条带状、席状	条带状
矿物组合	铁硫化物和石英组成，或铁硫化物和钾长石组成；深部含黄铁矿、磁黄铁矿和黄铜矿，伴有少量镜铁矿和磁铁矿	在含量上，黄铁矿＞闪锌矿＞方铅矿，脉石矿物为碳酸盐和含量不定的石英，矿物分带明显	碲铋矿、石英、绿泥石	有黑色硫化物条带，玉髓与蛋白石微细互层，包含少量冰长石、石英假像板状方解石	黄铁矿、硫砷铜矿（包括低温多形的四方硫砷铜矿）以及新生的明矾石，并伴有重晶石和晚期的自然硫
勘查标志或方法	"灰硅石"是隐伏矿体的指示标志，地表氧化后形成蜂巢状黄铁矿假像	地表有锰碳酸盐氧化的特征性锰土，金矿体不规则分布	重砂淘洗，含碲或硒地球化学异常	淘金分析和大样堆浸金（BLEG）测量，辅以对特征性条带状石英的追索、可控源音频大地电磁（CSAMT）、便携式短波红外矿物分析仪（PIMA）	地表特征性的硅质转石；可控源音频大地电磁（CSAMT）识别蚀变范围，高硫化黏土蚀变可以用物探方法来识别；遥感图像中的色彩异常
典型矿床	拉多拉姆、凯利安	安塔莫凯、恩佩罗、蓬科尔、波尔盖拉	伊迪克里克	菱刈、亚纳科查	勒班陀、帕斯卡、埃尔印第奥、贝拉德罗

资料来源：G. Corbett，2002

从矿床空间展布看，上述各类低硫化型低温热液矿床也具有一定的分带性和叠置的情况。一般来说，表2中列出的前3种低硫化型矿床随时间推移而渐次更替，石英－硫化物 Au±Ag 型矿床产在最深部，靠近斑岩型铜金矿床，其次为碳酸盐－贱金属型 Au 矿床，再次为浅成低温热液石英脉型金银矿床。浅成低温热液石英脉 Au－Ag 矿床最靠近地表。例如，在巴布亚新几内亚的莫罗贝金矿田，哈马塔（Hamata）石英－硫化物金矿床处在最深部位，希登瓦利（Hidden Valley）、凯里门盖和"上脊"（Upper Ridges）碳酸盐－贱金属型矿床处在中间部位，伊迪克里克（Edie Creek）富矿的浅成低温热液石英脉型 Au 矿床则是在更靠近地表的部位。此外，凯里门盖矿床显示数百米规模的垂直分带，从石英－硫化物 Au±Cu 型，到碳酸盐－贱金属 Au 型，最高部位和侧向为浅成低温热液 Au－Ag 矿化型，所有这些矿床都产在一条断层与爆破角砾岩筒边缘的接触部位。

二、地 质 特 征

1. 区域地质背景

从大地构造环境上看，浅成低温热液型金矿床主要产于会聚构造环境，形成于板块俯冲带上盘大陆边缘及岛弧的岩浆弧和弧后岩浆带。智利的高硫化型与低硫化型金矿床表明，它们的形成在构造背景上具有一定的差异。高硫化型矿床形成的构造背景为：板块垂直俯冲，俯冲倾角中等，区域应力场为弱挤压或扭压性质，板块聚合速度快。而低硫化型矿床形成的构造背景为：板块斜向俯冲，俯冲倾角较陡，区域应力场为中等，板块聚合速度较快。

大多数情况下，浅成低温热液矿床在空间和时间上与陆相火山岩或次火山岩侵入体有关。一般是中心型到近源型，主要产于中性到酸性火山环境中，还可以产在双峰式火山岩套中，很少产在基性火山岩中。在钙碱性或碱性岩套内也产有重要矿床。总体来说，该类型矿床产在Ⅰ型或A型岩浆岩、在某种程度上显示出碱金属富集的岩套中，成因与岩浆岩关系密切，成岩、成矿时代接近。

岩浆岩主要为钙碱性岩或斑岩。与成矿有关的岩浆组分具高钾特征。例如，环太平洋地区浅成低温热液金矿床与钾质火山岩密切相关。与成矿有关的侵入岩对矿床成矿系统的贡献主要取决于岩浆的来源、岩浆分异过程控制挥发组分能力和出溶组分能力3个关键因素。

2. 矿床地质特征

（1）矿体产状

矿体主要呈条带状脉、复合矿脉、裂隙网脉和席状脉产出（图1）。矿体很少能够充满整个脉体构造，沿走向和倾向被不够品位的矿脉和脉石包围。矿化一般形成于较浅的位置，但延深大，可达500～1000m以上，其中美国科姆斯托克、克里普尔克里克矿床垂向矿化范围超过1km。

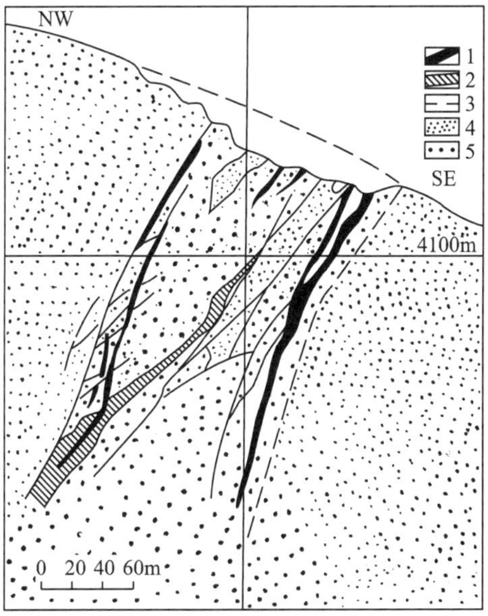

对于低硫化矿床而言，矿化以开放孔隙和孔洞充填为特征，通常为陡壁脉、层状脉充填物，并有多期角砾岩化；近地表处为网状脉或浸染状矿化，具体取决于当地赋矿岩石的原生和次生渗透性。

对于高硫化矿床而言，矿化一般为浸染状，或者产在白云母－叶蜡石蚀变中，或者产在石英脉中；开放孔隙和孔洞充填不常见；矿化通常与前进泥质蚀变有关。

（2）蚀变类型

主要蚀变类型有硅化、碳酸盐化、黏土化、冰长石化和明矾石化。不同矿床蚀变类型大体相同，在空间呈现规律性的分带。

1）硅化：硅化是浅成低温热液金矿床的常见蚀变。"灰硅石"是隐伏矿体的指示标志。

2）碳酸盐化：碳酸盐化是碳酸盐－贱金属Au矿床的特征之一。碳酸盐化在空间上常出现分带现象，表现为地壳较高部位以铁碳酸盐为主（菱铁矿），到中间部位变为以锰碳酸盐（菱锰矿）、镁碳酸盐（铁白云石、白云石）为主，在最深的地壳部位为钙碳酸盐（方解石）。矿物沉淀在很大程度上起因于上升矿液与重碳酸盐水的混合，后者往往派生于高部位长英质侵入体。

3）黏土化：有叶蜡石化、高岭土化、蒙脱石化、伊利石化。虽然黏土化蚀变与矿体没有直接关系，但作为矿体外围蚀变，黏土化蚀变易于识别，是浅成热液矿床勘查的重要标志。对于低硫化矿床

图1 智利埃尔印第奥矿床剖面图

（引自戴自希，1990）

1—含金石英脉；2—块状硫化物矿脉；3—主断层；4—青磐岩化安山岩和英安凝灰岩；5—泥质蚀变岩的英安凝灰岩和安山岩

而言，水、岩比值高的地区有密集的白云母；随着温度的降低，黏土化成为主要蚀变，气体蒸发，可以产生泥质蚀变；它们位于由深部流体产生的蚀变周边或叠加在该蚀变之上。对于高硫化矿床而言，深部矿床中有强烈的叶蜡石－白云母蚀变；浅部矿床中有块状氧化硅核（通过酸淋滤和氧化硅活化而成），氧化硅核具狭窄的冰长石和高岭石带，向外是白云母和夹层黏土。

4）冰长石化和明矾石化：冰长石化是钾长石的低温变种，是一种典型的低温热液矿物，是低硫化型矿化的标志性矿物，它是金银矿化的矿体定位的重要标志。明矾石化蚀变是近矿蚀变，与矿体关系密切，是高硫化型矿化的标志矿物，指示矿体的主要赋存部位。

（3）矿石矿物组合

金、银是主要的矿化元素，一般形成 Au－Ag 组合的矿床，也有可能为 Ag－Pb 组合的矿床。同时，还有较高含量的 Hg、As、Sb 及微量的 Tl、Se 和 Te。Au/Ag 比值范围变化较大，银的含量明显高于金。主要矿石矿物为自然金、自然银、螺硫银矿、含银砷碲硫盐，局部有硫化物的富集。常见方铅矿、闪锌矿，铜常以黄铜矿形式出现，在有些矿床中产有硫砷铜矿、黝铜矿和砷黝铜矿，有些矿床中还产有大量的辰砂、辉锑矿和硒化物。

（4）成矿时代与成矿温度

浅成低温热液矿床的形成时代与所处的大地构造演化有密切的关系，成矿时代主要为中新生代。例如，据郭玉乾等（2009）报道，菲律宾的勒班陀矿床的成矿年龄为 1.5～1.2Ma，印度尼西亚莱罗基斯（Lerokis）和卡里库宁（Kali Kuning）矿床的成矿年龄为 4.7Ma，阿根廷的 Agua Rica 成矿年龄为 4.9～6.3Ma，智利的拉科伊帕和埃尔印第奥矿床的成矿年龄分别为 20～24Ma 和 11～12.5Ma。

我国东部地区除台湾的金瓜石金矿形成于更新世外，其余多数浅成低温热液金矿形成于中生代的侏罗纪—白垩纪时期，成矿年龄均在 145～67Ma 之间，如黑龙江团结沟金矿的成矿年龄为 144Ma、辽宁二道沟金矿成矿年龄为 127Ma、山东七宝山金矿成矿年龄约 124Ma、福建紫金山矿区该型金（银）矿床的成矿年龄在 94～111Ma 等，20 世纪 90 年代以来，在我国西北地区发现一大批形成于晚古生代的浅成低温热液型金矿床，如新疆阿希金矿床，其成矿时代为（275±5）Ma。

低温热液型金矿床的流体包裹体研究表明，成矿温度一般在 200～300℃，平均温度为 240℃左右，盐度一般低于 3%（NaCl）（质量当量）。

（5）矿床空间分带

英国矿床学家 R. H. 西里托（1997）指出，在火山岩区许多斑岩型铜矿系统高部位多发育有浅成热液贵金属矿脉和含硫砷铜矿块状硫化物矿脉。它们发育在上部泥化蚀变带内，是斑岩型铜矿床系统

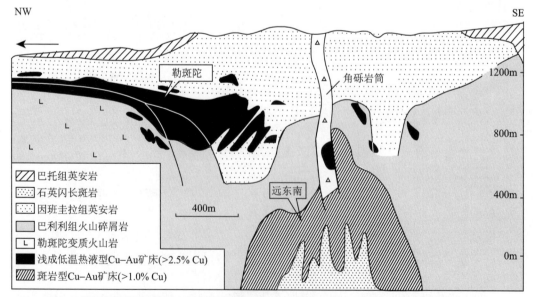

图 2　菲律宾勒班陀矿床（浅成低温热液型）与下伏远东南（斑岩型）铜金矿床的关系

（引自 A. Jr. Arabis 等，1995）

上部火山岩段的一个组成部分，它们共同组成火山岩区的热液系统。他认为，在低温热液矿床下可能有斑岩型铜矿。这种低温热液系统与斑岩系统在空间上相互套叠。一个典型实例是，菲律宾勒班陀高硫化型浅成低温热液矿床产在远东南斑岩型铜金矿床之上（图2）。

从成矿作用来看，套叠作用是十分重要的。因为通过两种或更多种矿化环境产物的叠加，会生成新的特大型矿床。套叠作用可导致以侵入体为中心的系统早期沉淀的金属受到热液淋滤，发生再富集。从勘查角度看，这种套叠模型提示我们，在浅成低温热液金矿床的深部，要注意寻找斑岩型矿床。

三、矿床成因和找矿标志

1. 矿床成因

关于此类矿床成因，L. J. 布坎南（1981）对北美西南部60多个矿床进行了对比研究，从矿床容矿围岩、成矿时代、裂隙构造、金属垂向分带等14个方面，总结了低温浅成热液金矿床的特征，进而提出了墨西哥瓜纳华托矿床综合性浅成热液金银矿床成矿模式（图3）。A. 潘捷列耶夫（1988）曾以加拿大科迪勒拉的浅成热液金—银矿床为例，介绍了该类型矿床的成因模式。在该文中，也引用了L. J. 布坎南（1981）提出的成因模式。

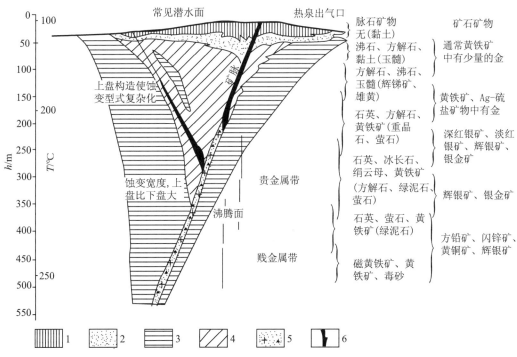

图3　墨西哥瓜纳华托浅成火山热液金银矿床成矿模式理想剖面图

（引自 L. J. 布坎南，1981）

1—硅质风化壳，蛋白石、方石英、锐钛矿、辰砂、少量黄铁矿；2—明矾石、高岭石、黄铁矿，常沿矿脉向下延伸，在矿体周围或上方形成高岭石蚀变晕；3—青磐岩化，绿泥石、伊利石、碳酸盐、蒙脱石、绿帘石随深度的增大而增多；4—在较高部位为伊利石、绿帘石，随深度的增大可能变为绢云母、冰长石；5—硅化，通常有冰长石或少量钠长石；6—冰长石化，在沸腾面之上没有或有少量钠长石，在沸腾面之下有少量或大量钠长石

该模型示出了浅成热液矿床的垂直和水平矿化分带。在古地表附近是玛瑙和黏土矿物，向深处变为无矿方解石，然后是石英和方解石，再向下是石英、方解石、冰长石和贵金属，最后在更深层位上变为石英、冰长石和贱金属。上部贵金属和下部贱金属之间的分界面是流体周期性的沸腾面。沸腾作用形成爆破的角砾，在断裂附近形成细脉和网脉，从而形成一个处在沸腾面以上的漏斗状构造系统，

及由下部大脉构造和上部小脉、网脉组成的构造体系。在这个界面上，CO_2、H_2S 为蒸气相，剩余流体中 pH 值升高，温度略有降低，氧逸度略升高。由于发生沸腾作用，首先是贱金属沉淀，然后是银的硫化物沉淀，最后是金的沉淀。由于断裂系统的周期性裂开，引起周期性的沸腾，并在静水压力条件所允许的深度以下引起矿物沉积，从而在矿床内形成角砾岩化和条带状矿脉充填。这个模式将矿物分带、蚀变分带与矿床成因有机地结合起来。

R. B. 伯杰（1983）曾对此类矿床的成因提出了 3 种模式：①热泉沉积模式，该模型认为贵金属是在热液系统的近地表部分沉积的，这一部分的热液系统在地表的表现形式是热泉、喷气孔和间歇喷泉，矿化作用发生在喷口之下很浅的地带和/或在角砾岩内；②叠置对流模型，该模型认为贵金属是在较冷的地表腔与热液腔界面上或沿界面沉积的，形成侧向分带；③封闭对流腔模型，由于垂向对流，贵金属沿连续的垂直带沉积。

近年来，Heinrich（2004）、Jones 等（2005）等先后提出了等温退缩－蒸气收缩模式和蒸气冷却式。这两种模式思路基本一致，认为深部熔融的岩浆释放出富含 Au、Cu 等成矿元素的岩浆流体蒸气，这些蒸气分离出少量的富含 $FeCl_2$ 卤水和大量低盐度的富含 H_2S、SO_2、Cu、As、Au 等水蒸气，在随后的冷却收缩过程中高温蒸气中的硫铁比值增大，黄铁矿沉淀，形成贫铁富硫的液相流体，这种低盐度的岩浆热液流体能在较低温度下携带高浓度的 Au 至浅成低温环境。这些流体携带金属物质，沿构造通道或岩相界面侧向迁移，由于发生流体沸腾，岩浆流体与大气降水混合，Cu、Au 等沉淀，从而形成浅成低温热液矿床。

G. Corbett（2002）建立了低硫化型和高硫化型浅成低温热液型金矿床产出的构造环境、成矿流体的演化模式，以及各亚类矿床的空间相互关系（图 4）。

低硫化低温热液 Au－Ag±Cu 矿床的发育源自于近中性的稀释流体，这种流体主要为热液循环单元内的天水，通常受相当大深度处的矿源侵入岩的驱动。因此，低硫化矿床一般主要发育在被活化的扩容构造环境，其常见特征主要是由多次热液矿物沉积事件构成的条带状矿脉。有些矿物沉积事件主要源自于岩浆来源的含金流体，在深部循环的天水携带有岩浆组分时，会导致低品位金矿化的形成，而在浅部循环的天水有时是无矿的。地下水系统可能会向下涌入热液系统，或者是与热液循环单元相互作用，成为矿质淀积过程的一种重要特征（图 4）。

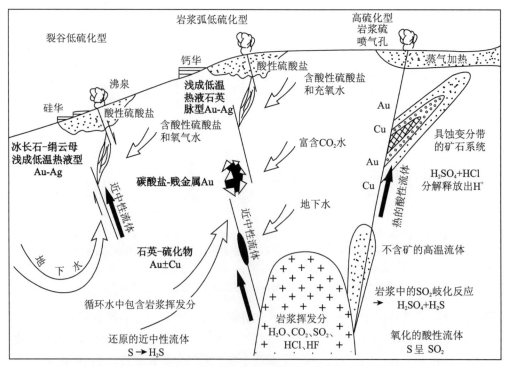

图 4　低硫化型与高硫化型浅成低温热液型金矿床产出的构造环境与成矿流体的演化

（引自 G. Corbett，2002）

2. 找矿标志

关于浅成低温热液矿床的找矿模型与标志，国外有众多文献论述，这里以戴自希（1990）的资料为基础，进一步总结此类矿床各类找矿标志。

（1）地质构造找矿标志

1）从整个环太平洋构造－成矿域来看，无论是高硫化型还是低硫化型的浅成低温热液矿床，它们所处的地质构造部位大体相同。浅成低温热液金矿床往往产在岛弧和大陆边缘环境。根据现代火成岩的分布及其类型，可以识别出早先的汇聚板块的边缘或岛弧环境。

2）浅成低温热液矿床往往与火山活动形成的火山机构和由火山作用形成的构造有关，常常形成于破火山口环境中，因此，在区域勘查中要注意古火山机构的识别，尤其是火山中心、破火山口、火山洼地、火山穹窿等。

3）由于破火山口往往有火山角砾岩筒，矿体产在破火山口中的角砾岩带或破火山口周边的放射状及环状断裂中。这种破火山口在地貌上常形成低平火山口，并且被季节性湖泊所占据。

4）多数浅成低温热液矿床是在浅部形成的。因此，在已知深剥蚀地区的远景不大。剥蚀深度可以根据保存下来的火山岩范围和侵入体的性质及规模估算出来。根据矿脉充填类型和充填程度、蚀变类型和蚀变强度、流体包裹体的成矿温度，可以推测矿体在现代地表以下的深度。

（2）基底找矿标志

中、新生代火山岩层之下的基底地层是控矿的重要因素之一。因此，能否形成浅成低温热液矿化的主要因素不是火山岩的分布，而是地表以下的深部侵入体的分布。一般认为，基底地层为金矿化提供了有利的条件。一是地层含金性为金矿化提供部分金的来源；二是基底的张性断裂、裂隙为矿液运移和沉淀提供了良好的场所。例如，在日本菱刈金矿床，新第三纪火山岩之下的基底为白垩纪至老第三纪，主要为黑色页岩和砂岩组成的四万十群。原来只考虑在新第三纪安山质凝灰岩中勘查此类矿床，后令人惊奇地在四万十群中发现高品位矿脉，并在四万十群与安山岩类不整合面上赋存富矿。由于基底突起所产生的 NEE 向裂隙，导致热液流入，而基底突起的原因是侵入体斑岩岩浆所致。因此，在寻找此类矿床时，在大面积火山岩中要有基底的出露，并在其界面附近基底有隆起带和构造窗，以及基底上的火山构造洼地，尤其是火山洼地内，带有隆起结晶基底的上升断块的边缘部分，找矿远景较大。

（3）岩石学找矿标志

1）偏酸性的火山岩（安山岩和英安岩类）发育的地区，地热系统发育，岩浆活动为热液活动提供了热源，促进热液的对流循环，并把岩浆组分带到热液系统中。国外大量研究表明，富碱的火山岩往往具有相同的地球化学特征，即具有异常高的氧逸度和富含挥发分。因此，应当确定区域陆相火成岩区的范围，即火山岩和侵入岩，其中钙碱性火成岩区远景最大。

2）浅成低温热液矿床在空间上往往与隐爆角砾岩有关。它是次火山作用的产物，形成于次火山岩岩枝顶部，依据岩石破碎程度和成分不同，可以划分为爆破中心带和爆破外侧破碎带。中心带角砾圆滑且粒径小，成分复杂，胶结物含量多于角砾成分，表现为基底胶结，角砾岩多出现硅化蚀变和重结晶现象。金及金－银矿化多与爆破中心有关，矿体形成于爆破中心，爆破外侧破碎带角砾多为围岩角砾，成分较为单一且粒径较大，角砾棱角清楚，胶结物较少，金及银多金属矿化多发生在外侧破碎带中，矿体多呈脉状和网脉状（郭玉乾等，2009）。

（4）蚀变找矿标志

浅成低温热液矿床的蚀变较为常见，范围较宽，单凭某种蚀变很难准确地确定矿化范围。但低 pH 值蚀变矿物组合的分布范围与下伏矿体的大小成正相关。据此可以确定矿化远景的范围。其中，矿物组合包括下列某几种或全部矿物：明矾石、绢云母、伊利石、冰长石、高岭土以及其他黏土矿物。这些矿物在矿体周围形成一个晕圈。例如，在墨西哥瓜纳华托地区，裂隙附近的低 pH 值蚀变矿物组合，包括伊利石、蒙脱石和埃洛石，向外过渡为绢云母、伊利石和蒙脱石。

（5）地球物理找矿标志

1）浅成低温热液金矿床形态变化多端，从细脉状到大的浸染型矿床，所处的地质环境亦多种多样。因此，浅成热液金矿的地球物理特征范围较宽。伴随着矿床的热液蚀变作用常常引起岩石物性的明显变化。例如，磁化率和剩磁减弱。一般情况下，因钾的含量增加使放射性强度增大，电阻率的变化可达两个数量级，密度的增加或减小取决于围岩和蚀变作用的性质（R. J. Irvine 等，1992）。

2）航磁测量对圈定控制浅成热液金矿位置的主构造是有效的，也可探测出由热液蚀变作用而导致磁性破坏所引起的磁力低值异常。放射性测量可探测伴随着热液蚀变而产生钾的富集。滤波和图像处理方法对增强磁测和放射性数据以揭示细小构造和蚀变系统尤其有用。地面地球物理方法对圈定钻探靶区起着重要作用。井中重力测量有助于圈定主构造、基底隆起和蚀变带。埋藏的良导蚀变系统可由电阻率方法、电磁法及大地电磁法确定。

3）从矿床发现过程来看，地球物理方法在矿体的定位中发挥了作用，其最有效的方法是 CSAMT 和电阻率法。例如，日本菱刈金矿床的主要标志为：①低电阻、高重力异常区；②矿脉上部的黏土化蚀变、基底隆起和不整合面附近的破碎带及热泉。其中，地球物理方法在该矿床发现中起着关键的作用。

（6）地球化学找矿标志

1）在区域上，与蚀变作用有关的常量元素（K、Na、Ca、Mg、Si）地球化学标志，可圈定大范围的热液蚀变带，与金有关的元素可有效地圈定潜在矿化的热液系统。

2）水系沉积物测量、土壤测量及大样可堆浸金方法（BLEG），都存在 Au、As、Sb、Hg 等元素的异常。在一些矿床中，明显存在汞的异常（如印度尼西亚的凯利安金矿）。

3）矿床矿物和原生晕具有垂直分带性（表3），Hg、As、Sb 为典型矿床前缘晕元素，Mo、W、Co、Ni 为典型矿床的尾部晕元素。

表3　高硫化型和低硫化型金－银矿床矿物地球化学晕的某些特点

晕的类型	高硫化型	低硫化型
矿化交代晕	硫质喷气泥化岩（含蛋白石、高岭土、明矾石等）含网脉型金矿体，往深处变为云母和长石质交代岩（含冰长石、钠长石）含铜铅锌矿体（含有金）	硫质喷气泥化岩屏蔽了金矿体，伴随有冰长石－水云母－绢云母化交代岩
矿物晕	晕中硫化物含量大于10%，晕中主要是重晶石、紫色石英、菱铁矿、铁白云石	晕中硫化物含量小于1%，晕中主要是石英、冰长石、方解石
地球化学晕	元素排列顺序中铅和锌的浓度克拉克值高（数百和数千），存在与金矿化相伴随的两种元素组合：Pb、Zn、Cd、(Bi、Cu)；Ba、Ag、Sb、As、Hg	元素排列顺序中铅和锌的浓度克拉克值不高（几十）。在多金属矿石和金矿石中，与金相伴随的元素组合缺失

资料来源：В. Б. Чекваидзе 等，2006

4）近年对日本菱刈矿床的研究表明，矿体周围的蚀变岩明显存在氧同位素的分带现象，全岩氧同位素分区和石英脉的填充矿化有关（B. E. Taylor，2007）。据称，氧同位素分带有可能延伸到地表，有时可延伸到盲矿体之上200m，从而可能有效地指示深部矿化的部位。

（7）其他标志

从矿床空间分布来看，套叠模型揭示了斑岩型铜金矿床与浅成低温热液型金矿床的空间关系，同时将两者的成因统一起来（P. C. Eaton 等，1993；R. H. 西里托，1997）。在寻找以侵入体为中心的矿化系统时，必须考虑这种套叠模式，尤其在勘查高硫化的低温热液矿床时更应注意。套叠作用的野外证据有：①斑岩侵入体和（或）晚期岩浆玻璃质石英网状细脉（最初是作为钾硅酸盐矿物组合的一部分）上叠加有高级泥质蚀变矿物组合和高硫化矿物组合；②保存有火山残余物，例如，在智利不少地区容易识别出扇形塌陷。在野外缺少地貌证据的情况下，岩屑崩落和（或）由此形成的含矿蚀变和矿化岩块的爆发产物表明，扇形塌陷影响含矿化套叠的热液系统的上部。

（施俊法）

模型三十九　与碱性岩有关的浅成低温热液型金矿床找矿模型

一、概　　述

与碱性岩有关的浅成低温热液金矿床是泛指与碱性岩浆活动有关的浅成热液富金矿床，与金矿床有关的碱性岩主要是指那些钾、钠含量与硅、铝含量相比相对过剩的一套从基性（超基性）到酸性、从（中）浅成侵入岩（次火山岩）到喷出岩的碱性系列岩石。这类矿床通常具有以下几个特点：①是与高碱质（$Na_2O + K_2O$）和富挥发性组分的碱性岩（碱性流体）有关的热液金矿床；②含 Au - Ag 碲化物；③自然金成色高，矿石 Au/Ag 比值高；④具典型的石英 + 钾长石碳酸盐 ± 萤石 ± 冰长石 ± 钒云母蚀变矿物组合；⑤矿床中硫和贱金属元素（Cu - Pb - Zn）含量相对较低，常含硫酸盐（天青石、重晶石等）及氧化物矿物（赤铁矿、磁铁矿及镜铁矿）。这类矿床因其形成的独特的岩浆作用和构造环境而引起了人们的注意。

这类矿床主要分布在北美科迪勒拉造山带东缘，包括从加拿大到墨西哥北部的 SN 向延伸带（图 1）以及大洋洲东北部的巴布亚新几内亚和斐济。典型矿床有美国科罗拉多州的克里普尔克里克（Cripple Creek）、蒙大拿州的佐特曼 - 兰达斯基（Zortman - Landusky），巴布亚新几内亚的拉多拉姆（Ladolam）和波尔盖拉（Porgera），斐济的恩佩罗（Emperor）等（表 1）。中国近年来在山东、河北、内蒙古、江苏等地也发现了不少此类大、中型金矿。

表1　某些与碱性岩有关的金矿床

矿床	国家	Au 资源量/t	有关的碱性岩	年龄/Ma	构造环境
克里普尔克里克（Cripple Creek）	美国（科罗拉多州）	834	响岩 - 碱性玄武岩（煌斑岩）质爆发杂岩体	31 ~ 28	格朗德河裂谷形成前的扩张后岛弧
佐特曼 - 兰达斯基（Zortman - Landusky）	美国（蒙大拿州）	120	石英二长岩和正长岩岩盘，细霞霓岩岩墙	~62	水平板块上的后岛弧
拉多拉姆（Ladolam）	巴布亚新几内亚	1190	粗安岩 - 安粗岩质成层火山、二长闪长岩岩株	<1	俯冲后的扩张
波尔盖拉（Porgera）	巴布亚新几内亚	660	较小的碱性辉长岩和镁铁质斑岩岩株	6	与大陆 - 岛弧碰撞有关的褶皱冲断层带
恩佩罗（Emperor）	斐济	280（储量 + 产量）	橄榄粒玄岩 - 橄榄玄粗岩和二长岩岩株	3.7	

资料来源：R. H. Sillitoe, 2002

二、地　质　特　征

1. 构造背景

大多数含矿碱性岩的形成都与区域性地壳裂解活动有关，均出现在岛弧地区，岩浆侵位发生在俯冲期间或俯冲期后，弧后位置、张性环境和俯冲时期对矿化最为有利。

图1 北美科罗拉多州和新墨西哥州与碱性岩有关的金矿床位置图

（引自 K. D. Kelley 等，2002）

图上还示出了含矿碱性岩在拉拉米期和第三纪火成岩中的分布，以及科罗拉多矿带和格朗德河裂谷。BC—Boulder County；CCY—Central City；CC—Cripple Creek；RH—Rosita Hills；LP—La Plata；EB—Elizabethtown – Baldy；C—Cerrillos；O—Old placers；NP—New placers；JI—Jicarilla；NG—Nogal – Bonito – Schlerville；WO—White Oaks；OG—Orogrande；OR—Organ Mountains。每个矿床都列出了矿化年龄

　　北美西部的碱性岩金矿与拉拉米造山运动有关。在拉拉米运动末期，构造环境发生了重大转变，由挤压变为拉伸，拉伸导致形成格朗德河裂谷，大多数碱性岩及相关的金矿床都形成于这个构造转变期，产于18亿~16.5亿年或14亿年形成的NE向构造与11亿年形成的SN向构造交汇处。

　　太平洋西南面、大洋洲的东北部也含有一些与碱性岩有关的大型金矿床和金－铜矿床。该区的构造环境是太平洋板块沿美拉尼西亚海槽向南西方向俯冲。在渐新世和中新世出现了强烈的钙－碱性火

山作用。大约在 15Ma 前，SW 向的俯冲停止，导致板块旋转和应力重新定位，结果澳大利亚板块向北运动，因其向北俯冲在马努斯盆地中发生了弧后扩张。大约在 3.6Ma 时，在新爱尔兰的弧前区开始了碱性火山活动。

我国与碱性岩有关的金矿床亦多位于俯冲带弧后环境，如内蒙古包头—张宜地区，由于海西—印支期西伯利亚板块与华北板块的碰撞拼贴出现拉伸作用，燕山期太平洋板块向欧亚板块俯冲碰撞出现伸展作用，该区就位于这两次作用形成的弧后环境中；豫西—江苏溧水等碱性岩金矿区则位于华南板块和华北板块碰撞拼贴晚期陆内俯冲作用由挤压向伸展作用转换时期的前弧或后弧环境。

2. 岩浆作用

与碱性岩有关的金矿床产在多期侵入活动的地区，侵入活动的特点是早期为钙碱性岩侵入，随后是多期的碱性岩侵入，矿化多与碱性岩侵入活动有关。成矿主岩的岩性变化很大，它们既可能是碱性玄武岩、二长岩和正长岩，也可能是煌斑岩，另外在局部地区的淡歪细晶岩脉群内也存在金矿化。碱性火成岩的 SiO_2 含量变化范围较大，为 41.5% ~74.8%，即从硅不饱和到出现标准石英矿物成分。尽管各类岩石钠/钾比值变化范围很大，但是碱（钠＋钾）/硅比值很高，并且以具斑状结构为特征。与金矿有直接关系的碱性侵入岩常呈孤立的浅成－超浅成小岩体（斑状体）、岩株、岩脉或岩墙，成群产出，或呈角砾筒状和管状分布于破火山口，很难形成大面积出露的岩基或岩区。美国科罗拉多州克里普尔克里克金矿与渐新世侵入杂岩体有关，该杂岩体侵位于 1.7~1.0Ga 的元古宙岩体中。矿床在空间上与响岩和煌斑岩等碱性岩关系密切（图 2）。目前认为，含金的碱性岩浆多起源于地幔，并且沿高渗透性构造带穿过岩石圈，然后上升到地壳浅部。

3. 围岩蚀变

由于受到碱性岩浆侵入的影响，出现的围岩蚀变主要有千枚岩化、青磐岩化、泥岩化、钾化、硅化、磁铁矿化等（表 2）。我国与碱性岩有关的金矿床的蚀变常表现为钾长石化、绢云母化和硅化等。热液蚀变大部分发育在含金钾长石－石英脉（或网脉）旁侧，构成可见的蚀变带。在一些蚀变岩型金矿体内，钾长石化沿构造裂隙分布，并且构成钾长石细脉网。一般来讲，矿体的规模与热液蚀变强度呈正相关关系，即蚀变带最发育之处也是矿体膨大部分。

表 2　与碱性岩有关的浅成低温热液金矿床地质特征

特征	早期岩浆热液体系	晚期浅成热液体系
地质环境	弧后、板块俯冲期后、弧－弧碰撞带、裂谷、区域性深大断裂	
火成岩组合	碱性玄武岩、响岩、二长岩、细霞霓岩、正长岩、安粗岩、橄榄安粗岩、煌斑岩，尽管各类岩石钠/钾比值变化很大，但是碱（钾＋钠）/硅比值很高，并且以具斑状结构为特征	
火成岩产状	火山－侵入杂岩体、角砾岩筒、破火山口、岩脉、岩株、岩脉群等	
矿石类型	细脉浸染状、网脉状、角砾岩带、脉状	同断层有关的矿脉、剪切带、破碎岩、层状脉、角砾岩
围岩蚀变	钾化、千枚岩化、青磐岩化、磁铁矿化，矽卡岩少见	千枚岩化、青磐岩化、泥岩化、钾化、硅化、黄铁矿化
矿石矿物	含金黄铁矿、贱金属硫化物、辉钼矿、含金矿物	自然金、金－银碲化物、含铅－汞碲化物、自然银、贱金属硫化物、硫酸盐矿物、辉锑矿、金红石、局部分布有赤铁矿
脉石矿物	石英、方解石、钾长石、绢云母、萤石	石英、燧石、钒云母、重晶石、萤石、冰长石、碳酸盐、天青石、高岭石
热液体系温度、压力和流体成分	200~600℃，$(4.0~7.5)×10^7$ Pa，盐度（mol）2%~74%（NaCl），CO_2 含量小于 13%（mol）	150~320℃，通常小于 200℃；小于 $5.0×10^7$ Pa；盐度 0~10%（NaCl）；CO_2 含量小于 2%（mol），可见少量 CH_4、N_2 或 H_2S
热液流体 $\delta^{18}O$，δD	$\delta^{18}O_{H_2O}$ =4.7‰~11.4‰，δD_{H_2O} =－50‰~－32‰	介于大气降水和典型岩浆水之间
硫化物 $\delta^{34}S$	$\delta^{34}S$ =－7.9‰~－5.5‰	$\delta^{34}S$ =－15‰~8‰，绝大多数数据小于 0

特征	早期岩浆热液体系	晚期浅成热液体系
碳酸盐碳同位素	$\delta^{13}C = -7‰ \sim -3.5‰$（波尔盖拉金矿床）	$\delta^{13}C = -8‰ \sim 0‰$
流体来源	岩浆热液	含少量岩浆水的大气降水
碳和硫来源	岩浆岩	岩浆岩或围岩
成矿物质来源	岩浆源	岩浆源或含矿岩浆岩的萃取和淋滤
矿石沉淀机制	气－液相分离、水－岩反应、冷却和流体混合作用	气－液相分离、流体混合和冷却

资料来源：聂凤军等，1997

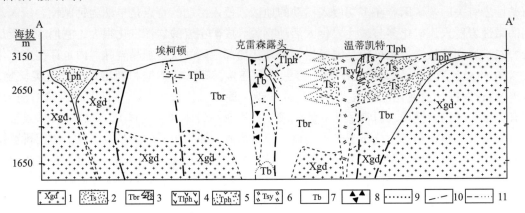

图2　美国克里普尔克里克金矿区火山杂岩体地质剖面简图

（引自 T. B. Thompson 等，1985）

1—前寒武纪花岗闪长岩；2—克里普尔克里克角砾岩；3—河湖相沉积物；4—安粗岩－响岩；5—响岩；
6—正长岩；7—碱性玄武岩；8—角砾状玄武岩；9—镁铁质岩脉；10—矿脉；11—接触界线

（虚线代表实测界线，点线代表推测界线）

4. 矿化类型

与碱性岩有关的浅成低温金矿床的矿化类型多种多样，主要有脉状、网脉状、浸染状、角砾状和层状等。T. B. Thompson（1992）根据金矿体的产出部位，将美国克里普尔克里克金矿床的矿化类型分为4类：①整个火山杂岩体内均有脉状矿化分布；②角砾岩筒为主岩的浸染状矿化；③矿区北部火山岩管内的角砾状矿化；④矿区东部凝灰岩和沉积岩为主岩的层状矿化。美国蒙大拿州佐特曼－兰达斯基金矿的矿化主要在蚀变和破碎的正长斑岩体内呈网脉状、角砾状和浸染状产出。巴布亚新几内亚波尔盖拉矿床矿化呈浸染状和脉状，整个金矿化均在破火山口内产出，斐济的恩佩罗金矿床在破火山口内呈斑岩型矿化，在破火山口边部呈浅成热液金－碲矿脉。我国与碱性岩有关的金矿化主要在碱性岩体或岩脉群内部，或沿其内外接触带产出。矿化类型主要为细脉浸染状、钾长石－石英脉、石英脉和构造蚀变岩。在单个金矿床内，这几种类型空间上共存，且呈过渡关系，局部地段还构成复合型金矿体。

矿化在侵入体的构造带中可呈宽50～100m、长数百米的席状脉形式出现（如佐特曼、克里普尔克里克矿床）；在火山通道（如 Mantana Tunnels、克里普尔克里克矿床）和火山岩（如克里普尔克里克矿床）中呈浸染的扩散带；在有利的沉积岩中还会呈层状形式出现。

5. 矿石矿物组合

矿石矿物主要有细粒含金的黄铁矿、方铅矿、闪锌矿、金的碲化物，其次为黄铜矿、磁铁矿、金、铋矿物和碲矿物等。脉石矿物主要为石英、方解石，其次有冰长石、重晶石和萤石等。

与碱性岩有关的金矿床的一大特色是碲含量比较高，发育有金－碲化物，如碲金矿、碲银矿、碲金银矿、针碲金银矿等，硫化物相对较贫。另一特点是含钒较高，以钒云母形式存在。

6. 成矿时代

矿化大多发生在白垩纪以后。北美西部，碱性火成岩及伴随的金矿床形成于两个时期：一是拉拉米造山作用期（70～35Ma），二是由挤压向拉伸的构造环境转变期（35～32Ma）。大洋洲东北部与碱性岩有关的金矿床往往与更年轻的火山作用有关。中国与碱性岩有关的金矿有两个成矿期：浅成热液型以燕山—喜马拉雅期为主，中深成脉状型以海西期–燕山期为主。

三、矿床成因和找矿标志

1. 矿床成因

卿敏等（2001）提出的成因模式认为，成矿流体或直接来自地幔深源岩浆层，或来自壳幔源高位岩浆房，或来自幔源与壳幔源的混合流体。成矿流体或单独直接沿深大断裂上升、运移，在合适构造部位沉淀成矿，或周期性地与形成晚期（次火山）小岩体（岩脉）的熔浆分别脱离源区上的侵入岩而成矿。Richards（1995）根据氢、氧和硫同位素数据认为，大气降水与岩浆热液流体的混合可直接将成矿组分从高温岩浆热液体系转移到浅成低温热液体系中去，并且在其演化过程中可与围岩发生物质交换。图3示出了碱质含金热液体系发生演化和成矿的全过程。

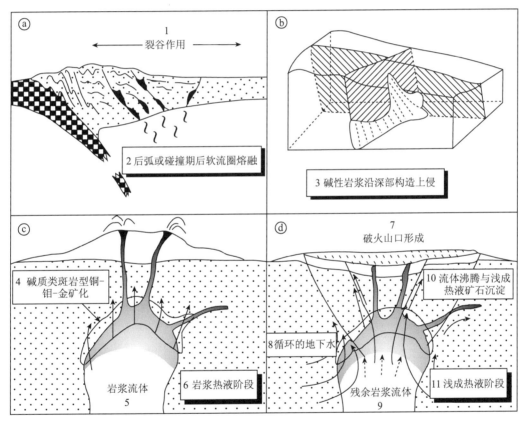

图3　与碱性岩有关的低温浅成热液金矿床4个阶段成矿模式示意图

（引自 Richards，1995）

ⓐ后弧、碰撞期后或弧碰撞构造环境内均可能有碱性岩浆产生；ⓑ碱性岩浆可沿横切岩石圈断裂，特别是两组构造交汇部位，侵入到地壳浅部；ⓒ岩浆热液流体在特定构造部位形成斑岩型铜–钼–金矿石或矿胚；ⓓ大气降水为主的含矿热液流体可沿晚期构造通道运移与沉淀，从而形成金–碲矿石

具体来看，这类矿床是由氧化的、富含水和卤素的碱性岩浆侵位造成的。碱性岩浆中氧逸度和溶解水呈正相关关系。富含水的高氧化态岩浆有利于金大量沉淀，因为硫化物饱和受到了抑制，硫大多呈硫酸盐而不是呈硫化物存在于熔融体中，从而使进入硫化物相的金减少到了最少。另外卤素含量也是增加矿化潜力的另一个重要因素。碱性岩浆，特别是钾质岩浆富含 F 和 Cl。氯化物溶解度增加导致金的数量也增加，因为在岩浆脱挥发分期间，金作为氯化物的络合物而进入了挥发相。富含挥发分

的热液流体沿着深部构造通道从深部快速而且可能是爆发性地上升，在地表附近与大气还原水混合，从而造成了金的沉淀和富集。

2. 找矿标志

（1）区域地质找矿标志

1）大多数碱性岩和相关的金矿床都形成于由挤压变为拉伸的构造转变时期，弧后位置、张性环境及俯冲期或俯冲期后的一段时期对矿化形成特别有利。

2）矿化与碱性火成岩有关，容矿岩石包括碱性长石质正长岩、含似长石（霞石、白榴石、黝方石、方沸石）的正长岩、暗色正长岩、粗安岩，及相关的爆破角砾岩等（表2）。容矿岩石还可能包括碎屑岩、页岩、泥岩和砂岩，以及不纯的细粒炭质石灰岩和块状砂屑石灰岩。

3）含金碱性斑岩体的存在是寻找大规模、高品位金矿的有效标志，一般来讲，热液蚀变愈宽，寻找此类矿体的可能性就愈大。但是，如观察到"斑岩核部"已裸露地表，将很难再找到该类型的金矿床。

（2）局部地质找矿标志

1）断裂构造标志。例如，北美西部许多与第三纪碱性岩有关的金矿床都产在18亿～16.5亿年或14亿年的 NE 向构造与11亿年的 SN 向构造交汇处，或者产在古元古代侵入事件发生地区，如大洋洲东北部的拉多拉姆矿床矿化是由 SN 向陡倾到直立的 Letomazien 构造和匙形的 SEE 向铲状断层所控制。

2）钾质蚀变发育异常强烈而广泛（钾长石、黑云母、绢云母），其次，侵入岩还广泛发育有黄铁矿和碳酸盐（方解石）蚀变，围岩发育有硅质和泥质（伊利石、绢云母、黄钾铁矾，其次为钒云母）蚀变，有时还含有钠长石和冰长石（表2）。

3）泥质岩类或富炭质沉积岩等具还原性的岩石类型是高品位金矿体的有利标志，一旦含金碱性岩浆侵位于上述围岩中，即可形成高品位金矿体。

4）在一些矿化区范围内，尽管很难直观辨别是否存在具工业价值的金矿体，但是热液角砾岩带、各类石英脉和热液蚀变带的存在反映了长时间和多期次的热液活动，同时也是寻找富矿囊的"指纹"。

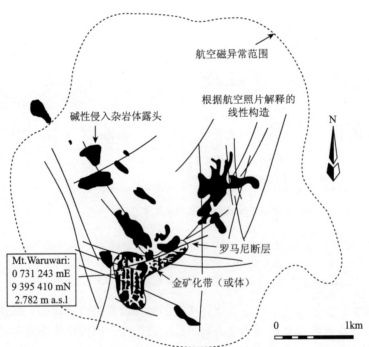

图4　巴布亚新几内亚波尔盖拉金矿床航空磁异常与含金碱性侵入杂岩体的关系

（引自 Richards，1995，修编）

（3）地球物理找矿标志

1）含金碱性火成岩往往含大量磁铁矿，因此，在一些碱性火成岩发育区常常出现航磁异常。尽管目前还不能根据磁异常来定量确定岩体的侵位深度和体积，但是磁异常的强弱程度反映了岩体的相对大小，磁异常愈强，说明含磁铁矿的岩体分布范围愈大。地球物理测量表明，在巴布亚新几内亚波尔盖拉侵入杂岩体周围存在 5km 宽的航磁异常（图 4），暗示该地区下面存在巨大岩基，而出露地表的球状小岩株则是这一巨大岩基的露头标志。

2）由于含金碱性岩体含有较多的黄铁矿，故激发极化测量可圈出黄铁矿带。

（4）地球化学标志

1）与碱性岩有关的金矿床标志元素有 Au、Ag、As、Sb、Pb、Zn、F、Ba、V、Te 和 Bi。

2）与碱性岩石有关的岩浆 – 热液金矿床与钙 – 碱性岩石的矿床相比，相对贫锌、铅和银。

3）与碱性岩有关的浅成热液脉的典型特征也是锌和铅的含量相对较低，Ag/Au 比值也低。

（项仁杰　杨宗喜）

模型四十　矽卡岩型金矿床找矿模型

一、概　述

　　矽卡岩一般指中酸性侵入岩侵入碳酸盐岩石中形成的由复杂的变质－交代矿物组成的硅酸盐矿物组合。矽卡岩按其矿物成分不同可划分为钙矽卡岩和镁矽卡岩，按其交代岩石的成分划分为内矽卡岩、外矽卡岩、似矽卡岩和复成矽卡岩，即由钙矽卡岩叠加到镁矽卡岩上。矽卡岩是扩散作用、渗滤作用和化学反应耦合的结果。与矽卡岩形成有关的矿床称为矽卡岩矿床。矽卡岩型金矿是诸多矽卡岩型矿床中的一种，主要指金品位和储量达到足以单独开采的矽卡岩矿床。

　　以往在矽卡岩型矿床开发过程中，金主要作为铜多金属矿床开采的副产品加以回收，因而未受到重视。随着近几十年对含金矽卡岩矿床的勘查和研究的不断深入，世界范围内发现了一批大型独立或共生的矽卡岩金矿（图1；表1，表2），代表性矿床有加拿大的"镍板"、French 和 QR，美国的福蒂蒂尤德（Fortitude）、Golden Curry 和 Minnle - Tomboy，菲律宾的 Thanksgiving，澳大利亚的雷德多姆 Red Dome，尼加拉瓜的 La Luz；印度尼西亚的 Wabu，中国的山东沂南、安徽马山、湖北鸡冠咀等。其经济价值被普遍认识，据报道，国外从矽卡岩型金矿中生产的黄金量已超过1000t。尽管与其他类型的金矿相比其产金量较少，但它在某些地区具有重要价值，如加拿大不列颠哥伦比亚省矽卡岩型金

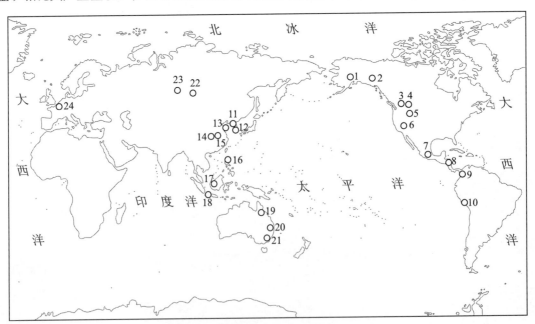

图1　世界主要矽卡岩型金矿床分布示意图
（引自赵一鸣等，1992，修改）

1—美国 Zackly（6.6t）；2—美国 Nabesna（1.8t）；3—加拿大的镍板（75t）；4—美国 Buckhorn 山（17t）；5—美国 Golden Curry（7.9t）；6—美国福蒂蒂尤德（71.38t）；7—墨西哥 Lolfo de ro（22.5t）；8—尼加拉瓜 La Luz（65.6t）；9—哥伦比亚 El Sapo（3.8t）；10—秘鲁 Katanga（12.2t）；11—朝鲜遂安（6.9t）；12—朝鲜 Tul Mi chung（4.8t）；13—中国山东沂南（6.8t）；14—中国湖北鸡冠咀（42.5t）；15—中国安徽马山（32.8t）；16—菲律宾碧瑶（39.0t）；17—马来西亚巴岛（17.28t）；18—印度尼西亚 Pagaran Siayu（6.3t）；19—澳大利亚雷德多姆（39.0t）；20—澳大利亚 Mount Biggendon（7.5t）；21—澳大利亚 Browns Creed（5.6t）；22—俄罗斯迈斯克－列别茨克矿田（中型）；23—俄罗斯西纽肯斯克矿田（中型）；24—法国 Salsione（19.5t）

矿占到全省产金量的 16%。陈衍景等（1996）指出，我国境内至少有 70 个矽卡岩型（或疑似矽卡岩型）金矿，其总储量达 1000t，占全国黄金储量的 20%，其经济价值和勘查、研究的重要性不言而喻。

矽卡岩型金矿床的规模大小不一，矿石规模一般在 $(0.4 \sim 15) \times 10^6 t$ 之间，金品位为 $(2 \sim 15) \times 10^{-6}$。如加拿大镍板矿床金平均品位为 5.3×10^{-6}，已从 $13.4 \times 10^6 t$ 的矿石中生产出 71t 金；加拿大 QR 矿的金矿石储量超过了 $1.3 \times 10^6 t$，平均品位为 4.7×10^{-6}；美国福蒂蒂尤德矿床的金平均品位为 6.9×10^{-6}，矿石储量为 $10.3 \times 10^6 t$；美国 McCoy 矿床的金品位为 1.5×10^{-6}，矿石量为 $13.2 \times 10^6 t$。目前，该类矿床已成为诸多区域的勘查重点。

二、地 质 特 征

1. 区域地质特征

（1）成矿环境

大量的文献资料表明，矽卡岩型矿床均与侵入岩密切相关，不同来源和成因的侵入岩产于特定的构造环境，在不同的地质作用下，于有利的大地构造环境中形成元素组合不同的矽卡岩型矿床。研究表明，洋壳陡俯冲倾向于形成与闪长岩和花岗闪长岩有关的矽卡岩型 Au、Fe、Cu 等矿床（图2）。矽卡岩型金矿多发育于与侵入体同期的岛弧或弧后环境中的钙质地层内。另有一类矽卡岩金矿的产出与大陆地壳俯冲的岩浆弧有关，且多与还原性岩体有关。与还原的（含钛铁矿，$Fe^{3+}/Fe^{2+} < 0.75$）闪长岩 - 花岗闪长岩和岩墙或岩床杂岩体有关的矿床，金品位较高，一般在 $(5 \sim 15) \times 10^{-6}$。这种环境下产出的矽卡岩以富铁的辉石为主。我国矽卡岩型金矿与国外矽卡岩型金矿产出环境类似，但不完全相同，有相当一部分产于大陆碰撞造山带、活化的

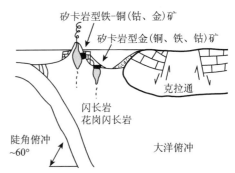

图2 大洋陡俯冲和弧后盆地环境形成的矽卡岩矿床类型示意图
（引自 Meinert 等，2005 修改）

克拉通边缘和克拉通内部的断裂岩浆带等构造环境。据此，陈衍景等（2004）将我国矽卡岩型金矿的产出环境划为 4 个大地构造域：①阿勒泰系西段，即中国西北地区；②中央造山带西段；③青藏 - 三江地区新生代特提斯造山带；④中国东部中生代造山区，包括阿勒泰系的东段、中央造山带东段、华南造山带、华北和扬子克拉通。

（2）与矿床相关的侵入体

从成因上来看，矽卡岩型金矿多与花岗岩类侵入体有关（表1，表2），包括主侵入体（多为岩株）外围的花岗闪长岩和闪长岩成分（个别有流纹斑岩、辉长岩成分）的岩墙（岩床、岩枝）以及隐伏小侵入体，有的与斑岩系统有关。花岗岩类以 I 型或磁铁矿系列为主，但也有其他类型。

表1 国外主要矽卡岩型金矿特征

矿床名称	Au 品位 10^{-6}	金储量/t	与矿床相关的侵入体	围 岩	矽卡岩矿物	矿石矿物	金的赋存位置
马来西亚石隆门（Bau）	7.2	17.28	中新世斑岩	泥灰岩和页岩	Pyx, Gar, Ep, Wo, Chl, Id	Au, Asp, Py, Sl, Sb, Real, Orp	接触带及裂隙中
美国 Beal	1.5	13.88	时代为 75Ma 的闪长岩 - 花岗闪长岩	白垩纪砂岩、泥岩及砾岩	Pyx, Bio, Ksp, Chl, Scp, Act, Hbd	Po, Py, Cp, Bi, Hd, Au, 碲化物	裂隙中，与硅化和冰长石化有关

矿床名称	Au品位 10^{-6}	金储量/t	与矿床相关的侵入体	围岩	矽卡岩矿物	矿石矿物	金的赋存位置
美国福蒂蒂尤德（Fortitude）	6.9	71.38	时代为38Ma的花岗闪长岩	中上石炭统至二叠纪砾岩、粉砂岩、灰岩	Gar, Pyx, Ep, Act, Chl	Po, Py, Cp, Sl, Gl, Asp, Bm, 自然铋，碲化物	大理岩中的闪锌矿和方铅矿矿化带
美国 Golden Curry	8.5	7.9	石英二长岩	古生代灰岩	Gar, Pyx, Ep, Chl	Po, Bm, Tt, Cp, Mt	接触带
美国 McCoy	1.8	21.8	时代为38Ma的花岗闪长岩	三叠纪石灰岩、白云岩、石英岩	Gar, Pyx, Ep, Wo, Scp, 冰长石	Hm, Py, Po, Au, Cp, Gl, Sl	石榴石矽卡岩中的黄铁矿
美国 Minnle - Tomboy	2.8	10.9	距时代为38Ma的花岗闪长岩1km	中上石炭统至二叠纪砾岩、粉砂岩、灰岩	Gar, Pyx, Ep, Act, Chl	Py, Po, Au, Cp, Gl, Mc, Asp	
加拿大 Hedley	4.6~13.5	89.2	时代为190Ma的闪长岩和石英岩闪长斑岩岩床和岩脉	三叠纪粉砂岩、凝灰岩、灰岩透镜体	Ad, Di, Scp, Qtg, Ep, Tr, Cz, Chl, Ksp	Asp, Po, Cp, Py, Sl, Mc, Cb, Bm 等	与 Bi 和 As 共生，矿石中含5%~10%毒砂
澳大利亚雷德多姆（Red Dome）	2.6	39.0	流纹岩斑岩岩脉	志留纪—泥盆纪凝灰岩、灰岩、粉砂岩	Wo, Gar, Pyx, Act, Ep	Mt, Bn, Cc, Sl, Wt, 碲化物	与后期的绿色石榴子石伴生
菲律宾 Thanksgiving	31.0	10.9	中新世闪长岩	中新世灰岩、页岩及凝灰岩	Gar, Act - Tr, Ep, Cz, Id, Chl	Sl, Py, Gl, Cp, Asp, Hm, Mt, Au 等	与碲矿物共生
朝鲜遂安（Suian）	13.0	6.9	花岗岩深成岩体	新元古代—寒武纪石灰岩和白云岩		Cp, Po, Asp, Mo, Sl, Gl	接触带中的镁质矽卡岩
朝鲜 Tul Mi Chung	12.0	4.8	花岗岩	片岩、石英岩、白云岩、灰岩、板岩	Gar, Pyx, Phl, Act, Chl, Tc, Tr	Au, Asp, Cp, Gl, Py, Po, Sl, Bm, Tt, Lo	接触带
尼加拉瓜 La Luz	5.6	65.6	第三纪花岗岩闪长岩	灰岩、钙质页岩、集块岩、凝灰岩	Ep	Au, Cp, Py, Hm	断裂带

资料来源：孙晓明，1993

矿物代号：Act—阳起石；Ad—钙铁榴石；Asp—毒砂；Au—自然金；Bi—自然铋；Bio—黑云母；Bm—辉铋矿；Bn—斑铜矿；Cp—辉砷钴矿；Cc—辉铜矿，Chl—绿泥石；Cz—斜黝帘石；Di—透辉石；Ep—绿帘石；Gar—石榴子石；Gl—方铅矿；Hbd—普通角闪石；Hd—赫碲铋矿；Hm—赤铁矿；Id—符山石；Ksp—钾长石；Lo—斜方砷铁矿；Mc—白铁矿；Mo—辉钼矿；Mt—磁铁矿；Orp—雌黄；Phl—金云母；Po—磁黄铁矿；Py—黄铁矿；Pyx—辉石；Qtg—石英；Real—雄黄；Sb—自然锑；Scp—方柱石；Sl—闪锌矿；Tc—滑石；Tr—透闪石；Tt—黝铜矿；Wo—硅灰石；Wt—硫铋铜矿。

从空间上看，大多数矽卡岩型金矿床产在矽卡岩带内。矽卡岩带宽可从不及10m到数千米，常分为内矽卡岩（产于内接触带）和外矽卡岩（产于外接触带）。内矽卡岩多为火成岩结构。外矽卡岩则以粗粒至细粒、块状花岗变晶状至层状结构为主，部分为角页岩结构。金矿化主要产在围岩中的外矽卡岩带内，特别是有不少产在距离相关侵入体（岩株为主）较远的远源矽卡岩内（距侵入体露头可达数百米甚至远达3km），少部分矿床产于内矽卡岩带内（花岗岩的接触带附近），极少产于岩体内部。

2. 矿床地质特征

（1）矿体形态和产状

矽卡岩型金矿床的产出特征与其他类型的矽卡岩矿床产出特征一致。大多数金矿床产在不规则的矽卡岩带内，常沿着受选择性交代的岩层分布，层控特征明显（图3）。该类矿床的矿体形态复杂，

表2 中国大中型砂卡岩金矿的基本特征

序号	矿床名称	所在省区	矿种	次要成矿元素	规模	总储量/t	品位 10^{-6}	与矿床相关的侵入体	围岩时代	成矿时代	大地构造背景	区域地质	矿石矿物	主要蚀变
1	老柞山	黑龙江	Au	Cu	大	20.4	7.38	闪长玢岩	Pt$_1$	J-K	兴安岭碰撞造山带	佳木斯地块	Py、Mt、Cpy、Gl、Sp、Mo、Bn、Th、Au、El	Sk、Ka、Agl、Si、Chl、Ep、Ser、Carb
2	沂南	山东	Au		中	6.8	12.5	闪长玢岩,花岗斑岩	Pz$_1$	K	华北克拉通内部	郯庐断裂岩浆带	Py、Mt、Cpy、Bn、Bi、Cu	Sk、Si、Carb、Ka、Ser、Ep、Chl
3	归来庄	山东	Au		大	>20.0	4.0	花岗斑岩,正长斑岩	Pz$_1$	K	华北克拉通内部	郯庐断裂岩浆带	Py、Mt、Cpy、Gl、Sp、Apy、Bn、Sd、Cu	Sk、Si、Carb、Ka、Ser、Ep、Chl、Agl
4	银家沟	河南	Au	Mo、S	中	7.5	13.5	花岗斑岩	Pz$_2$	J-K	华北克拉通南缘	华熊地块	Py、Gl、Sp、Mt、Cpy、Apy、Mo、Bn、Au	Sk、Ka、Si、Carb、Ser、Ep、Chl、Agl
5	铜井	江苏	Au	Cu	中	5.5	1.97	正长岩角砾岩	Pz-T$_2$	J-K	下扬子中生代造山带	宁镇J-K火山盆地	Mt、Py、Cpy、Bn、Au、Apy、Mr、Hm、Gl、Sp	Sk、Ka、Si、Ser、Agl
6	新桥	安徽	Au	Cu、S、Fe	中	20.9	6.20	石英闪长岩	Pz$_2$-T	K	下扬子中生代造山带	铜陵火山断陷盆地	Py、Cpy、Apy、Mt、Gl、Sp、Po、Ttd、Wi、Bs、Bn、Th、Au、El	Sk、Si、Ser、Carb、Srp、Ep、Chl、Ka
7	马山	安徽	Au	Cu	大	32.8	6.45	石英闪长岩	Pz$_2$-T$_2$	K	下扬子中生代造山带	铜陵火山断陷盆地	Po、Cpy、Py、Apy、Sd、Au、El、Sp、Mr、Mt、Mo、Bi、Cub、Tb	Sk、Si、Srp、Ser、Tal
8	包村	安徽	Au		中	5.0	7.0	花岗闪长岩	Pz$_2$	K	下扬子中生代造山带	铜陵火山断陷盆地	Mt、Py、Po、Cpy、Bi、Bs、Mo、Sp、Apy、Bn、Gl、Au、El	Sk、Alk、Si、Carb、Ep、Chl、Ser
9	黄狮涝山	安徽	Au	Cu	中	13.5	5.79	闪长岩	Pz$_2$	K	下扬子中生代造山带	铜陵火山断陷盆地	Cpy、Py、Mt、Po、Bn、Th、Mt、Gl、Sp、Au、Bl	Sk、Alk、Si、Carb、Ep、Chl
10	鸡冠咀	湖北	Au	Cu	大	42.5	3.80	花岗斑岩,闪长岩	Pz-T	K	下扬子中生代造山带	大冶J-K火山盆地	Cpy、Py、Mt、Bn、Cc、Au、El、Ttd、Tb、Um、Bl	Sk、Ka、Chl、Srp、Carb、Si
11	吴家	江西	Au		中	5.2	4.92	花岗闪长斑岩	Pz$_2$-T$_2$	K	下扬子中生代造山带	大冶J-K火山盆地	Py、Cpy、Hm、Sp、Gl、Cc、Tth、Bn、Apy、Mo、Mt	Sk、Si、Ka、Carb、Chl、Ep、Ser

序号	矿床名称	所在省区	矿种	次要成矿元素	规模	总储量/t	品位/10^{-6}	与矿床相关的侵入体	围岩时代	成矿时代	大地构造背景	区域地质	矿石矿物	主要蚀变
12	羊山－李家湾	湖北	Au	Cu	中	5.0	5.97	花岗闪长斑岩	Pz_2-T_2	K	下扬子中生代造山带	大冶 J－K 火山盆地	Cpy、Py、Mo、Bn、Cc、Tth、El、Au	Sk、Ka、Si、Ser、Carb、Chl
13	鸡笼山	湖北	Au	Cu	大	30.0	4.04	花岗闪长斑岩	Pz_2-T_2	K	下扬子中生代造山带	大冶 J－K 火山盆地	Cpy、Py、Bn、Au、El、Gl、Sp、Mt、Hm、Mr、Rea、Orp、Tth、Mo、Cc、Po、Rds、Smi	Sk、Carb、Si、Chl、Ep、Ser、Fl、Phl、Srp、Agl
14	村前	江西	Au		中	14.8	1.0	花岗闪长岩	Pz_2-T_2	K	江南 Pt 岛弧造山带	九岭地体	Cpy、Py、Mt、Apy、Bn、Tth、Sp、Gl、Po、Au	Sk、Si、Ser、Chl、Ep、Agl
15	鸦公塘	湖南	Au	Pb、Ag	中	7.4	2.0	花岗闪长岩	P	K	中国东南造山带	湘中盆地	Py、Py、Gl、Sp、Cpy、Po、Au、El、Ag	Sk、Si、Srp、Carb、Chl、Ser、Agl
16	康家湾	湖南	Au	Pb、Zn	大	34.0	3.65	英安斑岩	P	K	中国东南造山带	湘中盆地	Apy、Py、Gl、Sp、Cpy、Po、Au、El	Sk、Si、Ser、Chl、Agl、Carb
17	鸡心脑	云南	Au	Cu、Pb	中	5.0	1.27	花岗斑岩	Pz－T	K?	扬子克拉通南缘	康滇地轴南缘	Cpy、Py、Apy、Gl、Sp、Au、El、Mt、Mo	Sk、Si、Srp、Carb、Chl、Ser、Agl
18	阿沙勒	新疆	Au	Cu	中	11	5.5	黑云母花岗岩	Pz_1-C_1	P	天山造山带	博罗霍洛山	Py、Cpy、Mt、Gl、sp、Hm、Au、El、Ml、Bn、Tth、Cc、Az、Cv	Sk、Si、Ep、Chl、Ser、Ka、Carb、Agl
19	巴西	四川	Au		中	6.4	4.0	石英闪长岩	T_2	J	秦岭造山带	秦岭前陆盆地	Py、Apy、Cpy、Gl、Sp、Sb	Sk、Si、Ser、Ep、Chl、Agl

资料来源：陈衍景，1997，2004

矿物名称：Ag—自然银；Apy—毒砂；Au—自然金；El—银金矿；Gl—方铅矿；Hm—赤铁矿；Mo—辉钼矿；Mr—白铁矿；Mt—磁铁矿；Bi—自然铋；Az—蓝铜矿；Bn—斑铜矿；Bs—辉铋矿；Cc—辉铜矿；Cpy—黄铜矿；Cu—自然铜；Cub—方黄铜矿；Cv—铜蓝；Po—磁黄铁矿；Py—黄铁矿；Rds—菱锰矿；Sd—菱铁矿；Smi—菱锌矿；Sp—闪锌矿；Tb—碲铋矿；Ttd—辉碲铋矿；Tth—黝铜矿；Um—红硒铜矿；Wi—脆硫铋铜矿。

蚀变名称：Agl—泥化；Alk—碱交代；Carb—碳酸盐化；Chl—绿泥石化；Ep—绿帘石化；Fl—萤石化；Ka—钾化；Na—钠交代；Phl—金云母化；Ser—绢云母化；Si—硅化；Sk—砂卡岩化；Srp—蛇纹石化；Tal—滑石化。

时代和构造背景：Pz—古生代；Pz_1—早古生代；Pz_2—晚古生代；Pt_1—古元古代；Pt_2—中元古代；C_1—早石炭世；P—二叠纪；P_1—二叠纪；P_2—晚二叠世；T—三叠纪；T_2—晚三叠世；J—侏罗纪；K—白垩纪。

矿床规模标准：中型为 5～20t，大型为 20～100t，超大型为大于 100t。

多呈似层状、透镜状、囊状、脉状等，具体视围岩条件不同而异。我国长江中下游地区的铜金矿多呈层状，独立金矿多呈透镜状；加拿大镍板矿的矿体则呈板状、筒状和不规则状产出。

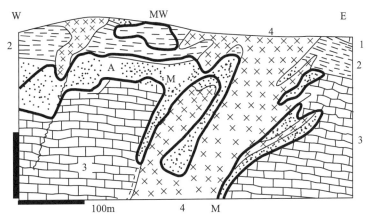

图3　美国McCoy矽卡岩型金矿剖面图

（引自 P. Laznicka，2006）

MW—铁氢氧化物残余中的金矿化，堆积淋滤矿；M—外矽卡岩带中的交代黄铁矿、黄铜矿和铁、锌、铅硫化物形成的
浸染状金矿化；A—进化和退化外矽卡岩带。1—三叠纪的石灰岩；2—三叠纪的角岩相碎屑岩；3—三叠纪的
碳酸盐岩再结晶形成的大理岩；4—早第三纪角闪石–黑云母花岗闪长岩和斑岩

（2）容矿岩石与蚀变

矽卡岩金矿的围岩时代从寒武纪（甚至更老）到中新世都有，跨度很大。容矿矽卡岩原岩常为不纯碳酸盐岩（灰岩为主）、钙质砾岩等钙质的碎屑岩，以及凝灰岩等，很少有火山熔岩。美国福蒂蒂尤德矿床就产于中晚石炭世至二叠纪的砾岩、粉砂岩和灰岩中，加拿大的 Hedley 矿则产于三叠纪的粉砂岩、凝灰岩和灰岩透镜体中。我国最重要的含金矽卡岩地层为石炭–二叠纪和三叠纪地层，如安徽马山和新桥的金矿体产于晚古生代至早三叠世的碳酸盐岩和碳酸盐岩–页岩中，湖北的鸡冠咀和鸡笼山等产于三叠纪灰岩和白云质灰岩中。不过，一个矿区、矿田和矿床内，矿化赋存的层位可以不止一个，其原岩岩性也可以不同。

矽卡岩型金矿的蚀变类型繁多，有钾长石化、钠长石化、金云母化、黑云母化、绿泥石化、角岩化和黄铁绢英岩化等。其中，黑云母化±钾长石化的蚀变，及其造成的角岩结构，是大多数矽卡岩型金矿的重要蚀变矿物组合特征。

（3）矿石矿物组合

矽卡岩金矿的矿石矿物成分复杂（表1，表2），主要为金–黄铁矿–毒砂，金–铜–铋硫化物，金–碲化物–铋–硫化物，金–硫铋铜矿–辉钼矿–斑铜矿–黄铜矿，金–辉砷镍矿–毒矿–辉钴矿，金–闪锌矿–方铅矿–锑等矿物组合。脉石矿物主要由典型的矽卡岩矿物和石英、方解石、白云石、绢云母、绿泥石、滑石、蛇纹石等组成。常见的矽卡岩矿物有透辉石、石榴子石、透闪石、阳起石、绿帘石、硅灰石、镁橄榄石、粒硅镁石等。矿石结构、构造类同于一般矽卡岩型矿床的矿石结构构造特征，以常见的粒状结构和各种交代结构为主。在单个矽卡岩矿带中，矿石矿物分带明显，较高温的石英–金–硫化物发育于内接触带；中温的金–磁黄铁矿–铜–硫化物产在与大理岩相接触的地段，低温的碳酸盐矿化–金–赤铁矿则产在离开外接触带的地段。

该类矿床中的金常赋存于复杂的金属硫化物中或以自然金等形式产出。自然金多出现在石英–碳酸盐矿物产出的岩石中，大多数金是以细微状包裹在硫化物中，或出现在硫化物晶体的界面上。通常用肉眼无法区别出矿石和废石。与金矿化共生的矿物以硫化铁（磁黄铁矿、黄铁矿）为主（有的矿床有不少毒砂）。有一些含金矽卡岩中的 Au 与 Cu 的相关性较差，产于富辉石和石榴子石矽卡岩中的矿石，一般具有低 Cu/Au（<2000），Zn/Au（<100）和 Ag/Au（<1）比值。矽卡岩型金矿与其他类型矽卡岩矿床不同的是富含 As 与 Bi、Te 等元素，常见有铋化物和碲化物，这一特征可作为该类型矿床的勘查标志之一。

（4）成矿时代

矽卡岩金矿可形成于显生宙的各个时代，但以中、新生代矿床为主。例如，加拿大不列颠哥伦比亚省的矽卡岩型金矿主要以中侏罗世为主；澳大利亚西部镁质矽卡岩型金矿则以太古宙为主。我国矽卡岩型金矿的成矿时期多为中生代，东部地区以燕山晚期为多，西北部地区以海西期成矿为主。

（5）矿化分带

与其他矽卡岩矿床一样，矽卡岩金矿化具有明显分带性，表现在以下两个方面：一是具有明显的矿物蚀变分带。Meinert（1997）总结了大多数矽卡岩金矿的分带模式是：靠近侵入体的接触带有一个石榴子石矽卡岩带，往外稍远处有一个辉石矽卡岩带，再往外有符山石－硅灰岩－蔷薇辉石或蔷薇辉石带和大理岩带。金矿化可发育于不同的蚀变带中，如澳大利亚雷德多姆金矿体产于硅灰石－石榴子石矽卡岩带中，而朝鲜遂安笛洞含金铜矿化产于辉石－金云母带和花斑大理岩带中，我国铜陵地区一些金矿产于角岩和含铜黄铁矿带中。二是地球化学分带，通常具有同心状的地球化学异常结构。这种结构是矿物分带的一种反映。中间为 Au、Ag、Cu、Bi 和 Te 元素组合异常，往外为 As、Pb、Zn 异常，常见有方铅矿、闪锌矿、毒砂、蔷薇辉石堆积，而在矿体范围之外则发育有 Co、Ni、Cr 的异常，为黄铁矿、磁铁矿存在的反映。对于矿体、矿床和整个矿田体系来说，同心状矿物分带和地球化学分带是基本对应的。图 4 是美国福蒂蒂尤德矽卡岩金矿的分带性示意图。该图比较清楚地反映了上述的矿物分带和地球化学场异常结构特征。图中从花岗闪长岩与围岩的接触带往外，石榴子石/辉石的比值显著降低，钙铁辉石和钙锰辉石不断地增加，铜/金比值不断地降低，Cu、Co、Mo、Cr、Ni 含量不断减少，而 As、Bi、Cd、Mn、Pb、Zn、Sb、Hg 等元素含量不断增加。

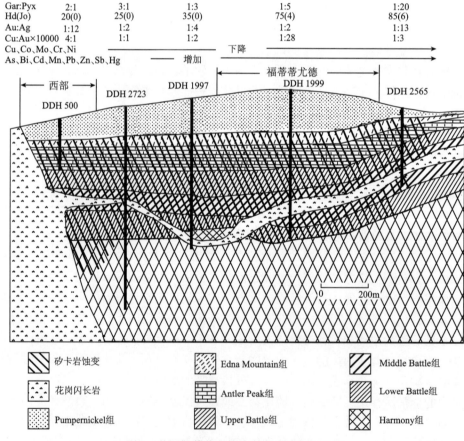

图 4　美国福蒂蒂尤德矽卡岩金矿中的分带

（引自 Myers 等，1991）

Gar—石榴子石；Pyx—辉石；Hd—钙铁辉石；Jo—钙锰辉石

· 380 ·

三、矿床成因和找矿标志

1. 矿床成因

矽卡岩型金矿的形成过程与矽卡岩的形成密不可分，而矽卡岩的形成过程大致分为 3 个阶段（图 5）：①等化学作用阶段（isochemical stage），非碳酸盐岩形成角岩，碳酸盐岩开始反应形成矽卡岩；②变质作用阶段，外矽卡岩和内矽卡岩大范围形成；③退化阶段，早期的矽卡岩遭到破坏，含水矿物和硫化物大量形成。成矿作用多发生在第三阶段，至于形成哪种金属矿床却取决于侵入体、围岩性质和构造作用等因素。

Meinert（2005）根据含金矽卡岩的成矿岩浆热液组合特征，将其划分为还原型含金矽卡岩、氧化型含金矽卡岩、含金的镁矽卡岩和产于区域变质地体中的含金矽卡岩等 4 种类型。其中，还原型含金矽卡岩最为重要，金矿化大多产于离接触带有一定距离的钙铁辉石矽卡岩中，与还原的、含钛铁矿的闪长岩 - 花岗闪长岩深成岩体、岩墙或岩床杂岩体有关，代表性矿床有加拿大的特大型 Hedley 矿和美国的特大型福蒂蒂尤德矿。其次为产于区域变质地体中的含金矽卡岩，包括部分绿岩控矿的造山型脉状金矿，代表性其实例有纳米比亚的 Navachab 矿床和澳大利亚西部的 Nevoria 矿床等。这类矿床具有典型的矽卡岩组合，但又缺乏明显的相关侵入体。氧化型含金矽卡岩具有高石榴子石/辉石比值、低硫含量特征，退化蚀变组合以大量的冰长石和石英为主，代表性矿床有加拿大 McCoy 和厄瓜多尔的 Nambijia。含金的镁矽卡岩，是近年来才认识的一种矽卡岩型金矿类型，过去常把这类矽卡岩矿作为铁矿开采。它与含白云石的岩石有关，特征矿物组合以镁橄榄石、尖晶石、蛇纹石为主，代表性矿床有加拿大 Cable 矿。

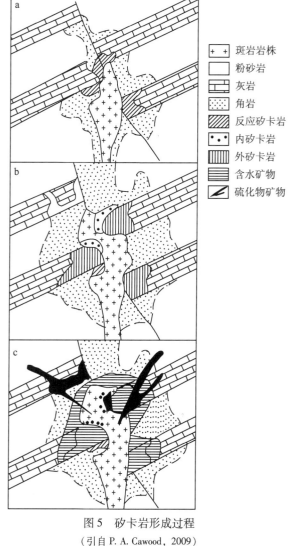

斑岩岩株
粉砂岩
灰岩
角岩
反应矽卡岩
内矽卡岩
外矽卡岩
含水矿物
硫化物矿物

图 5　矽卡岩形成过程
（引自 P. A. Cawood, 2009）
a—等化学作用阶段；b—变质作用阶段；c—退化阶段

2. 找矿标志

（1）区域地质找矿标志

1）构造标志：区域性大（深）断裂常是控制矽卡岩矿床分布的区域构造标志，矽卡岩型金矿化多沿大（深）断裂呈线性分布，并多产于大断裂附近的次级构造中。成矿前或成矿早期的断裂、裂隙等构造存在，能起矿液通道的作用，其中有些就是重要的探矿要素，如某些不同岩性岩层接触带等。

2）地层标志：绝大多数矽卡岩化都发生在围岩为富含碳酸盐的地层或其他含钙镁质的地层中，因此调查这种类碳酸盐地层的存在是寻找矽卡岩型金矿化的重要前提。

3）岩浆岩标志：与矽卡岩矿床有关的岩浆岩具有明显的成矿专属性，一定酸度的岩浆岩指示一定的金属矿化组合，其中富碱中酸性岩浆更有利于矽卡岩型金矿化的形成。

4）矿床空间分布标志：在整个区域成矿系统中，矽卡岩型金矿与其他类型金矿和 Cu－Au 矿床可以有一定空间关系。例如，纳米比亚 Karibib 矿区，矽卡岩型 Navachab 金矿与其他类型的 Western Workings、Brown Mountain 和 Onguati 矿床在空间上伴生（图6）。这些脉型 Cu－Au 和 Cu－W－Bi 矿床产于 Navachab 金矿床上部的白云石化大理岩中。

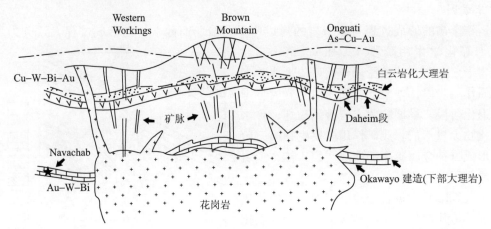

图6　纳米比亚 Karibib 地区矽卡岩型 Navachab 金矿与其他矿床类型的产出空间关系图
（引自 P. A. Cawood, 2009）

此外，还可以考虑该类矿与斑岩型铜金矿床、热液交代型金矿和卡林型金矿床、中温热液脉型金矿床、浅成热液金矿床以及热液铅锌银矿床等的关系。如发现有斑岩体蚀变甚至矿化时，可注意在其接触带寻找矽卡岩型金矿，尤其在钼矿化的外围。

（2）局部地质找矿标志

1）蚀变强烈是矿化的重要标志。因为大部分矿体都产于矽卡岩中，矿化和矽卡岩化具有密切的成因联系，所以矽卡岩化的存在无疑就是最直接和重要的近矿标志之一。但要注意，并非所有矽卡岩都含金矿体，且不一定产于矽卡岩化最强的地带，相反矽卡岩型金矿通常远离侵入体，产在外矽卡岩带内，故应重视在黄铁绢英岩化最强烈和多金属硫化物最发育的地带找富矿体。

2）局部构造破碎带。岩石破碎强烈，尤其是毫米级微裂隙特别发育的地带，常为矿体位置。该地带常有很多的风化孔洞，并常呈红色、褐色或棕色等。

3）碲、铋矿物可以作为找金的指示矿物，因为金常与碲铋矿物紧密共生。

4）矿物结晶差，粒度小。黄钾铁矾化、褐铁矿化、孔雀石化等强烈的地带。

（3）地球物理找矿标志

1）重力负异常：由于岩体与围岩之间存在密度差异，可用航空重力测量确定深成岩体的位置。

2）高导异常：矿化层多由硫化物组成，而围岩多为碳酸盐岩等，两者之间通常存在电性差异，故可用激发极化法和地面磁法配套使用，圈定部分矿体。

（4）地球化学找矿标志

1）原生晕中的元素组合标志：平面上具有同心状地球化学异常结构，中心为 Au、Sb、Bi、Hg 等元素组合，外围为 Co、Ni、Cr、V 元素组合，而沿着地球化学异常结构的边缘和沿着控矿构造有 Ba 的富集，有时还有 Ti。在不同等级的岩浆和热流交代系统的演化过程中岩浆与热流的变化规律也是一致的。次生地球化学场和原生场一样，只是受元素表生活动能力的影响，而使元素组合及强度出现差异。在原生晕中明显出现的金属组合在次生晕中合并成 Au、Ag、Cu、Bi、As、Pb、Zn 组合，但地球化学异常结构并未改变，仍为同心状，沿着青磐岩化的边缘发育有 Cr、Ni、Co、V。图7为俄罗斯阿尔泰－萨彦褶皱区中的迈斯克矽卡岩金矿床的原生和异常次生地球化学场的关系。

2）矽卡岩型金矿上方的土壤、水系沉积物和岩石通常具有 Au、As、Bi、Te、Co、Cu、Zn 或 Ni 等元素异常，整个矽卡岩围岩也存在地球化学分带。与其他类型的矽卡岩金矿相比，钙质矽卡岩金矿（不管是富含石榴子石还是富含辉石）更倾向具有较低 Zn/Au、Cu/Au 和 Ag/Au 比值。与许多其他类

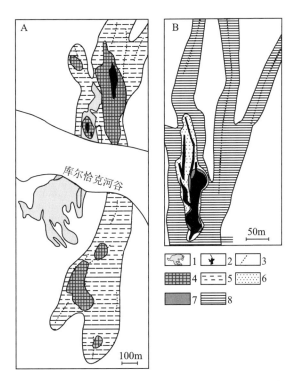

图 7　俄罗斯迈斯克矽卡岩金矿床原生和次生异常地球化学场的关系

（引自 В. Г. Ворошилов，2009）

A—次生地球化学场中的元素组合；B—原生地球化学场中的元素组合（矿体级）

1—有磁铁矿层的矽卡岩；2—金矿体；3—黄铁细晶岩硫化带；4—Au、Ag、Cu、Bi、As、Pb、Zn 带；

5—Cr、Ni、Co、V 带；6—Au、Bi、As、Cu 带；7—Ag、Pb、Zn 带；8—Co、Ni、Cr、V 带

型的矽卡岩有关的侵入体相比，与矽卡岩金矿有关的侵入体的相容元素（Cr、Sc、V）相对富集，不相容亲石元素（Rb、Zr、Ce、Nb 和 La）相对亏损。

3）Au 生物地球化学异常。生物地球化学标志对寻找隐伏的矽卡岩型金矿非常有用。例如，位于加拿大不列颠哥伦比亚省中部的 QR 金矿，在 1988 年加拿大地质调查局用直升飞机采集了 103 个花旗松（*Pseudotsuga Menziesii*）树顶样品的分析数据作异常检验时，就发现了强烈的金异常带。其后 Kinross 金矿公司开采了该矿的主区和西区金矿，共生产出 3.67t 金。2005 年，研究者又把 1988 年采集的花旗松松针从档案库中取出，磨成粉，用等离子质谱仪进行分析。检验结果确认并更清楚地辨识出了原来根据松枝分析结果圈定的异常区，从而验证了这种地球化学标志的可靠性。2006 年，根据生物地球化学圈定的异常，在该矿床的北区又发现了约 6.22t 金储量。

4）氧同位素组成的突变带。由于岩体与围岩氧同位素组成差别较大，两者过渡的地方会出现氧同位素突然降低或增高的现象，而这种地带常为赋矿位置。

（唐金荣　金庆花）

模型四十一 黑色岩系型金矿床找矿模型

一、概 述

黑色岩系型金矿床又称为穆龙套型或浅变质碎屑岩型金矿，是指赋存于高有机碳含量（一般 > 0.5%）的浅变质岩系中的层控矿床。浅变质岩系以碎屑岩为主，常含碳酸盐岩、硅质岩和火山岩，但以砂岩、板岩为主。有的出现在浊积岩系地层中，因此，也有人称其为浊积岩型金矿（戴自希，2004）。

黑色岩系型金矿床多产于黑色岩系发育的地区。有资料显示，黑色岩系广泛分布于世界各地，如在俄罗斯西伯利亚里菲界上部，印度小喜马拉雅、巴基斯坦北部、伊朗、法国南部、蒙古、澳大利亚南部、加拿大等地的下寒武统底部，纵贯英格兰、芬兰、德国到中欧的上二叠统，以及中亚地区元古宙和古生代地层中均有分布。但该类金矿只是众多黑色岩系型矿床中的一种，因为黑色岩系通常富含大量的有机质和丰富的 PGE、Cu、Ni、Mo、Au、U、V、Mn、Fe、Co、Bi、Cr、Se 等金属元素，这些元素，在适当条件下均可形成一定规模的矿床。

由于黑色岩系型金矿常以大型－超大型规模产出，故其自发现起就成为了世界最具工业价值的主要金矿床类型之一。20 世纪 50 年代乌兹别克斯坦穆龙套超巨型金矿发现后，世界各国掀起了寻找黑色岩系型金矿的高潮。相继在乌兹别克斯坦的南天山地区，哈萨克斯坦的北部、斋桑—准噶尔、楚伊犁、北天山等地区，以及吉尔吉斯斯坦的天山地区，发现了一批黑色岩系型金矿，如哈萨克斯坦的查尔库拉、巴克尔奇克金矿，吉尔吉斯斯坦的库姆托尔、萨瓦亚尔顿金矿，以及俄罗斯苏霍依洛格金铂族金属矿床。20 世纪 90 年代，我国新疆也发现了萨瓦亚尔顿（与吉尔吉斯斯坦的金矿同名，实属同一矿田）大型金矿床。此外，在美国、澳大利亚、津巴布韦等国也有该类矿床的发现，但总体规模较小。从已发现的黑色岩系型金矿空间分布来看，该类矿床多集中在中亚地区，分布在中天山、南天山成矿带，其资源储量巨大（表 1）。其中代表性矿床有乌兹别克斯坦的穆龙套、哈萨克斯坦的巴克尔奇克和吉尔吉斯斯坦的库姆托尔金矿等。

表 1 世界主要黑色岩系型金矿的基本特征

序号	国家（地区）	矿床名称	储量（资源量）/t	品位 10^{-6}	成矿时代	成矿区带
1	乌兹别克斯坦	穆龙套（Muruntau）	（5400）	3.5 ~ 11	古生代	西南天山
2	乌兹别克斯坦	扎尔米坦（Zarmitan）	240	10	古生代	西南天山
3	乌兹别克斯坦	道吉兹套（Daughyztau）	192（540）	2 ~ 5	古生代	西南天山
4	乌兹别克斯坦	阿曼泰套（Amantaitau）	94（180）	4.7	古生代	西南天山
5	乌兹别克斯坦	塔姆德布拉克（Tamdybulak）	55（350）	—	古生代	西南天山
6	乌兹别克斯坦	巴尔潘套（Balpantau）	70	>1	古生代	西南天山
7	乌兹别克斯坦	阿里斯坦套（Aristantau）	36	0.5	古生代	西南天山
8	哈萨克斯坦	巴克尔奇克（Bakyrchik）	100（120）	10	古生代	斋桑—北准噶尔
9	哈萨克斯坦	热列克（Zherek）	中型	—	晚古生代	斋桑—北准噶尔

序号	国家（地区）	矿床名称	储量（资源量）/t	品位$\frac{}{10^{-6}}$	成矿时代	成矿区带
10	哈萨克斯坦	查尔库拉（Zharkulak）	100	10~15	元古宙	北天山
11	哈萨克斯坦	巴勒德扎尔（Baladzhal）	中型	—	晚古生代	斋桑—北准噶尔
12	哈萨克斯坦	库鲁宗（Kuludzhun）	中型	—	晚古生代	斋桑—北准噶尔
13	吉尔吉斯斯坦	库姆托尔（Kumror）	360（545）	4.9	新元古代	中天山
14	吉尔吉斯斯坦	伊什坦贝尔格（Ishtanbergy）	35	6.5	古生代	中天山
15	吉尔吉斯斯坦	萨瓦亚尔顿（Savoyardi）	40	6.1~8.7	古生代	西南天山
16	俄罗斯	苏霍依洛格（Sukhoi Log）	1041.2	2.73	古生代	乌拉尔－蒙古褶皱带
17	中国（四川）	东北寨	52.8	2.2	三叠纪	松潘—甘孜
18	中国（新疆）	萨瓦亚尔顿	39	5~7	古生代	西南天山
19	中国（新疆）	萨尔布拉克	>10	2~8	晚古生代	北准噶尔
20	中国（新疆）	大山口	>5	—	古生代	西南天山

资料来源：刘春涌等，2007；杨富全等，2005；И. Ф. Мигачев 等，2008

二、地 质 特 征

1. 基本特征

1）大地构造背景：黑色岩系型金矿多产于弧后盆地、前陆盆地及岛弧带中，反映的是黑色岩系形成时正处于一个比较稳定的构造环境。如果按槽台构造观点，黑色岩系型金矿则多产于冒地槽，或冒地槽与优地槽过渡的边缘地带。优地槽因岩浆活动发育，地壳活动强烈，很难形成上规模的黑色岩系型金矿床。

2）控矿构造：黑色岩系型金矿受断裂构造控矿明显，矿床或矿田多位于缝合带上，产于区域断裂交会部位的矿床规模较大，如穆龙套、道吉兹套等。其控矿断裂具有压性的韧剪带性质，属区域构造应力挤压成矿。这种含矿韧剪带规模巨大、长度达数十米至上千米，而成矿作用在韧剪带中具有分段集中、局部富集的特点。

3）容矿岩层：黑色岩系型金矿具层控特征，赋矿地层时代多集中在古生代，其次为元古宙，其中中亚地区尤以寒武－石炭纪（系）为主。容矿岩系为含碳黑色碎屑岩系，具有浊流沉积特征，并经历了浅变质作用，赋矿岩性为炭质千枚岩（萨瓦亚尔顿、库姆托尔）、千枚岩、炭质板岩、炭质片岩（查尔库拉）、含炭变质粉砂岩、变质砂岩。

4）围岩蚀变：围岩蚀变较强，主要类型有硅化、黄铁矿化、毒砂化（如萨瓦亚尔顿、道吉兹套）、钠长石化、钾长石化（如穆龙套、库姆托尔）、绢云母化（如道吉兹套）、碳酸盐化、绿泥石化（如阿曼泰套）等。

5）成矿作用阶段：该类矿床的成矿作用过程明显分 3 个主要阶段，即沉积－成岩阶段、构造－变质阶段和侵入－热变质阶段。沉积－成岩阶段，为平静的还原性滨海环境，金及其伴生元素进入到韵律层状的炭质黏土和炭质粉砂岩及泥岩沉积物内，形成富含金的黑色岩系；构造－变质阶段，构造缝合线中的变形和变质作用引发变质流体的迁移，使金活化，并沿褶皱剪切带迁移，在构造交汇处和地球化学还原障上沉淀下来；最后在侵入－热变质作用的影响下，金再次活化，与热液中的金一起沿剪切带运移，在有利部位成矿，并使早期形成的矿体和与其伴生的交代岩变得更加富集。

6）矿体形态与矿物特征：黑色岩系型金矿的矿体形态和构造十分复杂，通常由陡倾和平缓的大型石英脉带和细脉带组合而成。矿体规模大，顺层展布，品位低。矿石中硫化物含量低，以黄铁矿、毒砂、黄铜矿、黝铜矿为主，其次有少量闪锌矿、方铅矿、辉铋矿。脉石矿物有石英、黑云母、正长石、绿泥石、方解石和钠长石等。

7）与岩体的关系：部分矿区出露成矿同期的岩体或岩脉，成矿与岩浆侵入活动密切相关（如乌兹别克斯坦的穆龙套和中国的大山口）。根据地球物理资料，少部分矿田（乌兹别克斯坦的阿曼泰套和道吉兹套）地下 3~5km 的深处可能还有隐伏岩体（杨富全等，2005）。

2. 典型矿床地质特征

（1）乌兹别克斯坦的穆龙套金矿

穆龙套金矿是世界闻名的特大型金矿床，位于乌兹别克斯坦西部的克齐尔库姆沙漠中，为南天山构造带的一部分，包括 3 个金矿床（穆龙套、缪廷巴依、别索潘套）和 8 个金矿化段，矿区面积约 9km²。矿区在区域构造上处于复背斜与深断裂交切部位的附近，即 NW 向的复背斜与近 EW 向的断裂相交切部位（图1），矿区内断裂、褶皱构造极为发育，北面、西面均有近 EW 向近于直立的深断裂（延深超过 3.7km），及其产生的不同方向的次级断裂，在矿区内形成连通网，成为含矿热水溶液运移的通道，使穆龙套金矿床呈现为一个延深很大的矿楼形式。矿区内除有金矿化外，在深部还发现有钨、铀、钼矿化。

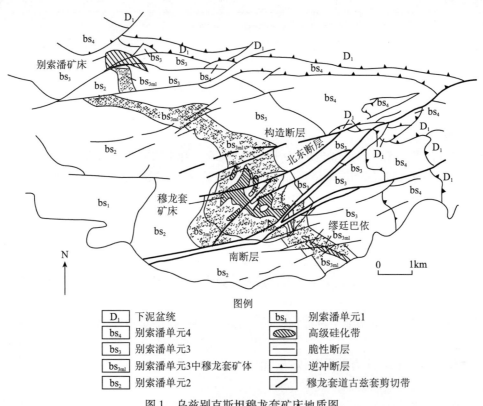

图1　乌兹别克斯坦穆龙套矿床地质图
（引自 L. J. Drew 等，1996）

矿区内热液蚀变作用强烈，主要蚀变类型有硅化、黑云母化、绿泥石化、钾长石化、钠长石化、绿帘石化、碳酸盐化和泥化等。与几期矿化作用有关的热液蚀变沿着桑格龙套－塔姆德套剪切带的北部和南部相交带分布，石英－黑云母－钾长石蚀变交代岩发育于 NW 向构造裂隙带中，与网脉状矿化关系极为密切。石英中流体包裹体的温度为 410~500℃，CO_2 是主要的气相组分，还有丰富的 CH_4 和 N_2。

穆龙套金矿总体上是一个规模巨大、构造复杂的线状－柱状网脉体，沿褶皱轴线向东倾没。矿体在剖面上呈层状，顺层产在中奥陶世—早志留世的杂色别索潘亚组的下部（图1）。含矿的杂色别索潘亚组由一套变质粉砂岩、砂岩和泥岩组成，根据其年龄、颜色、碎屑的粒度可分成 4 段，从老到新

依次为 bs_1、bs_2、bs_3 和 bs_4（表 2）。矿体厚度从几十米到几百米。在深孔 СГ–10 的 2397～2404m 段内还发现了厚 7m、Au 平均品位为 15.2×10^{-6}、Ag 平均品位为 8.5×10^{-6} 的矿体。整个矿区的矿体可分为两类。一类是大脉型，含金石英脉产在陡倾裂隙中，厚度在 0.5m 以上，最厚可达 20 多米，长度一般为 100～300m，最长达 700m，金平均品位在 10×10^{-6} 以上，最高可达 $(300 \sim 400) \times 10^{-6}$。该类矿体中的金储量可占矿床总储量的 12%～15%。第二类是网脉型，这是主要的金矿化类型，由含金的石英细脉、石英–硫化物细脉、石英–方解石细脉、石英–微斜长石脉、石英–电气石脉交错发育构成。这些细脉产状有陡倾切层的，也有缓倾顺层的。该类矿化规模巨大，但金品位较低，一般为 $(3 \sim 5) \times 10^{-6}$。

表 2　乌兹别克斯坦穆龙套金矿南部山区出露的主要地层单元

地层标识	厚度/m	时代	主要特征
D—C	1400	泥盆纪—石炭纪	灰岩和白云岩
C—O	3900	寒武纪—奥陶纪	未分的别索潘亚组
已划分的别索潘亚组			
bs_4	1000	寒武纪—奥陶纪	绿泥石片岩，绢云母片岩，不含炭质
bs_3	2000	寒武纪—奥陶纪	赤铁矿千枚岩，炭质粉砂岩、绢云母绿泥石片岩，燧石和凝灰岩
bs_2	700	寒武纪—奥陶纪	绢云母–绿泥石片岩，无炭质
bs_1	1200	寒武纪—奥陶纪	绢云母–绿泥石片岩，含炭质
R–V	2800	里菲代—文德纪	石英、白云石，绿岩，绿泥石–闪石–钠长石片岩

资料来源：L. J. Drew 等，1996

金矿石有混合型、石英质型、石英片岩型、硅化片岩型、细脉型和大脉型 6 种类型。90% 以上为自然金，呈鳞片状产在石英中，7% 的金赋存在硫化物（黄铁矿、毒砂）中。矿石中硫化物含量低，仅占矿石总量的 0.28%～3.4%（平均为 1.78%），主要为黄铁矿、毒砂、黄铜矿、黝铜矿，其次为少量闪锌矿、方铅矿、辉铋矿。自然金粒度很细，肉眼难以见到。矿石中可供回收利用的还有 Ag、Pd、W，但 Ag 含量不高，Au/Ag 比值平均约为 4。钨主要以白钨矿形式产出。金主要与硅化有关，其次与硫化物颗粒大小和晶形有关。黄铁矿和毒砂粒度越小，金品位越高，五角十二面体形黄铁矿平均含金量为 $(50 \sim 60) \times 10^{-6}$。过去认为金矿化与炭质有关，但目前发现，含碳量高的地段金品位不一定高，相反，含碳量低的地段，金品位却可能很高。

（2）哈萨克斯坦巴克尔奇克金矿

巴克尔奇克矿区位于构造复杂的晚海西期碰撞带内，后者涉及斋桑褶皱系的一些硅镁质断块和受到扰动的蛇绿岩断块（图 2）。缝合线中的沉积建造在主褶皱期变形强烈，产生了挤压褶皱，其长轴为 NW 向，同时还产生了脆性–韧性断层和剪切带。这些构造都为一条近 EW 向的克孜洛夫逆断层带切穿。相邻的向北缓倾的脆性–韧性断层系伴有伏卧的挤压褶皱、劈理和沿层理出现的细褶皱，多见于该带的底板和中部。由于发生了挤压和褶皱，所以可见到明显的煌斑岩岩墙的香肠构造和砂岩夹层。在构造张弛的克孜洛夫逆断层带，有斜长花岗岩–花岗闪长岩（C_3–P_1）侵入。

巴克尔奇克矿区的金储量大，包括巴克尔奇克、布尔什维克、"深谷"、"中间"、恰洛拜、"冷泉"和萨尔巴斯等 7 个炭质含金硫化物矿床。矿区内的岩石为石炭纪海相、浅海相和陆相陆源碎屑沉积岩（巴克尔奇克黑色页岩层）以及由含同生金–硫化物矿化的炭质粉砂岩–泥质岩组成的一些含金层。它的金品位比背景值高一个数量级，巴克尔奇克黑色页岩层中的金品位达到 100～150mg/t；有机碳含量为 0.2% 到 1.5%～2%，在巴克尔奇克层内的炭沥青透镜体中竟达到 20.5%～54.1%。在粉砂岩–砂岩沉积岩中有时也可见到凝灰岩层和玢岩流。石炭纪陆源沉积岩为斜长花岗斑岩和闪长玢岩的单个岩株和大量岩墙侵入，它们共同组成 NW 向和近 EW 向岩脉群。

该矿床成因的突出特点是黑色页岩岩系中的同生金，在容矿岩石构造变形和变质作用期间发生了

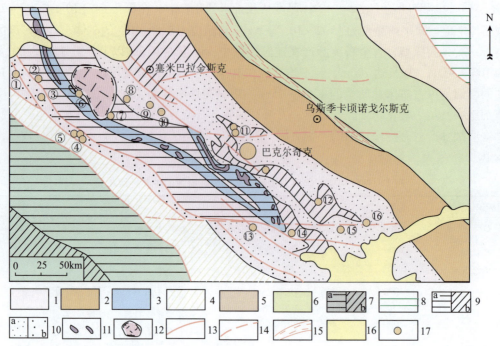

图2　哈萨克斯坦斋桑褶皱系硅镁质断块晚海西期复杂碰撞带中的巴克尔奇克矿床的地质环境

(引自 S. Zh. Daukeev 等，2004)

1~6—海西期斋桑褶皱系：1~2—裂谷后断块碰撞带（1—硅镁质岩石（西卡尔巴金矿炭质陆源带），2—硅铝质岩石（卡尔巴–纳雷姆钽–钨–锡带））；3—恰尔斯克泥盆纪裂谷构造作用形成的蛇绿岩带；4—硅铝质岛弧带（扎尔马–萨吾尔金–铜–镍–稀有金属带）；5~6—硅镁质岛弧带（5—早期的 D_1—D_2，6—晚期的 D_2—D_3（鲁德内阿尔泰多金属带））；7~8—加里东期褶皱系（7—成吉思–塔尔巴加泰褶皱系（硅镁质岛弧带）：a 为早期的 $\mathcal{E}_1$—O_2，b 为晚期的 O_{1-2}，8—戈尔内阿尔泰褶皱系（被动大陆边缘））；9~12–西卡尔巴金矿带构造（9（a）断块和（b）同沉积早期造山隆起带，10—盆地：a 为造山磨拉石（含少量火山岩），b 为火山磨拉石，11—超基性岩，12—启莫里支期裂谷的叠加大陆火山构造）；13—深断层；14—海西期基底的近 EW 向隐伏断层；15—额尔齐斯变形带；16—中生代–新生代沉积岩；17—炭质陆源层中的金矿床

矿床编号及名称：①Baltemir 金矿；②巴尔德科尔金矿；③肯皮尔金矿；④阿利姆别特金矿；⑤扎南金矿；⑥米拉日金矿；⑦苏兹达尔金矿；⑧穆库尔金矿；⑨东穆库尔金矿；⑩克代尹金矿；⑪米亚雷金矿；⑫先塔什金矿；⑬瓦西里耶夫金矿；⑭巴拉贾尔金矿；⑮茹姆巴金矿；⑯库卢宗金矿

活化。经历了沉积–成岩、构造–变质和侵入–热变质 3 个主要成矿作用阶段。巴克尔奇克矿床矿化的探明深度已达 1~1.5km，含矿构造经物探查明深可达 3km，金平均品位为 9.4g/t。

巴克尔奇克矿区中的矿化明显受构造控制。炭质含金硫化物型矿石全都位于主褶皱期形成的剪切带交会处的克孜洛夫变形带内。矿化以半整合纹层状、条带状矿脉形式出现，均具有含金硫化物矿化。含金矿脉以 35°~40° 的角度北倾，沿着克孜洛夫逆断层向下延伸。

地球化学元素组合垂向分带明显，近地表层为 Hg–Sb–Ag 组合，深部则为 Mo–Bi–W–Be 组合（图3）。利用元素（As、Pb、Mo）及比值（As/P）可区分出矿下带、近矿带和矿上带。Au/（P、Cu、Pb、Mo）具有明显分带性。

黄铁矿和毒砂是主要矿石矿物。在近地表层，矿物组合还包括辉锑矿，偶尔包括白铁矿、黄铜矿、磁黄铁矿和方铅矿。矿物共生组合分为 4 个世代：①黄铁矿（Ⅰ）–胶黄铁矿–白铁矿；②金（Ⅰ）–黄铁矿（Ⅱ）–毒砂；③金（Ⅱ）–闪锌矿–方铅矿–黄铜矿；④金（Ⅲ）–辉锑矿–白铁矿–硫砷铜矿。硫化物矿石中的金主要包裹在毒砂和白铁矿中，呈很小的（0.1~5μm）滴状包裹体、枝晶和粒状出现。明金见于硫化物的裂隙中，与辉锑矿伴生。细分散自然金呈 3 种产出形式：毛囊状集合体、块状和粒状。金的成色高（95%~98%）。毛囊状金常与绿镍矿（NiO）伴生，金属固相 $AuNi_2$ 也常见。矿床也有超细自然金，呈胶体相和离子相出现。

巴克尔奇克矿床的主要特点是：①含金韵律层状的炭质黏土和炭质粉砂质泥岩所含的同生金品位较高（10~150mg/t），有机质含量较高（1%~10%），球形莓粒状黄铁矿含量也较高；②构造缝合

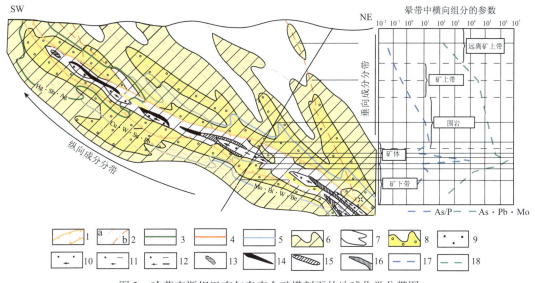

图3 哈萨克斯坦巴克尔奇克金矿横剖面的地球化学分带图

(引自 S. Zh. Daukeev 等，2004)

1—克孜洛夫含金逆断层带的边界；2—断层，a 为脆性，b 为韧性；3～5—金矿化的垂向地球化学分带异常：3—前锋异常（Hg－Sb－Ag），4—中心异常（Cu－W－Sn－Pb），5—尾端异常（Mo－Bi－W－Be）；6—金的原生晕；7—Au、As、Ag、Sb 富集区；8—P、B、Li、Pb、Cs、Co、Ni、Cl 富集区；9—主要出现黄铁矿的浸染；10—含有毒砂的黄铁矿浸染；11—含有毒砂和磁黄铁矿的黄铁矿浸染；12—含有毒砂、磁黄铁矿和辉钼矿的黄铁矿浸染；13～16—碳酸盐－石英脉中最后产生的低硫化物矿化作用：13—辉锑矿、辰砂，14—硫化锑铅铜矿、黝铜矿－砷黝铜矿和方铅矿，15—黄铜矿，16—辉钼矿；17～18—横向分带的判别系数：17—As/P，18—As·Pb·Mo

线中发生强烈褶皱，剪切带和受到剪切的岩石的发生塑性变形，在错动带交汇处发生多阶段变形并形成混杂结构；③在剪切带和错动带中，绿泥石－钠长石、次石墨－绢云母和绢云母－金云母－碳酸盐交代岩广泛发育。

（3）吉尔吉斯斯坦库姆托尔金矿床

库姆托尔金矿是吉尔吉斯斯坦最大的金矿床。库姆托尔金矿位于吉尔吉斯斯坦伊塞克湖以南约50km 处，距中吉边境线直线距离100km 左右。该矿床分布在长 15km、宽 0.1～0.4km 的窄条范围内。其 NW 和 SE 边界由断层界定，SW 和 NE 边界由于第四系和冰川覆盖而不清楚。该矿床储量为360t，资源量545t，平均品位 4.49×10⁻⁶。

库姆托尔金矿处于中天山构造带，北侧为尼古拉耶夫线。矿区出露的最老地层为古元古代变质岩，并有里菲代花岗岩的侵入，上里菲界卡什卡苏组角度不整合覆盖其上，由砾岩、变砂岩、玄武岩－流纹岩双峰式火山岩组成。平行不整合覆盖于上里菲界卡什卡苏组之上的文德纪杰蒂姆组是赋矿围岩，由轻微变质的炭质复理石岩石组成，厚达 0.8～1.0km。其可进一步分为 3 个亚组，岩性有炭质千枚岩和板岩，夹砾岩和粉砂岩、砂岩等。在含矿岩系之上为寒武系－下奥陶统燧石板岩、白云岩和灰岩，其中炭质燧石岩有铂、铀、钒矿化。中泥盆统－下石炭统红色砂岩和灰岩角度不整合覆盖于基底之上，这是区内层控铅锌矿的赋矿层位。

矿区构造为窄条状海西早期推覆体。断层有逆掩断层和逆断层，对成矿起着重要作用。矿化带沿库姆托尔逆掩断层分布，长 10km，向南东倾斜，倾角 30°～50°。上盘为文德群含矿绿色板岩，下盘为早古生代灰岩、燧石和炭质岩石。断层带宽 100～250m，有构造混杂岩和褐铁矿化。

区内侵入岩不发育，有两个岩墙状花岗岩体侵入到里菲界砂岩中，规模很小，可能是新元古代里菲代的产物。地球物理调查表明，在矿区北西 3～5km 有一个隐伏侵入体。

矿区矿体严格限制在构造带内。矿化分为南矿带、北矿带、东北矿带和细网脉矿带。矿带长 500～1000m，厚 25～100m，延深 300～1000m。矿带内矿化为石英细脉和石英网脉。黄铁矿含量越高，金品位越高。矿化岩石有含白钨矿的黄铁矿－钠长石－碳酸盐岩型、黄铁矿－钾长石－碳酸盐岩型、角砾状黄铁矿－碳酸盐岩型。

矿区矿物约有 100 种，主要金属矿物为自然金、黄铁矿、赤铁矿和白钨矿；主要脉石矿物有石英、绢云母、钾长石、钠长石、冰长石、方解石、白云石、铁白云石、菱铁矿和重晶石。大部分金产于黄铁矿的裂隙和孔隙中。

与矿化有关的围岩蚀变十分发育，主要有硅化、绢云母化、黄铁钾长碳酸盐化、钾长石化、钠长石化和石英钾长石化。成矿后有石英碳酸盐化。

流体包裹体研究表明，大部分包裹体中 90% 以上为气体 CO_2，两相包裹体少见。成矿均一温度为 270~240℃，石英碳酸盐岩脉形成温度为 230~160℃，成矿流体 pH 小于 7~8，氧逸度在 −32 至 −47 之间。成矿时代据铅同位素年龄测定为 200~280Ma。

三、矿床成因与找矿标志

1. 矿床成因

关于黑色岩系型金矿的成因一直存在争议。以穆龙套金矿为例，该矿床是世界上最早发现的黑色岩系型金矿，在其发现之后的几十年中，关于其成因的争论一直不断，总结起来主要有 3 种观点，即热液成因模式、壳－幔热液交代成因模式和变质－热液改造成因（同生－后生说）模式。

1）热液成因模式：该模式认为含金石英脉是由多次热液作用形成的，与岩浆侵入活动有关，且金不是直接从围岩中交代出来的，而可能是内生成矿作用早期热液带来的。

2）壳－幔热液交代成因模式：该模式是在岩浆底辟、地幔和壳内交代作用等新概念的基础上提出的，认为黑色岩系型金矿的后期成矿明显存在地幔柱成矿的特点，可能与韧性剪切带局部存在热涌成矿有关。

3）变质－热液改造成因模式（又称同生－后生说）：该模式认为金来自初始的沉积，后在沉积及区域变质、动力变质和热液蚀变作用中，金又在岩层内发生重新分配、富集，从而形成网状矿床。该模式在某种程度上将同生沉积和后生叠加两个成矿阶段结合到了一起，得到了越来越多的认同。

尽管目前关于该矿床成因尚有争论，但大多数人认为变质热液模式的证据是最充分的。按照该模式，黑色岩系型金矿的金矿化是在 3 个阶段中形成的：沉积－成岩阶段、构造－变质作用阶段和侵入－热变质阶段。含矿流体主要来自于矿下的高温变质作用和花岗岩化作用区。

2. 找矿标志

（1）地质找矿标志

1）黑色岩系地层标志：以宁静的还原环境下形成的滨浅海相，富含炭质的细碎屑岩－碳酸盐岩建造为目标，重点寻找富含炭质的细碎屑岩，而非碳酸盐岩。黑色岩系地层时代以古生界为主。

2）大地构造单元：以弧后盆地、陆缘盆地、前陆盆地、陆缘活动带和不发育火山岩的冒地槽为主，且构造单元内火山岩，特别是中酸性侵入岩不发育。

3）韧性剪切构造：矿区内韧性剪切构造对成矿起了决定性作用，不仅起到导矿作用，还起到容矿作用。尤其是在脆、韧性多期转换的地带对成矿最为有利，是找矿的重点部位。西南天山和楚伊犁－北天山金矿成矿省中几乎所有金矿都受剪切带控制。如，乌兹别克斯坦塔姆德套南部 Au、As 和 Au/As 异常与剪切带在空间上具有非常好的对应关系（图 4）。

4）蚀变标志：赋矿岩石以变形强、变质弱的区域低温动力变质热液作用为特征，其标志是具明显黄铁矿化、绢云母化、绿泥石化、碳酸盐化、硅化以及弱石墨化。岩石建造中碳酸盐岩几乎未发生变质作用，基本保持原岩特征，但有变形，在某些地区还在碳酸盐岩层面上见到有机碳或沥青质薄膜。

5）在矿体上部地表常见有氧化形成的黄褐色铁染、黄钾铁矾形成碎裂岩化铁帽带。这是因为脉体以含黄铁矿、铁染的不规则状含金石英粗脉、石英细－网脉为特征，金属矿物以褐铁矿、黄铁矿、

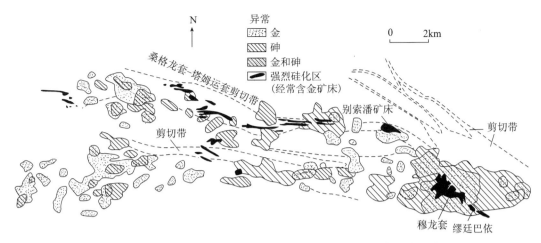

图 4　乌兹别克斯坦塔姆德套南部 Au、As 和 Au/As 异常与剪切带的关系图

(转引自 L. J. Drew 等, 1996)

黄钾铁矾、铁染为特征。

6) 形态复杂的含金石英脉、石英 – 硫化物脉及网状脉发育地区。这些脉常经过不同程度的变质和强变形作用。石英脉型矿化一般不形成单独的大型矿床，大储量的金矿只与金 – 硫化物型矿化有关。而浅部的含金石英脉型矿化是深部金 – 硫化物矿体的标志。

(2) 地球物理找矿标志

1) 低重力异常特征：重力场降低与裂隙度增大、断裂与片理带和破碎带的组合，以及硅化作用等有关。例如，穆龙套矿床大规模的交代蚀变岩石，及在含矿断裂带中发育的蚀变岩石，均能引起重力场的降低，并在中比例尺的重力测量中得到反映。图 5 是在高精度的重力测量中，根据围岩与矿体之间的密度差，计算得出的重力场值与矿体的对应关系图。此外，穆龙套矿田中的深部花岗岩、纵向挤压构造带和 NE 向与 NW 向汇合的深断裂上同样存在重力场低值。

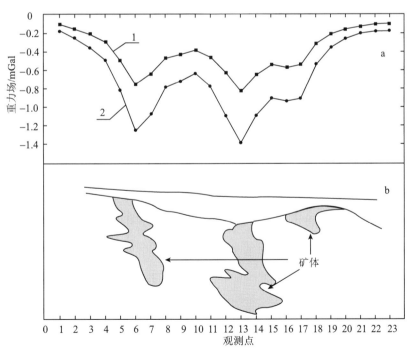

图 5　计算的乌兹别克斯坦穆龙套剖面的重力场值 (a) 和矿体 (b) 的关系

(引自 Г. Н. Голищенко 等, 2007)

1—根据围岩剩余密度为 0.06g/cm³ 计算的结果；2—根据围岩剩余密度为 0.1g/cm³ 计算的结果

2）低阻高极化激电异常：因为含矿岩石多为含炭质较高或局部地段富集金属矿物（黄铁矿），故表现为低异常或弱异常。这类异常可作为间接找矿标志，可用航磁测量。

3）因容矿岩层一般具有低磁化率，故低磁场特征可作为一个辅助找矿标志。

（3）地球化学找矿标志

1）Au、Sb、As 等元素异常是最有效的找矿标志。吉尔吉斯斯坦的萨尔布拉克和萨瓦亚尔顿，以及中国的大山口矿床就是根据金化探异常发现的。而乌兹别克斯坦的穆龙套金矿是在对 As 异常验证时发现的。研究表明，地球气测量和活动态金属测量在穆龙套矿体上获得了较好的 Au 异常（图6）。

2）贱金属（Cu、Pb、Zn）的地球化学异常比铁族元素（Ni、Co、Cr）的异常有效，后者常常与非成矿的成岩硫化物集合体相伴随。

3）岩石样品中普遍存在的 Au 地球化学异常。

4）地球化学分带明显：近地表多为 Hg、Sb、As 组合，深部多为 Mo、Bi、W、Be 组合（图3）。

5）存在含 $NH_4 + N_2$ 异常的流体包裹体。

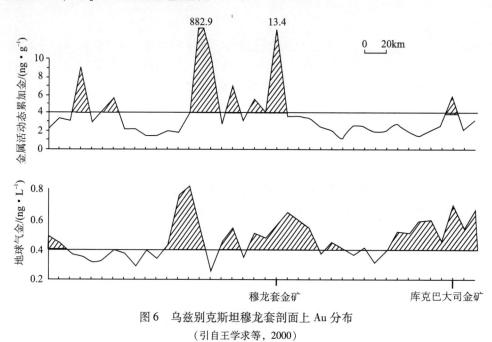

图6　乌兹别克斯坦穆龙套剖面上 Au 分布

（引自王学求等，2000）

（4）遥感找矿标志

遥感技术对控矿地层、构造、岩体和蚀变带等找矿标志具有独到的作用。张瑞江（2007）利用模拟真彩色合成 ETM 图像解译技术对国内外此类矿床进行了对比研究，指出该类矿床的含炭控矿地层在图像上多呈灰黑色间白色调，控矿韧性剪切带构造总体呈灰黑色调，呈断续的线性影像，以褐铁矿化为主的蚀变类型呈褐黄色调不连续的带状或块状影纹，并可根据环形构造预测深部的隐伏岩体，间接确定控矿岩体。

（唐金荣　金　玺）

模型四十二　俄罗斯苏霍依洛格式贵金属矿床找矿模型

一、概　　述

苏霍依洛格（Сухойлог，也译为"干谷"）矿床是一个产在黑色岩系中的贵金属矿床，位于俄罗斯东西伯利亚的伊尔库茨克地区，发现于1961年，20世纪70年代做了大量的勘探工作。现已证明，该矿床不仅含有大量Au，还含有Pt、Pd、Ag。目前正在对该矿床做开发前的技术经济评价。截至2005年1月1日，该矿床列入俄罗斯国家储量平衡表的储量：矿石38172×10^4t，其中含Au 1041.2t，平均品位为Au 2.73g/t，Pt 0.02g/t，Pd 0.03~0.04g/t。在最近的技术经济评价中还计算出了Ag为1541t，矿石中Ag的含量约为1~2g/t。

苏霍依洛格目前是俄罗斯最大的原生金矿床。除了苏霍依洛格矿床外，在该区还发现了一些储量不大的同类型小型金矿。

苏霍依洛格矿床虽然是一个产在黑色岩系中的贵金属矿床，但是由于其规模大，所含的贵金属种类多，为此，我们在前面阐述完黑色岩系金矿床找矿模型之后，对该矿的找矿模型再作一介绍。

二、地　质　特　征

1. 区域地质背景

苏霍依洛格矿床位于博代博复向斜中。如图1所示，博代博复向斜由早、中、晚里菲代的变质沉积岩组成，里菲代的变质沉积岩不整合地覆盖在太古宙—元古宙的变质岩上面。

早里菲代的地层细分为普尔波尔组和梅德韦蔡夫斯克组，前者由绿片岩相的砾岩、砂岩和页岩组成，后者由火山和火山-陆源的岩石组成，安山岩、安山-玄武岩和凝灰岩与砂岩、砾岩和铁质石英岩呈互层产出。

中里菲代的地层开始于巴拉加纳赫群，其厚度达2500m，主要由陆源的砾-砂-粉砂质沉积岩组成，随后是钙质砂岩和石灰岩。中-晚里菲代尼格雷群沉积岩细分为布朱衣赫塔组、乌戈汉组、霍莫尔霍组和耶姆尼亚赫组，尽管强烈的塑性变形通常会导致厚度变小，但它们的总厚度仍可达1500m。

文德纪博代博群的韵律层状砂岩、页岩、炭质页岩、石灰岩和砂岩的总厚度达2500m，新元古代地层就此结束。该区的特点是陆源炭质岩层富含有机质。在中-晚里菲代含炭沉积物的沉积期最为强烈。有机质的数量从碳酸盐岩到砂岩直到泥质岩逐渐增加，随后是正常沉积层序的地层。

与陆内裂谷系有关的前陆盆地可能是在中-晚里菲代发育形成的。陆源炭质岩石是在陆缘海盆条件下形成的。少量早里菲代火山岩与粗粒碎屑质和铁质的石英岩呈互层。同时，在附近形成了包括有超基性岩和拉斑玄武质火山岩的蛇绿岩组合，这些岩石在早古生代复向斜形成期间进一步发育。复向斜的复杂构造是由于浅褶皱与破坏性的低角度断层带相结合造成的。

复向斜的中部变质成绿片岩相的黑云母亚相。周边的岩石遭受了绿帘石-角闪石和角闪石相的区域变质作用，并伴随有花岗岩-片麻岩穹丘的形成和新生的花岗岩类深成岩体。

在苏霍依洛格矿床附近产有与中古生代孔库德-马马坎杂岩有关的岩浆岩。在矿床西南约6km

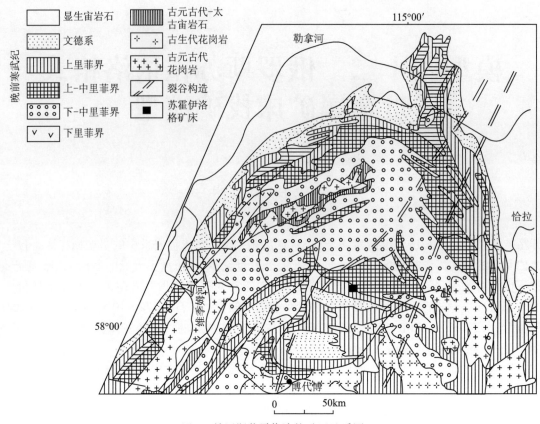

图1 俄罗斯苏霍依洛格矿区地质图

（引自 V. V. Distler 等，2004）

处产有康斯坦丁诺夫斯克岩体。在博代博复向斜的周边出露有如采格达卡尔岩体等大型古生代花岗岩侵入体。

2. 矿床地质特征

苏霍依洛格矿床位于倒转背斜的轴部（图2），其层理向西倾斜，倾角5°~20°。背斜轴面平缓倾伏，轴面走向由 EW 向变为 NW 向，倾斜角为30°~40°。北面的正常翼倾斜15°~30°，南面倒转翼倾斜30°~50°。在褶皱轴部有一个断层带，这里容矿岩石的厚度变小，并变形。在矿田南翼见有一个逆掩带。

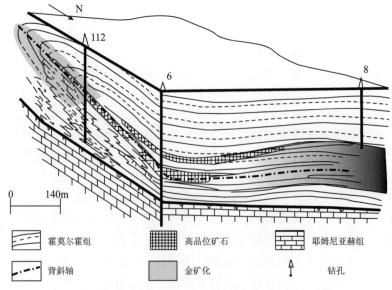

图2 俄罗斯苏霍依洛格矿床地质构造和金矿石分布立体图

（引自 V. V. Distler 等，2004）

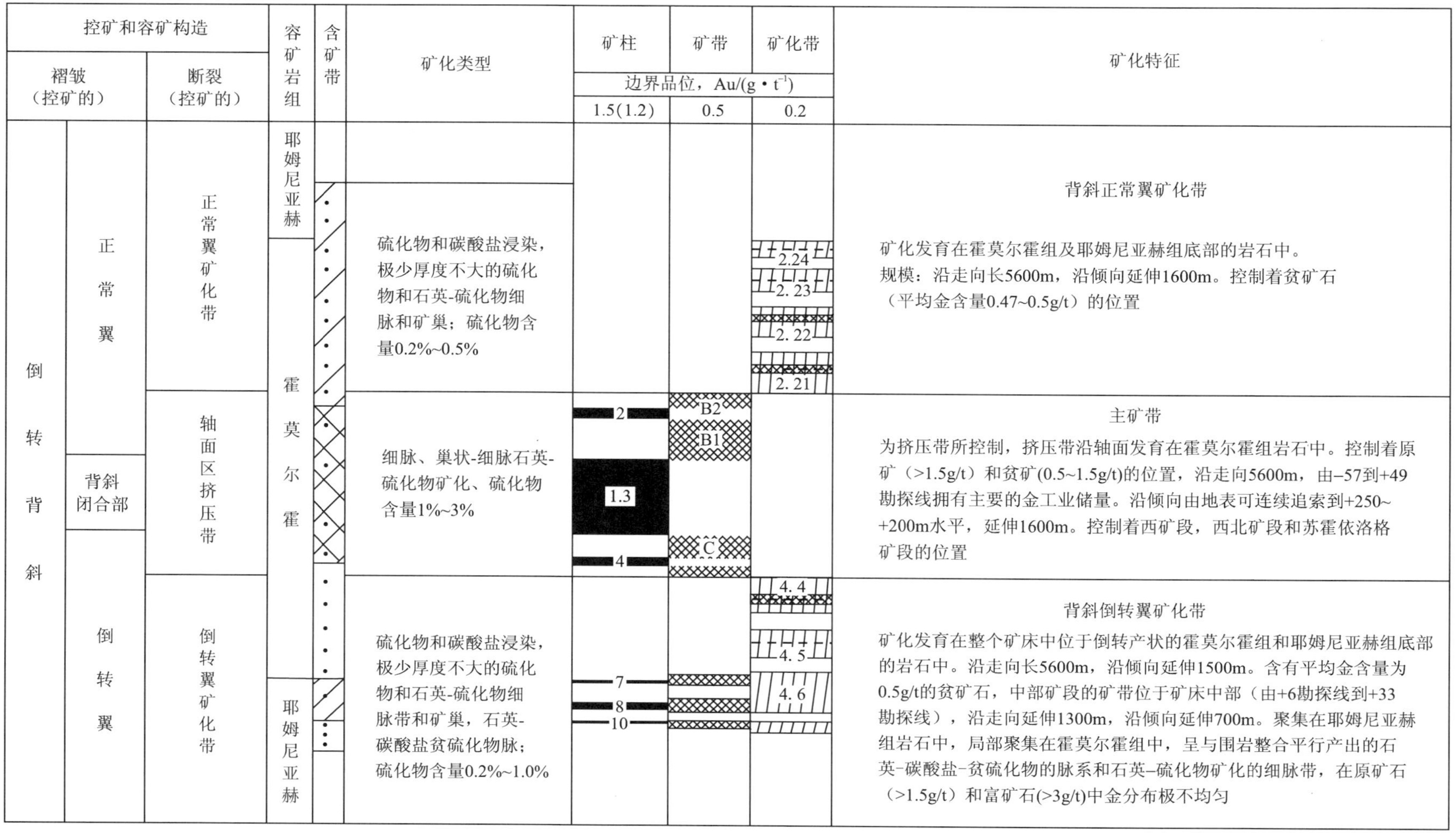

控矿和容矿构造		含矿岩组	矿化类型	矿柱 边界品位	矿带 Au(g·t⁻¹)	矿化带	矿化特征
褶皱(控矿的)	断裂(控矿的)			1.5(1.2)	0.5	0.2	
正常翼	正常翼矿化带	耶姆尼亚赫	硫化物和碳酸盐浸染，极少厚度不大的硫化物和石英-硫化物细脉和矿巢；硫化物含量0.2%~0.5%			2.24 2.23 2.22 2.21	**背斜正常翼矿化带** 矿化发育在霍莫尔霍组及耶姆尼亚赫组底部的岩石中。控制着贫矿石。规模：沿走向长5600m，沿倾向延伸1600m，控制着贫矿石（平均金含量0.47~0.5g/t）的位置
背斜闭合部（倒转背斜）	轴面区挤压带	霍莫尔霍	细脉、巢状-细脉石英-硫化物矿化，硫化物含量1%~3%	2 1.3 4	B2 B1 C̃		**主矿带** 为挤压带所控制，挤压带沿轴面发育在霍莫尔霍组岩石中。控制着原矿（>1.5g/t）和贫矿（0.5~1.5g/t）的工业储量。沿走向5600m，由-57到+49勘探线拥有主要的贫矿石。沿倾向由地表可连续追索到+250~+200m水平，延伸1600m。控制着西矿段，西北矿段和苏霍依洛格矿段的位置
倒转翼	倒转翼矿化带	耶姆尼亚赫	硫化物和碳酸盐浸染，极少厚度不大的硫化物和石英-硫化物细脉带-碳酸盐贫硫化物脉；硫化物含量0.2%~1.0%	7 8 10		4.4 4.5 4.6	**背斜倒转翼矿化带** 矿化发育在整个矿床中位于倒转翼产状的霍莫尔霍组和那姆尼亚赫组底部的岩石中。沿走向长5600m，沿倾向延伸1500m，含有平均金含量为0.5g/t的贫矿石。中部矿段的贫矿带位于矿床中部（由+6勘探线到+33勘探线），沿走向延伸1300m，沿倾向延伸700m，呈与围岩整合的细脉组，聚集在耶姆尼亚赫组岩石中，局部聚集在霍莫尔霍组，呈与围岩矿化物矿化的脉系-硫化物石英-碳酸盐-贫硫化物的细脉带，在原矿石英-碳酸盐（>1.5g/t）和富矿石（>3g/t）中金分布极不均匀

图 3　苏霍依洛格矿床矿化的地质-构造位置图
（引自И.А. Карпенко等, 2008）

金矿化主要分布在由薄层黑色片岩和粉砂岩组成的霍莫尔霍组中，在耶姆尼亚赫组底部碳酸盐质片岩和粉砂岩中也含有少量低品位金矿化（图2，图3）。含矿围岩可细分为3种：石英－碳酸盐－绢云母片岩、菱铁矿片岩和石英质粉砂岩或页岩片岩。由于经受了区域变质和交代蚀变作用，页岩区域变质成绿片岩相，富含有机质的碳酸盐－陆源沉积物变质成石英－绢云母片岩，碳酸盐物质变质成Fe－Mg碳酸盐的变斑状浸染体，它们通常含炭质包体。

矿床最强烈的矿化带并没有明显可见的地质界线，但是根据几个标准可以将其圈定出来，其中包括按1m间隔取的岩心样品的金测试（图3）。胚胎矿在剖面中有一个中心对称的分带。各个亚带在硫化物的数量、矿化强度及石英－硫化物析离体的形态上是有差别的。外部亚带显示出浸染的细粒黄铁矿、大型粒状变晶黄铁矿，以及石英－黄铁矿集合体有所增加。中部亚带含有少量硫化物或石英－硫化物的细脉。中心内部亚带出现在褶皱的轴部，含有大量石英－硫化物细脉，它们具有由容矿页岩的褶皱和微褶皱继承而来的复杂形态（图4）。

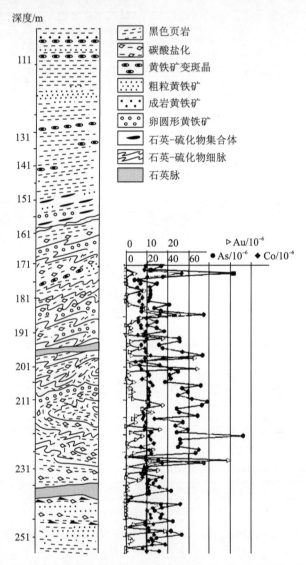

图4 据6号钻孔岩心所作的苏霍依洛格矿床矿体横剖面图，示出了石英－硫化物矿化的主要形态类型，以及Au、As和Co的分布

（引自 V. V. Distler 等，2004）

厚达2m的少数硫化物石英脉与细脉型网脉和浸染状矿化一起产于矿带的顶部。在矿床的深部（地表以下330～400m）见到矿化后的单个贫金的石英脉。

矿床的主要金储量与细脉浸染型石英－硫化物矿化有关。它们可划分为3个带，即矿上带（上部外亚带)、胚胎矿带 (中间和中心亚带) 和矿下带 (底部外亚带)。

矿床中金矿化的主要形态类型有 6 种 (图 4):

1) 细粒和中粒黄铁矿夹层和透镜体。

2) 层状卵圆形黄铁矿浸染体。

3) 劈理化和叶片状细粒黄铁矿和磁黄铁矿浸染体。

4) 具石英边缘的大型带状黄铁矿变斑晶。

5) 粒状变晶黄铁矿集合体。

6) 厚达 2~4cm 的层状和交切的石英 - 硫化物网脉型细脉。

上述矿化形态类型中,前 4 种也出现在矿床之外,但它们通常无矿或只含有低品位的胚胎矿。

V. V. Distler 等 (2004) 研究发现,苏霍依洛格矿床的矿石矿物多达 79 种,其中自然金属有 Au、Pt、Ag、Fe、Sn、Pb、Cu、Ti、W、Cr 和 In,共 11 种;金属固熔体和金属互化物 14 种;硫化物 17 种;砷化物和硫砷化物 11 种;碲化物和硫碲化物 8 种;硒化物 3 种;锑化物 5 种;氧化物、磷酸盐和钨酸盐 7 种;卤化物 3 种;还有一定量的炭质物质。黄铁矿是主要的载金矿物,以薄层和细脉浸染型黄铁矿含金量最高,次为微细浸染型黄铁矿,斑状变晶型黄铁矿含金最低。除了黄铁矿外,石英也是最常见的载金矿物,与黄铁矿不同的是,石英是弱含金的。矿石中的金是自然金,呈微细包体形式存在于黄铁矿中,易于回收。矿石中 Pt 呈自然金属微粒形式存在。Ag 以两种方式存在,一种是与金有关的银,另一种是以类质同象形式存在于硫化物 (黄铜矿、方铅矿、闪锌矿) 中的银。

苏霍依洛格矿床主要事件的年龄已经作了同位素测定。陆源容矿岩层是在早—中里菲代沉积的 (约 800Ma),并在 (516 ± 22)Ma 发生了变质。矿化年龄据 Rb - Sr 法测定为 (320 ± 16)Ma。博代博复向斜花岗岩类岩体的同位素测年也得到了类似的年龄值 (350~370Ma),这个时间相当于构造岩浆再活化和花岗岩形成的时期。方铅矿的铅模式年龄为 (380~400)Ma。由此可见,矿化要比沉积作用和区域变质作用年轻得多。

三、矿床成因和找矿标志

1. 矿床成因

苏霍依洛格矿床的成因目前尚有争论。传统的观点是把内生来源的流体看作是褶皱作用之后金矿产生的主要因素。现在,该矿床的发现者 B. A 布里亚克提出来的变质 - 热液模式被认为是最有依据的。按照该模式,金矿床的矿化是在 3 个阶段形成的,即沉积 - 成岩阶段、早期变质阶段和变质 - 热液阶段。含矿流体主要来自于高温变质作用和花岗岩化作用区。

V. V. Distler 等 (2004) 根据同位素年龄资料,以及苏霍依洛格矿床深部构造的地球物理模拟结果,构建了苏霍依洛格 Au - Pt 矿化的成因模式 (图 5)。他们认为,控制成矿作用的主要因素是早—中古生代再活化的构造环境以及伴随的内生流体。在这个环境下,形成再生花岗岩和矿石组分的活化,这些成矿组分来自于巨大体积的早前寒武纪基底和古老的超基性岩,以及包括含炭质陆源岩石在内的上部地壳岩石。叠置在基性 - 超基性岩带上面的广阔的沉积盆地中发生的区域事件,再加上花岗岩的局部侵入,二者的结合造就了苏霍依洛格矿床独特的组分和构造以及矿床贵金属的巨量聚集。

2. 找矿标志

(1) 区域地质找矿标志

1) 矿床产于里菲代 (约 800Ma) 的陆源沉积岩层中,主要为砾岩、砂岩、粉砂岩和页岩,在早里菲代的地层中有一定量的火山岩。

2) 陆源沉积岩层富含炭质,含炭沉积物的沉积厚度在中、晚里菲代达到最大,有机炭的含量从碳酸盐岩到砂岩、粉砂岩,直至泥质岩逐渐增多。

3) 陆源含炭质岩石是在大陆边缘海盆条件下形成的,海盆属于与裂谷系有关的前陆盆地。

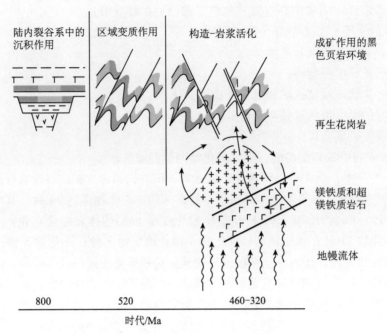

图5 俄罗斯苏霍依洛格 Au – Pt 矿化的成因模式

（引自 V. V. Distler 等，2004）

4）陆源岩层遭受了以绿片岩相为主的区域变质作用。

5）在矿区附近有中古生代的岩浆岩，矿床所在的博代博复向斜周边产有大型的古生代花岗岩体。

（2）局部地质找矿标志

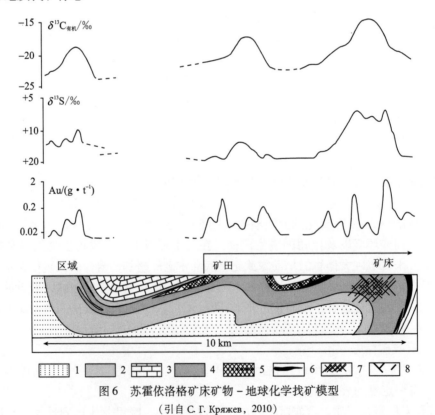

图6 苏霍依洛格矿床矿物 – 地球化学找矿模型

（引自 С. Г. Кряжев，2010）

1—砂岩；2—粉砂岩、页岩；3—石灰岩；4—富含硫化物硫、镁 - 铁碳酸盐和金的含矿层位岩石；5—层状浸染状聚集，黄铁矿和镁菱铁矿结核状聚集；6—块状黄铁矿透镜体；7—细脉浸染状石英硫化物矿化；8—石英脉

1）倒转背斜的轴部，轴面弯曲部位、挠曲、陡向逆冲带和低角度的劈理带是成矿最有希望的地带。

2）含矿岩石为中—晚里菲代的类复理石杂岩，含矿围岩中炭质和钙质粉砂岩、泥质岩、页岩和砂岩交替出现，在剖面中部炭质最为富集。

3）矿化剖面中，胚胎矿有一个中心对称的分带；外部亚带浸染的细粒黄铁矿、大型粒状变晶黄铁矿及石英－黄铁矿集合体有所增加；中间亚带含有少量硫化物或石英－硫化物细脉；中心亚带含大量石英－硫化物细脉，细脉形态复杂。

4）在矿带的顶部产有厚度达 2m 的贫金石英脉，虽然这种贫金石英脉不能形成单独的金矿床，但它是深部金－硫化物矿化的标志。

5）在苏霍依洛格矿床中出现钠云母和绢云母，碳酸盐矿物为镁菱铁矿－铁白云石，而矿床外围为多硅白云母和白云母，碳酸盐矿物主要是方解石。

（3）地球物理找矿标志

矿化的形成与花岗岩类岩体有一定的关系。如果出现负重力异常，则表明在大约 2～3km 深处可能埋藏有花岗岩类岩体。

（4）地球化学找矿标志

1）矿床中的成矿元素可分为两种地球化学组合，一种是基性－超基性岩型的 $Fe-Ni-Co-Cr-Ti-Pt-Pd$ 组合；另一种为花岗岩型的 $Zn-Cu-Pb-Sn-W-REE-Zr$ 组合。后者贱金属（$Cu-Pb-Zn$）所形成的化学异常要比铁族元素（$Ni-Co-Cr$）所形成的化学异常提供更多的信息。

2）矿体围岩中出现原生金异常是极其重要的一条找矿标志（图6）。

3）苏霍依洛格矿床黄铁矿的 $\delta^{34}S$ 和含矿层的 $\delta^{13}C_{有机}$ 迅速增高（图6），这种同位素特征是寻找矿化的重要标志。

（金　玺　项仁杰）

模型四十三　澳大利亚维多利亚地区
金矿床找矿模型

一、概　　述

　　澳大利亚的维多利亚地区是世界上一个重要的金矿区，总共已生产黄金2500t，其中1000t采自石英脉，1200t采自现代砂矿，300t采自古砂矿。该区曾有7000多个矿山开采金，但大部分是小矿山，产量超过1t的只有168个矿山，超过30t的有12个金矿田，其中最重要的是本迪戈（Bendigo）、巴勒拉特（Ballarat）和卡斯尔梅恩（Castlemaine）（图1）。

　　关于维多利亚地区金矿的成因归属众说纷纭，有人将其归为造山带型金矿，成矿时间为早古生代。也有人根据金矿化产于寒武-奥陶纪浊积岩中，称其为浊积岩金矿，并与穆龙套金矿相提并论，但维多利亚金矿受构造控制明显，矿化型式明显为脉状。还有人根据其成矿条件认为是"中温热液"型金矿。尽管如此，由于其意义重大，成矿特征又十分鲜明，近年来在找矿方面取得了很大进展。本书根据国外大量的研究资料，对维多利亚地区金矿的找矿模型作一简要的综合介绍。

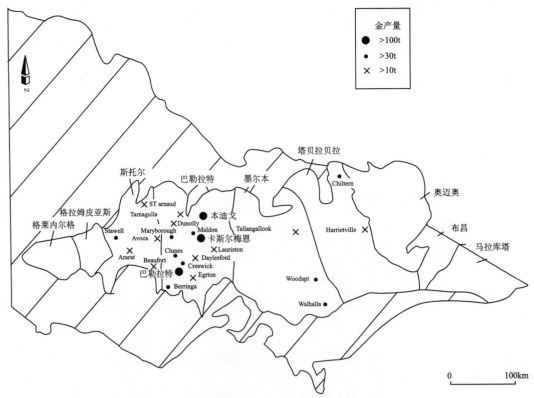

图1　维多利亚金矿区金矿分布图

（引自 G. N. Phillips 等，1998）

图上示出了古生代岩系的露头和各个地质带，这些地质带主要是根据时代、岩性、变质和变形的历史划分的。

金产量超过10t的金矿田限于奥迈奥带以西和格莱内尔格带、格拉姆皮亚斯带以东的地区。北部的古生代岩系之上为默里盆地的沉积岩，南部的古生代岩系之上为新生代的玄武岩和沉积岩

二、地 质 特 征

1. 区域地质背景

维多利亚金矿区是塔斯曼造山带的一部分,该区的古生代岩系主要是寒武纪至泥盆纪早期的碎屑变质沉积岩,它们在泥盆纪中期塔贝拉贝拉造山运动时遭受了变形和低级变质作用。在维多利亚地区中部存在有晚泥盆世的酸性火山杂岩和过铝质的花岗岩。第三纪和第四纪的玄武岩掩覆了一些古生代的金矿床及一些较富的新生代古砂金矿。砂金矿是古生代原生金矿剥蚀的产物。

许多大型矿田,如本迪戈和巴勒拉特矿田产在泥盆纪板岩和杂砂岩地层中,原生矿床受构造控制,虽然不同矿床的构造控制特征不一样,但控制矿化的最常见构造是主逆掩断层附近的中等至陡倾的走向断层。

从区域上看,维多利亚许多重要的金矿床都位于大致 NS 向的大型构造附近。在巴勒拉特带,本迪戈矿床位于 Whitelaw 断层以西 5~10km 处,莫尔登矿床位于 Muekleford 断层以西 5km 处,巴勒拉特矿床也类似,在 Williamson Creek 和 Campbelltown 断层的西面,Heathcote 矿床位于 Heathcote 断裂中。再往西,斯托尔矿床靠近斯托尔断层。这些重要的构造中有一些被解释为西倾的铲状逆断层,在断层的上盘和(或)下盘都会有重要的金矿床。

墨尔本带被认为是一个"简单的褶皱",其东缘变形较强烈。墨尔本带最大的金矿床就位于东缘附近,它们出现在 Mt Easton 轴线正东的 Walhalla 复向斜中。Mt Easton 轴线是个重要的构造要素,它将 Walhalla 复向斜与西面墨尔本带的其余部分分隔开了。这个轴线的西面,褶皱形成在 360Ma 花岗岩侵入之前。这些褶皱呈 SN 向或 EW 向,少数含金石英脉也分别呈 SN 向或 EW 向。

就矿床来说,构造控制表现为鞍状矿脉及相关的构造都发育在背斜的枢纽带中和枢纽带附近,而向斜枢纽带通常很少发育有金矿化。

矿化事件与花岗岩的侵入、酸性和次玄武岩质的火山作用、闪长岩质的煌斑岩侵入、变形作用,以及区域变质作用有时间上的联系。在维多利亚金矿区,花岗岩是古生代岩系中最主要的侵入岩,在花岗岩中没有大型的金矿床,但是有少数金矿田(包括莫尔登金矿田)出现在 S 型和 I 型花岗岩的接触变质带中。

围岩蚀变取决于容矿岩石的成分,在变质沉积岩中蚀变有限,而在镁铁质和长英质火成岩中蚀变明显。在这些岩石中,碳酸盐、白云母和黄铁矿是分布最广泛的蚀变矿物,它们的出现说明 CO_2、K 和 S 增加了。砷(在某些地区是锑)富集很常见,而 Cu、Pb 和 Zn 只是局部富集,Bi、W、Mo 和 Te 显示出与火成岩有密切的空间联系,但很少与金矿床有关。

维多利亚金矿区被几条 NS 向的逆掩断层分成 4 个带:斯泰夫利(Stavely)带、斯托尔(Stawell)带、巴勒拉特(Ballarat)带(又称本迪戈带)和墨尔本(Melbourne)带。这几个带在地层、构造、成矿型式等方面均有所不同(图 2)。

2. 矿床地质特征

(1)容矿岩石

维多利亚地区金矿的含矿围岩总体来说是寒武-奥陶纪的浊积岩,但是具体的岩石类型却是多种多样。在巴勒拉特带,主要的含矿围岩是板岩-变质硬砂岩层。在墨尔本带,西部和中部的含矿围岩为粉砂岩和长英质岩墙,东部是角闪石质的闪长岩岩墙。斯托尔带的含矿围岩与巴勒拉特带相似,不同的是在寒武纪绿岩中也含有一些金矿化。

不仅在每个矿带中含矿岩石类型多样,而且在每个矿田中含矿的岩石类型变化也相当大。如在斯托尔矿田,金矿化出现在寒武-奥陶纪变沉积岩和寒武纪的变玄武岩中,而在马里博罗(Mareborough)矿田,含矿围岩在西部为奥陶纪的变沉积岩和绢云母化的石英-长石斑岩岩墙,到东部变为闪长岩岩墙。

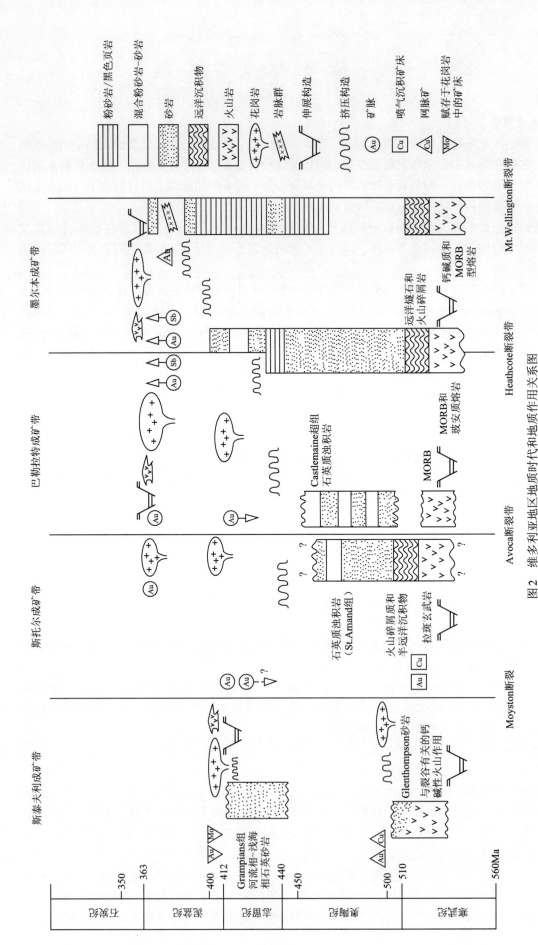

图 2 维多利亚地区地质时代和地质作用关系图
（引自 W. R. H. Ramsay 等，1998）

图上示出了金的成矿作用、沉积作用、火成活动、变形作用和构造活动之间的关系。野外和构造证据表明，位于在 Moyston 断裂
以东广泛分布的浊积岩层沉积在洋底上，洋底主要为 N 型的大洋中脊玄武岩，并有层同流，硫化物沉积，深海缝石和
大洋中脊玄武岩派生的火山碎屑层；少量玻古安山岩熔岩表明存在有裂谷作用形成的硅镁质海岛弧火山机构

虽然维多利亚金矿区所在的 Lachlan 褶皱带 20%～25%是由花岗岩组成的，但是金矿化很少产在花岗岩中，即使有，大多数也是产在花岗岩边缘的接触带中。

（2）围岩蚀变

维多利亚地区金矿的围岩蚀变不像绿岩带金矿那么重要和明显，因为矿化的围岩经常是板岩、硬砂岩或各类岩墙，蚀变不强烈，蚀变带也不宽，主要的热液蚀变有碳酸盐化、硅化、砷化、钾化和绢云母化（表1）。通常，主要的蚀变矿物有铁白云石、白云母、黄铁矿、毒砂，绿泥石和钠长石也很常见，在某些地方还出现方解石、菱铁矿和磁铁矿。

表1 维多利亚地区浊积岩中代表性金矿床的矿化型式和热液蚀变类型

矿床/矿田	矿化型式	容矿岩石	热液蚀变
克伦斯（Clunes）	鞍状矿脉中和断层面上的石英－Au（±黄铁矿－毒砂）	寒武－奥陶纪浊积岩	碳酸盐化、砷化、钾化
本迪戈	鞍状矿脉与层理一致的矿脉中，以及与层理不一致的矿脉逆断层、支脉上、网脉中的石英－Au（±毒砂－黄铁矿－磁黄铁矿－方铅矿－闪锌矿－黄铜矿－辉锑矿）	早－中奥陶世浊积岩	去硅化、碳酸盐化
福斯特维尔（Fosterville）	剪切带和冲断面中岩屑角砾和网脉里的 Au－黄铁矿－毒砂（石英≤2.0%（质量））；还与长英质斑状岩墙伴生	下奥陶统	硅化、绢云母化（铁化）
莫尔登	a. 石英－Au－毒砂；b. 黄铁矿－毒砂－Au（±方铅矿－闪锌矿－磁黄铁矿－黄铜矿－辉锑矿，磁铁矿，Mo，Au_2Bi）；Hartcourt 花岗岩晕圈中砂质－页岩状角页岩里的脉和支脉	下奥陶统	接触变质（石英－伊利石－高岭石）
伍兹角（Woods Point）	与中性到基性岩墙伴生的含 Au 石英脉、矿脉和网脉	基性岩墙（中泥盆世），穿切早泥盆世碎屑沉积物	区域青磐岩化蚀变；硅化、碳酸盐化、绢云母化
东巴勒拉特	逆断层上及与层理平行的近于垂直的角砾岩、支脉和交错脉中的石英－Au－毒砂（±黄铁矿－磁黄铁矿－方铅矿－闪锌矿－黄铜矿－辉锑矿－白铁矿）	早奥陶世浊积岩	硅化、砷化、绢云母化、碳酸盐化
西巴勒拉特	逆断层和与层理平行的断层上的石英－Au－毒砂（±黄铁矿－方铅矿－闪锌矿－黄铜矿－辉锑矿）脉；也与长英质岩墙伴生	早奥陶世浊积岩	碳酸盐化、绢云母化、钾质蚀变（去硅化）

资料来源：F. P. Bierlein 等，1998

（3）矿化型式和矿石组分

维多利亚地区的金矿化可以分成两大类。

一类是产在逆断层中或其附近的石英脉。根据断层和脉体走向是否与层理一致，脉型矿化又可以分为2种：一种是与层理一致的高角度逆断层的膨胀形成了由纹层状石英到块状石英组成的板状矿体，矿体可厚达1m；另一种是在与层理不一致的非面状逆断层的膨胀地段形成的矿体，这类矿体厚可达10m，沿走向延伸数百米（图3）。在本迪戈－巴勒拉特带中的许多大型矿床都是由这一种矿体构成的。

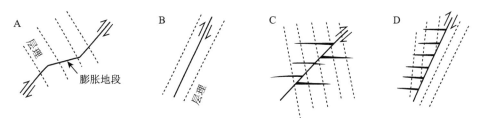

图3 维多利亚矿区断层中和与断层有关的含金石英脉构造形态示意图

（引自 S. F. Cox 等，1991）

A—具有局部膨胀部位的与层理不一致的逆断层；B—与层理一致的断层/脉体；C—靠近不整合断层带的张性脉系；D—不一致和一致相结合的断层/脉体，张性脉系只发育在断层与层理不一致的一侧

另一类重要的矿化型式是鞍状矿脉，它们通常是褶皱枢纽带中与层理一致的断层及与层理不一致的断层彼此相互作用的产物。在维多利亚金矿区有简单的鞍状矿脉，但大多数是形态复杂的鞍状矿脉，形态复杂的矿脉群由鞍状矿脉及与其伴随的断层脉以及与其有关的张性脉组成，它们是褶皱期间特别是在褶皱的晚期阶段形成的。

　　图4是维多利亚金矿区4个典型矿床（本迪戈、巴勒拉特、Tarnagulla 和 Fosterville）的含金石英脉的矿化型式，图上还示出了矿脉与构造变形的关系。值得注意的是，在维多利亚金矿区除了脉状矿化外，在 Strathbogie 花岗岩体附近的早泥盆世角页岩化的沉积物中还有浸染型的金矿化，这种金矿化以前被忽视了。

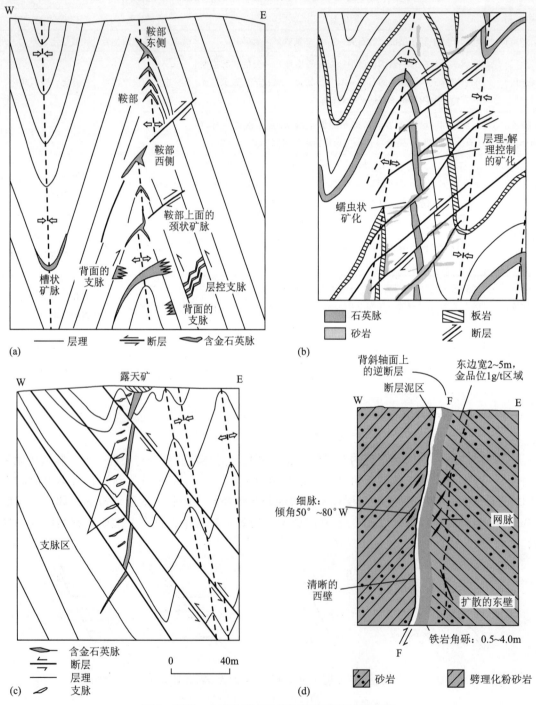

图4　石英-金矿化型式及其与构造变形的关系图

（引自 W. R. H. Ramsay 等，1998）

（a）本迪戈矿床；（b）巴勒拉特矿床；（c）Tarnagulla 矿床；（d）Fosterville 矿床

维多利亚地区金矿脉体的矿物成分比较简单，主要是石英、黄铁矿、毒砂、自然金，其次是磁黄铁矿、方铅矿、闪锌矿、黄铜矿、辉锑矿等（表1）。黄铁矿－毒砂含量为1%～3%，局部可达10%。强变质区（例如接触变质带）中有磁黄铁矿和斜方砷铁矿。毒砂常见，辉锑矿少见。闪锌矿、方铅矿和黄铜矿仅局部丰富，虽然在许多富矿体中略有增加。

三、矿床成因和找矿标志

1. 矿床成因

维多利亚金矿床的形成与区域变形和变质作用有密切的联系。总体来看，在志留纪区域变形的主要阶段或之后不久就出现了金矿化。金矿化一直延续到泥盆纪。同位素和大量地球化学资料表明，比较均一的成矿流体可能直接与变质作用的脱挥发分有关。金主要来自于基底的基性火山岩（大洋中脊玄武岩）和层间流体的沉积物，可能也有少量金来自于变形和变质期间的浊积石英砂岩。被流体从源岩中淋滤出的金随后沉淀在地壳上部低压的构造圈闭和化学圈闭中，形成受剪切构造、断层膨胀、张性裂隙和富炭质岩层控制的各类矿化。

S. F. Cox 等（1991）按照这种成因模式计算了形成本迪戈这样规模的金矿田所需的源岩和流体的数量（图5）。经计算，对本迪戈这样规模的金矿田来说，在变质作用期间通过脱挥发分反应，按照2%（体积）的失水率计算，热液流体来源需要2500km³的流体源岩。从金的源岩中如果按$1×10^{-9}$比例提取金（相当于Au 50%左右的浸出系数），矿田需要250km³的金源岩。

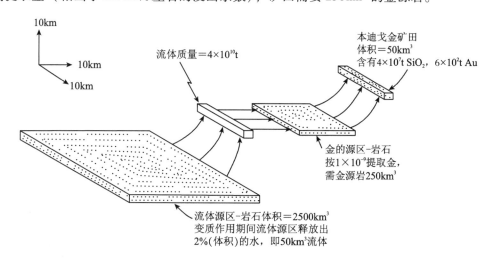

图5　矿田中流体流动路线及流体源岩、金源岩和金/石英矿床之间体积关系示意图

（引自S. F. Cox 等，1991）

为本迪戈矿田进行计算的根据是：沉积地点最低的流体/石英比值为10^3，变质作用期间流体源区释放出2%（体积）的水。假设金的源区（可能是流体源区的一部分）按照$1×10^{-9}$比例提供金

2. 找矿标志

（1）地质找矿标志

1）容矿岩石为变质沉积（复理石）岩系，即"板岩带"，基性火山岩居次要地位。

2）矿化明显受地层控制，几乎所有的矿化不是形成在寒武－奥陶纪浊积岩层中的富含页岩的层位，就是直接产在该层位的下面。富含页岩的浊积岩对矿化流体能起隔水屏障的作用。

3）矿化事件与花岗岩的侵入、酸性和次玄武岩质的火山作用、闪长岩质的煌斑岩侵入、变形作用，以及区域变质作用有时间上的联系，可能与它们是同期的，金是在变形结束期前后形成的。

4）矿化年龄，在斯特韦尔和本迪戈两个带中，通常为441～439Ma，个别可能为457～455Ma；而在墨尔本带中则为380～370Ma。

5）现代砂矿和古砂矿都产在原生矿附近，古砂矿呈线性分布，长达几千米至几十千米，往往被新生代玄武岩和沉积岩覆盖。

6）含矿石英脉多产在主逆掩断层附近的中等到陡倾斜的走向断层中。石英脉聚集成长条状脉群，脉群延伸长度有时可能超过100km。

7）围岩蚀变取决于容矿岩石的成分，在变质沉积岩中蚀变有限，而在镁铁质和长英质火成岩中蚀变明显。

8）镁铁质火成岩蚀变远端含碳酸盐－钠长石－斜黝帘石－绿泥石－黄铁矿，近端含碳酸盐－白云母－黄铁矿；而长英质火成岩蚀变含白云母－黄铁矿。

9）金矿化与花岗岩没有空间关系，在花岗岩中没有见到大型金矿床，但是有少数金矿田（如Maldon金矿田）出现在S型和I型花岗岩的接触变质带中。

（2）地球物理找矿标志

1）区域航空磁测和放射性测量可用来划分地层和构造。如果与矿化有关的磁铁矿遭到破坏的话，地面磁法可能也是有用的。

2）玄武岩与周围沉积岩相比，磁化率和密度要高得多，所以区域航磁和重力数据对于确定默里盆地覆盖层下面含有矿化的玄武岩穹丘十分有用。

3）在找矿确定靶区时，详细的航磁和重力测量可用来进行岩性填图。

4）虽然许多矿床硫化物含量低，但是对于一些含较多硫化物的金矿床来说，电法（EM、IP和AMT）具有一定的效果，特别是测定蚀变晕。

（3）地球化学找矿标志

1）Cu、Pb和Zn只是局部富集，有时出现小型异常。在东部的某些小金矿中，Cu、Pb和Zn相对较丰富。

2）在邻近花岗岩的矿床中可出现Bi、W、Mo和Te异常。

3）碳酸盐岩的碳同位素负值略高，为－3‰～－10‰。

4）不同的异常元素对勘查是有用的，有些矿床是As和Au，有些矿床只是Au（通常有明显的黄铁矿和/或碳酸盐晕）。

（尤孝才）

模型四十四　层状镁铁质－超镁铁质
侵入岩型铂族金属矿床找矿模型

一、概　述

世界上主要铂、钯工业矿床大都产在大型层状侵入体靠近中心的部位，赋存于界限极为清楚的层状体内。由于这类矿床的含矿侵入岩体多为镁铁质－超镁铁质，故被称为层状镁铁质－超镁铁质侵入岩型铂族金属矿床。

该类矿床集中了世界铂族金属储量的70%左右，是世界铂族金属的主要来源，主要分布在南非、津巴布韦、美国、俄罗斯等国，已发现的大型矿床有产在南非布什维尔德杂岩体中的梅林斯基（Merensky）和UG2铬铁岩含矿层，产在津巴布韦大岩墙中的主硫化物带（Main Sulfide Zone，MSZ）和产于美国斯蒂尔沃特杂岩（Stillwater Complex）中的约翰斯－曼维尔含矿层（Johns－Manville，J－M矿层）。其他产在层状镁铁质－超镁铁质侵入岩中的中小型铂族金属矿床还有：澳大利亚的穆尼穆尼（Munni Munni）和潘通（Panton）、加拿大的伊勒湖（Lac des Iles）和里弗瓦利（River Valley），芬兰的佩尼凯特（Penikat），中国的金宝山等。表1列出了世界主要含铂族金属矿床的资源量及相关金属元素的品位。

表1　世界主要含铂族金属矿床的资源量和品位

矿区或矿床	国家	矿石量 10^6t	PGE品位 $(g \cdot t^{-1})$	Pt品位 $(g \cdot t^{-1})$	Pd品位 $(g \cdot t^{-1})$	Ni品位/%	Cu品位/%	主产矿种
诺里尔斯克－塔尔纳赫 （Noril'sk－Talnakh）	俄罗斯	2125	5.6	1.1	4.5	0.85	1.61	镍、铜
萨德伯里（Sudbury）	加拿大	1648	1.17	0.46	0.58	1.2	1.08	
拉格伦（Raglan）	加拿大	24.7	3.76	0.82	2.27	2.72	0.7	
布什维尔德（Bushveld）合计	南非	13514	4.53	2.63	1.9	0.13	0.06	PGE
－UG2		6251	4.69	2.58	2.11	0.04	0.02	
－梅林斯基（Merensky）		4988	4.57	2.97	1.6	0.15	0.06	
－普拉特里夫（Platreef）		2275	4	1.99	2.01	0.41	0.2	
卡尔普拉特斯（Kalplats）	南非	75.2	1.42					
大岩墙（Great Dyke）	津巴布韦	2574	5.42	2.77	2.13	0.21	0.14	
斯蒂尔沃特（Stillwater）	美国	154.5	17.97	3.9	14.07	0.24	0.14	
德卢思（Duluth）	美国	4000	0.66	0.15	0.49	0.2	0.6	
伊勒湖（Lac des Iles）	加拿大	63.8	2.95	0.23	2.54	0.09	0.06	
马拉松（Marathon）	加拿大	31.5	1.87	0.35	1.4		0.39	
里弗瓦利（River Valley）	加拿大	25.4	1.38	0.34	0.98	0.02	0.1	
佩尼凯特（Penikat）	芬兰	156.7	2.42	0.46	1.83	0.09	0.2	
穆尼穆尼（Munni Munni）	澳大利亚	24	2.9					
潘通（Panton）		14.3	5.2	2.2	2.4	0.3	0.08	
云南金宝山（JBS）	中国	33	1.48			0.15	0.14	

资料来源：T. Green，2005

二、地 质 特 征

1. 一般地质特征

许多矿种均能产于各种地质构造环境，但大型的铂族金属矿床却仅产于大型的镁铁质－超镁铁质侵入体中。产有这类矿化的侵入岩体通常呈层状赋存于稳定的太古宙或元古宙克拉通或地盾中，年龄多在 29.40 亿～18.40 亿年之间。侵入体沿主要的地壳岩石圈不连续面分布，深约 8～24km，或沿主要地壳构造线或在其附近侵入，形成整合岩盆、倾斜岩席、漏斗状岩体、褶皱岩床和以断层为界的断块。表 2 列出了几个主要的层状铂族矿床的容矿岩体的形成年代、规模和地质环境等基本特征。

表 2　世界主要产有铂族金属矿床的层状镁铁质－超镁铁质侵入岩的基本特征

序号	控矿岩体	范围（平面）km²	最大厚度/m	形 式	年代/Ma	地质环境	铂族矿床（层）名称
1	布什维尔德火成杂岩体	350×250	7000	岩 基	2060	硅铝壳断裂带	梅林斯基矿层和 UG2 矿层
2	斯蒂尔沃特火成杂岩体	42×10	5500	岩 基	2060	硅铝壳断裂带	J－M 矿
3	大岩墙	550×11	3500	连通性岩盆	2705	硅铝壳断裂带	主硫化带
4	穆尼穆尼杂岩体	25×10	4900	岩盆	2925	太古宙绿岩带	穆尼穆尼矿
5	佩尼凯特侵入体	23×3.5	3500	不规则岩床	2440	克拉通边缘断裂带	SJ 矿和 AP 矿

资料来源：T. Green, 2005

含矿岩体常为分层的深成岩体，岩石类型为交替和重复出现的镁铁质－超镁铁质岩石，表现出多旋回单元的结构特征。分层岩体垂向上通常能形成 3 个岩浆分异系列，分别为斜方辉橄岩－斜方辉石岩－辉长苏长岩；斜方辉橄岩－斜方辉石岩－二辉岩－辉长苏长岩；二辉橄榄岩－单斜辉石岩－二辉岩－辉长苏长岩。这些岩浆分异系列的出现反映了主要造岩矿物结晶的顺序，同时也反映了原始岩浆的成分。

这类矿床的矿体厚度从几厘米至几百米，变化较大。经济价值较大的矿层一般产在侵入体中斜长石结晶的主要成分界面附近（超基性岩－基性岩接触带附近），即富含 PGE 的硫化物层产在斜长石首次成为堆积矿物的层位以下 20m 到该层位以上 500m，大多数富含硫化物，尤其是富含 PGE 的铬铁岩，产在上述层位以下 150m 到该层位以上几百米。在岩体的垂向剖面中，矿化层的厚度相对整个岩体厚度来说是非常薄的，如澳大利亚的穆尼穆尼矿床的矿化层厚约 2.5m，而基性－超基性岩系厚达 4900m，这些矿化层横向延伸非常长，有的长达 20km。

据统计，这类矿床中产出的铂族矿物有 30 种以上，铂族矿物分别可以与硫化物、硅酸盐、铬铁矿或氧化物共生。但铂钯主要呈独立矿物存在，少数呈类质同像分布在硫化物中。主要矿石矿物有各种 PGE 矿物（硫化物、砷化物、碲化物、锑化物）、黄铜矿、镍黄铁矿、铬铁矿、针镍矿，另外还有磁黄铁矿、黄铁矿、方铅矿、钛铁矿和磁铁矿。

2. 典型矿床地质特征

（1）南非布什维尔德杂岩体

布什维尔德杂岩体为一保存极好的特大型中元古代侵入体，未受区域变质作用和大范围构造变形的影响。该杂岩体具有从镁质超基性岩到含磷灰石铁闪长岩的完整分异序列（图 1）。典型地区的岩层厚度可达 9000m，从下往上分别为下部带（0～1700m）、关键带（1700～3150m）、主带（3150～7860m）和上部带（7860～9000m）。关键带由层状铬铁岩、辉石岩、苏长岩和斜长岩组成。该带因产有许多大的含矿层而得名，如 UG2 和梅林斯基矿层产于其上部（图 2）。各含矿层位（包括梅林斯基含矿层和 UG2 铬铁岩含矿层）的横向延伸范围很大（大杂岩体东、西两翼均超过 100km）。

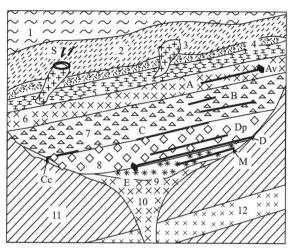

图1 南非布什维尔德型镁铁质－超镁铁质杂岩体中的岩石类型和矿体类型示意图

（引自 P. Laznicka, 2006）

1—板岩、千枚岩；2—角岩化沉积层；3—非造山花岗岩；4—霏细岩、流纹岩；5—花斑岩；6—辉长岩、石英辉长岩、闪长岩；7—钙长岩、铁辉长岩、苏长岩；8—古铜岩、斜长岩和苏长岩层状系列；9—超镁铁质岩（主要为斜方辉橄岩）；10—冷凝混染侵入体内接触带；11—基岩；12—辉长岩岩墙。A—辉长岩中的层状磁铁矿或钛铁矿；Av—不规则的 Fe－Ti－V 柱；B—斜长岩中富橄榄石伟晶岩相中的 PGE 矿；C—旋回单元内古铜岩中的 PGE、Ni、Cu 矿层；D—超镁铁质旋回单元内的铬铁岩层；Dp—富含 PGE 的铬铁岩层；E—不规则的 PGE 柱；M—基底接触带上的 Ni、Cu 硫化物；S—热液浸染、交代的 Sn 脉

图2示出了布什维尔德杂岩体关键带的地层剖面，并给出了各层位的 PGE 含量。每一个铬铁岩层都具有 PGE 的异常富集，一般为 1～3g/t。不过，达到工业品位的仅见于杂岩体东翼和西翼的 UG2 铬铁岩和梅林斯基含矿层，以及北翼底部接触面附近的一个厚层普拉特里夫（Platreef）矿层。布什维尔德杂岩体所有含矿层在 2km 深度以浅，Pt + Pd 总可采量超过 6200t，Pt/Pd 比值约为 1.5，不同矿山该比值的平均值几近相同。

A. UG2 铬铁岩含矿层

UG2 铬铁岩含矿层的地质情况和 PGE 含量变化都比梅林斯基含矿层简单。UG2 铬铁岩含矿层厚 40～120m，顶、底界面清楚，含铬铁矿 60%～90%。在 UG2 主层位上方见有 2～3 层铬铁岩薄层，产在含长石的辉石岩（往往含橄榄石）内。UG2 通常下伏以伟晶岩相的粗粒含长石（橄榄石）辉石岩，其中可含有铬铁岩析离体。少数情况下，UG2 下伏斜长岩。

PGE 只赋存在铬铁岩内，在伟晶岩相底板有矿化的情况下，PGE 赋存于铬铁岩析离体内。整个含矿层的 PGE 品位最高可达 10g/t，但一般约 5g/t。有迹象表明，含矿层越薄，品位越高。含矿层内的品位分布并不均一，底部品位一般较高，另一个峰值位于含矿层中部或顶部（图3）。

在含矿层内部，PGE 绝对含量和 Pt/Pd 比值在岩石结构明显变化的部位出现明显变化。在杂岩体东翼的北部，含矿层下半部含有粒状硅酸盐矿物相，上半部为嵌晶状，这可能是两种化学组成不同的铬铁岩层逐次叠置的结果。此外，UG2 的 Cu、Ni 和 S 元素含量极低（平均值分别为 0.01%，0.024% 和 0.023%），Pt、Pd、Ni 和 S 等 4 种组分密切相关。

B. 梅林斯基含矿层

富含 PGE 的梅林斯基含矿层和上覆贫 PGE 的 Bastard 辉石岩处在旋回单元的底部，该旋回单元包含底部一薄层铬铁岩层及上覆的辉石岩、苏长岩和斜长岩。梅林斯基旋回单元是所有旋回单元中最薄的，一般只有 1～3m 厚。其底部接触带附近的初始 Sr 同位素比值明显增大，表明在此层位添加了成分明显不同的岩浆。

在布什维尔德杂岩体的不同地段，梅林斯基含矿层的垂向层序和 PGE 矿化的变化比 UG2 大得多。该矿化层中除产有 PGE 外，还伴生有含量为 2%～3% 的硫化物（磁黄铁矿、黄铜矿和镍黄铁矿）。由于该含矿层的开采始于勒斯滕堡地区，因此人们一直把勒斯滕堡岩相的含矿层视为典型剖

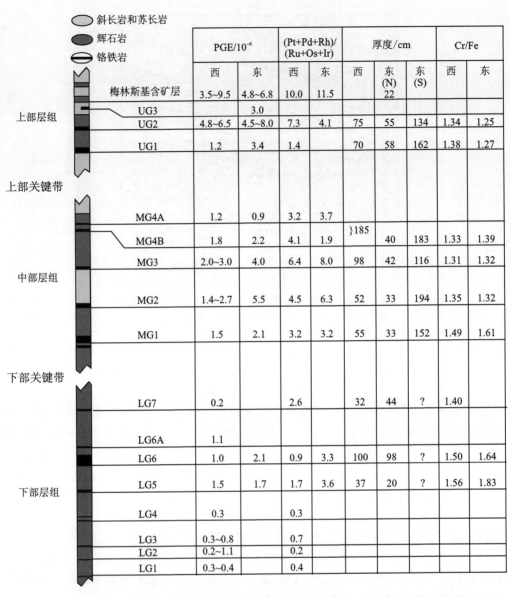

图例：
- 斜长岩和苏长岩
- 辉石岩
- 铬铁岩

矿层	PGE/10^{-6} 西	PGE/10^{-6} 东	(Pt+Pd+Rh)/(Ru+Os+Ir) 西	(Pt+Pd+Rh)/(Ru+Os+Ir) 东	厚度/cm 西	厚度/cm 东(N)	厚度/cm 东(S)	Cr/Fe 西	Cr/Fe 东
梅林斯基含矿层	3.5~9.5	4.8~6.8	10.0	11.5	22				
UG3		3.0							
UG2	4.8~6.5	4.5~8.0	7.3	4.1	75	55	134	1.34	1.25
UG1	1.2	3.4	1.4		70	58	162	1.38	1.27
MG4A	1.2	0.9	3.2	3.7	}185				
MG4B	1.8	2.2	4.1	1.9		40	183	1.33	1.39
MG3	2.0~3.0	4.0	6.4	8.0	98	42	116	1.31	1.32
MG2	1.4~2.7	5.5	4.5	6.3	52	33	194	1.35	1.32
MG1	1.5	2.1	3.2	3.2	55	33	152	1.49	1.61
LG7	0.2		2.6		32	44	?	1.40	
LG6A	1.1								
LG6	1.0	2.1	0.9	3.3	100	98	?	1.50	1.64
LG5	1.5	1.7	1.7	3.6	37	20	?	1.56	1.83
LG4	0.3		0.3						
LG3	0.3~0.8		0.7						
LG2	0.2~1.1		0.2						
LG1	0.3~0.4		0.4						

左侧区带标注：上部层组、上部关键带、中部层组、下部关键带、下部层组

图 2　南非布什维尔德杂岩体关键带地层剖面以及东翼和西翼的 PGE 含量

（引自 R. G. Cawthorn 等, 2005）

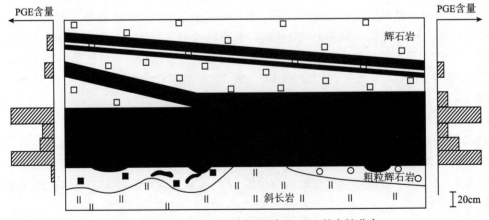

PGE含量　　　　　　　　　　　　　　　　　　　　　　PGE含量

辉石岩

粗粒辉石岩

斜长岩

20cm

图 3　UG2 矿层及指示层剖面示意和 PGE 的定性分布

（引自 R. G. Cawthorn 等, 2005）

面。该典型剖面底部铬铁岩平铺在一层斜长岩或浅色苏长岩上面。铬铁岩上面是 30~90cm 厚的伟晶状含长石辉石岩，上覆以另一薄层铬铁岩，再上面是正常粒度的含长石辉石岩（不含橄榄石）。该辉石岩向上迅速递变为一薄层苏长岩，上覆以斜长岩。在此剖面中，PGE 矿化产在从底板以下 30cm 到上部铬铁岩附近的层段，PGE 品位在上铬铁岩层处出现明显高值，在上铬铁岩层以上迅速降低。梅林斯基含矿层的 PGE 品位在布什维尔德杂岩体西翼为 3.50~9.5g/t，在东翼为 4.8~5.8g/t。PGE 在含矿层内的垂向分布变化极大，最高品位对应于铬铁岩层，尤其是上部的铬铁岩层。

（2）美国斯蒂尔沃特杂岩体

斯蒂尔沃特杂岩体位于美国蒙大拿州南部，为一镁铁质 - 超镁铁质杂岩体，其下部为超镁铁质（橄榄石 > 斜方辉石），上部为含橄榄石和斜方辉石的辉长岩，顶部受到切截。杂岩体的年龄为 2.7Ga，已部分发生变质。

斯蒂尔沃特杂岩体含有几个层控含硫化物层段，其 PGE 异常富集。其中一个层段为 J - M 含矿层。J - M 含矿层富 Pd，Pt/Pd 比值为 0.3，Pd + Pt 品位高达 22×10^{-6}，产在下部条带状辉长岩系底部以上约 400m 处，目前仍在开采。在该条带状岩系内部有一个称为含橄榄石 I 带（或橄长岩 - 斜长岩亚带）的层组（图4）。该亚带内的含橄榄石岩石为粗粒橄长岩和居次要地位的纯橄榄岩，夹有少量斜长岩、苏长岩和辉长苏长岩。含橄榄石岩石的厚度为 1m 至数米，矿物组成极不均一，被称为"混合岩石"。岩石的层理发育不良，不像布什维尔德杂岩体的层理那样规则，含橄榄石透镜体沿走向有尖灭现象。J - M 矿化带就产在其中一个含橄榄石单元内。由于下部含橄榄石岩层不连续，因此难以对整个侵入体内的这些岩层统一编号。在杂岩体西部的布尔德河地区的一个较为完整的剖面内，矿化产在第 5 橄榄石层内（从底部向上计数），但其他地区的下伏含橄榄石岩层数目较少。

第 5 橄榄石层内部最佳矿化的垂向部位有变化，不一定局限于单一岩石类型；矿化局部切割硅酸盐层理。所开采的含矿层内的典型矿化宽度为 1.6m，但此宽度内的矿化并不均一，常见无矿斑块。PGE 矿化一般与含量为 0.2%~5.0% 的浸染状硫化物矿化（磁黄铁矿、黄铜矿、镍黄铁矿等）伴生。浸染状矿化局部可延伸至下伏岩石，形成大范围高品位区，其厚度可达 30m，走向长度 15m。矿化沿侧向可在 10 余米至百余米的尺度上变化，因此需进行大量钻探才能把含矿层的矿化段与无矿段区开来。就第 5 橄榄石层内的整个含矿层而论，只有其中大约 38% 的部分达到目前的边界工业品位且实际上被开采。

硫化物还产在 Picket Pin Pt - Pd 带内。该带位于地层部位较 J - M 含矿层高 3000m 的中部条带岩系内，其 PGE 品位很不规则，但可达 3×10^{-6}。超镁铁质岩系的某些铬铁岩也具有较高的 PGE 含量但极不规则。

（3）津巴布韦大岩墙

大岩墙为一延伸极远的元古宙侵入体，几乎纵贯整个津巴布韦，断面为向上的喇叭口状。大岩墙沿走向可划分为若干个区段和亚区段，各亚区段内的矿化十分相似。虽然该侵入体呈岩墙状，但其下部具有向内缓倾斜的超镁铁质岩层，上部具辉长质岩石。大岩墙的 PGE 矿化产在超镁铁质层序顶部附近的第一旋回单元的岩层内（图5）。从轴部到边缘，第一旋回单元中的辉石岩厚度由 250m 减至 150m，其中部有一个 30~50m 厚的低品位带，顶部有一个 2~8m 厚的高品位带。

主硫化物带就产在第一旋回单元最上部的二辉岩底部。带内的贱金属和贵金属呈现明显的分离倾向，下半部的 PGE 含量从下往上增高且只有少量 Cu、Ni 富集，而上半部的 PGE 含量由下往上迅速降低，但 Cu、Ni 含量仍相对较高。总的来看，该矿化带内的所有金属都具有微细的分离现象，从底部到顶部，不同金属依次呈现最高含量的顺序为 Ir、Pd、Pt、Ni、Au、Cu。由于 PGE 最高含量与硫化物最高含量不相关，因而不太容易圈定开采范围。目前，3 个开采和勘查地段报道了相似的品位和金属分布，PGE 品位约为 5×10^{-6}，Pt/Pd 比值为 1.5。

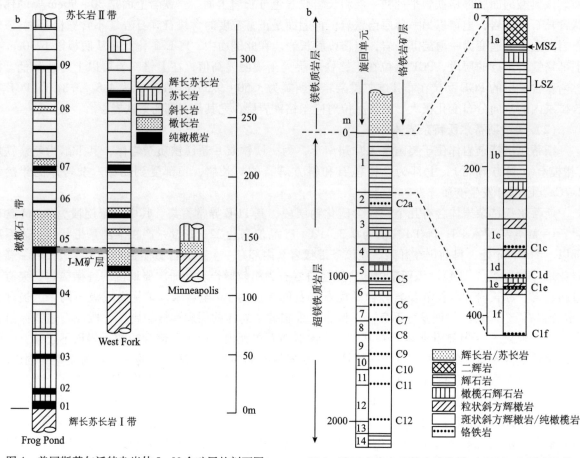

图 4　美国斯蒂尔沃特杂岩体 J－M 含矿层的剖面图
（引自 G. R. Cawthorn 等，2005）

图 5　津巴布韦大岩墙主硫化带（MSZ）和低硫化带
（LSZ）地层剖面图
（引自 G. R. Cawthorn，2005）

三、矿床成因和找矿标志

1. 矿床成因

人们对该类矿床的成因认识比较统一，认为铂族元素富集主要由岩浆结晶分异形成，且分异作用较为彻底。岩浆结晶早期阶段，硫处于不饱和状态，主要形成含 Os－Ir－Ru 的铂族矿物，且和铬铁矿共生。至中晚期阶段，硫逐渐饱和，导致硫化物熔体的形成。这些硫化物熔体和新上侵的岩浆充分混合，导致大量铂族金属在硫化物熔体中富集，形成富集 Pt、Pd、Rh、Ru、Ir、Os 的铂族金属矿床。至于南非为什么会有这么多的铂族元素矿床，目前学术界认为地幔柱理论可较好地解释，即稳定的地台受到地幔柱长期的侵入而形成了结晶分异非常完整的布什维尔德杂岩体，杂岩体的形成过程伴随着大规模的成矿作用。

总的来看，目前人们普遍认为横向广延的层控矿化层是岩浆成因的，但晚期岩浆和热液作用对某些矿床也起一定作用。其中重要的成矿作用包括：①成分不同的岩浆混合；②原始岩浆的地壳混染；③晶体分离（结晶分异）；④硫化物流体的不混溶性和硫化物和/或铬铁矿的重力沉降；⑤挥发物引起的堆积岩部分熔融；⑥中间堆积岩的压滤作用；⑦上升的富 Cl 热液。不同阶段的不同成矿作用可形成不同类型的矿床，图 6 示出了层状镁铁质－超镁铁质侵入体中与各类成矿作用有关的铂族矿床类型。从图中可见，早期硫饱和的原始岩浆在地壳混染和重力沉降的作用下，可沿底部接触带或补给通道的构造在凹入处形成贫 PGE 的块状硫化物矿床（A）；残留岩浆与斜长岩分异前的原始岩浆发生局部混熔，可能会形成贫 PGE 的硫化物岩层或铬铁矿层（B）；不饱和硫的富 PGE 原始残留岩浆与大规模的硫饱和的辉长岩岩浆混合，能形成与旋回单元无关的富 PGE 岩层（C）；残留岩浆与更多的斜长岩结晶后的原始岩浆发生湍流式混合，可形成富 PGE 的硫化物层或铬铁矿层（D）；挥发物引起的堆积岩部分熔融，使得硫饱和时也能使 PGE 富集（E）；构造控制的热液型 PGE 有色金属矿床能在侵入岩的内部或外部形成（F）。

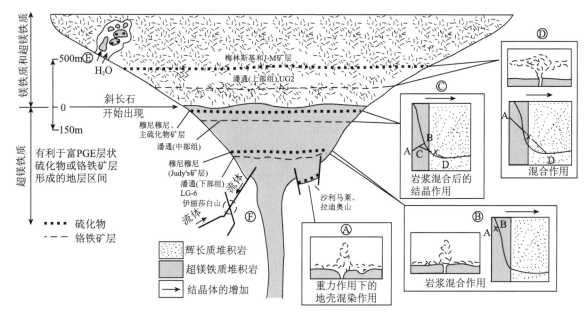

图 6　层状镁铁质－超镁铁质侵入体中与地壳混染、结晶分异、岩浆混合、
部分熔融和热液流体成矿作用有关的各类 PGE 矿床的成因模型
（引自 D. M. Hoatson，1998）

2. 找矿标志

（1）地质找矿标志

1）镁铁质－超镁铁质侵入体，规模大、分层特征明显。侵入体面积一般具上百平方千米，分层明显，存在清晰的超基性岩－辉长岩接触带界面等。大部分 PGE 矿体产在层状侵入体的中部，只有少数矿体出露于层状杂岩体的底部，如芬兰的 Narka 和加拿大的马斯考克斯（Muskox），但目前只有产在布什维尔德侵入体底部的普拉特里夫具有工业价值。该类矿床成矿时代多为太古宙，成矿过程中有分异程度更高的岩浆注入。由于该类矿床的控矿侵入体规模一般都比较大，因此在寻找该类矿床时应将其作为一个系统来研究。表 3 列出了成矿带、成矿区、矿田和矿床等不同尺度的勘查靶区在层状镁铁质－超镁铁质杂岩中产出的地质位置，可将其作为一个重要地质找矿标志。

表 3　层状镁铁质－超镁铁质杂岩中不同成矿级次的地质产出特征

不同成矿级次	地质产出特征
成矿带	构造－岩浆活化带中分异的镁铁质－超镁铁质岩体分布区
成矿区	分层的橄榄岩－辉长苏长岩侵入体或一组相互接近的侵入体
矿　田	辉长岩类岩系剖面的下部苏长岩－辉长苏长岩 超镁铁质岩系剖面的上部 岩体的边缘部分
矿　床	含硫化物（含铂）的斜长岩、辉长岩类、斜长超镁铁质岩和铬铁岩的互层岩段 含硫化物（含铂）的斜长辉岩带 含硫化物（含铂）的斑杂状辉长岩类和斜长超镁铁质岩带

资料来源：Е. С. Заскинд 等，2006

2）层控硫化物层和铬铁岩矿层：因为含 PGE 矿化常产于有稀疏浸染状硫化物的岩石和铬铁岩矿层之内及其之上。硫化物层呈斑状、伟晶状，颗粒粗，常含辉石岩；铬铁岩呈块状或浸染状，常含纯橄岩、橄长岩和正辉石岩等。如果这两类岩层具有很大的侧向连续性，就可以较容易地探测到。但应注意的是，层控硫化物层通常很薄，地球物理特征不明显（浸染状硫化物含量为 1% ~ 2%，体积），很难探测到，不过通过详细的地层层序分析可以确定。

3）岩浆侵入过程中有硫不饱和的现象出现。如果整个侵入体都是硫饱和的，则应调查最厚的堆积岩系底部接触带内凹处的 Ni – Cu – Co – PGE 硫化物矿床；如果侵入体有一部分是硫不饱和的，则应确定层控的和其他形式的 PGE – Cu – Ni 矿的硫饱和层位。一般来说，基性岩的母岩浆（含 S 大于约 1000×10^{-6}）是硫饱和的，岩浆在侵入体结晶中期也可出现硫不饱和现象。

（2）岩石学找矿标志

1）高 Mg（含 MgO > 10%）、高 Cl 的岩浆有利于形成大矿。

2）矿化与浸染状岩浆 Fe – Ni – Cu 硫化物共生，共生层位在侵入体底部之上，常常是在斜长石首次成为堆积矿物的层位之下 150 ~ 500m 处。层控矿层薄（< 3m），但厚度和品位横向上很稳定。岩石共生是岩浆混合形成的，常包括各种混染岩石和偶然崩滑岩块。

3）旋回性岩石单元：矿化层产在旋回性岩石单元底部，如梅林斯基和 J – M 层，或与旋回性岩石单元有空间关系。

4）矿床底板层多呈不整合，是岩浆侵蚀作用的结果。底板层序中含有作为主要镁铁质矿物的斜方辉石，底板内产有富氯矿物（磷灰石和其他含水矿物）。

5）地层剖面中的 S、Cs、Zr、Rb、Sr、Se、Cu 含量和 (Pt + Pd)/Cu、(Pt + Pd)/S、(Pt + Pd)/Zr、(Pt + Pd)/Ir、Pt/Pd、Cu/Zr、Mg/(Mg + Fe) 比值若存在明显不连续性，说明有新岩浆的注入。该标志可指示硫饱和层位和岩浆混合形成的层控矿层的存在。

（3）地球物理找矿标志

1）层控矿化层呈浸染状，硫化物含量低（< 3%，体积），厚度小，用物探法确定侵入体比确定矿化层的宏观特征更有效。电法（例如电磁法和激发极化法）很少用来圈定富含 PGE 的层控矿层（多用于圈定底部 Ni – Cu – Co – PGE 硫化物矿床）。

2）岩体常具有异常的（正异常）重力场和磁场。航空磁法和重力法可用来圈定出露不好的侵入体的区域范围、几何形态和主要构造。

3）航空磁法可帮助确定辉长岩带年轻化（时代变新）的总体方向（存在原生磁铁矿）和超基性岩带蛇纹石化强度（由橄榄石形成的次生磁铁矿）。

4）综合伽马射线光谱法可确定基性–超基性岩的区域分布，因为这些岩石的 K、Th 和 U 含量低。

5）陆地卫星影像与地质填图对判别超基性、基性和酸性岩石类型、线性构造体和主要构造十分有用。

（4）地球化学找矿标志

1）矿区范围内常出现 Ni、Cu、Co 地球化学背景值增高；矿田的岩石中 Cu、Ni、Co、Au、Ag 和铂族金属局部背景值增高。对侵入体的取样间距应为 10 ~ 20m，Cu/Pd 值增高，可作为下面有矿化层位的标志。

2）Pt、Pd、Cu、Ni、Cr、Co、Au、Mg、As、Hg 为较好的探途元素，可进行岩石、土壤和水系沉积物测量。

3）常见的重砂矿物有砷铂矿、铜镍硫化物、磁铁矿、钛磁铁矿和铬铁矿等。

4）土壤中有铬铁矿块，水系沉积物中铬铁矿粒丰富，指示有层控铬铁岩层存在。

（唐金荣　周　平）

模型四十五　不整合型铀矿床找矿模型

一、概　　述

不整合型铀矿床顾名思义是指与不整合面密切相关的铀矿，常指由晶质铀矿和沥青铀矿的块状扁豆体、脉和（或）浸染体构成的，在空间上与元古宙硅质碎屑盆地和变质基底之间的不整合面伴生的一类矿床。根据矿石矿物和金属组合，该类矿床可细分为单金属型和多金属型两种亚类。前者只产出呈晶质铀矿的 U，后者则包含不同数量的 Ni、Co、As 和痕量 Au、Pt、Cu 以及其他元素。有些矿床包含这两种亚类和过渡类型，其单金属矿化多赋存在基底内，多金属亚类一般赋存于不整合面上的底部硅质碎屑地层和基底古风化壳内。从蚀变矿物和地球化学特征来看，上述两种亚类又分别对应于"内敛型"（ingress-type）和"外溢型"（egress-type）两种蚀变类型。

据统计，不整合型铀矿床是当今最重要的铀矿床类型之一，其资源量约占全球铀总资源量的33%，主要产在澳大利亚和加拿大。表 1 列出了加拿大西北部和澳大利亚主要的中元古代铀成矿区的铀矿资源量，图 1、图 2 分别示出了加拿大地盾古元古代—中元古代含铀盆地的分布和澳大利亚大型的不整合型铀矿床分布。其中，加拿大阿萨巴斯卡盆地的不整合型铀矿拥有世界上最大的高品位铀资源。该盆地内已发现有 30 多个重要矿床，其中 96% 集中在盆地东部边缘占总面积不足 20% 的地带，其余大片地区的铀矿潜力似有待进一步评价。该盆地中规模较大的有麦克阿瑟河矿床、雪茄湖矿床、伊格尔波因特矿床、基湖矿区的代尔曼矿床等（表 2）。加拿大塞隆盆地的面积与阿萨巴斯卡盆地相近，地质特征也非常相似。其已知铀资源量约为阿萨巴斯卡盆地铀资源量的 9%，较重要的矿床有安德鲁湖矿床、恩德格里德矿床、基加维克主矿床等。在澳大利亚至少有 14 个重要的铀矿化实例，集中产于 5 个地区或省，其中康博尔吉盆地（又称卡奔塔利亚盆地）的铀（金属）资源量最大，约为阿萨巴斯卡盆地铀资源的 50%。澳大利亚规模最大的贾比卢卡 II 矿床（表 2）产于该盆地的阿利盖特河区铀矿田中，该矿田面积约为 7500km²，其地质特征与阿萨巴斯卡盆地东部相似。

尽管其他铀矿床类型也有很大资源量，但其品位远远比不上不整合型铀矿。例如，角砾岩容矿的奥林匹克坝矿床拥有世界上最大的铀资源量，但其品位较低，且以产铜为主，铀只是作为一种伴生矿种。

表 1　加拿大西北部和澳大利亚主要的中元古代盆地铀资源量概览

国家	成矿区	矿石/10³t[①]	铀金属平均品位/%[②]	铀金属资源量/t
加拿大	阿萨巴斯卡盆地	28810	1.922	553778
	比弗洛奈矿区[③]	15717	0.165	25939
	塞隆盆地	11989	0.405	48510
	霍恩比湾盆地	900	0.3	2700
澳大利亚	康博尔吉盆地	87815	0.323	283304
	彼得森地体	12200	0.25	30.5

资料来源：C. W. Jefferson 等，2007

注：①包括过去的产量；②根据矿石量/（10³t）和 U 资源（t）计算得出；③位于阿萨巴斯卡盆地北缘，数据来自两个典型脉型矿床和一个浅成正长岩型矿床的过去产量。

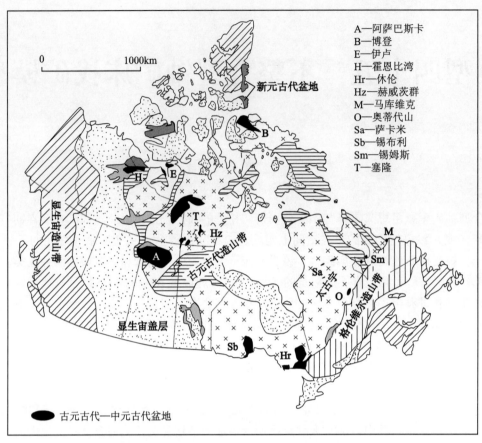

图1　加拿大地盾内产有不整合型铀矿床的古元古代—中元古代盆地分布图

（引自 C. W. Jefferson 等，2007）

图2　澳大利亚大型的不整合型铀矿分布示意图

（引自 T. P. Mernagh 等，1998，修改）

表2　世界部分大型的不整合型铀矿的资源量

矿床名称	矿石量/10⁴t	U 平均品位/%	U 资源量/t*	盆地（面积）
麦克阿瑟河矿床（McArthur River）	101.7	22.28	192085	加拿大阿萨巴斯卡盆地（面积大于 85000km²）
雪茄湖矿床（Cigar Lake）	87.5	15.02	131386	
伊格尔波因特矿床（Eagle Point）	331.7	0.539	51150	
代尔曼矿床（Deilmann）	224.2	2.11	47300	
安德鲁湖矿床（Andrew Lake）	357.5	0.539	19269	加拿大塞隆盆地
恩德格里德矿床（End Grid）	372.2	0.308	11463	
基加维克主矿床（Kiggavik Main）	242.5	0.492	11931	
贾比卢卡Ⅱ（Jabiluka 2）	3110	0.449	138224	澳大利亚康博尔吉盆地
兰杰Ⅲ（Ranger 3）	3093	0.22	68053	

* 包括已开采量和剩余量　　　　　　　　　　　　　　　　　　　　　　　（据 C. W. Jefferson 等，2007，整理）

二、地　质　特　征

1. 大地构造背景

不整合型铀矿通常产于大型克拉通内部，发育于准平原化构造变质杂岩之上的冲积层底部，冲积层的厚度不大，一般不足5km。一般认为，准平原的发育、遭受强烈古风化作用的基底以及大陆沉积物的存在，说明成矿前和成矿期间该地区处于一个相对稳定的克拉通环境。

加拿大和澳大利亚不整合型铀矿所在地区的大地构造单元分属加拿大地盾和澳北地台。它们都由太古宙杂岩体与古老变质岩和古元古界的变质沉积岩夹少量火山岩组成基底，以中（新）元古界陆相沉积碎屑岩为盖层（梁良，1989）。

2. 成矿区地质特征

（1）不整合面

不整合型铀矿床的最大特点就是严格受特定的区域不整合面控制。澳大利亚和加拿大的该类矿床都具有这一明显特点，矿化多产于中、古元古界的不整合面附近。可以说，区域不整合面是铀活化、迁移、聚集成矿特别有利的场所。该类矿床有利的成矿环境，就是相对平卧的古元古代到中元古代陆内未变质硅质碎屑冲积红层与下伏古元古代变质表壳岩之间的不整合面。成矿特别有利的部位是这些不整合面与富铀石墨质变泥岩和其他富铀岩石的下伏准平原化褶皱和逆冲断层带的交汇部位，这些褶皱和逆冲断层带一般为区域性基底韧性断层和裂隙带，易于发生脆性复活，对盆地的发育和以后的矿化过程起重要作用。

（2）古风化壳

加拿大和澳大利亚有成矿远景的元古宙盆地一般都下伏有大范围的古风化层。古风化层自上覆地层沉积以后发生蚀变。覆盖着古风化壳且赋存铀矿床的硅质碎屑地层，通常是一套彻底氧化了的陆地红层层序，是漫长而复杂的成岩作用的结果，是非常有用的勘查标志之一。

加拿大阿萨巴斯卡群底部的基底古风化壳的厚度在几厘米到70m之间，沿断裂带发育的囊状和窄条状风化物的厚度要大得多。风化层不同程度地受到了成岩铁还原作用的影响，在顶部形成褪色带，这是基底古风化壳上部"红带"中的赤铁矿被带出的结果。这些退色带总是存在于不整合面的正下方，由浅黄色黏土和石英组成。退色带下面的风化层剖面显示出强烈的赤铁矿化蚀变，向下渐变为浅绿色的绿泥石化蚀变。在发育于基底变质长石砂岩上的剖面内，红带和绿带被一种白化带分隔开，此白化带由交代长石的白色黏土以及镁铁质矿物组成。在这种风化层剖面内，常见高岭石向下递变为伊利石和绿泥石的现象。

（3）基底的影响

基底岩石成分和构造特征对矿床在成矿区内的分布有一定控制作用，有些矿床直接产于基底容矿岩石中，有些则产于上覆地层与基底的不整合面附近。如，阿萨巴斯卡盆地的绝大多数已知矿床和矿点，包括世界级的麦克阿瑟河矿床和雪茄湖矿床，都产在中元古界阿萨巴斯卡砂岩与下伏古元古界变质岩之间的不整合面附近。

基底岩石通过热液蚀变释放出铀，为成矿作用提供物质来源。由于新鲜基底岩石的透水性很差，与流体发生化学反应的表面积有限，因此，只有在后继构造条件有利的情况下才能发挥其作为铀直接来源的作用。相比之下，盆地中的硅质碎屑地层与流体发生反应而释放铀的条件要有利得多。不过，有研究表明，硅质碎屑地层释放的铀主要来自碎屑重矿物（锆石、独居石、晶质铀矿等等），而这些重矿物是由下伏基底提供的。

（4）成矿时代

总体来看，该类矿床的成矿时代与成岩时代存在较大的时差，成矿作用具有多期次多阶段性，时间跨度大，主要集中在 1800 ~ 1200Ma。如，中元古代阿萨巴斯卡盆地沉积作用的开始时间为 1740 ~ 1730Ma，矿化作用在沉积作用尚未结束时就已经开始，成矿过程漫长，时间跨度长达 1 亿 ~ 2 亿年。

3. 矿床地质特征

鉴于加拿大是不整合型铀矿床储量和产量最大的国家，且地质特征最典型和最具代表性，所以下面将以加拿大阿萨巴斯卡和塞隆盆地为例来介绍该类矿床的地质特征。

（1）控矿地质要素

该类矿床的控矿地质要素主要包括局部性断层、底部不整合面的不规则起伏和含石墨的基底岩石单元。图 3 显示的是与加拿大阿萨巴斯卡群底部不整合面有关的矿体综合剖面，从图中可以看出矿化与断层、不整合面及石墨层的关系。

局部性断层与铀矿聚集部位之间的关系密切。大多数矿体均赋存在顺层或切层的断层角砾岩和破碎带中，只有少数情况下可见断层穿过不整合面。这一特征自 20 世纪 70 年代起就被应用于勘查实践。

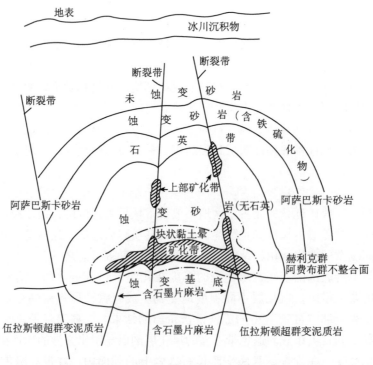

图 3　与加拿大阿萨巴斯卡群底部不整合面有关的矿体综合剖面示意图

（引自戴自希等，1988）

底部不整合面的不规则起伏是查证断裂系统复活的重要标志。沉积学证据表明，基底不规则起伏可能是古河谷发育形成的，也可能是由基底脊状隆起造成的，这涉及沉积作用发生之前的古地形要素。生长断层、基底洼地和基底隆起的发育涉及沉积作用之前、期间和之后的长期过程。有些基底起伏与产有铀矿床的特定断层有关，而且是分带蚀变晕的集中发育部位，可采用矿物学、高分辨率地震、大地电磁和重力等方法来填图。有些基底隆起是在区域挤压作用背景下的沉积作用期间和之后发育的，与容纳空间的发育和被硅质碎屑冲积物充填是在同一时期完成的。

伴有断层的含石墨基底岩石单元，是阿萨巴斯卡和塞隆盆地内矿床地质结构不可或缺的组成部分。含石墨变质泥质岩属软弱带，有利于断层沿其扩展。另外，含石墨岩石单元为良导体，是电磁法勘查的绝好目标。这些单元还被视为不整合型铀矿地球化学过程模型中的一种关键组成部分，不过，关于其是否能为阿萨巴斯卡盆地中的世界级铀矿富集提供足够的有机还原剂，目前还存在很大争论。含石墨单元促成铀矿沉淀的另一种可能的机制是电化学过程，在这种过程中，石墨在自然电场中起到阳极的作用。

（2）矿体形态和产状

该类型矿床的矿体形态可概括为近水平的雪茄状到拉长的歪斜"T"形，但不同矿床的矿体形态和产状的细节变化很大，主要与赋矿地层和构造有关，通常介于以下两种端员类型之间：①块状矿体沿基底与硅质碎屑岩之间的不整合面发育或刚好位于不整合面上方，被黏土岩包裹（例如雪茄湖矿床，图4A）；②矿体主要产在基底内，受断裂控制（例如麦克阿瑟河矿床、伊格尔波因特矿床，图4C）。有些矿床同时拥有产在基底内的矿体和不整合面上的矿体（如代尔曼矿床，图4B）。

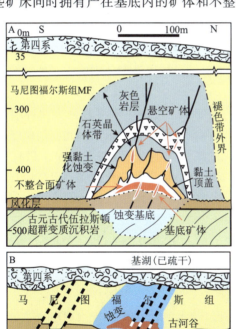
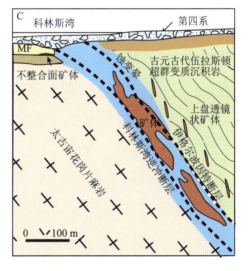

图4　不整合型铀矿床3种主要亚类示例

（引自 C. W. Jefferson 等，2007）

A—雪茄湖矿床，主要为不整合面矿体，伴有次要的基底容矿透镜体和产在上覆马尼图福尔斯组中心"悬空"的矿体；B—基湖矿区的代尔曼矿床，包括基底容矿和不整合容矿的矿体；C—伊格尔波因特矿床，完全赋存在基底内（该矿床本体已采空，但其外延部分正在开采）

在第一种端员类型中，被黏土岩包裹的矿体沿基底与砂岩盖层之间的不整合面发育，呈长条状、管状和雪茄状。矿体核部品位高（U_3O_8 1% ～15%），外围品位低（$U_3O_8 < 1\%$）。大多数矿体向下延伸到基底的根部，有时晶质铀矿可沿断裂上涌至硅质碎屑岩地层。在主要矿体上方产有一些"悬空"的晶质铀矿小矿体，一般认为是原生矿体再活化产物。其品位很少能达到矿石级，但却是深部可能含矿的良好标志。雪茄湖矿床是这类矿体形态的代表，由3个向上拱起的透镜体组成，单个透镜体横向范围50～100m，最大厚度约20m。3个透镜体位于同一不整合面上，总走向长约2km。

另一种端员类型是受断裂控制的基底矿体，一般产在陡至中等倾斜的剪切带、裂隙带和角砾岩带内，可下延到不整合面以下400m深度。浸染状和块状晶质铀矿/沥清铀矿充填在裂隙和角砾岩基质内，U_3O_8品位一般为1%~3%（U为0.8%~2.5%）。在世界级的麦克阿瑟河矿床中，单个超高品位的扁豆体垂向延伸达100m或更大，横断面宽达50m，U_3O_8开采品位为20%~25%（U为16%~20%）。在同处阿萨巴斯卡盆地的休C（Sue C）矿坑，厚1~2m、垂向延伸3~5m的高品位透镜体排列成走向长数百米、下延深度数十米的矿带。这些扁豆体或透镜体矿体产在受到剪切和角砾岩化的石墨片岩内。矿床的U开采品位一般为0.5%~2%。

（3）矿石矿物和金属组合

不整合型铀矿床的主要矿石矿物有晶质铀矿、沥青铀矿等，在矿石中呈块状、浸染状、细脉状产出。根据金属伴生关系可将该类型铀矿细分为两类：单金属型（又称简单型）和多金属型（又称复杂型）。

多金属型矿床对应不整合面容矿类型，一般赋存在距基底与砂岩之间不整合面25~50m以内的砂岩和砾岩内。如，雪茄湖铀矿产在由热液蚀变的古风化层和砂砾岩组成的不整合面中。多金属型矿石特征是硫化物和砷化物异常富集，Ni、Co、Cu、Pb、Zn和Mo含量颇高。有些矿床还有含量较高的Au、Ag、Se和铂族元素。

反之，单金属型矿床则对应于基底容矿类型，一般产在不整合面以下深度大于50m的基底岩石内，也有一些次要的"悬空"矿体上涌到不整合面以上的硅化砂岩之中。之所以称之为单金属或"简单"类型，是因为其除了含U外，其他金属含量较低。

上述两种类型属端员类型，其间存在完整的过渡系列，即使在单一矿床和矿床群内部也是如此。

（4）蚀变矿物和地球化学特征

从蚀变矿物和地球化学角度看，多金属和单金属两种端员矿床类型分别对应于外溢型和内敛型两种蚀变类型。

根据外溢型矿床上面的硅质碎屑岩地层内发育的蚀变晕，可进一步将其分为两种端员（图5）：①溶蚀石英+伊利石；②硅化+高岭石+镁电气石。在阿萨巴斯卡盆地东部，北面的矿床以溶蚀石英为特征，体积损失局部可达90%，而麦克阿瑟河地区的矿化则主要显示硅化端员，只有非常局部的溶蚀石英，体积损失不明显。在基湖矿区的代尔曼矿床，矿体周围的硅化微弱，但高岭石和镁电气石叠加在区域伊利石带上。

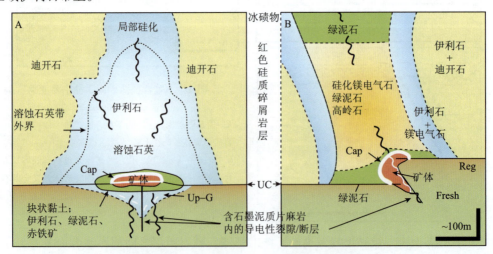

图5　加拿大阿萨巴斯卡盆地东部外溢型矿床的两种端员砂岩蚀变模式

（引自C. W. Jefferson等，2007）

左图为溶蚀石英外溢型；右图为硅化外溢型。UC—不整合面；Reg—从红色含赤铁矿残余土向下递变为绿色绿泥石化蚀变最终到未蚀变基底片麻岩的风化层剖面；Up-G—底板蚀变带内保存石墨的上界；Cap—作为矿体顶盖的次生黑红色土状赤铁矿。Fresh 未蚀变基底岩石：Fe-Mg绿泥石、黑云母共生组合

与矿床有关的伊利石化蚀变，表现为砂岩中的伊利石比例异常高和由此而产生的 K_2O/Al_2O_3 比值异常。铝绿泥石在两种蚀变类型中均可见到。在某些较大的脱硅化蚀变系统（例如雪茄湖）内发育有局部硅化前锋（图5A）。与矿床有关的硅化蚀变，在基底石英岩脊的上方和近旁最为强烈（图5B）。

伊利石 – 高岭石 – 绿泥石蚀变晕（图5）在砂岩底部宽达400m，走向长数千米，在矿床上面的垂向范围达数百米。这种蚀变通常包围着主要控矿构造，构成羽状或扁长钟状的晕，从砂岩底部向上逐渐狭缩。以伊利石为主的蚀变晕的 K_2O/Al_2O_3 比值大于0.18，MgO/Al_2O_3 比值小于0.15。相比之下，阿萨巴斯卡群 K_2O/Al_2O_3 的区域背景值为 0.1~0.16。

上述黏土化蚀变晕内存在U值异常，在有些情况下可上延到砂岩顶部，即便剖面厚度超过500m也是这样。矿床上方的痕量元素 U、Ni、As、Co 高于背景值，但分散范围仅数十米，从而限制了其作为探途元素的应用。

与外溢型矿床不同，内敛型矿床上方只显示有限的蚀变，从勘查标志的角度看基本上为"盲"矿，只能用物探方法探测。许多内敛型矿床是完全赋存在基底内的单金属矿床，沿基底构造旁侧发育有非常狭窄的反向蚀变晕。从内侧的伊利石 ± 铝电气石，向外经铝电气石 ± 伊利石，到外侧的 Fe – Mg 绿泥石 + 黑云母 + 铝电气石再向外则是未蚀变的基底岩石（图6）。有些矿床同时具有内敛型和外溢型两种特征（例如麦克阿瑟河矿床），这意味着复杂的热液系统中包含着彼此非常相近的两种过程。

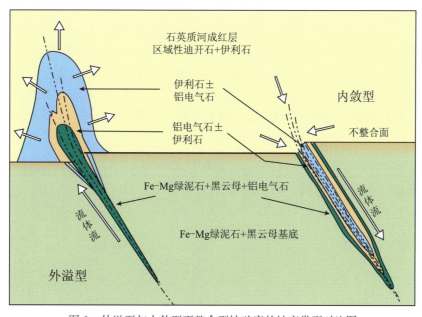

图6 外溢型与内敛型不整合型铀矿床的蚀变类型对比图

（引自 C. W. Jefferson 等，2007）

三、矿床成因和找矿标志

1. 矿床成因

关于不整合型铀矿的形成，研究者提出过多种成因模式，包括卤水模式、成岩模式、表生模式、深成模式和成岩 – 热液成矿模式等。

1）卤水模式：中性盖层中的高度氧化的卤水流体流进断层和膨胀构造中，与长石质或钙质岩石互相作用，使pH值适度增高和形成还原环境，导致Au和PGE沉淀，但很少有U沉淀。流体与不整合面以下面的还原性卤水混合或与钙质和其他基底还原性岩石直接作用时，产生 U + Au + PGE 沉淀。

这个模式可以解释为什么 Au + PGE 矿石分布比较广泛,而 U + Au + PGE 矿石只局限于不整合面上或以下。

2)成岩模式:从沉积盖层中渗出的氧化性含矿流体在高温下促进了成岩作用。有些流体进入基底,在断层和裂隙中与侧向运动的氧化流体混合,并在沿断层和裂隙上升前还原。铀和其他金属在氧化和还原流体的界面上(即在氧化还原前锋)沉积。高品位的铀矿或多金属直接产在不整合面上。中等品位的铀矿产在不整合面之下,低品位铀矿产在不整合面之上一定距离的沉积岩系内部。但是,这个模式无法解释澳大利亚加冕山矿床的 Au + PGE(无 U)为什么产在不整合面之上。

3)表生模式:铀和其他金属被地表水从古生代—元古宙岩层中浸出,在还原环境下沉淀。沉淀的时间估计是在上覆沉积物沉积之前,即在不整合面上形成表土时期,但最近的年龄测定表明多数不整合型铀矿的时代晚于上覆沉积物的时代。

4)深成模式:矿床是由附近花岗岩产生的热驱动深成含矿流体产生对流形成的。含矿流体是在上覆沉积物形成前,由基底发生变质作用产生的。这个模式不能令人满意地解释矿化与基底和上覆沉积物之间在空间上的不整合关系。

5)成岩-热液成矿模式:该模式目前为多数人普遍接受。在该模式中,搬运 U 的氧化性盆地流体在地温梯度的加热下最终在不整合面部位达到200℃(约 5~6km 深处),并且与基底内的石墨发生反应而产生甲烷(CH_4),还原性与氧化性流体的混合促进了 U 的沉淀。沉淀作用主要集中在构造和物理化学圈闭内,这些圈闭在发生混合的部位长期起作用,持续时间可能长达数亿年之久。流体混合带以蚀变晕的发育为特征,其中含有伊利石、高岭石、镁电气石、绿泥石(铝绿泥石)、自形石英,局部含有 Ni - Co - As - Cu 硫化物。加拿大阿萨巴斯卡盆地和澳大利亚的派恩克里克(Pine Creek)矿区的铀矿床均可用晚期成岩-热液作用模式来解释(图7)。前者是还原性基底流体向上环流进入上覆地层时,与上部的氧化流体发生混合而形成的外溢型矿床(图7a),后者是盆地地层流体向下流入基底,与下部的还原性流体混合形成的内敛型矿床(图7b),故两者在容矿的基底岩石内的蚀变分带正好相反。由于各地地质情况和具体成矿条件略有不同,因此在这两种端员类型之间存在着很多过渡类型。

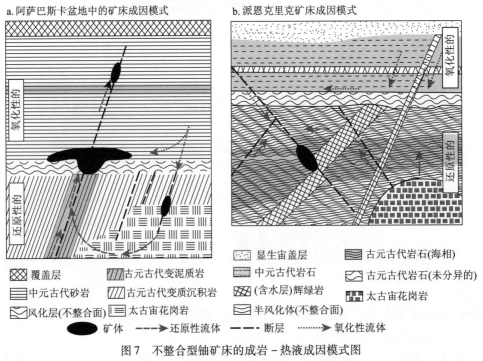

a. 阿萨巴斯卡盆地中的矿床成因模式   b. 派恩克里克矿床成因模式

图例	
覆盖层	古元古代变泥质岩
中元古代砂岩	古元古代变质沉积岩
风化层(不整合面)	太古宙花岗岩
显生宙盖层	古元古代岩石(海相)
中元古代岩石	古元古代岩石(未分异的)
(含水层)辉绿岩	太古宙花岗岩
半风化体(不整合面)	

● 矿体   ----▶ 还原性流体   ——— 断层   ·······▶ 氧化性流体

图7 不整合型铀矿床的成岩-热液成因模式图

(引自 J. Hunt 等,2005)

2. 找矿标志

（1）地质找矿标志

1）不规则起伏的不整合面。典型的不整合型铀矿床通常产于不整合面上部及其附近。

2）古元古代至中元古代的红层盆地。含矿红层盆地一般为平卧的浅坳陷（<2km），主要产在稳定克拉通内，少数产在大陆边缘。盆地红层的原始厚度可能很大，主要充填有冲积砾岩、砂岩和泥岩等以石英为主的赋矿硅质碎屑岩层序。该标志常与不整合面起伏配套使用。用航磁测量可进行从盆地边缘到中心的基底地质填图，解析盆地的控制构造及基底变化等。

3）强烈变形和变质的盆地基底杂岩。在阿萨巴斯卡盆地，受逆冲断层和盆地层序底部滑脱等构造作用，基底杂岩与元古宙地台沉积岩组合呈构造薄层交替产出。

4）基底杂岩内的石墨地层、断层构造和脆性构造。铀矿化直接与石墨变质沉积基岩伴生，集中产在基底与砂岩接触面和高角度斜向逆断层的交切部位。逆断层属复活的基底老构造，向上延伸到砂岩层内形成复杂的分支断层。对钻孔岩心中的分支断层进行详细构造分析，可以指示关键的基底断层带的所在部位，有助于查明矿化的局部构造框架。

5）蚀变标志：大规模的流体流动产生区域性黏土蚀变以及局部氧化还原边界在红层砂岩层序中普遍发育，蚀变从矿体开始向外延伸1km多，以绢云母－绿泥石±高岭土±赤铁矿为主，可用于盆地规模的成矿潜力评价。

在局部勘查中，钾质黏土蚀变矿物（伊利石）、含硼蚀变矿物（镁电气石）、石英胶结物和溶蚀石英的发育，是一个主要的找矿标志。这种大型蚀变晕可留于原位，也可在后期冰碛物加入的情况下发生轻微位移，但这些蚀变异常，仍可通过冰碛物和岩石测量以及便携式短波红外光谱仪（SWIR）加以探测。

（2）地球物理找矿标志

1）不整合面附近的近地表铀矿床具有地面放射性异常：高 Th、低 U 和 K 的地区，表示深部有矿。用 U、U^2/Th 比值和 U^2/K 比值可有效查明蚀变和矿化。

2）矿床通常沿含石墨的剪切带分布。因石墨具有低阻高导特征，可用航空和地面电磁法查明与含石墨剪切带相关的基底的准确位置、深度和特征。这些方法一直是寻找不整合型铀矿的最有效手段。

3）电阻率异常：强烈蚀变、富含黏土、受溶蚀的石英砂屑岩具有相对低阻，而富含石英的硅化带则以高电阻率为特征，利用经过改进的声频磁大地电流法，可探测深部导电体和低阻蚀变带。近几年，在阿萨巴斯卡盆地麦克阿瑟河地区证明了这种方法的有效性。此外，在澳大利亚采用一种称为Tempest 的高分辨率航空电磁法来探测浅部的隐伏低阻蚀变带，可对被断层错断的不整合面进行粗略填图。

4）矿体上方有低重力异常。这是矿体为大范围的低密度热液蚀变晕圈包围的结果。重力剖面（或航空重力）可以探测负重力异常（脱硅化带）或正异常（硅化带）的蚀变带。但由于矿体规模较小，目前还难以直接探测到矿体。此外，重力法还可提供区域乃至矿区规模地质框架的有用资料。

S. R. McMullan 等（1990）在系统总结阿萨巴斯卡盆地中铀矿地质及物探技术的应用后，提出了加拿大阿萨巴斯卡盆地典型不整合型铀矿床的岩石地球物理找矿模型（图8），认为地球物理响应与不整合型铀矿化之间的关系，体现在基底的含石墨变质沉积岩和上覆砂岩中的断层或蚀变带上。它们在地球物理测量中表现为低磁高密度基岩中具有良好电磁导体，同时被低电阻率蚀变带所包围。同时，还总结了用于圈定不整合型铀矿化的最佳勘探方法组合（图9）。

（3）地球化学找矿标志

1）岩屑中 Au、Pt 和 Pd 含量高，As、Cu、La、Ce、Nd、Sr、Zr、Cr、Ni、Ba、Mn 和 P_2O_5 含量偏高与矿有关。Cu、Au 和 As 出现的层位较高，含磷酸盐的角砾岩出现的层位更高。

2）沉积岩组合具有较高 U 含量，大大高于克拉克值。在矿床上方有 Th 异常的出现。矿体邻近的蚀变带中 U 和 Mg 富集，SiO_2、Na_2O、CaO 和 Th 贫化。

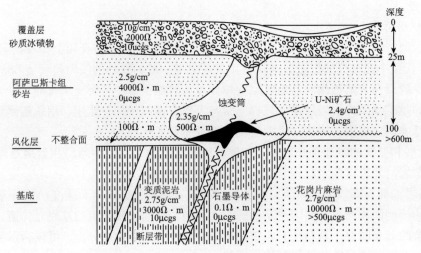

图 8　加拿大阿萨巴斯卡盆地典型不整合型铀矿床的岩石地球物理找矿模型

(引自 S. R. McMullan 等, 1990)

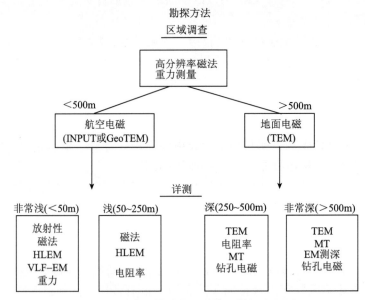

图 9　不整合型铀矿的地球物理勘探流程图

(引自 S. R. McMullan 等, 1990, 略有修改)

　　3) 水系沉积物具有 U 和 Au 异常, 其他痕量元素受流域盆地内的主要岩石影响。一般来说, 流经蚀变基性岩周围的河流沉积物中的 Ni 和 Cr 含量偏高, 而流经含铁页岩的河流沉积物中的 Mn 含量偏高。

　　4) 土壤中存在 U 异常, 可用 U/Th 高比值来区分矿致异常和非矿致异常。

　　5) 氡气异常。早期地球化学勘查方法是测量和圈定氡气异常, 将其作为从踏勘到详查工作中揭示与下伏铀矿床有关的放射性衰变的手段。

　　6) U 的生物地球化学异常。在阿萨巴斯卡盆地的一些矿区, 用云杉枝条的分析揭示出 U 生物地球化学异常, 这种异常被解释为树木从异常的地下水中摄取了有关物质的结果。地下水本身也是一种很有用的找矿介质, 对于透水性好的阿萨巴斯卡群来说, 其长期的流体流动历史以及目前仍在活动的地下水系统, 再加上断裂基底中的潜在含水层, 特别有利于地下水作为找矿介质的应用。

　　7) 含较高浓度的 Mg、Ca 和 Na 的浓缩盐卤水的流体包裹体可作为接近铀矿体的一个重要标志。

(唐金荣)

模型四十六　砂岩型铀矿床找矿模型

一、概　　述

砂岩型铀矿系指产于砂岩、砂砾岩等碎屑岩中的外生后成铀矿床，以分布广、矿石品位较低、中小规模为主且易开采冶炼等特点著称（地球科学大辞典编委会，2005）。关于砂岩型铀矿的分类，因划分依据不同而存在较大差异。如，国际原子能机构采用描述性分类，把砂岩型铀矿划分为卷状、板状、底河道和前寒武系砂岩4种亚类；美国学者根据矿床成因与成矿作用等，将砂岩型铀矿划分为晚期成岩－表生后生渗入叠加成因型砂岩型铀矿、表生后生型铀－钒－铜板状砂岩型铀矿、细菌型卷状砂岩型铀矿和非细菌型砂岩型铀矿4个亚类；前苏联学者则按成因将其分为：层间氧化带型、古河道型（潜水氧化带型）和潜水－层间氧化带型3个亚类；我国学者则多按含矿主岩沉积建造分类，一般分为红色碎屑岩建造、暗色碎屑岩建造和火山岩－沉积碎屑岩等3种建造类型，同时采用前苏联的成因分类，对每个建造类型进一步区分为层间氧化带型和潜水氧化带型，后又引入古河道型。但从成矿规模、更适合地浸开采、矿床经济价值等方面考虑，目前研究和发现的矿床中更多为层间氧化带型、古河道型（潜水氧化带型）和潜水－层间氧化带型（李思田等，2004）。

总的来看，砂岩型铀矿在世界铀资源总量中占有重要地位，其资源量约占世界铀总储量的18%，仅次于不整合型铀矿和角砾杂岩型铀矿，列居第三位（C. W. Jefferson等，2007）。据国际原子能机构统计（1996）的全球49个国家的650个铀矿中，有250个是砂岩型铀矿，占世界铀矿床总数的42.9%。表1列出了世界大型砂岩型铀矿床的规模和品位等信息。

表1　世界大型砂岩型铀矿一览表 *

矿床名称（矿体形态）	国　家	地质时代	U规模/t	U品位/%	构造背景
哈默尔（Hamr，板状）	捷　克	白垩纪	20000～50000	0.03～0.1	上升的构造断块
奥希克纳－科特尔（Osecna－Kotel，板状）	捷　克	白垩纪	20000～50000	0.03～0.1	上升的构造断块
库特拉（Coutras，板状）	法　国	第三纪	20000～50000	0.1～0.3	阿基坦盆地
柯尼斯特茵（Koenigstein，板状）	德　国	白垩纪	20000～50000	0.03～0.1	海西构造带内萨克森图林根带
梅克塞克（Mecsek，卷状）	匈牙利	晚二叠世	20000～50000	0.1～0.3	断块构造
坎茹甘（Kanzhugan，卷状）	哈萨克斯坦	古新世	20000～50000	0.03～0.1	楚－萨富苏盆地
北卡拉木伦（Northern Karamurun，卷状）	哈萨克斯坦	白垩纪	20000～50000	0.03～0.1	锡尔河盆地
苏鲁克亥金斯科耶（Suluchekinskoye，卷状）	哈萨克斯坦	古新世	20000～50000	0.03～0.1	伊犁盆地
乌凡纳斯（Uvanas，卷状）	哈萨克斯坦	白垩纪	20000～50000	0.03～0.1	楚－萨富苏盆地
西阿法斯托（Afasto－Ouest，板状）	尼日尔	石炭纪	20000～50000	0.1～0.3	廷·梅尔斯迪盆地
阿库塔（Akouta，板状）	尼日尔	石炭纪	20000～50000	0.3～1.0	
阿尔利特（Arlit，板状）	尼日尔	石炭纪	20000～50000	0.1～0.3	
白塔比哈尔（Baita Bihor，板状）	罗马尼亚	晚二叠世	20000～50000	>1.0	阿尔卑斯造山带内褶皱－冲断层带

矿床名称（矿体形态）	国　家	地质时代	U规模/t	U品位/%	构造背景
安布罗西亚湖区（Ambrosia Lake，板状）	美　国	侏罗纪	>50000	0.1～0.3	科罗拉多高原东南缘圣胡安盆地
丘吉洛克（Churckrock，板状）	美　国	侏罗纪	>50000	0.1～0.3	
达尔顿·派斯（Dalton Pass，板状）	美　国	侏罗纪	20000～50000	0.1～0.3	
杰克派（Jackpile，卷状）	美　国	侏罗纪	20000～50000	0.1～0.3	
泰勒山（Mt. Taylor，板状）	美　国	侏罗纪	20000～50000	0.1～0.3	
布基耐（Bukeenai，卷状）	乌兹别克斯坦	晚白垩世	20000～50000	0.03～0.1	中央克孜勒库姆地质构造带，阿克套和卡拉套造山带
苏格拉雷（Sugraly，卷状）	乌兹别克斯坦	晚白垩世	20000～50000	0.1～0.3	

资料来源：周维勋等，2000

* 金属铀≥20000t

　　与不整合型铀矿不同，砂岩型铀矿分布广泛，各大洲均有产出（图1）。成矿较为集中的地区为北美、中亚、俄罗斯远东地区和欧洲大陆中部等，形成若干重要的砂岩型铀矿省或铀成矿区。北美洲的砂岩型铀集中产于美国的科罗拉多高原、怀俄明盆地、新墨西哥州和得克萨斯沿海平原的中、新生代盆地；在非洲大陆，尼日尔、加蓬（弗朗斯维尔盆地）和南非（卡鲁盆地）也有大量的砂岩型铀矿床；中亚的哈萨克斯坦、乌兹别克斯坦、吉尔吉斯斯坦等拥有丰富的砂岩型铀矿资源；俄罗斯、蒙古、中国和澳大利亚及西欧等国家也发现有大型砂岩型铀矿的矿集区，其资源潜力极为可观，引世人注目。近年来随着铀需求量的增加，澳大利亚、乌兹别克斯坦、俄罗斯等国都加大了对砂岩型铀矿的开采、开发和生产。

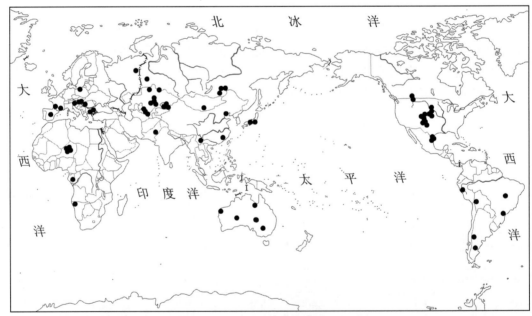

图1　世界主要砂岩型铀矿床分布示意图

（引自 T. Matveeva 等，2007，修改）

二、地　质　特　征

1. 区域成矿地质条件

（1）大地构造背景

砂岩型铀矿床受构造运动影响较大，绝大多数矿床分布在中间地块和活化地台的一级隆起构造及其边缘地带。因为后期构造运动可形成许多隆起（或断块隆起）和坳陷（或断陷盆地），为铀矿的形成准备了储集砂岩体，同时构造运动还能为铀矿形成提供铀源区。如美国西部科罗拉多高原是科迪勒拉褶皱带坳陷的中间地块，经过地质构造运动的演化，最后在拉拉米运动中形成了现在的一系列隆起和盆地，并在盆地中形成了含矿建造。而该区的3个前寒纪基底隆起（花岗岩山、拉拉米山和布拉克山）则控制着整个铀矿区的展布。

含砂岩型铀矿盆地，按产出的大地构造部位可划分为：①地台和内克拉通盆地；②山间盆地；③地堑和区域伸展盆地；④大陆边缘盆地。各类盆地虽都能成矿，但成矿规模不同，以克拉通和活动带内盆地相对较佳。各类产铀盆地的构造类型和铀矿床分布见表2。

表2 产铀盆地构造类型及铀矿分布

盆地构造类型	地质时代	矿床分布
地台和内克拉通盆地	C、P、T、J、K	美国、尼日尔、南非、阿根廷、俄罗斯
山间盆地	P、J、K、E-N	中亚、俄罗斯、美国、澳大利亚
地堑和区域伸展盆地	P、T、E-N	美国、印度、日本
大陆边缘盆地	P、K、E-N	美国、法国、印度

资料来源：叶柏庄，2001

（2）产铀盆地特征

产铀盆地所处基底的地壳类型有大陆型、海洋型和过渡型3类，砂岩型铀矿一般位于大陆型地壳，产于古老基底的发育区之上，这些古老基底出露区往往发育有富铀岩层和富铀岩体。一般来说，大型盆地反映地壳运动相对比较稳定，沉积作用分异明显，砂体稳定，砂泥结构好，具有良好的成矿条件，能形成大矿。小型盆地，规模小，由于受盆地规模所限，不足以提供形成矿床的空间和铀源，故不利于大矿的形成。但也有例外，如美国怀俄明地区谢利盆地，面积仅350km^2，铀（U_3O_8）储量达56000t。

产铀盆地的沉积建造存在较大差异，含渗透性和连通性好、成层砂体的沉积建造有利于成矿。常见的具有这一特征的沉积建造有：①干旱-半干旱气候条件下，形成的红色碎屑岩，俗称红盆；②温暖潮湿的气候条件下，形成的含煤暗色碎屑岩系，俗称煤盆；③有火山作用参与形成的火山-沉积岩系，俗称火盆。红色碎屑岩分布广泛，矿化发育普遍，是一种重要的含矿建造类型，但该类岩层并非全部含矿，矿化只出现在富含有机质的灰色、深灰色或褐黄色的岩层中，红色及棕色层中无矿；含煤暗色碎屑岩系中的矿化与煤层-砂体组合关系密切；火盆的岩性构成变化比较复杂，可以是红色岩系（代表氧化环境），也可以是暗色岩系（代表还原环境）等等，它不仅提供铀源，而且可造成局部高热异常场，使地下水受热形成热水，使铀成矿作用变得多成因而复杂。

（3）岩相古地理和岩性条件

有利于砂岩型铀矿化的岩相古地理条件主要有河流相、滨湖三角洲相和滨海相。一般来说，地台边缘大型或巨型冲积平原的河流冲积相区、滨海三角洲相区、大型内陆盆地扇状冲积平原辫状河-低弯度河相区，以及大型冲积扇扇中-扇前过渡相区等，都有利于形成规模巨大的区域性层间氧化带型铀矿的含矿建造；褶皱带内的中间地块上叠式山间盆地的河流冲积相区或盆缘冲洪积扇群相区，则有利于形成规模相对较小的局部性层间氧化带型铀矿的含矿建造。古河道的规模、产状等特征对砂岩型铀矿的规模影响很大。

浅色中-粗粒长石砂岩、凝灰质砂岩和石英岩有利于成矿。尼日尔、加蓬、美国、欧洲及我国的有利含矿岩性均为长石砂岩。长石砂岩是花岗岩的风化产物，分布于花岗岩的蚀源区及其附近，颗粒粗大、分选性差，具有良好的渗透性，有利于地下水的循环和矿质沉淀。同时，由页岩、泥岩、粉砂岩等隔水层组成的圈闭对成矿至关重要，可使地下水限于砂岩体内，有利于氧化-还原环境的形成。

（4）古气候条件

砂岩型铀矿属于表生后生水成铀矿成因类型，古气候条件对其形成起着举足轻重的作用。从现已发现的砂岩型铀矿的空间分布来看，其主要分布在南北半球中纬度（20°~50°）的近代-现代副热带高气压带及其两侧的信风带和西风带，或大陆内部和偏西部的干旱炎热戈壁荒漠草原区的中、新生代盆地内。因为干旱炎热气候条件下，普遍发育偏碱性（pH 为 7.5~9）、含氧的重碳酸型地表水，有利于铀的活化迁移；水中铀含量也相对较高（10^{-6}g/L，个别达 10^{-5}g/L）；再加上干旱炎热气候条件下形成的戈壁、荒漠、草原区植被不发育，使得含氧富铀偏碱性的重碳酸型地表水通过表层渗入地下转化为潜水或层间承压水，而在氧化带迁移时，仍保持较高的铀浓度，为在一定深度的氧化-还原过渡部位富集成矿提供了足够的成矿物质。这也是盆地砂岩型铀矿形成期与盆地红色磨拉石建造巨厚堆积相伴随的重要原因。

（5）水文地质条件

砂岩型铀矿总是产在自流水盆地内，且受后生期表生水动力条件和水文地球化学条件所控制。砂岩型铀成矿水动力条件分析表明，地下水的交替存在渗出方式和渗入方式两种水动力环境区。对表生后生水成铀矿来说，最重要的是渗入成矿系统，该系统是由承压盆地的下降式渗入型含氧含铀水作用而形成的成矿系统。王正邦（2002）根据渗入水的水动力条件及成矿作用类型，将其进一步划分为潜水、潜水-层间水和层间水 3 个成矿亚系统。含铀煤型矿化形成于潜水氧化成矿亚系统，在地下潜水面上下的地下水强烈交替带中，矿化往往受区内成矿期古地下潜水面控制，具有相近的成矿标高；古河道型铀矿形成于潜水-层间水氧化成矿亚系统，在地下水交替相对困难带和强烈交替带中，最大深度可达 350m。另一种矿化类型则受冲洪积扇前缘的沼化洼地相含炭粉砂质泥岩与其上下的扇前网状河相砂岩控制，以潜水氧化带型板状砂岩型铀矿为主，局部可出现层间氧化带卷状砂岩型铀矿，矿化可呈单层或多层产出，属潜水-层间水氧化成矿亚系统的产物；层间氧化带型砂岩型铀矿则形成于承压层间水氧化成矿亚系统，深度可达 700m 或更深。

水文地球化学条件是铀矿成矿和空间定位的重要条件。主要体现在渗入型地下水多种地球化学参数的变化上，其空间上具有明显分带特征（表 3），主要变化通常受地下水的补给区-径流区-排泄区水动力系统条件的影响。一般说来，补-径-排水动力系统长期稳定的盆地（如中亚地区的楚萨雷苏盆地和锡尔达林盆地）比不稳定的盆地（如塔里木盆地）更有利于成矿。渗入型的铀矿均定位于氧化-还原过渡带地球化学障部位。层间氧化带砂岩型铀矿定位于层间氧化带的尖灭线部位。而潜水-层间水氧化带（古河道）砂岩型铀矿则在平面上沿古河道延伸呈带状分布。所以研究补-径-排水动力系统对分析矿床定位规律和指导找矿具有重要意义。

表 3　渗入型地下水氧化带各亚带水文地球化学参数

水文地球化学参数	氧化带	氧化-还原过渡带	还原带（原生带）
水质类型	HCO_3^- 型水	SO_4^{2-} 型水	Cl^- 型水
pH 值	9~7.5	7~6.5	7.7~7.8
水中气体	含自由 O_2 水		含 H_2S 水
E_h/mV	+220~+200	-100~-300	
水中铀含量	$n \times 10^{-6}$	$n \times 10^{-5}$	$n \times 10^{-7}$

资料来源：王正邦，2002

（6）铀的来源

形成砂岩型铀矿的铀通常来自那些含铀量较高的岩石，如长英质岩石、花岗岩、中酸性火山岩、流纹质、英安质火山碎屑岩以及某些含铀量较高的变质岩等。现已发现的砂岩型铀矿的铀来源，可分为以下 3 种：①来自周围富铀隆起侵蚀区；②来自盆地与基底间的古风化壳或基底中有利的岩体和地层；③来自盆地本身富铀沉积夹层或中酸性火山岩、凝灰岩等夹层。

2. 矿床地质特征

（1）矿体形态、规模和产状

砂岩型铀矿床的矿体品位多在 0.05%~0.4%（U_3O_8）之间，单个铀矿体的规模以小到中型为主，有时也有富而大的矿体，如美国施瓦兹瓦尔德矿床有 50000t U_3O_8，矿石品位为 0.35%，局部达 0.6%。该类型矿床的矿体形态比较复杂，概括起来有以下 3 种：

1）矿体与围岩之间大致整合，呈透镜状、板状、似层状，这种形态最为常见，矿体规模大，产状一般平缓，常具多层性。

2）卷状矿体，矿体垂直或大角度斜交岩层面或其他沉积构造，呈"卷状"产出，又称"矿卷"，是层间氧化带型铀矿床矿体的特征形态。"矿卷"大都产在产状平缓的岩层中（<5°），常见为简单的"单矿卷"，有的则是较复杂的矿体，如复合卷、"S"卷、阶梯卷等，剖面上呈"新月"形，或"C"形，或钩形。这取决于岩层的岩性特征和水动力情况（图 2）。单个矿卷的规模变化很大，小到几十厘米，大至几千米。如怀俄明州谢利盆地中一个大矿卷就有 U_3O_8 1000t。

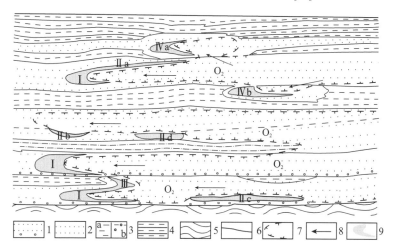

图 2　层间氧化带砂岩型铀矿的几种矿体形态

（引自 S. Zh. Daukeev 等，2004b）

1—含卵石、砾石和砂的沉积物；2—砂层；3—（a）粉砂黏土质岩层，（b）含碎石混合物的岩层；4—层状海相黏土层；5—早中生代岩化沉积岩；6—水平岩层的界线；7—席状控矿氧化物界面；8—富氧含铀水体的流动方向；9—矿体及形态：Ⅰ—囊状，即矿卷的"翼部"合在一起，常在席状氧化带边界上形成，Ⅱ—残留体，Ⅱa 为上翼部，Ⅱb 为下翼部，Ⅱc 为翼部残留体，Ⅱd 囊状残留体；Ⅲ—"倒矿卷"，是在灰色夹层朝与氧化前缘方向相反的方向"变薄"（尖灭）处形成的；Ⅳ—氧化的含铀水体在透过上覆和下伏富含黏土的含水层时形成的"溢流"型矿体，常呈孤立状产出，多见于岩相和岩性复杂多变的古新世 - 始新世地层（例如坎茹甘、英因库姆、乌瓦纳斯矿床），Ⅳa 为上溢型，Ⅳb 为下溢型

3）复杂不规则状，包括堆状、管状等其他形态的矿体。这些形态往往与构造有密切联系，为后期改造形成，规模一般不大。此种类型矿体，在中国较多。

（2）矿石物质成分

砂岩型铀矿的容矿岩石为中、粗粒分选性差的砂岩，并含有黄铁矿和有机物质。有机物质可以是弥散的也可以是由褐煤层形成的。

矿石物质成分比较复杂，矿石矿物主要是硅铀矿和沥青铀矿，个别地方还产有人形石。此外，还有相当一部分铀呈分散吸附状态存在；次生铀矿物有钒钾铀矿、钒钙铀矿、铜铀云母、钙铀云母等，伴生矿物有黄铁矿、黑铁钒矿、白铁矿、锐钛矿、黄铜矿、黏土矿物、碳酸盐矿物等；伴生元素有 V、Cu、Mo、Se 等，有时其含量可以达到综合利用的标准。

铀矿物在矿石中多呈浸染状存在于各种碎屑颗粒之间的胶结物中，有时铀矿物与有机质和黄铁矿一起沿层理分布，并呈条带状。

（3）成矿时代

该类型矿床具有成矿时代新的特点，集中产于中、新生代盆地中，全球 250 个砂岩型铀矿中有 104 个为新生代，有 101 个为中生代，其次为古生代和前寒武纪。

砂岩中的铀成矿时间，是在强烈构造活化作用之后的相对宁静期，使先形成的分散铀和富集铀经过活化作用后，转移到有利的构造 - 地球化学环境中成矿。因此，铀成矿时间与最晚一期的强烈构造活化期有关。这一时期的特征几乎也反映绝大多数铀矿床的成矿特色,砂岩型铀矿的这种特色尤为突出。

该类矿床成矿时间的另一特点是,不论含矿层时代属白垩纪还是第三纪,它的矿石年龄值都比含矿层位年龄值小,表明铀矿化是后生成因,即先形成可容矿的层位,然后在某特定时间范围内成矿,但也有少数矿体中的铀在成岩期得到初步富集而与成岩年龄相一致。

成矿时间的具体范围,表现在矿石的同位素年龄值上。中亚砂岩型铀矿床矿石同位素年龄值集中在 4 个成矿时间段,即 24~26Ma,12~15Ma,1.6~5Ma,0.2~1.5Ma,相当于第三纪 – 第四纪成矿,它们对应于中亚次造山带的几次隆升阶段(叶柏庄,2005)。夏毓亮等(2003)对我国北方盆地砂岩型铀矿进行了系统的 U – Pb 年龄测定,获得伊犁盆地的铀成矿年龄为 12Ma、5~6Ma 和 1~2Ma;吐 – 哈盆地的铀成矿年龄为 48Ma 和 28Ma;巴彦塔拉凹陷砂岩型铀矿的成矿年龄为 7Ma,东胜地区砂岩型铀矿的成矿年龄为 107Ma。

三、矿床成因和找矿标志

1. 矿床成因

砂岩型铀矿是漫长的地质演化产物,其形成演化过程一般可划分为 3 期 5 个阶段:①盆地基底构造演化期,包括基底构造与富铀建造形成阶段和基底古风化壳铀活化预富集阶段;②盆地及盖层含矿建造形成演化期;③后生改造富集成矿期,包括后生改造富集成矿阶段和再造阶段。不同矿床亚类因其地质特征不同,而使其成矿模式存在较大差异。下面简要叙述一下层间氧化带型、古河道型和潜水 – 层间氧化带型 3 个亚类的矿床成因模式。

(1)层间氧化带砂岩型铀矿

通常富氧含铀水体进入砂体后,Fe^{2+} 和有机质开始被氧化,随着水体运移距离的增加,或者氧化程度的提高,水中的溶解氧(自由 O_2)将逐渐消耗,至氧化带前锋线附近氧消耗殆尽,未发生氧化的灰色岩石带中的厌氧细菌能产生 H_2 和 H_2S,使地层水 pH 值降低、U^{6+} 转换为 U^{4+} 沉淀下来形成铀矿(图 3)。矿体产在层间氧化带尖灭部位,形态为卷状或似卷状,有时形成较复杂的矿体,取决于岩层的岩性特征和水动力情况。矿体两翼厚度通常不等,下翼厚而上翼薄;在平面上,矿体展布形态与层间氧化带前锋线形态相似。

这类矿床通常规模巨大,常发育在砂岩从黄色向灰色转化的边界上,多远离铀源区,迁移距离受层间氧化带发育时间和盆地地质构造控制。哈萨克斯坦的英凯和门库杜克,及中国东胜等铀矿为典型代表。

(2)古河道砂岩型铀矿

古河道砂岩型铀矿床常产在十分狭窄的河道内(数百米),或形成于辫状河体系中展布宽广的层状砂内(数千米),这种砂(岩)或不整合覆盖于下伏沉积岩或结晶岩上,或侵蚀嵌于其中。由于该类矿床多产于古河谷地带,所以早期称为古河谷砂岩铀矿,又因其与地下潜水成矿有关,亦称为潜水氧化型砂岩铀矿。

陈正法(2002)将其形成过程分为 3 个阶段(图 4):①地台边缘活化隆升,形成下切河道,为后期成矿提供储矿空间,该阶段的古气候应是温暖潮湿,河道砂体内富含有机质;②铀矿体形成阶段,古气候条件应渐趋干旱,基底富铀地质体中的铀遭受地下水的充分氧化淋滤,形成高浓度含铀地下水,并汇聚在河道砂体内,遇有机质而还原富集成矿;③保矿阶段,古河道砂岩型铀矿多位于古河道上游的分支河道内,水动力作用强,如果没有良好的屏蔽层,已形成的矿体会被富氧地下水淋滤破坏掉。常见的屏蔽层有泥盖型和热盖型两种。不管是哪种屏蔽层,其都应是不透水的,因而使古河道地下水处于封存静止状态,并引发广泛的二次还原作用,形成特征性的"漂白岩"。

这类矿床规模不像层间氧化带型铀矿床那么巨大,多为中小型铀矿床,其在剖面上具有二元结

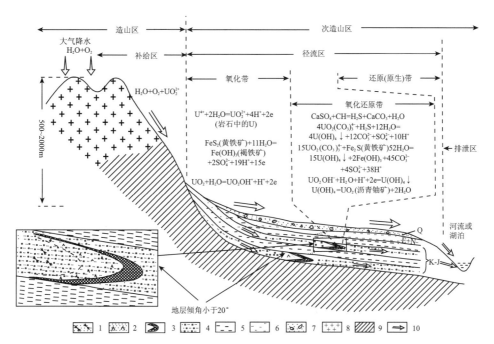

图3　层间氧化带砂岩型铀矿成矿模式图

（引自郭召杰等，2006）

1—强氧化带砂岩；2—弱氧化带砂岩；3—氧化－还原带砂岩型铀矿体；4—原生带砂岩；5—泥质岩；6—粉砂岩；
7—砾岩；8—含铀地质体（以花岗岩为代表）；9—含铀基底岩石；10—地下水运动方向

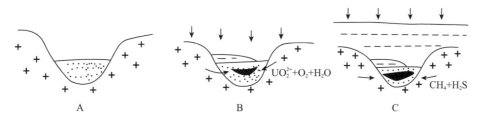

图4　古河道砂岩型铀矿成矿的3个阶段

（引自陈法正，2002）

A—古河道形成阶段；B—成矿阶段；C—保矿阶段

构，下部含矿建造一般为富含有机质的灰色沉积物，上部为干旱气候条件下形成的红色不透水陆源碎屑建造，常有时代较新（如第三纪、第四纪）的玄武岩覆盖。矿体平面上一般呈透镜状、似层状和带状，剖面上呈卷状、似卷状和各种复杂形状。在矿化的部位有Co、Ni、Cd、Pb、Zn等伴生元素富集。主要分布于俄罗斯西西伯利亚地台的边缘地区和外贝加尔地区的维季姆高原等地，典型矿床有达尔马托夫矿床、马林诺夫矿床和希阿格达矿床等。

　　（3）潜水－层间氧化带砂岩型铀矿

　　该亚类铀矿的形成受潜水－层间氧化带前锋和岩性岩相条件双重控制，其成矿过程可分为两个阶段：第一阶段，拉张断陷盆地沉积物充填阶段。该阶段早期，盆地断陷深度很大，沉积物主要为快速堆积的类磨拉石建造，不利于铀成矿。中晚期，沉积物主要为冲洪积扇、辫状河及湖相沉积，该沉积物是后期铀成矿的含矿主岩。温暖潮湿的古气候条件下形成的富含有机质的冲洪积扇前缘砂体对铀成矿有利。第二阶段，潜水－层间氧化带发育及成矿阶段。基岩剥蚀区补给的含铀含氧地下水向盆地流动，以潜水－层间水的运动方式向冲积扇前缘的砂泥交错部位渗入，并在氧化带前锋部位富集成矿。由于山间盆地相带发育较窄且复杂，地下水流不畅，因此，氧化带前锋和铀成矿部位多距蚀源区较近，属近源成矿。矿体的规模受铀源丰富程度影响很大。该阶段如存在长期的沉积间断，对含铀含氧地下水的渗入和铀成矿有利。古气候环境也应以干旱－半干旱气候条件为宜。

该亚类铀矿多分布于地槽褶皱带上的山间盆地中，故俄罗斯地质学家又称其为山间盆地砂岩型铀矿。矿体常处于盆缘冲洪积扇前缘部位，呈层状、似层状、透镜状等复杂形态产出。代表性矿床有蒙古的哈拉特和我国的苏崩等。

2. 找矿标志

（1）地质找矿标志

1）稳定地台的沉积盆地：这种盆地的沉积作用应是缓慢的，有利于充分地进行沉积分异作用，有利于铀在还原条件下沉淀富集。如尼日尔的伊勒姆登盆地和阿加德兹盆地，500Ma 期间只形成厚度为 2000m 左右的沉积岩。

2）湿干多变的古地理区：古气候的变迁非常有利于铀的氧化迁移和沉淀再富集，铀矿化赋存于灰色岩的一定层位中。地质环境和古气候环境的更替，表现在岩系岩性和岩石颜色的改变。如尼日尔阿加德兹盆地形成石炭纪的灰色岩系至二叠纪的红色岩系和三叠 – 侏罗纪的灰色岩系至白垩纪的红色岩系，这两个大沉积旋回体现了不同岩系的周期性变化，说明该盆地有过两次由温湿转为干热的古气候变化。

3）热带潮湿条件下沉积形成的砂岩体：如，在热带潮湿地区，河流和三角洲内常有许多植物残体聚集并很快被封闭起来，避免了氧化作用的发生，构成一个良好的还原环境，致使铀得以在此富集。因为铀倾向于在氧化环境中迁移，在还原环境中沉淀，而研究表明，E_h 和 pH 以及封闭压力的细微变化可使铀从溶液中沉淀。

4）有利的岩相、岩层厚度以及岩层产状：含矿砂岩多数为河流相砂岩、三角洲相砂岩和滨海相砂岩。最常见的含矿砂岩是分选很差的中粗粒长石砂岩和石英砂岩，含植物有机质和黄铁矿。与页岩呈互层产出的砂岩对成矿有利，尤其是砂岩与页岩的厚度比为 4∶1 ~ 1∶1 的砂岩层中易形成矿体。另外，炭质、黄铁矿质砂岩附近或砂岩层间有凝灰质碎屑岩存在也对成矿有利。缓倾斜的砂岩（如陆盆边缘和海岸平原的砂岩）一般比陡倾斜砂岩成矿有利。因为地下水在较平缓的砂岩中流动速度和输入速度很慢，较少破坏还原环境。缓倾斜岩层出露面积大，有利于含铀地下水流通促使铀的迁移。

5）断裂构造活动：断裂构造对地下水的循环产生重要影响，有利于沟通含铀含氧的地表水和地下水的水动力联系，从而地下水对有利层位进行后生改造，且将地下水的铀沉淀叠加富集。另外在含铁矿砂岩层中所发育的具有强烈高岭石化、迪开石化或红色赤铁矿化的层间氧化带，则是后生富集成矿的良好条件。例如尼日尔阿尔利特大断裂既控制了有利沉积相带的分布，又控制了对有利相带的后生改造和其中的成矿作用。标准的黄褐色到浅红色砂岩发生退色是一个重要标志。在尤拉凡矿带内此现象被看作是铀沉淀的还原环境。

6）后生氧化标志——漂白岩：古河道砂岩型铀矿含矿主岩发育期间遭受了强烈的次生氧化作用，矿床形成以后，次生氧化岩石大多又发生了二次还原作用，形成所谓的漂白岩。铀矿化就定位于漂白岩与原生灰色岩石的过渡部位。不过这种漂白岩呈亮白色，比原灰色岩的色调略浅，肉眼不易区分，两者最主要的区别标志是：漂白岩可见红色或黄色氧化岩石的残斑，岩石中新生的硫化物颗粒明显小于原生灰色岩石，化学分析结果表明，漂白岩中的全铁量比原生灰色岩石的全铁量降低 30% 左右。

（2）地球物理找矿标志

1）赋铀砂岩体的电阻率异常。产铀盆地沉积盖层中泥岩的电阻率一般为 1 ~ 20Ω·m，砂岩的电阻率为 15 ~ 60Ω·m，基岩的电阻率为 80Ω·m 以上，因此采用电法可以区分不同的岩层，查明对铀成矿有利的砂体规模及其空间展布，查明隔水层及其厚度等。此外，电法还可以确定隐伏古河道的大致轮廓（图5）。所以包括电阻率法、充电法、自然电场法、激发极化法和电磁感应法在内的电法一直是探测砂岩型铀矿的主要手段。

2）利用重磁异常可查明盆地基底起伏形态。在中、新生代沉积盆地中，高布格重力异常一般对应着基岩（或沉积盖层）的隆起区，而低布格重力异常对应基岩（或沉积盖层）的凹陷区。对重磁异常进行反演可获得密度界面的埋藏深度及起伏形态，进而分析盖层结构和基底构造。在层间氧化水的作用下，由于矿化富集地段地球化学变化，E_h 值剧变，在氧化带前沿形成氧化还原障或古地磁效应，使磁化强度减弱，产生直接或间接和铀矿卷锋有关的弱异常。在美国北科罗拉多已知铀矿床上，采用 0.25nT 灵敏度的磁力仪，总测量精度达 0.5nT，在铀矿卷锋见到了 15～20nT 的磁异常（图 6）。此外，在南得克萨斯也见到由于蚀变和未蚀变岩性间磁化强度的变化以及在矿卷锋位产生的明显的磁异常强度的梯度变化。航空磁测用于推断解释盆地的基底结构和基本构造格架，确定盆地磁性基底的起伏与埋深等。

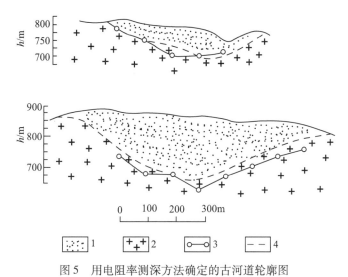

图 5　用电阻率测深方法确定的古河道轮廓图

（引自叶庆森等，2004）

1—第三纪沉积物；2—花岗岩；3—电测深曲线解释的古河道基底；4—不整合接触界线（古河道基底）

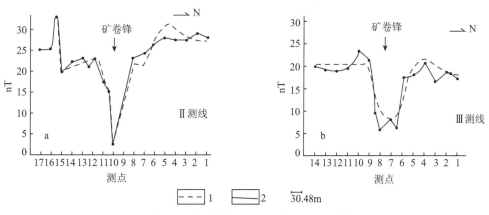

图 6　美国北科罗拉多Ⅱ、Ⅲ测线的总磁场剖面

（引自李家俊，1997）

1—计算异常；2—观测异常

3）砂岩型铀矿体附近存在铀、钍、钾等含量异常，可通过测量铀、钍、钾释放出的伽马射线的强度来确定。测量方法包括航空伽马能谱法、车载伽马能谱法、地面伽马能谱法。它们既可测定总伽马强度，又可分别测定铀、钍、钾含量及其比值，既可查明区域伽马场的分布规律，还能查明不同地质条件下 U－Th－K 的区域分布特点，区分异常性质，是一种有效的区域找矿方法。踏勘阶段可应用伽马能谱法圈定铀源区、获取铀矿化信息；航空放射性测量主要用于区域上识别有利的主岩、源岩及确定放射性地球化学背景。

（3）地球化学找矿标志

1）U 及其伴生的 V、Mo、Se、As、P、Mn 和 Cu 等元素均是很好的找矿指示元素。在地表 V 和 U 可形成稳定的黄色次生矿物，Mo 可形成蓝色的含水氧化物，Se 在氧化性质土壤中稳定，可根据硒指示植物黄耆属寻得，Cu 常在露头上呈铜绿色（孔雀石等）。对于弱信息可利用土壤元素活动态测量（U、Mo）、腐殖酸铀法，以及氡法系列中的热释光法等，地电化法方面也有一定的效果。

2）地球化学障和因蚀变作用产生的特征矿物晕。在地球化学障里，变价元素及不同溶解度的元素，如 U、Fe、Se、Mo、V 等，可以在溶解状态下，依一定"次序"排列，再从溶解状态中沉淀出来，并在形成铀矿卷的同时繁衍出 V、Mo、Se、Fe、黏土矿物等特征矿物晕。图 7 显示出了层间氧化带砂岩型铀矿 U、Mo、V、Se 晕的展布。

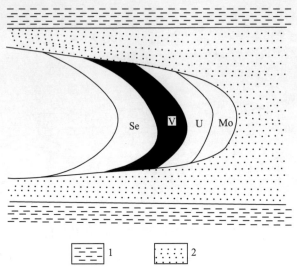

图 7　层间氧化带砂岩型铀矿 U、Mo、V、Se 晕展布图

（引自谈成龙，2001）

1—不透水岩层；2—砂岩

3）根据地下水的 E_h、pH、Fe^{2+}、Fe^{3+}、溶解氧、H_2S、NH^{4+}、铀及饱和指数等，可判断水文地球化学环境，从而确定并划分氧化 – 还原过渡带，用来预测远景区段，如能配以水文地质结构研究及伴生元素特征分析，可进一步圈定矿体。

4）铀矿体上部的土壤中，一般会出现 CO_2、CH_4、H_2S、SO_2、Hg、He、O_2、Rn 等气体异常，其浓度可高出背景值数倍、数十倍，且在矿体正上方或含矿构造带上方出现浓度最大值。这一标志可用气体化探方法进行有效测量。

5）铀矿体的 $^{234}U/^{238}U$ 比值通常大于 1，有着高的或偏高的 $^{234}U/^{238}U$ 比值。U 含量和 $^{234}U/^{238}U$ 值偏高区，及 Th/U 低值区，往往是过渡带分布区（铀沉淀区）。

（唐金荣）

模型四十七 碳硅泥岩型铀矿床找矿模型

一、概　　述

　　碳硅泥岩型铀矿床是指产于碳酸盐质、硅质、泥质的细碎屑岩或它们的过渡性岩石中的铀矿床的总称，是世界上发现最早的工业铀矿床类型之一。碳硅泥岩型铀矿床的内涵是突出铀矿床的赋存层位与岩性，可以与其他3类铀矿床类型（花岗岩型铀矿床、火山岩型铀矿床、砂岩型铀矿床）的定义相类比。"碳硅泥岩型铀矿床"这一概念是我国铀矿地质工作者首先提出来的。最初称为"灰、硅、泥岩型"、"灰、硅、板岩型"、"云硅沉岩型"或"黑色岩系型"等，后经不断完善，最终定名为"碳硅泥岩型铀矿床"。在国外，其被称为"黑色页岩型铀矿床"。主要产出国家有德国、瑞典、美国、乌兹别克斯坦、挪威、俄罗斯、哈萨克斯坦、韩国和中国等（赵凤民，2009）。

　　碳硅泥岩型铀矿床在我国分布相当广泛，在时间上，从震旦纪—二叠纪的地层都产有此类工业铀矿床；在空间上，全国南北方均有发现，主要分布于"二带一区"，即南秦岭成矿带、江南成矿带和华南成矿区（表1），是我国四大工业铀矿化类型（花岗岩型铀矿床、火山岩型铀矿床、砂岩型铀矿床、碳硅泥岩型铀矿床）之一。

　　赵凤民（2009）根据中国大陆构造特征、产铀矿碳硅泥岩的分布，以及碳硅泥岩型铀矿床的特征，将我国碳硅泥岩型铀矿床划分成4个铀成矿省和1个潜在铀成矿省：湘西–赣西北铀成矿省，湘中–桂东南铀成矿省，滇东北–川东南铀成矿省，秦岭铀成矿省，东天山潜在铀成矿省（图1）。

表1　中国碳硅泥岩型铀矿床的含铀岩系时代及主岩类型

含铀岩系时代	含 铀 岩 系 主 岩 类 型		
	南方准地台区及邻近地区	北方准地台区	南秦岭地槽区
P_1	含铁、锰质、有机质硅岩，硅质页岩，灰岩		
C_{1-2}	含碳灰岩		炭质板岩、硅板岩
D	灰岩、白云岩、泥灰岩、泥质粉砂岩		
S			硅岩、灰岩、钙质硅岩、硅质灰岩、硅板岩、碳板岩
O	灰岩、含钙页岩、页岩		
$\textit{\euro}_{2+3}$	白云岩、泥质白云岩、砂质白云岩、灰岩		碳板岩、碳硅板岩、硅岩、灰岩、硅质灰岩
$\textit{\euro}_1$	碳板岩、碳硅板岩夹燧石、石煤，含磷块岩、黄铁矿、泥质及磷结核	黑色碳板岩	
Z_2	硅质板岩夹硅质白云岩、硅质岩夹薄层含碳硅板岩、碳板岩		
Z_1	冰碛含砾砂岩、泥岩、碳板岩		

资料来源：余达淦等，2005

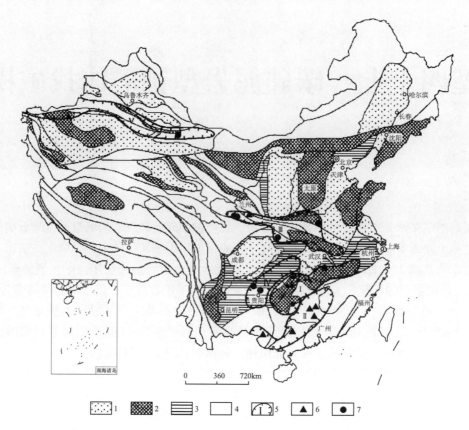

图 1　中国大陆碳硅泥岩型铀矿化区划分示意图

（引自赵凤民，2009）

Ⅰ—湘西－赣西北铀成矿省；Ⅱ—湘中－桂东南铀成矿省；Ⅲ—秦岭铀成矿省；Ⅳ—滇东北－川东南铀成矿省；
Ⅴ—东天山潜在铀成矿省。1—坳陷构造单元；2—隆起构造单元；3—台褶带；4—褶皱带；5—碳硅泥岩型铀矿
成矿省；6—产于上古生界中的铀矿床；7—产于上震旦统—下古生界中的铀矿床

二、地 质 特 征

1. 矿床类型

我国铀矿地质工作者根据碳硅泥岩型铀矿的主导成矿作用，将其划分出风化壳型、沉积－成岩型、淋积型和热液叠加改造型 4 大类，并根据赋矿岩性划分出 9 个亚类（李顺初，2001）。赵凤民（2009）根据新的资料，对原分类进行了修改，并将我国碳硅泥岩型铀矿床划分成 5 个亚型 16 个矿床式（表2）。

中国碳硅泥岩型铀矿床的地质和矿化特征十分复杂，新构造运动强烈，表生氧化改造作用普遍发育，使矿床多具有复成因特征，但大多数矿床的主导成矿作用往往只有一个（赵凤民，2009）。不同成因的碳硅泥岩型铀矿床地质特征见表3。

2. 典型矿床特征

湖南铲子坪矿床是我国最典型的碳硅泥岩型矿床，本文以铲子坪矿床为例阐述其矿床地质特征及成因模式。

（1）矿区地层及含矿主岩

矿区内出露地层由老至新有震旦系南沱组、陡山沱组、灯影组老堡段，寒武系清溪组，中泥盆统郁江组、东岗岭组，上白垩统和第四系（图2）。

铀矿化赋存于下寒武统底部清溪组的黑色炭质板岩系内，含矿岩系的主要岩性为含炭硅质板岩和

表2 中国碳硅泥岩型铀矿床分类和矿床式划分

型	亚型	矿床式	典型铀矿床
碳硅泥岩型铀矿床	沉积－成岩亚型	（1）麻池寨式	麻池寨矿床
	沉积－外生改造亚型（淋积型）	（2）坑口式	坑口、下围矿床
		（3）那渠式	那渠矿床
		（4）垄头式	垄头矿床
		（5）黄材式	黄材矿床
		（6）老卧龙式	老卧龙、泗里河矿床
		（7）永丰式	永丰矿床
		（8）尖山式	尖山矿床
	热液改造亚型	（9）金银寨式	金银寨矿床
		（10）马鞍肚式	马鞍肚矿床
		（11）白马洞式	白马洞矿床
		（12）广子田式	广子田矿床
	沉积－热液叠加亚型	（13）降扎式	占洼、降扎矿床
		（14）大新式	大新矿床
		（15）铲子坪式	铲子坪矿床
	沉积－热液－淋积亚型	（16）董坑式	董坑、保峰源矿床

资料来源：赵凤民，2009

表3 碳硅泥岩型铀矿地质和矿化特征对比

特征	成因类型		
	沉积－成岩型	沉积－外生改造（淋积）型	热液改造型
主要成矿作用	沉积－成岩成矿作用	外生－后成渗入成矿作用	热液成矿作用
产出大地构造环境	古地台周边浅海洼地	弱构造活化区富铀地层出露区	构造－岩浆活化区或构造活化区
赋矿地层特征	在缺氧环境下形成的碳硅泥岩建造，富含有机质、黄铁矿和磷	富含有机质、黄铁矿的碳硅泥岩建造，或产于其间的顺层脉岩	岩层由具不同机械物理性质的分层组成，富含有机质和黄铁矿
赋矿地层含铀性	含量达异常值（$>20 \times 10^{-6}$），局部达矿化指标（0.01%）	一般达异常值（$>20 \times 10^{-6}$），局部达矿化指标（0.01%）	围岩含铀性变化大，由一般含量到异常含量
控矿和赋矿构造	古岛弧附近封闭－半封闭浅海盆内的洼地、河谷；现代背斜或向斜翼部	背斜或向斜翼部，富铀地层内层间破碎带和裂隙带	区域深大断裂通过区，切层或层间断裂破碎带
水文地质环境	海洋盆地陆棚水文区	渗入水汇集和径流区	深循环热水或深源热液活动区，多有温泉出露
古气候	潮湿－炎热的气候期	半干旱－半潮湿的气候期	无关
矿体特征	矿体呈层状、透镜状，品位低（<0.1%），资源量：小至大型	矿体呈不规则状、漏斗状，品位变化大，一般不高，资源量：小至中型	矿体呈脉状、透镜状，品位较富（>0.1%），资源量：小至大型
铀赋存状态	以分散吸附态为主，部分呈微细颗粒沥青铀矿，部分铀进入磷酸盐矿物	呈吸附态存在于表生含铀矿物中，部分呈铀酰矿物，在深部见沥青铀矿	铀矿物（沥青铀矿）为主，部分呈吸附态
围岩蚀变	见轻微的浅变质现象	岩石发生褪色、褐铁矿化等	碳酸盐化、硅化、绿泥石化、赤铁矿化、褪色化
伴生元素	与围岩相同，其中 V、Mo、Ni、Co 等可能达到综合利用指标	与围岩基本相同，其中 V、Cd 等可达到综合利用指标	有时含 Hg、Mo、W、Cu 等热液成矿元素，并形成工业矿体
形成温度	常温到低温	常温	低温到中温

续表

特征	成因类型		
	沉积－成岩型	沉积－外生改造（淋积）型	热液改造型
成矿时代	与主岩沉积－成岩时代同期发生	沉积－成岩期后构造活化期	沉积－成岩期后的中低温热液活动期
主要矿床	麻池寨矿床	坑口矿床、下围矿床、那渠矿床、垒头矿床、黄材矿床、老卧龙矿床、泗里河矿床、永丰矿床、尖山矿床等	金银寨矿床、马鞍肚矿床、白马洞矿床、广子田矿床、占洼矿床、降扎矿床、大新矿床、铲子坪矿床等

资料来源：赵凤民，2009

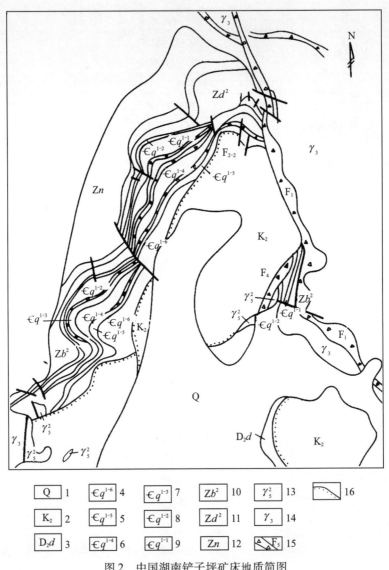

图2　中国湖南铲子坪矿床地质简图

(引自余达淦等，2005)

1—第四系；2—上白垩统；3—中泥盆统东岗岭组；4—寒武系清溪组第6层；5—寒武系清溪组第5层；
6—寒武系清溪组第4层；7—寒武系清溪组第3层；8—寒武系清溪组第2层；9—寒武系清溪组第1层；
10—震旦系灯影组老堡段；11—震旦系陡山沱组；12—震旦系南沱组；13—燕山期花岗岩；
14—加里东期花岗岩；15—断裂带及编号；16—地层不整合界线

炭质板岩及其互层。含铀黑色岩系含有机碳 0.1%～5.0%，含黄铁矿 0.5%～3.0%，部分层还含磷结核或黄铁矿结核。整个含铀岩系，各层的铀丰度值为（4～42）×10^{-6}，显示出铀在沉积－成岩阶段有原始的富集。另外，含铀岩系厚度大，约达200m，铀又以吸附状态存在，易于浸出，为成岩后的各种改造作用和叠加成矿提供了良好的铀源条件。

（2）矿床构造特征

矿床的构造格局为北端翘起、向南倾伏的不对称箕状向斜。向斜西翼岩层产状相对较平缓，地层出露较全。东翼产状较陡，地层发育不全，反映出箕状向斜有向东侧伏之趋势。向斜核部为上白垩统，两翼为上震旦统和下寒武统。在向斜南侧的两翼，有中泥盆统出露。向斜轴向为NE20°，轴面倾向为NW290°。

矿床内断裂构造十分发育，尤其是区域性的新资大断裂，使向斜东翼地层受到强烈破坏。新资大断裂有着长期而复杂的演化历史，总体呈NE25°，延伸达180km，并以厚度达60m的板状强硅化带形式出现，控制着中泥盆世和晚白垩世盆地的沉积和分布。新资断裂带倾向NW，倾角多在30°～40°，在中生代的构造－岩浆活化过程中，发生过大幅度的正断层位移，并切割了加里东期花岗岩体。沿断裂带的岩浆和热液活动频繁，控制着燕山期花岗岩的定位和区域内W、Sn、Nb、Ta、Be、U和萤石矿产的分布，铀和萤石矿化均分布在断裂带的上盘。因此，新资大断裂属区域性控岩、控盆和控矿的断裂构造。该断裂长期多次活动，使矿区含铀层内的铀发生多次活化转移，并为后来铀的活化成矿提供了导矿渠道及储矿空间。

（3）矿区岩浆岩

矿区的岩浆岩比较简单，主要是加里东期中粗粒花岗岩，出露于矿区东西两侧，其铀丰度值为 13×10^{-6}，钍丰度值为 34×10^{-6}。东侧的越城岭岩体和西侧的苗儿山岩体，均以大岩基形式产出，在矿区外围较远处有印支期和燕山期花岗岩体穿切，构成复式花岗岩体。在矿区南部及深部见燕山期中细粒花岗岩体，以岩株形式穿切加里东期岩体，或沿新资大断裂侵入寒武系和泥盆系内。燕山期中细粒花岗岩的铀丰度值比加里东期岩体有明显增高，达 34×10^{-6}，钍丰度值相对降低，为 32×10^{-6}。

（4）矿体形态及近矿围岩蚀变

矿体形态以似层状、透镜状为主，小矿体为扁豆状。矿体产状与地层产状相吻合，在向斜西翼矿体的走向延长大于倾向延深，而东翼矿体的倾向延深大于走向延长。单个矿体的铀品位，常在中心明显变富，厚度增大，透镜状形态更为明显，但也有切层的铀矿体产出。矿体的近矿围岩蚀变有硅化、绿泥石化、黄铁矿化、赤铁矿化、绢云母化、萤石化及碳酸盐化等，以绿泥石化与铀成矿关系最为密切，分布也最广泛（张待时，1994）。

（5）矿石构造及矿石物质成分

矿石多呈碎裂状、角砾状、糜棱状及细脉浸染状构造产出。以细脉浸染状和角砾状两种矿石构造最为常见。前者沥青铀矿呈微细脉浸染状，或呈微粒状产出，或沿层理分布，且与绿泥石、黄铁矿伴生。后者沥青铀矿以细脉或胶结物胶结岩石角砾，出现在断裂构造破碎强烈地段，或叠加于细脉浸染状矿石和裂隙发育地段内，构成富矿石和富矿体。

矿石的矿物成分有沥青铀矿、黄铁矿、少量方铅矿、磁黄铁矿、红砷镍矿、黄铜矿、斑铜矿、闪锌矿等，脉石矿物有石英、玉髓、绢云母、绿泥石、方解石、重晶石、紫色萤石、高岭石、石墨等。由于矿石内硅化、绿泥石化和萤石化等热液蚀变作用发育，矿石常有褪色现象，富铀矿化地段的有机碳含量明显比围岩少。矿石中铀的存在形式，除沥青铀矿、铀黑及铀云母类矿物形式外，还有呈吸附状态分散于矿石中。

矿石的化学成分与围岩相比有其相似之处，表现为铀与有机碳、氧化铁、氧化镁和五氧化二磷有密切联系，体现了改造和再造成矿作用的继承性特点。但又存在着质的差异，就是各自的微量元素组合不同，矿石中富含Mo、Pb、Zn、Be、As、Sb、Sn、Ti、Y、Ag等，而围岩中却富含有机碳、P、V、Ni、Cu、Fe、Al等。

三、矿床成因和找矿标志

1. 矿床成因

铲子坪铀矿矿床是在沉积预富集基础上经过后期热液改造形成的铀矿床，矿体既受层位控制，又受断裂构造控制（图3）。

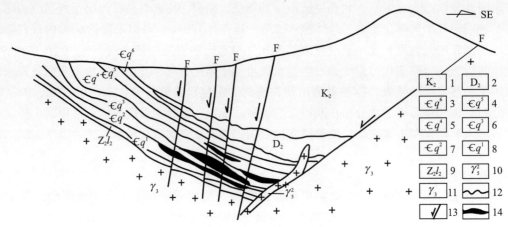

图3　中国湖南铲子坪铀矿矿床成因模式图

（引自余达淦等，2005）

1—晚白垩世红色砂砾岩；2—中泥盆世生物碎屑灰岩；3—早寒武世清溪期含碳砂岩；4—清溪期含碳硅质板岩；5—清溪期斑点状炭质板岩；6—清溪期薄层炭质板岩与薄层硅板岩互层；7—清溪期含碳硅质板岩；8—清溪期深灰色粉砂质板岩；9—晚震旦世老堡期条带状硅质岩；10—燕山期花岗岩；11—加里东期花岗岩；12—区域不整合面构造；13—断层；14—铀矿体

沉积预富集期（523Ma）：含矿岩系原岩铀含量较高，一般为 $(1 \sim 4) \times 10^{-5}$，尤其是第3、4含矿层可达 64×10^{-6}。第4含铀层的炭质板岩的铀含量为 56×10^{-6}。根据多个地层样品的 U－Pb 同位素不平衡计算，成岩后的铀丢失达 30% ~ 80%，反映了以铀丢失为主的活化改造场特征。因此，可以认为，下寒武统清溪组含铀岩层，既是矿床成矿的铀源层，又是现今矿化的主要储铀层。

后期热液改造期（72 ~ 22）Ma：对沥青铀矿的 U－Pb 同位素组成获得的等时线年龄分别为 (72 ± 10) Ma、(43 ± 7) Ma 和 (22 ± 2) Ma。综上所述数据，结合矿床铀矿化特征，可以认为，早期热液改造成矿期年龄为 (72 ± 10) Ma；晚期热液再造成矿期年龄为 (43 ± 7) Ma；主成矿期后淋积叠加成矿期的年龄为 (22 ± 2) Ma。

从不同矿石类型中的石英所作氧同位素测定，得出温度校正后的 $\delta^{18} O_{H_2O}$ 均为正值，并在 +3.76‰ ~ +11.9‰（SMOW）范围内变化，属变质水范围。结合矿床地质特征，可以认为，成矿溶液的水不是单一来源，可能是变质水、构造热液水、岩浆热液水和大气降水的混合溶液体系。

对含铀岩系及铀矿石中的黄铁矿硫同位素进行测定和对比得出，含矿岩系中黄铁矿 $\delta^{34} S$ 值变化范围大，在 +29.68‰ ~ -27.5‰之间，原因是含矿岩系中包含着不同成因的黄铁矿。矿石中黄铁矿 $\delta^{34} S$ 值变化较小，其值为 6.4‰ ~ 8.9‰，与矿区外围苗儿山复式岩体内的热液矿化相近，表明热液成矿作用是铲子坪矿床的主要成矿作用（余达淦等，2005）。

2. 找矿标志

（1）地质标志

碳硅泥岩型铀矿床往往受岩性与断裂构造控制。黄世杰（1982）、余达淦等（2005）提出了我国碳硅泥岩型铀矿床的地质找矿标志：

1）有利的大地构造位置：碳硅泥岩型铀矿床主要分布于古陆、古岛、古水下隆起边缘部位及古隆起新断陷（或坳陷）的陆相红层发育区，海相沉积相对坳陷的边缘区和新构造运动非强烈上升区。

2）有利的岩性及其组合：富含有机质、黄铁矿、磷质的泥质、硅质、碳酸盐岩以及它们之间的过渡岩石，是矿化的有利岩性。常见的岩石类型有：硅质灰岩、硅质泥质白云岩、含碳硅岩、硅质板岩、含磷碳板岩等。

3）有利的岩相古地理条件：地台或准地台区潮湿温暖气候条件较平静的浅海、封闭浅海沉积环境；地槽区急剧沉降带中相对平静地区，并有火山作用参与的沉积环境。

4）构造控矿明显：构造对碳硅泥岩型铀矿床的控制作用非常明显，矿体的展布、产状、形态、规模及内部结构都与构造有密切关系。有利于铀矿产出的构造主要有断裂构造，按其与层位的关系可分为顺层（层间）断裂构造控矿、切层（斜交）断裂构造控矿和复合型断裂构造控矿。

5）古地形地貌：这类矿床的形成及保存同成矿时期及成矿以后的地形地貌有很大关系，许多矿床分布于低山丘陵区或高－中山区的前缘，或较高地貌单元与较低地貌单元的转折地带。

6）古气候条件：以干旱－半干旱气候最为适宜。在以干旱为主、干湿交替的气候条件下，氧化作用较为强烈，有利于铀源层中铀的浸出和提高地下水的铀浓度，因而有利于碳硅泥岩型铀矿床的形成。

（2）地球物理找矿标志

1）磁异常：矿石中一般含有黄铁矿等硫化物，容易引起磁异常，因此，利用地面高精度磁测可圈出硫化物矿体。

2）电磁异常：硫化物矿石为导电体，在矿体上方出现电磁异常。

3）电磁测深法：可控源音频大地电磁法（CSAMT）是一种很有效的勘探方法，在碳硅泥岩型铀矿床中具有较好的找矿效果。如唐国益（1993）利用 CSAMT 在铲子坪碳硅泥岩型铀矿床深部找到矿体就是一个例证。

4）航放异常：利用含矿放射性测量数据，圈定航放异常，确定富铀岩系或富铀层。

5）地面伽马总量测量：利用地面伽马总量测量，确定岩石的伽马总量，圈定伽马异常区。

6）地面伽马能谱测量：利用地面伽马能谱测量，确定 U、Th 等伽马能谱的含量特征，圈定异常区。

（3）地球化学找矿标志

1）富含有机质、黄铁矿、磷质的泥质、硅质、碳酸盐岩以及它们之间的过渡岩石，是矿化的有利岩性。

2）典型的富铀层中 U、Th、V、Mo 等元素含量高，其富集系数（相对正常的沉积岩）达 5～10 倍。

3）U、Th 等放射性元素地球化学异常明显，并具有明显的浓集中心。

4）往往存在氡气异常。

（潘家永　吴仁贵）

模型四十八　风化壳离子吸附型
稀土矿床找矿模型

一、概　述

风化壳离子吸附型稀土矿（也称风化淋积型矿床）是稀土矿床重要类型之一，是中国首次发现和确定的在适宜气候和地貌条件下形成的外生矿床。该类型矿床是由含稀土的花岗岩类和火山岩类在温湿气候和低山丘陵地貌等表生条件下经过强烈风化作用，所含的稀土元素以离子形式被释放出来，随渗透水迁移到风化壳的下部，被风化形成的黏土矿物表面所吸附，经多次的迁移、吸附，富集而形成的稀土矿床。

邓志成（1988）将稀土矿分为两大类：一类是原生稀土矿床，以白云鄂博超大型稀土矿床为代表；另一类是与酸性岩类风化作用有关的稀土矿床，包括风化壳离子吸附型稀土矿床、风化壳砂矿型稀土矿床和滨海砂矿型稀土矿床3种。其中，风化壳离子吸附型稀土矿床是我国较具特色的一种稀土矿，具有重要的经济价值，在我国华南地区特别是南岭地区广泛分布（图1）。风化壳离子吸附型稀土矿按工业利用还可分为富铈轻稀土矿床及富钇重稀土矿床两类。轻稀土矿床以江西寻乌河岭矿床为

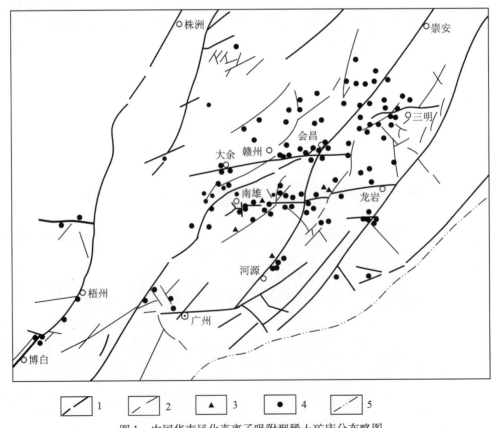

图1　中国华南风化壳离子吸附型稀土矿床分布略图

（引自张祖海，1990）

1—深大断裂；2—次级断裂；3—大型稀土矿床；4—中小型稀土矿床；5—海岸线

代表，除此之外尚有江西寻乌南桥、赣县坳子下、信丰安西以及广西岑溪岸村等，均构成大型矿床；重稀土矿床以江西龙南足洞矿床为代表，除此之外尚有广东揭阳五经富、广东新丰来石等，也都具大型矿床规模。

风化壳离子吸附型稀土矿是 1969 年在我国江西首先被发现的一种新型稀土矿。目前，在江西、广东、湖南、福建、广西、云南、浙江等省区共勘查出 200 多个同类型稀土矿（床）点。上述南方七省区已探明该类稀土资源量 $840 \times 10^4 t$，预测远景资源量为 $5000 \times 10^4 t$。另外，在海南岛、浙江南部、安徽南部、四川南部也具有一定的成矿地质条件。

该类矿床由于其产出和赋存状态的独有特征，具有规模大、品位高、易采选、成本低、经济效益高等特点，更重要的是稀土元素配分齐全，优势的中、重稀土含量高。以赣南稀土矿为例，中稀土配分含量（Sm_2O_3、Eu_2O_3、GdO_3）加权平均为 7.81%，其中的 Eu_2O_3 为 0.66%；重稀土配分含量（Tb_4O_7、Dy_2O_3、Ho_2O_3、Er_2O_3、Tm_2O_3、Yb_2O_3、Lu_2O_3、Y_2O_3）加权平均为 26.56%，其中 Y 的配分值为 17.65%。

风化壳离子吸附型稀土矿在国外少有发现，仅澳大利亚曾有报道。20 世纪 90 年代，在澳大利亚西部的韦尔德山（Mount Weld）发现碳酸岩风化壳大型高品位 REE – Y – Nb – Ta 矿床，且富 Sr、Ti 和磷酸盐。该矿床由元古宙碳酸岩经中生代后期—新生代的风化而形成。据报道，1990 年 1 月为止，该矿床已确定高品位储量 $169 \times 10^4 t$，REE + Y 的品位为 26.1%（边界品位 20%）或 $630 \times 10^4 t$，品位 17.22%（边界品位 10%）（地质科技动态，1990）。

二、地 质 特 征

1. 区域地质背景

我国此类矿床在大地构造上主要是位于华南造山系南岭造山带赣南隆起部，尤其密集产于 EW 向构造带、新华夏系构造带以及二者的复合部位。由于其构造活动强烈、岩浆活动频繁，故成矿作用活跃。成矿物质主要来源于燕山期黑云母花岗岩及花岗斑岩。风化壳离子吸附型稀土矿多为裸露地面的花岗岩或火山岩风化壳，位于丘陵地带。

2. 矿床地质特征

（1）地形地貌气候特征

该类矿床的形成需经历内生作用和外生作用两个成矿阶段，二者缺一不可，前者是成矿物质的来源，后者在风化淋滤过程中促使成矿物质进一步富集成具有工业价值的地质体。外生作用与地理气候、地势地貌等条件有密切的关系。该类矿床主要分布在北纬 22°～29°、东经 106°30′～119°40′区域内，尤以在北纬 24°～26°之间矿床分布最为密集。这一区域属热带、亚热带气候，温湿多雨，植被发育，有机酸来源丰富，再加上构造因素，以化学风化为主的表生作用强烈（风化大于剥蚀），常发育厚度较大的面型风化壳，致使风化壳中稀土含量高出基岩数倍，富矿地段可高出 10 倍以上。矿床大多产于海拔高程低于 550m，高差 250～60m 的丘陵地带，且以平缓低山和水系发育为特征。在局部特征上表现为地形起伏小比起伏大、缓坡比陡坡、宽阔山头比狭窄山头、山脊比山坳、山顶比山腰、山腰比山脚更有利于成矿。

（2）控矿构造特征

该类矿床含矿岩体及单个矿体的产出往往受到构造条件的控制。其构造控岩、控矿的基本形式有3 个方面：①EW 向构造带主导控岩控矿，如江西大余 – 会昌 EW 向构造带控制了一系列的岩体和若干稀土矿床的分布，如梅关、珠兰埠等；南雄 – 三南 – 寻乌 EW 向构造带控岩控矿更为明显（图 1），有足洞、关西等大型稀土矿床的产出（图 2）；在广东、福建的龙岩和三明一带，也具类似的控岩、控矿特征。②新华夏系构造带主导控岩控矿，在桂东南，主要受博白 – 梧州断裂控制的岩体中发现稀土矿床 3 处、矿点 5 处；在崇安 – 河源断裂南、北两区的花岗岩、混合岩及火山 – 次火山岩中查明稀土矿床 34 处、矿点 20 余处，规模巨大的江西河岭火山－次火山岩风化壳离子吸附型稀土矿床就位于该断裂南部的中生代火山盆地中。③EW 向构造带与新华夏系构造带复合控岩控矿，这种情况很普遍，实际上，上述两构造带均以呈复合形式控岩控矿为主，如江西河岭稀土矿含矿岩体周围受由 EW 向构造带与新华夏系的主干断裂的共同作用，而且内部富矿地段常常是这两个构造体系的次级构造密集产出地段（图 3）（张祖海，1990）。

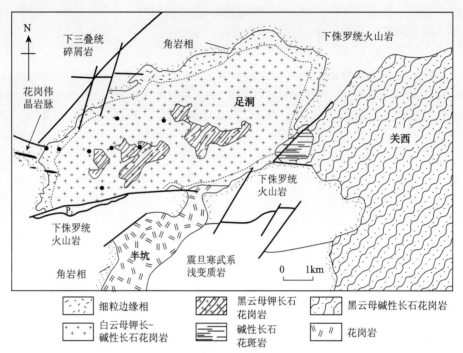

图 2　中国江西足洞和关西花岗岩地质略图

（引自 Ishihara Shunso 等，2008）

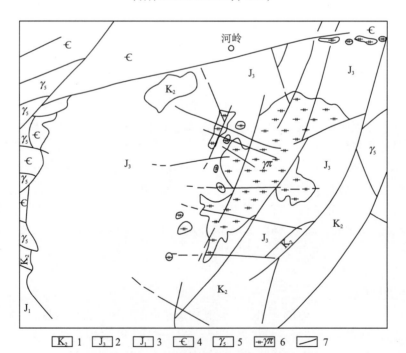

图 3　中国江西河岭矿区地质略图

（引自张祖海，1990）

1—白垩系上统；2—侏罗系上统火山岩；3—侏罗系下统；4—寒武系下部浅变质岩；

5—燕山期花岗岩；6—侏罗系上统次火山岩（花岗斑岩）；7—断裂

（3）含矿岩石及岩石化学特征

稀土在不同岩石中的丰度极不均匀，能构成该类工业矿床的含矿地质体主要有花岗岩、混合岩、火山岩－次火山岩（表1）。由此3类含矿岩体演化而成的风化壳离子吸附型稀土矿床储量占总储量的百分比分别为54.77%、7.36%及37.87%，花岗岩型占一半以上，即含稀土元素和稀土矿物的花岗岩体是此类型稀土矿床形成的主要原岩。

据已知矿区及其有关岩体同位素地质年龄统计，自加里东期至燕山期，花岗岩、混合岩、火山岩－次火山岩均有稀土矿化现象，并有从ΣCe矿化向ΣY矿化转变的趋势，在燕山早期的花岗岩（风化壳）中稀土矿化现象达到顶峰（表2）。与稀土矿化关系密切的花岗岩体多呈岩基状产出，呈岩株及小岩体者甚少。以熔浆分异作用较为明显、相带发育为其特征。成矿岩体出露面积较大，一般近百余平方千米至千余平方千米。各地矿化花岗岩体岩石化学成分虽有差异，但具有共同的特点，它们均为富SiO_2、K_2O、Na_2O和Al_2O_3，贫TiO_2、MgO、MnO、CaO、Fe_2O_3、FeO，岩石偏酸性。SiO_2含量高达70%以上，K_2O+Na_2O接近或大于8%，且$K_2O>Na_2O$，$Al_2O_3>K_2O+Na_2O+CaO$，属铝过饱和岩石，除富含有稀土元素外，还含有稀有元素。

成矿花岗岩体钾长石含量高，斜长石含量低，石英含量一般30%左右。特别是含有褐钇铌矿、氟碳铈矿、褐帘石、黄钇钽矿、氟碳钙钇矿、复稀金矿、黑稀金矿、硅铍钇矿、磷钇矿、独居石、锆石、砷钇矿、钇萤石等十余种稀有、稀土矿物。各种造岩矿物和副矿物中普遍含有稀土元素。岩石结构主要有斑状、似斑状、环带、粗粒、中粒、细粒、隐晶质。

表1 中国华南风化壳离子吸附型稀土矿床分类

类	型	离子相稀土	配分特征			矿床实例
			ΣCe	ΣEu	ΣY	
风化壳离子吸附类	花岗岩型	>60%			>50%	大田、下汶滩
			>50%			回龙、理亭
				>10%	>50%	江西足洞、烂岭
			>50%	>10%		桥下、五经富
			>30%	>8%	>30%	广东大塘、林头
	混合岩型	>60%	>50%			岚山
			>50%	>10%		安乐
			>30%	>8%	>30%	中村
	火山－次火山岩型	>65%	>50%			仁居、江西河岭
				>10%	>50%	江西河岭、长塘

资料来源：张祖海，1990

表2 不同时代岩石稀土矿化

时代			成矿母岩	矿化特征			矿床规模				
				ΣCe/%	ΣM/%	ΣY/%	大型	中型	小型	矿点	合计
燕山期	晚期		花岗岩	44.65	10.17	45.89			1	2	3
	早期	Ⅲ	火山岩	76.04	9.30	14.42	2	2	1	3	8
			花岗岩	54.64	9.64	35.84	1	12	24	19	56
		Ⅱ	花岗岩	46.45	10.46	43.69	1	9	1	9	20
		Ⅰ	花岗岩	49.46	10.63	39.92		6	13	48	67
海西—印支期			花岗岩	61.43	9.89	28.24		3	6	3	12
加里东期			花岗岩、混合岩	54.74	11.05	34.69	1	1	15	18	35

资料来源：张祖海，1990

（4）含矿岩体自交代蚀变作用

稀土矿化与含矿岩体的自交代蚀变作用有关，主要有钾长石化、钠长石化、白云母化、萤石化等。在自交代的花岗岩中，随 Ca 与 Na 含量的变化，岩体中出现的稀土矿物也不相同，一般在微斜长石化阶段内，以析出钇族稀土矿物为主，在钠长石化时，铈族稀土矿物较多。钾长石化在黑云母花岗岩中普遍表现为微斜长石化，含独居石略高；白云母化、钠化分别表现为黑云母被白云母交代形成蚀变黑云母、铁白云母等，更钠长石被钠长石交代，在铁白云母边部常见氟碳钙铈矿、钛钇矿、含钇钍石的包体和连生体；萤石化呈浸染状分布，常和白云母、铁白云母等呈连生体或在其附近出现，有的交代斜长石、黑云母，萤石含稀土品位可高达 0.3% 以上（江西足洞）。在火山岩中，仅次火山相的花岗斑岩有较明显的自交代蚀变作用（江西河岭），镜下见钾长石中包裹有斜长石残晶与自形黑云母，而钾长石本身又往往有明亮干净的钠长石环边，也常见条纹长石环边，钠长石普遍交代钾长石等。

综上所述，自交代蚀变作用早期以钾化为主，鉴于此期溶液碱性较强，而不利于稀土的大量沉淀，其稀土元素除部分呈独居石、磷钇矿晶出外，大部分趋于分散；随自交代蚀变作用的进行和加强，溶液向弱碱性或弱酸性方向发展，紧接着相继发生钠长石化、白云母化，原来以类质同像或微包体形式赋存于造岩矿物中的稀土元素亦随载体受到破坏和解析；到了晚期——萤石化阶段，稀土的沉淀剂 Ca、Fe 等相对富集，因此大量稀土矿物在此期间产出。

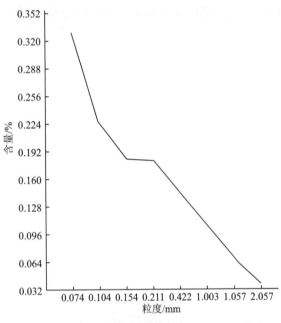

图 4　中国江西足洞原矿稀土含量与粒度的关系图
（引自张祖海，1990）

（5）矿体特征

矿体呈层状、似层状分布于全风化花岗岩层的中、下部及半风化花岗岩层的上部，品位自上而下呈弱—强—弱变化趋势。矿体形态在平面上随地形变化呈似层状的条带，在剖面上矿体随地形起伏呈现连续的弯月形和透镜状，由山脊向两侧延伸。矿体厚度一般为 10m，有的厚度达 30m，严格受地形和岩体风化程度限制。矿体厚度变化一般具有如下特征：缓坡的矿体比陡坡的矿体厚度大；宽阔浑圆的山头比狭窄山头厚度大；从山顶至山腰、山脚厚度逐渐变小；覆盖层在山顶处较薄（有时岩体还会出露地表），山谷及坡脚较厚。另外，岩石风化程度与矿化呈正比关系，风化程度越高，风化壳厚度越大，矿化就越好；风化越深，岩石粒度越细，稀土含量就越高（图 4）。江西河岭矿区稀土平均品位 ≤0.1% 的探井的风化壳厚度均 <9m，而风化壳厚度 ≥9m 的地段，稀土品位均 >0.1%。

（6）稀土元素赋存状态

未风化花岗岩与全风化花岗岩的稀土元素赋存状态有很大差别。未风化花岗岩的稀土元素一部分以独立稀土矿物，如褐帘石、独居石，分布在岩石中，大部分呈微细粒或少量的类质同像分散在造岩矿物、含稀土矿物和金属矿物中，而且在不同岩相相带中稀土元素含量也有所不同。过渡相有15.9% 的稀土元素分布在稀土矿物中，有 3.7% 分布在含稀土矿物中，有 32% 分布在造岩矿物中。中心相有 17% 的稀土元素分布在稀土矿物中，有 15% 分布在含稀土矿物中，造岩矿物所含稀土元素为23%。而在全风化花岗岩中，稀土元素有 70% 吸附在黏土矿物中，稀土独立矿物消失，而分散在石英、长石、云母中的稀土元素占 28.34%，在磁铁矿、锆石、钛铁矿中稀土元素只占 0.6%。这种稀土元素绝大部分（<71%）被黏土矿物吸附，符合离子吸附型矿床的特点（黄金七，2008）。

（7）风化壳矿化模式

稀土矿化在垂直方向上具有明显的分层性，而沿水平方向变化不大。表生作用促使原岩分解和元素选择性迁移、富集，进而形成不同成分的风化壳。据含矿花岗岩、混合岩及火山–次火山岩风化壳的发育特征，张祖海（1990）认为风化壳结构模式自上而下可分为腐殖层、残坡积层、全风化花岗岩层和半风化花岗岩层（图5），各层间无明显界线，为渐变过渡关系。其风化壳的厚度各处不一，变化较大，与所处的地形位置有关。

1）腐殖层（图5A）：呈灰褐色，含大量植物根茎。主要由黏土、石英及腐殖物组成。厚0～1m。

2）残坡积层（图5B）：呈土黄—砖红色，含少量植物残骸。主要由（含铁）黏土、石英及少量岩石碎块组成，结构疏松。厚0.3～1m。上述两层品位较低，一般在0.02%以下。

3）全风化层（图5C）：呈黄白—浅红色。80%由黏土矿物和石英组成，其余为钾长石和白云母。结构疏松多孔易碎。厚度一般4～10m，约占整个风化壳厚度的60%以上。由于该层位是风化壳中长期稳定发育的主体部分，且恰好与稀土离子垂直渗滤途中的浓集部位相吻合，故其黏土矿物吸附稀土离子达到了最佳状态。因此，该层稀土矿化最富，品位最高达0.25%，为矿体的主要赋存层位。

4）半风化层（图5D）：基本保持原岩颜色和结构，但长石已风化成高岭土和绢云母，黏土矿物含量低于30%。厚度以2～3m居多。进入此层矿化减弱、品位降低。D层之下即为基岩——成矿母岩，未风化。

轻、重稀土在风化壳垂直方向上的分层富集现象明显，即轻稀土一般在全风化层中部富集，而重稀土多在全风化层下部最富集。此类型的轻稀土矿床中，Ce从半风化层到全风化层，随着风化程度的加深而逐渐亏损，但是到了腐殖层又富集起来。La、Nd的迁移富集规律与Ce正好相反。它们从半风化层到全风化层逐渐富集，到全风化层上部其富集程度有所降低，表层明显贫化。残坡积层中Ce高于La，全风化层中Ce低于La是该类矿的特点。总体上轻重稀土在垂直方向上表现相同，即都呈现上下两头小、中间大的"凸"字形。

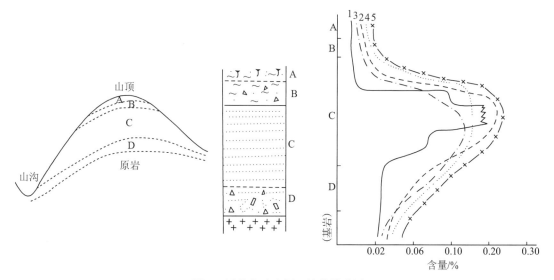

图5 风化壳垂直剖面结构模式图

（据张祖海，1990，修改）

A—腐殖层；B—残坡积层；C—全风化层；D—半风化层。1—大塘（广东）；2—足洞（江西）；
3—五里亭（江西）；4—河岭（江西）；5—客坊（福建）

三、矿床成因和找矿标志

1. 矿床成因

含稀土花岗岩类在地表遭受风化作用时，其所含的硅酸盐和稀土矿物一起被破坏、分解，释放出来的稀土元素以离子状态进入到水溶液中。随着水溶液的渗透，稀土元素由风化壳上部向下迁移。在迁移过程中，随pH值的增加，溶液偏碱性（pH值约为6.8左右），使得稀土元素呈氢氧化物或碳酸盐沉淀，降低了稀土元素的迁移能力，而被高岭石、埃洛石、水云母等黏土矿物所吸附，使稀土离子在风化壳中得以富集。风化壳上部黏土矿物中的稀土元素较容易从矿物中被解吸，淋溶下来随水继续向下迁移和吸附，稀土离子再被黏土矿物吸附固定，这样迁移、吸附、解吸、再迁移、再吸附反复循环，最后在全风化层中形成具工业规模的风化壳离子吸附型稀土矿床。在此过程中，稀土离子之所以能被高岭石等黏土矿物所吸附，是因为黏土矿物粒度较小，具有较大的比表面积，加上黏土矿物的表面常因破键而出现未饱和的过剩负电荷，需要吸附介质中的阳离子以维持电介平衡，风化壳中的钾、钠、钙等碱金属和碱土金属因活性大而易于不断迁移，而稀土离子活动性较小，得以被黏土矿物所吸附。

值得一提的是，风化壳离子吸附型矿床的形成主要是内外生条件的平衡统一的结果，由此，王伦等（1988）提出了"四元一体"的成矿模式：

1）成矿母岩具有必要的最低稀土浓度。如：赣南地区稀土矿富集度最高为 6.95，平均为 3.98。按照成矿母岩稀土浓度与风化壳成矿富集度的关系，花岗岩类稀土浓度最低不小于 170×10^{-6}。在其他条件相近时，母岩稀土浓度越高对成矿越有利。

2）成矿母岩应具有易风化解离的稀土赋存状态类型。即稀土载体矿物主要为硅酸盐矿物和氟碳酸盐矿物以及某些热液蚀变富集稀土矿物类。而磷酸盐矿物，如独居石型和磷钇矿以及稀土铌钽酸盐矿物较难风化，不利于形成离子吸附型稀土矿床。

3）风化壳的地形相对切割深度对成矿的控制。风化壳主要是在第四纪以来形成的，地貌形态受到新构造运动的制约。花岗岩类面型风化壳主要发育在低丘和中丘地貌区，且分布在中、低地貌区的二级阶地以上的低缓夷平面内，其海拔标高在 150～500m，相对切割深度在 30～1000m 之间。

4）风化壳的 pH 值控制着稀土元素的富集和赋存部位。风化壳中稀土总量与 pH 值呈抛物线型函数关系，当 pH 值为 6～6.5 时，稀土总量的平均值最高，易于形成较厚的风化壳，对吸附有利。风化壳在垂直剖面由下而上 pH 值呈规律地递减。全风化层中的中下部 pH 值为 5.7～6.9。因此，此层为矿化富集区。江西不同矿区风化壳 pH 值变化范围和峰值不相同，安西平均 pH 值为 4.5～5.5，河岭为 5～5.5，足洞为 6～6.5，南桥为 6.5～7.0。安西矿区由于地形平缓风化较深，风化壳 pH 值偏酸性，南桥矿区成矿母岩富碱风化程度较低，故风化壳偏中性至弱碱性，江西河岭及足洞两个矿区特征介于二者之间。

2. 找矿标志

（1）地理气候、地形地貌标志

相对稳定的纬度带（北纬 22°～29°），特别是北纬 24°～26° 的亚热带温湿气候有利于风化壳发育。其充沛的雨量，茂盛的植被、明显的季节性气候交替以及较好的排水条件等，是形成花岗岩类岩体风化壳的先决条件。

高差不大（一般 250～60m）的丘陵对形成风化壳矿床最为有利，因为它能保证降水渗透到潜水面并由局部的侵蚀基准造成的排水条件，以促使其发生积极的化学作用，产生次生富集。风化壳的厚度严格受地形起伏的控制，在地形平缓的圆顶、缓坡等地，厚度较大；在被冲刷的沟底，厚度较小，甚至为零。

该类型矿床地形地貌特征可分为两种，一种为馒头状小山包，风化壳保存程度属裸脚式，即山脚部分基岩裸露；另一种以较大的山包为主，矿区处于低山区，风化壳保存程度为全覆式，基岩很少出露，矿体多分布在较大面积的山坡上。

（2）风化层标志

花岗岩的自交代作用中，发生钾交代和钠交代时，能析出大量的稀土矿物，故微斜长石化（钾化）和钠长石化（钠化）以及大量的长石风化的过渡现象，是这类矿床鲜明的地质标志。矿体周边半风化和未风化的原岩以及风化壳中的风化物，通常具有以下标志：

1）富钠长石细粒锂云母花岗岩，一般含氟碳钙钇矿、黄钇钽矿，其风化壳内有细粒石英和锂云母的残留等，是找重稀土元素离子吸附型矿床的标志。

2）富钾长石粗粒或中粒锂黑云母花岗岩，其中常有钠长石脉充填于内，一般含氟碳钙钇矿、硅铍钇矿、磷钇矿。风化壳内残留有中、粗粒石英和锂黑云母，是找重稀土元素离子吸附型矿床的标志。

3）海西—印支期粗粒二云母花岗岩，风化后常形成富铈轻稀土元素离子吸附型矿床。

4）富钾长石中、粗粒铁黑云母或铁叶黑云母花岗岩的风化壳内，残存有褐钇铌矿、独居石等矿物，其边缘相钠高于钾，是找重稀土元素离子吸附型矿床的标志（常伴生钪）。

5）富钠长石中、细粒铁黑云母（少量白云母）花岗岩，风化后残留中、细粒石英和铁黑云母，是找轻稀土元素离子吸附型矿床的标志。

6）含铌钽矿物的花岗岩风化壳矿区及外围可能找到花岗岩风化壳离子吸附型稀土矿床。

7）含稀土矿化花岗岩风化壳中，多水高岭石、高岭石、水化黑云母等黏土矿物富集地段是稀土元素离子吸附型矿床的富集区。

另外，岩石风化程度越高，风化壳厚度越大，岩石粒度越细，越有利于矿化。

（3）构造地质标志

不同级次的断裂具有不同的控矿功能：主要断裂控制矿带，次级断裂控制矿区，低级断裂和密集的裂隙控制矿床。如在南岭地区，燕山早期矿化花岗岩受南岭 EW 向复杂构造带控制，形成了主要呈 EW 向展布的原生稀土矿化带。特别是以新华夏系拱－坳交替带之次级断裂构造组合为主，与 EW 向构造带同级断裂交接地段为主要的控岩构造标志。而且两个构造体系的次级构造密集产出地段常常是富矿地段。其派生的低级断裂及裂隙发育地区易富集风化壳中的稀土元素。微裂隙愈发育，稀土的次生富集程度愈高。这主要是由于微裂隙发育地段，化学风化作用较为强烈，并常形成次生淋滤成因的较纯的多水高岭石等黏土矿物，促进了稀土离子的富集。

（4）岩浆岩找矿标志

矿床富集在矿化花岗岩的风化壳中。矿化花岗岩体多为复式岩体的组成部分，前者形成较早而常常成为复式岩体的主体面呈大岩基状产出，矿床（点）一般产于花岗岩类岩基中。另外，在复式岩体中往往是早阶段岩体的稀土含量高于晚阶段岩体。尤其是大岩基的舌状突出部位和靠近岩体的内接触带是成矿的有利地段。

（5）地球化学找矿标志

风化淋滤作用是稀土元素在风化壳中富集、分异的主要控制因素，随着风化淋滤作用的进行，稀土在风化壳剖面上可形成一个轻－重稀土的天然离子色谱层。由于 Ce 的地球化学特殊性，在地表条件下为黏土矿物强烈吸附而固定，从而在上部红土化层出现强烈的 Ce 正异常，向下出现强烈的 Ce 负异常。

（金庆花）

模型四十九 内蒙古白云鄂博式铁铌稀土矿床找矿模型

一、概 述

内蒙古白云鄂博矿床是世界著名的超大型铁铌稀土（Fe - Nb - REE）矿床，也是世界上已发现的最大的稀土矿床。其稀土氧化物储量约为 $8.6 \times 10^7 t$，占全球已探明储量的 70% 以上，品位 3% ~ 6%；Nb_2O_5 储量约为 $2.8 \times 10^6 t$，品位 0.07% ~ 0.28%，是我国最大的铌矿床；矿区铁储量在 $1.5 \times 10^9 t$ 左右，品位 33% ~ 35%（朱训等，1999）。白云鄂博的铁矿体是丁道衡先生 1927 年首次发现的，1935 年何作霖先生在铁矿体中发现了稀土矿物，并定名为白云矿和鄂博矿，后查明为氟碳铈矿和独居石。黄春江先生 1944 年又发现了东铁矿和西铁矿群。白云鄂博超大型铁铌稀土矿床规模之大、品位之富、成矿过程之复杂都为世界罕见。白云鄂博矿床成因至今仍未有定论，稀土元素与铁共生的实例在世界范围内也不多见，这也增加了该矿床的研究难度。近年来，有人认为白云鄂博铁铌稀土矿床应归属于铁氧化物铜金矿床（IOCG 矿床）（M. W. Hitzman 等，1992），而也有人认为它和我国南方攀西裂谷带中牦牛坪和大陆槽等稀土矿床实属同类（Xu 等，2008）。鉴于白云鄂博铁铌稀土矿床的特殊性及其地位的重要性，本文总结其找矿模型，以便进一步寻找该类矿床。

二、地 质 特 征

1. 区域地质背景

白云鄂博超大型铁铌稀土矿床位于古中朝板块北缘与古中亚洋板块的交汇处。古大陆板块与古大洋板块之间被乌兰宝力格深大断裂隔开，北为古中亚洋板块，是一套含蛇绿岩的大洋型沉积；以南至包头为古中朝板块北缘内蒙地轴的北侧部分（白鸽等，1996；郝梓国等，2002）。

（1）地层

区域自下而上分布有太古宙集宁群麻粒岩地层，乌拉山群长石石英岩、透辉大理岩、石墨片麻岩、角闪斜长片麻岩、斜长角闪岩地层；古元古代色尔腾山群混合岩化片麻岩、混合岩、角闪斜长片岩、变粒岩地层，二道洼群绿泥片岩、绿云片岩和斜长角闪片岩地层；中元古代白云鄂博群石英岩、板岩、碳酸盐岩地层；志留系中下统包尔汉图群海相中酸性 - 中基性火山建造；志留系上统巴特敖包群灰岩、砂岩、板岩和片岩地层；石炭系上统灰岩、硬砂岩夹凝灰岩和酸性火山碎屑岩地层；侏罗系球状流纹岩和紫红色砂岩地层；第三系则广泛分布于各河谷中（中国科学院地球化学研究所，1988；白鸽等，1996）。

（2）构造

区内构造以 EW 向的紧密褶皱和断裂为主。褶皱构造由北向南依次为北矿背斜、文果疙果 - 比鲁特向斜、宽沟背斜、白云鄂博矿区向斜、白云鄂博矿区南背斜、苏木图向斜和白云镇南背斜。矿区 NE 方向约 20km 处为乌兰宝力格深断裂，即两大板块的分界线。另外，白云鄂博 - 白银角拉克大断层在白云鄂博矿区也有出露，该断层东起白云鄂博，向西到白银角拉克及乌布尔公，在白云鄂博出露长度为 15km 左右，即著名的宽沟大断层（中国科学院地球化学研究所，1988；白鸽等，1996）。

（3）岩浆岩

区域内岩浆岩分布广泛，其中以侵入岩为主，约占区域总面积的三分之一，岩性以中酸性岩为主，基性－超基性岩很少，碱性岩更少。太古宙岩体分布于渣尔太山南麓大佘太东北，U－Pb同位素年龄为2370～2470Ma。元古宙侵入岩体主要分布在色尔腾山和大青山山区。古生代侵入体以晚古生代花岗岩为主，主要集中分布在固阳到白云鄂博一带，岩性主要为钾长花岗岩和二长花岗岩。中生代岩体分布较少，主要见于固阳、包头、武川等地，以小型钾长花岗岩和碱长花岗岩为主（白鸽等，1996）。

2. 矿床地质特征

（1）矿区地层及赋矿围岩

矿区主要出露色尔腾山群和白云鄂博群，前者位于后者之下，且二者呈不整合接触关系。白云鄂博群是一套浅海相、厚度大、岩相变化剧烈的浅变质岩系，主要由石英岩、板岩、碳酸盐岩组成，可分为6个岩组，18个岩段，自下而上由都拉哈拉组（H_1—H_3）、尖山组（H_4—H_5）、哈拉霍疙特组（H_6—H_8）、比鲁特组（H_9—H_{10}）、白银宝拉格组（H_{11}—H_{13}）和呼吉尔图组（H_{14}—H_{18}）组成，主要赋矿层位为H_8层，其主体岩性是白云岩（白鸽等，1996），如图1所示。

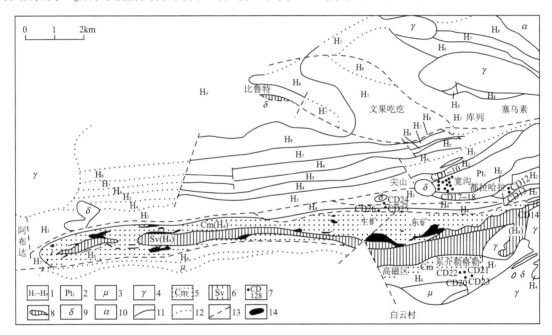

图1 白云鄂博矿区地质图

（引自王希斌等，2002，修编）

1—白云鄂博群H_1—H_9段；2—二道洼群；3—混合岩；4—花岗岩；5—H_8（赋矿碳酸岩体）；6—H_9（富钾板岩，
局部矿化）；7—碳酸岩墙群及其编号；8—比鲁特超基性岩；9—辉长岩；10—安山岩；
11—地层界线；12—推测地层界线；13—断层；14—矿体

从结构上可以将赋矿白云岩分为细粒白云岩和粗粒白云岩，其中细粒白云岩分布于矿体外围，主要由白云石和铁白云石组成，并含有一定量的磁铁矿、独居石、氟碳铈矿、重晶石和萤石等。而粗粒白云岩主要由白云石、磷灰石和磁铁矿组成。

（2）矿区构造及控矿构造

矿区的褶皱构造主要是由宽沟背斜和白云向斜组成的宽沟复背斜，该背斜构造轴向EW向，向西倾伏。白云鄂博稀土矿主要赋存于宽沟背斜南翼白云向斜两翼的H_8白云岩和H_9板岩的过渡带。中国科学院地球化学研究所（1988）根据断裂的形成力学和组合关系将矿区断裂分为3组，即近EW向的宽沟大断裂、走向逆断层组以及NE向和NW向共轭扭裂隙组。宽沟大断裂切穿地壳，连通地幔，为成矿物质运移提供了通道（Yang等，2009）。

（3）矿区岩浆岩

白云鄂博矿区内侵入岩体以花岗岩类为主，呈岩基状大面积分布于白云鄂博矿床南北；其次是辉长岩类，呈小岩株和岩墙产出；此外还有各类基性、碱性和酸性岩脉。白云鄂博矿区花岗岩分布很广，约占基岩分布面积的2/5，很可能是太古宙古老陆壳重熔的产物（白鸽等，1996）。花岗闪长岩、中粗粒黑云母钾长花岗岩和细粒黑云母钾长－碱长花岗岩的等时线年龄值分别是316.1Ma、257.7Ma和236.3Ma，故白云鄂博矿区内主要发育晚古生代就位的花岗质岩体（杨学明等，2000）。辉长岩体在白云鄂博矿区南北皆有分布，其形成早于花岗岩，它们之间没有过渡关系，二者并非同源岩浆的分异产物（白鸽等，1996）。这些岩浆活动在时间上明显晚于成矿时间，受空间限制，仅对部分矿体进行了改造。Le Bas等（1992）报道了在宽沟混合片麻岩中发现的数十条碳酸岩岩脉，这些岩脉一般宽0.5~2m，长10~20m，呈近直立状切穿地层，走向以NE、NW向为主，偶尔见近EW向脉体产出。陶克捷等（1998）将碳酸岩岩墙按岩石类型分为3种类型：白云石型、白云石－方解石型和方解石型。此外，矿区内还发育着霓石岩脉、钠闪石脉、正长岩脉和钠长岩脉等碱性岩脉。

（4）矿体特征

矿区东起都拉哈拉，西至阿布达、欧路乌拉，南到白云村，东西长约18km，南北宽约2km。矿区为一个近EW走向的向斜构造。向斜轴部由白云鄂博群的H_9板岩组成，两翼则主要对应地分布着白云鄂博群的H_6—H_8的白云岩，稀土元素矿体主要赋存于H_8白云岩中。图2为赋矿白云石碳酸岩体和铁矿体的平面与剖面分布示意。

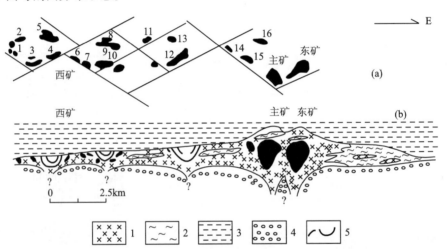

图2　白云鄂博矿区赋矿白云石碳酸岩体和铁矿体的平面（a）与剖面（b）分布示意图

（引自郝梓国等，2002，修编，转引自中国科学院地球化学研究所，1988）

1—赋矿白云石碳酸岩；2—富钾板岩；3—白云鄂博群的沉积－火山碎屑岩；4—白云鄂博群的石英砂岩；
5—含铌稀土的铁矿体。（a）图中的编号为铁矿体的编号

对于铌－稀土而言，整个白云岩都是矿体。而对于铁，根据工业品位的圈定，划分为中部矿段、东部矿段、西部矿段和苏木图矿段等4个矿段（白鸽等，1996）。中部矿段、东部矿段、西部矿段的铁矿体中均伴生有工业价值的铌－稀土矿化。

1）中部矿段：该矿段位于白云鄂博矿区向斜中段。中部矿段是白云鄂博矿床的主要矿段，由主铁矿体、东铁矿体、东介勒格勒铁铌稀土矿体、主铁矿体和东铁矿体下盘白云石型铌稀土矿体和向斜核部矿体等5个矿体组成。矿体呈大透镜状、厚层状，两端尖灭于白云岩中，向深部变化较大，呈楔形分支尖灭于白云岩中。矿体轴长1250m，最大厚度415m，平均厚度215m，最大延深1030m，产状与围岩一致。稀土储量占全矿区总量的32.1%，铌储量占全区总量的21%（图3）。

2）东部矿段：该矿段由白云向斜东段北翼的白云岩及向斜核部的板岩和暗色岩系夹白云岩透镜体组成。向斜南翼地层全被海西期花岗岩侵吞。主要的矿体类型有接触带矽卡岩型矿体、条带状铌稀土铁矿体、块状铌稀土铁矿体和钠闪石型铌稀土铁矿体。呈不规则透镜状，西窄东宽，呈枝叉状尖灭

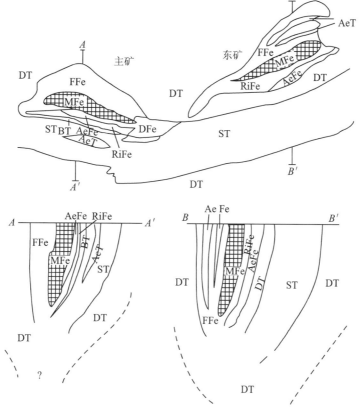

图3　白云鄂博矿区主铁矿体、东铁矿体矿石类型平面分布示意图（上）与剖面示意图（下）

（引自郝梓国等，2002）

MFe—块状铌稀土铁矿石；FFe—萤石型铌稀土铁矿石；AeFe—霓石型铌稀土铁矿石；RiFe—钠闪石型铌稀土铁

矿石；DFe—白云石碳酸岩型铌稀土铁矿石；DT—白云石碳酸岩型铌稀土矿石；BT—黑云母型铌稀土矿石；

ST—长板岩型铌稀土矿石；AeT—霓石型铌稀土矿石

于白云岩和黑云母化板岩中，深部变窄分叉于白云岩中。矿体轴长1300m，最大厚度340m，平均厚度179m，最大延深870m，东矿段稀土储量占全区总量的21.5%，铌储量占全矿区总储量的10.8%。东矿段境界外的底盘较富，稀土品位3.55%，其储量占全矿区总量的16%。

3）西部矿段：西部矿段是一个近EW向的向斜构造，黑云母化板岩组成向斜的核心，白云岩组成向斜的两翼，其间有交互成层的过渡带。铁矿体在地表呈不规则的透镜体和长条状，产状与围岩一致，走向近EW，向斜南北两翼的矿体在下部是连通的。矿石类型主要为白云岩型铌稀土铁矿石和黑云母钠闪石型铌稀土铁矿石，这里的钠、氟交代较弱。该矿段由16个矿体组成，为似层状、透镜状分布在向斜两翼，深部相连。矿体长300～5300m，最大厚度9～110m，平均厚度9～27m，其中以Ⅲ号和Ⅴ号矿体规模最大，最大延深855m。矿体走向近EW向，倾角一般为70°～80°。稀土储量占全区总储量的8.5%，铌储量占全区总量的43.7%（图4）。

4）苏木图矿段：位于西矿段以南2km左右，含矿岩系由4～5层白云岩与互层的富钾板岩岩层或角闪斜长混合岩层组成。

（5）矿石类型及矿物组合和结构构造特征

白鸽等（1996）将矿石类型按产状分为似层状透镜状矿石和脉状矿石两大类；按矿化元素分铌稀土铁矿石、铌稀土矿石和少量铌矿石3类。铌稀土铁矿石主要赋存在白云岩层的中上部或处于白云岩与板岩的过渡带，矿体呈似层状或透镜状。单就铁矿而言，以中部矿段矿化最好，矿体规模也最大；其次是西部矿段；苏木图矿段更次。白云岩铌稀土矿石及白云岩铌矿石在矿区分布最广，矿层与地层一致，构成白云鄂博矿区向斜和苏木图向斜南北两翼主体。碳酸岩脉型铌稀土矿石主要分布在宽

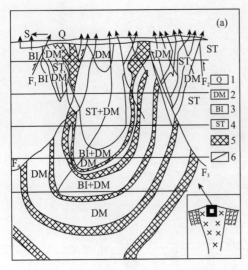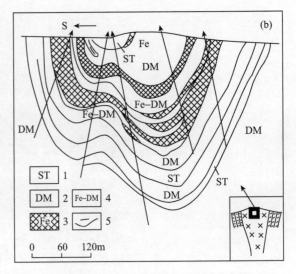

图4 白云鄂博矿区西部矿段40线剖面（a）和10线剖面（b）岩、矿层互层构造示意图

（引自郝梓国等，2002）

（a）：1—第四系；2—白云石碳酸岩；3—黑云母岩；4—板岩；5—铁矿体；6—断层

（b）：1—板岩；2—白云石碳酸岩；3—磁铁矿层；4—铁矿化白云石碳酸岩；5—菱铁矿层

沟背斜轴部片麻岩带及其两翼 H_1—H_4 碎屑岩系中，脉体走向与地层走向垂直或斜交，产状较陡。脉壁附近围岩具霓长岩化蚀变带。

白云鄂博矿床矿物成分极为复杂，已发现矿物（包括变种）190 多种，其中铌钽矿物近 20 种，稀土矿物近 30 种。稀土矿物以独居石和氟碳铈矿分布最广。白云岩中以独居石为主；主铁矿体和东铁矿体中以氟碳铈矿为主，独居石次之；黄河矿主要见于霓石型铁矿体内的晚期细脉中，褐帘石和磷硅钙铈矿主要见于东部接触带矽卡岩化白云岩铌稀土矿石中。矿床中分布最广的铌矿物主要是铌铁矿、烧绿石、易解石和铌金红石。矿区铁矿物主要有磁铁矿、赤铁矿和菱铁矿，其中以磁铁矿分布最广。

白云鄂博矿床最特征的矿石构造是不同颜色矿物呈带状相间展布而组成的条带构造；块状构造见于主铁矿体和东铁矿体中部及白云岩和长石板岩部分矿石中；浸染状构造则主要见于白云岩型和长石板岩型矿石中。矿石结构主要为细粒和不等粒结晶粒状结构，少部分为粒柱状结构、鳞片状结构和纤维状结构。

（6）围岩蚀变

中国科学院地球化学研究所（1988）将白云鄂博矿区的围岩蚀变分成了 3 种类型：接触交代蚀变、氟－钠交代蚀变和热液充填交代蚀变。接触交代蚀变主要发育在东部花岗岩与白云岩的接触地带，以钾的交代作用相对突出，也有氟、钠交代，在此阶段形成了各种镁矽卡岩。氟－钠交代蚀变是该区发育最广泛的交代作用，主要发育在主矿、东矿和西矿，氟主要与钙质岩石发生反应，而钠主要在硅质较高的岩石中聚集。热液充填交代蚀变的特点是形成各种不同矿物组合的细脉。具体而言，围岩蚀变主要有长石化、萤石化、霓石化、碱性角闪石化、黑云母化、金云母化、磷灰石化、重晶石化、碳酸岩化以及矽卡岩化等（杨奎峰，2008）。

（7）成岩成矿时代

到目前为止，文献报道的白云鄂博成矿年龄数据跨度很大，大多数年龄使用稀土矿物的 U－Pb、Pb－Pb、Sm－Nd 同位素体系分析测试，年龄值为 0.4～2.0Ga，且年龄数据大多集中在 1.2～1.4Ga（张宗清等，1994，2003；范宏瑞等，2002；刘玉龙等，2005）。任英忱等（1994）根据大量同位素年龄数据，将白云鄂博矿床经受的重大地质热事件分成了以下几个期次：①中新元古代；②加里东期；③海西期。这些年龄数据暗示白云鄂博碳酸岩岩浆活动发生在中元古代，而加里东期和海西期的年龄数据则代表了白云鄂博地区花岗岩的侵位时间。矿化则与中元古代碳酸岩活动有密切关系。

三、矿床成因和找矿标志

1. 矿床成因

该矿床的成因机制问题一直存在着争议，主要有以下 6 种观点：

1) 沉积成因：孟庆润等（1992）在研究白云岩的 O、C 同位素后指出，H_8 白云岩内残留的微晶、泥晶灰岩是沉积成因的标志。

2) 生物沉积成因：乔秀夫等（1997）根据层序地层、事件地层等的研究指出，白云鄂博矿床赋矿白云岩既非火成碳酸岩，也非一般层状沉积岩，而是一巨型微晶丘。

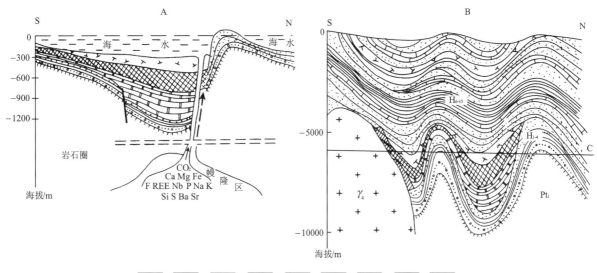

图 5　白云鄂博成矿模式示意图

（引自白鸽等，1996）

A—中元古代；B—新古生代；C—现代剥蚀水准。1—基底片麻岩；2—碎屑岩；3—白云岩；4—铁矿层；
5—火山岩；6—页岩板岩；7—灰岩；8—花岗岩；9—内接触变质带

3) 热液交代成因：Chao 等（1992）主要根据矿床加里东期的成矿年龄及矿物三连晶等相互交代特征，把白云岩看作是加里东期热液交代作用的产物。

4) 侵入碳酸岩成因：刘铁庚（1986）借助于白云岩 O、C 同位素的研究认为白云岩并非沉积成因，应属内生成因的火成白云碳酸岩。

5) 依托于碳酸岩墙的幔源流体交代白云岩成因：Yang 等（2009）根据 C - O - Nd 同位素数据认为 H_8 白云岩被依托于碳酸岩墙的幔源流体交代形成超大型稀土矿床。

6) 火山喷溢成因：袁忠信等（1991）指出，白云鄂博矿床的成矿物质可能是以富稀土流体形式来自地幔。白云岩在化学成分及矿物成分上与世界碳酸盐岩十分近似，但它们不是一般的侵入碳酸岩，可能是深处碳酸岩岩浆以火山喷溢或喷气形式进入海盆沉积而形成。

目前学术界的主流观点是，来自地幔的深源流体沿断裂上升，进入断陷海盆，与海水混合、沉积，从而形成喷溢沉积 - 热液交代型的铁 - 铌 - 稀土矿床（陈辉等，1987；翟裕生等，1999）。中元古代华北克拉通北缘经历了大规模伸展过程，引发该区大规模裂解（邵济安等，2002）。由于白云鄂博地区长期处于裂谷环境，导致该区上地幔物质处于部分熔融状态，形成大规模碱性岩浆房。尖山组后期，宽沟断裂切穿地幔，诱发富稀土碳酸盐流体不断上升、喷溢。由于碳酸盐流体的黏度和密度较低，且气液成分含量相对较高，具有较强的流动性和极强的搬运碱金属、LREE 等大离子亲石元素和高场强元素的能力。上述流体不断喷出，由于流体矿化度高，密度大，在海盆底部逐渐聚集成高盐度热卤水，铌、稀土等元素亦由喷溢中心向四周扩散。当元素浓度达到饱和时开始沉积，首先是 CaCO$_3$，它是幔源钙、二氧化碳与海水中钙、二氧化碳的混合物。由于 CaCO$_3$ 的沉淀，使热卤水中镁离子浓度增高，大部分方解石泥晶受镁的同生交代转变成白云石，接着是菱铁矿和磁铁矿等的沉积（图 5）。该过程可能经历了很长时间，从而形成了著名的白云鄂博铁－铌－稀土元素矿床。

2. 找矿标志

（1）地质找矿标志

1）区域性深大断裂的发育在该类矿床形成中起到了非常重要的作用，用以切穿地壳，沟通地幔，为幔源岩浆流体系统提供上升通道。白鸽等（1996）列举了 5 个寻找该类矿床的成矿带：①华北地台北缘及海西褶皱带中燕山期碱性－次碱性火山岩分布区；②天山南麓与塔里木地块过渡带；③秦岭褶皱系南北两侧；④郯庐断裂带西侧鲁西台凸地区；⑤康滇地轴及哀牢山褶皱带。

2）白云鄂博群地层含矿层主要为白云岩，应作为找矿勘查的重点目标。白云岩与铁矿层的原始物质是在槽型展布的槽状潟湖中沉积的。

3）基性岩－碱性岩－碳酸岩组合的出现是该类矿床的一个重要标志，由于该类矿床与碳酸岩关系密切，是稀土金属的重要载体。

4）稀土矿物的出现是该类型矿床找矿的直接标志，例如矿区内广泛分布的独居石和氟碳铈矿。

5）在碳酸岩及接近碳酸岩的片岩中出现碱性角闪石、金云母、霓石、钠长石等蚀变矿物的聚集体，以及浸染状或脉状碱性交代作用是稀土找矿标志。

6）在碳酸岩中氟交代现象的存在也可作为找矿标志，根据萤石化可以很容易地发现这种交代现象。

（2）地球物理找矿标志

区内磁异常值普遍偏低，这既与铁矿体埋藏较深有关，也与该区部分磁铁矿体氧化为赤铁矿有关，故而显示弱磁性。因此，在矿区内开展磁法找矿时，要重视弱磁异常的评价，结合异常形态和地质条件综合分析。

（杨宗喜）

模型五十　金伯利岩型和钾镁煌斑岩型金刚石矿床找矿模型

一、概　　述

　　金伯利岩和钾镁煌斑岩是金刚石最重要的源岩。金伯利岩分为两类，一类是富含挥发分（主要是 CO_2）的钾质超基性岩；另一类是超钾质过碱性富挥发分（主要为 H_2O）的岩石，后一类又称奥兰治岩。钾镁煌斑岩也是一种超钾质过碱性岩石，它与第二类金伯利岩有许多相似之处，但二者的化学成分和矿物成分是不同的。

　　金伯利岩主要分布在非洲南部和中部、北美和亚洲，钾镁煌斑岩主要分布在澳大利亚（图1）。在20世纪80年代前后，前苏联在东欧地台的波罗的盾和俄罗斯台坪的结合部位发现了一个新的含金刚石的金伯利岩区，叫做阿尔汉格尔斯克含金刚石金伯利岩区。全世界已知金伯利岩和钾镁煌斑岩产地约有4000个，其中含金刚石的大约有500~1000个，已开采的不到60个，其中大的矿山只有15个。表1列出了世界最重要的含金刚石岩筒的面积和品位。

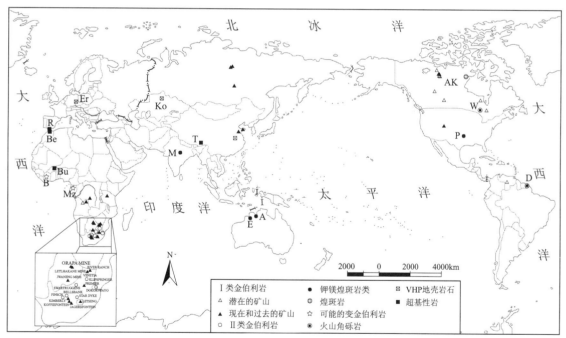

图1　主要含金刚石的金伯利岩和非金伯利岩金刚石产地分布示意图

（引自 J. J. Gurney 等，2005，修改）

　　钾镁煌斑岩：A—阿盖尔（澳大利亚）；E—埃仑代尔（澳大利亚）；M—Maghgawan（印度）；P—普雷里河（美国）。煌斑岩：AK—Akluilak 岩墙（加拿大西北地区），变金伯利岩（?）；B—博比（科特迪瓦）；Mz—米齐克（加蓬）。火山角砾岩：D—Dachine（法属圭亚那）；W—瓦瓦（加拿大安大略）。超基性岩：Be—贝尼（摩洛哥）；Bu—布基纳法索；R—龙达（西班牙）；T—西藏（中国）。超高压变质地壳岩：Da—大别山（中国）；Er—Erzgebirge（德国）；Ko—科克切塔夫（哈萨克斯坦）

表 1 世界重要的含金刚石岩筒

国家	岩筒名称	出露面积/hm²	金刚石品位/(ct·t⁻¹)
南非	维尼蒂（Venetia）	12	1.1
	芬什（Finsch）	17.9	1
	普雷米尔（Premier）	32	0.4
博茨瓦纳	朱瓦能（Jwaneng）	56	1.4
	欧拉帕（Orapa）	111	0.75
俄罗斯	"成功"（Udachnaya）	25	1.15
	"和平"（Mir）	12.3	1.9
	艾哈尔（Aikhal）	3	1
澳大利亚	阿盖尔（Argyle）	50	5.7
	埃伦代尔 4（Ellendale 4）	76	0.15
	埃伦代尔 9（Ellendale 9）	47	0.15

二、地 质 特 征

1. 区域地质背景

含金刚石的金伯利岩位于古老的太古宙克拉通内，被相对变形较弱的显生宙岩石覆盖，能为金伯利岩火山管道的保存提供特别有利的环境。而钾镁煌斑岩一般出现在克拉通边缘或出现在地壳很厚（大于 40~55km）、岩石圈也很厚（大于 150~250km）地区中克拉通化的增生活动带。

正如根据不同类型火成岩反复侵入所确定的，金伯利岩与钾镁煌斑岩侵入体在克拉通内一般产在高岩浆渗透带内，这些含金伯利岩的高岩浆渗透带毗邻长期活动的深大断裂系统，它们控制着克拉通内的地幔（镁铁质和超镁铁质）岩浆活动。

另一个控制金伯利岩分布的活动带是裂谷带的"肩部"，是断块差异性运动区，其特点是沿裂谷走向地垒-地堑构造发育，垂直断层的断距为 1~2km。

第三种控制金伯利岩分布的带称为异常地幔带，它在地表的地质构造上没有明显反映，但相当于地球物理线性体，能反映区域的深部特征。

金伯利岩或钾镁煌斑岩的年龄范围很广，从 2188Ma（澳大利亚的 Turkey Well 岩筒）至约 43Ma（加拿大的 Lac de Gras 岩筒），似乎在整个显生宙和元古宙的大部分时间都出现了金伯利岩浆喷发。近来在加蓬也发现了年龄为约 2800Ma 的金伯利岩。在开采金刚石的金伯利岩中，最老的是南非的普雷米尔，年龄为约 1200Ma，它与澳大利亚阿盖尔钾镁煌斑岩的年龄 1100Ma 近似。西伯利亚的金伯利岩是在 367~345Ma、245~215Ma 和 160~149Ma 3 个时间段侵位的。

2. 矿床地质特征

至今还未揭露出过一个完整的含金刚石的金伯利岩岩筒（火山）。根据非洲南部一系列金伯利岩研究，建立了金伯利岩岩浆系统的经典模式，它是由根部带、陡倾的火山道和比较浅的火山口带组成。

火山口、火山道和根部带分别为不同结构类型的金伯利岩所充填。组成火山口的是喷发的火山碎屑金伯利岩，火山道则是侵入凝灰质金伯利岩角砾岩，根部带为浅成的金伯利岩。火山道带垂直延伸可达 1000m，火山口带和根部带每个可达 500m，这表明一个完整的金伯利岩火山构造总深度可达 2km（图 2）。也有些岩筒（如加拿大的 Lac de Gras 岩筒）延伸规模比较小。

火山通道相和根部带浅成相金伯利岩的区别在于，前者是由嵌在微晶蛇纹石和透辉石基质中的围岩碎屑、浅成相金伯利岩碎块和浑圆的球粒状火山砾组成。火山口相第一类金伯利岩在多数金伯利岩区的数量都不大，因为大部分被剥蚀掉了。火山口相的金伯利岩包括表生碎屑沉积和以凝灰岩为代表的岩石。火山口相金伯利岩是金刚石的重要来源。

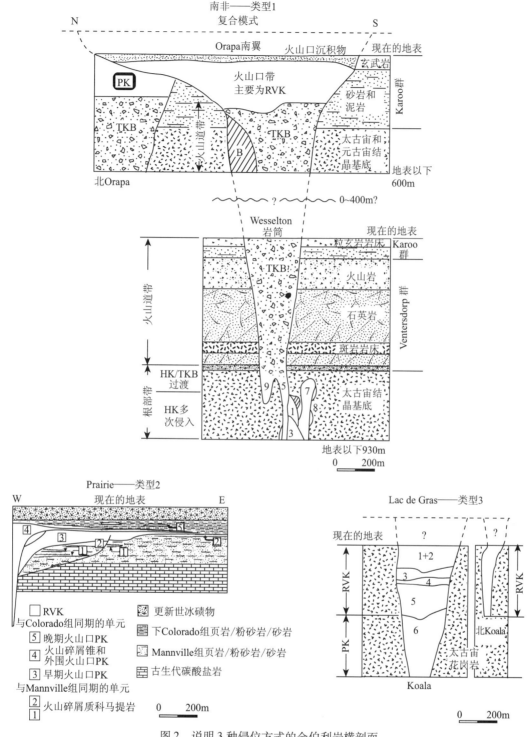

图2　说明3种侵位方式的金伯利岩横剖面

（引自 J. J. Gurney, 2005）

水平比例尺和垂直比例尺相同。类型1：深而陡倾的南非式金伯利火山复合模式，火山由火山口、火山道和根部带组成。图的下部是金伯利岩群的 Wesselton 岩筒，上部是 Orapa 双岩筒的南翼。根部带的数字代表浅成金伯利岩（HK）的多相侵入的岩相。TKB 是火山道带的凝灰质金伯利岩，RVK 是火山口带再沉积的火山碎屑金伯利岩。PK 是北翼火山口带火山碎屑金伯利岩。B 代表不同成分的角砾岩。类型2：加拿大 Prairie 浅火山口型金伯利岩，加拿大萨斯喀彻温 Fort a la Corne 岩田 Star 金伯利岩的横剖面。剖面只代表了整个金伯利岩体的大约二分之一。金伯利岩主岩体由火山碎屑金伯利岩3和4组成，它是在早白垩世科罗拉多群页岩沉积时侵位的。类型3：加拿大西北地区以 Lac de Gras 为代表的小而陡倾的岩筒。岩筒是在太古宙花岗岩中挖掘到的，为固结很差的晚白垩世到早第三纪的沉积物所覆盖。Koala 岩筒中的数字1~5代表再沉积的火山碎屑金伯利岩（RVK），6是火山碎屑金伯利岩（PK）。北 Koala 中的层状 RVK 没有划分

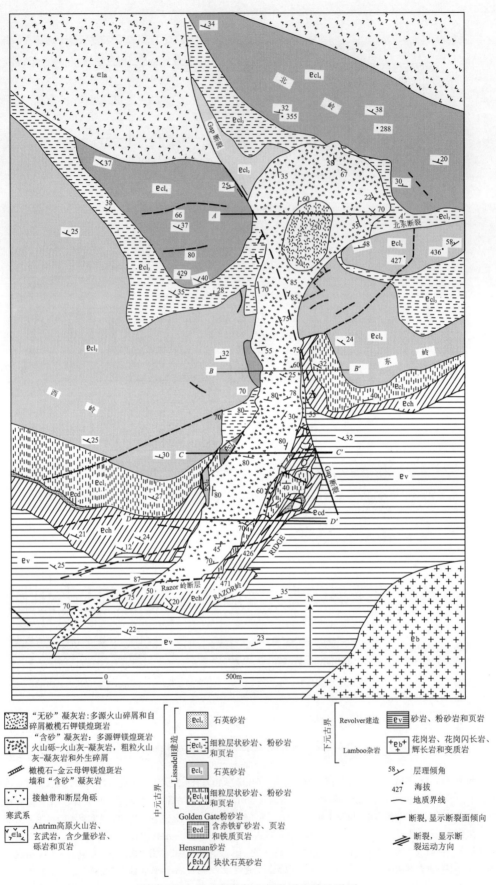

图3 澳大利亚阿盖尔火山角砾岩筒地质图

（引自 G. L. Boxer 等，1986）

如上所说，金伯利岩分为两类。第一类金伯利岩通常显示明显不等粒结构，即细粒基质中有大晶（有时为巨晶）存在。巨晶－大晶体组合由浑圆的他形镁钛铁矿、贫铬钛镁铝榴石、橄榄石、贫铬的单斜辉石、金云母、顽辉石和贫钛的铬铁矿晶体组成。橄榄石是大晶体组合的主要成分。基质矿物包括第二代自形原生橄榄石和（或）金云母，以及钙钛矿、尖晶石、钙镁橄榄石、磷灰石、方解石和晚期原生多边形胶蛇纹石。第二类金伯利岩则主要由浑圆形橄榄石大晶体再加上由金云母和透辉石的大晶体和微斑晶以及尖晶石、钙钛矿和方解石组成的基质组成。

钾镁煌斑岩是一组实际矿物成分变化范围极大的岩石。主要原生矿物有：含钛贫 Al_2O_3 的斑晶金云母、含钛基质嵌晶状四配位铁金云母、含钛和钾的钠透闪石、镁橄榄石、贫 Al_2O_3 和贫 Na_2O 的透辉石、非理想配比富铁白榴石和富铁透长石。有代表性的微量矿物包括红柱石、硅锆钙钾石、磷灰石、钙钛矿、镁铬铁矿、钛镁铬铁矿和镁钛磁铁矿。钾镁煌斑岩主要呈喷出岩、次火山岩和半深成岩出现。与金伯利岩不同，熔岩和火成碎屑岩是钾镁煌斑岩岩浆活动的有代表性的表现形式。有人认为，钾镁煌斑岩有熔岩流相、火山口相、火成碎屑相和浅成相之分。钾镁煌斑岩不会形成像金伯利岩所形成的那种岩筒或根部带。图 3 和图 4 分别为澳大利亚阿盖尔钾镁煌斑岩岩筒的平面图和剖面图。岩筒长约 2km，宽约 150～500km，几乎像一个巨大的岩墙而不是圆形或椭圆形，并被一复杂的鞍状构造带分隔为南、北两部分。岩筒主要由富含石英的火山碎屑角砾凝灰岩组成，其中夹有钾镁煌斑岩和围岩碎屑。岩筒含金刚石 $8540 \times 10^4 ct$，平均品位为 6.1ct/t，是世界上大而富的岩筒之一。

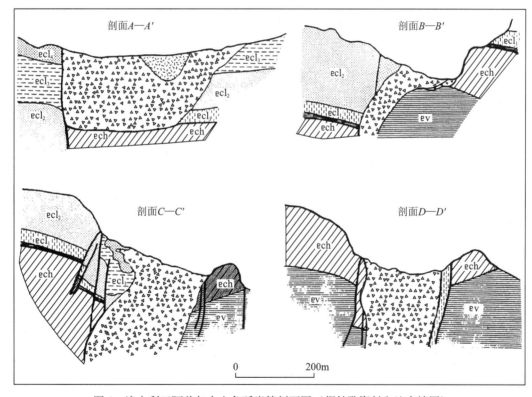

图 4　澳大利亚阿盖尔火山角砾岩筒剖面图（据钻孔资料和地表填图）

（引自 G. L. Boxer 等，1986）

图例同图 3，剖面位置见图 3

三、矿床成因和找矿标志

1. 矿床成因

金伯利岩岩筒的形成目前认为有两种模式：一种是岩浆模式，认为岩筒是由于岩浆成因的高压蒸汽和气体突然释放引起强烈爆发而形成；另一种是潜水－岩浆相互作用模式，这种模式认为各种岩浆类型组合的火山通道形成时，潜水－岩浆互相作用是岩筒形成的主要作用。岩筒中的金刚石过去认为是在高温高压下与金伯利岩一起形成的。各种幔源火成岩都是金刚石的原生来源，但主要的来源是金伯利岩和钾镁煌斑岩。这些幔源火成岩形成在地表以下 150～250km（或更深）的软流地幔。但是，近年来人们通过大量的年龄测定发现许多岩筒中金刚石的年龄比岩筒就位的年龄老得多（如南非金伯利岩岩筒年龄约为 100Ma，其金刚石年龄约为 3300Ma；博茨瓦纳欧拉帕岩筒年龄约为 100Ma，其金刚石年龄为 990Ma），这就使人们认识到，金伯利岩和钾镁煌斑岩虽然是金刚石的主要来源，但不是金刚石产生在其中的那种意义上的原生金刚石矿床。

金刚石不是从其母岩浆析出的斑晶，而是来自受到物理崩解的上地幔源岩的捕房晶，火成母岩只不过是为金刚石从上地幔上升到地表提供了搬运介质。金伯利岩和钾镁煌斑岩形成深度很大，足以向上穿过地幔源岩，而且侵入速度很快，足以使金刚石保存下来而搬运到地表。金刚石成因的这种理论突破有可能会对金刚石的找矿带来重大影响。

2. 找矿标志

（1）区域地质找矿标志

1）有重要经济价值的金伯利岩和钾镁煌斑岩只限于古老的克拉通（＞25 亿年）或大于 18 亿年的克拉通化地区。一般说，金伯利岩位于太古宙克拉通内，钾镁煌斑岩出现在克拉通边缘或地壳和岩石圈都很厚的克拉通化的增生活动带。

2）许多金伯利岩和钾镁煌斑岩的分布和侵位受构造控制，与穿透基底的深大线性构造和断裂带相伴随，尤其是古老的线性高渗透构造（地台活动带、裂谷和拗拉谷肩部、基底隐伏断裂密集区）是成矿的有利构造。

3）某些地区的金伯利岩浆活动是多期的。金伯利岩浆活动的时代范围很广，从元古宙到整个显生宙。当地块内具备了成矿构造条件和碱性火山岩活动发育时，金伯利岩在其附近地区产出的可能性就会大些。

4）金伯利岩田一般保存在准平原或高原上，金伯利岩岩筒往往成群出现。

5）侵入体的保存（和大小）与上升历史和侵蚀深度有关。克拉通上面有地台沉积存在，是岩筒得以保存的有利条件。在受到严重侵蚀的基底地带，一般只保存有岩墙和根部带。

（2）局部地质找矿标志

1）金伯利岩或钾镁煌斑岩岩筒在主要构造线性体或活动带中的位置通常受局部构造（如内部或横切的次级构造、主要断裂交汇处等等）控制。

2）侵入的岩筒有不同的相：火山口相，常见的是凝灰岩和其他火山碎屑岩及表生碎屑岩，有些有层理；火山道相，陡倾的岩体，含金伯利岩角砾、幔源物质和围岩；浅成相，浅成侵入体和角砾岩。对金刚石来说，火山口相最为重要，其次是火山道相。

3）金伯利岩岩筒和少见的钾镁煌斑岩岩筒，直径在 100～1500m。岩筒在地表截面的面积为 1～150hm^2，平均 12hm^2。

4）岩筒一般展现圆形地貌（凹地或圆丘），并有植被异常。

5）侵入体一般是严重风化的（黏土）和隐性的，在地表是氧化黏土（"黄土"），下面是未氧化的金伯利岩"蓝土"。

6）岩筒的根部带一般有多种侵入体（多种侵入相）。

（3）矿物学找矿标志

1）金刚石指示矿物一般是各大类镁铁质造岩矿物中的高铬和（或）高镁矿物，尤其是硅酸盐矿物镁铝榴石、镁橄榄石、顽辉石和透辉石、钾钠透闪石和金云母，以及氧化物矿物铬尖晶石和镁钛铁矿。

2）金刚石相铬尖晶石富 Cr 和 Mg（$Cr_2O_3 \geqslant 61\%$，$MgO \geqslant 11\%$），而贫 TiO_2（＜0.5%）。

3）金刚石相石榴子石属于两个共生组合：橄榄岩中石榴子石高 Mg 和 Cr（一般含 $MgO \geqslant 14\%$，

$Cr_2O_3 \geqslant 4\%$），低钙（含 CaO $< 5\%$）；榴辉岩中石榴子石含 $Na_2O > 0.7\%$。

4）镁钛铁矿，高 Mg（含 MgO $> 4\%$）、Cr（含 Cr_2O_3 $0.1\% \sim 11\%$），低 Fe^{3+}；一般呈浑圆形，玻璃贝壳状断口。

5）钾镁煌斑岩的指示矿物与金伯利岩有些不同，主要是富钛金云母、钾钛钠透闪石、低铝透辉石、铬尖晶石、镁橄榄石、钙钛矿，红柱石、硅锆钙钾石和硅铌钛碱石 3 种矿物虽罕见，却是钾镁煌斑岩极有代表性的诊断矿物。钾镁煌斑岩中铬镁铝榴石极为少见，镁钛铁矿更为罕见，其中的钛铁矿一般比大多数金伯利岩中的钛铁矿贫镁。

（4）地球物理找矿标志

1）火山口相的地球物理特性是：良导性，无磁性，低密度。

2）风化火山道（金伯利岩内的"黄土"）的地球物理特性是：良导性，无磁性，低密度，比围岩更易风化。该"黄土"带电阻率小于 $10\Omega \cdot m$，一般只有 $2 \sim 5\Omega \cdot m$，充电率 $0 \sim 1ms$。

3）部分风化火山道（金伯利岩内的"蓝土"）的地球物理特性是：一般有磁性，电导率中等，赋存深度低于围岩土壤发育带。该"蓝土"带电阻率一般为 $50 \sim 100\Omega \cdot m$，充电率 $3 \sim 4ms$。

4）未风化火山道相的地球物理特性是：有磁性，电阻率中等，高密度。新鲜金伯利岩的电阻率一般在 $500\Omega \cdot m$ 左右，而围岩电阻率一般在 $300 \sim n \times 1000\Omega \cdot m$ 之间（图 5）。在一般情况下，岩管之上应出现低阻低极化的电异常。

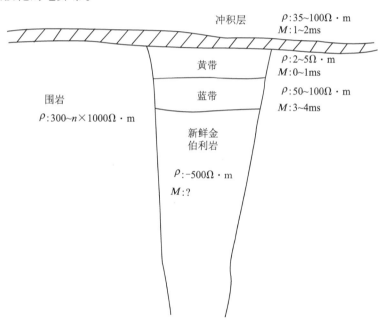

图 5　金伯利岩管在侵蚀风化后的剖面示意图

（引自陈铁华，1987）

（5）地球化学找矿标志

1）金伯利岩和钾镁煌斑岩特别有代表性的元素包括 Mg、Nb、Cr、Ni、Sr、Ba 和 Ce，还有各种其他超基性和不相容元素（表 2），后者对确定钾镁煌斑岩的地区特别重要。

表 2　对金伯利岩具有指示意义的探途元素及其检出限

最重要的	Ni（20）、Cr（20）、Nb（5）、Mg（50 +）
重要的	Ce（5）、Nd（2）、Zr（5）、Co（2）、P（50 +）、Ti（50 +）、La（5）、Rb（2）、Ba（20）、Sr（10）
有用的（往往为特例）	Pr（1）、Hf（0.1）、Ta（0.5）、Cu（2）、V（5）、K（50 +）、Cs（0.1）、Sm（1）、Li（1）、Mo（0.1）、Zn（2）、U（0.1）、Sc（1）、Th（1）、Y（1）、Sn（0.1）、Ga（0.1）、As（0.01）、Pb（1）、F（50）、Cl（5）

资料来源：M. T. 马格里奇，1995

注：适合于多数情况的大致最大检出限（$\times 10^{-6}$）列在括号里。所列的这些元素对岩石或土壤分析有用

2）金伯利岩和钾镁煌斑岩是超钾碱性超基性岩，MgO、Ni、Cr、K、Rb、Sr、Cs、Nb、Ta、LREE（轻稀土元素）、Pb、Th、U、Ba、P 含量高。

3）钾镁煌斑岩还富含 Ti、Zr、Hf 等元素。

4）区域水系和土壤地球化学成分中 Ni、Cr、Nb 和 Ta 含量高，接近源岩中的含量。

5）单个元素不能作为金伯利岩的特征元素，但 Cr、Ni、Nb、P 元素组可作为金伯利岩的特征元素组，这组元素如果同时出现异常，则该异常源很可能就是金伯利岩。

（6）勘探方法

1）遥感：遥感资料是查明构造和解释地貌的有用方法，在金伯利岩和钾镁煌斑岩勘查中可以利用它来确定控制金伯利岩和钾镁煌斑岩分布的大型线形构造和高岩浆渗透带，帮助选择靶区。

2）航空磁测：在航磁或航空电磁等值线图上孤立的"牛眼"状异常是探测金伯利岩筒的有利地段。目前一般采用的比例尺为 1:2 万到 1:5 万，飞行间距 400m，飞行高度 $80 \sim 120m$。图 6 是南非莱索托地区的一次测量结果。这次测量发现了 4 个金伯利岩管（K_3、K_4、K_6、K_{11}），磁异常成群出现，单个异常峰值尖锐，形态呈圆形、椭圆形。

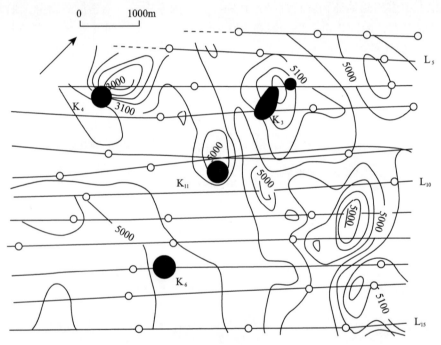

图 6 莱索托地区航磁总场等值线图（等值线间距 50γ）

(引自 J. 麦克内，1995)

3）地面磁测：继航空方法取得初步发现之后，地面磁测几乎总是用来详细圈定可能的金伯利岩或钾镁煌斑岩异常，并填绘出已知或可能的岩筒的轮廓，精确确定岩体的大小、埋深和产状。测量比例尺一般为 1:1 万、1:5000 和 1:2000。

4）电法：如果金伯利岩或钾镁煌斑岩处在恰当的风化环境，并与围岩形成一定反差，则各种电法是圈定它们的极好手段。在普查阶段使用瞬变场因普特法与航磁一起飞行能达到较好的效果。图 7（与图 6 是在同一地区）是因普特电磁法第二记录道振幅等值线图。从图上看出振幅异常可明显地反映出岩管位置，并且比磁异常反映得更为明显。K_6 岩管上方未出现磁异常，但却出现了明显的电磁振幅异常。在详查阶段利用电阻率法、激发极化法、水平线圈法、联合剖面法以及电测深法在圈定岩管方面能达到较好的效果。

5）指示矿物：大多数岩筒是根据铬榴石、镁钛铁矿、铬铁矿、铬透辉石、锆石和金刚石等指示矿物在源岩形成的分散晕而发现的，可以根据河流沉积物和土壤重砂取样建立指示矿物的分散模式。

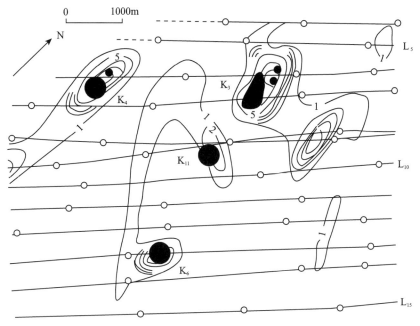

图 7　因普特电磁法第二记录道振幅等值线图

（引自 J. 麦克内，1995）

6）化探：由于金伯利岩和钾镁煌斑岩岩体规模很小，其周围可识别的地球化学分散晕一般不会很大，即使是大的出露或近地表的岩体，其分散晕范围也只有几百米，因此化探主要是在金刚石勘查晚期地面跟踪取样阶段有用，及在异常的岩石和矿物分析并结合岩石学研究时有用。

（朱丽丽）

主要参考文献及资料

《地球科学大辞典》编委会. 2005. 地球科学大辞典（应用学科卷）. 北京：地质出版社

《地质科技动态》编辑部. 澳大利亚西部韦尔德山碳酸岩风化壳大型高品位稀土-钇-铌-钽-碳酸盐矿床. 1990. 地质科技动态, （18）：16~17

《国外地质勘探技术》编辑部. 1990. 以若干金属矿区为例建立找矿经验模式的研究. 中国地质矿产经济研究院

《中国矿床》编委会. 1989. 中国矿床（上册）. 北京：地质出版社

《中国矿床》编委会. 1994. 中国矿床（中册）. 北京：地质出版社. 69~75

《中国矿床发现史·广西卷》编委会. 1996. 中国矿床发现史（广西卷）. 北京：地质出版社

地矿部赴墨西哥、秘鲁地质考察组. 1975. 墨西哥、秘鲁斑岩铜矿地质考察报告

地矿部检德铅锌矿地质考察组. 1986. 朝鲜检德铅锌矿床地质考察报告

地矿部情报所. 1985. 国外重要矿床（区）勘查史例（第二册）

地质科学研究院情报所. 1975. 国外斑岩铜矿

地质科学院情报所. 1975. 国外前寒武纪含铁硅质岩建造富铁矿床地质特征和勘查方法

地质矿产部矿床地质研究所. 1985. 层控贱金属矿床及其成矿作用. 国外矿床地质（增刊）

地质矿产部情报研究所. 1988. 矿床模式专辑, 地质科技资料选编（131）

地质矿产部情报研究所. 1988. 矽卡岩型金矿床引起注意——加拿大西南部、美国西部和澳大利亚东北部勘查开发大型矽卡岩金矿床. 国外地质科技, （8）：1~10

地质矿产部情报研究所. 1990. 矿床模式专辑（续篇）, 地质科技资料选编（131）

地质矿产部情报研究所矿产室. 1988. 国外矿产资源

放射性地质编辑部、国外盆地型铀矿床调研组. 1975. 国外盆地型铀矿床资料. 127~129

国土资源部信息中心. 2008. 世界矿产资源年评（2006~2007）. 北京：地质出版社

宁芜研究项目编写小组. 1978. 宁芜玢岩铁矿. 北京：地质出版社

全国金矿地质工作领导小组办公室, 地质矿产部情报研究所. 1986. 世界金矿及典型矿床

山西省地质矿产局. 1987. 太古宙绿岩带金矿地质（译文集）. 山西地质（增刊）

冶金工业部情报标准研究所. 1977. 国外火山岩型富铁矿

冶金工业部西南冶金地质勘探公司. 1984. 个旧锡矿地质. 北京：冶金工业出版社. 26~29

中国地质调查局. 2002a. 国内外斑岩型铜矿研究进展

中国地质调查局. 2002b. 国内外砂页岩型铜矿床研究进展

中国地质调查局资源评价部. 2008. 地质调查矿产类项目盘点总结

中国地质科学院成矿远景区划室. 1990. 矿床成矿模式选编（一、二）

中国地质矿产信息研究院报道室. 1992. 西方矿产勘查哲学

中国科学院地球化学研究所. 1988. 白云鄂博矿床地球化学. 北京：科学出版社

中国科学院资环局穆龙套金矿考察团. 1991. 穆龙套超大型金矿地质简况. 矿物岩石地球化学通报, （3）：210~214

中国有色金属工业总公司, 北京矿产地质研究所编著. 1987. 国外主要有色金属矿产. 北京：冶金工业出版社

安徽地质矿产局, 湖北地质矿产局, 江西地质矿产局, 江苏地质矿产局, 上海经济区地质中心. 1985. 长江中下游铜铁硫金（多金属）成矿带远景区划——长江中下游铜铁硫金（多金属）成矿带地质矿产特征、成矿规律及成矿预测（二）（狮子山矽卡岩铜铁矿床）

敖颖峰, 国铁成, 袁国平. 2001. 肖家营子斑岩体地质特征及找矿标志. 矿产与地质, 15（4）：233~237

巴登珠, 张浩勇, 吴继林. 1996. 西藏铬铁矿地质工作现状与找矿前景. 西藏地质, 15（1）：60~68

巴尼特 E S. 1997. 加拿大萨德伯里"镍环深部"矿床的发现、地质及金属分带. 国外地质科技, （2）：22~28

白鸽, 袁忠信, 吴澄宇等. 1996. 白云鄂博矿床地质特征和成因论证. 北京：地质出版社. 1~104

白文吉, 杨经绥, 方青松等. 2001. 寻找超高压地幔矿物的存储库——豆荚状型铬铁矿. 地学前缘, 8（3）：111~121

鲍佩声, 王希斌, 彭根永等. 1999. 中国铬铁矿床. 北京：科学出版社

鲍佩声, 王希斌. 1996. 对豆荚状型铬铁矿床成因及评价准则的新认识. 西藏地质, 16（2）：14~39

毕承思, 毛景文, 廖英等. 1993. 中国锡矿普查找矿评价标志. 地质与勘探, 29（3）：7~14

伯格曼 S C. 1992. 含金刚石的钾镁煌斑岩的勘查技术. 国外地质科技, （5）：73~78

伯杰 R B. 1983. 浅成热液贵金属矿床的概念模式. 见：地矿部情报所. 1988. 矿床模式（专辑）. 103~116

博伊尔 R W. 马万钧等译. 1984. 金的地球化学及金矿床. 北京：地质出版社. 368~371

布尔德 A. И. 1991. 建立预测普查模式的方法论基础. 国外地质科技, （8）：1~4

布坎南 L J. 1981. 北美西南部与火山环境有关的贵金属矿床. 见：地矿部情报所. 1988. 矿床模式（专辑）. 116~126

蔡明海，何龙清，刘国庆等．2006a．广西大厂锡矿田侵入岩SHRIMP锆石U－Pb年龄及其意义．地质论评，52（3）：409~414

蔡明海，梁婷，韦可利等．2006b．大厂锡多金属矿田铜坑－长坡92号矿体Rb－Sr测年及其地质意义．华南地质与矿产，（2）：31~36

蔡明海，梁婷，吴德成等．2004．广西大厂矿田花岗岩地球化学特征及其构造环境．地质科技情报，23（2）：57~62

蔡明海，梁婷，吴德成等．2005．广西大厂锡多金属矿田亢马锡矿床地质特征及成矿时代．地质学报，79（2）：262~268

柴凤梅，张招崇，毛景文．2005．岩浆型Cu－Ni－PGE硫化物矿床研究的几个问题探讨．矿床地质，24（3）：325~335

常印佛，刘湘培，吴言昌．1991．长江中下游铜铁成矿带．北京：地质出版社

常印佛，刘学圭．1983．关于层控矽卡岩型矿床．矿床地质，2（1）：11~20

陈大经，杨明寿．2001a．赣西卡林型金矿控矿条件及成矿模式．矿产与地质，15（2）：77~82

陈大经，杨明寿．2001b．赣西卡林型金矿找矿评价标志及找矿模式．矿产与地质，15（3）：153~156

陈法正．2002．砂岩型铀矿的成矿地质条件与战略选区——以二连盆地和鄂尔多斯盆地为例．铀矿地质，18（3）：138~143

陈根文，夏斌，肖振宇等．2001．浅成低温热液矿床特征及在我国的找矿方向．地质与资源，10（3）：165~171

陈辉，邵济安．1987．白云鄂博地区碳酸盐岩形成方式及构造背景．中国北方板块构造论文集，第2集．北京：地质出版社．73~79

陈骏，Halls C，Stanley C J．1994．柿竹园矽卡岩型钨锡钼铋矿床主要造岩矿物中的REE分布特征及成岩意义．地球化学，23（增刊）：84~92

陈铁华．1987．用物化探方法寻找金伯利岩．河南地质，（3）：59~65

谌锡霖，蒋云杭，李世永等．1983．湖南锡矿山锑矿成因探讨．地质评论，29（5）486~493

陈向阳，谢群．2006．中国铬铁矿的现状与展望．工业科技，35（5）：38

陈衍景．1996a．中国矽卡岩型金矿床的勘查进展和方向．地质与勘探，32（4）：9~13

陈衍景．1996b．中国矽卡岩型金矿床地质研究和勘查的进展与问题．有色金属矿产与勘查，5（3）：129~139

陈衍景，张静，刘丛强等．2001．论中国陆相油气侧向源——碰撞造山成岩成矿模式的拓展和运用．地质论评，47（3）：261~271

陈衍景，常兆山．1996．矽卡岩型金矿成因模型．见：张贻侠，寸圭，刘连登．中国金矿床：问题与思考．北京：地质出版社．57~269

陈衍景，陈华勇，Zaw K，等．2004．中国陆区大规模成矿的地球动力学：以矽卡岩型金矿为例．地学前缘，11（1）：57~83

陈衍景，秦善，李欣．1997．中国矽卡岩型金矿的成矿时间、空间、地球动力学背景和成矿模式．北京大学学报（自然科学版），33（4）：456~466

陈毓川，黄民智，徐钰等．1985．大厂锡石－硫化物多金属矿带地质特征及成矿系列．地质学报，59（3）：228~240

陈毓川，黄民智．1993．大厂锡矿地质．北京：地质出版社

陈毓川，刘德权，唐延龄等．2008．中国天山矿产及成矿体系（上册）．北京：地质出版社．470~473

陈毓川，王登红，朱裕生等．2007．中国区域成矿体系与区域成矿评价（上册）．北京：地质出版社

陈毓川，朱裕生．1993．中国矿床成矿模式．北京：地质出版社

陈肇博，陈祖伊，李胜祥．2003．层间氧化带砂型与古河谷砂岩型铀成矿地质特征对比．世界核地质科学，20（1）：1~10

陈哲夫，周守澐，乌统旦．1999．中亚大型金属矿床特征与成矿环境．乌鲁木齐：新疆科技卫生出版社

陈祖伊，黄世杰．1990．试述华东南中新生代不整合面型铀矿床．铀矿地质，6（6）：349~368

陈祖伊．2002．亚洲砂岩型铀矿区域分布规律和中国砂岩型铀矿找矿对策．铀矿地质，18（3）：129~137

程彦博，毛景文，谢桂青等．2008a．云南个旧老厂－卡房花岗岩体成因初探：锆石U－Pb年代学和岩石地球化学约束．地质学报，82（11）：1478~1493

程彦博，毛景文，陈懋弘等．2008b．云南个旧锡矿田碱性岩和煌斑岩LA－ICP－MS锆石U－Pb测年及其地质意义．中国地质，35（6）：1082~1093

程彦博，毛景文，谢桂青等．2009．与云南个旧超大型锡矿床有关花岗岩的锆石U－Pb定年及意义．矿床地质，28（3）：297~312

程裕淇，陈毓川，赵一鸣．1979．初论矿床的成矿系列问题．中国地质科学院院报．1（1）：33~38

池顺都．1991．矿产勘查模型的建立原则——以个旧锡多金属成矿区为例．地球科学——中国地质大学学报，16（3）：335~340

崔彬．1987．铜官山层控矽卡岩型铜矿床的蚀变分带及其成因．矿床地质，6（1）：35~44

崔霖沛．1991．美国西部卡林型金矿的物化探工作．见：中国地质矿产信息研究院．金矿物探．86~92

崔霖沛．1999．加拿大萨德伯里矿区．见：国土资源部信息中心．国外重要成矿区带典型找矿案例和勘查技术应用．

崔霖沛，吴其斌，熊寿庆等．1994．寻找以铜为主的隐伏矿床的物探方法．中国地质矿产信息研究院

崔敏利，张宝林，苏捷等．2009．印尼苏拉威西岛红土型镍矿的高效快捷勘查模式．地质与勘探，45（4）：417~422

崔书学，袁文花．2008a．莱州市寺庄金矿区第二金矿富集带成矿规律．地质调查与研究，31（3）：186~191

崔书学，袁文花，杨之利．2008b．莱州寺庄金矿床深部地质特征．西北地质，41（4）：82~92

代军治，毛景文，赵财胜等．2008．辽宁肖家营子矽卡岩型钼（铁）矿床高盐度流体特征及演化．岩石学报，24（9）：2124~2132

戴杰敏．2003．Carlin矿带金矿床地球物理和地球化学勘查．国外铀金地质，（3）：268~273

戴自希，盛继福，白冶等．2005．世界铅锌资源的分布与潜力．北京：地震出版社

戴自希．1990．火山岩型金矿及其勘查的选靶准则．见：地质部情报所．金矿遥感及其综合评价方法工作例案（一）．14~37

戴自希, 白冶, 古方等. 2004a. 中国西部和毗邻国家铜金找矿潜力的对比研究. 北京：地震出版社

戴自希, 王家枢. 2004b. 矿产勘查百年. 北京：地震出版社

戴自希, 吴黎明. 1988. 铀. 见：地质矿产部情报研究所. 国外矿产资源. 554~569

邓海琳, 李朝阳, 漆亮等. 2000. 云南金宝山铂族元素矿床初步研究. 矿物岩石地球化学通报, 19 (4): 333~336

邓军, 徐守礼, 方云等. 1996. 胶东西北部构造体系及金成矿动力学. 北京：地质出版社

邓军, 翟裕生, 杨立强等. 1998. 论剪切带构造成矿系统. 现代地质, 12 (4): 493~500

邓志成. 1988. 赣南风化壳离子吸附型重稀土矿床的成矿特征. 矿产地质动态, (6): 1~5

董平, 王冲, 孙斌等. 2009. 城门山铜矿外围深部找矿物探方法研究. 地质与勘探, 45 (6): 748~755

杜恩社, 陈静, 张能军. 2006. 西南天山萨瓦亚尔顿金矿地质特征及矿床成因. 资源环境与工程, 20 (5): 505~508

范宏瑞, 陈福坤, 王凯怡等. 2002. 白云鄂博 REE－Fe－Nb 矿床碳酸岩墙锆石 U－Pb 年龄及其地质意义. 岩石学报, 18 (3): 363~368

范立亭. 2002. 砂岩型铀矿成矿环境识别判据初探. 中南铀矿地质, 26 (1): 3~7

范育新, 张铭杰. 1999. 超大型铜镍硫化物矿床研究进展. 甘肃地质学报, 8 (2): 47~52

方维萱, 柳玉龙, 张守林等. 2009. 全球铁氧化物铜金型 (IOCG) 矿床的 3 类大陆动力学背景与成矿模式. 西北大学学报 (自然科学版), 39 (3): 404~413

丰成友, 王松, 张德全. 2003. 非硫化物型锌矿基本地质特征和成因. 矿物学报 (增刊): 251~252

丰成友, 杨建民. 2002. 遥感技术在斑岩铜矿勘查中的应用. 见：中国地质调查局编. 国内外斑岩型铜矿研究进展

弗·索金斯. 1987. 金属矿床与板块构造. 北京：地质出版社. 136~139

付治国, 靳拥护, 吴飞等. 2007. 东秦岭—大别山 5 个特大型钼矿床的成矿母岩地质特征分析. 地质找矿论丛, 22 (4): 277~281

高道明, 洪东良. 2008. 钟姑铁矿田铁矿成矿模式与规律及找矿标志. 金属矿山, (7): 84~87

高道明, 赵云佳. 2008. 玢岩铁矿再认识. 安徽地质, 18 (3): 164~168

高建国, 念红良, 李西等. 2004. 个旧南部地区锡铜多金属成矿作用. 昆明理工大学学报 (理工版), 29 (4): 79~84

高坪仙. 1994. 含金属黑色页岩及其成矿作用. 国外前寒武纪地质, (1): 24~30

葛朝华, 韩发, 邹天人等. 1981. 马坑铁矿火山沉积成因探讨. 中国地质科学院院报, 3 (1): 47~69

葛朝华, 韩发. 1986. 大宝山铁－多金属矿床的海相火山热液沉积成因特征. 矿床地质, 5 (1): 1~12

龚洪波, 陈书富. 2006. 广南木利锑矿成因新解. 云南地质, 25 (3): 321~326

古方. 1994. 世界特大型铬铁矿矿床. 地质科技动态, (10): 41

古文泉. 1990. 桂东南早二叠世花岗岩风化壳离子吸附型稀土特征和成矿远景. 广西区域地质, (18): 33~37

顾连兴, 徐克勤. 1986. 论长江中、下游中石炭世海底块状硫化物矿床. 地质学报, 60 (2): 176~188

郭波, 朱赖民, 李犇等. 2009. 东秦岭金堆城大型斑岩钼矿床同位素与元素地球化学研究. 矿床地质, 28 (3): 265~281

郭朝洪, 皇文俊, 崔养权等. 1997. 中国钼矿资源及开发. 中国钼业, 21 (2/3): 40~44

郭永志, 李上森. 1980. 太古代绿岩带及其矿产. 北京：地质出版社

郭玉乾, 方维萱, 刘家军. 2009. 浅成低温热液金银矿床矿化分带及找矿标志. 矿产与地质, 23 (1): 7~14

郭召杰, 陈正乐, 舒良树等. 2006. 中国西部中亚造型山带中新生代陆内造山过程与砂岩型铀矿成矿作用. 北京：地质出版社

韩发, 葛朝华. 1983. 马坑铁矿——一个海相火山热液－沉积型矿床. 中国科学 (B 辑), 13 (5): 438~446

韩发, 赵汝松, 沈建忠等. 1997. 大厂锡多金属矿床地质及成因. 北京：地质出版社. 65~157

韩绍阳, 侯惠群, 腰善丛等. 2004. 我国可地浸砂岩型铀矿勘查方法技术研究. 铀矿地质, 20 (5): 306~314

郝梓国, 王希斌, 李震等. 2002. 白云鄂博碳酸岩型 REE－Nb－Fe 矿床——一个罕见的中元古破火山机构成岩成矿实例. 地质学报, 76 (4): 525~540

郝梓国. 1989. 豆荚型铬铁矿床的研究现状. 地球地质化学, (3): 15~20

何灿, 肖树刚, 谭木昌. 2008. 印度尼西亚红土型镍矿. 云南地质, 27 (1): 20~26

赫英摘译. 1998. 南非维特瓦特斯兰德与俄罗斯外贝加尔巴列依矿区金矿床的共同特点——比较分析. 国外铀金地质, 15 (3): 241~244

侯增谦, 吕庆田, 王安建等. 2003. 初论陆－陆碰撞与成矿作用——以青藏高原造山带为例. 矿床地质, 22 (4): 319~333

侯增谦, 曲晓明, 杨竹森等. 2006. 青藏高原碰撞造山带：Ⅲ. 后碰撞伸展成矿作用. 矿床地质, 25 (6): 629~651

侯增谦, 杨志明. 2009. 中国大陆环境斑岩型矿床：基本地质特征、岩浆热液系统和成矿概念模型. 地质学报, 83 (12): 1779~1817

胡伦积. 1982. 从霍姆斯塔克金矿成因认识过程看金成因研究的趋势. 黄金, (3): 13~17

胡朋, 赫英, 张义. 2004. 浅成低温热液金矿床研究进展. 黄金地质, 10 (1): 48~54

胡瑞忠, 陶琰, 钟宏等. 2005. 地幔柱成矿系统：以峨眉山地幔柱为例. 地学前缘, 12 (1): 42~54

胡瑞忠. 1990. 花岗岩型铀矿床一种可能的成矿模式. 科学通报, 35 (7): 526~528

胡雄伟, 裴荣富, 吴良士. 1994. 湖南锡矿山超大型锑矿聚矿构造分析. 矿床地质, 13 (增刊): 90~91

胡云中, 任天祥, 马振东等. 2006. 中国地球化学场及其与成矿关系. 北京：地质出版社

黄崇轲．2001．中国铜矿床（上册）．北京：地质出版社

黄典豪，杜安道，吴澄宇等．1996．华北地台钼（铜）矿床成矿年代学研究——辉钼矿铼－锇年龄及其地质意义．矿床地质，15（4）：365～373

黄典豪，吴澄宇，杜安道等．1994．东秦岭地区钼矿床的铼－锇同位素年龄及其意义．矿床地质，13（3）：221～230

黄典豪，吴澄宇，聂凤军．1987．陕西金堆城斑岩钼矿地质特征及成因探讨．矿床地质，6（3）：22～34

黄敦义，雷文礼．1997．广南木利锑矿床地质特征及成矿机理．云南地质，16（4）：377～385

黄恩邦，张迺堂，罗创生．1990．城门山、武山铜矿床成因．矿床地质，9（4）：291～300

黄国夫，叶树林，石骏等．2000．地面放射性氡法在找层间氧化带砂岩型铀矿中的应用．物探与化探，12（1）：12～15

黄华盛．1994．矽卡岩矿床的研究现状．地学前缘，1（3）：105～111

黄汲清，任纪舜，姜春发等．1980．中国大地构造及其演化．北京：科学出版社

黄金七．2008．新丰来石风化壳离子吸附型稀土矿床的成矿地质条件浅析．矿产地质，23（81）：77～82

黄净白，黄世杰，张金带等．2005．中国铀成矿带概论．中国核工业地质局

黄世杰．1982．碳硅泥岩型铀矿找矿的地质判据．见：北京铀矿地质研究所编．碳硅泥岩型铀矿床文集．北京：原子能出版社，147～156

黄世杰．1994．层间氧化带砂岩型铀矿的成矿条件及找矿判据．铀矿地质，12（1）：6～13

黄世杰．1997．古河道砂岩型铀矿成矿若干问题探讨．铀矿地质，13（4）：193～201

黄晏云．1987．谈花岗岩风化壳离子吸附型稀土矿床的地质特征及经济价值．矿产地质动态，（8）：23～26

黄艳丽，秦德先，邓明国等．2008．黑色岩系多金属矿床的研究现状和发展趋势．地质找矿论丛，23（3）：177～181

吉林经济信息网．大黑山钼矿．2009.12.16．http：//www.jilin.cei.gov.cn/news/viewArticle.html？id=402880a825869be101259552028-b01cd

季绍新，王文斌，邢文臣等．1989．江西九瑞地区两个成矿系列的铜矿床．矿床地质，8（02）：14～24

贾润幸，方维萱，郝英等．2005．个旧超大型锡多金属矿稀土元素地球化学特征．中国稀土学报，23（2）：228～234

贾伟．1999．江西城门山、武山矿区块状硫化型铜矿成因新探讨．江西地质，13（01）：33～37

贾忠蓬．1986．加拿大赫姆洛金矿床．见：地质矿产部情报研究所．世界金矿及典型矿床，67～90

江善元，陈自康，韩逢杰．2006．西藏羌堆斑岩－矽卡岩复合型铜矿地质特征及找矿前景．地质找矿论丛，21（增刊）：22～26

江思宏，聂凤军，张义．2004．浅成低温热液型金矿床研究最新进展．地学前缘，11（2）：402～411

姜福芝，王玉往．2003．火山活动与金矿床．中国地质，30（1）：84～92

姜枚．1989．金矿物探．国外地质勘探技术（专辑三）

解波，钟康惠，孙泽轩等．2009．康滇地轴南段江川－建水地区与中新元古界不整合面有关的铀矿化特征与成矿模式探讨．地质学报，29（1）：16～19

解润．1991．广南木利锑矿床地质特征及成矿条件分析．西南矿产地质，5（4）：11～18

金昌元，姜亨甲，金丽洙．1986．关于检德铅锌矿床的形成时代．辽宁有色金属地质，（1）：14～18

金勇现，古达石．1986．检德地区含矿白云岩岩石化学的几点特征．辽宁有色金属地质，（1）：35～39

靳宝福．1996．重磁法在西藏铬铁矿勘查中的应用效果．西藏地质，15（1）：94～106

靳西祥．1993．超大型矿床锡矿山锑成矿地质条件研究．湖南地质，12（4）：252～256

康秀平．2009．合成模型测试以及分布式直流电阻率测量在萨斯喀彻温北部Athabasca盆地不整合型铀矿勘探中的应用．航测与遥感，（73）：51～56

科冈РИ，费多尔丘科ВП，吴传璧等．1993．矿床的建模和分类与地质勘探工作的阶段性．国外地质科技，（6）：1～22

科兹洛夫斯基ЕА．1988．何庆先译．1989．建立矿床模式的方向和任务．国外地质科技，（1）：8～13

匡文龙．2000．浅谈锡矿山超大型锑矿床的成矿模式．世界地质，19（1）：26～30

拉德克ＡＳ．1987．卡林金矿地质学．全国金矿地质工作领导小组办公室，贵州省地质矿产局科技情报室

拉兹尼卡Ｐ．1984．利用理论指导找矿．见：中国地质矿产信息研究院报道室编．西方矿产勘查哲学．170～173

兰朝利，何顺利，李继亮．2006．蛇绿岩铬铁矿形成环境和成矿机制．甘肃科学学报，18（1）：44～65

雷义均，黄圭成，徐德明等．2006．西藏普兰县姜叶马荚状铬铁矿地质特征及找矿前景．华南地质与矿产，（3）：64～69

黎功举．1991．地壳演化与成矿作用——以川滇注系"四层楼"铜矿床序列为例．西南矿产地质，5（1）：17～22

李长江，蒋叙良，徐有浪等．1996．浙江中生代热液矿床的分形研究．地质科学，（3）：264～273

李大心．2003．地球物理方法综合应用与解释．武汉：中国地质大学出版社

李福春．1995．穆龙套金矿田地质特质．贵金属地质，9（3）：228～233

李福东，张汉文，宋治杰等．1993．鄂拉山地区热水成矿模式．西安：西安交通大学出版社

李赋屏译．1988．卡林金矿带的一般地质特征．国外矿产地质，（5/6）：10～11

李光明，秦克章，丁奎首等．2006．冈底斯东段南部第三纪矽卡岩型Cu－Au±Mo矿床地质特征、矿物组合及其深部找矿意义．地质学报，80（9）：1407～1423

李红艳，毛景文，孙亚利等．1996．柿竹园钨多金属矿床的Re-Os同位素等时线年龄研究．地质论评，42（3）：261~267

李惠，付志忠．1986．鄂东矽卡岩型铜矿床的地球化学异常模式．桂林冶金地质学院学报，6（2）：177~184

李惠，张文华，常风池等．1998．大型特大型金矿床盲矿预测的原生叠加晕模型．北京：冶金工业出版社

李惠，张文华．1999．胶东大型金矿床的地球化学分带特征．贵金属地质，8（4）：217~221

李家俊．1997．层间氧化带砂岩型铀矿勘查的物化探技术．铀矿地质，13（2）：101~116

李江海，牛向龙，黄雄南等．2002．豆荚状型铬铁矿：古大洋岩石圈残片的重要证据．地学前缘，9（4）：235~246

李上森，卢祥生，田书文等．1989．国外元古宙铅-锌-铜多金属矿研究进展．国外前寒武纪地质，（4）：1~94

李上森．1996．巴西前寒武纪含铁建造中的金矿床．国外前寒武纪地质，（4）：32~36

李胜荣，高振敏．1994．黑色岩系中铂族元素地质地球化学研究概况及其意义．地质地球化学，（4）：45~49

李胜祥，陈戴生，蔡煜琦．2001．砂岩型铀矿床分类探讨．铀矿地质，17（5）：285~288

李盛富，王成．2008．巴什布拉克铀矿床形成机理及其找矿标志．世界核地质科学，25（3）：143~149

李士先，刘长春，安郁宏等．2007．胶东金矿地质．北京：地质出版社

李思田，解习农，王华等．2004．沉积盆地分析基础与应用．北京：高等教育出版社．374~389

李文．1995．广东饶平县某花岗岩风化壳离子吸附型稀土矿床的地质地球化学特征．中山大学研究生学刊自然科学版，16（3）：37~46

李文渊．2007．岩浆Cu-Ni-PGE矿床研究现状及发展趋势．西北地质，40（2）：1~28

李新生，罗卫东．1997．中国首例穆龙套型金矿——新疆萨瓦亚尔顿金矿地质特征．地质学报，6（1）：62~66

李永峰，毛景文，白凤军等．2003．东秦岭南泥湖钼矿Re-Os同位素年龄及其地质意义．地质论评，49（6）：652~659

李永峰，毛景文，胡华斌等．2005．东秦岭钼矿类型、特征、成矿时代及地球动力学背景．矿床地质，24（3）：292~304

李友枝，周平，唐金荣．2007．铁氧化物-铜-金型矿床的地质特征、成矿模式和找矿标志．中国地质，34（增刊）：53~58

李泽华，陈辉．1987．花岗岩风化壳离子吸附型稀土矿床及其找矿勘探．矿产地质动态，（2）：18~19

李泽琴，胡瑞忠，王奖臻等．2002．中国首例铁氧化物铜-金-铀-稀土型矿床的厘定及其成矿演化．矿物岩石地球化学通报，21（4）：258~260

李志锋．1992．中非铜带地质．见：中国有色金属工业总公司矿产地质研究院编．金属矿床地质与勘查译丛（第16辑），国外元古宙铜矿床

李智明．1990．湖南省锡矿山锑矿成矿规律研究．有色矿山，（5）：1~5

里奇 J D．1983．指导找矿的是成因理论还是观测资料．见：中国地质矿产信息研究院报道室主编．1992．西方矿产勘查哲学．157~168

梁良．1989．澳、加不整合脉型铀矿床的构造环境．国外铀金地质，（1）：7~14

梁婷，陈毓川，王登红等．2008．广西大厂锡多金属矿床地质与地球化学．北京：地质出版社

辽吉．1984．朝鲜北部检德铅锌矿床地质特征．冶金地质动态，（9）：1~7

林肇风，邹国光，付必勤等．1987．湘中地区锑矿地质．湖南地质，增刊第3号

凌其聪，程惠兰，陈邦国．1998．铜陵东狮子山铜矿床地质特征及成岩成矿机理研究．矿床地质，17（2）：158~164

刘成忠，尹维青，涂春根等．2009．菲律宾吕宋岛红土型镍矿地质特征及勘查开发进展．江西有色金属，23（2）：3~6，10

刘春涌，王永江．2007．初论中亚黑色岩系型金矿床的基本特征——兼论新疆黑色岩系型金矿找矿方向．新疆地质，25（3）：34~39

刘德权，唐延龄，周汝洪．1998．新疆穆龙套金矿的找矿方向．黄金科学技术，6（1）：18~23

刘光模，简厚明．1983．锡矿山锑矿田地质特征．矿床地质，2（3）：43~50

刘浩元，王安民．1999．钼矿床工业分类实例．中国钼业，23（3）：14~16

刘洪文．2002．铂族元素矿床特征及成因分类探讨．吉林地质，21（4）：1~8

刘华山，李秋林，于浦生等．1998．"镜铁山式"铁铜矿床地质特征及其成因探讨．矿床地质，17（1）：25~35

刘家军，郑明华，龙训荣等．2000．新疆萨瓦亚尔顿穆龙套型金矿床的确认及其意义．贵金属地质，9（3）：129~143

刘家军，郑明华，龙训荣等．2002．新疆萨瓦亚尔顿金矿床成矿特征及其与穆龙套型金矿床的异同性．矿物学报，22（1）：54~61

刘建中．2008．层控卡林型金矿床矿床模型——贵州水银洞超大型金矿．黄金科学技术，16（3）：1~5

刘金辉，史维浚，孙占学．2007．从铀系列同位素角度探讨砂岩型铀矿的形成过程及找矿标志．地球学报，28（1）：39~42

刘士毅．2007．如何继续利用磁异常找深部矿．2007年全国深部找矿会议报告材料

刘铁庚．1986．白云鄂博氧、碳同位素组成及其成因讨论．地质论评，（2）：150~159

刘翔．1998．中亚地区区域性层间氧化带砂岩型铀矿床成矿条件与找矿标志．国外铀地质，15（4）：368~375

刘小舟，王轩，张江等．2008．陕西金堆城斑岩型钼矿地质地球化学特征．西北地质，41（3）：71~78

刘晓林，范平，郑志丰等．2009．辽西杨家杖子-八家子钼多金属成矿带——典型钼矿床特征及找矿远景预测．地质与资源，18（2）：110~115

刘学飞．2008．秦岭与滇黔桂地区卡林型金矿地质与地球化学特征．地质科技情报，（3）：51~60

刘应龙．1999．浅成低温热金矿床的全球背景．贵金属地质，8（4）：241~248

刘玉龙，陈江峰，李惠民等．2005．白云鄂博矿床白云石型矿石中独居石单颗粒U-Th-Pb-Sm-Nd定年．岩石学报，21（3）：881~888

龙伯格 S B. 1987. 矿床模式讲座（九、浸染型金矿床）. 国外地质科技，（1）：1～14

卢欣祥，李明立，尉向东等. 2006. 东秦岭斑岩型钼矿地质地球化学特征. 云南地质，25（4）：415～417

吕古贤，孔庆存. 1993. 胶东玲珑—焦家式金矿地质. 北京：科学出版社

吕古贤，裴佃飞，郭涛. 2009. 山东招远市玲珑金矿田成矿规律和深部外围预测研究. 山东黄金集团有限公司玲珑金矿科研项目报告

吕林素，刘珺，张作衡等. 2007. 中国岩浆型 Ni－Cu－（PGE）硫化物矿床的时空分布及其地球动力学背景. 岩石学报，23（10）：2561～2594

吕庆田，侯增谦，赵金花等. 2003. 深地震反射剖面揭示的铜陵矿集区复杂地壳结构形态. 中国科学（D 辑），33（5）：442～449

吕庆田，杨竹森，严加永等. 2007. 长江中下游成矿带深部成矿潜力、找矿思路与初步尝试——以铜陵矿集区为实例. 地质学报，81（7）：865～881

吕文德，赵春和，孙卫志等. 2005. 河南栾川地区的矽卡岩型铅锌矿地质特征——南泥湖钼矿外围找矿问题. 地质调查与研究，28（1）：25～31

伦德科维斯特 Д B. 1990. 太古宙绿岩带中金矿化预测的区域准则. 辽宁地质科技情报，（2）：26～32

罗克成，石颖等. 1987. 朝鲜半岛地质矿产研究报告

罗铭玖，黎世美，卢欣祥等. 2000. 河南省主要矿产的成矿作用及矿床成矿系列. 北京：地质出版社. 81～111

罗铭玖，张辅民，董群英等. 1991. 中国钼矿床. 郑州：河南科学技术出版社

罗太旭. 2008. 印度尼西亚卫古岛风化壳型硅酸镍矿地质特征与成矿机制. 地质与勘探，44（4）：45～49

骆辉，陈志宏，沈保丰. 2002. 中国条带状铁建造金地质特征和成矿条件分析. 前寒武纪研究进展，25（2）：80～85

马格里奇 M T. 1995. 圈定金刚石原生源岩的探途矿物取样技术. 国外地质科技，（7/8）：32～43

马合川. 2007. 黑色岩系成矿理论与安康矿业突破发展. 安康学院学报，19（3）：25～28

马建德，徐天波，敖颖峰等. 2002. 辽宁肖家营子钼多金属矿床地质特征及成因. 桂林工学院学报，22（1）：5～10

马绍春，郑国龙. 2009. 缅甸莫苇塘红土型镍矿成矿地质条件. 云南地质，28（2）：166～171

马振东，单光祥. 1997. 长江中下游地区多位一体大型、超大型铜矿形成机制的地质、地球化学研究. 矿床地质，16（3）：225～234

马振东，曾键年等. 2008. 江西城门山——丁家山铜矿床深部外围"三维多元"地球化学找矿方法研究报告. 中国地质大学（武汉）地质调查研究院

麦克内 J. 1995. 利用物探方法探测与勘查金伯利岩和钾镁煌斑岩. 国外地质科技，（7/8）：48～59

毛景文. 1997. 超大型钨多金属矿床成矿特殊性. 地质科学，32（3）：351～561

毛景文. 2001. 与黑色页岩系有关的岩床研究的动向. 矿床地质，20（4）：402～403

毛景文，邵拥军，谢桂青等. 2009. 长江中下游成矿带铜陵矿集区铜多金属矿床模型. 矿床地质，28（2）：109～119

毛景文，程彦博，郭春丽等. 2008a. 云南个旧锡矿田：矿床模型及若干问题讨论. 地质学报，82（11）：1455～1467

毛景文，余金杰，袁顺达等. 2008b. 铁氧化物－铜－金（IOCG）型矿床：基本特征、研究现状与找矿勘查. 矿床地质，27（3）：267～278

毛景文，胡瑞忠，陈毓川等. 2006. 大规模成矿作用与大型矿集区（上册）. 北京：地质出版社. 391～425

毛景文，李红艳，裴荣富等. 1995a. 千里山花岗岩体成岩物质来源. 矿床地质，14（3）：235～242

毛景文，李红艳，裴荣富等. 1995b. 千里山花岗岩体地质地球化学及其与成矿关系. 矿床地质，14（1）：12～25

毛景文，李红艳，王平安等. 1994. 湖南柿竹园钨多金属矿床中的锰质矽卡岩. 矿床地质，13（1）：38～48

毛景文，李红艳，宋学信等. 1998. 湖南柿竹园钨锡钼铋多金属矿床地质与地球化学. 北京：地质出版社

孟良义. 1996. 江西城门山铜矿床的硫同位素组成. 科学通报，41（03）：233～234

孟庆润，Drew LJ. 1992. 内蒙古白云鄂博"H8 含矿白云岩"氧碳同位素研究及其成因. 地质找矿论丛，7（2）：46～54

纳尔德雷特 A J. 1997. 加拿大拉布拉多地区沃伊塞湾镍－铜－钴矿床地质. 国外地质科技，（2）：1～7

纳尔德雷特 A J. 1997. Ni－Cu 硫化物矿床成分的控制因素（以西伯利亚诺里尔斯克矿床为例）. 国外地质科技，（2）：7～22

聂凤军，张辉旭. 1997. 碱性岩浆活动与金成矿作用. 国外矿产地质，（3）：1～33

聂凤军，江思宏，路彦明. 2008. 氧化铁型铜－金（IOCG）矿床的地质特征、成因机理与找矿模型. 中国地质，35（6）：1074～1087

欧阳宗圻，李惠，刘汉忠. 1990. 有色贵金属矿（田）地球化学异常模式. 北京：科学出版社

潘捷列耶夫 A. 1988. 加拿大科迪勒拉的浅成热液金－银矿床模式. 见：地矿部情报研究所. 矿床模式专辑，228～241

裴荣富，吴良士，熊群尧. 1998. 中国特大型矿床成矿偏在性与异常成矿构造聚敛场. 北京：地质出版社

裴荣富. 1995. 中国矿床模式. 北京：地质出版社

彭程电. 1985. 试论个旧锡矿成矿地质条件及矿床类型、模式. 云南地质，4（1）：17～32

彭新建编译. 2003. 不整合面型铀矿床的成矿作用——地下水流和热迁移模型. 世界核地质科学，20（3）：147～152

彭张翔. 1992. 个旧锡矿成矿模式商榷. 云南地质，11（4）：362～368

乔秀夫，高林志，彭阳等. 1997. 内蒙古腮林忽洞群综合地层和白云鄂博矿床赋矿微晶丘. 地质学报，71（3）：202～211

秦德先，洪托，田毓龙等. 2002. 广西大厂锡矿 92 号矿体矿床地质与技术经济. 北京：地质出版社. 31～132

秦德先，谈树成，范柱国等. 2004. 个旧－大厂地区构造演化及锡多金属成矿. 矿物学报，24（2）：117～123

秦德先. 2008. 近年在我国三个特大型锡矿床中相继发现的火山（成矿）作用及其科学意义. 昆明理工大学学报, 33（1）: 123

秦克章, 李光明, 赵俊兴等. 2008. 西藏首例独立钼矿——冈底斯沙让大型斑岩钼矿的发现及其意义. 中国地质, 35（6）: 1101~1112

秦克章. 2002. 全球斑岩铜矿床分布及典型矿床. 见: 中国地质调查局编. 国内外斑岩型铜矿研究进展

卿敏, 刘连登. 1993. 与火山-次火山岩有关的浅成低温热液金矿床及找矿思路. 黄金科学技术, 1（1）: 38~42

卿敏, 王万顺, 牛翠祎等. 2001. 碱性岩型金矿床研究述评. 黄金科学技术, 9（5）: 1~8

任富根. 1992. 砾岩型金矿的找矿问题. 黄金科技动态, (1): 1~4

任天祥, 伍宗华, 羌荣生. 1998. 区域化探异常筛选与查证的方法技术. 北京: 地质出版社

任英忱, 张英臣, 张宗清. 1994. 白云鄂博稀土超大型矿床的成矿时代及其主要地质热事件. 地球学报, (1~2): 95~101

芮仲清. 1989. 世界铬铁矿床的类型. 地质科技动态, (24): 15~19

芮宗瑶, 张洪涛, 陈仁义等. 2006. 斑岩铜矿研究中若干问题探讨. 矿床地质, 25（4）: 491~500

芮宗瑶, 赵一鸣, 王龙生等. 2003. 挥发分在矽卡岩型和斑岩型矿床形成中的作用. 矿床地质, 22（1）: 141~148

桑斯特 D F. 1985. 层控贱金属矿床及其成矿作用. 地矿部矿床地质研究所. 国外矿床地质（增刊）, 16: 81~86

邵济安, 张履桥, 李大明. 2002. 华北克拉通元古代的三次伸展事件. 岩石学报, 18（2）: 152~160

邵克忠, 王宝德, 李鸿阳. 1985. "华北地台"斑岩钼矿"成矿"侵入体地质特征. 河北地质学院院报, 29（1）: 1~18

邵跃, 谢学锦. 1961. 东北铅锌矿床地球化学探矿方法研究. 地质学报, (Z1): 261~272

邵跃. 1987. 原生晕形成机理及工作方法. 见: 张炳熹主编当代地质科学动向. 北京: 地质出版社

绍尔 ГM, 马尔科夫 C H, 鲁比诺夫 N M. 2002. 俄罗斯西西伯利亚和外贝加尔地区古河道型铀矿床. 铀矿地质, 18（2）: 65~78

沈保丰, 毛德宝, 李俊建. 1996. 中国绿岩带中金矿床的时空分布. 华北地质矿产杂志, 11（3）: 385~392

沈承珩, 王守伦, 陈森煌等. 1995. 世界黑色金属矿产资源. 北京: 地质出版社

施俊法, 李友枝, 金庆花等. 2006. 世界矿情·亚洲卷. 北京: 地质出版社

施俊法, 唐金荣, 周平. 2008. 隐伏矿勘查经验与启示——从《信息找矿战略与勘查百例》谈起. 地质通报, 27（4）: 433~450

施俊法, 吴悦斌, 沈镛立等. 1994. 胶东牟平-乳山金矿带岩石地球化学测量方法研究. 有色金属矿产与勘查, 3（4）: 225~229

施俊法, 肖庆辉. 2004a. 经验勘查与理论勘查的发展趋势. 地质通报, 23（8）: 709~815

施俊法, 肖庆辉. 2004b. 地球化学省及其与成矿关系的探讨. 矿床地质, 23（增刊）: 153~158

施俊法, 姚华军, 李友枝等. 2005. 信息找矿战略与勘查百例. 北京: 地质出版社

束学福. 2004. 安庆矽卡岩型铁铜矿床地质地球化学特征及铁质来源研究. 矿物岩石地球化学通报, 23（3）: 219~224

宋明春, 崔书学, 杨之利等. 2008. 山东焦家金矿带深部找矿的重大突破及其意义. 地质与勘探, 44（1）: 1~8

宋学信, 张景凯. 1990. 柿竹园-野鸡尾钨锡钼铋多金属矿床流体包裹体初步研究. 矿床地质, 9（4）: 332~338

苏尚国, 沈军利, 邓晋福等. 2007. 铂族元素的地球化学行为及全球主要铂族金属矿床类型. 现代地质, 21（2）: 361~370

孙钧. 1994. 朝鲜北部金属矿产地质特征及其对我国找矿方面的启示. 矿产与地质, (3): 161~168

孙文珂. 1988. 有关地质-地球物理-地球化学模型的几个技术问题. 物探与化探, 12（5）: 321~325

孙文珂. 1991. 物探找隐伏矿的几个技术问题. 物探与化探, 15（2）: 81~90

孙晓明. 1993. 国外矽卡岩型金矿的主要地质特征及找矿标志. 华东地质矿产, (1): 53~58

孙延绵. 1999a. 铜矿. 见: 朱训主编. 中国矿情（第二卷）——金属矿产. 北京: 科学出版社

孙延绵. 1999b. 铅锌矿. 见: 朱训主编. 中国矿情（第二卷）——金属矿产. 北京: 科学出版社

孙延绵. 1999c. 锑矿. 见: 朱训主编. 中国矿情（第二卷）——金属矿产. 北京: 科学出版社

谈成龙. 2000a. 古河道砂岩型铀矿的几种勘查方法. 铀矿地质, 116（3）: 165~169

谈成龙. 2000b. 钻探在可地浸砂岩型铀矿勘查中的地位与作用. 铀矿地质, 16（2）: 121~122

谈成龙. 2001. 层间氧化带砂岩型铀矿矿物晕的非常规探测方法. 铀矿地质, 17（1）: 56~63

谭娟娟, 朱永峰. 2008. 穆龙套金矿地质和地球化学. 矿物岩石地球化学通报, 4（4）: 391~397

汤中立, 李文渊. 1995. 金川硫化铜镍（含铂）矿床成矿模式与地质对比. 北京: 地质出版社. 1~209

汤中立, 闫海卿, 焦建刚等. 2007. 中国小岩体镍铜（铂族）矿床的区域成矿规律. 地学前缘, 14（5）: 92~103

唐国益. 1993. 铲子坪铀矿床地电模式及可控源音频大地电磁测深法（CSAMT）机理探讨. 铀矿地质, 9（5）: 291~296

唐金荣, 崔熙琳, 施俊法. 2009. 非传统化探方法研究的新进展. 地质通报, 28（2/3）: 232~244

陶炳昆, 丁昭富, 钟鸣声等. 1994. 国内外黄铁矿型矿床研究进展与特征对比. 甘肃省地矿局地质科学研究所内部资料

陶克捷, 杨学明, 张培善等. 1998. 白云鄂博矿区周围火成碳酸岩墙地质特征. 地质科学, 33（1）: 73~83

陶琰, 高振敏, 金景福等. 2001. 湘中锡矿山锑矿成矿物质来源探讨. 地质地球化学, 29（1）: 14~20

童祥. 2003. 个旧老矿山地质找矿新进展. 矿产与地质, 17（Z1）: 276~280

涂光炽. 2001. 过去20年矿床事业发展的概略回顾. 矿床地质, 20（1）: 1~9

涂怀奎. 2005. 秦岭地区卡林型金矿成矿特征和找矿方向. 地质找矿论丛, 20（4）: 258~275

汪志芬. 1983. 关于个旧锡矿成矿作用的几个问题. 地质学报, 57（2）: 154~163

王安建. 1988. 古老地壳内部脉状金矿床的形成模式——以冀京地区为例. 矿床地质, 7（4）: 16~26

王昌烈，罗仕徽，胥友志等．1987．柿竹园钨多金属矿床地质．北京：地质出版社．66～141

王登红，陈毓川．2001．与海相火山作用有关的铁－铜－铅－锌矿床成矿系列类型及成因初探．矿床地质，20（2）：112～118

王登红，陈振宇，李建康等．2003．铂族元素矿床研究的某些新进展及其对于四川找铂的启示．四川地质学报，23（4）：202～208

王登红，应汉龙，骆耀南等．2002．试论与布什维尔德杂岩体有关的铂族元素－铬铁矿矿床成矿系列及其对中国西南部的意义．地质
与资源，11（2）：243～249

王登红，陈毓川，陈文等．2004．广西南丹大厂超大型锡多金属矿床的成矿时代．地质学报，78（1）：132～138

王登红．1997．与黑色岩系有关矿床研究进展．地质地球化学，（2）：85～88

王恒升，白文吉，王炳熙等．1983．中国铬铁矿床及成因．北京：科学出版社．1～59

王洪黎，李艳军，徐遂勤等．2009．浅成低温热液矿床若干问题的最新研究进展．黄金，30（7）：9～13

王建，马志红．1998．古沉积盆地分析——全面了解砾岩型金矿的重要途径．黄金，19（6）：3～7

王建业．1983．斑岩铜矿与斑岩钼矿的地质特征及成因．冶金工业部地质研究所学报，11（8）：75～82

王京彬，李朝阳．1991．金顶超大型铅锌矿床REE地球化学研究．地球化学，19（4）：359～365

王京彬，秦克章，吴志亮等．1998．阿尔泰山南缘火山喷流沉积型铅锌矿床．北京：地质出版社

王奎良，包延辉，张业春等．2006．吉林省桦甸火龙岭钼矿床地质特征及其成因．吉林地质，25（3）：11～14

王立文，何庆先，纪忠元．1989．含铜砂岩和页岩的分布规律和预测普查方法．见：地质矿产部情报研究所编．隐伏铜矿预测原则和
方法，108～145

王亮义，王之彬．2004．黑吉东部砾岩型金矿成矿古地理环境．黄金地质，10（4）：11～15

王林江，满昆良．1994．广南木利锑矿控矿地质条件分析．云南地质，13（2）：133～138

王伦，胡淙声，李成全．1988．赣南离子吸附型稀土矿地质研究取得新成果．地质科技情报，（10）：96～105

王美娟，李杰美，朝银银．2008．中国的铁氧化物型铜－金矿床特征及研究现状．黄金科学技术，16（4）：14～19

王庆乙．1996．TEMS－3S瞬变电磁测深系统的研制．有色矿产地质与勘查，5（3）：169～175

王瑞江，聂凤军，严铁雄等．2008．红土型镍矿找矿勘查与开发利用新进展．地质论评，54（2）：315～324

王瑞廷，毛景文，柯洪烛．2003．铜镍岩浆硫化物矿床成矿作用研究综述．矿产与地质，17（97）：281～284

王绍伟．1984．近年国外发现的几个重要矿床，地质科技动态，1984（4）：1～11

王绍伟．1996．近年国外发现的几个重要矿床（续报之六）——兼述近年国外矿产勘查概况．地质科技动态，（10）：1～29

王绍伟．1999．近年国外发现的几个重要矿床（续报之七）——兼述近年国外矿产勘查概况．地质科技动态，（1）：1～28

王绍伟．2001．国外矿产勘查形势与发现．国土资源部信息中心

王绍伟．2004．重视近20年认识的一类重要热液矿床——铁氧化物－铜－金（－铀）－稀土矿床．国土资源情报，（2）：45～52

王绍伟，刘树臣等．2006．21世纪初期国外矿产勘查形势与发现．北京：地质出版社

王世称．1990．数学地质专辑（3）．北京：地质出版社．50～51

王希斌，鲍佩声．1987．豆荚状型铬铁矿床的成因——以西藏自治区罗布莎铬铁矿为例．地质学报，（2）：166～183

王希斌，鲍佩声．1996．豆荚状型铬铁矿的成矿规律兼论西藏铬铁矿的勘查与找矿．西藏地质，16（2）：1～13

王希斌，郝梓国，李震等．2002．白云鄂博——一个典型的碱性－碳酸岩杂岩的厘定．地质学报，76（4）：501～524

王新光，朱金初．1992．个旧花岗岩的成因、演化及其找矿意义．大地构造与成矿学，16（4）：379～387

王雄军，彭省临，赖健清等．2008．铜陵凤凰山铜多金属矿床花岗岩侵入与成矿关系．地质与勘探，44（6）：49～55

王学求，谢学锦．2000．金的勘查地球化学理论与方法·战略与战术．济南：山东科学技术出版社

王永和，焦养泉，吴立群．2007．从铀成矿条件分析西北地区砂岩型铀矿找矿．西北地质，40（1）：72～82

王永新，田培仁．2003．浅论新疆海相火山热水沉积矿床的分带及其找矿意义．地质与勘探，39（4）：6～11

王有翔．1992．铀成矿预测学．北京：原子能出版社

王玉山，王士元，邓松良．2008．新疆萨瓦亚尔顿金矿床标型矿物特征及金的分布规律富集研究．矿产与地质，22（5）：391～395

王正邦．2002．国外地浸砂岩型铀矿地质发展现状与展望．铀矿地质，189（1）：9～21

王之田，秦克章，张守林．1994．大型铜矿地质与找矿．北京：冶金工业出版社

王钟，邵孟林，肖树建．1996．隐伏有色金属矿床综合找矿模型．北京：地质出版社

王钟．1987．大厂锡多金属矿田的地球物理场特征及其找矿意义．物探与化探，11（3）：170～177

王钟．1994．广西大厂锡多金属矿田综合地学找矿模型．桂林冶金地质学院学报，14（3）：311～319

王钟．2007．锡铁山沟至中间沟大功率TEM法深部找矿研究报告．西宁：西部矿业资料室

王钟．2009．大厂锡多金属矿区深边部找矿中的TEM异常特征．桂林工学院学报，29（03）：303～309

韦永福．1994．中国金矿床．北京：地震出版社．105～107

魏家祥．1999．湖北省蛇屋山金矿的发现及地质地球化学特征．见：孙焕振等主编，勘查地球物理勘查地球化学文集，第23集：金
（银）矿产化探找矿案例专辑．北京：地质出版社．129～138

魏菊英，蒋少涌，万德芳．1994．内蒙古白云鄂博稀土、铁矿床的硅同位素组成．地球学报，（1/2）：102～109

魏民，姚永慧．1998．大红山式铜铁矿床地球化学找矿模型研究．地球科学——中国地质大学学报，23（2）：201～210

魏庆国，原振雷，姚军明等．2009．东秦岭钼矿带成矿特征及其与美国克莱马克斯－亨德森钼矿带的对比．大地构造与成矿学，33（2）：259～269

乌家达，肖启明，赵守耿．1989．见：《中国矿床》编委会．中国矿床（上册）．北京：地质出版社．338～413

吴柏林．2006．世界砂岩型铀矿特征、产铀盆地模式及其演化．西北大学学报（自然科学版），36（6）：940～957

吴承栋．1992．世界不同地区矿床模型的建立和应用．中国地质矿产信息研究院

吴承烈，徐外生，刘崇民．1998．中国主要类型铜矿勘查地球化学模型．北京：地质出版社

吴传璧．1991．苏联金矿化探的几个问题．见：地质矿产部物化探研究所地球化学探矿实例（第四辑）．北京：地质出版社．8～20

吴美德．1986a．美国霍姆斯塔克金矿床．见：全国金矿地质工作领导小组办公室和地质矿产部情报研究所．世界金矿及典型矿床，47～66

吴美德．1986b．美国卡林金矿床．见：地质矿产部情报所，世界金矿及典型矿床：121～149

吴美德．1988．金．见：地质矿产部情报研究所．国外矿产资源：220

吴美德，楼亚儿，古方等主编．1991．国外银矿及典型矿床．白银地质勘查基金办公室

吴美德．1993．国外火山岩区大型金矿床主要类型、成矿时代、矿床规模、容矿岩石初步统计及几点启示．见：国外火山岩区金矿床（续辑）．地质矿产部情报研究所：1～16

吴明光．2003．铜陵地区矽卡岩型铜矿的构造控制．华南地质与矿产，（1）：46～48

吴其斌．1991．加拿大赫姆洛金矿床的物化探工作．见：地质矿产部情报研究所，金矿物探（专辑一）：99～105

吴钦．2006．西藏铬铁矿找矿方向和找矿方法问题探讨——兼论铬矿物探效果．上海地质，100（4）：58～63

吴振寰．1989．加强对矽卡岩型金矿的普查勘探工作．东北地质科技情报，（4）：1～7

伍勤生，许俊珍，杨志．1984．个旧含锡花岗岩的 Sr 同位素特征及找矿标志的研究．地球化学，（4）：293～302

西里托 R H．1997．良可译．太平洋地区最大斑岩铜—金矿床和低温热液矿床的特征和控制因素．国外地质科技，（8）：8～20

西南地质勘查局．1991．全国有色重点老矿区（田）二轮找矿研讨会专辑，64～75

夏毓亮，林锦荣，刘汉彬等．2003．中国北方主要产铀盆地砂岩型铀矿成矿年代学研究．铀矿地质，19（3）：129～136

肖克炎．1994．试论综合找矿模型．地质与勘探，30（1）：41～45

肖启明，金富秋，吴家植．1991．中国层控锑矿床岩性与岩相控矿特征．矿产与勘查，（6）：13～24

肖启明，曾笃仁，金富秋等．1992．中国锑矿床时空分布规律及找矿方向．地质与勘探，（12）：9～14

谢家荣，孙键初，程裕淇等．1995．扬子江下游铁矿志．实业部地质调查所，地质专报，甲种，第13号，1～78

谢学锦，向运川．1999．巨型矿床的地球化学预测．见：谢学锦，邵跃，王学求．走向21世纪矿产勘查地球化学．北京：地质出版社．3～11

谢学锦，陈洪才．1961．原生晕方法在地质普查勘探中的作用．地质学报，41（3/4）：273～284

熊光楚，石盛滕．1994．个旧锡矿区物理－地质模型及应用效果．地质论评，40（1）：19～27

熊光楚．1996．关于地球物理－地质模型的若干问题．见：王钟，邵孟林，肖树建主编．隐伏有色金属矿床综合找矿模型．北京：地质出版社．7～13

熊鹏飞，池顺都，李紫金等．1994．中国若干主要类型铜矿床勘查模式．武汉：中国地质大学出版社．32～51

徐积辉．2007．江西城门山铜钼矿床成因探讨及找矿方向．中南大学硕士学位论文

徐珏．1988．广西丹池地区矿田构造．北京：北京科学技术出版社

徐兆文，黄顺生，倪培等．2005．铜陵冬瓜山铜矿成矿流体特征和演化．地质论评，51（1）：36～41

徐兆文，杨荣勇，陆现彩等．1998．金堆城斑岩钼矿床地质地球化学特征及成因．地质找矿论丛，13（4）：18～27

玄润洙，金伦焕．1986．对检德铅锌矿床次生晕特征和工业大矿体分布的地球化学研究．辽宁有色金属地质，（1）：32～34

亚当斯 S S．1993．矿床模型在勘查中的应用（以美国西部大盆地沉积岩为容矿岩石的金矿床为例）．国外地质科技，（7/8）：14～33

严加永，滕吉文，吕庆田．2008．深部金属矿产资源地球物理勘查与应用．地球物理学进展，23（3）：871～891

阎树魁．1988．试论杨家杖子钼矿田成矿规律及找矿方向．有色金属（矿山部分），（4）：21～24，32

杨富全，王义天，李蒙文等．2005．新疆天山黑色岩系型矿床的地质特征及找矿方向．地质通报，24（5）：462～469

杨庆洪，王翠娟，赵明悦．2008．吉林省磐石三个顶子钼锌矿床地质特征及找矿标志．地质与资源，17（3）：186～189

杨荣勇，胡受奚，任启江等．1993．东秦岭斑岩钼矿带与美国西部斑岩钼矿带的对比研究．南京大学学报（地球科学版），5（3）：291～297

杨学明，杨晓勇，范宏瑞等．2000．白云鄂博海西期花岗杂岩体的稀土元素地球化学．稀土，21（2）：1～7

杨志明，侯增谦．2009．西藏驱龙超大型斑岩铜矿的成因：流体包裹体及 H－O 同位素证据．地质学报，83（12）：1838～1859

杨在峰，朱志新，王克卓等．2008．新疆西天山地区黑色岩系金矿成矿地质特征及找矿潜力分析．新疆地质，26（3）：247～252

杨照柱，丘卉，马东升．1998．锡矿山锑矿硅化灰岩研究．岩石矿物学杂志，17（4）：323～330

杨宗喜，毛景文，陈懋弘等．2008．云南个旧卡房矽卡岩型铜（锡）矿 Re－Os 年龄及其地质意义．岩石学报，24（8）：1937～1944

杨宗喜，毛景文，陈懋弘等．2009．云南个旧老厂细脉带型锡矿白云母$^{40}Ar－^{39}Ar$年龄及其地质意义．矿床地质，28（3）：336～344

姚敬金，曹洛华，张素兰等．2004．中、大比例尺综合物探资料在金属矿勘查与评价中的应用．见：周凤桐，赵永贵，曹洛华等．隐

伏矿地球物理研究，勘查地球物理勘查地球化学文集（第24集），北京：地质出版社．12~29

姚敬金，张素兰，曹洛华等．2002．中国主要大型有色、贵金属矿床综合找矿信息模型．北京：地质出版社

姚正凯．1990．苏联穆龙套金矿新知．黄金科技动态，(6)：27~29

姚振凯，郑大瑜，刘翔等著．1998．多因复成铀矿床及其成矿演化．北京：地质出版社

叶柏庄．2000．世界砂岩型铀矿床分布特征（1）．中南铀矿地质，23（1）：20~25

叶柏庄．2001．世界砂岩型铀矿床分布特征（2）．中南铀矿地质，24（1）：26~33

叶柏庄．2005．中亚砂岩型铀成矿特征及其在我国的找矿思路．世界核地质科学，22（4）：192~197

叶庆森，胡敏知，谈成龙等．2004．浅论勘查砂岩型铀矿的物化探方法．铀矿地质，20（3）：170~176

叶庆同，叶锦华．1998．新疆萨瓦亚尔顿金锑矿的成矿机制和成因．矿床地质，17（增刊）：287~290

叶天竺，薛建玲．2007．金属矿床深部找矿中的地质研究．中国地质，34（5）：855~869

叶天竺，朱裕生，夏庆霖等．2004．固体矿床预测评价方法技术．北京：中国大地出版社

叶绪孙．1983．大厂锡多金属矿田成矿规律与成矿预测．地质与勘探，(5)：1~7

叶绪孙，严云秀．1990．广西大厂矿田成矿模式及找矿模式研究．柳州：广西二一五地质队

叶绪孙，严云秀，何海州．1999．广西大厂超大型锡矿成矿条件与历史演化．地球化学，28（3）：213~221

印建平，戴塔根．1999．湖南锡矿山超大型锑矿床成矿物质来源、形成机理及其找矿意义．有色金属矿产与勘查，8（6）：476~481

于浦生，邬介人，贾群子．2001．海相火山–沉积建造区铜、多金属成矿系列及铁–铜型矿床的勘查前景．地质与勘探，36（6）：15~19

于浦生，邬介人．1996．海相火山–沉积建造铁铜矿床类型及地质特征．地球学报，17（增刊）：50~56

余达淦，吴仁贵，陈培荣．2005．铀资源地质学．哈尔滨：哈尔滨工程大学出版社

余元昌．1999．鄂东南地区铜矿资源特点与勘查对策．湖北地矿，13（4）：22~32

袁国平．2002．肖家营子钼多金属矿区综合物探找矿勘查效果．矿产与地质，16（4）：243~247

袁忠信，白鸽，吴澄宇等．1991．内蒙古白云鄂博铌、稀土、铁矿床的成矿时代和矿床成因．矿床地质，10（1）：59~70

臧恩光，衣存昌，张春晓．2008．黑龙江桦南砾岩金矿地质特征及找矿标志．黄金科学技术，16（2）：2~13

翟裕生，姚书振，万天丰等．1992．长江中下游地区铁铜（金）成矿规律．北京：地质出版社

翟裕生．1999．论成矿系统．地学前缘，6（1）：13~27

翟裕生．2001．走向21世纪的矿床学．地球科学进展，16（5）：719~725

翟裕生，邓军，李晓波．1999．区域成矿学．北京：地质出版社

詹宁斯 C M H．1995．金刚石勘查及有关问题．国外地质科技，(7/8)：1~6

张宝贵．1989．中国主要层控汞锑砷雄黄、雌黄矿床分类成矿模式与找矿．地球化学，(2)：131~137

张本仁，谷晓明，蒋敬业．1989．应用成矿环境标志于地球化学找矿的研究，13（2）：108~115

张长青．2008．中国川滇黔交界地区密西西比型（MVT）铅锌矿床成矿模型．中国地质科学院博士学位论文

张春晖．2007．俄罗斯远东地区铂族金属矿床勘查进展及找矿启示．地质与资源，16（1）：47~55

张待时．1994．中国碳硅泥岩型铀矿床成矿规律探讨．铀矿地质，10（4）：207~21

张进红，施林道．1992．辽东–吉南地区和朝鲜北部元古宙铅锌矿的区域成矿条件——从裂谷晚期活动角度探讨．有色金属矿产与勘查，(5)：268~275

张立生．2002．乌兹别克斯坦金矿床的成因问题——随中国科学家代表团访问乌兹别克斯坦考察报告之二．沉积与特提斯地质，22（2）：106~112

张立生摘译．2003．威特沃特斯兰德砾岩破碎砾石中的矿化组合．世界核地质科学，20（4）：199~203

张明云，苏俊亮，孙国锋．2007．津巴布韦大岩墙 Darwendale 次岩浆房铂族元素成矿分布和成矿机制探讨．资源调查与环境，28（4）：263~268

张启坼．1987．陆相火山岩为主岩的银–铅锌矿床．辽宁有色金属地质，(2)：8~14

张瑞江．2007．新疆境内穆龙套型金矿的找矿方向．国土资源遥感，(4)：106~110

张守林．2001．矽卡岩型铜矿成矿地质环境、成矿地质特征及找矿标志．矿产与地质，15（5）：315~319

张寿庭，邓明华，龙训荣等．1998a．萨瓦亚尔顿穆龙套型金矿床构造探矿特征．矿床地质，17（增刊）：961~964

张寿庭，邓明华，龙训荣等．1998b．萨瓦亚尔顿穆龙套型金矿床流体包裹体研究．矿床地质，17（增刊）：973~976

张叔贞，凌其聪．1993．矽卡岩浆型铜矿床特征——以安徽铜陵东狮子山铜矿床为例．地球科学——中国地质大学学报，18（6）：801~809

张小路．1999．大功率 TEM 在有色金属矿床上深部找矿的3个实例．有色金属矿产与勘查，8（3）：167~170

张兴春．2003．国外铁氧化物铜–金矿床的特征及其研究现状．地球科学进展，18（4）：551~557

张燕红，崔延遂．2003．三道庄多金属共生矿综合利用浅析．矿产保护与利用，(3)：28~31

张贻侠．1993．矿床模型导论．北京：地震出版社

张宗清，唐索寒，王进辉等．2003．白云鄂博矿床形成与不同时代的信息——矿床西矿体的年龄和讨论．中国地质，30（2）：

130～137

张宗清，唐索寒，王进辉等．1994．白云鄂博稀土矿床形成年龄的新数据．地球学报，15（增刊）：85～94

张祖海．1990．华南风化壳离子吸附型稀土矿床．地质找矿论丛，5（1）：57～71

张祖海．1993．试论离子吸附类稀土矿床成矿地质特征及控矿因素．广东有色金属地质，(1)：22～31

章振根译．1990．南非维特瓦特斯兰德金矿床．金矿介绍，(2)：28～31

赵凤民．2009．中国碳硅泥岩型铀矿地质工作回顾与发展对策．铀矿地质，25（2）：91～97

赵宏军，张泽春，冯本智．2000．前寒武纪条带状铁建造中的金矿．世界地质，19（4）：324～328

赵会庆．1999．中国卡林型金矿成矿构造环境及热液特征．地质找矿论丛，14（3）：34～41

赵伦山，张本仁．1988．地球化学．北京：地质出版社

赵鹏大，池顺都，李志德等．2006．矿产勘查理论与方法．武汉：中国地质大学出版社

赵瑞，谢奕汉，姚御元．1985．城门山及武山铜矿床的硫同位素研究．地质科学，(3)：251～258

赵文津．1991．模式找矿与非模式找矿．物探与化探，15（4）：241～247

赵文津．2008．长江中下游金属矿找矿前景与找矿方法．中国地质，35（5）：771～802

赵一鸣．2002．矽卡岩矿床研究的某些重要新进展．矿床地质，21（2）：410～419

赵一鸣，李大新．1987．云南个旧锡矿床花岗岩接触带的交代现象．中国地质科学院院报，(16)：237～252

赵一鸣，林文蔚，毕承思等．1990．中国矽卡岩矿床．北京：地质出版社

赵元艺，王金生，李德先等．2007．矿床地质环境模型与环境评价．北京：地质出版社

赵云佳，赵锦嫦．1991．钟姑铁矿空间模式及找矿预测．地质与勘探，27（2）：8～14

郑荣才，吴礼道，陈志洪．1988．滇东南木利锑矿坡脚期生物礁及其控矿意义．成都地质学院学报，15（4）：57～68

周建平，徐克勤，华仁民等．1997．滇东南锡多金属矿床成因商榷．云南地质，16（4）：309～349

周涛发，范裕，袁峰．2008．长江中下游成矿带成岩成矿作用研究进展．岩石学报，24（8）：1665～1678

周涛发，袁峰，岳书仓等．2002．安徽月山矽卡岩型矿床形成的水岩作用．矿床地质，21：1～9

周维勋，郭福生译．2000．世界铀矿床录——国际原子能机构世界矿床分布图阅读指南．北京：原子能出版社

周治国．1988．花岗岩风化壳离子吸附型稀土矿床的找矿标志．湖南地质科技情报，(1)：15～17

朱炳泉．2001．地球化学省与地球化学急变带．北京：科学出版社

朱奉三．1987．北美最大的黄金产地霍姆斯塔克金矿考察记实．地质科技情报，6（2）：1～5

朱金初．2003．华南海相火山喷流沉积矿床成因研究简评——兼述徐克勤教授在该领域的重大贡献．高校地质学报，9（4）：536～544

朱赖民，刘显凡．1998．滇黔桂微细浸染状型金矿床的时空分布与成矿流体来源研究．地质科学，33（4）：463～472

朱训，尹惠宇，项仁杰．1999．中国矿情（第二卷 金属矿产）．北京：科学出版社

朱裕生．1993．论矿床成矿模式．地质论评，39（3）：217～222

庄永秋，王任重，杨树培．1996．云南个旧锡铜多金属矿床．北京：地震出版社

邹光华，欧阳宗圻，李惠等．1996．中国主要类型金矿床找矿模型．北京：地质出版社

邹为雷，曾庆栋，李光明．2003．胶东发云夼金矿床地质特征及其金矿类型辨析．矿床地质，22（1）

Anderson G M，Macqueen R W．1982．戴自希译．1988．矿床模式讲座（六）——密西西比河谷型铅–锌矿床．见：地矿部情报所．矿床模式专辑，180～192

Arribas A Jr，Hedenquist J W，Itaya T 等．1996．菲律宾北部吕宋岛30万年间同时形成相邻斑岩和低温热液型 Cu–Au 矿床．国外地质科技，(2)：22～26

Cox D P，Singer D A．1986．宋伯庆，李文祥，朱裕生等译．1990．矿床模式．北京：地质出版社

Eckstrand O R．1984．黄典豪，聂凤军译．1990．加拿大矿床类型：地质概要．北京：地质出版社

Fleischer V D，Garlick W G，Haldane R．1980．赞比亚铜矿带地质．见：Wolf K H 主编．层控矿床和层状矿床（第六卷）．北京：地质出版社

Fox J S．1984．张秋明译．1985．别子型火山成因硫化物矿床述评．国外地质科技，(8)：56～72

Gandhi S S．1990．成矿概念在勘查奥林匹克坝巨型矿床及其派生矿床中的意义．见：林为源，虞哲蓉主编．1991．矿床成因论——第八届国际矿床成因协会科学讨论会论文集．福州：福建科学技术出版社

Hollister V F．1987．周明宝，刘莉萍译．1988．浅成低温热液贵金属矿床．新疆有色金属公司（内部资料）

Hutchinson R W et al．1971．戴自希译．1980．塞浦路斯层控黄铁矿矿床以及与其他硫化物矿床对比．见：地质部情报研究所编．1980．国外黄铁矿型铜矿，246～254

Hutchinson R W．1973．火山成因硫化物矿床及其成矿意义．见：地质部情报研究所编．1980．国外黄铁矿型铜矿，33～57

Hutchinson R W．1990．前寒武纪金矿的区域矿床成因学——成矿时间和空间的关系．见：矿产专辑（九）——国外金矿地质．北京：地质出版社，3～16

Irvine R J，Smith M J．1992．浅成热液金矿床的地球物理勘探．国外铀金地质，(1)：79～81

Lowell J D，Guilbert J M．1970．李上森译．1975．斑岩型矿床的水平和垂直蚀变矿化分带．见：地质科学研究院情报所编．国外斑岩铜

矿，16~69

Lydon J W. 1984. 戴自希译. 1988. 矿床模式讲座（八）——火山成因块状硫化物矿床（第一部分）：描述性模式. 见：地质矿产部情报研究所编. 矿床模式专辑，205~215

Lydon J W. 1988. 张秋明译. 1989. 矿床模式讲座（十四）——火山成因块状硫化物矿床（第二部分）：成因模式. 见：地质矿产部情报研究所编. 矿床模式专辑（续篇），153~177

McMillan W J et al. 1980. 吴美德，刘瑞珊译. 1980. 矿床模式讲座（一）——斑岩铜矿. 国外地质科技，（8）：19~31

McMullan S R，Matthews R B，Robertshaw P. 张书成译. 1990. 阿萨巴斯卡铀矿床的地球物理勘探. 国外铀金地质，（1）：58~65

Mutschler F E. 1991. 与碱性火成岩有关的贵金属矿床——在科迪勒拉的空间-时间历程. 地质科技动态，（21/22）：1~8

Nelson R L. 1984. 张秋明译. 1986. 斑岩铜矿床模式的演变. 国外地质科技，（3）：20~27

Phillips G N 等. 陈有明译. 1990. 南非维特瓦德斯兰德金矿田地质研究新进展（包括沉积期后作用的重要意义）. 见：中国科学院地质研究所西准黄金科考队. 国外金矿地质研究进展（第三集），10~16

Rickard D T，Willden M Y，Marinder N E et al. 1979. 戴自希译. 1981. 瑞典赖斯沃尔砂岩铅-锌矿床成因研究. 国外地质科技，（7）：11~32

Ruzicka V. 1994. 加拿大不整合型矿床模式：成矿研究、勘探和矿产资源评价中一个重要组成部分. 国外铀金地质，11（1）：20~30

Sangster D F. 1972. 刘林群，许文喜，丁曾贵等译. 1980. 加拿大前寒武纪火山成因块状硫化物矿床（述评）. 见：地质部情报研究所编. 1980. 国外黄铁矿型铜矿，146~172

Sangster D F，Scott S D. 1976. 北美前寒武纪层控 Cu-Pb-Zn 块状硫化物矿床. 见：Wolf K H 主编. 层控矿床和层状矿床（第6卷）. 铜、铅、锌及银矿床. 北京：地质出版社

Sawkins F J. 1976. 唐连江译. 1980. 块状硫化物矿床同大地构造的关系. 见：地质部情报研究所编. 国外黄铁矿型铜矿，78~87

Shepherd T J，Bottrell S M，Miller M F. 1993. 以黑色页岩为主岩的金矿床探勘标志——流体包裹体挥发物. 国外铀金地质，10（4）：339~350

Sillitoe R H. 1983. 张秋明译. 1984. 斑岩铜矿系统中高部位含硫砷铜矿块状硫化物矿床. 地质科技动态，（11）：1~4

Sorjonen-ward p. 2000. 西澳耶尔冈地区的地球动力学模型. 国土资源科技进展，（3）：63~70

Starostin V I，Yapaskurt O V. 2007. Au-Cu black shale formations. 地学前缘，14（6）：245~256

Tialne M. 1993. 芬兰西南部地区冰碛物地球化学数据的相似性分析——互马拉和屈尔迈科斯基镍矿床的地球化学特征. 见：国外区域化探异常筛选和评价方法（化探资料选编之十一）. 中国地质矿产信息研究院，35~41

White N. 2008. Ore deposit models：their use in exploration. 见："矿床模型及矿产勘查"讲座. 中国，昆明2008年11月1~5日

Wilde A R. 1991. 陈祖伊译. 1991. 澳大利亚北部与不整合面有关的铀-金矿床：资源、成因和勘查. 国外铀金地质，（4）：63~68

Адешин А П，Успенский Е Н. 1992. 穆龙套金矿多源成因白钨矿化发育规律. 地质地球化学，（2）：1~9

Галюк С В. 1989. 吴传璧译. 1990. 建立近矿标志地球化学场模型的方法. 国外地质科技，（4）：53~56

И. И. Сафронов. 1978. 成矿能与矿产普查. 见：地质矿产部情报所. 化探资料选编，（7）：1~134

Коробейников А Ф. 1991. 黑色岩系中金矿化的内生分带性. 黄金地质科技，（4）：37~41

Константинович Э. 1972. 波兰二叠纪铜矿的成因. 见：地质科学研究院情报所编. 1975. 国外砂页岩型铜矿，287~297

Красников Н Н. 1986. 太古宙绿岩带金矿的成因特征. 山西冶金地质情报，（1）：2~7

Самонов И. 3. 1974. 苏联乌多坎砂岩铜矿地质构造特征简介. 见：地质科学研究院情报所编. 1975. 国外砂页岩型铜矿，160~165

Соловов А П. 1987. 吴承栋译. 1990. 普查和评价金属矿床的地球化学模型. 见：地质矿产部情报所. 矿床模式专辑（续篇），81~83

Урванцев Н Н. 1974. 苏联诺里尔斯克铜-镍矿床的成因特点——普查预测的基础. 国外地质科技动态，（3）：27~33

Ю. М. 叶帕特科. 1985. 克里沃罗格铁矿区深部氧化带的成因特征. 国外地质科技，（7）：68~80

Aberfoyle Resources Limited. 1990. Geology and discovery of the Que River and Hellyer polymetallic sulphide ores, Tasmania. In：Glasson K R, Rattigan J H ed. Geological aspects of the discovery of some important mineral deposits in Australia. The Australasian Znstitute of Mining and Metallurgy, Melbourne：187~196

Arai S，Yurimoto H. 1995. Possible sub-arc origin of podiform chromitites. Island Arc，4（2）：104~111

Aichler J，Bierlein F B，Giordano T A et al. 2004. Diverse connections between ores and organic matter. Ore Geology Reviews，24（1/2）：1~5

Aksametov E V，Grekov I I. 1982. Tirniauz tungsten-molybdenum ore deposits. In：Tvalchrelidze G A ed. Ore deposits of the Caucasus, Excursion A-1 and A-2 Guidebook：Metsniereba Publishing House, Tbilisi, ［former］Soviet Union：104~110

Andrew R L. 1995. Porphyry copper-gold deposits of the Southwest pacific. Mining Engineering，（1）：33~38

Arabis A Jr，Hedenquist J W，Itaya T et al. 1995. Contemporaneous formation of adjacent porphyry and epithermal Cu-Au deposits over 300 ka in northern Luzon, Philippines. Geology，23（4）：337~340

Arif M，Jan M Q. 2006. Petrotectonic significance of the chemistry of chromite in the ultramafic-mafic complexes of Pakistan. Journal of Asian Earth Sciences，27（5）：628~646

Ash C. 2008. Podiform chromite. In: British Columbia Mineral Deposit Profiles. http://www. empr. gov. bc. ca

Baker P M, Waugh R S. 2005. The role of surface geochemistry in the discovery of the Babel and Nebo magmatic nickel-copper-PGE deposits. Geochemistry: Exploration, Environment, Analysis, 5 (3): 195~200

Balch S. 2005. The geophysical signatures of platinum-group element deposits. In: Mungall J E ed. Exploration for deposits of platinum-Group elements. Mineralogical Association of Canada. OULU, Finland, 275~285

Barnes S J, Hill R E T, Perring C S et al. 2004. Lithogeochemical exploration for komatiite-associated Ni-sulfide deposits: strategies and limitations. Mineralogy and Petrology, 82 (1/2): 259~293

Barnes S J, Lightfoot P C. 2005. Formation of magmatic nickel sulfide deposits and proaesses affecting their copper and platinum group element contents. Economic Geoolgy, 100th Anniversary Volume: 179~213

Barrie C T, Hannington M D. 1999. Classification of volcanic-associated massive sulfide deposits based on the host-rock composition. Reviews in Economic Geology, 8: 1~11

Barton M D, Johnson D A. 1996. Evaporitic source model for igneous-related Fe oxide – (REE – Cu – Au – U) mineralization. Geology, 24 (3): 259~262

Barton M D, Johnson D A. 2000. Alternative brine source for Fe oxide (– Cu – Au) systems: Implications for hydrothermal alteration and metals. In: Porter T M ed. Hydrothermal iron oxide copper-gold and related deposits: A global perspective. Adelaide: Australian Mineral Foundation, 43~60

Barton M D, Johnson D A. 2004. Footprints of Fe oxide (– Cu – Au) systems. University of Western Australia Special Publication 33: 112~116

Barton M D, Marikos M A, Johnson D A. 1993. A comparison of felsic and mafic Fe – P (REE – Cu) deposits. Geological Society of America Abstracts with Programs, 25 (3): 5

Baumgartner R, Fontbote L, Vennemann T. 2008. Mineral zoning and geochemistry of epithermal polymetallic Zn – Pb – Ag – Cu – Bi minerlization at Cerro de Pasco, Peru. Economic Geology, 103 (3): 493~537

Bellani S, Brogi A, Lazzarotto A et al. 2004. Heat flow, deep temperatures and extensional structures in the Larderello geothermal field (Italy): Constraints on geothermal fluid flow. J. Volcanol. Geotherm. Res. 132 (1): 15~29

Berger B R. 1986. Descriptive model of Homestake Au. In: Cox D P, Singer D A Ed. Mineral deposit models, U. S. Geological Survey, Bulletin 1693: 245~247

Bettles K. 2002. Carlin-type gold deposits: a summary. In: Cooke D R, Pongratz J ed. Giant ore deposits: characteristics, genisis and exploration, CODES Special Publication, (4): 191~193

Bierlein F P, Fuller T, Stuwe K et al. 1998. Wallrock alteration associated with turbidite-hosted gold deposits. Examples from the Palaeozoic Lachlan fold belt in central Victoria, Australia. Ore Geology Reviews, 13 (1/5): 345~380

Bjorlykke A, Sangster D F. 1981. An overview of sandstone lead deposits and their relationship to red-bed copper and carbonate-hosted lead-zinc deposits. Economic Geology, 75th Anniv Vol: 179~213

Blake K. 1993. The Kürunavaara magnetite-apatite deposit: a high temperature magmatic-hydrothermal deposit. In: Mid-to Lower-Crustal Metamorphism and Fluids Conference, Mount lsa. Geological Society of Australia Abstract, 35: 25

Blevin P L, Chappell B W. 1995. Chemistry, origin, and evolution of mineralized granites in the Lachlan fold belt, Australia: the metallogeny of I – and S – type granites. Economic Geology, 90 (6): 1604~1619

Bliss J D. 1992. Developments in mineral deposits modeling. U. S. Geological Survey Bulletin 2004 (Also available on line at http:// pubs. usgs. gov/bul/b2004/)

Bloomer C. 1981. The Casmo (Storie) molybdenum deposite, Cassiar, B. C. [abstract]: Canadian Institute of Mining and Metallurgy Bulletin, 74 (833): 664~665

Bloomstein E I, Clark J B. 1989. Geochemistry of the Ordovician high-calcium black shales hosting major gold deposits of the Getchell Trend in Nevada. In: Granch R I, Huyck H L O ed. Metalliferous Black Shales and Related Ore Deposits – Proceedings. 1989 United States Working Group Meeting, International Geological Correlation Program Project 254; United States Geological Survey, Circular 1058, 1~5

Boland M B, Kelly J G, Schaffalitzky. 2003. The Shaimerden supergene zinc deposit, Kazakhstan: A Preliminary Examination. Economic Geology, 98 (4): 787~795

Bolero Resources Corp. 2008. Vancouver, BC, Canada. (http://www. boleroresources. ca/index. php? page = newsdetail&newsfile =581)

Bond D P G, Chapman R J. 2007. Evaluation of the origins of gold hosted by the conglomerates of the Indian River formation, Yukon, using a combined sedimentological and mineralogical approach. In: Emond D S, Lewis L L, Weston L H eds. Yukon Exploration and Geology 2006. Yukon Geological Survey, 93~103

Bonnet A L, Corriveau L. 2007. Alteration vectors to metamorphosed hydrothermal systems in gneissic terranes. In: Goodfellow W D ed. Mineral deposits of Canada: A synthesis of major deposit-types, district metallogeny, the evolution of geological provinces, and exploration methods. Geological Association of Canada, Mineral Deposits Division, Special Publication No. 5, 1035~1049

Borg G, Karner K, Buxton M et al. 2003. Geology of the Skorpion supergene zinc deposit, southern Namibia. Economic Geology, 98 (4): 749~771

Boxer G L, Lorenz V, Smith C B. 1989. The Geology and Volcanology of the Argyle (AK1) Lamproite Diatreme, Western Australia. In: Kimberlites, Rocks R ed., vol. 1: Their Composition, Occurrence, Origin and Emplacement. Geological Society of Australia Special Publication No. 14, 140~152. (Proceedings of the 4th International Kimberlite Conference, Perth, WA, 1986)

Boyle R W, Brown A C, Jefferson C W et al. 1989. Sediment-hosted stratiform copper deposits. Geol. Assoc. Canada Spec. Paper, 36: 710p

Bradley D C, Leach D L. 2003. Tectonic controls of Mississippi Valley-type lead-zinc mineralization in orogenic forelands. Mineralium Deposita, 38 (6): 652~667

Brand N W, Butt C R M, Elias M. 1998. Komatite-hosted nickel sulphide deposit, Australia. Journal of Australian Geology and Geophysics, 17 (4): 121~127

Brand N W, Butt C R M, Elias M. 1998. Nickel laterites: classification and features. Journal of Australian Geology and Geophysics, 17 (4): 81~88

Bray E A D. 1995. Preliminary compilation of descriptive geoenvironmental mineral deposit models. U. S. Geological Survey Open – File Report 95 – 0831, U. S. Geological Survey, 1~272

Brown P, Kahlert B. 1986. Geology and mineralization of the red mountain porphyry molybdenum deposit, south-central Yukon. In: Morin J A ed. Mineral deposits of Northern Cordillera: Canadian Institute of Mining and Metaalurgy, Special Volume 37: 288~297

Bullis H R, Hureau R A, Penner B D. 1994. Distribution of gold and sulfides at Lupin, Northwest Territories. Economical Geology, 89 (6): 1217~1227

Caddey S W, Bachman R L, Campbell T J et al. 1991. The Homestake gold mine, an Early Proterozoic ironformation-hosted gold deposit, Lawrence County, South Dakota: U. S. Geological Survey Bulletin. 1857_ J: 67

Callahan W H. 1966. Genesis of the Franklin-Sterling, N. J. ore bodies. Economic Geology, 61 (6): 1140~1141

Cameron E M. 2005. Platium group elements in geochemical exploration. In: Mungall J E ed. Exploration for deposits of platinum – Group elements. Mineralogical Association of Canada. OULU, Finland, 287~307

Campbell I H, Compston D M, Richards J P et al. 1998. Review of the application of isotope studies to the genesis of Cu – Au mineralization at Olympic Dam and Au mineralization at Porgera, the Tennant Creek District and the Yilgarn Craton. In: Naughton M, Campbell I H, Groves D I ed. Application of Radiogenic Isotopes to the Study of Australian Ore Deposits. Australian Journal of Earth Sciences, 45 (2): 201~218

Carten R B, Geraghty E P, Walker B M et al. 1988. Cyclic generation of weakly and strongly mineralizing intrusions in the Henderson porphyry molybdenum deposite, Colorado: Correlation of igneous features with high temperature hydrothermal alteration. Economic Geology, 83 (2): 266~296

Carten R B, White W H, Stein H J. 1993. High-grade granite-related mo systems: classification and origin. In: Kirkham R V, Sinclair W D, Thorpe R I et al ed. Mineral deposit modeling. Geological Association of Canada, Special Paper 40: 521~554

Cawood P A. 2009. Hydrothermal processes and mineral systems. Franco Pirajno: Geological survey of western Australia, Perth, WA, Australia: 535~580

Cawthorn R G. 1999. The platinum and palladium resources of the Bushveld Complex. South African Journal of Science 95, November/December: 481~489

Cawthorn G R. 2005. Stratiform platinum-group element deposits in layered intrusions. In: Mungall J E ed. Exploration for deposits of platinum-Group elements. Mineralogical Association of Canada. OULU, Finland, 57~73

Cawthorn G R, Barnes S J, Malitch K N. 2005. Platinum group element, chromium, and vanadium deposits in mafic and ultramafic rocks. Society of economic geology 100th anniversary Vloume: 215~250

Chadwick J. 1996a. Exploring Victor. Mining Magazine, November 1: 270~275

Chadwick J. 1996b. Mc Creedy East. Mining Magazine, November 1: 276~279

Chao E C T, Back J M, Minkin J A et al. 1992. Host-rock controlled epigenetic, hydrothermal metasomatic origin of the Bayan Obo REE – Fe – Nb ore deposit, Inner Mongolia, PRC. Applied Geochemistry, 7 (5): 443~458

Cheney E S. 1991. Structure and age of the Cerro de Pasco Cu – Zn – Pb – Ag deposit, Peru. Mineralium Deposita, 26 (1): 2~10

Claridge P G, Downing B W. 1993. Environmental geology and geochemistry at the Windy Craggy massive sulphide deposit. Northwestern British Columbia, CIM Bulletin 86 (966): 50~57

Clark A H. 1993. Are outsize porphyry copper deposits either anatomically or environmentally distinctive? In: Whiting B H et al ed. SEG SP – 2: Giant ore deposits Society of Economic Geologist Special publication 2: 213~283

Clout J M F, Simonson B M. 2005. Precambrian iron formations and iron formation-hosted iron ore deposits. Economic Geology (100th Anniversary Volume): 643~679

Clout J M F. 2006. Iron formation-hosted iron ores in the Hamersley province of Western Australia. Applied Earth Science (Trans,

Graupner T, Niedermann S, Kempe U et al. 2006. Origin of ore fluids in the Muruntau gold system: Constraints from noble gas, carbon isotope and halogen data. Geochimica et Gosmochimica Acta 70: 5356 ~ 5370

Green T. 2005. Platium group elements exploration: economic consideerations and geological criteria. In: Mungall J E ed. Exploration for deposits of platinum – Group elements. Mineralogical Association of Canada. OULU, Finland, 247 ~ 274

Gross G A. 1995. Industrial and genetic models for iron ore in iron-formations. In: Kirkham R V, Sinclair W D, Thorpe R I et al ed. Mineral Deposit Modeling, Geological Association of Canada, Special paper 40, 151 ~ 170

Groves D I, Vielreicher N M. 2001. The Phalabowra (Palabora) carbonatite-hosted magnetite-copper sulfide deposit, South Africa: An end member of the iron oxide-copper-gold-rare earth element deposit group. Mineralium Deposita, 36 (2): 189 ~ 194

Groves D I, Goldfarb R J, Robert F et al. 2003. Gold deposits in metamorphic belts: overview of current understanding, outstanding problems, future research and exploration significance. Economic Geology, 98 (1): 1 ~ 29

Groves D I, Phillips N, Susan E H et al. 1987. Craton-scale distribution of Archean Greenstone Gold Deposits: Predictive Capacity of the Metamorphic Model. Economic Geology, 82 (8): 2045 ~ 2058

Groves D I. 1993. The crustal continuum model for late – Archaean lode-gold deposits of the Yilgarn Block, Western Australia. Mineralium Deposita, 28 (6): 366 ~ 374

Gurney J J, Helmstaedt H H, Le Roex A P et al. 2005. Diamond crustal distribution and formation processes in time and space and an integrated deposit model. Economic Geology 100th Anniversary Volume, 143 ~ 177

Gustafson L B. 1978. Some major factors of porphyry copper genesis. Economic Geology, 73 (5): 600 ~ 607

Gutzmer J, Nhleko N, Beukes N J et al. 1999. Geochemistry and ion microprobe (SHRIMP) age of a quartz porphyry sill in the Mozaan Group of the Pongola Supergroup: Implications for the Pongola and Witwatersrand Supergroups. South African Journal of Geology, 102 (2): 139 ~ 146

Hagemann S H, Rosiere C A, Lobato L et al. 2006. Centroversy in genetic models for Proterozoic high-grade, banded iron formation (BIF) – related iron deposits——unifying or discrete model (s)?. Applied Earth Science (Trans, Inst. Min. Metall. B), 115 (4): 147 ~ 151

Haldar S K. 2007. Exploration modeling of base metal deposits, Reed Elsever India Pvt. Ltd, New Dehli

Hammond N Q, Moore J M. 2006. Archaean lode gold mineralisation in banded iron formation at the Kalahari Goldridge deposit, Kraaipan Greenstone Belt, South Africa. Mineralium Deposita, 41 (5): 483 ~ 503

Hauck S A. 1990. Petrogenesis and tectonic setting of middle Proterozoic iron oxide-rich ore deposits: An ore deposit model for Olympic Dam-type mineralization. U. S. Geological Survey Bulletin, B – 1932: 4 ~ 39

Haynes D W, Cross K C, Bills R T et al. 1995. Olympic Dam ore genesis: A fluid mixing model. Economic Geology, 90 (2): 281 ~ 307

Haynes D W. 2000. Iron oxide copper (-gold) deposits: their position in the ore deposit spectrum and modes of origin. In: Porter T M ed. Hydrothermal iron oxide copper-gold and related deposits: A global perspective. Adelaide: Australian Mineral Foundation, 71 ~ 90

Haynes D. 2002. Iron oxide-copper-gold deposits: a summary. In: Cooke D R, Pongratz J ed. Giant ore deposits: characteristics, genisis and exploration. CODES Special Publication 4, 103 ~ 105

Hedenquist J W, Richards J P. 1998. The influence of geochemical techniques on the development of genetic models for porphyry copper deposits. In: Richards J P, Larson P B eds. Techniques in hydrothermal ore deposits geology: Reviews in Economic Geology 10: 235 ~ 256

Hedenquist J W, Arribas A Jr, Reynoldes T J. 1998. Evolution of an intrusion-centered hydrothermal system: Far Southeast – Lepanto porphyry and epithermal Cu – Au deposits, Philippines. Economic Geology, 93 (4): 373 ~ 404

Heinrich C A, Driesner T, Stefansson A et al. 2004. Magmatic vapor contraction and the transport of gold from porphyry to epithermal ore deposits. Geology, 32 (9): 761 ~ 764

Henkel H, Reimold W U. 1998. Integrated geophysical modeling of a giant, complex impact structure: Anatomy of the Vredefort structure, South Africa. Tectonophysics, 287 (1/4): 1 ~ 20

Heyl A V, Bozion C N. 1962. Oxidized zinc deposits of the United States, Part 1. General Geology: U. S. Geological Survey Bulletin 1135 – A, 52 p

Hitzman M W, Oreskes N, Einaudi M T. 1992. Geological characteristics and tectonic setting of Proterozoic iron oxide (Cu – U – Au – REE) deposits. Precambrian Research, 58 (1/4): 241 ~ 287

Hitzman M W, Reynolds N A, Sangster D F et al. 2003. Classification, genesis, and exploration guides for nonsulfide zinc deposits. Economic Geology, 98 (4): 685 ~ 714

Hitzman M W. 2000. Iron oxide – Cu – Au deposits: what, where, when, and why. In: Porter T M ed. Hydrothermal iron oxide copper-gold and related deposits: A global perspective. Adelaide: Australian Mineral Foundation, 9 ~ 26

Hoatson D M, Jaireth S, Jaques A L. 2006. Nickel sulfide deposits in Australia: characteristics, resources, and potential. Ore Geology Reviews, 29 (3/4): 177 ~ 241

Hoatson D M. 1998. Platinum-group element mineralization in Australian Precambrian layered mafic-ultramafic intrusions. AGSO Journal of Australian Geology & Geophysics, 17 (4): 139 ~ 151

Hodgson C J. 1989. Uses (and abuses) of ore deposit models in mineral exploration. In: Garland G D ed. Proceedings of Exploration'87; Third decennial international conference on geophysical and geochemical exploration for minerals and ground water, Garland, Ontario Geological Survey Special 3: 31~45

Hofstra A H. 1997. Isotopic composition of Sulfur in Carlin-type Gold deposits: implications for genetic models. In: Vikre P, Thompson T B, Bettles K et al ed. Carlin-type gold deposits field conference. Society of Economic Geologists Guidebook 28: 119~129

Hollister V F. 1978. Geology of the porphyry copper deposits of the western hemisphere. New York: Scoiety of Mining Engineers (AIME): 219P

Hoy T. 1982. Stratigraphic and structural settihg of stratabound lead-zinc deposits in southeastern B. C. CIM Bulletin: 114~134

Hoy T. 1995. Besshi massive sulphide. In: Lefebure D V et al ed. Selected British Columbia Mineral Deposit Profiles, Vol. 1 – Metallics and, British Columbia Ministry of Energy of Employment and Investment (http: //red. ganzhou. com/article _ show. asp? ArticleID = 1413)

Huber H, koeberl C, Mcdonald I et al. 2001. Geochemistry and petrology of Witwatersrand and Dwyka diamictites from South Africa: Search for an extraterrestrial component. Geochimica et Cosmochimica Acta, 65 (12): 2007~2016

Hunt J A, Abbott J G, Thorkelson D J. 2006. Unconformity-related uranium potential: Clues from Wernecke Breccia, Yukon. In: Emond D S, Bradshaw G D, Lewis L L, et al eds. Yukon Exploration and Geology 2005. Yukon Geological Survey, 127~137

Huston D L, Bolger C, Cozens G. 1993. A comparison of mineral deposits at the Gecko and White Devil deposits: Implications for ore genesis in the Tennant Creek district, Northern Territory, Australia. Economic Geology, 88 (5): 1198~1225

Hutchinson R W, Vokes F M. 1987. Gold occurences in Precambrian shield areas. Economic Geology, 82 (8): 1991~1992

Irvine T N. 1975. Crystallisation sequence of the Muskox Intrusion and other layered intrusions – II Origin of the chromitite layers and similar deposits of other magmatic ores. Geochimica et Cosmochimica Acta, 39 (6/7): 991~1020

Irvine T N. 1977. Origin of chromitite layers in the Muskox intrusion and other stratiform intrusions: A new interpretation. Geology, 5 (5): 273~277

Ishihara Shunso, Hua Renmin, Hoshino Mihoko et al. 2008. Thematic Article REE Abundance and REE Minerals in Granitic Rocks in the Nanling Range, Jiangxi Province, Southern China, and Generation of the REE – rich Weathered Crust Deposits. Resource Geology, 58 (4): 355~372

Jaques A L. 1998. Kimberlite and Lamproite diamond pipes. AGSO Jounal of Australian Geology&Geoghysics, 17 (4): 153~162

Jean S Cline, Hofstra A H, Muntean J et al. 2004. Characteristics and genesis of Carlin-type gold deposits. Nevada, USA, 24 et Au Workshop, 133~139

Jefferson C W, Thomas D J, Gandhi S S et al. 2007. Unconformity associated uranium deposits of the Athabasca Basin, Saskatchewan and Alberta. In: Goodfellow W D ed. Mineral Deposits of Canada: A Synthesis of Major Deposit – Types, District Metallogeny, the Evolution of Geological Provinces, and Exploration Methods. Geological Association of Canada, Mineral Deposits Division, Special Publication, (5): 273~305

Johnson C A, Rye D M, Skinner B J. 1990. Petrology and stable isotope geochemistry of the metamorphosed zinc-iron-manganese deposit at Sterling Hill, New Jersey. Economic Geology, 85 (6): 1133~1161

Johnson C, Skinner B J. 2003. Geochemistry of the Furnace magnetite bed, Franklin, New Jersey, and the relationship between stratiform iron oxide ores and stratiform zincoxide-silicate ores in the New Jersey Highlands. Economic Geology. 98 (4): 837~854

Johnson J P, Cross K C. 1995. U – Pb geochronological constraints on the genesis of the Olympic Dam Cu – U – Au – Ag deposit, South Australia. Economic Geology, 90 (5): 1046~1063

Jones, Heinrieh C A. 2005. Vapor transport of metals and the formation of Magmatic-hydrothermal ore deposits. Economic Geology, 100 (7): 1287~1312

Junqueira P A, Lobato L M, Ladeira E A et al. 2007. Structural control and hydrothermal alteration at the BIF – hosted Raposos lode-gold deposit, Quadrilátero Ferrífero, Brazil. Ore Geology Reviews, 32 (3/4): 629~650

Kaminskiy V G. 1989. A geologic exploration model for porphyry-copper deposits of the Baimka zone. International Geological Review, 31 (12): 1420~1250

Karvinen W O. 1973. Metamorphogenic molybdenite deposits in the Grenville province: Unpublished Ph. D. thesis, Kingston, Ontario, Queen's University

Kelley K D, Ludington S. 2002. Cripple Creek and other alkaline-related gold deposits in the southern Rocky Mountains. USA: Influence of Regional Tectonics. Mineralium Deposita, 37 (1): 38~60

Kerswill J A. 1993. Models for iron-formation-hosted gold deposits. In: Kirkham R V, Sinclair W D, Thorpe R I et al ed. Mineral Deposit Modeling: Geological Association of Canada, Special Paper 40: 171~199

Kirk J, Ruiz J, Chesley J et al. 2001. A detrital model for the origin of gold and sulfides in the Witwatersrand basin based on Re – Os isotopes. Geochimica et Cosmochimica Acta, 65 (13): 2149~2159

Kirkham R V, McCann C, Prasad N et al. 1982. Molybdenum in Canada, Part 2: Molyfile – An index-level computer file of molybdenum deposits and occurrences in Canada: Geological Survey of Canada, Economic Geology Report 33: 208

Kirkham R V. 1989. The distribution, settings and genesis of sediment-hosted stratiform copper deposits. Geol. Assoc. Canada Spec. Paper, 36: 3~38

Klemm L M, Pettke T, Heinric C A. 2008. Fluid and source magma evolution of the Questa porphyry Mo deposit, New Mexico, USA. Mineralium Deposita, 43 (5): 533~552

Kravchenko G G, Grigoryeva I I. 1986. The kempirsaisky chreomite-bearing massif in the Ural Mountains. In: Petrascheck W, Karamata S, Kravchenko G G et al ed. Chromites, Theophrastus publications S. A. Athens : 23~44

Kravchenko G G. 1986. Geological position and structure of chromite deposits in the Ural mountains. In: Petrascheck W, Karamata S, Kravchenko G G et al ed. Chromites, Theophrastus publications S. A. Athens : 3~21

Kulikov I V, Boyarskaya R V. 1989. Hydrosaline melts inclusions in fluorite from the Tyrnyauz deposit: International Geology Review, 31 (10): 1039~1054

Large R R, Maslennikov V V, Robert F. 2007. Multistage sedimentary and metamorphic origin of pyrite and gold in the giant Sukhoi Log deposit, Lena Gold Province, Russia. Economic Geology, 102 (7): 1233~1267

Lavergne C. 1985. Gîtes minéraux à tonnage évalué et production minérale du Québec. QUERPUB - M. E. R. publication, DV 85 -08: 84

Law J D M, Phillips G N. 2005. Hydrothermal Replacement model for Witwatersrand gold. Society of Economic Geologists, Inc. Economic Geology, 100th Anniversary Volume: 799~811

Laznicka P. 1983. Giant ore deposits, a quantitation approach. Global Tectonics and Metallogeny, (2): 41~63

Laznicka P. 2006. Giant metallic deposits—Future sources of industrial metals. Berlin, Springer: 732p

Le Bas M J, Keller J, Tao K J et al. 1992. Carbonatite dykes at Bayan Obo, Inner Mongolia, China. Mineralogy and Petrology, 46 (3): 195~228

Leach D L, Bradley D C, Lewchuk M et al. 2001. Mississippi Valley-type lead-zinc deposits through geological time: implications from recent age-dating research. Mineralium Deposita, 36 (8): 711~740

Leach D L, Sangster D F. 1993. Mississippi valley-type lead-zinc deposit. In: Kirkham R V, Sinclair W D, Thorpe R I et al ed. Mineral deposit modeling. Geological Association of Canada, Special Paper 40: 289~314

Leblan C M, Nicolas A O. 1992. Phiolitic chromitites. International Geological Review, 34 (7): 653~686

Lefebvre J - J. 1989. Depositional environment of copper-cobalt minerlization in the Katangan sediments of Southeast Shaba, Zaire. Geol. Assoc. Canada Spec. Paper, 36: 401~426

Leiste J M, Bonnemaison M G, Palomero F et al. 1999. Innovative analytical and geophysical technologies for detecting polymetallic orebodies in southern Spain, Transactions - Institution of Mining and Metallurgy. Section B: Applied Earth Science , 108 (3): 164~177

Lennykh V I, Valizer P M, Beane R et al. 1995. Petrotectonic evolution of the Maksyutov Complex, southern Urals, Russia: implications for ultrahigh-pressure metamorphism. International Geology Reviews, 37 (7): 584~600

Lentz D R, Creaser R A. 2005. Re - Os model age constraints on the genesis of the Moss molybdenite pegmatite-aplite deposit, Southwestern Grenville Province, Quyon, Quebec, Canada. Exploration and Mining Geology, 14 (1~4): 95~103

Lentz D R, Suzuki K. 2000. A low F pegmatite-related Mo skarn from the southwestern Grenville Province, Ontario, Canada: Phase equilibria and petrogenetic Implications. Economic Geology, 95 (6): 1319~1337

Lewis Teal, Mac Jackson. 1997. Geologic overview of the Carlin trend gold deposits and description of recent deep discoveries. Carlin-type Gold Deposits Field Conference, 3~37

Li Z Y, Chen A P, Fang X H et al. 2005. Metallogenetic conditions and exploration criteria of Dong Sheng Sandstone type uranium deposit in Inner Mongolia, China. In: Mao J W, Bierlein F B. Mineral Deposit Research. Springer , 291~294

Lydon J W. 1996. Sedimentary exhalative sulfides (sedex). In: Eckstrand O R, Synclair W D, Thorpe R I ed. Geology of Canada Mineral Deposit Types. Geological Survey of Canada, (8). Geol. Surv. Canada: 130~152

Marakushev A A, Khoklov V A. 1992. A petrological model for the genesis of the Muruntau gold deposit. International Geology Review, 34 (1): 59~76

Mark G, Oliver N H S, Williams P J et al. 2000. The evolution of the Ernest Henry hydrothermal system. In: Porter T M ed. Hydrothermal iron oxide copper-gold and related deposits: A global perspective. Adelaide: Australian Mineral Foundation. 123~136

Marques J C, Filho C F F. 2003. The chromite deposit of the Ipueira - Medrado Sill, São Francisco craton, Bahia state, Brazil. Economic Geology, 98 (1): 87~108

Matveeva T, Anderson S D A. 2007. Sandstone - Hosted Uranium Potential of southern Alberta-preliminary Assessment. EUB/AGS Earth Sciences Report

Maynard J B, Klein G D. 1995. Tectonic subsidence analyses in the characterization of sedimentary ore deposits: Examples from the Witwatersrand (Au), White Pine (Cu), and Molango (Mn). Economic Geology, 90 (1): 37~50

McKay A D, Meiitis Y. 2001. Australia's uranium resources, geology and development of deposits, AGSO - Geoscience Australia, Mineral Resources Report 1, ISBN 0642467161, http: //www. ga. gov. au/image _ cache/GA9508. pdf, retrieved February 12, 2009

McMillan R H. 1996. Iron formation-hosted Au (in Selected British Columbia mineral deposit profiles; Volume 2, Metallic deposits). Open File – British Columbia. Geological Survey Branch: 63 ~ 66

Meinert L D. 1993. Skarns and skarn deposits. In: Sheaha P A, Cherry M E. Ore Deposit Models, Volume Ⅱ. Geoscience Canada Reprint Series, (6): 117 ~ 134

Meinert L D. 1997. Aplication of skarn deposit zonation models to mineral exploration. Exploration and Mining Geology, 6 (2): 185 ~ 208

Meinert L D. 2000. Gold skarns related to epizonal intrusions. In: Hagemann S G, Brown P E ed. Reviews in Economical Geology 13: 347 ~ 375

Meinert L D, Dipple G M, Nicolescu S. 2005. World Skarn Deposits. Economic Geology, 100th Anniversary Volume: 299 ~ 336

Melcher F, Grum W, Simon G et al. 1997. Petrogenesis of the ophiolitic giant chromite deposits of Kempirsai, Kazakhstan: a study of solid and fluid inclusions in chromite. Journal of Geology, 38 (10): 1419 ~ 1458

Menzie W D, Mosier D L. 1985. Grade, tonnage and lithologic data for sediment-hosted submarine exhalative Zn – Pb and sandstone-hosted Pb – Zn deposits. United States Department of the Interior Geological Survey

Mernagh T P, Wyborn L A I, Jagodzinski E A. 1998. 'Unconformity-related' U ± Au ± platinum-group-element deposit. AGSO Journal of Australian Geology & Geophysics, 17 (4): 197 ~ 205

Miller J M, Wilson C J L, Dugdale L J et al. 2006. Stawell gold deposit: a key to unravelling the Cambrian to Early Devonian structural evolution of the western Victorian goldfields. Australian Journal of Earth Sciences, 53 (5): 677 ~ 695

Miller W R, Wanty R B, Mchugh J B. 1984. Application of mineral-solutione quilibria to geochemicael explorationf or sandstone-hosted uranium deposits in two basins in West Central Utah. Economic Geology, 79 (2): 266 ~ 283

Mineral deposits. http: //earthsci. org/mineral/mineral. html#MineralDeposits

MMAJ. 1998. List of Metallic Mineral Deposits in Asia: 43p

Mondal S K, Mathez E A. 2007. Origin of the UG2 chromitite layer, Bushveld Complex. Journal of Geology, 48 (3): 495 ~ 510

Moore R L, Masterman G J. 2002. The corporate discovery history and geology of the Collahuasi district porphyry copper deposits, Chile. In: Cooke D R, Pongratz J ed. Giant ore deposits: characteristics, genesis and exploration, CODES Special Publication 4, 51 ~ 56

Morelli R, Creaser R A, Seltmann R et al. 2007. Age and source constraints for the giant Muruntau gold deposit, Uzbekistan, from coupled Re – Os – He isotopes in arsenopyrite. Geology, 35 (9): 795 ~ 798

Mueller A G, McNaughton N J. 2000. U – Pb ages constraining batholith emplacement, contact metamorphism, and the formation of gold and W – Mo skarns in the Southern Cross Area, Yilgarn Craton, Western Australia. Economic Geology, 95 (6): 1231 ~ 1257

Muller D, Kaminski K, Uhlig S et al. 2002. The transition from porphyry-to epithermal-style gold mineralization at Ladolam, Lihir island, Papua New Guinea: a reconnaissance study. Mineralium Deposita, 37 (1): 61 ~ 74

Muller D. 2002. Gold-copper mineralization in alkaline rocks. Mineralium Deposita, 37 (1): 1 ~ 3

Murphy F C, Rawling T J, Wilson C J L et al. 2006. 3D structural modelling and implications for targeting gold mineralisation in western Victoria. Australian Journal of Earth Sciences, 53 (5): 875 ~ 889

Myers G L, Meinert L D. 1991. Alteration, mineralization, and gold distribution in the Fortitude gold skarn. In: Raines G L, Lisle R E, Schafer R W. Geology and ore deposits of the Great Basin: Symposuium proceedings. Geol. Soc. Nevada, Reno, 407 ~ 418

Naldrett A J, Lightfoot P C. 1992. Ni – Cu – PGE ores of the Norilsk region Siberia: A model for giant magmatic sulfide deposits associated with flood basalts: Societyof Economic Geologists, Special Volume. 2: 81 ~ 123

Naldrett A J, Asif M, Krstic S et al. 2000. The composition of mineralization at the Voisey's Bay Ni – Cu sulfide deposit, with special reference to Platinum-group elements. Economic Geology, 95 (4): 845 ~ 865

Naldrett A J, Singh J, Krstic S et al. 2000. The mineralogy of the Voisey's Bay Ni – Cu – Co Deposit, Northern Labrador, Canada: Influence of oxidation state on textures and mineral compositions. Economic Geology, 95 (4): 889 ~ 900

Naldrett A J. 1999. World-class Ni – Cu – PGE deposits: key factors in their genesis. Mineralium Deposita, 34 (3): 227 ~ 240

Noble J A. 1950. Ore mineralization in the homestake gold mine, Lead, South Dakota. Bulletin of the Geological Society of America, 61: 221 ~ 252

Nuspl A. 2009. Genesis of nonsulfide zinc deposits and their future utilization. http: //www. geo. tu-freiberg. de/oberseminar/OS _09/ Andreas _ Nuspl. pdf

O'Driscoll E S T, Campbell. 1997. Mineral deposits related to Australian continental ring and rift structures with some terrestrial and planetary analogies. Global Tectonic and Metallogeny, 6 (2): 83 ~ 101

Oreskes N, Einaudi M T. 1990. Origin of rare earth element-enriched haematite breccias at the Olympic Dam Cu – U – Au – Ag deposit, Roxby Down, South Australia. Economic Geology, 85 (1): 1 ~ 28

Oszczepalski S. 1998. Origin of the Kupferschiefer polymetallic mineralization in Poland. Minerlium Deposita, 34 (5/6): 599 ~ 613

Panteleyev A. 1995. Porphyry Cu – Au: Alkalic. In: Lefebure D V, Ray G E ed. Selected British Columbia Mineral Deposit Profiles, Vol. 1, British Columbia Miuistry of Energy, Mines and Petroleum Resources: 83 ~ 86

Papp F P. 2007. Chromium—A National Mineral Commodity Perspective. USGS Open – File Report 2007 – 1167

Paradis S, Hannigan P, Dewing K. 2007. Mississippi Valley-type lead-zinc deposits. In: Goodfellow W D ed. Mineral Deposits of Canada: A Synthesis of Major Deposit – Types, District Metallogeny, the Evolution of Geological Provinces, and Exploration Methods: Geological Association of Canada, Mineral Deposits Division, Special Publication No. 5, 185 ~ 203

Partington G A, Williams P J. 2000. Proterozoic lode gold and (iron) copper deposits: A comparison of Australian and global examples. In: Hagernann S G, Brown E B ed. Reviews in Economic Geology, 13: 69 ~ 101

Pedersen F D. 1986. An outline of the geology of the Hurdal area and Nordi granite molybdenite deposit. In: Olerud S, Ihlen P M ed. Metallogeny Associated with the Oslo Paleorift: Geological Survey of Sweden, Serial Ca, 59: 18 ~ 23

Permingeat F. 1957. Le gisement de molybdène, tungstene et cuivre d'Azegour (Maroc). – Notes et Mém. Serv. Géol. Maroc 141: 284

Peter J M, Scott S D. 1999. Windy Craggy, northwestern British Columbia; the world's largest besshi-type deposit. In: Barrie C T, Hannington M D eds. Volcanic-associated massive sulfide deposits, processes and examples in modern and ancient settings. Society of Economic Geologists, Reviews in Economic Geology, 8, 261 ~ 295

Phillips G N, Groves D I, Martyn J E. 1984. An epigenetic origin for archean banded iron-formation-hosted gold deposits. Economic Geology, 79 (1): 162 ~ 171

Phillips G N, Huges M J. 1996. The geology and gold deposits of the Victorian gold province. Ore Geology Reviews, 11 (5): 255 ~ 302

Phillips G N, Hughes M J. 1998. Victorian gold deposits. AGSO Journal of Australian Geology and Geoghysics, 17 (4): 213 ~ 216

Phillips G N, Law J D M. 2000. Witwatersrand gold fields: Geology, genesis and exploration. In: Hagernann S G, Brown E B ed. Reviews in Economic Geology 13: 439 ~ 500

Phillips N, Law J D M. 1994. Metamorphism of the Witwatersrand gold fields: A review. Ore Geology Reviews, 9 (1): 1 ~ 31

Pollard P J, Perkins C. 1997a. $^{40}Ar/^{39}Ar$ geochronology of alteration and Cu – Au – Co mineralization in the Cloncurry district, Mount Isa inlier. In: Pollard P J ed. Australian Mineral Industry Research Association (AMIRA) P438, Cloncurry base metals and gold final report. Townsville: Australia Institute of Mining and Metallurgy, 3 ~ 40

Pollard P J, McNaughton N J. 1997b. U/Pb and Sm/Nd isotope characterization of Proterozoic intrusive rocks in the Cloncurry district, Mount Isa inlier In: Pollard P J ed. Australian Mineral Industry Research Association (AMIRA) P438, Cloncurry base metals and gold final report. Townsville: Australia Institute of Mining and Metallurgy, 4 ~ 19

Pollard P J. 2000. Evidence of a magmatic fluid and metal source for Fe-oxide Cu – Au mineralization. In: Porter T M ed. Hydrothermal iron oxide copper-gold and related deposits: A global perspective. Adelaide: Australian Mineral Foundation, 27 ~ 41

Pollard P J. 2006. An intrusion-related origin for Cu – Au mineralization in iron oxide-copper-gold (IOCG) provinces. Mineralium Deposit, 41: 179 ~ 187

Prendergast. 2008. Achean komatiitic sill-hosted chromite deposits in the Zimbabwe Craton. Economic Geology, 103 (5): 981 ~ 1004

Ramsay W R H, Bierlein F P, Arne D C et al. 1998. Turbidite-hosted gold deposits of Central Victoria, Australia: their regional setting, mineralizing styles, and some genetic constraints. Ore Geology Reviews, 13 (1 ~ 5): 131 ~ 151

Rawling T J, Schaubs P M, Dugdale L J et al. 2006. Application of 3D Models and Numerical Simulations as a predictive exploration tool in Western Victoria. Australian Journal of Earth Sciences, 53 (5): 825 ~ 839

Ray G E. 1995. Cu Skarns. In: Lefebure D V, Ray G E ed. Selected British Columbia mineral deposit profiles Ⅵ, British Columbia Ministry of Energy, Mines and Petroleum Resources, Open File 1995 – 20: 59 ~ 60

Ray G E. 1995. Mo skarns. In: Lefebure D V, Ray G E ed. Selected British Columbia mineral deposit profiles Ⅵ, British Columbia Ministry of Energy, Mines and Petroleum Resources, Open File 1995 – 20: 75 ~ 76

Ray G E. 1997. Au Skarns. http: //www. empr. gov. bc. ca/Mining/Geoscience/MetallicMinerals/ GoldSkarns/ Pages/ default. aspx

Reimann C, Melezhik V. 2001. Metallogenic provinces, geochemical provinces and regional geology—what causes large-scale patterns in low density geochemical maps of the C-horizon of podzols in Arctic Europe? Applied Geochemistry, 16 (7/8): 963 ~ 983

Reimer T O. 1984. Alternative model for the derivation of gold in the Witwatersrand Supergroup. J. geol. Soc. London. 141 (2): 263 ~ 271

Requia K, Fontbote L. 2000. The Salobo iron oxide copper-gold deposit, Carajás. In: Porter T M ed. Hydrothermal iron oxide copper-gold and related deposits: A global perspective. Adelaide: Australian Mineral Foundation, 225 ~ 237

Richards J P. 1995. Alkalic-type epithermal gold deposits—A review: In: Thompson J F H ed. Magmas, fluids, and ore deposits, Mineralogical Association of Canada, Short Course, 23: 367 ~ 400

Roberts R G, Sheahan P A. 1988. Ore Deposit Models. Geological Association of Canada

Robinson L. 2006. The spatial and temporal distribution of the metal mineralisation in eastern Australia and the relationship of the observed patterns to giant ore deposits. The University of Queensland, Australia

Rose A W, Hawkes H E, Webb J S. 1979. Geochemistry in mineral exploration, 2nd Edition, London: Academic Press

Rosiere C A, Baars F J, Seoane J C S et al. 2006. Structure and iron mineralisation of the Carajas Province. Applied Earth Science (Trans, Inst. Min. Metall. B), 115 (4): 126 ~ 133

Rosiere C A, Rios F J. 2006. Specularitic iron ores and shear zones in the Quadrilatero Ferrifero District. Applied Earth Science (Trans, Inst. Min. Metall. B), 115 (4): 134~138

Saager R, Oberthur T, Tomschi H P. 1987. Geochemistry and mineralogy of banded iron-formation-hosted gold mineralization in the Gwanda Greenstone Belt, Zimbabwe. Economic Geology, 82 (8): 2017~2032

Salisbury M, Snyder D. 2006. Seismic methods. In: Mineral Deposits of Canada. http://gsc.nrcan.gc.ca/mindep/method/seismic/index_e.php

Salvi S. 2000. Mineral and fluid equilibria in Mo-bearing skarn at the Zenith deposit, Southwestern Grenville Province, Renfrew area, Ontario, Canada. The Canadian Mineralogist, 38 (4): 937~950

Saveliev A A, Savelieva G N. 1991. Ophiolites of the Kempirsai massif: general features of the structural-compositional evolution. Geotectonics, 6: 57~75 (in Russian)

Savelieva G N, Nesbitt R W. 1996. A synthesis of the stratigraphic and tectonic setting of the Uralian ophiolites. Journal of the Geologial Society, London, 153 (4): 525~538

Sawkins F J, Rye D M. 1974. Relationship of Homestake-type gold deposits to iron-rich Precambrian sedimentary rocks. Trans. Inst. Mining and Met. , sec. B, 83 (810): 56~59

Schmidt E A, Worthington J. 1977. Geology and mineralization of the Cannivan Gulch molybdenum deposit, Beaverhead County, Montana: Geological Association of Canada, Program with Abstracts, 2: 46

Schroeter T G, Cameron R. 1996. Alkalic Intrusion – Associated Au – Ag; in Selected British Columbia Mineral Deposit Profiles, Volume 2. In: Lefebure D V, Hoy T eds. Metallic Deposits. British Columbia Ministry of Employment and Investment, Open File Report, 1996 – 13, 49~51

Schroeter T, Fulford A. 2005. Table of significant British Columbia porphyry molybdenum resources. Geofile: 23. http://www.em.gov.bc.ca/DL/GSBPubs/GeoFile/GF2005 – 23/GF2005 – 23. pdf

Seedorff E, Barton M D, Stavast W J A et al. 2008. Root zones of porphyry systems: extending the porphyry model to depth. Economic Geology, 103 (5): 939~956

Seedorff E, Einaudi M T. 2004. Henderson porphyry molybdenum system, Colorado: II – Decoupling of introduction and deposition of metals during geochemical evolution hydrothermal fluids. Economic Geology, 99 (1): 39~72

Selby D, Nesbitt B E, Muehlenbachs K et al. 2000. Hydrothermal alteration and fluid chemistry of the Endako porphyry molybdenum deposit, British Columbia. Economic Geology, 95 (1): 183~202

Severin P W A, Knuckey M J, Balint F. 1989. The Winston Lake, Ontario massive sulphide discovery—a successful result of an integrated exploration program. In: Proceesings of Exploration'87. ed by C. D. Graland, Ministry of Northern Development and Mines and Forestry, Ontario, 60~69

Shannon J R, Nelson E P, Golden R J. 2004. Surface and underground geology of the world-class Henderson molybdenum porphyry mine, Colorado. In: Nelson E P, Erslev E A ed. Field trips in the southern Rocky Mountains, USA: Geological Society of America Field Guide 5: 207~218

Sheahan P A, Cherry M E. 1993. Ore Deposit Models (II). Geological Association of Canada

Shinohara H, Kazahaya K, Lowenstern J B. 1995. Volatile transport in a convecting magma column: Implications for porphyry Mo mineralization. Geology, 23 (12): 1091~1094

Siddiqui R H, Aziz A, Mengal J M et al. 1994. Petrology and mineral chemistry of Muslimbagh ophiolite complex and its tectonic implications. In: Proceedings of Geoscience Colloquium, Geological Survey of Pakistan, 9: 17~50

SIDEX. 2007. Exploring for molybdenum in Quebec. http://www.sidex.ca/Vpub/molybdene/molybdene_en. pdf

Sillitoe R H. 1979. Some thoughts on gold-rich porphyry copper deposits. Mineralium Deposita, 14 (2): 161~174

Sillitoe R H. 1980. Types of porphyry molybdenum deposits. Mining Magazine, 142 (6): 550~553

Sillitoe R H. 1990. Gold-rich porphyry copper deposits of the Circum-Pacific region: an updated overview. The Australasian Institute of Mining and Metallurgy, Pacific Rim Congress: 119~126

Sillitoe R H. 1991. Gold metallogeny of Chile: an introduction. Economic Geology, 86 (6): 1187~1205

Sillitoe R H. 1993. Gold-rich porphyry copper deposits: Geological model and exploration implications. In: Kirkham R V, Sinclair W D, Thorpe R I et al ed. Mineral deposit modeling. Geological Association of Canada, Special Paper 40: 465~478

Sillitoe R H. 2002. Some metallogenic features of gold and copper deposits related to alkaline rocks and consequences for exploration. Mineralium Deposita, 37 (1): 4~13

Sillitoe R H. 2003. IOCG deposits: An Andean view. Mineralium Deposita, 38 (7): 787~812

Sinclair W D, Thorpe R I, Duke J D. 1994. Mineral deposit modeling (Papers presented during 8th IAGOD meeting, 1990). Geological Association of Canada, special paper 40

Sinclair W D. 1995a. Porphyry Mo (Low F – type). In: Lefebure D V, Ray GE ed. Selected British Columbia Mineral Deposit Profiles, British

Columbia Ministry of Energy, Mines and Petroleum Resources, 1: 93~95

Sinclair W D. 1995b. Porphyry Mo (Climax-type). In: Lefebure D V, Ray G E ed. Selected British Columbia Mineral Deposit Profiles, British Columbia Ministry of Energy, Mines and Petroleum Resources, 1: 105~108

Sinclair W D. 2006. Porphyry Deposits. In: Goodfellow W D ed. Mineral deposits of Canada, 223~244

Skarn Deposits. http: //www. geology. wisc. edu/ ~ pbrown/g515/web09/Skarns1. pdf

Skirrow R G. 2000. Gold-copper-bismuth deposits of the Tennant Creek district, Australia: A reappraisal of diverse high grade systems. In: Porter T M ed. Hydrothermal iron oxide copper-gold and related deposits: A global perspective. Adelaide: Australian Mineral Foundation, 149~160

Skirrow R G. 2002. The geological framework, distribution and controls of Fe – Oxide Cu – Au mineralization in the Gawler craton, South Australia: Part II-alteration and mineralization. In: Porter T M ed. Hydrothermal iron oxide copper-gold and related deposits: A global perspective, vol. 2. Adelaide: PGC Publishing, 33~47

Slack J F. 1993. Descriptive and grade-tonnage models for Besshi-type massive sulfide deposits. Geol Assoc Canada, Spec paper 40: 343~371

Smith R J, Frankcombe K. 2006. Role of geophysical methods applied to mapping mineral systems under the Murray Basin corer. Australian Journal of Earth Sciences, 53 (5): 767~781

Soares Monteiro L V, Bettencourt J S, Juliani C et al. 2006. Geology, petrography, and mineral chemistry of the Vazante non-sulfide and Ambro' sia and Fagundes sulfide-rich carbonate-hosted Zn – (Pb) deposits, Minas Gerais, Brazil. Ore Geology Reviews, 28 (2): 201~234

Stanistreet I G, McCarthy T S. 1991. Changing tectono-sedimentary scenarios relevant to the development of the Late Archaean Witwatersrand basin. Journal of African Earth Sciences, 13 (1): 65~81

Stein H J, Markey R J, Morgan J W et al. 1997. Highly precise and accurate Re – Os ages for molybdenite from the East Qinling molybdenum belt, Shaanxi Province, China. Economic Geology, 92 (7/8): 827~835

Stowe C W. 1987. Evolution of the chromium ore fields. Van Nostrand Reinhold Company, New York

Sutulov A. 1978. International molybdenum encyclopaedia 1778~1978, volume 1: International Publications, Santiago, Chile: 402

Sverjensky D A. 1981. The origin of a Mississippi Valley-type deposit in the Viburnum Trend, Southeast Missouri. Economic Geology, 76 (7): 1848~1872

Taylor B E. 2007. Epithermal gold deposits. In: Goodfellow W D ed. Mineral deposits of Canada: A synthesis of major deposit-types, district metallogeny, the evolution of geological provinces and exploration methods: Geological Association of Canada. Mineral Deposits Division, Special Publication, NO. 5: 113~139

Taylor S R, McLennan S M. 1995. The geochemical evolution of the continental crust. Rev. Geophys. , 33 (2): 241~265

Theodore T G, Orris G J, Hammarstrom I M et al. 1991. Gold-bearing skarns Washington: U. S. Geol. Surv. Bulletin, 1930: 1~61

Thomas J A and Galey J T. 1982. Exploration and geology of the Mt. Emmons molybdenite deposits, Gunnison County, Colorado. Economic Geology, 77 (5): 1085~1104

Thomas G, Stolz E M, Mutton A J. 1992. Geophysics of the Century Zinc-Lead – Silver deposit, Northwest Queensland. Exploration Geophysics, No. 23

Thompson T B, Trippel A D, Dwelley P C. 1985. Mineralized veins and breccias of the Cripple Creek district, Colorado. Economic Geology, 80 (6): 1669~1688

Thompson T B. 1992. Mineral deposits of the Cripple Creek district, Colorado. Mining Engineering, 44 (2): 135~138

Thompson T B. 2002. Geology of Carlin-type gold deposits: insights from the Great Basin deposits, Neveda. In: Cooke D R, Pongratz J ed. Giant ore deposits: Characteristics, genisis and exploration, CODES Special Publication 4: 161~174

Titley S R, Beane R E. 1981. Porphyry copper deposits (I). Geologic sitting, petrology and tectogenesis. Economic Geology, 75th Anniv Vol: 214~235

Titley S R, Beane R E. 1981. Porphyry copper deposits (II), Hydrothermal alteration and mineralization. Economic Geology, 75th Anniv Vol: 235~269

Tornos F. 2006. Environment of formation and styles of volcanogenic massive sulphides: The Iberian pyrite belt. Ore Geology Reviews, 28 (3): 259~307

Torrey C E, Karjalainen H, Joyce P J et al. 1986. Geology and mineralisation of the Red Dome (Mungana) gold skarn deposits, north Queensland, Australia. In: MacDonald A J ed. Gold '86, Proceedings, 81~111

Turcotte D L. 1986. A fractal approach to the relationship between ore grade and tonnage. Economic Geology, 81 (6): 1528~1532

U. S. Geological Survey. 2009. Mineral commodity summaries 2009, U. S. Geological Survey: 195

Unrug R. 1988. Mineralization controls and source of metals in the Lufilian Fold Belt, Shaba (Zaire), Zambia and Angola. Economic Geology, 83 (6): 1247~1258

Vielreicher R M, Groves D I, Ridley J R et al. 1994. A replacement origin for the BIF-hosted gold deposit at Mt. Morgans, Yilgarn Block, W. A. Ore Geology Reviews, 9 (4): 325~347

Vila T, Sillitoe R H. 1991. Gold-rich porphyry systems in the Maricunga Belt, Northern Chile. Economic Geology, 86 (6): 1238 ~ 1260

Vogt J H L. 1894. Beitrage zur Genetischen Classification der Durch Magmatische Differentiations Prcesse und der Durch Previnathloyse Entslandenen Erzvoskommen. Z Prakt. Geol. , 2: 381 ~ 399

Vokes F M. 1963. Molybdenum deposits of Canada: Geological Survey of Canada. Economic Geology, Series 20: 332

Voordouw R, Gutzmer J, Beukes N J. 2009. Intrusive origin for Upper Group (UG1, UG2) stratiform chromitite seams in the Dwars River area, Bushveld Complex, South Africa. Mineralogy and Petrology, 97 (1/2): 1 ~ 20

Vulcan T. 2008. Chromium: Not Just Fancy Trim. http: //www. hardassetsinvestor. com/features-and-interviews/1/1183-chromium-not-just-fancy-trim. html

White N C, Hedenquist J W. 1990. Epithermal environment and styles of mineralization: variation and their causes and guidelines for exploration. Journal of Geochemical Exploration, 36 (3): 445 ~ 474

White N C, Hedenquist J W, Kirkham R V. 2001. Asia: the waking giant. Mining Journal, (Supplement, March): 1 ~ 12

Wilburn D R. 2009. Exploration review. Mining Engineering (May): 35 ~ 49

Wilde A R, Layer P, Mernach T et al. 2001. The giant Muruntau gold deposit: geologic, geochronologic and fluid inclusion constraints on ore genesis. Economic Geology, 96 (8): 633 ~ 644

Wilkerson J F. 2002. National Underground Science Laboratory at Homestake. Center for Experimental Nuclear Physics and Astrophysics

Williams P J, Barton M D, Johnson D A et al. 2005. Iron oxide copper-gold deposits: geology, space-time distribution, and possible modes of origin. Economic Geology, 100th Anniversary Volume: 371 ~ 405

Williams P J. 1994. Iron mobility during synmetamorphic alteration in the Selwyn Range area, NW Queensland: Implications for the origin of ironstone-hosted Au – Cu deposits. Mineralium Deposita, 29 (3): 250 ~ 260

Williams P J. 1998. Metalliferous economic geology of the Mt. Isa eastern succession, Queensland. Australian Journal of Earth Sciences, 45 (3): 250 ~ 260

Williams P J. 1999. Fe-oxide – Cu – Au deposits of the Olympic Dam/Ernest Herry-Type. In: Hodgson C J, Franklin J M ed. New development in the geological understanding of some major ore types and environments, with implications for exploration. Short Course Proceedings, Prospectors and Developers Association of Canada, 1 ~ 43

Wilson C J L, Dugdale L J. 2006. Gold mineralisation in western Victoria: its setting, new discoveries and techniques applied to identify blind ore bodies. Australian Journal of Earth Sciences, 53 (5): 671 ~ 676

Wilson M E. 1920. Mineral deposits in the Ottawa Valley: Geological Survey of Canada Summary Report 1919, Part E: 19 ~ 43

Wolff J E. 1903. Zinc and manganese deposits of Franklin Furnace. U. S. Geological Survey Bulletin, Vol. 213: 214 ~ 217

Woodall R. 1994. Empriricism and concept in successful mineral exploration. Australian Journal of Earth Science. 41 (1), 1 ~ 10

Xie X J, Yin BC. 1993. Geochemical pattern from local to global. In: Dickson F W, Hsu L C ed. Geochemical Exploration 1991. J. Geochem. Explor, 47 (1993): 109 ~ 129

Xu Cheng, Campbell Ian H, Kynicky Jindrich et al. 2008. Comparison of the Daluxiang and Maoniuping carbonatitic REE deposits with Bayan Obo REE deposit, China. Lithos, 106 (1/2): 12 ~ 24

Yakubchuk A, Nikishin A. 2004. Noril'sk-Talnakh Cu – Ni – PGE deposits: a revised tectonic model. Mineralium Deposita, 39 (12): 125 ~ 142

Yang XY, Sun WD, Zhang YX et al. 2009. Geochemical constraints on the genesis of the Bayan Obo Fe – Nb – REE deposit in Inner Mongolia, China. Geochimica et Cosmochimica Acta, 73 (5): 1417 ~ 1435

Zairi N M, Kurbanov N K. 1992. Isotopic geochemical model of ore genesis in the Muruntau ore field. International Geology Review, 34 (1): 88 ~ 94

Zhautikov T M. 1994. Metallic mineral resources of the Republic of Kazakhstan (explanatory notes to the map at the scale of 1: 1500000), Almaty, 72p

Zoheir B A, Akawy A. 2009. Genesis of the Abu Marawat gold deposit, central Eastern Desert of Egypt. Journal of African Earth Sciences, 57 (4): 306 ~ 320

Zonenshain L, Korinevsky V G, Kazmin V G et al. 1984. Plate tectonic model of the South Urals development. Tectonophysics, 109 (1/2): 95 ~ 135

Бавлов В Н, Карпенко И А. 2008. Основные результаты переценки месторождения Сухой Лог. Разведка и охрана недр, (7): 3 ~ 15

Барышев А С, Егоров К Н. 2009. О совершенствовании методики поисков перекрытых коренных источников алмазов. Руды и Металлы, (4): 55 ~ 61

Беспаев Х А, Глоба В А. 2004. Прогнозно-поисковые модели месторождений золота черносланцевой формации (на примере месторождения Бакырчик). Серия геологическая, (5): 42 ~ 54

Волчков А Г, Минина О В, Татарко Н И. 2006. Использование геолого-поисковых моделей колчеданных месторождений при геологоразведочных работах на территории республики Башкортостан. Руды и Металлы, (5): 30 ~ 38

Ворошилов В Г. 2009. Аномальные структуры геохимических полей гидротермальных месторождений золота: механизм формирования, методика геометризации, типовые модели, прогноз масштабности оруденения. Геология Рудных Месторождений, （1）: 3～19

Ворошилов В Г. 2009. Поисковая геолого-геохимическая модель золото-скарновых месторождений Южной Сибири. Разведка и охрана недр, （5）: 37～41

Вуд Б Л, Попов Н П. 2006. Гигантское месторождение золота Сухой Лог. Геология и геофизика, （3）: 315～341

Гаврилов А М, Кряжев С Г. 2008. Минералого-геохимические особенности руд месторождения Сухой Лог. Разведка и охрана недр, （8）: 3～15

Галюк С В, Менчинская О В. 2009. Поисковая модель потоков рассеяния месторождений золото-кварц-малосульфидного типа. Разведка и охрана недр, （5）: 23～26

Голивкин Н И, Шапошникова Н Ю, Дмитриев Н А и др. 1998. Эпохи и условия образования крупномасштабных месторождений высококачественных руд железа. Отечественная геология, 48～53

Голищенко Г Н, Беленко А П. 2007. Геолого-геофизические критерии золотого оруденения мурунтауского рудного поля. Горный журнал, （5）: 19～22

Горячев Н А, Викентьева О В, Бортников Н С и др. 2008. Наталкинское золоторудное месторождение мирового класса: распределение РЗЭ, флюидные включения, стабильные изотопы кислорода и условия формирования руд （Северо-Восток России）. Геология Рудных Месторождений, （5）: 414～444

Григорян С В. 1987. Первичные геохимические ореолы при поисках и разведке рудных месторождений. Недра

Григорян С В. 1992. Рудничная геохимия. Недра, Р 287

Домчак В В, Инговатов А П, Салько К В. 2009. Геохимические модели при прогнозировании и поисках месторождений в открытых ландшафтах горной тайги. Разведка и охрана недр, （5）: 26～30

Заскинд Е С, Конкина О М, Кочнев-первухов В И. 2006. Прогнозно-поисковые модели платиноносных расслоенных мафит-ультрамафитовых плутонов. Отечественная геология, （4）: 17～21

Зинчук Н Н, Герасимучук А В. 2006. Научно-методическое обеспечение прогноза и поисков алмазных месторождений на современном Этапе. Руды и Металлы, （4）: 5～12

Карась С А, Пилицын А Г, Шлычкова Т Б. 2009. Геолого-геохимическая модель медно-платино-палладиево-золотого рудопроявления озерное на Полярном Урале. Разведка и охрана недр, （5）: 58～62

Карпенко И А, Черемисин А А, Куликов Д А. 2008. Морфология, условия залегания и внутреннее строение рудных гел на месторождении Сухой Лог. Руды и Металлы, （2）: 11～26

Константиков М М, Ручки Т В. 2005. Новые и нетрадиционные типы золоторудных месторождений. Руды и Металлы, （1）: 44～54

Константинов М М. 2004. Система моделей месторождений благородных и цветных металлов и ее роль в воспроизводстве минерально-сырьевой базы. Руды и Металлы, （1）: 27～33

Константинов М М. 2006. Модели золоторудных месторождений новых и нетрадиционных типов. Руды и Металлы, （3）: 13～20

Коробейников А Ф, Митрофанов Г Л, Немеров В Р и др. 1998. Нетрадиционные золото-платиновые месторождения Восточной Сибири. Геология и геофизика, （4）: 432～444

Коробейников А Ф. 1993. Прогнозно-поисковые критерии золото-платиноидного оруденения в черносланцевых толщах офиолитовых поясов. Отечественная геология, （4）: 19～25

Костин А В. 2001. Прогноз золото-серебряных месторождений мирового класса в Куранахской рудной зоне. Отечественная геология, （5）: 62～67

Коч蔵-Первухов В И, Кривцов А И. 2006. Прогнозно-поисковые модели металлогенических таксонов Норильского района и их использование для выделения перспективных площадей. Отечественная геология, （4）: 9～20

Кременецкий А А. 2009. Поисковые геолого-геохимические модели рудных месторождений: проблемы и решения. Разведка и охрана недр, （5）: 3～7

Кривцов А И, Константинов М М, Кузнецов В В и др. 1995. Система моделей месторождений благородных и цветных металлов. Отечественная Геология, （3）: 11～31

Кривцов А И. 2005. Моделирование рудных месторождений-прикладное значение и геолого-генетические следствия. Обзор изданий цнигри. Руды и Металлы, （1）: 20～31

Кряжев С Г. 2010. Минералого-геохимические методы поисков стратоидных золоторудных месторождений. Руды и Металлы, （1）: 74～81

Кустов Ю Е, Зублюк Е В, Ершова Е В. 2009. Использование комплексной модели месторождений черных металлов и бокситов для целей прогноза и поисков. Руды и Металлы, （2）: 10～16

Лихачев Л П. 2006. Платино-медно-никелевые и платиновые месторождения. Москва

Лихачев Л П. 2006. Платино-никелевые и платиновые месторождения. Москва

Манаков А В, Герасимчук А В, Матросов В А. 2006. Современный геофизический комплекс поисковых работах на алмазы. Руды и Металлы, (4): 19 ~ 26

Мигачев И Ф, Карпенко И А, Патраш Н Г. 2008. Геолого-экономическая переоценка месторождения Сухой Лог с учетом инновационных технологий. Минеральные ресурсы России, Экономика и уравление, (2): 43 ~ 50

Николав В И. 1998. Хромитоносные геологический формации с крупными месторождениями и высококачественными рудами. Отечественная геология, 58 ~ 63

Рафаилович М С, Лось В Л. 2007. Васильковское штокверковое месторождение золота: геологическая и структурная позиции, прогнозно- поисковая модель. Руды и Металлы, (4): 26 ~ 36

Рафаилович М С, Федоренко О А, Старова М М. 2001. Крупные месторождения золота Казахстана: метасоматическая, минеральная и геохимическая зональности. Руды и Металлы, (3): 5 ~ 14

Ручкин Г В, Конкин В Д, Ганжа Д М и др. 2000. Геолого-поисковые модели золоторудных месторождений зеленокаменных поясов. Руды и Металлы, (4): 1 ~ 15

Сафонов Ю Г, Прокофьев В Ю. 2006. Модель конседиментационного гидротермального образования золотоносных рифов бассейна витватерсранд. Геология Рудных Месторождений, (6): 475 ~ 511

Сафронов Н И, Мещеряков С С, Иванов Н П. 1978. Энергия рудообразования и поиски полезных ископаемых. Недра

Скрябин В Ю, Терентьев Р А, Полякова Т Н и др. 2009. Поисковая геолого-геохимическая модель и сравнительная ресурсная оценка хромитовых руд в системе: рудное тело-вторичный ореол-поток рассеяния. Разведка и охрана недр, (5): 41 ~ 47

Соловов А П. 1985. Геохимические методы поисков месторождений полезных ископаемых. Недра

Соловов А П. 1987. Исследование геохимической зональности модели оруденения на ЭВМ. В: Методы интерпретации результатов литохимических поисков. Наука

Стружков С Ф, Наталенко М В, Чекваидзе В Б и др. 2006. Многофакторная модель золоторудного месторождения Наталка. Руды и Металлы, (3): 34 ~ 43

Терентьев Р А. 2009. Конвергенция и дивергенция ассоциаций химических элементов при переходе от первичных ореолов рассеяния к гипергенным на примере рудных объектов северного Урала. Разведка и охрана недр, (5): 52 ~ 58

Цыганов В А. 2009. Поисковые минералого-геохимические и геолого-геофизические модели месторождений хромитов в альпинотипных гипербазитах Урала. Разведка и охрана недр, (5): 48 ~ 52

Чекваидзе В Б, Исакович И З. 2006. Модель сопряжения жильных полиметаллических и штокверковых золотых руд в эпитермальной зоне на примере береговского рудного поля. Руды и Металлы, (5): 6 ~ 13